AF545477

Betontechnologie
für die Praxis

Prof. Dr. techn. Dr.-Ing. e. h. Rupert Springenschmid

Betontechnologie für die Praxis

2., aktualisierte und erweiterte Auflage 2018

Beuth Verlag GmbH · Berlin · Wien · Zürich

Bauwerk

Berlin · Wien · Zürich
Am DIN-Platz
Burggrafenstraße 6
10787 Berlin

Telefon: +49 30 2601-0
Telefax: +49 30 2601-1260
Internet: www.beuth.de
E-Mail: kundenservice@beuth.de

Druck und Bindung:
COLONEL, Kraków

Gedruckt auf säurefreiem, alterungsbeständigem Papier nach DIN EN ISO 9706.

ISBN 978-3-410-24466-0
ISBN (E-Book) 978-3-410-24467-7

Vorwort 2. Auflage

Im zurückliegenden Jahrzehnt hat sich der Betonbau in vielen Bereichen erheblich gewandelt. Mit einer immer größeren Vielfalt von Ausgangsstoffen, wie klinkerarmen oder auch auf spezielle Aufgaben zugeschnittenen Zementen, leistungsfähigeren Zusatzmitteln und Gesteinskörnungen, die mitunter auch vom Abbruch nicht mehr genutzter Bauwerke stammen, müssen Betonbauten geschaffen werden, die erhöhte Anforderungen an Dauerhaftigkeit und Erscheinungsbild erfüllen sollen. Viele der heutigen, viel weicheren Betone müssen kaum mehr gerüttelt werden, entmischen sich aber viel leichter. Sie müssen mischungsstabil und robust sein, damit sie sich auch unter schwierigen Einbaubedingungen zuverlässig verarbeiten lassen und ein dichtes, dauerhaftes Gefüge bekommen. Um ihre Eigenschaften zu prüfen, sind neue Verfahren notwendig geworden.

Die immer komplizierter und umfangreicher werdenden Normen und anderen Regelwerke lassen heute dem verantwortlichen Ingenieur oft zu wenig Zeit, um die technischen Zusammenhänge zu erkennen und zu verfolgen. Wenn unter den oft schwer vorhersehbaren Verhältnissen auf Baustellen mitunter Mängel oder Schäden auftreten, haben sie ihre Ursache stets in der unzureichenden Berücksichtigung technischer Zusammenhänge. Sie sollen neben den wichtigsten inzwischen eingetretenen Änderungen der Regelwerke auch in der zweiten Auflage dieses Buches wiederum im Vordergrund stehen.

Zu danken habe ich wieder einer Reihe von in der Praxis stehenden Kollegen, die mich bei der Überarbeitung der ersten Auflage tatkräftig unterstützten, vor allem Dr. Beckhaus, H. Fiala, Dr. Hauck, Prof. Heinz, P. Krauß, Prof. Lowke, Dr. Mangold, Prof. H. S. Müller, Dr. Neidinger, Dr. Peyerl, Dr. Plannerer, Dr. Röck, Dr. Schöppel, Prof. Siebert, Dr. Skarabis, Prof. Sommer und Dr. Westiner.

München, im Juni 2018
Rupert Springenschmid

Vorwort 1. Auflage

Der Bauingenieur ist seit jeher gefordert so zu planen und so zu bauen, dass diejenigen, die sein Bauwerk nutzen wollen und diejenigen, die es über viele Jahrzehnte oder noch länger erhalten müssen, zufrieden sind. Den Zielen des Umweltschutzes ist besser gedient, wenn ein Bauwerk für lange Zeit für den Gebrauch tauglich bleibt und nicht schon nach 50 Jahren oder noch früher wieder abgerissen werden muss. Wirtschaftliche Zwänge sind bei der Errichtung jedes Bauwerkes eine besondere Herausforderung.

Mit der europäischen Normung ist in jüngster Zeit eine noch größere Flut von Normen und Richtlinien auf den in der Praxis tätigen Ingenieur hereingebrochen, die kaum mehr zu überblicken ist [Scheer 03]. Diese technischen Regelwerke sind für den planenden und den ausführenden Ingenieur ein wichtiges Hilfsmittel, weil darin neben ordnenden Festlegungen auch in vielen Jahrzehnten gewonnene Erfahrungen enthalten sind. Normen und andere technische Regelwerke müssen so verfasst werden, dass sie bei den ungünstigsten möglichen Kombinationen noch eine ausreichende Sicherheit bieten. Im Einzelfall ist zu prüfen, ob die buchstabengetreue Einhaltung der Regelwerke technisch richtig und wirtschaftlich sinnvoll ist oder ob es technisch notwendig und zweckmäßig ist, ggf. nach Rücksprache mit dem Prüfingenieur davon abzuweichen und dazu eine Zustimmung im Einzelfall bei der obersten Bauaufsichtsbehörde beantragt werden muss. Dazu sind Erfahrungen und ein vertieftes technisches Wissen notwendig. Das gilt aber auch für viele während des Bauens durch Wind und Wetter, durch Maschinenausfall oder andere ungewollte Einflüsse verursachte notwendigen Abweichungen von der geplanten, perfekten Durchführung der Arbeiten. Eine besondere Herausforderung ist der Auslandsbau in fernen Ländern mit nur bescheidenen Regelwerken, wo den technischen Zusammenhängen mehr Bedeutung zukommt als den Normentexten.

Das vorliegende Buch ist vor allem für die in der Planung und auf Baustellen verantwortlichen Ingenieure gedacht, deren Fachkompetenz in sehr hohem Maß gefordert wird. Was muss man tun, damit auch unter schwierigen Umständen auf der Baustelle kein Schaden entsteht, auf was muss besonders geachtet werden, um spätere Instandsetzungen zu vermeiden. Für die angehenden Bauingenieure ist es besonders wichtig, nicht Normentexte auswendig zu lernen, sondern die technischen Grundlagen zu erkennen. Ziel dieses Buches ist es, die technischen Zusammenhänge aufzuzeigen und herauszustellen was bei der Planung und auf der Baustelle notwendig und wichtig ist. Dabei beschränkt es sich nicht nur auf betontechnische Fragen, sondern enthält auch konstruktive und ausführungstechnische Gesichtspunkte soweit sie durch die Eigenschaften und das Verhalten des Frisch- und Festbetons bedingt sind. Viele Sachverhalte müssen stark vereinfacht und ohne tiefgehende wissenschaftliche Begründungen wiedergegeben werden. Die Festlegungen der deutschen und der trotz europäischer Normung davon mitunter erheblich abweichenden österreichischen nationalen Anwendungsregeln werden nur in Einzelfällen wiedergegeben und bei wichtigen Fragen erläutert.

Zu danken hat der Verfasser all seinen Weggefährten in der Bauindustrie, bei den Bauträgern, in Planungsbüros, in Baustoffwerken und in Forschungsinstituten. Seinen wissenschaftlichen Mitarbeitern im österreichischen Zement-Forschungsinstitut und im Baustoffinstitut der Technischen Universität München ist der Verfasser besonders verbunden. Ihnen ist es zuzuschreiben, dass es immer wieder gelungen ist, in der Praxis kursierende, oft widersprüchliche, im Wechselspiel der Interessen entstandene Thesen einer gründlichen experimentellen und theoretischen Überprüfung zu unterziehen und darauf aufbauend einfache Lösungen zu entwickeln, zu erproben und der Praxis anzubieten.

Mein besonderer Dank gebührt all jenen, die bei der Ausarbeitung des Buches geholfen haben. Kritische Hinweise und Ergänzungen verdanke ich den Herren Prof. Heinz, Prof. Kusterle, A. Meier, Dr. Plannerer, Dr. Roos, Schulz, Prof. Setzer, Dr. Volkwein, Dr. Wallner und Dr. Westiner. Dem Forschungsinstitut der Vereinigung der Österreichischen Zementindustrie danke ich für eine Reihe instruktiver Bilder.

München, im März 2007 Rupert Springenschmid

Inhaltsverzeichnis

1 Einführung 17
1.1 Grundsätzliches 17
1.2 Nachhaltiges Bauen 17
1.3 Die Rolle der Normen 18
1.3.1 Aufgabe der Normen 18
1.3.2 Baunormen und Grenzen ihrer Verbindlichkeit 18
1.3.3 Ausarbeitung der Normen 19
1.3.4 Anwendung von Normen 20
1.4 Planung und Leistungsbeschreibung 20
1.5 Rechtliche Verpflichtungen 21
1.5.1 Vertragliche Anforderungen nach VOB/B 21
1.5.2 Bauaufsichtliche Forderungen (öffentlich-rechtlich) 21
1.5.2.1 Grundsätzliches 21
1.5.2.2 Konformität der Baustoffe 22
1.5.2.3 Veränderungen durch das EuGH-Urteil C-100/13 23
1.6 Betongerechte Konstruktionen 24
1.6.1 Dauerhaftigkeit und Erscheinungsbild 24
1.6.2 Sicherheit und Überwachbarkeit während der Nutzung 25
1.6.3 Betonierbarkeit 25
1.7 Prüfungen 26
1.7.1 Prüfungen zur Überwachung der Bauausführung 26
1.7.2 Bewertung der Prüfergebnisse 27
1.7.3 Anforderungen an Prüfverfahren 27
1.7.4 Arten und Aufgaben der Prüfungen 27
1.8 Sachverständige für Betontechnologie 28

2 Ausgangsstoffe 30
2.1 Anforderungen 30
2.2 Zemente 30
2.2.1 Entwicklung 30
2.2.2 Portlandzement-Klinker 32
2.2.3 Mahlen des Zements 33
2.2.4 Zemente mit sekundären Hauptbestandteilen CEM II bis CEM V 34
2.2.5 Zusammensetzung und Bezeichnung der Zemente 36
2.2.6 Eigenschaften und Prüfungen der Zemente 36
2.2.7 Frühfestigkeiten 38
2.2.8 Sonderzemente nach Normen 39
2.2.9 Zemente nach DIN EN 197-1 mit außerhalb der Norm definierten besonderen Eigenschaften 40
2.2.10 Zemente mit individualisierten Eigenschaften 41
2.2.11 Zemente und Bindemittel außerhalb DIN EN 197-1 und DIN 1164 42
2.2.12 Beurteilung von Zementen nach Prüfungsergebnissen 43
2.2.13 Zementauswahl für die Praxis 44
2.2.14 Rückstellproben 45
2.3 Betonzusatzstoffe 46
2.3.1 Flugasche 46
2.3.2 Hüttensandmehl 47
2.3.3 Silicastaub und Silicasuspension 47

2.3.4 Natürliche Puzzolane ... 48
2.3.5 Weitere reaktive Zusatzstoffe ... 48
2.3.6 Füller (Gesteinsmehl) ... 48
2.3.7 Pigmente (Körperfarben) ... 49
2.3.8 Organische Zusatzstoffe ... 49

2.4 Gesteinskörnungen ... 50
2.4.1 Einführung ... 50
2.4.2 Gewinnung und Aufbereitung ... 52
2.4.3 Korngrößen ... 53
2.4.3.1 Bezeichnungen ... 53
2.4.3.2 Probennahme ... 53
2.4.3.3 Siebprüfung ... 54
2.4.4 Lieferkörnungen ... 55
2.4.5 Wichtige Eigenschaften von Gesteinskörnungen ... 57
2.4.5.1 Gehalt an Feinanteilen (abschlämmbaren Anteilen) ... 57
2.4.5.2 Kornform ... 58
2.4.5.3 Kornoberfläche ... 58
2.4.5.4 Photooptische Prüfverfahren ... 58
2.4.5.5 Widerstand gegen Frost ... 59
2.4.6 Schädliche Anteile ... 61
2.4.6.1 Leichtgewichtige organische Verunreinigungen, Glimmer und Pyrit ... 61
2.4.6.2 Chloride ... 61
2.4.6.3 Sulfate ... 61
2.4.6.4 Organische Stoffe ... 62
2.4.6.5 Anteile mit schädigender alkalilösender Kieselsäure ... 62
2.4.7 Weitere Anforderungen ... 62
2.4.7.1 Kornfestigkeit ... 62
2.4.7.2 Griffigkeit, Polierbarkeit und Widerstand gegen Verschleiß ... 62
2.4.8 Recyclierte Körnungen aus Altbeton und Abbruchmassen ... 63
2.4.8.1 Anforderungen und Anwendung ... 63
2.4.8.2 Sortentrennung und Aufbereitung ... 63
2.4.8.3 Typprüfung und Werkseigene Produktionskontrolle ... 65
2.4.8.4 Besondere Eigenschaften recyclierter Körnungen ... 65
2.4.8.5 Aus Restbeton gewonnene Körnungen ... 65
2.4.9 Leichte, schwere und sonstige Körnungen ... 66
2.4.9.1 Grenzen für mögliche Körnungen ... 66
2.4.9.2 Leichte Gesteinskörnungen ... 66
2.4.9.3 Schwere Gesteinskörnungen ... 66
2.4.9.4 Hartstoffe ... 67
2.4.10 Bestellen von Gesteinskörnungen ... 67
2.4.11 Beurteilung von Gesteinskörnungen bei der Anlieferung ... 67

2.5 Betonzusatzmittel ... 68
2.5.1 Entwicklung ... 68
2.5.2 Regeln für die Verwendung ... 69
2.5.3 Fließmittel FM und Betonverflüssiger BV (Plastifizierer) ... 70
2.5.4 Luftporenbildner (LP) und Mikrohohlkugeln (MHK) ... 73
2.5.5 Verzögerer (VZ) ... 74
2.5.6 Beschleuniger (BE) ... 74
2.5.7 Stabilisierer (ST), Viskositätsmodifizierer (SR) und Superabsorbierende Polymere (SAP) ... 75
2.5.8 Einpresshilfen (EH) ... 75
2.5.9 Recyclinghilfen (RH) und Langzeitverzögerer (LVZ) ... 75
2.5.10 Schwindreduzierer und Quellmittel ... 75
2.5.11 Korrosionsinhibitoren ... 76

2.6 Zugabewasser (Anmachwasser) ... 76
2.6.1 Anforderungen ... 76
2.6.2 Restwasser ... 77

3 Grundlagen der Betontechnologie ... 78

3.1 Erhärten des Zements ... 78

3.2 Verarbeitbarkeit des Frischbetons ... 81
3.2.1 Anforderungen ... 81
3.2.2 Konsistenz und Konsistenzprüfungen ... 81
3.2.3 Zusammensetzung der Gesteinskörnungen ... 83
3.2.4 Wasseranspruch ... 85
3.2.5 Rheologische Eigenschaften des Leimes ... 86
3.2.6 Mischungsstabilität ... 87
3.2.7 Unzureichendes Wasserhaltevermögen oder „Bluten" ... 88
3.2.8 Mischungsstabilität (Bluten) unter Druck ... 89
3.2.9 Setzen ... 89

3.3 Grüner und junger Beton ... 90
3.3.1 Grundsätzliches ... 90
3.3.2 Mechanische Eigenschaften ... 90
3.3.3 Transportvorgänge im grünen und jungen Beton ... 91
3.3.4 Frühschwinden ... 91
3.3.5 Grundschwinden ... 91
3.3.6 Hydratationswärme ... 92

3.4 Festbeton ... 93
3.4.1 Druckfestigkeit ... 93
3.4.1.1 Druckfestigkeitsklassen und deren Nachweis ... 93
3.4.1.2 Einflüsse auf die Druckfestigkeit ... 94
3.4.1.3 Festigkeitsentwicklung ... 96
3.4.1.4 Druckfestigkeitsprüfung ... 97
3.4.1.5 Abschätzen der Druckfestigkeit mit dem Betonprüfhammer ... 97
3.4.1.6 Abschätzen früher Druckfestigkeiten durch Messung der Temperatur ... 100
3.4.2 Zugfestigkeit und Biegezugfestigkeit ... 100
3.4.3 Elastizitätsmodul ... 101
3.4.4 Wärmedehnung ... 102
3.4.5 Schwinden, Quellen und Kriechen ... 104
3.4.5.1 Schwinden und Quellen ... 104
3.4.5.2 Einflüsse auf Schwind- und Quellmaße ... 107
3.4.5.3 Kriechen und Relaxation ... 109
3.4.5.4 Verlauf der Verformungen ... 109
3.4.5.5 Vorhersage des Kriechens ... 110
3.4.5.6 Carbonatisierungsschwinden ... 111
3.4.6 Transportvorgänge im Betongefüge ... 111
3.4.6.1 Eindringen von Wasser ... 111
3.4.6.2 Gasdurchlässigkeit ... 114
3.4.6.3 Wärmeleitung und Wärmespeicherung ... 114

3.5 Spannungen in Betonbauteilen und deren Ursachen ... 114
3.5.1 Arten von Spannungen und deren Ursachen ... 114
3.5.2 Spannungsverteilung in Betonquerschnitten ... 115
3.5.3 Messen von Spannungen ... 116

3.6 Temperaturspannungen in jungem Beton ... 117
3.6.1 Temperaturänderungen in jungem Beton ... 117
3.6.2 Verlauf der Temperaturspannungen ... 117

3.6.3 Berechnung der Temperaturspannungen im jungen Beton 118
3.6.4 Experimentelle Ermittlung von Spannungen im jungen Beton 119
3.6.5 Folgerungen aus der Messung der frühen Zwangsspannungen 120
3.6.6 Folgerungen für Einbau und Nachbehandlung 121

4 Dauerhaftigkeit von Betonbauwerken 123

4.1 Einführung 123
4.1.1 Expositionsklassen 123
4.1.2 Description-Konzept 125
4.1.3 Performance-Konzept 127
4.1.4 Festlegen der Anforderungen 129
4.1.5 Überwachung der Anforderungen 129
4.1.6 Dauerhaftigkeitsbemessung 129

4.2 Stahlkorrosion durch Carbonatisierung (XC) und durch Lösungsvorgänge 130
4.2.1 Erfahrungen 130
4.2.2 Carbonatisierung (XC) 131
4.2.3 Begrenzung der Carbonatisierungstiefe 133
4.2.4 Lösungsvorgänge 134
4.2.5 Korrosion von Betonstahl 134
4.2.6 Betondeckung 135
4.2.7 Einfluss von Rissen 137
4.2.8 Korrosion von Spannstahl 137
4.2.9 Rissbreitenbegrenzende Bewehrung 137

4.3 Stahlkorrosion durch Chloride (XD und XS) 138
4.3.1 Erfahrungen mit Chloridkorrosion von Betonstahl 138
4.3.2 Chlorid in den Ausgangsstoffen 140
4.3.3 Eindringen von Chlorid in den Beton 140
4.3.4 Chloridinduzierte Stahlkorrosion 141
4.3.5 Erhöhte Sicherheit gegenüber Bewehrungskorrosion durch Chloride 142

4.4 Frost 143
4.4.1 Erfahrungen 143
4.4.2 Gefrierbeständigkeit 145
4.4.3 Frostschädigung 145
4.4.4 Beton mit hohem Frostwiderstand 146
4.4.5 Frostprüfungen 147
4.4.6 Schädigung durch Frost und Taumittel 148
4.4.7 Beton mit hohem Widerstand gegen Frost und Taumittel 148
4.4.8 Prüfung des Frost-Taumittelwiderstandes 150
4.4.9 Frost-Taumittelwiderstand von jungem Beton 151

4.5 Widerstand gegen chemische Angriffe 151
4.5.1 Überblick und Erfahrungen 151
4.5.2 Hinweise auf Gefährdungen 152
4.5.3 Beurteilung chemischer Angriffe 153
4.5.4 Generelle Schutzmaßnahmen 155
4.5.5 Schutzmaßnahmen bei lösendem Angriff 155
4.5.6 Schutzmaßnahmen bei Sulfatangriff 156

4.6 Schädigende Alkali-Kieselsäure-Reaktion (AKR) 157
4.6.1 Erfahrungen 157
4.6.2 Schadensbilder 158
4.6.3 Reaktionen 159
4.6.4 Alkaliempfindliche Gesteinskörnungen 159

4.6.5 Prüfungen und Einstufung alkaliempfindlicher Gesteinskörnungen ... 162
4.6.5.1 Einstufung in Alkaliempfindlichkeitsklassen ... 162
4.6.5.2 Alkaliempfindlichkeitsklasse E I ... 162
4.6.5.3 Prüfverfahren für eiszeitliche Ablagerungen Norddeutschlands, Gruppe (1) ... 162
4.6.5.4 Prüfverfahren für langsam reagierende und weitere Gesteinskörnungen, Gruppe (2) ... 162
4.6.6 AKR-Performance-Prüfung ... 164
4.6.7 Vermeiden von AKR-Schäden ... 164
4.6.8 Schadensanalysen ... 165
4.6.9 Behandlung schadhafter Bauteile ... 166

4.7 Schädigende späte Ettringitbildung ... 166
4.7.1 Erfahrungen ... 166
4.7.2 Ursachen später Ettringitbildung ... 166
4.7.3 Maßnahmen zur Vermeidung schädigender Ettringitbildung ... 167
4.7.4 Ettringit – Ursache oder Folge von Rissen? ... 167
4.7.5 Erkennen schädigender Ettringitbildung ... 168

4.8 Brandeinwirkungen ... 168

4.9 Verschleiß ... 169
4.9.1 Beanspruchungen ... 169
4.9.2 Prüfverfahren ... 170
4.9.3 Verschleißwiderstand ... 170

5 Mischungsentwurf ... 172

5.1 Vorgaben ... 172

5.2 Möglichkeiten für die Festlegung eines Betons ... 173

5.3 Konsistenz ... 173

5.4 Zusammensetzung der Gesteinskörnungen ... 174

5.5 Entwurf von Beton mit bestimmten Eigenschaften ... 176
5.5.1 Vorbemerkung ... 176
5.5.2 Zielvorgaben ... 176
5.5.3 Expositionsklassen ... 176
5.5.4 Ausgangsstoffe ... 177
5.5.5 Ermittlung des Wasseranspruches ... 177
5.5.6 Erforderlicher *w*/*z*-Wert ... 177
5.5.7 Erforderlicher Zementgehalt ... 177
5.5.8 Berechnung der Mischungsanteile ... 177
5.5.9 Auswahl der Betonzusammensetzung für die Erstprüfung ... 178
5.5.10 Druckfestigkeitsprüfung und Freigabe ... 178
5.5.11 Stoffmengen für eine Mischerfüllung ... 179
5.5.12 Schlussbemerkung zum Beispiel für das Ablaufschema ... 179

5.6 Optimierung der Eigenschaften des Frischbetons ... 179
5.6.1 Rheologische Untersuchungen ... 179
5.6.2 Optimierung des Mehlkorns ... 179
5.6.3 Auswahl und Optimierung von Fließmittel ... 181
5.6.4 Verlängerung oder Verkürzung der Verarbeitbarkeitszeit ... 182
5.6.5 Beurteilung des Frischbetons mit einfachen Mitteln ... 183

5.7 Beton mit Zusatzstoffen (vgl. Abschn. 2.3) ... 184
5.7.1 Wirkungsweise von Zusatzstoffen ... 184
5.7.2 Flugasche ... 185
5.7.3 Anrechenbarkeit von Flugaschen und anderen Zusatzstoffen ... 185
5.7.4 Silicastaub und Silicasuspension ... 186

5.8 Druckfestigkeiten im jungen und späten Alter 186
5.8.1 Frühfestigkeit 186
5.8.2 Festigkeit im späteren Alter 187
5.9 Luftporenbeton 188
5.9.1 Grundsätzliches 188
5.9.2 Erfahrungen 190
5.9.3 Prüfungen und Anforderungen an den LP-Gehalt im Frischbeton 190
5.9.4 Wahl des Luftporenbildners 192
5.9.5 Einflüsse auf die Luftporenentwicklung 193
5.9.6 Druckfestigkeit von Luftporenbeton 195
5.9.7 Prüfung der Luftporen in erhärtetem Beton 195
5.9.8 Praxisverhalten 195
5.9.9 Luftporenbeton mit Mikrohohlkugeln (MHK) 196
5.10 Beton für Bauteile mittlerer Dicke und massige Bauteile (Hydratationswärme) 196
5.10.1 Grundsätzliches 196
5.10.2 Vermeiden von Rissen durch betontechnische Maßnahmen 197
5.10.3 Prüfen der Rissempfindlichkeit 197
5.10.4 Einfluss von Zementen und Zusatzstoffen 198
5.10.5 Einfluss der Gesteinskörnungen 198
5.10.6 Einfluss von Zusatzmitteln 199
5.10.7 Temperatur des Frischbetons 199
5.10.8 Einfluss des Schwindens 200
5.10.9 Anforderungen der Expositionsklassen bei massigen Bauteilen 200
5.11 Beton mit besonderen Eigenschaften 200
5.11.1 Hohe Zugfestigkeit und Biegezugfestigkeit 200
5.11.2 Große Bruchdehnung 201
5.11.3 Hohe Grünstandfestigkeit 201
5.11.4 Hohe Schlagfestigkeit 202
5.11.5 Hoher oder niedriger Elastizitätsmodul 202
5.11.6 Geringes Schwinden und Quellen 203
5.11.7 Großes oder kleines Kriechen 204
5.11.8 Große oder kleine Wärmedehnzahl α_T 204
5.11.9 Niedrige oder hohe Rohdichte 204
5.11.10 Hoher Widerstand gegen Eindringen von Flüssigkeiten und Gasen 205
5.11.11 Widerstand gegen Auslaugen 206
5.11.12 Beton für tiefe oder hohe Gebrauchstemperaturen 207
5.11.13 Beton mit hohem Feuerwiderstand 207
5.11.14 Strahlenschutzbeton 208
5.12 Beton für Wärmebehandlung und Dampfhärtung 209
5.12.1 Erfahrungen 209
5.12.2 Beton für Wärmebehandlung 209
5.12.3 Eigenschaften von wärmebehandeltem Beton 210
5.12.4 Dampfhärten 210

6 Besondere Betonarten 211
6.1 Selbstverdichtender Beton (SVB) 211
6.1.1 Entwicklung 211
6.1.2 Grundlagen 212
6.1.3 Mischungsentwurf 213
6.1.4 Prüfverfahren und Erstprüfung von SVB 214
6.1.5 Robustheit von SVB 217
6.1.6 Eigenschaften des Festbetons 218

6.1.7 Einbringen auf Baustellen und im Fertigteilwerk ... 219
6.1.8 Praktische Erfahrungen ... 219
6.1.9 Selbstverdichtender oder leicht verarbeitbarer (F 5 + F 6) Beton? ... 220

6.2 Hochfester Beton HFB (Hochleistungsbeton) ... 220
6.2.1 Entwicklung ... 220
6.2.2 Ausgangsstoffe und Mischungsentwurf ... 222
6.2.3 Herstellung, Einbau und Nachbehandlung ... 223
6.2.4 Eigenschaften und Anwendung ... 225

6.3 Ultrahochfester Beton (UHFB) ... 226
6.3.1 Entwicklung ... 226
6.3.2 Zusammensetzung ... 226
6.3.3 UHFB mit Fasern ... 227
6.3.4 Herstellen und Verarbeiten ... 227
6.3.5 Dauerhaftigkeit ... 229
6.3.6 Anwendungsbereiche ... 229

6.4 Leichtbeton ... 230
6.4.1 Arten und Verwendung von Leichtbeton ... 230
6.4.2 Gefügedichter Leichtbeton (Konstruktionsleichtbeton) ... 231
6.4.2.1 Grundsätzliches ... 231
6.4.2.2 Zusammensetzung und Eigenschaften ... 232
6.4.2.3 Mischungsentwurf und Verarbeitung von gefügedichtem Leichtbeton ... 233

6.5 Beton mit recyclierten Gesteinskörnungen oder Restbeton ... 234

6.6 Sandreicher Beton und Sandbeton ... 236
6.6.1 Entwicklung ... 236
6.6.2 Technologie ... 236
6.6.3 Festbetoneigenschaften ... 237
6.6.4 Selbstverdichtender sandreicher Beton ... 237

6.7 Erdfeuchter Beton ... 237
6.7.1 Grundsätzliches ... 237
6.7.2 Erdfeuchter Beton für Betonwaren ... 238
6.7.3 Walzbeton ... 238

6.8 Faserbeton und textilbewehrter Beton ... 239
6.8.1 Entwicklung des Faserbetons ... 239
6.8.2 Arten von Fasern ... 240
6.8.3 Stahlfaserbeton ... 240
6.8.3.1 Grundsätzliches ... 240
6.8.3.2 Prüfung und Verwendung von Stahlfaserbeton ... 242
6.8.3.3 Herstellen und Verarbeiten von Stahlfaserbeton ... 244
6.8.3.4 Korrosion von Stahlfasern ... 244
6.8.3.5 Stahlfasern für besondere Betonarten ... 245
6.8.4 Kunststofffaserbeton ... 245
6.8.5 Glasfaserbeton ... 246
6.8.6 Glasfaserstäbe ... 247
6.8.7 Textilbewehrter Beton ... 247
6.8.8 Carbonbeton ... 247

6.9 Kunststoffmodifizierter Mörtel und Beton (PCC) ... 248

6.10 Besondere Mörtel ... 248
6.10.1 Einpressmörtel (EPM) für Spannbeton ... 248
6.10.2 Sonstige Einpress- und Verfüllmörtel ... 250
6.10.3 Mörtel für gefährliche Abfälle ... 251

7 Herstellen, Verarbeiten, Nachbehandeln und Überwachen 252
7.1 Planung der Betonarbeiten 252
7.2 Herstellen des Betons 253
7.2.1 Entwicklung 253
7.2.2 Anlieferung und Lagerung der Ausgangsstoffe 254
7.2.3 Zumessen der Ausgangsstoffe 255
7.2.4 Messen der Feuchte und der Konsistenz 256
7.2.5 Mischen des Betons 257
7.2.6 Kühlen oder Erwärmen des Betons 259
7.3 Transportbeton 261
7.3.1 Entwicklung 261
7.3.2 Anforderungen an den Transport 261
7.3.3 Fahrmischer und Mulden 262
7.3.4 Liefervereinbarungen 263
7.3.5 Übergabe (Abnahme) 265
7.3.6 Verspätetes Entladen 266
7.3.7 Überwachung von Transportbeton 266
7.3.8 Restbeton 266
7.4 Fördern des Frischbetons 266
7.4.1 Anforderungen 266
7.4.2 Betonpumpen 267
7.4.3 Anforderungen an Pumpbeton 268
7.4.4 Erfahrungen beim Betonpumpen 270
7.4.5 Förden über Rutschen, Rinnen und Rohre 271
7.4.6 Bandförderung 271
7.4.7 Fördern mit Kübeln 272
7.5 Einbringen 272
7.6 Verdichten 272
7.6.1 Grundsätzliches 272
7.6.2 Verdichten durch Rütteln 273
7.6.3 Verdichten durch Stampfen 275
7.6.4 Verdichten durch Stochern 275
7.6.5 Verdichten durch Schocken 275
7.6.6 Verdichten durch Schleudern 276
7.6.7 Verdichten durch Walzen 276
7.6.8 Einbau und Verdichten auf geneigten Oberflächen 276
7.6.9 Vakuumbehandlung und Schalungseinlagen 277
7.7 Fugen 278
7.7.1 Planung 278
7.7.2 Arbeitsfugen 279
7.7.3 Scheinfugen (Kontraktionsfugen) 280
7.7.4 Raumfugen (Dehnfugen) 280
7.7.5 Abdichtung von Fugen 281
7.8 Nachbehandlung und Schutz des Betons 282
7.8.1 Schädigung durch frühzeitiges Austrocknen 282
7.8.2 Schutz vor Austrocknen 283
7.8.3 Schutz vor Erwärmung 285
7.8.4 Schutz vor zu starker Abkühlung 287
7.8.5 Verfahren für Schutz und Nachbehandlung 287
7.8.6 Schutz vor Erschütterungen 289
7.9 Betonieren im Winter 289

7.10 Ausschalen, Vorspannen und Ausrüsten ... 290
7.10.1 Seitliche Schalungen ... 290
7.10.2 Vorspannen ... 290
7.10.3 Entfernen von tragenden Schalungen und Rüstungen ... 291
7.11 Wärmebehandeln von Beton ... 292
7.12 Überwachung von Herstellung, Verarbeitung und Nachbehandlung ... 292
7.12.1 Überwachen der Herstellung des Betons ... 292
7.12.2 Werkseigene Produktionskontrolle nach DIN ... 293
7.12.3 Steuerung der Produktion und zusätzliche Überwachung ... 293
7.12.4 Überwachung des Betons beim Einbau auf Baustellen ... 295
7.12.5 Prüfung der Druckfestigkeit bei Verwendung von Transportbeton ... 296

8 Beton für besondere Bauten ... 298

8.1 Betonstraßen und Tragschichten mit hydraulischen Bindemitteln ... 298
8.1.1 Entwicklung des Betonstraßenbaues ... 298
8.1.2 Bemessung ... 298
8.1.3 Fugen ... 301
8.1.4 Straßenbeton ... 304
8.1.5 Herstellen von Betondecken ... 305
8.1.5.1 Einbau des Betons ... 305
8.1.5.2 Oberflächentextur: Waschbeton oder Grinding ... 306
8.1.5.3 Nachbehandeln ... 308
8.1.5.4 Schneiden der Fugen ... 308
8.1.6 Überwachung und Prüfungen ... 309
8.1.7 Verkehrsfreigabe ... 310
8.1.8 Instandhaltung und Instandsetzung ... 310
8.1.9 Fugenlose Betonstraßen ... 311
8.1.10 Whitetopping ... 312
8.1.11 Tragschichten und Bodenverbesserungen mit hydraulischen Bindemitteln ... 312
8.1.11.1 Grundsätzliches ... 312
8.1.11.2 Hydraulisch Gebundene Tragschichten (HGT) und Verfestigungen ... 313
8.1.11.3 Bodenverfestigungen mit hydraulischen Bindemitteln ... 314
8.1.11.4 Bodenverbesserungen mit Bindemitteln ... 314
8.1.11.5 Zentralmischverfahren ... 315
8.1.11.6 Baumischverfahren ... 315
8.1.11.7 Prüfungen von HGT und Verfestigten Tragschichten ... 317
8.2 Wasserbauten ... 318
8.2.1 Flussbauten, Wasserstraßen und weitere Binnenwasserbauten ... 318
8.2.1.1 Entwicklung ... 318
8.2.1.2 Anforderungen an den Beton ... 319
8.2.1.3 Bauteile ... 320
8.2.1.4 Instandsetzungen ... 323
8.2.2 Massenbeton für Talsperren ... 324
8.2.2.1 Anforderungen ... 324
8.2.2.2 Betonzusammensetzung ... 325
8.2.2.3 Einbau und Nachbehandlung des Betons ... 326
8.2.3 Beton für Meerwasserbauten ... 327
8.2.4 Beton für Abwasserbauten ... 328
8.2.4.1 Abwasserleitungen ... 328
8.2.4.2 Beton für Kläranlagen ... 330
8.2.5 Beton für Anlagen der Trinkwasserversorgung ... 331

8.3 Brücken 332
8.3.1 Entwicklung 332
8.3.2 Einwirkungen von Tausalz 334
8.3.3 Beton für Überbauten 335
8.3.4 Nachbehandlung der Fahrbahntafeln 338
8.3.5 Beton für Pfeiler, Bögen, Widerlager, Stützwände und dgl. 338
8.3.6 Brückenkappen 338
8.3.7 Überwachen des Betons 339
8.4 Parkhäuser und Garagen 340
8.4.1 Erfahrungen 340
8.4.2 Planung 341
8.4.3 Regelwerke und Empfehlungen 342
8.4.4 Unbewehrte Bodenplatten 342
8.4.5 Bewehrte Bodenplatten 342
8.4.6 Befahrene Zwischendecken 343
8.4.7 Rampen 344
8.4.8 Seitliche Wände und Stützen 344
8.4.9 Fugen, Einbauten und Pflasterbeläge 345
8.5 Weiße Wannen und andere wasserundurchlässige Bauteile 345
8.5.1 Grundsätzliches und Erfahrungen 345
8.5.2 Grundsätze für den Entwurf 346
8.5.3 Anforderungen 347
8.5.4 Bauweisen 347
8.5.5 Grundsatz (a): Münchner Konzept zur Rissvermeidung 348
8.5.5.1 Grundlagen 348
8.5.5.2 Konstruktive Maßnahmen 350
8.5.5.3 Betontechnische Maßnahmen 352
8.5.5.4 Ausführungstechnische Maßnahmen 354
8.5.6 Feuchtigkeit auch in dichten Weißen Wannen 355
8.5.7 Dächer und Wasserbehälter aus wasserundurchlässigem Beton 356
8.6 Zementestriche und Industrieböden aus Beton 356
8.6.1 Zementestriche 356
8.6.2 Bauweisen von Estrichen 357
8.6.3 Estrichmörtel und Einbau 358
8.6.4 Schutz und Nachbehandlung 358
8.6.5 Industrieböden 359
8.6.6 Oberflächenbearbeitung und Verschleißwiderstand 360
8.6.7 Verschleißfeste Hartstoffoberflächen 361
8.6.8 Frühzeitige Belastung 362
8.7 Unterwasserbeton, Schlitzwände und Bohrpfähle 362
8.7.1 Betoneinbau unter Wasser 362
8.7.2 Unter Wasser hergestellte Sohlplatten 363
8.7.2.1 Anwendung und Besonderheiten 363
8.7.2.2 Einbringen des Betons 363
8.7.2.3 Zusammensetzung von Unterwasserbeton 364
8.7.3 Beton für Schlitzwände und Bohrpfähle 365
8.7.4 Schlitzwände 366
8.7.5 Bohrpfähle 367
8.7.6 Pfahlwände 368
8.7.7 Düsenstrahlverfahren 369
8.7.8 Tiefreichende Bodenstabilisierung (TBS) 369

8.8 Tunnel ... 369
8.8.1 Aufgaben und Bauweisen ... 369
8.8.2 Tunnel im bergmännischen Vortrieb ... 370
8.8.2.1 Sohlplatten und Sohlgewölbe ... 370
8.8.2.2 Gewölbe ... 370
8.8.2.3 Erfahrungen und Weiterentwicklungen ... 372
8.8.2.4 Beton für Sohlplatten und Sohlgewölbe ... 375
8.8.2.5 Beton für das Gewölbe ... 376
8.8.2.6 Einbringen des Gewölbebetons ... 378
8.8.2.7 Nachbehandeln des Gewölbebetons ... 379
8.8.3 Offene Bauweisen ... 379
8.8.3.1 Anwendung ... 379
8.8.3.2 Rechteckquerschnitt ... 379
8.8.3.3 Gewölbe in offener Bauweise ... 381
8.8.4 Ausbau mit Tübbings ... 381
8.8.4.1 Bauweisen ... 381
8.8.4.2 Tübbingsysteme und Anforderungen ... 382
8.8.4.3 Herstellung der Tübbings ... 382
8.8.4.4 Beton für Tübbings ... 384
8.8.4.5 Ringspaltmörtel ... 384
8.9 Sichtbeton ... 385
8.9.1 Einführung ... 385
8.9.2 Erfahrungen ... 385
8.9.3 Regelwerke, Empfehlungen und Sichtbetonklassen ... 387
8.9.4 Planung und Ausschreibung ... 388
8.9.5 Wichtige physikalische Vorgänge ... 388
8.9.6 Zusammensetzung von Sichtbeton ... 392
8.9.7 Schalhaut ... 395
8.9.8 Einbau und Nachbehandlung ... 396
8.9.9 Beurteilung und Mängel von Sichtflächen ... 397
8.9.9.1 Beurteilung von Sichtbetonflächen ... 397
8.9.9.2 Beheben von Mängel ... 398
8.9.9.3 Verfärbungen ... 399
8.9.9.4 Witterungseinflüsse ... 399
8.9.9.5 Schutz vor Graffiti und Verschmutzungen ... 400
8.9.10 Weißer Sichtbeton ... 400
8.9.11 Farbiger Sichtbeton ... 401

9 Spritzbeton und Spritzmörtel ... 402
9.1 Entwicklung ... 402
9.2 Grundsätzliches ... 403
9.2.1 Technologische Zusammenhänge ... 403
9.2.2 Eigenschaften, Frühfestigkeitsklassen und Spritzbetonklassen ... 404
9.3 Spritzverfahren ... 406
9.3.1 Trockenspritzverfahren ... 406
9.3.2 Nassspritzverfahren ... 407
9.4 Auftragen des Spritzbetons ... 408
9.4.1 Aufgaben des Düsenführers ... 408
9.4.2 Bewehrung ... 411
9.4.3 Vermindern von Rückprall und Staub ... 411
9.4.4 Nachbehandlung ... 411
9.4.5 Spritzbetonarbeiten unter Druckluft ... 412

9.5 Ausgangsstoffe ... 412
9.5.1 Zemente ... 412
9.5.2 Zusatzstoffe ... 412
9.5.3 Gesteinskörnungen ... 413
9.5.4 Zusatzmittel ... 413
9.6 Prüfverfahren ... 413
9.6.1 Grundsätzliches ... 413
9.6.2 Prüfen von Spritzbetonzementen und Zement-Beschleuniger-Kombinationen ... 413
9.6.3 Prüfen der Frühfestigkeit ... 414
9.6.4 Prüfen von erhärtetem Spritzbeton ... 414
9.7 Entwicklung der Grundmischung ... 415
9.8 Spritzbeton mit besonderen Eigenschaften ... 416
9.8.1 Polymermodifizierter Spritzbeton ... 416
9.8.2 Spritzbeton mit hohem Frost- oder Frost- und Tausalzwiderstand ... 416
9.8.3 Spritzbeton mit erhöhtem Widerstand gegen chemische Angriffe ... 416
9.8.4 Spritzbeton mit geringem Versinterungspotenzial ... 416
9.8.5 Spritzbeton mit geringer Wassereindringtiefe ... 416
9.9 Besondere Arten von Spritzbeton ... 416
9.9.1 Stahlfaserspritzbeton ... 416
9.9.2 Brandschutzschichten aus Spritzbeton ... 417
9.9.3 Carbonbeton als dünne Verstärkungsschicht ... 417
9.9.4 Spritzbeton für Schalentragwerke und Sichtflächen ... 417
9.9.5 Mit Kunststofffasern bewehrter Spritzbeton ... 418

10 Überwachen von Bauwerken ... 419
10.1 Grundlagen und Erfahrungen ... 419
10.2 Bauwerksprüfungen ... 420
10.3 Folgerungen für Planung und Errichtung neuer Bauten ... 420
10.4 Monitoring ... 421
10.4.1 Arbeitsweise, Möglichkeiten und Grenzen ... 421
10.4.2 Monitoring bei Neubauten ... 422
10.4.3 Monitoring bei bestehenden Bauwerken ... 423

11 Instandsetzen, Schutz und Verstärken von Betonbauwerken ... 424
11.1 Mängel und Schäden ... 424
11.1.1 Mängel und Schäden bei der Bauausführung ... 424
11.1.2 Unzureichende Festigkeit des Betons ... 425
11.1.3 Mängel und Schäden an bestehenden Bauwerken ... 426
11.2 Planung der Instandsetzung ... 427
11.3 Beurteilen und Prüfen von Beton in Bauwerken ... 428
11.3.1 Beurteilen der Betonoberfläche ... 428
11.3.2 Festigkeiten aus den Unterlagen der Bauzeit ... 428
11.3.3 Abschätzen der Festigkeit durch zerstörungsfreie Prüfung ... 429
11.3.4 Ermitteln der Festigkeit mit Bohrkernen ... 429
11.3.5 Oberflächenzugfestigkeit (Abreißfestigkeit) ... 430
11.3.6 Altbetonklassen ... 431
11.3.7 Messungen mit Ultraschall und Hammerimpuls ... 431
11.4 Baustoffe für Instandsetzungen ... 431
11.4.1 Mörtel und Beton ... 431
11.4.2 Kunststoffmodifizierte Mörtel und Beton ... 432
11.4.3 Spritzbeton und Spritzmörtel ... 432

11.4.4 Oberflächenschutzsysteme 432
11.4.5 Verwendbarkeit von Stoffen für Schutz, Instandsetzen und Verstärken von Beton 433

11.5 Instandsetzen von Beton 434
11.5.1 Ausbessern von Oberflächenschäden 434
11.5.2 Verbund zwischen altem und neuem Beton 434
11.5.3 Dünne Schichten auf Beton 436

11.6 Prüfen und Beurteilen von Stahleinlagen und deren Korrosionsschutz 437
11.6.1 Grundlagen und Erfahrungen 437
11.6.2 Carbonatisierungstiefe 439
11.6.3 Eindringtiefe von Chloriden 439
11.6.4 Betondeckung und Bewehrungslage 440
11.6.5 Aufdecken von Korrosion durch elektrochemische Potenzialmessung 441
11.6.6 Weitere Zerstörungsfreie Prüfverfahren 442

11.7 Schutz und Instandsetzen zum Vermeiden von Stahlkorrosion 443
11.7.1 Grundsätzliches 443
11.7.2 Maßnahmen bei Korrosion ohne Chlorideinwirkung 443
11.7.3 Maßnahmen bei korrosionsauslösenden Chloridgehalten 444
11.7.4 Kathodischer Korrosionsschutz 445

11.8 Risse 446
11.8.1 Ist eine Behandlung nötig? 446
11.8.2 Messen und Beurteilen von Rissen 447
11.8.3 Selbstheilen von Rissen 448
11.8.4 Ziele einer Rissfüllung 448
11.8.5 Rissfüllstoffe 449
11.8.6 Ausführung von Verpress- und Verfüllarbeiten 450
11.8.7 Güteüberwachung 451

11.9 Instandsetzung von Brandschäden 451

11.10 Verstärken von Betonbauteilen 452

12 Literaturverzeichnis 454

Stichwortverzeichnis 482

1 Einführung

1.1 Grundsätzliches

Bauwerke prägen unsere Städte und unser Land. Sie haben wesentlichen Anteil an dem, was wir als Heimat empfinden. Große Anstrengungen, oft über mehrere Generationen waren nötig, um sie zu schaffen. Die in der Vergangenheit errichteten Bauten tragen ganz erheblich zu unserem Wohlstand bei, mehr noch, viele davon sind **Dokumente unserer Kultur**. Wir nutzen heute noch viele Bauwerke aus dem 19. und beginnenden 20. Jahrhundert. Man denke nur an Wasserbauten, Bahnanlagen, Wasserversorgungen oder Abwasserkanäle – sie sind auch **heute noch ein wesentlicher Bestandteil unserer Infrastruktur**. Die Leistungen vieler der damaligen Ingenieure muten heute erstaunlich an, wenn man an die bescheidenen technischen Hilfsmittel und die noch sehr einfachen Berechnungsverfahren dieser Zeitepoche denkt.

Primäres Ziel auch unseres heutigen Bauens muss es sein, Bauwerke zu schaffen, die **viele Jahrzehnte oder Jahrhunderte die Bedürfnisse der Menschen erfüllen**. Sie müssen **vorausschauend** geplant werden, damit sie nicht schon bald umgebaut werden müssen oder gar ungenutzt bleiben, weil sie die geänderten Ansprüche nicht mehr erfüllen. Unsere Bauwerke müssen aber auch so errichtet werden, dass sie uns **ohne großen Aufwand zu ihrer Erhaltung** dienen können.

Besondere Bedeutung kommt sorgfältig und weitblickend ausgearbeiteten Plänen, Leistungsbeschreibungen und Bauverträgen und darüber hinaus der Bauaufsicht durch den Auftraggeber und den Auftragnehmer zu. Unser Wirtschaftssystem beruht darauf, dass die an Planung, Bauausführung, Prüfung und Baustofflieferung beteiligten Gruppen einen angemessenen Gewinn erarbeiten. Bei den heutigen Wettbewerbsbedingungen im Bauwesen ist Gewinn aber, wenn man hier überhaupt noch davon sprechen kann, im Vergleich etwa zur Automobilindustrie, viel zu klein. Das ist eine besondere Herausforderung für alle, die am Bauen beteiligt sind.

1.2 Nachhaltiges Bauen

Ursprünglich war das Bauen geprägt von **handwerklichen Regeln**, die in den Zünften entwickelt wurden. Deren Richtigkeit verdanken wir es, dass wir noch heute viele mittelalterliche Fachwerkhäuser, ja so manche gotische und sogar romanische Dome bewundern können.

Seit jener Zeit hat sich viel geändert. Vor mehr als einem Jahrhundert haben wir begonnen, nach **statischen und anderen wissenschaftlichen Erkenntnissen** zu bauen, und daraus Regeln abzuleiten, die **weitgehend, aber nicht immer, durch die Erfahrung bestätigt** wurden.

In den letzten Jahrzehnten ist ein neuer Gesichtspunkt hinzugekommen: durch die Zunahme der Weltbevölkerung und unseren viel höheren Ansprüchen an die Lebensqualität wurde ein Bauboom ausgelöst, der uns zwingt, der Begrenztheit unserer Ressourcen Rechnung zu tragen. Wir müssen **nachhaltig bauen.** Darunter versteht man, so zu bauen, dass die **Umwelteinwirkungen** und die **Kosten** über den **gesamten Lebenszyklus** nicht zu groß werden. Um dieses Ziel zu erreichen, wurden in jüngster Zeit sehr viele Forschungsarbeiten durchgeführt. Sie haben gezeigt, dass es äußerst schwierig ist, Regeln für nachhaltiges Bauen aufzustellen, die alle wichtigen Einwirkungen ganzheitlich umfassen und darüber hinaus so einfach sind, dass sie in der mit Regelwerken überlasteten Bauwelt auch umgesetzt werden können.

Besonders wichtig ist dabei aber auch, dass unsere **Bauweisen robust** sind, weil beim Bauen oft auch **ungeplanten Ereignisse** eintreten und mitunter selbst begrenzte **Imperfektionen der Ausführung** unvermeidbar sind. Bauen findet nicht in klimatisierten Fabrikhallen statt, sondern voll der Witterung ausgesetzt. All das darf nicht zu Mängeln, Schäden oder gar zum Versagen führen. Man denke nur an die früher viel zu kleinen Betondeckungen der Stahleinlagen, die zwar nach statischen Gesichtpunkten ausreichend waren, aber zu erheblicher Korrosionsschäden führten. Auch mussten wir erst lernen, um nur ein zweites Beispiel aufzuzeigen, wie wichtig es beim Bau von Brücken ist, die Einwirkungen des im Winter gestreuten Tausalzes zu berücksichtigen, sollen aufwändige Instandsetzungen, ja mitunter sogar Neubauten vermieden werden.

Grundsätzlich gilt, dass **jede Instandsetzung**, und noch mehr jeder **Abriss und dadurch nötige Neubau** eine erhebliche **Umweltbelastung** darstellt.

Zur **ganzheitlichen Betrachtung** gehört es auch, die Umwelteinflüsse während der Nutzung angemessen zu berücksichtigen. So muss etwa beim Bau von Autobahnen beachtet werden, dass während der Nutzung durch den Verkehr Einwirkungen auf die Umwelt auftreten, die etwa das Hundertfache von jenen ausmachen, die bei deren Herstellung und

Erhaltung entstehen, [Michalowski 10]. Das größte Einsparungspotenzial liegt daher bei Fahrbahnen, die auf lange Zeit hin eben und griffig bleiben, damit Treibstoff und Umweltbelastung minimiert werden. Demgegenüber sind die Umwelteinwirkungen beim Bau und bei der Herstellung der nötigen Baustoffe verschwindend klein.

Insgesamt erfordert ein nachhaltiges Bauen in allen Bereichen nicht nur die Beachtung, sondern auch eine **quantitative Beurteilung** einer Vielzahl von Einflüssen vor allem auch während der Nutzung. Dazu gehören **ökologische** Gesichtspunkte (Verbrauch an Stoffen und Energieträgern, Emissionen usw.), aber auch Einflüsse **ökonomischer** (wie Lebenszykluskosten und Werterhaltung über die gesamte Nutzungsdauer) und **sozialer** Natur (Gesundheit, Sicherheit, Behaglichkeit usw.). Ihnen Rechnung zu tragen, ist ein schwieriger und langwieriger Prozess, bei dem bislang nur für Teilbereiche Lösungen vorliegen und nur wenige davon schon in die Praxis umgesetzt wurden. Man muss sich aber auch damit abfinden, dass teilweise auch viel stärker einschneidende Maßnahmen notwendig wären, die allerdings eine erhebliche Beeinträchtigung unserer Lebensqualität bedeuten würden.

Es fehlt heute nicht an Organisationen, die sich dem Problemkreis der Nachhaltigkeit widmen, wie die „**Deutsche Gesellschaft für nachhaltiges Bauen**". Auch **Gütesiegel** und **Zertifikate** werden vergeben.

Die **Betontechnologie** leistet einen wichtigen Beitrag. Zu nennen ist die Verwendung von **Zementen mit reduziertem Klinkeranteil**. Das führt zu einer geringeren Emission von Treibhausgasen, vor allem des Kohlendioxides, das beim Brennen des Rohmehls vom Kalkstein abgegeben werden muss. Bis zu einem bestimmten Maß können Hüttensand oder Flugasche an die Stelle des Klinkers treten, was sich seit Jahrzehnten bewährt hat. Bemühungen mit anderen Stoffen, ein an die Leistungsfähigkeit und Robustheit von Portlandzement heranreichendes Bindemittel zu entwickeln, sind bislang ohne Erfolg geblieben. Ein weiterer Weg, Zementklinker einzusparen, besteht in der **Optimierung der Packungsdichte** des Zements und der Feinanteile der Gesteinskörnungen des Betons. Dabei können Kalksteinmehl und auch Silicastaub hilfreich sein.

Einen wichtigen Beitrag zur Einsparung wertvoller natürlicher Rohstoffe leistet die **Aufbereitung und Wiederverwendung** von Abbruchmassen aus Beton oder Mauerwerk, ebenso wie die Nutzung von Müllverbrennungsaschen und ähnlichen Stoffen an Stelle von Gesteinskörnungen für den Beton.

1.3 Die Rolle der Normen

1.3.1 Aufgabe der Normen

Unsere heutigen äußerst umfangreichen Normen und weiteren Regelwerke wurden dazu geschaffen, um der Planung und Ausführung von **sicheren**, **gebrauchstauglichen** und **dauerhaften** Bauwerken zu dienen und durch klare Definition von Mindestanforderungen überhöhte Kosten zu vermeiden.

Im heutigen Bauwesen sind **Normen unverzichtbar**. Normen sind aber, wie W. Zerna richtig meint, **keine „ewigen Wahrheiten"**, also keine Naturgesetze. Jedem Schaden liegt aber ein Verstoß gegen Naturgesetze, vor allem jenen der Statik, der übrigen Physik oder der Chemie zugrunde. Wenn trotz Einhaltung einer Norm an einer Bauleistung ein Mangel auftritt, haftet dennoch der Erbringer der Leistung in vollem Umfang [Seibel 08]. **Normen können den Ingenieurverstand nicht ersetzen.** Bei der Erstellung von Normen bemüht man sich selbstverständlich, die Naturgesetze zu berücksichtigen, daneben müssen aber noch viele andere Belange einfließen. Schließlich sollten sie auch knapp, eindeutig und anwenderfreundlich formuliert sein. Kein Wunder, dass Normentexte immer wieder verändert, also aktualisiert werden müssen, sie sind eben keine ewigen Wahrheiten.

In den 23 Jahren zwischen 1988 und 2011 hat sie den Umfang der für den Betonbau maßgebenden Normen, gemessen an deren Seitenzahl, fast auf das Fünffache vergrößert. Dazu kommt noch eine Flut anderer Regelwerke. Kein Wunder, dass das komplizierte und zum Teil sogar bauaufsichtlich eingeführte Normenwerk nicht nur Innovationen ausbremst, sondern ihr umfangreicher Inhalt das **menschliche Aufnahmevermögen**, selbst jenes der besten Ingenieure, **übersteigt**, und daher auch eine **Gefahr für die Sicherheit** darstellt. Es ist daher der dringende Wunsch aller im Bauwesen tätigen Ingenieure, von Prüfingenieuren und Beratenden Ingenieuren bis hin zu jenen, die in der Planung oder auf Baustellen tätig sind, vereinfachte **praxisgerechte Regelwerke** zu schaffen, die sich auf das Wesentliche beschränken.

1.3.2 Baunormen und Grenzen ihrer Verbindlichkeit

Normen des Deutschen Instituts für Normung sollen sich – so die richtungweisende DIN 820 „Normungsarbeit, Grundsätze" – als anerkannte Regeln der Technik einführen. Allein ihre Existenz macht eine Norm **nicht zur anerkannten Regel der Technik**, auch wenn die Rechtsprechung einer DIN-Norm die **widerlegbare Vermutung** zubilligt, anerkannte

Regeln der Technik wiederzugeben. Es gibt durchaus Fälle, in denen Teile einer Norm nicht mehr die Qualität dazu haben. Dies wird offensichtlich, wenn im Zuge einer **Neubearbeitung** einer Norm der noch nicht gültige **Gelbdruck** (Einspruchsexemplar) den Stand des Wissens und der Erfahrungen besser wiedergibt als die noch geltende alte Ausgabe der Norm.

Der Bundesgerichtshof weist den DIN-Normen den Charakter von Empfehlungen bei und spricht ihnen die Qualität als Rechtsnorm ab [BGH 2000]. Ein Verstoß gegen eine Norm ist somit noch nicht zwingend ein Sachmangel.

Es gibt auch Normen, die sich nicht als Regel der Technik durchgesetzt haben. Als Beispiel kann hier Teil 5 der DIN 18195 (1984) über die Abdichtung von Nasszellen und Küchen genannt werden. Selbst öffentlich rechtlich als eingeführte technische Baustimmung geltende Normen – wie die DIN 4109/1962 betreffend den Schallschutz – sind vor dem technischen Fortschritt nicht gefeit. Ihr musste Mitte der 70er Jahre der Rang einer anerkannten Regel der Technik abgesprochen werden, noch lange bevor eine Neufassung ausgearbeitet war [Motzke 02].

Die **europäischen Normen EN** geben in einigen Fällen, wie auch bei der Betonnorm DIN EN 206-1, nur einen Rahmen vor, der durch **nationale Anwendungsregeln**, beim genannten Beispiel in Deutschland der DIN 1045-2, ergänzt werden muss. Deren Zweck war es ursprünglich, die unterschiedlichen klimatischen Verhältnisse der europäischen Staaten zu berücksichtigen. Vergleicht man Grenzwerte für die Dauerhaftigkeit, wie den *w*/*z*-Wert, den Zementgehalt und die erforderliche Betondeckung der verschiedenen nationalen Anwendungsregeln, so bestehen vielfach erhebliche Unterschiede [Gehlen 14]. In jedem der Staaten wird die Zukunft zeigen, ob der eingeschlagene Weg richtig oder überzogen war oder ob der spätere Instandsetzungsaufwand so groß ist, dass man sich künftig zu aufwändigeren Festlegungen entschließen muss.

Einen nur in Deutschland bestehenden Sonderfall stellen bestimmte Normen, wie etwa die DIN EN 206 und DIN 1045 und auch Richtlinien des DAfStb dar, die von den obersten Bauaufsichtsbehörden der Bundesländer im Interesse der öffentlichen Sicherheit **bauaufsichtlich eingeführt** wurden. Sie wurden in die **Bauregelliste**, künftig **Verwaltungsvorschrift Technische Baubestimmungen VVTB** aufgenommen und sind damit ebenso verbindlich sind wie Bauordnungen, siehe dazu Abschn. 1.5.2.

Die für die Einführung der wichtigen neuen **DIN EN 206-1** (2014) **Beton – Festlegung, Eigenschaften, Herstellung und Konformität** erforderlichen nationalen Anwendungsregeln durch eine neue DIN 1045-2 wurde jedoch in ihrem Entwurf im August 2014 abgelehnt. Daher gelten zurzeit für die Herstellung und Eigenschaften des Betons noch die vorhergehenden Fassungen von **DIN 1045-2 und DIN EN 206-1.** Sie wurden wortgetreu im **DIN FB 100** Beton zusammengefasst, einschließlich der Änderungen A1 (2005) und A2 (2007).

1.3.3 Ausarbeitung der Normen

Normen werden in **Normenausschüssen,** denen Fachleute aller beteiligten Bereiche, also **Hersteller, Verbraucher, Wissenschaft**, **Bauaufsicht usw.** angehören, in ehrenamtlicher Tätigkeit ausgearbeitet. Festlegungen in Normen können ganz erheblich den **Markt eines Produktes** beeinflussen. Daher kommt es vor, dass sich einzelne Gruppen, wie beispielsweise die Hersteller einzelner Produkte oder deren Verbände, sehr stark in der oft viele Jahre in Anspruch nehmenden Normungsarbeit beteiligen, während die eigentlichen **Verbraucher,** etwa private Bauträger oder selbst große Bauverwaltungen, für solche Arbeiten kaum kompetente Fachleute freistellen und bezahlen können.

Jeder, der in Normenausschüssen mitgearbeitet hat, kennt die harten Diskussionen, wenn ein Produkt, das sich für eine Aufgabe weniger gut erwiesen hat, in seiner Anwendbarkeit begrenzt werden soll. Jeder Angehörige des betroffenen Baustoffwerkes und noch mehr jeder Vertreter des zuständigen Verbandes wünscht sich, dass die Anwendung seiner Produkte möglichst wenig beschränkt werden soll, d. h. dass **seine Produkte nicht „diskriminiert"** werden, es sei denn, dass der Nachweis erbracht wurde, dass sie sich für einen bestimmten Zweck nicht eignen. Genau umgekehrt denken Bauherr und Bauaufsichtsbehörde: es dürfen nur Produkte verwendet werden, für die der **Nachweis der Eignung** erbracht wurde. Aber auch hier zeigt sich, wie schwierig es ist, die ohnehin schon viel zu komplizierten Normentexte übersichtlich zu gestalten: Es müssen Beanspruchungen und Baustoffe in großen Gruppen zusammengefasst werden. So konnte etwa bei der Festlegung der für den Schutz vor Korrosion des Betonstahls erforderlichen Betondeckung nicht darauf Rücksicht genommen werden, wie sehr unterschiedlicher Zemente das Carbonatisierungsverhalten des Betons beeinflussen.

Fachbücher, die die Erfahrungen einzelner Autoren wiedergeben, unterliegen nicht denselben Zwängen wie Normen. Ihre Aufgabe ist es auch, Hinweise zu geben, wenn es im Interesse eines Bauwerkes liegt, etwa seiner Dauerhaftigkeit, von technischen

Regelwerken abzuweichen oder wenn die Anforderungen an ein Bauwerk nur erfüllt werden können, wenn über die allgemeinen bautechnischen Regeln hinausgehende Maßnahmen getroffen werden.

1.3.4 Anwendung von Normen

Stets muss bei Normen des Bauwesens bedacht werden, dass beim üblichen Bauablauf die **Planungen und statischen Berechnungen** schon durchgeführt werden müssen, bevor die speziellen **Gegebenheiten der Baustelle** bekannt sind. Ob der Beton mit Rundkies oder Splitt hergestellt wird, mit welchem Zement der Beton gemacht wird, ob bei Temperaturen um den Gefrierpunkt oder in Sommerhitze betoniert werden muss, all das ist in den meisten Fällen bei der Planung und Berechnung des Tragwerkes und der Aufstellung des Leistungsverzeichnisses noch nicht bekannt. Daher können Normen für wichtige Kennziffern wie den **E-Modul**, das **Schwinden**, der **Erhärtungstemperatur** und der **Wärmedehnzahl** des Betons nur **Durchschnittswerte** angeben, die von den bei der Herstellung des Bauteils tatsächlich herrschenden Bedingungen **oft erheblich abweichen**. Wie der Beton wirklich beschaffen war, bei welchen Temperaturen er eingebaut wurde und viele andere Kennziffern werden oft erst festgestellt, wenn es zu einem Mangel oder Schaden gekommen ist. Bei schwierigeren und anspruchsvollen Bauvorhaben muss man daher die speziellen Voraussetzungen schon sehr frühzeitig erheben und nötigenfalls zusätzliche Anforderungen stellen, sodass der Planung und Berechnung, **an Stelle von Durchschnittswerten** der entsprechenden Norm, die **tatsächlich zu erwartenden Werte** zugrunde gelegt werden können. Bei sehr großen Bauvorhaben geschieht dies oft schon Jahre vor Baubeginn.

Unsere Normen sollen, etwa bei der Zusammensetzung eines Betons, sicherstellen, dass **bei allen denkbaren Kombinationen** von gerade noch den Anforderungen entsprechenden Ausgangsstoffen ein **ausreichend festes und dauerhaftes Endprodukt** erzielt wird. Sie berücksichtigen nicht die in besonderen Fällen oft abweichenden Gegebenheiten. So kann es beispielsweise zweckmäßig sein, bei massigen Bauteilen, die durch Hydratationswärme eine hohe Temperatur erreichen würden, sehr niedrige Zementgehalte zu verwenden, wenn man gleichzeitig zur Sicherung des Korrosionsschutzes der Stahleinlagen die Betondeckung deutlich erhöht. Es ist daher stets zu prüfen, ob nicht ein Fall vorliegt, in dem im Interesse der **optimalen Herstellung eines mängelfreien Bauwerks** von der Norm abgewichen werden muss.

Die meisten Baustoffe werden so hergestellt, dass sie Anforderungen der entsprechenden Norm erfüllen. Das heißt aber **nicht zwingend,** dass damit **jedes normgerechte Produkt** auch für jede Anwendung **tauglich** ist. Als Beispiel sei hier genannt, dass es durchaus möglich wäre, einen Zement so herzustellen, dass er der Norm entspricht, aber wegen ungünstiger Kornform der einzelnen Partikel zu einem Beton führen würde, der nicht ausreichend verarbeitbar wäre.

Für viele Bauaufgaben müssen auch zusätzliche Anforderungen gestellt werden, die über die Grenzwerte der Norm hinausgehen. So erfüllt etwa ein Kies, der 0,1 % Holzstücke enthält, noch die Anforderungen der Norm, für Sichtbeton ist er aber ungeeignet.

Die Anforderungen der Praxis sind also keinesfalls identisch mit jenen der Normen, sie gehen oft weit darüber hinaus, obwohl man bei der Ausarbeitung jeder Norm bemüht ist, die wichtigsten technischen Sachverhalte angemessen zu berücksichtigen.

1.4 Planung und Leistungsbeschreibung

Bauaufträge sollen an den **Bestbieter** vergeben werden. In der Regel ist dies jener, der das niedrigste Angebot vorlegt, zumal der mitunter nötige Nachweis, dass der Billigstbieter nicht der Bestbieter ist, oft mit großen Schwierigkeiten verbunden ist. Bei Aufträgen aus öffentlichen Geldern soll der Nachweis gerichtsfest sein. Die Anforderungen an die **Güteeigenschaften eines Bauwerkes** müssen, soweit dies nicht in den entsprechenden Normen geschehen ist und anerkannten Regeln der Technik entspricht, bei der **Planung und Ausschreibung genau festgelegt** werden. Kein Unternehmer, der seinen Auftrag im Wettbewerb durch sein niedriges Angebot gewonnen hat, kann eine höhere Güte, die mit Mehrkosten verbunden ist, liefern als jene, die der Leistungsbeschreibung zugrunde liegt, an die sich auch seine Wettbewerber halten. Den planenden und die Leistungsbeschreibung verfassenden Ingenieuren kommt daher eine besonders wichtige Aufgabe zu.

Mehr noch! Für alle **Verbesserungen, die die Güte und/oder Dauerhaftigkeit** der Bauwerke erhöhen sollen, aber mehr Geld kosten als jene, die in den Normen oder anderen Regelwerken festgelegt sind und den anerkannten Regeln der Technik entsprechen, muss der Bauherr, also der **Auftraggeber die Initiative** ergreifen. Den großen Bauherren fällt in unserem Wirtschaftssystem daher die Aufgabe zu, all jene technischen Weiterentwicklungen zu fördern, die nicht von der zugehörenden Industrie vorangetrieben werden. Das sind vor allem jene, die zu höheren Preisen führen, aber im Interesse einer langfristig verbesserten Gebrauchstauglichkeit oder niedrigeren Erhaltungskosten zweckmäßig oder sogar notwendig sind.

Die Qualität unserer Bauwerke wird auch von den **Witterungsverhältnissen während des Baues** und anderen Einflüssen, die die Bauausführenden nicht voll im Griff haben können, bestimmt. Als Beispiel sei hier nur genannt, dass Beton, der im Freien an heißen Sommertagen eingebaut werden muss, mehr zu Rissen neigt, als ein an einem bedeckten Novembertag eingebrachter Beton. Die Kosten für ein Kühlen des Betons in der Mischanlage oder Sonnenschutzeinrichtungen für ganze Bauteile sind hoch. Wenn man solche Maßnahmen trifft, muss rechtzeitig festgelegt werden und Klarheit darüber bestehen, **wer die Kosten trägt**. In vielen Fällen verzichtet man auf solche Maßnahmen. Dennoch müssen die Auswirkungen ungünstiger Temperaturen des Frischbetons und ähnlicher negativer Einflüsse beurteilt und nötigenfalls berücksichtigt werden.

1.5 Rechtliche Verpflichtungen

1.5.1 Vertragliche Anforderungen nach VOB/B

Nach der VOB/B „hat der Auftragnehmer unter eigener Verantwortung die Leistungen des Vertrages auszuführen". Er muss ein **mängelfreies** Bauwerk errichten, das vorliegt, wenn es

- die vereinbarte **Beschaffenheit** aufweist
- für den vereinbarten **Verwendungszweck geeignet** ist
- bei nicht Vereinbartem das **„Übliche"** aufweist und
- den **anerkannten Regeln der Technik** entspricht.

Die Normen und Regelwerke bilden dabei üblicherweise den Mindeststandard im Sinne der anerkannten Regeln der Technik. Vorrangig sind jedoch **Leistungserfolg und Funktionstüchtigkeit** [Krell 14, Preetz 15]. Der Auftragnehmer muss auch die gesetzlichen und behördlichen Bestimmungen beachten. Er muss nach VOB für Sachmängel einstehen und daher sein planerisches und unternehmerisches Tun auf das Ziel der Mängelfreiheit und allgemeine Gebrauchstauglichkeit, d. h. Verwendungseignung nach BGB § 633 und auf die Einhaltung des Bauvertrages ausrichten, vgl. Abschn. 11.1.1.

Als **anerkannte Regeln der Technik** gelten nur solche, die von der **Wissenschaft als theoretisch richtig** erkannt werden und **sich über eine ausreichend lange Zeit bewährt haben.** Sie müssen den einschlägig ausgebildeten, auf den aktuellen Erkenntnisstand fortgebildeten **Praktikern bekannt** sein und von ihnen für **richtig** gehalten und **angewendet** werden.

Sie sind **nicht identisch** mit DIN-Normen oder anderen schriftlich niedergelegten Regelwerken. Weil sich die Bautechnik im Laufe der Zeit weiter entwickelt, verändern sich auch die zugehörigen Regeln, ohne dass dies umgehend in einer Norm oder einem Regelwerk dokumentiert werden muss. Was anerkannte Regel der Technik ist, wird in Streitfällen, etwa bei ungewöhnlichen Schadensfällen, durch die Gerichte und deren Sachverständige ermittelt.

Unter **„Stand der Technik"** versteht man den Entwicklungsstand fortschrittlicher Verfahren, die schon mit Erfolg erprobt sind, wobei allgemeine Anerkennung und praktische Anwendung nicht maßgebend sind, z. B. bei bestimmten schalltechnischen Festlegungen nach BlmSchG, [Freystein 02].

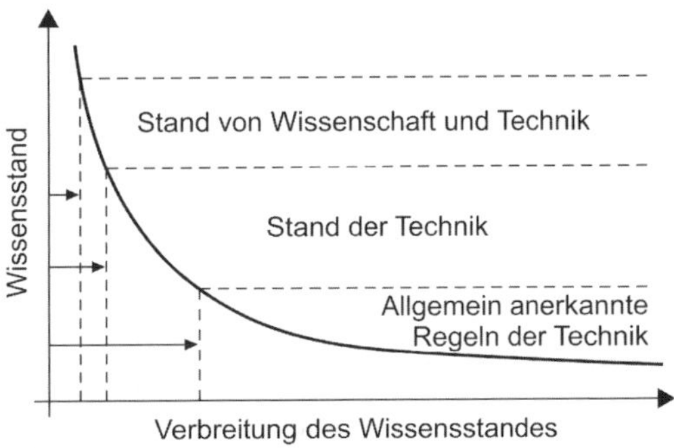

Abb. 1.5-1: Begriffe zu Stand und Regeln der Technik [Freystein 02]

Von **„Stand der Wissenschaft und Technik"** spricht man, wenn eine Übereinstimmung zwischen wissenschaftlicher und technischer Entwicklung auf Basis neuester Erkenntnisse besteht, wie etwa beim Betrieb von Kernkraftwerken.

1.5.2 Bauaufsichtliche Forderungen (öffentlich-rechtlich)

1.5.2.1 Grundsätzliches

Bauliche Anlagen sind nach der für die Bauordnungen der Bundesländer maßgebenden Musterbauordnung (MBO) nach § 3 **„so zu errichten, zu ändern und instand zu halten, dass die öffentliche Sicherheit und Ordnung, insbesondere Leben oder Gesundheit und die natürlichen Lebensgrundlagen nicht gefährdet werden"**. Dazu dienen gesetzliche und behördliche Bestimmungen, zu denen u. a. auch der Arbeitsschutz, der Unfallschutz und die Energieeinsparung gehören.

Auch an die zur Verwendung gelangenden Baustoffe werden bauaufsichtliche Anforderungen gestellt, s. Abschn. 1.5.2.2.

Die Normen des für den Betonbau maßgebenden **DIN FB 100** wurden, wie zahlreiche andere Normen und Richtlinien des DAfStb, in die **Bauregelliste** aufgenommen und als technische Baustimmungen der 16 Bundesländer übernommen. Sie sind daher wie eine Bauordnung einzuhalten. An Stelle der Bauregelliste tritt künftig die **Verwaltungsvorschrift Technische Baubestimmungen VVTB.**

Abweichungen hiervon sind zulässig, wenn eine andere Lösung die allgemeinen Anforderungen nach § 3 der MBO erfüllt, erfordern aber eine **Zustimmung im Einzelfall (ZiE)** oder eine **allgemeine bauaufsichtliche Zulassung (abZ)** durch die Bauaufsichtsbehörde des Bundeslandes, in Bayern der Obersten Baubehörde. Für Bauprodukte mit CE-Kennzeichnung ist dies aber nicht mehr möglich, Abschn. 1.5.2.3.

Die technischen Baubestimmungen dienen **nicht dem Zweck der nachhaltigen Mängelfreiheit** oder dem Nachweis einer vertragsgemäßen Errichtung eines Bauwerks. Auch besteht öffentlich-rechtlich kein Zwang, die allgemein anerkannten Regeln der Technik zu beachten. Allerdings heißt es aber, dass bei Beachtung der allgemein anerkannten Regeln der Technik und Baukunst die entsprechenden bauaufsichtlichen Anforderungen der Bauordnung als eingehalten gelten [Motzke 02].

Die eingeführten technischen Regelwerke stellen Mindestanforderungen. Es bleibt jedem Bauträger unbenommen, in der Leistungsbeschreibung etwa aus Gründen der Dauerhaftigkeit höhere Betondeckungen oder aus anderen Überlegungen goldene Türklinken zu verlangen.

1.5.2.2 Konformität der Baustoffe

Alle in der Europäischen Union zur Verwendung kommenden Bauprodukte (Baustoffe), für die es eine **harmonisierte,** d. h. unter den Mitgliedsländern abgestimmte und eingeführte **europäische Norm (EN)** gibt, müssen das **Konformitätszeichen CE** – (Conformité Européene) der Europäischen Gemeinschaft tragen, Abb. 1.5-2.

Damit erklärt der Hersteller, dass das Produkt in Übereinstimmung mit einer europäischen Norm hergestellt wurde, d. h. mit einer europäischen Norm **konform** ist. Voraussetzung dazu ist, dass dies dem Hersteller durch ein **Konformitätszertifikat** (Bescheinigung der Übereinstimmung) von einer **Zertifizierungsstelle** bestätigt wird. Als Zertifizierungsstelle dienen überregionale Prüfanstalten oder

Abb. 1.5-2: CE-Kennzeichnung mit Jahr der letzten Erneuerung (hier 2006) und unterhalb Kennziffer der Zertifizierungsstelle, (hier Materialprüfungsanstalt für das Bauwesen der TU München). Rechts Zeichen der Zertifizierungsstelle, im Beispiel mit Nachweis einer freiwilligen Güteüberwachung

Qualitätsgemeinschaften von Industrieverbänden, die hierzu von der zuständigen nationalen Stelle, in Deutschland dem Institut für Bautechnik, **notifiziert** (offiziell ermächtigt) wurden.

Grundlage für eine Zertifizierung sind eine Werksbesichtigung und je nach Produkt unterschiedliche Kontrollen. Dabei muss sich ergeben, dass der Hersteller in der Lage ist, das entsprechende Bauprodukt **herzustellen, zu prüfen und zu überwachen.** Art und Ausmaß der Überwachung durch den Hersteller und bei einigen Produktarten auch durch die Zertifizierungsstelle richten sich nach den Risiken, die bei einer Abweichung von der europäischen Norm entstehen könnten. Dazu wurden unterschiedliche Systeme festgelegt:

System 1+ sieht eine Erstprüfung des Produktes und je nach Baustoff jährlich einmal bis sechsmal eine Überwachung der **Werkseigenen Produktionskontrolle (WPK)** und die Prüfung einer entnommenen **Stichprobe** durch die Zertifizierungsstelle vor. Beispiele: Zement, Betonstahl, Flugasche.

System 1 wie System 1+, jedoch ohne Prüfung einer Stichprobe durch die Zertifizierungsstelle, d. h. das Produkt wird nur in der Verantwortung des Herstellers, meist im werkseigenen Labor geprüft. Beispiele: Wärmedämmstoffe, bestimmte Produkte für Schutz und Instandsetzung von Beton.

Bei System 1+ und 1 wird das **Produkt** durch die Zertifizierungsstelle zertifiziert.

System 2+. Die Zertifizierungsstelle beschränkt sich auf eine Erstinspektion der Produktionseinrichtungen des Werkes und eine jährliche Überprüfung der WPK. Eine Prüfung des Produktes erfolgt ausschließlich durch den Hersteller. Dabei wird **nur die WPK** durch eine Zertifizierungsstelle zertifiziert.

Beispiele: Zusatzmittel für Beton. In Deutschland und Österreich auch Gesteinskörnungen für Beton.

System 3 erfordert lediglich eine Erstprüfung des Produktes durch eine Zertifizierungsstelle. Beispiele: Mörtel und Klebstoffe für Fliesen und Platten.

System 4 sieht keine Überwachung durch eine Zertifizierungsstelle vor. Der Hersteller verpflichtet sich zur Erstprüfung und WPK. Beispiel: Gesteinskörnungen für Beton, wenn nicht wie in Deutschland und Österreich System 2+ in der nationalen Anwendungsnorm vorgeschrieben ist.

Der **Hersteller** ist stets **allein verantwortlich** für die Qualität des von ihm auf den Markt gebrachten Produktes. Er muss neben dem CE-Zeichen in einer **Leistungserklärung** (Konformitätserklärung) garantieren,

- dass das Produkt nach den Vorgaben der entsprechenden EN hergestellt wurde und
- welcher **Klasse** und **Leistungsstufe** sein Produkt innerhalb des Rahmens der EN entspricht, z.B. welcher Art und Festigkeitsklasse sein Zement zuzuordnen ist.

Nach der noch geltenden Bauprodukten**richtlinie** konnte man bisher davon ausgehen, dass ein Bauprodukt, das ein CE-Zeichen trägt, allen Anforderungen der entsprechenden harmonisierten Europäischen Norm (EN) entspricht. Nach der neuen europäischen Bauprodukten**verordnung** (BauPVO) muss das Bauprodukt nicht mehr einer technischen Regel, wie einer EN, entsprechen, sondern nur mit der **Leistungserklärung** des **Herstellers** übereinstimmen, die sich auch auf nur **ein Leistungsmerkmal** beschränken kann. Das CE-Zeichen bestätigt damit nur, dass das Produkt in der EU **gehandelt** werden darf, nicht aber, dass es für die Verwendung **brauchbar** ist.

Mit einer neuen DAfStb-Richtlinie „**Anforderungen an Ausgangsstoffe zur Herstellung von Beton nach DIN EN 206-1 in Verbindung mit DIN 1045-2**“ werden die für die Brauchbarkeit notwendigen Änderungen voraussichtlich im Jahr 2019 bauaufsichtlich eingeführt. Das ist nötig, damit auch künftig unsere Baustoffe den unverändert hohen Beitrag zur Bauwerkssicherheit leisten. Die technischen Anforderungen an Baustoffe werden dabei nicht verändert. In der Übergangszeit werden bestehende Nachweise, wie Ü-Zeichen oder allgemeine bauaufsichtliche Zulassungen, anerkannt.

Bei vielen Bauprodukten, bei denen keine unabhängige Prüfanstalt mehr Proben entnehmen und prüfen muss, wie z.B. bei Gesteinskörnungen, beauftragen heute vielfach die Hersteller eine Zertifizierungsstelle oder eine nach RAP Stra [FGSV 15] anerkannte Prüfstelle mit einer **freiwilligen Güteüberwachung** (freiwillige Produktprüfung). Das stärkt das Vertrauen der Kunden in das Produkt. Darüber hinaus schützt es auch vor Mängeln im eigenen Prüflabor, fördert den Gedankenaustausch über Fragen einer optimalen Herstellung und zuverlässigen Prüfung und kann im Schadensfall auch gegenüber einer Versicherung hilfreich ein.

1.5.2.3 Veränderungen durch das EuGH-Urteil C-100/13

Während nach europäischem Recht die Regeln für das Bauen, also für **Planung, Bemessung, Bauausführung** und **Verwendung von Bauprodukten** (Baustoffen) eine **nationale** Aufgabe der Mitgliedsstaaten ist, unterliegen die **Herstellung** und das **Inverkehrbringen** von Bauprodukten den Regelungen der Europäischen Union, wozu zahlreiche **harmonisierte Europäische Normen (hEN)** eingeführt wurden.

Ein **Urteil des Europäischen Gerichtshofes** zwingt dazu, dass Bauprodukte, also Baustoffe und dgl., für die harmonisierte Europäische Normen EN bestehen, **nicht mehr zusätzlich national** bauordnungsrechtlich geregelt werden dürfen, weil darin ein Handelshemmnis gesehen wird [Hintzen 17].

Dies betrifft, um einige Beispiele zu nennen, die deutschen Regelungen für Zemente mit erhöhtem Sulfatwiderstand (vgl. DIN 1164), die Einstufung von Gesteinskörnungen nach ihrer Alkaliempfindlichkeit, den Korrosionsschutz bei Betonzusatzmitteln und auch Nachweise der Umweltverträglichkeit von Flugaschen. Nicht betroffen sind die nationalen Anwendungsregeln für die Planung, Bemessung oder Ausführung von Bauwerken.

Um das derzeitige Niveau der Bauwerkssicherheit zu erhalten, kann auf die **bisherigen zusätzlichen technischen Anforderungen** an Bauprodukte nicht verzichtet werden. Sie müssen künftig in den **Bauordnungen der Bundesländer** aufgenommen werden, und zwar **auf das jeweilige Bauwerk bezogen**. Trotz aller Bemühungen, nicht nur rechtskonforme, sondern auch praktikable Lösungen zu finden, bedeutet dies eine erhebliche Mehrbelastung für alle Beteiligten. Ob ein Baustoff, der das CE-Zeichen trägt, auch den Ansprüchen an Sicherheit, Umwelt- und Verbraucherschutz genügt, muss künftig als **Anforderung an das Gebäude** geregelt werden. Durch diese Änderung wird das Risiko vom Hersteller hin zum Bauherrn, Planer und Ausführenden verlagert, was von den Betroffenen abgelehnt wird.

Obwohl in Deutschland Regelungen für das Bauen Sache der Bundesländer ist, müssen bestimmte Aufgaben, wie die Bewertung von Baustoffen koordiniert werden, was Aufgabe des von den Bundesländern eingerichteten **Deutschen Institutes für Bautechnik (DIBt)** in Berlin ist. Nach Bekanntmachung des EuGH-Urteils wurde daher vom DIBt die nötige Vorgangsweise zu einer **freiwilligen Ergänzung** einer EN in Kapitel D 3 der **Muster-Verwaltungsvorschrift Technische Baubestimmungen (MVV TB)** dargestellt. [Breitschaft 17]. Bis zum Inkrafttreten als Verwaltungsvorschrift Technische Baubestimmungen VV TB in den einzelnen Bundesländern gibt das DIBt Hinweise, siehe www.dibt.de „Aktuelles zur Novellierung des Bauordnungsrechtes". Alle **Bauordnungen der Bundesländer** müssen somit geändert werden, soweit dies nicht im Jahr 2017 schon geschehen ist. Dazu wurde eine **Musterbauordnung MBO** ausgearbeitet.

Der Hersteller eines Bauproduktes hat die Möglichkeit, den Nachweis für die über die Anforderungen der EN hinausgehende Leistungsfähigkeit seines Produktes **freiwillig** durch **ergänzende Leistungsnachweise** zu erbringen. Sie werden von den Bauaufsichtsbehörden anerkannt, wenn das **DIBt** oder, falls anerkannte Prüfregeln bestehen, eine **notifizierte Stelle** durch ein Gutachten bescheinigt, dass das Bauprodukt die über die Anforderungen der harmonisierten EN hinaus gehenden zusätzlichen Leistungsmerkmale erfüllt. Das Gutachten kann auch beinhalten, dass für eine Fremdüberwachung zu sorgen ist oder andere Anforderungen zu erfüllen sind. Es ist nicht zu erwarten, dass andere technische Eigenschaften gefordert werden, als dies mit den bisherigen Nachweisen geschah. Die früheren allgemeinen bauaufsichtlichen Zulassungen (abZ) und allgemeinen bauaufsichtlichen Prüfzeugnisse (abP) werden übergangsweise als möglicher Nachweis eine Produkteigenschaft anerkannt, vgl. Abschn. 1.5.2.1. Für Betonausgangsstoffe, für die keine harmonisierten europäischen Normen bestehen, sind, ähnlich wie in der bisherigen Bauregelliste, in der MVV TB technische Regeln angeführt.

Der „Leitfaden für Bauunternehmen, Entwurfsverfasser und Bauherrn" [DBV 18] ist richtungweisend für die nötige Vorgangsweise nach Einführung der neuen MVV TB [Meyer 18].

Praktisch bedeuten die Veränderungen des Bauordnungsrechtes, dass es das neben dem CE-Zeichen angebrachte Ü-Zeichen, das bisher die Garantie dafür war, dass die nationalen Anforderungen auch bei Bauprodukten nach einer hEN erfüllt werden, nicht mehr gibt, ebenso wie eine Überwachung wie sie durch PÜZ Stellen gefordert war.

Bei Erscheinen dieses Buches sind die Veränderungen des Bauordnungsrechtes noch nicht abgeschlossen. Teilweise werden daher noch Hinweise auf die bisher geltenden Regelungen gemacht.

1.6 Betongerechte Konstruktionen

1.6.1 Dauerhaftigkeit und Erscheinungsbild

Die Erfahrungen bei der Überwachung und Instandsetzung bestehender Bauwerke lehren uns, dass sich der Planer vor allem mit drei wichtigen Fragen auseinandersetzen muss, nämlich mit

(1) den durch **Lasten** verursachten Spannungen und Verformungen

(2) den **Temperaturänderungen** und dadurch verursachte Spannungen und Verformungen und

(3) den Einwirkungen und der Ableitung von **Wasser**.

Aus gutem Grund wird heute der **Dauerhaftigkeit** mehr Bedeutung zugemessen. Dabei und auch für das Aussehen eines Bauwerkes kommt der Beaufschlagung mit Wasser und dessen Abfluss eine Schlüsselrolle zu.

Es scheint wie ein Widerspruch, wenn man von Konstruktionen aus Beton, dessen **„Wasserfestigkeit"** durch eine Herstellung mit einem **hydraulischen Bindemittel** außer Zweifel steht, Vorkehrungen für ein schadloses Abfließen des Niederschlagwassers verlangt. Beweisen nicht Rohrleitungen aus Beton ebenso wie Betonstraßen hinreichend, dass sachgerecht hergestellter Beton auch über große Zeiträume wasserbeständig ist? Untersuchungen älterer Bauwerke zeigen aber ganz deutlich, dass in Bereichen, in denen sich **Beton mit Wasser sättigt**, weil das Gefüge nicht genügend dicht ist und das Wasser nicht rasch abfließen kann, der **Frost Abwitterungen** verursachen kann. Dies gilt besonders für Bauteile im Freien mit **oben liegender Zugzone** und breiten Rissen, also unzureichender Bewehrung, zu kleiner Betondeckung oder zu porösem Beton. Hier kann es selbst ohne Frost zu Schäden in Form von **Lösungsvorgängen** und zu **Stahlkorrosion** kommen, wenn das Wasser längere Zeit durch Risse sickern kann.

Ganz entscheidend ist der Wasserabfluss für das **Aussehen von Betonbauwerken**. Wasser löst Kalk aus den Randzonen des Betons, der sich beim Abtrocknen an der Oberfläche als weißer Schleier niederschlägt. Der Gegensatz zu dunkleren, durch **nicht abgewaschene Schmutzablagerungen** beeinträchtigten Bereichen kann unansehnlich sein. Oft kann durch Anordnung einfacher **Tropfnasen** Wasser so abgeführt werden, dass Frostschäden und hässliche Aussinterungen vermieden werden. In vielen Fällen erscheinen aber auch **Flächen, die das Regenwasser** erreicht, dunkler, weil sie im Laufe von Jahren von **Mikroorganismen** besiedelt werden, Abb. 8.2-6.

1.6.2 Sicherheit und Überwachbarkeit während der Nutzung

Die meisten unserer Betonbauwerke haben eine Lebensdauer, die im Bereich zwischen 50 und 500 Jahren liegt. Sie werden abgetragen oder umgebaut, wenn sie ihre Funktion nicht mehr erfüllen können, weil sich die Anforderungen geändert haben oder aber weil sie gravierende Mängel aufweisen. Der Frage, ob ein Bauwerk noch hinreichend **sicher ist** oder für den Nutzer **gesperrt** und erneuert werden muss, kommt eine sehr große Bedeutung zu. Man denke nur daran, wie wenig die Öffentlichkeit bereit ist, selbst eine nur kurze Sperre der Brücke einer wichtigen Verkehrsverbindung hinzunehmen, auch wenn eine Instandsetzung dringend nötig ist.

Entscheidend ist **nicht der tatsächliche Zustand** des Bauwerks. Bauwerke können **nur so lange benutzt werden, wie Ingenieure** für eine ausreichende Sicherheit die **Verantwortung** übernehmen. Dem verantwortlichen Ingenieur, der oft weit jünger als das Bauwerk ist, müssen ausreichende Entscheidungsgrundlagen zur Verfügung stehen. Nicht immer ist noch Zeit für eine nötige gründliche Untersuchung des Bauwerkes. Wir müssen grundsätzlich davon ausgehen, dass alle Bauteile sachgerecht geplant und ausgeführt wurden.

An die planenden Ingenieure muss der Appell gehen, die Bauwerke **robust** zu gestalten und so zu konstruieren, dass sie **leicht prüfbar** sind. Während der Nutzung müssen die für die Beurteilung der Sicherheit erforderlichen **Pläne** und schriftlichen **Unterlagen** (Bestandspläne und Bauwerksbuch) zur Verfügung stehen, Abschn. 10.3.

1.6.3 Betonierbarkeit

Stahlbeton setzt voraus, dass alle Bauteile die geplanten Abmessungen haben und der Raum zwischen den Stahlstäben vollständig mit Beton gefüllt wird. Trotz dieser Binsenweisheit gehören Fälle, in denen Hohlstellen im Beton, die oft sogar bis zu den Außenflächen reichen, zu den häufigsten Mängeln auf Baustellen. Ursache ist vielfach, dass schon bei der Erstellung der **Bewehrungspläne** zu wenig daran gedacht wurde, ob der vorgesehene Beton bei den oft sehr sparsam gewählten Abmessungen überhaupt entmischungsfrei eingebracht und verdichtet werden kann. Der **Tragwerksplaner** muss dies bei der Festlegung der Abmessungen der Bauteile und der erforderlichen Bewehrung beachten, vgl. auch Abschn. 7.1:

(1) Ist genügend **Freiraum,** um den Beton so **einzubringen** und so zu verdichten, dass er die Bewehrung und andere Einbauteile vollständig umhüllen kann? Dazu ist zu beachten:

- Abstände zwischen den Betonstählen
- Kreuzungen von Betonstählen
- Aussparungen und Einbauten, etwa für haustechnische Anlagen
- Abstände zu Hüllrohren und Verankerungen von Spannstählen
- Betonieröffnungen für Einbauschläuche oder -rohre
- Rüttellücken oder Rüttelgassen
- Betondeckung

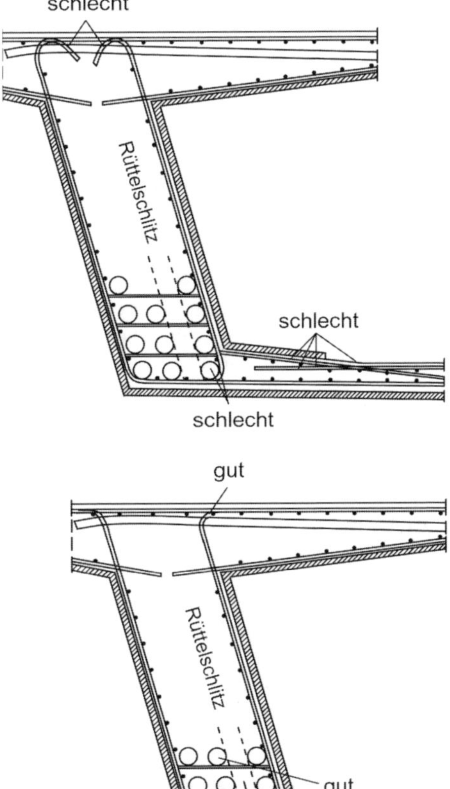

Abb. 1.6-1: Die Anordnung von Bewehrung und Spanngliedern muss das geplante Einbringen des Betons berücksichtigen (Bild unten). Bei einer Bewehrung wie im oberen Bild waren Betonierfehler unvermeidbar, [Kern E. 99].

(2) Wie muss die **Beschaffenheit des Betons** sein, damit er den vorgesehenen Raum vollständig, also ohne Lunker oder andere Fehlstellen umhüllen kann? Dazu ist zu beachten:

- Größtkorn der Gesteinskörnung des Betons
- vorgesehene Konsistenz des Betons
- notwendige Überhöhung der Schüttung des Frischbetons
- Möglichkeit zum Entweichen der Luft beim Verdichten
- Kann der Frischbeton bis in alle schwer zugänglichen Bereiche vorgetrieben werden?

Ausführliche Hinweise enthält das Merkblatt „Betonierbarkeit von Bauteilen aus Beton und Stahlbeton" [DBV14].

Durch die Verwendung von fließfähigem oder selbstverdichtendem Beton wird die Gefahr von Hohlstellen und die Bildung unzureichend verdichteter Nester vermindert. Auch dabei können aber bei engliegender Bewehrung die groben **Gesteinskörner hängen bleiben,** sodass sich unter den Stahlstäben **Hohlstellen** bilden. Fließfähiger und Selbstverdichtender Beton erfordert aber besondere Erfahrungen und zusätzliche vorbereitende Maßnahmen, vgl. Abschn. 6.1.

Obwohl die angeführten Gesichtspunkte vom Tragwerksplaner zu berücksichtigen sind, ist es notwendig, dass auch auf der Baustelle **zeitgerecht vor Bauausführung** die eingehenden **Bewehrungspläne überprüft** und nötigenfalls zurückgewiesen werden.

1.7 Prüfungen

1.7.1 Prüfungen zur Überwachung der Bauausführung

Sowohl bei der Herstellung der Ausgangsstoffe für den Beton und des Betons selbst, wie auch während der Bauarbeiten wäre es wünschenswert, die einzelnen Arbeitsgänge **kontinuierlich zu überwachen**. Als Beispiel hierfür sei der Soll-Ist-Vergleich der Einwaagen der Mischungsanteile bei der Betonherstellung genannt. Dank einer zusätzlichen Wägung aller bereits zudosierten Mischungsanteile jeder Betonmische und einer automatischen Korrektur fehlerhaft eingewogener Anteile von Zement, Gesteinskörnungen oder Zusatzmittel konnten die mit dem Einbau von **Fehlmischen** entstehenden Gefahren ebenso wie die **Streuungen** der Betonfestigkeiten erheblich **vermindert** werden.

Eine kontinuierliche Prüfung ist bei vielen anderen Arbeitsgängen nicht möglich. In der Regel muss man sich mit **Stichproben** begnügen, deren Abstand oft umso größer ist, je aufwändiger die Prüfung ist. In Fällen, in denen Baustoffe nicht einheitlich beschaffen sind, sondern erheblichen **Streuungen** unterliegen, geben Prüfungen einzelner Stichproben nur wenig Aufschluss. Um Schwankungen von Eigenschaften besser zu erfassen, ist die Untersuchung einer **größeren Anzahl** von Proben nötig, wobei nötigenfalls mit stark **vereinfachten Verfahren** gearbeitet werden muss.

Unverzichtbar für eine sachgerechte Überwachung von Baustoffen und Ausführungen sind **augenscheinliche Beurteilungen** in engen Zeitabständen. Die Untersuchung einzelner Stichproben kann sehr dazu beitragen, die Bewertung des augenscheinlichen Urteils eines erfahrenen Überwachers zu „kalibrieren".

Der **Aufwand für die Überwachung und Prüfungen** kann, etwa bei Schweißnähten von Erdölleitungen, durchaus die Größe der Herstellungskosten erreichen. Im allgemeinen Bauwesen muss er aber wesentlich geringer sein. Entscheidend für die Frage, welche Prüfungen und wie oft diese Prüfungen durchzuführen sind, ist viel Erfahrung nötig, insbesondere

(1) wie hoch die **mögliche Gefährdung** (bzw. der Schaden) bei Nichterlangen der erforderlichen Eigenschaften ist

(2) wie hoch nach menschlichem Ermessen die **Wahrscheinlichkeit** ist, dass die erforderlichen Eigenschaften nicht erreicht werden

(3) ob und ggf. mit welchem Aufwand eine **Behebung des Mangels** möglich ist

(4) wie weit das Prüfergebnis Aufschluss auf die im Bauwerk vorhandenen **erforderlichen Eigenschaften** geben kann und schließlich

(5) ob das Prüfergebnis zum **richtigen Zeitpunkt** vorliegt oder ein anderes Verfahren gewählt werden muss, um zumindest einen Hinweis auf eine mangelhafte Produktion rechtzeitig zu bekommen.

Für eine Beurteilung von **bestehenden Bauwerken** ist Ingenieurdenken in besonderem Maße gefordert. Dabei ist zu entscheiden, ob Bohrkernentnahmen oder andere Prüfungen unabhängig vom augenscheinlichen Zustand gleichmäßig über das Bauwerk verteilt vorgenommen werden sollen oder an nach Augenschein kennzeichnenden Bereichen, und zwar an besonders ungünstig erscheinenden Stellen. Im letzteren Falle bekommt man meist mit geringerem Aufwand einen besseren Überblick.

1.7.2 Bewertung der Prüfergebnisse

Die Normen und anderen technischen Regelwerke enthalten genaue Angaben darüber, welche Prüfungen in welchen Abständen durchzuführen sind. Sie dienen meist dem Nachweis, dass der Baustoff oder das Bauwerk sicher und vertragsgemäß hergestellt wurde. Noch wichtiger sind Prüfungen während der Produktion, um die **Herstellung richtig zu steuern** und Fehler möglichst frühzeitig abzustellen.

Obwohl Prüfungen zur Routine geworden sind, bleibt die Bewertung der Prüfergebnisse – insbesondere bei großen Abweichungen vom Soll oder großen Streuungen – eine **wichtige Ingenieuraufgabe**. Auch wenn es heute nur selten vorkommt, dass aus Prüfergebnissen sofort **Konsequenzen** gezogen werden müssen, sollten dennoch alle Prüfergebnisse zum **frühestmöglichen Zeitpunkt** dahingehend beurteilt werden. Auf Prüfungen, deren Ergebnisse lediglich in Aktenordnern abgelegt werden, sollte man besser verzichten. Bei schwierigen Bauvorhaben muss der verantwortliche Ingenieur stets prüfen, ob die in den Regelwerken für das allgemeine Bauwesen festgelegten Prüfverfahren und -häufigkeiten auch für seine Bauvorhaben zweckmäßig und ausreichend sind.

1.7.3 Anforderungen an Prüfverfahren

Prüfverfahren sollen, soweit technisch möglich, drei Anforderungen entsprechen. Sie sind auch für die Entwicklung neuer Prüfverfahren maßgebend.

(1) **Präzision**: Sind bei der Untersuchung gleicher Proben (Teilproben) die Streuungen der Ergebnisse bei Durchführung durch denselben Laboranten mit denselben Geräten (**Wiederholstreuung**) und bei Durchführung der Prüfung in verschiedenen Prüfanstalten mit derselben Prüfanleitung (**Vergleichsstreuung**) hinreichend klein?

(2) **Treffsicherheit**: Wird durch die Prüfung eine Eigenschaft direkt festgestellt, die für die Sicherheit, Dauerhaftigkeit und Gebrauchstauglichkeit (Performance) des Bauwerkes von hoher Bedeutung ist oder zumindest eine Kennziffer (Deskription) festgestellt, die indirekt, auf Grund gesicherter Erkenntnisse auf eine solche Eigenschaft schließen lässt?

(3) Ist der Aufwand an **Prüfkosten** und an **Zeit** bis zum Vorliegen des Prüfergebnisses hinreichend niedrig?

Als typisches Beispiel sei die **Betonwürfelprüfung** der 28-Tage-Druckfestigkeit genannt. Sie ist mit einer Wiederholstreuung von nur wenig mehr als 2 N/mm^2 vergleichsweise sehr gut reproduzierbar. Bei sachgerechter Herstellung der Probewürfel ergeben sich nur unwesentlich höhere Vergleichsstreuungen. Geprüft wird mit der Druckfestigkeit eine Eigenschaft, die einen direkten Schluss auf die in Stahlbetonbauteilen erforderlichen Prismenfestigkeit und damit auf die Tragfähigkeit zulässt. Auch Beziehungen zwischen der bei der Prüfung bei rascher Belastung festgestellten Festigkeit zu der in Stahlbetonbauteilen meist erforderlichen Dauerfestigkeit sind bekannt. Darüber hinaus lassen sich aus niedrigerer oder hoher Druckfestigkeit auf fast alle anderen Betoneigenschaften wie E-Modul, Biegezugfestigkeit oder Frostwiderstand Schlüsse ziehen, vorausgesetzt, es liegen für die örtlichen Verhältnisse geltende Erfahrungsregeln vor. Der Aufwand an Prüfkosten hält sich in Grenzen, nachdem heute viele Prüfstellen über eine erforderliche Prüfpresse verfügen. Völlig **unbefriedigend** für den Baubetrieb ist allerdings der Zeitaufwand bis zum Vorliegen des Ergebnisses. Dass unzureichende Druckfestigkeiten vom Kellergeschoss eines Hochbaues erst nach 4 Wochen bekannt werden, wenn vielleicht schon die Decke über dem 4. Obergeschoss betoniert ist, kann nicht befriedigen. Eine Prüfung der Druckfestigkeit eignet sich daher nicht zur Produktionssteuerung, sondern nur zur Bewertung der bereits bestehenden Güte (Konformität).

1.7.4 Arten und Aufgaben der Prüfungen

(1) **Erstprüfungen** (auch Eignungsprüfungen oder Zulassungsprüfungen)

Dabei wird festgestellt, ob mit den vorgesehenen Ausgangsstoffen und der in Aussicht genommenen Verfahrensweise (Mischungsverhältnis) ggf. auch mit den vorhandenen Einrichtungen ein Produkt mit den erforderlichen Eigenschaften herstellt werden kann.

(2) **Annahmeprüfungen**

Damit überzeugt sich der Verwender von der ordnungsgemäßen Lieferung. In jedem Falle muss der Lieferschein überprüft werden und eine Kontrolle nach Augenschein vorgenommen werden. In bestimmten Abständen und in Zweifelsfällen sind weitere Prüfungen nötig, bei Beton eine Prüfung der Konsistenz und ggf. zusätzlicher Eigenschaften.

(3) **Werkseigene Produktionskontrollen (WPK)** (Eigenüberwachung)

Bei ihr wird die laufende Produktion kontinuierlich, stündlich, täglich oder in größeren Zeitabständen vom Hersteller geprüft und damit die Produktion gesteuert. Kontinuierliche Prüfungen wie im Betonwerk jene des Wassergehaltes oder die Kontrolle der bereits eingewogenen Mischungsanteile erlauben eine ggf. nötige Nachdosierung und entsprechen der Regel, wonach „**die einzige rechtzeitige Betonprüfung jene ist, die stattfindet, solange der Beton noch im Mischer ist**", [H. Huber 79].

(4) **Konformitätskontrollen**

Sie dienen dem Hersteller zum Nachweis, dass sein Produkt mit den vorgegebenen Anforderungen konform ist, d. h. damit übereinstimmt. Dazu werden auch Ergebnisse der vorgenannten Prüfungen herangezogen und/oder zusätzliche Prüfungen vorgenommen.

(5) **Produktprüfungen oder Überwachungsprüfungen**

werden durch eine vom Herstellwerk unabhängige Prüfanstalt oder Prüfstelle, oft einer Gütegemeinschaft, durchgeführt und sollen dem Herstellwerk die Sicherheit und auch den Nachweis bringen, dass sein Produkt den festgelegten Anforderungen entspricht.

(6) **Kontrollprüfungen**

Neben den im bauaufsichtlichen Bereich, d. h. in den Normen, Zulassungen und ähnlichen Regelwerken festgelegten Prüfungen, die unter (1) bis (5) angeführt wurden, kann der Auftraggeber Prüfungen durchführen oder veranlassen, um zu prüfen, ob das Bauteil vertragsgemäß hergestellt wurde. Als Beispiel seien die Kontrollprüfungen im Betonstraßenbau nach ZTV Beton StB 06 genannt, bei denen anhand von Bohrkernen aus der Fahrbahndecke Schichtdicke und Druckfestigkeit des Betons ermittelt werden.

(7) **Bauwerksprüfungen oder auch Erhärtungsprüfungen**

Sie dienen dazu, die zu einem frühen Zeitpunkt vorhandenen Eigenschaften festzustellen, etwa weil ein Bauteil ausgeschalt oder vorgespannt werden soll. Sie werden auch durchgeführt, wenn Zweifel bestehen, ob der eingebaute Beton die erforderlichen Eigenschaften erreicht hat. Auch die bei älteren Bauteilen notwendigen Prüfungen, um etwaige Schädigungen festzustellen oder Grundlagen für eine Instandsetzung oder Nutzungsänderung zu liefern, bezeichnet man als Bauwerksprüfungen.

1.8 Sachverständige für Betontechnologie

Bei allen anspruchsvollen, schwierigen oder sehr großen Bauvorhaben tut der Auftraggeber gut daran, wenn er einen erfahrenen Sachverständigen für Betontechnologie beauftragt, ihn bei der Planung und Ausführung des Bauvorhabens zu beraten. Bei sehr großen Aufgaben, wie beim Bau großer Talsperren oder Tunnelbauten hat es sich sehr bewährt, wenn der Auftraggeber darüber hinaus ein **eigenes Baustofflabor** einrichtet, dessen Leiter in der Lage ist, ihn bei allen wichtigen Entscheidungen auf **stofflichem und prüftechnischem Gebiet zu beraten**. Eigene Labors für Auftraggeber sind vor allem sinnvoll, wenn Bauaufgaben über viele Jahre in ähnlicher Weise durchzuführen sind. Ist dies nicht der Fall, wird ein unabhängiger Sachverständiger zweckmäßig vom Auftraggeber, mitunter auch vom Auftragnehmer, herangezogen, der nötigenfalls auch ein Labor an der Baustelle führt. Am besten entscheidet man sich für eine Persönlichkeit mit gesundem Ingenieurdenken, die über Erfahrungen bei ähnlichen Bauvorhaben und in der Prüftechnik möglichst aus einem eigenen Labor verfügt. Die Qualität des zu erstellenden Bauwerks muss dem Sachverständigen wichtiger sein als die formale Einhaltung von Vorschriften, vgl. Abschn. 8.9.4.

Die **Kosten** für den Sachverständigen und ggf. zusätzliche Laboruntersuchungen stehen in keinem Verhältnis zu den Mehrkosten, die Verzögerungen und Streitigkeiten sowie frühzeitige Instandsetzungen und Verkehrssperrungen verursachen, Mehrkosten, die immer wieder zu beklagen sind, wenn Fehler auf technologischem Gebiet oder bei der Ausführung und Prüfung gemacht werden. In vielen Fällen kann ein erfahrener Fachmann auch verhindern, dass **überzogene Anforderungen** bei Planung oder Ausführung, mitunter auch aus einer gewissen fachlichen Unsicherheit, gestellt werden. Aufgabe des Sachverständigen ist es, möglichst schon bei der Planung und Ausschreibung in allen baustoffspezifischen Fragen sowie bei technologischen und ausführungstechnischen Festlegungen mitzuwirken und Auftraggeber, Tragwerksplaner und Architekten zu beraten und dafür zu sorgen, dass sichere, ingenieurmäßig vernünftige, aber auch ausführbare und nicht über das Ziel hinausschießende Forderungen gestellt werden. Seine Aufgabe ist es auch zu prüfen, wie weit die allgemein **geltenden Normen und anderen Regelwerke** zugrunde gelegt werden sollen oder ob Teile davon schon überholt sind oder für das spezifische Bauvorhaben im Interesse von Sicherheit, Gebrauchstauglichkeit oder Dauerhaftigkeit ergänzt oder modifiziert werden müssen. Es versteht sich von selbst, dass er auch wirtschaftlichere Lösungen anstreben muss, soweit es die erforderliche Qualität des Bauwerks zulässt. Bei Abweichungen von bauaufsichtlich eingeführten Normen muss er bei Bauvorhaben in Deutschland Anträge auf **Zustimmung im Einzelfall** bei der Bauaufsichtsbehörde vorbereiten. Nötigenfalls muss er sich vorher mit dem Prüfingenieur oder anderen Sachverständigen abstimmen.

Im Zuge der Vergabe von Bauarbeiten und oft auch später sind vielfach Vorschläge der Firmen für wirtschaftlich oder technisch günstigere Lösungen zu beurteilen. Aufgabe des Sachverständigen ist es auch, von sich aus Verbesserungen vorzuschlagen.

Wenn einzelnen Betoneigenschaften besondere Bedeutung zukommt, sind dem Sachverständigen zeitgerecht vor Beginn der Betonarbeiten die zur Verwendung vorgesehenen Ausgangsstoffe und nach Durchführung der Erstprüfungen deren Ergebnis vorzulegen, damit er die Eignung beurteilen kann. Dies wird zweckmäßig schon in der Ausschreibung festgelegt, damit sich jeder Bieter darauf einstellen kann, vgl. Abschn. 7.1. Auch wenn erhöhte Anforderungen an die zulässige Bandbreite der Eigenschaften der Ausgangsstoffe notwendig sind, wie beispielsweise bei Sichtbeton, Spritzbeton oder Massenbeton, ist es Aufgabe des Sachverständigen, diese vorzubereiten.

Während der **Bauausführung** ist es Aufgabe des Sachverständigen für Betontechnologie, die örtliche Bauleitung bei Fragen der Ausführung und der Prüfungen des Betons und seiner Ausgangsstoffe zu beraten, zweckmäßig bei regelmäßigen Besichtigungen der Baustelle. Treten Schadensfälle oder andere unerwartete Ereignisse auf, ist eine gute Zusammenarbeit von Auftraggeber, Auftragnehmer und Sachverständigen besonders gefordert. Dies gilt auch für die bei der Abnahme festgestellten Mängel und die Maßnahmen zu deren Behebung.

2 Ausgangsstoffe

2.1 Anforderungen

Baustoffwerke müssen heute Produkte herstellen, die nicht nur für die Praxis **verwendbar** und **wirtschaftlich** sind, sondern auch **bauaufsichtlich zugelassen oder den geltenden Normen entsprechen**, und auch die **Auflagen des Umweltschutzes** erfüllen. Bei modernen Bauverfahren müssen oft **sehr hohe Anforderungen an Eigenschaften des Frisch- oder/ und Festbetons** gestellt werden, weshalb auch an die Ausgangsstoffe oft sehr spezielle, meist sehr hohe Ansprüche gestellt werden.

Auch bei genauer Einhaltung der Produktnormen oder Zulassungen bleibt dem Hersteller ein meist begrenzter Spielraum, sein Produkt auf die **Bedürfnisse des Verbrauchers** abzustimmen, soweit Rohstoffvorkommen und Produktionseinrichtungen es zulassen und seine Erfahrung dafür ausreicht.

Die Auswahl eines Baustoffes darf vor allem bei etwas schwierigeren Bauvorhaben **nicht nur nach dem niedrigsten Preis** eines die vorgeschriebenen Anforderungen erfüllenden Produkts erfolgen. Grundlage muss vielmehr die Beurteilung der technischen Eigenschaften durch den fachkompetenten Ingenieur sein. Viele Misserfolge wären vermieden worden, hätte man diese Erfahrung immer beachtet.

2.2 Zemente

2.2.1 Entwicklung

Dass **Kalkmörtel** nach dem Erhärten nur dann beständig gegen Wasser ist, wenn man **Ziegelmehl** oder **vulkanische Asche** zumischt, und sich dann selbst für Hafenbauten eignet, weil er **auch unter Wasser**, d. h. **hydraulisch erhärtet**, war schon den Römern bekannt. Auch wusste man, dass Kalkmörtel mit diesen Zusätzen sog. Opus Cementitium schneller erhärtet, [Vitruv]. Bekannt ist seit dieser Zeit auch, dass mit diesen Zusätzen Kalkmörtel auch im Inneren dicker Mauern **schneller fest** wurde, nicht erst nach Jahrzehnten, wenn die Kohlensäure der Luft durch die äußeren Schichten durchgedrungen ist.

Unsere heutigen Zemente werden mit den gleichen Rohstoffen wie vor zweitausend Jahren, nämlich aus **Kalk und Ton** hergestellt. Wir wissen heute, dass das Verhältnis dieser beiden Komponenten schon im Rohmehl, also vor dem Brennen, sehr genau eingestellt werden muss. An Stelle eines mehr oder weniger porösen Calciumoxids erhält man bei **hohen Temperaturen dank der Silikate und Aluminate**, die mit der Tonkomponente eingebracht werden, **Calciumsilikate** und **Calciumaluminate**. Fein gemahlen und mit Wasser gemischt entstehen **Hydrate von hoher Festigkeit und Widerstandsfähigkeit gegen Wasser und chemische Einwirkungen.**

Es ist erstaunlich, dass das Wissen der römischen Baumeister wieder verloren ging und man bis weit über das Mittelalter hinaus für Fundamente von Häusern und für Wasserbauten nur Naturstein oder Ziegel mit Kalkmörtel – wenn nicht Holzpfähle – verwendete. Erst Ende des 18. Jahrhunderts wurde wieder entdeckt, dass man mit **mergeligen, also mit Ton „verunreinigtem" Kalk** einen besonders **widerstandsfähigen Mörtel erhält, der ohne Kohlensäure der Luft, also auch unter Wasser, erhärtet.** Die beiden wichtigsten Erkenntnisse für die Herstellung unserer heutigen **Zemente** wurden vor etwas mehr als 150 Jahren gewonnen, nämlich, dass der Anteil der **Tonkomponente** im Bereich zwischen **25 bis 30 %** des Rohmehls liegen muss und dass eine Brenntemperatur **bis zur beginnenden Schmelze**, der **„Sinterung"**, nötig ist, um aus dem hart (bis zum „klingen") gebrannten körnigen Haufwerk, einen **„Klinker"** zu erhalten und durch dessen **Feinmahlung** einen **Zement** von hoher Festigkeit.

Heute verwenden die Zementwerke für die Herstellung des Klinkers neben Kalkgestein oder Mergel und Ton und/oder Quarzsand, oft auch sog. **Sekundärrohstoffe** sehr unterschiedlicher Art, wie beispielsweise Gießereialtsand, Spezialkalk von der Kalkstickstoffherstellung oder Papierfangstoffe, die anfallen, wenn aus Altpapier Karton gemacht wird.

Dank hoher **Temperaturen von 1400 bis 1450 °C**, die in bis über 100 m langen **Drehrohröfen** bei der Herstellung des Klinkers durch Feuerung mit Kohlenstaub, Erdgas oder Öl erzielt werden, eignet sich der Brennvorgang auch hervorragend zur **schadlosen (d. h. dioxinfreien) Entsorgung** von unterschiedlichen Stoffen, wie Autoreifen, Kunststoffabfälle (ausgenommen PVC), Hausmüll, Altöl oder Klärschlamm bis hin zum Tiermehl. Sie werden in Zementöfen eingebracht und entwickeln beim Verbrennen selbst so viel Energie, dass sie als **„Sekundärbrennstoffe"** zu einer weitgehenden, teilweise sogar schon nahezu vollständigen Einsparung von Primärenergie führen, [Schneider 12].

Vor dem Brennvorgang erfordern das **Mahlen** des Kalkstein-Ton-Gemisches zum **Rohmehl** und das nochmalige Mahlen, mit dem der **Klinker** zum Zement gemacht wird, einen hohen Energieaufwand.

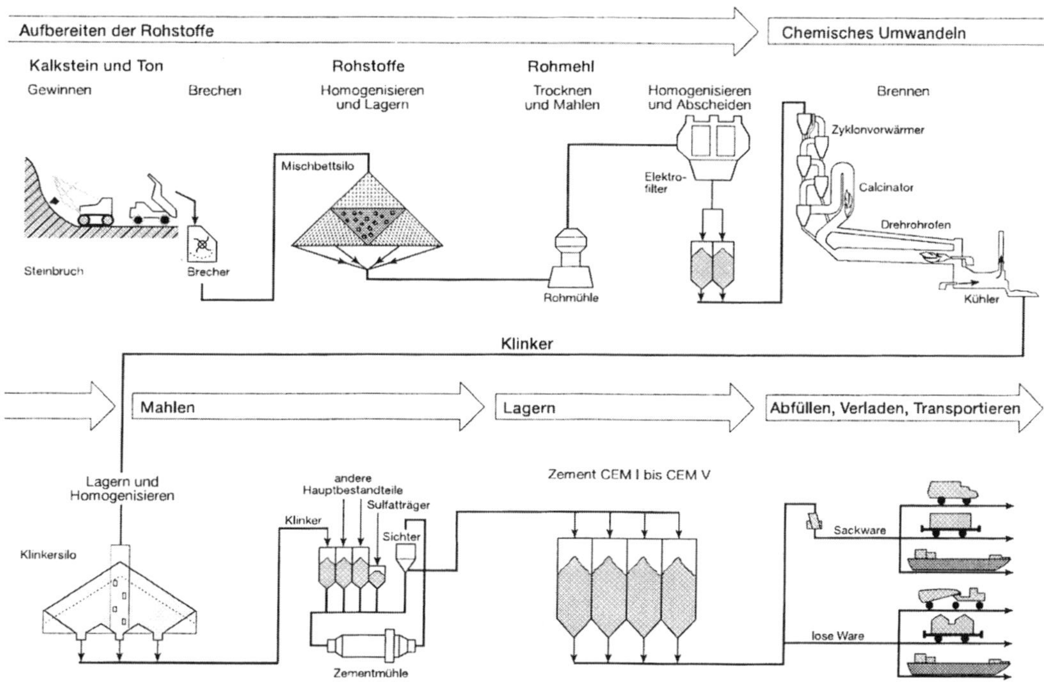

Abb. 2.2-1: Herstellung von Zement (VDZ)

Kein Wunder, dass für die Zementindustrie und für die weltweit führenden mitteleuropäischen Hersteller von Zementanlagen Forschungs- und Entwicklungsarbeiten zur **Energieeinsparung** neben dem Umweltschutz, schon lange bevor diese Schlagworte in aller Munde waren, begonnen haben und diese Maßnahmen heute sehr weit gediehen sind.

Beim Brennen jedes Klinkers muss aus dem Kalkanteil des Rohmehls das **Kohlendioxid** entweichen und gelangt in die Umwelt. Um diese **Emissionen** kleiner zu halten, bemüht sich die Zementindustrie, **klinkerarme Zemente** anzubieten, bei denen ein möglichst großer Anteil an latent hydraulischem **Hüttensand** (früher als „Hochofenschlacke" bezeichnet), **Flugasche** oder anderem **Puzzolan** zugemahlen oder zugemischt wird. Für die weltweit jährlich erzeugten etwa 2400 Mio. t Zement reichen aber die bei der Herstellung von Roheisen anfallenden etwa 280 Mio. t an geeignetem Hüttensand und bei Kohlenfeuerungen abgeschiedenen 500 Mio. t Flugasche nicht aus. Natürliche Puzzolane stehen nur in geringerem Ausmaß zur Verfügung. Ungebrannter **Kalkstein** kann, fein gemahlen, zur Verbesserung der Korngrößenverteilung zugemischt werden, aber nur in einem begrenzten Ausmaß, [Müller C. 14]. Trotz intensiver Forschung [Wolter 12, Bellmann 14, Ludwig 09] ist es nicht absehbar, ob es überhaupt gelingen kann, ein Bindemittel großtechnisch herzustellen, das an **Festigkeit** und **Dauerhaftigkeit** sowie **Robustheit** der Anwendung mit unseren heutigen Zementen vergleichbar ist.

Die Grundprinzipien der Herstellung unserer Zemente muten verhältnismäßig einfach an. Dagegen stößt die wissenschaftliche Durchleuchtung auf ein **hoch kompliziertes Feld chemisch-mineralogischer Zusammenhänge**, deren Auswirkungen auf die technischen Eigenschaften des Zements heute zwar schon in großem Ausmaß, aber längst noch nicht bis in die Einzelheiten geklärt ist.

Zement wird heute in fast allen Ländern, die über die Rohstoffe Kalkgestein und Ton verfügen, hergestellt. Man kann ihn über größere Strecken wirtschaftlich **nur auf dem Seeweg** transportieren. Das hat einen einfachen Grund: Sein Preis je Tonne ist so niedrig, dass mit der Bahn oder auf der Straße die Kosten für den Transport schon nach einigen hundert Kilometern höher sind als jene für den Zement.

2.2.2 Portlandzement-Klinker

Im Klinker sind mikroskopisch vier verschiedene **Mineralien**, sog. **Klinkerphasen** mit unterschiedlichen Modifikationen feststellbar, die je nach den für die Herstellung verwendeten Kalken, Tonen und zusätzlichen Rohstoffen, aber auch durch gezielte Steuerung der Produktion entstehen und für die Eigenschaften des Zements maßgebend sind, [Stark J. 2000]. Eine wichtige Rolle spielt dabei auch die Abkühlung des Klinkers. Sie muss schnell erfolgen, damit die für die gewünschten Zementeigenschaften nötigen Modifikationen der Phasen gleichsam „einfrieren". Zu beachten ist, dass bei den Klinkerphasen in der Zementchemie eigene **Kurzzeichen** verwendet werden, wobei C für **Calciumoxid** CaO (also nicht Kohlenstoff), **S** für **Siliciumdioxid** SiO_2, **A** für **Aluminiumoxid** Al_2O_3 und **F** für **Eisenoxid** Fe_2O_3 stehen.

Man unterscheidet

- **Tricalciumsilikat** (C_3S oder Alit), im Klinker mit einem Anteil von 40 bis 75 % enthalten, führt zu hoher Früh- und Endfestigkeit, wobei sich bei der Reaktion mit Wasser neben Calciumsilikathyadratphasen (CSH) auch das für den Korrosionsschutz von Stahleinlagen wichtige **Calciumhydroxid $Ca(OH)_2$** (Portlandit) entsteht.
- **Dicalciumsiliat** (C_2S oder Belit), das mit 2 bis 30 % im Klinker enthalten ist. Diese kalkärmere Phase führt zu nur niedriger Hydratationswärme, aber zu hoher Endfestigkeit.
- **Tricalciumaluminat** (C_3A oder Aluminatphase), das meist mit 3 bis 13 % vorhanden ist und zusammen mit dem Ferrit vor allem für die erste Festigkeitsentwicklung unmittelbar nach dem Erstarren verantwortlich ist. Seine Bekanntheit verdankt es vor allem der hohen Empfindlichkeit gegen nachträglich zugeführte lösliche Sulfate, die zu Quellerscheinungen bis hin zur Zerstörung der Betonstruktur führen kann. Es verursacht auch eine hohe Hydratationswärme.
- **Calciumaluminatferrit** (C_4AF) mit einem Anteil von 6 bis 14 %, bei C_3A-freiem Klinker bis zu 20 %. Es entsteht durch Zugabe von eisenhaltigen Rohstoffen, trägt wenig zur Festigkeitsentwicklung bei und führt zu einer dunkleren Farbe des Zements.

Betrachtet man die Wärmeentwicklung der Klinkerphasen bei vollständiger Hydratation [Stark, J. 2000], dann erhält man für

C_3S	500 J/g
C_2S	250 J/g
C_3A	1 340 J/g
C_4AF	420 J/g

und darüber hinaus für den stets nur in geringen Mengen vorhandenen **Freikalk CaO** und freies **Magnesiumoxyd** etwa 1 170 J/g bzw. 837 J/g. Leicht zu erkennen, dass für die Hydratationswärme vor allem der Gehalt an C_3A und auch C_3S maßgebend ist. Für die Anfangserhärtung ist der Gehalt an C_3A maßgebend, für den späteren Anstieg der Festigkeit der Anteil an C_2S.

Mahlt man die hart gebrannten, etwa kiesgroßen Körner des Klinkers zementfein, dann würde ein so hergestelltes **Klinkermehl** beim Mischen mit Wasser sofort erstarren. Solche **„Löffelbinder"** sind allenfalls für Spritzbeton interessant, für eine bautechnische Verwendung im Beton muss das Erstarren verzögert werden. Man kann es als ein Geschenk der Natur bezeichnen, dass diese **Verzögerung durch Zumahlen von 3 bis 4 % Gips**, also einem längst bekannten und einfach gewinnbaren Stoff, erzielt werden kann. Sehr sorgfältige Untersuchungen sind nötig, um die zuzugebende Menge an Gips, und das Verhältnis der beiden **Gipskomponenten Anhydrit und Halbhydrat** auf die chemische Zusammensetzung des Klinkers, vor allem dem **Gehalt an Alkalien,** und die **Mahlfeinheit** so abzustimmen, dass der Zement im gewünschten Zeitraum von **etwa 1 bis 3 Stunden erstarrt** und anschließend eine **hohe Festigkeit** erreicht. Die Gesamtmenge an zugemahlenem Gips und dem über die Rohstoffe und Zumahlstoffe in den Zement gekommenen Sulfat ist aus der chemischen Analyse des Zementes am **Sulfatgehalt,** der als an SO_3 angegeben wird, ersichtlich.

Zu hohe **Sulfatgehalte** im Zement können zu **Gipstreiben** führen, ein Quellvorgang aus dem Betongefüge heraus, der in feuchter Umgebung Monate oder Jahre nach dem Erhärten des Betons zur Auflösung der Struktur führt. Deshalb darf **zum fertigen Zement kein Gips** mehr zugemischt werden und deshalb ist der **Sulfatgehalt** in der Norm für die meisten Zemente mit **3,5 % begrenzt.** Zemente mit **hoher Anfangsfestigkeit** brauchen wegen ihrer feineren Mahlung oft höhere Sulfatgehalte, damit sie trotz ihrer größeren reaktionsfähigen Kornoberfläche nicht zu schnell erstarren. Dies mag der Grund dafür sein, weshalb für diese Zemente der **höchstzulässige Gehalt an SO_3 auf 4,0 %** angehoben wurde.

Wie Gips darf auch **ungelöschter Kalk** (also **Feinkalk oder CaO**) – der in Spuren im Zement enthalten sein kann – **nicht dem Beton zugemischt werden**. Der Großteil des Kalkes ist im Klinker an die Kieselsäure, die Tonerde oder an das Eisenoxid gebunden. Die Restmengen, der **„freie Kalk"**, müssen außerordentlich klein sein, damit **nach dem Erstarren des Betons** durch ein **Ablöschen** des Kalkes **kein Kalk- oder Magnesiatreiben** auftritt, das die Struktur zerstören würde. Um dies zu vermeiden, wird bei der Herstellung des Zements die **Zusammensetzung des Rohmehls auf 0,1 % genau überwacht** und auch der **Gehalt an Magnesia** begrenzt. Aus dem Zement werden unmittelbar nach seiner Herstellung Proben entnommen, die einem **Kochversuch (Le Chatelier-Versuch)** unterzogen werden, eine **Schnellprüfung der Raumbeständigkeit**. Dabei wird geprüft, ob ein erhärteter Zement zur **Volumenzunahme**, also zum **„Treiben"**, neigt.

In allen Rohstoffen sind in unterschiedlichem Ausmaß auch die **Alkalien Natrium und Kalium** enthalten. Sie machen zwar zusammengerechnet nur einen Anteil von kaum 1 % des Klinkers aus, bestimmen aber die Eigenschaften des Zements ganz wesentlich und gelten daher nicht zu unrecht als **„graue Eminenz"** des Zements, Abschn. 2.2.8 (b). Sie sind auch – neben dem Aluminat – dafür maßgebend, was und wie viel als Sulfat zugemahlen werden muss.

Es ist technisch möglich, den Alkaligehalt bei der Zementproduktion abzusenken. Damit wird das Problem aber nicht gelöst, sondern nur verlagert, wenn etwa für den **Filterstaub** aus den **Entstaubungsanlagen**, in dem sich die **Alkalien anreichern**, eine andere Verwendung oder eine Möglichkeit zur Deponie gefunden werden muss.

2.2.3 Mahlen des Zements

Als letzter Schritt der Zementherstellung wird der **Klinker** mit dem genau dosierten Anteil von **Gips** und **ggf. auch zusätzlichen Hauptbestandteilen** sog. Zumahlstoffen in großen leistungsfähigen Walzenmühlen und Kugelmühlen so fein gemahlen, dass eine **große reaktionsfähige Oberfläche** entsteht. Zur Verbesserung des Mahlvorgangs werden dem Mahlgut dispergierende Mittel, sog. **Mahlhilfen,** in Anteilen unter 0,05 % zugesetzt, [Müller T. 09]. Für die Verarbeitbarkeit des Zementes spielt neben der Mahlfeinheit insgesamt, die **Korngrößenverteilung** und auch die Form der einzelnen Zementkörner, also die **Kornform** eine große Rolle. Maßgebend hierfür sind hauptsächlich Bauart und Betriebsweise der Mühlen.

Heute wird vor allem bei Zementen mit Hüttensand oder anderen zusätzlichen Hauptbestandteilen, die sich wesentlich besser oder schlechter als der Klinker mahlen lassen, oft eine **getrennte Vermahlung** durchgeführt. Die Bestandteile werden anschließend zusammengemischt.

Der Großteil des Zements erreicht durch das Mahlen eine **Korngröße** etwa zwischen **0,001 und 0,1 mm**. Ähnlich wie bei den Gesteinsstoffen des Betons führt eine bis weit ins Feinstkorn reichende, **flache Kornverteilung** zu etwas **kleinerem Wasseranspruch** und **niedrigerer Porosität**, also größere Packungsdichte und daher schließlich zu **höherer Festigkeit.** [Macht 06, Krispel 11].

Die **Kornzusammensetzung** des Zements kann man mit dem vom Zählen der Blutkörperchen her bekannten **Lasergranulometer** genau bestimmen. Ähnlich wie beim Siebversuch von Gesteinsstoffen erhält man eine **Korngrößenverteilung, deren Summenkurve in doppeltlogarithmischem Maßstab**, dem sog. **RRSB-Netz** dargestellt wird. Sie lässt sich meist gut durch eine Gerade annähern. Diese Gerade wird beschrieben durch einen **Lageparameter** (Korngröße, die von 63,2 % der Partikel unterschritten wird, z. B. etwa 0,025 mm bei einem CEM 32,5 oder 0,011 mm bei einem CEM 52,5) und dem **Steigungsmaß**, das um so größer ist, je enger die Kornverteilung ist, meist zwischen 0,90 und 1,10. Erst in jüngster Zeit kann die für die Verarbeitbarkeit so **wichtige Form und Rauigkeit der Zementkörner** durch photooptische Verfahren gemessen werden, wodurch eine weitere Optimierung des Mahlvorganges möglich ist, vgl. Abschn. 2.4.5.4.

In vielen Fällen wird die Mahlfeinheit aber heute noch pauschal mit durch die seit vielen Jahrzehnten gebräuchliche **spezifische Oberfläche nach Blaine** (DIN 66126) in cm^2/g gekennzeichnet, wobei die Luftdurchlässigkeit einer Probe ermittelt wird. Dabei ist nicht zu vermeiden, dass unterschiedliche Korngrößenverteilungen das gleiche Ergebnis zeigen. Trotzdem ist in den meisten Normen noch eine Prüfung der spezifischen Oberfläche nach Blaine gefordert, ohne aber Grenzwerte anzugeben.

Übliche Portlandzemente haben spezifische Oberflächen etwa im Bereich von

CEM I 32,5 R	2 700 bis 3 300 cm^2/g
CEM I 42,5 R	3 600 bis 4 200 cm^2/g
CEM I 52,5	4 400 bis 5 600 cm^2/g.

Zemente mit **Hüttensand, Kalkstein oder anderen sekundären Hauptbestandteilen** müssen in der Regel **etwas feiner** gemahlen werden, um vergleichbare Festigkeiten in jungem Alter und nach 28 Tagen zu erreichen. Sie können einen wesentlichen Beitrag zur **Optimierung der Korngrößenverteilung** leisten.

Wesentlich ist, dass die Mahlfeinheit auf den Klinker, d. h. auf das Rohstoffvorkommen und ggf. andere Hauptbestandteile sowie auf die gewünschte Festigkeit abgestimmt wird. Obwohl **feiner gemahlene Zemente** allgemein **schneller erhärten,** ist es nicht sinnvoll, bestimmte Mindestwerte der Mahlfeinheit zu fordern, wenn man früh ausschalen will. Festigkeitsprüfungen eignen sich besser zur Kennzeichnung der gewünschten Eigenschaften. Überdies wirken sich Änderungen der Mahlfeinheit um einige 100 g/cm^2

nur sehr wenig auf die Frühfestigkeit, den Wasseranspruch und andere Gebrauchseigenschaften aus.

Sinnvoll wäre es, im **Winter** die Zemente etwas **feiner zu mahlen**, damit sie bei den niedrigen Temperaturen schneller erhärten. Dies wurde auch von vielen Zementwerken schon so gemacht. Im Frühjahr kehrte man wieder zur sommerlichen Produktionsweise zurück und auch die 28-Tage-Festigkeiten blieben wegen der nun gröberen Mahlung etwas niedriger. Dies hat zu Schwierigkeiten geführt, wenn die Betonhersteller nicht nachdrücklich auf diese Umstellung hingewiesen wurden. Aus diesem Grunde ist man von jahreszeitlicher Anpassung wieder abgekommen.

Die **Schwankungsbreite der Mahlfeinheit** kann die Gleichmäßigkeit einer Produktion kennzeichnen. Bei besonderen Bauaufgaben, wie z. B. dem Verpressen feiner Risse, müssen die Zemente sehr fein gemahlen werden und strenge Anforderungen an die Mahlfeinheit gestellt werden.

2.2.4 Zemente mit sekundären Hauptbestandteilen CEM II bis CEM V

Dank der heutigen hoch entwickelten Herstellungstechnologie ist es ohne Weiteres möglich, Zemente nach DIN EN 197-1 zu produzieren, die eine sehr hohe Festigkeit erreichen. Verwendet man solche Zemente auch für Betone der niedrigeren Festigkeitsklassen C 16/20 und C 25/30, dann könnten auch sehr niedrige Zementgehalte und daher hohe *w/z*-Werte eingesetzt werden mit allen Nachteilen für den Korrosionsschutz des Betonstahls, den Frostwiderstand und vielen anderen mehr. Nachdem Portlandzement bei der Hydratation sehr viel Kalk in Form von Calciumhydroxid ($Ca(OH)_2$) abspaltet, kann man durch Zumahlen oder Zumischen von Stoffen, die **Silikate** oder **Tonerde** (Aluminat) in reaktionsfähiger Form enthalten, also sog. **Puzzolanen** wie Trass oder Ölschiefer, oder auch latent hydraulischen **Hüttensand** den Anteil an Klinker niedriger halten.

Tabelle 2.2-1: Zusammensetzung der wichtigsten Zemente nach DIN EN 197-1

Hauptzementarten	Benennung	Kurzbezeichnung	Zusammensetzung: Massenanteile in Prozent, ohne Sulfat					
			Hauptbestandteile					
			Portlandzementklinker	Hüttensand	Puzzol. natürl.	Flugasche[1]	Gebr. Schiefer	Kalkstein
			K	S	P	V	T	LL
CEM I	Portlandzement	CEM I	95–100	–	–	–	–	–
CEM II	Portlandhüttenzement	CEM II / A-S	80–94	6–20	–	–	–	–
		CEM II / B-S	65–79	21–35	–	–	–	–
	Portlandpuzzolanzement[2]	CEM II / A-P	80–94	–	6–20	–	–	–
		CEM II / B-P	65–79	–	21–35	–	–	–
	Portlandflugaschezement[2]	CEM II / A-V	80–94	–	–	6–20	–	–
		CEM II / B-V	65–79	–	–	21–35	–	–
	Portlandschieferzement[2]	CEM II / A-T	80–94	–	–	–	6–20	–
		CEM II / B-T	65–79	–	–	–	21–35	–
	Portlandkalksteinzement	CEM II / A-LL	80–94	–	–	–	–	6–20
	Portlandkompositzement[2][3]	CEM II / A-M	80–94	← 6–20 →				
		CEM II / B-M	65–79	← 21–35 →				
CEM III	Hochofenzement	CEM III / A	35–64	36–65	36–65	–	–	–
		CEM III / B	20–34	66–80	66–80	–	–	–
CEM IV	Puzzolanzement[2][3]	CEM IV / A	65–89	–	← 11–35 →		–	–
		CEM IV / B	45–64	–	← 36–55 →		–	–
CEM V	Kompositzement[2][3]	CEM V / A	40–64	18–30	← 18–30 →		–	–
		CEM V / B	20–38	31–50	← 31–50 →		–	–

1) kieselsäurereich
2) wird nur von einzelnen Werken hergestellt.
3) Hauptbestandteile außer Klinker müssen durch die Bezeichnung angegeben werden.

Flugasche und Silicastaub reagieren ebenfalls puzzolanisch, werden aber meist erst bei der Herstellung des Betons, nicht im Zementwerk zugegeben. Auch **Kalkstein** kann zugemahlen werden, allerdings nur in kleineren Anteilen.

Diese Zumahlstoffe gelten heute als **sekundäre Hauptbestandteile**.

Große Erfahrungen hat man in Deutschland mit **Hüttensand („S")** als zusätzlichen Hauptbestandteil. Er entsteht, wenn bei der Roheisengewinnung basische Hochofenschlacke anfällt, die rasch abgekühlt werden muss, damit sie glasig (d.h. nicht kristallin) erstarrt. Hüttensand ist also eine **granulierte Hochofenschlacke**. Er enthält den im Hochofenprozess zugesetzten Kalk, so dass er sogar ohne Zusatz von Klinker erhärten würde, allerdings für eine bautechnische Nutzung viel zu langsam. Daher die Bezeichnung **„latent hydraulisch"**.

Wenn Hüttensand zugemahlen wird, bezeichnet man den Zement als **„Portlandhüttenzement CEM II S"** (früher „Eisenportlandzement") oder, wenn dessen Anteil 36 % überschreitet als **„Hochofenzement CEM III"**. Nach DIN EN 197-1 wären sogar Hochofenzemente mit 95 % Hüttensand und nur 5 % Klinker noch normgemäß, doch verbietet die **langsame Erhärtung, Empfindlichkeit gegen Austrocknen und tiefer gehende Carbonatisierung** bei Gehalten an Hüttensand über 80 % eine generelle Anwendung. Hochofenzemente werden bevorzugt wenn der damit hergestellte Beton anfangs wenig austrocknet und dabei keinem Frost ausgesetzt ist. Seine Vorteile sind, **erhöhter Widerstand gegen Sulfatangriffe** und dank eines **sehr feinen Porengefüges** nahezu **kein Eindringen von Chloriden**. Dazu kommt noch eine anfangs nur **geringe Erwärmung** und eine im Laufe von Jahren **sehr große Nacherhärtung**.

Die Erkenntnis, dass das bei der Hydratation von Portlandzement freiwerdende Calciumhydroxid dem **reaktionsträgen Hüttensand**, auch wenn er nur wenig mehr CaO und MgO als SiO_2 enthält, so **zur Hydratation anregen** kann, dass ein brauchbarer Zement entsteht, verdanken wir vor allem Forschern aus der Mitte Deutschlands, die sich schon **vor mehr als 100 Jahren** Gedanken über eine nutzbringende Verwendung der in den Hochöfen anfallenden großen Mengen an Schlacken machten. Dennoch, den Hochofenprozess so zu steuern, dass ein Hüttensand mit optimierten Eigenschaften entsteht, bleibt auch heute noch ein Wunsch der Hüttenzementleute. Für sie ist es eine besondere Herausforderung, anfallenden Hüttensand zu bewerten und richtig einzusetzen. Dank einer feinen Mahlung und dadurch rascheren Reaktion gelingt es heute sogar, mit sehr reaktivem Hüttensand schnell erhärtende Zemente CEM III A 42,5 N und CEM II A 52,5 N herzustellen. Hochofenzemente werden regional recht unterschiedlich verwendet, und vor allem im Westen Deutschlands stärker, wo sie auch durch die „Forschungsgemeinschaft für Eisenhüttenschlacken" in Duisburg-Rheinhausen, heute **„Institut für Baustoff-Forschung FEhS"** recht erfolgreich gefördert werden.

Kalkstein „L" und „LL" (engl. Lime) nimmt eine Sonderstellung unter den Zumahlstoffen ein. Man bezeichnet Zumahlstoffe heute generell als (sekundäre) **„Hauptbestandteile"**, in der englischen Literatur „extenders", also „Streckmittel". Kalkstein ist nahezu inert, d.h. dass er mit dem Zement nicht nennenswert reagiert. Kalksteinzemente erstarren meist etwas später. Gemeinsam mit dem Klinker vermahlen wird der viel weichere Kalkstein meist an sich schon sehr feinkörnig und **ergänzt** dadurch die **Kornzusammensetzung des Zements**, wovon man sich eine **größere Packungsdichte,** also Raumausfüllung, einen **verminderten Wasseranspruch** und eine **bessere Verarbeitbarkeit** erwartet. Auch die **Frühfestigkeiten** werden meist etwas angehoben, vor allem wenn das Kalksteinmehl sehr fein gemahlen vorliegt [Stark 04]. Die Carbonatisierungstiefe wird bei Beton mit Portlandkalksteinzement nur unwesentlich erhöht. Bei **Sulfatangriffen** sollte man aber **keine L- oder LL-Zemente verwenden**, vgl. Abschn. 4.5.6.

Der zugemahlene Kalkstein darf den **Frostwiderstand** des damit hergestellten Betons nicht beeinträchtigen, was bei den häufig vorkommenden Kalkmergeln, je nach Größe des Tonanteils möglich sein könnte. Dabei eignen sich diese Kalkmergel bei entsprechendem natürlichem Tonanteil für die Herstellung des Klinkers besonders gut! Wird Kalkstein aber ohne ihn zu brennen zugemahlen, muss er mindestens 75 % $CaCO_3$ enthalten, darf als Maß für den Tongehalt eine **Methylenblau-Adsorption**, vgl. Abschn. 2.4.5.1, von höchstens 1,2 % haben und darf nicht mehr als 0,20 % **organisch gebundenen Kohlenstoff** (TOC, Total Organic Carbon) enthalten (**Bezeichnung „LL"**, bis 1/2001 „L"). Es gibt aber auch europäische Staaten, in denen TOC-Gehalte bis 0,50 % zugelassen werden (heutige **Bezeichnung „L"**). Durch die höheren Anforderungen in Deutschland will man Kalksteinzemente mit niedrigerem Frostwiderstand vermeiden. Auch wird die Verwendung von CEM II B LL-Zementen, also solchen mit mehr als 20 % Kalkstein, so eingeschränkt, dass sie praktisch nicht am Markt sind. Sinnvoll könnte es sein, den Kalkstein nicht nur im Steinbruch zu prüfen, sondern wie in Österreich, den Frostwiderstand von mit Portlandkalksteinzement hergestellten Normprismen auch direkt einer Prüfung zu unterziehen.

Oft werden zwei unterschiedliche, einander ergänzende zusätzliche Hauptbestandteile verwendet, in den meisten Fällen Hüttensand und Kalkstein. Man nennt Zemente mit mehr als einem zusätzlichen Hauptbestandteil **Kompositzemente.**

Zemente mit Puzzolanen und/oder Hüttensand reagieren etwas langsamer, wenn sie nicht erheblich feiner als Portlandzement gemahlen wurden. Die **Nacherhärtung**, also der Festigkeitsanstieg im Alter von mehr als 28 Tagen ist bei Zementen mit zusätzlichen Hauptbestandteilen oft stärker ausgeprägt, setzt aber voraus, dass der Beton **vor Austrocknen geschützt** wird. Eine Ausnahme ist der CEM II LL, also der Portlandkalksteinzement, dessen Nacherhärtung auch beim üblichen Anteil an Kalkstein von höchstens 20 % niedriger ausfällt als bei „reinem" Portlandzement.

Die zusätzlichen **Hauptbestandteile** sind **bei der Zementherstellung** ein begehrtes **Steuerungsmittel**, vor allem für die Festigkeiten. Nicht nur die Fertigteilwerke, auch viele andere Abnehmer wollen einen Zement haben, der ein frühes Ausschalen zulässt. Sie wollen die **seitlichen Schalungen** auch in der kühleren Jahreszeit schon am nächsten Morgen, in den **Fertigteilwerken schon nach 8 Stunden** gefahrlos **abnehmen** können. Es gibt nun zahlreiche Zementwerke, die wegen ihrer Rohstoffvorkommen die hohen Frühfestigkeiten nur durch eine feinere Mahlung erreichen können, was aber zur Folge hat, dass die obere Grenze der Festigkeitsklasse 32,5 überschritten wird. Umgekehrt ist es natürlich auch möglich, bei rohstoffbedingt anfangs sehr schnellen Zementen durch Zumahlen von Hüttensand oder Puzzolanen die am ersten Tag oft unerwünschte hohe **Hydratationswärme zu vermindern**, weil Hüttensand und Puzzolane nur wenig dazu beitragen und dennoch eine ausreichende 28-Tage-Festigkeit sicherstellen.

2.2.5 Zusammensetzung und Bezeichnung der Zemente

Die Bezeichnung der Zemente nach ihrer Zusammensetzung ist in der europäischen Norm EN 197 festgelegt und geht aus Tabelle 2.2-1 hervor. Wie groß die Anteile an Hüttensand, Kalkstein und dgl. innerhalb der weit gesteckten Grenzen der Norm sind, bleibt dem Hersteller überlassen.

In Deutschland verwendet man zu gut einem **Drittel Portlandzemente CEM I** und fast zur **Hälfte CEM II** mit Hüttensand oder anderen Puzzolanen, oft auch Portlandkompositzemente mit geringen Anteilen an Kalkstein zur Verbesserung des Wasserhaltevermögens. Der Anteil an **Hochofenzementen CEM III**, also solchen mit mehr als 35 % Hüttensand lag bisher in den meisten Jahren über 15 %.

Neben den in DIN EN 197-1 genormten Zementen gibt es auch solche, für meist nur bestimmte Verwendungszwecke auf Grund einer **bauaufsichtlichen Anwendungszulassung** verwendet werden dürfen.

Wichtig ist, dass die Mehrzahl der Zemente nicht für alle Expositionklassen für tragende Bauteile verwendet werden dürfen. Nach DIN FB 100 bestehen für viele Zemente CEM II bis CEM V **Anwendungsbeschränkungen**, vgl. Abschn. 2.2.13 und 4.1.2.

2.2.6 Eigenschaften und Prüfungen der Zemente

Für alle Zemente mit normalen Eigenschaften, den **„Normalzementen"** gilt **DIN EN 197-1**, für ihre Prüfung **DIN EN 196**. Die Verfahren zur Konformitätsbewertung sind in DIN EN 197-2 beschrieben. Auch **Sonderzemente** erfüllen in der Regel die Anforderungen der DIN EN 197-1. Die besonderen Eigenschaften werden entweder dort oder wurden bisher in DIN 1164-10 bis -12 behandelt, vgl. Abschn. 1.5.2.3.

Die wichtigsten bautechnischen Eigenschaften von Zement sind die **Druckfestigkeit** und der **Erstarrungsbeginn**. Die hierfür in der Norm vorgesehenen Prüfverfahren wurden seit Jahrzehnten – wenn man von Verbesserungen zur Personaleinsparung absieht – kaum verändert [Zimmer 04/1]. Zuverlässige Ergebnisse sind nur zu erwarten, wenn mit der Zementprüfung oder der chemische Analyse ein **gut geführtes** und **erfahrenes Labors** beauftragt wird.

Der **Erstarrungsbeginn** nach DIN EN 196-3 gibt einen vergleichenden Hinweis auf die mögliche Verarbeitungsdauer. Weil das Erstarren stark von der Konsistenz des Zementleims bestimmt wird, muss für die Prüfung bei der definierten „Normsteife" durchgeführt werden und vorher ermittelt werden, wie viel Wasser dazu nötig ist. Mit dem Vicat-Gerät wird geprüft, wie lange es dauert, bis eine Stahlnadel in den normsteifen Leim nicht mehr auf volle Tiefe eindringt, vgl. Abschn. 2.2.12 (c).

Die **Druckfestigkeit des Zements** wird nach dem in DIN EN 196-1 genau beschriebenen Verfahren an einem im Verhältnis 1 : 3 gemischten Mörtel bestimmt, wobei als Sand ein fabrikmäßig hergestellter in Beuteln abgepackter sog. **Normsand** dient [Iken 12]. Aus dem Mörtel mit einem ***w/z*-Wert von 0,50** werden **Prismen 40 × 40 × 160 mm³** hergestellt. Sie müssen nach dem Ausschalen bis zur Prüfung unter Wasser lagern. An ihnen wird zuerst die Biegefestigkeit bestimmt – für die es in der Norm keine

Tabelle 2.2-2: Normfestigkeiten [N/mm²] der Zemente nach DIN EN 197-1

Festigkeitsklasse	2 *d*	7 *d*	28 *d*	Kennfarbe	Aufdruckfarbe
32,5 L 32,5 N 32,5 R	– – > 10	≥ 12 ≥ 16 –	≥ 32,5 ≤ 52,5	hellbraun	schwarz rot
42,5 L 42,5 N 42,5 R	– ≥ 10 > 20	≥ 16 – –	≥ 42,5 ≤ 62,5	grün	schwarz rot
52,5 L 52,5 N 52,5 R	≥ 10 ≥ 20 ≥ 30	– – –	≥ 52,5	rot	schwarz weiß

Anforderungen mehr gibt – und anschließend an den **Balkenhälften die Druckfestigkeit**. Die im Alter von 28 Tagen bestimmte Druckfestigkeit, die sog. **„Normfestigkeit“ N_{28}** ist entscheidend für die **Festigkeitsklasse** des Zements.

Sie ist auch maßgebend für die Erhärtung des Betons: Die **Druckfestigkeit von Beton ist proportional der Druckfestigkeit des verwendeten Zements**.

Alle Zemente lassen schon an ihrer Bezeichnung erkennen, welcher **Festigkeitsklasse** sie angehören. Es handelt sich aber dabei nicht um ihre tatsächliche meist **erheblich höhere** Normdruckfestigkeit, sondern um die nach DIN EN 197-1 für ihre Klasse **mindestens** zu erreichende Normdruckfestigkeit.

Die Zementnorm DIN EN 197-1 verlangt, was manche überraschen wird, dass die 28-Tage-Normfestigkeit (nur in Deutschland) auch eine **obere Grenze nicht überschreiten darf**. So müssen die normalen Bauzemente CEM 32,5 so produziert werden, dass ihre Normfestigkeit nicht über 52,5 N/mm² liegt. Das war nicht immer so. Vor 1970 gab es die obere Grenze nicht, was dazu führte, dass ein Zement desselben Werkes und mit derselben Bezeichnung einmal mit einer Druckfestigkeit ausgeliefert werden konnte, die nahezu das Doppelte der Mindestfestigkeit betrug und dann wieder mit einer solchen, die nur knapp über der Mindestfestigkeit lag. Für den Betontechnologen bargen Schwankungen in der Normfestigkeit des Zements ein großes Risiko: musste er doch in der Erstprüfung nachweisen, dass der Beton etwa für eine Brücke die vorgeschriebene Festigkeit erreicht. Wenn dann für das Betonieren des Tragwerks oft erst Monate später ein Zement vom selben Werk mit derselben Bezeichnung geliefert wurde, der erheblich langsamer erhärtete, wurde mitunter die 28-Tage-Betonfestigkeit des Tragwerkes nicht erreicht, obwohl alle Lieferungen des Zements die gleiche Bezeichnung hatten und der Norm entsprachen.

Die nach der heutigen Norm zulässige Spanne für die Normfestigkeit von **32,5 bis 52,5 N/mm²** für den Normalzement bzw. **42,5 und 62,5 N/mm²** für den rascher erhärtenden CEM 42,5 ist viel zu groß und wird auch aus gutem Grunde von den Herstellwerken nicht ausgenutzt. Allein schon um marktgerecht zu sein, werden die üblichen Portlandzemente meist so produziert, dass ihre **Normfestigkeit in der Mitte oder im oberen Drittel des nach der Norm zulässigen Bereiches** liegt. Die Forderung nach geringer Schwankungsbreite der Zementeigenschaften hat in Deutschland viele Zementwerke gezwungen, ihre Rohstoffe vor allem bei Ungleichmäßigkeiten, wie sie in den Steinbrüchen oder anderen Gewinnungsstätten oft vorkommen, vor der Verwendung in recht aufwändigen Anlagen zu **homogenisieren**. In den meisten anderen Staaten gelten keine oberen Grenzwerte für die Zementfestigkeiten.

Bei **langsam erhärtenden Zementen**, also solchen mit niedriger Hydratationswärme oder hohem Sulfatwiderstand, ebenso wie bei Zementen mit sehr hohem Gehalt an Hüttensand (z. B. CEM III B) liegt die erreichte Normfestigkeit mitunter nur im unterem Bereich der nach der Norm zulässigen Spanne, was bei der Betonrezeptur berücksichtigt werden muss. Da solche Zemente eine **größere Nacherhärtung** haben, sollte man für den Nachweis der Betonfestigkeit ein **Prüfalter von 56 oder 91 Tagen** vereinbaren.

Die Verwendung von **Sekundärrohstoffen** und/oder **Sekundärbrennstoffen** wirkt sich allgemein wenig auf die in der Norm geforderten Eigenschaften der Zemente aus. Dagegen kann die **Wirkung bestimmter Zusatzmittel** ganz erheblich von solchen Stoffen betroffen sein. Daher müssen auch Sekundärroh- und -brennstoffe so **homogenisiert** werden, dass schroffe Änderungen von Anteilen und Zusammensetzung vermieden werden.

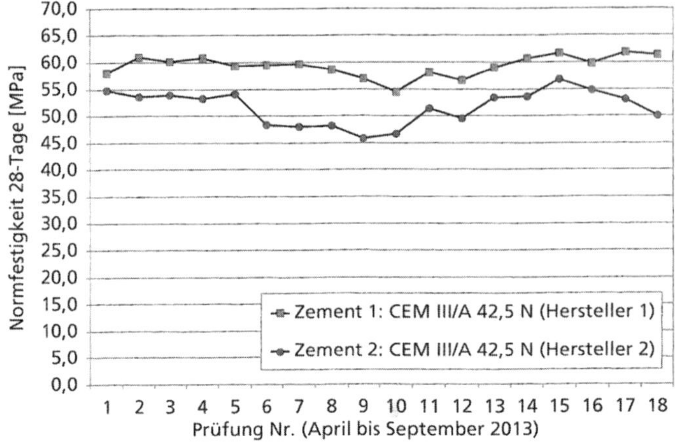

Abb. 2.2-2: Normfestigkeit von Zementen derselben Bezeichnung von zwei unterschiedlichen Werken [Kordts 16]

Für **Bauteile, die einen sehr gleichmäßigen Zement erfordern**, wie z.B. bei der Herstellung mit Spritzbeton, für Brücken oder für hochfesten Beton, ist es immer zweckmäßig, sich mit dem Zementherstellwerk abzustimmen. Damit soll sichergestellt werden, dass für solche Fälle kein Zement ausgeliefert wird, der betrieblich bedingte, für die meisten Anwendungsfälle völlig bedeutungslose Güteschwankungen aufweist.

Bei Verwendung von **Importzementen** muss berücksichtigt werden, dass ihre Eigenschaften möglicherweise von Lieferung zu Lieferung stärker schwanken. Für anspruchsvolle Aufgaben wird man daher einen Blick auf die Schwankungen der Eigenschaften der letzten Zeit, vor allem der Normfestigkeit und der Mahlfeinheit, werfen.

2.2.7 Frühfestigkeiten

Für viele Bauaufgaben ist es wichtig, wie schnell der Beton den **ersten Stunden und Tagen erhärtet.** Daher wird die Druckfestigkeit der Zemente auch im **Alter von 2 Tagen**, bei langsam erhärtenden Zementen erst nach **7 Tagen geprüft.** Je nach der zu diesem Zeitpunkt geforderten Mindestfestigkeit werden sie als **L – langsam**, **N – normal** oder **R – rasch** erhärtend bezeichnet, Tabelle 2.2-2. Die in DIN EN 197-1 geforderte 2-Tage-Druckfestigkeit von mindestens **20 N/mm²** für den „frühhochfesten" CEM 42,5 R wird von vielen Zementen **deutlich überschritten** und selbst die **30 N/mm²**, die für den **CEM 52,5 R** gefordert werden – also fast so viel wie für den Normalzement CEM 32,5 erst nach 28 Tagen – werden in der Regel gut erreicht.

Mit speziellen auf hohe Frühfestigkeit optimierten Zementen CEM 52,5 R kann schon nach **6 Stunden** eine **Normfestigkeit von 15 N/mm²** erzielt werden, [Ludwig 06]. Mit *w/z*-Werten von 0,40 und entsprechendem Fließmittel lassen sich damit bei 20 °C Betondruckfestigkeiten bis **über 20 N/mm²** schon **nach 6 Stunden** erreichen, vgl. Abschn. 2.2.11 (b). Für besondere Anwendungsgebiete gibt es neben schnell erhärtenden Zementen, die DIN EN 197-1 entsprechen, auch Zemente FE mit **frühem** Erstarren, siehe 2.2.8 (e), Zemente SE mit **schnellem** Erstarren, 2.2.8 (f) und Schnellzemente mit erhöhtem Aluminatgehalt, siehe 2.2.11 (b).

Wichtig ist, dass sich die schnell erhärtenden Zemente, fast ausschließlich **Portlandzemente CEM I**, von normalen Zementen hauptsächlich durch die Reaktionsgeschwindigkeit unterscheiden und nur wenig durch die freilich oft schon nach Monaten erreichte **Endfestigkeit**, vorausgesetzt, die Hydratation wird nicht durch Austrocknen unterbrochen. Den wichtigsten Beitrag zur schnelleren Erhärtung leistet neben entsprechender Zusammensetzung des Klinkers meist eine **feinere Mahlung**, was dazu führt, dass die Endfestigkeit wesentlich früher erreicht wird, aber nicht höher als bei anderen Zementen ausfällt. Ähnlich wie ein Bündel dünner Holzstäbe rascher brennt als ein einziges dickes Scheit gleicher Masse, bestimmt auch beim Zement die Größe der reaktionsfähigen Oberfläche die Geschwindigkeit der Erhärtung. Schnell erhärtende Zemente führen zwangsläufig vor allem am ersten Tag auch zu einer größeren Hydratationswärme. Sie sind daher **nicht für massige Bauteile** geeignet.

2.2.8 Sonderzemente nach Normen

Die meisten Sonderzemente werden nur von wenigen Werken hergestellt. Zu über DIN EN 197 hinausgehenden Anforderungen ist eine DAfStb-Richtlinie in Vorbereitung, bis zu deren Einführung die bisher bestehenden Anforderungen nach DIN 1164 gelten, vgl. Abschn. 1.5.2.2.

(a) **Zemente mit hohem Sulfatwiderstand (SR-Zemente)**

Die früheren HS-Zemente verdanken ihre neue Bezeichnung dem englischem „**S**ulfat **R**esistance“ und werden in der Regel aus einem eigens hierfür hergestellten Klinker erzeugt. Um den Gehalt an C_3A abzusenken, gibt man zum Rohmehl Eisenoxid, etwa in Form von Kiesabbrand oder Eisenerz, das einen Teil des Aluminiums als C_4AF bindet, dessen Gehalt aber nicht über 18 % ansteigen darf. Nur CEM III B-Zemente, also Hochofenzemente, dürfen mit normalen Klinker hergestellt werden, weil dessen Anteil im Zement unter 34 % liegt. Wann ein Zement wirklich zu einem erheblich höheren Sulfatwiderstand führt, darüber ist man sich nicht ganz einig. Das hat zur Folge, dass **DIN EN 197-1 auch SR-Zemente** enthält, die nach DIN 1045-2, also **in Deutschland, nicht eingesetzt werden dürfen**, wenn hoher Sulfatwiderstand gefordert wird. Anerkannt wird ein hoher Sulfatwiderstand eines Portlandzementes als **„CEM I-SR 3“** nur, wenn im Klinker **höchstens 3 %** C_3A enthalten sind. Wenn sie überhaupt **kein** C_3A enthalten, dürfen sie als **„CEM I SR 0“** bezeichnet werden. **Hochofenzemente** mit hohem Anteil an Hüttensand, also **CEM III/B und CEM/C** werden ohne zusätzliche Anforderungen als SR-Zemente anerkannt.

(b) **Zemente mit niedrigem wirksamen Alkaligehalt (na-Zemente)**

Wenn, wie vor allem in Norddeutschland hin und wieder Gesteinskörnungen zum Einsatz kommen, die bestimmte empfindliche Anteile enthalten, welche mit den Alkalien des Zements treibende, betonzerstörende Reaktion auslösen können, müssen Zemente mit niedrigem wirksamen Alkaligehalt verwendet werden, sog. na-Zemente vgl. Abschn. 4.6. Der Alkaligehalt wird als Na_2O-Äquivalent, oft bezeichnet als **„Alkaliäquivalent“** angegeben und rechnet sich aus den in der Zementanalyse ermittelten Oxydgehalten in Masseprozenten nach

$$Na_2O\text{-Äquivalent} = Na_2O + 0{,}658\ K_2O.$$

Die Grenze für den Alkaligehalt **(Na_2O-Äquivalent)** ist für **na-Portlandzement mit 0,60 %** festgelegt. Hüttensand verringert die Wirkung der Alkalien, daher gelten für solche Zemente je nach Gehalt an Hüttensand erhöhte Grenzwerte, und zwar **0,70 % für CEM II/B-S**-Zemente, **0,95 % CEM III/A**-Zemente bis 49 % Hüttensand, darüber **1,10 % bzw. 2,00 % für CEM III/B.** NA-Zemente entsprechen DIN EN 197-1. Ihre besonderen Eigenschaften werden durch ein freiwilliges zusätzliches **Produktionszertifikat** (früher DIN 1164-10) nachgewiesen.

(c) **Zemente mit niedriger Hydratationswärme (LH-Zemente)**

LH-Zemente (**l**ow **h**eat of hydration) müssen mit ihrer Wärmeentwicklung nach 7-tägiger Erhärtung unter 270 Joule je g liegen. Diese Anforderung gilt damit für einen sehr späten Zeitpunkt, zu dem in den meisten Bauteilen das Maximum der Temperatur schon längst überschritten ist. LH-Zemente enthalten meist ähnlich wie HS-Zemente wenig oder gar kein C_3A und werden oft auch etwas gröber gemahlen. Zur Vermeidung von hydratationswärmebedingten Rissen im Beton sind zusätzliche Anforderungen zu stellen, vgl. Abschn. 3.6.5.

(d) **Zement mit sehr niedriger Hydratationswärme (VLH)**

Für diese, für Massenbeton gedachten „**v**ery **l**ow **h**eat“-Zemente wurde eine eigene Norm, die DIN EN 14216 herausgebracht. Wegen seiner Orientierung auf niedrige Hydratationswärme von **höchstens 220 J/g** erhärtet er so langsam, dass er oft die Druckfestigkeit eines CEM 32,5 nicht erreicht und eine eigene Festigkeitsklasse CEM 22,5 notwendig machte. Niedrige Gehalte an Portlandzement-Klinker und entsprechend hohe Anteile an puzzolanischen und/oder latent hydraulischen Stoffen sowie grobe Mahlung führen vor allem in den ersten Tagen zu einer extrem langsamen Erhärtung. Dies macht damit hergestellten Beton **empfindlich gegen** Mängel in der **Nachbehandlung**, anfangs auch gegenüber **Frost** und **rasche Temperaturänderungen.** Damit hergestellter Beton kann erst sehr spät ausgeschalt werden. Auch darf er nur verwendet werden, wo **kein oder nur geringes Korrosionsrisiko** besteht.

(e) **Zemente mit frühem Erstarren (FE-Zemente)**

Ihr **Erstarrungsbeginn** darf frühestens nach **15 Minuten** sein. Sie können in Betonstein- und Fertigteilwerken eingesetzt werden und erreichen ähnlich wie SE-Zemente schon nach wenigen Stunden relativ hohe Festigkeiten. Auch ohne Wärmebehandlung sind damit schon nach 6 Stunden sehr hohe Betonfestigkeiten möglich. Für FE-Zemente gilt DIN 1164-11.

(f) **Zemente mit schnellem Erstarren (SE), Spritzbetonzemente**

Auch für diese Zemente sind die Anforderungen in DIN 1164-11 definiert. In Österreich werden sie als **Spritzbindemittel (SBM)** bezeichnet. Aus der Überlegung heraus, dass es nicht sinnvoll ist, dem Zement bei der Herstellung durch Zumahlen von Gips in seinem Erstarren auf das bei der üblichen Betonherstellung erforderliche Maß von mehr als einer Stunde zu verzögern und bei einer Verwendung im Spritzbeton durch Zusatzmittel wieder zu beschleunigen, wurden ursprünglich in Tirol eigene Spritzbindemittel entwickelt, denen kein oder nur wenig Gips zugemahlen wird. Ähnliche Zemente werden auch in Deutschland hergestellt, [Manns 01]. Neben den **sulfatreduzierten Zementen** gibt es auch solche, bei denen das schnelle Erstarren durch ein **Zementzusatzmittel** bewirkt wird. Hauptbestandteil ist stets Portlandzement-Klinkermehl. Daneben enthalten diese Zemente verschiedene Zusätze, teilweise wird auch Flugasche oder Hüttensand zugemahlen. Ihr besonderer Vorteil liegt darin, dass man damit bei Spritzbeton im Trockenspritzverfahren in der Regel auf Beschleuniger vollständig verzichten kann, vgl. Abschn. 9.5.1. Dies hat zur Folge, dass Auslaugungen von Alkalien, die vor allem im Tunnelbau zu Verstopfungen der Entwässerungen führen können, ganz erheblich vermindert werden.

SE-Zemente können auch so eingestellt werden, dass sie **erst nach 45 Minuten erstarren**. Solche Zemente können auch in **Betonstein- und Fertigteilwerken** genutzt werden: Schon **nach 2 Stunden** reicht eine Festigkeit von mehr als 3 N/mm^2, um die seitlichen Schalungen ungestraft zu entfernen, auch weiter nimmt die Festigkeit rasch zu. Dass der Beton **innerhalb einer halben Stunde verarbeitet** und der Restbeton entsorgt sein muss, ist bei Werksfertigung meist kein Nachteil.

In der österreichischen **Spritzbeton-Richtlinie** [ÖBV 04/2] wird unterschieden zwischen **SBM-T** mit einer Reaktionszeit von höchstens 1 Minute für die Herstellung in Spritzbeton mit trockenen Gesteinsstoffen (Wassergehalt unter 0,2 %), wenn Trockenspritzbeton in Silos lagerfähig sein muss und **SBM-FT** mit einer Reaktionszeit von 1–3 Minuten für das Herstellen von Spritzbeton mit feuchten Gesteinsstoffen. Spritzbeton mit SBM-FT muss unmittelbar vor Ort hergestellt und unverzüglich aufgetragen werden. Zur Prüfung schnell erstarrender Zemente siehe Abschn. 9.6.2.

Die Eigenschaften eines mit SE-Zement oder SBM hergestellten Betons erreichen oder überschreiten jene von Beton mit Normalzement. In Versuchen zeigte sich wegen des geringeren Sulfatgehalts sogar ein etwas höherer Widerstand gegen Frost und gegen negative Einflüsse einer Wärmebehandlung.

(g) **Zemente mit erhöhtem Anteil organischer Bestandteile (HO-Zemente)**

Sie enthalten bis zu 1 M.-% organische Bestandteile. Es handelt sich dabei um stark verflüssigende Zusätze, die die Konsistenz des damit hergestellten Zementleimes verändern. Für HO-Zemente gilt DIN 1164-12, sie entsprechen aber sonst DIN EN 197-1.

2.2.9 Zemente nach DIN EN 197-1 mit außerhalb der Norm definierten besonderen Eigenschaften

(a) **Weißzement (dw oder sw)**

Für die Herstellung von Weißzement sind besondere **Rohstoffe** erforderlich, die **frei von Eisen** sein müssen. Für die nötige besonders feine Mahlung sind Mühlen nötig, aus denen **keine eisenhaltigen Partikel** in den Zement gelangen, was die Herstellung sehr aufwändig macht. Weißzement wird für **weißen oder farbigen Sichtbeton** oder auch **färbige Betonsteine** verwendet. Der hohe Weißegrad wird als **„Hellbezugswert“** mit 80 bis über 90 fotometrisch durch Vergleich mit einem Weißstandard ermittelt.

(b) **Straßenbauzement (st)** (oder „Fahrbahndeckenzement“)

Nach TL Beton StB 07 [FGSV 07] darf **Zement für Fahrbahndecken** wegen der oft großen Transportweiten des Betons nur langsam erstarren, weshalb der **Erstarrungsbeginn** bei einer Temperatur von 20 °C frühestens erst **nach 2 Stunden** eintreten darf. Die Mahlfeinheit ist auf höchstens 3 500 cm^2/g begrenzt. Verwendet werden überwiegend Portlandzemente **CEM I 32,5 R** oder **CEM 42,5 N** nach DIN EN 197-1 oder DIN 1164-10. Um die Gefahr von Oberflächenrissen durch erhöhtes Schwinden zu vermindern, darf das **Alkaliäquivalent höchstens 0,80** betragen, vgl. Abschn. 2.2.8 (b). Solche Zemente haben sehr niedrige 2-Tages-Festigkeiten, überschreiten aber oft nach 28 Tagen die obere Grenze für CEM 32,5-Zemente, weshalb sie als CEM 42,5 eingeordnet werden. Um bei **sommerlichen Temperaturen** vor dem Schneiden der Fugen im noch jungen Beton **Querrisse** zu vermeiden, haben sich Zemente mit **niedriger Risstemperatur** bewährt, Abschn. 2.2.9 (d).

(c) **Hydrophobierter Zement (pe)**

Dabei handelt es sich meist um üblichen Portlandzement CEM I 32,5, dem beim Mahlen in sehr geringen Mengen an Stearinsäure oder ähnlichen Stoffen zugesetzt werden. Dadurch wird der Zement

wasserabstoßend und verliert diese Eigenschaft **erst beim Mischen** durch Reibung mit Gesteinskörnungen. Solche oft unter der Handelsbezeichnung „**Pectacrete**“ bekannte Zemente können in feuchter Umgebung, selbst unter Wasser, gelagert werden, ohne zu hydratisieren. Man verwendet sie beispielsweise für **Bodenverfestigungen im Baumischverfahren**, vgl. Abschn. 6.6.2, und auch für Betonleitwände entlang von Straßen, [Sommer 98]. Es wird berichtet, dass die wasserabstoßenden Eigenschaften auf den Beton übertragen werden und dort zumindest temporär erhalten bleiben.

(d) **Zemente mit niedriger Risstemperatur**

sind meist Portlandzemente CEM I oder auch Zemente CEM II oder CEM III, bei denen die Hydratationswärme nur niedrige Spannungen verursacht. Die Risstemperatur wird im **Reißrahmen-Regelversuch**, vgl. Abschn. 3.6.4, ermittelt, wobei ein Beton mit 280 kg/m^3 des zu prüfenden Zements, 60 kg/m^3 Flugasche und 163 kg/m^3 Wasser sowie Mainsand und Basaltsplitt der Sieblinie AB 32 mit einem Fließmittel auf ein Ausbreitmaß von rd. 45 cm gebracht wird und mit einer Temperatur von 20 °C eingebaut und durch Rütteln verdichtet wird. Die Temperatur, bei der der Probebalken, der seine Länge nicht verändern kann, am 5. Tag, nötigenfalls nach künstlicher Kühlung, durchreißt, wird als **Risstemperatur** bezeichnet und kennzeichnet die **Reißneigung des Zements.** Abschn. 3.6.4.

Sie ist gering, wenn die Betonprobe erst bei einer Abkühlung auf 10 °C oder eine noch niedrigere Temperatur reißt. Besonders günstige, im Massenbeton bewährte Zemente zeigen Risstemperaturen zwischen 5 bis 8 °C. Aber auch Zemente mit Risstemperaturen von 10 bis 15 °C haben sich bei rissempfindlichen Bauteilen bewährt. Erreicht werden niedrige Risstemperaturen durch eine mäßige oder niedrige Hydratationswärme, einen niedrigen Alkaligehalt und einen genau abgestimmten oder etwas erhöhten Sulfatgehalt, der auch ein leichtes Quellen verursachen kann, (Breitenbücher 88].

2.2.10 Zemente mit individualisierten Eigenschaften

Dank der in jüngerer Zeit entwickelten modernen Analysenverfahren und einer verbesserten, aber etwas aufwändigeren Herstellungstechnik ist es in vielen Fällen möglich, Zemente für den jeweiligen Anwendungsbereich **„maßgeschneidert“** herzustellen. Voraussetzungen dafür sind nur in wenigen Werken vorhanden. Meist entsprechen diese Zemente der DIN EN 197, andernfalls ist eine bauaufsichtliche Zulassung erforderlich. Voraussetzung für die Entwicklung und Verwendung solcher Zemente ist eine rechtzeitige **enge Abstimmung** zwischen den Fachleuten des **Zementherstellers**, des **Betonwerkes**, des **Zusatzmittellieferanten** und des **Anwenders**, auch um die erforderlichen Eigenschaften in Bezug auf Transportzeit und Einbauwilligkeit sicherzustellen, [Koubowetz 08].

Maßnahmen zur Erzielung individualisierter Eigenschaften können sowohl durch die Auswahl und Zusammensetzung der **Rohstoffe** und ein Optimieren des **Klinkerbrandes** als auch in der Auswahl von **zusätzlichen Hauptbestandteilen**, in der **Sulfatisierung** und im **Mahlvorgang** getroffen werden. Eine wichtige Rolle können dabei auch die Sekundärrohstoffe und Sekundärbrennstoffe spielen. Den größten Beitrag liefert heute oft die **Optimierung der Kornzusammensetzung**, welche meist nur durch **getrennte Mahlung** und anschließendes Zusammenmischen erzielt werden kann.

(a) **Fertigteilzement (ft)**

Dabei handelt es sich meist um Zement CEM I 52,5 R mit hoher Frühfestigkeit, hoher Mahlfeinheit und oft auch schneller Entwicklung der Hydratationswärme

(b) **Innenschalenzement (is)**

Im Tunnelbau wird für die Gewölbe der Innenschale meist CEM I 32,5 R mit niedriger Risstemperatur (vgl. Abschn. 2.2.9 (d)) und ausreichender 12-Stunden-Druckfestigkeit ausgewählt oder eigens dafür entwickelt.

(c) **Spritzbetonzement (sp)**

In vielen Fällen müssen Zemente FE oder SE (vgl. Abschn. 2.2.8 (e) und 2.2.8 (f)) auf die individuellen Anforderungen des Spritzverfahrens und der Baustelle abgestimmt werden, wenn nicht eigene Spritzbindemittel nach bauaufsichtlicher Zulassung verwendet werden, vgl. 9.5.1.

(d) **Zemente für Selbstverdichtenden und Hochfesten Beton**

Dank optimierter Kornzusammensetzung wird eine hohe Packungsdichte, geringerer Wasseranspruch und etwas robusterer Beton erzielt, vgl. Abschn. 5.6.2. Solche Zemente können auch Kalkstein, Flugasche und/oder Hüttensand enthalten, mitunter sogar schon Fließmittel oder Stabilisierer, [Wassmann 06].

(e) **Zemente für Ultrahochfesten Beton**

Hierfür wurden von einzelnen Zementwerken besondere Herstellungsverfahren entwickelt, wobei die Kornzusammensetzung entweder durch Zusatz von **Silicastaub** oder **ultrafeinen Zementpartikeln** optimiert wird.

(f) **Zemente für Beton mit sehr hohem Säurewiderstand**

Mit Hilfe von besonders **fein gemahlenem Hüttensand** oder dessen durch Sichtung gewonnenen feinen Kornanteilen und auch durch Zugabe von **Silicastaub** und ausgewählten **Flugaschen** können Zemente hergestellt werden, mit denen ein Säurewiderstand erzielt werden kann, der erheblich über jenem der bisher üblichen Betone liegt. Genutzt wird diese Entwicklung u. a. bei Kühltürmen und Rohren für besonders aggressive Abwässer, [Diepenseifen 08].

2.2.11 Zemente und Bindemittel außerhalb DIN EN 197-1 und DIN 1164

Der Bedarf an solchen Bindemitteln ist gering, weshalb sie nicht oft und nur von einzelnen Werken hergestellt werden.

(a) **Feinstzemente**

Sie bestehen meist aus Portland- oder Hüttenzement und sind mit einer **spezifischen Oberfläche von 11 000 bis 16 000 cm²/g** (in Vergleich dazu CEM 52,5 etwa 4 400 bis 5 600 cm²/g) extrem fein gemahlen. Sie dienen vor allem für das **Füllen von Rissen** im Beton von Bauwerken, von **Hohlräumen in Fels oder Poren im Lockergestein**, vgl. Abschn. 11.8.4. Auch zur Ergänzung der Kornzusammensetzung von Zement für Hochfesten Beton werden sie verwendet, wobei sie die Festigkeitsentwicklung beschleunigen. Sie verursachen im Vergleich zu Mikrosilica kein wesentlich erhöhtes chemisches Schwinden. Kennzeichnend ist, dass 95 bis 100 % des Korns **kleiner 0,016 mm** sind, während das gröbste Korn des Normalzements bei etwa 0,1 bis 0,2 mm liegt. Es werden aber auch **extra feine Zemente** hergestellt, bei denen mehr als 95 % der Partikel **kleiner 0,006 mm** sind. Daneben gibt es Feinstzemente mit spezifischen Oberflächen im Bereich von 5 000 bis 10 000 cm²/g für Injektionssohlen und Dichtwände im Düsenstrahlverfahren sowie anderen geotechnischen Aufgaben der Verfestigung und der Abdichtung.

(b) **Schnellzemente**

Sie erreichen nach **2 Stunden** im Normmörtel Druckfestigkeiten von 4 N/mm² **bis über 10 N/mm²**, was selbstverständlich auch bedeutet, dass sie sehr rasch verarbeitet werden müssen. Zu unterscheiden sind Schnellzemente, die aus einem Gemisch von **Tonerdezement und Portlandzement** bestehen, die zwar hohe Frühfestigkeiten entwickeln, aber **Stahleinlagen nicht zuverlässig** vor **Korrosion schützen** und solchen aus einem speziellen **Portlandzementklinker** mit erhöhten Anteilen an Calciumaluminat, welche bedenkenlos für Bauteile aus Stahl- und Spannbeton eingesetzt werden dürfen und sogar der DIN EN 197-1 entsprechen oder bauaufsichtlich zugelassen werden müssen.

Der Anwendungsbereich von Schnellzementen reicht vom Abdichten von **Wassereinbrüchen** und **Spritzbeton** beim Tunnelvortrieb bis zum **Ersatz von Betonplatten von hochfrequentierten Straßen**, die rasch wieder für den Verkehr freigegeben werden müssen. Unentbehrlich sind sie, wenn **Fertigteile sehr früh ausgeschalt** und ausgeliefert werden sollen, aber keine Wärmebehandlung durchgeführt werden kann, [Ludwig 08]. Schnellzemente haben sich auch zum Befestigen von Dübeln und Ankern, von Treppenstufen oder Geländerpfosten und ähnlichen Aufgaben als brauchbar erwiesen.

(c) **Quellzemente**

Bei diesen mitunter auch nicht ganz zutreffend als „schwindkompensierend“ bezeichneten Zementen wird durch **begrenzte Ettringitbildung** oder andere Vorgänge in den ersten Tagen der Erhärtung das Volumen vergrößert. Man unterscheidet heute die **Typen „S“ aus C_3A-reichem Portlandzementklinker mit sehr hohem Calciumsulfatgehalt**, **„K“, dem Sulfo-Aluminat-Zement**, bei dem **Portlandzement und Gips** gemeinsam vermahlen werden, und **„M“**, der aus **Tonerdezement und Portlandzement** besteht. Für eine gezielte Quellreaktion müssen bei allen bislang bekannten Typen die vorgegebene **Temperatur und die Feuchtebedingungen streng eingehalten werden**, was einer Verwendung in der rauen Baupraxis entgegensteht. Ein Zement für Spannbetonfertigteile, die sich selbst vorspannen, gehört trotz vieler Bemühungen noch immer ins Reich der Wünsche.

(d) **Tonerdezement (CAC**, früher **TSZ)**

Er wird aus **Kalkstein und Bauxit** durch Brennen bis zur **Schmelze** hergestellt, und daher mitunter auch Tonerde**schmelz**zement genannt. Er erreicht schon nach einem Tag **sehr hohe Druckfestigkeiten** und hohen **Widerstand gegen Sulfatlösungen** und schwache Säuren. In warmer Umgebung tritt aber allmählich eine Umwandlung der Hydratationsprodukte ein, die zu einer Erhöhung der Porosität und damit verbunden zu einem **Festigkeitsabfall** führt. Der einst wegen seiner hohen Anfangsfestigkeit für Spannbetonfertigteile so beliebte Zement schützt aber nach Jahren den Stahl nicht mehr zuverlässig vor Korrosion, was mehrere Deckeneinstürze in Schulen und Viehställen verursachte. Seit 1962 ist TSZ **nicht mehr für tragende Bauteile aus Beton, Stahlbeton oder Spannbeton zugelassen**. Die Folgen der gefürchteten Gefügeumwandlung, die auch die Festigkeit abfallen lässt, können gemindert werden, wenn man *w/z*-Werte unter 0,40 verwendet. Bewährt hat sich Tonerdezement aber nach wie vor im **Feuerungsbau bei Temperaturen bis 1 900 °C.** Für Tonerdezement gilt EN 14647.

(e) **Bindemittel für Verfestigungen**

Sie dienen im Straßenbau zur Herstellung **Hydraulisch Gebundener Tragschichten (HGT)** oder zur **Verfestigung von Böden**, vgl. Abschn. 8.1.11.1. Neben Zementen werden überwiegend **Hydraulische Boden- und Tragschichtbinder HRB**, schnell erhärtend **(„E")** nach DIN EN 13282-1 oder normal erhärtend **(„N")** nach DIN EN 13282-2 verwendet. Sie enthalten Portlandzement-Klinker und andere auf die spezielle Aufgabe abgestimmte Komponenten, sind sehr fein gemahlen und werden in unterschiedlichen Festigkeitsklassen hergestellt. Für Bodenverfestigungen im Straßenbau und andere Verfestigungen werden neben HRB auch **Mischbindemittel**, bestehend aus hydraulischen Bindemitteln (je nach Sorte in Anteilen von 30 bis 90 %), anderen hydraulischen Bestandteilen und Baukalk eingesetzt. Für nichttragende Anwendungen, etwa zur Verfestigung oder **Immobilisierung von Klärschlamm** oder mit Teer oder anderen organischen Schadstoffen **kontaminierten Böden** werden **Hydraulische Bindemittel HB** nach DIN EN 15368 eingesetzt.

(f) **Sulfathüttenzement und ähnliche Bindemittel**

Mit Sulfathüttenzement, Bindemitteln aus Alkali-Schlacken und anderen speziellen vielfach in Russland entwickelten Bindemitteln lassen sich auch hohe Festigkeiten, oft auch hoher Säurewiderstand oder hoher Sulfatwiderstand erzielen, [Locher 2000]. Damit hergestellte Betonwaren neigen nicht zu Kalkausblühungen. **Sulfathüttenzemente** werden in Deutschland **nicht mehr hergestellt**, auch der in Österreich zugelassene als „Slag star" bezeichnete Sulfathüttenzement wird nicht mehr erzeugt. Dennoch gibt es eine DIN EN 15743 „Sulfathüttenzement". **Magnesiabinder**, sog. „Sorelzement", wie er einst für Holzwolle-Leitbauplatten verwendet wurde, erhärtet mit chloridhaltigen Salzlösungen zu einer steinartigen Masse, die feuchteempfindlich ist und Stahl nicht vor Korrosion schützt, [Stark 2000].

(g) **Bindemittel für Dichtwände**

Dabei handelt es sich um **Gemische aus Zement und Betonit oder Tonmehl**, die nur niedrige Festigkeiten erreichen, aber ausreichen, um nicht ausgespült zu werden und auch im voll **erhärteten Zustand so verformbar** sind, dass keine wasserdurchlässigen Risse zu erwarten sind. Sie werden als Fertigmischung geliefert oder erst vor Ort mit Zugaben von Steinmehl hergestellt.

2.2.12 Beurteilung von Zementen nach Prüfungsergebnissen

Viele wichtige Eigenschaften von Zementen können anhand der Ergebnisse der **Normüberwachung** und der **chemischen Vollanalyse** beurteilt werden, ein wichtiges Hilfsmittel, vor allem wenn mit dem Zement eines bestimmten Lieferwerkes oder einer bestimmten Art keine Erfahrungen vorliegen. Ein wichtiges Kriterium ist die Schwankungsbreite der innerhalb von mehreren Monaten ermittelten Prüfergebnisse.

Die wichtigsten Kennwerte aus der Normüberwachung sind:

(a) Die **Normfestigkeit** nach **28 Tagen** Erhärtung und auch jene **nach 2 bzw. 7 Tagen**. Die ermittelten Normfestigkeiten werden mit den Anforderungen der Tabelle 2.2-1 verglichen. Sie sind neben dem *w/z*-Wert maßgebend für die Druckfestigkeit des Betons

(b) Eine Normfestigkeit **nach 56 und 91 Tagen** wird in DIN EN 197 oder DIN 1164 nicht gefordert, von den meisten Zementwerken aber geprüft. Zu beachten ist, dass die **Nacherhärtung**, also das auf die 28-Tage-Druckfestigkeit bezogene Ergebnis der Prüfung in höherem Alter beim **Zement meist größer** ist als jene des damit hergestellten Betons, was u. a. an den unterschiedlichen Prüfverfahren liegt, vgl. Abschn. 5.8.2.

(c) Der **Erstarrungsbeginn** soll bei Zementen **32,5 nicht vor 75 Minuten**, bei solchen der Festigkeitsklasse **42,5 bzw. 52,5 nicht vor 60 bzw. 45 Minuten** liegen, wobei diese in DIN EN 197-1 geforderten Zeiträume von den meisten Zementen um 50 % bis 100 % überschritten werden. Zemente mit **zusätzlichen Hauptbestandteilen** haben ihren Erstarrungsbeginn mitunter noch **später**. Das **Ansteifen und Erstarren eines Betons** wird nicht nur von Erstarren des Zements bestimmt, sondern setzt vor allem bei **höheren Temperaturen** und bei **steifer Konsistenz** des Frischbetons oft wesentlich früher ein.

(d) Der **Wasseranspruch**, also die Menge an Wasser, die dem Zement für die Erstarrungsprüfung zur Erzielung der **„Normsteife"** zugegeben werden muss, liegt in der Regel zwischen **23 % und 34 %.** Er gibt einen **Hinweis auf** die für die gewünschte Betonkonsistenz **nötige Zugabe an Wasser**. Zemente mit **optimierter Kornzusammensetzung** haben meist wegen ihrer höheren Packungsdicht einen **niedrigen Wasseranspruch.**

(e) Die **Mahlfeinheit**, wobei die spezifische Oberfläche nach Blaine in cm^2/g nur ein ungefähres Maß angibt, besser kennzeichnend sind Lageparameter und Steigungsmaß im RRSB-Netz, siehe Abschn. 2.2.3.

(f) Der **Sulfatgehalt** (als SO_3) ist nach oben mit 3,5 % bzw. 4 % begrenzt. Für Beton, der wärmebehandelt wird, oder im frischen Zustand oder bei der Erhärtung höhere Temperaturen erreicht und häufigen Nass-Trockenwechseln ausgesetzt ist, sollte vorsorglich ein Zement verwendet werden, dessen SO_3-Gehalt deutlich unter dem zulässigen Höchstwert liegt.

(g) Die **Hydratationswärme** wird durch Vergleich einer 7 Tage hydratisierten Zementprobe mit einer nicht hydratisierten Probe beim Lösen in einem Gemisch aus Salpeter- und Flusssäure ermittelt. Sie liegt bei den meisten Zementen zwischen etwa 270 und 370 J/g. Im **Winter** kann große Hydratationswärme vorteilhaft sein. Bei **massigen Bauteilen** führt starke Erwärmung zu einer erhöhten **Rissgefahr**. Die **erst nach 7 Tagen** gemessene Lösungswärme gibt nur einen sehr groben Hinweis auf die Gefahr einer durch Hydratationswärme verursachten Rissbildung, weil sie im Gegensatz zur Risstemperatur, vgl. Abschn. 2.2.9 (d), kaum etwas über die schließlich zum Riss führenden Spannungen aussagt, vgl. Abschn. 3.6.5.

(h) Das **Alkaliäquivalent** wird aus der Zementanalyse berechnet und liegt bei mitteleuropäischen Portlandzementen zwischen 0,4 und 1,3 %, vgl. Abschn. 2.2.8 (b). Wenn alkalireaktive Gesteinsstoffe verwendet werden und der Beton Feuchtigkeit ausgesetzt wird, müssen **NA-Zemente** verwendet werden, deren Alkaliäquivalent bei Portlandzementen unter 0,60 % liegt.

(i) Der Gehalt an **Tricalziumaluminat (C_3A)** liegt bei üblichen Portlandzementen etwa zwischen 3 und 13 %. Das C_3A führt zu hoher **Frühfestigkeit** und hoher **Hydratationswärme**, trägt aber **wenig zur 28-Tage-Festigkeit** bei, erhöht aber die **Empfindlichkeit bei Sulfatangriff.** Es **verbessert** aber die Fähigkeit zur gefahrlosen **Einbindung von Chloriden**.

(j) Die **Raumbeständigkeit** wird heute immer noch bei allen Zementen geprüft. Nicht raumbeständige Zemente führen zu einem Beton, der bei Feuchtigkeitszutritt sein Volumen allmählich vergrößert, tiefgehende **Risse bekommt und schließlich zerfällt**. Strenge Prüfungen wie die Begrenzung des Gehaltes an **Magnesium** und **Sulfat** sorgen, ebenso wie die **Kochprobe** oder die **Le Chatalier-Probe** dafür, dass nicht raumbeständige Zemente im Inland schon seit Jahrzehnten nicht mehr bekannt sind. Beim Bauen im **Ausland** oder bei **Importzementen aus fernen Ländern** kann eine Prüfung der Raumbeständigkeit angezeigt sein. Schäden wegen nicht ausreichender Raumbeständigkeit können aber auch auftreten, wenn normengerechte Zemente mit auch nur geringen Mengen an **Gips oder gebranntem Kalk** (Feinkalk) während des Transportes in Silofahrzeugen oder beim Herstellen des Betons **vermischt** wurden.

2.2.13 Zementauswahl für die Praxis

Seit Einführung der europäischen Normen mit so vielen unterschiedlichen Zementen gilt die **alte Regel nicht mehr,** dass man jeden Normzement für die Herstellung von jedem Beton verwenden kann, wenn nur die geforderte Festigkeit erreicht wird. Nur Betone, die keinen korrosiven Angriffen ausgesetzt sind, also Beton für **trockene Innenräume (XO)** und für **nasse, nur selten trockene Umgebung (XC 2)** dürfen **alle Normzemente** eingesetzt werden. In den Tabellen F 3.1 bis F 3.4 der **DIN 1045-2 sind Einschränkungen** festgelegt, damit nur Zemente verwendet werden, mit denen der Beton **hinreichend dauerhaft** wird. Daher muss auch bei **jeder Bestellung einer Betonsorte** stets die notwendige **Expositionsklasse** des Betons, vgl. Abschn. 4.1.1, angegeben werden.

Nur **Portlandzement (CEM I)** und solche CEM II-Zemente, die mit Hüttensand **(CEM II A/B S),** Ölschiefer **(CEM II A/B T)** oder Flugasche **(CEM II A/B V),** sowie Zemente, die mit bis zu 20 % Kalkstein **(CEM II A LL)** hergestellt wurden, dürfen für **alle Expositionsklassen** verwendet werden, letztere nur, soweit kein Sulfatangriff zu erwarten ist, Näheres in DIN FB 100, Anhang F 3.1 bis F 3.4. Verständlich, dass die meisten Zementwerke vor allem solche Zemente auf den Markt bringen. Schon beim Hochofenzement **CEM III** bestehen Einschränkungen für Beton, der Frost und Taumittel ausgesetzt ist (XF 4).

Ist eine **hohe Frühfestigkeit** nötig, dann setzt man meist Zemente 42,5 R oder gar 52,5 ein. In solchen Fällen sollte man immer prüfen, ob eine hohe Druckfestigkeit wirklich schon in so **jungem Alter nötig ist**, weil dies vor allem bei höheren Temperaturen zu Schwierigkeiten bei der Verarbeitung und zu erhöhter Rissgefahr führen kann.

Eine **Temperatur des Zements** von höchstens **70 °C** bei der Lieferung kann vereinbart werden, was bei Betonarbeiten in der warmen Jahreszeit sinnvoll sein kann.

Das mitunter auftretende **falsche Erstarren**, ein starkes Ansteifen meist noch im Mischer, verursacht durch spontane Bildung von sekundärem Gips oder Syngenit ohne Wärmeentwicklung, kann in der Regel durch Nachmischen überwunden werden, ohne dass Nachteile für die weitere Verarbeitbarkeit, Festigkeit und Dauerhaftigkeit entstehen, [Stark 06]. Dagegen spricht man von **schnellem** (plötzlichem) **Erstarren**, wenn der Beton frühzeitig so fest wird, dass das Gefüge nicht mehr durch Mischen zerstört werden kann. Ursache dieser bei höheren Temperaturen oder längerem Mischen auftretenden, gottlob sehr seltenen, Erscheinung ist, dass bei der Zementherstellung die Gipszugabe nicht hinreichend optimiert wurde. Mitunter kommt es aber vor, dass in Silofahrzeugen oder aus anderen Gründen beim Transport Reste von Fremdstoffen in den Zement gekommen sind, die falsche Reaktionen verursachen.

Unterschiede bei der **Verarbeitung** und bei der Reaktion mit **Zusatzmitteln**, besonders von solchen auf PCE-Basis, zeigen sich auch bei Zementen derselben Sorte von Werk zu Werk. Aber vereinzelnd selbst bei nicht erkennbaren Veränderungen von Lieferungen vom selben Werk. Neben den vielen Erfahrungsregeln über den **Zusammenhang zwischen Zement-Kennwerten und Eigenschaften des damit hergestellten Betons** muss in sehr vielen Fällen der Einfluss des Zements auf das Verhalten bei der Verarbeitung und Erhärtung des Betons durch **direkte Versuche** ermittelt werden. Ob sich eine Betonoberfläche gut glätten lässt, ob der Beton blutet oder wie früh er ausgeschalt werden kann, wird nicht nur von der Zusammensetzung und Temperatur des Betons bestimmt, sondern auch von den Eigenschaften des Zements. Die von einigen Herstellern gemachten Angaben über die Neigung des Zements zu **Bluten** können hilfreich sein.

Bei besonderen Anforderungen an die **Gleichmäßigkeit der Betoneigenschaften**, kann es nötig sein, mit **dem Lieferwerk des Zements über die Norm hinausgehende Vereinbarungen zu treffen**. Diese können sowohl die **Höhe der einzuhaltenden Werte** als auch die **zulässigen Streuungen** der nach der Norm ermittelten Prüfergebnisse betreffen. Da nicht nur bei den Zementeigenschaften, sondern auch bei deren Prüfung mit gewissen Streuungen zu rechnen ist, werden die Grenzwerte so festgelegt, dass sie die Prüfstreuungen bereits beinhalten. Als Beispiel seien die folgenden Grenzwerte für zulässigen Streuungen genannt:

Mahlfeinheit:	Standardabweichung 150 bis 200 cm^2/g
Erstarren:	± 30 Minuten
Wasseranspruch:	± 2 % Wasser
Sulfatgehalt:	± 0,2 % SO_3
2-Tage-Druckfestigkeit:	5 %-Quantile höchstens ± 4 N/mm^2, Druckfestigkeit mindestens 15 N/mm^2,
28-Tage-Druckfestigkeit:	5 %-Quantile höchstens ± 4 N/mm^2.

Wenn keine weitergehende statistische Auswertung durchgeführt wird, darf die Festigkeit des 5 %-Quantils von nicht mehr als jeder 20. Probe unter- bzw. überschritten werden.

Die Einhaltung **zusätzlicher Vereinbarungen** kann das Zementwerk bei eng gezogenen Grenzen je nach personeller, anlagentechnischer und analytischer Ausstattung und Rohstoffvorkommen vor **schwierige Aufgaben** stellen. Das ist verständlich, wenn man bedenkt, dass der Zement in der Regel schon ausgeliefert werden muss, bevor wichtige Ergebnisse der Laborprüfungen, wie die 2-Tage-Druckfestigkeit, vorliegen. Eine besondere Herausforderung stellt die erforderliche Gleichmäßigkeit der Sekundärrohstoffe und Sekundärbrennstoffe dar.

Bei Zementlieferungen aus dem Ausland und im Auslandsbau ist es mitunter nicht einfach, aus den vom Lieferanten zur Verfügung gestellten Prüfergebnissen des angebotenen Zements Schlüsse auf dessen Eignung für Betonieraufgaben von mittlerer oder großer Schwierigkeit zu ziehen. Dazu sollte eine Probe von **unabhängiger** Seite entnommen und geprüft werden. Dass vom Lieferanten eines Zements Prüfungszeugnisse zur Verfügung gestellt werden, die Mängel erwarten lassen, etwa wie eine unzureichende Raumbeständigkeit, ist wohl nicht zu erwarten.

2.2.14 Rückstellproben

Zemente, die die in der Norm festgelegten Eigenschaften nicht erreichten, waren schon in der zweiten Hälfte des vergangenen Jahrhunderts bei Lieferungen aus inländischen Werken äußerst selten. Andererseits muss aber auch beachtet werden, dass man, wenn ein Beton bereits erhärtet ist, die meisten Eigenschaften des verwendeten Zements praktisch **kaum mehr feststellen kann** und daher auch nicht mehr mit den in der Norm geforderten oder besonders vereinbarten Eigenschaften vergleichen kann. Aus diesem Grunde empfiehlt es sich, bei **schwierigen Bauvorhaben** und wenn **besondere Anforderungen** an den Zement gestellt werden oder sonst ein Mangel am Zement, der sich erst im erhärteten Beton auswirkt, nicht ausgeschlossen werden kann, Rückstellproben zu entnehmen und aufzubewahren.

Die Proben müssen stets so entnommen werden, dass sie **kennzeichnend für die Lieferung** sind. Bei der

Entnahme sollte stets auch ein Vertreter des Lieferwerkes oder ein **fachkundiger unabhängiger Zeuge** anwesend sein. Zweckmäßig entnimmt man 2 gleiche Proben von mindestens 2 kg, besser 5 kg, die eindeutig beschriftet in Blechdosen (oder Milchkannen) **luftdicht verschlossen** werden. Während man die erste Probe selbst in Verwahrung nimmt oder prüfen lässt, gibt man die zweite Dose dem Vertreter des Lieferwerkes zu einer Vergleichsuntersuchung. An den Proben können die in der Normenüberwachung geforderten Prüfungen vorgenommen werden. Auch die im Zement enthaltenen Klinkerphasen und der Gehalt an Hüttensand können heute gut ermittelt werden, [Paul 06].

2.3 Betonzusatzstoffe

Man versteht darunter mehlfeine Stoffe, die dem Beton beim Mischen zugesetzt werden. Zu unterscheiden ist zwischen **Typ I**, das sind **inerte Zusatzstoffe**, also solche, die keinen Festigkeitsbeitrag durch chemische Reaktionen mit dem Zement liefern, wie **Gesteinsmehle** oder **Pigmente (Körperfarben)**, und **Typ II**, die bei der Hydratation des Zements mit diesem **reagieren und dabei Hydratphasen entwickeln**, die zur Festigkeit und Dauerhaftigkeit beitragen. Dazu gehören puzzolanische Stoffe wie **Flugasche**, **Trass** sowie **Silicastaub** und **Silicasuspension**. Zu Typ II gehört auch das **latent hydraulische Hüttensandmehl** aus fein gemahlenem Hüttensand. **Gebrannter Ölschiefer** ist nur als Bestandteil von Zement, nicht gesondert als Betonzusatzstoff am Markt.

Zusatzstoffe können auch im Zementwerk vor oder nach dem Mahlen mit Portlandzement gemischt werden. Sie gelten dann als **sekundäre Hauptbestandteile** des Zements oder Zumahlstoffe. Zusatzstoffe Typ II können zu einem erheblichen Anteil auf den Mindestzementgehalt angerechnet werden. Der Beitrag wird nach dem **Aktivitätsindex** beurteilt. Dazu werden die Normfestigkeit von Prismen, bei denen 25 % des Portlandzements durch den Zusatzstoff ersetzt wurde, mit solchen, die zu 100 % den gleichen Zement derselben Lieferung enthalten, verglichen. Zur Verwendung von Zusatzstoffen siehe Abschn. 5.7.

2.3.1 Flugasche

Verwendet werden zum Großteil die Flugaschen von **Steinkohlekraftwerken** mit **Trockenfeuerung,** die aus den **Entstaubungsanlagen** gewonnen werden. Deshalb bezeichnet man sie vielfach auch als **Elektrofilterasche** oder **EFA-Füller**. Nachdem künftig weniger Kohle verfeuert wird, fällt Flugasche nurmehr in begrenztem Umfang an. Daher sollte Flugasche nur mehr eingesetzt werden, wenn dies zur Erfüllung spezieller Eigenschaften nötig ist. Für Flugaschen gilt **DIN EN 450-1.**

Flugaschen enthalten die mineralischen Bestandteile der Kohle, hauptsächlich amorphe, d. h. glasige Kieselsäure, daneben auch Tonerde und Eisenoxyd, während Kalk nur in geringen Mengen vorhanden ist. Im Gemisch mit Zement erhärtet Flugasche bei Wasserzutritt dank des vom Zement abgeschiedenen Calciumhydroxids **puzzolanisch**, [Lutze 09]. Die Eigenschaften von Flugasche können je nach Kohle, die fein aufgemahlen verfeuert wird und Betriebsbedingungen (Temperatur) bei der Feuerung unterschiedlich sein, was sich auch einem breiten Band möglicher Rohdichten zwischen 2,0 und 2,5 kg/dm^3 zeigt. Die aus Trockenfeuerungen bei Temperaturen zwischen 1 100 und 1 300 °C gewonnenen Flugaschen enthalten meist etwas weniger der wichtigen Glasanteile als die heute nicht mehr erhältlichen Flugaschen aus Schmelzkammerfeuerungen mit Brenntemperaturen zwischen 1 500 und 1 700 °C.

Die Produktnorm **DIN EN 450-1** gibt **Grenzwerte** für die Flugaschen und die eingesetzten **Mitverbrennungsstoffe**, wie pflanzliches Material, Tiermehl oder Klärschlamm, an. Wichtig bei Flugaschen ist, dass sie feinkörnig sind, was bei einer Nasssiebung am **Rückstand am 0,04-mm-Sieb** von **höchstens 40 % (Kategorie N)** bzw. **12 % (Kategorie S)** erkennbar ist. Ihre **spezifische Oberfläche** nach Blaine kann zwischen etwa **2 400** und **5 300 cm²/g** liegen und kann also in Vergleich zu Zement in einem deutlich weiteren Bereich schwanken. Flugaschen dürfen nicht mehr als 1 % freies CaO enthalten. Ihr Gehalt an **Restkohle**, erkenntlich am Glühverlust, muss **unter 5 % (Kategorie A)** liegen. Flugaschen mit 7 % (Kategorie B) bzw. bis 9 % (Kategorie C) Restkohle dürfen nach DIN 1045-2 nicht verwendet werden. Die Restkohle kann **Zusatzmittel adsorbieren**, so dass erhöhte Dosierungen notwendig sind, die Herstellung von **Luftporenbeton** erschweren und einen **größeren Wasseranspruch** verursachen.

Der **Aktivitätsindex** muss nach **28 Tagen mindestens 75 %,** nach **90 Tagen mindestens 85 %** erreichen. Besonders günstige Flugaschen gehören den Kategorien S und A an und können nach 3-monatiger Erhärtung einen Aktivitätsindex sogar bis knapp über 100 % erreichen. Sie enthalten viele aufgeschmolzene Partikel, die weniger als 0,01 mm Durchmesser haben und sind daher sehr reaktiv. **Partikel mit kugelförmiger Gestalt verbessern** auch die Verarbeitbarkeit des Betons. Daher werden Flugaschen in der Regel **nicht gemahlen**, sondern, wenn sie feinkörnig sein sollen, durch **Windsichtung** von groben

Körnern befreit. Die im Vergleich zu Zement oft deutlich feineren Partikel fördern durch **Zwickelfüllung** die Festigkeit und Dichtigkeit. Dies gilt besonders für sog. Feinstflugaschen, die zu 95 % aus Partikeln kleiner 0,020 mm oder sogar kleiner 0,010 mm bestehen und vor allem für hochfesten Beton verwendet werden können [Brandenburger 06].

Beton, bei dem ein Teil des Zements durch Flugasche ersetzt wird, **erhärtet langsamer**.

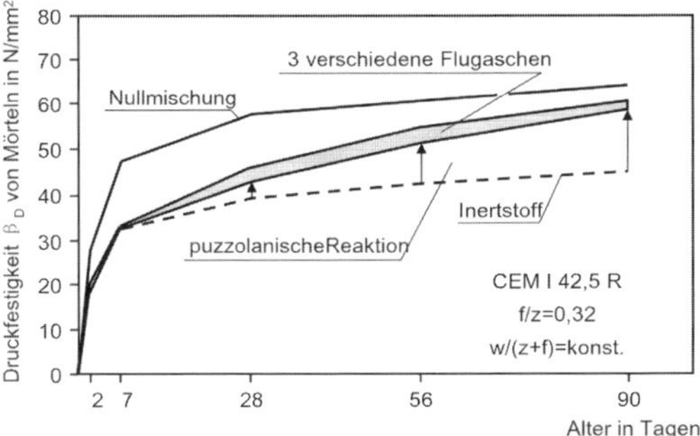

Abb. 2.3-1: Die puzzolanische Reaktion von Flugasche ist an der Entwicklung der Festigkeit zu erkennen, [Schießl 90]

In den ersten Wochen ist er auch weniger widerstandsfähig gegenüber Frost. Weil Flugasche in den ersten Tagen keine nennenswerte Hydratationswärme entwickelt, ist Beton, bei dem ein Teil des Zements durch Flugasche ersetzt wurde, erheblich **weniger empfindlich** hinsichtlich **Rissbildung durch Hydratationswärme**.

Die **puzzolanische Reaktion** führt zu einer **Verstopfung der Kapillarporen** (pore blocking effect) und einer **Verfeinerung der Porenstruktur**, d. h. im Vergleich zu einem nur mit Portlandzement hergestellten Beton zu einem deutlich **erhöhten Elektrolytwiderstand** und einer **verminderten Durchlässigkeit gegenüber eindiffundierenden Stoffen** wie **Chloriden** und dem für die Carbonatisierung maßgebenden **Kohlendioxid** [Schießl 01]. Trotz des Verbrauchs an Calciumhydroxid **carbonatisiert** Beton mit Flugasche bei gleicher Festigkeit **nicht schneller**. Der **Widerstand gegen Sulfatangriff** wird deutlich **verbessert**. Flugaschen **binden auch einen Teil der Alkalien** des Zements [Tritthart 96, Schmidt 06].

Die **Konformität** der Flugasche muss nach DIN EN 450-2 nachgewiesen sein. Sie wird auf den **Kraftwerksblock**, bei dem sie anfällt, oder die zugehörende **Aufbereitungsanlage** bezogen. Der Fremdüberwacher muss dabei nicht nur die werkseigene Produktionskontrolle überprüfen, sondern auch selbst Proben entnehmen und prüfen.

Da der Strom von Steinkohlenkraftwerken fast nur zur Abdeckung von Verbrauchsspitzen dient, die hauptsächlich in den Wintermonaten auftreten, kann es durchaus vorkommen, dass – vor allem im Sommer, wenn überdies mehr Flugasche gebraucht wird –, der für die Lieferung vorgesehene Kraftwerksblock stillgelegt wurde. Aus diesem Grunde soll man **bei Erstprüfungen** von Beton stets **zwei Liefervarianten** vorsehen.

Auch Flugaschen von Feuerungen mit **Braunkohle** (BFA) unterliegen in ihrer Zusammensetzung meist größeren Schwankungen. Einer Verwendung als puzzolanischer Betonzusatzstoff steht aber – je nach Herkunft der Asche – auch ein hoher Gehalt an freiem CaO, also ungelöschtem Kalk, der bis 40 % reichen kann, und ein mitunter hoher Gehalt an SO_3 entgegen. Versuche, einzelne dieser in sehr großen Mengen anfallenden Aschen für die Betonherstellung nutzbar zu machen, haben teilweise zum Erfolg geführt, was an der ersten bauaufsichtlichen Zulassung erkennbar ist. Da heute für die Betonherstellung in zunehmendem Maße auch inerte mehlfeine Stoffe gebraucht werden, ist auch eine Verwendung bei weniger ausgeprägter puzzolanischer Reaktion denkbar, vorausgesetzt, die Raumbeständigkeit des Betons wird nicht beeinträchtigt.

2.3.2 Hüttensandmehl

Wenn Hüttensand nicht im Zementwerk dem Zement zugemischt wird, sondern gemahlen erst bei der Herstellung des Betons zudosiert wird, bezeichnet man ihn als Hüttensandmehl. Mit der Bezeichnung Thurament wurde Hüttensandmehl schon in den zurückliegenden Dreißigerjahren für Massenbeton eingesetzt, war aber in jüngerer Zeit nicht mehr gebräuchlich. Bis vor allem von England Bestrebungen ausgingen, für Hüttensandmehl eine europäische Norm zu schaffen. Heute gibt es für Deutschland die DIN EN 15167, die hauptsächlich den Anforderungen an Hüttensand für die Herstellung von Hüttenzementen folgt, [Ehrenberg 10].

2.3.3 Silicastaub und Silicasuspension

Unter dem vielfach auch als **Mikrosilica** oder **Silicafume (SF)** bezeichneten Silicastaub versteht man **extrem feinkörnige amorphe Kieselsäure**, die bei der Reinigung des bei Herstellung von Ferrosilicium und bei ähnlichen Prozessen entstehenden Abgases anfällt. Für Mikrosilica gilt **DIN EN 13263**. Der mittlere Korndurchmesser von Silicastaub beträgt etwa ein Hundertstel von jenem von Zement. Der wichtige Kornanteil unter 1 µm, also unter 0,001 mm, macht bei Zement nur wenige Prozent aus, während die SF-Partikel zur Gänze kleiner sind. Mit einem

Korndurchmesser **von 0,02 bis etwa 0,6 µm** entspricht die Partikelgröße etwa jener von Zigarettenrauch. Wenn man 10 % des Zements durch Silicastaub ersetzt, kann man davon ausgehen, dass die Oberfläche der meist kugeligen Partikel etwa 100 000-mal größer als jene des Zements ist, Abschn. 5.7.4.

Im Frischbeton führt Silicastaub, was verständlich ist, zu einem **zähen und steifen** Feinmörtel. Er **füllt** nicht nur den **Porenraum zwischen den Zementkörnern**, sondern **reagiert** auch mit dem bei der Zementerhärtung abgespaltenen **Calciumhydroxid** zu ähnlichen Verbindungen wie der Zement. Schon bei Anteilen von **4 bis 8 % des Zements** wird die **Druckfestigkeit** des Betons vor allem auch wegen des besseren **Verbundes zwischen Zementstein und Gesteinskörnern** deutlich erhöht, was man zur Anhebung der Frühfestigkeit und auch bei Hochfestem Beton nutzt. Allerdings kommt es durch das **Grundschwinden** (autogenes Schwinden) zu einer Selbstaustrocknung und damit viel **leichter zu Rissen.**

Wegen seiner extremen Feinheit ist die **Schüttdichte mit 0,20 bis 0,35 kg/dm³** im Vergleich zur **Rohdichte von 2,2 bis 2,4 kg/dm³** sehr klein. Zur Verbesserung der Handhabung kommt Silicastaub in der Regel in einer Aufschlämmung **mit 50 M.-% Wasser** als **Silicasuspension** (slurry) in den Handel, für sie gilt ebenfalls **DIN EN 13263**. Ein Liter Suspension wiegt etwa **1,4 kg und enthält rund 0,7 kg Silicastaub**. Zu beachten ist, dass sich Silicasuspensionen schon nach kurzen Lagerzeiten **entmischen** können, überdies **frostempfindlich** sind und zu einem erhöhten **Verschleiß der Dosierpumpen** führen können. Beim Mischen des Betons können **Zement-Silicastaub-Agglomerate** entstehen, die die **Festigkeit und Dichtheit** des Betons erheblich beeinträchtigen. Die große Oberfläche von Silicastaub erhöht den **Wasseranspruch** des Betons um **etwa 1 Liter je kg Silicastaub**, weshalb in der Regel zusätzlich leistungsfähige **Fließmittel** eingesetzt werden.

Synthetisch hergestelltes, etwa zehnmal so feines **Nanosilica** wird als Stabilisierer eingesetzt, vgl. Abschn. 2.5.7.

2.3.4 Natürliche Puzzolane

Nach den vulkanischen Tuffen von Pozzuoli bei Neapel bezeichnet man solche Stoffe als **Puzzolane**. Sie erhärten selbst nicht, weil sie kaum Kalk enthalten, bilden aber mit **gelöschtem Kalk**, also auch mit dem bei der Hydratation des Zements entstehenden Calciumhydroxid, **ähnliche Hydratationsprodukte wie Zement**.

Trass ist ein **vulkanischer Tuff**, der zur Erhöhung der Reaktivität sehr **fein gemahlen** wird und sowohl für die Herstellung von Portlandpuzzolanzement CEM II P und als Zusatzstoff nach **DIN 51043** Verwendung findet. Trass fördert den **Widerstand gegen Säureangriffe** und entwickelt in den ersten Tagen nur sehr **wenig Wärme**, führt aber zu einer **guten Nacherhärtung**. Gerne wird Trasszement CEM II P beim **Verlegen von Plattenbelägen** eingesetzt, vor allem weil damit hergestellter Mörtel wegen der sehr **hohen Mahlfeinheit** des Trasses **nicht zum Wasserabstoßen** (Bluten) neigt. Der in der vorderen Eifel unweit von Andernach vorkommende „rheinische" Trass wird aus verfestigten vulkanischen Aschen (Tuff) gewonnen und enthält 50 bis 70 % reaktionsfähige Kieselsäure.

Der **Suevit** oder „bayrische" Trass aus dem Nördlinger Ries hat wegen seines hohen Glasgehaltes puzzolanische Eigenschaften, obwohl er seine Entstehung nicht vulkanischen Aktivitäten, sondern einem Meteoriteneinschlag verdankt.

Auch am Kaiserstuhl bei Freiburg vorkommende **Phonolite** sind puzzolanisch reaktionsfähig, wenn sie einen hohen Anteil Zeolith enthalten. Sie werden nach aktivierender thermischer Behandlung als **Phonolithmehl** eingesetzt.

2.3.5 Weitere reaktive Zusatzstoffe

Metakaolin wird aus dem natürlichen, möglichst reinen Tonmineral Kaolinit durch thermische Zersetzung bei Temperaturen über 500 °C gewonnen und kann mit Wasserglas oder anderen Alkalien angeregt als Geopolymerbinder erhärten. Im Beton verhält sich Metakaolin wegen seiner Feinheit ähnlich Silicastaub. Es erhöht den Säurewiderstand und führt zu einer helleren Farbe der Oberflächen, [Ludwig 12].

In Österreich werden **kombinierte hydraulische Zusatzstoffe** verwendet, die aus **Flugasche, Hüttensandmehl** und/oder auch **Kalksteinmehl** bestehen. Zusammensetzung und Mahlfeinheit werden vor allem im Hinblick auf die angestrebten **Frischbetoneigenschaften optimiert**. Für diese **A**ufbereiteten **H**ydraulisch **W**irksamen **Z**usatzstoffe **(„AHWZ")** wurde die ÖNORM B 3309 geschaffen.

2.3.6 Füller (Gesteinsmehl)

Man versteht darunter feine, weitgehend inerte Gesteinskörnungen, deren überwiegender Teil **kleiner als 0,063 mm** ist, vgl. 2.4.4. Wenn Gesteinsmehl industriell hergestellt wird, verwendet man wegen der besseren Mahlbarkeit **bevorzugt Kalkgestein** oder auch Quarzsande. Als Zusatz zum Beton wirken die feinen Gesteinsmehle hauptsächlich **porenfüllend** und tragen im zementarmen Beton zur **besseren**

Verarbeitbarkeit und einem **dichten Gefüge** bei. Eine chemische Reaktion mit dem Zement findet selbst bei Gesteinsmehl aus Kalkgestein so **nur in äußerst geringem Ausmaß** statt. Weil Gesteinsmehl die Kornzusammensetzung des Zements ergänzen soll, muss es sehr fein gemahlen werden.

Wichtig ist, dass **keine tonigen Komponenten enthalten** sind. Sie würden nicht nur den Wasseranspruch erhöhen und die erzielbare Festigkeit vermindern, sondern auch den **Frostwiderstand dramatisch herabsetzen.** Nur wenn kein Frostwiderstand erforderlich ist, können mit sehr kleinen Beigaben von tonhaltigen Zusatzstoffen rheologische Eigenschaften verbessert werden.

Kalksteinmehle sollten stets dieselben Anforderungen erfüllen wie Kalkgestein für CEM II LL-Zemente, vgl. Abschn. 2.2.4. Wenn mergelige, tonige oder organische Anteile nicht auszuschließen sind, sollten die **Methylenblau-Adsorption** und der Gehalt an **TOC** geprüft werden, vgl. Abschn. 2.4.5.1. Bei der Gefahr eines **Sulfatangriffes** darf Kalksteinmehl **nicht verwendet** werden, vgl. Abschn. 4.5.6. Auch Steinmehle, die **Glimmer** enthalten, können den Sulfatwiderstand und auch andere Betoneigenschaften **beeinträchtigen**, [Trojer 66].

2.3.7 Pigmente (Körperfarben)

Zum Einfärben von Beton verwendet man überwiegend Farbpigmente auf Basis **Eisen-, Chrom-, Mangan- oder Kobaltoxid**, nachdem sich organische Pigmente wegen der geringeren Licht- und Wetterstabilität nicht so sehr bewährten, vgl. 8.9.11. Um mit Zusätzen in einem Ausmaß von **etwa 2 bis 5 %** einen kräftigen Farbton zu erzielen, müssen die Pigmente etwa **10- bis 20-mal feiner als Zement** gemahlen werden, was natürlich den Wasseranspruch des Betons erhöht und die Herstellung von Luftporenbeton erschwert.

Farbpigmente werden als **Pulver** oder, heute bevorzugt, **Flüssigfarben** angeboten. Flüssigfarben lassen sich besser dosieren, doch ist zu beachten, dass sie bei längeren Standzeiten sedimentieren können, wodurch die Gleichmäßigkeit beeinträchtigt wird. Seit einiger Zeit sind Farbpigmente auch als **Granulate** und als **Kompakt-Pigmente** am Markt. Sie sind gut zu dosieren. Zum Verkleben der einzelnen Partikel werden wasserlösliche Granulierhilfen verwendet, die u. U. die Betoneigenschaften beeinflussen können.

2.3.8 Organische Zusatzstoffe

Hier sind vor allem Kunststoffe (Polymere) zu nennen, die dem Mörtel oder Beton als **Dispersion in Anteilen von 5 bis 20 %** zugegeben werden. Mit dem Begriff **Polymer Cement Concrete (PCC)** werden heute mit Kunststoffen modifizierte Betone und auch Mörtel bezeichnet. Die zugesetzten Kunststoffe **verteuern den Beton** auf das **Doppelte bis Dreifache**, einer der Gründe, weshalb man sie überwiegend nur für **dünne Schichten**, wie man sie für Instandsetzungen braucht, verwendet, vgl. Abschn. 6.9. **Verarbeitbarkeit, Haftung an Altbeton und Wasserrückhaltevermögen** werden damit verbessert, wodurch dünne Schichten auch weniger schnell austrocknen, also nicht so nachbehandlungsempfindlich sind. Im erhärteten Zustand führen sie zu einer **höheren Zugfestigkeit und Bruchdehnung** und einem oft mehr als doppelt so **großen Kriechvermögen**, sowie einer **größeren Dichtheit** und Dauerhaftigkeit, während die **Druckfestigkeit etwas niedriger** ausfällt.

Bewährt haben sich thermoplastische Kunststoffe wie **Styrol-Butadiene**, **Styren-Acrylate** oder **Acrylsäureester**. Zur Anwendung kommen sie meist in flüssiger Form als milchig aussehende **Dispersionen** bestehend aus Wasser und Polymer mit Teilchen von etwa einem tausendstel Millimeter Größe. Sie müssen **werksseitig mit Schutzkolloiden oder Tensiden stabilisiert** werden, damit sich die Teilchen nicht zusammenballen oder sedimentieren, haben aber dennoch eine **begrenzte Lagerfähigkeit** [Dimmig-Osburg 06]. Auch trocken als redispergierbares **Pulver** kommen geeignete Polymere zur Anwendung. Dazu werden Dispersionen durch Sprühtrocknung aufbereitet, wobei sie mit einem wasserlöslichen Schutzkolloid versehen werden, damit die Filmbildung nicht vorzeitig, sondern erst bei der Anwendung eintritt. Ein weiterer Zusatz ist nötig, damit das Pulver rieselfähig bleibt. Durch das Wasser im Frischmörtel und den Mischvorgang bildet sich wieder eine Dispersion.

Die zugesetzten Kunststoffe verbessern vor allem den **adhäsiven Verbund zwischen Gesteinskörnung und Zementsteinmatrix**, was durch eine **Filmbildung** ergänzt werden kann, [Bode 09]. Dazu muss das **Wasser** aus der Dispersion **entweichen**, entweder weil es bei der Hydratation des Zements gebunden wird oder verdunstet. Voraussetzung dafür ist, dass die Temperatur über einer bestimmten, vom Hersteller angegebenen Grenze bleibt.

Mitunter werden auch **Epoxidharz(EP)-Systeme** dem Zementmörtel oder Beton zugesetzt, man spricht dann von **Epoxide Cement Concrete** (ECC), während Mörtel, die nur aus Epoxiden und Gesteinsstoffen bestehen, zu den PC (Polymer Concrete) gehören. Als Zusatz zu Zementmörtel müssen geeignete **Epoxidharze** vor der Zugabe mit dem **Härter gemischt** und anschließend **in Wasser emulgiert** werden. Da Epoxidharze zu den Duroplasten gehören, beginnt ihre Vernetzung schon beim Zusammenmischen von

Harz und Härter. Damit ein zusammenhängender Film im Mörtel entsteht, muss die **Vernetzung** annähernd **parallel** mit der **Hydratation** des Zements verlaufen.

Für alle Kunststoffzusätze gilt, dass sie **werksseitig** für die entsprechende Anwendung **formuliert** werden müssen. So müssen etwa zu Polymeren, die beim Mischen im Mörtel schäumend wirken, geeignete Entschäumer zugesetzt werden, damit eine zu starke Porenbildung die Festigkeit nicht vermindert.

Organische Zusatzstoffe dürfen für Beton nach DIN FB 100 nur verwendet werden, wenn sie **bauaufsichtlich zugelassen** sind, was derzeit nur für einige Dispersionen der Fall ist. Für den Schutz und die Instandsetzungen von Beton sind PPC als Betonersatzsystem am Markt, wenn sie im Spritzverfahren aufzubringen sind, werden sie als SPCC bezeichnet.

2.4 Gesteinskörnungen

2.4.1 Einführung

Die Eigenschaften der Gesteinskörnungen werden vor allem durch die petrografische Beschaffenheit der **Lagerstätte** und durch die **Aufbereitung** bestimmt. Obwohl der Beton zu 70 bis 75 % aus Gesteinskörnungen unterschiedlicher Korngrößen besteht, ist es für die meisten Gebrauchseigenschaften **nicht gravierend, aus welchem Gestein** etwa Kalk, Quarz, Basalt oder gar einer geeigneten Hochofenschlacke sie bestehen. Kein Wunder, liegt doch die Druckfestigkeit der Gesteine – wenn man von einigen porösen Kalksteinen und Sandsteinen absieht – zwischen 100 und 300 N/mm^2, also weit über jener der bei uns üblicherweise verwendeten Betone mit nur 30 oder 60 N/mm^2. Eine besondere Herausforderung kann es sein, aus Tunnelausbruch für Beton verwendbare Gesteinskörnungen herzustellen, vgl. Merkblatt [ÖBV 15]. Wenn es um Beton geht, an den besondere Anforderungen gestellt werden, kann das Bild anders aussehen. Für Beton, der eine sehr hohe Festigkeit oder einen hohen E-Modul haben soll, werden vielfach Körnungen aus **„Hartgestein“**, also Splitte, die aus Gestein mit hoher Festigkeit gebrochen werden, verlangt, Tabelle 2.4-1.

Die meisten Lieferwerke bemühen sich, die aus Gruben oder unter Wasser gebaggerten Kiese und Sande genauso wie die aus Felsgestein gebrochenen Splitte und Brechsande so aufzubereiten, dass sie, soweit es der Markt verlangt, möglichst hohe Anforderungen erfüllen. Um die Umwelt zu schützen und hohe Transportkosten zu vermeiden, die bei diesem Massengut der untersten Preisklasse oft eine entscheidende Rolle spielen, ist man stets bemüht, die Gesteinskörnungen aus dem **nächstgelegenen Werk** zu beziehen und immer wenn dies möglich ist zu versuchen, möglicherweise vorhandene etwas ungünstigere Eigenschaften der Körnungen durch betontechnische Maßnahmen auszugleichen. Voraussetzung dazu ist, dass die Körnungen **gleichbleibende Eigenschaften** haben. Schwankt etwa der Anteil an Mehlkorn im Sand innerhalb des Abbaubereiches, dann sind Gesteinskörnungen, die gleichbleibende Betoneigenschaften ermöglichen, selbst mit aufwändiger Aufbereitung kaum zu erreichen, mit allen damit verbundenen Nachteilen.

DIN EN 12620 (bzw. **ÖNORM EN 12620**) **„Gesteinskörnungen für Beton“** behandelt die Herstellung, Überwachung und Kennzeichnung in Anforderungskategorien, vgl. Zementmerkblatt [VDZ 12]. Hier werden u. a. insgesamt 26 Anforderungen festgelegt, dazu gehören auch solche, die für die meisten Anwendungen völlig bedeutungslos sind, was wiederum die Übersichtlichkeit stark beeinträchtigt, [Riechers 04]. Die betontechnologisch wichtige Aussage, ob es sich um Rundkorn oder gebrochenes, also kantiges Korn handelt, fehlt aber. Um einen roten Faden durch die vielen Anforderungskategorien der DIN EN 12620 zu ziehen, sind im Anhang U des DIN FB 100 **Regelanforderungen** definiert. Körnungen, die diese Regelanforderungen erfüllen, können für jeden Beton, an den keine höheren Anforderungen gestellt werden, verwendet werden. Aber schon bei Frostangriffen, die über XF 1 hinausgehen, ist mehr zu verlangen als die Regelanforderungen vorsehen. Für Straßenbeton gelten die Anwendungsregeln der TL Gestein StB [FGSV 04]. Zur Auswahl und Bestellung von Gesteinskörnungen siehe Abschnitt 2.4.10.

Stets ist eine **Werkseigene Produktionskontrolle (WPK)** unter der Obhut einer hierfür notifizierten **Zertifizierungsstelle** erforderlich. Sie gibt Aufschluss über die zu erwartenden Eigenschaften der Körnungen. Ausführliche Anleitungen erleichtern die WPK [Arens 03]. Bei der jährlich durchgeführten **Überwachung nach DIN EN 12620** müssen allerdings keine Proben mehr entnommen und untersucht werden, wie dies bisher nach der alten DIN 4226 geschah. Der Überwacher beschränkt sich auf eine Beurteilung der WPK. Eine Inspektion der Werkseinrichtungen durch die Überwachungsstelle muss nur stattfinden, wenn ein neues Werk den Betrieb aufnimmt und für normengerechte Lieferungen zertifiziert werden soll, vgl. Abschn. 1.5.2. Viele Werke lassen eine **freiwillige Güteüberwachung/freiwillige Produktprüfung** ihrer Gesteinskörnungen durch eine Zertifizierungsstelle oder eine nach RAP Stra [FGSV 15] anerkannte Prüfstelle durchführen.

Tabelle 2.4-1: Eigenschaften von Gesteinen von Körnungen für Beton [Grübl 01]

Gesteinsgruppen	Korn-rohdichte	Dichte DIN 52102	Wasser-aufnahme DIN 52103	Druck-festigkeit des trockenen Gesteins DIN 52105	Biegezug-festigkeit	Verschleiß durch Schleifen DIN 52108 Verlust auf 50 cm²	Elastizitäts-modul	Wärme-dehnzahl (Temperatur-bereich 0–60 °C)
	kg/dm³	kg/dm³	M.-%	N/mm²	N/mm²	cm³	10³ N/mm²	$10^{-6}K^{-1}$
Erstarrungsgesteine: 1. Granit, Syenit	2,60–2,80	2,62–2,85	0,2–0,5	160–280	10–20	5–8	40–75	6,5–8,5
2. Diorit, Gabbro	2,80–3,00	2,85–3,05	0,2–0,4	170–300	10–22	5–8	50–100	5,5–8,0
3. Quarzporphyr, Keratophyr, Porphyrit, Andesit	2,55–2,80	2,58–2,83	0,2–0,7	180–300	15–20	5–8	25–65	6,5–8,5
4. Basalt, Melaphyr, Dolerit	2,85–3,10	2,90–3,15	0,1–0,3	290–440	15–25	5–8,5	55–115	5,5–8,5
Basaltlava	2,20–2,35	2,90–3,15	4–10	80–150	8–12	12–15	30–40	5,5–8,5
5. Diabas	2,80–2,90	2,85–2,95	0,1–0,4	180–250	15–25	5–8	70–90	5,5–8,5
Schichtgesteine:[1]								
6. Kieselige Gesteine				150–300	13–25		60–75	10,0–12,5
a) Gangquarz, Quarzit; Grauwacke	2,60–2,65	2,64–2,68	0,2–0,5	120–200	12–20	7–8	10–45	10,0–12,5
b) quarzitische Sandsteine	2,00–2,65	2,64–2,72	0,2–9,0	30–180	3–15	10–14	2–15	10,0–12,5
c) sonstige Quarzsandsteine								
7. Kalksteine								
a) dichte (feste) Kalke und Dolomite (einschließlich Marmore)	2,65–2,85	2,70–2,90	0,2–0,6	80–180	6–15	15–40	20–85	3,5–11,5
b) sonstige Kalksteine einschließlich							20–85	3,5–11,5
Kalkkonglomerate	1,70–2,60	2,70–2,74	0,2–10	20–90	5–8	–	20–85	3,5–11,5
Metamorphe Gesteine:								
8. a) Gneise, Granulit	2,65–3,00	2,67–3,05	0,1–0,6	160–280	–	4–10	10–30	6,5–8,5
b) Amphibolit	2,70–3,10	2,75–3,15	0,1–0,4	170–280	–	6–12	–	–
c) Serpentin	2,60–2,75	2,62–2,78	0,1–0,7	140–250	–	8–18	–	–
Hochofenstückschlacke	2,50–2,90	2,90–3,10	0,4–5,0	80–250	–	5–10	35–100	–

1) Prüfung rechtwinklig zur Schichtung

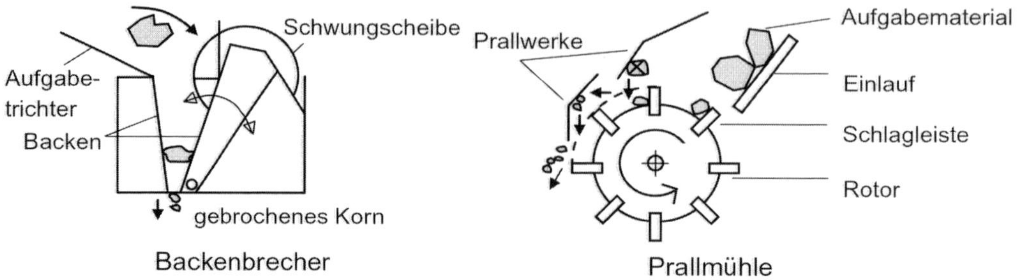

Abb. 2.4-1: Prallzerkleinerung (rechts) führt zu höherwertigen Körnungen als Quetschzerkleinerung (Westiner)

2.4.2 Gewinnung und Aufbereitung

Alle Kiese und Sande waren ursprünglich Felsgesteine und wurden durch natürliche Vorgänge zerkleinert. Wenn sie durch Gletscher transportiert und als **Moräne** abgelagert wurden, sind sie ein Gemisch von Körnern sehr unterschiedlicher Größe. Von Flüssen als **Geschiebe** verfrachtete Kiese und Sande sind oft übereinander in Schichten unterschiedlicher Korngröße gelagert. Gebirgsnah ist das Geschiebe grobkörnig, je weiter flussabwärts, desto mehr Sand ist enthalten. Sande, die vom **Wind** oder von **Meeresströmungen** transportiert wurden, sind gleichkörnig, also mit steiler Sieblinie und oft sehr feinkörnig.

Die Möglichkeiten, Abbaugenehmigungen für Lagerstätten **natürlicher Kiese und Sande** in ausreichender Mächtigkeit zu erhalten, sind heute sehr begrenzt. Daher müssen die für den Beton nötigen Gesteinskörnungen oft in **Steinbrüchen aus Felsgestein** gewonnen werden. Dank einer hoch entwickelten Aufbereitungstechnik gelingt es mitunter, selbst aus weniger geeignet erscheinenden Vorkommen Körnungen herzustellen, die strenge Anforderungen erfüllen. So kann – um nur ein Beispiel zu nennen – ein aus einem aus Naturstein gewonnener Splitt einen erheblich größeren Frostwiderstand aufweisen, wenn das Gestein optimal gebrochen wird. Mit **Backenbrechern**, also einer Quetschzerkleinerung, erhält man oft Splittkörner mit feinen Anrissen, die bei Frost aufbrechen können. Dagegen kann man mit **Prallmühlen** bei entsprechender Betriebsführung erreichen, dass die Gesteine an ihren Schwachstellen brechen. Durch Prallzerkleinerung hergestellte Körnungen haben einen ganz erheblich höheren Frostwiderstand.

Sande aus Moränen oder Flussablagerungen werden durch Absieben der groben Anteile gewonnen. Während Baggerungen im Rheingebiet des Frankfurter Beckens oft nur 20 % Kies, aber so viel Sand bringen, dass ein Teil davon ungenutzt wieder verkippt werden muss, herrscht im gebirgsnahen München ausgesprochener Mangel an Sanden mit der Folge, dass man in Stabrohrmühlen oder Prallmühlen aus grobem Kies **Brechsande** herstellen muss, die aber meist wegen ihrer ungünstigen Kornform mit Natursand verschnitten angeboten werden.

Küsten- und Flugsande, wie sie reichlich im norddeutschen Raum vorhanden sind, werden oft in ihrer natürlichen Zusammensetzung verwendet. Sie sind meist gleichkörnig und ihre steile Sieblinie kann durch eine Aufbereitung nicht verbessert werden. Bei solchen Sanden wird oft versucht, durch Verwendung eines zweiten feineren oder gröberen Sandes die Kornzusammensetzung zu verbessern.

Sande können großtechnisch nicht – wie im Labor – gesiebt werden, weil Siebe mit 0,5 oder 1,0 mm Öffnungsweite rasch verstopfen würden. Eine Trennung nach Korngrößen ist nur durch **Windsichten** oder durch eine **hydraulische Aufbereitung** möglich. Bei letzterer macht man sich zunutze, dass Sandkörner im Wasser umso schneller sedimentieren, d. h. nach unten sinken, je größer ihr Durchmesser ist, vgl. Abschn. 3.2.6. In sog. **Klassiertanks** werden auf diese Weise Sande in 6 bis 8 Korngruppen aufgeteilt und automatisch entsprechend einer vorgegebenen Sieblinie wieder zusammengemischt, Abb. 2.4-2.

Die in Überschuss vorhandenen Kornanteile werden ausgeschieden. Bei allen ungleichmäßig oder sonst ungünstig zusammengesetzten Sanden bringt eine Aufbereitung im Klassiertank große Vorteile. Auf diese Weise **„klassierte" Sande** lassen sich sehr gleichmäßig herstellen und haben sich vor allem bei hohen Ansprüchen, u. a. für den Massenbeton von großen Talsperren, bewährt [Pilz 2000].

Maßgebend für **Güte und geringe Schwankungsbreite** der Eigenschaften von Gesteinskörnungen ist aber nicht nur die **maschinentechnische Ausstattung der Sand-, Kies- oder Natursteinwerke**, sondern auch die **Betriebsführung**. Werden Brecher in Spitzenzeiten mit zu hohem Füllungsgrad gefahren oder weisen sie schon starken Verschleiß auf, ist mit

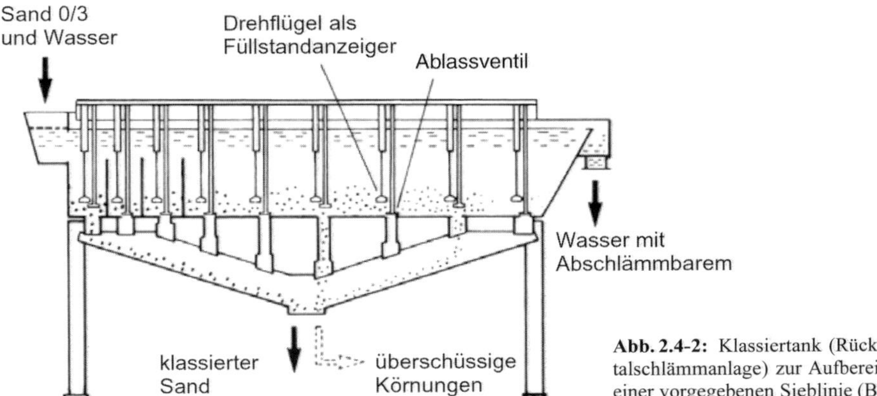

Abb. 2.4-2: Klassiertank (Rückmischende Horizontalschlämmanlage) zur Aufbereitung von Sand nach einer vorgegebenen Sieblinie (Beuer)

Einbußen zu rechnen. Eine wichtige Aufgabe kommt dabei dem Werkslabor zu, wo die Lieferkörnungen im Rahmen der **Werkseigenen Produktionskontrolle** überwacht werden.

Eine besondere Herausforderung für die Betriebsführung ist es, den an der Gewinnungsstätte vorhandenen natürlichen, d. h. **geologisch bedingten Schwankungen** des Gesteinsvorkommens Rechnung zu tragen. Man denke nur daran, dass Kieslagerstätten allein schon durch die natürliche Verfrachtung in Flüssen erhebliche strukturelle Unterschiede aufweisen. Auch die **Witterungsverhältnisse bei der Gewinnung** können einen kaum vermeidbaren Einfluss haben, wenn bei Regenwetter der Gesteinsstaub an den Oberflächen der Körner abgewaschen wird und knapp darunter an den Körnern haften bleibt, während er bei trockenem Wetter vom Wind verblasen wird oder nach unten durchfällt.

In vielen Fällen ist es aus technischen und/oder wirtschaftlichen Gründen notwendig, bei den erforderlichen Nachweisen **spezielle Grenzwerte** festzulegen, auch wenn dabei von den in anderen Regionen bewährten Anforderungen abgewichen werden muss. Dabei ist es meist von Vorteil, den Rat eines erfahrenen Fachmannes einer Prüfanstalt einzuholen.

2.4.3 Korngrößen

2.4.3.1 Bezeichnungen

Gesteinskörnungen bezeichnet man nach den Sieben, die ihre Korngröße begrenzen. Dabei wird die Öffnungsweite des unteren Begrenzungssiebes mit „d", jene des oberen mit „D" bezeichnet. **Kiese** (Rundkorn) und die durch Brechen von Felsgestein gewonnenen **Splitte** (Kantkorn), etwa **4/8, 8/16** oder **16/32**, heißen **„grobe Gesteinskörnung"**. Sande (z. B. **0/1, 0/2** oder **0/4**) nennt man **„feine Gesteinskörnung"**.

Wenn Körnungen nicht aufbereitet wurden, spricht man von **„natürlich zusammengesetzten Gesteinskörnungen"**, wenn sie aus groben und feinen Anteilen zusammengesetzt wurden von **„Korngemischen"**, beispielsweise 0/8. Die Anteile kleiner 0,063 mm werden als **„Feinanteil"** oder Abschlämmbares bezeichnet.

2.4.3.2 Probennahme

Alle Kies- und Natursteinwerke, ebenso wie alle Betonmischwerke müssen **Siebprüfungen** der Gesteinskörnungen durchführen. Wichtigste Voraussetzung dafür ist eine **Probenahme**, die für die auf der Halde, in der Silobox oder mit dem Band geförderte Körnung **kennzeichnende** Ergebnisse erwarten lässt. Dabei können Fehler gemacht werden, die das Ergebnis völlig verzerren. Um sie zu vermeiden, hält man sich stets an die entsprechende **DIN EN 932-1 bzw. 932-2** Prüfverfahren für allgemeine Eigenschaften von Gesteinskörnungen, Probeentnahmeverfahren bzw. Verfahren zum Einengen von Laboratoriumsproben oder besser auf eine darauf beruhende verständlichere Beschreibung, [Iken 12].

Wegen möglicher Streuungen muss jede Probe aus **Teilproben,** die an verschiedenen Stellen entnommen werden, zusammengemischt werden. Bei 32 mm Größtkorn sind Proben mit mindestens 55 kg nötig, bei Sand 0/2 müssen immer noch 14 kg entnommen werden. Weil im Labor mit einer unnötig großen Probe schlecht zu arbeiten ist, wird sie durch Vierteilung eines Schnüttkegels oder mit einem speziellen **Probenteiler** „eingeengt" und man siebt dann beispielsweise nur mehr eine „**Messprobe**" von mindestens 10 kg bei 32 mm Größtkorn oder 0,4 kg bei Sand. Eigenschaften der Messproben entsprechen dann weitgehend denjenigen der entnommenen Probe.

Abb. 2.4-3: Probenteiler zur Gewinnung von Teilproben gleicher Zusammensetzung (Foto: Kreft CBM)

Durch eine normgemäße Probennahme erhält man ein gemitteltes Prüfergebnis. Man kann daraus nicht auf Ungleichmäßigkeiten innerhalb der geprüften Körnung schließen, Ungleichmäßigkeiten, die die Herstellung von hochwertigem Beton sehr erschweren können. Um sie zu erfassen, müssen mehrere Proben an Stellen entnommen werden, die sich nach Augenschein am stärksten unterscheiden und getrennt geprüft werden.

2.4.3.3 Siebprüfung

Zur Siebung verwendet man einen Siebsatz, bei dem die Öffnungsweiten von 0,063 bis 63 mm so abgestimmt sind, dass das darunter liegende feinere Sieb jeweils eine nur halb so große Öffnungsweite hat. Das führt zwangsläufig zu Nenngrößen wie 31,5 mm, auch auf Zehntel Millimeter abgerundet für die Praxis kaum verständlich, weshalb man in der Regel von 32 mm spricht. Die gröberen Siebe haben Quadratlochbleche, unter 4 mm verwendet man Maschengewebe, wobei vor allem das 0,063-mm-Siebgewebe sehr leicht beschädigt werden kann.

Um die Korngrößenverteilung einer Probe zu ermitteln, werden zunächst die **Feinanteile kleiner 0,063 mm nass** abgetrennt. Nur in begründeten Ausnahmefällen kann darauf verzichtet werden. Zur Nassabtrennung wird die Probe unter Verwendung eines Schutzsiebes über dem 0,063-mm-Sieb so lange ausgewaschen, bis das Waschwasser klar ist. Durch Differenzwägung der trockenen Proben vor und nach dem Auswaschen ergibt sich der Gehalt an Feinanteilen.

Die **Siebung** selbst ist einfach durchzuführen. Man stellt dazu den Siebsatz auf eine Siebmaschine oder hängt ihn an ein Seil an die Decke des Labors, damit der Laborant beim Sieben entlastet wird. Die gewogene trockene Probe wird auf das oberste, also gröbste Sieb geschüttet und wenn man glaubt, dass genügend gerüttelt wurde, nimmt man das Sieb weg und prüft auf einem dunklen Papier, ob wirklich nichts mehr durchfällt. Wenn eine Minute lang nachgesiebt wurde, darf der Durchgang nicht mehr als 1 % ausmachen. Die auf den einzelnen Sieben liegen gebliebenen Rückstände werden am Schluss gewogen. Zusammen mit dem, was unter dem feinsten Sieb in der Auffangschale zurückgeblieben ist, muss sich wieder die Masse der ursprünglichen Probe ergeben. Zusammen mit dem durch Auswaschen ermittelten Feinanteil wird das Ergebnis im Prozent auf die Gesamtprobe bezogen als Sieblinie dargestellt, Abb. 2.4-4.

Da die Lieferkörnungen nach den Öffnungsweiten der Prüfsiebe aufbereitet werden, hat die heutige „mathematisch korrekte" Siebreihe gegenüber der früheren mit 15- und 30-mm-Rundlochsieben den

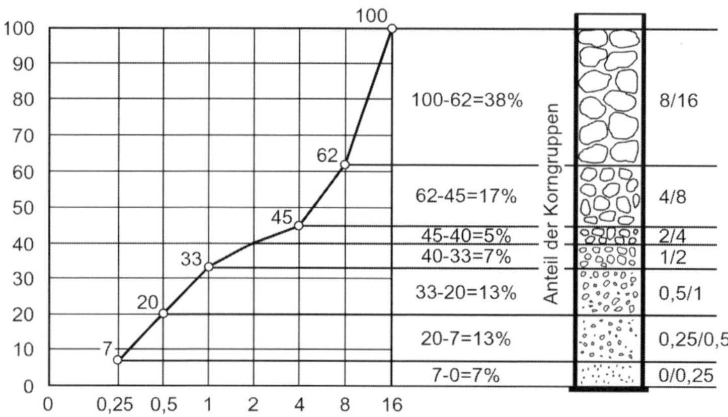

Abb. 2.4-4: Die Kornzusammensetzung wird durch eine Sieblinie dargestellt [Weber 14]

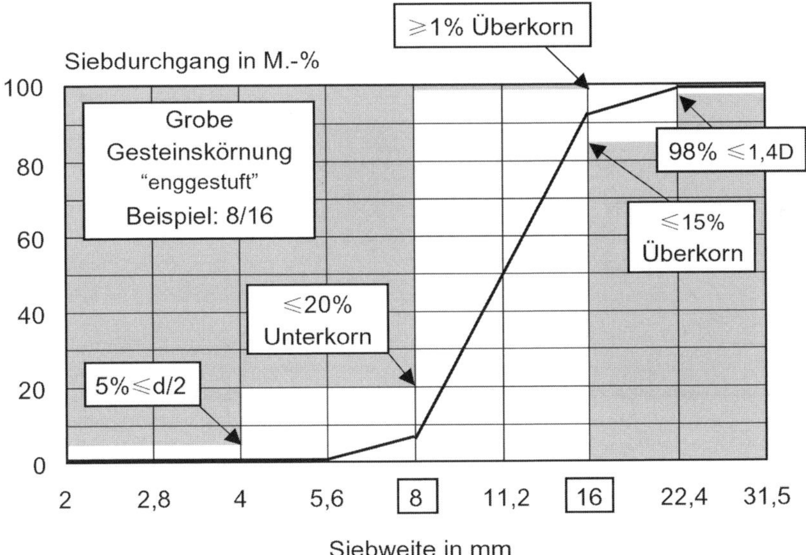

Abb. 2.4-5: Regelanforderung an die Kornzusammensetzung einer eng gestuften groben Gesteinskörnung, hier 8/16 (Westiner)

Nachteil, dass Körnungen bis 32 mm Quadratlochweite für viele Anwendungen zu sperrig sind. Deshalb hat man eine Zwischengröße mit **22,4 mm** eingeführt. Körnungen 16/22 werden aber nicht in allen Regionen angeboten. In solchen Gebieten muss man, wenn die Körnung 16/32 zu grob ist, den Beton mit nur 16 mm Größtkorn herstellen. Um auch feinere Körnungen besser auf ihre Verwendung abzustimmen, wurden Siebe mit **11,2 mm** und **5,6 mm** Öffnungsweite eingeführt, auf die auch im Asphaltbau nicht verzichtet werden kann.

2.4.4 Lieferkörnungen

In der Regel werden sowohl von rundkörnigen **Kiesen** wie auch von gebrochenem Felsgestein mit kantigen Körnern, also **Splitten** mitunter regional unterschiedliche, aber meist eng begrenzte **Korngruppen** als **Lieferkörnungen** hergestellt, durch eine **Sortennummer** definiert und für Beton oder Asphalt ausgeliefert. Wenn eine Körnung für Laborprüfungen, kein Über- und Unterkorn enthalten darf, spricht man nicht mehr von Korngruppen, sondern von **Kornklassen.**

Gesteinskörnungen mit Anteilen **über 4 mm** werden im Werk durch **Sieben** aufbereitet, und zwar trocken oder unter gleichzeitigem Bebrausen mit Wasser.

Beim **großtechnischen Siebvorgang** kann aber nicht die gleiche Trennschärfe wie beim Sieben im Labor erzielt werden, was zur Folge hat, dass beispielsweise eine Körnung 8/16 immer etwas **„Unterkorn"**, also Körner kleiner 8 mm, und auch **„Überkorn"**, also Körner über 16 mm, enthält.

Das ist nicht tragisch, wenn Unter- und Überkorn bei der Berechnung der aus unterschiedlichen Körnungen zusammengesetzten Sieblinie des Betons berücksichtigt werden. Damit Lieferungen nicht zu weit von den bestellten Körnungen abweichen, darf als Regelanforderung das Unterkorn nicht mehr als 20 % und das Überkorn nicht mehr als 15 % ausmachen. Um sicherzustellen, dass die Lieferkörnung bis zum angegebenen Größtkorn vollständig ausgefüllt ist, muss der Überkornanteil mindestens 1 % betragen. Auch in Sanden müssen mindestens 1 % Überkorn vorhanden sein. Dadurch soll vermieden werden, dass Sande, die überwiegend z. B. aus Korn von 0 bis 2 mm bestehen, als Sand 0/4 angeboten werden.

Wenn man heute selbst Kiessande, die in ihrer natürlichen Lagerstätte optimal zusammengesetzt sind, im Zuge der Aufbereitung mit **Sieben** nach der Korngröße in unterschiedlichen **Korngruppen**, z. B. 0/2, 2/8 und 8/16, trennt und in der Betonmischanlage in genau dosierten Anteilen wieder zusammenmischt, so hat dies den Grund, dass sich Korngemische beim Transport leicht **entmischen.** Jeder kennt das, wie etwa beim Abwurf eines gut gemischten Kiessandes von einem Förderband auf den Kegel einer Halde die großen Körner nach unten kollern, während sich an der Kegelspitze der Sand anreichert.

In der Frühzeit des Betonbaues traten immer wieder sehr große Streuungen der Betonfestigkeiten auf.

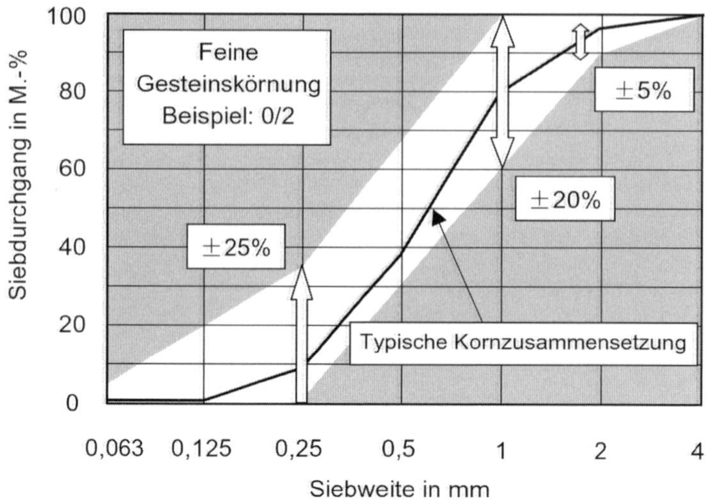

Abb. 2.4-6: Zulässige Grenzabweichung von ±25 % bzw. ±20 % und ±5 % (Regelanforderung), bezogen auf die vom Hersteller anzugebende typische Kornzusammensetzung (Westiner)

Um sie klein zu halten, hat man zunächst Kies und Sand getrennt zudosiert. Als man 1942 erstmalig einen B 300 als höherfesten Beton (heute etwa einem C 20/25 entsprechend) in die DIN 1045 aufnahm, verlangte man den „Zuschlag", wie man damals die Gesteinskörnungen nannte, in mindestens **3 unterschiedliche Korngruppen** getrennt, zuzudosieren.

Weil der Großteil der **Sande** mit der weitgehend unveränderten, natürlichen Kornzusammensetzung in den Handel kommt, müssen die Lieferfirmen für jede Sandkörnung die **typische Kornzusammensetzung** auf Anfrage bekannt geben. Eine bestimmte **Grenzabweichung** für den Durchgang bei Sieben mit 4,0, 2,0, 1,0, 0,25 und 0,063 mm Öffnungsweiten darf bei der Lieferung nicht überschritten werden, Abb. 2.4-6.

Betontechnisch besonders wichtig ist der als **Mehlkorn** bezeichnete Kornanteil kleiner 0,125 mm und auch der Anteil kleiner 0,25 mm, der **Feinstsand**. Das Mehlkorn hat zusammen mit den anderen mehlfeinen Stoffen wie Zement oder Flugasche sehr starken Einfluss auf den Zusammenhalt und die Verarbeitbarkeit, aber auch den Wasseranspruch des Frischbetons und auf die Geschlossenheit des Gefüges des erhärteten Betons.

Für weniger anspruchsvolle Aufgaben verwendet man **weitgestufte grobe Gesteinskörnungen**, bei denen, wie beispielsweise 4/32 oder 8/22, die obere Begrenzungssiebweite mehr als doppelt so groß wie die untere ist. Dabei darf das Unterkorn nur 15 % und das Überkorn nur 10 % betragen. Darüber hinaus muss der Durchgang durch ein „Mittleres Sieb" zwischen 25 und 70 % liegen, womit man verhindern will, dass beispielsweise die Körnung 8/22 nur sehr wenig oder gar kein Korn 16/22 enthält. Damit die Schwankungsbreite nicht zu groß wird, also bei der als Beispiel genannten Körnung 8/22 der Siebdurchgang beim mittleren Sieb, hier 16 mm, nicht einmal bei 25 % und dann wieder bei 70 % sein kann, muss der Hersteller für das **mittlere Sieb** einen **mittleren Durchgang** angeben, wovon bei Körnungen mit *D*/*d* kleiner 4 eine Grenzabweichung von ± 15 %, bei solchen mit *D*/*d* über 4 von ± 17,5 % nicht überschritten werden dürfen.

Mitunter verwendet man auch **Korngemische** z. B. 0/8 oder 0/32, vergleichbar mit dem früheren „werksgemischten Betonzuschlag". Sie müssen werkseitig aus feinen und groben Körnungen so zusammengesetzt sein, dass ihre Sieblinien in einem bestimmten Bereich liegen, der zwischen den Sieblinien A und B nach DIN FB 100, vgl. Abb. 3.2-5, entspricht. Dies muss anhand von **zwei mittleren Sieben** nachgewiesen werden.

Natürlich zusammengesetzte Gesteinskörnungen müssen im Gegensatz zu Korngemischen, die im Werk zuerst getrennt und dann zusammengemischt werden, keinen Mischvorgang durchlaufen. Dafür dürfen sie von einer vom Lieferanten anzugebenden **typischen Kornzusammensetzung** nur in geringem Ausmaß abweichen.

Füller sind feingemahlene Gesteinsmehle aus gesundem Felsgestein, meist aus Kalkstein oder auch Quarz, deren Partikelgröße überwiegend unter 0,063 mm liegt. Sie wirken im Beton als **Mehlkorn**, also porenfüllend, vor allem, wenn sie sehr feinkörnig sind und die Kornzusammensetzung des Zements ergänzen, vgl. Abschn. 2.2.4. Eine große Bedeutung haben Füller schon immer beim Asphalt, weil sie zur Versteifung des Bindemittels notwendig sind. Seit für Beton hochwirksame Fließmittel verwendet werden und man die Bedeutung der **Packungsdichte** und damit auch der Kornzusammensetzung im mehlfeinen Bereich erkannte, werden Füller sehr oft auch für Beton eingesetzt, besonders für **leicht verarbeitbaren** und **selbstverdichtenden Beton**. Vorteilhaft sind hierfür Steinmehle, deren Partikel eine gedrungenen Kornform und keine rauen Kornoberflächen aufweisen.

2.4.5 Wichtige Eigenschaften von Gesteinskörnungen

2.4.5.1 Gehalt an Feinanteilen (abschlämmbaren Anteilen)

Man versteht darunter die **Anteile kleiner 0,063 mm** ohne darauf Rücksicht darauf zu nehmen, ob es sich um inertes Steinmehl, Schluffkorn oder gar quellfähige Tonminerale handelt. Entsprechend unterschiedlich können aber die Auswirkungen der Feinanteile im Betongefüge sein, vor allem wenn sie die Grenzen der Regelanforderung von 3 % bei feinen und 1,5 % bei groben Gesteinskörnungen überschreiten. Wenn für Beton, der eine hohe Festigkeit oder hohen Frostwiderstand aufweisen soll, nur Körnungen mit tonigen oder anderen stark quellfähigen Feinanteilen zur Verfügung stehen, ist man gut beraten, weniger Feinanteile als nach der Regelanforderung zuzulassen.

Auch nur **hauchdünne Lehmschichten**, die an den Gesteinskörnern so fest haften, dass sie während des Mischens nicht abgerieben werden, vermindern die Festigkeit vor allem bei einer Zugbeanspruchung erheblich. Daher ist man beispielsweise bei Fahrbahndecken sehr darauf bedacht, dass an den Kies- und Splittkörnern keine oder nur solche Feinanteile haften, die sich beim Mischvorgang leicht ablösen.

Der **Gehalt an Feinanteilen** wird aus der Massedifferenz zwischen der ursprünglichen trockenen und nach einem Auswaschen und Siebung wieder getrockneten Probe ermittelt. Dabei ist besondere Sorgfalt nötig, wie stets, wenn aus der Differenz großer Zahlen zahlenmäßig kleine Prüfergebnisse berechnet werden.

Einen guten Hinweis darauf, wie viel Feinanteile etwa ein Sand enthält, kann mit dem altbewährten **Absetzversuch** gewonnen werden: In einem Glaszylinder (ersatzweise einem hohen Wasserglas) wird eine 500-g-Probe der zu untersuchenden Körnung mit Wasser aufgeschlämmt und geschüttelt, so dass sich die Feinanteile von den Körnern lösen. Dann wird der Zylinder abgesetzt. Schon nach einer Stunde misst man die Höhe der sich über den Sandkörnern abgesetzten **Schlämmeschicht**, in der mit dem freien Auge keine Körner mehr zu erkennen sind.

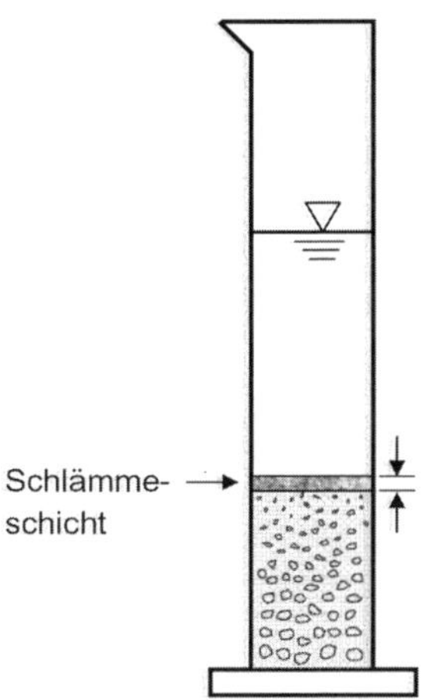

Abb. 2.4-7: Absetzversuch zur Ermittlung abschlämmbarer Anteile

Unter Annahme einer Dichte von 0,6 g/cm^3 lässt sich aus der Schichthöhe der Gehalt an Feinanteilen berechnen. Ist beim Absetzversuch die überstehende Flüssigkeit nach einer Stunde noch trüb, so ist dies ein wichtiger Hinweis auf **störende tonige** Anteile, die sehr fein sind und daher sehr langsam sedimentieren. Dann misst man nach 24 Stunden die Schichthöhe noch einmal und berechnet mit einer Dichte von 0,9 g/cm^3 deren Anteil.

Zur besseren Beurteilung vorhandener toniger, also störender, Anteile dient das in den Vereinigten Staaten viel verwendete **Sandäquivalent-Verfahren**. Dabei setzt man in einem unserem Absetzversuch ähnlichen Verfahren der Suspension aus Wasser und Sand eine geringe Menge eines **Wasch- und Flockungsmittels** zu, das bewirkt, dass tonige Anteile stark, gesunde Steinmehle aber kaum aufquellen. Der prozentuelle Anteil des Bodensatzes im Vergleich zur gesamten Ausflockung ergibt das Sandäquivalent SE. Vorliegende Erfahrungen deuten darauf hin, dass sich das Sandäquivalent-Verfahren gut eignet, um auch die Feinanteile von Kalkbrechsanden zu bewerten. Es gibt aber auch Gesteinsarten, bei denen es keine so überzeugenden Ergebnisse liefert.

Feinanteile können auch mit dem **Methylenblau-Verfahren** beurteilt werden. Auch dafür sind für die Beurteilung von Gesteinskörnungen noch keine Grenzwerte festgelegt, wohl aber für Kalksteinmehle, die als zusätzlicher Hauptbestandteil von

Kalksteinzement dienen. Bei dem Verfahren geht man davon aus, dass betonschädliche Feinanteile den Farbstoff einer Methylenblau-Lösung adsorbieren, und zwar umso stärker, je schädlicher sie sind. Dazu wird einer definierten Aufschlämmung von Sand in Wasser eine Methylenblau-Lösung zugesetzt, und zwar in kleinen Schritten so lange, bis ein aus der Aufschlämmung entnommener Tropfen, den man auf ein Filterpapier gibt (Tüpfelprobe), dort nicht mehr farblos ist, sondern mit einem blauen „Hof" anzeigt, dass mehr Methylenblau zugegeben wurde als die schädlichen Anteile adsorbieren können.

2.4.5.2 Kornform

Große Anteile an **plattigen und spießigen** groben Körnern können den Beton erheblich schwerer verarbeitbar machen, auch wenn man mehr Sand zugibt. Wünschenswert ist eine überwiegend **gedrungene Kornform**. Bei Sichtbeton kann ein hoher Anteil ungünstig geformter Körner die Herstellung ansprechender glatter Oberflächen sehr erschweren. Plattige Kieskörner legen sich vielfach beim Verdichten parallel zur Schalung, so dass sie dann von nur dünnen Feinmörtelschichten überdeckt sind. Bei Frost können diese dünnen Schichten abgesprengt werden und beeinträchtigen das gleichmäßige Aussehen der Oberfläche. Beeinflussen lässt sich die Kornform von Splitten durch entsprechende Brecher (Bauweise, Zustand der Verschleißteile) und deren Beschickung und Betriebsweise. Bei Kiesen muss man sich mit der von der Natur geschaffenen Kornform abfinden.

Als **ungünstig geformt** gelten Gesteinskörner, deren größte Abmessung, die **Länge, mehr als dreimal** so groß ist wie **die Dicke** (kleinste Abmessung). Das mühsame Auszählen und Messen jener Körner, deren Abmessungen im kritischen Bereich liegt, mit dem Kornform-Messschieber (Kornform-Schieblehre) machen nur noch wenige, obwohl die damit bestimmte **Kornformkennzahl SI** (Shape Index) als Anteil ungünstig geformter Körner in DIN EN 12620 noch enthalten ist. Heute bestimmt man die Kornform meist mit **Schlitz- oder Stabsieben**, wobei die damit festgestellte **Plattigkeitskennzahl FI** (Flakiness Index) ebenfalls in DIN EN 12620 enthalten ist, aber geringfügig von der SI abweicht. Zu ihrer Bestimmung werden eng begrenzte Kornklassen, z. B. 16/20 in Schlitz- oder Stabsieben gesiebt, deren Öffnungsweite die Hälfte des oberen Begrenzungssiebes beträgt, im vorliegenden Beispiel 10 mm. Der Durchgang durch dieses Sieb gilt als ungünstig geformt. Entspricht eine Körnung nur der **Regelanforderung von FI_{50}**, d. h. die Hälfte der Körner sind plattig oder spießig, lässt sich damit kaum ein verarbeitbarer Beton herstellen. Anders, wenn wie beim früheren **„Edelsplitt"** mit FI_{20}, bei dem höchstens 20 % ungünstig geformte Körner vorhanden sind, die Körner also überwiegend gedrungene Form haben.

In Lagerstätten in Küstennähe können in den groben Körnungen auch **Muschelschalen** vorhanden sein. Ihr Anteil soll gering sein.

Auch bei **Sanden**, also feinen Gesteinskörnungen, kann eine ungünstige Kornform die Verarbeitbarkeit eines Betons erheblich beeinträchtigen. Dies gilt besonders für **Brechsande**, bei denen man aber die Kornform durch den Brechvorgang beeinflussen kann. DIN EN 12620 enthält allerdings keine Angaben über die Kornform von Sanden. Wenn nötig kann der Anteil plattiger Körner an Körnungen 1,25/2,0 und 1,25/4,0 geprüft werden, wozu man eng begrenzten Kornklassen, etwa 1,25/1,6 und 2,0/2,5 sowie 3,15/4,0 mm mit Stabsieben, welche Schlitzweiten von der Hälfte des oberen Begrenzungssiebes haben, absiebt, vgl. TP Gestein-StB, Teil 4.33 [FGSV 15]. Auch hier wird der Durchgang durch das Stabsieb geteilt durch die Masse der geprüften Kornklasse als Plattigkeitskennzahl bezeichnet. Gemittelt über alle Kornklassen wird sie als **Kornformwert FI_{fGK}** bezeichnet. Kornformwerte unter 10 % kennzeichnen günstige Brechsande, [Feix 79]. Die Kornform in Sanden kann auch photooptisch ermittelt werden, vgl. Abschn. 2.4.5.4.

2.4.5.3 Kornoberfläche

Ob Gesteinskörner eine glatte oder raue Oberfläche haben, ob sie gerundet oder durch einen Brechvorgang kantig sind, ist bei Herstellung von höherwertigem Beton wichtig, wird aber in den europäischen Normen nicht behandelt, Abb. 2.4-8.

Glatte Oberflächen, wie wir sie von Flusskiesen kennen, erfordern etwas weniger Sand und daher auch etwas weniger Wasser und Zement, um einen gut verarbeitbaren Frischbeton zu erhalten. Mäßig raue Oberflächen ergeben höhere Biegezugfestigkeiten und im Bereich Hochfester Betone auch deutlich höhere Druckfestigkeiten. Auch die Rauigkeit von Kornoberflächen kann photooptisch ermittelt werden.

2.4.5.4 Photooptische Prüfverfahren

Bei der neueren **Computergestützten Partikelanalyse (CPA)** wird ein photooptisches Messsystem benutzt, um die granulometrischen Eigenschaften feinster Körnungen zu charakterisieren. Daneben werden auch andere Verfahren mit einem Laser-Beugungsspektrometer oder sogar welche mit einer Computertomographie verwendet. Die CPA wird, wie auch andere ähnliche Verfahren, selbst für feinste Steinmehle mit Korngrößen von nur 0,005 mm ver-

Abb. 2.4-8: Runde und gebrochene Körner mit unterschiedlicher Rauigkeit der Oberflächen (Foto: Kreft CBM)

wendet. Um Korngröße, Kornform und Oberflächenrauigkeit zu ermitteln, wird die Schattenprojektion einer großen Anzahl von Körnern, die aus einer Rinne herunterfallen oder bei feinstem Korn in einer Aufschlämmung mit Wasser sedimentieren, vermessen und das Ergebnis statistisch ausgewertet. Als **Korngröße** gilt, wie bei der Siebung, die größte Breite der Körner. Aus der größten Länge (*L*) und Breite (*B*) wird die **Kornform** *L*/*B* berechnet, die häufig zwischen 1,4 und 1,7 liegt. Als **Sphärizität** gilt der Quotient aus Umfang des Kornes und Umfang eines flächengleichen Kreises, jeweils in der Schattenprojektion, d. h. zweidimensional gemessen. Sie liegt häufig zwischen 1,1 und 1,2. Gleichzeitig kann die **Rauigkeit** als Quotient von Kornumfang und Länge eines das Korn umfassenden (imaginären) Gummibandes berechnet werden, [Stark, U. 06, Macht 06, Bund 16]. Bewährt haben sich CPA-Verfahren, um bei der Produktion mehlfeiner Körnungen, auch von Zementen, die geometrischen Eigenschaften auf die Erfordernisse der Praxis besser abzustimmen, vor allem um eine wünschenswerte **Erhöhung der Packungsdichte** zu erzielen. Bei der Anwendung muss für jede Körnung zuerst eine Kalibrierung durchgeführt werden, weshalb sich das Verfahren für die Prüfung unterschiedlicher Herkunft der Proben weniger gut eignet und die genormten Prüfverfahren nicht ersetzen kann.

2.4.5.5 Widerstand gegen Frost

(a) Widerstand gegen Frost ohne Taumittel **(XF 1 und XF 3)**

Bei allen Bauteilen, die dem Frost ausgesetzt sind und während des Einfrierens feucht sein können, müssen auch die Gesteinskörnungen einen ausreichenden Frostwiderstand aufweisen. Dies gilt beispielsweise auch für Hochbauten, wenn sie nur während der Bauzeit im Winter vor Witterung nicht geschützt sind. Nicht frostbeständige Gesteinskörner zersetzen sich und sprengen die Betonoberfläche ab, so dass Krater entstehen.

Bei der Frostprüfung beschränkt man sich in der Regel auf die Kornklasse 8/16 und prüft diese durch 10maliges Einfrieren in einer mit Wasser aufgefüllten Blechdose („**Dosenfrost**"). Dabei werden die nicht frostbeständigen Körner durch den Frost zersprengt. Ihr Anteil wird durch Absieben der Prüfkörnung auf dem 4-mm-Sieb (*d*/2) ermittelt. Er soll als Regelanforderung nicht über 4 % liegen. Solche Körnungen gelten dann als **„frostwiderstandsfähig"**. Ganz auszuschließen ist das Ausfrieren einzelner Körner aus einer Betonoberfläche aufgrund dieses Prüfergebnisses aber nicht, auch wenn man die Anforderung auf 2 % oder 1 % abgesenkt.

Was an diesem Prüfverfahren nicht befriedigt, ist die Tatsache, dass hin und wieder auch Körnungen, die sich bei der Frostprüfung nicht günstig verhalten, im Beton, wo jedes Einzelkorn fest von Mörtel umschlossen ist, ausreichend widerstandsfähig sind. Deshalb ist bei möglicherweise frostempfindlichen Körnungen eine **Prüfung in einem Beton** mit frostbeständigem Feinmörtel etwa mit dem **CIF-Verfahren** im Zweifelsfalle vorzuziehen, vgl. Abschn. 4.4.5. Die Herstellung von Betonprobekörpern mit entsprechend großen Prüfflächen und die anschließende Frostprüfung sind allerdings mit einem erheblich größeren Aufwand verbunden.

Muss man einzelne vom Frost zerstörte Gesteinskörner, wie etwa für Sichtbeton, zuverlässig ausschließen und werden die Betonflächen im Freien stark durchfeuchtet, etwa weil Wasser schlecht abfließt oder sich auch im Winter Wasserdampf niederschlägt, sollte man auf eine vorausgehende petrografische **Beurteilung** des Vorkommens nicht verzichten.

Gesteinskörner, die zum Ausfrieren neigen, lassen sich mit örtlichen Erfahrungen in gewissem Ausmaß oft auch durch **Einzelkornprüfungen** mit dem **Hammerschlag-Verfahrens** erkennen, [Neidinger 12]. Lässt man einen 500-g-Hammer aus einer Höhe von 30 cm auf ein auf einer Stahlplatte liegendes Gesteinskorn fallen, kann man anhand des Bruchverhaltens häufig auf die Qualität (Festigkeit, Widerstand gegen Frost und gegen Frost-Tausalz-Beanspruchung) der Körnung schließen.

Abb. 2.4-9: Hammerschlag-Prüfung zum Erkennen mürber Gesteinskörner [Neidinger 12]

Zerbricht ein Korn beispielsweise mit dumpfem Klang in viele kleine Stücke, ist dies ein Hinweis auf ein „Mürbkorn" geringer Qualität. Körner, die mit hellem Klang in wenige scharfkantige Stücke zerbrechen, lassen auf eine hohe Qualität schließen.

(b) Widerstand gegen Frost und Taumittel (XF 2 und XF 4)

Wenn Tausalze oder andere Auftaumittel in die Randzone eines Betonbauteils gelangen, verstärkt dies auch jeden Frostangriff auf Gesteinskörner ganz erheblich, vgl. Abschn. 4.4.6. Wie bei Frostprüfungen wird der Widerstand von Gesteinskörnungen gegen Frost und Tausalz in Dosen geprüft, wobei man an Stelle des Wassers eine 1%ige Natriumchloridlösung verwendet (**Dosenfrost mit Taumittel**). Auch wenn Abwitterungen von bis zu 8 % zugelassen werden, ist diese Prüfung als sehr scharf anzusprechen. Doch auch hier bleiben eine gewisse Unsicherheit und die Möglichkeit, die **Prüfung im Beton** durchzuführen. Dabei wird entweder das Plattenverfahren (Borås-Verfahren) mit aufstehender Taumittellösung oder das CDF-Verfahren verwendet, vgl. Abschn. 4.4.8. Um dabei unabhängig von der Dicke der äußeren Feinmörtelschicht zu sein, werden zur Prüfung gesägte Flächen herangezogen. Bei der Beurteilung des Prüfergebnisses wird festgestellt, ob und ggf. wie viele Gesteinskörner ausgewittert sind und einen Krater hinterlassen haben. Dazu müssen genügend große Prüfflächen vorhanden sein. Eine Beurteilung anhand der Masse der Abwitterungen, ohne darauf zu achten, wo und wie diese aufgetreten sind, ist nicht sinnvoll.

DIN FB 100 lässt auch den Nachweis eines ausreichenden Frost-Tausalz-Widerstandes durch den **Magnesiumsulfatversuch** zu. Durch wiederholte Sättigung mit Magnesiumsulfatlösung und anschließendes Trocknen wird dabei ähnlich wie beim Einfrieren ein Kristallisationsdruck erzeugt. Dieses Prüfverfahren stammt noch aus der Zeit, als sich die Prüfstellen die früher sehr teuren Frostschränke nicht leisten konnten. Es fehlen jedoch Erfahrungen, um die heutigen Beanspruchungen mit solchen Prüfergebnissen vergleichen zu können. Es gibt Gesteine, die sich im Magnesiumsulfatversuch günstig verhalten, im üblichen Frostversuch aber starke Abwitterungen zeigen. Der umgekehrte Fall ist dagegen selten. Auch sind chemische Reaktionen mit der

Magnesiumsulfatlösung besonders bei Kalkgesteinen beobachtet worden. Der Magnesiumsulfatversuch wird heute nicht mehr verwendet und entspricht schon lange nicht mehr den anerkannten Regeln der Technik.

Werden an Stelle von Natriumchlorid oder Calziumchlorid **andere Taumittel** eingesetzt, wie dies auf Flugplätzen aus Gründen des Korrosionsschutzes der Metalle der Fall ist, dann verwendet man auch für die Prüfung der Gesteinskörnungen diese Taumittel. Das Ergebnis weicht in den meisten Fällen von jenen mit Tausalzen nicht weit ab, kein Wunder, wenn man bedenkt, dass die schädigende Wirkung der Taumittel allesamt überwiegend auf physikalischen und kaum auf chemischen Vorgängen beruht.

2.4.6 Schädliche Anteile

2.4.6.1 Leichtgewichtige organische Verunreinigungen, Glimmer und Pyrit

Hierher gehören die früher als **quellfähige Bestandteile** bezeichneten Reste von **Holz**, **Asphalt** oder auch **Torf** und ähnliche Stoffe, die entweder im Naturvorkommen vorhanden sind oder auch im Zuge von Aufbereitung, Transport oder Lagerung in die Körnungen geraten können. Man möchte meinen, dass geringe Anteile – auf 1 000 Kieskörner nur ein einziges gleich großes Stück Holz, nicht stören. Das gilt für Festigkeit und Dauerhaftigkeit, ja selbst der Korrosionsschutz der Stahleinlagen kann nur örtlich beeinträchtigt werden. Bei Sichtflächen sehen die Dinge aber anders aus: Einzelne Flecken in Abständen von Metern können so stören, dass sie ausgebessert werden müssen. Es gibt Flusskiese, die für Sichtbeton erst verkauft werden konnten, nachdem man teure Anlagen zum Ausscheiden der kleinen Holzreste, die das Geschiebe mitbringt, in Betrieb genommen hat. Ein besonderes Problem können solche Anteile auch in Straßendecken und Bodenplatten sein, weil die leichtgewichtigen Anteile beim Verdichten aufschwimmen und sich in der oberen Randzone anreichern.

Als Regelanforderung gilt für feine Gesteinskörnungen ein oberer Grenzwert von **0,5 %** an leichtgewichtigen **organischen Verunreinigungen**, für die **groben Körnungen ein solcher von 0,1 %.** Dies kann für Sichtflächen viel zu hoch sein. Es genügt auch nicht, bei der Herstellung der Körnungen einmal jährlich zu prüfen, ob die Norm eingehalten wird. Vielmehr sollte **bei jeder Anlieferung** einer Körnung mit strengem Auge geprüft werden, ob nicht irgendwelche Verunreinigungen im Werk oder beim Transport in die Lieferung geraten sind.

Glimmer (Muskovit, Biotit oder Serizit) ist ein **Schichtsilikat** und kann sich je nach Verwitterungsgrad bei der Verarbeitung in sehr dünne Schichten aufblättern. Glimmer, wie er in kristallinen Gesteinen **Gneis, Granit** oder **Glimmerschiefer** in oft stark wechselnden Anteilen vorkommt, kann auf der großen Oberfläche der dünnen Blätter **Zusatzmittel adsorbieren** und auch später wieder abgeben. Das erschwert die Herstellung von Beton gleichmäßiger Konsistenz oder macht sie unmöglich. Wenn Tunnelausbruch für die Betonherstellung verwendet werden soll, ist dies mitunter nur möglich, wenn ein spezielles PCE-Fließmittel mit einem **Glimmerdeaktivator** zum Einsatz kommt. Als Glimmerdeaktivator dienen Polycarboxylate, deren Affinität zu den einzelnen Lagen von Schichtsilikaten oder Tonbestandteilen deutlich höher ist als jene des Fließmittels. Es gibt aber auch Gesteine mit 30 % Glimmergehalt, die problemlos verarbeitbar sind, [Murr 18].

Schwefelkies (Pyrit) ist in kleinen Körnern in einigen wenigen Lagerstätten anzutreffen und kann vor allem Sichtflächen von Beton beeinträchtigen, wenn einzelne Körner an Außenflächen oxidieren und unschöne **rostfarbene Flecken** verursachen. Auch Absprengungen können auftreten, ähnlich wie bei korrodierenden Stahleinlagen. Bei Verdacht muss die Löslichkeit des Schwefelkieses und Stabilität der Schwefelverbindungen vorab untersucht werden.

2.4.6.2 Chloride

Chloride sind in zweifacher Hinsicht gefährlich, vgl. Abschn. 4.3.1 und 4.4.6. Gelangen Chloridionen – etwa als Folge von Salzstreuungen im Winter – an den Betonstahl, andere Metallteile oder gar bis zu einem Spannstahl, dann lösen sie eine abtragende (flächige) **Korrosion** aus, oder, was noch viel gefährlicher ist, eine Lochfraßkorrosion. Dem Beton selbst schaden Chloride kaum, es sei denn, er wird in feuchtem Zustand **Frost** ausgesetzt.

Gesteinskörnungen, die aus dem Meer gebaggert wurden, enthalten ohne besondere Aufbereitung so viel Chlorid, dass sie die **Regelanforderung von höchstens 0,04 % an wasserlöslichen Chloridionen** nicht erfüllen. Besondere Vorsicht ist auch bei Abwässern von Straßen und Plätzen nötig. Wenn sie sich mit dem im Winterdienst gestreuten Tausalz anreichern und bis zu einer Deponie von Gesteinskörnungen gelangen, können sie zur Ursache einer späteren Korrosion von Betonstahl werden.

2.4.6.3 Sulfate

Sulfate in Form von löslichen Alkalisulfaten, **Gips** oder Anhydrit können gefährlich sein, vor allem, wenn sie in feinverteilter Form vorliegen oder die

Körner so weich sind, dass sie beim Mischen zerbrechen. Nachteilig kann sowohl eine Beeinflussung des Erstarrens und Erhärtens des Zementes sein als auch später – wenn Feuchtigkeit auf den Beton einwirkt – ein Sulfattreiben und ein negativer Einfluss auf den Korrosionsschutz des Stahles.

2.4.6.4 Organische Stoffe

Organische Stoffe in feinverteilter Form wie **Humus** und auch **zuckerhaltige Stoffe** können schon in sehr geringen Anteilen von weniger als 0,1 % das Erstarren und Erhärten des Betons erheblich verzögern oder ganz verhindern und gelten daher als **Gift für den Zement**. Besondere Vorsicht ist bei Sandvorkommen nötig, die so wasserdurchlässig sind, dass Humusstoffe von der Oberfläche bis in größere Tiefe geschwemmt werden können und dort mitunter auch nicht mehr dunkel gefärbt sind und daher nicht mehr erkannt werden. Die Prüfung mit **Natronlauge** zeigt in vielen Fällen sehr bald – spätestens am nächsten Tag – eine dunkle Färbung, die auf eine mögliche Beeinträchtigung hindeutet. Es gibt aber immer wieder Fälle, in denen trotz dunkler Färbung keine Beeinträchtigung auftritt und auch umgekehrt, in denen schon bei nur schwacher Färbung der Zement nicht erhärtet. Auch bei einer Bestimmung des Gehaltes an **Fulvosäure** wird aus einer Färbung der Prüfflüssigkeit auf erhärtungsstörende organische Stoffe geschlossen.

Stets zuverlässig ist die Prüfung des Sandes mit einer **Mörtelprobe**. Zweckmäßig prüft man gleichzeitig auch eine Vergleichsprobe aus einwandfreiem Sand, beide etwa 1: 8 mit Zement und gleichen Wasseranteilen gemischt. Zeigt sich nach einigen Stunden, spätestens nach einen Tag, ein deutlicher Unterschied im Erstarren und Festwerden, dann ist mit einer Verzögerung zu rechnen, wenn die organischen Anteile die Erhärtung nicht ganz verhindern.

Besondere Vorsicht ist nötig, weil störende organische Stoffe oft sehr ungleichmäßig in einer Lagerstätte vorhanden sein können. Auch kann es vorkommen, dass in Sandproben, die an der Luft gelagert oder im Labor getrocknet werden, die organischen Stoffe oxidieren und ihre schädliche Wirkung verlieren. Daher tut man gut daran, die Proben nicht – wie es die Norm vorsieht – vor der Prüfung zu trocknen. Ein besseres Bild von den tatsächlichen Verhältnissen macht man sich, wenn man Mörtelproben in einer größeren Zahl direkt an der Lagerstätte herstellt und nach einigen Stunden und am nächsten Tag überprüft. Eine störende verzögernde Wirkung ist – wenn vorhanden – so ausgeprägt, dass sie auch ohne Druckfestigkeitsprüfung, z. B. durch Kratzen mit einem Schraubenzieher, deutlich zu erkennen ist.

2.4.6.5 Anteile mit schädigender alkalilösender Kieselsäure

Prüfung und Auswahl von Gesteinen zur Vermeidung von Schäden durch alkalilösende Kieselsäure siehe Abschn. 4.6.5.

2.4.7 Weitere Anforderungen

DIN EN 12620 enthält eine Reihe weiterer Anforderungen an Gesteinskörnungen, die nur in Sonderfällen zu prüfen sind und für die keine Regelanforderungen bestehen.

2.4.7.1 Kornfestigkeit

Der Widerstand gegen **Zertrümmerung** kann als eine Art Festigkeitsprüfung von Gesteinskörnungen gesehen werden. Da es nicht möglich ist, aus einzelnen Gesteinskörnern Prüfkörper für die Druckfestigkeitsprüfung zu sägen, wird im **Los Angeles-Verfahren** eine Rohrkugelmühle verwendet. Man füllt sie mit Stahlkugeln und der Probekörnung und dreht sie ähnlich wie Zementmühlen um ihre horizontale Achse. Geprüft wird, wie groß dabei der absplitternde Anteil einer Prüfkörnung ist.

Stattdessen kann man aber auch den im Straßenbau bei ungebundenen Tragschichten und Asphalt bewährten **Schlagversuch** verwenden. Hierbei wird eine Prüfkörnung den Schlägen eines Fallgewichtes ausgesetzt und wiederum durch Absieben festgestellt, wie stark die Prüfkörnung verfeinert wird, gekennzeichnet durch den **Schlagzertrümmerungswert SZ.**

Beide Prüfverfahren haben im Betonbau, wo die einzelnen Gesteinskörner fest in eine Matrix eingebunden sind, bei weitem nicht die große Bedeutung wie im übrigen Straßenbau. Man kann sie allenfalls verwenden, wenn Betonoberflächen einer schlagenden Beanspruchung, etwa durch herabfallendes Massengut, ausgesetzt sind oder wenn Körnungen mit sehr niedriger Gesteinsfestigkeit ausgegrenzt werden sollen. Auch für Fahrbahndecken aus Beton auf Autobahnen oder Flugbetriebsflächen ist eine Prüfung des Widerstandes gegen Zertrümmerung nicht sinnvoll.

2.4.7.2 Griffigkeit, Polierbarkeit und Widerstand gegen Verschleiß

Bei Betonstraßen müssen die Fahrbahnoberflächen griffig sein. Man bemüht sich, dies durch entsprechende Betonzusammensetzung und Maßnahmen beim Einbau sicherzustellen. Von gebrochenen groben Gesteinskörnungen kann ebenso wie vom Sand ein hoher **Polierwiderstand** gefordert werden. **Monomineralische Gesteine** wie Kalk oder Basalt werden durch den Verkehr rasch poliert, ihre Oberflächen werden glatt. Für stark beanspruchte Autobahnen muss der **Polierwert PSV** (Polishing Stone-Value) der groben Gesteinskörnung mindestens 53 betragen.

Den Widerstand gegen Verschleiß, der mit dem **Mico-Deval-Gerät** bestimmt werden kann, prüft man nur bei besonderen Anforderungen. Bei schleifender oder reibender Beanspruchung verwendet man den altbewährten Versuch mit der **Schleifscheibe nach Böhme**, vgl. Abschn. 4.9.2. Straßenfahrzeuge mit Spike-Reifen gibt es nur mehr in Skandinavien, so dass für unsere Straßen Verschleißprüfungen der Gesteinskörnungen nicht mehr erforderlich sind.

2.4.8 Recyclierte Körnungen aus Altbeton und Abbruchmassen

2.4.8.1 Anforderungen und Anwendung

Es ist ein Gebot der Zeit, die natürlichen Gesteinsvorkommen so weit wie möglich zu schonen und stattdessen Abbruchmassen von Betonbauten möglichst hochwertig wieder zu verwenden. Voraussetzung dazu muss aber stets sein, dass mit recyclierten Körnungen **ebenso tragfähige und dauerhafte** Bauteile aus Beton und Stahlbeton hergestellt werden können wie bei ausschließlicher Verwendung guter ungebrauchter Gesteinskörnungen. Dies ist, wie die Erfahrungen der letzten Jahrzehnte zeigen, durchaus möglich. Selbstverständlich ist dazu meist ein etwas höherer Aufwand für Aufbereitung sowie Prüfung und Überwachung nötig und sehr oft gesundes Ingenieurdenken der Entscheidungsträger gefordert. Das gilt auch, weil die Eigenschaften recyclierter Körnungen je nach Anlieferung stark streuen können [Scheidt 16].

Seit den Neunzigerjahren werden grobe Gesteinskörnungen aus den Massen, die beim Abbruch alter Bauwerke anfallen, aufbereitet und für Beton mit Festigkeitsklassen bis C 30/37 in Anteilen von bis zu 45 % Betonsplitt oder 35 % Bauwerkssplitt zugelassen. Die Richtlinie [DAfStb 10] erlaubt dies jedoch nur für die Expositionsklassen XC 1 bis XC 4, vgl. Abschn. 6.5.

Recyclierte Körnungen sollen im Wesentlichen denselben Anforderungen wie natürliche Gesteinskörnungen entsprechen. Im Gegensatz zu natürlichen Körnungen enthalten sie auch anhaftenden Zementmörtel und mehr Feinanteile, sowie Reste von Ziegel und dgl.

Je nach stofflicher Zusammensetzung werden vier Liefertypen unterschieden:

Typ 1: **Betonsplitt** mit mindestens 90 % Altbeton und höchstens 10 % nichtporosierte Ziegel

Typ 2: **Bauwerksplitt** mit mindestens 70 % Betonsplitt und höchstens 30 % nichtporosierte Ziegel

Typ 3: **Mauerwerksplitt** mit mindestens 80 % nichtporosierte Ziegel und

Typ 4: **Mischsplitt** mit mindestens 80 % Betonsplitt, nichtporosierte Ziegel und Kalksandstein.

Recyclierte Splitte führen, ähnlich wie leichte Körnungen zu einem etwas niedrigeren E-Modul des Betons. Damit dies in der statischen Bemessung nicht berücksichtigt werden muss, wird ihr Anteil begrenzt. Dadurch kann die Entscheidung, recyclierte Körnungen zu verwenden, auch erst getroffen werden, wenn die statische Bemessung bereits vorliegt.

Der beim Brechen von Abbruchmassen anfallende **Sand 0/2** enthält in der Regel sehr viel Feinstkorn, das überwiegend aus dem Zementstein des Altbetons stammt. Dies und die meist sperrige Kornform sind der Grund dafür, weshalb man solchen Brechsand bei der Betonherstellung, wenn überhaupt, nur mit sehr kleinen Anteilen und nur zusammen mit Natursand verwendet.

Recyclierte Körnungen setzt man heute primär dort ein, wo die Anforderungen nicht zu hoch sind, um Erfahrungen zu sammeln, vor allem also für Innenbauteile und unbewehrten Beton. Hierfür werden ohnehin viel mehr Gesteinskörnungen benötigt als aus Abbruchmassen zu gewinnen sind.

Im **Autobahnbau** hat sich die Wiederverwendung des aus alten Decken gewonnenen Splitts zusammen mit Natursand 0/2 bewährt, Abschn. 8.1.4

2.4.8.2 Sortentrennung und Aufbereitung

Entscheidend für eine hochwertige Wiederverwendung von Abbruchmassen ist eine sorgfältige **Sortentrennung bei der Anlieferung**. Je nachdem wie hoch der Anteil Altbeton, Klinker und nichtporosierter Ziegel bzw. Kalksandstein sowie sonstiges Mauerwerk oder Fremdbestandteile ist, sind die Massen getrennt zu lagern und aufzubereiten. Bei Abbruchmassen von Hoch- oder Ingenieurbauten müssen **Betonstähle und andere Metallteile, Holz und Kunststoffe entfernt** werden, Abb. 2.4-10.

Sorgfältig muss darauf geachtet werden, dass **keine gipshaltigen Stoffe** in die Aufbereitung gelangen. Dies gilt in besonderem Maße, wenn anfallender recyclierter Brechsand, in dem sich mehlfeine und daher besonders leicht lösliche Gipsanteile anreichern, mit Zement gebunden werden sollte.

Schadstoffbelastete Abbruchmassen erfordern eine gesonderte Behandlung. Dies gilt auch für **Chloride**,

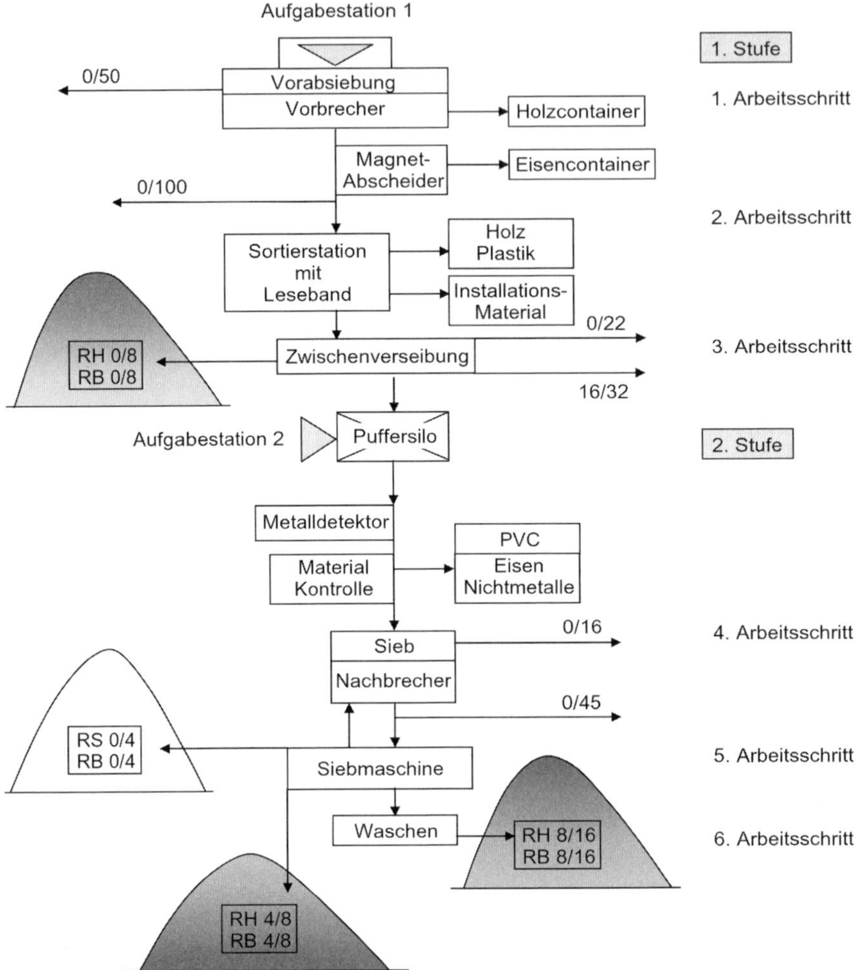

Abb. 2.4-10: Aufbereitung von Altbeton zu recycliertem Hochbausplitt (RH), recycliertem Hochbausand (RS) und (gebrochenem recycliertem) Betongranulat (RB), [Praseta 04]

etwa von Straßenbrücken oder Brandruinen, die vor allem bei Feuchtigkeitseinwirkung auf den Beton eine Gefahr für den Korrosionsschutz der Stahleinlagen darstellen können. Besondere Vorsicht ist beim Abbruch von Betonbauteilen, die durch eine **Alkali-Kieselsäure-Reaktion** geschädigt wurden, nötig. Solche Körnungen sind getrennt zu lagern und können für Beton nur in kleinen Anteilen von höchstens 5 % zusammen mit unbedenklichen Körnungen verwendet werden.

Entgegen früheren Vermutungen spielt die **Festigkeit des Altbetons** nur eine **untergeordnete Rolle** für die Güte der recyclierten Körnungen.

Einen entscheidenden Einfluss hat dagegen das **Aufbereitungsverfahren,** [Müller A. 17]. Mehrmaliges Brechen, zuerst etwa mit einem Backenbrecher, abschließend in jedem Falle mit einem **Kreiselbrecher oder Prallbrecher**, führt bei entsprechender Betriebsweise zu weitgehend gedrungener Kornform und Vermeidung von Anrissen im Korn. Der Bruch entsteht dann vor allem bei niedrigen Festigkeiten des Altbetons überwiegend im Zementmörtel. Zur Vermeidung weniger fester Agglomerate soll auf eine **Korngröße** gebrochen werden, die etwa jener des Altbetons entspricht. Nur bei sehr festem Altbeton – wie etwa Straßenbeton – liegen gute Erfahrungen auch mit Korn bis 45 mm vor. Besonders vorteilhaft ist eine **Nassaufbereitung**, weil dabei Staub und sich im Staub angereicherte Schadstoffe ausgetragen werden.

2.4.8.3 Typprüfung und Werkseigene Produktionskontrolle

Neben der Eingangskontrolle, die bei jeder Anlieferung vom Werk vorzunehmen ist, muss nach DIN 4226-102 alle 8 Produktionswochen, bei diskontinuierlicher Produktion alle 5 000 t, eine analytische Prüfung des Eluats und von festen Anteilen auf Chlorid, Quecksilber und andere, insgesamt 17 Stoffe nach einem allgemein anerkannten Verfahren durch ein qualifiziertes Labor durchgeführt werden.

2.4.8.4 Besondere Eigenschaften recyclierter Körnungen

Als Regelanforderung für den Gehalt an **Feinanteilen** kleiner 0,063 mm gilt mit **4 %** ein wesentlich höherer Wert als für normale Gesteinskörnungen, weil nicht mit schluffigen oder tonigen Anteilen zu rechnen ist. Durch Nassaufbereitung können diese Werte weit unterschritten werden.

Als Maß für den am Gesteinskorn **anhaftenden Mörtelanteil** dient die **Rohdichte**. Sie soll für Betonsplitt und Bauwerkssplitt (Typ I und II) **mindestens 2,0 kg/dm³** betragen. Wenn für den Altbeton Gesteinskörnungen mit hoher Rohdichte wie Basalt oder Diorit verwendet wurden, sollte dieser Wert etwas angehoben werden.

Die **Wasseraufnahme** von zuvor bei 105 °C getrocknetem Splitt ist eine wichtige Kennziffer für den zeitlichen Verlauf des **Ansteifens** des damit hergestellten Betons. Das Wasser wird vor allem vom Zementmörtel, der an vielen Oberflächen der Gesteinskörner anhaftet, aufgesaugt und das anfangs sehr schnell, ähnlich wie es auch von leichten Gesteinskörnungen bekannt ist. Daher wiegt man die Probe nach nur **10minütiger Wasserlagerung**, nachdem die einzelnen Splittkörner vorher so abgetrocknet werden, dass ihre Oberflächen nur mehr mattfeucht erscheinen. Die **Wasseraufnahme von Betonsplitt soll 10 %, von Bauwerkssplitt 15 %** nicht überschreiten. Zur Abschätzung der kurzzeitigen Wasseraufnahme kann die getrocknete Körnung mit Hilfe eines Zerstäubers unter ständigem Rühren der Probe so lange mit Wasser besprüht werden, bis der angestrebte mattfeuchte, aber noch rieselfähige Zustand erreicht ist.

2.4.8.5 Aus Restbeton gewonnene Körnungen

Beton, den Transportbeton-Fahrmischer wieder zurückbringen, sog. **Restbeton** oder **Retourbeton**, wird in der Regel ausgewaschen, wobei mit dem Zement auch anderes Mehlkorn und Feinstsand entfernt werden, so dass die Gesteinskörner lose vorliegen.

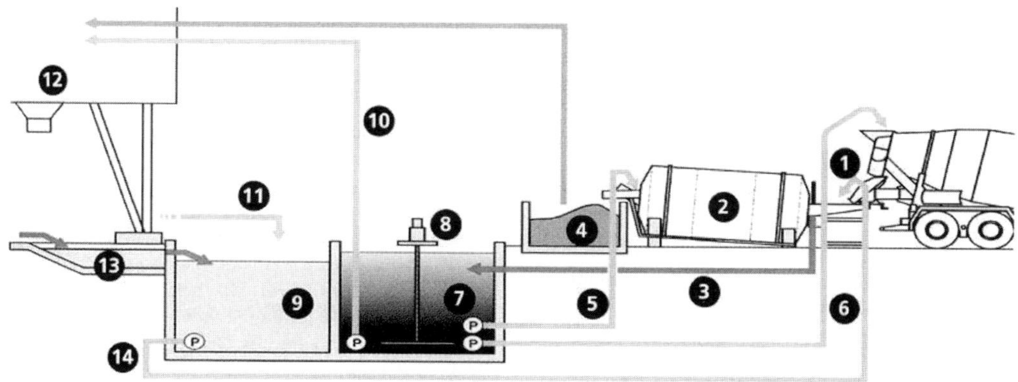

1 Aufgabetrichter
2 Auswaschtrommel
3 Schlammwasserablauf
4 Mischkiesaustrag
5 Spülwasserzulauf Waschtrommel
6 Spülwasserzulauf AM-Mischtrommel
7 Schlammwasser-Sammelbecken
8 Rührwerk Schlammwasser-Sammelbecken
9 Oberflächenwasser-Sammelbecken
10 Recyclingwasser-Zulauf zur Wasserwaage
11 Frischwasserzulauf bei Mindestwasserstand im Oberflächen-Sammelbecken
12 Betonbereitungsanlage
13 Sandfang für Oberflächenwasser
14 Oberflächenwasser zur Nachfüllung Schlammwasser-Sammelbecken

Abb. 2.4-11: Recyclinganlage für Restbeton (Retourbeton), (Fa. Stetter)

2.4.9 Leichte, schwere und sonstige Körnungen

2.4.9.1 Grenzen für mögliche Körnungen

Zement-Feinmörtel kann nicht nur dazu verwendet werden, mit natürlichen dichten Gesteinskörnungen einen Beton herzustellen. **Nahezu unbegrenzt** ist die Reihe jener Stoffe, die mit Zement gebunden werden können, vorausgesetzt die Stoffe liegen in entsprechenden Korngrößen vor und es treten **keine unerwünschten chemischen Reaktionen** mit dem hochalkalischen Zementstein auf, wie es etwa bei Holz oder bei Glasoberflächen der Fall ist. Aber selbst da gilt die Regel, dass solche Reaktionen nur mit frischem und jungem Zementleim entstehen können, oder wenn Feuchtigkeit von außen einwirkt.

Bei allen Lockermassen, die mit Zement gebunden werden, sind **Festigkeit, Rohdichte** und **Wassersaugverhalten** maßgebend, daneben auch **Korngrößenverteilung** und **Kornform**. Bei Kunststoffen und anderen Stoffen mit hydrophober Oberfläche können **Haftvermittler** zur Verbesserung der Benetzbarkeit vorteilhaft sein. Werden bestimmte Betoneigenschaften wie niedrige oder hohe Rohdichte angestrebt, dann genügt es in der Regel, entsprechende grobe Körnungen zu verwenden und als feine Körnung natürlichen Sand einzusetzen. Künstliche Sandkörnungen lassen sich nur aus wenigen Stoffen herstellen, wobei die Hauptprobleme beim Brechen entstehenden, wo oft viel Mehlkorn sowie plattige oder spießige Körner entstehen.

2.4.9.2 Leichte Gesteinskörnungen

Durch ihr poröses Gefüge ermöglichen leichte Gesteinskörnungen die Herstellung von Leichtbeton mit guter **Wärmedämmung** und einer für Wandbaustoffe ausreichenden oder auch eine weit darüber hinaus gehende Druckfestigkeit, vgl. Abschn. 6.4. Im Ingenieurbau sind mit solchen Gesteinskörnungen, die eine sog. Korneigenporosität haben, **leichtere Bauteile** möglich, was schon die Römer bei der Kuppel des Pantheons nutzten. Leichte Gesteinskörnungen haben Kornrohdichten von höchstens 2,0 kg/dm^3 und können aus porösen natürlichen Gesteinen wie Naturbims oder Schaumlava aufbereitet oder auch künstlich hergestellt werden. Für leichte Gesteinskörnungen gilt **DIN EN 13055-1**, ihre Anwendung **DIN FB 100.**

Bims ist ein natürliches porenreiches vulkanisches Gestein, das in Deutschland im Neuwieder Becken (nahe Koblenz) im Tagebau gewonnen und zu Körnungen z. B. 8/12 mm gebrochen wird. Aus schäumbarer Hochofenschlacke kann man **Hüttenbims** nach **DIN 4301** herstellen. Er hat ähnliche Eigenschaften wie Naturbims und wird auch in den gleichen Körnungen angeboten. Um **Blähperlit** und **Blähglimmer** herzustellen, werden die **natürlichen Gesteine** durch Erhitzen **gebläht.** Sie erreichen sehr niedrige Rohdichten, was auf Kosten der Festigkeit geht, haben sich aber für wärmedämmende Putze bewährt. Deutlich höhere Festigkeiten haben **Ziegelsplitte** aus Abbruchmassen.

Für Konstruktions-Leichtbeton und überwiegend auch im Wohnbau verwendet man **Blähtone** (z. B. Liapor) oder **Blähschiefer.** Sie gelten als **geschlossenporig,** weil ihre Sinterhaut dazu führt, dass sie nur langsam Wasser aufnehmen. Hergestellt werden sie aus Tonen oder Schiefern, die Stoffe enthalten, die bei hohen Temperaturen aufblähen. Aus solchem Ton werden kleine kugelige Granalien geformt und in Drehrohröfen gebrannt. Eine **hohe Festigkeit** trotz niedriger Dichte lässt sich erzielen, wenn man Körnungen so herstellt und brennt, dass sie zwar innen porös sind, aber außen eine sehr feste Sinterhaut haben.

Die **wirksame Kornrohdichte** wird an wassersatten oberflächlich trockenen Körnungen ermittelt. Grobe Körnungen von Blähtonen lassen sich mit **Kornrohdichten von 0,6 bis über 1,6 kg/dm^3** herstellen, wobei größere Kornrohdichten zu höheren Kornfestigkeiten führen. Die **Schüttdichte** wird in der Regel an einer locker in ein Messgefäß vom oberen Rand geschütteten Probe bestimmt. Sie ist oft deutlich größer als die Hälfte der Kornrohdichte. Unter der **Wasseraufnahme** versteht man die auf die Trockenmasse bezogene Differenz zwischen wassersatter, aber oberflächlich trockener Körnung und ihrer Trockenmasse. Für die Ermittlung der **Kornfestigkeit**, und deren Schwankungen, gibt es kein einfaches Prüfverfahren, das eine genaue Aussage über deren Einfluss auf die Festigkeit des damit hergestellten Leichtbetons zulässt. Man verwendet nach einem in Russland entwickelten Prüfverfahren einen **Druckzylinder**, in den die Körnung eingerüttelt und anschließend mit dem Druckstempel einer hydraulischen Presse um 20 mm bis 50 mm **zusammengedrückt** wird. Die dazu nötige, auf die Fläche des Druckzylinders bezogene Kraft (durchschnittliche Spannung) gilt als die Kornfestigkeit. Ein anderes Prüfverfahren besteht darin, dass man mit zu prüfenden Körnungen und Zement CEM I 42,5 R **Zement-Normprismen** herstellt. Dann gilt die nach 28 Tagen geprüfte Druckfestigkeit als Kornfestigkeit.

2.4.9.3 Schwere Gesteinskörnungen

Für Belastungsgewichte verwendet man **Stahlgranulat** oder auch **geschretteten Stahlschrott**. Als Schutz gegen Gamma- und Neutronenstrahlen wird Schwerbeton eingesetzt, für den Körnungen aus Gestein mit hoher Rohdichte wie **Baryt** (Schwerspat), **Magnetit** oder **Hämatit** (Roteisenstein) oder aber Stahlgranulat verwendet werden, vgl. Abschn. 5.11.14. Neben der wünschenswerten hohen Rohdichte sind für das Bremsen schneller Neutronen leichte Elemente wie Wasserstoff oder Bor nötig. Hierfür können kristallwasserhaltige Gesteine wie **Serpentin** oder **Limonit** dienen. Gesteinskörnungen für Schwerbeton werden in der Regel nicht nach DIN EN 12620 angeboten. Daher ist auf Kornzusammensetzung, Kornform und Kornfestigkeit besonders zu achten. Bleihaltige Stoffe kommen nicht in Betracht, weil sie das Erhärten des Zements beeinträchtigen können. Später kann bei direktem Einwirken von Feuchtigkeit in Verbindung mit vom Beton ausgelaugtem Kalk Blei zerstört werden.

2.4.9.4 Hartstoffe

Um verschleißfeste Betonoberflächen herzustellen, verwendet man natürliche Gesteine wie **Basalt** oder auch **dichte Schlacken. Siliziumkarbid (Caborundum)** und **synthetischer Korund** haben eine sehr hohe Härte, können aber – nicht zuletzt wegen ihres hohen Preises – nur in feiner Körnung in die Oberfläche des frischen Betons eingearbeitet werden. Um einen hohen Verschleißwiderstand zu erzielen, muss aber auch der Beton insgesamt eine sehr hohe Festigkeit aufweisen, vgl. Abschn. 4.9.

2.4.10 Bestellen von Gesteinskörnungen

Grundlage für die Bestellung ist die **Leistungserklärung** des Herstellers mit **Sortenverzeichnis,** in dem jede Körnung eine **Sortennummer** trägt, auch solche, die nicht für Beton vorgesehen und geeignet sind. Voraussetzung ist stets eine **Zertifizierung** des Herstellwerkes (**CE**-Kennzeichnung). In der Leistungserklärung sind die wesentlichen Eigenschaften der Körnungen charakterisiert, in der Regel durch die Angabe, welcher Kategorie sie entsprechen. Daraus geht hervor,

- ob die Körnung **DIN EN 12620** entspricht und
- ob die **Regelanforderungen nach DIN FB 100 Anhang U**, erfüllt werden.

Zusätzlich zu diesen Grundvoraussetzungen geht aus der Leistungserklärung hervor, ob die Körnung die für den herzustellenden Beton ggf. nötigen **zusätzlichen Leistungsmerkmale** aufweist, wie beispielsweise für Beton der Expositionklasse XF 3 den nötigen Frostwiderstand.

Andere Anforderungen sind – wenn sie nicht aus dem Sortenverzeichnis hervorgehen – zusätzlich zu vereinbaren. Das kann beispielsweise eine Kategorie der Kornformkennzahl von nur FI_{20} statt der FI_{50} in der Regelanforderung betreffen oder aber den Wunsch nach gebrochenem Korn oder aber – wenn lieferbar – eine bestimmte **Gesteinsart** wie Basaltsplitt oder für Sichtbeton ein bestimmter **Farbton** der Gesteinskörnung sein.

Am **Lieferschein** muss die Sortennummer angegeben sein, so dass man aus der **Leistungserklärung** (Sortenverzeichnis) entnehmen kann, welche Anforderungen das gelieferte Produkt erfüllt.

Viele Hersteller lassen ihre laufende Produktion durch eine erfahrene neutrale Prüfanstalt überwachen (**freiwillige Güteüberwachung/freiwillige Produktprüfung).** Dies dient u. a. der Vertrauensbildung gegenüber den Abnehmern. Der Hersteller lässt dadurch auch seine eigene WPK überprüfen und sichert sich im Schadensfall gegenüber der Produkthaftpflichtversicherung ab. Eine freiwillige Güteüberwachung/freiwillige Produktprüfung kann am Lieferschein angegeben werden.

2.4.11 Beurteilung von Gesteinskörnungen bei der Anlieferung

Eine **visuelle Prüfung** ist in jedem Fall bei der **ersten Anlieferung** einer Gesteinskörnung an der Betonmischanlage und **mehrmals täglich** bei den folgenden Lieferungen zwingend nötig. Bei sehr hohen Anforderungen an die Eigenschaften des Frischbetons oder des erhärteten Betons kann es notwendig sein, jede Lieferung genau anzusehen, möglichst noch vor dem Abladen.

Bei **visuellen Prüfungen** neuer Lieferungen und vorhandener Halden ist zu beachten:

(1) entspricht die **Lieferung der Bestellung** (Korngröße, Gesteinsart)?

(2) stammt die Lieferung vom vereinbarten **Lieferwerk**?

(3) Besteht ein Unterschied zu der vorhergehenden Lieferung derselben Körnung?

(4) sind Holzstücke, Humusballen oder andere **Verunreinigungen** enthalten?

(5) sind viele **plattige oder spießige Körner** enthalten?

(6) sind **mürbe Körner** oder solche mit feinen Anrissen enthalten?

(7) haften an den groben Gesteinskörnern **Feinanteile** wie Lehm oder Ton so fest, dass sie sich beim Mischen nicht ablösen?

(8) enthält der Sand ein **Übermaß an Feinanteilen**? Dazu wird aus feuchtem Sand ein Ballen geformt. Bleiben dabei auf der Hand deutlich schluffige oder tonige Anteile zurück, dann ist es ratsam, einen Absetzversuch zu machen,

(9) kleben an trockenen Oberflächen von **Sandhalden** einzelne **Schollen** nicht nur lose, sondern fest zusammen?

(10) hat ein vorausgegangener **Regen** die Feinstteile von den Gesteinskörnern an der Oberfläche der Schüttung abgewaschen und sind jetzt mehr Feinstteile als zulässig in den tiefer liegenden Bereichen angereichert? (Absetzversuch).

(11) haben sich Korngemische oder weitgestufte Gesteinskörnungen beim Transport oder Abladen stark **entmischt**?

Wenn nach Augenschein Zweifel bestehen, ist eine Prüfung von Proben nötig. Bei Fehllieferungen oder gravierenden Mängeln darf man sich nicht auf eine Probennahme und Protokollierung beschränken, sondern muss sofort entsprechende Maßnahmen treffen.

Im Zuge der Werkseigenen Produktionskontrolle müssen je nach Anforderungen an den Beton **Proben entnommen und geprüft** werden. So ist bei Straßenbeton die Kornzusammensetzung des Sandes täglich, jene der groben Gesteinskörnungen wöchentlich zu prüfen. Die Probenentnahme muss normgemäß geschehen, damit das Prüfergebnis als kennzeichnend für die gelieferte Körnung anerkannt werden kann. Eine normgemäße Probenentnahme allein gibt aber keinen Aufschluss über Ungleichmäßigkeiten innerhalb einer Lieferung oder im Vergleich zu bereits abgeladenen früheren Lieferungen, siehe Abschn. 2.4.3.2.

Die Ergebnisse von Kontrollprüfungen liegen mitunter erst vor, wenn die Lieferung bereits verarbeitet ist. Solche Prüfungen haben dann dennoch die wichtige Aufgabe, Abweichungen von den vereinbarten Eigenschaften vor allem im Grenzbereich festzustellen und wenn erforderlich den Lieferanten zu warnen oder ihn gar von der Lieferung auszuschließen. Darüber hinaus haben sie auch den Zweck, das **Auge des Aufsichtführenden** zu schulen und so mitzuhelfen, dass Qualitätsmängel rechtzeitig erkannt werden.

2.5 Betonzusatzmittel

2.5.1 Entwicklung

Dass es Stoffe gibt, die, in kleinen Mengen dem Mörtel oder Beton beim Mischen zugegeben, dessen Geschmeidigkeit beim Verarbeiten und dessen Dauerhaftigkeit verbessern, wird schon von Vitruv vor mehr als zweitausend Jahren beschrieben. Davon zeugen auch die künstlichen Luftporen, die man im Beton römischer Wasserleitungen gefunden hat. In den Dreißigerjahren des vorigen Jahrhunderts hat man angefangen, Ligninsulfonate als bescheiden wirkende **Verflüssiger** zu verwenden und dann eher durch Zufall gefunden, dass es Substanzen gibt, die **Luftporen** entstehen lassen und so Beton erheblich widerstandsfähiger gegen Frost machen.

Kaum erahnt hat man damals, welch große Entwicklung der Betontechnologie dank neuer Zusatzmittel noch bevorstand. Zur großen Vielfalt inzwischen bewährter Mittel kamen gegen Ende des letzten Jahrhunderts noch mit dem hochleistungsfähigen **Polycarboxylatether PCE**, speziell für unterschiedliche Anwendungen „maßgeschneiderte" Fließmittel auf den Markt, [Hauck 17]. Sie brachten in der Betontechnologie zweifellos den größten technischen Fortschritt des 20. Jahrhunderts. Der *w*/*z*-Wert kann damit bis auf 0,30 und darunter abgesenkt werden, wodurch hochfeste **Konstruktionsbetone** mit Druckfestigkeiten bis **120 N/mm²** möglich wurden. Ultrahochfeste Betone mit überwiegend sehr feinkörnigen Gesteinskörnungen und sehr hoch dosierten speziellen Fließmitteln erreichen Druckfestigkeiten **bis über 200 N/mm²**, Abschn. 6.3. Für die Praxis auf Baustellen und in Fertigteilwerken noch wichtiger ist, dass sich nun Betone herstellen lassen, die so fließfähig sind, dass sie **meterweit in der Schalung fließen** und jede Ecke der Schalung ohne Zutun von außen ausfüllen, sich also ohne gerüttelt zu werden selbst verdichten, Abschn. 6.1.

Entwicklung und Herstellung von Hochleistungsbeton mit **hochwirksamen**, aber auch **sensiblen** Zusatzmitteln erwies sich aber bald als wesentlich anspruchsvoller und erfordert weit **mehr Fachwissen und Erfahrung**, als man von den früheren steifen Rüttelbetonen, die nur aus Zement, Kiessand und Wasser bestanden, gewohnt war.

Heute wird **fast jeder Beton** mit Hilfe eines Zusatzmittels so eingestellt, dass er leicht verdichtbar und genügend lang verarbeitbar ist und im gewünschten Zeitraum erhärtet, ohne seine Dauerhaftigkeit zu beeinträchtigen oder sie sogar verbessert. Fast alle schwierigen Betonarbeiten sind nur machbar, wenn es Betoningenieuren gelingt, aus der bunten Vielfalt von Zusatzmitteln, die die bauchemische Industrie entwickelt hat, die richtige Wahl zu treffen. Man denke nur an Herausforderungen bei Betonarbeiten, wie jenen am Burj Khalifa in Dubai, wo Beton bei 50 °C Außentemperatur bis zu 600 m hoch zu pumpen war und nach dem Einbau rasch eine hohe Festigkeit erreichen musste.

Tabelle 2.5-1: Betonzusatzmittel

Wirkungsgruppe nach DIN EN 934:	Kurzzeichen	Kennfarben
Betonverflüssiger	BV	gelb
Fließmittel	FM	grau
Luftporenbildner	LP	blau
Dichtungsmittel	DM	braun
Verzögerer	VZ	rot
Erhärtungsbeschleuniger	BE	grün
Erstarrungsbeschleuniger	BE	grün
Zusatzmittel für Einpressmörtel	EH	–
Stabilisierer	ST	violett
Viskositätsmodifizierer	VMA	–
nach Zulassung:		
Recyclinghilfen	RH	schwarz
Schaumbildner	SB	orange
Sedimentationsreduzierer	SR	gelb-grün

2.5.2 Regeln für die Verwendung

Betonzusatzmittel müssen **DIN EN 943-2** entsprechen oder **bauaufsichtlich zugelassen** sein.

Sie müssen einer werkseigenen Produktionskontrolle unterliegen, die von einem Materialprüfungsamt oder anderen hierfür zugelassenen Stellen **zertifiziert** wird. Wie weit von Betonzusatzmitteln Auswirkungen auf die Umwelt möglich sind, ist einem Sachstandsbericht [Deutsche Bauchemie 16] zu entnehmen.

Zusatzmittel werden meist in **flüssiger Form** im Betonmischer am besten mit dem Zugabewasser zudosiert. Dabei reichen geringe Zugaben aus, um chemisch und/oder physikalisch eine große Wirkung auf den Zementleim zu erzielen. Nur Fließmittel und in bestimmten Fällen auch Verzögerer dürfen auch **erst vor dem Entleeren** des Fahrmischers eingemischt werden, eine Minute lang für jeden m^3 Beton, mindestens jedoch 5 Minuten. Zusatzmittel müssen, damit sich gleichmäßig in der Mische verteilen, in einer Menge von mindestens 2 g je kg Zement zugegeben werden. Nach oben ist die Zugabemenge für tragende Bauteile nach DIN FB 100 begrenzt auf höchstens **50 g je kg Zement** (also 5 % des Zements), bei mehreren Zusatzmitteln auf 60 g je kg Zement. Für hochfesten Beton dürfen bis zu 70 bzw. 80 g je kg Zement zugegeben werden.

Sind mehrere Zusatzmittel unterschiedlicher Wirkungsgruppen nötig, muss vom Hersteller die **Verträglichkeit** nachgewiesen sein. Darüber hinaus muss ihre Wirkung, um unliebsame Überraschungen zu vermeiden, auch gemeinsam in einer Erstprüfung erprobt werden. Das gilt auch für jedes Nachdosieren. Multifunktionale Zusatzmittel sind nur als Kombination von Verzögerer BV und Fließmittel FM zulässig.

Die Wirkung der meisten Zusatzmittel wird sehr stark vom verwendeten **Zement** und auch von der **Temperatur** und **Konsistenz** des Frischbetons beeinflusst.

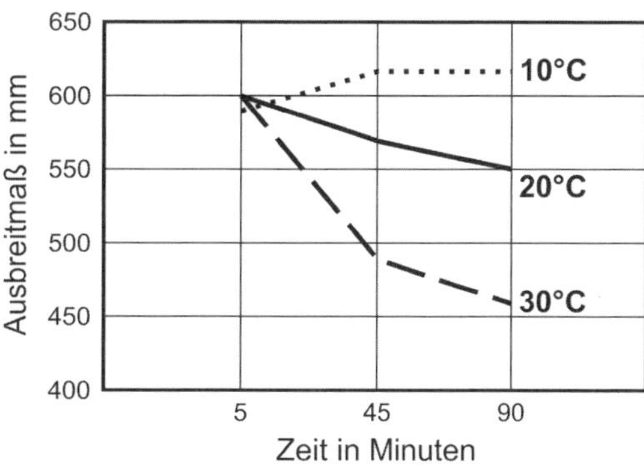

Abb. 2.5-1: Einfluss der Temperatur auf die Wirkung eines Fließmittels (Beispiel), [Hauck 17]

Daher kommt den **Erstprüfungen** des Betons besondere Bedeutung zu. Diese Prüfungen sind nur entbehrlich, wenn mit der niedrigsten und mit der höchsten Zugabemenge Erfahrungen bei den zu erwartenden Betontemperaturen vorliegen. Von erheblichem Einfluss auf die Wirkung der meisten Zusatzmittel ist die Kornzusammensetzung der **Gesteinskörnung,** vor allem der Gehalt an Füller und sonstigen **Feinstteilen**, die möglicherweise sogar geringe Anteile an Ton enthalten, [Plank 16], ebenso wie **Dauer und Intensität** des **Mischens**. Bei der Erstprüfung muss beobachtet werden, wie sich die **Konsistenz** ändert, ob verstärktes **Bluten** oder sonstige **Entmischungen** eintreten, wie weit **Luftporen** entwickelt werden und ob sich die **Erstarrungszeiten** ändern.

Einige Zusatzmittel, wie vor allem Polycarboxylatether, reagieren sehr empfindlich auf Änderungen bei der Zementherstellung, die möglicherweise auch durch Änderungen bei Verwendung von Sekundärrohstoffen oder Sekundärbrennstoffen verursacht werden können.

Auch bei sorgfältiger Durchführung der Erstprüfung kann es bei der ersten Anwendung eines Zusatzmittels zu Überraschungen kommen. Daher empfiehlt es sich immer, wenn mit einem Betonrezept noch keine Erfahrungen unter den gegebenen Temperaturverhältnissen vorliegen, am Tag vor dem Betonieren an der **Mischanlage eine Probemische** herzustellen und Konsistenz, Bluten, Erstarrungsbeginn und Luftgehalt oder Rohdichte zu prüfen.

Vorsicht ist geboten, wenn Zusatzmittel länger gelagert werden müssen. Wenn es zu Entmischungen gekommen sein kann, etwa durch Sedimentation, müssen sie vor einer Verwendung homogenisiert werden. Im Winter kann auch Frost Schäden verursachen. Die Hersteller geben dazu Hinweise.

Fehllieferungen von Zusatzmitteln sind äußerst selten. Dennoch sollte man bei heiklen Betonarbeiten vorsorglich eine **Rückstellprobe** von einem halben Liter von jeder Lieferung entnehmen. Man erwarte sich davon aber nicht zu viel: die Gleichmäßigkeit der Lieferungen lässt sich prüfen, vorausgesetzt, die Probe wurde sorgfältig entnommen. Wenn Zweifel bestehen, werden Dichte, Feststoffgehalt (d.h. Verdünnungsgrad) und Infrarotspektrum festgestellt. Mehr als ein Fingerabdruck ist das allerdings nicht: Ein enger Zusammenhang zwischen chemischer Analyse und Wirkungsweise besteht nur in den seltensten Fällen, allenfalls lassen sich aus der Wirkstoffgruppe Anhaltspunkte für die Wirkungsweise gewinnen, mehr nicht.

Aus dem erhärteten Beton ein **Zusatzmittel rückzugewinnen**, ist äußerst schwierig und nur teilweise möglich, vor allem wenn der Zement schon weitgehend hydratisiert ist. Nach einer Extraktion mit organischem Lösungsmittel oder Eluation mit Wasser kann eine Identifizierung und Quantifizierung mit einer Kernresonanzspektroskopie, Gaschromatographie oder Massenspektrometrie durchgeführt werden [Volland 04].

2.5.3 Fließmittel FM und Betonverflüssiger BV (Plastifizierer)

Die verflüssigende Wirkung kann in zweifacher Hinsicht genutzt werden: Man kann den Beton **fließfähiger,** d.h. leichter verarbeitbar machen oder/und den Beton mit **weniger Wasser** und folglich auch niedrigerem *w*/*z*-Wert, sogar bis weit unter 0,40, herstellen, was zu sehr dichtem Gefüge und entsprechend hohen Druckfestigkeiten bis weit über 100 N/mm^2 führen kann.

Die verflüssigende Wirkung der in den Siebzigerjahren gefundenen **Melaninsulfonate** war so viel stärker, dass man sie zum Unterschied von den bis dahin bekannten, meist auf Basis von **Ligninsulfonaten** beruhenden Betonverflüssigern (BV) als „Superverflüssiger" und später als **„Fließmittel (FM)"** bezeichnete. Da man auch für Betonverflüssiger nur einen Mindestwert für die verflüssigende Wirkung verlangt, können Fließmittel auch als Betonverflüssiger angeboten werden.

Die wassereinsparende Wirkung beruht vor allem auf einer **Dispergierung des Zementleims**: Man geht davon aus, dass sich im Zementleim unmittelbar nach Wasserzugabe chemische Anfangsreaktionen einstellen, die zu einer **Agglomeration der Zementpartikel** führen, also zu einer Flockenbildung, bei der das eingeschlossene Wasser kaum etwas zur Fließfähigkeit der Suspension beiträgt. Dabei bilden sich Agglomerate der Zementpartikel, Abb. 2.5-2.

Lässt man einen Zementleim mit einem *w*/*z*-Wert von 1,0 stehen, dann sedimentieren die Agglomerate und oben zeigt sich klares Wasser. Mischt man nun Fließmittel in ausreichender Menge zum Zementleim oder Beton, dann zerstört es die Agglomerate, so dass die Partikel einzeln sedimentieren. Weil sie nun kleiner sind, geschieht dies viel langsamer, der Leim bleibt auch oben noch lange trüb. Die Moleküle von Fließmitteln lagern sich an den Zementkörnern an, wobei es **elektrostatische Abstoßungskräfte** sind, die den Leim stark verflüssigen. Diese Moleküle können aber bald von frühen Hydratationsprodukten überwuchert werden mit der Folge, dass sie an Wirkung verlieren und der Beton schon früh wieder steifer wird. Weil die Reaktionsfläche durch die Dispergierung der Zementpartikel größer geworden ist, nimmt

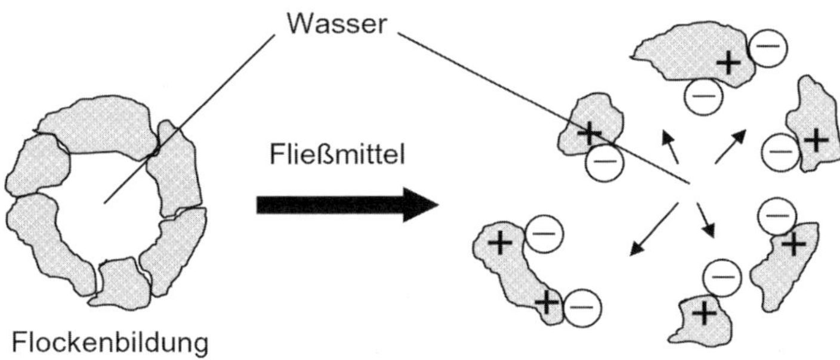

Abb. 2.5-2: Fließmittel dispergieren die zusammengeballten Zement-Partikel, [Björnström 03]

die Festigkeit auch etwas schneller zu. Im Anmachwasser gelöste **Sulfate** stehen im Wettbewerb mit den Fließmittelmolekülen um die Belegung der Oberflächen der Zementkörner. Sie vermindern daher die Wirksamkeit von Fließmitteln, weshalb bei Zementen mit hohem Sulfatgehalt mehr Fließmittel nötig ist.

Da Fließmittel ihre Wirkung überwiegend mit dem Zement und anderen mehlfeinen Stoffen entwickeln, wird auch verständlich, dass sie umso **wirksamer sind, je mehr Leim** der Beton enthält. Zugaben von Steinmehl, Flugasche oder anderen mehlfeinen Stoffen können durchaus sinnvoll sein, wobei das Fließmittel auch Zusammenballungen von Partikeln dieser mehlfeinen Stoffe dispergieren muss. Bei Betonzusammensetzungen, die **wenig Zementleim** enthalten oder einen hohen *w/z*-Wert ohne mehlfeine Zusätze haben, sind die meisten Fließmittel **kaum wirksam**. Es kommt zur Absonderung von Zementleim, was nur durch hohen Mehlkorngehalt vermieden werden kann. Bei mehlkornarmem Beton fließt der Zementleim schon beim Ausbreitversuch aus der Masse.

Für Verflüssiger und Fließmittel werden heute überwiegend fünf verschiedene Wirksubstanzen verwendet [Hauck 17].

(1) **Ligninsulfonate**. Sie sind gute Verflüssiger, verzögern aber die Hydratation und neigen zum Schäumen. Wird diese Luftporenentwicklung durch vom Hersteller zugemischte Entschäumer vermieden, dann ist bei Kombination mit Luftporenbildnern auf die Verträglichkeit der beiden Zusatzmittel zu achten.

(2) **Naphthalinsulfonate** sind sehr gute Plastifizierer. Sie sind so herstellbar, dass sie kaum verzögernd auf die Erhärtung wirken und auch nicht zum Schäumen neigen. Bei niedrigen Temperaturen kann ihre Wirkung deutlich geringer sein. Sie eignen sich gut zur Kombination mit Melaminharzen.

(3) Melaminformaldehydkondensate, kurz **Melaminharze** bezeichnet, sind in höheren Dosierungen sehr gute Plastifizierer, die nicht verzögern, sondern mitunter sogar etwas beschleunigen. Ein deutlicher Klebeeffekt führt zu gutem Zusammenhalt des Frischbetons und vermeidet, dass Luftporen bei der Verarbeitung entweichen könnten. Ein störendes Ausmaß des Klebeeffekts kann durch gröbere Kornzusammensetzungen vermieden werden.

(4) **Acrylate** sind gute Dispergierungsmittel mit nur geringer Neigung zum Entmischen. Sie vermindern frühzeitiges Ansteifen und verzögern leicht.

(5) **Polycarboxylatether (PCE)** eröffnen seit den Neunzigerjahren neue Möglichkeiten. Die Molekül-Hauptketten können heute in ihrer Länge und Ladung sowie in Anzahl und Länge der Nebenketten zielsicher so polymerisiert werden, dass sie die unterschiedlichsten Anforderungen erfüllen, [Hübsch 05]. Bei der Anwendung muss besonders darauf geachtet werden, dass PCE-Fließmittel mitunter sehr empfindlich auf Änderungen der **Temperatur** des Frischbetons, sowie der Beschaffenheit des **Zements, von Zusatzstoffen** und des **Feinsandes** reagieren. Mahlfeinheit und Korngrößenverteilung des Zements haben dabei keinen so großen Einfluss wie dessen Alkaligehalt, die Zusammensetzung des Sulfatträgers und verwendeter Mahlhilfsmittel, wobei PCEs mit geringerer Ladungsdichte, also geringerem Adsorptionsvermögen auf Zementoberflächen weniger empfindlich sind, [Kubens 11].

PCE-Moleküle entwickeln nicht nur elektrostatische, sondern auch **sterische (räumliche) Abstoßungskräfte** großer Reichweite, sodass sie Zementpartikel besonders stark voneinander trennen und entsprechend stark verflüssigend wirken, Abb. 2.5-3.

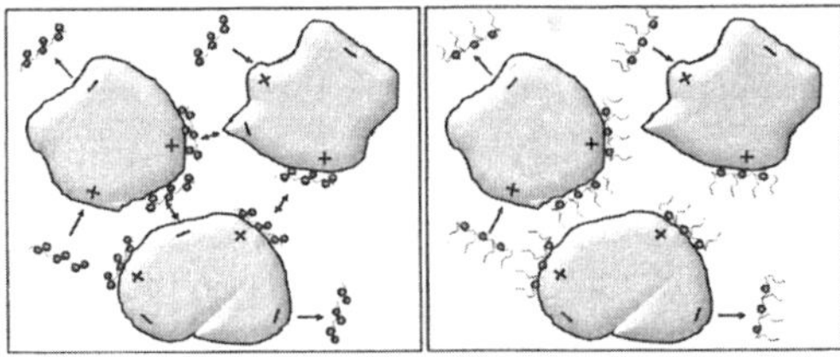

Abb. 2.5-3: Elektrostatische und räumliche Abstoßungskräfte von PCE-Fließmitteln [Schmidt W. 14]

PCE-Moleküle mit **kurzen Seitenketten** schirmen dank ihrer großen Anzahl große Teile der Zementkornoberflächen gegen den Zutritt von Wasser ab, die Ausbildung von nadelförmigen Hydratationsprodukten wird dadurch zunächst verzögert [Haiden 09]. Nur langsam steigt die Festigkeit. Die Folge also:

- moderate Verflüssigung oder Wassereinsparung
- gute Konsistenzhaltung
- geringe Viskosität, geringe Klebrigkeit
- verzögernde Wirkung
- geringe Frühfestigkeiten

Bevorzugt werden PCE mit kurzen Seitenketten für **Transportbeton,** wenn die Temperaturen nicht zu niedrig sind.

Bei **PCE mit langen Seitenketten** behindern sich diese gegenseitig, sodass nur wenige Zementpartikel davon erreicht werden. Sie bewirken noch effektiver, dass sich die Zementpartikel voneinander abstoßen (sterischer Effekt), sodass sie beweglicher werden und sich der Leim sehr stark verflüssigt. Da nur wenige Zementpartikel belegt werden, beginnt die Ausbildung von Nadeln sofort, was zur Folge hat, dass die Konsistenz des Frischbetons nicht lange erhalten bleibt. Lange Nadeln verfilzen sich schnell, was zu raschem Festigkeitsanstieg führt. Die Folge:

- sehr gute Verflüssigung oder Wassereinsparung
- keine verzögernde Wirkung
- hohe Frühfestigkeiten
- geringe Konsistenzhaltung
- hohe Viskosität des Zementleims und Klebrigkeit des Frischbetons
- empfindlicher hinsichtlich Temperatur
- temperaturabhängige Nachverflüssigung während der Verarbeitungszeit möglich

PCE mit langen Seitenketten werden in **Fertigteilwerken** eingesetzt, für Transportbeton nur im Winter, wenn niedrige Temperaturen ohnehin das Ansteifen verzögern.

In jüngster Zeit war die bauchemische Industrie bemüht, PCE-Fließmittel weiterzuentwickeln, wodurch die Vielfalt der angebotenen Produkte noch größer wurde. Dadurch wurde vor allem für den Transportbeton, aber auch für Sonderanwendungen mit langen Förderwegen eine längere Konsistenzhaltung erreicht. Daneben wurden höhere Frühfestigkeiten und eine niedrigere Klebrigkeit des Frischbetons angestrebt.

Bei Transportbeton werden vielfach Verflüssiger, etwa auf Basis von Ligninsulfonat, und Fließmittel gemeinsam eingesetzt. Durch die Verwendung moderner Fließmittel auf PCE-Basis kann die gewünschte Konsistenz bereits im Mischwerk eingestellt werden und bleibt während des Transportes erhalten. Eine Zugabe von Fließmittel vor der Übergabe ist dann nicht mehr notwendig, wodurch auch Fehler vermieden werden. Oft werden Fließmittel für bestimmte Anwendungsbereiche aus mehreren der vorgenannten fünf Wirkstoffen zusammengesetzt, etwa um für Fertigteilwerke die nötige Frühfestigkeit sicherzustellen. Werden Fließmittel mit unterschiedlichen Wirkungsstoffe gemeinsam verwendet, kann dies zu unerwünschten Effekten führen. So kann eine Kombination von Naphthalinsulfonat und PCE zu einer Gelbildung führen, die jedoch die Grünstandsfestigkeit erhöht, [Breitenbücher 15].

Bei der Auswahl eines geeigneten Verflüssigers und/oder Fließmittels muss neben wirtschaftlichen Gesichtspunkten auf eine Reihe von Einflüssen geachtet werden, die stets in einer **Erstprüfung** mit dem für die Verwendung vorgesehenen Beton zu untersuchen sind. Zu beachten ist:

1. Die Dispergierwirkung, mit der das sehr unterschiedliche **Ausmaß der Verflüssigung** bezeichnet wird, wofür etwa die Vergrößerung des Ausbreitmaßes kennzeichnend ist.
2. Die **Konsistenzhaltung**, also das Anhalten der verflüssigenden Wirkung. Moderne Fließmittel können schon bei ihrer Herstellung so eingestellt werden, dass die Konsistenz während des Transportes und Einbaues erhalten bleibt.
3. Die **Segregationsneigung**, die zu einem schlechten Zusammenhalt des Frischbetons bis hin zum Absondern von Zementleim und späterem Bluten führen kann.
4. Die **Klebrigkeit**, die, wenn sie stark ausgeprägt ist, vor allem beim Glätten von stark wasserreduziertem Beton Schwierigkeiten verursachen kann.
5. Die **Luftporenentwicklung** beim Mischen und beim Transport
6. Die **Verzögerung** des Erstarrens und/oder der Anfangserhärtung

7. Die **Frühfestigkeit**
8. Die 28/91-Tage-**Druckfestigkeit**.

Bewährt hat es sich, noch vor den ersten Untersuchungen des Frischbetons mit einem **Rotationsviskosimeter** den **Scherwiderstand des Leimes** zu optimieren, um ein geeignetes Fließmittel und dessen Dosierung bei Verwendung des vorgesehenen Zements und übrigen Mehlkorns bei den zu erwartenden Temperaturen zu finden, vgl. Abschn. 3.2.5.

2.5.4 Luftporenbildner (LP) und Mikrohohlkugeln (MHK)

Durch Zugabe von Luftporenbildnern wird die Grenzflächenspannung zwischen Wasser und Luft „künstlich" herabgesetzt, dadurch kommt es beim Mischen des Betons zu einem begrenzten **Schäumen,** und es entstehen, gleichmäßig verteilt, durch Tensidanlagerung stabilisierte kleine **Luftporen mit kugeliger Form** und unterschiedlichem Durchmesser von etwa zwischen 0,01 und 0,5 mm.

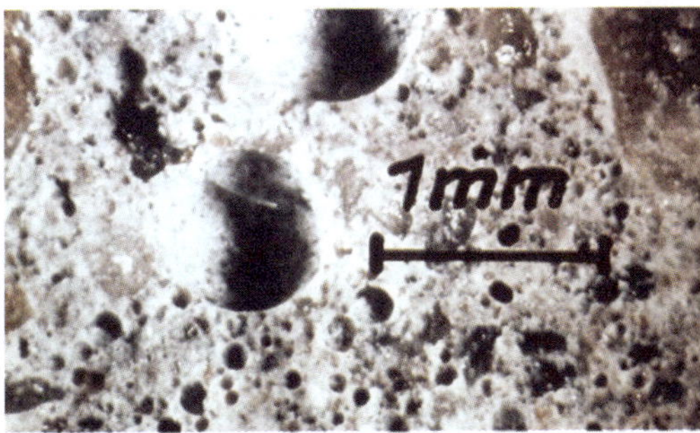

Abb. 2.5-4: Künstliche Luftporen sind schon bei 20facher Vergrößerung an ihrer Kugelform erkennbar (Foto Sinnhuber)

Im erhärteten Beton nehmen diese Luftporen bei Frost den **Gefrierdruck** des Porenwassers auf. Sie **unterbrechen die Kapillarporen** des Betons, so dass Wasser nicht mehr so tief eingesaugt werden kann. Dadurch wird bei Wasserbauten mit zementarmem Massenbeton mit Wasserzementwerten bis 0,55 ein selbst im Hochgebirge ausreichender **Frostwiderstand** erreicht. Werden auf Straßen Tausalze oder auf Flugplätzen andere Auftaumittel eingesetzt, verstärkt dies den Frostangriff sehr stark. Auch hier verbessern die Luftporen den Frostwiderstand ganz erheblich, sie führen zu einem hohen **Frost-Taumittel-Widerstand.** Ohne Luftporenbeton und Wasserzementwerten unter 0,50 oder 0,45 könnte man in Mittel- oder Nordeuropa wegen der im Winter herrschenden Temperaturen keine Autobahnen und Flugbetriebsflächen aus Beton bauen.

Chemische Grundsubstanzen sind bei den sog. **„natürlichen" Luftporenbildern Wurzelharze**, wie beispielsweise **Vinsolharze.** Weil diese heute nur mehr schwer zu bekommen sind, stellt man sog. **synthetische Luftporenbildner** auf Basis von **Tensiden** oder anderen grenzflächenaktiven Stoffen her. Durch sie erhält man eine **feinere Porenverteilung**, sie reagieren aber auf Anwendungsfehler, wie unterschiedliche Mischzeiten oder Dosierungen sehr empfindlich.

Entscheidend für die segensreiche Wirkung der Luftporen ist nach einer immer noch unbestrittenen Theorie des Amerikaners T. C. Powers, dass der **Gefrierdruck** von jenen Punkten im Zementstein, die **am weitesten vom Rand der nächsten Luftporen** entfernt sind, im Mittel einen Abstand von **höchstens 0,25 mm** zurücklegen muss, Abb. 5.9-1. Die Anforderungen an diesen **Abstandsfaktor** hat man später in Deutschland aufgrund von Laborergebnissen noch niedriger, nämlich auf **0,20 mm** angesetzt. Man braucht also **sehr viele Mikroluftporen**, damit ihr Abstand von einander klein bleibt. Der **Durchmesser der Poren** kann sehr klein sein, er soll sogar **klein** sein, damit die Festigkeit nicht zu sehr vermindert wird. Kriterium für die **Wirksamkeit von Luftporenbildern** bei der Überwachung ist daher, dass bei einem bestimmten, nicht zu hohen Luftgehalt des Betons in Vol.-% durch eine mikroskopische Untersuchung einer erhärteten Betonprobe nachgewiesen werden kann, dass deren **Abstandsfaktor unter 0,20 mm** liegt. Zur Verwendung der Luftporenbildner siehe Abschn. 5.9.4.

Bei großem Bedarf, wie etwa bei Luftporenbildnern für Autobahndecken oder Massenbeton für Talsperren, wird das Luftporenmittel als **Konzentrat** angeliefert. Es ist vor der Zugabe an der Mischanlage mit Wasser zu verdünnen, um die vorgeschriebene Mindestmenge zugeben zu können.

Angesichts des höheren Prüfaufwandes bei der Herstellung von Luftporenbeton ist es verständlich, dass es Bemühungen gibt, Luftporen gleichsam im „vorgefertigten" Zustand dem Beton in der gewünschten Menge im Mischer zuzudosieren. Eine solche Möglichkeit besteht in der Tat in Form der in anderen technischen Gebieten bewährten **Mikrohohlkugeln (MHK)**, Abb. 2.5-5.

Sie bestehen aus einem dünnen Kunststofffilm und haben **Durchmesser im wünschenswerten Bereich** zwischen etwa **0,02 und 0,08 mm**. Daher genügt ein Volumenanteil von nur 0,7 bis 0,8 %, um einen vergleichbar hohen Frost-Tausalz-Widerstand zu erzielen und das **ohne eine Minderung der Festigkeit durch gröbere Poren** befürchten zu müssen. Die Handhabung der **extrem leichten MHK** ist nicht ganz einfach, weshalb sie, um sie besser dosieren zu

Abb. 2.5-5: Mikrohohlkugeln zur Verbesserung des Frostwiderstandes

können, **mit Wasser gemischt als Paste** in Plastikbeuteln auf den Markt kommen. Bei längeren Mischzeiten werden **einzelne Hohlkugeln zerstört**, was man in der Dosierung berücksichtigen muss.

Das Ei des Kolumbus ist aber dennoch nicht gefunden: Der große Nachteil der MHK liegt im Preis. In der Praxis empfiehlt sich aber trotzdem, bei **kleineren Betonmengen** oder **unerfahrenem Personal**, die etwas höheren Stoffkosten in Kauf zu nehmen. Auch bei **sehr steifen Betonen**, bei denen Luftporenmittel nicht mehr zum Schäumen führen, und bei **sehr fließfähigen Konsistenzen**, bei denen die Luftporen aufschwimmen, sowie bei **Spritzbeton im Trockenverfahren**, wo der kurze Mischvorgang die Luftporenbildung erschwert, haben sich MHK bewährt.

2.5.5 Verzögerer (VZ)

Verzögerer müssen vor allem bei langen Transportzeiten oder lang andauernden Betonieraufgaben zur Vermeidung von Arbeitsfugen eingesetzt werden. Verwendet werden **Phosphate**, die bei größerer Dosierung auch bis über 24 Stunden lang wirken, aber nicht verflüssigen. Daneben auch organische Stoffe wie **Saccharose (Zucker),** die sensibel hinsichtlich Zementeigenschaften sind und mitunter auch zu einem **Umschlagen**, also einer Beschleunigung führen können. Ebenso für kürzere Verzögerungszeiten **Phosphonate**, **Aminoverbindungen oder Wein-, Zitronen- oder Gluconsäuren**, wobei auch eine verflüssigende Wirkung eintritt. Auch **Ligninsulfonate**, die noch Restzucker aus dem Holz enthalten, werden eingesetzt und wirken auch verflüssigend. Organische Verzögerer können im Gegensatz zu Phosphaten auch die **Liegezeit verlängern**, vgl. Abschn. 5.6.4.

Verzögerer greifen erheblich in die chemisch-mineralogischen Reaktionen zwischen dem Zementklinker und Wasser ein. Bei unverzögertem Erstarren wachsen auf den Klinkerkörnern gleich nach der Wasserzugabe vor allem aus der Aluminatphase Ettringitkristalle, die schließlich eine gewisse Größe erreichen. Die **Wirkungsweise** von Verzögerern stellt man sich – stark vereinfacht – so vor, dass sie um die Klinkerkörner eine Hülle aus kleinen Kristallen bilden, die die Reaktion mit dem Wasser verhindern [Müller, M. 99]. Die Hülle ist aber nicht ganz dicht und wird schließlich von nachwachsenden Hydratationsprodukten aufgebrochen, wenn nicht in der umgebenden Flüssigkeit noch freier Verzögerer vorhanden ist. Ist die Konzentration an Verzögerern aber zu groß, dann kann das Wachsen der Ettringitkristalle so beschleunigt werden, dass der Beton früher erstarrt als ohne Verzögerer, der **Verzögerer „schlägt um"**. Die anschließende Entwicklung der Festigkeit bleibt aber verzögert. Bei Verzögerern auf Phosphatbasis ist die Gefahr des Umschlagens geringer. Daher werden sie für den Brückenbau bevorzugt, während man Verzögerer, die Saccharose oder Fruchtsäuren enthalten, vermeidet.

Bei Verlängerungen der Verarbeitungszeit um bis zu drei Stunden hält sich die Gefahr von unerwünschten Wirkungen meist noch in Grenzen, vorausgesetzt, es liegen Erfahrungen mit den vorgesehenen Kombinationen von Verzögerer und Zement (Art, Festigkeitsklasse und Herstellwerk), sowie anderem Zusatzmittel bei vergleichbaren Temperaturen vor. Wird der Beton verzögert, dann fallen die Frühfestigkeiten niedriger aus und der Beton muss länger vor Austrocknen geschützt werden, vgl. Abschn. 5.6.4.

2.5.6 Beschleuniger (BE)

Man unterscheidet zwischen **Erstarrungs**beschleunigern, die zu einem schnelleren Übergang vom plastischen zum festen Zustand des Betons führen, erkenntlich auch durch eine rasche Verminderung des Ausbreitmaßes, und **Erhärtungs**beschleunigern, durch die die Druckfestigkeit innerhalb der ersten zwei Tage stark erhöht wird, mit oder ohne Einfluss auf die Erstarrungszeit.

Für Spritzbeton gibt es spezielle **Spritzbetonbeschleuniger SBE**, die ein Erstarren innerhalb weniger Minuten nach Zugabe des Zusatzmittels und einen frühen Festigkeitsanstieg bewirken, Abschn. 9.5.4. Mit allen Beschleunigern werden die Frühfestigkeiten erhöht, die Endfestigkeiten bleiben aber niedriger.

Hochwirksame Zusatzmittel, die die Hydratation der Calciumsilikatphasen beschleunigen, waren lange auf der Wunschliste der Baupraxis, nachdem leidvolle

Erfahrungen gelehrt haben, dass Chloride und alle bis dahin als wirksam bekannten Substanzen eine Korrosion von Stahl im Beton verursachen. Lediglich nicht sehr wirksamen Formiate, also Salze der Ameisensäure, bilden eine Ausnahme. Vor wenigen Jahren wurden flüssige Erhärtungsbeschleuniger auf Basis **nanoskaliger Calcium-Silikat-Hydrat-Impfkristalle** entwickelt, die rasch im Winterbau, in Fertigteilwerken statt einer Wärmebehandlung und vielen anderen Gebieten Eingang gefunden hat [Dittmar 13]. Sie wirken als Hydratationskeime und verändern die Morphologie der Hydratationsprodukte nicht.

2.5.7 Stabilisierer (ST), Viskositätsmodifizierer (SR) und Superabsorbierende Polymere (SAP)

Stabilisierer erhöhen durch ihre starke **Wasserbindung** die **Viskosität** und den **Zusammenhalt** des Betons. Trotz sehr geringer Zugaben wird damit ein **Wasserabsondern** stark **vermindert.** Ein Entmischen von weichem oder fließfähigem, auch selbstverdichtendem Beton durch Absetzen grober Gesteinskörner oder Aufschwimmen von Leichtkörnungen ebenso wie ein Bluten kann vermieden werden, weil sie mit Wasser etwas quellen und den Scherwiderstand des Zementleims erhöhen. Sie werden auch eingesetzt zur Verbesserung der **Pumpbarkeit** und zur Verminderung des **Rückpralls** bei Spritzbeton. Der Frischbeton kann **thixotrope Eigenschaften** erhalten, d. h. er verhält sich wie ein Feststoff, wenn er aber bewegt wird, wie eine zähe Flüssigkeit. Bei größerer Zugabe wird die Fließfähigkeit durch Verbrückungseffekte stark beeinträchtigt. Mit Stabilisierern kann Beton **durch stehendes Wasser** etwa in einem Kanal auf dessen Sohle abgestürzt werden, ohne dass Zement ausgewaschen wird. Vorteilhaft verwendet man sie auch bei Leichtbeton, der gepumpt oder als Fließbeton eingebaut werden soll.

Als Stabilisierer dienen **Polysaccharide** und andere hochmolekulare Verbindungen und auch Zellulosederivate wie **Methylzellulose.** Auch **Mikro- und Nanosilica** wird als Stabilisierer eingesetzt, wirkt aber nur moderat, steigert aber die Festigkeit und führt zu einem dichteren Gefüge.

Als **Viskositätsmodifizierer (SR)** verwendet man auch **Polyethylenoxide** und andere synthetische Polymere, die auch bei geringer Dosierung ein **Wasserabsondern** vermeiden und die **Fließfähigkeit** nicht beeinträchtigen, sich aber nicht für Unterwasserbeton eignen.

Superabsorbierende Polymere (SAP) sind wasserunlösliche Polyelektrolyte, die durch Polymerisation aus Acrylamid und Acrylsäure als Pulver eingesetzt werden und ein **Vielfaches ihres Eigengewichtes an Wasser** aufnehmen, speichern und zeitverzögert wieder abgeben können, [Buchholz 98].

Man verwendet sie u. a. bei Beton mit sehr niedrigem *w/z*-Wert zur inneren Nachbehandlung und damit zum Vermeiden von Grundschwinden, ebenso zur Erhöhung der Frostwiderstandes, [Mechtcherine 12]. Auch als **versteifendes Zusatzmittel**, mit dem es sogar gelingt, einen Beton so herzustellen, dass er sich fließfähig selbst entlüftet und unmittelbar danach so grünstandfest ist, dass man ihn ausschalen kann [Breitenbücher 15].

2.5.8 Einpresshilfen (EH)

Zum kraftschlüssigen **Verpressen der Hüllrohre von Spanngliedern** wird ein Einpressmörtel verwendet, der – im Gegensatz zu anderen Mörteln – keine Gesteinskörnungen enthält, vgl. Abschn. 6.10.1. Einpresshilfen sollen **verhindern,** dass das Gemisch aus Zement und Wasser **schwindet** und stark **blutet,** so dass der Spannstahl im oberen Bereich des Hüllrohres frei liegt und nicht vor Korrosion geschützt wird. Außerdem soll die Einpresshilfe das **Fließvermögen** so verbessern, dass die sehr langen Hüllrohre beim Verpressen nicht verstopfen. Verwendet wird feinstes **Aluminiumpulver**, das so beschichtet wird, dass es erst knapp vor dem Erstarren des Zements mit dem Calziumhydroxid feinste Gasporen bildet, die zu einem **leichten Quellen** führen. Die feinen Gasporen erhöhen auch den Widerstand gegen Frost.

2.5.9 Recyclinghilfen (RH) und Langzeitverzögerer (LVZ)

Dabei handelt es sich um starke Verzögerer auf der Basis von Phosphonsäure, die dem Waschwasser zugegeben werden und die Reinigung von Fahrmischern und stationären Mischern erleichtern, vor allem in Werken, in denen man kein ausreichendes Restwasserbecken hat [Rickert 05]. Vorversuche nach jeder Änderung des verwendeten Zements sind ratsam, da es auch bei diesen Verzögerern zu unerwünschten Nebenwirkungen kommen kann.

2.5.10 Schwindreduzierer und Quellmittel

Schwindreduzierer sollen vor allem Risse im Beton in den ersten Tagen und Wochen vermeiden. Dabei darf nicht übersehen werden, dass solche „Schwindrisse“ meist hauptsächlich auf Temperaturänderungen zurückzuführen sind. Wenn es nur um das Austrocknen des Betons, vor allem seiner Randzonen geht, vermindern auch Verflüssiger und Fließmittel das Schwinden, wenn damit der Wassergehalt des Frischbetons kleiner gehalten wurde. Es gibt aber auch Stoffe, die das Austrocknen vermindern, indem sie die Oberflächenspannung des Porenwassers herabsetzen [Nmai 98]. Sie werden in Japan eingesetzt. Voraussetzung für eine praktische Verwendung in Deutschland wäre eine bauaufsichtliche Zulassung. Bei all diesen Stoffen fehlt es aber noch am Nachweis, dass sich die gewünschten Wirkungen mit der nötigen Robustheit zielsicher erreichen lassen.

Auch **Quellmittel**, die, dem normalen Beton zugegeben, eine leichte Volumenvergrößerung bewirken, haben trotz jahrzehntelanger Bemühungen in der Praxis keinen Eingang gefunden. Der Grund: Das Quellen darf nicht im Mischer, sondern erst nach dem Einbau in die Schalung während der Anfangserhärtung auftreten. Dazu ist ein massiver Eingriff in den Hydratationsprozess nötig. Man denke nur daran, wie sehr ein gezieltes, mäßiges Sulfattreiben durch sulfathaltige Quellmittel vom verwendeten Zement abhängig ist. Ein solches Quellen wird in der Praxis nur durch fertige Bindemittel, sog. Quellzement, erreicht. Doch auch dabei haben Temperatur, Konsistenz und Nachbehandlung einen sehr großen Einfluss auf das Quellmaß, so dass man sich noch nicht zu einer Zulassung durchringen konnte.

2.5.11 Korrosionsinhibitoren

Man wünscht sich von solchen Stoffen, dass sie die Passivität der Bewehrungsstähle zuverlässig so stark erhöhen, dass der Schwellwert für das Auftreten einer Stahlkorrosion wesentlich größer wird, also etwa eine Lochfraßkorrosion erst bei einem hohem Chlorid- und Feuchtigkeitsgehalt eintritt. Auch Korrosionsinhibitoren haben trotz mancher Teilerfolge keine breite Verwendung gefunden, so dass man in der Praxis zu anderen Wegen, nötigenfalls zur Verwendung rostfreier Betonstähle greift.

2.6 Zugabewasser (Anmachwasser)

2.6.1 Anforderungen

Kein Problem ist die Qualität des Zugabewassers, wenn es sich um **Trinkwasser** – selbst wenn es chloriert ist – handelt oder um ein Grund- oder Quellwasser mit vergleichbaren Eigenschaften. Übliche Chlorzusätze zum Trinkwasser liegen erheblich unter der für Zugabewasser geltenden oberen Grenze von 250 mg/l Chlorid, also 0,025 %. Selbst unter ungünstigen Verhältnissen erreicht chloriertes Trinkwasser nur einen Bruchteil davon. Selbst Wässer, die den **Beton chemisch angreifen** können, sind mitunter als Zugabewasser geeignet, weil die angreifenden Stoffe, wie z. B. Sulfate, nur einmal – beim Mischen – in das Betongefüge gelangen und nicht immer wieder erneuert in dessen Randzone eindringen.

Lange Zeit gab es für Zugabewasser kein Regelwerk. Erst als die deutsche Bauindustrie große Aufgaben in Saudi-Arabien und benachbarten Ländern übernahm, wo Wasser oft schwerer zu beschaffen ist als Zement, musste der Deutsche Betonverein ein Merkblatt erstellen, das die nötigen Prüfverfahren enthält. Es wurde 1996 überarbeitet. Heute wird im Zweifelsfall, und das gilt auch für Restwasser, **DIN EN 1008** zugrunde gelegt.

Grundsätzlich handelt es sich beim Zugabewasser um dieselben **Regeln der Betonverträglichkeit** wie für Zusatzmittel und Zusatzstoffe:

(6) Das Wasser darf das **Erstarren und Erhärten** des Zements nicht nachteilig verändern, was beispielsweise bei **Moorwasser** oder **zuckerhaltigem** Wasser fast immer der Fall ist. Eine vergleichende Prüfung des vorgesehenen Betons mit Trinkwasser und mit dem zu untersuchenden Wasser gibt Aufschluss. Dabei sind Konsistenz, Ansteifen und Druckfestigkeit nach 1 und 7 Tagen maßgebend.

(7) Die **Wirkung von Zusatzmitteln** soll nicht ungünstig beeinflusst werden.

(8) Die **Raumbeständigkeit des Zements** darf nicht beeinträchtigt werden, was man, wie bei der Zementprüfung, am besten im Kochversuch eines Zementkuchens prüft. Selbst Gipswässer mit Sulfatgehalten von 2 000 mg/l können zugelassen werden, kein Wunder, wenn man bedenkt, dass in jedem Kubikmeter Beton allein schon durch den Zement 6 bis 12 kg Sulfat gelangen, während 2 000 mg/l Sulfat aus dem Zugabewasser nur 0,2 bis 0,4 kg SO_3 einbringen.

(9) Eine wichtige Frage ist der **Korrosionsschutz der Stahlbewehrung**. Aus gutem Grunde darf **Meerwasser nicht** zum Betonieren von Stahl- oder gar Spannbeton verwendet werden. Bei einem Chloridgehalt 18 g/l (Nordsee) würde eine Zugabe von 160 l je m^3 2,88 kg Chlorid je m^3 bedeuten, das sind bei einem Zementgehalt von 300 kg/m^3 fast 1,0 % der Zementmasse, während für Stahlbeton 0,4 % und für Spannbeton nur 0,2 % als unbedenklich gelten.

Abwässer von Straßen, auf die im Winter Salz gestreut wird, können **Chloride** enthalten. Hier ist besonders zu beachten, dass der Chloridgehalt jahreszeitlich und örtlich stark unterschiedlich sein kann.

2.6.2 Restwasser

Das ist Wasser, das **aus Restbeton** wiedergewonnen wird, ebenso wie **Waschwasser von Betonmischanlagen** und **Betonfahrzeugen** oder auch Wasser, das beim **Sägen, Schleifen oder Wasserstrahlen** von erhärtetem Beton anfällt. In der Regel enthält Restwasser neben Feinstsand auch Zement in mehr oder weniger hydratisierter Form und aus dem Zement kommenden Kalk in Form von Calciumhydroxid. Das Restwasser ist daher **hochalkalisch** und darf **nicht unverdünnt in Bäche oder Flüsse** eingeleitet werden, weil es zu **Fischsterben** führen kann. Deshalb können auf großen Baustellen **Anlagen zur Enthärtung des Abwassers**, z. B. durch Einleiten von Kohlendioxid, notwendig sein. Dabei wäre das alkalische Restwasser in einer Zeit, in der man sich über den sauren Regen, also Niederschläge mit pH-Werten von oft sogar unter 5, Sorgen macht, ein Mittel, um den pH-Wert anzuheben, also das saure Regenwasser zu neutralisieren. Schwierig nur, das Restwasser in den Vorfluter so zu dosieren, dass das Gemisch mit dem natürlichen Wasser im neutralen Bereich bleibt.

Das Restwasser kann auch **gefährlich für Abwasserleitungen** sein. Selbst in **Betonlabors,** in denen nur wenig Restwasser anfällt, hat es schon oft Schwierigkeiten gegeben, weil sich die Feststoffe im Restwasser absetzen und der enthaltene Zement noch weiter hydratisiert, so dass ein fester Mörtel entsteht. Er **verstopft die Leitungen** und füllt auch Absetzbecken, sodass er nur mehr mit hohem Aufwand herausgebrochen werden kann.

Nichts ist daher naheliegender, als das Restwasser, das ja Bestandteile von Beton enthält, wieder dem Beton **als Anmachwasser** zuzugeben. Dabei sind einige Regeln zu beachten, die in DIN EN 1008 festgelegt sind. Vorsicht ist geboten, wenn das Wasser **Tausalz** enthält oder Stoffe aus **gips- oder anhydritgebundenem Mörtel** herauslösen konnte. Das Restwasser enthält in der Regel auch aus dem Beton stammende Feststoffe und soll stets nur **dosiert** dem Frischbeton zugegeben werden, und zwar so, dass seine **Feinststoffe nicht mehr als 1 %** der gesamten Gesteinskörnungen ausmachen. In den Feinststoffen ist natürlich auch gar nicht so wenig Zement enthalten, der – wenn es sich um „junges", also vom Vortag stammendes Restwasser handelt – noch deutlich weiter hydratisiert und so eine positive Wirkung hat.

Ein übers Wochenende stehen gelassenes Restwasser kann mitunter ein wenig mehr an verflüssigenden Zusatzmitteln erfordern. Vorsicht ist geboten, wenn Hochfester Beton oder Luftporenbeton hergestellt wird. Dagegen hat sich die Sorge, im Restbeton enthaltene Zusatzmittel könnten über das Restwasser bei dessen Wiederverwendung noch eine Wirkung entwickeln, als unbegründet erwiesen: Eine Wirksamkeit von **Rest-Zusatzmittel** kann – selbst wenn es sich um Verzögerer handelt – praktisch **ausgeschlossen** werden. Vermutlich werden alle Zusatzmittel nahezu vollständig irreversibel an die Zementpartikel gebunden und stehen eine weitere Reaktion nicht mehr zur Verfügung [Rickert 01]. Für die Aufbereitung von Restwasser und Restbeton wurden geeignete Anlagen entwickelt [Sonnenberg 2000].

3 Grundlagen der Betontechnologie

3.1 Erhärten des Zements

Bei der Reaktion mit Wasser entstehen aus den Klinkerphasen des Zements wasserhaltige Verbindungen, vor allem **Calciumsilikathydrate CSH**, die den **Zementleim** zu **Zementstein** erhärten. Daneben bildet sich aus dem nicht verbrauchten Kalkanteil das für den **Korrosionsschutz der Stahleinlagen** so wichtige **Calciumhydroxid $Ca(OH)_2$** in Form von äußerst feinen plattigen übereinander liegenden Kristallen (Portlandit), die aber kaum zur Festigkeit beitragen. Bei Zementen, die neben Portlandzement-Klinker noch puzzolanisch oder latent hydraulisch reagierende Stoffe wie Hüttensand, Flugasche, Mikrosilica oder Trass enthalten, entstehen etwas langsamer mit einem Teil des freigewordenen Calziumhydroxides ähnliche Calziumsilikathydrate wie bei der Hydratation des Klinkers.

Den sehr komplexen Verlauf der Reaktionen kann man sich vereinfacht so vorstellen, dass sich zunächst an der Oberfläche der Zementpartikel eine dünne Lage von Hydratationsprodukten bildet, was aber noch zu keiner Veränderung der Konsistenz führt. Während einer anschließenden **Ruhepause** (Induktionsperiode) von ein bis drei Stunden tritt nur ein **leichtes Ansteifen** des Zementleims ein. Erst im Anschluss daran setzt die Hydratation erneut ein und bildet um die Zementpartikel das immer dicker werdende sogenannte **Zementgel**. Je nachdem, wie nahe die Zementpartikel beisammen liegen, d. h. wie dick die Wasserschicht zwischen den einzelnen Partikeln ist, desto früher oder später wachsen die Gelschichten so zusammen, dass ein festes Gefüge entsteht. Bei einem **Wasserzementwert (*w*/*z*-Wert)** von 0,40, also einem Masseverhältnis von Wasser zu Zement von 0,40 : 1 (nach Volumenanteilen ist dies rd. 1,24 : 1,00), wird das Wasser bis zur vollständigen Hydratation – die meist Jahre dauert – aufgebraucht und die Zwickel zwischen den Zementkörnern füllen sich zur Gänze mit Hydratationsprodukten. Bei einem Wasserzementwert von 0,20 kommt die Hydratation schon bald zum Stillstand, weil das vorhandene Wasser aufgebraucht ist. Es bleiben **nicht hydratisierte Kerne** der Zementpartikel zurück. Sie sind so fest in das Gefüge eingebunden, dass die **Festigkeit erheblich höher wird** als bei vollständiger Hydratation. Bei **Wasserzementwerten über 0,40** bleibt auch nach langer Hydratationsdauer noch Wasser in den Zwickeln, den sogenannten **Kapillarporen** zurück und kann nahe der Oberfläche durch Verdunstung entweichen.

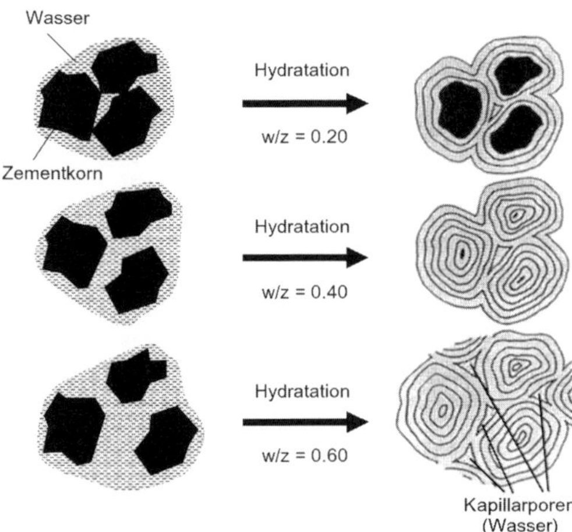

Abb. 3.1-1: Erhärtung von Zement. Bei niedrigem *w*/*z*-Wert (oben) verbleiben nicht hydratisierte Reste von Zementkörnern, bei hohem *w*/*z*-Wert Kapillarporen [Wischers 61]

Je größer der Anteil an Kapillarporen im Gefüge ist, desto poröser und daher weniger fest und durchlässiger ist der Zementstein. Für die Festigkeitsentwicklung des Zementsteins und damit auch des Betons können aus Abb. 3.1-1 folgende Schlüsse gezogen werden:

1. Der Zementstein wird **umso fester**, je dichter die Zementkörner beisammen liegen, d. h. je weniger Wasser zwischen den Zementkörnern ist und damit **je niedriger der *w*/*z*-Wert** ist.
2. Bei **niedrigem *w*/*z*-Wert** wachsen die Gelschichten der einzelnen Körner schneller zusammen, d. h. **die Festigkeit nimmt im jungen Alter viel schneller zu.**
3. **Je weiter die Hydratation fortgeschritten ist**, d. h. je dicker die Gelschichten schon sind, **umso langsamer nimmt die Festigkeit weiter zu**, weil Wasser durch die Gelschichten bis zum nicht hydratisierten Kern des Zementkorns diffundieren muss und die Hydratationsprodukte wiederum zurück in die Kapillarporen diffundieren müssen.
4. **Feiner gemahlene Zemente** (wie CEM 42,5 und CEM 52,5) haben eine größere Oberfläche, an der die Reaktionen stattfinden und **erhärten** daher **anfangs schneller**. Dabei entwickeln sie auch mehr Wärme. Die Nacherhärtung ist bei feingemahlenen Zementen entsprechend kleiner. Die Erhärtungsgeschwindigkeit wird aber auch von den Anteilen der verschiedenen Klinkerminerale und anderen Einflüssen bestimmt.

5. Bei Zementen mit gleich großen Körnern sind die Zwickel zwischen den einzelnen Körnern größer. Wenn dagegen die **Zwickel zwischen größeren Körnern durch kleinere Körner gefüllt** werden, wird auch insgesamt das Volumen der Kapillarporen kleiner und die **Festigkeit höher**. Auch feinste Körner aus Gesteinsmehl, die die Zwickel füllen, erhöhen die **Packungsdichte** und damit die Festigkeit.
6. Die nach Jahren erreichte **Endfestigkeit aller Portlandzemente** – also von grob und fein gemahlenen – ist bei gleichem *w*/*z*-Wert **annähernd gleich groß**, vorausgesetzt, ein Austrocknen wurde vermieden.
7. Sobald dem Zementstein das Wasser durch **Austrocknen** entzogen wird, **kommt die Hydratation zum Stillstand**. Bei porösem Gefüge führt die Austrocknung zu einem geringen Anstieg der Festigkeit, der allerdings bei Befeuchtung wieder verloren geht.
8. Bei **höherer Temperatur** verlaufen alle chemischen Reaktionen und auch die Diffusionsvorgänge schneller, deshalb **erhärtet auch der Zementstein** rascher.

Die sehr unregelmäßig geformten **Kapillarporen** haben Durchmesser von etwa 0,000 1 bis 0,020 0 mm und sind daher nur im Elektronenmikroskop sichtbar. Ihr Anteil am Gefüge bestimmt **Festigkeit und Dauerhaftigkeit** des Betons. Da man den Anteil der Kapillarporen technisch nicht bestimmen kann, verwendet man den ***w*/*z*-Wert als Hilfsgröße**, wobei man eine mindestens 28 Tage lang währende Hydratation voraussetzt.

Das bei der Hydratation entstehende **Zementgel**, das mehrheitlich aus Calciumsilicathydraten besteht, ist der Träger der Festigkeit. Dabei handelt es sich aber nicht, wie man früher glaubte, um eine ursprünglich gallertartige erstarrte Flüssigkeit. Seine äußerst feine Struktur offenbart sich erst im Elektronenmikroskop – ein **Gewirr von Nadeln und Platten** unterschiedlicher Größe, die man nicht ganz unzutreffend mit der Abfallkiste eines Spenglers verglichen hat. Man muss sich vorstellen, dass ein menschliches Haar etwa zehntausendmal dicker ist als die Nadeln eines Calciumsilicathydrates. Die Festigkeit des Gels entsteht durch eine Verzahnung ähnlich wie bei einem Klettverschluss.

Auch das Zementgel ist porös. Die im Gel liegenden **Gelporen** sind zunächst mit Wasser gefüllt, das etwa 15 % der Masse des Zementes vor der Hydratation ausmacht. Dieses **Gelwasser ist verdampfbar**, d. h. es entweicht beim Trocknen bei 105 °C im Gegensatz zum fest, d. h. chemisch gebundenen Wasser. Dieses **chemisch** in den Calciumsilikathydraten **gebundene** Wasser ist nicht verdampfbar. Bei vollständiger Hydratation beträgt sein Anteil etwa 25 %. Das **verdampfbare und das chemisch gebundene Wasser entspricht zusammen** dem für vollständige Hydratation erforderlichen ***w*/*z*-Wert von rd. 0,40.**

Wenn Zementleim hydratisiert, wird sein Volumen etwas kleiner. Bei einem Leim mit 100 kg Zement und 40 l Wasser macht dies rund 6 l, d. s. 8,3 % des Leimvolumens, aus. Misst man das Volumen eines Zementleims fortlaufend während der Hydratation, dann sieht man auch, dass es allmählich kleiner wird. Man bezeichnet dies heute als **Grundschwinden**, mitunter auch noch „chemisches" oder „autogenes" Schwinden. Auf den Kubikmeter Beton umgerechnet macht es 20 dm³, also 2 Vol.-%, aus, zeigt sich aber – von hochfestem Beton abgesehen – nur zum geringsten Teil als äußere Volumenverminderung. Vielmehr führt es, sobald der Beton eine Anfangsfestigkeit erreicht hat, zu einer **inneren Austrocknung**, aber nur soweit der Beton von außen kein Wasser nachsaugen konnte.

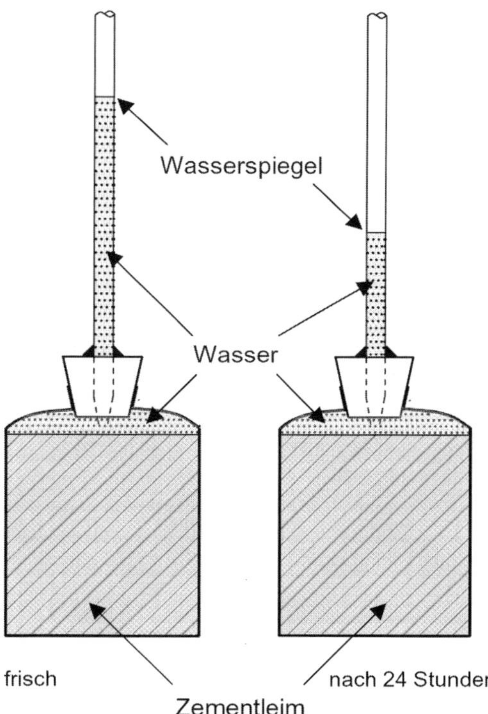

Abb. 3.1-2: Das Absinken des Wasserspiegels ist ein Maß für das chemische Schwinden und damit für die Hydratation nach [Czernin 77]

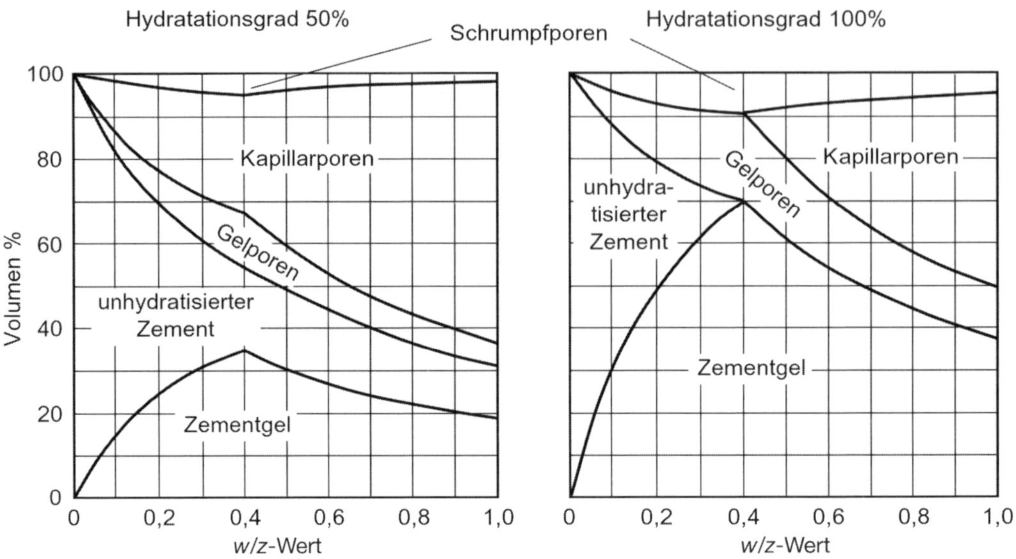

Abb. 3.1-3: Die Volumenanteile von Kapillarporen, Zementgel und nicht hydratisiertem Zement werden vom *w/z*-Wert und vom Hydratationsgrad bestimmt, nach Rüsch [Czernin 77]

Betrachtet man die durch den *w/z*-Wert bestimmten Volumenverhältnisse des Zementsteins nach 100%iger Hydratation, Abb. 3.1-3 rechts, dann fällt auf, dass der Anteil an Kapillarporen umso größer ist, je weiter der *w/z*-Wert über 0,40 liegt. Wenn der Zement in den ersten Tagen noch weniger weit hydratisieren konnte, ist dieser Anteil noch größer, Abb. 3.1-3 links zeigt, wie dies bei einem Hydratationsgrad von nur 50 %, ist. Bei **frühzeitigem Austrocknen kommt die Hydration vorzeitig zum Stillstand**, sodass ein sehr hoher Gehalt an Kapillarporen erhalten bleibt, ähnlich wie wir es auch nach der Erhärtung bei hohem *w/z*-Wert kennen.

Liegt der **Kapillarporenanteil über etwa 35 %,** dann hängen die Kapillarporen so zusammen, so dass sich durchgehende Kanäle bilden und den Zementstein, und damit auch den Beton, **wasserdurchlässig** machen, Abb. 3.1-4. Dies muss auch bei Beanspruchungen durch Frost oder chemischen Angriffen vermieden werden. Bei einem *w/z*-Wert von etwa 0,70 sinkt der Kapillarporengehalt erst nach vollständiger Hydratation auf etwa 35 % ab.

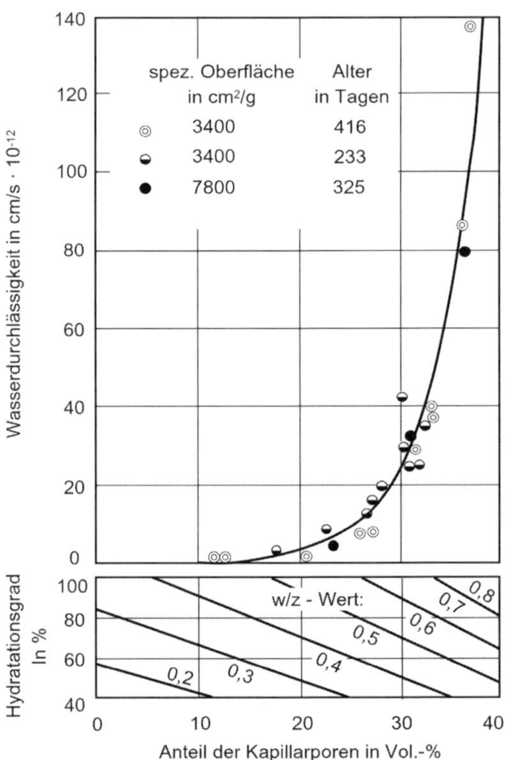

Abb. 3.1-4: Zementstein ist umso wasserdurchlässiger je höher sein *w/z*-Wert und je niedriger sein Hydratationsgrad ist, nach T. C. Powers [Locher 2000]

3.2 Verarbeitbarkeit des Frischbetons

3.2.1 Anforderungen

Beton darf sich beim Fördern, Einbauen und Verdichten **nicht entmischen.** Auch anschließend bis zum Ansteifen ist bei weicher oder fließfähiger Konsistenz die Gefahr einer Entmischung durch Sedimentationsvorgänge groß und muss durch eine geeignete Zusammensetzung verhindert werden. Beton mit der heute nur mehr wenig gefragten steifen oder steifplastischen Konsistenz muss mit kräftigen Rüttlern verdichtetet werden. Dabei besteht die Gefahr, dass sich das Grobkorn absondert und beim Entschalen Nester sichtbar werden. Seit bei der Herstellung von Beton leistungsfähige **Fließmittel** überwiegend sehr hoch dosiert werden, sind sehr weiche oder fließfähige Konsistenzen mit viel niedrigerem Wassergehalt möglich. Es muss nurmehr wenig gerüttelt werden, wenn der Beton nicht sogar ohne Verdichtung in die Schalung fließt. Diesem großen Vorteil stehen oft Schwierigkeiten wegen mangelnder **Mischungsstabilität** und nicht ausreichender **Robustheit** gegenüber, neue Herausforderungen an den Betontechnologen, die heute mehr und mehr auch Alltagsbetone betreffen, was früher nur bei Hochleistungsbetonen der Fall war.

Mischungsstabil ist Beton, der bei den praxisüblichen Einwirkungen durch die Verarbeitung so weit **homogen bleibt**, dass die wesentlichen Festbetoneigenschaften nicht unzulässig variieren. Dazu darf er sich nicht beim Fördern, etwa durch Pumpen oder mit einem Förderband, durch Rütteln und auch nach dem Einbau durch Sedimentation nicht entmischen, Abb. 3.2-1. Ausreichend **robust** ist ein Beton, der auf **Störeinflüsse,** wie **variierende Feuchte** der Gesteinskörnung, **Reihenfolge** und **Ungenauigkeiten der Dosierung,** Schwankungen der **Temperatur, Änderungen bei den Ausgangsstoffen oder anderen Mischzeiten** gutmütig und vorhersehbar reagiert [Lohaus 17]. So können Betone bei Soll-Zusammensetzung und üblichen Randbedingungen stabil sein, aber durch mangelnde Robustheit etwa durch unbeabsichtigt verminderten Feinkornanteil der Gesteinskörnung dennoch entmischen.

3.2.2 Konsistenz und Konsistenzprüfungen

Die Konsistenz des Betons muss auf die vorgesehene Verarbeitung abgestimmt sein, siehe Abschn. 5.3. Geprüft wird die Konsistenz bei erdfeuchtem, steifem und plastischem Beton mit dem **Verdichtungsmaß**, bei plastischem bis sehr fließfähigem Beton mit dem **Ausbreitmaß**. Mitunter eignet sich auch das vor allem in den anglikanischen Ländern oft übliche **Setzmaß** (slump) gut zur Beschreibung der Konsistenz. Um im Alltag dem Hersteller des Betons die nötige Verarbeitbarkeit besser zu beschreiben, wurden **Konsistenzklassen** eingeführt, Tab. 3.2-1.

Zur Prüfung des **Verdichtungsmaßes** nach DIN EN 12350-4 wird der Beton lose in einen 20 × 20 cm² großen, 40 cm hohen Metallbehälter über den oberen Rand gekippt. Wenn der Behälter gut mit lockerem Beton gefüllt ist, wird das, was oben übersteht, abgestrichen.

Abb. 3.2-2: Mit dem Verdichtungsmaß prüft man die Konsistenz von steifem bis weichem Beton. Gemessen wird, wie stark der lose geschüttete Beton beim Verdichten zusammensackt (Walz)

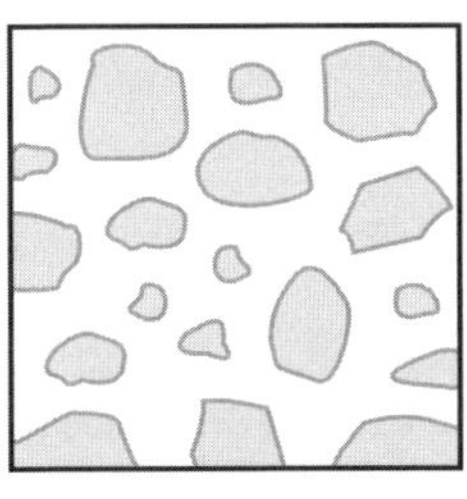

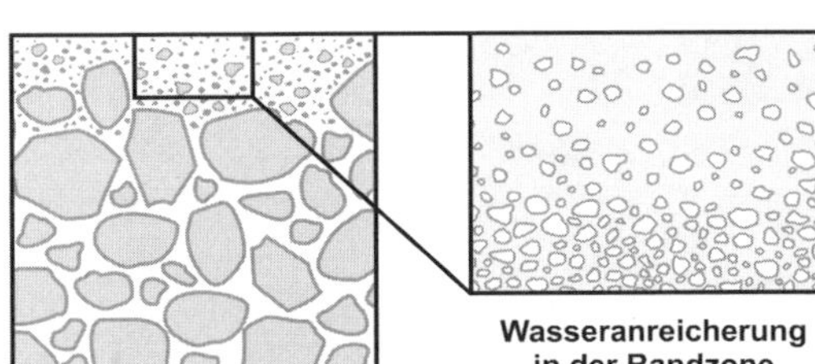

Abb. 3.2-1: Unzureichende Mischungsstabilität führt schon beim Verdichten zu Entmischungen [Lohaus 17]

Tab. 3.2-1: Bezeichnung der Konsistenzklassen in Deutschland und in Österreich

Ausbreitmaß	Verdichtungs-maß	DIN FB 100		ÖNORM B 4710-1	
		Klasse	Beschreibung	Beschreibung	Klasse
	≥ 1,46	C0	sehr steif	erdfeucht	C0
≤ 340	1,45–1,26	F1/C1	steif	sehr steif	C1
350–410	1,25–1,11	F2/C2	plastisch	steif plastisch	F38/C2
420–480	1,10–1,04	F3	weich	plastisch	F45
490–550	< 1,04	F4	sehr weich	weich*)	F52
560–620	–	F5	fließfähig	sehr weich	F59
≥ 630	–	F6	sehr fließfähig	fließfähig	F66
				sehr fließfähig	F73

*) Regelkonsistenz

Dann wird der Beton durch Rütteln gut verdichtet. Gemessen wird, wie weit er dabei zusammensackt. Als Verdichtungsmaß gilt die **ursprüngliche Höhe von 40 cm**, geteilt durch die **Höhe nach dem Verdichten**. Ein Verdichtungsmaß von beispielsweise 1,24 bedeutet auch, dass beim Betonieren einer Platte der Frischbeton um etwa 24 % höher geschüttet werden muss, damit er nach dem Verdichten die richtige Höhe hat.

Das **Ausbreitmaß** wird nach DIN EN 12350-5 auf dem 70 × 70 cm² großen Ausbreittisch geprüft, Abb. 3.2-3 und Abb. 6.1-2.

Der Frischbeton wird in eine in der Mitte des Ausbreittisches stehende **kegelstumpfförmige Blechform** gefüllt und leicht verdichtet. Dann zieht man die Blechform nach oben ab und hebt die Tischplatte **15mal 4 cm hoch** an und lässt sie fallen. Unter diesem Schock breitet sich der Beton je nach Fließvermögen zu einem mehr oder weniger breiten Kuchen aus. Der **Mittelwert zweier Durchmesser** dieses Kuchens gilt als Ausbreitmaß. Wenn man bei fließfähigem Beton auf das Schocken verzichtet, spricht man von Ausbreitfließmaß. Wichtig ist aber nicht nur dieses Maß, sondern auch das **Zusammenhaltevermögen** der Betonprobe. Fließt der Leim vom Grobkorn weg, ist dies ein deutliches Zeichen für fehlende Stabilität. Oft fehlt Mehlkorn, um das Entmischen zu verhindern. Zerfällt die Probe in Schollen, ist die Konsistenz für eine Prüfung mit dem Ausbreitmaß zu steif.

Mitunter kennzeichnet man die Konsistenz besser mit dem **Setzmaß**, wobei man den Beton in einer schlankeren kegelstumpfförmigen Blechform verdichtet. Das Setzmaß gibt an, um wie viel Millimeter der Beton nach vorsichtigem Abziehen der Blechform zusammensackt, Abb. 6.1-2.

Abb. 3.2-3: Als Ausbreitmaß gilt der gemittelte Durchmesser des Betonkuchens nach 15-maligem Fallenlassen der oberen Tischplatte (Foto: Kreft, CBM)

Für **Konsistenz** und **Mischungsstabilität** bestimmend sind

- **Sieblinie des Korngemisches** bestehend aus groben und feinen Gesteinskörnungen
- **Kornform der Gesteinsstoffe** und **Rauigkeit** ihrer Oberfläche
- **Menge an Leim** (Zement, Mehlkorn und Wasser)
- **Fließfähigkeit und Zähigkeit des Leimes**
- **Wirkung von Zusatzmitteln.**

3.2.3 Zusammensetzung der Gesteinskörnungen

Sand und grobe Gesteinskörnungen sollen so zusammengesetzt sein, dass die **erforderliche Konsistenz** mit einem möglichst **geringen Wassergehalt** erreicht wird und der Frischbeton eine ausreichende Mischungsstabilität aufweist. **Günstig** sind **Kornzusammensetzungen**, also Sieblinien, bei denen die Zwickel zwischen den groben Körnern durch feinere ausgefüllt werden.

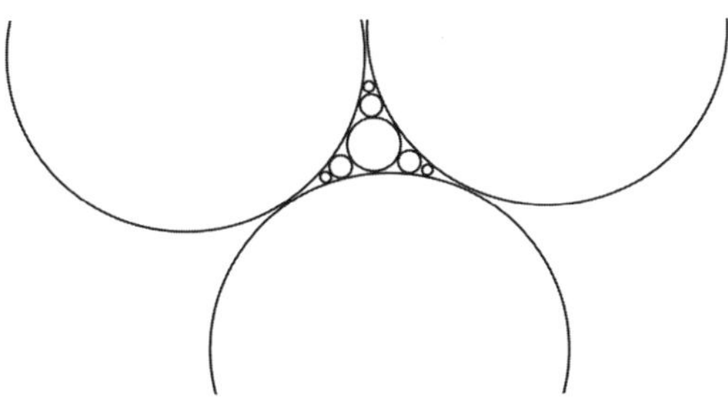

Abb. 3.2-4: Die Zwickel zwischen groben Körnern sollen möglichst weitgehend mit feineren Körnern gefüllt werden (schematisch)

Erkennbar sind solche Kornzusammensetzungen an einer hohen **Packungsdichte**, d. h. dass das Volumen der Gesteinskörnungen bezogen auf das Gesamtvolumen nach dem Verdichten besonders groß ist, und die Zwickelräume mit der verbliebenen Luft nur ein entsprechend kleines Volumen haben. Schon vor über hundert Jahren hat der Amerikaner Fuller eine quadratische Parabel als Ideallinie für die Sieblinie einer Gesteinskörnung für Beton mit hoher Packungsdichte angegeben. Dabei ist der Siebdurchgang A_i in Volumenprozent

$$A_i = 100\left(\frac{d_i}{D_{max}}\right)^{0,5}$$

eine Funktion der Siebweite d_i, bezogen auf das Größtkorn D_{max}, [Fuller 07]. Es wurde viel gerechnet, bis sich herausstellte, dass die **Fuller-Parabel** streng nur für Körnungen in Kugelform gilt.

Da die Gesteinskörner unterschiedliche, stets von einer Kugel abweichende Kornformen haben, muss die Fuller-Parabel angepasst werden. Bei ungünstiger Kornform wird dazu der Exponent von 0,5 auf 0,3 bis 0,4 abgesenkt, was zu einem höheren Gehalt an feinem Korn führt.

In der Praxis hat sich gezeigt, dass von zwei Sieblinien eingegrenzte Bereiche besser handhabbar sind als eine Sieblinie in Form der Fuller-Parabel. Dabei grenzen die Sieblinien A und B den **günstigen, grob- und mittelkörnigen Bereich** ein, während **mittel- bis feinkörnige** Kornzusammensetzungen des Bereiches B bis C meist noch **brauchbar** sind, Abb. 3.2-5.

In DIN FB 100 werden die Sieblinienbereiche für **8 mm, 16 mm, 32 mm und 63 mm Größtkorn** angegeben, in ÖNORM B 4710-1 auch für 4 mm, 11 mm und 22 mm. Sieblinien U begrenzen den Bereich von **Ausfallkörnungen.**

Da grobe Gesteinskörner in Vergleich zu Sand oder gar Mehlkorn weniger Wasser erfordern, wählt man **möglichst grobkörnige Kornzusammensetzungen**. So bleiben bei 32 mm Größtkorn und einer Kornzusammensetzung in der Mitte des Bereiches AB 32 bei rundlichen, gedrungenen Gesteinskörnern nur etwa 15 % bis 20 % Hohlräume, die mit **Zementleim** gefüllt werden müssen. **Feinkörnige** Kornzusammensetzungen weisen mehr Zwickel auf und erfordern daher auch mehr **Zementleim.** Grobe Körner neigen aber viel stärker zur Sedimentation, sodass man für weiche und fließfähige Konsistenzen oft feinkörnigere Kornzusammensetzungen wählt und das Größtkorn oft auf 16 mm oder gar 8 mm begrenzt, während man für steifen Massenbeton, der mit leistungsfähigen Rüttlern verdichtet wird, auch sehr grobe Körungen bis 64 mm verwenden kann.

Auch im Bereich des **Mehlkorns**, also von Zement, Zusatzstoffen und jenen mehlfeinen Stoffen, die in den Gesteinskörnungen enthalten sind, ist die **Füllung der Zwickel** zwischen gröberen und feineren Körnern maßgebend für Wasseranspruch, Verarbeitbarkeit und Festigkeit des erhärteten Betons. Es muss eine **hohe Packungsdichte**, d. h. ein nur kleiner Porenraum zwischen den Körnern erzielt werden. Dazu müssen auch alle mehlfeinen Stoffe in ihrer **Korngröße aufeinander abgestimmt** sein. Ihre Körner sollen eine möglichst **gedrungene** Form und **geringe Rauigkeit** der Oberfläche haben. Optimale Kornzusammensetzungen liegen auch im Bereich des Mehlkorns nahe einer Parabel, vgl. Abschn. 5.6.2. Damit einzelne Körner **nicht in Agglomeraten zusammenhaften**, werden sie mit einem **Fließmittel dispergiert.**

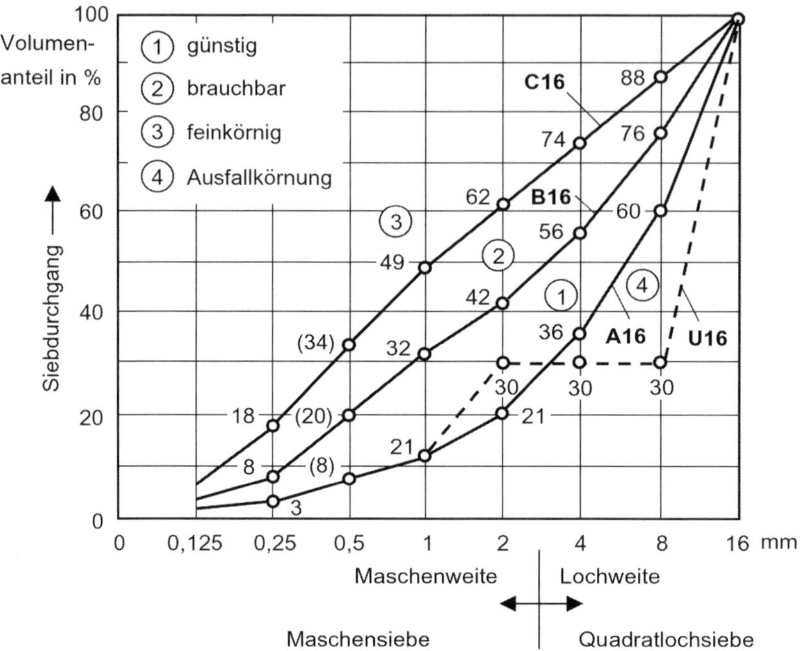

Abb. 3.2-5: Sieblinienbereiche für Gesteinskörnung mit 16 mm Größtkorn [nach DIN FB 100, Anh. L]

Um die Packungsdichte durch hochfeine inerte Stoffe zu verbessern, können verschiedene Verfahren angewandt werden [Budelmann 09, Teichmann 09]. Dabei kommt, ebenso wie bei Einpressmörteln rheologischen Untersuchungen besondere Bedeutung zu. Daneben gibt es auch einfache Verfahren zur Optimierung des Mehlkorns, siehe Abschn. 5.6.2.

Im **Feinstbereich optimierter Zementleim** braucht etwas **weniger Wasser**, um die erforderliche Konsistenz zu erreichen, ist **zäher, blutet weniger** und ist **weniger empfindlich** hinsichtlich **Schwankungen im Wassergehalt**. Er erfordert aber eine etwas **höhere Mischenergie**. Dank seiner Zähigkeit sedimentiert das Grobkorn **weniger leicht** und der Frischbeton hält besser zusammen, [Juhart 14]. Nur wenn der Anteil an Mehlkorn zu groß ist, gilt die alte Regel, dass auch der Wasseranspruch höher ist, der Beton daher auch stärker schwindet und auch mehr Zement und ggf. Fließmittel erfordert.

Um **„Ökobetone"**, also solche mit nur geringem Klinkergehalt herzustellen, führt der Weg zu **optimierten Korngrößenverteilungen** auch im feinsten Bereich, wobei auch Fließmittel und ein verbesserter Mischvorgang eine wichtige Rolle spielen können.

Der Anteil an Leim muss so groß sein, dass neben dem **„füllenden" Anteil**, der die verbliebenen Zwickel füllen muss, noch ein **„schmierender" Anteil**

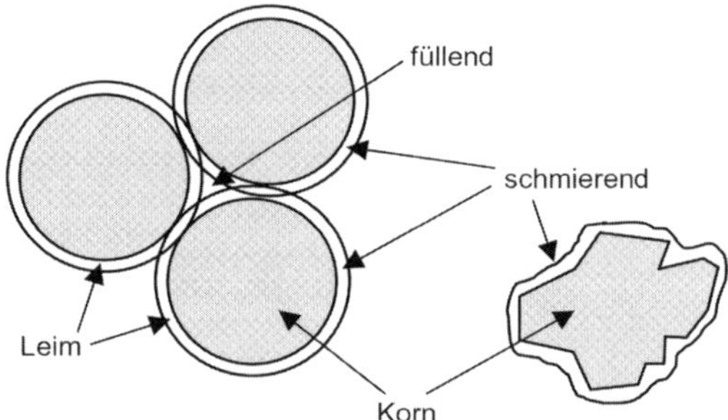

Abb. 3.2-6: Damit die Körner besser aneinander gleiten und so der Frischbeton leichter verarbeitbar ist, muss zwischen ihnen eine schmierende Leimschicht sein (Krell)

bleibt, der die einzelnen Körner mit einem Gleitfilm umgibt.

Dieser schmierende Anteil muss umso größer sein,

- je weicher der Frischbeton sein soll,
- je größer die Oberfläche seiner Körner ist und
- je rauer deren Oberfläche ist.

Zu berechnen sind die nötigen Dicken der Leimschicht kaum, weil die Gesteinskörner keine ideale Kugelform haben und unterschiedlich rau sein können. Das gilt auch für die Berechnung des Hohlraumgehaltes, wobei noch dazu kommt, dass nicht alle

Tabelle 3.2-2: Wassergehalt [kg/m³] des Frischbetons mit Gesteinskörnungen der Regelsieblinien [Bonzel 78]

Konsistenz-klasse	Wasser-anspruch der Gesteinsstoffe	Sieblinie								
		A 8	B 8	C 8	A 16	B 16	C 16	A 32	B 32	C 32
F 1/C 1 steif	hoch niedrig	155 150	175 170	195 185	140 120	150 140	185 175	130 105	140 130	165 160
F 2/C 2 plastisch	hoch niedrig	185 180	200 195	225 210	165 150	180 175	210 200	155 130	170 160	195 190
F 3/C 3 weich	hoch niedrig	210 205	225 220	250 235	190 175	205 200	235 225	170 150	195 185	220 215

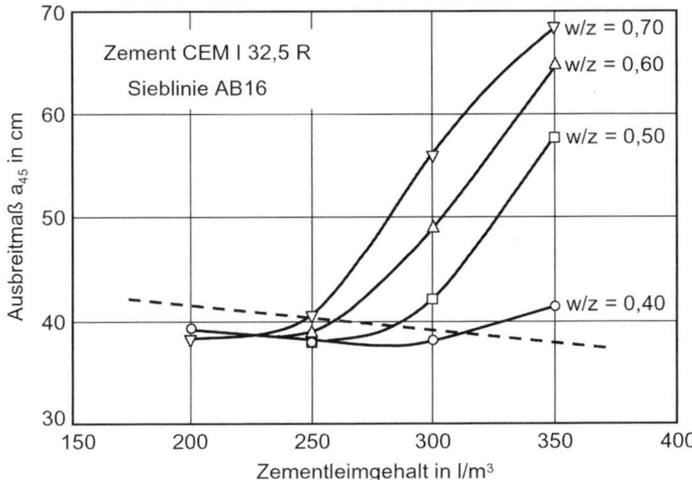

Abb. 3.2-7: Wenn der Leimgehalt ausreicht, um die Hohlräume zu füllen, d. h. über der gestrichelten Linie liegt, führt höherer *w/z*-Wert zu weicherem Beton, [Thielen 98]

kleineren Körner in die Hohlräume zwischen den großen Körnern geraten, man spricht von einer **Teilchenbehinderung.**

3.2.4 Wasseranspruch

Zement benötigt für seine chemische Reaktion Wasser. Der **erforderliche Wassergehalt** richtet sich aber nicht danach, wie viel für eine vollständige Hydratation nötig wäre, sondern **ausschließlich nach der erforderlichen Konsistenz**, damit der Frischbeton ausreichend verarbeitet werden kann und sich beim Einbau **praktisch vollständig verdichten** lässt. Das dabei vorhandene Wasser reicht für die Erhärtung des Zements aus. Verdunstet das Wasser aus den Kapillarporen und dringt stattdessen Luft ein, dann kommt die Hydratation zum Stillstand. Enthält ein Beton aber vom Anfang an **zu wenig** Wasser für die **vollständige Hydratation** des Zements, wie dies bei einem *w/z*-Wert unterhalb von etwa 0,40 der Fall ist, dann **erhärtet er schneller und erreicht eine höhere Festigkeit**, obwohl er nicht vollständig hydratisieren kann.

Der **Wasseranspruch einer Gesteinskörnung** kann nach Tabelle 3.2-2 abgeschätzt werden. Aus der Tabelle geht auch hervor, dass der Wasseranspruch umso größer ist, je feinkörniger die Gesteinskörnung und je weicher die Konsistenz sein soll. Die Tabelle berücksichtigt aber nicht die meist verwendeten Verflüssiger oder Fließmittel. Sie ist vor allem hilfreich, wenn es darum geht, bei Änderungen der Sieblinie oder der Konsistenz zu beurteilen, wie sich der Wasseranspruch ändert. Ob der Wasseranspruch hoch oder niedrig ist, muss mit Proben der Gesteinskörnungen ermittelt werden, ebenso die Wirkung von BV und FM.

Zementleim ist auch umso fließfähiger, je höher sein *w/z*-Wert ist, Abb. 3.2-7. In der Praxis wird mitunter ein steifer Beton als solcher mit niedrigem *w/z*-Wert, also hochwertig, bezeichnet. Das stimmt freilich nur, wenn man Betonzusammensetzungen mit demselben Zementgehalt vergleicht.

3.2.5 Rheologische Eigenschaften des Leimes

Bei höheren Anforderungen an die Verarbeitbarkeit des Frischbetons haben sich rheologische Untersuchungen, meist mit einem **Rotationsviskosimeter** bewährt. Neben der Zusammensetzung des Grobkorns ist vor allem der Gehalt an Leim und das rheologische Verhalten des Leimes, also sein **Fließvermögen** und seine **Klebrigkeit**, die man als (dynamische) Zähigkeit, also **Viskosität**, erfasst, maßgebend. Untersuchungen im Rheometer dienen dazu, die Kombinationen von **Zement und Zusatzmittel**, ggf. auch Zusatzstoffen oder anderem Mehlkorn zu optimieren.

Das Rotationsviskosimeter besteht aus einem zylindrischen Topf, der mit Leim oder Feinmörtel gefüllt wird und mit unterschiedlichen Geschwindigkeiten von z. B. bis zu 120 Umdrehungen pro Minute um seine eigene Achse gedreht wird.

Ein feststehendes **Messpaddel** mit genau definierten Abmessungen taucht senkrecht in den Topf in seiner Achse ein. Mit Hilfe eines **Drehmomentmesskopfes** wird der **Scherwiderstand** (Fließwiderstand) bei Drehungen mit unterschiedlichen Geschwindigkeiten gemessen und als Fließkurve dargestellt.

Die **Fließgrenze** gibt an, bei welchem Scherwiderstand der Leim am Anfang in Bewegung gesetzt werden kann. Ist die **Fließgrenze hoch**, bedeutet das, dass der Leim **steif** ist, ist sie **niedrig**, ist der Leim **weich bis flüssig** und kann sich **leicht entmischen**, man spricht von **Segregation**. Die **Neigung der Fließkurve** kennzeichnet die **Viskosität** oder **Zähigkeit**. Sie ist ein Maß für die dynamische Reibung und zeigt, wie groß der Scherwiderstand ist, um den Leim bei der jeweiligen Schergeschwindigkeit in Bewegung zu halten.

In der Regel macht man bei genau definierter Temperatur zwei Versuche mit unterschiedlichen Schergeschwindigkeiten, und zwar mit 120 Umdrehungen je Minute und einer möglichst niedrigen Geschwindigkeit. Bei höherer Schergeschwindigkeit ist der Scherwiderstand umso größer, je höher die relative Viskosität ist, d. h. je steiler die Fließkurve geneigt ist, also je **zäher** und **klebriger** der Leim ist.

Die **Fließgrenze** kann nur durch Extrapolation bestimmt werden, wobei man stark vereinfachend annimmt, dass die Fließkurve eine Gerade ist. Je langsamer die Bewegung, umso kleiner ist die zu überwindende Scherspannung. Bei der Fließgrenze ist die **Agglomeration** (Flockung) der **Zementpartikel**, vgl. Abb. 2.5-2, so groß, dass Scherspannungen ohne Verformung aufgenommen werden können.

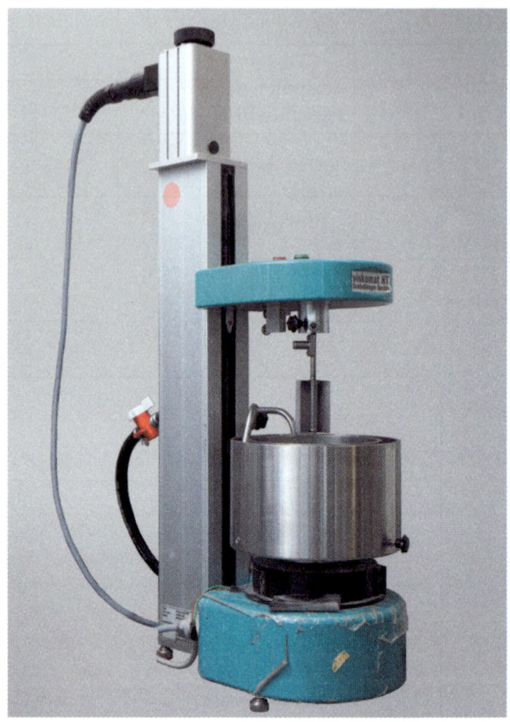

Abb. 3.2-8: Rotationsviskosimeter zur Bestimmung des Scherwiderstandes von Zementleim bei unterschiedlicher Drehgeschwindigkeit des Topfes [Foto: Kreft CBM]

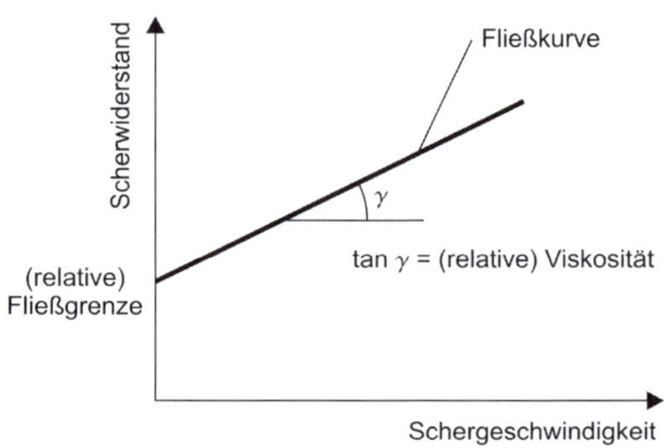

Abb. 3.2-9: Fließkurve eines Zementleimes bei unterschiedlicher Schergeschwindigkeit (schematisch). Je steiler die Fließkurve, desto klebriger der Leim

Mehlfeine Stoffe wie Zement liegen meist als Agglomerate mehrerer Körner vor, die durch Fließmittel zerstört werden können, und zwar nahezu vollständig, wenn hinreichend **Fließmittel** zugegeben werden. Sie bewirken durch Auflösen der Agglomerate eine drastische Senkung der Fließgrenze. Die Viskosität, gekennzeichnet durch die Neigung der Fließkurve, bleibt aber erhalten.

Werden Fließmittel höher dosiert als es der Mehlkorngehalt erfordert, erhöht sich das Ausbreitmaß nur geringfügig. Der Zementleim kann dann aber aus dem Korngerüst ausfließen. Ein solches Ausfließen kann an Schalflächen und unter groben Gesteinskörnern zu störenden großen Poren führen und auch die Festigkeit beeinträchtigen und kann durch Zugabe eines Stabilisierers vermindert werden.

Bei **selbstverdichtendem** und **sehr fließfähigem** Beton ist eine sorgfältige Optimierung nötig, vgl. Abschn. 6.1. Der Beton muss ohne Rütteln oder sonstiger Verdichtungsenergie so fließfähig sein, dass er die Schalung bis in den letzten Winkel ausfüllt. Dies wiederum erfordert eine nicht zu hohe Fließgrenze und eine nicht zu große Viskosität.

Obwohl der Scherwiderstand, d. h. Fließgrenze und Viskosität nur relative Messwerte sind, die nicht in Konsistenzmaße umgerechnet werden können, sind sie für vergleichende Beurteilungen wichtig. Vom relativen Fließwiderstand lässt sich auf die zu erwartende Betonkonsistenz schließen. Vermindert sich der Fließwiderstand um 40 N/mm, wird das Ausbreitmaß um etwa 10 cm größer, [Griesser 02].

Mit dem Viskosimeter kann auch der **Einfluss der Temperatur** und einer **längeren Verarbeitungsdauer** bei Verwendung unterschiedlicher Zusatzmittel geprüft werden. Es muss aber beachtet werden, dass sich Leimsuspensionen durch Sedimentation entmischen können und dass auch der Strukturzustand, vor allem die Flockung und die beginnende Hydratation die Prüfergebnisse stark beeinflussen können. Der Aufwand für rheologische Untersuchungen des Leimes ist wesentlich geringer als jener für entsprechende Betonversuche.

3.2.6 Mischungsstabilität

Wenn sich schwerere **Feststoffteilchen** in einer im Vergleich dazu **leichteren Flüssigkeit** wie Wasser unter dem Einfluss der Schwerkraft absetzen, spricht man von Sedimentation. Nach G. Stokes beträgt die Geschwindigkeit v, mit der eine Kugel mit dem Radius r in einer Flüssigkeit nach unten sinkt

$$v = \frac{2}{9} \cdot \frac{r^2 g}{\eta} \cdot (\rho_k - \rho_w)$$

wobei g die Erdbeschleunigung, η die dynamische Zähigkeit der Flüssigkeit und ρ_k die Dichte der Kugel und ρ_w jene der Flüssigkeit sind. Daraus geht hervor, dass die **Sinkgeschwindigkeit mit dem Quadrat des Radius** ansteigt, d. h. dass Körner **umso schneller** nach unten sinken, **je größer** sie sind. Als Beispiel sei aufgezeigt, mit welchen Sinkgeschwindigkeiten zu rechnen ist, wenn Sand unterschiedlicher Korngröße in reinem Wasser sedimentiert:

Feinstsand 0,125/0,250	1,0 bis 3,0 cm/s
Sand 0,5/1,0	6,3 bis 13,5 cm/s

Im **viskoseren Zementleim** verläuft die Sedimentation **langsamer**, aber auch hier umso langsamer, je kleiner die Körner sind.

Großtechnisch wird die Sedimentation zur Trennung unterschiedlicher Korngrößen im Zuge einer hydraulischen Aufbereitung zur Erzeugung hochwertiger Sande z. B. im Klassiertank verwendet, vgl. Abb. 2.4-2.

Im Frischbeton können Sedimentationserscheinungen so lange auftreten, bis die dynamische Zähigkeit des Zementleims und Feinmörtels durch das beginnende Erstarren hinreichend groß geworden ist, d. h. **bis das Erstarren beginnt**. Bei **niedrigen Temperaturen** und **weicher Konsistenz** erstarrt der Beton später, daher steht für die Sedimentation mehr Zeit zur Verfügung. Sie ist daher ausgeprägter.

Unzureichende Mischungsstabilität, Abb. 3.2-1, führt zu Entmischungen durch

- **Sedimentation der groben Gesteinskörnung,**
- **Absondern von Leim aus dem Mörtel** und
- **Absondern von Flüssigkeit aus dem Leim**, sodass sich an der Oberfläche eine Wasserschicht bildet, der Beton **„blutet“.**

All diese Entmischungen sind darauf zurückzuführen, dass die Rohdichte der üblichen Feststoffe mit 2,60 bis über 3,0 g/cm^3 spezifisch viel größer ist als jene des Leimes mit nur 1,7 bis 1,9 g/cm^3.

Unzureichende Mischungsstabilität („Rüttelstabilität“) zeigt sich deutlich an der Verteilung von grobem Korn an senkrecht entnommenen Bohrkernen. Man kann die Mischungsstabilität aber auch schon am Frischbeton mit einem **Auswaschversuch** feststellen. Dabei werden aus einem Probezylinder Proben im untersten, mittleren und obersten Teil entnommen und der Anteil an Grobkorn durch Auswaschen des Mörtels und feineren Kornes und Wägung ermittelt. Ein Sedimentationsgerät, mit dem die Rüttelstabilität im Labor und auf Baustellen geprüft werden kann, wurde entwickelt [Breitenbücher 17].

Die **Zähigkeit** des Feinmörtels, also seine Viskosität kann man durch **steifere Konsistenz**, **feiner gemahlenen Zement** und erhöhten Gehalt an **feinem Mehlkorn**, sowie bestimmte **Zusatzmittel** oder **künstliche Luftporen**, vergrößern, wie es auch Versuche im Rotationsviskosimeter zeigen, vgl. Abschn. 3.2.5.

Verwendet man für Beton nicht Kies oder andere Gesteinskörnungen, sondern Partikeln aus leichtem Schaumstoff, etwa Styropor (vgl. Abschn. 6.4), dann steigen diese im schwereren Zementleim nach oben. Dasselbe gilt für Luftblasen. Auch hier hilft das Stokes'sche Gesetz zu verstehen, warum die **großen Luftblasen viel schneller nach oben steigen** und die feinen künstlichen Luftporen selbst durch langes Rütteln nicht aus dem Mörtelgefüge getrieben werden können, vgl. Abschn. 5.9.

Wenn grobe Gesteinskörner absinken und in den oberen Betonschichten Mörtel und Zementleim zurückbleiben, der Beton also nicht mischungsstabil ist, führt dies in den oberen, mörtelreicheren Schichten zu einer niedrigeren Festigkeit und Rohdichte und beeinträchtigt die Dauerhaftigkeit. Dort schwindet der Beton stärker, wobei oft Schwindrisse sichtbar werden. Solche Risse können aber auch durch **zu langes Rütteln** entstehen. Bei den früher üblichen steifen Konsistenzen kannte man ein Absinken der groben Gesteinskörner und eine Anreichung von Feinmörtel im oberen Bereich nicht. Heute muss man sich bemühen, den Feinmörtel durch hohen Gehalt an Mehlkorn und oft auch entsprechende Zusatzmittel so zäh zu machen, dass gröbere Körner nicht sedimentieren, oft verzichtet man dazu auf Körnungen über 16 mm oder auch solche über 8 mm. Der Leim kann nach rheologischen Messungen, vgl. Abschn. 3.2.5, entsprechend eingestellt werden. Die **Fließgrenze** muss etwas **höher** sein, wenn ein **großes Grobkorn** verwendet wird, vor allem wenn dessen Rohdichte im Vergleich zum Leim sehr groß ist. Dazu kommt noch, dass die **Viskosität nicht zu klein** sein darf, damit die Sedimentationsvorgänge bis zum Ansteifen hinreichend gebremst werden. Beim Rütteln des Betons werden Fließgrenze und Viskosität deutlich abgesenkt, sodass fast alle eingeschlossenen Luftporen nach oben entweichen, nur die kleinsten Durchmesser bleiben zurück.

3.2.7 Unzureichendes Wasserhaltevermögen oder „Bluten“

Auch wenn es zu keiner Sedimentation des Grobkorns kommt, bildet sich oft bald nach dem Einbau an der Oberfläche eine **dünne Wasserschicht**, der Beton **„blutet“.** Eine ideale Nachbehandlung! Mit Fortschreiten der Hydratation des Zements wird das Blutwasser durch den Hydratationssog aber wieder eingesaugt, vgl. Abschn. 3.1 und 3.4.5.1, wenn es nicht in der Zwischenzeit verdunstet ist. Wenn dass Blutwasser nach einigen Stunden nicht mehr an der Oberfläche steht, ist der Beton oft schon **trittfest**, was das Abdecken zur Nachbehandlung erleichtert. Oft ist das Bluten aber auch so gering und die Verdunstung so stark, dass die Oberfläche nur kurze Zeit hindurch glänzend nass erscheint und bald danach mattfeucht wirkt. Ein Bluten wird dann oft gar nicht bemerkt.

In der Praxis gibt es aber viele Fälle, in denen ein starkes Bluten, also unzureichendes Wasserhaltevermögen der heutigen weicheren Betone von Nachteil ist. Bei Oberflächen, an die hohe Anforderungen gestellt werden, wie z. B. bei Estrichen oder Straßenbeton, muss ein Bluten weitgehend vermieden werden. Beim Verlegen eines **Plattenbelages** auf ein frisches Mörtelbett ist ein **Bluten** des Mörtels **sehr störend,** weil sich die Wasserschicht gerade in der Grenzfläche zur Unterfläche der Platten bildet, wo der Verbund wichtig wäre. Auch bei einem Einbau des Betons in mehreren Lagen, etwa bei hohen Wänden, Stützen oder Pfählen, kann das **Blutwasser**, das sich oben an der Grenzfläche zur später eingebrachten nächsten Schicht bildet, den Verbund erheblich beeinträchtigen. Durch Eintauchen der Rüttelflasche in die untere Schicht kann man dies, ebenso wie durch kräftiges Stochern, vermeiden.

Unzureichendes Wasserhaltevermögen führt nicht nur an der Oberfläche zu Bluten, sondern kann auch im Gefüge des Betons Nachteile bringen. Abgesondertes Wasser steigt nach oben und bildet an den Sichtflächen Schlieren. Es kann aber auch innerhalb des Gefüges Kanäle bilden, auch Hohlstellen entlang lotrechter Bewehrungsstäbe verursachen und an den Oberflächen kleine Krater hinterlassen. Auch unter horizontal liegenden Bewehrungsstäben oder anderen Einlagen können sich durch Absondern von Blutwasser **Hohlstellen** bilden, die den Verbund beeinträchtigen. Das Gleiche gilt für **plattige Gesteinskörner** mit horizontal liegenden Unterflächen, unter denen sich Wasser anreichert, sodass kein Verbund mehr besteht. In solchen Fällen kann seitlich anstehendes Wasser leichter eindringen und die Druckfestigkeit kann bei horizontaler Belastung, also in Richtung der Unterfläche der Gesteinskörner, wie bei der Würfelprüfung, deutlich niedriger sein. Nicht so bei stehend hergestellten und stehend geprüften Probezylindern. Noch stärker kann sich dies bei einer Prüfung der Biegezugfestigkeit zeigen. Werden die Probebalken stehend betoniert, hat Beton, der geblutet hat, eine erheblich niedrigere Biegezugfestigkeit.

Ob ein Frischbeton zu starkem Bluten neigt, kann man mit dem **Eimerverfahren** feststellen, [DBV 14]. Dabei werden 10 Liter Frischbeton in einem steifen Eimer verdichtet und abgedeckt, damit kein Wasser verdunsten kann. Nach einer Stunde und wenn nötig auch noch zu späteren Zeitpunkten wird das Blutwasser abgesaugt oder abgegossen, gemessen und wieder auf die Betonoberfläche zurückgegeben. Um

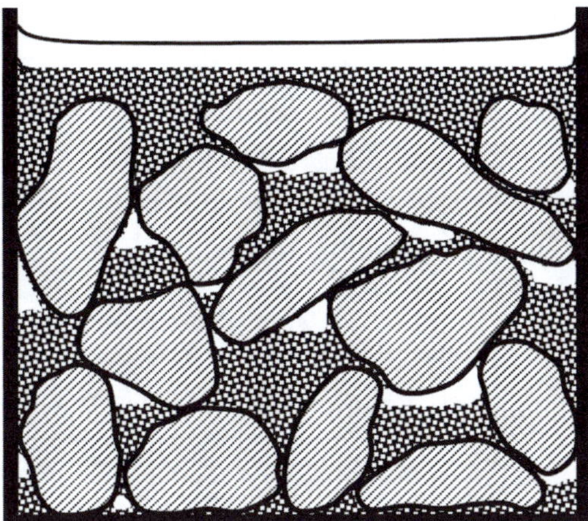

Abb. 3.2-10: Bluten, d. h. Wasserabstoßen durch Sedimentation im Feinmörtel des Betons [Czernin 77]

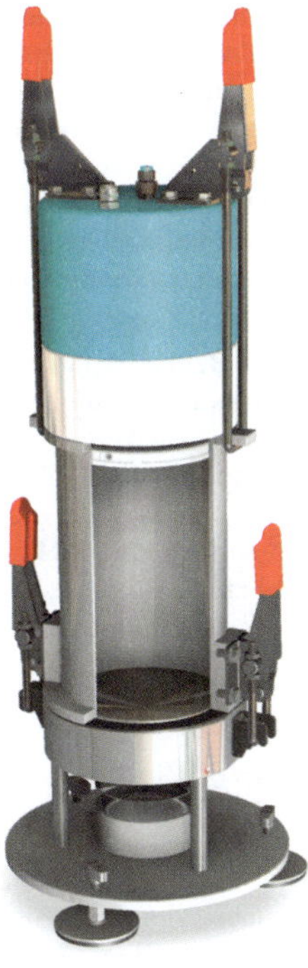

Abb. 3.2-11: Prüfgerät für den Filterpressversuch (Prototyp der Fa. Schleibinger). Auf den Frischbeton im Probenraum (im Bild angeschnitten) wird von oben kontrolliert langsam Druck aufgebracht und das unten austretende Filterwasser kontinuierlich gewogen

schneller eine Blutneigung abzuschätzen, kann man, wie im nächsten Abschnitt beschrieben, den Beton im Filterpressversuch prüfen.

3.2.8 Mischungsstabilität (Bluten) unter Druck

Muss weicher bis fließfähiger Beton bei hohen Stützen oder Wänden oder wie bei oft weit in die Tiefe reichenden **Pfählen oder Schlitzwänden** eingebaut werden, entsteht ein **hoher hydraulischer Druck** mit der Folge, dass **Porenwasser ausgepresst** wird. Dadurch steift der Beton stark an, was vor allem bei Gründungen zu erheblichen Schwierigkeiten beim Einbringen des Betons führen kann. In ähnlicher Weise kann es auch beim **Pumpen des Betons** zum Auspressen von Wasser zu Entmischungen kommen mit der Folge, dass die Leitungen verstopfen. Dabei wird Wasser durch den Pumpendruck aus dem Frischbeton gepresst, so dass ein steifer Betonpfropfen zurückbleibt und die Leitung verstopft. Einen maßgebenden Einfluss auf die ausgepresste Wassermenge und damit auf die Mischungsstabilität hat die Kornzusammensetzung des Mehlkorns insgesamt, während sich der Wassergehalt, der für eine bestimmte Konsistenz nötig ist, kaum auswirkt.

Um das **Wasserrückhaltevermögen unter Druck** (**Blutneigung** unter Druck) zu prüfen, wurden **Filterpressen** entwickelt, Richtlinie Selbst- und leichtverdichtbarer Beton [ÖBV 12]. Eine ähnliche Filterpresse verwendet auch die Fa. Bauer-Spezialtiefbau. Eine baustellentaugliche Filterpresse, auch für höhere Drücke, entwickelt die auf die Herstellung von Prüfgeräten spezialisierte Fa. Schleibinger, [Cleven 17, Lohaus, 17].

Beim **Filterpressversuch** wird aus eine Betonprobe unter hohem Druck Wasser ausgepresst. Die nach 15 und nach 60 Minuten gemessene Menge an Filterwasser kennzeichnet den bei hohen Betonsäulen zu erwartenden Wasserverlust. Anhaltswerte erhält man schon nach einigen Minuten, also viel schneller als beim Bluteimerversuch. Daraus kann man schließen, ob der Beton beim Pumpen und bei der Herstellung tiefreichender Pfähle **mischungsstabil** ist, also durch hohen hydraulischen Druck nicht so viel Wasser aus dem Frischbeton gepresst wird, dass er ansteift und die Rohre verstopfen kann.

3.2.9 Setzen

Von einem **Zusammensacken** oder **Setzen** des Frischbetons spricht man, wenn bei Wänden, Stützen oder dicken Platten, also hohen Bauteilen, der Frischbeton in den ersten Stunden nach dem Verdichten noch geringfügig an Höhe verliert. Deutlich fällt dies vor allem auf, wenn Frischbeton von unten bis an eine feste obere Schalung oder an die Unterfläche eines bestehenden Bauteils heranreichen soll, etwa an die untere Begrenzung einer Fensteröffnung. Ein Setzen von Bruchteilen eines Millimeters hat schon zur Folge, dass der Verbund mit der über der Oberfläche des Betons liegenden oberen Begrenzung unterbunden wird. Bei Wänden mit stark unterschiedlicher Höhe kann das Setzen zu Rissen führen.

Zum Zusammensacken des Frischbetons nach dem Verdichten kann auch das Grundschwinden beitragen. Eine Rolle kann auch spielen, dass sich die Luft in den verbliebenen Verdichtungsporen unter dem Druck des Frischbetons zusammendrückt. Aber auch die Sedimentation kann dazu beitragen. Zu demselben Effekt führt auch eine nur geringe elastische Verformung der Schalung unter dem hydraulischen Druck des Frischbetons.

Setzen verursacht mitunter auch in Betonoberflächen **Risse direkt über den Bewehrungsstäben**, wenn ein steifer Bewehrungskorb das Zusammensacken behindert. Vor allem bei Beton mit weicher bis fließfähiger Konsistenz können sich auch unterhalb von Bewehrungsstäben durch Setzen oder Bluten **Hohlstellen** bilden, die den Verbund erheblich beeinträchtigen und bei seitlichem Wasserdruck Wasser durchsickern lassen können. All dies lässt sich durch **möglichst spätes Nachrütteln** vermeiden.

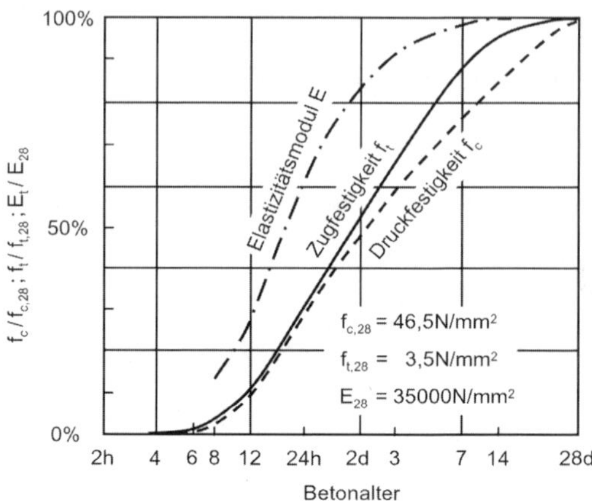

Abb. 3.3-1: Anstieg von E-Modul, Zugfestigkeit und Druckfestigkeit in Prozent der Eigenschaften im Alter von 28 Tagen, [Grübl 01]

3.3 Grüner und junger Beton

3.3.1 Grundsätzliches

Von „**grünem**" **Beton** spricht man vom Ende des Einbringens und Verdichtens bis zum Beginn des Erstarrens. Typische Erscheinungen des noch grünen Betons sind Bluten und Setzen, wovon in Abschn. 3.2 die Rede war. Beton, der z. B. bei der Fertigung eines Rohres unmittelbar nach dem Verdichten ausgeschalt wird, muss „**grünstandfest**" sein. Dazu ist je nach Gestalt des Bauteils eine entsprechende **Gründruckfestigkeit** nötig, vgl. Abschn. 5.11.3.

Als „**jung**" gilt Beton, bis er annähernd seine Gebrauchseigenschaften erreicht hat, also bis zu einem Alter von einigen Tagen. Kennzeichnend für den jungen Beton ist der **Übergang** von einer lockeren bis fließfähigen Masse zu einem **Feststoff mit ausgeprägter Festigkeit**. Für jungen Beton typisch sind Probleme mit Rissen, deren Ursache in Eigenverformungen vor allem durch Temperaturänderungen und Schwinden liegt. Risse können in diesem Alter aber auch durch Verformungen, die von außen aufgezwungen werden, wie beispielsweise durch unterschiedliche Setzungen eines Lehrgerüstes oder Schwingungen beim Rammen von Pfählen entstehen.

3.3.2 Mechanische Eigenschaften

Während die Festigkeit von Beton in den ersten Tagen nur vergleichsweise langsam ansteigt, nimmt der **Elastizitätsmodul** schon sehr früh um mehr als 4 Zehnerpotenzen zu und erreicht bei durchschnittlich zusammengesetztem Konstruktionsbeton bei einer Temperatur von 20 °C schon nach 24 Stunden etwa 70 %, nach 2 Tagen sogar etwa 90 %, seiner 28-Tage-Werte.

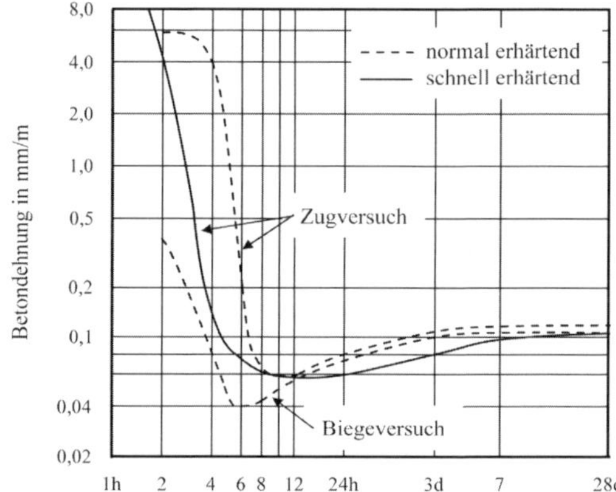

Abb. 3.3-2: Bruchdehnung von jungem Beton im Kurzzeitversuch bei axialem Zug (Z) oder Biegung (B), [Kasai 68, Wierig 68]

Mit dem Ansteigen des E-Moduls wird die **Relaxation**, d. h. das Ausmaß, in dem die aufgezwungenen Spannungen erschlaffen, immer kleiner. Von den noch am ersten Tag entstandenen Zwangs- und Eigenspannungen wird ein Großteil rasch plastisch abgebaut, während jene Verformungen, die erst in einem Alter von mehr als 48 Stunden aufgezwungen werden, zu Spannungen führen, die nur in kleinerem Ausmaß und ganz erheblich langsamer erschlaffen.

Für die Frage, ob sich im jungen Beton **Risse** bilden, ist bei Zwangsbeanspruchungen die **Bruchdehnung** maßgebend. Sie ist anfangs sehr groß, durchläuft aber nach dem Erstarren bis in ein Alter von etwa 16 Stunden ein Minimum und steigt dann wieder an, nach einer Woche etwa auf das doppelte Maß.

3.3.3 Transportvorgänge im grünen und jungen Beton

Frischbeton, der an der Oberfläche trockener Luft ausgesetzt ist, gibt durch **Verdunstung** erhebliche Mengen an Feuchtigkeit ab. Besonders deutlich wird dies beim Betonieren im Winter, wenn die Luft kalt und die Luftfeuchte niedrig, der Beton aber warm ist, vgl. Abschn. 7.8-2. Beim Verdunsten von Oberflächenwasser entsteht anfangs ein kapillarer **Wassertransport vom Inneren zur Oberfläche**, sodass selbst noch in 60 cm Tiefe der Wassergehalt kleiner wird. Verdunstungsverluste an der Oberfläche wirken sich vor allem bei **dünnen Bauteilen gravierend** aus, weil kein Wasser aus tieferen Schichten nachgesaugt werden kann, [Nischer 76]. Daher müssen dünne Mörtel- oder Betonschichten besonders sorgfältig vor Austrocknen geschützt werden.

Nachteilig ist jede Verdunstung, weil sich die Kapillarporen mit Luft füllen. Sinkt die Feuchtigkeit der Porenluft unter etwa 85 % – was bald erreicht wird –, kommt die Hydratation zum Stillstand. Darüber hinaus entstehen durch die Volumenverminderung bei der Hydratation des Zements Kapillarspannungen, die sehr leicht Ursache von Rissen im kaum erstarrten Beton sein können. Wird dagegen Wasser von der Oberfläche des noch grünen Betons so **abgesaugt,** dass Luft von außen keinen Zutritt hat, wie dies durch Auflegen von **Vakuumteppichen** und Absaugen von etwa 10 Liter Wasser je m^2 gemacht wird, werden die Kapillarporen enger, der Beton wird dichter. Die Folge ist, dass die Randzone bei niedrigerem *w*/*z*-Wert erhärtet und **erheblich fester** wird, vgl. Abschn. 7.6.9. Eine ähnliche, etwas weniger in die Tiefe reichende Wirkung haben saugende und wasserabführende **Schalungseinlagen**, vgl. Abschn. 7.6.9.

3.3.4 Frühschwinden

Diese auch als **plastisches Schwinden** oder **Kapillarschwinden** bezeichnete Erscheinung tritt auf, solange der Beton noch bearbeitbar oder noch nicht vollständig erstarrt ist und kann auch zu breiteren Rissen führen. Sie können meist durch Nachverdichten wieder geschlossen werden.

Ursache sind die durch **Austrocknen** ausgelösten Kapillarkräfte. Besonders gefährdet ist Beton, der viel Mehlkorn enthält wie Selbstverdichtender und Fließfähiger Beton sowie Hochfester und Ultrahochfester Beton. Auch können niedrige Temperaturen oder die Verwendung eines Verzögerers zu langsamerem Erhärten und daher auch zu länger andauerndem Austrocknen führen, so dass leichter Risse entstehen. Bei Wind, niedriger Luftfeuchte und Beton, der wärmer als die Umgebungsluft ist, sind die **Wasserverluste** bei **fehlendem Verdunstungsschutz** besonders groß.

Durch Zumischen von Kunststofffasern lassen sich Risse infolge Frühschwinden weitgehend vermeiden, vgl. Abschn. 6.8.4.

Neben dem Frühschwinden kann die **Bearbeitung der Oberfläche** z. B. beim Abziehen mit einer Bohle sehr zur Rissbildung in sehr jungem Alter beitragen, vor allem, wenn der Beton viel Mehlkorn enthält. Erkennbar ist dieser Einfluss vielfach durch parallele Risse quer zur Arbeitsrichtung der Bohle. Risse können auch über oberflächennahen Bewehrungsstäben entstehen, wenn sich der Frischbeton setzt (vgl. Abschn. 3.2.9).

3.3.5 Grundschwinden

Diese früher auch **Schrumpfdehnung, autogenes** oder **inneres Schwinden** bezeichnete Erscheinung tritt stets auf, wenn Zement hydratisiert, und hat ihre Ursache in der **Verminderung des Volumens des Zementleims bei der Erhärtung** um etwa 6 dm^3 je 100 kg Zement, vgl. Abschn. 3.1. Es verläuft proportional zur Hydratation. Nur ein Teil davon findet statt, solange der Beton noch so weich ist, dass es direkt zu einer äußeren Volumenverminderung führt, vgl. Abschn. 3.4.5. Nach dem Erstarrungsbeginn führt es zu einem inneren Austrocknen, dem sog. **Selbstaustrocknen** des Zementsteins. Dadurch entsteht, wie bei einer Wasserabgabe nach außen, eine Verminderung des Volumens, die aber nur einen Bruchteil des gesamten Grundschwindens ausmacht.

Die durch Selbstaustrocknen leer werdenden Porenräume nehmen bei Frost die Dehnungen des gefrierenden Porenwasser auf und **erhöhen** so den **Frostwiderstand**, aber nur, wenn von außen kein Wasser nachgesaugt wird. Der gravierende Unterschied zum Trocknungsschwinden ist, dass **das Selbstaustrocknen gleichmäßig über den Querschnitt** eintritt, während **das Trocknungsschwinden,** viel ärgerlicher, **fast nur an der Randzone** auftritt. Ärgerlicher vor allem, weil die Ursache der typischen Schwindrisse darin liegt, dass die Schwindverkürzung der Randzone vom nicht schwindenden Kern behindert wird.

Über das früher fast nur als „autogen" bezeichnete Grundschwinden wurde lange Zeit hindurch nicht viel geredet, weil es im Vergleich zur Wärmedehnung vernachlässigbar klein ist. Bis dann die **Hochfesten Betone** mit *w*/*z*-Werten von erheblich unter 0,40 kamen, siehe auch Abschn. 6.2. Solche Betone erstarren früh, weil wenig Wasser zur Verfügung steht. Sie erreichen schnell eine so hohe Festigkeit,

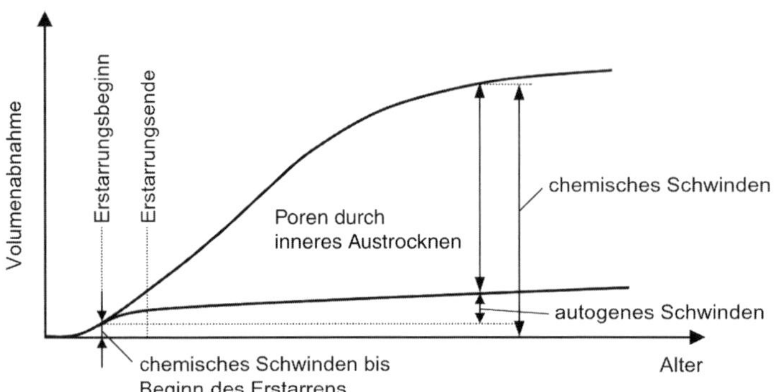

Abb. 3.3-3: Chemisches Schwinden ist die Volumenverminderung während der Hydratation. Nach dem Erstarren führt es zu einem inneren Austrocknen, wodurch der Beton „autogen" schwindet (Schrumpfdehnung), [Tazawa 98]

dass sie sich durch Selbstaustrocknen stärker verkürzen. Auch bei Beton mit hohem Gehalt an Mehlkorn und Zementen mit hohem Gehalt an C_3A oder/und Alkalien muss mit höherem Grundschwinden gerechnet werden. **Silicastaub verstärkt** es erheblich, noch mehr aber **Hüttensandmehl**. Dagegen vermindert Flugasche die Gefahr einer Rissbildung.

Wichtig ist das Grundschwinden vor allem bei langgestreckten Bauteilen, wo auch die Hydratationswärme eine Rolle spielt. Der Unterschied dieser beiden Ursachen von Spannungen oder Verformungen liegt im zeitlichen Verlauf: Bei der Hydratationswärme stört uns jener Teil, der auftritt, bevor der Beton schon einen hohen E-Modul aufweist, weil die in Spannungen umgesetzten Wärmedehnungen noch stark relaxieren. Bei der späteren Abkühlung des dann schon festen Betons treten hohe Zwangsspannungen auf. Dagegen beginnt das Grundschwinden schon mit dem Erstarren und verläuft kontinuierlich etwa proportional zur Hydratation des Zements, also **hauptsächlich innerhalb der ersten Stunden und Tage**. Versuche mit zweischichtigen Platten mit hochfestem Oberbeton zeigten, dass man sich dabei wegen Grundschwindens keine Sorgen machen muss. Die durch unterschiedliches Grundschwinden entstehenden Spannungen werden durch die noch starke Relaxation abgebaut, [Huber 05, Sodeikat 01].

Verhindern lässt sich das Grundschwinden nicht. Man kann es allenfalls in den Randzonen etwas vermindern, wenn man Wasser zum Nachsaugen zur Verfügung stellt. Diese Randzone wird aber vor allem bei niedrigen *w*/*z*-Werten bald so dicht, dass sie nicht mehr viel Wasser aufnehmen kann. Man kann aber die Erhärtungsphase verlangsamen, indem man einen Teil des Zements durch Flugasche ersetzt, was sich in der Praxis bewährt hat. Oder aber man verwendet poröse Leichtkörnungen, die man vorher mit Wasser sättigt, das dann für die spätere Hydratation zur Verfügung steht.

3.3.6 Hydratationswärme

Wenn Zement hydratisiert, erwärmt er sich. Der Anstieg der Temperatur beginnt schon nach etwa **zwei Stunden** nach dem Mischen, also deutlich vor dem Ansteifen, nimmt nach **einigen Stunden stark zu** und flaut dann im Laufe der ersten Tage allmählich ab. Die **Erwärmung eines Betons $\Delta\vartheta_t$** kann man aus der bis zu diesem Zeitpunkt vom Zement entwickelten **Hydratationswärme H_t** [kWs/kg] (= [kJ/kg]), dem **Zementgehalt z** [kg/m³], sowie der **Rohdichte ρ_b** des Frischbetons [kg/m³] und seiner spezifischen **Wärmekapazität c_b** [kWs/kgK] berechnen.

$$\Delta\vartheta_t = \frac{z \cdot H_t}{\rho_b \cdot c_b}$$

Die Rohdichte des Frischbetons (etwa 2 400 kg/m³) und die spezifische Wärmekapazität (etwa 1,1 kWs/kgK) lassen sich kaum beeinflussen und sind für die meisten Praxisanwendungen hinreichend genau abschätzbar, weshalb man meist auf eine Berechnung verzichtet. Wichtig ist vor allem das **Produkt aus Zementgehalt und Hydratationswärme** des Zements.

Dass sich Beton beim Festwerden erwärmt, ist im Winterbau ein Vorteil, weil er dadurch früher gefrierbeständig wird und schneller erhärtet, sodass Ausschalfristen nicht zu sehr verlängert werden müssen. Von Nachteil ist Hydratationswärme, wenn die dadurch verursachten Dehnungen behindert werden und sich in **Druckspannungen** umsetzen, die im jungen Alter rasch, noch im warmen Zustand, **erschlaffen**. Bei der folgenden Abkühlung auf die Umgebungstemperatur bauen sich, wenn Verkürzungen **behindert** werden, Zugspannungen auf, die zu **Rissen** führen können, vgl. Abschn. 3.6.2.

Die Erwärmung von Betonproben durch Hydratationswärme kann experimentell ermittelt werden, wozu es unterschiedliche Prüfverfahren gibt. Bei

adiabatischen Prüfungen wird das Medium – Luft oder Wasser –, das die Probe umgibt, so erwärmt, dass es stets die gleiche Temperatur wie das Innere der Probe aufweist. Daher kann die Probe nach außen keine Wärme abgeben oder von dort aufnehmen. Nur bei sorgfältigen Prüfungen mit sehr genauen Messeinrichtungen sind brauchbare Ergebnisse für die ersten 7 Tage zu erwarten. Die bis zu einem späteren Zeitpunkt entstehende Hydratationswärme ist, wie Ringversuche mit verschiedenen Prüfanstalten zeigten, nicht mehr zuverlässig messbar, aber meist auch unbedeutend. **Teiladiabatische Prüfungen** wie Temperaturmessungen in einer mit einer Wärmedämmung umhüllten Betonprobe geben den Temperaturverlauf nur für Betonbauteile mit einer bestimmten Dicke wieder, Prinzip Thermosflasche. Bei **isothermen Prüfungen** wird die Betonprobe auf konstanter Temperatur gehalten und die dafür nötige Kühlleistung gemessen. Auch die bei der Zementprüfung ermittelte **Lösungswärme,** vgl. 2.2.8 (c), ist eine isotherme Prüfung. Bei allen isothermen Prüfungen bleibt der im Bauteil durch die höhere Temperatur beschleunigte Verlauf der Hydratation unberücksichtigt.

3.4 Festbeton

3.4.1 Druckfestigkeit

Für die meisten Anwendungsgebiete ist die **Druckfestigkeit die wichtigste Eigenschaft des Betons**. Die Druckfestigkeit lässt sich auch verhältnismäßig genau und gut reproduzierbar prüfen, Abschn. 1.7.3. Ein Grund mehr, um die Güte des Betons nach seiner Druckfestigkeit zu beurteilen und in Klassen einzuteilen.

3.4.1.1 Druckfestigkeitsklassen und deren Nachweis

Seit der Einführung der EN 206-1 im Jahre 2001 tragen die Klassen zwei Bezeichnungen, etwa **C 30/37,** wobei die erste für die **charakteristische Mindestfestigkeit** von **Zylindern** 150/300 mm, die zweite für jene von 150-mm-**Würfeln** gilt, stets nach Wasserlagerung bis zur Prüfung im Alter von 28 Tagen, Tabelle 3.4-1. Ab Festigkeitsklasse C 55/67 spricht man von Hochfestem Beton. Für die Herstellung von Beton ab C 90/105 ist stets eine eine Zustimmung im Einzelfall nötig.

Tabelle 3.4-1: Druckfestigkeitsklassen von Normalbeton und Schwerbeton. In Deutschland werden Probewürfel verwendet, die nach EN 12390-2 bis zum Alter von 7 Tagen feucht und anschließend trocken gelagert werden (rechte Spalte)

Druckfestigkeitsklasse	charakteristische Mindestdruckfestigkeit von Zylindern $f_{ck,\,cyl}$ N/mm²	charakteristische Mindestdruckfestigkeit von Würfeln $f_{ck,\,cube}$ N/mm²	
	feucht gelagert	feucht gelagert	bis 7d feucht dann trocken gelagert
C8/10	8	10	11
C12/15	12	15	16
C16/20	16	20	22
C20/25	20	25	27
C25/30	25	30	33
C30/37	30	37	40
C35/45	35	45	49
C40/50	40	50	54
C45/55	45	55	60
C50/60	50	60	65
C55/67	55	67	71
C60/75	60	75	79
C70/85	70	85	89
C80/95	80	95	100
C90/105	90	105	111
C100/115	100	116	121

Seit mehr als einem Jahrhundert prüft man auf der ganzen Welt die Festigkeit von Beton im **Alter von 28 Tagen**. Man könnte auch ein Alter von 20 oder 50 Tagen vorsehen, doch würde dies dazu führen, dass man auch einmal an einem Sonntag prüfen müsste, was vermieden werden soll. Mit dem **Verlauf der Erhärtung** hat das Prüfalter von genau 28 Tagen **nichts zu tun.** Man geht aber davon aus, dass übliche Betone im Alter von 4 Wochen **im Bauwerk** bei durchschnittlicher Nachbehandlung so gut erhärtet sind **wie 28 Tage alte Probewürfel.** Dennoch billigt man dem **Beton im Bauwerk** nur eine um 15 % niedrigere Festigkeit als im Probewürfel zu, womit den oft unvermeidlichen Imperfektionen bei der Herstellung und beim Einbau, sowie in der Erhärtungsphase Rechnung getragen wird.

Das Prüfalter von **28 Tagen** ist eine **verbindliche Festlegung der Norm** zum Nachweis der Festigkeitsklassen. Von diesem Prüfalter darf nur abgewichen werden, wenn zwingende technische Gründe, wie bei Beton für massige Bauteile vorliegen und sichergestellt ist, dass Nachbehandlungsdauer und Ausschalfristen entsprechend verlängert werden, [Breitenbücher 10].

Um den Nachweis einer bestimmten 28-Tage-Festigkeit schon nach einer Woche erbringen zu können, lässt ÖNORM B 4710-1 in Abschn. 8.4.3.2 zu, dass auf eine Prüfung der 28-Tage-Werte verzichtet werden kann, wenn bei Verwendung eines CEM 32,5 nach **7 Tagen mindestens 75** % der bei der Konformitätsprüfung geforderten 28-Tage-Druckfestigkeit erreicht werden. Wird ein CEM 42,5 verwendet, müssen 85 %, bei CEM 52,5 sogar 95 % erreicht werden. Diese Festlegung liegt auf der sicheren Seite, d. h. es ist vor allem bei Proben mit langsam erhärtenden Zementen leicht möglich, dass sie eine nach 7 Tagen geforderte Festigkeit nicht erreichen, im Alter von 28 Tagen aber reichlich überschreiten.

Bei vielen Bauverfahren müssen bestimmte Festigkeiten schon zu einem **früheren Zeitpunkt** erreicht werden, etwa für das Ausschalen, frühzeitige Belastungen oder Aufbringen einer Vorspannung. Dabei ist es wichtig, dass die Proben der **gleichen Temperatur** wie der Beton im Bauwerk ausgesetzt werden.

Auch gibt es Fälle, in denen mit hohen Belastungen erst viel später gerechnet werden muss. Es ist nicht sinnvoll, etwa für eine Landebahn eines Flughafens Zement mit hoher Frühfestigkeit zu verwenden, um die geforderte 28-Tage-Festigkeit nachzuweisen, wenn die ersten Flugzeuge erst nach einem Jahr zu erwarten sind. Bei großen Talsperren hat es sich bewährt, Festigkeitsanforderungen erst für ein Prüfalter von 180 und 360 Tagen festzulegen, wodurch langsam erhärtende Zement/Flugasche-Kombinationen ermöglicht werden, durch die die Hydratationswärme niedrig gehalten werden konnte. Solche Festlegungen erfordern viel längere Vorlaufzeiten und Planungen für die Laborarbeiten.

Wenn bei der Herstellung des Betons kein Soll-Ist-Wert-Vergleich der eingewogenen Mischungsanteile durchgeführt wird, kann es vorteilhaft sein, Festigkeitsprüfungen auch im Alter von nur wenigen Tagen durchzuführen, um unerwartete Minderfestigkeiten frühzeitig aufzudecken.

3.4.1.2 Einflüsse auf die Druckfestigkeit

Die Druckfestigkeit von Beton wird vor allem von zwei Einflüssen bestimmt:

(1) Der Eigenfestigkeit des erhärteten Zements, die als **Normfestigkeit** im Alter von 28 Tagen mit einem Mörtel mit einem *w/z*-Wert von 0,50 an Prismen ermittelt wird, vgl. Abschn. 2.2.6.

(2) Dem Gehalt des Zementsteins an **Kapillarporen**, die mit Luft oder Wasser gefüllt sind und daher nicht zur Festigkeit beitragen. Die Festigkeit ist umso größer, je kleiner der Raum ist, den die Kapillarporen einnehmen, d. h. je niedriger der **Wassergehalt des Zementleimes,** ausgedrückt als ***w/z*-Wert**, ursprünglich gewesen ist und **je länger der Zement hydratisieren konnte**. Ist Zement vollständig hydratisiert oder trocknet der Beton vorher aus, nimmt die Festigkeit nicht mehr zu.

Für ein Prüfalter von 28 Tagen besteht eine gute Beziehung zwischen **Normfestigkeit des Zements, *w/z*-Wert und Druckfestigkeit des Betons**, Abb. 3.4-1. Sie wird beim Mischungsentwurf zum Abschätzen der zu erwartenden Druckfestigkeit benutzt, siehe Abschn. 5.5.6.

Mehlfeine Betonzusatzstoffe wirken ebenso wie auch das Mehlkorn des Sandes und der groben Gesteinskörnungen festigkeitssteigernd, wenn sie an Stelle von Wasser die Zwickelhohlräume zwischen Gesteinskörnern ausfüllen. Erkennbar ist dies an einer hohen **Packungsdichte.** Ist der Mehlkorn-Anteil zu hoch, ist wegen der größeren Kornoberfläche mehr Wasser nötig, um die nötige Konsistenz zu erreichen, was die Festigkeit mindert.

Die **Gesteinskörnungen** haben auf die Druckfestigkeit vor allem einen indirekten Einfluss. Kornzusammensetzungen mit hohem Sandanteil führen wie erhöhte Gehalte an Mehlkorn zu höheren *w/z*-Werten, wenn nicht mehr Zement verwendet wird und/ oder die nötige Konsistenz mit einem Fließmittel eingestellt wird. Nachdem das **Gestein der Körnungen** in der Regel eine Druckfestigkeit von 100 bis

400 N/mm² aufweist, bestimmen nicht die Gesteinskörnungen, sondern der viel **weniger feste Zementstein** die Druckfestigkeit des Betons.

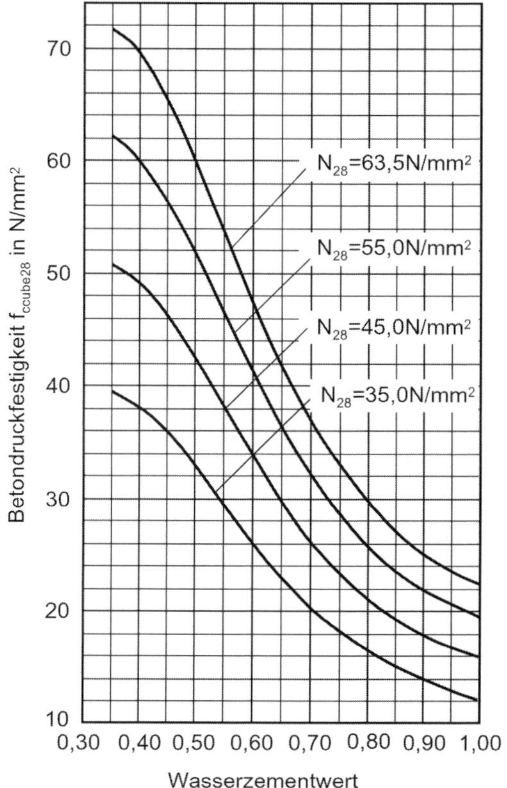

Abb. 3.4-1: Zusammenhang zwischen 28-Tage-Würfeldruckfestigkeit des Betons, *w/z*-Wert und Normfestigkeit des Zements N_{28} (Näherung), [Walz 70]

Druckspannungen werden überwiegend über die großen Gesteinskörner mit ihrem viel höheren E-Modul abgetragen. Deshalb ist die Druckfestigkeit auch etwas größer, wenn der Beton eine grobkörnige Zusammensetzung und steifere Konsistenz hat und dennoch gut verdichtet wurde. Ähnliches gilt für Gesteinskörnungen mit hohem E-Modul. Enthält der Frischbeton viel Zementleim, also mehr Wasser und entsprechend auch mehr Zement, dann fällt die Festigkeit etwas niedriger aus. Das überrascht nicht. Schließlich ist aus dem Holzbau bekannt, dass Leimungen umso fester sind, je kleiner die **Dicke der Leimschicht** ist. Auch die Güte des **Verbundes zwischen Zementstein** bzw. Feinmörtel und gröberen **Gesteinskörnern** spielt vor allem bei höheren Festigkeiten des Betons eine wichtige Rolle. Dieser Verbund kann durch Stoffe, die erheblich feiner als üblicher Zement sind wie beispielsweise Mikrosilica verbessert werden. Die günstige Auswirkung einer Verbesserung der Kontaktzone zwischen Gesteinskorn und Zementstein ist verständlich, wenn man bedenkt, dass der Bruchvorgang durch **Mikrorisse** eingeleitet wird. Sie beginnen bevorzugt in der meist weniger festen **Kontaktzone zwischen Grobkorn und Feinmörtel** schon lange bevor die Bruchlast erreicht wird.

Wird Beton in einer Druckprüfmaschine längere Zeit hindurch mit einer Druckspannung belastet, die nur wenig mehr als 85 % der bei der Würfelprüfung – also in einem Kurzzeitversuch – erreichten Festigkeit ausmacht, dann wird das Gefüge allmählich stark mit Mikrorissen durchsetzt. Die Risse werden im Laufe der Zeit größer, bis schließlich früher oder später ein Bruch eintritt, auch wenn die äußere Spannung nicht weiter erhöht wurde. Die **Dauerstandfestigkeit** des Betons beträgt also nur **rd. 85 % der**

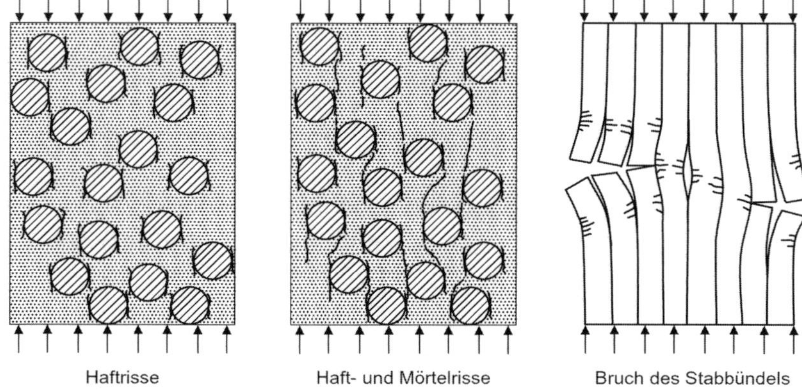

Abb. 3.4-2: Mit Haftrissen in der Verbundzone zwischen sehr festen groben Gesteinskörnern und Mörtel beginnt bei zu hoher Druckbeanspruchung der Bruchvorgang, [Wischers 72]

Kurzzeitfestigkeit. Das bedeutet, dass Betonbauteile bei zu hoher Belastung nicht unbedingt sofort versagen, sondern, dass der Bruch auch erst nach Stunden oder Tagen auftreten kann. Ein ähnlicher Zeiteinfluss ist auch im Felsbau bekannt. So kann es beim Vortrieb von Tunneln vorkommen, dass eine übers Wochenende freistehende, nicht ausreichend gesicherte Ortsbrust bei der Wiederaufnahme der Arbeit am nächsten Montag verbrochen ist.

3.4.1.3 Festigkeitsentwicklung

Der zeitliche **Verlauf des Anstieges der Festigkeit** wird vom verwendeten **Zement**, dem ***w/z*-Wert** und – in den ersten Tagen – vor allem durch die **Temperatur** bestimmt. Auch **Zusatzmittel** können die Festigkeitsentwicklung stark beeinflussen. Die Festigkeit nimmt langfristig weiter zu, wenn auch immer langsamer. **Nur schädigende äußere Einflüsse** können zu einem **Festigkeitsabfall** führen. Wenn die Randzone austrocknet, kommt die Hydratation allmählich zum Stillstand. Dabei kann die Festigkeit dennoch etwas zunehmen, weil Beton – wie alle porösen Werkstoffe – im trockenen Zustand eine etwas höhere Festigkeit hat, als wenn er durchfeuchtet ist.

Die für die Festigkeitsentwicklung maßgebende **Frühfestigkeit des Zements** ist je nach Festigkeitsklasse und nach Rohstoffvorkommen von Werk zu Werk unterschiedlich. Sie wird anhand der **2-Tage-Festigkeit** beurteilt. Das **Verhältnis** zwischen 2-Tage- und 28-Tage-Festigkeit lässt sich aber **nicht direkt auf den Beton übertragen**. Zu groß ist der Einfluss der unterschiedlichen Prüfverfahren und auch jener des *w/z*-Wertes.

Generell gilt, dass **Portlandzemente CEM I** unter sonst gleichen Bedingungen **schneller erhärten** als Zemente mit puzzolanischen oder latent hydraulischen **zusätzlichen Hauptbestandteilen**, mit denen die **Nacherhärtung** wiederum größer ist. Mitunter erreicht Beton mit hüttensandreichen Hochofenzementen CEM III B durch Nacherhärtung das Doppelte der 28-Tage-Festigkeit, für Abbruchfirmen ein Albtraum! Damit bei Zementen mit Hüttensand, Trass und dgl. die für die Baustelle meist sehr wichtige 2-Tage-Festigkeit nicht zu niedrig ausfällt, werden sie in der Regel **feiner gemahlen**. Dies gilt auch für Zemente mit nicht reaktiven zusätzlichen Hauptbestandteilen wie den **Portlandkalksteinzement**. Sie bilden insofern eine Ausnahme, als die **Nacherhärtung** sehr **klein** ausfällt. Fließmittel und andere **Zusatzmittel** können Anfangsfestigkeiten **sehr stark beeinflussen**.

Niedrige *w/z*-Werte führen zu **sehr hohen Frühfestigkeiten** und **weniger Nacherhärtung**. Für die für ein frühzeitiges Ausschalen maßgebenden Festigkeiten sind, wenn keine Erfahrungen vorhanden sind, Vorversuche mit der vorgesehenen Betonzusammensetzung nötig. Das Gleiche gilt auch bei Spannbeton für die zum Vorspannen maßgebende Festigkeit.

Dabei spielt die Temperatur des Betons eine wichtige Rolle. Von einer Würfelprüfung kann in diesem frühen Alter nur dann auf die Festigkeit im Bauteil geschlossen werden, wenn die Würfel bei annähernd gleichen Temperaturen wie das Bauwerk erhärten.

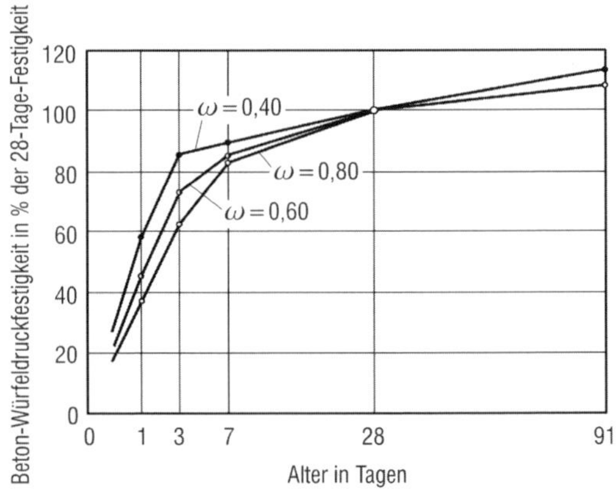

Abb. 3.4-3: Beton mit niedrigem *w/z*-Wert erreicht schon nach 3 Tagen einen großen Anteil seiner 28-Tage-Festigkeit, [Wischers 63]

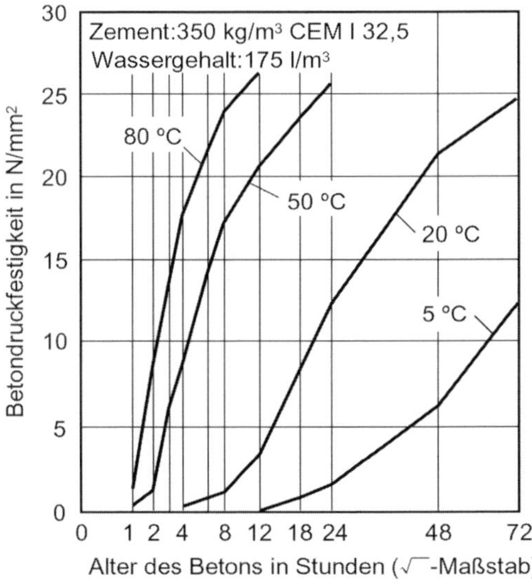

Abb. 3.4-4: Einfluss der Temperatur auf die Erhärtung von jungem Beton, [Wierig 70]

Der **Einfluss der Temperatur** auf die Festigkeitsentwicklung kann man grob abschätzen, wenn man sich auf die üblicherweise bei etwa 20 °C Betontemperatur festgestellte Festigkeitszunahme im Laufe der ersten vier Wochen bezieht. Dazu sind mindestens die Druckfestigkeiten im Alter von 2 und 28 Tagen (besser auch für 7 Tage alte Proben) zu ermitteln, wobei dazwischen bei logarithmischem Zeitmaßstab linear interpoliert wird. Zur Berücksichtigung der in jedem Zeitintervall Δt_i herrschenden Temperatur T_i wird das **wirksame Betonalter** t_T berechnet aus

$$t_T = \frac{\Sigma(T_i + 10)\Delta t_i}{30}$$

Bei Betontemperaturen, die von den üblichen 8 bis 25 °C abweichen, ist zu beachten:

1. Beton erhärtet bei **Temperaturen** zwischen –10 °C und +3 °C **äußerst langsam**, bei Temperaturen unter etwa **–2 °C nur, wenn er schon so fest ist, dass er durch Frost nicht mehr geschädigt wird**. Darauf ist bei dünnen Mörtel- oder Betonschichten besonders zu achten, weil sie rasch die Umgebungstemperatur annehmen.
2. Beton erhärtet **bei +40 °C nahezu doppelt so schnell** wie bei +20 °C.
3. Maßnahmen, die zu einer **höheren Frühfestigkeit** führen, wie die Verwendung von Zementen mit hoher Anfangsfestigkeit (CEM 42,5 R und CEM 52,5 N und R), höhere Betontemperaturen oder der Einsatz von Beschleunigern führen bei gleicher 28-Tage-Festigkeit zu deutlich **kleinerer Nacherhärtung**.
4. Erhärtet ein Beton **anfangs sehr langsam**, dann entstehen etwas längere Calciumsilikathydratfasern, was später zu geringfügig **höheren Druck- und Biegezugfestigkeiten** führt.
5. Werden bei der Erhärtung etwa durch hohe Frischbetontemperaturen und Hydratationswärme in den ersten Tagen **Temperaturen von mehr als 65 °C** erreicht, dann kann die 28-Tage-Druckfestigkeit erheblich niedriger ausfallen. In diesem Falle sind – wie bei einer Wärmebehandlung – **besondere Regeln** zu beachten, damit der Beton auch im Bauwerk die an den Probewürfeln nach 20 °C-Lagerung festgestellten 28-Tage-Festigkeiten erreicht und damit der Beton bei späterer Feuchtigkeitseinwirkung nicht schadhaft wird, vgl. Abschn. 4.7 und 5.12.

3.4.1.4 Druckfestigkeitsprüfung

Als Druckfestigkeit gilt die in einer hydraulischen Druckprüfmaschine nach etwa 1 Minute erreichte Höchstlast, geteilt durch die Druckfläche.

Einzelheiten der Prüfung sind in DIN EN 12390-3, die Herstellung und Lagerung der Probekörper in DIN EN 12390-2 festgelegt, [Zimmer 12].

Wenn eingangs davon die Rede war, dass sich die **Druckfestigkeit verhältnismäßig genau prüfen** lässt, dann gilt dies nur, wenn stets Prüfkörper derselben Form und Gestalt, nach der gleichen Vorlagerung geprüft werden. Nach DIN FB 100 sind dies 150-mm-Würfel.

Für Beton mit Gesteinskörnungen **über 32 mm** Größtkorn müssen **200-mm-Würfel** verwendet werden. Weil mit **größeren Würfeln niedrigere Festigkeiten** erzielt werden, darf das Ergebnis durch **0,95** dividiert werden, um auf die Druckfestigkeit von 150 mm-Würfeln zu kommen. Dagegen müssen Festigkeiten vom **100-mm-Würfel** mit dem Faktor **0,97** abgemindert werden.

All diese Umrechnungsfaktoren der DIN FB 100 sind nur Näherungen. Der tatsächliche Einfluss von Größe und Gestalt der Probekörper und den Lagerungsbedingungen kann hiervon geringfügig abweichen, wobei bei höheren Festigkeiten auch die Steifigkeit der verwendeten Druckprüfmaschine eine Rolle spielt.

Man mag heute darüber rätseln, weshalb man in der Frühzeit der Betonprüfung festgelegt hat, dass die Probewürfel bis zum Alter **von 7 Tagen unter Wasser** und dann **bis zur Prüfung in Luft** zu lagern sind. Es dürfte wohl so sein, dass die damaligen Betone auf diese Weise eine etwas höhere Festigkeit erreicht haben als bei anderer Lagerung. Ein Höhertreiben der Festigkeit durch entsprechende Lagerungsbedingungen wurde damit vermieden. Nach EN 206 werden die Probewürfel aber, wie in den anglikanischen Ländern üblich, bis zur Prüfung unter Wasser gelagert.

Bei der in Deutschland üblichen, in DIN FB 100 enthaltenen Lagerung der Würfel bis zum Alter von **einer Woche nass und anschließend trocken** müssen die Druckfestigkeiten mit dem **Faktor 0,92** (bei hochfestem Beton 0,95) abgemindert werden, siehe Tab. 3.4-1 rechte Spalte. Für Würfel, die erst nach 56 oder 91 Tagen geprüft werden, legt die Norm fest, dass sie mindestens bis zum Alter von 7 Tagen nass und vor der Prüfung mindestens 3 Wochen trocken gelagert werden müssen.

3.4.1.5 Abschätzen der Druckfestigkeit mit dem Betonprüfhammer

Mit Betonprüfhämmern kann man aus dem elastischen Verhalten der Randzone eines Betonbauteils dessen Druckfestigkeit gut abgeschätzen. Beim **Rückprallhammer nach Schmidt** (Modell N) wird durch eine Feder ein Schlag auf die Oberfläche des Betons ausgeübt und der dabei entstehende Rückprall gemessen, Abb. 3.4-5.

Der unbestrittene Vorteil dieses seit 60 Jahren bewährten Verfahrens ist seine einfache Durchführung. Dem steht allerdings die Tatsache gegenüber, dass man aus den bei der Prüfung angezeigten **Rückprallstrecken (*R*-Wert)**, auch wenn die Prüfung sorgfältig mit einem kalibrierten Prüfhammer nach DIN EN 12504-2 durchgeführt und die Prüfrichtung berücksichtigt wurde, nur grob auf die im Inneren des Betonbauteils tatsächlich vorhandene Festigkeit schließen kann. Dies vor allem, weil das **elastische Verhalten des Betons** nicht nur von seiner **Festigkeit**, sondern auch von seiner Zusammensetzung und anderen Einflüssen bestimmt wird.

Mit dem neuen **SilverSchmidt Hammer (Typ N)** wird nicht mehr die Rückprallstrecke, sondern aus der **Energie- oder Geschwindigkeitsdifferenz** ein Rückprallquotient, ein sog. ***Q*-Wert** gemessen, Abb. 3.4-6.

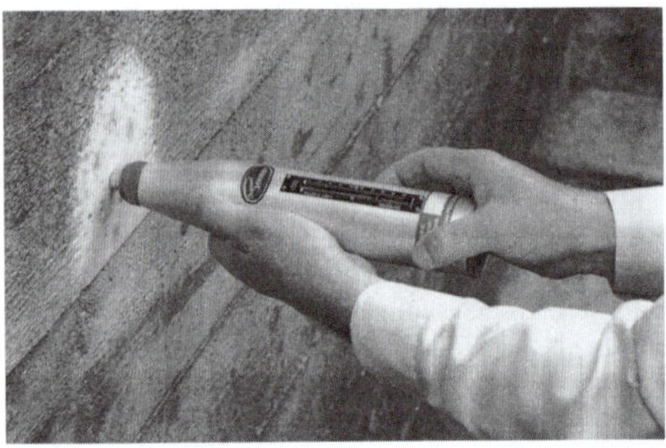

Abb. 3.4-5: Rückprallhammer nach Schmidt (Proceq)

Abb. 3.4-6: SilverSchmidt Rückprallhammer (Foto Ebert, MPA)

Dabei braucht man die Schlagrichtung nicht mehr zu berücksichtigen und erhält insgesamt ein genaueres Ergebnis. Mit dem SilverSchmidt lassen sich Festigkeiten bis 100 N/mm^2 abschätzen, während der Schmidthammer nur bis etwa 60 N/mm^2 brauchbare Ergebnisse liefert. Bei höheren *Q*-Werten und ebenso bei höheren *R*-Werten werden die Betondruckfestigkeiten unterschätzt.

Wichtige Voraussetzung für ein kennzeichnendes Prüfergebnis ist, dass die Betonoberfläche glatt ist und Rauigkeiten vorher abgeschliffen wurden. Knapp unter der Oberfläche liegende **Lufteinschlüsse** können zu niedrigeren, **grobe Gesteinskörner** zu erhöhten Prüfergebnissen führen.

Carbonatisierte Randzonen haben eine etwas höhere Festigkeit und führen daher zu etwas höheren Ergebnissen, vor allem, wenn die Carbonatisierungstiefe 5 mm übersteigt. Daher muss man in solchen Fällen vor der Prüfung die carbonatisierte Randzone **abschleifen.** Beim SilverSchmidt gibt der Hersteller einen auf der sicheren Seite liegenden **Zeitkoeffizienten** an, mit dem der *Q*-Wert abgemindert werden muss, [Merkel 18].

In der Regel werden 9 Prüfschläge, die um mehr als 25 mm voneinander Abstand haben, durchgeführt. Früher hat man den Mittelwert der Prüfwerte ausgerechnet, nachdem man zu stark abweichende Werte ausgeschieden hat. Stattdessen wird heute der **Median** zugrunde gelegt, also jener **Zentralwert**, bei dem eine Hälfte der Prüfwerte kleiner oder gleich groß, die andere größer ist. Dann kann man sich das Ausscheiden von Ausreißern ersparen.

Mit Betonprüfhämmern kann man sehr gut **Ungleichmäßigkeiten** in der Festigkeit eines Bauteils ermitteln, also auch feststellen, ob Bereiche mit Minderfestigkeiten vorhanden sind. Auf die Druckfestigkeitsklasse eines Betons kann man aus dem *Q*-Wert zwar etwas besser als mit dem *R*-Wert schließen. Die Umwertetabelle, Tab. 3.4-2, gibt jene Festigkeitsklasse an, die mit 90%iger Wahrscheinlichkeit erreicht wird. Um eine ausreichende Sicherheit zu erreichen, sind die Streuungen zu groß. Daher sind zu einer Festigkeitsermittlung Prüfhämmer keine Alternative zur Bohrkernentnahme. Wenn man damit die Gleichmäßigkeit der Festigkeitsverteilung ermittelt, kann man sich aber in vielen Fällen auf weniger Bohrkerne beschränken und muss nicht die am stärksten beanspruchten Bereiche durch eine Bohrkernentnahme schwächen.

Die **Bezugskurve** zwischen *R*-Wert und Druckfestigkeit, die auf alten Schmidt-Hämmern angegeben ist, muss mit Vorsicht betrachtet werden. Sie entspricht der Korrelation der an 28 Tage alten Prüfwürfeln festgestellten Rückprallzahl (*R*-Werte) mit der

Tabelle 3.4-2: Abgeschätzte Druckfestigkeitsklasse (90 % Schwellenwert) mit R-Werten des Schmidthammers oder Q-Werten des SilverSchmidt-Hammers nach DIN EN 13791/A20. Klammerwerte Vorschlag [Merkel 18] zur besseren Anpassung.

Fertigkeits-klasse	mindest R-Wert		mindest Q-Wert	
	je Messpunkt	je Prüfstelle	je Messstelle	je Prüfstelle
C 8/10	26 (23)	30 (27)	25	34
C 12/15	30 (27)	33 (32)	29	40
C 16/20	32	35	36	45
C 20/25	35	38	42	49
C 25/30	37	40	46	52
C 30/37	40	43	51	56
C 35/45	44	47	56	60
C 40/50	46	49	58	62
C 45/55	48	51	60	64
C 50/60	50	53	62	66
C 55/67	53	57 (55)	64	68
C 60/75	57	60 (58)	66	71
C 70/85	62	65 (61)	69	73
C 80/95	66	69 (65)	71	75

anschließend geprüften Druckfestigkeit nur im **Mittel bei großen Streuungen**. Die Abweichungen sind zu groß, um damit zuverlässig die im Bauteil tatsächlich vorhandene Festigkeit abzuschätzen, wenn keine Festigkeiten von Bohrkernen vorliegen.

Erreicht ein Bauteil nach einer Abschätzung mit einem Rückprallhammer nicht die erforderliche Festigkeit, kann man aber meist dennoch damit beurteilen, ob Aussicht besteht, mit einer Prüfung von Bohrkernen den Nachweis der gewünschte Festigkeit zu erbringen. Dass also, um ein Beispiel zu nennen, bei einem R-Wert von nur 35 dennoch eine Druckfestigkeit von 45 N/mm² erreicht wurde [Wöhnl 09, U].

Der Schmidthammer ergibt bei Würfeldruckfestigkeiten unter 15 N/mm², ebenso wie über 65 N/mm² oft zu niedrige Festigkeiten, weshalb in diesen Bereichen besser mit dem SilverSchmidt geprüft wird.

Für den wenig festen Bereich, etwa wenn es um eine Ausschalfestigkeit geht, leistet auch der **Pendelhammer nach Schmidt Modell PT** gute Dienste. Man kann ihn für Druckfestigkeiten zwischen 1 und 10 N/mm² verwenden. Voraussetzung dazu ist auch hier, dass zuvor eine Beziehung zwischen den an Würfeln im jungen Alter geprüften Druckfestigkeiten und den mit dem Pendelhammer im selben Alter festgestellten Rückprallwerten in Versuchen ermittelt wurde.

Abb. 3.4-7: Pendelhammer PT nach Schmidt zur Ermittlung der Ausschalfestigkeit von jungem Beton (Proceq)

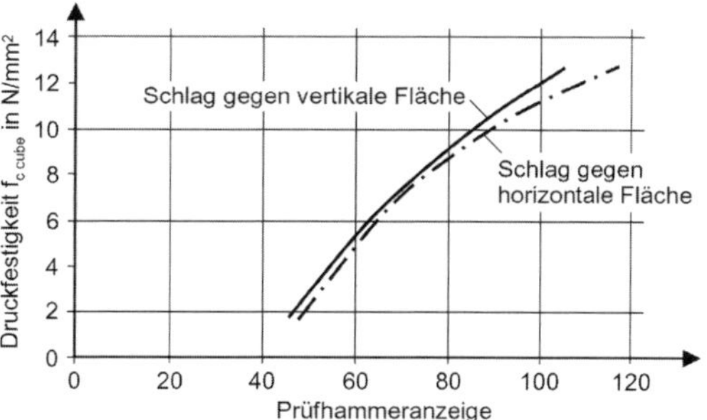

Abb. 3.4-8: Korrelation zwischen Prüfhammeranzeige des Pendelhammers und Druckfestigkeit des jungen Betons als Beispiel (Proceq)

Beim neuen **SilverSchmidt Hammer Typ L mit niedriger Schlagenergie** wird für Festigkeiten zwischen 5 und 30 N/mm^2 auf den Schlagbolzen ein Pilzbolzen aufgesteckt.

Zur Bewertung der Prüfergebnisse siehe Abschn. 11.3.

3.4.1.6 Abschätzen früher Druckfestigkeiten durch Messung der Temperatur

Immer wieder bemüht man sich auch, aus Temperaturmessungen zuverlässig auf die frühe Druckfestigkeit schließen zu können, um Ausschalen oder Vorspannen zu können, vgl. Abschn. 7.10. Bei einem neueren Verfahren werden dazu die Temperaturen mit Messfühlern an der Schalungshaut gemessen und mit Mobilfunktechnik zur Auswertung und an den Nutzer weitergegeben. Das Verfahren muss aber für jede verwendete Betonsorte kalibriert werden, wozu man die Druckfestigkeit von 6 Würfeln in unterschiedlichem Alter prüfen muss, [Reinisch, 17].

3.4.2 Zugfestigkeit und Biegezugfestigkeit

Wichtig ist die Zugfestigkeit vor allem bei Beton, der nicht bewehrt wird, wie bei **Fahrbahndecken** von Straßen oder Flughäfen oder beim **Massenbeton** von Talsperren, ebenso wie bei unbewehrtem Beton von Rohren und anderen **Fertigteilen**.

Die Zugfestigkeit macht nur einen **Bruchteil** der **Druckfestigkeit** aus und ist überdies viel schwerer zuverlässig zu bestimmen. Weil sich Zugproben aus Beton an ihren Enden in Prüfmaschinen schlecht einspannen lassen, macht man Prüfungen der Zugfestigkeit nur für Forschungsarbeiten. In der Praxis prüft man stattdessen die **Biegzugfestigkeit** von Balken oder auch die **Spaltzugfestigkeit** von Zylindern oder Würfeln. Jedes Prüfverfahren liefert andere Ergebnisse. So die **axiale** (auch „zentrische" oder „reine") **Zugfestigkeit 6 bis 10 %** der Druckfestigkeit, die **Spaltzugfestigkeit** mit **7 bis 11 %** etwas höhere Ergebnisse und erst recht die **Biegezugfestigkeit** mit **12 bis 20 %**, wenn die Probebalken in den Drittelspunkten belastet werden, sodass der Bruch an der schwächsten Stelle des mittleren Drittels eintritt. Belastet man die Balken mit mittiger Einzellast, zeigen sie eine um 10 bis 20 % höhere Biegezugfestigkeit [Bonzel 63].

Doch damit nicht genug der prüftechnischen Einflüsse. **Größere Probebalken** zeigen ebenso wie **größere Stützweiten** bei der Belastung etwas kleinere Biegezugfestigkeiten. Lagern die Probebalken bis zur Prüfung nicht ständig in feuchter Umgebung, trocknet anfangs die Randzone, später auch der Kern aus, sodass Schwindspannungen, auch wenn sie nur 0,5 N/mm^2 erreichen je nach Größe der Probekörper zu erheblich abweichenden Ergebnissen führen, Abb. 3.4-10.

Bei Fahrbahndecken verlangt man vom Beton C 30/37 in der Erstprüfung eine Biegezugfestigkeit von **4,5 N/mm^2**, geprüft nach 28 Tagen an Balken 150 × 150 × 600 mm^3 bei Belastung in den Drittelspunkten. Für Kontrollprüfungen eignen sich die hinsichtlich Austrocknens der Proben und anderer Prüfeinflüsse empfindlichen Biegezug- und Spaltzugprüfungen weniger gut. Man verwendet stattdessen die robusteren Druckfestigkeitsprüfungen und stützt sich auf das in der Erstprüfung festgestellte Verhältnis zur Biegezugfestigkeit.

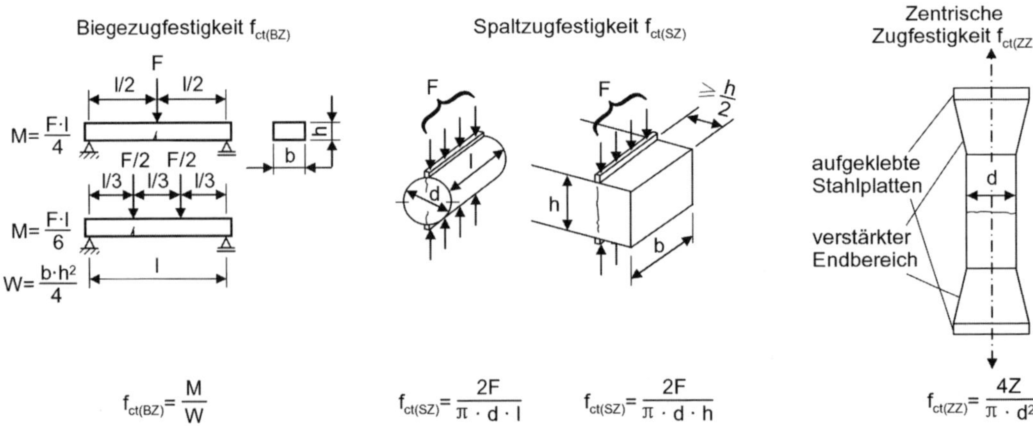

Abb. 3.4-9: Die Zugfestigkeit von Beton kann zentrisch, als Biegezug- oder als Spaltzugfestigkeit geprüft werden, [Grübl 01]

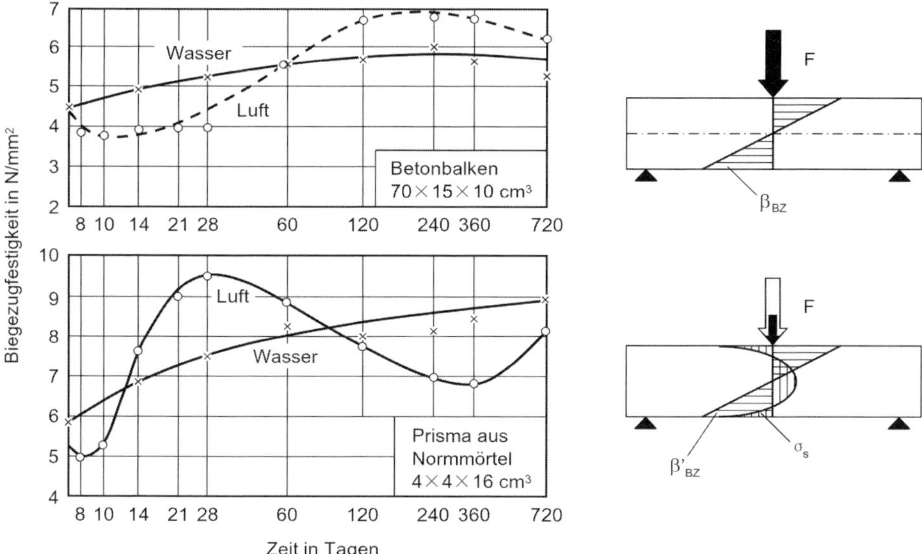

Abb. 3.4-10: Bei der Luftlagerung der Prüfkörper führen erhebliche Schwindspannungen zunächst zu kleinerer und später durch Austrocknen des Kernes der Probekörper auch zu größerer Biegezugfestigkeit [A. Meyer 63]

Die Prüfverfahren sind in DIN EN 12390-5 bzw. DIN EN 12390-6 genormt, was zu etwas besser reproduzierbaren und vergleichbaren Ergebnissen führt. Bei der Frage, wie weit die normgemäß ermittelten Biegezug- oder Spaltzugfestigkeiten kennzeichnend für Zug- oder Biegezugwiderstände des Betons im Bauteil sind, wo die Beanspruchungen **schlagartig** sein können oder sich auch auf **lange Zeiträume** erstrecken und vielfach sogar **zweiachsige Spannungszustände** auftreten, sind wir auch heute noch oft auf unsere Erfahrungen angewiesen.

Die Zugfestigkeit von Beton nimmt in **den ersten Tagen etwas schneller zu** als die Druckfestigkeit und erreicht **später** ebenso wie bei **höherfestem Beton** nur einen etwas **niedrigeren** Prozentsatz der Druckfestigkeit. Bei **sandreichem** Beton und mit **Splitten** als grobe Gesteinskörnung ist sie etwas höher als bei Beton mit hohem Anteil an Rundkies, vgl. Abschn. 5.11.1.

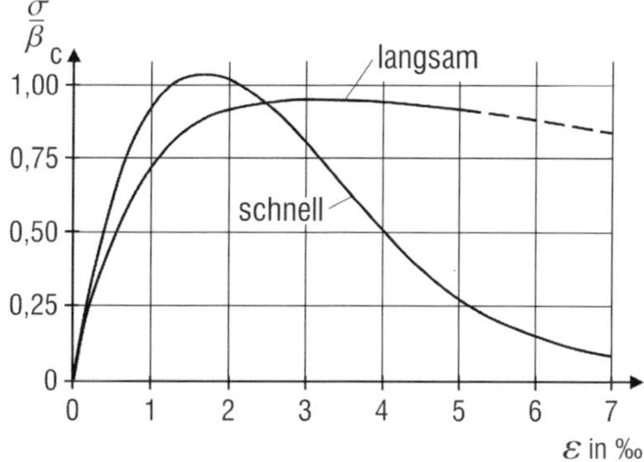

Abb. 3.4-11: Spannungs-Dehnungs-(Stauchungs-)Linie von Beton bei schneller Belastung (Minuten) und langsamer Belastung (Monate), [Rasch 62]

3.4.3 Elastizitätsmodul

Auch Beton verformt sich, wie alle Werkstoffe, mit zunehmender Belastung immer mehr. Um sich ein Bild davon zu machen, wie sich die Gestalt eines Betonkörpers unter Last verändert, stellt man sich vor, der Körper wäre aus Gummi oder einem anderen hochelastischen Werkstoff. Nur das Maß der Verformung ist bei Beton viel kleiner. Bei einer 1 m hohen Betonsäule beträgt die **Zusammendrückung (Stauchung)** unter voller zulässiger Last weniger als einen halben Millimeter. Die Stauchung nimmt beim Beton im Gegensatz zum Stahl bei sehr **hoher Spannung stärker** zu, was durch Mikrorisse verursacht wird.

Die Verformungen werden auch **mit der Zeit** noch etwas **größer**, was man auch erkennt, wenn man eine Probe sehr langsam belastet. Wird ein Probekörper mit einer speziellen **verformungsgesteuerten Prüfmaschine**, bei der also nicht die Spannung, sondern die Verformung gleichmäßig zunimmt, gestaucht,

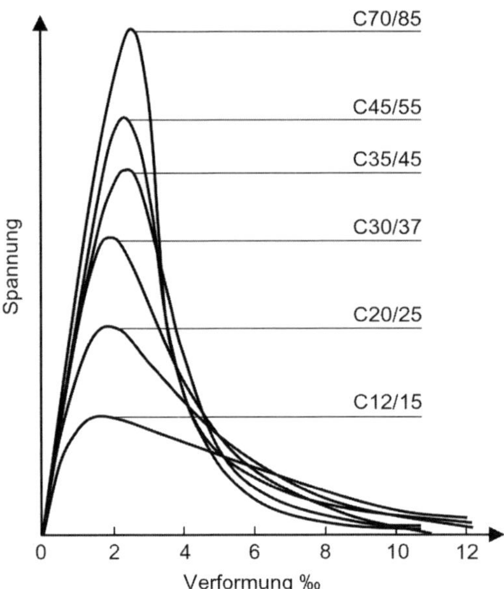

Abb. 3.4-12: Beton hoher Festigkeit hat einen etwas höheren E-Modul, erreicht seine Druckfestigkeit (Höchstspannung) bei einer nur wenig größeren Verformung und verliert bei weiterer Verformung fast schlagartig an Festigkeit, [Wischers 78]

tritt der Bruch nicht bei Erreichen der Höchstlast ein, sondern erst viel später. Bei zunehmender Stauchung wird aber der Widerstand, also die gemessene Kraft immer kleiner. Die **Spannungs-Dehnungs-Linie** zeigt auch einen **abfallenden Ast**.

Beton **höherer Festigkeit** hat auch einen **höheren E-Modul**. Die von Beton aufnehmbare **Formänderungsarbeit** ist proportional der Fläche, die die Spannungs-Dehnungs-Linie einschließt. Daher bezeichnet man sie auch als **Arbeitslinie.** Aus Abb. 3.4-12 ist auch zu erkennen, dass Beton niedriger Festigkeit eine verhältnismäßig große Formänderungsarbeit aufzunehmen vermag. Anders wenn Beton mit sehr hoher Festigkeit zunehmend verformt wird. Er bricht spröde, fast explosionsartig. Sein nahezu schlagartiges Versagen kann man nur vermeiden, wenn man ihn mit geeigneten Fasern bewehrt.

Als **Elastizitätsmodul E** dient der Quotient aus Spannung σ und Stauchung ε. Er spielt nicht nur für das statische Zusammenwirken mit dem Betonstahl eine wichtige Rolle. **Hohe E-Moduli** können vorteilhaft sein, weil sie zu **kleineren Durchbiegungen** weit gespannter Bauteile führen, Abschn. 5.11.5. Bei aufgezwungenen Verformungen, wie sie bei Setzungsunterschieden von Fundamenten oder durch Hydratationswärme auftreten, sind aber **niedrige E-Moduli** vorteilhaft, weil dadurch die Spannungen infolge Temperaturänderungen, Dehnungsbehinderung oder anderen **Zwängen kleiner** bleiben.

Der E-Modul wird nach **DIN EN 12390-13 als Sekantenmodul der Arbeitslinie** ermittelt. Dabei wird der Probekörper innerhalb von etwa einer halben Minute mit einer Druckspannung, die einem Drittel der Druckfestigkeit entspricht, belastet. Man kann den E-Modul aber auch aus der Laufzeit eines Ultraschallimpulses berechnen. Weil dabei die auftretenden Spannungen extrem klein sind, ergibt sich für diesen „dynamischen" E-Modul auch entsprechend der Spannungs-Dehnungs-Linie im Ursprung ein etwas höherer Wert.

Für statische Berechnungen verwendet man meist die in Tabelle 3.1 der **DIN EN 1992-1** angegebenen Rechenwerte für den E-Modul, der aus statischen Kurzzeitversuchen gemittelt wurde. Er ist dort je nach Festigkeitsklasse des Betons mit **27 000 N/mm²** für C 12/15 **bis 44 000 N/mm²** für C 90/105 angegeben.

Neben der Druckfestigkeit des Betons hat der **E-Modul der Gesteinskörnung** (vgl. Tabelle 2.4-1) einen deutlichen Einfluss auf den E-Modul des Betons, vgl. Abschn. 5.11.5. Schließlich werden die Spannungen überwiegend von der groben Gesteinskörnung abgetragen.

Es wird empfohlen, bei Gesteinskörnungen aus Basalt den E-Modul um 20 % höher, bei solchen aus Kalkstein um 10 % und bei solchen aus Sandstein um 20 % niedriger anzusetzen. Für die Berechnung von Bauwerksverformungen oder Spannkraftverlusten ist es bei allen verformungsempfindlichen Bauteilen ratsam, den E-Modul mit einem Beton der vorgesehenen Zusammensetzung in einer erweiterten Erstprüfung zu bestimmen und diesen E-Modul der Berechnung zugrunde zu legen, Abb. 3.4-13.

Im Bauwerk kann der **E-Modul des Betons** von jenem, der normgemäß ermittelt wurde, abweichen. Dabei ist auch zu beachten, dass eine langsamere oder anhaltende Belastung, eine Belastung in niedrigerem Alter oder bei hohen Temperaturen zu niedrigeren, ein wassergesättigter oder auch nur feuchter Beton, wie wir ihn im Kern von Bauteilen haben, oder gar ein durchgefrorener Beton etwas höhere Werte liefert.

3.4.4 Wärmedehnung

Fast alle festen Körper dehnen sich bei Erwärmung aus, solche aus Beton, ähnlich wie Stahl, bei einer Erwärmung von 100 °C um etwa 1 mm je Meter ihrer Länge („thermisches Schwinden").

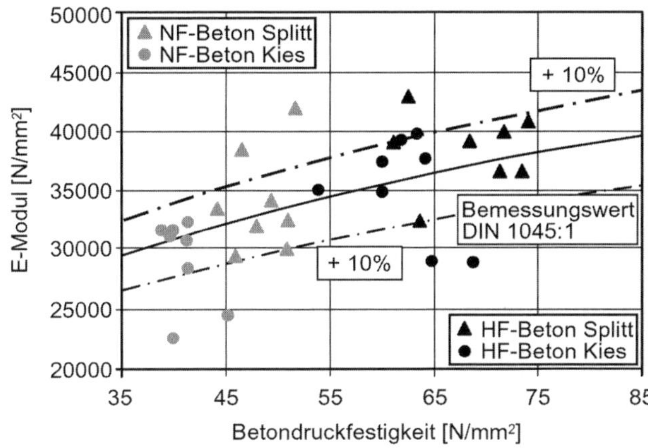

Abb. 3.4-13: Zusammenhang zwischen E-Modul und Druckfestigkeit nach 28 Tagen. Betone mit 16 unterschiedlichen groben Gesteinskörnungen im Vergleich zu Rechenwerten nach DIN 1045-1, [Schießl 03/1]

Die **Wärmedehnzahl** α_T von Beton darf für die Berechnung von Betonbauteilen mit $\mathbf{10 \cdot 10^{-6}/K}$ **oder 0,01 mm/m K** angenommen werden. Das ist eine seit Jahrzehnten gebräuchliche Vereinfachung, weil zur Zeit der Berechnung meist noch nicht bekannt ist, mit welchen Gesteinskörnungen später der Beton hergestellt wird. Tatsächlich liegt die Wärmedehnzahl je nach Gesteinsart und Feuchtigkeitsgehalt bei **sehr trockenem** und bei **wassergesättigtem Beton** zwischen **6 und** $\mathbf{12 \cdot 10^{-6}}$, bei **mittlerer Feuchtigkeit** zwischen **7 und** $\mathbf{13 \cdot 10^{-6}}$ [Spilker 18]. In Fällen, in denen die Wärmedehnungen oder durch Temperaturänderungen verursachten Zwänge eine wichtige Rolle spielen, ist es nötig, sich schon bei der Planung ein Bild von den bei der Bauausführung zu erwartenden Gesteinskörnungen zu machen oder nötigenfalls die Verwendung bestimmter Körnungen vorzuschreiben. Vorsicht ist vor allem bei Gesteinen mit **hohem Quarzanteil** wie Quarzit, Quarzkies und -sand oder **Grauwacke** wegen der sehr hohen Wärmedehnung geboten, vgl. Tab. 2.4-1. Die Wärmedehnung des Sandes wirkt sich weniger stark auf jene des Betons aus. Zementstein hat eine wesentlich größere Wärmedehnzahl als Gesteinskörnungen. Wenn erforderlich, vermeidet man daher zementreichen Beton. In der Praxis orientiert man sich auch heute noch an den **Richtwerten,** die H. Dettling für seine sorgfältig erarbeitete Dissertation gemessen hat, [Dettling 62].

Tabelle 3.4-3: Richtwerte für die Wärmedehnzahl von Beton [Dettling 62]

Betonzuschlag	Feuchtigkeitszustand bei Prüfung	Wärmedehnzahl α_T in 10^{-6}/K von Beton mit einem Zementgehalt (kg/m³) von			
		200	300	400	500
Quarzgestein	wassergesättigt	11,6	11,6	11,6	11,6
	lufttrocken*)	12,7	13,0	13,4	13,8
Quarzsand und -kies	wassergesättigt	11,1	11,1	11,2	11,2
	lufttrocken*)	12,2	12,6	13,0	13,4
Granit, Gneis, Liparit	wassergesättigt lufttrocken*)	7,9 9,1	8,1 9,7	8,3 10,2	8,5 10,9
Syenit, Trachyt, Diorit, Andesit, Gabbro, Diabas, Basalt	wassergesättigt	7,2	7,4	7,6	7,8
	lufttrocken*)	8,5	9,1	9,6	10,4
dichter Kalkstein	wassergesättigt	5,4	5,7	6,0	6,3
	lufttrocken*)	6,6	7,2	7,9	8,7

*) bei 65 bis 70 % rel. Luftfeuchte und bis zum Alter von rd. 1 Jahr, danach etwas geringer.

Die Wärmedehnung eines Betons im Zuge der Erstprüfung im Labor zu messen, sollte man nur sehr erfahrenen Prüfanstalten überlassen. Nur allzu leicht schleichen sich auch bei vermeintlich exakter Messung Fehler ein, die dazu führen, dass die Laborergebnisse nicht hinreichend genau die in der Praxis dann auftretenden Verformungen wiedergeben, vgl. Abschn. 5.11-8.

Im Frischbeton beträgt die Wärmedehnzahl wegen der großen Wärmedehnung des ungebundenen Wassers ein Vielfaches jener des Festbetons. Wird Beton stark erwärmt, dann ist mit einer höheren Wärmedehnzahl zu rechnen. Sie erreicht über etwa **400 °C mehr als das Doppelte** der ursprünglichen. Da sich die Wärmedehnzahl von Stahl mit $\alpha = 12 \cdot 10^{-6}$/K kaum ändert, müssen bei so hohen Temperaturen Verbundspannungen berücksichtigt werden. Bei Temperaturen unter dem Gefrierpunkt bis etwa –40 °C bleibt die Wärmedehnzahl etwa gleich. Hat ein Beton keine künstlichen Luftporen und ist er sehr feucht, kommt es durch plötzliches Gefrieren des Porenwassers zu einer spontanen Dehnung. Sie kann bei *w*/*z*-Werten von 0,60 und darüber sehr groß sein, Abschn. 4.4.3.

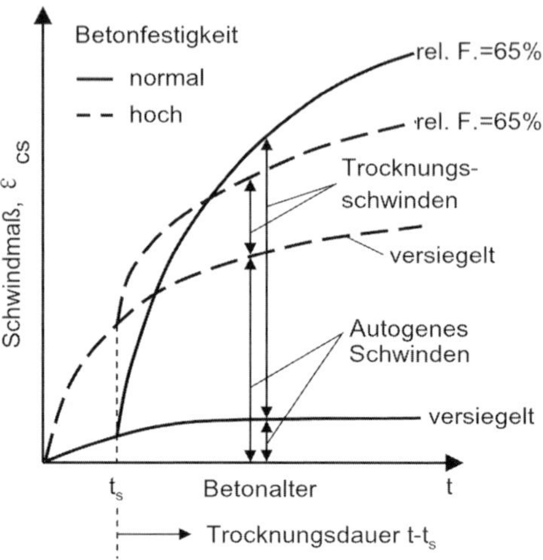

Abb. 3.4-14: Zeitlicher Verlauf von Autogenem Schwinden (Grundschwinden oder Schrumpfen) und Trocknungsschwinden bei trockener Umgebung (r. F. = 65 %) und ohne Verlust von Feuchtigkeit (versiegelte Proben) bei normalfestem und hochfestem Beton (schematisch), [Müller, H.S. 02]

3.4.5 Schwinden, Quellen und Kriechen

3.4.5.1 Schwinden und Quellen

Schwinden und Quellen sind Eigenverformungen, die durch Veränderung des Feuchtigkeitsgehaltes des Betons verursacht werden. Dagegen bezeichnet man als **Grundschwinden** die durch die Hydratation des Zements und durch innere Austrocknung verursachten Verformungen, früher bekannt als „autogenes Schwinden“ oder „Schrumpfen“, Abschn. 3.3.4 und 3.3.5. Zur Herstellung von wenig schwindarmem Beton siehe Abschn. 5.11.6.

Bisher hat man vielfach das **Trocknungsschwinden**, verursacht durch allmähliches Verdunsten von Porenwasser in die Umgebungsluft, schlechthin als das Schwinden bezeichnet. Erst die hochfesten Betone, bei denen das Grundschwinden sogar größer als das Trocknungsschwinden sein kann, machte eine Unterscheidung nach der Ursache, dem inneren oder äußeren Austrocknen nötig, Abb. 3.4-14. Das Trocknungsschwinden ist ein ganz anderer Vorgang, der unabhängig von der Hydratation und **nur in trockener Umgebung** langsam von außen nach innen fortschreitet. Dieses Schwinden führt zu Zugspannungen in der Randzone und Druckspannungen im Kern der Bauteile oder auch zu Krümmungen von einseitig austrocknenden Platten und Wänden.

Es wird bei trockener Luft von 50 % rel. Feuchte, wie wir sie im Winter in Innenräumen haben, etwa doppelt so groß wie bei 75 % rel. Feuchte, was bei uns etwa dem Durchschnitt im Freien entspricht.

Quellen tritt auf, wenn Beton **Wasser aufnehmen** kann. Das Quellen ist deutlich **kleiner als das Schwinden**. Wird Beton, der vorher austrocknen konnte, der Feuchtigkeit ausgesetzt, dann geht durch Quellen die Schwindverformung nur teilweise zurück. Als grobe Näherung kann angenommen werden, dass bei üblichem Konstruktionsbeton etwa die **Hälfte des Trocknungsschwindens reversibel** ist, d. h. durch Quellen wieder zurückgehen kann. Das Quellen von vorher nicht ausgetrocknetem Beton macht etwa ein Drittel vom Trocknungsschwinden bei einer Luftfeuchte von 75 % aus. Ändert sich die Feuchtigkeit der umgebenden Luft, etwa weil sie im Sommer höher und im Winter niedriger ist, dann sind die Schwind- und Quellverformungen fast vollständig reversibel und proportional zur Feuchtigkeitsabgabe bzw. -aufnahme der Randzone.

Die Ursache von Schwinden und Quellen liegt im **Zementstein**, der sein Volumen bei Änderungen des Feuchtigkeitsgehaltes seiner Kapillaren verändert und dabei vom Gerüst der groben **Gesteinskörnungen behindert** wird. Im Zementstein wird das Schwinden und Quellen im niedrigen Feuchtebereich vom Ausmaß der Adsorption von Wasser an der Oberfläche der äußerst feinen Gelpartikel bestimmt. Steigt die Umgebungsfeuchte auf über 40 %, dann dehnt der Spaltdruck des Wassers das Gefüge der Zementsteinmatrix.

Maßgebend dafür, wie schnell der Beton austrocknet und wie schnell Feuchtigkeit in Randzonen von Betonbauteilen eindringt, ist die **Feuchteleitfähigkeit**. Im Vergleich zur Wärmeleitfähigkeit, die zu einer verhältnismäßig raschen, also innerhalb von Stunden und Tagen stattfindenden Angleichung der Temperatur an jene der Umgebung führt, ist die Anpassung der Feuchtigkeit an die Umgebung eher eine Sache von Wochen, Monaten und schon bei Bauteilen mittlerer Dicke von Jahren. Schon bei dickeren Bauteilen aus üblichem Konstruktionsbeton erreichen Wasseraufnahme oder -abgabe deren Kern überhaupt nicht. Die Feuchteleitfähigkeit wird bei der Aufnahme von Wasser hauptsächlich von der Kapillarströmung bestimmt. Beim Trocknen spielt die viel langsamer ablaufende Wasserdampfdiffusion die maßgebende Rolle, vgl. Abschn. 3.4.6.

Neben der Frage, wie schnell von einem dünnen Betonelement Wasser aufgenommen oder abgegeben wird, ist die **Feuchtedehnzahl** wichtig, weil sie in Analogie zur Wärmedehnzahl angibt, wie stark sich durch die Änderung der Feuchtigkeit ein Betonelement dehnt oder verkürzt. Die Feuchtedehnzahl im Labor zu bestimmen, hat sich als recht schwierig erwiesen, weil dazu Prüfkörper mit einheitlicher Feuchte nötig sind und dies ist nur bei Wanddicken von höchstens einem Millimeter und auch da nur näherungsweise möglich, [Fleischer 92].

Das heute als Trocknungsschwinddehnung mit stets negativen Vorzeichen angegebene **Schwindmaß** ist **keine Werkstoffkennzahl**, sondern ein von den Trocknungsbedingungen und den Bauteilabmessungen sehr stark beeinflusster **Rechenwert**, für den DIN 1045-1 einen Näherungswert angibt, der mit einem mittleren Variationskoeffizienten von ±30 % behaftet ist. Es fehlt nicht an Versuchsergebnissen, die zeigen, dass die Schwindmaße in Wirklichkeit deutlich größer sein können [Müller, H.S. 02]. Das ist auch verständlich, wenn man bedenkt, dass **kleine Betonkörper schneller austrocknen** und daher **stärker schwinden** als große. Das **Quellen** wird oft vernachlässigt, obwohl es für das Verhalten eines Bauteiles sehr wichtig sein kann.

Für den Konstrukteur und für den Bauausführenden ist aber neben den Rechenwerten vor allem wichtig, welche Verformungen und Spannungen verursacht werden können und wie Risse durch Schwinden oder/und Quellen zu verhindern oder zumindest in Grenzen zu halten sind.

Gemessen wird das Schwinden in der Regel als **axiale Längenänderung** von Mörtelprismen 40 × 40 × 160 mm³ oder Zylindern oder Prismen aus Beton von 10 oder 15 cm Durchmesser bzw. Seitenlänge, Abb. 3.4-15.

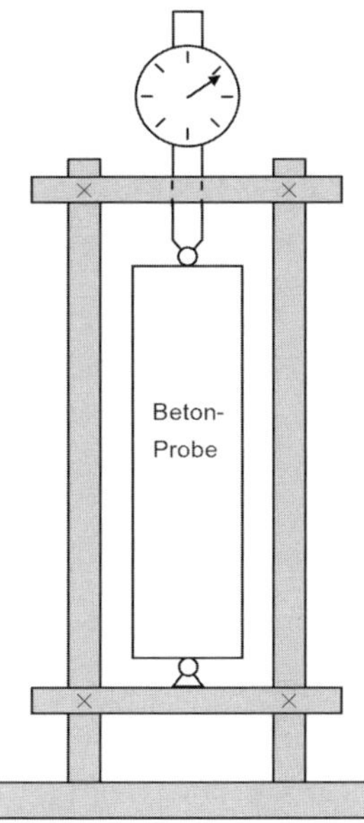

Abb. 3.4-15: Schwinden wird als axiale Längenänderung von Proben in einem Klimaraum gemessen

Die Proben trocknen je nach Feuchtigkeit der Umgebungsluft langsamer oder schneller von außen nach innen aus, Abb. 3.4-16.

Setzt man voraus, dass die Querschnitte eben bleiben, dann müssen die durch Schwinden verursachten Verformungen zunächst in **Eigenspannungen** umgesetzt werden, so dass am **Rand** der Proben **Zugspannungen** und im **Kern Druckspannungen** entstehen. Der nicht vom Austrocknen betroffene Kern wird also zusammengedrückt. Diese Verkürzung wird gemessen und als (negative) **Schwinddehnung** bezeichnet. Sie wird ganz erheblich vom Größenverhältnis des Kerns zur austrocknenden Randzone bestimmt, auch von den Abmessungen der untersuchten Probe. Die durch die **nichtlineare Feuchteverteilung** hervorgerufenen Eigenspannungen können bei scharfem Austrocknen zu **Schwindrissen** führen, die einige Millimeter tief reichen. Spaltet man austrocknende Betonprismen in Längsrichtung auf, dann verformen sich die Prismenhälften in Form eines Kreisbogens, wodurch die Eigenspannungen bis auf einen kleinen Rest abgebaut werden, Abb. 3.4-16.

Wände oder **Bodenplatten**, die auf einer Seite austrocknen, auf der anderen aber befeuchtet werden, weisen einen steilen **Feuchtegradienten**, d. h. eine stark unterschiedliche Feuchteverteilung auf, die zu entsprechenden Quell- und Schwindspannungen führt.

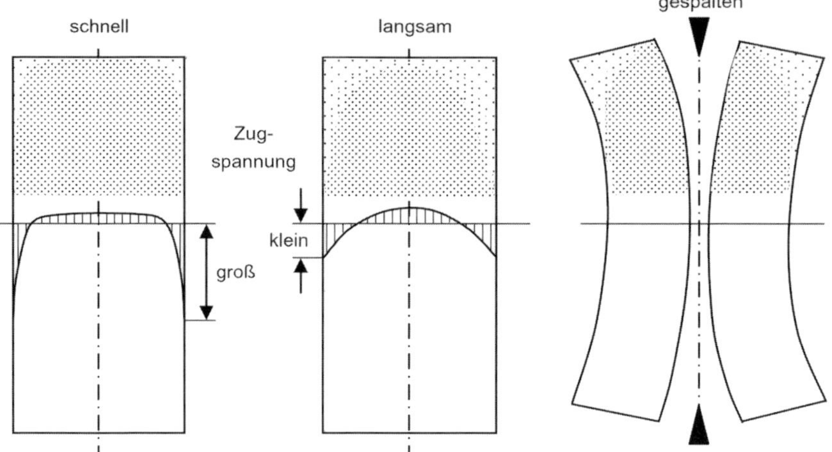

Abb. 3.4-16: Durch Schwinden verursachte Eigenspannungen bei schnellem und langsamem Austrocknen. Durch Aufspalten des Probeprismas in Längsrichtung werden Eigenspannungen größtenteils in messbare Verformungen umgesetzt [Springenschmid 93]

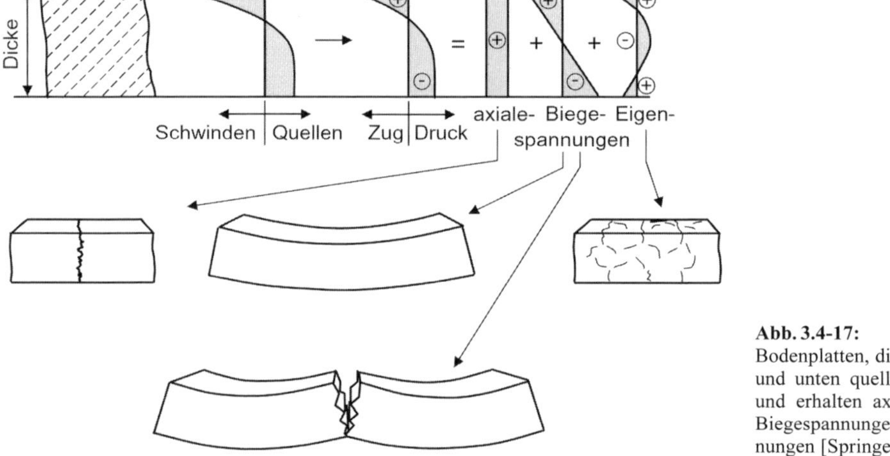

Abb. 3.4-17:
Bodenplatten, die oben schwinden und unten quellen, schüsseln auf und erhalten axiale Spannungen, Biegespannungen und Eigenspannungen [Springenschmid 93]

Dabei können axiale Spannungen, Biegespannungen und Eigenspannungen entstehen. In Bodenplatten, die beispielsweise in Werkshallen direkt, d. h. ohne Abdichtung, auf feuchten Untergrund betoniert werden, können die Schwind- und Quellverformungen zu einem **Aufschüsseln** und zu Stufen an Fugen und zu Rissen führen. Um sich ein Bild von der Größe der Verformungen zu machen, wurden 20 cm hohe und 3 m lange Betonbalken an einem Ende an einem steifen Stahlträger festgeschraubt. Während er nach oben austrocknen konnte, wurde er von unten befeuchtet, Abb. 3.4-18. Im Laufe von mehreren Monaten hat sich das freie Ende um mehrere Millimeter entgegen der Schwerkraft abgehoben, [Springenschmid 93].

Unter **Schwindrissen** versteht man die meist netzförmigen oder gerichteten, nicht tief gehenden Risse in Betonoberflächen, die überwiegend durch Eigenspannungen oder bei behinderter Verformung auch durch Zwangspannungen verursacht werden. Wenn man bedenkt, wie Schwindmaße ermittelt werden, ist einsichtig, dass kein direkter Zusammenhang mit dem Auftreten von Schwindrissen bestehen kann. Sie sind vielmehr die Folge von **schnellem Austrocknen**, das in der Randzone zu hohen Zugspannungen führt. Trocknet ein Beton nur langsam aus, dann sind die Unterschiede in der Feuchtigkeit von Randzone und Kern nicht so groß und werden teilweise durch Relaxation abgebaut, [Müller, H.S.]. Es bilden sich keine

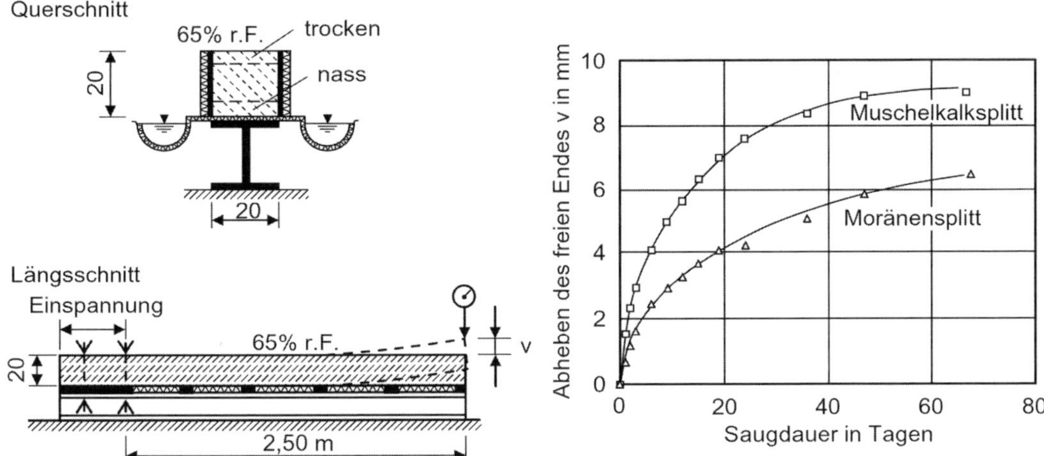

Abb. 3.4-18: Verformung von Betonbalken bei Feuchtegradienten oben trocken, unten nass [Springenschmid 93]

Schwindrisse. Wenn sich an der **Oberfläche Feinmörtel** angesammelt hat, der im Vergleich zu Beton auch mehr Wasser enthält, schwindet er auch stärker. Auch hohe Oberflächentemperaturen während der Erhärtung am ersten Tag etwa durch Sonneneinstrahlung können bei der nachfolgenden Abkühlung zu Oberflächenrissen beitragen.

3.4.5.2 Einflüsse auf Schwind- und Quellmaße

Die bekannte Faustregel für den Hochbau, nach der das **Schwinden mit 0,5 mm/m** anzunehmen sei, ist eine grobe Vereinfachung. Sie mag berechtigt sein, wenn es sich um feingliedrige Bauteile handelt, die vor Wasserzutritt geschützt sind und in der kühlen Jahreszeit hergestellt wurden. Das **thermische Schwinden**, das bei der Abkühlung entsteht, wenn sich der Beton vorher durch die Hydratation des Zements erwärmt hat oder im Sommer mit höherer Temperatur eingebaut wird, ist oft schwer abzuschätzen, wenn nicht bekannt ist, bei welchen Temperaturverhältnissen der Beton eingebaut wird. Bei Betonbauteilen, die bei einer noch zulässigen Frischbetontemperatur von + 30 °C hergestellt werden und bei einer durch Hydratationswärme und Sonneneinstrahlung angestiegenen Nullspannungstemperatur von 45 oder 50 °C fest werden, macht die Verkürzung beim Abkühlen auf die bei uns im Jahresmittel herrschende Temperatur von 8 bis 10 °C allein etwa 0,4 mm/m aus, viel mehr als das Trocknungsschwinden.

Obwohl die hygrischen Verformungen Schwinden und Quellen neben dem Kriechen in den zurückliegenden hundert Jahren sehr eingehend untersucht wurden, sind wir heute weit davon entfernt, genauere Angaben machen zu können. Bei den **Vorhersageverfahren in DIN 1045-1** darf man nicht übersehen, dass man in den Normen bewusst **nur Eingangswerte wie Zement- oder Betonfestigkeitsklasse und Umgebungsfeuchte** zugrunde legen konnte, die bei der Konstruktion eines Bauteils schon bekannt sind, [Müller, H.S. 01]. Einflüsse, die erst während der Vergabe oder der Bauvorbereitung bekannt werden, wie jene von Gesteinskörnungen oder Jahreszeit der Herstellung konnten keine Berücksichtigung finden. Zur besseren Abschätzung des Ausmaßes von Schwinden und Quellen sollten nicht nur DIN 1045-1 oder die Endschwindmaße nach EC 2, vgl. Tabelle 3.4-4, sondern auch die folgenden Einflüsse berücksichtigt werden:

(1) Schwinden und Quellen sind Verformungen des Zementsteins, die vom Gerüst der Gesteinsstoffe behindert werden. Je größer der **Anteil des Zementsteins** im Beton, desto größer sind Schwinden und Quellen. Bei Zementstein allein macht das Schwinden bis zu 3 mm/m, das Quellen ohne vorheriges Austrocknen bis zu 1 mm/m aus.

(2) Das Schwinden des Zementsteins wird je nach **Gehalt an Gesteinskörnungen** behindert, und zwar **bei hohem E-Modul des Gesteins** besonders stark.

(3) Stärker **poröse Gesteinskörnungen** wie von Leichtbeton, sowie solche aus Sandstein, Muschelkalk oder recycliertem Beton **schwinden** beim Austrocknen **selbst** und erhöhen dadurch das Schwindmaß.

Tabelle 3.4-4: Endschwindmaße nach EC 2 von Bauteilen mit der Querschnittsfläche A_c und dem Umfang U der dem Trocknen ausgesetzten Außenflächen

Innenräume rel. Feuchte = 50 %			Im Freien rel. Feuchte = 80 %		
wirksame Bauteildicke $h_0 = 2\,A_c/U$ [mm]					
50	150	600	50	150	600
Endschwindmaß $\varepsilon_{cs\infty}$ in mm/m					
–0,57	–0,56	–0,47	–0,32	–0,31	–0,26

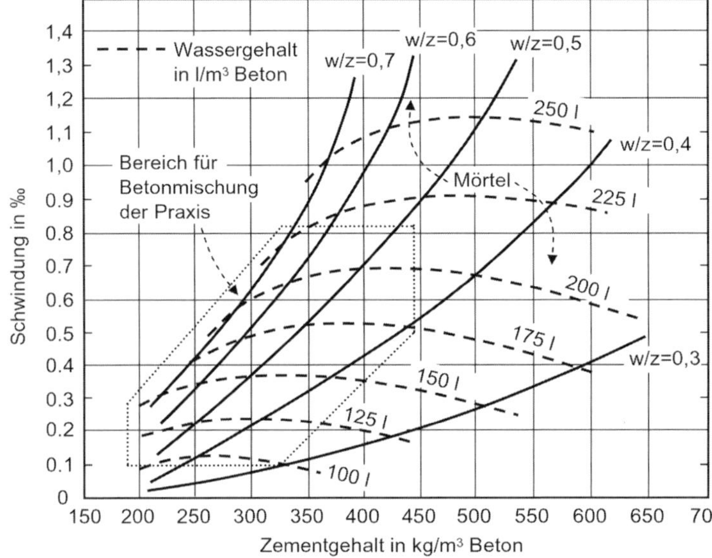

Abb. 3.4-19: Schwinden von Prismen 10 × 10 × 40 cm³ aus Mörtel oder Beton unterschiedlicher Zusammensetzung bei 50 % rel. Feuchte, [USBR 42]

(4) Das Schwindmaß ist umso größer, **je höher der Wassergehalt** des Frischbetons war.

(5) Das Schwindmaß ist umso größer, **je niedriger die Feuchtigkeit der Umgebungsluft** ist. Näherungsweise kann man davon ausgehen, dass das Schwindmaß proportional zur abgegebenen Wassermenge ist, im Bereich sehr niedriger und sehr hoher Umgebungsfeuchte aber etwas größer ausfällt als im mittleren Bereich.

(6) Bauteile, die wie Straßendecken im Freien liegen und der **Witterung** ausgesetzt sind, schwinden nur sehr wenig, höchstens bis zu 0,3 mm/m.

(7) Beton, der schon **während der Anfangserhärtung geringfügig Wasser abgeben** konnte, **schwindet** später **weniger** als Beton, der schon in den ersten Stunden wasserzuführend nachbehandelt wird und schon zu dieser Zeit etwas quillt. Ursache dafür ist, dass die **anfangs auftretenden Quellspannungen** noch stark **relaxieren**.

(8) **Wassersatte poröse**, d. h. leichte oder recyclierte **Gesteinskörnungen** können Wasser in den Feinmörtel abgeben. Dadurch kann das Schwindmaß zunächst kleiner ausfallen.

(9) Bei spätem Beginn des Austrocknens sind die Schwindverkürzungen anfangs kleiner, erreichen aber nahezu dieselben Endmaße [Grube 03].

(10) Vereinfachend geht man davon aus, dass das Schwinden umso größer ist, **je größer die einer Trocknung ausgesetzten Außenflächen** U eines Bauteils sind und umso kleiner, je größer die Querschnittsfläche A ist. Als wirksame Bauteildicke h gilt

$$h = \frac{2A}{U}$$

Größere Querschnitte trocknen langsamer aus, erreichen aber nach einem längeren Zeitraum ein fast ebenso großes Endschwindmaß.

(11) Bei massigen Bauteilen ist das Schwinden klein und verläuft ganz erheblich langsamer. Bei dicken Bauteilen ist ein Schwinden nur im oberflächennahen Bereich feststellbar. **Massenbeton** von Talsperren **schwindet nicht**, abgesehen von seinem äußersten Rand.

(12) Beton mit niedrigem *w/z*-Wert trocknet langsamer aus, sodass das Trocknungsschwinden **langsamer** vor sich geht und auch insgesamt **weniger** ausmacht.

(13) Zementart und Festigkeitsklasse wirken sich nur wenig auf das Trocknungsschwinden aus. **Schwindarme Zemente** im Hinblick auf das **Trocknungsschwinden gibt es nicht**, so sehr der Baupraxis auch damit gedient wäre. Zemente mit hohem Gehalt an C_3A und Alkalien, feiner Mahlung und vom optimalen abweichenden Sulfatgehalt führen zu etwas höheren Feuchtedehnzahlen, [Fleischer 92]. Bei **hohen Alkaligehalten** ist die Feuchteleitfähigkeit kleiner. Dies führt zu höheren Eigenspannungen und **leichter zu Schwindrissen**.

(14) Beton mit hohem Gehalt an **Flugasche schwindet** und kriecht deutlich weniger als Beton, der nur mit CEM I hergestellt wurde, auch wenn die Flugasche nur mit $k = 0{,}4$ angerechnet wird und dadurch der Gehalt an Mehlkorn höher ist [Guse 06].

(15) Bei **hochfestem Beton** ist das Trocknungsschwinden **erheblich kleiner**, weil nur mehr sehr wenig Wasser im Gefüge vorhanden ist und dieses wegen der niedrigen Feuchteleitfähigkeit nur sehr langsam abgegeben wird. Das Grundschwinden ist nahezu in gleichem Ausmaß größer, so dass insgesamt von einem ähnlichen Gesamtschwindmaß wie bei normalfestem Beton ausgegangen werden kann. Nur bei dünnen Bauteilen aus hochfestem Beton kann eine wasserzuführende Nachbehandlung zu einer Verminderung des Grundschwindens und damit auch zu einem kleineren Schwinden insgesamt führen.

(16) **Dünnwandige Bauteile**, die von Anfang an nicht austrocknen konnten, quellen stärker. Das **Quellen** erreicht etwa **0,1 bis 0,2 mm/m.**

(17) Bei massigen Bauteilen, die unter Wasser hergestellt werden, ist **kaum mit Quellen** zu rechnen, weil sich die Wasseraufnahme auf die Randzone beschränkt.

(18) Bei **Wechsellagerung** nass/trocken macht das Quellen allmählich gleich viel aus wie der als reversibel bezeichnete Teil des Trocknungsschwindens, so dass die **hygrischen Formänderungen** insgesamt langfristig in einem **gleich großen** Rahmen bleiben.

3.4.5.3 Kriechen und Relaxation

Unter **Kriechen** versteht man die bei einer Belastung über die sofort auftretende elastische Verformung hinausgehende, im Laufe der Zeit zunehmende Verformung des Betons. Sie kann, wenn die kriecherzeugenden Spannungen schon auftreten, wenn der Beton noch jung ist, das **3- bis 5fache der elastischen Verformung** ausmachen.

Von **Relaxation** spricht man, wenn einem Bauteil Verformungen aufgezwungen werden und die dabei entstandenen Spannungen im Laufe der Zeit nachlassen, also **erschlaffen.**

Kriechen und Relaxation sind auf **dieselben physikalischen** Ursachen zurückzuführen, die, wie beim Schwinden, überwiegend in der Struktur des Zementsteins zu suchen sind. Dazu gibt es auch heute noch mehrere unterschiedliche Modellvorstellungen, wie jene eines **interkristallinen Gleitens** und einer **Mikrorissbildung** oder auch jene, nach der **Wasserumlagerungen und -bewegungen** vergleichbar sind mit den Wasserbewegungen, die bei der Konsolidation von Tonschichten unter Belastung eine Rolle spielen.

Kriechen kann ungünstige Folgen haben, etwa wenn sich weitgespannte Decken im Laufe der Zeit **immer mehr durchbiegen** oder sich vorgespannte Träger im Laufe der Jahre verkürzen und dadurch die **Vorspannung nachlässt**. Relaxation im gut erhärteten Beton kann Vorteile bringen, weil **Spannungsspitzen** aus Zwangs- oder Eigenspannungen, ebenso wie Gefügespannungen abgebaut werden. Der Beton kann dadurch höhere Lastspannungen aufnehmen, es bilden sich weniger leicht Risse.

3.4.5.4 Verlauf der Verformungen

Die nach der Belastung eines Betonkörpers anfangs stärker zunehmenden Verformungen setzen sich aus vier unterschiedlichen Anteilen zusammen.

(1) Die verhältnismäßig kleinen **verzögert elastischen Verformungen** ε_v (früher „Rückkriechen") sind reversibel, d. h. sie gehen nach einer Entlastung wieder zurück, genauso wie dies bei den

(2) **sofortigen elastischen Verformungen** ε_{el}, die mit Hilfe des E-Moduls berechnet werden, der Fall ist. Der E-Modul wird bekanntlich in einem Kurzzeitversuch von wenigen Minuten Dauer

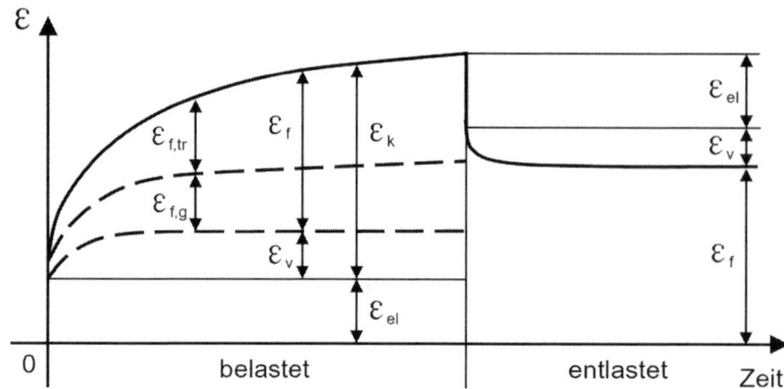

Abb. 3.4-20: Kriechen ε_k und elastische Verformungen ε_{el} von Beton infolge Be- und Entlastung und Austrocknen, wobei $\varepsilon_{f,g}$ Grundkriechen, $\varepsilon_{f,tr}$ Trocknungskriechen und ε_v verzögert elastische Verformungen sind (schematisch) [Grübl 01]

ermittelt. Würde man den E-Modul sehr langsam, in Versuchen, die sich über mehrere Tage oder Wochen erstrecken, bestimmen, würde er niedriger ausfallen, aber einen Teil des Kriechens, vor allem die verzögert elastischen Verformungen bereits einschließen.

(3) Das **Grundkriechen** $\varepsilon_{f,g}$ tritt auch in Bauteilen auf, die gegen Feuchtigkeitsänderungen völlig abgedichtet sind. Es ist daher auch unabhängig von den Abmessungen. Es ist größer bei hohem Anteil an Zementstein, niedriger Festigkeit und hohen Spannungen sowie bei niedrigem E-Modul der Gesteinskörnungen, früher Belastung und höheren Temperaturen. Daneben gibt es noch

(4) das **Trocknungskriechen** $\varepsilon_{f,tr}$, das umso größer ist, je rascher der Beton Feuchtigkeit abgibt. Es kann als eine Verstärkung des Schwindens angesehen werden. Trocknet der Beton erst aus, wenn er schon unter Dauerlast steht, dann sind diese Kriechverformungen besonders groß. Da meist nur die Randzonen austrocknen, ist das Trocknungskriechen bei feingliedrigen Bauteilen sehr groß und bei massigen Bauteilen praktisch vernachlässigbar.

Kriechverformungen werden in der Regel nicht als Kriechmaß in % angegeben, sondern als **Kriechzahl** φ, die das Verhältnis zur elastischen Verformung ausdrückt. Bei der Berechnung der bei einer bestimmten Spannung σ nach der Zeit t aufgetretenen Gesamtverformung ε_{tges} ergibt sich

$$\varepsilon_{tges} = \frac{\sigma}{E} + \frac{\sigma\varphi_t}{E} = \frac{\sigma(1+\varphi_t)}{E} = \varepsilon_{el} + \varepsilon_{f,g} + \varepsilon_{f,tr}$$

wobei φ_t die **Kriechzahl** bis zum Zeitpunkt t angibt, während man mit φ_∞ die **Endkriechzahl** bezeichnet.

3.4.5.5 Vorhersage des Kriechens

Bauteile, die vorspannt werden, verkürzen sich im Laufe der Zeit in Richtung der aufgezwungenen Spannung, wodurch eine Teil der Vorspannung verloren geht. Eine Abschätzung des Ausmaßes des Kriechens ist auch heute noch unverzichtbar für jede Berechnung von Bauteilen aus Spannbeton und kann auch bei solchen aus Stahlbeton erforderlich sein. Hierfür wurden zahlreiche Verfahren entwickelt.

Das Kriechen verläuft anfangs schneller und ist besonders groß, wenn die Spannungen schon im sehr jungen Alter aufgezwungen werden. Es erreicht bei sehr dünnen Bauteilen, die schneller austrocknen und bei denen die Erhärtung des Zements früher zu Ende geht, schon nach etwa 3 Jahren ein rechnerisches Endkriechmaß. Dagegen muss bei deutlich dickeren Bauteilen ein Zeitraum von Jahrzehnten angenommen werden. Man geht davon aus, dass die Zunahme nach einem Zeitraum von 70 Jahren vernachlässigbar klein wird. Man bezeichnet die bis dahin rechnerisch eingetretene Kriechverformung als **Endkriechmaß**. Bei Bauteilen, bei denen das Kriechen eine wichtige Rolle spielt, sollte man berücksichtigen, dass die tatsächlichen Verformungen um bis zu 30 % von den Rechenwerten abweichen können. Deshalb sollte man zumindest den E-Modul mit der vorgesehenen Betonzusammensetzung im Versuch ermitteln und der Vorhersage zugrunde legen. Damit und mit den in Tab. 3.4-5 angegebenen Endkriechzahlen können Kriechverformungen abgeschätzt werden.

Überschreiten die Betonspannungen 45 % der mittleren Betondruckfestigkeit (die man vereinfacht mit 8 N/mm^2 über der charakteristischen Mindestdruckfestigkeit der Probezylinder, also bei C 30/37 mit 38 N/mm^2 annehmen kann), dann muss man damit rechnen, dass Mikrorisse vor allem zwischen Gesteinskörnern und Zementstein auftreten, die zusätzlich zu einem **nichtlinearen Kriechen** führen, wobei die Kriechverformungen größer sind und im Laufe der Zeit kontinuierlich zunehmen.

Tabelle 3.4-5: Endkriechzahlen für normalfeste Konstruktionsbetone [Müller, H.S. 16]

Belastungs-alter t_0 [Tage]	Trockene Umweltbedingungen (Innenräume) RH = 50 %			Feuchte Umweltbedingungen (im Freien) RH = 80 %		
	Wirksame Bauteildicke h [mm]					
	50	150	600	50	150	600
1	5,8	4,8	3,9	3,8	3,4	3,0
7	4,1	3,3	2,7	2,7	2,4	2,1
28	3,1	2,6	2,1	2,0	1,8	1,6
90	2,5	2,1	1,7	1,6	1,5	1,3
365	1,9	1,6	1,3	1,2	1,1	1,0

3.4.5.6 Carbonatisierungsschwinden

Die von der Oberfläche des Betons allmählich fortschreitende Umwandlung des Calziumhydroxids in Calziumcarbonat, vgl. Abschn. 4.2.2, führt zu einer Freisetzung von Wasser und trotzdem zu einem Schwinden. Es macht deutlich weniger als das Trocknungsschwinden aus, führt aber doch sehr leicht zu **Krakeleerissen**, weil das Schwinden durch die nur wenige Millimeter tiefer liegenden, noch nicht carbonatisierten Schichten behindert wird. Für die Sicherheit eines Bauwerks ist das Carbonatisierungsschwinden ohne Bedeutung, weshalb man davon kein Wort in der DIN 1045-1 findet. Dagegen kann das Aussehen glatter Betonoberflächen ganz erheblich davon beeinträchtigt werden, vor allem wenn der Beton hin und wieder feucht wird und sich Schmutz an den Rissen anlagert, die dadurch deutlich sichtbar werden.

3.4.6 Transportvorgänge im Betongefüge

3.4.6.1 Eindringen von Wasser

Die im erhärteten Zement befindlichen sehr feinen **Gelporen,** etwa 15 % des Zementsteins, sind praktisch **undurchlässig**. Für Transportvorgänge maßgebend sind die bei *w/z*-Werten über 0,40 oder unvollständiger Hydratation vorhandenen, im Elektronenmikroskop deutlich sichtbaren **Kapillarporen**. Bei einem *w/z*-Wert von 0,60 und 90%iger Hydratation bestehen 30 % des Zementsteins aus solchen Poren. In ihnen findet der Großteil der Transportvorgänge statt. Bei einem Anteil an **Kapillarporen** von über etwa **35 % bilden sie ein zusammenhängendes System**, das Transportvorgängen nur wenig Widerstand entgegengesetzt, Abb. 3.1-4. Dies erklärt die häufig auftretenden Durchlässigkeiten, Ausblühungen und Frostschäden an Beton mit hohem *w/z*-Wert oder/und mangelnder Nachbehandlung. Sind beim Einbau des Betons Kiesnester oder andere **Entmischungen** verblieben, so können natürlich auch bei niedrigem *w/z*-Wert Durchlässigkeiten auftreten. **Sickerwege** entstehen mitunter aber auch entlang von Stahleinlagen.

Wasser, das über Wochen oder Monate auf Beton einwirkt, kann zu einer **Selbstabdichtung** des Betongefüges durch Quellvorgänge und Umlagerungen von Wasser in Gelporen führen, [Rucker-Gramm 08]. Wenn **Wasser** in Betonoberflächen kapillar oder unter Druck in dessen Gefüge **eindringt**, geschieht das **nicht in gleichem Ausmaß, wie dies bei anderen Flüssigkeiten** mit vergleichbarer Viskosität und Oberflächenspannung – z. B. Cyclohexan – der Fall ist. Auch nicht in vergleichbarer Weise, wie wir das Eindringen von Wasser in anderen porösen Baustoffen wie Ziegel oder Sandstein kennen. Nach einer gewissen Saugzeit wird die **Wasseraufnahme von Beton kleiner** als nach dem Wurzel-Zeit-Gesetz zu erwarten wäre und erreicht schließlich eine endliche Eindringtiefe. Die Ursache für diese **Selbstabdichtung** liegt vor allem in Quellvorgängen des Zementgels.

Wichtig für die Baupraxis ist oft die Frage, wie **tief Wasser** in ein Betonbauteil eindringen kann oder ob es gar durch dieses hindurchsickern würde. Für die Dauerhaftigkeit ist der Eindringwiderstand aber nicht minder wichtig. Für das Eindringen gibt es unterschiedliche Transportmechanismen:

(1) Das **kapillare Saugen** ist der mit Abstand leistungsfähigste Mechanismus und beruht auf dem Bestreben von Wasser, in feinen Kapillaren auch gegen die Schwerkraft so lange einzudringen, bis ein Gleichgewicht mit den Adsorptionskräften am oberen Rand der Kapillare erreicht ist. Je feiner die Kapillaren sind, desto größer ist die Steighöhe und desto langsamer geht der Saugvorgang vor sich. Bei *w/z*-Werten über 0,70 sind

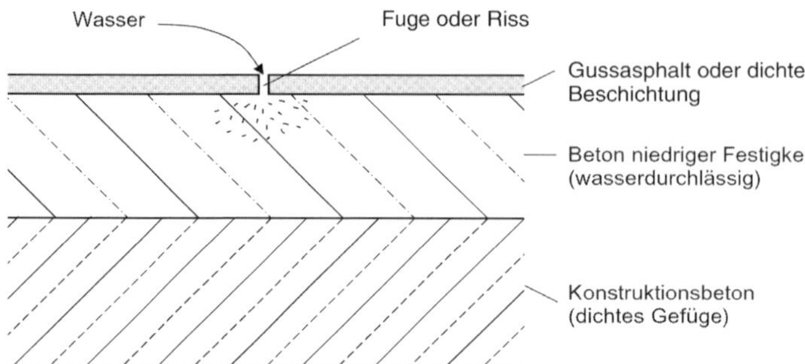

Abb. 3.4-21: Wasser sickert durch eine Fuge oder einen Riss, wenn der darunter liegende Beton porös und daher wenig fest ist. Durch den schmalen Spalt kann später nur wenig verdunsten, so dass im Winter der Frost dort den Beton aufsprengen kann.

Steighöhen von mehr als einem Dezimeter möglich. Kommt der Saugvorgang zum Stillstand, dann können sich Wasser und gelöste Stoffe in feineren Poren weiter verteilen. Dieser Vorgang erreicht aber nur ein geringes Ausmaß [Beddoe 03].

Wichtig ist das kapillare Saugen auch, weil dabei im Wasser gelöste Stoffe im sog. **Huckepack-Transport** mitgenommen werden. Auf diese Weise gelangen auch Schadstoffe wie Chloride, in das Betongefüge. Bei häufigem Nass-Trocken-Wechsel verdunstet das eingedrungene Wasser und lässt die gelösten Stoffe zurück. Mit jedem Wechsel kommen neue hinzu.

(2) Transportvorgänge durch **Diffusion** sind in Beton in Vergleich zu kapillarem Saugen um Größenordnungen weniger leistungsfähig. Diffusion beruht auf dem Bestreben, Konzentrationsunterschiede im Gehalt an Molekülen oder Ionen in Gasen, Flüssigkeiten oder auch Feststoffen auszugleichen. Sie verläuft umso schneller, je größer der Konzentrationsunterschied und je größer der von der Porosität bestimmte Diffusionskoeffizient ist. Eine wichtige Rolle spielt u. a. die Diffusion von Wasserdampf in wärmedämmenden Baustoffen.

In Ingenieurbauten gibt es immer wieder Fälle, in denen Regenwasser durch offene Fugen oder Risse in einer Schutzschicht oder äußeren dichten Betonschicht eindringt und sich in einem darunter liegenden porösen und weniger festen Beton anreichert, Abb. 3.4-2. Kommt Frost, wird der wassersatte Beton zerstört. Ursache ist, dass die Diffusion auch in langen Trockenperioden bei weitem nicht ausreicht, um Wasser, das durch einzelne offene Fugen oder Risse eingedrungen ist, auf demselben Weg in Form von Wasserdampf wieder an die Oberfläche zu transportieren.

(3) Unter **Permeation** versteht man den Stofftransport unter äußerem Druck, wie er schon von Darcy für die Wasserdurchlässigkeit von Böden beschrieben wurde. Die Durchflussmenge ist dabei umso größer, je größer das **Druckgefälle** und je höher der **Durchlässigkeitsbeiwert *k*** ist. Bei Beton trägt die Permeation nur sehr wenig zum Feuchtetransport bei. Erhöht man bei der Prüfung der Wassereindringtiefe den Wasserdruck von den üblichen 0,5 N/mm^2 auf 3,0 N/mm^2, was einer 300 m hohen Wassersäule entspricht, zeigt sich eine etwas größere Eindringtiefe, die aber keinesfalls proportional zum erhöhten Druck ist.

(4) Die **Osmose** spielt nur bei salzbelasteten Baustoffen eine Rolle. Salze sind hygroskopisch und nehmen daher Wasser auf. Wird die Ionendiffusion durch enge Poren behindert, führt das Bestreben zum Ausgleich von Konzentrationsunterschieden zu einem Wassertransport in eine Salzlösung höherer Konzentration.

(5) Schließlich ist noch der **Hydratationssog** zu nennen, der durch das chemische Schwinden verursacht wird und dazu führen kann, dass während der Erhärtung den Beton umgebendes Wasser von außen in das Gefüge gesaugt wird [Volkwein 93].

Generell gilt für **alle Transportmechanismen**, dass umso weniger Wasser in das Betongefüge eindringen kann **je niedriger der *w/z*-Wert und je besser die Nachbehandlung**, also je höher der Hydratationsgrad ist. Wie Versuche zeigen, treten in ein Betongefüge, das mindestens der Festigkeitsklasse C 30/37 entspricht und einen *w/z*-Wert von höchstens 0,55 aufweist, Wasserbewegungen nur in einer dünnen Randzone auf [Beddoe 99], Abb. 3.4-22. In der Praxis genügt für Bauteile, die **wasserundurchlässig** sein sollen, ein Beton **C 25/30** mit einem ***w/z*-Wert von höchstens 0,60**, wenn das Bauteil mindestens 200 mm dick ist, gut nachbehandelt wird und Entmischungen vermieden werden.

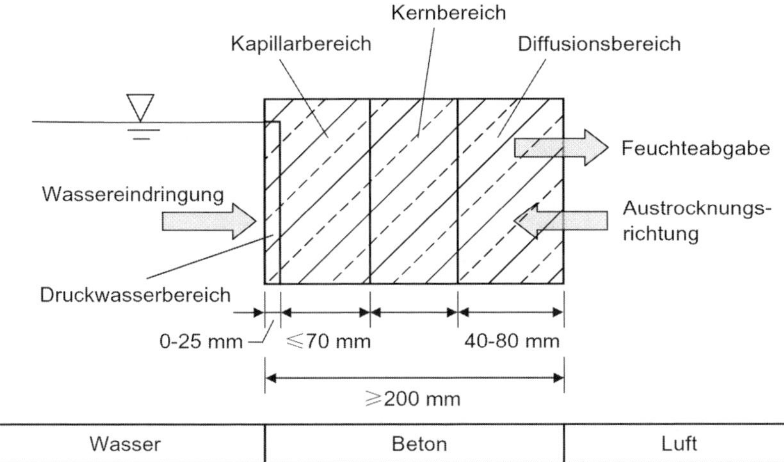

Abb. 3.4-22: Wasser dringt in Beton (C 30/37 mit $w/b = 0{,}51$) kapillar nur auf eine begrenzte Tiefe ein, noch weniger weit durch mäßigen hydraulischen Druck. Auch das Austrocknen (Diffusion) erfasst nur eine begrenzte Tiefe, so dass im Kernbereich keine Wasserbewegungen stattfinden, [Beddoe 99]

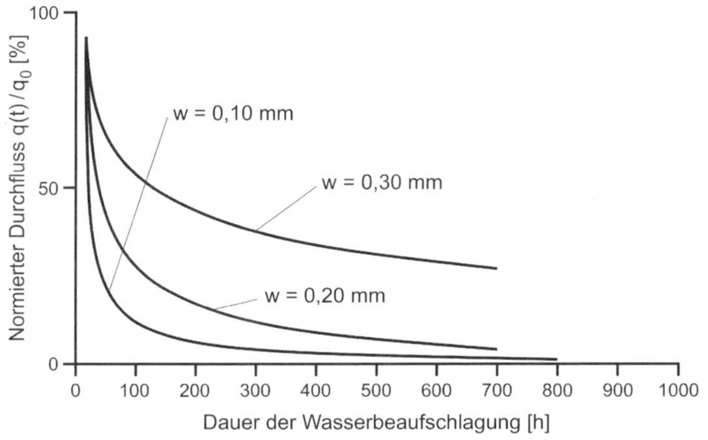

Abb. 3.4-23: Zeitlicher Verlauf des Wasserdurchflusses durch zunehmend versinternde Risse, [Edvardsen 96]

Durch **Trennrisse**, also durchgehende Risse, kann Wasser durchsickern, während es in **Biegerisse** nur eindringen kann. Wenn eine Biegedruckzone frei von durchgehenden Rissen bleibt, kann sie eine Abdichtung übernehmen. Feine Trennrisse lassen aber auch nur sehr wenig Wasser durch, und zwar so wenig, dass sie, wenn Wasser darauf einwirkt, oft nach einigen Wochen zusintern und sich höchstens feuchte Flecken auf der luftseitigen Betonoberfläche bilden. Versuche haben gezeigt, dass das Verhältnis von Wasserdruck zu Betondicke, der sog. **Druckgradient** für die Permeation von Wasser eine wichtige Rolle spielt [Edvardsen 96]. Steht das Wasser 2 m hoch, dann kann bei 20 cm dicken Wänden damit gerechnet werden, dass bei einer rechnerischen Rissbreite von 0,20 mm auftretende Trennrisse noch zusintern, während bei einem Druck einer 12 m hohen Wassersäule Betondicken von 40 cm die rechnerische Breite von Trennrissen höchstens 0,10 mm betragen soll, [DAfStb 06/3]. Bei der Beurteilung von Rissbreiten darf nicht übersehen werden, dass sich Risse im Laufe der Zeit auch noch erweitern können, vor allem bei Temperaturänderungen und auch bei dynamischen Einwirkungen.

Für in der Praxis auftretende Fragen, z. B. wie tief Chloride bei Straßenbrücken im Spritzwasserbereich eindringen, sind Folgerungen aus der physikalischen Beschreibung der Transportvorgänge und Untersuchungen von Bauwerken grundlegend. Zu beachten ist:

(1) Durchlässigkeiten können durch unvermeidbare und vermeidbare **Imperfektionen der Bauausführung** wie größere Verdichtungsporen, Entmischungen, Verbundmängel entlang von Stahlstäben oder Einbauteilen, sowie frühzeitigem Austrocknen auftreten.

(2) Der **momentane Feuchtigkeitsgehalt** des Betons beeinflusst Transportvorgänge in unterschiedlichem Ausmaß. Feuchter Beton ist weniger durchlässig. Die meisten Transportvorgänge finden nicht stationär statt, sondern bei ständigen Änderungen von Temperatur und Umgebungsfeuchte.

(3) In Wasser **gelöste Salze** verändern die physikalischen Eigenschaften wie Viskosität, Oberflächenspannung und Randwinkel und damit das Eindringverhalten von Flüssigkeiten.

(4) Eindringende Ionen können an **feste Phasen** gebunden werden, Poren verstopfen oder auskristallisieren und verändern damit die Transportvorgänge.

(5) Durch **Carbonatisierung** ändert sich die Porenstruktur des Betons, so dass Wasser in die äußere Randzone schneller eindringt. An den Grenzflächen zu nicht carbonatisiertem Beton ist dagegen der Eindringwiderstand deutlich größer.

3.4.6.2 Gasdurchlässigkeit

Die Durchlässigkeit von Gasen wird ganz entscheidend vom momentanen **Feuchtigkeitsgehalt des Betons** bestimmt. Feuchter Beton mit mittleren *w/z*-Werten ist praktisch gasdicht, während trockener Beton, selbst wenn er eine Festigkeit von 60 N/mm^2 erreicht, noch geringe Mengen an Gas durchlässt. Soll eine Messung der Gaspermeabilität reproduzierbare Ergebnisse liefern, müssen die Proben bis zur Gewichtskonstanz getrocknet werden. Das führt aber kaum dazu, dass aus den Messergebnissen auf die Gasdurchlässigkeit eines Bauteils geschlossen werden kann.

3.4.6.3 Wärmeleitung und Wärmespeicherung

Beton ist mit einer **Wärmeleitzahl** von rd. **2,0 W/mK**, bewehrt bis 2,5 W/mK ein guter Wärmeleiter, bei weitem aber nicht so gut wie Stahl mit 60 W/mK. Dagegen ist Wasser mit 0,60 W/mK oder gar **Luft mit 0,025 W/mK** anzusetzen. Verständlich daher, dass man als Wärmedämmstoff sehr leichte Stoffe verwendet, die überwiegend mit Luft gefüllte Poren enthalten, verständlich auch, dass **Wasser in den Poren** eine Wirkung als **Dämmstoff drastisch vermindert**. Zur Abführung von Wärme, etwa als Umhüllung von in Erdkabel verlegtem Höchstspannungskabel wurden Betone mit hoher Wärmeleitzahl entwickelt, [Märten 12].

Die **spezifische Wärmekapazität** von Beton ist mit rd. **1,1 kWs/kgK** (oder 1,1 kJ/kgK) zwar niedriger als jene von Wasser, das mit 4,19 kWs/kgK alle anderen Stoffe übertrifft. Für die heute oft genutzte Wärmespeicherfähigkeit muss man aber mit der in Vergleich zu Wasser größeren Dichte des Betons multiplizieren. Daher erreicht die **Wärmespeicherzahl** (also die auf das Volumen bezogene Wärmekapazität) mit rd. 2,5 Ws/m^{3}K **einen sehr hohen Wert.** Als Wärmespeicher wird üblicher, den statischen und sonstigen Anforderungen entsprechender Beton verwendet, [Krec 15]. Um Wärme auch bei sehr hohen Temperaturen zu speichern, muss die Wasserdampfdurchlässigkeit des Betons durch Zusatz entsprechender PE-Fasern erhöht werden [Bahl 10].

3.5 Spannungen in Betonbauteilen und deren Ursachen

Für das Verständnis der technologischen Zusammenhänge und die Beurteilung der in Betonbauteilen auftretenden Beanspruchungen ist es unerlässlich, sich zumindest ein vereinfachtes Bild von den unterschiedlichen Ursachen der auftretenden Spannungen zu machen. Im Vordergrund stehen dabei die oft Risse auslösenden Zug- und Biegezugspannungen.

3.5.1 Arten von Spannungen und deren Ursachen

Zu unterscheiden sind

(1) **Lastspannungen**, die durch die Eigenmasse des Bauteils, Verkehrslasten und dgl. entstehen. Kennzeichnend für Lastspannungen ist, dass sie zu messbaren Verformungen führen, wie anhand eines einfachen Falls, dem Betonbalken auf zwei Stützen, gezeigt wird, vgl. Abb. 3.5-1 (a). Da Beton eine nur niedrige Zugfestigkeit hat, ist es Aufgabe der nach einer statischen Berechnung zu bemessenen **Stahlbewehrung** und bei großen Spannweiten in der Regel auch einer **Vorspannung**, zusammen mit dem überwiegend auf Druck beanspruchten Beton die Lasten sicher abzutragen und störende Verformungen zu vermeiden.

(2) **Zwangsspannungen** entstehen durch **Eigenverformungen** des Betons oder durch **äußeren Zwang**, also aufgezwungene Verformungen, z. B. durch die Senkung der Mittelstütze eines Zweifeldbalkens, vgl. Abb. 3.5.1 (b). Eigenverformungen können verursacht werden durch Temperaturänderungen etwa durch abfließende

(a) Lastspannungen

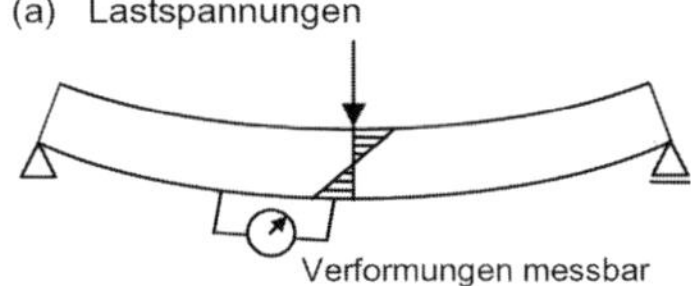

(b) Zwangsspannungen

(ba) äußerer Zwang: Setzungen

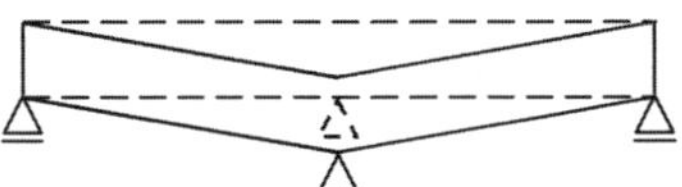

(bb) Temperaturänderung oder Schwinden

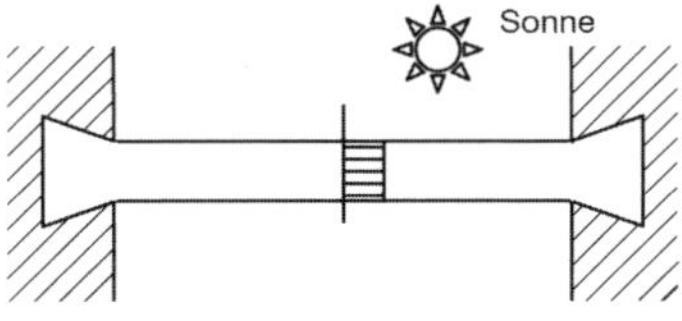

(c) Eigenspannungen durch Abkühlung oder Schwinden der Randzone

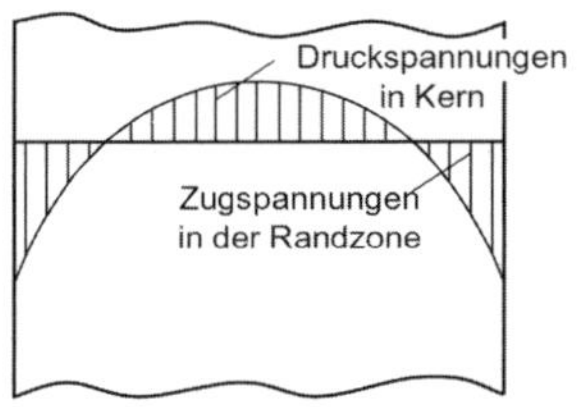

Abb. 3.5-1: Spannungen in Betonbauteilen durch Lasten und durch äußeren Zwang sowie durch Zwangs- und Eigenspannungen infolge Temperaturänderungen oder Schwinden

Hydratationswärme oder Sonneneinstrahlung, durch Schwinden infolge Austrocknens oder durch Quellen, das durch Wasseraufnahme verursacht wurde oder auch durch chemische Einwirkungen. Zwangsspannungen entstehen nur in Bauteilen, die sich nicht oder nicht hinreichend verformen können.

(3) **Eigenspannungen.** Ursache hierfür sind ebenfalls Eigenverformungen des Betons. Eigenspannungen sind **innerhalb eines Querschnittes unterschiedlich groß**, stehen aber miteinander in Gleichgewicht, rufen daher **keine äußeren Kräfte** und auch keine äußeren Verformungen hervor, vgl. Abb. 3.5-1 (c). Schließlich gibt es noch

(4) **Gefügespannungen.** Sie entstehen wenn sich beispielsweise im Betongefüge der Feinmörtel bei einer Abkühlung erheblich stärker zusammenzieht als die Gesteinskörner. Von großer praktischer Bedeutung als Ursache von Rissen sind Gefügespannungen, die durch Frostdehnung, Sulfattreiben oder Alkali-Kieselsäure-Reaktion entstehen, oder durch Korrosion von Stahl, bei der die volumenreicheren Korrosionsprodukte (Rost) die Betondeckung absprengen können, verursacht werden.

3.5.2 Spannungsverteilung in Betonquerschnitten

Als Beispiel seien die Zwangs- und Eigenspannungen in einer Platte, die von oben abgekühlt wird, gezeigt. Die auftretenden Temperaturspannungen sind stets proportional zur Differenz zwischen der Temperatur, bei der der Beton erhärtete (hier über die Höhe konstant angenommenen), also der sog. **Nullspannungstemperatur T_N** und der aktuellen **Temperatur T_A**, sowie zur **Wärmedehnzahl α** und dem **E-Modul** des Betons, der durch die **Relaxationszahl ψ** abgemindert wird.

$$\sigma_Z = (T_N - T_A)\,\alpha\,E\,\psi$$

Unterschiedliche Temperaturen über die Höhe einer Platte führen zu drei verschiedenen Arten von Spannungen, Abb. 3.5-2. Zerlegt man das Spannungsbild, dann zeigt sich, dass der über die Höhe der Platte konstante Anteil zu (1) **axialen (oder Längs-) Spannungen** führt, vorausgesetzt, dass Dehnungen in Längsrichtung verhindert werden. Risse, die von axialen Spannungen verursacht werden, sind auf ganzer Plattenhöhe gleich weit offene **Trennrisse.**

Sind Spannungen über die **Höhe linear unterschiedlich** groß, hat eine vorher ebene Platte das Bestreben, sich wie eine Kugelschale zu verwölben. Platten, die sich nach oben abkühlen, **schüsseln** sich auf, Abb. 3.5-3. Wenn sie von oben erwärmt werden, **verwölben** sie sich, in ihrer Mitte am höchsten. Die Eigenmasse der Platte führt zu (2) **Biegespannungen.** Bei großen Platten können die Biegespannungen so groß werden, dass Biegerisse entstehen. Solche **Biegerisse** sind **keilförmig** und haben bei Abkühlen oder Schwinden von oben V-Form, andernfalls A-Form.

Schließlich bleibt noch **nichtlinearer Anteil**, der zu (3) **Eigenspannungen** führt. Handelt es sich in der Randzone um Zugspannungen, dann verursachen die Eigenspannungen bei Überschreiten der Zugfestigkeit Risse. **Eigenspannungsrisse** sind nur **einige Millimeter oder wenige Zentimeter tief**. Im Kern entstehen Druckspannungen. Zug- und Druckspannungen heben sich über den Querschnitt auf, kennzeichnend für Eigenspannungen, dass sie keine Resultierende bilden.

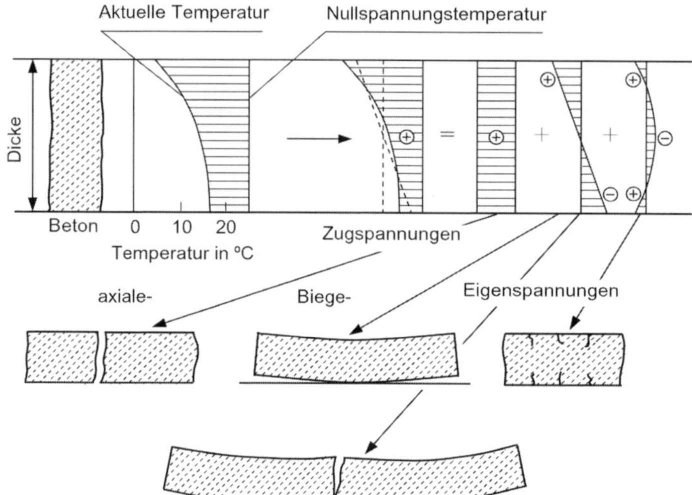

Abb. 3.5-2: Temperaturspannungen in einer Betonplatte bei Abkühlung von oben und dadurch entstehende Verformungen und Risse (hier bei über den Querschnitt einheitlicher Nullspannungstemperatur)

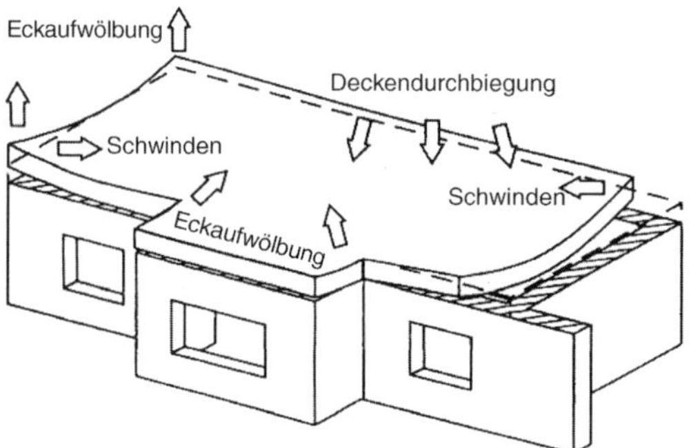

Abb. 3.5-3: Aufschüsseln durch Abkühlen oder Schwinden der oberen Randzone oder/und höheren Temperaturen bei der Erhärtung in der oberen Randzone, [Krauns 05]

Zwangsspannungen und Eigenspannungen erschlaffen ebenso wie Gefügespannungen im Gegensatz zu Lastspannungen bei länger dauernden Einwirkungen durch **Relaxation**, vor allem, wenn der Zwang noch in einem jungen Alter auftritt, in dem der Beton noch stärker kriechfähig ist, vgl. Abschn. 3.4.5.3. Wie stark Druckspannungen, welche durch sommerliche Erwärmung von Betonkörpern im Tagesverlauf entstehen, durch Relaxation abgebaut werden können, geht aus Abb. 3.5.4 hervor [Springenschmid 78]. Vergleicht man die ohne Berücksichtigung der Relaxation berechnete Druckspannung mit jener, die bei derselben Erwärmung unter vollem Zwang gemessen wurde, dann stellt man fest, dass sich durch die Relaxation die Spannungen schon innerhalb kurzer Zeit um etwas mehr als einem Drittel ermäßigen. Bei dickeren und bei älteren Bauteilen macht die Relaxation wesentlich weniger aus und verläuft langsamer.

3.5.3 Messen von Spannungen

Um **Lastspannungen** zu ermitteln, werden in der Regel die auftretenden Verformungen gemessen. Axiale Spannungen erhält man, wenn der E-Modul bekannt ist oder geschätzt werden kann, aus dem Produkt von Verformung und E-Modul. Bei länger einwirkenden Lasten müssen Kriechverformungen berücksichtigt werden.

Ein **Messen** von **Zwangsspannungen** ebenso wie von **Eigenspannungen** erfordert dagegen besondere Kunstgriffe. Misst man die Verformungen, wie dies bei Lastspannungen zum Ziel führt, dann erfasst man nur jenen Teil, der nicht zu Zwangsspannungen führt. Dies sei am Beispiel einer freistehenden Säule erläutert. Wird die Säule von der Sonne beschienen, dann verbiegt sie sich zur Schattenseite. Versucht man diese äußere Verformung durch eine Abspannung klein zu halten, dann entstehen Zwangsspannungen. Misst man die dennoch aufgetretene Verformung der Säule, dann erfasst man nur jenen Teil der Biegung, der trotz der Abspannung entstanden ist. Dies ist der Teil, der nicht zu Zwangsspannungen geführt hat.

Um neben Lastspannungen auch Zwangs- oder Eigenspannungen zu messen, kann man, was immer wieder vorgeschlagen wird, aus einem unter Spannung stehenden Bauteil eine größere Probe herausschneiden. Dabei entspannt sie sich. Misst man die Länge der Probe vor und nach dem Herausschneiden, kann man aus der aufgetretenen Längenänderung auf die vorher vorhandene Spannung schließen. Dieses Verfahren ist zwar grundsätzlich möglich, versagt aber oft, weil die Messungen nicht hinreichend genau durchgeführt werden können. Messen kann man

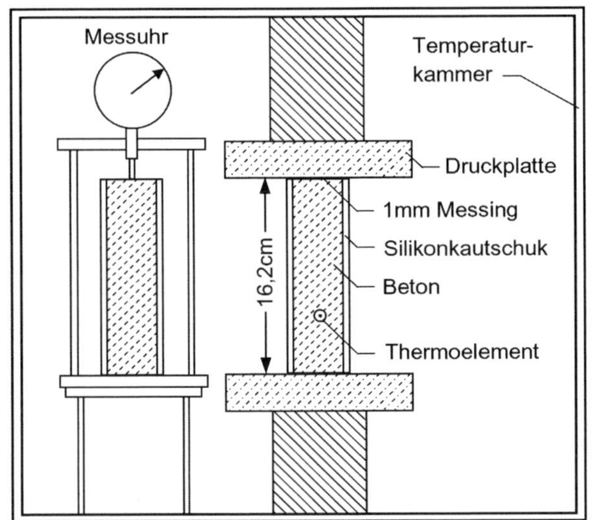

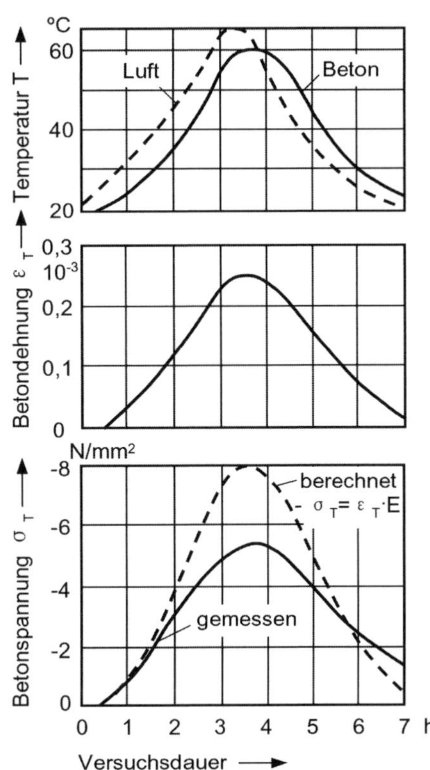

Abb. 3.5-4: Durch Erwärmung um 40 K in einer Temperaturkammer dehnt sich das Betonprisma (links). Wird die Ausdehnung verhindert (rechts), entstehen Druckspannungen. Sie sind infolge Relaxation aber kleiner als nach einer Berechnung, bei der der E-Modul als Verformungskennzahl verwendet wird. Prisma aus Beton C 45/55, 6 Wochen alt. [Springenschmid 78]

Zwangsspannungen, wie sie beispielsweise durch Hydratationswärme auftreten, im Modellversuch (Reißrahmen, Temperaturspannungs-Prüfmaschine) oder im Bauwerk mit einem Stressmeter, Abb. 3.6-6

3.6 Temperaturspannungen in jungem Beton

3.6.1 Temperaturänderungen in jungem Beton

Während der Erhärtung des Betons bestimmen die **Temperatur des Frischbetons** und die sich entwickelnde **Hydratationswärme** (vgl. Abschn. 3.3.6), sowie der **Zu- und Abfluss von Wärme** den Temperaturverlauf. **Sonneneinstrahlung** kann vor allem bei am Morgen und am Vormittag eingebrachtem Beton sogar stärker erwärmen als Hydratationswärme [Nischer 02]. So können sich Wände hinter einer Stahlschalung um 30 K, Platten, die mit einer Folie abgedeckt sind, sogar um 40 K erwärmen.

Im Kern von Bauteilen erwärmt sich der Beton so lange, bis die Abkühlung durch den Wärmeabfluss nach außen größer ist als die noch entstehende Hydratationswärme. Die höchste Temperatur wird umso später erreicht, je dicker ein Bauteil ist, Abb. 3.6-1. Mit Rechenprogrammen lassen sich die Temperaturverläufe in Betonkörpern gut ermitteln, wenn es gelingt, die Randbedingungen, vor allem den Wärmeabfluss, praxisnah abzuschätzen, [Cobet 02, Nietner 03]. Näherungsweise kann angenommen werden, dass das Temperaturmaximum $t_{\max T}$ in dicken Wänden mit einer Dicke von d in m nach

$$t_{\max T} = 0{,}8\, d + 1 \text{ Tag}$$

erreicht wird. In Platten und Wänden von **30 bis 80 cm Dicke** ist damit zu rechnen, dass Hydratationswärme und natürliche Abkühlung sich in einem Alter von **16 bis 24 Stunden** etwa die Waage halten, d. h. dass in diesem Alter die **höchste Temperatur** erreicht wird.

3.6.2 Verlauf der Temperaturspannungen

Spannungen bis hin zu Rissen entstehen nur, wenn die durch die Temperaturänderungen verursachten **Verformungen behindert** oder verhindert werden. In Betonbalken, die sich während der Erhärtung, wie mitunter in Fertigteilwerken, unbehindert dehnen

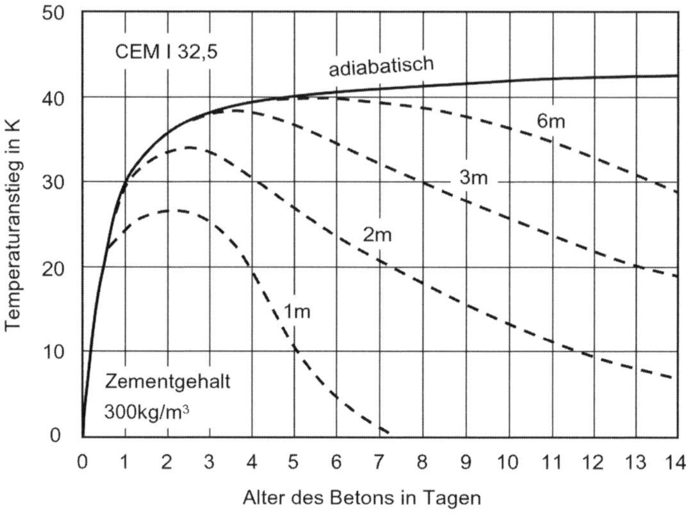

Abb. 3.6-1: Temperaturanstieg im Kern von Betonbauteilen unterschiedlicher Dicke, [Basalla 63]

und beim Abfließen der Hydratationswärme ebenso unbehindert verkürzen können, entstehen keine axialen Spannungen und folglich auch keine Querrisse. Anders, wenn sich der Beton bei der **Erwärmung** nach dem Einbau in Längsrichtung **nicht dehnen** und bei einer späteren **Abkühlung nicht verkürzen** kann, wie dies bei langen Wänden auf Fels und auch beim Bau von Betonstraßen vor dem Schneiden der Querfugen der Fall ist, Abb. 3.6-2. Während der anfänglichen Erwärmung wird der Beton gestaucht, ein Großteil der Druckspannungen wird im noch wenig festen Beton durch Relaxation abgebaut. Bei der anschließenden Abkühlung entstehen schon sehr früh Zugspannungen. Bevor die Umgebungstemperatur wieder erreicht wird, überschreiten oft die Zugspannungen die Zugfestigkeit, sodass sich der Beton quer durchreißt.

3.6.3 Berechnung der Temperaturspannungen im jungen Beton

Eine Berechnung der im jungen Alter auftretenden Temperaturspannungen erfordert neben der Ermittlung des **Temperaturverlaufes** auch Annahmen für den **Anstieg des E-Moduls** und für die anfangs noch **sehr große Relaxation**. Der E-Modul steigt beim Übergang von einer erstarrenden Masse zum elastischen Körper in den ersten zwei Tagen um vier Größenordnungen, vgl. Abb. 3.3-1. Dieser Anstieg ist aber, ebenso wie die Spannungsrelaxation je nach Zusammensetzung des Betons und spezifischen Eigenschaften des jeweils verwendeten Zements **sehr unterschiedlich**. Allgemein geltende Modelle, die das tatsächliche Verhalten wiedergeben, sind daher nicht möglich. Daher kann es nicht gelingen, für den

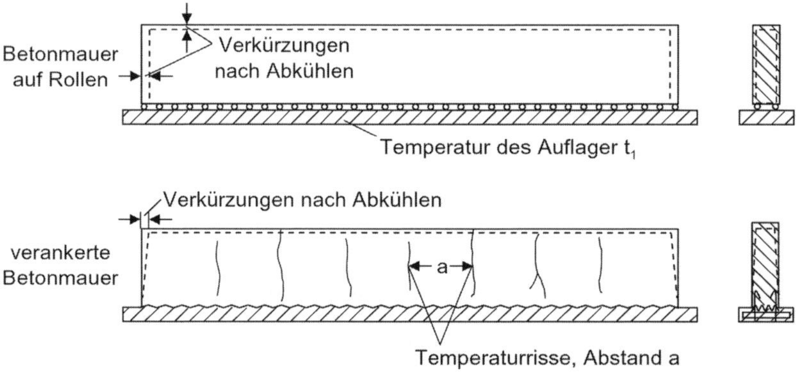

Abb. 3.6-2: Eine beim Festwerden warme Betonwand bleibt beim Abkühlen frei von axialen Spannungen, wenn sie auf Rollen steht und sich verkürzen kann (oben). Fest verankert mit einem Untergrund aus Felsgestein oder einem schon abgekühlten Fundament bekommt sie Risse (unten), [Wischers 64]

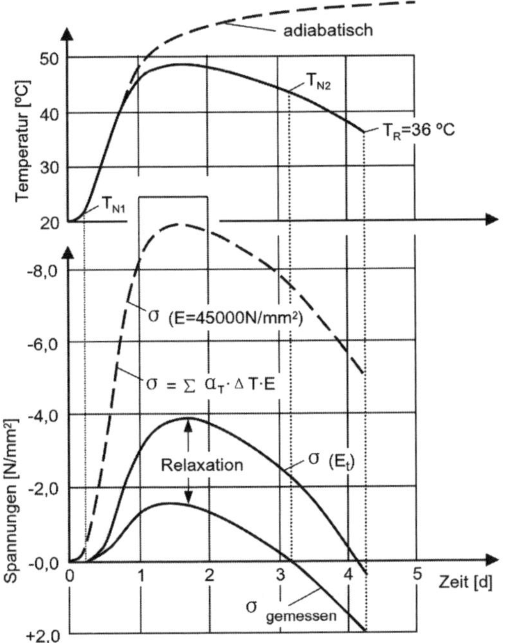

Abb. 3.6-3: In einem Betonbalken, der sich anfangs durch die Hydratation erwärmt und sich dabei axial nicht dehnen kann, sind die Spannungen (unten) sind viel kleiner als die mit dem gemessenen E-Modul oder gar mit dem E-Modul des erhärteten Betons berechneten Spannungen (gestrichelt). Messungen in einer Temperaturspannungs-Prüfmaschine [Springenschmid 91]

entscheidenden Zeitraum während der Erhärtung in den ersten zwei Tagen rechnerische Verfahren zu entwickeln, die auch nur annähernd mit den tatsächlich auftretenden Spannungen übereinstimmen.

In Abb. 3.6-3 sind die gemessenen Spannungen in einem Prüfbalken, der sich in Längsrichtung nicht verformen konnte, jenen gegenübergestellt, die sich rechnerisch mit dem E-Modul des erhärteten Betons ergeben (gestrichelte Linie) und auch mit den Spannungen, die mit den im jeweiligen jungen Alter gemessenen tatsächlichen E-Moduli berechnet würden [Springenschmid 91]. Der Vergleich zeigt, dass die gemessenen Spannungen vor allem am ersten Tag auch noch weit niedriger sind als jene, die mit dem gemessenen E-Modul berechnet wurden. Dies ist auf die für den **ersten Tag** rechnerisch nicht zu erfassende große **Spannungsrelaxation** des jungen Betons zurückzuführen.

3.6.4 Experimentelle Ermittlung von Spannungen im jungen Beton

Um im Laborversuch den Verlauf der durch Hydratationswärme ausgelösten axialen Zwangsspannungen zu messen, muss ein Betonbalken daran gehindert werden, sich während der Erhärtung und der damit verbundenen Erwärmung in Längsrichtung zu dehnen und bei der anschließenden Abkühlung zu verkürzen. Im hierfür entwickelten **Reißrahmen** wird ein 1 m langer **Betonbalken** mit 150 × 150 mm² Querschnitt an beiden schwalbenschwanzförmig verbreiterten **Enden** in Querhäuptern aus Stahl **festgehalten**, Abb. 3.6-4. Der Abstand der Querhäupter wird mit zwei dicken Stäben aus einem Edelstahl, der sich bei Erwärmung nicht dehnt, nahezu konstant gehalten, [Springenschmid 73]. Damit sich der Beton wie ein etwa 50 cm dickes Bauteil erwärmt und vom zweiten Tag an allmählich wieder abkühlt, wird der Balken mit einer Wärmedämmung umhüllt, [Breitenbücher 88].

Für den Beton sehr massiger Bauteile, wie die 186 m hohen Talsperre Zillergründl, wurde eine **Temperaturspannungs-Prüfmaschine** entwickelt, bei der in einem ähnlichen Betonbalken der Temperaturverlauf entsprechend der zu erwartenden Erwärmung und späteren Abkühlung gesteuert wird. Ein Schrittmotor dient dazu, die Länge des Balkens konstant zu halten,

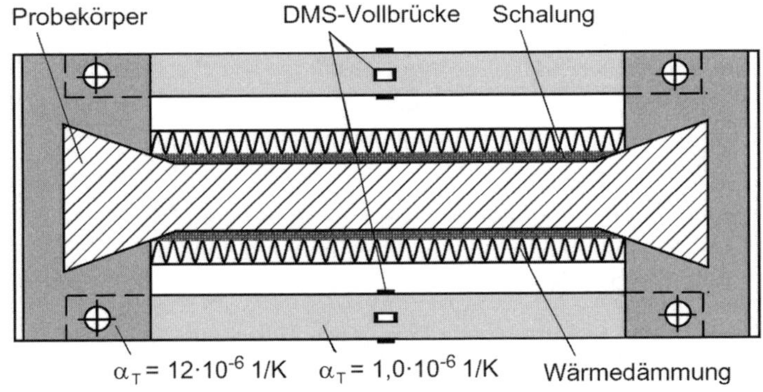

Abb. 3.6-4: Mit dem Reißrahmen werden die durch Hydratationswärme verursachten axialen Zwangsspannungen in einem Balken, der sich dank einer Dämmung wie ein etwa 0,5 m dickes Bauteil erwärmt, gemessen, bis ein Querriss auftritt [Springenschmid 73]

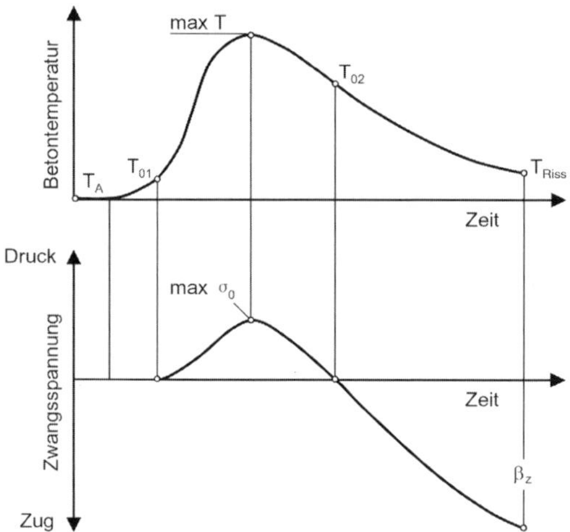

Abb. 3.6-5: Messung der Temperaturspannungen im Reißrahmen: Die Temperatur erreicht nach knapp einem Tag ihr Maximum (oben). Kann sich das Bauteil in Längsrichtung nicht verformen, entstehen zuerst keine, bis zur maximalen Temperatur nur geringe Druckspannungen (unten), die bei der Abkühlung rasch wieder abgebaut werden. Beginnend mit Erreichen der Nullspannungstemperatur T_{02} treten Zugspannungen auf, bis die Zugfestigkeit bei der Risstemperatur T_{Riss} erreicht ist. [Springenschmid 73]

[Springenschmid 85/2]. Mit der Temperaturspannungs-Prüfmaschine lässt sich auch der **E-Modul** von noch **sehr jungem Beton messen.**

Bei beiden Prüfeinrichtungen wird der Beton in der Regel mit einer Frischbetontemperatur von 20 °C eingebaut und erhärtet dort. Stets zeigt sich, dass **zuerst die Temperatur anzusteigen beginnt** und sich erst etwas **später auch die Druckspannungen** aufbauen, Abb. 3.6-5. Sie sind knapp vor Erreichen der höchsten Temperatur am größten. Bei der folgenden allmählichen Abkühlung auf die niedrigere Umgebungstemperatur von 20 °C werden die Druckspannungen immer kleiner. Die Temperatur, bei der die axialen Spannungen von Druck auf Zug übergehen, wird als (zweite) **Nullspannungstemperatur** bezeichnet. Bei der weiteren Abkühlung werden die Zugspannungen immer größer, bis der Betonbalken quer **durchreißt.**

Im **Reißrahmen-Regelversuch** wird der Probebalken, wenn er im Alter von 4 Tagen noch nicht durchgerissen ist, künstlich gekühlt, bis sich schließlich der zu erwartende Querriss zeigt. Die beim Durchreißen gemessene Temperatur, die **Risstemperatur**, ist **kennzeichnend** für die **Rissempfindlichkeit** eines Betons, [Springenschmid 73]. Die unmittelbar davor gemessene Spannung ist die **Zugfestigkeit.** Sie ist etwas niedriger als von den üblichen Laborprüfungen her zu erwarten wäre, kein Wunder, wenn man bedenkt, dass die Zugspannungen im Reißrahmen sehr langsam aufgebaut werden, [Giese 09].

Bei Versuchen für sehr massige Bauteile in der Temperaturspannungs-Prüfmaschine wird der Beton erst später abgekühlt. Daher entstehen auch größere Druckspannungen, die sich erst nach Überschreiten der höchsten Temperatur abbauen. Die Nullspannungstemperatur wird erst nach einer deutlichen Abkühlung erreicht.

Um auch auf Baustellen in Bauteilen die auftretenden Spannungen im Beton zu messen, wurde das **Stressmeter** entwickelt. Es wird beim Einbringen des Betons mit **Frischbeton gefüllt** und in Richtung der zu messenden Spannung in das Bauteil eingebaut, vgl. Abb. 3.6-6, [Plannerer 98, Weber 96]. Damit können die auftretenden Zwangsspannungen auch in unterschiedlich dicken Tragwerken, etwa von Brücken, verfolgt werden.

3.6.5 Folgerungen aus der Messung der frühen Zwangsspannungen

Beton, der so zusammengesetzt ist, dass der Probebalken im Reißrahmen beim Abkühlen durchreißt, noch bevor er die ursprünglich im Frischbeton vor-

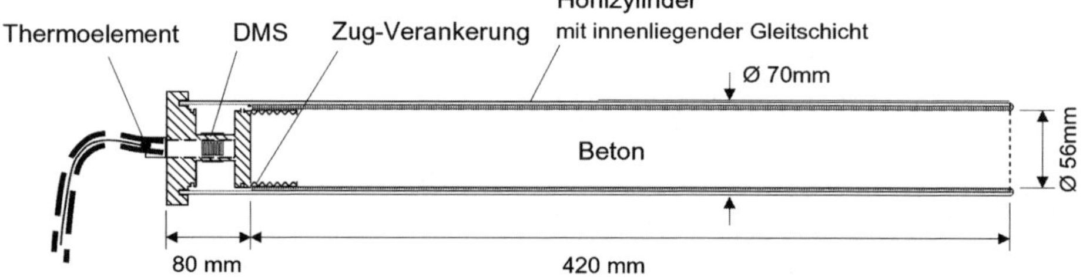

Abb. 3.6-6: Stressmeter zum Messen von Zwangsspannungen in Bauteilen. Der Hohlzylinder wird mit Frischbeton gefüllt und beim Betonieren eingebaut. Mit einer Kraftmessdose mit DMS (links), die dünn im Vergleich zur Länge des Hohlzylinders sein muss und sich unter Spannung nur wenig verformen darf, wird die Spannung im Hohlzylinder gemessen. [Plannerer 98]

handene Temperatur erreicht, ist sehr empfindlich im Hinblick auf durch Hydratationswärme verursachte Risse. Beton, der sich aber um mehr als 10 K unter seine Frischbetontemperatur abkühlen lässt ohne zu reißen, ist in dieser Hinsicht sehr unempfindlich. Die **Risstemperatur** wird **von allen** in jungem Beton für das Entstehen von Rissen **maßgebenden Einflüssen bestimmt**, nämlich von den **Ausgangsstoffen**, besonders der **Hydratationswärme des Zements,** dem **Mischungsverhältnis** und der **Erhärtung des Betons**, sodass sich getrennte Untersuchungen von Wärmedehnzahl, Zugfestigkeit, Hydratationswärme, E-Modul und Relaxation und deren zeitlichem Verlauf erübrigen.

Günstige, d. h. **niedrige Risstemperaturen** ergeben sich, wenn sich der Beton am ersten Tag durch die Hydratation **wenig erwärmt**, der **E-Modul rasch ansteigt** und gleichzeitig nur ein **kleines Relaxationsvermögen** zeigt und schließlich in der Abkühlphase schon eine **hohe Zugfestigkeit** erreicht. Daraus geht auch hervor, dass eine erst nach dem zweiten Tag, also bei schon hohem E-Modul und bei nur mehr geringer Relaxationsfähigkeit entstehende

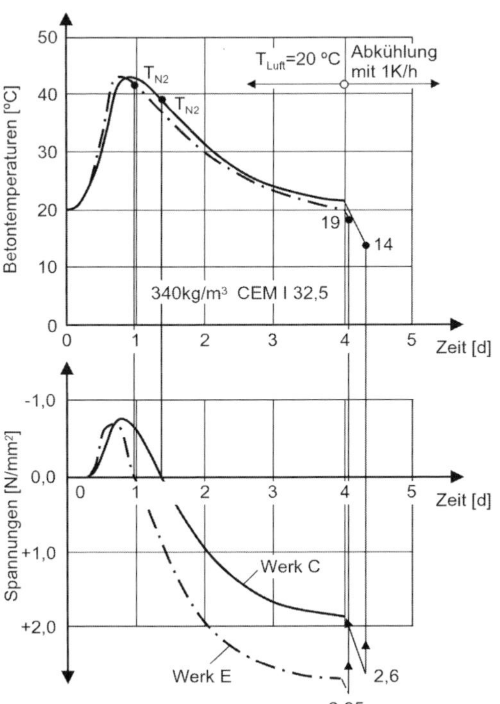

Abb. 3.6-7: Im Reißrahmen-Regelversuch zeigt sich, dass Zemente unterschiedlicher Werke trotz nahezu gleicher Hydratationswärme sehr unterschiedliche Risstemperaturen haben können. [Breitenbücher 88]

zusätzliche Erwärmung weitgehend in Druckspannungen, die nun viel weniger relaxieren, umgesetzt wird und daher die Gefahr einer Rissbildung nur wenig vergrößern kann. Daher kommt auch dem Teil der **Hydratationswärme**, der vor allem **am ersten Tag** entsteht, wesentlich mehr Bedeutung zu als jenem, der üblicherweise bis zum Alter von 7 Tagen ermittelt wird.

Prüft man dieselbe Betonzusammensetzung im Reißrahmen und in der Temperaturspannungs-Prüfmaschine, zeigen sich große Ähnlichkeiten. Mit Beton, der im Reißrahmen eine günstige niedrige Risstemperatur ergibt, findet man auch bei Versuchen mit der Temperaturspannungs-Prüfmaschine kaum Hinweise auf eine für sehr große Bauteile noch günstigere Zusammensetzung. Dies bestätigt den maßgebenden Einfluss der am ersten Tag entstehenden Hydratationswärme.

Betonprüfungen im Reißrahmen werden zur Beurteilung der **Rissempfindlichkeit** von **Betonzusammensetzungen** und deren **Optimierung** verwendet. Um auch den Einfluss von Zementen zu prüfen, führt man den **Regelversuch** mit der jeweiligen Zementprobe, sonst aber gleichbleibender Betonzusammensetzung durch, Abb. 3.6-7. Ähnlich bei Untersuchungen des Einflusses anderer Ausgangsstoffe. Für Massenbeton bewährte Zemente zeigen Risstemperaturen zwischen 1 und 4 °C, bei üblichen Ingenieurbauten haben sich Zemente mit Risstemperaturen bis 12 °C als hinreichend unempfindlich hinsichtlich der durch Hydratationswärme im jungen Beton verursachten Risse gezeigt. Hinweise über günstige Betonzusammensetzungen siehe Abschn. 5.10.

3.6.6 Folgerungen für Einbau und Nachbehandlung

Es kommt nicht darauf an, ob sich der Beton durch Hydratationswärme, Sonneneinstrahlung oder andere Wärmequellen erwärmt oder schon in warmem Zustand eingebaut wurde. Maßgebend ist, dass er in der Phase, in der der E-Modul noch niedrig und die Relaxation groß ist, also bei durchschnittlicher Zusammensetzung und Temperatur vor allem bis zu einem **Alter bis 12, höchstens 24 Stunden keine hohe Temperatur** erreicht. Der Beton muss in dieser Phase vor Erwärmung geschützt, besser noch gekühlt werden. Dabei muss möglichst viel der sich anfangs entwickelnden Wärme abgeführt werden.

Entscheidend für die Frage, ob es früher oder später zum Riss kommt, ist, wie weit sich der Beton **unter die Nullspannungstemperatur abkühlt.** Das gilt für alle Bauteile, deren Verformungen behindert oder verhindert werden, und zwar während der Bauzeit genauso wie während der späteren Nutzung. Die **Nullspannungstemperatur** bleibt **nicht konstant**, sondern wird, wenn sich ein Bauteil abkühlt, in den ersten Wochen durch Spannungsrelaxation etwas niedriger.

Massige Bauteile kühlen sich am Rand schneller ab als im Kern. Als einfache Regel gilt, dass Beton in massigen Querschnitten, dort wo er sich **später abkühlt höhere Zugspannungen** erhält. Das soll möglichst im Inneren, nicht in der Randzone sein. Daher soll besonders eine **Erwärmung der Randzonen**, etwa durch Sonneneinstrahlung **vermieden werden**. Bei Bauteilen mit unterschiedlicher Dicke, wie bei Brücken mit dicken Stegen und nur dünnen Fahrbahnplatten, wird die höchste Temperatur zuerst in den dünneren und oft erst viel später in den dickeren Bereichen erreicht, [Weber 96]. Wenn der Beton in den dünnen Bereichen, etwa der Fahrbahnplatte, stark abgekühlt wird, kann es schon zu erheblichen Zugspannungen kommen, während in den dicken Stegen gerade erst höchste Temperatur erreicht wird. Bis zu diesem Zeitpunkt sollte eine zu starke Abkühlung der dünnen Bereiche vermieden werden.

4 Dauerhaftigkeit von Betonbauwerken

4.1 Einführung

Für fast alle Fragen der Dauerhaftigkeit – ob Schäden durch Frost, Korrosion der Stahlbewehrung oder chemischer Angriff – gilt, dass **Schädigungen nur** auftreten, wenn genügend **Wasser** im Betongefüge vorhanden ist, das als Transportmittel für Schadstoffe dient, die für die Korrosion von Metallen maßgebende elektrische Leitfähigkeit des Betons erhöht und bei Frost als Sprengmittel wirken kann. Daher führt ein möglichst **dichtes Betongefüge**, in das Wasser nicht oder kaum eindringen lässt, stets zu einer Verbesserung der Dauerhaftigkeit, ein **physikalischer Schutz**. Eine Ausnahme sind lediglich Schädigungen durch Alkali-Kieselsäure-Reaktionen (AKR) und späte Ettringitbildung, die fast nur bei Beton mit sehr dichtem Gefüge auftreten. Auch bei Bränden wird Beton mit dichtem Gefüge stärker geschädigt.

Verschärft werden die Angriffe meist bei oftmaligem Wechsel zwischen **Befeuchtung und Austrocknen**. Nur bei Verschleißbeanspruchungen ist das Wasser nicht am Angriff beteiligt, es verstärkt aber den Angriff etwas, vor allem bei Beton mit niedriger Festigkeit. Ausführlich behandelt wird das Gebiet der Dauerhaftigkeit in [Stark 13] und [Schießl 04] sowie einschließlich der baupraktischen Untersuchungen in [Jungwirth 86].

Schädigungsprozesse wegen unzureichender Dauerhaftigkeit treten nicht schlagartig auf, sondern meist nur allmählich, sodass nach ihrem ersten Auftreten meist noch lange Zeit hindurch eine, mitunter etwas eingeschränkte Nutzung möglich ist, vgl. Abschn. 11.6.1.

Die Erfahrungen der letzten Jahrzehnte haben uns gelehrt, dass unsere Bauwerke trotz strenger Einhaltung aller Regeln der Statik und der bis in die Nachkriegsjahrzehnte geltenden Normen sehr früh schadhaft werden konnten. Vereinzelt mussten sie sogar schon nach ein oder zwei Jahrzehnten instand gesetzt oder gar erneuert werden, wenn äußeren Einwirkungen von Frost oder Schadstoffen wie Tausalzen nicht hinreichend Rechnung getragen wurde. Seit 1988 gelten erhöhte Anforderungen an Außenbauteile, also direkt der Witterung ausgesetztem Beton, um eine Korrosion von Beton und Betonstahl zu vermeiden. Das genügte aber nicht.

4.1.1 Expositionsklassen

Mit den 2001 erschienenen Normen gelten strengere Regeln. **Tragwerksplaner** müssen neben der Festigkeitsklasse auch die **Expositionsklassen** und ggf. weitere zur Sicherung der Dauerhaftigkeit erforderliche Eigenschaften des Betons festlegen. Damit muss sich der Tragwerksplaner auch bei jedem Bauteil mit den Umgebungsbedingungen, soweit sie zu einer Korrosion des Betons oder seiner Bewehrung führen können, auseinandersetzen und entsprechende Festlegungen treffen.

Tabelle 4.1-1 enthält die Zuordnung der Angriffe zu den entsprechenden Expositionsklassen. Abb. 4.1-2 zeigt als Beispiel die Expositionsklassen für ein Wohnhaus. Weitere Hinweise finden sich in den folgenden Abschnitten. Für die Festlegung der Expositionsklasse ist jeweils die **höchste Beanspruchung jedes Bauteils** maßgebend, auch wenn nur eine kleine Außenfläche davon betroffen ist.

Abb. 4.1-1: Straßenbrücke aus den Sechzigerjahren, noch gebaut mit mangelhafter Abdichtung und ohne auf Salzstreuungen zu achten, wegen Fertigstellung der nahegelegenen Autobahn seit einem Jahrzehnt stillgelegt und daher ohne Instandhaltung.

Tabelle 4.1-1: Expositionsklassen

Klasse	Beschreibung	Beispiele
1. Kein Korrosionsrisiko		
XO	Beton ohne Bewehrung oder eingebettetes Metall: ausgenommen bei Frost, Verschleiß oder chem. Angriff	Fundamente ohne Bewehrung ohne Frost; Innenbauteile ohne Bewehrung
2. Bewehrungskorrosion durch Carbonatisierung nur, wenn sich zwischen dem Beton und seiner Umgebung keine Sperrschicht befindet.		
XC 1	trocken oder ständig nass	Bauteile in Innenräumen mit üblicher Luftfeuchte (einschließlich Küche, Bad und Waschküche in Wohngebäuden); Beton, der ständig in Wasser getaucht ist
XC 2	nass, selten trocken	Teile von Wasserbehältern; Gründungsbauteile
XC 3	mäßige Feuchte	Bauteile, zu denen die Außenluft häufig oder ständig Zugang hat, z. B. offene Hallen, Innenräume mit hoher Luftfeuchtigkeit z. B. in gewerblichen Küchen, Bädern, Wäschereien, in Feuchträumen von Hallenbädern und in Viehställen
XC 4	wechselnd nass und trocken	Außenbauteile mit direkter Beregnung
3. Bewehrungskorrosion durch Chloride, ausgenommen Meerwasser		
XD 1	mäßige Feuchte	Bauteile im Sprühnebelbereich von Verkehrsflächen; Einzelgaragen
XD 2	nass, selten trocken	Solebäder; Bauteile, die chloridhaltigen Industrieabwässern ausgesetzt sind
XD 3	wechselnd nass und trocken	Teile von Brücken mit häufiger Spritzwasserbeanspruchung; Fahrbahndecken, direkt befahrene Parkdecks nur mit zusätzlichen Maßnahmen
4. Bewehrungskorrosion durch Chloride aus Meerwasser. Nur bei Beton, der Bewehrung oder anderes eingebettetes Metall enthält.		
XS 1	salzhaltige Luft, aber kein unmittelbarer Kontakt mit Meerwasser	Außenbauteile in Küstennähe
XS 2	unter Wasser	Bauteile in Hafenanlagen, die ständig unter Wasser liegen
XS 3	Tidebereiche, Spritzwasser- und Sprühnebelbereiche	Kaimauern in Hafenanlagen
5. Frostangriff mit und ohne Taumittel		
XF 1	mäßige Wassersättigung, ohne Taumittel	Außenbauteile
XF 2	mäßige Wassersättigung, mit Tau- mittel	Bauteile im Sprühnebel- oder Spritzwasserbereich von taumittelbehandelten Verkehrsflächen, soweit nicht XF 4; Betonbauteile im Sprühnebelbereich von Meerwasser
XF 3	hohe Wassersättigung, ohne Taumittel	offene Wasserbehälter; Bauteile in der Wasserwechselzone von Süßwasser
XF 4	hohe Wassersättigung, mit Taumittel	Verkehrsflächen, die mit Taumitteln behandelt werden; überwiegend horizontale Bauteile im Spritzwasserbereich von taumittelbehandelten Verkehrsflächen; Räumerlaufbahnen von Kläranlagen; Meerwasserbauteile in der Wasserwechselzone

Tabelle 4.1-1 (Fortsetzung)

Klasse	Beschreibung	Beispiele
6. Chemischer Angriff		
XA 1	chemisch schwach angreifende Umgebung nach Tab. 4.5-1	Behälter von Kläranlagen; Güllebehälter
XA 2	chemisch mäßig angreifende Umgebung nach Tab. 4.5-1 und Meeresbauwerke	Betonbauteile, die mit Meerwasser in Berührung kommen; Bauteile in betonangreifenden Böden
XA 3	chemisch stark angreifende Umgebung nach Tab. 4.5-1	Industrieabwasseranlagen mit chemisch angreifenden Abwässern; Futtertische der Landwirtschaft; Kühltürme mit Rauchgasableitung
7. Verschleißbeanspruchung		
XM 1	mäßige Verschleißbeanspruchung	Industrieböden mit Beanspruchung durch luftbereifte Fahrzeuge
XM 2	starke Verschleißbeanspruchung	Industrieböden mit Beanspruchung durch luft- oder vollgummibereifte Gabelstapler
XM 3	sehr starke Verschleißbeanspruchung	Industrieböden mit Beanspruchung durch elastomer- oder stahlrollenbereifte Gabelstapler; Oberflächen, die häufig mit Kettenfahrzeugen befahren werden; Wasserbauwerke in geschiebebelasteten Gewässern, z. B. Tosbecken

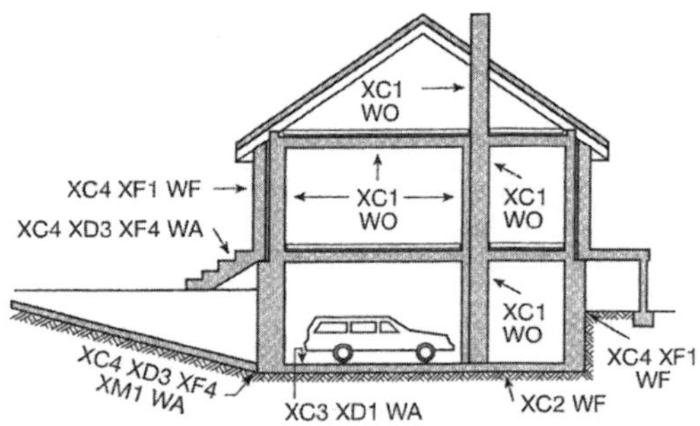

Abb. 4.1-2: Expositionsklassen bei einem Wohnhaus nach F. Fingerloos. WDVS = Wärmedämm-Verbundsystem

Bei bestimmten Bauteilen kann es zur Vermeidung hoher Zementgehalte zweckmäßig sein, den **Beton in zwei Schichten unterschiedlicher Zusammensetzung** einzubauen, ähnlich wie es bei Betonstraßen und auch im Wasserbau sowie in Betonsteinwerken bei Bodenplatten schon seit Jahrzehnten gemacht wird. Für Betonbauteile, deren Außenflächen mit höherwertigem Beton oder in der Schutzwirkung vergleichbarem Stoff überdeckt werden, gilt für den Beton des Kerns XO, bei Stahlbeton XC 1. Wird Beton in zwei unterschiedlichen Schichten eingebracht, muss frisch in frisch gearbeitet werden. Nachteile können nur entstehen, wenn die Festbetoneigenschaften extrem unterschiedlich sind, [Sodeikat 01].

Zur besseren Beurteilung der Gefahr einer schädlichen Alkali-Kieselsäure-Reaktion wurden 2008 **Feuchtigkeitsklassen** eingeführt. Maßgebend dafür sind die Bedingungen, denen der Beton während der Nutzung, also nach der Nachbehandlung ausgesetzt ist.

Feuchtigkeitsklasse **W0 :** weitgehend **trocken**

Feuchtigkeitsklasse **WF:** häufig oder längere Zeit **feucht**

Feuchtigkeitsklasse **WA:** zusätzlich zu WF häufige oder langzeitige **Alkalizufuhr** (z. B. durch Taumittel) von außen.

Feuchtigkeitsklasse **WS**: zusätzlich zu WA hohe **dynamische Belastung**, nur bei Fahrbahndecken von Straßen.

4.1.2 Description-Konzept

In unseren derzeitigen Normen werden die zur Sicherung der **Dauerhaftigkeit** nötigen Maßnahmen durch **Grenzwerte** für **Zementgehalte, *w/z*-Werte, Luftgehalte, Betondeckungen usw**. beschrieben, was als **„Description-Konzept"** bezeichnet wird. Die Festlegung solcher einfachen und recht allgemein geltenden Grenzwerte hat sich beim Großteil der Bauwerke, etwa im Hochbau, bewährt. Sie sind für die **Zusammensetzung des Betons** in DIN FB 100, siehe Tab. 4.1-2, für die **Betondeckung** in DIN EN 1992-1-1, siehe Abschn. 4.2.6, festgelegt.

Tabelle 4.1-2: Grenzwerte für Zusammensetzung und Eigenschaften von Beton nach zu erwartender Expositionsklasse (DIN FB 100)

Klasse	max w/z bzw. $(w/z)_{eq}$	min f_{ck} [N/mm²]	min z [kg/m³]	min z (bei Anrechnung von Zusatzstoffen) [kg/m³]	
Kein Korrosions- oder Angriffsrisiko					
X0	–	C8/10 C12/15 für tragende Bauteile	–	–	–
Bewehrungskorrosion durch Karbonatisierung					
XC1 XC2	0,75	C16/20	240	240	–
XC3	0,65	C20/25	260	240	–
XC44	0,60	C25/30	280	270	–
Bewehrungskorrosion durch Chloride					
XD1/XS1	0,55	C30/37	300	270	–
XD2/XS2	0,50	C35/45	320	270	–
XD3/XS3	0,45	C35/45	320	270	–
Frostangriff mit und ohne Taumittel					
XF1	0,60	C25/30	280	270	–
XF2	0,55	C25/30	300	270	1) 2)
	0,50	C35/45	320	270	1)
XF3	0,55	C25/30	300	270	–
	0,50	C35/45	320	270	–
XF4	0,50	C30/37	320	270	1) 2)
Betonkorrosion durch Verschleißbeanspruchung					
XM1	0,55	C30/37	300	270	–
XM2	0,55	C30/37 3)	300	270	–
	0,45	C35/45 2)	320	270	4)
XM3	0,45	C35/45	320	270	5)
Betonkorrosion durch aggressive chemische Umgebung					
XA1	0,60	C25/30	280	270	–
XA2	0,50	C35/45 2)	320	270	–
XA3	0,45	C35/45 2)	320	270	–

1) erhöhte Anforderungen an den Frost-Tausalz-Widerstand der Gesteinskörnungen, siehe Abschnitt 2.4.5.5
2) Mittlerer Luftgehalt ≥ 4,5 % bei 16 mm Größtkorn und ≥ 4,0 % bei 32 mm Größtkorn
3) Bei LP Beton eine Festigkeitsklasse niedriger
4) Nur mit Vakuumbehandlung mit Flügelglätter oder dgl.
5) Hartstoffe einzustreuen

In DIN FB 100 finden sich auch Angaben, **welche Normzemente** verwendet werden dürfen, um einen der jeweiligen Expositionsklasse entsprechenden Korrosionswiderstand zu erreichen, siehe Abschn. 2.2.13 und ausführlich DIN FB 100 Tab. F 3.1 bis F 3.4.

Für alle Expositionsklassen dürfen nur **CEM I** und die **A- und B-Zemente CEM II S, CEM II V und CEM II T-** sowie Kalksteinzemente **CEM II A LL** verwendet werden.

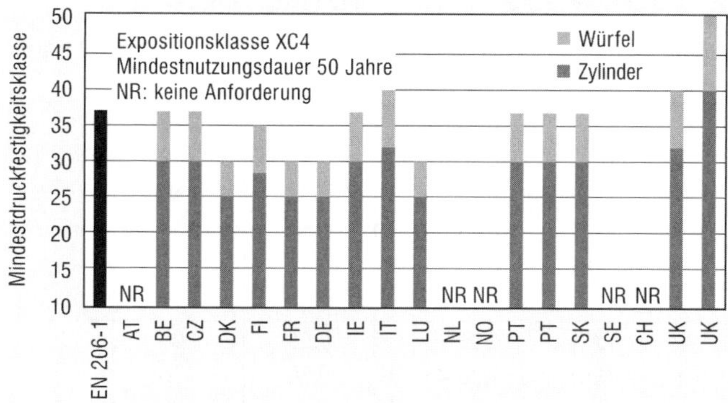

Abb. 4.1-3: Anforderungen an die Druckfestigkeitsklasse bei Expositionsklasse XC 4 in den Staaten der EU [Breitenbücher 14]

Die Grenzwerte wurden im Geltungsbereich der Europäischen Normen (EN) von den einzelnen Mitgliedsländern durch nationale Anwendungsregeln aber unterschiedlich festgelegt, [Breitenbücher 14].

Damit bei **massigen Bauteilen** hohe Zementgehalte nicht zu einer zu großen Hydratationswärme führen, gelten nach der Richtlinie Massige Bauteile [DAfStb 10] **geänderte Anforderungen**, vgl. Abschn. 5.10.1.

Zur Vereinfachung wurden in der Schweiz und in Österreich für **häufig verwendete** Betonsorten **Kurzbezeichnungen für Expositionsklassen** (Umweltklassen) eingeführt. Tab. 4.1-3 enthält für sieben nach ÖNORM B 4710-1 **empfohlene Betonsorten** die Kurzbezeichnungen und die zugehörenden Anforderungen (A), und zusätzlich auch jene, die für dieselben Expositionsklassen nach DIN FB 100 in Deutschland (D) geltenden Anforderungen.

Wichtige **Einsatzgebiete** für empfohlene Betonsorten B 1 bis B 7 sind:

B 1 Innenbereich oder außen, aber ohne Frost, wasserundurchlässig bis 10 m Wasserdruckhöhe.

B 2 Außen liegende Bauteile, auch im Grundwasser, Frost bei mäßiger Wassersättigung, Schwimmbäder.

B 3 direkt beregnete Außenbauteile, wie Bodenplatten im Freien ohne Taumittel, Wasserbauten mit Frost in der Wasserwechselzone.

B 4 Wasserundurchlässige Bauteile mit Wasserdruckhöhe über 10 m.

B 5 senkrechte Bauteile, die Frost und chloridhaltigem Sprühnebel oder Spritzwasser ausgesetzt sind.

B 6 Bauteile auch für Abwasseranlagen, die mäßigen chemischen Angriffen mit hoher Wassersättigung ausgesetzt sind, bei Chlorideinwirkung nur ohne Wassersättigung, bei Sulfatangriff XA 2 nur mit C_3A-freiem Zement.

B 7 Frost und Taumittel direkt ausgesetzte Bauteile, wie Straßen, Einfahrten, Parkflächen oder andere Verkehrsflächen, horizontale Betonflächen mit hoher Wassersättigung und mäßigen chemischen Angriffen, bei Sulfatangriff XA2 nur mit C_3A-freiem Zement.

Die Betonsorten B 2 bis B 7 können auch bei schwachen lösenden chemischen Angriffen eingesetzt werden, d. h. nicht bei angreifenden Sulfaten. Für Schlitzwände, Bohrpfähle und anderen Unterwasserbeton werden die Kurzbezeichnungen B 8 bis B 12 empfohlen, siehe ÖNORM B 4710-1.

4.1.3 Performance-Konzept

Es gibt viele Fälle, in denen Beton, dessen Zusammensetzung die Forderungen der Norm nach dem Description-Konzept nicht erfüllt, aber trotz hoher Beanspruchungen über viele Jahre frei von Mängeln geblieben ist. Das ist verständlich, wenn man bedenkt, dass die Grenzwerte des Description-Konzepts so festgelegt werden mussten, dass möglichst keine Fälle auftreten, in denen Beton, der den Grenzwerten gerade noch entspricht, schadhaft wird. Daher musste ein angemessenes Maß an Sicherheit eingehalten werden. So mussten Streubereiche der Ausgangsstoffe berücksichtigt werden, etwa beim Zement, dass auch innerhalb derselben Zementart und -festigkeitklasse je nach Herstellwerk gewissen Unterschiede vorhanden sind.

Auch werden Zemente, die nach DIN FB 100 für bestimmte Expositionsklassen nicht eingesetzt wer-

Tabelle 4.1-3: In Österreich geltende Kurzbezeichnungen für Beton nach Expositionsklassen, sowie Anforderungen nach ÖNORM B 4710-1 (A) und entsprechenden Anforderungen nach DIN FB 100 (D)

Kurzbezeichnung	Expositionsklassen		Festigkeitsklasse[1)]	*W*/*Z*[2)]	*Z* kg/m³	Luftg[3)] %
B1	XC3/XW1[4)]	(A:)	C25/30	0,60	280	–
	XC3[4)]	(D:)	C20/25	0,65	260	–
	XC3 wasserundurchlässig	(D:)	C25/30	0,60	280	–
B2	XC3/XD2/XF1	(A:)	C25/30	0,55	300	–
		(D:)	C35/45	0,50	320	–
		(D:)	C30/37	0,50	320	4,0
B3	XC4/XD2/XF3	(A:)	C25/30	0,55	300	2,5
		(D:)	C35/45	0,50	320	–
		(D:)	C30/37	0,50	300	4,0
B4	XC4/XD2/XF1	(A:)	C30/37	0,50	300	–
		(D:)	C35/45	0,50	320	–
		(D:)	C30/37	0,50	320	4,0
B5	XC4/XD2/XF2	(A:)	C25/30	0,50	320	2,5
		(D:)	C35/45	0,50	320	–
		(D:)	C30/37	0,50	320	4,0
B6	XC4/CD3/XF2/XF3/XA2[5)]	(A:)	C30/37	0,45	360	2,5
		(D:)	C35/45	0,45	320	–
		(D:)	C30/37	0,45	320	4,0
B7	XC4/XD3/XF4	(A:)	C25/30	0,45	340	4,0
		(D:)	C30/37	0,50	320	4,0

1) Druckfestigkeitsklasse: (A:) zu erwarten, nicht nachzuweisen; (D:) mindestens
2) (A:) *w*/*z*-Wert mit anrechenbarem Bindemittelgehalt
3) Luftgehalt 2,5–6,5 bzw. 4,0 %–8,0 %
4) alle Betonsorten auch für wasserundurchlässigen Beton und XA1 (D:) ausgenommen B1 mit *w*/*z* = 0,65
5) Bei Sulfatangriff (T = treibend) XA 2 und XA 3 nur mit Zement erhöhtem Sulfatwiderstand (C_3A-frei) ausgenommen bei Meerwasser.

den dürfen, nach dem Description-Konzept möglicherweise benachteiligt. Dasselbe gilt auch für alle **neu entwickelten Zemente,** die nicht voll der DIN EN 197-1 entsprechen. Es wäre nicht möglich, für die vielen neu entwickelten Zemente, oft mit unterschiedlichen Sekundärbestandteilen ohne die nötige Langzeiterfahrung, die für das Description-Konzept nötigen Grenzwerte festzulegen. Um diesen Mangel zu beheben, können **Nachweise auf Grund entsprechender Prüfungen** geführt werden, was man als **Performance-Konzept** bezeichnet. Für die Anwendung sind stets ein Gutachten und eine bauaufsichtliche Zulassung nötig. Dieser Weg besteht sowohl für Zemente und andere Produkte für die Herstellung von Beton, ebenso wie für andere Abweichungen von DIN FB 100, also auch für Betonzusammensetzungen. Wegen der damit verbundenen Prüfkosten und größeren Zeitaufwandes kommt das Performance-Konzept allerdings nur für größere Bauvorhaben in Betracht.

„Performanceprüfung“ ist nur ein neuer Begriff. Schon bei vielen Bauten, wie bei den vor Jahrzehnten errichteten großen Talsperren hat man die Zusammensetzung des Betons nach Prüfungen von Probemischungen mit den zur Verfügung stehenden Gesteinskörnungen, Zementen, Zusatzstoffen und Zusatzmitteln festgelegt. Solche Prüfungen setzen voraus, dass man über **Prüfverfahren,** etwa für den Frostwiderstand, verfügt, die der späteren Praxisbeanspruchung entsprechen, und dass man ausreichend Erfahrungen hat, um **Grenzwerte** für eine positive Beurteilung festzulegen. Für solche Prüfungen der **Leistungsfähigkeit** gibt es allerdings noch keine allgemein anerkannten Prüfverfahren [Breitenbücher, 14].

4.1.4 Festlegen der Anforderungen

Fehler bei der Planung durch Festlegung zu niedriger Expositionsklassen können, wenn überhaupt, nur mit sehr hohem Aufwand behoben werden. Daher sollte stets die Regel gelten, von vornherein unter Beachtung aller auf das Bauteil möglicherweise, auch später einmal, auftretenden Einwirkungen die richtigen Anforderungen zu stellen und deren Einhaltung streng zu überwachen. **Beschichtungen** und **Überzüge** erreichen vielfach nicht die Lebensdauer des zu schützenden Betons. Man sollte sie nur einplanen, wenn – wie bei extremen chemischen Angriffen – auch sehr hochwertiger Beton den Beanspruchungen nicht standhält. Die heutige Betontechnologie gibt uns mit **Hochfestem Beton**, der auch auf hohen Widerstand optimiert werden kann (Abschn. 6.2), ebenso wie mit **Schalungseinlagen** und **Vakuumbeton** (Abschn. 7.6.9) die Möglichkeit, nötigenfalls eine **wesentlich höhere Dauerhaftigkeit, als es in DIN FB 100** vorgesehen ist, zu erzielen.

4.1.5 Überwachung der Anforderungen

Zu beachten ist, dass ein Nachprüfen der Einhaltung der Grenzwerte am Frischbeton oder gar erst am erhärteten Beton mit erheblichen Schwierigkeiten verbunden sein kann. Trotz aller Fortschritte in der Normung und der Prüftechnik ist ein **Vertrauensverhältnis** zwischen Betonlieferwerken, Bauausführenden und Bauträger, der in späteren Jahren nötige Instandsetzungen übernehmen muss, unabdingbar.

Prüfen kann man bei der **Übergabe des Frischbetons** aus dem Fahrmischer neben **Konsistenz** und **Rohdichte** nur die **Temperatur** und bei Luftporenbeton auch den **Luftgehalt** mit ausreichender Genauigkeit. Weitere Prüfungen sind möglich, nehmen aber so viel Zeit in Anspruch, dass man in den meisten Fällen mit dem Einbau nicht warten kann, bis das Ergebnis vorliegt.

Der für eine Kontrolle des *w/z*-Wertes notwendige **Zementgehalt** kann auch heute weder am Frischbeton noch am erhärteten Beton hinreichend schnell und mit der wünschenswerten Genauigkeit bestimmt werden. Dies gilt bei erhärtetem Beton auch für den bei der Herstellung vorhanden gewesenen Wassergehalt. Daher muss man sich neben der Kontrolle, ob der *w/z*-Wert jenen der Expositionsklasse nicht überschreitet, auf eine **indirekte Nachprüfung über die Druckfestigkeit** beschränken. Das ist der Grund, weshalb für die einzelnen Expositionsklassen neben dem höchstzulässigen *w/z*-Wert eine entsprechende Festigkeitsklasse des Betons gefordert wird. Das ist natürlich nur eine Näherung. Allgemein gilt, dass eine Druckfestigkeit, die deutlich niedriger ist als nach dem Walz-Diagramm, Abb. 3.4-1, beim erforderlichen *w/z*-Wert zu erwarten wäre, darauf hindeutet, dass ein erhöhter *w/z*-Wert verwendet wurde oder aber, dass Zement mit niedrigerer Normfestigkeit ausgeliefert wurde (was selten vorkommt). Falsch wäre es, auf einen Zement höherer Festigkeitsklasse, der schneller erhärtet, überzugehen, nur damit die der Expositionsklasse entsprechende Festigkeitsklasse des Betons erreicht wird. Das wäre kein Nachweis, dass der für die Dauerhaftigkeit maßgebende und geforderte *w/z*-Wert eingehalten wurde.

4.1.6 Dauerhaftigkeitsbemessung

Beton **altert nicht,** wie wir es von organischen Stoffen kennen. Seine Lebensdauer ist, wie auch Bauten aus Opus Cementissium der Römer zeigen, **unbegrenzt**. Nur **äußere Einwirkungen**, wie überhöhte statische oder dynamische Beanspruchungen, Frost oder chemische Angriffe, können die Lebensdauer von Betonbauerken vermindern, Witterung und Schmutzablagerungen auch das Aussehen. Bei Stahl- und Spannbeton kommt zu den Einwirkungen noch die umgebende Luft hinzu. Carbonatisierungen können, ebenso wie Salze zur Korrosion von Stahl führen. Langzeituntersuchungen an 25 Jahre lang ausgelagertem Betonkörpern unterschiedlicher Zusammensetzung zeigen in den ersten Jahren deutliche, auch später noch geringe Zunahmen der Festigkeit, [Bager 09]. Voraussetzung ist, dass bei der Herstellung auch Maßnahmen getroffen wurden, damit, wenn Feuchtigkeit hinzukommt, die Struktur nicht durch Alkali-Kieselsäure-Reaktionen oder später Ettringitbildungen zerstört wird.

Fazit: Angaben über die Dauerhaftigkeit von Betonbauten erfordern stets eine **Abschätzung der schädigenden äußeren Einflüsse** und das macht auch jede Bemessung der Dauerhaftigkeit so schwierig. Sie kann nie eine Zuverlässigkeit erreichen, wie wir sie von den experimentell auf direktem Weg überprüfbaren statischen Berechnungen gewohnt sind. Die Lebensdauer von unbewehrten Kellerwänden oder Betonrohren kann man genauso wie jene von modernen Staumauern nicht berechnen, sie ist technisch nicht begrenzt.

Bei großen und anspruchvollen Bauvorhaben müssen die vorhandenen örtlichen Verhältnisse und die zu erwartenden Beanspruchungen genauer untersucht und berücksichtigt werden. So etwa beim Brenner Basistunnel [Cordes 18] oder bei der 36 km langen Meeresbrücke über den Yangtse, wenn nachgewiesen werden soll, dass die gewählten Betonzusammensetzungen, Betondeckungen und anderen konstruktiven Lösungen eine planmäßige Nutzungsdauer von 100 bzw. 200 Jahren ohne aufwändige Instandsetzungen erwarten lassen. Die deskriptiven Regeln für den allgemeinen Betonbau der DIN 1045 gehen dagegen von einer Lebensdauer von nur mindestens 50 Jahren aus.

In jüngster Zeit gab es große Anstrengungen, die Grundlagen für eine **Dauerhaftigkeitsbemessung** zu schaffen, DAfStb 12. Voraussetzung für die wünschenswerte Entwicklung ist, dass es gelingt, aus Versuchsreihen und aus den in den letzten Jahrzehnten vor allem aus der Werkstoffphysik und -chemie gewonnenen theoretischen Erkenntnissen **Stoffgesetze** zu entwickeln, welche die in der Praxis auftretenden Schadensfortschritte hinreichend gut abbilden. Nur dann können sie für Aufgaben, die bisher vor allem auf Grund von Erfahrungsregeln gelöst wurden, herangezogen werden. Es zeigt sich aber, dass die Materie bei Fragen der Dauerhaftigkeit äußerst komplex ist, [Brameshuber 09].

Für die **Umsetzung in die Praxis** müssen stets auch Annahmen getroffen werden, die weit genug auf der sicheren Seite liegen. Die Höhe der erforderlichen **Sicherheit** kann aber nur abgeschätzt werden. Dabei müssen auch **Imperfektionen der Bauausführung** in angemessenem Ausmaß berücksichtigt werden, wobei Erfahrungen mit bewährten Baustoffen hilfreich sind. Dennoch werden schon heute Verfahren der Dauerhaftigkeitsbemessung angegeben [Schießl 04, Meijers 04]. Oft geht es dabei darum, unterschiedliche **Maßnahmen gegeneinander abzuwägen**, etwa ob die Betondeckung erhöht oder besondere Zemente, Zusatzstoffe oder Zusatzmittel verwendet werden sollen. Als Beispiel sei genannt, dass die Stahlbetontübbinge eines U-Bahnloses in Singapur unter Chlorideinwirkung mit Hilfe von Schnellmigrationsprüfungen zur Bestimmung des Chloriddiffusionswiderstandes und Messungen des Elektrolytwiderstandes unter Zugrundelegung des zweiten Fick'schen Diffusionsgesetzes bemessen wurden. Bei einer geforderten Betondeckung von nur 40 mm wurde ein Beton mit 360 kg/m^3 Portlandzement, 40 kg/m^3 Flugasche und 20 kg/m^3 Silicastaub gewählt, wobei der Wassergehalt nur 145 kg/m^3 betrug [Raupach 01].

4.2 Stahlkorrosion durch Carbonatisierung (XC) und durch Lösungsvorgänge

4.2.1 Erfahrungen

Die Frage, ob Stahl in Betonbauteilen allmählich korrodieren und Bauwerke zum Einsturz bringen kann, hat unter den Pionieren der einst noch als „Eisenbeton" bezeichneten Bauweise vor mehr als hundert Jahren zu heftigen Diskussionen geführt. Damals wusste man noch nicht, dass sich durch die **Alkalität des Porenwassers** im Beton mit pH-Werten von 12,5 bis 13,5 an der Stahloberfläche eine mikroskopisch dünne Oxidschicht, die sog. **Passivschicht**, bildet, die eine Korrosion durch anodische Eisenauflösung praktisch unterbindet. Dadurch verhält sich normaler Stahl im Beton ähnlich wie rostfreier Stahl. Dies tritt auch ein, wenn der Stahl vor der Umhüllung mit Beton nicht metallisch blank, sondern mit Flugrost überzogen war. Feine **Rostnarben** werden sogar bewusst **zugelassen,** weil sie im Vergleich zu glattem Stahl zu einem besseren Verbund führen. Einst hat man Bewehrungs„eisen" vor dem Einbau sogar mit Zementleim angestrichen, im Prinzip richtig, aber unnötig und heute undenkbar!

Verursacht wird die hohe Alkalität des Porenwassers durch die Hydratation der Calciumsilikate des Zements, bei der Calciumhydroxid ($Ca(OH)_2$), also nichts anderes als gelöschter Kalk, abgespalten wird und als **Alkalitätsdepot** dient. Dieses ist **umso größer, je mehr Klinker** der Zement enthält, also am größten bei Portlandzement, aber selbst bei Hochofenzementen mit einem Klinkeranteil von nur 20 % noch in einem deutlichen Ausmaß vorhanden.

Man mag es als ein Geschenk der Natur bezeichnen, dass wir für unsere Stahlbetonbauten in der Regel **keine rostfreien Stähle** oder besonderen Korrosionsschutzmaßnahmen brauchen. Aber, dieser glückliche Umstand hat seine Grenzen! In den Siebziger- und Achtzigerjahren des letzten Jahrhunderts ist verstärkt an den im Bauboom der Nachkriegsjahre errichteten Bauten **Korrosion an zu nahe an der Oberfläche eingebauten Stählen aufgetreten**. Diese führte nicht nur binnen weniger Jahre zu hässlichen Rissen und Rostfahnen an den Betonoberflächen, sondern auch zu Absprengungen von Betonstücken entlang der Bewehrung, die dann oft am Stahl tiefe Rostnarben mit erheblichen Querschnittsverminderungen, wenn nicht gar Durchrostungen sichtbar machten. Besonders betroffen waren senkrechte von der Außenluft zugängliche Flächen wie Seitenflächen von Stützen und Wänden, die gut austrocknen, aber hin wieder von Schlagregen durchfeuchtet wurden, oder kapillar vom Boden Feuchtigkeit aufnehmen, Abb. 4.2-1. Darüber hinaus auch an Untersichten von Brücken Abb. 4.4-2 und ganz besonders Räume mit zeitweise sehr feuchter Luft, wie man sie früher in Waschküchen hatte, sowie Flächen in der Wasserwechselzone. Nicht betroffen waren Flächen in Innenräumen mit normaler Luftfeuchtigkeit, denn dort fehlt es – wie sich bald herausstellte – an der zur Stahlkorrosion erforderlichen höheren Feuchtigkeit.

Abb. 4.2-1: Carbonatisiert der Beton bis zur Stahlbewehrung und kommt Feuchtigkeit hinzu, dann korrodiert der Stahl und sprengt allmählich die Betondeckung weg.

All diese hässlichen und im Laufe weniger Jahre oft auch gefährlichen Schäden traten bevorzugt auf, wenn der Stahl nur wenige Millimeter oder kaum einen Zentimeter mit Beton überdeckt war. Bei Betondeckungen von 30 mm und mehr ist Stahlkorrosion sehr selten.

Man mag heute darüber diskutieren, ob es richtig war, Stahlbetonbauteile so dünn und schlank wie irgend nur möglich zu konstruieren und jede Mehrdicke an **Betondeckung** gegenüber dem in der Norm vorgesehenen Mindestwert als Verschwendung anzusehen. Eine höhere Mindestbetondeckung in der einstigen DIN 1045, auch mit Rücksicht auf die Abweichungen, die bei der Bauausführung auftreten können, hätte Millionen, ja Milliarden an Instandsetzungskosten erspart. Dies gilt auch für Fertigteile, wo mit Rücksicht auf Transportkosten und Hebezeuge die Versuchung besonders groß ist, Querschnittsabmessungen zu minimieren und jede zulässige Verminderung der Betondeckung auch restlos auszunutzen.

Wir gehen heute davon aus, dass alle Maßnahmen zur Vermeidung von Bewehrungskorrosion, die im seit 2001 bekannten und seit 2005 allgemein geltenden Fachbericht DIN FB 100 sowie die in DIN 1045 Teile 1 und 3 festgelegten Forderungen für den Normalfall ausreichen. Folgern sollte man aus den Fehlern der früheren Zeit, dass man sich bei allen Bauteilen, die mit oft wechselnder Feuchtigkeit oder von außen einwirkenden Schadstoffen in Berührung kommen, überlegen sollte, die **Mindestmaße** der Betondeckung wenn möglich vorsorglich gegenüber der Norm um 10 bis 20 mm **zu erhöhen**.

4.2.2 Carbonatisierung (XC)

Wenn im Laufe der Zeit die Randzone des Betons austrocknet und CO_2, also Kohlendioxid, aus der Luft eindiffundiert, bildet sich aus dem schützenden Calciumhydroxid, $Ca(OH)_2$ ein **Calciumcarbonat, $CaCO_3$** (Kalkstein), der Beton „carbonatisiert“. Das ist derselbe Vorgang, wie er schon bei den Bauten der Römer zur Erhärtung jedes Kalkmörtels genutzt wurde. Durch die bei der Carbonatisierung der Randzone auftretende Volumenzunahme um etwa 11 % erreicht der Beton dort eine etwas **größere Festigkeit** und wird **weniger durchlässig** gegen Wasser und Gase, [Stark, J. 13]. Das Porenwasser verliert aber an Alkalität, so dass der **pH-Wert bis unter 9** fallen kann. Dadurch wird die **Passivierung von Stahloberflächen aufgehoben**, Stahl kann wieder rosten.

Die **Carbonatisierung verläuft umso langsamer, je dicker die bereits carbonatisierte Randschicht** ist, weil sich durch die größere Dicke der Widerstand gegen das Eindringen von Kohlendioxid erhöht. Daraus folgt, dass die Carbonatisierung etwa proportional zur **Wurzel aus dem Betonalter** fortschreitet, also nach 16 Jahren doppelt so tief reicht wie nach 4 Jahren. Kommt hin und wieder **Wasser auf die Betonoberfläche**, dann kommt die Carbonatisierung aber nach etwa 10 bis 20 Jahren **allmählich zum**

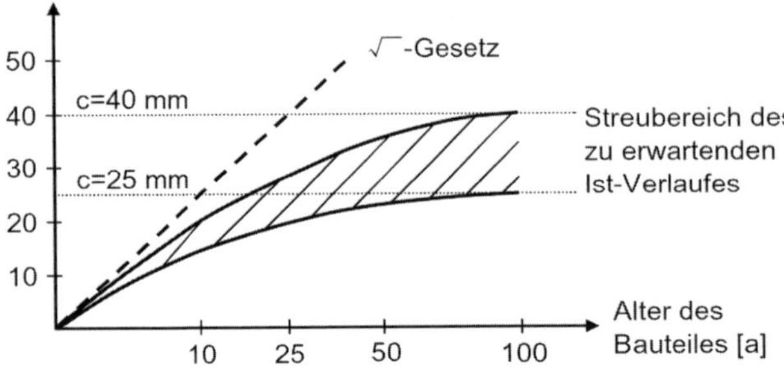

Abb. 4.2-2: Die Carbonatisierung dringt anfangs etwa mit der Wurzel der Zeit tiefer ein, erreicht aber nach ein bis zwei Jahrzehnten eine Endtiefe (Beispiel), [Schießl 04]

Stillstand, weil sich aus dem Inneren des Betons herausgelöstes Calciumhydroxid nach außen diffundiert und abdichtend wirkt, Abb. 4.2-2. Die Carbonatisierung dringt umso tiefer in den Beton ein, je mehr Kapillarporen sein Gefüge aufweist. Bei Beton mit einem ***w/z*-Wert von 0,40 ist die Carbonatisierungstiefe nur etwa halb so groß wie bei 0,60,** vorausgesetzt, der Zement konnte in beiden Fällen hinreichend hydratisieren.

Frühzeitig ausgetrockneter Beton carbonatisiert in der Randzone ganz erheblich schneller als Beton, der in den ersten Tagen feucht war oder einer Luftfeuchtigkeit von mindestens 85 % ausgesetzt war, Abb. 4.2-3. Ein Beispiel: Beton C 30/37, der nach einem Tag austrocknen konnte, carbonatisiert etwa gleich schnell wie ein Beton C 20/25, der drei Tage feucht gehalten wurde. Zemente mit hohem Gehalt an Hüttensand erfordern eine besonders lange Nachbehandlung, Abb. 4.2-4.

Voraussetzung für die Carbonatisierung ist, dass der Beton nicht zu trocken ist – die CO_2-Reaktion erfordert eine Umgebungsluft mit mindestens 30 % Feuchte. **Am schnellsten carbonatisiert** der Beton bei der im Freien häufig vorhandenen **Umgebungsfeuchte von 50 bis 70 %,** weil da die Poren noch nicht wassergefüllt sind, so dass CO_2 noch eindiffundieren kann, aber schon genügend Wasser als Reaktionspartner vorhanden ist.

Horizontale Flächen, die Niederschlägen ausgesetzt sind, carbonatisieren kaum wenige Millimeter tief. Dabei spielt eine Rolle, dass der Beton nach jeder Durchfeuchtung wieder austrocknen kann. Dringt das Wasser bis in den nicht carbonatisierten Bereich ein, dann löst es dort Calciumhydroxid, das mit dem Wasser nach außen diffundiert und beim Trocknen wieder ausfällt. Groß ist dagegen die Carbonatisierungstiefe im **Freien unter Dach** und an nur selten befeuchteten **senkrechten Flächen**. Dies erklärt, warum nach Westen, also wetterseitig, orientierte Flächen weniger

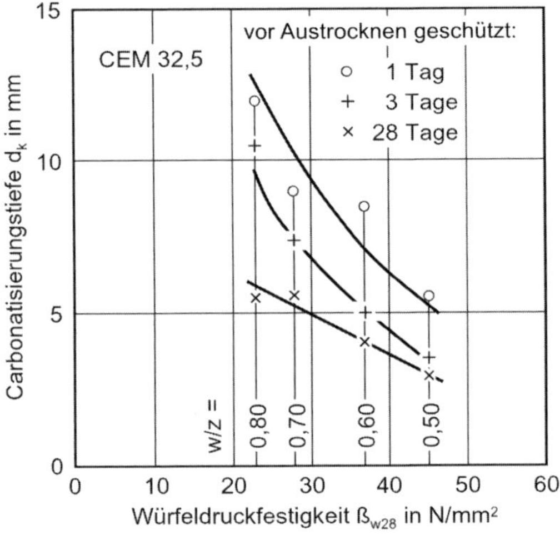

Abb. 4.2-3: Schon nach einem Jahr zeigt sich, wie die Carbonatisierungstiefe entscheidend vom *w/z*-Wert und der Dauer der Nachbehandlung bestimmt wird, [Gräf 86]

tief carbonatisieren als solche, die nach Osten gerichtet sind, auf die der Wind nur selten Regenwasser bringt.

Versuche zeigten, dass die Carbonatisierungstiefe bei Zementen mit mehr als 20 % Kalksteinmehl und bei solchen mit mehr als 80 % Hüttensand besonders groß ist, auch wenn sie gut nachbehandelt werden. Ein wichtiger Grund, solche Zemente in DIN FB 100 für Stahlbeton nicht zuzulassen, sie werden auch nur in Sonderfällen hergestellt. Auch bei Verwendung von in DIN FB 100 vorgesehenen Zementen zeigen sich Unterschiede in den nach Luftlagerung entstehenden Carbonatisierungstiefen. **Günstig sind vor allem Zemente mit hohem Klinkeranteil**. Auch eine mitverwendete **Flugasche** führt bei gleicher

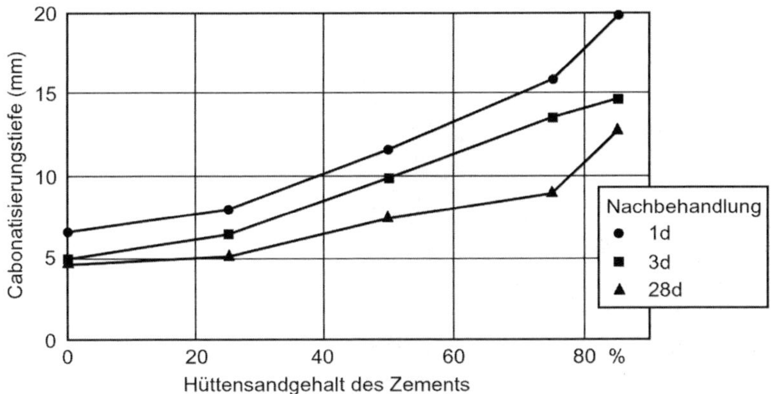

Abb. 4.2-4: Der Anteil an Hüttensand im Zement führt zu unterschiedlichen Carbonatisierungstiefen. Beton mit *w/z*-Wert 0,59 nach 18 Monaten bei unterschiedlicher Dauer der Nachbehandlung und anschließender Lagerung bei 60 % rel. Feuchte, [Parrott 96]

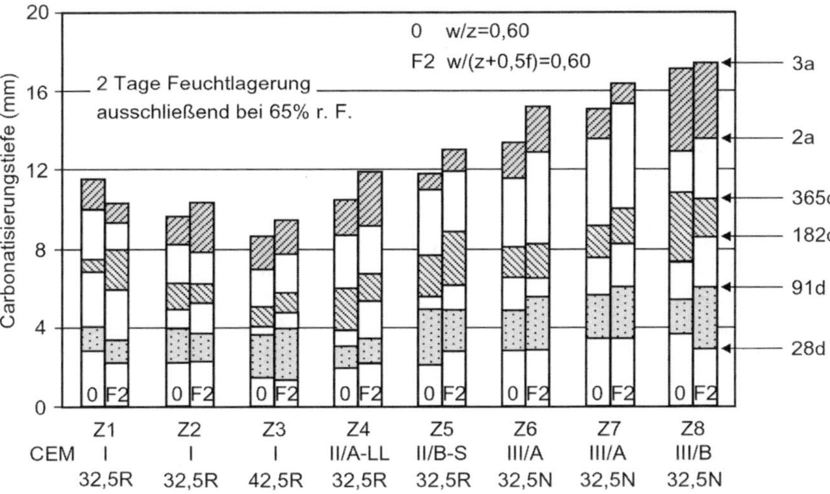

Abb. 4.2-5: Carbonatisierungstiefen von Beton mit unterschiedlichen Zementen ohne (O) und mit Flugasche (F2), [Schießl 93]

Druckfestigkeit des Betons zu **keiner größeren Carbonatisierungstiefe**, [Schießl 93]. Bei Beton mit niedrigem *w/z*-Wert und besonders bei Hochfestem Beton bleiben die Carbonatisierungstiefen erheblich kleiner.

4.2.3 Begrenzung der Carbonatisierungstiefe

Um zu verhindern, dass die Carbonatisierungsfront den Stahl erreicht, muss die Betondeckung hinreichend **dicht** und hinreichend **dick** sein. Dazu müssen vier Anforderungen erfüllt werde:

(1) Der ***w/z*-Wert** darf einen bestimmten Grenzwert nicht überschreiten.

(2) Der **Zementgehalt** muss einem bestimmten Mindestwert entsprechen, auch damit genügend Feinmörtel vorhanden ist, um die Stahleinlagen satt zu umhüllen.

(3) Die **Betondeckung** muss ein bestimmtes Mindestmaß haben, Abschn. 4.2.6.

(4) Der Beton muss ausreichend **nachbehandelt** werden. **Saugende Schalungen** führen zu einer dichteren Randzone und daher kleineren Carbonatisierungstiefe.

Abb. 4.2-6: Bei der Prüfung mit Phenolphthalein zeigt eine rote Färbung, wo der Beton noch nicht carbonatisiert ist.

Die **Tiefe der Carbonatisierung** lässt sich an frischen Bruchflächen leicht feststellen. Man sprüht dazu eine 0,1%ige, also verdünnte **Phenolphthaleinlösung** auf die Oberfläche. In Bereichen mit pH-Werten über 9 stellt sich eine rote Färbung ein, während carbonatisierte Randzonen farblos bleiben, Abb. 4.2-6. Diese Prüfung zeigt deutlich, dass die **Carbonatisierungstiefe nicht einheitlich** ist, sondern je nach Betongefüge eine mehr oder weniger gezackte Grenze hat und auch entlang von groben Gesteinskörnern und Stahlstäben etwas tiefer reichen kann, vgl. Abschn. 11.6.2.

Wenn ein Beton in den ersten Jahren tiefer carbonatisiert als erwartet, können Maßnahmen zur Verbesserung des Korrosionsschutzes zweckmäßig sein. Die Richtlinie für die Erhaltung und Instandsetzung von Bauten aus Beton und Stahlbeton [ÖBV 14] stellt dazu fest: „Die Karbonatisierungstiefe darf nach einem Jahr maximal 3 mm betragen. Solange die nicht karbonatisierte Betonüberdeckung bei mindestens 5 Jahre alten Bauwerken mehr als 25 % der vorhandenen Betonüberdeckung, wenigstens 10 mm beträgt (bei einem Alter zwischen 1 und 5 Jahren darf linear interpoliert werden) und keine Korrosionserscheinungen erkennbar sind, sind keine weiteren Maßnahmen notwendig."

Wird auf einer Betonoberfläche eine Beschichtung aufgebracht, durch die ein Eindringen von Luft und damit auch von der darin enthaltenen Kohlensäure verhindert wird, schreitet die Carbonatisierung nicht mehr weiter fort.

4.2.4 Lösungsvorgänge

Neben der Carbonatisierung kann auch ein Herauslösen des Calziumhydroxides aus dem Betongefüge dazu führen, dass die Passivierung von Stahloberflächen verloren geht. Dies ist vor allem der Fall, wenn längere Zeit hindurch Regenwasser, Schmelzwasser oder ein anderes weiches, d. h. **Kalk lösendes Wasser durch Risse sickert** oder über eine poröse, zu dünne Betondeckung fließt. Wo das Wasser abtrocknet, hinterlässt es den gelösten Kalk als Aussinterung. Wenn diese Aussinterungen nicht weiß, sondern rostbraun sind, ist dies ein Hinweis auf Stahlkorrosion.

Mit ausreichender Betondeckung und durch Vermeidung breiter Risse, durch die Wasser stark durchsickern kann, werden bei Bauteilen, auf die Wasser ständig oder nur zeitweise einwirkt, schädigende Lösungsvorgänge verhindert. Sind Risse schmal, dann führt anfangs durchsickerndes Wasser dazu, dass sie zusintern, vgl. Abschn. 3.4.6.1.

4.2.5 Korrosion von Betonstahl

Die Korrosion von Stahl ist ein **elektrochemischer** Vorgang, bei dem sich an einer Stelle, der sog. **Anode**, Eisen auflöst und positiv geladene Eisenionen in Lösung gehen. Gleichzeitig werden negativ geladene Hydroxylionen, also aus Sauerstoff und Wasserstoff bestehende Ionen, an einer anderen Stelle des Stahles, einer sog. **Kathode**, gebildet. Dabei entsteht ein Stromfluss, der in entsprechenden Versuchen sogar eine kleine Glühbirne zum Leuchten bringen kann. Die Kathode liegt bei flächig abtragender Korrosion unmittelbar neben der Anode („**Mikroelement**"). Anders wenn Chloride im Spiel sind: dann kann die Kathode mehrere Meter entfernt sein („**Makroelement**"). Damit sich negativ geladene Hydroxylionen bilden können, muss an der Kathode Sauerstoff und Wasser vorhanden sein. Dort kann Stahl noch passiviert sein und wird nicht geschädigt.

Daraus folgt, dass Stahlkorrosion nur stattfinden kann, wenn fünf **Voraussetzungen** gegeben sind:

(1) An einer Stelle des Stahls (Anode) muss die **Passivierungsschicht** des Stahls **durchbrochen** sein, z.B. durch Carbonatisierung oder durch Chloride.

(2) Der Stahl muss **elektrisch leitfähig** sein, was immer zutrifft.

(3) Der Beton muss **elektrolytisch leitfähig** sein, wozu er **genügend feucht** sein muss. Bei **Luftfeuchtigkeiten unter 80 %** (z.B. in Innenräumen) kann keine Korrosion stattfinden.

(4) Im Beton muss an der **Kathode Sauerstoff** vorhanden sein, was meistens der Fall ist, auch wenn bei einer Umgebungsfeuchte von mehr als 70 % die Durchlässigkeit für Sauerstoff gering ist. Bei Wassersättigung ist sie praktisch null. Daher ist auch unter **Wasser keine nennenswerte Korrosion** zu erwarten.

(5) Schließlich müssen an der Oberfläche des Stahles **Potenzialunterschiede** vorhanden sein, was durch Belüftungsunterschiede oder bei lokaler Depassivierung stets in unterschiedlichem Ausmaß der Fall ist.

Sulfate, wie wir sie in allen Gipsprodukten haben, und **Chloride**, etwa von Tausalzen, fördern den Korrosionsprozess ganz erheblich.

Für die **Vermeidung von Korrosion** ergeben sich die nachstehenden Folgerungen, wobei vorausgesetzt werden muss, dass im Beton keine klaffenden Risse vorhanden sein dürfen:

(a) In **Wohnräumen** und anderen **trockenen Räumen,** in denen die Luft in der Regel weniger als 80 % Feuchtigkeit enthält, ist keine Korrosion möglich, daher sind kleine Betondeckungen ausreichend.

(b) **Unter Wasser** hat Sauerstoff keinen Zutritt, daher sind auch hier keine großen Betondeckungen nötig. Dies gilt aber nur für ständig und zur Gänze unter Wasser liegende Bauteile.

(c) Für alle anderen Fälle gilt, dass der Stahl nicht in einen korrosionsbereiten Zustand geraten darf, also **nicht depassiviert** werden darf. Es muss daher dafür gesorgt werden, dass die Carbonatisierungsgrenzen und/oder eindringende Chloride den Stahl nicht erreichen. Dazu ist eine **dicke und dichte Betondeckung** nötig. Auch eine Beschichtung kann als Bremse für die Kohlensäure der Luft und auch für Chloride wirken.

(d) Muss damit gerechnet werden, dass die Carbonatisierung den Stahl erreicht oder Stahl aus dem Beton herausragt, verwendet man als Bewehrung **nichtrostenden Betonstahl,** vgl. Abschn. 4.3.5 (6) [Nürnberger 05, Rußwurm 93]. Unter bestimmten Voraussetzungen kann ein erhöhter Korrosionsschutz auch durch **Verzinken** von normalem Stahl erreicht werden, [Ebell 11].

Bei Betonstählen ist, wenn keine Chloride im Spiel sind, die **abtragende Korrosion** maßgebend, die, sobald die Depassivierung aufgehoben ist, allmählich fortschreiten kann. Die ungünstigsten Verhältnisse liegen vor, wenn Betonflächen frei an der Luft liegen und, nachdem die Carbonatisierung den Stahl erreicht hat, immer wieder kurz befeuchtet werden oder gar Chloride den Stahl erreicht haben.

Wie schnell eine Korrosion vor sich geht, hängt wie bei einer Kontaktkorrosion vom Flächenverhältnis ab: Genauso wie Stahlniete in Kupferblechen viel schneller korrodieren als große Stahlbleche, die mit kleinen Kupfernieten verbunden sind, führen Kathodenflächen, die im Verhältnis zu den depassivierten Anodenflächen groß sind, zu schnellerem Korrosionsfortschritt. Aus diesem Sachverhalt ergibt sich, dass der Betonstahl, und als solcher gilt der gesamte elektrisch leitende miteinander verbundene Bewehrungskorb, **möglichst gleichmäßig** mit **gleichartigem Beton umgeben sein soll**, damit Potenzialunterschiede klein bleiben. Einzelne ungeschützte Bereiche, wie **poröse Fehlstellen** oder **herausragende Stäbe**, sind besonders gefährdet, wenn der Stahl mit einem größeren Bewehrungskorb leitend verbunden ist. Streicht man solche herausragenden Stähle mit einem im Stahlbau bewährten guten **Korrosionsschutzanstrich aus Reaktionsharz** oder Ähnlichem, dann ist er nicht mehr gleichmäßig passiviert und man löst vor allem im Grenzbereich eine **erhebliche Korrosion** aus. Auch zeigen Wasserleitungs- oder Gasrohre von Hausanschlussleitungen in den Kellern dann stärkere Korrosion, wenn sie mit der Bewehrung leitend verbunden sind.

Wenn **Verblendfassaden** mit Hilfe von Stahlankern mit Beton- oder Mauerwerkswänden über einen Luftspalt hinweg verbunden werden, ergeben sich in ähnlicher Weise Makrokorrosionselemente. Selbst eine Verwendung verzinkter Stähle, wie sie bis 1972 hierfür zugelassen war, bringt wegen der hohen Zinkabtragungsraten nur temporären Schutz vor Durchrosten. Hier müssen stets Edelstahlanker verwendet werden.

4.2.6 Betondeckung

Ursprünglich dachte man, die „Betoneisen" dürfen nur deshalb nicht zu nahe an der Oberfläche des Betons liegen, damit ein **Verbund**, der zur

Übertragung der Kräfte zwischen Beton und Stahl nötig ist, sichergestellt wird. Dazu muss die Betondeckung **mindestens so dick sein wie die randnahen Stahlstäbe**, was auch heute noch gilt. Erst später kam die Erkenntnis, dass die Betondeckung auch dem **Korrosionsschutz** dienen muss und daher dem Eindiffundieren von Sauerstoff und Kohlensäure der Luft großen Widerstand leisten soll. Das hat zwei Gründe:

(1) Die Carbonatisierungsfront erreicht ebenso wie eindringende Chloride den Betonstahl umso später, möglichst überhaupt nicht, wenn der Weg von der Oberfläche des Betons bis zum Stahl hinreichend groß und wenig durchlässig ist.

(2) Wenn eine Korrosion begonnen hat, schreitet sie umso langsamer fort, je weniger Sauerstoff bis zum Stahl gelangt und je kleiner die elektrolytische Leitfähigkeit des Betons ist.

Wie sehr ein **dichtes Gefüge**, d. h. ein niedriger *w/z*-Wert ebenso wie eine **große** Betondeckung die Sauerstoffdiffusion bremsen, zeigen Abb. 4.2-7 und 4.2-8.

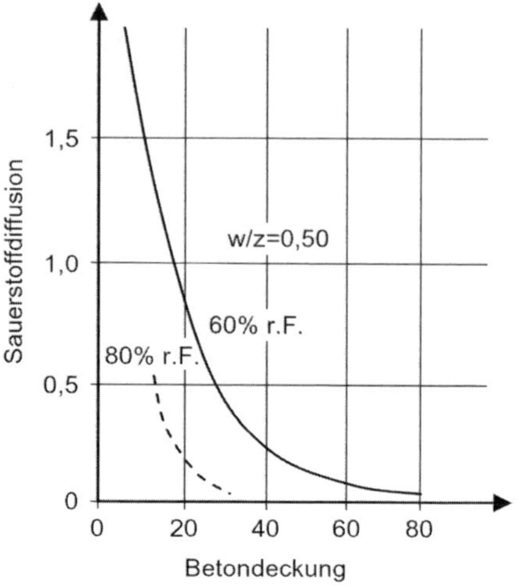

Abb. 4.2-7: Bei hoher Feuchtigkeit diffundiert weniger Sauerstoff in die Randzone von Beton, [Tuutti 82/1]

In den zurückliegenden Jahrzehnten führte das häufige Auftreten von Schäden dazu, dass die geforderten **Betondeckungen** fast mit jeder Normengeneration erhöht werden mussten. Heute werden in DIN EN 1992-1-1, also dem Eurocode 2, die Mindestbetondeckungen festgelegt. Sie betragen **für Betonstahl**, wenn nur die Carbonatisierung den Korrosionsschutz gefährden kann (XC 2 und XC 3), **20 mm** bzw. bei häufigen Nass-Trocken-Wechseln (XC 4) **25 mm**, in trockenen Innenräumen (XC 1) nur **10 mm**. Ist dagegen mit einer Einwirkung von **Chloriden** zu rechnen, also bei XD 1 bis XD 3 und XS 1 bis XS 3 ist für Betonstahl eine Betondeckung von **40 mm** nötig. Um neben der Dauerhaftigkeit auch den statischen Verbund zu sichern, sind bei Stabdurchmessern über 20 mm (bei XC 1 über 10 mm, bei XC 4 über 28 mm) größere Betondeckungen nötig, siehe DIN EN 1992 -1-1.

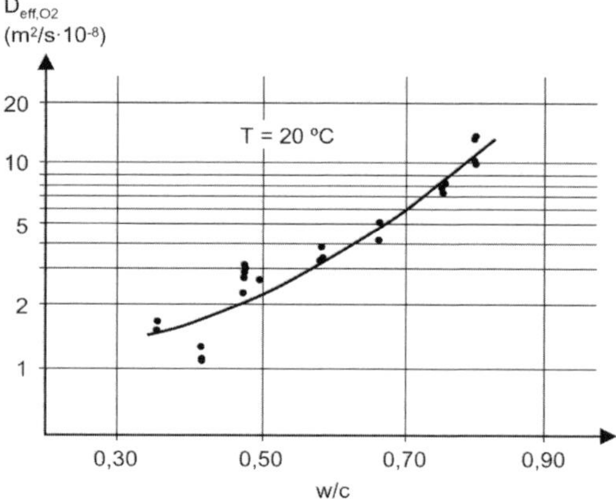

Abb. 4.2-8: Einfluss des *w/z*-Wertes auf den effektiven Sauerstoffdiffusionskoeffizienten, [Tuutti 82/1]

Für **Spannstähle** mit direktem Verbund sind, ebenso wie für **Hüllrohre** von Spannstählen mit nachträglichem Verbund diese Mindestbetondeckungen um 10 mm zu erhöhen.

Man hat längst erkannt, dass die erforderlichen **Mindestbetondeckungen** c_{min} zuverlässig nur eingehalten werden können, wenn man für die Baustelle ein **Vorhaltemaß** Δc_{dev} von **15 mm**, bei **XC 1** nur **10 mm**, hinzurechnet. Damit wird den auf Baustellen unvermeidlichen **Imperfektionen** Rechnung getragen. Mindestbetondeckung und Vorhaltemaß ergeben zusammengerechnet das **Nennmaß,** das bei der **statischen Berechnung** zugrunde zu legen ist. Das Nennmaß entspricht auch dem für die Wahl der Abstandshalter nötigen **Verlegemaß**, aber nur für die der Schalung am nächsten gelegenen Bewehrungsstäbe, das sind in der Regel die Bügel. Für die auf oder innerhalb der Bügel liegende Längsbewehrung **erhöht** sich das **Verlegemaß** um die **Dicke der Bügel.**

Liegt die Betonfestigkeit um mindestens 2 Klassen über den Forderungen nach Tabelle 4.1-2, dann geht man davon aus, dass der Beton so dicht ist, dass die Mindestbetondeckung um **5 mm vermindert** werden kann. Dies gilt nicht für XC 1. Selbstverständlich gibt noch eine Reihe anderer zulässiger Verminderungen und nötigen Erhöhungen der Betondeckung, etwa für Fertigteile, rostfreie Stähle, besondere Überwachung usw. Ausführliche Angaben hierzu finden sich im Merkblatt Betondeckung und Bewehrung [DBV 15].

Die heutigen großen Betondeckungen widersprechen dem Wunsch der Tragwerksplaner und ihrer Auftraggeber nach schlanken Konstruktionen und Minimierung der Massen. Sie liegen aber, wie schmerzhafte Erfahrungen der letzten Jahrzehnte zeigten, immer noch an der unteren Grenze des Notwendigen.

4.2.7 Einfluss von Rissen

Feine Risse sind im Stahlbetonbau bekanntlich zulässig, ja sogar systembedingt. In Rissen kann es durch das hier leichter eindringende Kohlendioxid zu einer Carbonatisierung entlang der Rissufer bis hin zu den Stahleinlagen und zu einer Depassivierung der Stahloberfläche kommen. Bei ausreichend großer Betondeckung dauert es sehr lange, bis der Stahl erreicht wird. Die **Öffnungsweite des Risses** spielt bis zu einer **Grenze von 0,4 bis 0,5 mm** gegenüber der **Dicke der Betondeckung** und einem ausreichend **dichten Gefüge des Betons keine Rolle**, [Schießl 04]. Gemessen werden die Öffnungsweiten von Rissen mit Hilfe eines Vergleichsmaßstabes, Abschn. 11.8.2. Sie können sich vor allem bei schlanken Bauteilen durch statische oder dynamische Kräfte ebenso wie durch Temperaturänderungen und Schwinden im Laufe der Zeit in gewissem Ausmaß verändern. In der Praxis erreicht die Carbonatisierungsfront bei Rissen bis etwa 0,4 mm Öffnungsweite den Stahl auch deshalb äußerst selten, weil – wie Untersuchungen zahlreicher älterer Bauwerke zeigen – die Risse fast immer durch Ablagerungen verstopft werden.

Eine Korrosion des Stahles beginnt, wie sowohl Laborversuche als auch Bauwerksuntersuchungen bestätigt haben, in schmalen, nicht durchgehenden Rissen wenn überhaupt nur extrem langsam, vorausgesetzt, es ist eine ausreichend dicke Betondeckung vorhanden und der Beton hat ein dichtes Gefüge, wie dies bei niedrigem *w/z*-Wert und guter Nachbehandlung der Fall ist [Schießl 86]. Strengere Anforderungen sind bei Einwirkung von Chloriden nötig, vgl. Abschn. 4.3.

Maßgebend für den Korrosionsfortschritt sind das Sauerstoffangebot an der Kathode und der elektrolytische Widerstand des Betons im Bereich zwischen den Rissen, beides Faktoren, die von der Dicke und Qualität der Betondeckung und nicht von der Öffnungsweite des Risses bestimmt werden. Für die Praxis folgt daraus, **dass die Öffnungsweite von Rissen keine Bedeutung** für den Korrosionsschutz der Bewehrung hat, **solange sie unter etwa 0,4 mm liegt, die Betondeckung groß genug ist und die Risse quer zu den Betonstählen verlaufen**. Im Gegensatz dazu sind **Risse entlang von Bewehrungsstäben**, also parallel dazu, viel **gefährlicher**, vor allem wenn die Betondeckung nicht hinreichend groß ist.

4.2.8 Korrosion von Spannstahl

Spannstähle müssen eine erheblich größere Zugfestigkeit und Streckgrenze haben, was leider – und das gilt vor allem für die höherfesten Spannstähle – zu einer wesentlich **höheren Korrosionsempfindlichkeit** führt. Spannstähle dürfen daher schon beim Einbau – im Gegensatz zu Betonstählen – **keinerlei Kerben oder Korrosionsnarben** haben. Die Carbonatisierung darf ebenso wie eindringendes Chlorid einen Spannstahl während der gesamten Lebensdauer eines Bauwerkes nicht erreichen.

4.2.9 Rissbreitenbegrenzende Bewehrung

Betonstahl dehnt sich bis zum Erreichen seiner Streckgrenze um etwa 2,5 %, während Beton schon bei einer Dehnung von nur rd. 0,1 % seine Zugfestigkeit erreicht, sodass ein Riss entsteht. In Stahlbetonbauteilen treten daher Risse auch bei **planmäßiger Belastung** schon weit unterhalb der zulässigen Zugspannungen im Stahl, also weit unter seiner Streckgrenze auf. Damit die Risse so klein bleiben, dass sie das Aussehen des Bauteils und den Korrosionsschutz der Stahleinlagen nicht beeinträchtigen, erhalten Betonstähle im Werk eine **gerippte Oberfläche**, durch die der Verbund mit dem Beton so verbessert wird, dass anstelle einzelner klaffender Risse viele feinere Risse entstehen.

Durch eine Druckvorspannung des Betons mit Hilfe von im Beton eingebetteten oder heute überwiegend außerhalb des Betonquerschnittes angeordneten **Spanngliedern** aus hochfestem Spannstahl können Risse im Beton weitgehend vermieden werden. Die ursprüngliche Vision, durch Vorspannen einen vollständig „rissefreien" Beton zu erzielen, hat sich aber nicht verwirklichen lassen.

Wenn, wie meist in Zugzonen von Betonbauteilen, mit Rissen zu rechnen ist und es die Dauerhaftigkeit, das Erscheinungsbild oder auch die Wasserundurchlässigkeit oder andere Gründe erfordern, muss oberflächennah eine **rissbreitenbegrenzende Bewehrung** vorgesehen werden. Sie wird nach heutiger, oft diskutierter Auffassung so bemessen, dass sie nach dem Entstehen eines Risses dessen **fortschreitende Öffnung** verhindert und sich stattdessen bei größer werdender Zugbeanspruchung **in engem Abstand neue**

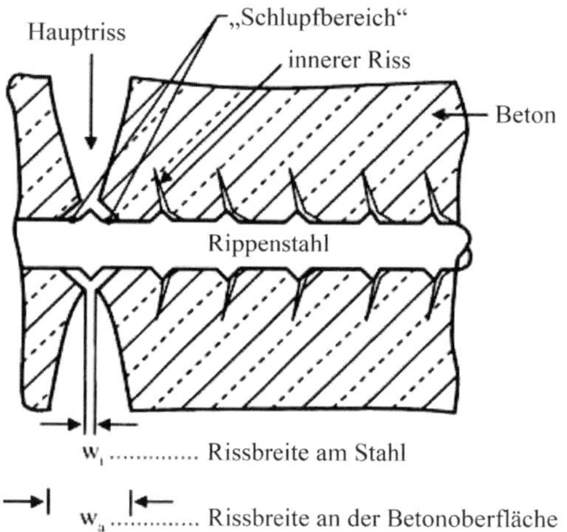

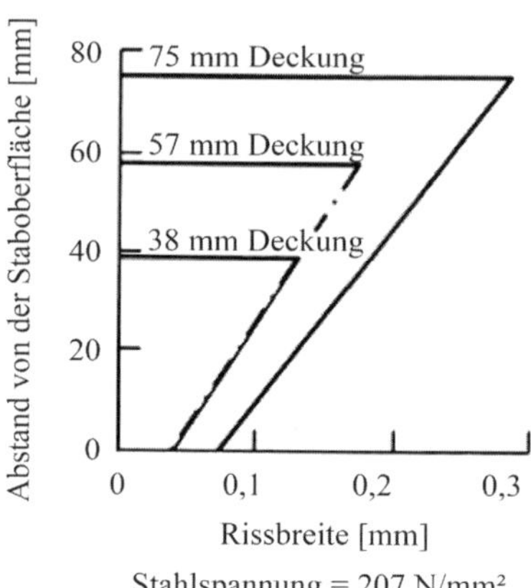

Abb. 4.2-9: Rissbreite an mit Rippenstahl bewehrtem Beton, [Goto 71]

Risse bilden, weil die Zugspannungen, welche zum Riss im Beton geführt haben, vom Stahl übernommen werden und so ein weites Öffnen des Erstrisses verhindern. DIN EN 1992-1-1/NA enthält Angaben über die dazu nötige oft sehr aufwändige Bewehrung, die für Rechenwerte der Rissbreite von 0,2, 0,3 oder 0,4 mm ausgelegt sind. Damit sich Risse nicht weit öffnen, sind dünne Bewehrungsstäbe in engem Abstand vorteilhaft.

Die **rechnerischen Rissbreiten** werden in der direkten Umgebung der Stähle angestrebt, an der Oberfläche des Betons können die Risse auch etwas breiter sein, Abb. 4.2.9. Mitunter wird gefordert, dass die am Bauwerk gemessene Rissbreite ein bestimmtes Maß von beispielsweise 0,30 mm nicht überschreitet. Solche Vorgaben sind auch bei vollständiger Einhaltung der technischen Regelwerke nicht zielsicher zu erfüllen, [Fingerloos 18].

Nach bisheriger Praxis ist auch bei Zwangsbeanspruchungen, wie sie durch die Hydratationswärme des Zementes entstehen, umso **mehr Stahlbewehung** vorzusehen, **je höher** die wirksame **Zugfestigkeit des Betons** ist. Um Risse, die erst später, im gut erhärteten Beton auftreten, ist danach wesentlich mehr Bewehrung nötig als durch solche aus frühem Zwang. Es fehlt daher nicht an Bemühungen, Wege zu finden, um für bestimmte Fälle diese hohen Bewehrungsgehalte zu vermeiden. Ein neues Konzept wurde für die Festlegung der Mindestbewehrung auf Grundlage der Verformungskompatibilität unter Berücksichtigungen des tatsächlichen Bauteilverhaltens entwickelt, [Schlicke 16].

Unter bestimmten Voraussetzungen ist künftig eine rissbreitenbeschränkende Bewehrung mit Carbon-Matten möglich. Carbon kann nicht korrodieren. Für eine breitere Anwendung müssen noch die nötigen praktischen Erfahrungen gewonnen werden, vgl. Abschn. 6.8.8.

4.3 Stahlkorrosion durch Chloride (XD und XS)

4.3.1 Erfahrungen mit Chloridkorrosion von Betonstahl

Chloridionen sind negativ geladene Ionen von Salzen, die im Bauwesen vor allem von Natriumchlorid, daneben auch von Calciumchlorid oder Magnesiumchlorid stammen können. Chloridkorrosion hat vor allem bei **Straßen- und Autobahnbrücken** große Schäden verursacht, die man nicht erwartete, als man mit der Zunahme der Motorisierung Ende der Fünfzigerjahre begann, im Winterdienst als **Tausalz Natriumchlorid** (Kochsalz) und bei niedrigeren Temperaturen auch **Calziumchlorid**, manchmal auch **Magnesiumchlorid**, zu streuen. Das Chlorid verursachte Korrosion der Stahleinlagen und verstärkte ganz erheblich den Frostangriff auf den damals noch ohne künstliche Luftporen hergestellten Beton.

Trotz aller Schäden kann man aus Gründen der Verkehrssicherheit auch heute auf das Streuen von Tausalz nicht verzichten. Nur auf **Flugbetriebsflächen** ist dies aus Gründen des Korrosionsschutzes **streng verboten**. Die dort verwendeten Taumittel kosten ein Mehrfaches des Salzes, greifen aber Metalle nicht an.

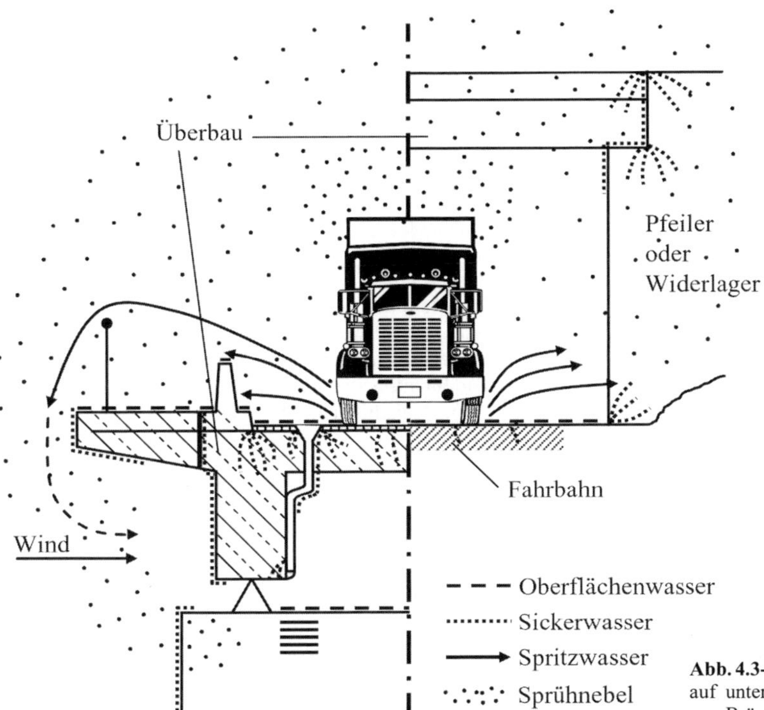

Abb. 4.3-1: Chloridhaltiges Wasser kann auf unterschiedliche Weise in den Beton von Brücken gelangen (Volkwein)

Der Beton muss aber durch besondere Maßnahmen – vor allem die Verwendung von Luftporenmittel – in ähnlicher Weise wie für Salz – auch für chloridfreie Auftaumittel widerstandsfähig gemacht werden.

Um die Menge an Salz, das gestreut werden muss, möglichst klein zu halten, versucht man sich darauf zu beschränken, ein **Anfrieren von Schnee und Eis** an die Straßenoberfläche zu verhindern. Die Hauptmasse von Schnee und Eis wird also nicht geschmolzen, sondern mit Räumgeräten zum Straßenrand geschoben. Um ein Anfrieren zu vermeiden, muss das Salz noch vor einem erwarteten Schneefall auf die Fahrbahnoberfläche in Form von Körnern oder einer Sole aufgebracht werden.

Eine Reihe von Maßnahmen hat dazu geführt, dass heute Zerstörungen durch Chloridkorrosion bei neueren Bauwerken nur mehr Ausnahmefälle darstellen. Um das chloridhaltige Wasser möglichst vom Tragwerk von Brücken fernzuhalten, werden die **Fahrbahntafeln der Brücken** zunächst mit Epoxydharz **versiegelt** und erhalten anschließend eine **Abdichtung,** bevor der Belag aufgebracht wird, vgl. Abschn. 8.3. Die **Abwässer der Brücken werden gefasst** und in Rohrleitungen möglichst bis zu einem **Vorfluter** geleitet. Damit wird vermieden, dass der Wind abfließendes Schmelzwasser an die Brückenpfeiler drückt und dort Stahlkorrosion auslöst. Gefährdet sind aber nicht nur Brücken und Stützwände von Autobahnen und Straßen, sondern auch **Überführungen über Verkehrswege**, auf die sich der **salzhaltige Sprühnebel**, den große Fahrzeuge hoch wirbeln, niederschlägt. Die Eindringtiefen von Chloriden sind dort aber deutlich kleiner, Abb. 4.3-1.

Ein besonderes Problem stellen **Parkhäuser** und **mehrstöckige Garagen** dar, vgl. Abschn. 8.4: Die **Fahrzeuge schleppen oft salzhaltigen Schneematsch mit** und verlieren ihn dann beim Parken, was zu starken Chloridschäden führen kann, auch wenn im **Parkhaus** selbst **kein Salz** gestreut wird. Chloride werden in Parkhäusern nicht vom Regen wieder herausgewaschen und reichern sich an. In den Vereinigten Staaten hat dies sogar schon mehrfach zum Zusammenbruch von Parkhäusern geführt.

Häufig findet man heute noch Chloridkorrosion an **Balkonen** oder **Wänden** neben **Gehwegen oder Straßen**. Um gefährliches Glatteis zu beseitigen oder dessen Entstehen zu verhindern, wird von ahnungslosen Mitbürgern im Winter statt Sand oder Splitt oft Tausalz oder Kochsalz gestreut. Wenn Schäden am Beton auftreten, werden sie vielfach mit einfachen Mitteln instand gesetzt, während die viel gefährlichere Chloridkorrosion des Bewehrungsstahles unentdeckt bleibt.

Chlorid ist selbstverständlich auch im **Meerwasser** enthalten und greift auch den Stahl von Küstenbauten an, vgl. Abschn. 8.2.3. Für Meerwasser wurde eine eigene Expositionsklasse XS geschaffen, die weitgehend mit XD übereinstimmt. Chlorid wird in Betonoberflächen, die nach dem Ausschalen und Nachbehandeln austrocknen, anfangs stark eingesaugt. Kommen diese Oberflächen später dauernd unter Wasser, man spricht von einem **Dauertauchbereich,** diffundiert das Chlorid nur mehr in geringem Ausmaß tiefer in das Betongefüge. Wesentlich stärker dringt Chlorid in Beton der **Wasserwechselzone** ein. Meist noch stärker reichert es sich im darüber liegenden **Kapillarbereich** an, wo **Meerwasser kapillar aufgesaugt** wird und **verdunstet**, während die Salze im Beton zurückbleiben. An den Meeresküsten enthält selbst die Seeluft oft Sprühnebel, der sich an Bauwerken niederschlagen kann.

Mit Chloriden muss man auch bei verschiedenen **Industrieanlagen**, ja selbst bei den **Aufbereitungsanlagen für Trinkwasser** und in **Schwimmbädern** rechnen. Besonders rasch diffundiert Chlorid in das Gefüge von Beton, wenn höhere Temperaturen herrschen. Es gibt immer wieder Fälle, wo die starke korrosive Wirkung vom Konstrukteur nicht bedacht wurde, was oft schon nach wenigen Jahren zu erheblichen Schäden geführt hat.

Schließlich können bei **Bränden** chlorwasserstoffhaltige Gase auftreten, insbesondere wenn Teppiche, Rollläden oder andere Gegenstände aus **PVC**, also Polyvinylchlorid, betroffen sind, vgl. Abschn. 11.9. Mit dem Löschwasser entsteht Salzsäure, die einen lösenden Angriff auch auf den Beton ausübt. Mit den kalkhaltigen Bestandteilen des Betons bildet sich Calziumchlorid. Es dringt oft tief in den vorher trockenen Beton ein und kann noch nach Jahren zu einer heftigen Korrosion der Stahleinlagen führen. Es gab selbst Fälle, in denen der chloridverseuchte Beton nicht genügend tief abgebrochen wurde und später in der Bewehrung des Ausbesserungsbetons Korrosion aufgetreten ist, weil das Chlorid vom beschädigten in den neu aufgebrachten Beton eindiffundiert ist.

4.3.2 Chlorid in den Ausgangsstoffen

Calziumchlorid ist ein effektiver Beschleuniger der Hydratation des Zements und wurde bis Anfang der Sechzigerjahre Zementen mit hoher Anfangsfestigkeit in Anteilen bis zu 2 % zugesetzt. Als man erkannte, wie stark **Chloridionen** im Porenwasser die **gefährliche Stahlkorrosion** fördern, hat man die Zugabe von Chloriden verboten.

Im **Zement** dürfen nur mehr Chloride, die aus den Rohstoffen oder Brennstoffen stammen, enthalten sein und das nur in einem Anteil von höchstens 0,1 % des Zements. Auch in den **Gesteinskörnungen** und anderen Ausgangsstoffen des Betons darf nur so viel Chlorid vorhanden sein, dass der für Stahlbeton geltende **Grenzwert von 0,4 % (bezogen auf den Zementgehalt**) nicht überschritten wird. Für Spannbeton gilt ein Grenzwert von nur 0,2 %. Auch für unbewehrten Beton gibt es einen Grenzwert, in diesem Fall 1,0 % bezogen auf den Zementgehalt. Für alle anderen Stoffe, die bei der Herstellung von Beton zugegeben werden, sind getrennt Grenzwerte festgelegt, und zwar so, dass bei der ungünstigsten Kombination die für den Beton geltenden höchsten Chloridgehalte nicht überschritten werden.

An sich kann jedes lösliche Chlorid, das an Stahloberflächen gelangt, Korrosion auslösen und weiter fördern, weil es wie ein **Katalysator** bei der Korrosion **nicht verbraucht** wird. Glücklicherweise werden geringe Mengen an **Chloriden** in den Hydratphasen des Zements im **Friedel'schen Salz** und anderen Verbindungen fest **gebunden,** weitere Teile adsorptiv in Anlagerungskomplexen, sodass sie nicht mehr in Lösung gehen können. **Daher schaden sehr geringe Mengen nicht**. Wenn die äußere Randzone eines Betonbauteils carbonatisiert, geht allerdings die Bindung wieder verloren, die Chloridionen können in Lösung gehen und wieder korrosionsaktiv werden.

4.3.3 Eindringen von Chlorid in den Beton

Chloride können in Beton nur in **gelöster Form** eindringen, also nur wenn Wasser vorhanden ist. Sie sind aber hygroskopisch, nehmen also Wasser auch aus der umgebenden Luft auf.

Zwei unterschiedliche Vorgänge können zum Eindringen führen: Eine **Diffusion von Chloriden** tritt immer auf, wenn Konzentrationsunterschiede zwischen zwei Bereichen, etwa an der Oberfläche und dem Inneren des Betons vorhanden sind, wobei in dichtem Beton und bei niedrigem Feuchtegehalt die transportierten Mengen sehr klein sind. Eine viel größere Rolle spielt aber die **Konvektion**, also der Transport von Chlorid mit kapillar eindringendem Wasser, der sog. **Huckepack-Transport**, Abschn. 3.4.6. Eine grobe Näherung sagt aus, dass das Chlorid **fast so tief eindringt, wie von außen kommendes Wasser**. Man stellt auch immer wieder fest, dass Chloride in vorher trockenem Beton besonders tief eindringen. Die Erfahrung, dass die Eindringtiefe einen endlichen Grenzwert erreicht, spricht dafür, dass der Huckepack-Transport die maßgebende Rolle spielt. In Risse können Chloride selbstverständlich stärker eindringen, aber nur bei größerer Öffnungsweite und

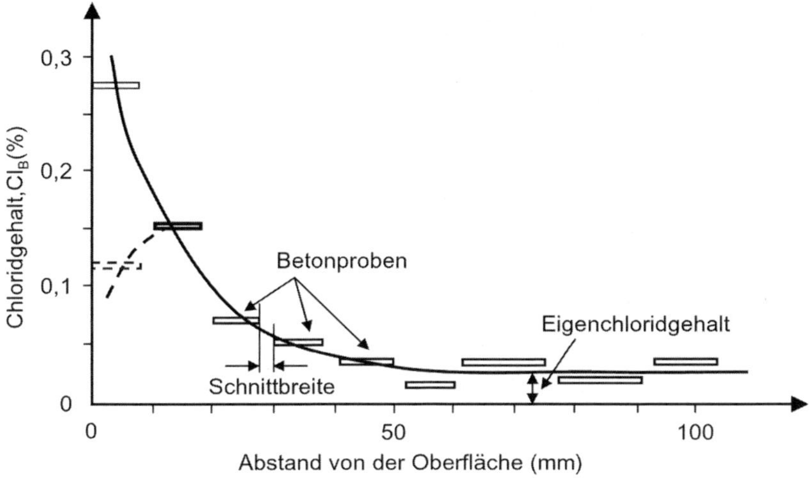

Abb. 4.3-2: Die Chloridverteilung wird an Proben aus unterschiedlicher Tiefe durch chemische Analyse ermittelt. An der Oberfläche kann Chlorid wieder ausgewaschen werden, so dass dort der Chloridgehalt niedriger sein kann.

nur, wenn die Risse durch Ablagerungen nicht verstopft sind. In carbonatisierten Randschichten dringt gelöstes Chlorid schneller ein, [Volkwein 91].

Es gibt verschiedene Verfahren, um die **Chloridverteilung im Beton** zu bestimmen, vgl. Abschn. 11.6.3. Dabei wird an Betonproben, die in unterschiedlicher Tiefe entnommen wurden, das gesamte Chlorid durch chemische Verfahren ermittelt, Abb. 4.3-2. Feststellen kann man aber nur einen **durchschnittlichen Chloridgehalt** einer **mehrere Kubikzentimeter** großen Betonprobe. Maßgebend für eine Korrosion ist aber das **lösliches Chlorid, das die Oberfläche des Stahles** erreicht.

Für die bei Instandsetzungen wichtige Frage, ab welchem Chloridgehalt Korrosion ausgelöst werden kann, wird als Schwellenwert ein solcher von 0,5 M. % bezogen auf die Zementmasse angesehen, der deutlich auf der sicheren Seite liegt. Ab welchem Chloridgehalt tatsächlich mit Korrosion gerechnet werden muss, wird von den Randbedingungen bestimmt und ist vom sachkundigen Planer zu beurteilen [DAfStb 15].

Neben der chemischen Analyse von Betonproben gibt auch ein in gewissen Fällen bewährtes **Sprühverfahren**, das sog. UV-Verfahren [Schöppel 1988]. Es hat den Vorteil, dass es nur lösliches Chlorid anzeigt und darüber hinaus, dass es sichtbar macht, wohin es überall eingedrungen ist. Es zeigt sich, dass nur in oberflächennahen Feinmörtelschichten das Chlorid eine gleichmäßige Tiefe erreicht. In üblichen Beton dringt es bevorzugt entlang von Sickerwegen ein, also in Bereiche größerer Porosität, wie sie oft **entlang von größeren Gesteinskörnern** und in den **Kontaktzonen zwischen Feinmörtel und Stahleinlagen** auftreten, besonders wenn Rüttelflaschen bei der Verdichtung Bewehrungsstähle berühren und in Schwingungen versetzen, sodass sie sich vom umgebenden Beton losrütteln.

4.3.4 Chloridinduzierte Stahlkorrosion

Erreicht lösliches Chlorid die Oberfläche eines Stahls, wird die dort befindliche Passivschicht durchbrochen und es stellt sich eine **anodische Eisenauflösung** ein, siehe Abschn. 4.2.5. Wegen der Hygroskopizität des Salzes geschieht dies **schon bei niedrigerer Umgebungsfeuchte** als nach einer nur durch Carbonatisierung ausgelösten Depassivierung. Ist nur ein eng begrenzter Bereich betroffen, z. B. an einem den Stahl kreuzenden Riss, dann kann es durch die kleine Anode und große vorhandene Kathode zu einem tiefgehenden Korrosionsabtrag, dem gefürchteten **Lochfraß** kommen, Abb. 4.3-3. Das Chloridion wird dabei **nicht verbraucht,** bleibt also weiter korrosionsaktiv. Die Kathode, also der Ort, an dem Sauerstoff zum Stahl Zutritt hat, kann Dezimeter, ja Meter von der Anode mit der Lochfraßstelle entfernt sein (**Makroelement).** Besteht Mangel an Sauerstoff, bilden sich bei der Eisenauflösung **dunkle Korrosionsprodukte**, ohne dass das Volumen wesentlich größer wird. Dies hat zur Folge, dass die Betondeckung oft nicht abgesprengt wird wie bei einer durch Carbonatisierung verursachten Korrosion. Sie ist folglich viel **schwerer zu entdecken**. Auch das macht Chloridkorrosion sehr gefährlich. Durch Kerbwirkung können auch **Sprödbrüche** ausgelöst werden, besonders gefährlich, weil sie ohne Verformung,

Abb. 4.3-3: Lochfraßkorrosion an einem Betonstahl (Volkwein)

also ohne Vorwarnung auftreten können. Spannglieder mit direktem oder nachträglichem Verbund müssen bei Chloridanreicherungen zumindest in diesem Bereich als ausgefallen betrachtet werden. Daneben kann bei flächiger Einwirkung von Chloriden, also bei nur geringer Betondeckung oder gar an freiliegenden Stählen eine **muldenförmige Korrosion** der bekannten Art mit rostbraunen Korrosionsprodukten auftreten.

4.3.5 Erhöhte Sicherheit gegenüber Bewehrungskorrosion durch Chloride

Es versteht sich von selbst, dass man Beton, in dem die Stahleinlagen vor späterer Chlorideinwirkung geschützt werden müssen, **besonders dicht** herstellen muss, damit Wasser nur möglichst wenig tief eindringt. Mit Beton C 55/67 und *w/z*-Werten unter 0,35 lässt sich ein Eindringen vor Chlorid nahezu gänzlich vermeiden. Vorteilhaft ist, wenn dabei auch auf grobe Gesteinskörnungen verzichtet wird. Noch wichtiger als dieser physikalische Schutz ist es aber **Zemente mit hohem Gehalt an Hüttensand** oder zumindest, wenn solche nicht zur Verfügung stehen, großen Anteilen an **Flugasche** zu verwenden, Abb. 4.3-4 [Jönsson 18]. Dadurch ergibt sich nicht nur eine wesentlich dichtere Struktur der Kapillarporen. Zementstein aus hüttensandreichen Zementen kann auch mehr Chlorid adsorptiv binden und dadurch das für Diffusion nötige Konzentrationsgefälle unterbinden.

DIN FB 100 sieht vor, dass zur Erzielung eines hohen Eindringwiderstandes gegen Chlorid der ***w/z*-Wert auf 0,50** (XD 2) bzw. bei häufigen Nass-Trocken-Wechseln (XD 3) sogar auf **0,45** begrenzt wird, was mindestens einer Betonfestigkeit von **C 35/45** entspricht. Gefordert wird dafür ein Zementgehalt von mindestens **320 kg/m³**.

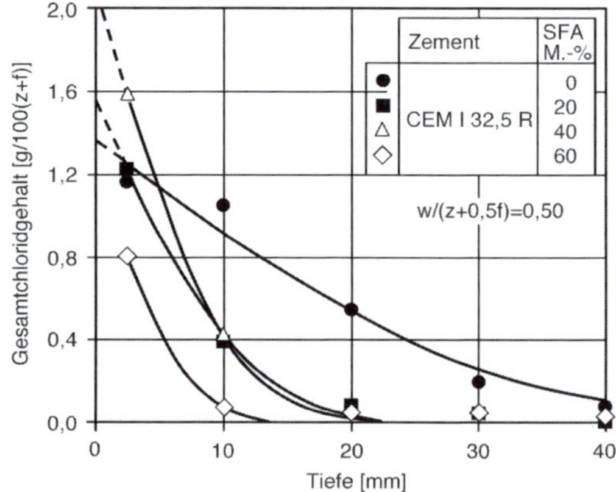

Abb. 4.3-4: Bei teilweisem Ersatz von Zement durch Flugasche (SFA) dringt Chlorid nicht so tief ein, [Schießl 01].

Bei **massigen Bauteilen** lässt die Richtlinie [DAfStb 10] zu, dass für XD 2 und XD 3 sowie XS 2 und XS 3 nur 300 statt 320 kg/m³ Zement verwendet werden und ein *w/z*-Wert von höchstens 0,50 eingehalten wird, vorausgesetzt, es kommt ein Hochofenzement oder mindestens 240 kg/m³ eines anderen Zements zusammen mit 60 kg/m³ Flugasche zum Einsatz. Die Betonfestigkeit muss erst nach 91 Tagen geprüft werden und dann nur einem C 30/37 entsprechen.

Um unterschiedliche Betonzusammensetzungen im Hinblick auf das Eindiffundieren, also der „Migration" von Chloridionen, beurteilen zu können wurden **Migrationsschnelltests** entwickelt. Dabei werden 50 mm hohe Bohrkerne einseitig mit einer Kochsalzlösung beaufschlagt und der Ionentransport durch eine definierte Gleichspannung beschleunigt. Nach kurzer Zeit, bei Hochfestem Beton schon nach einer Woche, lässt sich aus der Eindringtiefe der Chloridfront der **Chloriddiffusionskoeffizient** berechnen. Zu berücksichtigen ist dabei aber auch, wie bei anderen Prüfungen zur Beurteilung von Fragen der Dauerhaftigkeit, dass aus Schnellprüfungen oft nicht im wünschenswerten Maße auf das Praxisverhalten geschlossen werden kann [Krieg 07].

Für die Frage, ob das Chlorid die Bewehrung erreicht, sind neben der Dicke und Dichtigkeit der Betondeckung noch andere Einflüsse maßgebend: woraus die Forderung rührt, dass

(1) Betonstähle selbst unter günstigsten Umständen **mindestens 40 mm tief im Beton** liegen müssen. **Spannstähle** im direkten Verbund und die **Hüllrohre** von Spannstählen bei nachträglichem Verbund müssen sogar **50 mm dick mit Beton überdeckt** sein.

(2) Beton soll vor der ersten Chlorideinwirkung möglichst **mehrere Monate** erhärten können und

(3) zu verhindern ist, dass Chlorid in **Risse** eindringt und dadurch die Passivierung des Stahles beeinträchtigt wird.

Die Praxis zeigte, dass vor allem die **Feuchtigkeitsverhältnisse** sowie **Dicke und Qualität der Betondeckung** maßgebend sind, **nicht** so sehr **die Rissbreiten**, [Schießl 04]. Bei starker Chloridbeaufschlagung müssen aber **horizontale Flächen mit durchgehenden Rissen (Trennrissen)** und auch solche mit **Biegerissen** vermieden oder mit einer geeigneten rissbreitenbeschränkenden Bewehrung versehen werden, vgl. Abschn. 8.4.

Weitere Maßnahmen für Fälle mit besonders starker Chlorideinwirkung und/oder hohen Anforderungen an die Lebensdauer, wie beispielsweise bei Brückenpfeilern in Meerwasser, können sein:

(1) Erhöhung der Betondeckung oder Verwendung von **Vorsatzschalen**, um eine direkte Chlorideinwirkung zu vermeiden

(2) Niedrige ***w/z*-Werte, deutlich unter 0,40**, wie bei Hochfestem Beton, Abschn. 6.2

(3) Verwendung von **hüttensandreichen Hochofenzementen** oder von Portlandzementen, verbunden mit großen Anteilen an Flugasche.

(4) **Vakuumbehandlung** der Betonoberflächen oder zumindest Verwendung von **Schalungseinlagen**, Abschn. 7.6.9

(5) **Lange Nachbehandlung** insbesondere bei hüttensandreichen Zementen

(6) eine Verwendung **nichtrostender Stähle** für die oberflächennahe Bewehrung trotz mind. vierfacher Materialkosten. Zugelassen sind bei mäßiger Chloridbelastung nichtrostende Betonrippenstähle Werkstoff Nr. 1.4003, 1.4362, 1.4482 und 1.457, bei hoher Chloridbelastung Werkstoff Nr. 1.4462. Sie haben dank ihres Gehaltes an Chrom, Nickel und anderer Legierungsbestandteilen einen erhöhten Widerstand gegen chloridinduzierte Korrosion und werden kaltverfestigt mit Durchmessern von 6 bis 14 mm hergestellt.

(7) Schließlich können als Bewehrung auch gerade gerippte Stäbe aus **glasfaserverstärktem Kunststoff** (ComBAR) oder aus **Carbon** eingesetzt werden, für die es bereits eine bauaufsichtliche Zulassung gibt.

4.4 Frost

4.4.1 Erfahrungen

Frostschäden an Beton sind zunehmend tiefer gehende **Auflockerungen der Betonstruktur**, Abb. 4.4-1. Frost kann aber auch zunächst nur zu **Abwitterungen der Oberfläche**, beginnend in dünnen Schollen, führen, vor allem wenn Tausalz oder andere Auftaumittel mit im Spiel sind. Frostschäden können an allen porösen Baustoffen wie Ziegel, Sandstein und Beton auftreten, aber nur, wenn ihre Poren weitgehend mit Wasser gefüllt sind. **Im trockenen Zustand gibt es keine Frostschäden**. Wie sehr der **Grad der Wassersättigung** den Frostwiderstand bestimmt, wird aus einem Vergleich mit Sandstein deutlich. Dieser bei Schlössern und anderen Hochbauten über Jahrhunderte bewährte Werkstein hat sich als hinreichend frostbeständig erwiesen, weil er nach jeder Befeuchtung rasch wieder austrocknen konnte. Im Straßenbau, wo ein solches Austrocknen oft nicht stattfinden kann, löst er sich meist schon im ersten Winter allmählich auf, auch Fundamente aus Sandstein werden schadhaft.

Beton kann, wie die Praxis zeigt, sehr unterschiedlichen Frostwiderstand aufweisen. Mit niedrigem Zementgehalt und hohem *w/z*-Wert hergestellter Beton kann, wenn er in stark durchfeuchtetem Zustand öfters einfriert, wieder in Kies und Sand zerfallen. Mit **künstlichen Luftporen** hergestellt hält er aber schon mit einem *w/z*-Wert im Bereich von 0,55 sehr häufigen scharfen Frostwechseln stand, wie sich an Wasserbauten im Hochgebirge zeigt, praktisch auf unbegrenzte Zeit.

Erheblich stärker ist der Frostangriff, wenn **Tausalz** gestreut wurde, wie man an Schäden am Straßenrand immer wieder feststellen kann. Ähnlich wie Tausalze erhöhen auch die auf Flugbetriebsflächen üblichen **chloridfreien Auftaumittel** den Frostangriff. Auf Autobahnen und Flugbetriebsflächen zeigt sich aber, dass Beton auch so hergestellt werden kann, dass er trotz häufigem Einsatz von Taumitteln keine Frostschäden erleidet. Dabei genügt aber nicht mehr die alte Regel vom niedrigen *w/z*-Wert und guter

Abb. 4.4-1: Frostschaden an einem Stollenportal, verursacht durch Wasser, das im Winter auf Beton mit unzureichendem Frostwiderstand tropft.

Nachbehandlung. Vielmehr muss hier stets auch zu Luftporenmitteln gegriffen werden. **Ohne künstliche Luftporen wären in unserem Klima Betondecken auf Autobahnen und Flugbetriebsflächen nicht möglich.**

Die wichtigsten praktischen Erfahrungen sind

- Frostschäden treten **nur bei hoher Wassersättigung** des Betons auf. Ebene Flächen, von denen Niederschlagswasser nicht abfließen kann, erfordern stets einen Beton mit hohem Frostwiderstand, während schon bei 2 % Quergefälle eine hohe Wassersättigung kaum mehr zu erwarten ist.
- Der Frostwiderstand des Betons ist **umso größer, je niedriger der *w*/*z*-Wert** ist.
- In jungem Alter von wenigen **Wochen** ist der Frostwiderstand **erheblich kleiner** als nach ausreichender Erhärtung nach einigen Monaten.
- Sobald der Beton **einmal gründlich austrocknen** konnte, hat er auch schon früh einen deutlich höheren Frostwiderstand.
- **Luftporenbeton** hat einen ganz **erheblich größeren Widerstand** gegen Frost.
- **Tausalz und andere Taumittel** verschärfen den Frostangriff so stark, dass ihm, von wenigen Ausnahmen abgesehen, **nur Luftporenbeton** standhält.
- **Zemente** mit mittlerem oder hohem Gehalt an **Hüttensand** müssen besonders **lang nachbehandelt** werden, um ausreichenden Widerstand zu erreichen.
- Auch in den **groben Gesteinskörnungen** dürfen keine Körner mit unzureichendem Frostwiderstand, sog. **Mürbkörner** enthalten sein.
- **Schluff oder Ton** im Sand kann ebenso wie **verwitterte Sandkörner** den Frostwiderstand eines Betons erheblich beeinträchtigen.
- Wenn sich beim Verdichten an Oberflächen **wasserreiche Mörtelschichten** bilden, können auch bei Beton mit ausreichend widerstandsfähiger Zusammensetzung **schollenförmige Abwitterungen** auftreten. Daher dürfen **weder der Wassergehalt** noch der Gehalt an **Sand höher als unbedingt nötig** gewählt werden.
- Häufig treten Frostschäden an Unterkanten von lotrechten oder geneigten Seitenflächen auf, wenn Schlagregen oder Schmelzwasser abrinnt und dort **keine Abtropfkante** vorhanden ist. Kühlt die Luft am Abend unter den Gefrierpunkt ab, noch bevor alles Schmelzwasser abgetropft oder verdunstet ist, bleibt der Beton dort noch wassergesättigt und zeigt schon nach wenigen Frostwechseln Schäden.
- Frostschäden treten meist erst nach **mehrmaligem Einfrieren und Auftauen** auf. Dies zeigt sich in Bereichen, in denen im Winter die Sonne oft die Oberflächen auftaut und nach Sonnenuntergang eine rasche Abkühlung folgt. Länger anhaltender Frost schadet weniger als oftmalige Frostwechsel.

Frostangriffe lassen sich nicht so quantifizieren wie Druckspannungen und Druckfestigkeiten. Man kann nur grob abschätzen, wie stark ein Betonbauteil auf Frost beansprucht wird, auch weil man nie weiß, wie alt es ist, wenn der erste Frost einwirkt, und wie feucht es dabei ist. In den Normen sind je nach Wassersättigung und ob beim Frostangriff auch mit Taumittel zu rechnen ist **Expositionsklassen** mit Anforderungen an ***w*/*z*-Wert, Luftporengehalt** und **Betonfestigkeit,** sowie an **Zement** und **Gesteinskörnungen** festgelegt, Tab. 4.1-2. Frostwiderstand kann aber auch im Labor durch **Frostprüfungen** nachgewiesen werden, Abschn. 4.4.5.

Wenn der Beton die **Kriterien** hinsichtlich Zusammensetzung oder Prüfergebnisse in Frostversuchen **nicht erfüllt**, kommt es **nicht in jedem Falle zu Frostschäden**. Dies gilt besonders für im Frühjahr

Abb. 4.4-2: Abtropfkanten (Wassernasen) würden solche Frostschäden an Untersichten verhindern

und Sommer hergestellten Beton, der beim ersten Frost schon gut erhärtet ist. Will man sicher sein, dass keine Frostschäden auftreten, müssen aber alle Kriterien erfüllt werden. Darüber hinaus darf Beton nicht schon in den ersten Wochen häufigen Frostwechseln ausgesetzt werden.

Zu den Frostschäden müssen auch die mitunter zu beobachtenden **Ausbrüche einzelner oberflächennaher Gesteinskörner** gerechnet werden, die in vielen Fällen nur einen optischen Mangel darstellen. Verhindern kann man sie nur durch Gesteinskörnungen mit entsprechend hohem Frostwiderstand. Ähnliche Ausbrüche (pop-outs) treten aber auch im Mörtel über frostbeständigen Körnern auf, wenn sie mit einer glatten ebenen Flächen knapp unter der Betonoberfläche zu liegen kommen. Bei der Auswahl darf man nicht nur auf Prüfergebnisse achten. Besonders bei Kiesen sind Erfahrungsnachweise hilfreich, vor allem, wenn man Sichtflächen herstellen muss, die keine auch noch so kleinen Ausbrüche aufweisen sollen.

4.4.2 Gefrierbeständigkeit

Beton, der so weit hydratisiert ist, dass seine Druckfestigkeit etwa 5 N/mm^2 erreicht hat, hält **einmaligem Einfrieren** ohne Schaden stand, er ist **gefrierbeständig.** Er darf dabei aber von außen kein Wasser aufgenommen haben, weil sonst die Vorteile des inneren Austrocknens, ausgelöst durch Grundschwinden, verloren gehen, vgl. Abschn. 3.3.5. Besonders häufig sind Schäden bei Frost nach regenreichem Herbstwetter, wenn Beton nur **wenige Tage** bei **niedrigen Temperaturen** erhärten konnte und in den Kapillaren **Regenwasser nachgesaugt** hat. Solche Schäden schreiten im nächsten Winter meist nicht mehr fort. Der Beton ist dann schon wesentlich besser erhärtet und ausgetrocknet. Luftporenbeton erweist sich bei frühem Frost als erheblich weniger empfindlich, nicht aber bei frühem Einsatz von Tausalz während der ersten Frostperioden.

Muss bei Temperaturen **um dem Gefrierpunkt** betoniert werden, dann wird der Beton bei der Herstellung in der Regel auf eine Temperatur von **+ 15 °C** – die Norm verlangt mindestens +10 °C – erwärmt und **trocknet daher sehr rasch aus**. Er muss aber gegen rasche Wasserverluste geschützt werden, z. B. durch Abdecken mit einer dicht anliegenden Folie. Dabei muss verhindert werden, dass von der Folie auf den Beton abtropfendes Kondenswasser örtliche Wassersättigungen des Betons verursacht. Der Beton darf **keinesfalls** durch **Besprühen mit Wasser nachbehandelt** werden, weil er sich dabei mit Wasser sättigt, was ihn äußerst empfindlich gegenüber Frost machen würde.

Gefrierbeständigkeit wird schneller erreicht, wenn der Beton mit **wärmedämmenden Matten** und – wenn erforderlich – zusätzlichen Folien gegen Verdunsten und Wasserzutritt abgedeckt wird.

4.4.3 Frostschädigung

Hat Beton keinen ausreichenden Frostwiderstand, dann treten beim Einfrieren **Mikrorisse** auf, in denen sich Wasser sammelt. Bei jedem Einfrieren erweitern sich die Risse, bis die Struktur zerstört ist. Frostschäden werden daher **mit jedem Frostwechsel größer**. Ursache für die Schädigung sind mehrere unterschiedliche, sehr komplexe Vorgänge, die mitunter heute noch kontrovers diskutiert werden. Stark vereinfachend kann man davon ausgehen, dass drei Mechanismen eine wichtige Rolle spielen:

(1) Wasser **dehnt sich beim Gefrieren** bekanntlich um rd. 9 % seines Volumens aus. Sind die Poren eines Betons beim Gefrieren zu mehr als etwa 90 % mit Wasser gesättigt, dann entsteht ein **hydraulischer Druck** auf das Gefüge, der zu feinsten Anrissen führt. Betonproben, die man einem Frostversuch aussetzt, dehnen sich mit jedem Frostwechsel weiter aus, Abb. 4.4-3. Prüft man nach dem Auftauen den E-Modul, dann deutet ein niedrigeres Ergebnis als vor dem Frosten auf Mikrorisse. Sind aber **künstliche Luftporen** in engem Abstand im Gefüge, dann wirken sie als **Druck-Entlastungsgefäße** und es kommt zu keinen nennenswerten Dehnungen.

(2) Wasser gefriert **zuerst** in den **großen Kapillarporen**, bei weiter sinkenden Temperaturen wird es von den **Kristallisationskeimen** aus den **kleineren Poren,** wo es noch flüssig ist, in die größeren Poren **gesaugt (kapillarer Effekt)**. Bei Luftporenbeton wird der Saugeffekt durch die Luftporen unterbrochen, [Setzer 01].

(3) Das Porenwasser gefriert erst einige Grad unter Null, was man als **Unterkühlungseffekt** bezeichnet. Das ist nicht nur auf die im Porenwasser gelösten Stoffe zurückzuführen, sondern wird verursacht weil sich zuerst Kristallisationskeime bilden müssen. Erst bei einer deutlichen **Unterkühlung** gefriert dann die ganze Betonschicht **schlagartig**, Abb. 4.4-4. Diesen sog. **„Eisschuss"** hat man sogar an noch ohne künstliche Luftporen hergestellten Staumauern als **„Mini-Erdbeben"** gemessen, wenn der Beton in der Randzone im Winter von der Sonne aufgetaut wurde und sich nach Sonnenuntergang rasch abkühlen konnte. Der Eisschuss verursacht hohe Porenwasserdrücke, die nur zum Teil wieder zurückgehen und Zugbeanspruchungen des Porengefüges bis hin zu Rissen, [Springenschmid 83, Erbaydar 86].

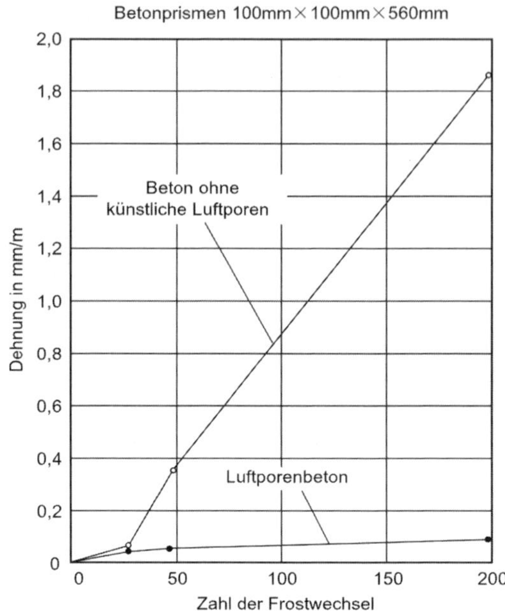

Abb. 4.4-3: Zunehmende Frostdehnungen durch Mikrorisse bei Beton ohne künstliche Luftporen [Walz 55]

4.4.4 Beton mit hohem Frostwiderstand

Der Expositionsklasse **XF 1** – Frost bei **mäßiger Wassersättigung** – sind Außenbauteile zuzurechnen, die beregnet werden, wo Wasser aber wieder abfließen kann. Um ein ausreichend dichtes Gefüge zu erzielen, darf nach DIN FB 100 der ***w/z*-Wert höchstens 0,60** betragen. Der Beton muss mind. 280 kg/m³ Zement enthalten und die Festigkeitsklasse **C 25/30** erreichen, Tab. 4.1-2. Es sind dies dieselben Anforderungen wie bei Beton mit hohem Wassereindringwiderstand (WU-Beton) oder Widerstand gegen schwachen chemischen Angriff. Über den Einfluss von Flugasche siehe Abschn. 5.7.2.

Die Expositionsklasse **XF 3** ist bei **hoher Wassersättigung** zugrunde zu legen und gilt überall dort, wo Wasser direkt ansteht oder kapillar aufgesaugt wird, wie bei offenen Wasserbehältern, in Wasserwechselzonen oder bei horizontalen Flächen, von denen Regen- oder Schmelzwasser nicht abfließen kann. In DIN FB 100 wird neben **Luftporenbeton C 25/30** mit einem ***w/z*-Wert von höchstens 0,55** und mindestens **300 kg/m³ Zement** auch Beton **C 35/45 ohne Luftporen** mit einem ***w/z*-Wert bis 0,50** und mind. **320 kg/m³ Zement** zugelassen. Mit der Möglichkeit, auch Beton ohne künstliche Luftporen zu verwenden, wird dem Umstand Rechnung getragen, dass für die Herstellung von Luftporenbeton mitunter die nötigen Erfahrungen fehlen. Der Frostwiderstand des **Luftporenbetons C 25/30** ist aber zweifellos erheblich **größer als** solcher von **Beton C 35/45 ohne Luftporen.**

In ÖNORM B 4710 ist für **XF 3 stets ein Luftporenbeton** mit mindestens **300 kg/m³** anrechenbarem **Bindemittelgehalt** und einem ***w/z*-Wert von höchstens 0,55** vorgesehen. Es wird jedoch ein etwas **niedrigerer Luftgehalt** von nur 9 %, bezogen auf das Bindemittel-Leimvolumen, zugelassen, was zu einem Luftgehalt des Betons von nur **2,5 bis 6,5 %** führt, Tab. 4.1-3. Der übliche Luftporenbeton mit einem Luftgehalt von 4 bis 8 % hat im Leim einen Luftgehalt von mindestens 13 %.

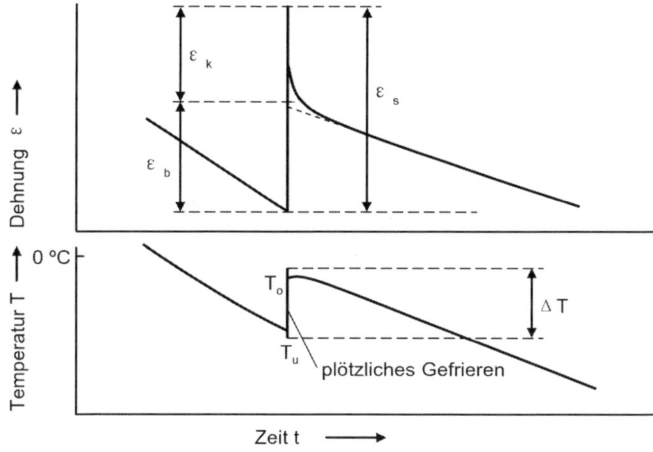

Abb. 4.4-4: Wenn wassergesättiger Beton kontinuierlich abgekühlt wird, gefriert er plötzlich, wobei er sich um ΔT erwärmt und dehnt. Ein Teil der plötzlichen Dehnung geht wieder zurück. [Erbaydar 86]

Bei den **Gesteinskörnungen** ist nicht nur darauf zu achten, dass keine **groben Körner** enthalten sind, die **nicht frostbeständig** sind, wie dies regional immer wieder vorkommt, vgl. Abschn. 2.4.5.5. Auch Sande mit hohem Gehalt an Mehlkorn soll man nur verwenden, wenn man sicher ist, dass das **Mehlkorn** keine oder nur sehr **wenig tonige Anteile** enthält. Tonige Anteile im Abschlämmbaren können den Frostwiderstand drastisch herabsetzen.

4.4.5 Frostprüfungen

Eine Prüfung des Frostwiderstandes erfordert einschließlich Vorlagerung der Proben einen Zeitaufwand von mehreren Monaten und eine präzise Versuchsdurchführung. Eine wichtige Rolle spielt insbesondere bei Verwendung von Hochofenzementen, wie lange die Proben vor Versuchsbeginn feucht gehalten wurden und ob schon im **Alter von 4 Wochen** oder – was auch zu empfehlen ist, auch wenn Flugaschen oder Zemente mit Hüttensand verwendet werden – erst im **Alter von 8 Wochen** mit den Frostversuchen begonnen wird. Trotz des höheren Aufwandes sollte man bei größeren Bauwerken oder stärkerer Beanspruchung nicht nur nach den allgemeinen Grenzwerten der Norm verfahren, sondern Frostprüfungen durchführen. Sie zeigen, dass bei Luftporenbeton der *w*/*z*-Wert oft sogar um 0,15 bis 0,20 höher sein kann, wenn sein Frostwiderstand dem eines Betons ohne Luftporen entsprechen soll.

Für die **Prüfung des Frostwiderstandes** gibt es unterschiedliche Verfahren. Bei einer schon vor Jahrzehnten ursprünglich in den USA entwickelten, aber auch bei uns sehr bewährten Frostprüfung werden Probeprismen in **Luft gefrostet** und **unter Wasser aufgetaut**. Die Frostschädigung wird nach 25 und 50 Frostwechseln, für Wasserbauten im Gebirge auch 100 oder 200 Frostwechsel, gemessen, indem der dynamische E-Modul bestimmt und mit dem ursprünglich vorhandenen verglichen wird. Erreicht der **dynamische E-Modul** im Vergleich zu einer wassergelagerten Vergleichsprobe immer noch **75 %,** gilt der Beton als **frostbeständig.** Nach einer Vergleichsuntersuchung mit älteren, teilweise auch geschädigten Wasserbauwerken besteht bei dem Kriterium eines höchstens 25%igen E-Modul-Abfalles auch ein guter Bezug zur Praxisbeanspruchung, wenn diese der Expositionsklasse XF 3 entspricht, [Huber, H. 80].

In den letzten Jahren konnte sich international das **CIF-Verfahren** (**C**apillary Suction **I**nternal Damage and **F**reeze Thaw Test) wegen seiner vergleichsweise geringen Versuchsstreuungen durchsetzen [Setzer 01, Setzer 04]. Dabei werden Betonplatten 7,5 × 15 × 15 cm³, während sie auf der unteren Prüffläche Wasser aufsaugen können, in 12-stündigen Zyklen eingefroren und aufgetaut. Für Beton mit hohem Frostwiderstand **XF 3** soll **nach 56 Zyklen** der **relative dynamische E-Modul** noch mindestens **75 %** des ursprünglichen Wertes betragen. Die **Abwitterung** der oberen Prüffläche soll **höchstens 2 000 g/m²** (d. s. im Mittel rd. 0,8 mm) ausmachen. Dient als obere Prüffläche die **abgezogene** und nicht die geschalte Fläche, sind meist **keine** kennzeichnenden **Ergebnisse** zu erwarten. Für die Expositionsklasse **XF 1**, also Frost **bei mäßiger Wassersättigung** konnten noch **keine Prüfverfahren** mit entsprechenden Grenzwerten entwickelt werden, das den praktischen Erfahrungen entspricht.

Bei der **Bewertung der Ergebnisse** von Frostprüfungen auch mit dem CIF-Verfahren ist zu beachten, dass die Prüfkriterien ein angemessen hohes Maß an **Sicherheit** enthalten. Sie lassen erwarten, dass Beton, der den Prüfkriterien entspricht, bei sachgerechter

Verarbeitung auch den entsprechenden Beanspruchungen in der Praxis standhält. Frostprüfungen sind aber nicht geeignet, um nachzuprüfen, ob der Beton entsprechend DIN FB 100 zusammengesetzt wurde.

4.4.6 Schädigung durch Frost und Taumittel

Tausalze wie das meist verwendete **Natriumchlorid** greifen ähnlich wie auf Flugplätzen verwendete **chloridfreie gefrierpunktserniedrigende** Stoffe wie Harnstoff sowie Alkohole, Kalium- und Natriumacetate und Gemische mit organischen Stoffen den Beton nur an, wenn er **stark durchfeuchtet** ist und gleichzeitig Frost einwirkt. Neben diesem rein physikalischem Angriff wird auch über gewisse – allerdings nicht sehr ausgeprägte – chemische Angriffe berichtet. Eine wichtige Rolle, weshalb all diese Auftaumittel den Frostangriff so sehr verstärken, sieht man heute in der höheren Wassersättigung des Betons verursacht durch Hygroskopizität, die niedrigere Oberflächenspannung der Taumittellösung und die Verminderung des Gefrierpunktes. Typisch für Frost-Tausalzschäden ist ein oberflächliches Abwittern von dünnen Schichten, Abb. 4.4-5 und 4.4-6.

Abb. 4.4-5: Frostabwitterungen an Straßenbeton ohne künstliche Luftporen, in den Tausalz eingedrungen ist.

Abb. 4.4-6: Frost-Tausalzschaden an Pflastersteinen in einem Land, in dem CDF-Frostprüfungen noch nicht üblich sind.

Man geht davon aus, dass die Schädigung bei gleichzeitigem Einwirken von Frost und Taumitteln durch **schichtweises Gefrieren** ausgelöst wird, zumindest steht dieses Modell in guter Übereinstimmung mit dem Praxisverhalten: Zuerst gefriert der Beton in der Tiefe, bis zu der kein Salz eingedrungen ist, und an der Oberfläche, wo die Temperaturen sehr niedrig sind und der Salzgehalt dafür nicht hoch genug ist. Wenn dann bei weiterem Absinken der Temperatur eine dazwischen liegende Schicht gefriert, wird die oberste Schicht abgesprengt, Abb. 4.4-7. Dies erklärt auch, weshalb die stärksten Schäden bei einer **Salzkonzentration von nur 1 bis 3 %** entstehen und warum schon **nach wenigen Jahren**, wenn Taumittel tiefer eingedrungen sind, meist **keine zusätzlichen Schäden** mehr auftreten.

4.4.7 Beton mit hohem Widerstand gegen Frost und Taumittel

DIN FB 100 unterscheidet bei Frostangriffen mit Taumittel zwischen Expositionsklasse **XF 2 bei nur mäßiger Wassersättigung**, wobei an senkrechte Flächen, die von taumittelhaltigem Sprühnebel beaufschlagt werden, gedacht wurde und Expositionsklasse **XF 4 bei hoher Wassersättigung.** Diese Klasse betrifft alle Flächen, auf die im Winter Taumittel gestreut werden, wie **Fahrbahndecken** oder **Räumerlaufbahnen** von Kläranlagen. Flächen, die von **Spritzwasser** beaufschlagt werden, wie Brückenkappen, Stützwände neben Straßen oder Portalbereiche von Straßentunneln müssen auch XF 4 zugeordnet werden, wie dies im gebirgigeren Österreich in den Spritzwasserzonen bis etwa 3 m über Fahrbahn vorgesehen ist. Zu XF 4 gehören auch **Meerwasserbauten** in der Wasserwechselzone einschließlich des Spritzwasserbereiches. Vorsorglich sollte

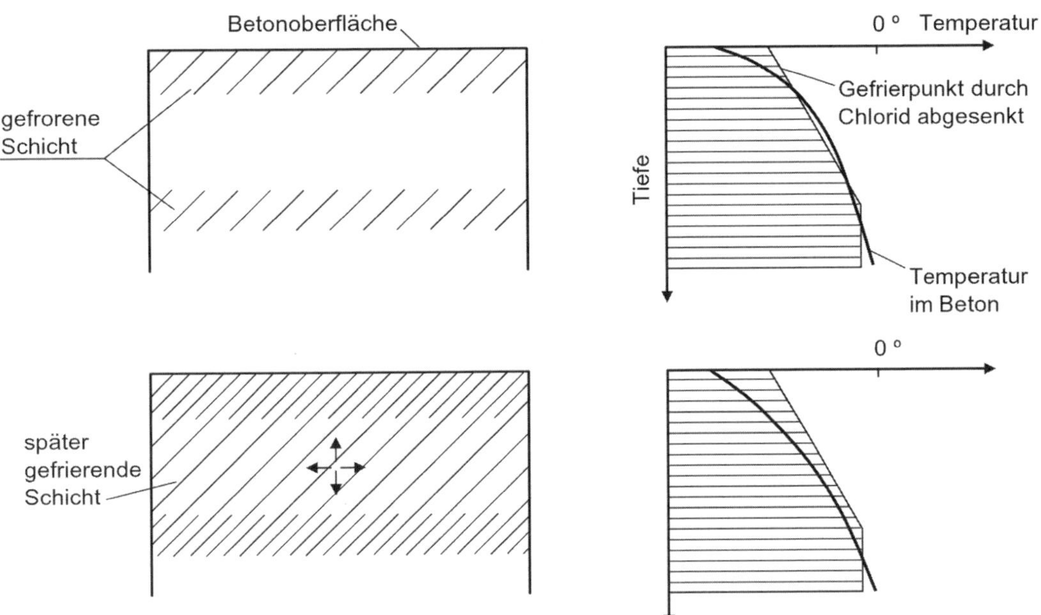

Abb. 4.4-7: Späteres Gefrieren einer mittleren Schicht als Ursache für das Abwittern dünner Mörtelschichten durch Frost auf Betonoberflächen, in die Taumittel eingedrungen sind, [Springenschmid 69]

man hierzu auch Bauteile von Industrieanlagen rechnen, die im Winter in rascher Folge abwechselnd von **Frost und Wasserdampf** beaufschlagt werden können, auch wenn dabei keine Taumittel vorgesehen sind.

Für Expositionsklasse **XF 2** muss **Luftporenbeton C 25/30** einen ***w/z*-Wert von höchstens 0,55** und einen **Zementgehalt 300 kg/m³** aufweisen. In ÖNORM B 4710-1 wird ein Luftporenbeton mit ermäßigtem Luftgehalt wie für XF 3 gefordert (vgl. Abschn. 4.4.4), Tab. 4.1-3. Nach DIN FB 100 darf als Alternative ein so zusammengesetzter Beton **C 35/45 auch ohne künstliche Luftporen** eingesetzt werden, was je nach Beanspruchungen nicht immer ratsam sein dürfte.

Bei **hoher Wassersättigung** und **Taumittel,** also **XF 4**, ist **Luftporenbeton** einzusetzen fast immer der beste, wenn nicht der einzig mögliche Weg, vgl. Abschn. 5.9. DIN FB 100 verlangt **Luftporenbeton C 30/37, 320 kg/m³ Zementgehalt** und einen ***w/z*-Wert** von **höchstens 0,50**. Für Beton-Fahrbahndecken darf ebenso wie in der Alpenrepublik der *w/z*-Wert nicht über 0,45 liegen.

Wenn die Herstellung von Luftporenbeton nur erschwert möglich ist, z. B. bei Spritzbeton im Trockenverfahren, kann durch Zugabe von **Mikrohohlkugeln** (Abschn. 2.5.3) ein ausreichender Porenraum geschaffen werden. Auch hochfester Beton kann bei entsprechend niedrigem *w/z*-Wert hohen Widerstand erreichen. Wird jedoch **Silicastaub** verwendet, ist Vorsicht am Platze. Offensichtlich bindet Silicastaub weniger Wasser chemisch und mehr physikalisch, was zur Folge hat, dass mehr Wasser im Gefüge gefrierfähig bleibt und den Beton sogar ohne Taumittel erheblich **leichter anfällig für Frostschäden** macht, [Feldrappe 04]. Eine günstige Wirkung zeigt eine **Vakuumbehandlung** oder auch die Verwendung von Schalungseinlagen, weil dabei gerade die am höchsten beanspruchte Randzone einen sehr niedrigen *w/z*-Wert erreicht und auch kaum carbonatisiert, vgl. Abschn. 7.6.9. Es empfiehlt sich stets, wenn auf Luftporen verzichtet werden muss, den Widerstand gegen Frost und Taumittel durch entsprechende Prüfungen zu untersuchen.

Bewährt hat sich auf den Autobahnen seit Jahrzehnten **Portlandzement CEM I**, der auch heute fast ausschließlich verwendet wird. Werden 25 % des Zements durch **Flugasche** ersetzt und wird diese mit einem *k*-Wert von 0,4 beim *w/z*-Wert angerechnet, ist **keine Beeinträchtigung** des Frost-Tausalz-Widerstandes zu erwarten, [Brameshuber 05]. **Hochofenzement** hat bei **höheren Hüttensandgehalten** ein sehr dichtes Gefüge, so dass **Luftporen** mit üblichem Abstandsfaktor **nicht mehr** hinreichend **wirksam** sind. Er kann aber auch ohne Luftporen einen

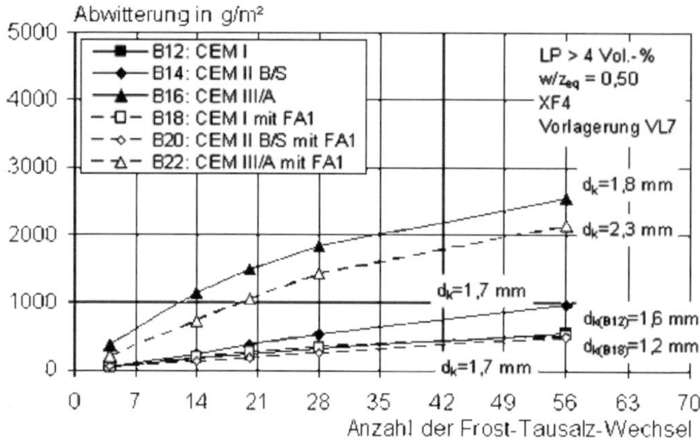

Abb. 4.4-8: Abwitterungen von Luftporenbetonen der Expositionsklasse XF 4 im CDF-Verfahren nach 7-tägiger Wasserlagerung, anschließend bis zum Alter von 28 Tagen Lagerung in Luft (65 % r. F.), vor der Prüfung 7-tägige kapillare Aufnahme von Chloridlösung. (VDZ)

erhöhten **Frost- und Tausalzwiderstand** erreichen, allerdings nur, wenn er während der ersten **vier Wochen** oder besser noch länger **feucht gehalten** wird.

Was die **Gesteinskörnungen** betrifft, gelten für das Grobkorn die höchsten Anforderungen hinsichtlich Frostwiderstand. Bei Einwirkung von Frost und Taumitteln muss der Widerstand der Gesteinskörnung durch Frostversuche nachgewiesen werden, vgl. Abschn. 2.4.5.5. Der Mehlkorngehalt des Sandes muss wie bei Beton mit hohem Frostwiderstand XF 3 begrenzt werden. Dabei ist besonders zu beachten, dass **hohe oder schwankende Mehlkorngehalte** das Herstellen eines ausreichenden Luftporengehaltes erheblich erschweren. Bei Tausalzangriffen bedeutet es einen besonderen Nachteil, wenn das Mehlkorn **schluffige oder tonige Anteile** enthält oder solche gar an den groben Gesteinskörnern haften. Unbedingt vermeiden muss man auch **zu hohe Sandgehalte**, wenn sie dazu führen, dass sich beim Verdichten an der Oberfläche **dicke Feinmörtelschichten** bilden.

4.4.8 Prüfung des Frost-Taumittelwiderstandes

Auch hierfür wurde schon in den Vierzigerjahren in den USA, wo man die Wirkung künstlicher Luftporen entdeckte, eine Prüfverfahren entwickelt, Abb. 4.4-9. Dabei wird Beton-Probeplatten an deren Rand ein Rahmen aufgeklebt, so dass man eine 3%ige Tausalzlösung aufgießen kann. Sie bleibt dort stehen, während die Platte mindestens 25mal auf eine Temperatur von minus 20 °C abgekühlt wird. Dieses Prüfverfahren hat in Vierzigerjahren in Amerika und später in Mitteleuropa entscheidend zur Entwicklung von Beton mit ausreichendem Frost-Tausalzwiderstand beigetragen.

Das Verfahren der Frost-Tausalz-Prüfung wurde weiter entwickelt und steht heute mit dem **CDF-Verfahren** (**C**apillary Suction of **De**-Icing Solution and **F**reeze-Thaw Test) zur Verfügung, [Setzer 97]. Dabei werden die Proben mit der Oberfläche in ein Fußbad aus Taumittellösung gestellt, so dass die Sole aufgesogen werden kann. Von hohem Widerstand gegen Frost-Taumittel **XF 4** geht man aus, wenn **nach 28 Frostwechseln** nicht mehr als **1 500 g je m², also durchschnittlich etwa 0,6 mm** abwittern. Diese Grenze darf man aber nur als Anhaltswert verstehen, entscheidend ist eine augenscheinliche Beurteilung, die zeigt, ob einzelne tiefe Ausbrüche, etwa an Gesteinskörnern, oder gleichmäßige Abwitterungen entstanden sind. Bewährt hat sich das Prüfverfahren bei der Beurteilung von Gehwegplatten und anderen Betonsteinen, wo für die Fertigung ein sehr steifer Beton verwendet werden muss, in dem Luftporenbildner nicht wirksam sind.

Ein Prüfverfahren zu entwickeln, dessen Ergebnisse einer Beanspruchung wie bei der Expositionsklasse **XF 2 – mäßige Wassersättigung mit Taumittel** – entspricht, ist bisher noch nicht zufriedenstellend gelungen. Dabei darf aber nicht übersehen werden, dass sich schon die Beanspruchung „Frost bei mäßiger Wassersättigung" schwer definieren lässt, noch schwieriger ist es in vielen Fällen, schon bei der Planung vorherzusehen, wie hoch die Wassersättigung eines Bauteils während der Nutzung sein wird.

Vielfach wird darüber geklagt, dass Betonzusammensetzungen, die sich über **Jahrzehnte in der Praxis bewährt** haben, eine Frost- oder Frost-Tausalz-Prüfung nicht bestehen. Dabei muss jedoch berücksichtigt werden, dass ähnlich wie bei statischen Beanspruchungen Sicherheiten nötig sind, die sowohl Imperfektionen auf der Seite des Betons wie auch die schwer vorherzusagenden Frostbeanspruchungen,

Abb. 4.4-9:
Frost-Tausalzprüfungen mit aufstehender 3 %iger Tausalzlösung haben auch Praktiker von der Notwendigkeit, Straßen nur mit Luftporenbetonen zu bauen, überzeugt.

insbesondere das Betonalter bei den ersten Frosteinwirkungen, berücksichtigen. Betonzusammensetzungen, mit denen im Versuch nachgewiesen werden konnte, dass sie ausreichenden Frostwiderstand aufweisen, haben in der Praxis diese Eigenschaft stets bestätigt.

4.4.9 Frost-Taumittelwiderstand von jungem Beton

Die Frage, **ab welchem Alter** ein sachgerecht hergestellter Luftporenbeton ausreichenden Widerstand gegen Frost und Taumittel hat, kann nicht in Tagen oder Wochen so angegeben werden, wie dies etwa für die Verkehrsfreigabe einer Straßendecke im Interesse einer frühzeitigen Festlegung eines Termins wünschenswert wäre. Erhebliche Schäden sind erst in jüngster Zeit an einer Autobahndecke aufgetreten, als sich die Betonierarbeiten bis Ende November hinzogen und noch vor Weihnachten ein Kälteeinbruch Schnee und Eis brachte. Anstatt die versprochene Verkehrsfreigabe zu verschieben, wurde die Decke erwärmt, um die Fahrbahnmarkierungen aufzubringen. Aus Gründen der Verkehrssicherheit musste Salz gestreut werden. Es dauerte **keine zwei Wochen**, bis die Oberfläche in **dünnen Schollen abwitterte** und sich dabei auch die Fahrbahnmarkierungen ablösten. Aufwändige Instandsetzungen mit entsprechenden Verkehrsumleitungen waren nötig.

Maßgebend für ausreichenden Frost-Tausalzwiderstand ist ein ausreichender Hydratationsgrad. Er soll **mindestens einer einwöchigen Erhärtung bei 20 °C,** also einer Druckfestigkeit von mindestens **80 % der geforderten 28-Tage-Druckfestigkeit** entsprechen. Neuere Untersuchungen deuten darauf hin, dass in dieser Forderung ein gutes Maß an Sicherheit enthalten ist. Der Beton muss aber, und das ist noch wichtiger, auch **mindestens einmal austrocknen** können. Kommt es zu einem zu frühen Wintereinbruch, dürfen weder Salz noch andere Auftaumittel gestreut werden.

4.5 Widerstand gegen chemische Angriffe

4.5.1 Überblick und Erfahrungen

Beton ist gegenüber den meisten chemischen Einwirkungen auch über große Zeiträume hinweg **sehr widerstandsfähig**. Ein Abbruch von Betonbauteilen durch gezielten chemischen Angriff ist technisch nicht möglich, selbst wenn Oberflächen nur aufgeraut werden sollen, werden Säuren nur selten verwendet. Dennoch treten hin und wieder **Schadensfälle** auf, in denen **aufwändige Instandsetzungen** nötig waren, weil chemische Angriffe nicht richtig eingeschätzt wurden oder die getroffenen Maßnahmen bei jahrzehntelanger Beanspruchung sich als nicht ausreichend erwiesen haben. Ein großes Maß an Vorsicht ist angebracht, wenn etwa im Tunnelbau oder bei Gründungen die den chemischen Angriffen ausgesetzten Bauteile nicht mehr zugänglich sind.

Im Grunde genommen sind es zwei unterschiedliche chemische Angriffe, die in der Natur vorkommende oder industriell hergestellte Stoffe an Beton Schäden hervorrufen können. Man spricht von **lösendem Angriff**, wenn der Beton von außen allmählich nach innen fortschreitend durch starke **Säuren** (d. h. solche mit niedrigem pH-Wert) zerstört wird, indem Teile des **Zementsteins oder Gesteinskörner in Lösung** gehen, Abb. 4.5-1. In günstigen Fällen bilden sich dabei Schutzschichten, die einen weiteren Angriff

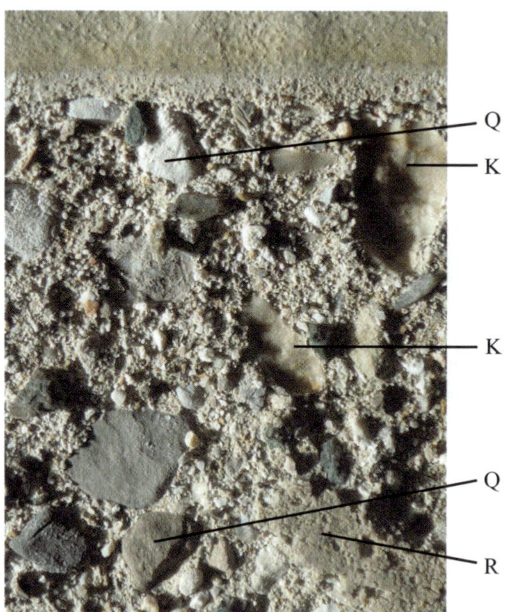

Abb. 4.5-1: Bei lösendem Angriff, hier durch saures Wasser, wird Feinmörtel von der Oberfläche beginnend abgetragen. Oben noch die ursprüngliche Oberfläche. Karbonatische Gesteinskörner (K) werden herausgelöst, während Körner aus quarzitisch silikatischen Gesteinen (Q) nicht angegriffen werden. Unten rechts noch Reste (R) des Feinmörtels (*w*/*z*-Wert 0,40) (Springenschmid)

zumindest verlangsamen. Dagegen dringen bei **treibenden Angriffen** Wässer, die **Gips oder andere Sulfate** enthalten, in das Gefüge ein und reagieren mit dem erhärteten Zement, wobei sich neue, sehr wasserreiche Verbindungen wie sekundärer **Ettringit** oder Gips bilden, Abb. 4.5-2. Das viel größere Volumen dieser Neubildungen sprengt das Gefüge auf und führt zu Rissbildungen, die wiederum den Wasserzutritt erleichtern. Kein Wunder, dass man den Ettringit schon nach den ersten großen Sulfatschäden im Jahre 1890 als **„Zementbazillus“** bezeichnete. Erst in jüngerer Zeit hat man erkannt, dass Sulfate bei niedrigen Temperaturen aber auch zur Bildung von **Thaumasit** führen können, wodurch sich die feste Zementsteinmatrix in eine **breiige Masse** umwandelt. Obwohl dabei kein Treiben vorliegt, rechnet man diesen Sulfatangriff auch zu den treibenden Angriffen.

Die unterschiedlichen Arten des Angriffs erfordern natürlich auch unterschiedliche Maßnahmen und dies zeigt, dass man Beton **nicht „chemisch resistent“** herstellen kann. Auch wird mitunter vorsorglich „sulfatbeständiger“ oder gar „chemisch resistenter“ Zement verlangt, den es nicht gibt. Es gibt lediglich Zemente mit einem gegenüber normalem Zement bei mittleren und höheren Temperaturen **erhöhtem Sulfatwiderstand** (**SR-Zement**, bisher nach DIN 1164-10), meist Hochofenzemente oder auch Portlandzemente mit einem **niedrigen C_3A-Gehalt** (Abschn. 2.2.8 (a)). Zu beachten ist aber, dass in Beton, der mit C_3A-armen Zementen hergestellt wurde, Chloride erheblich tiefer eindringen können, was zu frühzeitiger Bewehrungskorrosion führen kann. In jedem Einzelfall muss geklärt werden, welche angreifenden Stoffe in welchen Konzentrationen zu erwarten sind, welche betontechnischen Maßnahmen notwendig sind oder ob gar durch eine entsprechende Abdichtung der Kontakt zwischen angreifendem Medium und Beton verhindert werden muss.

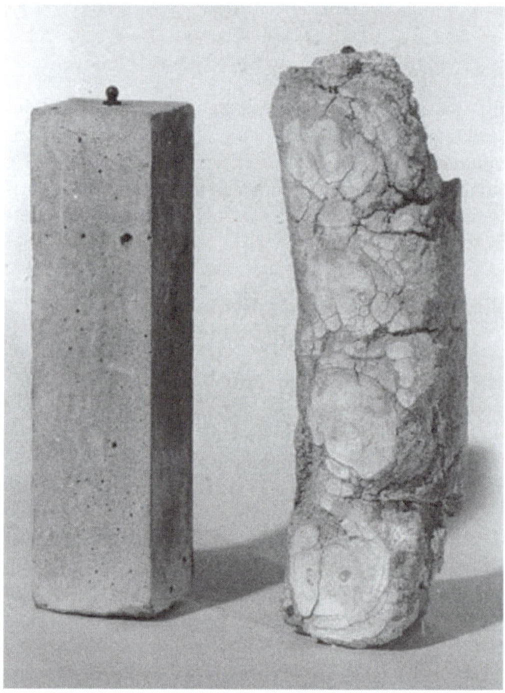

Abb. 4.5-2: Treibender Angriff (rechts): Gipshaltiges Wasser reagiert vor allem mit aluminathaltigen Bestandteilen des Zements unter großer Volumenzunahme zu Ettringit. Links Prisma mit ursprünglichen Abmessungen. (VÖZ)

4.5.2 Hinweise auf Gefährdungen

Verfärbungen des **Wassers** oder gar **Moorwässer** ebenso wie **fauliger Geruch** oder **Ausblühungen von Salzen** – ausgenommen Karbonate –, welche beim Abtrocknen von Wasser sichtbar werden, müssen als Warnzeichen gewertet werden. Dasselbe gilt auch für alle Vorkommen von **Gips** und **Mineralwässern** ebenso wie für nicht hinreichend gereinigte oder verdünnte **Abwässer von Industriebetrieben.** Wenn in der Nähe ältere Betonbauteile vorhanden sind, die bei vergleichbarer Beanspruchung und ähnlicher Betonzusammensetzung keine Schädigung aufweisen, wird man auf aufwändige Maßnahmen verzichten.

Eine besondere Gefährdung kann in **Abwasserleitungen** entstehen, wenn Schwefelwasserstoff aus den flüssigen Fäkalien entweicht und im Gasraum darüber zur Schwefelsäure oxidiert, Abb. 8.2-8. Auch in Böden, welche an sich harmloses Eisensulfid etwa **Pyrit oder Markasit** enthalten, kann durch Zutritt von Luftsauerstoff und Feuchtigkeit eine Oxidation zu Sulfaten und Schwefelsäure eintreten, [Siebert 10].

Selbst **Regenwasser** und sehr **weiches Gebirgswasser** führt an Betonoberflächen zu Lösungsvorgängen und einem allmählichen Abtrag des Zementsteins, so dass Gesteinskörner freigelegt werden. Auch die Gesteinskörner selbst können angelöst werden, wenn sie aus weniger dichtem Kalk oder Dolomit bestehen. In ähnlicher Weise ist ja auch bekannt, dass selbst Marmor oder ein anderer dichter Kalkstein, der im Freien dem Regenwasser ausgesetzt ist, einen Oberflächenabtrag erfährt, so dass eine vorher vorhandene Politur binnen weniger Monate verlorengeht. Bei Beton, der voll den Niederschlägen ausgesetzt ist, muss man je nach Güte des oberflächennahen Bereichs von einer Abtragstiefe von bis zu 1 mm je Jahrzehnt rechnen, ein Ausmaß, das für die meisten technischen Anwendungen belanglos ist.

Keine Schutzmaßnahmen sind nötig, wenn saure oder sulfathaltige Wässer in **Tonböden** oder anderen **Böden mit sehr kleiner Wasserdurchlässigkeit** festgestellt werden, weil sich das angreifende Medium durch Reaktion der Säure mit dem alkalischen Zementstein rasch neutralisiert und auch nur wenig Sulfat zur Reaktion mit dem Zementstein vorliegt.

Gefährdet sind Bereiche, in denen Wasser und damit auch Schadstoffe immer wieder **von neuem zugeführt** werden. Wenn mit angreifenden Stoffen belastetes **Wasser abtrocknen** kann, erhöhen sich die Konzentrationen ganz erheblich. Dies gilt auch für nur teilweise in Wasser stehende Bauteile, wenn der Beton Wasser kapillar aufsaugt, das knapp über dem Wasserspiegel abtrocknet und sich dort Schadstoffe anreichern.

Am häufigsten treten Sulfatschäden bei **Tunnelbauten** auf, wenn **sulfathaltiges Bergwasser** direkt auf Betonoberflächen einwirkt oder gar durchsickern kann. In Bereichen, in denen Bergwasser **abtrocknen** kann, muss mit einer sehr **starken Anreicherung** angreifender Stoffe gerechnet werden. Selbst Sulfatkonzentrationen im Bergwasser, die mit nur 100 mg/l ermittelt wurden, haben schon zu großen Schäden geführt, [Wegmüller 97].

Ist mit angreifenden Stoffen erst **nach Inbetriebnahme eines Bauwerks** zu rechnen, dann müssen **Erfahrungswerte** von vergleichbaren Beanspruchungen zugrunde gelegt werden, z. B. das Merkblatt M 168 „Korrosion in Abwasseranlagen“, [DWA 10]. Wenn keine Erfahrungen mit einem Industrieprodukt oder einem Abfallstoff vorliegen, eine chemische Schädigung eines Betonbauteils aber nicht auszuschließen ist, können Hinweise des Merkblattes „Chemischer Angriffe“ [DBV 17], ebenso wie [Knöfel 82] und die Tabelle S. 481 in [Grübl 01] hilfreich sein. Die Beiziehung eines **Fachmannes** ist in all diesen Fällen unerlässlich.

4.5.3 Beurteilung chemischer Angriffe

Um eine etwaige Gefährdung zu beurteilen, werden in der Regel **Wasserproben** entnommen und untersucht. Für die Beurteilung der Analyse enthält DIN FB 100 eine Tabelle mit **Grenzwerten,** Tab. 4.5-1. Oft wird der Fehler gemacht, die Ergebnisse einer Wasserprobe nur nach diesen Grenzwerten zu bewerten, ohne all die anderen Einflüsse zu beurteilen, etwa ob die untersuchten Proben kurz **nach einer Regenperiode** oder nach längerer **Trockenheit** entnommen wurde.

Bei der Beurteilung eines chemischen Angriffes stellen sich folgende Fragen:

1. Mit welchen über Monate und Jahre **angreifenden Stoffen** in welchen **Konzentrationen** muss während der Lebensdauer des Bauwerks gerechnet werden?
2. Wie schnell werden angreifende Stoffe an den Beton herangebracht? **Fließt** das Wasser oder **sickert** es nur sehr langsam durch den umgebenden Boden?
3. Bei welchen **Temperaturen** findet der Angriff statt?
4. Können angreifende Wässer **abtrocknen,** sodass mit zunehmender Konzentration der angreifenden Stoffe gerechnet werden muss?
5. Welche **zusätzlichen Beanspruchungen** treten auf? So können mechanische Beanspruchungen durch **Abrieb** die Bildung einer Schutzschicht verhindern, wodurch der Angriff immer wieder von neuem einwirkt.
6. Wie **empfindlich** ist ein Bauteil hinsichtlich eines chemischen Angriffs? Ein nur geringer Abtrag durch Einwirkung säurehaltiger Wässer kann bei einem Estrich als störend empfunden werden,

Tabelle 4.5-1: Grenzwerte für die bei chemischen Angriffen natürlicher Wässer je nach Expositionsklasse zu stellenden Anforderungen nach DIN FB 100

	XA1	XA2	XA3
SO_4^{2-}-mg/l	$\geq$ 200 und $\leq$ 600	> 600 und $\leq$ 3 000	> 3 000 und $\leq$ 6 000
pH-Wert	$\leq$ 6,5 und $\geq$ 5,5	< 5,5 und $\geq$ 4,5	< 4,5 und $\geq$ 4,0
CO_2 mg/l angreifend	$\geq$ 15 und $\leq$ 40	> 40 und $\leq$ 100	> 100 bis zur Sättigung
NH_4^+ mg/l	$\geq$ 15 und $\leq$ 30	> 30 und $\leq$ 60	> 60 und $\leq$ 100
Mg_2^+ mg/l	$\geq$ 300 und $\leq$ 1 000	> 1 000 und $\leq$ 3 000	> 3 000 bis zur Sättigung

während bei massigen Fundamenten ein zu erwartender Dickenverlust im Zentimeterbereich belanglos sein kann.

7. Welcher Aufwand ist erforderlich, wenn möglicherweise nach Jahrzehnten **Instandsetzungen** nötig sein sollten?

Wenn eine **chemische Untersuchung des Wassers** – oder in sehr seltenen Fällen, wenn keine Wasserprobe entnommen werden kann, auch eine Probe des Bodens – für notwendig gehalten wird, kommt der **Probenentnahme nach DIN 4030-2** besondere Bedeutung zu, insbesondere deren räumlicher und oft auch erforderlichen **zeitlichen Verteilung**. Bei Berg- und Grundwässer können oft aus geologischen Untersuchungen wichtige Anhaltspunkte gewonnen werden. Wird ein **Säureangriff** befürchtet, gibt eine **Prüfung vor Ort** mit Streifen eines Indikatorpapiers wichtige Hinweise auf den pH-Wert. Im Vergleich dazu ist eine Probenentnahme und vollständige Analyse von Wasser- oder Bodenproben sehr aufwändig. Für eine vollständige **Wasseruntersuchung** müssen Wasserproben in drei Flaschen entnommen werden, wovon eine mit einem Calciumcarbonatpulver zur Untersuchung der Kalklösekapazität und eine zweite mit Zinkacetat zur Bestimmung des Sulfidgehaltes erforderlich ist. Aus gutem Grunde entnimmt man daher die Proben gemeinsam mit einem erfahrenen Mitarbeiter eines für **bauchemische** Aufgaben spezialisierten **chemischen Laboratoriums**, das auch die Analysen durchführt. Die wichtigste Frage, nämlich wann und wo kennzeichnende hohe Konzentrationen zu erwarten und daher Proben zu entnehmen sind, bleibt dem Ingenieur überlassen.

Aufwändige Untersuchungen bringen die Gefahr mit sich, dass verständlicherweise nur wenige Proben untersucht werden. Muss im Zuge eines Bauvorhabens mit **räumlich oder zeitlich gesehen stark unterschiedliche Konzentrationen** gerechnet werden, kann durch nur einzelne Stichproben trotz sorgfältiger und umfassender Untersuchung ein völlig verzerrtes Bild entstehen. Daher sollte man eher gezielt nur hinsichtlich jener Schadstoffe, die nach Urteil eines Fachmannes zu erwarten sind, Untersuchungen vornehmen und sich durch in ausreichender Anzahl an **unterschiedlichen Orten und zu unterschiedlichen Zeitpunkten** entnommene Proben einen Überblick verschaffen.

Die in DIN FB 100 enthaltene Tabelle 2 mit den Grenzwerten für die **Expositionsklassen** stimmt zahlenmäßig weitgehend mit Tabelle 4 der bisherigen DIN 4030-1:2008, überein, vgl. Tabelle 4.5.1. Zu beachten ist aber, dass die Angriffsgrade anders bezeichnet werden, wobei bisher als „sehr stark angreifend" galt, was durch eine Schutzschicht von Beton getrennt werden musste. Heute nennt man dieselben Konzentrationen nurmehr **„stark angreifend (XA 3)"**. Liegen solche Fälle vor, wird sowohl eine Schutzschicht als auch ein noch niedrigerer *w/z*-Wert als bei mäßigem Angriff, nämlich höchstens 0,45, gefordert. Bei der Frage, ob ein **lösender** oder ein **treibender** Angriff vorliegt, gibt die österreichische Fassung der Grenzwerttabelle einen Hinweis. Danach gelten nur erhöhte Sulfatgehalte (SO_4) als treibend, alle anderen Einwirkungen als lösend.

Werden von einer Wasserprobe **zwei oder mehrere Merkmale** einer Klasse erreicht, dann kann sein, dass sich der **Angriff verstärkt**. Er soll deshalb der nächsthöheren Klasse zugeordnet werden. Bei der Anwendung der Tabelle mit den Grenzwerten für chemische Angriffe muss beachtet werden, dass man sich nicht auf eine präzise Einhaltung der Zahlenwerte beschränken darf. Dies würde einer Sicherheit vortäuschen, die in Wirklichkeit nur bei einer Berücksichtigung aller anderen Einflüsse gegeben ist.

Die Tabelle 4.5-1 gilt nur für natürliche Wässer, **nicht für Industrieprodukte** oder andere Substanzen. Generell gilt, dass **Angriffe nur durch Flüssigkeiten** auftreten können und **Gase und Feststoffe nur in Anwesenheit von Feuchtigkeit gefährlich** werden können. Abgase können starke Angriffe verursachen, wenn sie sich zusammen mit kondensierendem Wasser auf Betonoberflächen niederschlagen. Solche

Schäden sind von Schornsteinen, Kühltürmen und auch von Abwasserkanälen bekannt.

Die **Temperatur** spielt stets eine wichtige Rolle. Liegt sie deutlich über 20 °C, muss bei allen **lösenden Angriffen** mit einer erhöhten Reaktionsgeschwindigkeit, also stärkerem Angriff gerechnet werden. Bei **Sulfatangriffen** ist es umgekehrt. Hier sind es vor allem die **niedrigen Temperaturen**, die den Angriff erheblich **verstärken,** vgl. Abschn. 4.5.5. Dabei darf nicht übersehen werden, dass die Bodentemperaturen in unserem Klima im Jahresmittel meist zwischen 8 und 10 °C liegen.

Chloride, wie Kochsalz, Kalium-, Magnesium- oder Calciumchlorid, greifen den Beton nur schwach und nur bei häufigem Nass-Trocken-Wechsel an. Sie sind in der Tabelle 4.5-1 nicht enthalten. Auf die korrosive Wirkung von Chloriden auf Stahl und andere Metalle wurde in Abschn. 4.3 hingewiesen. Darüber hinaus verschärfen sie den Frostangriff auf Beton ganz erheblich.

4.5.4 Generelle Schutzmaßnahmen

Wenn man von all jenen Maßnahmen absieht, die einen direkten Kontakt des Betons mit dem angreifenden Medium dauerhaft verhindern, wie Folienabdichtungen oder Tonschürzen, bestehen unsere Möglichkeiten für einen hohen Widerstand gegen chemische Angriffe hauptsächlich im **physikalischen Schutz.** Man versteht darunter, dass das Eindringen von Wasser in das Gefüge des Betons verhindert wird.

DIN FB 100 gibt Grenzwerte für die Zusammensetzung und Eigenschaften von Beton an.

XA1 *w*/*z*-Wert 0,60 $z = 280$ kg/m³...C 25/30

XA2 *w*/*z*-Wert 0,50 $z = 320$ kg/m³...C 35/45

XA3 *w*/*z*-Wert 0,45 $z = 320$ kg/m³ C 35/45 und Schutzschicht.

Der Grenzwert für den *w*/*z*-Wert dient als Maß für die Dichtheit des Gefüges an Stelle eines Wassereindringwiderstandes, der sich praxisnah schlecht überprüfen lässt. Darüber hinaus werden Festigkeitsklassen und Mindestzementgehalte gefordert, vgl. Tab. 4.1.2. Bei XA 3 wird trotz der Forderung nach einer **Schutzschicht** mit Rücksicht auf oft nicht zu vermeidende Beschädigungen ein *w*/*z*-Wert von 0,45 verlangt. In der Praxis erreichen Beschichtungen oft nicht die gewünschte Lebensdauer, vor allem wenn sie der Witterung ausgesetzt sind oder gar, wie in Abwasserkanälen, auch eine Beanspruchung durch Abrieb oder gar die Gefahr einer mechanischen Beschädigung vorliegen kann.

Wichtig ist stets auch, wie gut ein Beton vor dem chemischen Angriff erhärten konnte. So hat man an Proben, die im Alter von 7 Tagen dem Meerwasser ausgesetzt wurden, auch noch nach 30 Jahren deutlich größere Schädigungen festgestellt als an solchen, die erst nach 4 Wochen oder später ausgelagert wurden, [Hallauer 02].

In der Praxis bewährt haben sich **größere Betondeckungen** oder überhaupt als **Opferbeton** vorgesetzte dickere Betonschichten. Wesentlich verstärkt wird der physikalische Widerstand gegen chemische Einwirkungen durch **Schalungseinlagen** oder **Vakuumisieren** (Abschn. 7.6.9), wodurch eine erheblich dichtere Randzone entsteht. Auch Kunststoffversiegelungen lassen eine Erhöhung der Lebensdauer erwarten.

4.5.5 Schutzmaßnahmen bei lösendem Angriff

Große Bedeutung kommt den Gesteinskörnungen zu. **Carbonatgestein** leistet oft gegenüber Säureangriffen **sehr wenig Widerstand**, daher vermeidet man carbonathaltige, also kalk- oder dolomithaltige Gesteinskörnungen, Abb. 4.5-1. Solche Sande sind noch ungünstiger als entsprechende gröbere Körnungen. Man prüft den Carbonatgehalt, indem man den salzsäurelöslichen Anteil der Körnung bestimmt. Nach ÖNORM B 4710-1 darf bei Körnungen unter 4 mm der CO_2-Gehalt höchstens 15 % betragen. Eine Ausnahme sind Säureangriffe durch nur wenig angreifende und sich nicht erneuernde Flüssigkeiten. Hierbei sind Gesteinskörnungen aus Carbonatgestein von Vorteil, weil sie einen starken Beitrag zur Neutralisation des angreifenden Wassers und damit zur Verminderung des Angriffsgrades leisten.

Für die Prüfung des Säurewiderstandes werden unterschiedliche Verfahren verwendet [Gerlach 17], vgl. auch Sachstandsbericht [DAfStb 16].

In jüngerer Zeit haben vor allem Schäden an den Beschichtungen der Innenflächen von **Kühltürmen** kalorischer Kraftwerke dazu geführt, **Betone mit erhöhtem Säurewiderstand („ESW-Beton“)** zu entwickeln, die **auch ohne Beschichtung** länger widerstandsfähig gegen die starken Angriffe von in Kühltürme eingeleiteten Rauchgasen sind. Solche Angriffe entsprechen meist der **Expositionsklasse XA 3** oder liegen gar mit dem pH-Wert noch tiefer bis auf 3. ESW-Betone sind nicht genormt und können nur nach dem Performance-Konzept eingesetzt werden, wenn befriedigende Ergebnisse von **Einlagerungsversuchen** über mehrere Monate vorliegen. Dabei lagert man Betonproben in einer Säure, meist verdünnter **Schwefelsäure,** deren pH-Wert durch Zutitrieren konzentrierter Säure konstant gehalten wird [Franke, 10]. Gemessen wird die Abtragungstiefe und der Protonenverbrauch, oder auch die Schädigungstiefe an Bruchflächen mit Phenolphthalein wie bei der Bestimmung von Carbonatisierungstiefen. Aus den Ergebnissen solcher zeitraffender Versuche kann man natürlich die zu erwartende Lebensdauer nur abgeschätzt werden. Zur groben Orientierung werden stets gleichzeitig Referenzproben aus Beton mit erhöhtem chemischen Widerstand XA 2 geprüft.

Bei der **Entwicklung von ESW-Beton** nutzt man die Tatsache, dass der Widerstand gegen Säureangriffe durch eine **Erhöhung der Gefügedichtigkeit** verbessert werden kann. Sowohl Gesteinskörnungen als auch Bindemittel müssen in ihrer Korngröße so aufeinander abgestimmt sein, dass die Zwickel optimal ausgefüllt werden und eine **extrem hohe Packungsdichte** entsteht. Dadurch wird auch der Wasseranspruch vermindert und das Zusammenhaltevermögen verbessert. Darüber hinaus muss erreicht werden, dass bei der Hydratation des Zements möglichst **wenig Calciumhydroxid** entsteht, wozu **Flugasche**, oft sogar in Form von Feinstflugasche, **Silicastaub**, **Metakaolin** oder auch **Hüttensand** in entsprechender Kornabstufung verwendet werden. Davon, dass **nur silikatische Gesteinskörnungen** verwendet werden dürfen, war schon die Rede.

Die Entwicklung praxistauglicher ESW-Betone ist sehr aufwändig, müssen doch oft auch andere Anforderungen erfüllt werden, wie Pumpwilligkeit, gute Verarbeitbarkeit und ausreichende Festigkeitsentwicklung bei den zu erwartenden Temperaturen, Entmischungsstabilität und oft auch noch Sulfatwiderstand oder helle Farbe.

Einzelne größere Zementhersteller haben in der Zwischenzeit ESW-Betone auf den Markt gebracht, auch solche, mit erhöhtem Sulfatwiderstand, die für Abwasseranlagen verwendet werden [Lyhs, 12].

4.5.6 Schutzmaßnahmen bei Sulfatangriff

Sulfate können im Beton zur Bildung von **Ettringit** und bei höheren Konzentrationen zu Gips führen. Schon die chemische Formel $3CaO \cdot Al_2O_3 \cdot CaSO_4 \cdot 32H_2O$ verrät, dass Ettringit bei seiner Entstehung sehr viel Wasser bindet. Kein Wunder, dass damit eine Expansion verbunden ist, die unterschiedliche **Dehnungen** und daher **Risse** verursacht und so das Betongefüge aufsprengt.

Neben diesen Treiberscheinungen können Sulfate aber auch dazu führen, dass sich der Zementstein in eine **breiige Masse** verwandelt. Ursache für eine fortschreitende Auflösung der Calciumsilikathydrate und damit des Zementsteins ist **Thaumasit**, ein dem Ettringit strukturell ähnliches Mineral, das aber kein Aluminium, sondern Silizium und Carbonat enthält. Thaumasit kann sich nur bei überwiegend **niedrigen Temperaturen** unter etwa 15 °C bilden und nur wenn carbonathaltige Betonzusätze wie **Kalksteinmehl** oder **feine Gesteinskörnungen aus Kalkstein** verwendet wurden oder externe Carbonatquellen (Wasser, Luft) vorliegen.

Wie für lösende Angriffe besteht auch für Sulfatangriffe kein genormtes Prüfverfahren. Dies liegt an der Vielzahl von Einflussparametern und der daraus resultierenden Komplexität des Angriffes. Auch führen zur nötigen Beschleunigung des Angriffes erhöhte Sulfatkonzentrationen oder erhöhte Temperaturen zu anderen Reaktionen, [Heinz 12]. Sulfattreiben oder Thaumasitbildung kann nur auftreten, wenn Sulfate in das Betongefüge eindringen. Daher hat ein **physikalischer Schutz auch hier Priorität** vor der Berücksichtigung chemischer Einflüsse, worauf man bei höheren Sulfatkonzentrationen aber auch nicht verzichten kann.

Bei zu erwartendem Sulfatangriff sind, wenn die Sulfatkonzentration 600 mg SO_4^{2}/l zu übersteigen droht, **Zemente mit hohem Sulfatwiderstand**, sog. **SR-Zemente** (früher „HS Zemente"), vorgesehen, vgl. Abschn. 2.2.8 (a). Dies können **Portlandzemente** mit **sehr niedrigem C_3A-Gehalt** sein, die allerdings nur geringe Gehalte an Chlorid binden können. Wird befürchtet, das sich bei niedrigen Temperaturen Thaumasit bildet, führen C_3A-freie Zemente zu keiner Verbesserung, [Mittermayr 18]. Bei **hüttensandreichem SR-Hochofenzement** spielt das wesentlich dichtere Gefüge eine wichtige Rolle, in das Sulfate – ebenso wie Chloride – nur in erheblich geringerem Maße eindiffundieren können. Zusätze von **Flugasche** nach DIN EN 450 wirken sich auf den Sulfatwiderstand günstig aus. Bis zu einem Sulfatgehalt des angreifenden Wassers von 1 500 mg/l sind auch viele nicht SR-Zemente zulässig, wenn ein entsprechender Anteil von Flugasche mitverwendet wird. Der große Vorteil von SR-Portlandzementen zur Vermeidung von Sulfattreiben beschränkt sich leider auf den **mittleren Temperaturbereich**. Wie Laborversuche zeigen, treten bei einer 40 °C-Lagerung auch mit C_3A-reichen Zementen keine Dehnungen auf, während bei Temperaturen deutlich unter 10 °C auch Proben mit SR-Portlandzementen vergleichbare Dehnungen wie C_3A-reiche Portlandzemente zeigen. Deshalb bevorzugt man in solchen Fällen die hüttensandreichen CEM III B- und CEM III C-Zemente, die ihren erhöhten Sulfatwiderstand dem bei der Hydratation entstehenden sehr dichten Gefüge verdanken.

Wichtig bei der Wahl des Bindemittels ist, dass **Kalksteinmehl** die Bildung von **Thaumasit stark fördert,** weshalb die Verwendung von LL-Zementen vermieden wird. Vorteile erwartet man sich von Zementen, die wenig Calciumhydroxid bilden, also Hüttensand enthalten oder wenn großen Anteile an Flugasche verwendet werden, [Bellmann 05]. Wichtig ist vor allem bei den feinen Gesteinskörnungen, dass **Kalke und Dolomite** zu **vermeiden** sind, [Mittermayr 16]. Auch **Glimmerschiefer** in den Gesteinskörnungen kann bei Sulfatangriffen von Nachteil sein, weil dadurch Gipstreiben entstehen kann, [Trojer, 66].

Meerwasser, das in der Nordsee rd. 2 800 mg/l SO_4^{2-}, 1 300 mg/l Mg^{2+} und 20 000 mg/l Chlorid enthält, greift wesentlich weniger stark an als aufgrund der Analyse nach Tabelle 4.5-1 zu erwarten wäre. Es ist XA 2 zuzuordnen. Für Meerwasserbauten ist **kein SR-Zement** erforderlich. In der Wasserwechselzone sind auch die Frosteinwirkungen zu beachten, vgl. Abschn. 8.2.3.

4.6 Schädigende Alkali-Kieselsäure-Reaktion (AKR)

4.6.1 Erfahrungen

Kieselsäure kann, wenn sie, wie in einigen Gesteinskörnungen, **in reaktiver Form** vorliegt, mit den im Zement vorhandenen **Alkalien** (Natrium und Kalium) **reagieren** und dabei ein **Gel**, also eine gallertartige Masse bilden, die allmählich vorhandenes Wasser aufnimmt und dabei aufquillt. Dadurch entstehen hohen Drücke, die **Risse** auslösen, das Gefüge des Betons lockern und schließlich zerstören können. Wenn neben den Alkalien des Zements auch **Alkalien von außen** in den Beton eindringen können, wie bei Bauten im **Meerwasser** oder bei **Verkehrsflächen**, auf die im Winter **Tausalze** aufgebracht werden, wird eine AKR beschleunigt.

Von großem Einfluss ist die Betonzusammensetzung. Während wir bisher davon ausgehen konnten, dass Beton umso dauerhafter ist, je niedriger sein *w/z*-Wert ist, gilt für schädigende AKR, ähnlich wie für schädigende Ettringitbildung, das Gegenteil. Schäden treten vor allem **bei hohem Zementgehalt** und **hoher Betonfestigkeit**, also bei Beton mit sehr dichtem Gefüge auf.

Tabelle 4.6-1: Vorbeugenden Maßnahmen gegen schädigende Alkalireaktionen im Beton nach der Alkali-Richtlinie [DAfStb 13]

	1	2	3	4	5
	Alkaliempfindlichkeitsklasse (verkürzt)	Zementgehalt kg/m³	Erforderliche Maßnahmen für die Feuchtigkeitsklasse		
			WO	WF	WA
1	E I, E I-O, EI-OF, E I-S	ohne Festlegung	keine		
2	E II-0	≤ 330	keine		NA-Zement
3	E III-0		keine	NA-Zement	Austausch der Gesteinskörnung
4	E II-OF	> 330	keine		NA-Zement
5	E III-OF		keine	NA-Zement	Austausch der Gesteinskörnung
6		≤ 300	keine	keine	keine
7	E III-S	≤ 350	keine		NA-Zement oder gutachtliche Stellungnahme[a]
8		> 350	keine	NA-Zement oder gutachtliche Stellungnahme[a]	Austausch der Gesteinskörnung oder gutachtliche Stellungnahme[a]

a Für die Erstellung einer gutachtlichen Stellungnahme sind besonders fachkundige Personen einzuschalten.

Bis in die Sechzigerjahre des vergangenen Jahrhunderts glaubte man, dieser aus Nordamerika, Dänemark, und vielen anderen Ländern bekannte **schleichende Zerstörungsmechanismus** trete in Deutschland nicht auf, weil die hier verwendeten Gesteinskörnungen keine alkaliempfindlichen Anteile enthalten. 1968 zeigte aber dann eine erst zwei Jahre zuvor gebaute Brücke in **Schleswig-Holstein** große Schäden, die durch eine Reaktion der Alkalien des Zements mit alkaliempfindlichen Anteilen der verwendeten Gesteinskörnungen verursacht wurde. Die Brücke musste abgetragen werden. Es dauerte nicht lange, bis ähnliche Schäden nicht nur im Norddeutschen Raum, sondern vor allem auch in **Sachsen** und **angrenzenden Bereichen**, hier vor allem an Eisenbahnschwellen und Plattenbauten, auftraten. Die dort bei Verwendung von gebrochener Grauwacke festgestellte AKR tritt erst später und langsamer auf und wird daher als **slow-late** bezeichnet. Solche langsamen Reaktionen sind besonders schwer zu beurteilen.

Heute ist die AKR, und darin besteht kein Zweifel, trotz intensiver Forschungsarbeit in nahezu allen Industriestaaten zu jenem Gebiet geworden, in dem die für den Betonbau wichtigen Fragen am **schwersten mit einfachen Regeln** zu beantworten sind. Der Deutsche Ausschuss für Stahlbeton hat seine erstmals 1974 erschienene **Alkali-Richtlinie** [DAfStb 13] mehrmals, zuletzt 2013 überarbeitet. Die amerikanische Federal Highway Administration hat ein ASR-(alkali silica reaction)-Reference Center eingerichtet und gibt, ähnlich wie andere große Bauverwaltungen, ASR-Guidelines heraus. Dem weltweiten Erfahrungsaustausch dienten bisher 15 internationale Konferenzen.

Oft ist es heute noch sehr schwierig, bei einem Beton mit unerwartet starker Rissbildung zu klären, wie weit AKR, späte Ettringitbildungen, Frost oder Schwinden dafür verantwortlich gemacht werden müssen. Aber selbst wenn im Mikroskop eine Reaktion zwischen den Alkalien und Kieselsäure festgestellt wird, ist noch nicht gesagt, dass sie je ein schädigendes Ausmaß erreicht hat. Sicher ist, dass AKR nicht auftritt, wenn der Beton **ständig trocken** geblieben ist, was aber nur für dünne Bauteile gilt, weil Beton im Inneren massiger Bauteile nur wenig austrocknet.

Zu den Fragen, welche Gesteinskörnungen zu schädigender AKR neigen, wie man sie prüft und wie man den Beton zusammensetzt, um eine schädigende AKR zu vermeiden, gibt es heute weitgehend gesicherte Erkenntnisse. Dennoch treten vereinzelt noch Schäden auf, wobei es sich aber überwiegend um ältere Bauwerke handelt. An den seit 2005 nach den seither geltenden Vorsichtsmaßnahmen [ARS Nr. 15/05] gebauten Fahrbahndecken von Autobahnen keine Schäden mehr bekannt geworden.

4.6.2 Schadensbilder

Eine AKR kann auch noch nach Monaten oder Jahren an einem zuvor unter normalen Bedingungen erhärteten Beton zu **Ausblühungen, Ausscheidungen** oder **Ausplatzungen** von nahe der Oberfläche liegenden alkaliempfindlichen **Gesteinskörnern** führen, aber auch zu **netzartigen oder strahlenförmig** verlaufenden **Rissen,** Abb. 4.6-1. All dies jedoch nur bei im Freien liegenden oder sonst der Feuchtigkeit ausgesetzten Betonbauteilen. Eine Gewissheit, dass Schäden von einer AKR ausgelöst wurden, besteht für den Nichtspezialisten erst, wenn das treibend wirkende Alkali-Kieselsäure-Gel schon in Form von **gallertartigen**, meist **tropfenartigen Ausscheidungen** an Rissen austritt. Das ist aber erst in einem

Abb. 4.6-1: Rissbildung an einer Autobahnbrücke durch Alkali-Kieselsäure-Reaktion, (Foto Bosold)

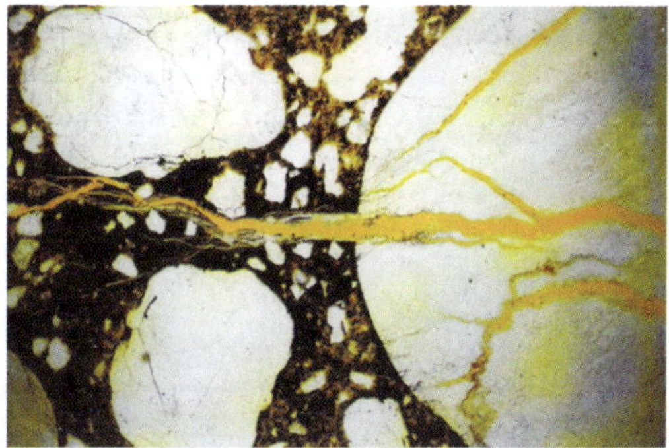

Abb. 4.6-2: Risse auch durch Gesteinskörner und Zementstein sind typisch für Alkali-Kieselsäure-Reaktion, [Stark 01]

weit fortgeschrittenen Stadium der Fall. Vorher kann die Frage, ob nicht andere Ursachen die Rissbildung verursacht oder mitverursacht haben, nur durch sehr umfassende Untersuchungen geklärt werden. Dazu müssen Proben entnommen und in der Nebelkammer einer Temperatur von 40 °C oder auch im Betonversuch einer Lagerung über Wasser mit 60 °C ausgesetzt werden. Eine Beurteilung von Anschliffen und Dünnschliffen im Mikroskop bei etwa 50facher Vergrößerung ist oft nötig. Gehen **Risse durch die Zementsteinmatrix und einzelne Gesteinskörner**, ist dies ein Zeichen für AKR. Typisch dafür sind auch viele **feine Risse im Inneren** des Betons, die sich in der **Randzone zu wenigen größeren Rissen** vereinigen. Zeigen sich Risse und weißliche Ausscheidungen nur an den Rändern größerer Gesteinskörner und in Luftporen, nicht aber durch Gesteinskörner hindurchgehend, kann es sich auch um eine schädigende Ettringitbildung im erhärteten Beton handeln, vgl. Abschn. 4.7. Im Rasterelektronenmikroskop mit Mikroanalytik lassen sich die Ausscheidungen aufgrund ihrer chemischen Zusammensetzung unterscheiden. Der langsame Schadensfortschritt und oft noch vorhandene andere Rissursachen machen das Erkennen von AKR besonders schwierig. Immer wieder kommt es vor, dass nur sehr erfahrene Fachleute nach umfassenden Untersuchungen in der Lage sind, ein zuverlässiges Urteil abzugeben [Mielenz 95].

4.6.3 Reaktionen

Eine chemische Reaktion zwischen den vom Zement herrührenden Alkalihydroxiden der Porenlösung, also Natriumhydroxid und Kaliumhydroxid, die beim Mischen des Betons entstehen, mit der Kieselsäure, dem nach Feldspat häufigsten Bestandteil unserer Gesteine, tritt immer auf. Eine den Beton schädigende Wirkung erreicht sie aber nur, wenn in Gesteinskörnern **Kieselsäure in einer reaktionsfähigen Modifikation** vorhanden ist und darüber hinaus auch die Porenlösung ein **hohes Alkaliäquivalent** aufweist. Dafür sind der Zement und der Zementgehalt maßgebend, vgl. Abschn. 2.2.12 (h), wenn nicht zusätzlich **von außen Alkalien eingetragen** werden. Voraussetzung für eine Reaktion ist eine hohe Konzentration der Hydroxidlösung, wobei **pH-Werte über 13,5,** wie sie mit normalen Portlandzementen schon nach wenigen Tagen erreicht werden, vorhanden sein müssen [Stark 13]. Wärme fördert die Reaktion, weil die Löslichkeit amorpher Kieselsäure bei höheren Temperaturen größer ist.

Bei **schnell reagierenden** Gesteinskörnungen, wie solche, die Chalcedon oder Opal enthalten, bildet sich zunächst ein Alkali-Kieselsäure-Gel an der **Oberfläche** des Gesteinskornes, durch dessen Volumenzunahme die Betonstruktur aufgesprengt wird, sodass sich Risse an der Oberfläche des Bauteils bilden. Anders bei Gesteinskörnungen, die aus einer **Vielzahl von Mineralen** aufgebaut sind, die nur **langsam** reagieren. Bei ihnen verursacht die AKR **Risse** oft **im Gesteinskorn selbst**, Abb. 4.6-3. Meist reichen kleine geschädigte Bereiche aus, um die Bildung eines Alkali-Kieselsäure-Gels einzuleiten. Durch Aufnahme wässriger Porenlösung und damit verbundene Expansion des Gels entsteht ein Quelldruck, der schließlich die Gesteinskörner selbst und auch den anschließenden Feinmörtel aufsprengen kann.

Unter Einwirkung von Feuchtigkeit können die Alkalien zum Teil wieder aus dem Gel freigesetzt werden und zu tieferen Schichten wandern, wo sie wiederum mit den reaktiven Teilen der Gesteinskörnungen reagieren. Durch die Aufnahme von weiterer Porenlösung können dann Quelldrücke bis zu 20 N/mm^2 entstehen. Daneben können durch das mehr oder weniger dickflüssige Gel auch osmotische Drücke verursacht werden. Durch **Austrocknen** des Betons können all diese Vorgänge zum Stillstand gebracht werden.

4.6.4 Alkaliempfindliche Gesteinskörnungen

Maßgebend für die nur selten vorkommende hohe **Reaktivität** der in den Gesteinskörnern vorhandenen **Kieselsäure** ist nicht der Anteil des Quarzes am Mineralbestand des Gesteines, sondern dessen **kristalliner Zustand**. Während grobkristalliner Quarz von Alkalihydroxid-Lösungen nur wenig angelöst wird, kann **mikro- oder krypto-kristalliner** (d. h. aus allerfeinsten Körnern bestehender, dicht und homogen aussehender) Quarz und ebenso **gestresster**, d. h. durch gesteinsbildende Prozesse metamorph beanspruchter, also **gittergestörter Quarz** eine hohe

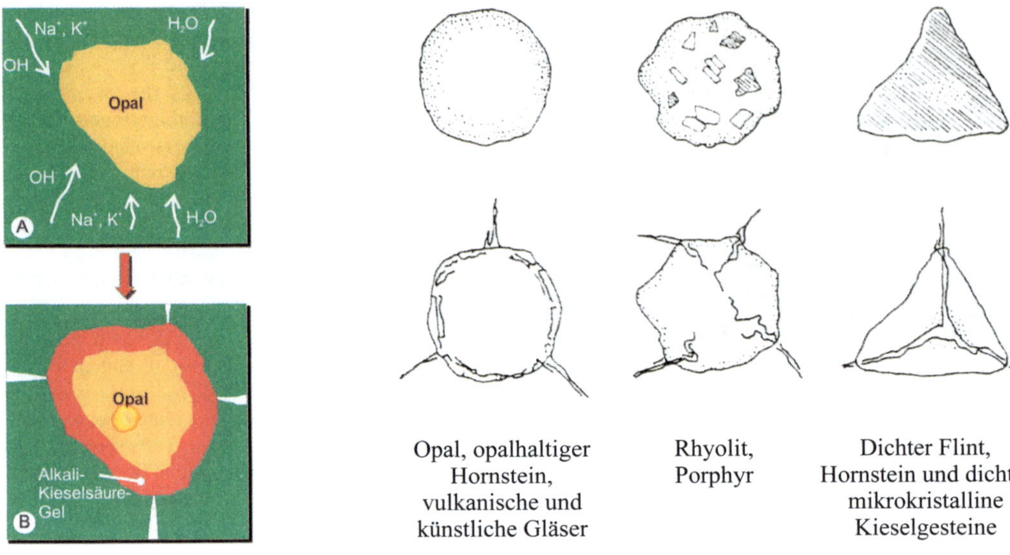

Abb. 4.6-3: Unterschiedliche Risse je nachdem, wo sich im Gesteinskorn reaktive Kieselsäure befindet, (Idorn/Breitenbücher, DAfStb)

Reaktivität aufweisen. Dies gilt auch für **freiliegende Bruchflächen**, wie sie bei Splitten und anderen gebrochenen Körnungen vorliegen. Überwiegend aus Quarz bestehende, ungebrochene Sande bis 2 mm Korngröße haben aber einen vergleichsweise geringen Einfluss auf eine schädigende AKR, [Pierkes 11].

Alkaliempfindliche Gesteinskörnungen werden in zwei Gruppen eingeteilt:

(1) **Gesteinskörnungen mit Opalsandstein einschließlich Kieselkreide und Flint** aus den **eiszeitlichen Ablagerungen Norddeutschlands** und angrenzender Gebiete, Abb. 4.6-4. Dazu gehören

- **Flint,** Abb. 4.6-5, typisch als Knollen oder Schichten ausschließlich in der Kreide sowie Gesteinskörnungen außerhalb des eiszeitlichen Ablagerungsgebietes mit mehr als 2,0 % Flint,
- **Opalsandstein**, also Sandstein, dessen Körner mit Opal verklebt sind, und
- **Kieselkreide, Kieselkalke** (Chalzedon, kryptokristalliner Quarz), mitunter wegen hornartigem Bruch auch als **Hornstein** bezeichnet.

(2) **Gesteinskörnungen**, die überwiegend **langsam reagierende alkalireaktive Anteile** enthalten, können aus

- **gebrochener Grauwacke**
- **gebrochenem Rhyolith** (Quarzporphyr)
- **gebrochenem Kies des Oberrheins**
- sowie **rezyklierte Gesteinskörnungen**, darüber hinaus
- ungebrochene Gesteinskörnungen (Kiese) mit **mehr als 10 % gebrochener Anteile** der zuvor genannten Gesteinskörnungen, sowie
- **Kiese und Kiessplitte** unabhängig vom Anteil an gebrochenen Körnern aus den gegenwärtigen und fossilen Flussläufen und deren Einzugsbereichen in den Gebieten der **Saale, Elbe, Mulde und Elster** und im **„angrenzenden Bereich"** nach Abb. 4.6-4. Erfahrungsgemäß führen Kiese viel weniger zu Schäden als Splitte, also gebrochenen Körnungen, auch desselben Gesteins, was auf die Reaktivität frischer Bruchflächen zurückzuführen ist. Besonders bei Grauwacken kann es vorkommen, dass innerhalb eines Bruches weite Bereiche als unbedenklich einzustufen sind, während in einzelnen Teilbereichen alkalireaktives Gestein ansteht.

In seltenen Einzelfällen wird auch in manchen **bruchtektonisch stark beanspruchten** Graniten sowie in Basalten, Porphyren und Schiefern reaktiver kryptokristalliner Quarz festgestellt. Ähnliches gilt auch für einzelne Phyllite und Quarzite [Stark J. 13].

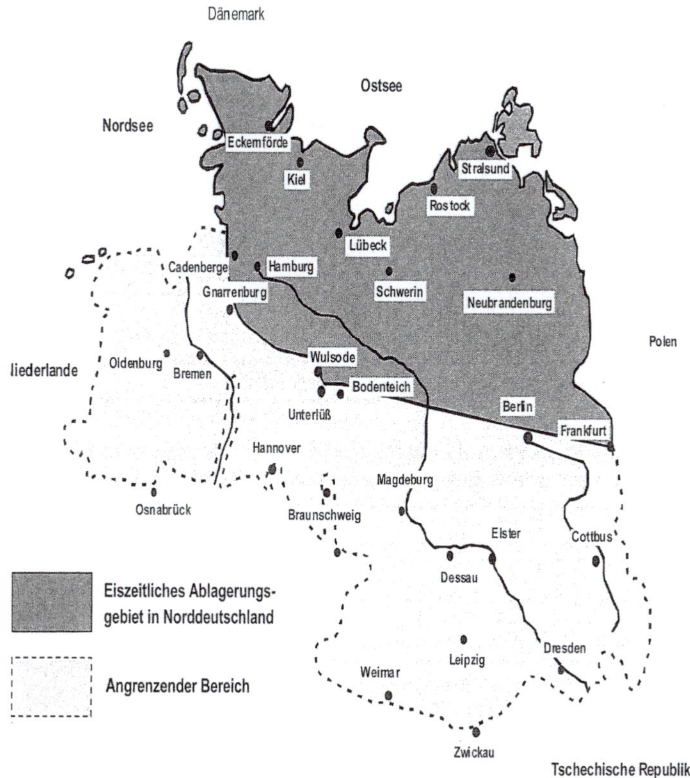

Abb. 4.6-4: Eiszeitliches Ablagerungerungsgebiet in Norddeutschland und angrenzender Bereich, [DAfStb 13]

Abb. 4.6-5: Mit Alkalien reagierende Gesteine: Flint (Feuerstein), Opalsandstein (braust mit Salzsäure nicht auf und hat niedrige Rohdichte) und Hornstein (Foto Kreft, CBM)

Auch normales **Bauglas** reagiert mit den im Zement enthaltenen Alkalien und wird weltweit bei AKR-Prüfungen als Standardkörnung verwendet. Als Bewehrung von Beton können daher nur **Glasfasern** dienen, die einen **erhöhten Alkaliwiderstand** aufweisen, was durch eine Beimengung von Zirkoniumdioxid erreicht wird.

Aus dem Ausland kommen auch Hinweise auf eine **Alkali-Carbonat-Reaktion**, bei der nicht die Kieselsäure, sondern Dolomit mit den Alkalien des Zements Sprengkräfte verursacht. Diese Reaktion ist zwar theoretisch möglich. Ursache für Dehnungen von Proben ist aber mikrokristalliner Quarz, der im Dolomit oder Kalkgestein eingelagert ist und mit Alkalien reagiert, [Sommer 06].

4.6.5 Prüfungen und Einstufung alkaliempfindlicher Gesteinskörnungen

4.6.5.1 Einstufung in Alkaliempfindlichkeitsklassen

Die **Alkali-Richtlinie** [DAfStb 13] legt fest, dass jede Gesteinkörnung nach DIN EN 12620 in eine **Alkaliempfindlichkeitsklasse** einzustufen ist.

Es besteht kein Zweifel, dass eine realistische Einschätzung des möglichen Gefährdungspotenzials einer Gesteinskörnung eine besondere Herausforderung an das Ingenieurdenken der beteiligten Fachleute ist. Es muss verhindert werden, dass, wie in der Vergangenheit, wiederum große Schäden auftreten, etwa, dass ganze Autobahn-Deckenlose nach nur wenigen Jahren erneuert werden müssen. Andererseits verursacht eine zu pessimistische Einschätzung einer Gewinnungsstelle nicht nur unnötig hohe Prüfkosten, sondern kann auch die wirtschaftliche Grundlage bestehender Betriebe erheblich beeinträchtigen. Darüber hinaus hat die Anlieferung anderer, als unbedenklich geltender Gesteinskörnungen oft wesentlich größere Transportweiten zur Folge Der gründlichen Untersuchung von Schadensfällen, die mit Gesteinen einer Gewinnungsstelle aufgetreten sind, und deren lückenlosen Dokumentation kommt besondere Bedeutung zu.

Um künftig spätere Schäden durch Alkali-Kieselsäure-Reaktionen zu vermeiden, legt die Alkali-Richtlinie fest, dass alle für die Herstellung von Beton verwendeten Gesteinskörnungen in eine der drei **Alkaliempfindlichkeitsklassen** eingestuft werden müssen:

E I (ohne oder mit Zusatzbezeichnung **O** und **OF** oder **S): keine** vorbeugenden Maßnahmen erforderlich.

E II mit Zusatzbezeichnung **O** oder **OF**: gegebenenfalls vorbeugenden Maßnahmen erforderlich.

E III mit Zusatzbezeichnung **O** und **OF** oder **S:** gegebenenfalls vorbeugende Maßnahmen erforderlich.

Dabei bedeuten „O“ mit **Opalsandstein** einschließlich Kieselkreide, **„F“** mit **Flint** und **„S“ weitere Gesteinskörnungen**.

Die **Einstufung** selbst erfolgt durch eine Qualifizierte Stelle oder Qualifizierte Prüfstelle (bisher Zertifierungsstelle) auf Grund von Prüfungen. Der Hersteller übernimmt die Einstufung in seine Leistungserklärung und gibt sie in seinem Lieferschein an. Stets ist eine **Petrographische Prüfung nach DIN EN 932-3** durch einen erfahrenen Fachmann oder eine gut eingeschulte Hilfskraft und eine **geografische Zuordnung der Gewinnungsstätte** erforderlich, Abb. 4.6-6. Alle Gesteinskörnungen müssen, auch wenn sie importiert werden, in Zeitabständen, die in der Richtlinie festgelegt sind, geprüft und in die entsprechende Alkaliempfindlichkeitsklasse eingestuft werden. Je nach Gewinnungsgebiet bestehen unterschiedliche Prüfverfahren. Fehlen noch baupraktischen Erfahrungen, muss – so die Alkali-Richtlinie – zur Einstufung ein Schnellversuch und ggf. ein Betonversuch mit Nebelkammerlagerung (Abschn. 4.6.5.4) durchgeführt werden. Für Gesteinskörnungen, mit denen bereits schädigende AKR-Reaktionen aufgetreten sind, dürfen Sofortmaßnahmen nur durch eine besonders fachkundige Person festgelegt werden. Außerdem ist der Unterausschuss „Alkalireaktion im Beton“ des DAfStb beizuziehen.

4.6.5.2 Alkaliempfindlichkeitsklasse E I

Keine vorbeugenden Maßnahmen sind nötig für Gesteinskörnungen, die in E I eingestuft wurden. Das sind solche, die nicht den Gruppen (1) oder (2) angehören, siehe Abschn. 4.6.4.

4.6.5.3 Prüfverfahren für eiszeitliche Ablagerungen Norddeutschlands, Gruppe (1)

Zur Ermittlung des Anteils an Opalsandstein einschließlich Kieselkreide werden die Gesteinskörnungen über 1 mm Korngröße – nach Kornklasse getrennt – eine Stunde lang in einer 90 °C heißen 4%igen Natriumhydroxidlösung gelagert. Der Anteil erweichter und zerfallener Bestandteile wird ermittelt und darf für E I – O 0,5 M.-%, für E II – O 2,0 M.-% nicht überschreiten. Flint gilt nur dann als reaktionsfähig, wenn er eine Kornrohdichte unter 2450 kg/m^3 aufweist. Daher beschränkt man sich auf eine Bestimmung seiner Kornrohdichte. Für die Einstufung in E I OF oder E II OF geltenden Grenzwerte siehe Alkali-Richtlinie. Werden sie überschritten, erfolgt die Einstufung in E III OF.

4.6.5.4 Prüfverfahren für langsam reagierende und weitere Gesteinskörnungen, Gruppe (2)

Wünschenswert wäre auch für die oft langsam reagierenden Gesteinskörnungen ein Verfahren, mit dem die Verwendbarkeit innerhalb von wenigen Tagen beurteilt werden kann. Ein solches Verfahren zu entwickeln, wird auch in Zukunft nicht gelingen. Der Grund dafür liegt auf der Hand: Sehr langsam ablaufende Alkali-Kieselsäure-Reaktionen führen oft erst nach Jahren zu Schäden. Jede **zeitraffende Prüfung,** etwa durch erhöhte Temperaturen, Lagerung im

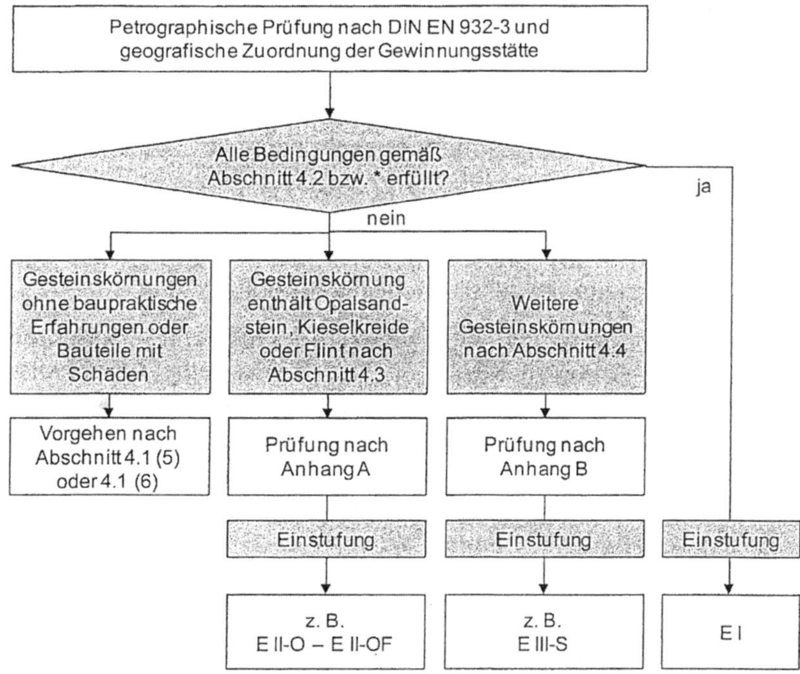

Abb. 4.6-6: Systematik zur Prüfung und Einstufung der Gesteinskörnungen. Hinweise beziehen sich auf die Alkali-Richtlinie [DAfStb 13]

Nebelraum und/oder Alkalizufuhr von außen, kann zu Reaktionen führen, deren Ausmaß von jenen bei der praktischen Nutzung des Betonbauteils abweicht.

Langsam reagierende Gesteinskörnungen werden, ebenso wie weitere Gesteinskörnungen, die auch nicht zu den norddeutschen glazialen Ablagerungen gehören, nach der petrographischen Prüfung, wenn die Anforderungen an eine direkte Einstufung in E I nicht erfüllt werden, zunächst mit dem 14 Tage erfordernden **Schnellprüfverfahren** geprüft. Werden die dabei gestellten Anforderungen erfüllt, erfolgt die Einstufung in **E I S,** andernfalls muss ein **Betonversuch mit 40 °C Nebelkammerlagerung** (Referenzverfahren) durchgeführt werden, dessen Ergebnis allein für die Einstufung maßgebend ist. Dafür ist eine Lagerungsdauer von 9 Monaten erforderlich, Abb. 4.6-7.

Beim **Schnellprüfverfahren** werden Kiese 2/8 und 8/16, die vorher gemeinsam gebrochen werden oder gebrochene Körnungen 8/16 untersucht, wobei Prismen 40 × 40 × 160 mm^3 unter Verwendung eines speziellen AKR-Prüfzementes mit einem extrem hohen Alkaliäquivalent von 1,30 % hergestellt werden. Die Prismen werden nach dem Ausschalen in 80 °C heißer 1,0 molarer Nach-Lösung gelagert. Beträgt die Dehnung nach 13 Tagen gegenüber der Nullmessung nicht mehr als 1,0 mm/m, sind die Anforderungen an E I erfüllt. Ist die Dehnung erheblich größer, was bei Kiesen mitunter vorkommt, so ist dies noch kein Nachweis einer möglichen Gefährdung, es ist aber eine Prüfung im **Betonversuch mit 40 °C Nebelkammerlagerung** (Referenzverfahren) nötig. Dabei müssen Prismen 100 · 100 · 500 mm^3 und 300-mm-Würfel sowohl unter Verwendung eines **AKR-Prüfzements** als auch eines **na-Zements** hergestellt werden. Wenn nach neunmonatiger Nebelkammerlagerung bei 40 °C die Dehnung der Prismen nicht mehr als 0,60 mm/m beträgt und die Würfel keine Risse oder nur solche mit weniger als 0,20 mm Öffnungsweite aufweisen, darf die geprüfte Körnung in die Alkaliempfindlichkeitsklasse **„E I S"** eingestuft werden, andernfalls in **„E III S"**.

Um schneller, schon nach 20 Wochen, zu einem Prüfergebnis zu kommen, kann auch der von der RILEM übernommene **60 °C-Betonversuch** mit Lagerung **über Wasser**, der im Anhang der Alkali-Richtlinie beschrieben ist, zur Anwendung kommen.

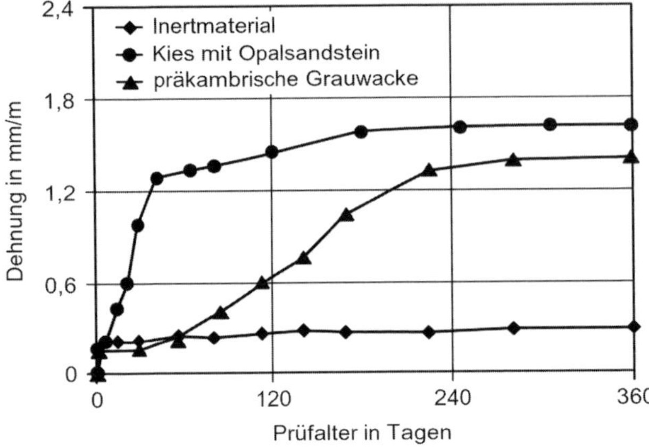

Abb. 4.6-7: Dehnungsverlauf von Betonen mit unterschiedlichen Gesteinskörnungen und Portlandzement CEM I mit 1,3 % Alkali-Äquivalent bei Lagerung in einer 40 °C-Nebelkammer, [VDZ 08]

4.6.6 AKR-Performance-Prüfung

Man versteht darunter Verfahren, bei denen die Probekörper nicht mit einem Prüfzement, sondern mit allen für die **Verwendung des Betons vorgesehenen Ausgangsstoffen** in der **geplanten Zusammensetzung** hergestellt werden und einem **60 °C-Betonversuch** mit Lagerung über Wasser oder **radikaler Wechsellagerung** unterzogen werden. Besondere Bedeutung kommt dabei auch dem verwendeten Zement und oftmals auch zusätzlich eingesetzten Zusatzstoffen, wie Flugaschen, zu. Man erwartet sich von Performance-Prüfungen, auch wenn sie noch nicht in der Alkali-Richtlinie beschrieben sind, vor allem, dass in Zusammenarbeit mit einem auf dem Gebiet der AKR sehr erfahrenen Gutachter besser vermieden werden kann, dass für größere Bauvorhaben unnötig Gesteinskörnungen oder Zemente ausgeschlossen werden. Eine besondere Herausforderung für den Gutachter ist es stets, eine **Prüfbeanspruchung zu wählen**, die der **Praxisbeanspruchung** mit **angemessener,** aber nicht überhöhter **Sicherheit** entspricht.

Mit einer beschleunigten Reaktion rechnet man bei der **Wechsellagerung:** 60 °C im Trockenschrank / 20 °C in Prüflösung / 60 °C über Wasser / 20 °C über Wasser. Der **60 °C-Betonversuch** wird, wenn nötig auch mit Zufuhr einer 3%igen Natriumchloridlösung, durchgeführt, [Borchers 14]. Noch schärfer ist die Beanspruchung, wenn zusätzlich Frostphasen und eine aufstehende Tausalzlösung einwirken, [Siebel 06]. Der in Weimar entwickelte **FIB-Performance-Test mit Wechsellagerung, Frost und Taumitteln** wird oft bei der Beurteilung von Beton für Verkehrsflächen, auch mit den auf Flugbetriebsflächen benutzten Taumitteln, verwendet [Stark 08, Giebson 16].

4.6.7 Vermeiden von AKR-Schäden

Schäden können durch geeignete betontechnische Maßnahmen vermieden werden. Dazu genügt es oft, den wirksamen Alkaligehalt der Porenflüssigkeit zu vermindern. Bei der Wahl von **Zement und Zusatzstoffen** ist zu beachten, dass die im Klinker eingebauten Alkalien bei der Berechnung des Na_2O-Äquivalents des Zements voll mitgerechnet werden müssen, weil sie allmählich in Lösung gehen. In **Hüttensand** enthaltene Alkalien gehen nur zum Teil in Lösung. Daher gelten für hüttensandhaltige Zemente, die als na-Zemente angeboten werden, höhere Grenzwerte für den Alkaligehalt, vgl. Abschn. 2.2.8 (b). Von **Flugasche** kann der gesamte Alkaligehalt unberücksichtigt bleiben, weil sie den wirksamen Alkaligehalt der Porenflüssigkeit mindert.

Mit Erfolg werden vielfach Flugaschen oder andere Puzzolane ebenso wie Hüttensand, ja selbst Mikrosilica, zur Vermeidung schädigender AKR verwendet. Der pH-Wert erreicht dann nicht so leicht wie bei ausschließlicher Verwendung von Portlandzement den Grenzwert von 13,5, über den erst eine schädigende AKR möglich ist [Stark 13]. Vorteilhaft wirken sich auch die durch die Verwendung von Flugasche möglichen niedrigeren Zementgehalte aus. Darüber hinaus erwartet man sich von Flugasche eine Reduzierung der Ionendiffusion und Durchlässigkeit des Betons und eine chemische Bindung von Alkalien in den puzzolanischen Reaktionsprodukten, [Heinz 05].

Bei Anwesenheit von **Silicastaub**, also feindisperser reaktiver Kieselsäure, tritt die AKR unter Bildung von schwer löslichen Verbindungen wahrscheinlich bereits im Frischbeton auf, zu einem Zeitpunkt, wo Verformungen noch schadlos aufgenommen werden können. Anders, wenn Silicastaub in Agglomeraten fest zusammengeballt ist und diese beim Mischen nicht zerstört werden.

Die im Jahr 2013 überarbeitete Alkali-Richtlinie legt auch fest, welche **Maßnahmen zur Vermeidung von AKR-Schäden** getroffen werden sollen, Tabelle 4.6-1.

Maßgebend sind

- die **Feuchtigkeitsverhältnisse**, denen das Bauteil ausgesetzt wird,
- ob ggf. **Alkalien von außen** eingetragen werden können
- die **Alkaliempfindlichkeitsklasse der Gesteinskörnungen**
- **der Zementgehalt** und
- der **Alkaligehalt des Zements**
- die **Art des Zements**
- die Verwendung von **Flugasche** oder anderer **Betonzusatzstoffe**

Für den wirksamen Alkaligehalt des Betons ist fast immer allein der **Zementgehalt und Alkaligehalt des Zements** maßgebend. Nur selten haben Betonzusatzmittel einen zu berücksichtigenden Alkaligehalt. Bei den **Feuchtigkeitsverhältnissen** wird unterschieden zwischen **„trocken" (WO)** für dünnwandige Bauteile, die bis ins Innere austrocknen können, **„feucht" (WF)** und **„feucht mit Alkalizufuhr von außen" (WA),** was für Meerwasserbauten und im Winter eisfrei gehalteneVerkehrsflächen, sowie Schwimmbäder und dgl. zutrifft, vgl. Abschn. 4.1.1. Jeder Hersteller von Beton und von Fertigteilen muss angeben, für welche Feuchtigkeitsklasse der Beton verwendet werden darf.

Für Bundesfernstraßen, für Ingenieurbauten nach ZTV-ING und für Verkehrswasserbauten gelten besondere Anforderungen. So ist für **Fahrbahndecken** festgelegt [ARS 08], dass die über WA hinausgehende dynamische Beanspruchung durch eine **zusätzliche Feuchtigkeitsklasse WS** zu berücksichtigen ist. Dabei ist stets ein AKR-Fachgutachter einzuschalten, wobei entweder eine Performance-Prüfung oder eine WS-Prüfung, letztere entweder mit FIB-Klimawechsellagerung oder im 60 °C-Betonversuch mit Alkalizufuhr durchzuführen ist. Dafür ist stets ein Zeitaufwand von 9 bis 10 Monaten erforderlich. Nach positiver Beurteilung durch einen AKR-Gutachter wird das Ergebnis dieser Versuche in eine **Liste auf der Internetseite der BASt** (www.bast.de) aufgenommen und kann von dort abgerufen werden.

In Bayern, wo **bislang keine AKR-Schädigungen** von Betonfahrbahnen aufgetreten sind, kann auf derartige umfangreiche Untersuchungen verzichtet werden, wenn ein AKR-Gutachter dies auf Grund eine petrographischen Untersuchung und eines Schnelltestes empfiehlt. Eine Liste darüber wird in der OBB geführt, [OBB 14].

Um in der Baupraxis die richtigen Maßnahmen zu treffen, sind oft umfassende Untersuchungen nötig. **AKR-Performance-Prüfungen** sind oft hilfreich, wenn es darum geht, sich ein Bild davon zu machen, ob auch mit den nächstliegenden Gesteinskörnungen und den zur Verfügung stehenden Zementen eine AKR zuverlässig vermieden werden kann oder ob ggf. Flugaschen oder andere puzzolanische Zusatzstoffe hilfreich sein können. So wurden bei den neuen großen Bahntunneln der Schweiz mit Rücksicht auf die Alkaliempfindlichkeit bei einem Teil des wiederverwendeten Ausbruchsmaterials puzzolanische Zusatzstoffe für nötig erachtet und darüber hinaus die Tunnel gegen Bergwasser mit Folien abgedichtet. [Leemann 05].

4.6.8 Schadensanalysen

Bei starker **Rissbildung** an Betonoberflächen, welche der Feuchtigkeit ausgesetzt sind, ist stets die Frage zu klären, ob und ggf. wie weit eine AKR für den Schaden verantwortlich gemacht werden muss, Abb. 4.6-1. Zu beachten ist, dass sich Spannungen, die durch eine AKR verursacht werden, mit Spannungen aus äußeren, auf den das Bauteil einwirkenden Kräften überlagern, ebenso mit solchen aus **Schwinden**, **Vorspannung** und anderen Ursachen. Risse entstehen dort, wo die Summe aller Spannungen die Zugfestigkeit überschreitet. Wenn Dehnungen in einer Richtung behindert werden, bilden sich, wie auch Längsrisse in vorgespannten Eisenbahnschwellen zeigen, zuerst Risse in Richtung der Dehnungsbehinderung. Ähnliches kann auch in Fahrbahndecken beobachtet werden, wo oft nur im Bereich der Querfugen die Behinderung in Längsrichtung fehlt, so dass es dort auch zu Quer- und Netzrissen kommt. In fortgeschrittenem Stadium führen Risse zu Lockerungen bis hin zu Zerstörungen des Betongefüges. Sind Risse aufgetreten, kann eindringendes Wasser auch **Kalkaussinterungen** verursachen.

Neben Rissen sind **trichterförmige Abplatzungen** durch oberflächennahe reaktionsfreudige Gesteinskörner oft ein Zeichen für AKR, sie können aber auch andere Ursachen haben, vgl. Abschn. 4.4.3. Ausscheidungen von anfänglich klaren und dickflüssigen, später trüb und fester werdenden **Geltropfen** sind das sicherste Zeichen für eine fortgeschrittene AKR.

Um zu klären, ob eine AKR vorliegt und wie weit sie ggf. schon fortgeschritten ist, werden in der Regel **Bohrkerne**, meist mit 100 mm Durchmesser, entnommen, um daran **Tiefe und Verlauf von Rissen** festzustellen und Proben für **mikroskopische Untersuchungen** zu gewinnen [DAfStb 15]. Um eine größere Anzahl von Gesteinskörnern beurteilen zu können, werden möglichst große Anschliffe, meist fast 100 × 100 mm², ähnlich wie bei der Ermittlung von Luftporenkennwerten, hergestellt und bei meist nur 50facher Vergrößerung untersucht. Reaktionsränder um die Gesteinskörner und Gelbildung in Rissen in der Zementsteinmatrix und in Gesteinskörnern sind auffällig, Abb. 4.6-3.

Um eine AKR nachweisen zu können, werden oft auch **Bohrkerne** in einer **Nebelkammer** bei mind. 99 % Luftfeuchte und 40 °C Temperatur über viele Monate gelagert. Daran werden axiale Dehnungen gemessen, wobei zu berücksichtigen ist, dass auch durch Quellen, vgl. Abschn. 3.4.5, und Wärmedehnung, vgl. Abschn. 3.4.4, Längenänderungen auftreten. Wichtig ist bei der Nebelkammerlagerung auch, äußere Veränderungen zu beachten. Gefügelockerungen im Inneren können durch Bestimmung des dynamischen E-Moduls festgestellt werden, [Siebel 95].

Für den Schadensfortschritt ist auch maßgebend, wie weit im Zementstein und in Gesteinskörnern **Poren** zur Verfügung stehen, in denen sich der **Druck des Silicagels** abbauen kann. Bei dichten Gesteinskörnern dringen Alkaliionen erst später ein. Der fehlende Porenraum führt aber schneller zu hohen Sprengkräften. Dagegen zeigen die poröseren Grauwacken einen verhältnismäßig langsamen Schadensverlauf.

4.6.9 Behandlung schadhafter Bauteile

Schreitet die AKR nur langsam fort, dann ist in den meisten Fällen eine **Nutzung** in einem **begrenzten Zeitraum** möglich. So konnten in der DDR die Gleise mit den teilweise durch AKR geschädigten Schwellen durchaus noch genutzt werden und es ist dank niedrigerer Fahrgeschwindigkeiten zu keinen Unfällen gekommen.

Vielfach werden **Schutzmaßnahmen** getroffen, um die Nutzungsdauer zu verlängern. So kann eine bereits aufgetretene AKR allmählich sogar zum Stillstand gebracht werden, wenn es frühzeitig gelingt, den Zutritt von Wasser zu verhindern und den treibenden Bereich austrocknen zu lassen. Bei dickeren Bauteilen sind dem allerdings Grenzen gesetzt, weil der Trocknungsvorgang ohne besondere Maßnahmen das Innere nicht erreicht. Wenn die Gefahr besteht, dass Wasser in Risse eindringt, müssen diese mit einem dehnfähigen Material verschlossen werden.

Oberflächenschutzschichten sollen den Wasserzutritt einschränken und gleichzeitig ein Austrocknen durch Wasserdampfdiffusion ermöglichen. Bei Fahrbahndecken von Autobahnen hat man mit dünnschichtigen Systemen wie Hydrophobierungen und Auftrag von Leinölfirnis Erfahrungen gesammelt, [Markquordt 11]. Eine Tränkung mit Lithiumprodukten hat nicht die erwartete Verringerung der Dehnungen gebracht, offensichtlich weil die Lithiumprodukte nicht hinreichend tief eindringen konnten, [Eickschen 11]. In vielen Fällen hat man Fahrbahndecken mit begonnener AKR mit dünnen Asphaltschichten überbaut, wobei darauf geachtet werden musste, dass sich keine Blasen bilden. Wenn nötig, wurden die Querfugen später nachgeschnitten.

4.7 Schädigende späte Ettringitbildung

4.7.1 Erfahrungen

Kennzeichnend für eine späte oder auch „sekundäre“ Ettringitbildung ist – ähnlich wie bei der schädigenden AKR – eine **Rissbildung** im erhärteten Beton, die erst **nach Monaten oder Jahren** beginnt und nur auftritt, wo **Feuchtigkeit** Zutritt hat. Wegen dieser Ähnlichkeit ist es oft selbst für den Fachmann auch unter Zuhilfenahme mikroskopischer Untersuchungen nicht leicht zu klären, welcher Schadensmechanismus vorliegt. Und dies, obwohl die auftretenden chemischen Reaktionen und folglich auch die Maßnahmen zu deren Vermeidung sehr unterschiedlich sind.

4.7.2 Ursachen später Ettringitbildung

Ettringit (Trisulfat) entsteht stets, wenn Zement mit Wasser gemischt wird schon innerhalb der ersten Stunde, weil sich das Sulfat des jedem Zement zugemahlenen Gipses im Wasser löst. Ohne diese **„primäre“ Ettringitbildung** im Frühstadium würde der Zement viel zu schnell erstarren. Ettringit kann aber auch erst später in gut erhärtetem Beton entstehen. Dann können kristalline Neubildungen ein **Treiben** verursachen. Die Folge dieser Ausdehnung sind Risse im Gefüge des Betons.

Davon, dass von außen in erhärteten Beton eindringendes Sulfat Ettringit bildet und Treiben verursachen kann, war schon im Abschnitt 4.5 die Rede. Ähnliches gilt auch für ein nicht von außen, sondern erst nach der Erhärtung aus dem Gefüge des Zementsteins freiwerdendes Sulfat. Es gibt auch gute Gründe dafür anzunehmen, dass bei sehr früher Erwärmung des Betons sich nur ein Teil des in Lösung gegangenen Sulfats des Zements frühzeitig in Ettringit umwandelt, der übrige Teil aber zunächst adsorptiv an den festigkeitsbildenden Reaktionsprodukten, den

Calciumsilicathydraten, haftet, und zwar umso mehr, je höher die Temperatur bei der Erhärtung ist.

Im jungen Beton entstandener Ettringit wandelt sich schon sehr früh wieder in Monosulfat um. Je rascher der Zement hydratisiert, d. h. **je höher die Temperatur** ist und je weniger Porenflüssigkeit vorhanden ist, also **je niedriger der *w/z*-Wert** ist, desto schneller steigt der pH-Wert von 13,0 auf 13,6 und 13,8. Gerade bei diesen hohen pH-Werten zersetzt sich der primäre Ettringit rasch und bildet wieder **Monosulfat**. Ist Feuchtigkeit vorhanden, dann kann sich aus dem so entstandenen Monosulfat und vor allem dem an den Calciumsilikathydraten haftenden Sulfat erneut, d. h. **sekundär Ettringit** bilden und Sprengkräfte auf das Gefüge des Betons ausüben. Treibend wirkt nur die feinkristalline Modifikation des Ettringits, die bei hohem pH-Wert der Porenlösung entsteht. Kristallisiert Ettringit in großen, d. h. bis zu 0,1 mm langen Nadeln, dann steigert er die Festigkeit und wirkt nicht expansiv. Eine Rolle spielt dabei auch, dass eine **frühe Erwärmung** des Betons auf Temperaturen über 60 bis 80 °C zu Defekten im noch jungen Gefüge des Betons führen kann.

4.7.3 Maßnahmen zur Vermeidung schädigender Ettringitbildung

Nach diesen Überlegungen wird verständlich, dass eine schädigende Ettringitbildung bisher überwiegend bei **wärmebehandeltem Beton**, etwa bei Eisenbahnschwellen oder anderen Fertigteilen, aufgetreten ist. Bei Beton, der wegen hoher Frischbetontemperaturen, Hydratationswärme und/oder Sonneneinstrahlung oder einer anderen äußeren Erwärmung Temperaturen über 65 °C erreicht, ist eine spätere schädigende Ettringitbildung bei ungünstigen Randbedingungen aber auch nicht auszuschließen. Ungünstig wirken sich **hohe Zementgehalte** von 400 kg/m^3 und darüber ebenso wie sehr **niedrige *w/z*-Werte** aus.

Bei den Zementen kann auch einiges getan werden. In **C_3A-freien Zementen** kann wegen des fehlenden reaktiven Aluminats eine schädigende Ettringitbildung nicht auftreten. Bei normalen Portlandzementen kommt einem niedrigen Verhältnis von Sulfat zu Aluminat Bedeutung zu. Bewährt hat sich in der Praxis aber dennoch ein unabhängig vom Aluminatgehalt des Zementes ein oberer Grenzwert für das **Sulfat (SO_3) von 3,0 %.** Auch hohe Alkaligehalte wirken sich ungünstig aus, [Collepardi 99].

Eine Verwendung von **Mikrosilica** kann vorteilhaft sein, weil damit Alkalien gebunden und andere Maßnahmen zur Erzielung hoher Frühfestigkeiten eingeschränkt werden können. Günstig wirken sich **Flugaschen** und andere puzzolanische Zusatzstoffe sowie Hüttensand aus, weil dadurch der Zementgehalt und damit auch der Sulfatanteil niedriger gehalten werden kann. Wie Versuche zeigten, kann diese positive Wirkung aber auch auf eine Verringerung des pH-Wertes zurückgeführt werden.

Aus gegebenem Anlass wurde eine **Richtlinie zur Wärmebehandlung** herausgegeben und 2012 überarbeitet, [DAfStb 12]. Darin sind die bei Wärmebehandlungen erforderlich erscheinenden Maßnahmen wie **Vorlagerungszeit, maximale Aufheizrate** und **nicht zu überschreitende Temperatur** festgelegt, vgl. Abschn. 5.12 und 7.11.

Auch wenn ohne Wärmebehandlung bei der Erhärtung Betontemperaturen über 60 bis 70 °C auftreten, ist Vorsicht angezeigt. In Massenbeton und massigen Bauteilen sind solche Fälle offensichtlich wegen der dort verwendeten niedrigeren Zementgehalte nicht aufgetreten. Wenn heute vielfach aber **massige Bauteile aus Beton höherer Festigkeitsklassen** oder sogar hochfester Beton hergestellt werden und dabei Erhärtungstemperaturen erheblich über 70 °C entstehen, sollten vorsorglich die nach Schadensfällen bei wärmebehandeltem Beton gewonnenen Erkenntnisse hinsichtlich Anforderungen an den Zement und die Betonzusammensetzung beachtet werden.

4.7.4 Ettringit – Ursache oder Folge von Rissen?

Wasserlagerung oder häufige Feuchtewechsel führen bei jedem Beton zu einem **Auswaschen der Alkalien** in der Randzone und auch im Bereich vorhandener Risse mit der Folge, dass der Alkaligehalt und damit der pH-Wert niedriger wird, ähnlich wie dies auch bei einer Carbonatisierung der Fall ist. Sehr ungünstig kann sich auswirken, wenn im erhärteten Beton Risse auftreten. Bei häufiger Durchfeuchtung wird dann der Transport der vorhandenen Aluminatphasen und Sulfationen gefördert. Ausgewaschen wird das Sulfat aber nicht und kann unter diesen geänderten Bedingungen zu Ettringit reagieren, [Bollmann 2000]. Diesen **sekundären Ettringit** findet man sehr häufig **in Poren**, auch in künstlichen Luftporen und **in Rissen**. Es spielt dabei keine Rolle, ob der Riss durch mechanische Überbeanspruchung, Schwinden oder Temperaturspannungen entstanden ist, der Beton muss nach der Rissbildung nur eine gewisse Zeitlang der Feuchtigkeit ausgesetzt worden sein. Selbst in Rissen, die von einer AKR stammen, kann sich nach einem Auswaschen des Alkali-Kieselsäure-Gels Ettringit bilden. Oft ist Ettringit auch bei Frostschäden zu beobachten. Das dafür nötige Sulfat kann vom Monosulfat stammen, das durch Carbonatisierung

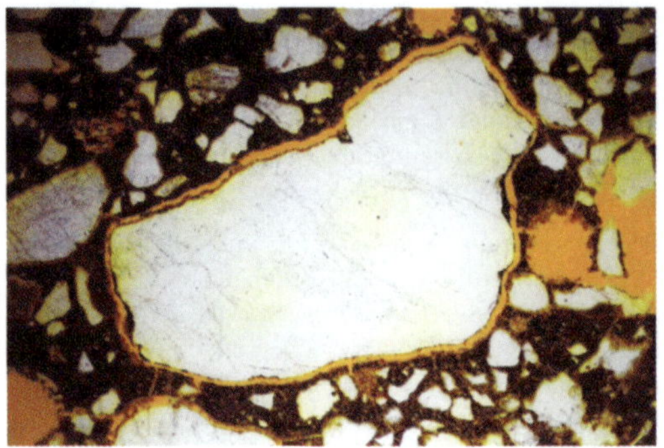

Abb. 4.7-1: Schädigende späte Ettringitbildung im Riss um ein Gesteinskorn, [Stark 01]

zerfallen ist oder bei Verwendung von Tausalzen auch durch eine Umwandlung in Monochlorid frei geworden ist.

Generell gilt, dass Ettringit in Betonzonen mit niedrigem pH-Wert und bereits vorhandenen Rissen oder anderen Gefügeschäden überwiegend eine **nadelförmige grobkristalline Struktur** aufweist und **kaum zu einem Schadensfortschritt beiträgt.**

4.7.5 Erkennen schädigender Ettringitbildung

In der Regel stellt sich die Frage, ob eine **schädigende Ettringitbildung** die Ursache von aufgetretenen Rissen ist und welcher Schadensfortschritt zu erwarten ist oder ob die Risse schon vorher aus **anderer Ursache** aufgetreten sind. Das Rissbild und die zu erhebenden Angaben über die Zusammensetzung des Zements und des Betons sowie die Temperatur- und Feuchtigkeitsverhältnisse während und nach der Erhärtung sowie andere rissauslösende Ursachen können die Frage, ob es sich um schädigende Ettringitbildung handelt, klären helfen. Gewissheit kann nur eine eingehende Untersuchung durch ein in Fragen der Dauerhaftigkeit sehr erfahrenes Labor bringen.

Einen wichtigen Hinweis, ob die Gefügeschäden weiter fortschreiten, geben **Messungen der Rissweiten** und schadensbegünstigende **Wechsellagerungen** von Bohrkernen. Dabei lagert man die Proben in wöchentlichem Zyklus in Wasser von 20 °C und trocken bei 60 °C. Fortschreitende Gefügeschäden werden an Dehnungen, einer Wasseraufnahme und einem Abfall des E-Moduls erkannt. Generell gilt, dass der Abfall der Druckfestigkeit nur bescheiden ausfällt im Vergleich zu einer **erheblichen Verminderung von E-Modul und Zugfestigkeit**.

Mikroskopische Untersuchungen von Dünnschliffen können einen Überblick über Gefügeveränderungen, Rissbildung und Ettringitkristalle geben, Abb. 4.7-1. Analytische, röntgenografische und thermische Verfahren stoßen auf die Schwierigkeit, dass Ettringit im Beton stets und nur in geringen Mengen vorhanden ist. Ob ein Betongefüge durch Ettringit geschädigt ist, hängt auch vom Bildungszeitpunkt ab und davon, ob und wo Ettringit angereichert ist. Da es kein direktes Nachweisverfahren gibt, ist man stets darauf angewiesen, auch andere Schadensursachen in Betracht zu ziehen und ggf. auszuschließen.

4.8 Brandeinwirkungen

Beton brennt – wie ein alter Werbeslogan sagt – wirklich nicht. Er entwickelt im Brandfall auch keine toxischen Gase und hat im Vergleich zu Metallen eine niedrigere Wärmeleitfähigkeit. Dies und der Energieverbrauch beim Verdampfen des physikalisch gebundenen und später auch des chemisch gebundenen Wassers, weiters bei der Quarzumwandlung bei 573 °C, die mit einer sprunghaften Expansion verbunden ist und beim Entwässern des Calciumhydroxides sowie Brennen von Kalkstein bei über 800 °C führen dazu, dass in massigen Bauteilen **hohe Temperaturen nur allmählich in tiefere Schichten** vordringen, Abb. 4.8-1. Dennoch können Brände zu erheblichen Schäden führen. Bei Straßentunneln haben aufgetretene Brandkatastrophen zu zusätzlichen brandschutztechnischen Anforderungen geführt, Abschn. 8.8.2.3.5. Auch auf Baustellen ist es hin und wieder schon zu Bränden gekommen, bei denen man sich im Nachhinein gefragt hat, wieso mit so wenig brennbaren Stoffen ein so hoher Schaden entstehen konnte. So hat beispielsweise ein Brand einer Baumaschine beim Bau des Großen-Belt-Tunnel zu 27 cm tiefen Abplatzungen der Betoninnenschale geführt.

Bei starkem Temperaturanstieg treten im Beton Veränderungen auf, wobei vier unterschiedliche Mechanismen wichtig sind:

(1) Die **Wärmedehnung** des Betons ist bei den durch Brände verursachten hohen Temperaturen, vor allem bei unbelastetem Beton, bis zu doppelt so groß wie bei Normaltemperaturen. Dadurch entstehen **besonders große Dehnungen**, die wiederum extreme Zwangsspannungen auslösen können oder sogar Fertigteile von ihrem Auflager stürzen können. Darüber hinaus entstehen durch unterschiedliche Wärmedehnung von Zementstein und Gesteinskörnern erhebliche Gefügespannungen.

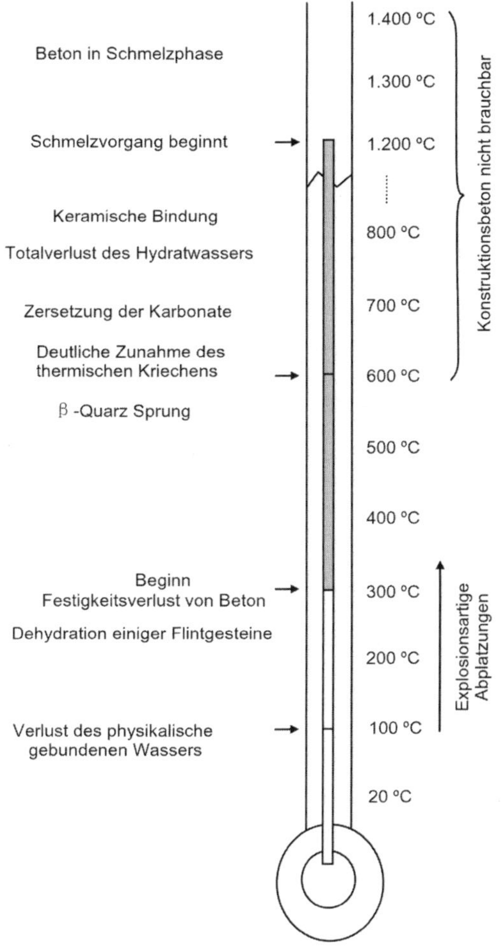

Abb. 4.8-1: Vorgänge im Beton bei Temperaturanstieg, [Pflanzl 02]

Abb. 4.8-2: Beim Brand liegt Stahlbewehrung nach Abplatzen der äußersten Betonschicht frei, dehnt sich und verliert an Festigkeit.

(2) Bei Bränden können die **äußeren Betonschichten abplatzen** mit der Folge, dass die nun freiliegende **Stahlbewehrung direkt hohen Temperaturen ausgesetzt** wird. Dadurch und durch die Verringerung des Betonquerschnittes können ein Bauteile versagen, Abb. 4.8-2. Stehen Bauteile unter statischer Beanspruchung, können etwas tiefer reichenden Abplatzungen auftreten. Ursache für oft explosionsartige Absprengen ist, dass das in den Kapillaren des Betons befindliche Wasser, etwa 2,5 bis 5 % bei üblicher Baufeuchte, bei Temperaturen über 100 °C verdampft. Der dabei entstehende hohe Dampfdruck führt auf der vom Brand beaufschlagten Seite zu schalenförmigen Absprengungen, während auf der abgekehrten Seite mitunter sogar Wasser in flüssiger Form austritt. Nur Beton mit niedriger Festigkeit ist dank seiner zusammenhängenden Kapillarporen so dampfdurchlässig, dass er – wenn er gut ausgetrocknet ist und die Temperatur nicht zu schnell ansteigt – den Wasserdampf entweichen lässt, ohne dass es zu Absprengungen kommt. Dagegen ist Hochfester Beton besonders gefährdet.

(3) Die **Festigkeit von üblichem Beton** geht im Brandfall erst bei Temperaturen **über etwa 300 °C** allmählich verloren. Ursache hierfür ist die Dehydrierung des Zementsteins. Hochfester Beton verliert schon bei Temperaturen um 100 °C erheblich an Festigkeit.

(4) **Betonstahl** beginnt dagegen schon über etwa 250 °C seine Tragfähigkeit zu verlieren, ab Temperaturen von etwa 350 bis 400 °C wird sie beträchtlich abgemindert und weist bei 700 °C nur mehr etwa 20 % der ursprünglichen Werte auf, [Rußwurm 93].

Heute kann man Beton so herstellen, dass er einen sehr hohen Feuerwiderstand erreicht, siehe Abschn. 5.11.13.

4.9 Verschleiß

4.9.1 Beanspruchungen

Man versteht unter Verschleiß den Stoffabtrag von Oberflächen durch länger andauernde mechanische Beanspruchung. Diese können recht unterschiedlich sein, und zwar

- **schleifend,** wie durch starken Fußgängerverkehr oder durch das Geschiebe in Flüssen,
- **reibend,** wie durch Gummiräder, wenn Sand auf der Oberfläche liegt,
- **schlagend und kratzend**, wenn Fahrzeuge mit Schneeketten oder Spikes rasch fahren,

Abb. 4.9-1: Grobes Korn ist Träger des Verschleißwiderstandes, während bei schlagender oder kratzender Beanspruchung der Feinmörtel herausbricht.

- **prallend** durch Schüttgüter, Kugelstrahlgebläse oder auch Sandstürme oder
- durch **Kavitation** unter fließendem Wasser.

Kavitation tritt schon bei **Fließgeschwindigkeiten von 12 m/sec** ein, wenn in offenen Rinnen eine **Stufe** von nur 1 cm vorhanden ist. In geschlossenen Leitungen ist mit Kavitation schon bei einem **Unterdruck von nur 7 m Wassersäule** zu rechnen. Ursache sind lokale Unterdruckbereiche, die durch Ablösen der Strömung an Stufen entstehen. Dabei bilden sich Bläschen, die schlagartig zusammenbrechen und an Oberflächen von Beton, wie selbst auch an solchen von Stahl, **lochfraßähnliche Hohlstellen** verursachen können.

Bei Verschleißbeanspruchungen von Beton wird zunächst die wenig abriebfeste äußere Mörtelschicht abgetragen, bis die Oberflächen des Grobkorns freigelegt wurden. Dieses **grobe Korn** bestimmt den weiteren Widerstand und soll reichlich vorhanden und sehr verschleißfest sein, Abb. 4.9-1. Der Mörtel selbst hat auch bei Verwendung von Quarzsand meist einen erheblich kleineren Verschleißwiderstand als das grobe Korn. Wichtigste Aufgabe des **Mörtels** ist es, durch guten **Verbund** dafür zu sorgen, dass die größeren Gesteinskörner nicht ausbrechen. Vor allem bei schlagender und prallender Beanspruchung wird der Mörtel tiefer abgetragen, die Oberfläche wird „entmörtelt".

Heute lässt sich Beton durchaus auch mit sehr hohem Verschleißwiderstand herstellen, so dass in vielen Fällen, etwa bei Wehrschwellen in Flüssen, verschleißfeste **Werksteine nicht mehr notwendig** sind, [Jacobs 03]. Beton kann diesen sogar überlegen sein, vor allem wenn er fugenlos hergestellt werden kann. **Fugen und Risse** sind häufig Ausgangspunkt von **Schäden**, vor allem wenn bei hohem Wasserdruck eine Entmörtelung eintritt. Auch bei rollendem Verkehr mit kleinen harten Rädern können sich neben Fugen oder Rissen in wenigen Millimetern Abstand vom Fugenspalt Rissflankenabbrüche bilden.

Die in DIN FB 100 für den Verschleiß angegebenen, lange umstrittenen **Expositionsklassen XM** mit den zugehörenden Grenzwerten für die Zusammensetzung ist grundsätzlich zu folgen. Sie stellen aber eine starke Vereinfachung dar.

4.9.2 Prüfverfahren

Weil Verschleißbeanspruchungen recht unterschiedlich sein können, versucht man für die zu erwartende Beanspruchung ein Prüfverfahren zu finden, das den Angriff im Labor möglichst wirklichkeitsnah abbildet. Der **Schleifversuch nach Böhme** zeigt nur den Schleifverlust, nicht ein häufig vorkommendes Ausbrechen feiner Gesteinskörner. Mit Hilfe von **Verschleißtrommeln**, an deren Wandflächen Platten des zu prüfenden Betons angebracht werden und die sich mit dem Geschiebe von Flüssen oder mit Stahlkugeln gefüllt um eine horizontale Achse drehen, kann die schleifende Beanspruchung durch das Geschiebe von Flüssen im Labor reproduziert werden, [Bellmann 12]. Mit Verschleißtrommeln wurde auch schon hochverschleißfester Hartbeton entwickelt, der sich bei Flusskraftwerken bewährt hat, [Werthmann 99]. Bei Beanspruchungen durch Fahrzeuge mit harten Rädern kann eine Prüfung mit dem **Kugeldruckverfahren nach Ebner** sinnvoll sein. Dagegen müssen zur Bestimmung des Verschleißes von dünnen Oberflächenschutzschichten in Parkbauten Prüfgeräte mit Gummireifen eingesetzt werden, [Ladner 16]. Für schlagende und kratzende Beanspruchungen durch **Spike-Reifen** oder **Schneeketten** wurden **Innentrommel-Prüfmaschinen** entwickelt, in denen entsprechend ausgerüstete Autoreifen eingesetzt werden, [Springenschmid 71]. Schließlich ist bei prallender Beanspruchung in Gegenden, in denen mit Sandstürmen gerechnet werden muss, eine vergleichende Prüfung mit einem **Sandstrahlverfahren** möglich.

4.9.3 Verschleißwiderstand

Die Beanspruchungen durch Verschleiß und der von Betonoberflächen entgegengebrachte Widerstand lassen sich bei weitem nicht so leicht quantifizieren wie Druckbeanspruchungen und Druckfestigkeit. Den mit der jeweiligen Beanspruchung gewonnenen Erfahrungen kommt besondere Bedeutung zu. Damit gewonnene Ergebnisse sind zur Beurteilung unterschiedlicher Gesteine oder Betonzusammensetzungen hilfreich. Der wünschenswerte Zusammenhang zwischen Verschleißabtrag in Laborprüfungen und der zu erwartenden Dauerhaftigkeit in der Praxis lässt sich aber nur bei Vorliegen spezieller Erfahrungen abschätzen. Man kann mit Laborversuchen aber nachweisen, um wie viel kleiner der Verschleiß bei einer Verwendung eines bestimmten synthetischen Hartzuschlags oder einer anderen aufwändigen Maßnahme ist, nicht wie lange es in der Praxis dann dauert, bis am Bauteil eine entsprechende Verschleißtiefe erreicht ist.

Auch die zu stellenden **Anforderungen** sind sehr **unterschiedlich**. Ein nur geringer Oberflächenabtrag etwa durch gummibereifte Gabelstapler kann allein schon wegen der dabei auftretenden Staubentwicklung untragbar sein, während bei Flussbauten im Gebirge allmählicher gleichmäßiger Abtrag im Zentimeterbereich durchaus toleriert werden kann. Wenn in Tunneln im Gebirge häufig Lkws mit Schneeketten ohne schützende Schneedecke fahren, ist es unvermeidbar, dass sich selbst in sehr verschleißfesten Betonfahrbahndecken allmählich tiefere Spurrillen bilden.

Bei mäßiger und hoher Verschleißbeanspruchung ist zu empfehlen:

(1) Weil das **grobe Korn** der überwiegende Träger des Verschleißwiderstandes ist, verwendet man sogenannte **Hartgesteine**, zu denen Granit, Diorit, Syenit, Porphyr, Basalt und Quarzit gehören. Dagegen gehören die meisten Kalkgesteine und Dolomite ebenso wie Sandstein, Schiefer und Tuff zu den weicheren Gesteinen, vgl. Tab. 2.4-1.

(2) Der Abnutzwiderstand des Gesteins kann nach DIN 52108 mit dem **Schleifversuch mit der Schleifscheibe nach Böhme** bestimmt werden. Günstig sind Gesteine mit einem Schleifverlust von 5 bis 10 $cm^3/50\ cm^2$. Bestimmte Schlacken und andere synthetische Gesteine sowie Körnungen aus Metallen können einen noch wesentlich kleineren Schleifverlust zeigen.

(3) Bei schlagender Beanspruchung kann durch zähe Gesteine mit hohem Widerstand gegen Schlag im **Schlagversuch nach DIN EN 1097** ein Zersplittern von Körnern in der Oberfläche vermieden werden.

(4) In beanspruchten Oberflächen soll möglichst **viel grobes Korn** liegen. Größtkorn und Anteil an grober Körnung sind entsprechend zu wählen, Abb. 4.9-1.

(5) Zu bevorzugen sind im Interesse eines guten Verbundes zum Feinmörtel Körnungen mit **gedrungener Kornform** und **mäßig rauen Oberflächen**.

(6) Der Beton soll so zusammengesetzt und eingebaut werden, dass sich an den beanspruchten Oberflächen **keine dicken Mörtelschichten** bilden.

(7) Um einen guten Verbund herzustellen, soll der Beton eine **sehr hohe Festigkeit** aufweisen und darf nicht zum Bluten neigen.

(8) Quarzsand oder andere **sehr verschleißfeste feine Gesteinskörnungen** sind günstig, weil die Oberfläche weniger „entmörtelt“ wird.

(9) Durch **Vakuumbehandlung** der Oberfläche können Verschleißwiderstand und Verbund des Feinmörtels zu den groben Körnungen erheblich verbessert werden.

(10) **Feinkörnige künstliche Hartstoffe** verbessern den Verschleißwiderstand nur, wenn sie nicht aus dem Gefüge herausgerissen werden. Sie müssen in die frische Betonoberfläche eingearbeitet werden, was nur sinnvoll ist, wenn der Beton mindestens der Klasse C 35/45, besser der Klasse C 45/55 entspricht und nicht blutet.

(11) Ist die Verschleißbeanspruchung so stark, dass mit einem Abtrag der äußeren Feinmörtelschicht zu rechnen ist, wie beispielsweise bei Wehrschwellen geschiebeführender Flüsse, dann ist die Verwendung feinkörniger künstlicher Hartstoffe nicht sinnvoll, Abschn. 8.6.7.

(12) Bei **schlagender und aufprallender** Beanspruchung kommt auch dem Verschleißwiderstand des **Feinmörtels** eine hohe Bedeutung zu, weshalb hohe Betonfestigkeiten zu fordern sind. Durch Zusatz von **Stahlfasern** kann der Verschleißwiderstand verbessert werden.

(13) Ist **Kavitation** zu erwarten, dann ist Beton hoher Festigkeit mit gut eingebundenem Grobkorn nötig.

(14) Größere Schäden an Betonoberflächen gehen meist von **Fugen oder Rissen** aus. Durch Verschleiß beanspruchte Flächen müssen **möglichst fugenlos** sein und so hergestellt werden, dass sie frei von Rissen bleiben.

(15) Eine **lange wasserhaltende Nachbehandlung** und anschließendes, nur **allmähliches Austrocknen** sichert weitgehende Hydratation des Feinmörtels und trägt auch zur Vermeidung von Oberflächenrissen bei.

(16) Treten neben mechanischen Einwirkungen auch **andere Angriffe**, etwa durch **Frost** oder säurehaltiges Wasser auf, dann kann dies den Abtrag verstärken. Selbst im feuchten Zustand ist vor allem bei Beton niedriger Festigkeit mit größerem Verschleiß zu rechnen.

5 Mischungsentwurf

5.1 Vorgaben

Bei der Planung jedes Betonbauteils muss der **Verfasser der Festlegung des Betons** alle nötigen Angaben über die **erforderlichen Eigenschaften** des Betons machen. Sie betreffen mindestens:

(1) **Druckfestigkeitsklasse** und ggf. von 28 Tagen abweichendes Alter bei der Prüfung

(2) **Expositionsklassen**

(3) **Feuchtigkeitsklasse**

(4) **Art der Verwendung** (unbewehrter Beton, Stahlbeton oder Spannbeton)

Weitere Angaben sind nötig und müssen oft erst in Absprache mit dem Verwender gemacht werden:

(5) **Konsistenzklasse,** bei schwierigen Einbaubedingungen auch Zielwert der Konsistenz

(6) **Größtkorn der Gesteinskörnungen**

Darüber hinaus muss jeder Beton

(7) **Mischungsstabil** sein, d. h. er darf sich beim Transport und Einbau bis zum Erhärten nicht entmischen.

(8) **Robust** sein, d. h. er muss auf Störeinflüsse gutmütig und vorhersehbar reagieren

(9) Wirtschaftlich **wettbewerbsfähig** sein

In vielen Fällen sind zusätzliche Anforderungen zu stellen. Sie betreffen

- **zusätzlich Regelwerke**, die einzuhalten sind, z. B. ZTV-ING
- die **Temperatur** des Frischbetons bei der Übergabe
- die **Transport- und Einbaubedingungen**, z. B. Pumpstabilität, Glättbarkeit der Oberfläche
- den grünen Beton, z. B. **Grünstandsfähigkeit**
- den jungen Beton, z. B. **Bluten, Rissempfindlichkeit**
- eine **längere Verarbeitbarkeit**
- einen **rascheren Anstieg der Festigkeit**

Für viele Einsatzgebiete sind spezielle Festlegungen nötig, etwa für Sichtbeton, massige Bauteile, Spritzbeton, Tiefbaubeton, Straßenbeton.

Besondere Anforderungen können auch durch Vorgaben bei den **Ausgangsstoffen** und deren Anteil im Beton, z. B. hinsichtlich Verwendung bestimmter Gesteinsvorkommen, von Flugasche oder anderen Zusatzstoffen und/oder besonderen Anforderungen an den Zement beschrieben werden.

Bevor ein Beton für ein Bauteil ausgeliefert werden darf, muss in einer **Erstprüfung** (früher „Eignungsprüfung") des Frischbetons und des erhärteten Betons nachgewiesen werden, dass die geforderten Eigenschaften erreichen werden. Nur **Standardbeton** darf ohne Erstprüfung hergestellt werden. Bei der Erstprüfung müssen Rücksicht auf **Streuungen** bei den Eigenschaften der **Ausgangsstoffe**, bei der **Herstellung** des Betons und bei dessen **Prüfung Vorhaltemaße** eingeplant werden, die vom Hersteller nach dessen Erfahrung festzulegen sind. So ist bei der Druckfestigkeit eine angemessene Überschreitung der geforderten charakteristischen Festigkeit nötig, wobei ein Vorhaltemaß von etwa dem Doppelten der zu erwartenden Standardabweichung, mindestens 6 N/mm^2 bis 12 N/mm^2 festgelegt werden soll, [DIN FB 100 Anh. A].

Bei schwierigen Betonieraufgaben und besonderen Zusammensetzungen des Betons sind vorausgehende Laborversuche nur ein Hilfsmittel für den Entwurf eines gut einbaufähigen Betons. Oft sind **Einbauversuche** vor Ort mit den vorhandenen Maschinen, Geräten und Personal nötig. Zur Vermeidung von Schwierigkeiten bei der Verarbeitung können besondere Anforderungen an die Lieferungen des Betonwerkes nötig sein, mitunter auch Anforderungen für deren Prüfung. Für einige besondere Anforderungen sind Prüfverfahren erst in Entwicklung, [Wagner, 15].

Es muss alles getan werden, um zu verhindern, dass die Einbaumannschaft bei neu ankommenden Betonlieferungen durch einen Frischbeton überrascht wird, der das Fördern, den Einbau oder das Glätten erschwert oder gar unmöglich macht.

Es kann nötig sein, eine letzte **Feinabstimmung** der Betonzusammensetzung erst nach einer **Beurteilung** des Verhaltens des Frischbetons **beim Einbau** durchzuführen, eine besondere Herausforderung für die Zusammenarbeit von Lieferwerk und Baustelle. Wenn sich beispielsweise beim Betoneinbau zeigt, dass sich an der Oberfläche einer Bodenplatte eine zu dicke Feinmörtelschicht bildet oder die Grünstandsfestigkeit des Betons einer Leitwand nicht ausreicht und der Beton nachsackt, wäre es ein Widerspruch zu gesundem Ingenieurdenken, nur deshalb auf eine Feinabstimmung durch eine ggf. erforderliche Änderung der Betonzusammensetzung zu verzichten, weil diese dann von der Erstprüfung abweichen würde. Selbstverständlich dürfen bei jeder Feinabstimmung auch die Anforderungen der Normen, wie die **Grenzen des *w/z*-Wertes** – dem Schlüssel zu Festigkeit und Dauerhaftigkeit – im Auge behalten werden.

5.2 Möglichkeiten für die Festlegung eines Betons

Beton nach DIN FB 100 kann auf vier unterschiedlichen Arten festgelegt werden:

(1) **Standardbeton** (Rezeptbeton)

Das nur selten benutzte Konzept, Standardbeton, darf bis zur Festigkeitsklasse **C 16/20**, also **auch für Stahlbeton**, jedoch nur in **trockener oder überwiegend nasser Umgebung** (XC 1), d. h. nicht für XC 3 oder XC 4, also **nicht für Außenbauteile** oder andere Expositionsklassen, verwendet werden. Der Verfasser der Festlegung muss **keine Erstprüfung** durchführen, seine Zusammensetzung richtet sich nach **DIN FB 100 Tabelle F 5.** Dort werden Zementgehalte in Abhängigkeit von Druckfestigkeitsklasse, Konsistenz, Größtkorn der Gesteinskörnung und Festigkeitsklasse des Zementes angegeben. Durch entsprechend hohe Zementgehalte – für Beton C 16/20 mit 16 mm Größtkorn und weicher Konsistenz sogar 396 kg/m^3 – kann auch ohne Prüfungen damit gerechnet werden, dass die geforderte Festigkeitsklasse erreicht wird. Standardbeton wird, wenn überhaupt, nur für untergeordnete Bauteile verwendet,

(2) **Beton nach Eigenschaften**

Er wird vom **Hersteller des Betons** konzipiert, im Allgemeinen durch eine **Erstprüfung** (Eignungsprüfung) bestätigt und dieser Zusammensetzung entsprechend hergestellt und ausgeliefert. Der Hersteller des Betons trägt die **Verantwortung** dafür, dass die **Eigenschaften erreicht** werden, **vorausgesetzt**, es werden vom Verwender, d. h. auf der Baustelle, die **nötigen Maßnahmen** (Einbau, Verdichtung, Nachbehandlung usw.) ergriffen. Die Zusammensetzung von Beton nach Eigenschaften darf auch in einer durch **Eckversuche belegten Bandbreite ausgesteuert** werden. Dem **Hersteller** des Betons obliegt auch die Prüfung der Konformität der nach DIN FB 100 zu fordernden Eigenschaften, [Helm 09]. Der **Verwender** hat die **Identität zu prüfen** und Annahmeprüfungen durchzuführen. Er kann als Bauausführender nötigenfalls zusätzliche Anforderungen, die in der Ausschreibung gefordert werden oder ihm zweckmäßig erscheinen, verlangen. Transportbetonwerke führen **Liefer- und Sortenverzeichnisse** für Beton nach Eigenschaften.

(3) **Beton nach Zusammensetzung**

Bei dieser nicht allzu oft genutzten Möglichkeit wird der Beton **nicht vom Hersteller**, also dem Mischwerk, sondern **vom Verwender** festgelegt. Der Verwender oder ein von ihm beauftragtes Labor muss die Erstprüfung durchführen und ist verantwortlich dafür, dass der bestellte Beton die gewünschten Eigenschaften erreicht. Der Hersteller des Betons erhält **alle Angaben über die Zusammensetzung**, auch Angaben über die zu verwendenden Ausgangsstoffe einschließlich deren Zugabemenge. Er weist anhand des Chargenprotokolls nach, dass die Dosiergenauigkeit von 3 % eingehalten wurde und der *w/z*-Wert um nicht mehr als 0,02 überschritten wurde. Die Lieferscheine der Ausgangsstoffe dienen als Nachweis für die verwendeten Stoffe. Der Nachweis, dass die erforderlichen Eigenschaften erreicht werden, muss vom Verwender, dem Bauausführenden erbracht werden.

(4) **Betone mit besonderen Eigenschaften**

Wenn zusätzliche Eigenschaften in Richtlinien geregelt werden oder wenn für tragende Bauteile wegen Abweichungen von bauaufsichtlich eingeführten Normen eine Zustimmung im Einzelfall durch die Bauaufsichtsbehörde gegeben wurde, liegt eine besondere Form von Beton nach Eigenschaften vor. Der **Hersteller** von **„Beton nach Zustimmung"** legt die Zusammensetzung fest und garantiert dessen Eigenschaften. Dem Bauausführenden ist die Zusammensetzung, die bei der Behörde hinterlegt werden muss, nicht zugänglich. Er kann sich daher auf eine Identitäts- bzw. Annahmeprüfung beschränken.

5.3 Konsistenz

Besondere Bedeutung kommt der Wahl der richtigen, auf den Einbau des Betons abgestimmten Konsistenz zu. Sie wird durch das **Ausbreitmaß *d***, bei steifem (C 1) und sehr steifem (C 0) Beton durch das **Verdichtungsmaß *c*** bestimmt, siehe Tab. 3.2-1, Abschn. 3.2.2.

Steifer Beton (C 1) mit *c* = 1,45 bis 1,26 ist etwas **nasser als erdfeucht** und fällt **beim Schütten lose**. Er kann nicht gepumpt werden und eignet sich nicht für feingliedrige Bauteile oder enge Bewehrung. Er kann gut auch in Muldenfahrzeugen transportiert werden und muss durch **kräftiges Rütteln oder Stampfen** verdichtet werden.

Plastischer Beton (F 2 oder C 2) mit *d* = 35 bis 41 cm oder *c* = 1,25 bis 1,11 fällt beim **Schütten schollig bis knapp zusammenhängend**, der Feinmörtel ist weich. Er kann durch Rütteln gut verdichtet werden und eignet sich gut auch für bewehrte Bauteile.

Weicher Beton (F 3) mit *d* = 42 bis 48 cm entspricht der früheren „Regelkonsistenz“ KR. Weil er leichter eingebracht und verdichtet werden kann und damit die Arbeitskosten reduzieren werden, wird er heute bei vielen Bauaufgaben bevorzugt. Er lässt sich durch **Rütteln sehr gut** verdichten.

Sehr weicher Beton (F 4) mit *d* = 49 bis 55 cm und **Fließfähiger Beton (F 5) mit *d* = 56 bis 62 cm** entsprechen dem früheren **Fließbeton**. Er fließt in Rohren und Rutschen mit mindestens 20 % Gefälle von selbst und bildet nur sehr flache Schüttkegel. Werden dünne Platten mit F 5-Beton hergestellt, ist meist nur eine geringe Verdichtung nötig, während bei F 4-Betonen noch eine Rüttelbohle zweckmäßig ist. Bei hohen Bauteilen, wie Stützen, Wänden oder entsprechenden Balken ist bei F 4- und F 5-Betonen ein leichtes Rütteln von unten nach oben nötig und wirksamer und zuverlässiger als Stochern. In Österreich gilt Beton mit einem Ausbreitmaß von 49 bis 55 cm als weich (Regelkonsistenz). Damit will man vermeiden, dass bei mit steifer oder ohne Konsistenzangabe bestelltem Beton vor dem Einbau unzulässig Wasser zugegeben wird, [Ressler 18].

Sehr fließfähiger Beton (F 6) mit *d* = 63 bis 70 cm ist empfindlicher hinsichtlich Entmischungen als F 5-Beton, aber etwas robuster als Selbstverdichtender Beton (der nicht mehr im Rahmen von DIN FB 100 liegt), vgl. Abschn. 6.1. F 6-Beton erfordert aber etwa 450 kg/m^3 Mehlkorn, eine sorgfältige Abstimmung von Zement und Zusatzstoffen mit einem entsprechenden Fließmittel und längere Mischzeiten von 1 bis 2 Minuten. Er kann beispielsweise von unten über Rohrstutzen in Tunnelinnenschalen oder Stahlhohlprofile eingepumpt werden und erreicht ein dichtes Gefüge, wobei es durchaus Fälle gibt, in denen noch leicht gerüttelt werden muss. F 6-Beton muss schon im Aufgabetrichter der Pumpe nahezu vollständig entlüftet sein. Der Druck des Frischbetons auf die Schalung ist deutlich höher. Zu beachten ist, dass auch F 6-Beton vor allem bei niedriger Temperatur langsamer erhärtet und selbst als Beton C 30/37 oft am nächsten Tag noch nicht ausgeschalt werden kann.

F 5- und F 6-Betone bezeichnet man als **leicht verarbeitbare Betone (LVB)**. Die Konsistenzklassen F 4 bis F 6 dürfen nur mit Hilfe von **Fließmitteln** eingestellt werden. Heute werden etwa 75 % aller Betone in F 4 bis F 6 eingebaut, davon etwa die Hälfte fließfähig (F 5), [Fischer 17].

In vielen Fällen sind zur Festlegung der erforderlichen Verarbeitbarkeit neben der Konsistenzklasse noch andere Eigenschaften des Frischbetons in gegenseitiger Abstimmung zwischen Betonhersteller und Verarbeiter nötig. Die Angabe eines gewünschten Ausbreitmaßes reicht in solchen Fällen nicht aus. Es kann zunächst ein Probeeinbau mit den auf der Baustelle vorgesehenen Fachkräften, Maschinen und Geräten nötig sein.

5.4 Zusammensetzung der Gesteinskörnungen

Abschnitt 3.2.3 enthält bereits dazu die wichtigsten Gesichtspunkte. Darüber muss beachtet werden:

Das **Größtkorn** muss so gewählt werden, dass der Beton nach dem Verdichten ein **geschlossenes Gefüge** erreicht und die **Bewehrungsstähle dicht umhüllt** werden. Damit keine groben Gesteinskörner zwischen engliegenden Bewehrungsstäben oder zwischen diesen und der Schalung hängen bleiben, soll bei Körnungen **über 16 mm** das Größtkorn um **mindestens 5 mm kleiner** als der lichte **Abstand der Stahleinlagen** sein. Das Größtkorn soll auch nicht größer als ein **Drittel der kleinsten Querschnittsabmessung** und auch **nicht wesentlich größer** als die gewählte **Betondeckung** (Mindestmaß) sein. Um besser verarbeitbar zu sein, wird oft nicht das höchstzulässige Größtkorn verwendet, Tabelle 5.4-1 gibt Anhaltswerte. Am häufigsten wird ein Größtkorn von 22 mm oder 32 mm, daneben auch von 16 mm gewählt.

Versuche mit unterschiedlichen Kornzusammensetzungen (Sieblinien), um jene zu finden, bei der der **Wasseranspruch zur Erzielung der nötigen Konsistenz am kleinsten** ist, werden für üblichen Beton heute kaum mehr gemacht. In den meisten Fällen sind **Sieblinienbereiche**, wie sie in DIN FB 100 Anhang L für 8, 16, 32 und 63 mm Größtkorn informativ angegeben sind, ein geeignetes Hilfsmittel, um mit den gewählten Gesteinskörnungen eine für nötige Verarbeitbarkeit geeignete Sieblinie festzulegen, Abb. 3.2-5. Ähnliche Sieblinienbereiche, auch für 4, 11 und 22 mm Größtkorn finden sich in ÖNORM B 4710-1, müssen dort aber zwingend eingehalten werden. Der Sieblinienbereich „grob bis mittelkörnig“ wurde früher als „günstig“ bezeichnet. Um ausreichende Mischungsstabilität zu erzielen, kann es bei ungünstig zusammengesetzten Sanden nötig sein, zusätzlich Feinsand einzusetzen.

Die Gesteinskörnung wird aus **mehreren Korngruppen** zusammengesetzt, damit der Beton ein **gleichmäßig dichtes Gefüge** erreichen kann und keine großen Schwankungen in seiner Zusammensetzung aufweist – was zwangsläufig die Pumpbarkeit und die gesamte Verarbeitung erschweren und darüber hinaus zu erheblichen Streuungen der Festigkeiten führen würde. Nur bis Beton C 12/15, also nicht

Tabelle 5.4-1: Anhaltswerte für die Wahl des Größtkorns

Bauteil Breite/Dicke mindestens m	Betondeckung c_{min} mm	lichter Abstand der Stahleinlagen mindestens mm	Größtkorn *D* höchstens mm	
1,0	100	1)	63/125	Massenbeton
0,25	30	37	32	
0,15	20	27	22	
0,10	15	20	16	
0,05	10	20	8	Anschlussmische

1) bei Wänden 2 D, bei Platten 3 D

für Stahlbeton, darf auf getrennte Zugabe von mindestens zwei Korngruppen verzichtet werden, wobei auch wiederaufbereitete Gesteinskörnungen aus Restbeton verwendet werden dürfen. Für Ingenieurbauten schreibt die ZTV-ING schon für Beton ab 16 mm Größtkorn **3 getrennte Körnungen** vor. Bei Massenbeton mit 150 mm Größtkorn werden sogar 6 unterschiedliche Körnungen verwendet. Planmäßige Abweichungen von den Bereichen der Regelsieblinien sollten nur zugelassen werden, wenn spezielle Versuche dies rechtfertigen.

Mittel- bis feinkörnige Körnungen (Bereich B/C) erhalten meist auch einen Sandanteil, der für ein Pumpen des Betons und für Sichtbeton ausreicht. Mitunter wählt man aber auch einen etwas **größeren Sandanteil**, damit sich der Beton **weniger leicht entmischt** und besser verarbeitbar ist. Die untere Begrenzung (A) des grob- bis feinkörnigen Bereiches sollte nur angenähert werden, wenn aufgrund vorhandener Erfahrungen sicher ist, dass mit der vorhandenen Form der Gesteinskörner ein dichtes Gefüge zuverlässig erreichbar ist. Für sehr **sandreiche Kornzusammensetzungen** ist mehr Wasser nötig, was nur durch **Fließmittel** vermieden werden kann.

Mehlkorn und Feinstsand sind technologisch gesehen die wichtigsten Bestandteile. Sie haben nicht nur den höchsten Wasseranspruch, sie bestimmen die Klebrigkeit des Frischbetons und haben damit großen Einfluss auf Verdichtungswilligkeit und auf oberflächliches Wasserabsondern (Bluten). **Schwankt** der Anteil **Mehlkorn und Feinstsand** in der Gesteinskörnung bei der Lieferung des Betons stark, dann ist es **nicht möglich**, gleichmäßige Eigenschaften zu erzielen.

Für das Zusammenhaltevermögen des Frischbetons spielt es keine Rolle, ob das **mehlfeine Korn** von den **Gesteinskörnungen** oder vom **Zement** oder den **Zusatzstoffen** kommt. Aus diesem Grunde bezeichnet man mit „Mehlkorn" den gesamten Anteil an mehlfeinem Korn kleiner 0,125 mm Korngröße. **Zementarme Betone** brauchen deshalb mehr **zusätzliches Mehlkorn**, das, wenn es nicht im Feinsand enthalten ist, als Steinmehl oder anderen Zusatzstoffen zugegeben werden muss.

Beim Mehlkorn sind vor allem dessen **Kornverteilung** und **Kornform**, aber auch seine **Oberflächenrauigkeit** wichtig, [Stark, U. 06]. So sind kugelige Kornanteile, wie sie meist in Flugaschen enthalten sind, günstig, während Mehlkorn, das bei der Herstellung von gebrochenen Gesteinskörnungen im Brecher anfällt und oft sogar plattige oder spießige Körner enthält, nur in kleinen Anteilen und nur, wenn Vorversuche dies rechtfertigen, verwendet werden kann. Besondere Vorsicht ist am Platze, wenn darin Schichtminerale wie Glimmer enthalten sind.

Zu **niedrige Mehlkorngehalte** beeinträchtigen die Mischungsstabilität, führen also an der Oberfläche zur Absonderung dünner Wasserschichten (Bluten) und mörtelreicher Schichten, Abschn. 3.2.7. Sie machen den Frischbeton auch **weniger geschmeidig, oft nicht mehr pumpbar** und **erschweren das Glätten** der Oberfläche.

Hohe Mehlkorngehalte machen den Feinmörtel **zäher**, was zu einer **steiferen** Konsistenz bzw. zu einem **erhöhten Wasseranspruch** führt. Fließmittel erfordern in der Regel einen hohen Gehalt an Mehlkorn. Der Feinmörtel darf aber nicht so zäh werden, dass **beim Glätten der Oberfläche im Frischbeton Risse** entstehen. Sehr hohe Mehlkorngehalte können dazu führen, dass die Betonoberfläche nicht mehr geglättet werden kann. Der einzustellende Gehalt an Mehlkorn muss vor allem bei weicheren Betonkonsistenzen optimiert werden, Abschn. 5.6.

In den Normen spiegeln sich die unterschiedlichen Auffassungen hinsichtlich der Notwendigkeit einer Begrenzung des Mehlkorngehaltes wider. Während

ÖNORM B 4710-1 eine **Empfehlung** für ausreichenden Mehlkorngehalt in einer Bandbreite gibt, wird in DIN FB 100 ein **höchstzulässiger Mehlkorngehalt** vorgeschrieben, Tab. 5.4-2.

Tabelle 5.4-2: Mehlkorngehalte

Höchstzulässiger Mehlkorngehalt für Größtkorn 16 bis 63 mm (DIN FB 100)		
	Zementgehalt kg/m³	Mehlkorngehalt kg/m³
nur für XF und X M	≤ 300 ≥ 350	≤ 400 ≤ 450
nur ab C 55/67	≤ 400 ≤ 450 ≥ 550	≤ 500 ≤ 550 ≥ 600
Für alle anderen Betone		≤ 550
Empfohlener ausreichender Mehlkorngehalt nach ÖNORM B 4710-1		
Größtkorn	Mehlkorngehalt [kg/m³]	
16 mm 32 mm	375 ± 25 325 ± 25	

5.5 Entwurf von Beton mit bestimmten Eigenschaften

5.5.1 Vorbemerkung

Die meisten in den Betonwerken tätigen Betoningenieure haben reichlich **Erfahrungen** mit den zur **Verfügung stehenden Ausgangsstoffen** und **geeigneten Zusammensetzungen**, um bei jeder Betonsorte die festgelegten Eigenschaften zu erreichen und den Konformitätsnachweis zu erbringen. Dadurch ist es möglich, die geforderten Druckfestigkeiten nur wenig zu überschreiten und andere Anforderungen zu erfüllen, was eine wirtschaftliche Optimierung ermöglicht. Wenn Betonzusammensetzungen geändert werden müssen, können **Faustregeln** hilfreich sein [Krell 17]. Beispielsweise

- 10 kg/m³ zusätzliche Wasserzugabe vermindern die Druckfestigkeit um 4 N/mm².
- 2,5 kg/m³ zusätzliche Wasserbeigabe erhöhen das Ausbreitmaß um 10 mm.
- 1 Vol. % Luft vermindert die Druckfestigkeit um 3 % (bis 5 %).

Solche Faustregeln müssen je **nach örtlichen Verhältnissen angepasst** werden und sind nur in einem **begrenzten Bereich** anwendbar. Oft können auch ausgehend von den vorhandenen Prüfergebnissen unter Benutzung vorhandener Rechenprogramme die bei geänderter Zusammensetzung zu erwartenden Eigenschaften abgeschätzt werden, bevor sie – was stets nötig ist – **durch Laborprüfungen** bestätigt werden.

Darüber hinaus stellt sich immer wieder die Frage, wie sich etwa die Verwendung eines anderen Zementes oder eines Sandes einer anderen Gewinnungsstätte auswirken oder wie zusätzliche Anforderungen, etwa höhere Frühfestigkeit oder geringere Rissempfindlichkeit, erfüllt werden können. Genau so, wenn Rezepturen mit Ausgangsstoffen, über die noch keine Erfahrungen vorliegen oder für völlig **neue Betonsorten** aufgestellt werden müssen. Für solche Aufgaben gibt es unterschiedliche Verfahren. Hier sei auf den „klassischen" **Mischungsentwurf für Beton mit bestimmten Eigenschaften** eingegangen, wie er für das Verständnis der **Zusammenhänge** hilfreich ist, [Walz 58]. Er kommt mit nur wenigen Vorinformationen aus.

Die Erläuterung erfolgt anhand des folgenden **Beispiels:**

5.5.2 Zielvorgaben

Gesucht sei die Zusammensetzung eines Betons C 25/30 für ein direkt beregnetes Außenbauteil (Expositionsklasse XC 4) ohne horizontale Flächen, so dass Wasser stets abfließen kann und nur mäßige Wassersättigung auftritt (Expositionsklasse XF 1). Der Beton soll der Konsistenzklasse F 3 (weich, Ausbreitmaß 45 ± 3 cm) entsprechen. Das Größtkorn betrage 16 mm. Der Beton soll bewehrt werden (Stahlbeton).

Für die in der Erstprüfung zu erzielende Druckfestigkeit muss das **Vorhaltemaß** je nach den Herstellungsbedingungen und den zu erwartenden Schwankungen der Ausgangsstoffe gewählt werden. Einen Anhaltspunkt hierfür gibt FB 100 Anhang A. Angenommen sei, dass die Mischanlage zwar mit einer Mikroprozessorsteuerung ausgerüstet ist, die Ausgangsstoffe aber nicht die höchsten Anforderungen an Gleichmäßigkeit erfüllen, sodass das Vorhaltemaß mit 10 N/mm² gewählt wird. Für den Beton C 25/30 beträgt daher die **Entwurfsfestigkeit** 40 N/mm².

5.5.3 Expositionsklassen

Nötig sind (vgl. Tab. 4.1-2):

	XC 4	XF 1
w/*z*-Wert höchstens	0,60	0,60
Druckfestigkeitsklasse mindestens	C 25/30	C 25/30
Zementgehalt mindestens	280 kg/m³	280 kg/m³
Frostwiderstand Gesteinskörnung		F_4

5.5.4 Ausgangsstoffe

Gewählt wird ein Portlandzement CEM I 32,5 R mit einer Normfestigkeit von 48 N/mm² sowie Kies und Sand aus Flussablagerungen. Der Lieferant des Kieses erbringt den Nachweis eines ausreichenden Frostwiderstandes (F_4). Die Rohdichte des Zementes betrage $\rho_z = 3{,}10$ kg/dm³, jene der Gesteinskörnung $\rho_g = 2{,}63$ kg/dm³.

Als Soll-Sieblinie wird jene der Mitte des grob bis mittelkörnigen Bereiches (A/B) gewählt. Um diese Sieblinie gut anzunähern, werden die erforderlichen Anteile der einzelnen Körnungen zunächst geschätzt. Aus den Sieblinien der einzelnen Körnungen wird eine Gesamtsieblinie berechnet. Nach mehreren Versuchen ergeben sich für die beste Annäherung der Mitte des gewählten Bereiches folgende Anteile:

31 % 0/2

33 % 2/8 und

36 % 8/16

An Stelle einer Schätzung verwendet man hierfür heute meist ein **Rechenprogramm.** Stets sind dabei die **tatsächlichen Sieblinien der einzelnen Körnungen** einschließlich Unter- und Überkorn zugrund zu legen, nicht etwa nur die für die Bezeichnung der Gesteinskörnung maßgebenden Öffnungsweiten der Begrenzungssiebe.

5.5.5 Ermittlung des Wasseranspruches

Wenn mit den vorgesehenen Körnungen keine Erfahrungen vorliegen, muss der Wasseranspruch geschätzt werden, wobei sich Tabellen als hilfreich erweisen, Tab. 3.2-2. Er ist bei dem vorliegenden Flusskiessand eher niedrig und wird für die gewünschte Konsistenz F 3 mit $w = 180$ kg/m³ geschätzt.

5.5.6 Erforderlicher *w/z*-Wert

Um die erforderliche Druckfestigkeit zu erreichen, wird der *w/z*-Wert nach dem Walz-Diagramm, Abb. 3.4-1, geschätzt. Unter Berücksichtigung der Entwurfsfestigkeit von 40 N/mm² und der Normfestigkeit des Zements N_{28} von 48 N/mm² wird dem Diagramm ein *w/z*-Wert von 0,56 entnommen. Im vorliegenden Fall wird damit auch der *w/z*-Wert der Expositionsklassen XC 4 und XF 1 nicht überschritten. Andernfalls müsste ein entsprechend niedrigerer *w/z*-Wert gewählt werden.

5.5.7 Erforderlicher Zementgehalt

Aus dem Wasseranspruch und dem *w/z*-Wert rechnet sich der Zementgehalt zu

$$z = \frac{w}{w/z} = \frac{180}{0{,}56} = 321 \text{ kg/m}^3$$

Auch mit diesem Zementgehalt werden die Anforderungen der Expositionsklassen XC 4 und XF 1 erfüllt.

5.5.8 Berechnung der Mischungsanteile

Um aus den vorgesehenen Zement- und Wassergehalten zu berechnen, wie viel Gesteinskörnungen für 1 m³ Beton erforderlich sind, benutzt man die **Stoffraumgleichung:**

$$1000\ [\text{dm}^3] = \frac{z}{\rho_z} + \frac{w}{\rho_w} + \frac{g}{\rho_g} + \rho$$

Dabei wird der Gehalt an Zement ***z***, ggf. Zusatzstoffen ***f*** und Wasser ***w*** stets in Kilogramm je Kubikmeter angegeben, der Luftgehalt ***ρ*** in Prozent oder aber in Liter oder dm³ je Kubikmeter. Flüssige Zusatzmittel werden nur zum Wasseranteil hinzugerechnet, wenn ihr Anteil mehr als 3 l/m³ beträgt. Um nun den **Anteil Gesteinskörnungen *g*** zu ermitteln, werden die Gehalte an Zement, Zusatzstoffen und Wasser in **Volumenanteile** umgerechnet, Abb. 5.5-1. Dazu muss die **Dichte** von Zement $\boldsymbol{\rho_z}$ und ggf. vorgesehenen Zusatzstoffen $\boldsymbol{\rho_f}$ bekannt sein. Meist nimmt man sie für Portlandzement mit 3,1 g/cm³, für Hüttensand mit 2,85 g/cm³ und für Flugasche mit 2,1 bis 2,4 g/cm³ an. Nach Abzug des **Luftgehaltes** der Verdichtungsporen mit 10 bis 20 dm³/m³, bei Luftporenbeton in der Regel 40 bis 50 dm³/m³, vgl. Abschn. 5.9.3, wird das verbleibende Volumen, das die Gesteinskörnungen einnehmen, errechnet. Daraus erhält man durch Multiplikation mit der **Rohdichte der Gesteinskörnung $\boldsymbol{\rho_g}$**, (vgl. Tabelle 2.3.1), im Beispiel 2,63 kg/dm³, die auf 1 m³ Beton entfallenden Masse an Gesteinskörnungen, hier 1 844 kg/m³.

Werden Gesteinskörnungen mit stark unterschiedlicher Rohdichte verwendet, wie z. B. Quarzsand mit 2,65 kg/dm³ und Basaltsplitt mit 3,02 kg/dm³, müssen, weil die Volumenanteile maßgebend sind, die Anteile der einzelnen Korngruppen getrennt berechnet werden, damit nicht zu wenig von der Korngruppe mit der höheren Rohdichte vorgesehen werden.

Aus der **Stoffraumrechnung** ergibt sich auch die bei der Betonherstellung zu erwartende **Rohdichte des Frischbetons.** Sie ist ein bewährtes Hilfsmittel zur Überprüfung der Probekörper des Frischbetons und des erhärteten Betons. Proben mit **zu niedriger Rohdichte** deuten auf **zu hohen Wassergehalt** oder/und zu hohen Anteil an Sand.

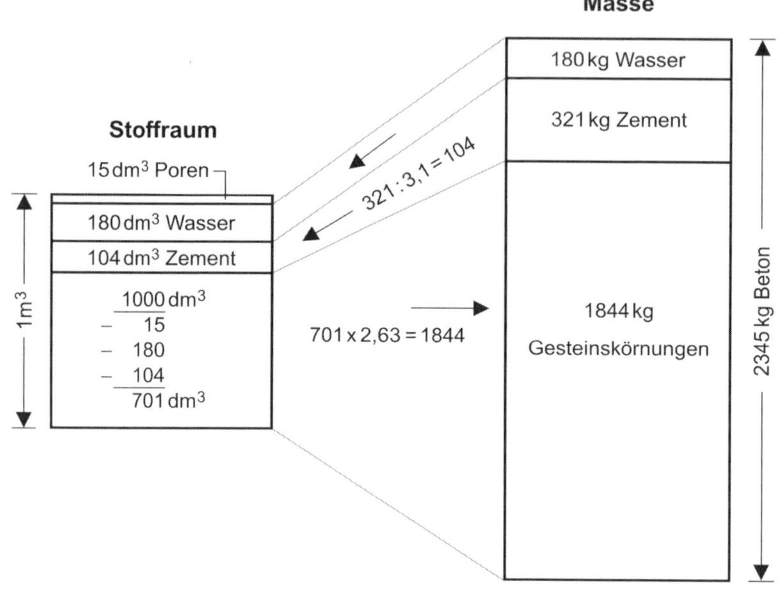

Abb. 5.5-1: Stoffraumrechnung: ausgehend von dem für 1 m³ Frischbeton gewählten Gehalt an Wasser und Zement wird der nötige Gehalt an Gesteinskörnungen berechnet.

Für die im Beispiel beschriebene Betonzusammensetzung mit *w/z*-Wert 0,56 ergibt sich je m³ Festbeton nach der Stoffraumrechnung:

Gesamtvolumen	V_{ges} =	1 000 dm³
Zement $z/\rho_z = 321/3{,}1$	V_z =	– 104 dm³
Wasser *w*	V_w =	– 180 dm³
Luftgehalt *p*	V_p =	– 15 dm³
Gesteinskörnungen *g*	V_g =	701 dm³

Der Masseanteil Gesteinskörnungen ergibt sich aus $V_g \cdot \rho_g = 701 \cdot 2{,}63 = 1\,844$ kg/dm³.

Die Anteile der einzelnen Körnungen betragen (vgl. Abschn. 5.5.3)

0/2	31 % · 1 844	572 kg/m³
2/8	33 % · 1 844	608 kg/m³
8/16	36 % · 1 844	664 kg/m³
		1 844 kg/m³

Die Soll-Rohdichte des Frischbetons beträgt 321 + 180 + 1 844 = 2 345 kg/m³.

5.5.9 Auswahl der Betonzusammensetzung für die Erstprüfung

Grundsätzlich muss für jede Betonzusammensetzung mit Hilfe Laborversuchen geprüft werden, ob die gewünschte **Konsistenz** und die nötige **Entwurfsfestigkeit** erreicht werden.

Zuerst wird die Konsistenz eingestellt. Dazu werden für eine Probemische die Mischungsanteile berechnet und eingewogen, der Beton wird gemischt und anschließend das Ausbreitmaß ermittelt, vgl. Abschn. 3.2.2. Entspricht es nicht der Vorgabe von rd. 45 cm, muss eine neue Mischung mit entsprechendem Wassergehalt hergestellt werden. Vielfach wird, um dies zu vermeiden, zunächst nicht das ganze Wasser zugegeben. Durch schrittweise Erhöhung des Wassergehaltes tastet man sich an das gewünschte Ausbreitmaß heran. Weicht der Wasseranspruch deutlich von der ersten Schätzung ab, muss die Betonzusammensetzung, wie in den Abschnitten 5.5.5 bis 5.5.7 beschrieben, neu berechnet werden.

Hat man eine Betonzusammensetzung mit der gewünschten Konsistenz, muss geprüft werden, ob damit die gewünschte Druckfestigkeit erreicht wird.

Wenn mit den gewählten Ausgangsstoffen nur wenig oder keine Erfahrungen vorliegen, empfiehlt es sich, die **Erstprüfung** mit **zwei unterschiedlichen *w/z*-Werten** durchzuführen, im vorliegenden Beispiel etwa mit 0,52 und 0,60. Damit wird auch dem Umstand Rechnung getragen, dass das Walz-Diagramm nur eine Näherung darstellt und oft etwas niedrigere Festigkeiten anzeigt als bei der Druckfestigkeitsprüfung gefunden werden.

5.5.10 Druckfestigkeitsprüfung und Freigabe

Wenn nach 28 Tagen die Ergebnisse der Druckfestigkeitsprüfung von zwei Betonzusammensetzungen mit unterschiedlichem *w/z*-Wert vorliegen, kann durch lineare Interpolation jener *w/z*-Wert ermittelt werden, mit dem die Entwurfsfestigkeit getroffen wird. Steht nicht genügend Zeit für das Abwarten der 28-Tage-Festigkeit zur Verfügung, dann bietet ÖNORM B 4710-1 eine Möglichkeit zur früheren Prüfung, vgl. Abschn. 3.4.1.1.

Wurde mit dem *w/z*-Wert von 0,52 eine Druckfestigkeit von 44 N/mm² und mit *w/z*-Wert von 0,60 eine solche von 36 N/mm² erreicht, dann ergibt eine Interpolation, dass für die Entwurfsfestigkeit von 40 N/mm² ein *w/z*-Wert von 0,56 erforderlich ist. Damit wird die Betonzusammensetzung neu berechnet. Wenn auch die Konsistenzprüfung – hier das Ausbreitmaß – entsprochen hat, kann die Rezeptur für die Anwendung freigegeben werden. Dass die Anforderungen der Expositionsklassen erfüllt werden, wurden schon vorher nachgewiesen.

5.5.11 Stoffmengen für eine Mischerfüllung

Bei der Umrechnung der Stoffmengen für 1 m³ auf eine Mischerfüllung ist zu beachten, dass bei Betonmischern als **Nenngröße** meist ein Volumen angegeben wird, das erheblich größer ist als das mit einer Mische **herstellbare Volumen an Festbeton**. Wenn keine Erfahrungen vorliegen, geht man davon aus, dass das Volumen des mit einer Mischerfüllung herstellbaren Festbetons **nur zwei Drittel der Nenngröße des Mischers** beträgt. Daraus folgt, dass etwa zur Herstellung eines Kubikmeters Festbeton mit einem 250-l-Mischer nicht 4, sondern 6 Mischen notwendig sind.

5.5.12 Schlussbemerkung zum Beispiel für das Ablaufschema

Der hier dargestellte Weg zur Festlegung einer Betonzusammensetzung dient vor allem zur Erläuterung der Grundgedanken. In der Praxis enthalten heute die Betone fast immer auch **Zusatzstoffe** wie Flugasche oder Kalksteinmehl. Darüber hinaus müssen in der Regel gezielt mit Hilfe von **Zusatzmitteln**, vor allem **Fließmittel,** wichtige Eigenschaften wie Wasseranspruch, Verarbeitbarkeit oder auch Dauerhaftigkeit verbessert werden, worauf in den folgenden Abschnitten eingegangen wird.

5.6 Optimierung der Eigenschaften des Frischbetons

Heute wird Beton zum Großteil dank moderner Fließmittel mit weicher bis fließfähiger Konsistenz eingebaut, was das Verdichten erleichtert. Solche Betone können sich aber viel **leichter entmischen**, was vor allem zu dicken Mörtelschichten an den Oberflächen führt, sind empfindlicher gegenüber Fehlern beim Rütteln und sind überdies oft weniger **robust,** reagieren also viel stärker auf auch nur kleine Änderungen bei den Ausgangsstoffen oder auf Dosierungenauigkeiten. Diese Probleme hat es bei den früher überwiegend steifen und plastischen Konsistenzen kaum gegeben und erfordern zusätzliche Maßnahmen.

Soll ein Beton durch Pumpen gefördert werden, muss er entsprechende Frischbetoneigenschaften aufweisen, siehe Abschn. 7.4.3.

5.6.1 Rheologische Untersuchungen

Um aus der Vielfalt der heute angebotenen Fließmittel und ggf. auch anderer Zusatzmittel, sowie inerten oder reaktiven Zusatzstoffen eine optimale Wahl zu treffen, sucht man zunächst eine geeignete **Zusammensetzung des Leimes.** Rheologische Untersuchungen, beispielsweise mit einem **Viskosimeter** sind dabei ein wertvolles Hilfsmittel. Zement und Zusatzstoffe sollen sich in der Kornzusammensetzung ergänzen, was an einer günstigen Fließfähigkeit erkennbar ist, vgl. Abschn. 3.2.5. Dabei wird auch das optimale Verhältnis von Steinmehl und/oder Flugasche oder anderen mehlfeinen Stoffen zum Zement festgelegt. In einem Zuge damit wird meist auch die **Wirkung verschiedener Fließmittel** geprüft und ein Produkt ausgewählt, das in einer vernünftigen Dosierung zu einer ausreichenden und ausreichend lange anhaltenden Fließfähigkeit und nicht zu hoher Viskosität, also nicht zu hohem Fließwiderstand führt. Hohe **Viskosität** lässt auf **Klebrigkeit**, sehr niedrige auf Neigung zu starkem Wasserabsondern, also **Bluten**, schließen. Beides muss den jeweiligen Anforderungen an den Frischbeton entsprechen. Mit Hilfe von rheologischen Voruntersuchungen des Leimes lassen sich auch mit wenig Aufwand die Auswirkungen **höherer Temperaturen** und **längerer Verarbeitungszeiten** abschätzen.

5.6.2 Optimierung des Mehlkorns

Bei den mehlfeinen Stoffen kann man nicht wie bei groben Gesteinskörnungen Siebungen durchführen und Sieblinien optimieren. Das Ziel ist aber dasselbe, nämlich eine möglichst **hohe Packungsdichte**, d. h. ein möglichst kleiner Hohlraum zwischen den Partikeln. Dabei sollen die Zwickel weitgehend mit kleineren Körnern gefüllt werden, wodurch vermieden wird, dass sich dort Wasser ansammelt, das aber die Konsistenz nicht verbessert. Die Wassereffizienz wird dadurch gesteigert, [Lohaus 17, Abebe 17]. Dadurch bleibt auch der **Bedarf an Fließmitteln** wesentlich **kleiner.**

Um die Korngrößenverteilung und Kornform sowie auch Oberflächenrauigkeit der Partikel von Zementen und noch feineren Stoffen zu messen, sind verschiedene Verfahren entwickelt worden, u. a. mit fotooptischen Einrichtungen, vgl. Abschn. 2.4.5.4. Damit können Zemente und andere mehlfeinen Stoffe nach ihrer Kornform beurteilt und schon vom Hersteller durch entsprechende Mahlvorgänge optimiert werden, [Macht 06].

In der Praxis stehen für die nötige Optimierung der Zusammensetzung des Mehlkorns solche Analysengeräte aber nur selten zur Verfügung. Dann können diese wichtigen Eigenschaften von Zement, Zusatzstoffen und Gesteinsmehlen nicht so erfasst werden, dass eine optimale Zusammensetzung der mehlfeinen Stoffe berechnet werden kann. Grundlegende Forschungsarbeiten haben aber dazu beigetragen, eine Reihe von Zusammenhängen zu erkennen [Nischer 06]:

- Als **Soll-Sieblinie** kann auch für das Mehlkorn die **Fuller-Parabel** zugrunde gelegt werden, vgl. Abschn. 3.2.3. Es gilt aber auch hier, dass bei **ungünstiger Kornform** mehr feinste Partikel nötig sind, d. h. dass der **Exponent der Fuller-Parabel** bei einem durchschnittlichen Verhältnis von Länge zu Breite der Körner von 1,3 auf etwa 0,40, bei einem solchen von 1,5 auf etwa 0,35 abgesenkt werden muss.
- Voraussetzung für eine größere Stabilität des Frischbetons ist aber auch, dass die Kornanteile über 0,01 mm im Mehlkorn nicht zu einem Überschreiten der Soll-Sieblinie führen. Zu **hohe Anteile** an Korn **über 0,01 mm** führen zu **größerem Bedarf an Wasser und Fließmittel**, oft ohne die Mischungsstabilität zu verbessern.
- **Gröberes Mehlkorn** erfordert bei schlechter Anpassung an die Soll-Sieblinie Mehlkorngehalte von bis über 190 l/m³, während für günstige oft nur 150 l/m³ ausreichen können.
- Von Mehlkorn mit sehr **rauer Oberfläche** müssen größere Anteile zugegeben werden, wodurch sich auch der Bedarf an Wasser und Fließmittel erhöht.
- Um eine ausreichende **Mischungsstabilität des Frischbetons** zu erhalten, d. h. auch starke Sedimentationen zu vermeiden, muss der Gehalt an Mehlkorn **umso größer** sein, **je weicher** (fließfähiger) der Beton sein soll.
- Je günstiger die Kornzusammensetzung der Gesteinskörnungen, d. h. **je größer ihre Packungsdichte** ist, desto **weniger Mehlkorn** ist für eine ausreichende Stabilität nötig.
- Werden **Luftporenbildner** verwendet, dann nehmen die **Luftporen** einen Teil des **Stoffraumes des Mehlkorns** und machen den Beton **besser verarbeitbar**. Bei mehlkornarmem Beton kann man mit 4 % Luftporen eine ähnliche Wirkung erzielen wie mit 60 kg/m³ zusätzlichem Mehlkorn.

In der Praxis haben sich bislang nur wenige experimentelle Verfahren zur **Optimierung der Zusammensetzung des Mehlkorns** durchsetzen können:

- Beim Verfahren nach **Puntke** wird jene Zusammensetzung des Mehlkorns ermittelt, die bei voller **Wassersättigung des Porenraumes** die größte Packungsdichte ergibt, wobei gleichzeitig der kleinste Wasseranspruch festzustellen ist, [Puntke 02]. Dabei werden unterschiedliche Kombinationen mehlfeiner Stoffe mit einem Spachtel mit Wasser durchgemischt, in einem etwa 300 ml fassenden Becher aus Metall oder Kunststoff gefüllt und durch Aufstoßen des Bechers aus etwa 5 cm Höhe verdichtet. Dieser Versuch wird wiederholt, wobei schrittweise der Wassergehalt erhöht wird, bis schließlich ein Glanz auf der noch etwas rauen Oberfläche anzeigt, dass der Sättigungspunkt erreicht ist. Um einen Einfluss etwa verbliebener Luftporen auszuschließen, wird der Wasseranspruch mit Hilfe einer sehr genauen Waage (Ablesegenauigkeit ± 0,01 g) und der vorher ermittelten Kornrohdichte der feinen Körnung als Volumenanteil der wassergefüllten Poren berechnet.
- Mit dem **Haegermann-Setztrichter** wird das **Ausbreitmaß** von Leimen mit unterschiedlichem Wassergehalt geprüft, wobei man aber auf das Schocken verzichtet. Der nur 60 mm hohe kegelstumpfartige Haegermann-Setztrichter mit 100 mm unterem und 70 mm oberem Durchmesser wurde einst für Zement-Normmörtel entwickelt. Mit ihm ermittelt man jene Kornzusammensetzung, bei der mit dem niedrigsten Wassergehalt ein bestimmtes Ausbreitmaß von z. B. 24 cm erreicht wird.
- Beim Trichterversuch mit einem **Auslaufrheometer** misst man die Zeit, die nötig ist, damit ein Leimvolumen von 500 cm³ aus einem 1 000-cm³-Gefäß durch eine Öffnung mit 10 mm Durchmesser läuft, [Paschmann 01]. Auch hier macht man Versuche mit verschiedenen Zusammensetzungen des Mehlkorns. Bei der günstigsten wird eine bestimmte Auslaufzeit von z. B. 15 Sekunden mit dem niedrigsten Wassergehalt erreicht.
- Schließlich lassen sich mit einem **Rotationsviskosimeter** sowohl relative Fließgrenze als auch relative Viskosität ermitteln, Abb. 3.2-8, Abschn. 3.2.5. Damit ist es am besten möglich, das rheologische Verhalten des Leimes zu optimieren.

5.6.3 Auswahl und Optimierung von Fließmittel

Die Wirkung von Fließmitteln ist vor allem bei niedrigem *w/z*-Werten stark vom verwendeten Zement, den Zusatzstoffen und dem Feinsand abhängig, vgl. Abschn. 2.5.2. Auswahl und Dosierung geeigneter Fließmittel und ggf. auch anderer Zusatzmittel erfolgt zweckmäßig zunächst mit dem **Leim** durch eines der vier vorgenannten Verfahren zur Optimierung des Mehlkornes. Mit dem Rotationsviskosimeter erkennt man die dispergierende Wirkung eines Fließmittels daran, dass bei zunehmender Dosierung der Scherwiderstand kleiner wird, d. h. dass immer mehr Agglomerate zerstört werden. Wenn schließlich höhere Dosierungen keine Erhöhung der Fließfähigkeit mehr bringen, ist die **Sättigungsgrenze** erreicht. Auch mit dem Setzmaß kann die Sättigungsgrenze gut bestimmet werden. Bei höheren *w/z*-Werten ist der Scherwiderstand auch ohne Fließmittel niedrig, weshalb eine Zugabe von Fließmittel in der Regel nicht sinnvoll ist.

Durch Zugabe mehlfeiner Zusatzstoffe wie Flugasche kann das Leimvolumen vergrößert werden. Dadurch wird der Beton **robuster,** also weniger empfindlich gegenüber Schwankungen der Eigenschaften der Ausgangsstoffe und bei der Herstellung des Betons. Bei niedrigen Leimgehalten besteht die Gefahr, dass der Beton stärker blutet, eine Nachverflüssigung eintritt, also der Beton unkontrolliert weicher wird, sich der Luftgehalt erhöht oder der Beton vorzeitig ansteift [Reiners, 15]. Wenn mehr Mehlkorn verwendet wird und auch die Dosierung des Fließmittel entsprechend erhöht wird, bis auch die höhere Sättigungsgrenze erreicht ist, nimmt der Scherwiderstand im Rotationsviskosimeter nur unwesentlich zu, d. h. die Fließfähigkeit bleibt erhalten, obwohl trotz höheren Mehlkorngehaltes nicht mehr Wasser zugegeben wurde, Abb. 5.6-2.

Erst nach der Optimierung des Leimes folgen **Frischbetonuntersuchungen**, bei denen die Leimmenge so dosiert wird, dass die Hohlräume des Korngerüstes gut gefüllt werden und zwischen den Körnern ein Schmierfilm entsteht, der so dick sein muss, dass sich das Korngerüst noch leicht verschieben lässt. Nachdem auch der Sand und die groben Gesteinskörnungen an ihren Oberflächen etwas Fließmittel adsorbieren, kann gegenüber der am Leim optimierten Fließmittelmenge zur Erzielung der gewünschten Konsistenz eine geringe Erhöhung notwendig sein.

Hohe oder niedrige Temperaturen können ebenso wie **längere Verarbeitungszeiten** die Fließfähigkeit und das Sedimentationsverhalten des Frischbetons verändern. Zusätzliche Prüfungen am Leim sind nötig, um unangenehme Überraschungen während des Einbaues des Betons zu vermeiden.

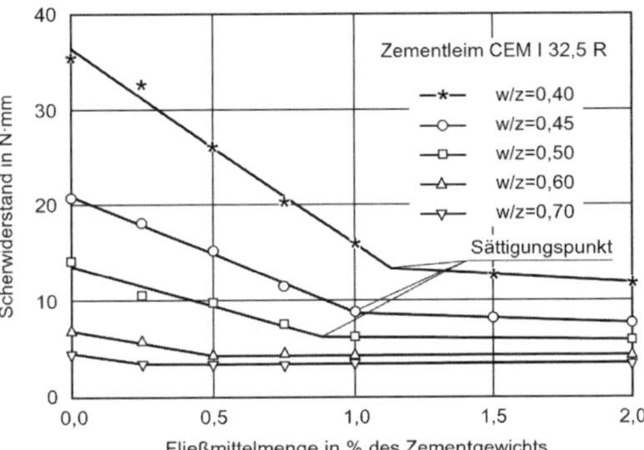

Abb. 5.6-1: Der Scherwiderstand von Zementleim mit unterschiedlichem w/z-Wert wird immer kleiner, je mehr Fließmittel zugegeben wird. Wird der Sättigungspunkt überschritten, bleibt er konstant, [Thielen 98]

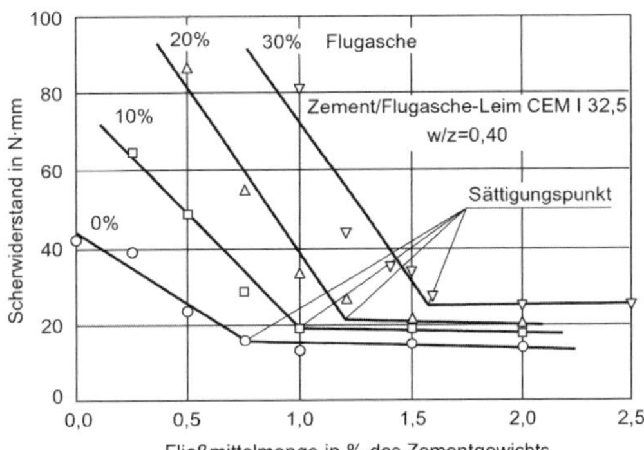

Abb. 5.6-2: Durch Zugabe von Flugasche zusätzlich zum Zement steigt der Scherwiderstand, kann aber mit Fließmittel fast bis zur Höhe ohne Flugasche abgesenkt werden, [Spanka 95]

Dies gilt in besonderem Maße für Hochfesten Beton, ist aber auch für Selbstverdichtenden Beton und auch fließfähigen (F 5) und sehr fließfähigen (F 6) Beton sehr wichtig.

Da Fließmittel bei steifem Beton oft nicht ansprechen, wird vielfach **an der Mischanlage ein Betonverflüssiger** verwendet, dessen Wirkung nicht zu rasch abfällt, und mit ihm eine plastische bis weiche (F 2 bis F 3) Anfangskonsistenz eingestellt. Das **Fließmittel** wird dann erst **vor dem Entleeren des Mischerfahrzeuges** eingemischt. Neuerdings werden auch schon beim Hauptmischgang entsprechend verbesserte Fließmittel oder **Zweikomponentensysteme** zugegeben. Sie enthalten bereits eine Verflüssigerkomponente zum Einstellen der Konsistenz und eine Haltekomponente, um die Konsistenz über die gewünschte Zeitspanne hinweg möglichst konstant zu halten.

Leistungsfähige Fließmittel auf PCE-Basis ermöglichen die Herstellung von weichen Betonen mit geringen Leimgehalten, also auch etwas kleineren Zementgehalten. Dadurch kann auch die Hydratationswärme etwas niedriger gehalten werden. Die Erfahrung hat aber gezeigt, dass solche Betonsorten oft **weniger robust** sind. Schon geringe natur- oder produktionsbedingte Schwankungen der Ausgangsstoffe und herstellungsbedingte Streuungen in den Mischanlagen können **schwer beherrschbare Abweichungen verursachen**, viel stärker ausgeprägt als bei Beton ohne Fließmittel. Es kann zu deutlich **unterschiedlichem Bluten**, zu ungeplant **höheren Luftgehalten**, zu unkontrollierter **Nachverflüssigung** oder auch zu beschleunigtem **Ansteifen** kommen. **Entmischungen** beim Einbau können ebenso wie Verstopfer beim Pumpen eine Folge sein. Durch **ausreichend hohen Leimgehalt** kann die **Robustheit** von Beton mit PCE-Fließmittel erheblich verbessert werden.

5.6.4 Verlängerung oder Verkürzung der Verarbeitbarkeitszeit

Das Ende der **Verarbeitbarkeitszeit**, d. h. der Zeitraum, bis zu dem der Beton auf der Baustelle noch ausreichend verdichtet werden kann, erkennt man bei Rüttelbeton daran, dass sich beim langsamen **Herausziehen des Tauchrüttlers das Loch** im Beton gerade noch **schließt**. Die Verarbeitbarkeitszeit kann mit entsprechenden Zementen oder Zusatzmitteln verkürzt oder verlängert werden. Beton, der früher erstarren oder erhärten soll, hat auch kürzere Verarbeitungszeiten.

Frischbeton mit **erhöhter Temperatur** ist erheblich kürzer verarbeitbar und erstarrt und erhärtet auch schneller. Auch bei **niedrigem *w*/*z*-Wert**, ebenso wie mit **steifer Konsistenz** erstarrt und erhärtet Beton früher. Schließlich führen auch Erstarrungsbeschleuniger und Erhärtungsbeschleuniger (Abschn. 2.5.6) zu sehr kurzen Verarbeitbarkeitszeiten. Die heute üblichen leistungsfähigen Fließmittel beeinflussen oft das Ansteifen des Betons in erheblichem Ausmaß, wobei auch die Temperatur eine wesentliche Rolle spielt.

Bei **längeren Transportzeiten** oder **längeren Verarbeitungszeiten**, etwa bei langsamem Einbau oder wenn **kalte Arbeitsfugen** vermieden werden müssen, kann es nötig sein, den Beton zu **verzögern**. Nach der Norm soll jeder Beton spätestens 90 Minuten nach der Wasserzugabe aus dem Fahrmischer vollständig entladen sein. Die in der Norm festgelegte Frist gibt nur eine grobe Orientierung. Es muss beachtet werden, dass der Frischbeton in der Regel schon vor Ablauf dieser eineinhalb Stunden anzusteifen beginnt, vor allem wenn er etwas wärmer ist, immer auch abhängig vom verwendeten Zement und den zugegebenen Zusatzmitteln. Steifer Beton, der in Fahrzeugen ohne Rührwerk transportiert wird, soll schon nach 45 Minuten vollständig entladen sein.

Der beste Verzögerer für Beton ist eine **niedrige Temperatur**. Frischer Mörtel ist im Tiefkühlschrank lange haltbar, doch sollte er rasch einfrieren und vor seiner Verwendung rasch und ohne starke Erwärmung aufgetaut werden, was leider nur im Labor und nur mit dünnen Proben möglich ist.

Verzögerer (VZ), Abschn. 2.5.5, dienen dazu, die Transportzeit und/oder Verarbeitbarkeitszeit zu verlängern. Je größer die gewünschte Verzögerungszeit, desto sorgfältiger muss die **Wahl des Verzögerers** auf den **verwendeten Zement**, die **Betonzusammensetzung** und die **Frischbetontemperatur** abgestimmt sein. Vorversuche mit dem Rotationsviskosimeter können dabei hilfreich sein, wobei auch auf Wechselwirkungen mit anderen Zusatzmitteln zu achten ist. Auf eine erweiterte Erstprüfung kann man nur verzichten, wenn der Frischbeton auf höchstens 3 Stunden Verarbeitungszeit verzögert wird und Erfahrungen über das Zusammenwirken aller Ausgangsstoffe vorliegen. Generell gilt, dass man Verzögerer **möglichst niedrig dosieren** soll.

Wie unterschiedlich das **Zusammenwirken von Zement und Verzögerer** sein kann, zeigte sich bei Vergleichsversuchen mit einem Verzögerer: je nach verwendetem Zement lag der Erstarrungsbeginn zwischen 7 und 46 Stunden. Im Allgemeinen lassen sich Zemente mit **niedrigem Klinkeranteil, niedrigem Alkaligehalt, niedrigem C_3A-Gehalt und grober Mahlung leichter verzögern**, vor allem wenn die Temperaturen nicht zu hoch sind. Ganz entscheidend für die Wirkungsweise ist, ob der Verzögerer **mit dem Anmachwasser oder erst später** zugegeben wird.

Es kann auch vorkommen, dass Beton, der einen Verzögerer enthält, schon etwas früher ansteift. Daher muss man in der Erstprüfung während der Verarbeitbarkeitszeit mehrmals das Ausbreitmaß bestimmen.

Verzögerer sollen dazu führen, dass der Beton nach dem Erstarrungsbeginn **zügig erstarrt** und seine **Anfangsfestigkeit rasch** gewinnt. Das hat auch den Vorteil, dass dann die **Liegezeit,** in der der junge Beton besonders empfindlich im Hinblick auf Austrocknen ist, nur kurz ist. Bei längeren Liegezeiten treten in der Praxis häufig durch Frühschwinden feine Risse auf. Durch rechtzeitiges Feuchthalten der Oberfläche lässt sich dies vermeiden.

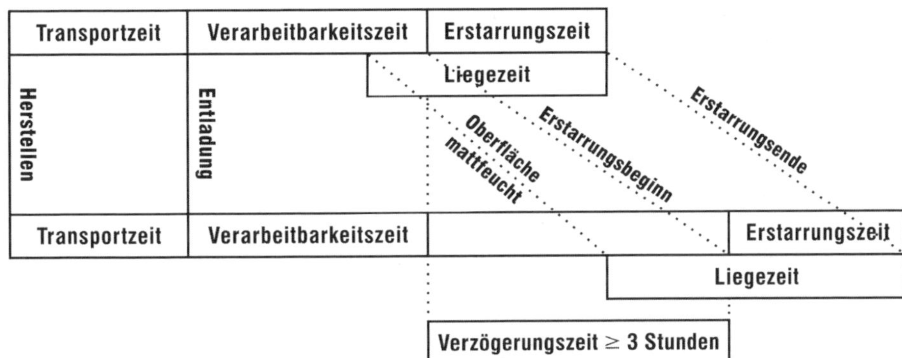

Abb. 5.6-3: Begriffe bei Beton mit längerer Verarbeitungszeit durch Verwendung von Betonverzögerern VZ, [DAfStb 06/1]

Wegen möglicher Unterschiede von Zement, Zusatzmittel und Gesteinskörnungen von Lieferung zu Lieferung ist dringend zu empfehlen, auch **knapp vor Beginn der Betonarbeiten** an einer Betonprobe mit den vorgesehenen Ausgangsstoffen **nochmals zu prüfen**, ob die erforderliche Verarbeitbarkeitszeit bei den herrschenden Temperaturen erreicht wird. Erfahrungsgemäß kann es etwa bei Verzögerungen um 12 Stunden leicht vorkommen, dass die Verarbeitbarkeitszeit um mehr als ein Viertel größer oder kleiner ist.

Um die **Verarbeitbarkeitszeit** zu prüfen, füllt man eine frische Betonprobe in einen **Plastikbeutel**. Wenn sie sich mit der Hand nicht mehr plastisch verformen lässt, kann ein Beton nicht mehr verarbeitet werden. Vom Ende der **Erstarrungszeit** spricht man dagegen, wenn die Festigkeitsentwicklung schon beginnt.

Die **Nachbehandlung** muss nötigenfalls schon während der Liegezeit beginnen und ist entsprechend länger durchzuführen, auch kann verzögerter Beton erst **später ausgeschalt** werden. Die **28-Tage-Druckfestigkeit** von verzögertem Beton ist **meist etwas höher** als jene des normal erhärtenden Betons, ähnlich wie wenn niedrige Temperaturen die Erhärtung verzögert haben. Dies gilt natürlich nicht für die Festigkeit in den ersten Tagen, vor allem bei höherer Dosierung eines Verzögerers.

Bestellt man **verzögerten Transportbeton**, dann soll nur die erforderliche **Verarbeitbarkeitszeit** angegeben werden. Die nötige Verzögerungszeit muss unter Berücksichtigung der Transportzeit festgelegt werden, vgl. Richtlinie für Beton mit verlängerter Verarbeitungszeit [DAfStb 06].

Mit einzelnen Verzögerern ist es möglich, die chemische Reaktion auch noch zu bremsen, wenn sie erst zu einem späteren Zeitpunkt zugegeben werden, etwa **wenn das Mischerfahrzeug schon auf der Baustelle ist.** Das ist auch zulässig, vorausgesetzt, es hat eine vorausgegangene erweitere Eignungsprüfung ein zufriedenstellendes Ergebnis erbracht.

5.6.5 Beurteilung des Frischbetons mit einfachen Mitteln

Viele Betoningenieure ebenso wie erfahrene Laboranten beurteilen die Eignung eines Frischbetons für den Einbau zunächst nach Augenschein oder wenden einfache Hilfsmittel an. Auf diese Weise werden die genormten Prüfverfahren ergänzt und erste Abschätzungen ermöglicht. Für solche Hilfsmittel seien einige Beispiele genannt [Krauß 17).

- Beobachtungen beim **Ausbreitversuch**: Tritt am Rand des Ausbreitkuchens Wasser aus, so deutet das darauf hin, dass der Beton zu wenig Mehlkorn und/oder zu viel Wasser enthält, oft auch einen über die Sättigungsgrenze hinausgehenden Gehalt an Fließmittel. Ebenso kann man während der 15 Schläge des Versuches erkennen, ob die Grobkörnung des Betons gleichmäßig an den Rand des Ausbreitkuchens mitgenommmen oder im Zentrum zurückgehalten wird, was auf eine mögliche Neigung zum Entmischen hinweist.
- **Luftporenbildung**: Streicht man den Frischbeton nach leichter Verdichtung mit einer Kelle glatt, dann zeigen zahlreiche kleine zerplatzende Luftbläschen, dass eine starke Luftporenbildung aufgetreten ist, was nur bei Luftporenbeton der Fall sein soll.
- Beobachtungen beim **Rütteln:** Beim Verdichten einer Betonprobe in der Würfelform oder in einem Eimer am Rütteltisch beobachtet man, wie schnell der Großteil der größeren Luftporen an die Oberfläche kommt. Dauert dies lange, ist dies ein Zeichen für eine große Klebrigkeit, also hohe Viskosität.

- Dicke der **Mörtelschicht an der Oberfläche**. Dazu versucht man nach dem Verdichten mit dem Finger oder einem Griff eines Werkzeuges zu ertasten, wie tief grobes Korn unter der Oberfläche liegt. Ist der Abstand zur Oberfläche größer etwa 3 mm, muss man damit rechnen, dass die grobkornfreie und dadurch an Wasser und Zement reichere Schicht zu dick ist. Sie wird nicht nur weniger fest, sondern schwindet auch stärker und bekommt leichter Risse. Der Beton ist zu wenig stabil.
- Beobachtungen mit der **Kelle:** Lässt man die Fläche einer Kelle leicht pulsierend über die Oberfläche einer – üblicherweise in einer Schubkarre zur Herstellung der Probewürfel gefüllten – Frischbetonprobe gleiten, ergeben sich, vor allem bei relativ steifen Betonen Hinweise auf die Bearbeitungswilligkeit der Betonoberfläche.

Neben solchen einfachen und anderen oft von erfahrenem Laborpersonal erfundenen Hilfsmitteln wurden in letzter Zeit auch einfache und rasch durchführbare Prüfverfahren entwickelt, um wichtige Eigenschaften des Frischbetons, wie etwa die Pumpfähigkeit oder Rüttelstabilität besser beurteilen zu können, siehe Abschn. 7.4.3.

5.7 Beton mit Zusatzstoffen

(vgl. Abschn. 2.3)

5.7.1 Wirkungsweise von Zusatzstoffen

Der Gehalt an Zusatzstoff (z.B. Flugasche *f*) wird meist auf den Zementgehalt *z* bezogen, wie etwa $f/z = 0{,}33$ oder 33 %. Aus DIN FB 100 geht auch hervor, wie viel Masse des Zements durch einen Zusatzstoff ersetzt werden darf. Bei $f/z = 0{,}33$ sind dies vom Bindemittelgehalt $z + f$ nur 25 % Flugasche bei einem Zementanteil von 75 %.

Im **Frischbeton** wirken die feinkörnigen Zusatzstoffe als Mehlkorn. Sie machen den Beton geschmeidiger und vermindern die Gefahr eines Entmischens. Günstig ist es, wenn sie die Kornzusammensetzung des Zements und des übrigen Mehlkorns ergänzen, sodass die Packungsdichte des Mehlkorns insgesamt vergrößert wird, vgl. Abschn. 5.6.2. Bei zementarmem Beton wird die Verarbeitbarkeit durch Zugabe von Kalksteinmehl, Flugasche oder anderen mehlfeinen Stoffen verbessert.

Reaktive Zusatzstoffe, in der Norm als **Typ II** bezeichnet, wie **Flugasche, Trass** oder **Silicastaub** reagieren **puzzolanisch** oder, wie **Hüttensandmehl, latent hydraulisch**, vgl. Abschn. 2.3. Bei der Hydratation von Portlandzement entstehen zu rd. 75 % festigkeitsbildende Calciumsiliat- und Calciumaluminathydrate und zu rd. 25 % **Calciumhydroxid**, das netzartig im Zementstein verteilt ist, die Oberfläche von Betonstahl passiviert, aber **nicht zur Festigkeit beiträgt**. Reaktive Zusatzstoffe enthalten selbst keine oder nur wenig Kalkphasen. Sie reagieren mit dem bei der Hydratation von Portlandzement freiwerdendem Calciumhydroxid allmählich zu Calciumsilikathydraten und anderen sehr festen Verbindungen und tragen so zur Festigkeitsentwicklung bei, Abb. 2.3-1. Dabei verbrauchen sie Calciumhydroxid. Die Folge ist, dass die für den Korrosionsschutz des Stahles notwendige **Alkalitätsreserve** kleiner wird, d. h. der pH-Wert etwas niedriger wird. Dies und die träge Reaktion sind die Hauptgründe, weshalb die Norm mit einem ***k*-Wert-Ansatz** die Anrechenbarkeit von Flugasche und Silicastaub **auf den *w*/*z*-Wert** wie er für die verschiedenen Expositionsklassen gefordert wird, begrenzt und Höchstmengen für den anrechenbaren Gehalt angibt, vgl. Abschn. 5.7.3. Dabei ist wichtig, ob, wie bei Zementen CEM II bis CEM V Zusatzstoffe bereits als sekundäre Hauptbestandteile im Zement enthalten sind. Bei Kalksteinmehl und anderen Typ I-Zusatzstoffen gibt es wegen des nicht nennenswerten Beitrages zur Hydratation keine Anrechnung.

Alle puzzolanischen und auch latent hydraulischen **Reaktionen laufen langsamer** ab als jene des Portlandzements, es sei denn, die reaktive Oberfläche ist, wie beim Silicastaub, sehr viel größer. Die langsame Erhärtung erfordert meist auch eine etwas längere Nachbehandlung und macht den Beton anfangs frostempfindlicher, was zu beachten ist, wenn er erst im Spätherbst eingebaut wird. Das zeigt sich auch bei Frostprüfungen, wenn sie, wie üblich, schon im Alter von 28 Tagen begonnen werden.

Die Frage, weshalb Flugasche und die meisten anderen puzzolanischen Stoffe, ja teilweise sogar Kalksteinmehl, als sekundäre Hauptbestandteile des Zements voll als Zementanteil angerechnet werden, als Zusatzstoff nur mit $k = 0{,}40$ bzw. gar nicht, wird oft diskutiert. Die Erhärtungsgeschwindigkeit von Zementen mit sekundären Hauptbestandteilen kann selbst bei Kalksteinzementen durch eine feinere Mahlung so eingestellt werden, dass sie eine ähnliche 28-Tage-Normfestigkeit wie CEM I-Zemente erreichen. Die viel kleinere Nacherhärtung spielt bei dünnwandigen Bauteilen keine Rolle, wenn man bedenkt, dass bei Beton aus Portlandzement die Festigkeit auch nicht mehr zunimmt, sobald er ausgetrocknet ist. Bei Flugasche, dem am häufigsten verwendeten Typ II-Zusatzstoff, ist zu beachten, dass es ein breites Spektrum von Flugaschen gibt, die der DIN EN 450 entsprechen. Sie können eine sehr unterschiedliche Reaktivität haben, die im Betonwerk vor einer Zugabe aber nicht mehr geprüft wird. Festlegungen in Normen müssen bei Kombination auch ungünstiger, aber noch normengerechter Stoffe noch genügend Sicherheit bieten. Für Flugaschen bestimmter Herkunft können im Rahmen von Zustimmungen im Einzelfall höhere *k*-Werte nachgewiesen werden.

5.7.2 Flugasche

Seit Jahrzehnten nutzt man die Vorteile eines teilweisen Ersatzes von Zement durch Flugasche, wobei wirtschaftliche Gründe oft nicht im Vordergrund stehen, vgl. Abschn. 2.3.1. Durch **Hydrationswärme** verursachte Spannungen sind, wenn anstelle eines Teils des Zements Flugasche eingesetzt wird, erheblich kleiner, weil Flugasche anfangs kaum Wärme entwickelt und erst später zur Festigkeit beiträgt. An niedrigeren Risstemperaturen ist dies erkennbar, Abb. 5.10-1.

Wenn es um hohe Frühfestigkeiten geht, wird Flugasche nicht eingesetzt. Auch beim Betonieren feingliedriger Bauteile im Winter verzichtet man darauf, weil eine Gefrierbeständigkeit erst später erreicht wird. Dagegen ist bei hohen Frischbetontemperaturen Flugasche ein beliebtes Mittel, um die Gefahr eines frühen Ansteifens und einer Rissbildung zu mindern.

Der **Carbonatisierungswiderstand** ist bei Verwendung von Flugasche trotz der etwas kleineren Alkalitätsreserve bei gleicher Druckfestigkeit etwa gleich jenem von Beton mit Portlandzementen gleicher Festigkeit, weil sich ein feineres Porengefüge ausbildet, in das Kohlendioxid langsamer eindringt, [Schießl 93]. Auch Chloride dringen in flugaschehaltige Betone deutlich weniger tief ein, was zu einer meist belanglosen Anreicherung in den äußersten Millimetern der Betondeckung führen kann, Abb. 4.3-4.

Der **Sulfatwiderstand** wird deutlich verbessert. Das ist vor allem auf das dichtere Porengefüge und den höheren Diffusionswiderstand zurückzuführen. An Flugaschepartikeln haftendes Sulfat geht sehr früh in Lösung und reagiert mit vorhandenem C_3A, das dann für eine spätere schädliche Reaktion nicht mehr zur Verfügung steht, [Heinz, 05/1]. Auch bei **lösenden Angriffen** wirken sich das dichtere Gefüge und der kleinere Gehalt an empfindlichem Calciumhydroxid günstig aus, [Hüttl 2000].

Flugaschehaltiger Beton, der stark durchfeuchtet wurde, soll erst **Frost- oder Frost-Tausalzangriffen** ausgesetzt werden, wenn er schon **mehrere Monate alt** ist. Wie Untersuchungen zeigen, kann auch Beton mit Flugasche einen sehr hohen Widerstand gegenüber Frost- und Frost-Taumittelangriff aufweisen, [Brameshuber 05, Schneider 05]. Für Betonfahrbahnen werden Flugaschen in Deutschland nicht eingesetzt, weil die erforderliche etwas längere Nachbehandlung auf betriebliche Schwierigkeiten stößt.

Sind **Alkali-Kieselsäure-Reaktionen** zu befürchten, wird in verschiedenen Ländern ein teilweiser Austausch von Zement durch Flugasche zugelassen oder sogar vorgeschrieben. Man erwartet sich davon eine Verdünnung des Anteils wirksamer Alkalien im Beton, nachdem man davon ausgehen kann, dass nur 1/6 der in der Flugasche vorhandenen Alkalien wirksam wird und erhebliche Teile der mit dem Zementklinker eingetragenen Alkalien schadlos an puzzolanische Reaktionsprodukte gebunden werden, [Heinz 05/2]. Darüber hinaus tritt eine Verlangsamung der Schadensbildung durch Verminderung von Diffusion und Permeabilität ein.

5.7.3 Anrechenbarkeit von Flugaschen und anderen Zusatzstoffen

Die Normen setzen keine obere Grenze für zulässige Gehalte an Zusatzstoffen. Im Kernbeton von Staumauern wurden schon Flugascheanteile von 72 % des Bindemittels verwendet, [Mather 74]. Begrenzt ist in DIN 100 die **Anrechenbarkeit**, um die für die unterschiedlichen **Expositionsklassen** gestellten Forderungen einzuhalten. Auf den Zementgehalt dürfen nur Flugaschen nach DIN EN 450-1 angerechnet werden, und nur wenn ein niedrigerer „Mindestzementgehalt bei Anrechnung von Zusatzstoffen" eingehalten wird. Der Gehalt von Zement plus Flugasche muss den für Beton ohne Flugasche vorgesehenen **Mindestzementgehalt** erreichen. Ausgenommen sind bestimmte Zemente mit hohem Anteil sekundärer Hauptbestandteile.

Anders bei der Berechnung des ebenfalls geforderten ***w/z*-Wertes**, wobei Flugasche nur zum Teil angerechnet werden darf. Dabei spricht man von einem **„äquivalenten *w/z*-Wert"** $(w/z)_{eq} = w/(z + k_f)$ oder nach ÖNORM von einem „Wasserbindemittelwert". Für Flugasche gilt ein **Anrechenbarkeitswert** $k_f = 0{,}40$ als nachgewiesen. Bei Unterwasserbeton und Bohrpfählen, bei denen ein Austrocknen nicht oder nur spät stattfinden kann, darf ein k_f-Wert von = 0,70 in Rechnung gestellt werden. Anrechnen darf man Flugaschen mit höchstens $f/z = 0{,}33\,z$, bei Puzzolanzementen (P) und solchen, die schon Flugasche enthalten (V) nur mit höchstens $f/z = 0{,}25\,z$.

Flugaschen fallen nur in begrenztem Umfang an. Daher soll damit sparsam umgegangen werden. Der **effektive *k*-Wert** ist bei guten Flugaschen oft viel höher als der generell als nachgewiesen geltende Wert $k_f = 0{,}40$. Der Nachweis des effektiven *k*-Wertes bietet eine Möglichkeit zu höherwertiger Anrechnung nach dem „**Prinzip der gleichwertigen Betonleistungsfähigkeit**“, wofür Anhang E des DIN FB 100 eine Leitlinie angibt. Grundlage hierfür ist, dass der effektive *k*-Wert für einen bestimmten Zusatzstoff durch Prüfung der Druckfestigkeit eines Betons mit dem Zusatzstoff und deren Vergleich mit jener eines Betons, der als Bindemittel nur den gleichen Zement enthält, nachgewiesen werden kann, z. B. mit dem IBAG-Verfahren. Dieses Verfahren ist aber aufwändig und erfordert höchste Prüfgenauigkeit, [Schießl 93]. Es sollte für die Anwendung in der Praxis vereinfacht werden. In der noch nicht verabschiedeten Neufassung von DIN FB 100 sind Änderungen zu erwarten, [Breitenbücher 13].

Bei hochwertigen Flugaschen, also solchen mit einem Aktivitätsindex über 90 % nach 90 Tagen sollten für massige Bauteile oder solche, die nicht frühzeitig austrocknen, größere Anteile mit *k*-Werten von 0,80 bis 1,0 generell zugelassen werden, vor allem wenn sie zusammen mit CEM I-Zementen bei niedrigen *w*/*z*-Werten eingesetzt werden. Dazu ist zurzeit noch eine bauaufsichtliche Zustimmung im Einzelfall nötig.

Während das *k*-Wert-Konzept als Bestandteil der EN 206 in der Europäischen Gemeinschaft allgemein gilt, bestehen für die Anrechenbarkeit in den nationalen Anwendungsdokumenten unterschiedliche Regelungen. So kann in Österreich ein überwiegend aus Flugasche bestehender Zusatzstoff, welcher der ÖNORM B 3309 „**Aufbereitete hydraulisch wirksame Zusatzstoffe für die Betonherstellung (AHWZ)**“ entspricht, mit einem *k*-Wert von 0,8 angerechnet werden. Dabei darf als Anteil des AHWZ je nach Zementart mit bis zu 30 % des gesamten Bindemittelgehaltes (= Zement + 0,8 AHWZ) berücksichtigt werden, siehe ÖNORM B 4710.

5.7.4 Silicastaub und Silicasuspension

Der extrem feinkörnige **Silicastaub**, vgl. Abschn. 2.3.3, kann, und das gilt auch für Silicasuspension, zu einem sehr dichten Betongefüge und extrem hoher Festigkeit führen. Er ist stets für die Erzielung **sehr hoher Betonfestigkeiten**, vielfach auch schon ab Beton C 90/105, nötig. Ähnliches gilt für sehr hohen Widerstand gegen lösende chemische Angriffe und einige andere Einwirkungen. Silicastaub reagiert sehr schnell, und zwar nicht nur puzzolanisch. Er verbraucht einen vergleichsweise viel größeren Anteil der Alkalitätsreserve. Schon am ersten Tag bildet er auch wasserreiche Gelphasen, was zu starkem **Grundschwinden** führt, wobei im Gegensatz zu allen anderen Zusatzstoffen auch Hydratationswärme entsteht. Die Neigung zur Rissbildung ist es auch, weshalb man meist **nicht mehr als 4 bis 8 %** Silicastaub zugibt. Auch der Frostwiderstand kann beeinträchtigt werden, vgl. Abschn. 4.4.4. Zulässig sind 11 %, bezogen auf den Zementgehalt. Silicastaub darf man mit $k = 1$ voll auf den Zementgehalt anrechnen.

5.8 Druckfestigkeiten im jungen und späten Alter

5.8.1 Frühfestigkeit

Für viele Bauteile ist wegen des Ausschalens, frühzeitigen Vorspannens oder bei Fertigteilen auch wegen des Transportes eine bestimmte Mindestfestigkeit schon nach ein oder zwei Tagen, in einzelnen Fällen schon nach 8 oder 16 Stunden, erforderlich, wenn nicht, wie bei Verwendung von Gleit- oder Kletterschalungen oder gar bei Spritzbeton im Tunnelbau, noch früher eine ausreichende Erhärtung nötig ist.

Die Forderungen nach bestimmten Frühfestigkeiten sollen **nicht zu hoch** angesetzt werden. Rasche Erhärtung verursacht meist stärkeres Schwinden, höhere Temperaturspannungen und geringere Nacherhärtung.

Entscheidend für die Höhe der Festigkeit in den ersten Tagen sind

(a) der **Zement**. Seine Festigkeitsentwicklung kann nach der 2-Tage-Normfestigkeit, die jedes Werk prüft, abgeschätzt werden. Sie liegt oft erheblich über den geforderten Werten der Tabelle 2.2-2. In der Regel wird CEM I 32,5 R gewählt, nötigenfalls CEM I 42,5 R oder bei dünnen Bauteilen CEM I 52,5. Sehr hohe Frühfestigkeiten lassen sich mit speziellen Zementen, vgl. Abschn. 2.2.7 und 2.2.11 b erzielen.

(b) der ***w*/*z*-Wert**. Eine Absenkung des *w*/*z*-Wertes von **0,80 auf 0,40** führt ungefähr zu einer **Verdoppelung der 28-Tage-Festigkeit** und zu einer **Verdreifachung der 24-Stunden-Festigkeit** [Wischers 63/1], Abb. 3.4-3.

(c) die **Temperatur** des Betons, die von der **Frischbetontemperatur**, der **Hydratationswärme** und der **Wärmeabgabe bzw. -aufnahme** bestimmt wird. Schon bei Platten oder Wänden mit nur 20 cm Dicke kann, wenn nur wenig Wärme abgegeben wird, die Hydratationswärme des ersten Tages zu einer erheblich höheren Festigkeit führen, erst recht in dickeren Bauteilen, Abb. 5.8-1.

(d) **Zusatzmittel** können die Erhärtung beschleunigen oder verzögern. Werden sie zur Senkung des *w*/*z*-Wertes verwendet, dann können sie allein schon dadurch die Festigkeitsentwicklung beschleunigen.

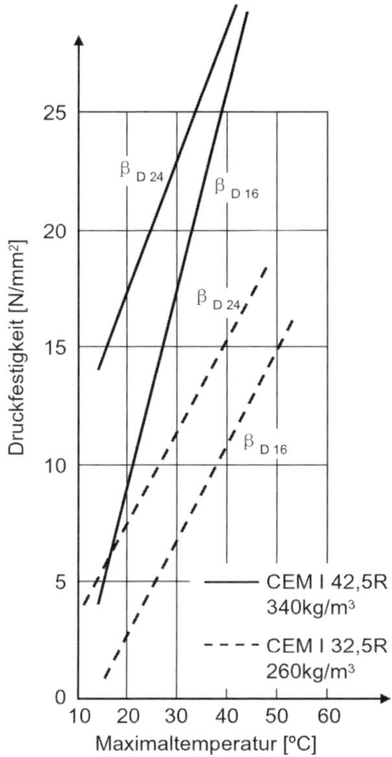

Abb. 5.8-1: Druckfestigkeit von mit 12 °C eingebautem Beton nach 16 und 24 Stunden in Abhängigkeit von der bei dicken Bauteilen durch verhinderten Wärmeabfluss erreichten Höchsttemperatur, [Springenschmid 86]

(e) **Extrem hohe Frühfestigkeiten** von beispielsweise 20 N/mm² nach 6 Stunden lassen sich ohne Wärmebehandlung, vgl. Abschn. 5.12, nur mit speziellen Zementen, vgl. Abschn. 2.2.7, optimierter Betonzusammensetzung, ggf. Beschleunigern, Abschn. 2.5.6 und nicht bei niedrigen Temperaturen erzielen. Mit speziellen Zementen wurden schon Betone entwickelt, die noch schneller an Festigkeit gewinnen, wie dies beispielsweise für Reparaturen an Verkehrsflächen notwendig sein kann. Bei nicht zu kühlem Wetter wurden mit „Schnellbeton" schon Druckfestigkeiten von 20 N/mm² nach etwa 2 Stunden und über 60 N/mm² nach 28 Tagen erreicht, [Possehl 17]. Bei der Anwendung ist auf sehr kurze Verarbeitungszeiten und mögliche Beschränkungen im Hinblick auf Dauerhaftigkeit zu achten.

Bei der Entwicklung der Druckfestigkeit in sehr jungem Alter wirkt sich die herrschende **Temperatur** sehr stark aus. Es darf nicht übersehen werden, dass Betonzusammensetzungen, mit denen man im Sommer gute Erfahrungen gemacht hat, schon nach dem ersten Kälteeinbruch im Herbst völlig unbefriedigende Frühfestigkeiten liefern können. Selbst Prüfwürfel in Stahlschalung ergeben wegen des größeren Wärmeabflusses nach ein und zwei Tagen geringfügig niedrigere Festigkeiten als solche, die in Kunststoffschalungen erhärten.

Soll die im Bauteil in den ersten Tagen zu erwartende Festigkeit genauer abgeschätzt werden, bieten sich unterschiedliche Wege an:

(a) Probewürfel mit vergleichbarer Frischbetontemperatur lagert man in einem **heizbaren Wasserbad**, dessen Temperaturverlauf so gesteuert wird, dass er mit jenem im Bauteil übereinstimmt. Dazu sind Messungen an geeigneter Stelle des Bauteils oder an Proben mit vergleichbarer Dicke nötig.

(b) Man lässt Probewürfel mit vergleichbarer Frischbetontemperatur in einer der Dicke des Bauteils entsprechenden **wärmegedämmten Schalung** erhärten. In Würfelformen, die mit 50 mm dickem Schaumstoff wärmegedämmt sind, Abb. 5.8-2, ist die Druckfestigkeit der mittleren drei Würfel am ersten Tag etwa so groß wie in 30 bis 80 cm dicken Bauteilen, [Springenschmid 86].

(c) Man verfolgt die Festigkeitsentwicklung in einem Bauteil mit vergleichbarem Temperaturverlauf mit einem zerstörungsfreien Verfahren, am einfachsten mit einem **Beton-Prüfhammer**, vgl. Abschn. 3.4.1.5.

(d) Mit **Reifeformeln** und anderen rechnerischen Verfahren kann der Einfluss der Temperatur auf die Festigkeitsentwicklung gut abgeschätzt werden. Um zuverlässige Angaben zu bekommen, müssen sie für den verwendeten Beton kalibriert werde. Stattdessen kann man die Betonfestigkeit auch nach dem **wirksamen Betonalter** abschätzen, vgl. Abschn. 3.4.1.6.

(e) Auf Grund von **Temperaturmessungen im Bauteil** kann man mit sog. **Reifecomputern** nach vorausgegangener Kalibrierung mit dem vorgesehenen Beton die in den ersten Tagen erreichten Druckfestigkeiten bis etwa 80 % der charakteristischen Festigkeit angeben, Abschn. 3.4.1.6.

5.8.2 Festigkeit im späteren Alter

Die für die Tragfähigkeit von Betonkonstruktionen während der späteren Nutzung maßgebende Festigkeit ist in der Regel, dank der **Nacherhärtung,** höher als das Ergebnis der Prüfung im Alter von 28 Tagen. Diese Nacherhärtung ist ein wesentlicher Beitrag zur

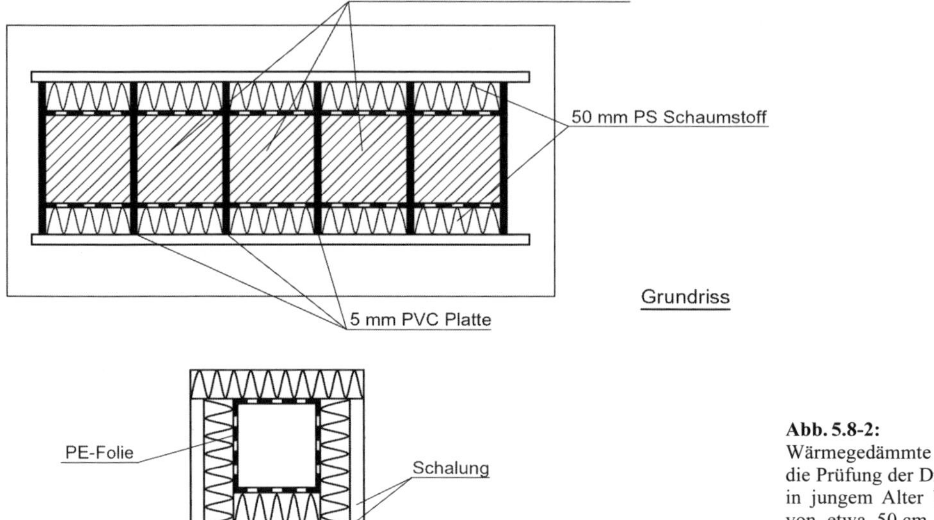

Abb. 5.8-2: Wärmegedämmte Schalung für die Prüfung der Druckfestigkeit in jungem Alter bei Bauteilen von etwa 50 cm Dicke [Breitenbücher 88]

Robustheit der Bauweise. Die Randzonen sind davon weniger betroffen, wenn der Beton dort austrocknet und dadurch die weitere Hydratation des Zements unterbrochen wird.

Bei **langsam erhärtenden Zementen** ist die Nacherhärtung so groß, dass man für Fragen der Tragfähigkeit die **56- oder 91-Tage-Druckfestigkeit**, bei Talsperren mitunter sogar die **365-Tage-Druckfestigkeit**, zugrunde legt. Das ist legitim, wenn die volle Belastung auch erst nach diesem Zeitraum eintritt. Der Vorteil liegt u. a. darin, dass durch niedrige Anforderungen an die 28-Tage-Festigkeit die Hydratationswärme klein gehalten werden kann. Der Nachteil, dass man lange warten muss, bis Ergebnisse vorliegen.

Um die Festigkeitsentwicklung grob zu schätzen, sind Erfahrungswerte nötig. Sie werden nicht nur von der Zementart und von den Rohstoffen sowie anderen Einflüssen der Zementherstellung beeinflusst, sondern auch ganz erheblich von der Betonzusammensetzung, vor allem dem *w*/*z*-Wert.

Die **Festigkeitsentwicklung des Zements** kann für eine Berechnung der Nacherhärtung eines damit hergestellten Betons **nicht direkt** herangezogen werden. In anderen Worten: Wenn bei einer Brücke die hohe geforderte Betonfestigkeit nicht erreicht wurde, kann man aus der Nacherhärtung des Zementes nicht in gleichem Ausmaß auf eine Nacherhärtung des Betons schließen. Die Nacherhärtung des Betons ist vor allem bei niedrigen *w*/*z*-Werten oder bei teilweise trockener Lagerung der Proben viel kleiner als jene, die bei der Zementprüfung mit stets wassergelagerten Proben festgestellt wird.

Um die Festigkeitsentwicklung eines Betons festzustellen, führt kein Weg an einer Erstprüfung mit Proben der vorgesehenen Zusammensetzung vorbei. Wird solcher Beton verwendet, muss sichergestellt werden, dass an das Betonwerk die Ausgangsstoffe, vor allem Zement, Zusatzstoff und Zusatzmittel mit unveränderten Eigenschaften geliefert werden. Besonders wichtig ist für die Beurteilung der Nacherhärtung, dass die Probewürfel nicht vorzeitig austrocknen, wenn der Beton im Bauteil auch nur in den Randzonen austrocknen kann. Die Temperatur des Betons spielt keine so große Rolle wie bei Frühfestigkeiten. Nur bei anfangs sehr warmem Beton ist eine Minderung der Nacherhärtung zu erwarten.

5.9 Luftporenbeton

5.9.1 Grundsätzliches

In den Dreißigerjahren des vorigen Jahrhunderts entdeckte man in Amerika fast zufällig, dass fein verteilte Luftporen im Betongefüge den **Widerstand gegen Frost** und gegen gleichzeitiges Einwirken von **Frost und Tausalzen** ganz **erheblich verbessern**, Abschn. 4.4.1. Die Entwicklung künstlicher Luftporenbildner war in diesen Jahrzehnten der bedeutendste Fortschritt der Betontechnologie.

Um die nötigen künstlichen Luftporen herzustellen, verwendet man heute luftporenbildende Zusatzmittel,

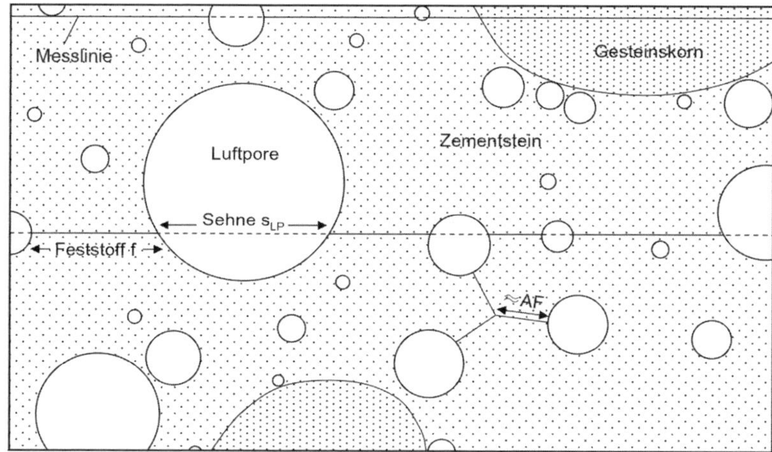

Abb. 5.9-1: Luftporenbeton (schematisch). Mit einem Messmikroskop mit speziellem Integrationstisch werden bei 50- bis 100-facher Vergrößerung entlang von Messlinien Feststofflängen sowie Sehnenlängen durch Luftporen gemessen und daraus Luftporengehalt und Abstandsfaktor AF berechnet, [Schäfer 64]

auch **Luftporenbildner** oder **LP-Mittel** genannt, das sind Schäumer, die beim Mischen feine kugelförmige Luftbläschen entstehen lassen und stabilisieren, vgl. Abschn. 2.5.4. Die Dosierung des Luftporenbildners muss anhand von **Messungen des Luftporengehaltes** im Frischbeton sorgfältig überwacht werden.

Luftporenbeton hält im frischen Zustand besser zusammen und neigt daher **weniger zum Entmischen und Sedimentieren**. Er hat eine höhere Grünstandsfestigkeit. Erhärteter Luftporenbeton hat ein **dichteres gleichmäßigeres Gefüge**, nimmt **weniger Wasser auf** und neigt dank einer **erhöhten Bruchdehnung** auch weniger zur Rissbildung, weil sich feine Anrisse anfangs totlaufen (Knopflocheffekt). Die **Rohdichte** ist, dem Luftgehalt entsprechend etwas niedriger. Auch die **Druckfestigkeit** fällt etwas niedriger aus. Daher müssen überhöhte Luftgehalte vermieden werden.

Im erhärteten Beton erkennt man künstliche Luftporen leicht mit einer **guten Lupe** oder ein nur schwach vergrößerndes **Mikroskop** an ihrer **Kugelform,** Abb. 2.5-4. Eine Informationsschrift [Deutsche Bauchemie 13] und ein Merkblatt [FGSV 04] enthalten Regeln für die Herstellung und Verarbeitung von Luftporenbeton.

Luftporenbeton muss einen Luftgehalt von **mindestens 13 Vol.-% des Bindemittelleims** aufweisen, das entspricht bei einem **Beton** mit 32 mm Größtkorn **mindestens 4 Vol.-%** des Gesamtvolumens. Entscheidend für den hohen Frostwiderstand ist **nicht das Volumen der Luftporen**, sondern welchen **Weg** der Gefrierdruck vom **entferntesten Punkt im Zementstein** bis zum **Rand der nächsten Luftpore** im Mittel zurücklegen muss. Er wird als **Abstandsfaktor** bezeichnet und soll **nicht größer als 0,25 mm** sein, Abb. 5.9-1. Dazu verlangt man in der Erstprüfung einen Abstandsfaktor von höchstens 0,20 mm. Um so niedrige Abstandsfaktoren zu erreichen, sind **sehr viele kleine Luftporen** erforderlich, während einzelne **große Poren fast keinen Beitrag** leisten. Der Abstandsfaktor, und damit die sachgerechte Herstellung eines LP-Betons lässt sich auch noch nach Jahren am erhärteten Beton prüfen, [Bonzel 80/2], Abschn. 5.9.7.

Da die künstlichen Luftporen durch ein beim Mischen entstehendes Schäumen entstehen, ist es verständlich, dass ein ausreichender Gehalt an Luftporen von einer Reihe von Einflüssen bestimmt wird. Bei jedem Schäumen spielen die **Temperatur**, der **Mischvorgang** und die **Konsistenz** sowie der Gehalt an **mehlfeinen Stoffen**, die den Beton **klebrig** machen können, eine wichtige Rolle. An die **Gleichmäßigkeit der Ausgangstoffe**, vor allem von **Sand, Zement** und anderen **mehlfeinen Stoffe** ebenso wie von den **Zusatzmitteln** sind höchste Anforderungen zu stellen. Auch die **Temperatur** des Frischbetons muss bei der Zugabemenge des LP-Bildners berücksichtigt werden und darf nicht zu stark schwanken.

Es genügt keinesfalls, der Betonmische jeweils so viel Luftporenbildner zuzugeben, wie in der Erstprüfung im Labor zur Erzielung des geforderten Luftgehaltes notwendig war. Die Regel, dass der Beton so zusammengesetzt werden muss, wie in der **Erstprüfung** festgelegt wurde, darf daher **nicht auf die**

Zugabemenge des Luftporenbildners bezogen werden, sondern gilt für den **Luftgehalt in Vol.- %.** Dazu muss die **Zugabemenge** des Luftporenbildners immer wieder überprüft und **nötigenfalls korrigiert** werden, damit stets der **geforderte Luftgehalt** eingehalten und nicht allzu weit, d. h. um nicht mehr als etwa 1 bis höchstens 2 Vol.-%, überschritten wird. Ein **zu hoher Luftgehalt** führt zu **niedrigeren Festigkeiten**. Beim Bau von Betonstraßen muss der Luftporengehalt des Frischbetons **stündlich** durch eine Messung überprüft werden. Der Erfolg: Störende Abwitterungen der obersten Feinmörtelschicht, wie sie früher auf Autobahnen immer wieder auftraten, sind heute praktisch nicht mehr zu finden.

5.9.2 Erfahrungen

Die immer größer werdende Vielfalt an Zementen, Zusatzstoffen und Zusatzmitteln erschwert die Herstellung von LP-Beton mit ausreichendem Luftgehalt und Abstandsfaktor. Den **höheren Aufwand für Prüfung und Überwachung** eines Luftporenbetons nimmt jeder gerne in Kauf, der einmal erleben musste, wie sich seine neue Betonoberfläche im ersten Winter allmählich in **Schollen von Feinmörtel auflöste**, vgl. Abb. 4.4-5. Aber so weit sollte man es nicht kommen lassen, auch wenn unbestritten ist, dass es alte Betonstraßen gibt, die keinen ausreichenden Luftporengehalt aufweisen, aber dennoch dem Frost und winterlichen Salzstreuungen standhielten. Für die Frage, warum dies so ist, wurde noch kein wissenschaftlich fundierter Nachweis gefunden. Sicher ist lediglich, dass bei **einwandfreiem Luftporenbeton keine Schäden** auftreten. Bei Frost-Tausalzprüfungen im Labor zeigt sich in jedem Fall der große Unterschied zwischen Beton mit und ohne Luftporen, vgl. Abb. 4.4-9. Dass auch bei Beton ohne Luftporen mitunter keine Schäden auftreten, könnte daran liegen, dass Beton, der schon einige Monate alt ist, meist weniger empfindlich ist. Möglicherweise sind auch Salzstreuungen lange vor dem ersten Frost günstig. Darauf deutet ein bis heute nicht widerlegtes Modell des Schädigungsvorganges hin, vgl. Abb. 4.4-7.

Der hohe Überwachungsaufwand und eine geringfügig niedrigere Druckfestigkeit haben nicht zur Beliebtheit des Luftporenbetons beigetragen, obwohl es heute auf gut geführten Baustellen mit dem Luftporenbeton nur mehr sehr selten Probleme gibt und die Mehrkosten kaum ins Gewicht fallen. In diesem Zusammenhang soll aber nicht unerwähnt bleiben, dass selbst bei den stark beanspruchten Betondecken von Autobahnen Frost-Tausalzschäden bei gut erhärteten, also mindestens 3 Monate vor der ersten Salzstreuung hergestellten Fahrbahnen, äußerst selten sind, auch wenn vereinzelt der Abstandsfaktor über dem bei Bauwerksprüfungen früher zulässigen Höchstwert von 0,25 mm, aber nicht über 0,40 mm liegt, [Springenschmid 69].

5.9.3 Prüfungen und Anforderungen an den LP-Gehalt im Frischbeton

Am **Frischbeton** hat sich die Messung des Luftgehalts mit dem als **Luftgehaltsprüfgerät** bezeichneten **Prüftopf** mit 8 l Fassungsraum nach dem Druckausgleichsverfahren nach DIN EN 12350-7 bewährt, Abb. 5.9-2. Heute wird wegen der leichteren Handhabung der **5-l-Prüftopf** bevorzugt, der praktisch die gleichen Ergebnisse bringt [Schulze 14], Abb. 5.9-3. Bei der Prüfung wird in eine im Deckel des Prüftopfes befindliche **Kammer Luft gepumpt** bis ein bestimmter Luftdruck erreicht ist, Abb. 5.9-4. Anschließend lässt man diesen Luftdruck durch Öffnen eines Ventils auf den darunter liegenden Beton einwirken. Je **größer das Volumen** der im Beton vorhandenen **Luftporen,** desto stärker drückt er sich zusammen und **desto weiter fällt der Druck** ab, was am **Manometer**, das den **Luftgehalt in Prozent** anzeigt, abzulesen ist.

Bestehen Zweifel an der **Messgenauigkeit**, lässt sich der Luftgehaltprüfer denkbar **einfach kalibrieren**: Man füllt den Prüftopf vollständig mit Wasser und leert davon genau 5 % wieder heraus. Bei der anschließenden Prüfung muss sich ein Luftgehalt von 5 % zeigen.

Gemessen werden mit dem Prüftopf aber mit den wichtigen feinen Poren stets auch die groben Poren bis hin zu den meist 1 bis 1,5 % ausmachenden **Verdichtungsporen**. Man kann bei Verwendung eines geeigneten Luftporenbildners und einem Luftgehalt von 4 % davon ausgehen, dass dann mindestens 2 % feine, also künstliche, Luftporen enthalten sind.

Entscheidend ist, dass der Abstandsfaktor klein genug ist. Dafür ist der Luftgehalt im Zementleim maßgebend, der mindestens 13 % betragen soll. Weil **feinkörnige Betone mehr Leim** enthalten, muss auch der nur am gesamten Frischbeton messbare **Luftgehalt höher** sein. Daher wird der geforderte Mindest-Luftgehalt in Abhängigkeit vom Größtkorn angegeben mit

3,5 % für 63 mm Größtkorn

4,0 % für 32 mm

4,5 % für 16 mm und

5,5 % für 8 mm,

wobei Einzelwerte nur um bis zu 0,5 % darunter liegen dürfen, aber nicht um mehr als um 4 % überschritten werden sollen.

Abb. 5.9-2: Zur Luftgehaltsprüfung wird der Beton im Prüftopf verdichtet. Links Deckel mit Druckbehälter, in den mit der Pumpe bis zu einem am Manometer ablesbaren Druck Luft eingepumpt wird.

Abb. 5.9-3: Luftgehaltsprüfgeräte für 8 l und 5 l, welche praktisch gleiche Ergebnisse liefern [Schulz 14]

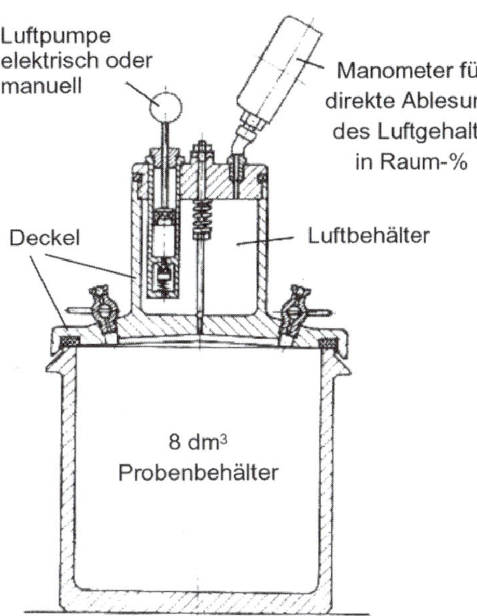

Abb. 5.9-4: Luftgehaltsprüfgerät. Vor dem Öffnen des Ventils in Deckelmitte muss der dünne Spalt zwischen Betonoberfläche und Deckel mit Wasser gefüllt werden. [Walz 62]

In ÖNORM B 4710-1 ist für Frostbeanspruchungen XF 2 und XF 3 ein Beton mit niedrigerem Luftgehalt von nur 9 % in Zementleim, entsprechend 2,5 % bis 6,5 % Luftgehalt bei Beton mit 22 und 32 mm Größtkorn, vorgesehen.

Hinweise auf den gesamten Luftgehalt kann man auch aus der **Rohdichte** des Frischbetons oder des Festbetons gewinnen: Nachdem gut verdichteter Beton ohne Luftporenbildner etwa 1 bis 2 % Verdichtungsporen enthält, muss die **Rohdichte eines Betons mit einem angestrebten Luftgehalt von 5 % um 3 bis 4 % niedriger** als jene des Betons ohne künstliche Luftporen sein.

Auch schon am Frischbeton lässt sich feststellen, ob kleine Luftporen vorhanden sind. Dazu **glättet** man die Oberfläche mit einer **Kelle** und beobachtet, ob

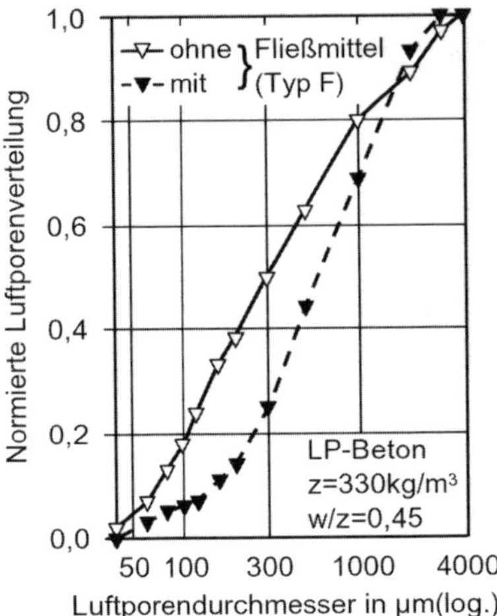

Abb. 5.9-5: Beton mit Fließmittel kann zu gröberen Luftporen führen und kann daher höheren Luftgehalt erfordern, [Siebel 95/1]

dabei sehr kleine Poren platzen. Mit einem **Air Void Analyser** kann man am Frischbeton sogar die Größe der Luftporen oder genauer gesagt den Anteil an Luftporen der unterschiedlichen Größenklassen bestimmen. Dieses sog. AVA-Gerät ist anspruchsvoll in der Handhabung und erfordert viel Erfahrung.

5.9.4 Wahl des Luftporenbildners

Als Basis für Luftporenbildner dienen grenzflächenaktive Substanzen, sog. Tenside. Als solche dienten ursprünglich nur modifizierte Wurzelharze, vor allem aus Kiefernwurzeln gewonnene **Vinsol-Resin-Harze**, die als **natürliche Luftporenbildner** bezeichnet werden, heute aber nur mehr schwer zu bekommen sind. Stattdessen sind heute als Luftporenbildner überwiegend **synthetische Tenside** am Markt, die aber stärker zur Nachaktivierung bei längerer Durchmischung neigen können.

Neben Luftporenbildnern **für Straßenbeton** und anderen **hochwertigen Beton** sind auch solche auf dem Markt, die sich nur für andere Anwendungen, etwa für Putze eignen. Man ist gut daran, wenn man sich bei der Auswahl des Luftporenbildners auf eigene Erfahrungen stützen kann. Sich nur am Preis zu orientieren, kann letztlich sehr teuer werden, auch wenn alle zur Wahl stehenden Luftporenbildner der DIN EN 934 entsprechen und das CE-Zeichen tragen.

Luftporenbildner für Beton sollen

- bei **höherer Zugabemenge** auch deutlich **höheren Luftgehalt** ergeben, Abb. 5.9-6
- die **Luftporenbildung** schon nach der **üblichen Mischzeit** von 45 bis 60 Sekunden **abgeschlossen** haben und bei längerem Mischen kein übermäßiges Nachaktivierungspotenzial haben, durch das sich der Luftgehalt bei zusätzlichem Durchmischen weiter **erhöhen** würde,
- die Luftporen auch bei **längerem Transport nicht** zu erheblichem Teil **entweichen** lassen,
- mit der Luftporenbildung auch eine **verflüssigende Wirkung** zeigen und
- die **Druckfestigkeit des Betons nicht erheblich niedriger** ausfallen lassen als bei Beton ohne künstliche Luftporen.

Luftporenbildner mit synthetischen Wirkstoffen führen zu überwiegend **sehr kleinen** Luftporen, wodurch bei niedrigem Abstandsfaktor die Festigkeitseinbuße etwas kleiner ausfallen kann.

Es kann zweckmäßig sein, mit dem in Aussicht genommenen Luftporenbildner und der gewählten Betonzusammensetzung bei den zu erwartenden Temperaturen **Vorversuche** mit der geplanten und einer **verlängerter Mischdauer** von bis zu 6 Minuten durchzuführen, und zwar jeweils bei der **niedrigsten und der höchsten zu erwartenden Temperatur** des Frischbetons. Dabei zeigt sich, ob während der geplanten Mischzeit die Luftporenentwicklung abgeschlossen ist oder ob bei längeren Drehzeiten im Fahrmischer oder in den Verteilerschnecken des Fertigers ein **Nachaktivierungspotenzial** zu deutlich höheren Luftgehalten führt, Abb. 5.9-6. Die Folge wären erheblich niedrigere Festigkeiten. Auch sollte man prüfen, ob bei **doppelter Zugabemenge** wie bei verlängerter Mischdauer die Gefahr besteht, dass sich der Luftgehalt beim Transport und Einbau noch wesentlich erhöht, [Eickschen 10]. Die früher ausschließlich verwendeten **Luftporenbildner auf Vinsolharzbasis** sind vergleichsweise **robust**, auch wenn es damit mitunter nicht gelingt, den Luftgehalt durch höhere Dosierung anzuheben. Sie neigen auch kaum zu einer Nachaktivierung, [Eickschen 11].

Betonverflüssiger und Fließmittel enthalten oft **entschäumend wirkende Zusätze**, die genau das Gegenteil von dem bewirken, was mit Luftporenbildnern erzielt werden soll. Sind Betonverflüssiger oder Fließmittel vorgesehen oder wird Beton mit sehr weicher, fließfähiger oder selbstverdichtender Konsistenz hergestellt, ist der Leimgehalt meist größer und es ist auch möglich, dass sich **zu wenig feine Luftporen** bilden. Daher ist in diesem Falle ein um **1 % höherer mittlerer Mindestluftgehalt** einzuhalten, es sei denn, es wird der **Nachweis** erbracht, dass auch ohne Erhöhung der Dosierung in der Erstprüfung ein **Abstandsfaktor unter 0,20 mm** festgestellt werden

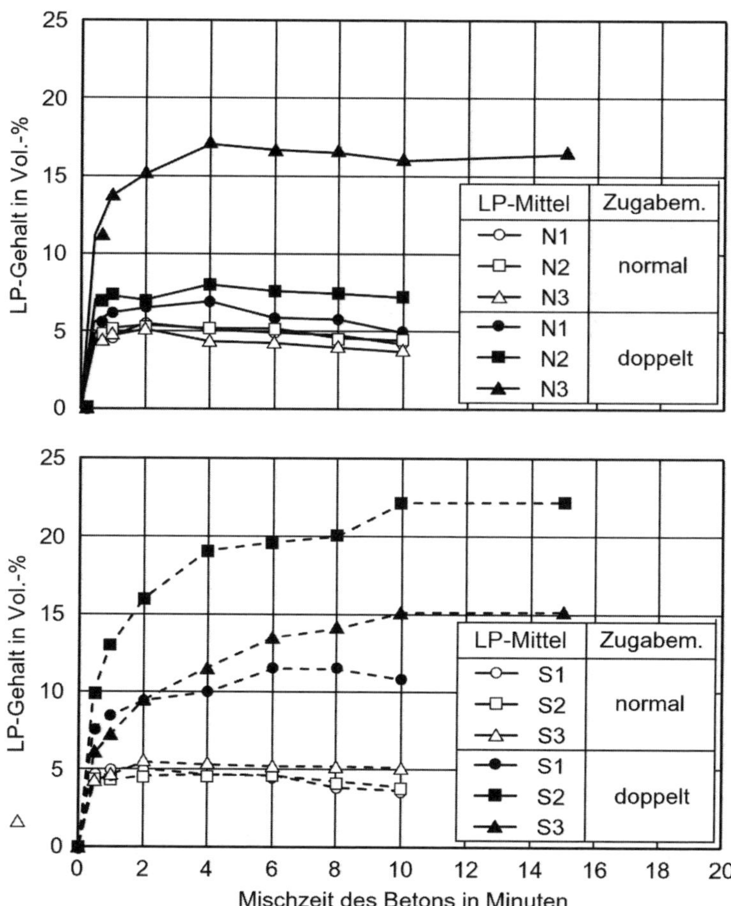

Abb. 5.9-6: Entwicklung des Luftgehaltes im Frischbeton bei natürlichen (N, Bild oben) und synthetischen (S, Bild unten) Wirkstoffen des Luftporenbildners und normaler oder doppelter Zugabemenge, [Eickschen 03]

konnte. Die meisten Hersteller von Zusatzmitteln verfügen über den geforderten Nachweis für die von ihnen empfohlenen Kombinationen.

Bei längerer Lagerung im Zusatzmitteltank können LP-Bildner infolge Sedimentation leicht **entmischen**, wobei sich der Entschäumer unten absetzen kann. Das kann man durch Aufrühren vermeiden. Luftporenbildner sind üblicherweise **mit Wasser verdünnt** im Handel, damit man sie stets in einer Menge von mindestens 2 g je kg Zement – die für alle Zusatzmittel geltende Mindestmenge – dosieren kann. Bei großen Baustellen wie Schifffahrtsschleusen oder Autobahndeckenlosen werden **Konzentrate** geliefert. Sie müssen an der Mischanlage **sorgfältig verdünnt werden** und sollen – wegen der Gefahr einer Entmischung – vor der Verwendung **nicht zu lange** lagern.

5.9.5 Einflüsse auf die Luftporenentwicklung

Welche Dosierung für den Luftporenbildner gewählt werden muss, um den nötigen Luftgehalt zu erzielen, lässt sich durch Messungen mit dem Luftporen-Prüftopf bestimmen, Abb. 5.9-7. Zu beachten ist:

(1) **Zemente gleicher Sorte**, wie CEM I 32,5 R können je nach Herstellwerk, ja selbst bei zeitlich auseinander liegenden Lieferungen desselben Werkes **unterschiedliche Zugabemengen** erfordern, um denselben Luftgehalt zu erzielen.

(2) **Zäher Feinmörtel**, wie man ihn bei Beton mit hohem Anteil Mehlkorn erhält, **bremst die Luftporenbildung** und erfordert **mehr Luftporenmittel**. Außerdem kann bei hohem Gehalt an Mehlkorn ein sogenannter **„Gummibeton"**

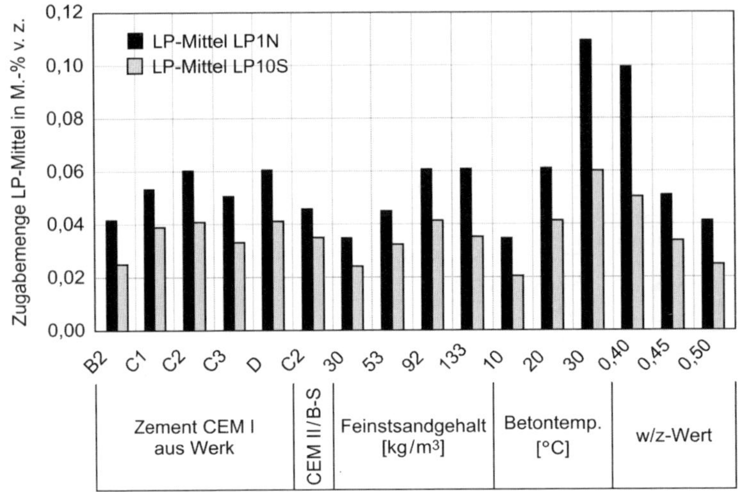

Abb. 5.9-7: Erforderliche Zugabemenge eines Luftporenbildners für 5,5% Luftgehalt in Abhängigkeit von Zusammensetzung und Temperatur des Betons, [Eickschen, 10]

entstehen, der die Herstellung ebener Oberflächen erschwert.

(3) Ein größerer Anteil **Korn zwischen 0,25 und 1 mm** führt zu einer **verstärkten Luftporenbildung**.

(4) Mit Sanden mit **ungleichmäßigem Feinstteilgehalt** lässt sich **kein Luftporenbeton** zielsicher herstellen. Klassierte Sande (vgl. Abschn. 2.4.2) erleichtern die Herstellung.

(5) Bei **plastischer Konsistenz** ist die Luftporenentwicklung am ausgeprägtesten. **Steifer Beton** erfordert erheblich **mehr Luftporenbildner**, um den erforderlichen Luftgehalt zu erzielen. Mit **erdfeuchter Konsistenz** ist Luftporenbeton **nicht herstellbar**. Bei fließfähigem Beton können größere Abstandsfaktoren und insgesamt größere Streuungen auftreten.

(6) Sehr stark ist der Einfluss der **Temperatur: bei 30 °C** kann fast **dreimal** soviel Luftporenbildner nötig sein wie **bei 10 °C**. Auch weil der Beton bei höherer Temperatur etwas steifer ist und bei steifer Konsistenz mehr Luftporenbildner nötig ist.

(7) Zweckmäßig wird der Luftporenbildner **mit dem Anmachwasser zugegeben**, das Fließmittel erst später. Die Reihenfolge der Zugabe kann vor allem bei synthetischen Luftporenmitteln die Höhe des Luftgehaltes stark beeinflussen, [Eickschen 11].

(8) Die Luftporenentwicklung wird auch erheblich von der **Bauart des Mischers** sowie der **Intensität und Dauer des Mischvorganges** beeinflusst.

(9) Durch die **nachträgliche Zugabe von Fließmittel** kann sich besonders bei synthetischen Luftporenmitteln der Luftgehalt noch wesentlich verändern, was durch zusätzliche Erstprüfungen geklärt werden muss.

(10) **Tonige Bestandteile** der Gesteinskörnungen können die Luftporenentwicklung **stark beeinträchtigen**, weil sie Zusatzmittel adsorbieren und den Feinmörtel zäher machen.

(11) Flugaschen enthalten mitunter **Restkohle**, die einen Teil des Luftporenbildners **adsorbiert** und daher oft wesentlich höhere Dosierungen erfordert.

(12) **Niedrige Bindemittelgehalte** erschweren, ebenso wie **niedrige Gehalte an Anmachwasser** die Herstellung von Luftporenbeton erheblich.

All das sind Gründe, weshalb die in der **Erstprüfung** erforderliche Zugabemenge an Luftporenbildner nur eine **grobe Orientierung** geben kann. Es ist zwingend nötig, bei der **Betonherstellung die Zugabemenge so einzustellen**, dass der **geforderte Luftgehalt** mit angemessener Sicherheit, also einem Vorhaltemaß von etwa 0,5 bis 1,0 % **erreicht** und auch **nicht zu weit überschritten** wird.

Bei **längeren Transport- und Wartezeiten** kann es auch zu einem **Absinken des Luftgehaltes** kommen. Dies ist in der Regel auf ein **Entweichen größerer Luftporen** zurückzuführen und führt daher zu keiner Verminderung des Abstandsfaktors. Luftgehaltsprüfungen von Proben, die erst beim Einbau entnommen wurden, zeigen aber einen niedrigeren, oft unzureichenden Luftgehalt. Der Nachweis, dass nur große Poren entwichen sind, ist aufwändig. Aus diesem Grunde wird vielfach auch in einer ergänzenden Prüfung die **Stabilität** der Luftporen nach **Lagerzeiten von bis zu 90 Minuten** und – wenn erforderlich – zwischenzeitlichem Nachmischen durch zusätzliche Prüfungen des Luftgehaltes ermittelt.

5.9.6 Druckfestigkeit von Luftporenbeton

Die **Druckfestigkeit** von Luftporenbeton ist etwas **niedriger** als jene eines Betons mit gleichem Zementgehalt und ähnlicher Konsistenz ohne künstliche Luftporen. Rechnet man die Luftporen beim *w/z*-Wert mit, als wären sie mit Wasser gefüllt, dann ergibt sich eine Minderung der 28-Tage-Druckfestigkeit **je Prozent Luftporengehalt** von **etwa 3 N/mm²**. Hierbei muss man berücksichtigen, dass beispielsweise bei einem gemessenen Luftgehalt von 5,0 % nur 3 bis 4 % auf künstliche, hier zu berücksichtigende Luftporen entfallen, während 1 bis 2 % als Verdichtungsporen in jedem Beton trotz praktisch vollständiger Verdichtung noch erhalten bleiben.

Auch muss berücksichtigt werden, dass Luftporen gleichsam als **„Kugellager" verflüssigend** wirken und auch den Stoffraum von Mehlkorn und Feinsand einnehmen. Man kommt bei Luftporenbeton mit etwas **weniger Sand und Mehlkorn und weniger Wasser** aus mit der Folge, dass die Festigkeit von Luftporen nur wenig niedriger ist als jene von Beton ohne Luftporen. Voraussetzung dabei ist selbstverständlich, dass der Luftgehalt nicht erheblich über dem geforderten Mindestgehalt liegt.

Luftporenbeton wird meist in Festigkeitsklassen bis C 30/37 hergestellt. Für LP-Beton C 35/45 sind aufwändige Maßnahmen bei den Ausgangsstoffen, bei der Herstellung und bei der Überwachung nötig. Zum Nachweis der Expositionsklasse muss Luftporenbeton eine um nur eine Festigkeitsklasse niedrigere Druckfestigkeit erreichen.

5.9.7 Prüfung der Luftporen in erhärtetem Beton

Bei Beginn des **Einbaues von Luftporenbeton** kann es zweckmäßig sein, sich Gewissheit zu verschaffen, dass sich keine negativen Einflüsse eingeschlichen haben. Dazu genügt es, am Tag nach dem Einbau des ersten Betons einen 70 mm **Bohrkern** zu entnehmen. Man kann ihn einige Stunden in Wasser von etwa 60 °C lagern, damit er schneller hydratisiert und sich besser schneiden und schleifen lässt. Eine **mikroskopischen Ausmessung** des Abstandsfaktors lässt sich bei guter zeitlicher Abstimmung mit der Prüfanstalt in wenigen Tagen durchführen.

Bevor Bohrkerne entnommen werden, kann man an **kleinen Bruchstücken** von der Größe eines Fingernagels **prüfen**, ob der Beton künstliche Luftporen enthält und mit einiger Erfahrung auch abschätzen, ob der Luftgehalt etwa im angestrebten Bereich liegt oder vielleicht auch viel zu niedrig ist, wie es vorkommen kann, wenn er durch ein anderes schäumendes Zusatzmittel verursacht wurde. Zur Prüfung des kleinen Bruchstückes ist eine sehr gute Lupe oder besser noch ein **Taschenmikroskop** mit **30- bis 50facher Vergrößerung** nötig, zur Not genügt die Wechseloptik einer Spiegelreflexkamera. Die künstlichen Luftporen erkennt man deutlich an ihrer **Kugelform**, während **Verdichtungsporen stets unregelmäßig** geformt sind, vgl. Abb. 2.5.4. Bei Schadensfällen ist diese vor Ort in wenigen Minuten durchführbare Prüfung ein wertvolles Hilfsmittel.

Der Nachweis des Abstandsfaktors am erhärteten Beton kann nach DIN EN 480-11 erbracht werden. Dazu müssen etwa **100 cm² große, ebene Schnittflächen** von Bohrkernen oder anderen Betonproben sehr sorgfältig **fein geschliffen** werden. Mit Hilfe eines speziellen **Messmikroskopes mit Integrationstisch** wird dessen Fadenkreuz entlang von Messlinien über die Schnittfläche geführt und dabei gemessen, wie weit die **Messlinie über Feststoff** und wie weit **über eine Luftpore** verläuft. Aus dem Ergebnis von Messlinien von insgesamt etwa 2,50 m Länge lässt sich der Luftgehalt in Vol.-% und der durchschnittliche Abstandsfaktor berechnen, vgl. Abb. 5.9-1. Mit dieser Messung kann man auch noch **nach Jahren** feststellen, ob Luftporenbeton **einwandfrei hergestellt** wurde. Da das Ausmessen einer Betonprobe einen Zeitaufwand von mehreren Stunden erfordert, fehlt es nicht an Bemühungen, dies durch automatische Bildanalyse zu rationalisieren, [Stark 09].

Neben dem Abstandsfaktor wird heute vielfach auch ein **Gehalt an Mikroluftporen** mit einem Durchmesser von 0,01 bis 0,30 mm, ein sog. **A300** gefordert, der **mindestens 1,8 %,** bei **Bauwerksprüfungen mindestens 1,5 %,** ausmachen soll. Obwohl diese Forderung in die einzelnen Regelwerke aufgenommen wurde, bleibt es zweifelhaft, ob es sinnvoll oder gar notwendig ist, mit der Forderung nach Abstandsfaktor **und** Mikro-Luftporengehalt zwei verwandte Grenzwerte festzulegen.

5.9.8 Praxisverhalten

Weichen die Luftporenkennwerte im Festbeton erheblich von den Grenzwerten ab, ist eine Vorhersage des Verhaltens der Betonoberfläche nicht möglich. In diesem Falle kann man versuchen, einen möglichen Schadensfortschritt durch eine Imprägnierung oder Hydrophobierung hintanzuhalten, was oft nicht zum gewünschten Erfolg führt. Schlimmstenfalls muss der durch Frost- oder Frost-Tausalzeinwirkung **stark geschädigte Beton abgetragen und erneuert werden.**

Bei unzureichenden Luftporengehalten am Frischbeton und/oder am Festbeton treten auch **oft keine Schäden** auf, was dem hierfür zuständigen, oft sehr fleißigen Schutzengel zuzuschreiben ist. Die Technischen Vertragsbedingungen für österreichische Betondecken RVS 08.17.02 [ÖFSV 11] sehen in solchen Fällen vor, dass die **Gewährleistungsfrist um zwei Jahre zu verlängern** ist und dann die Decke, wenn sie bis dahin schadensfrei blieb, **abzunehmen** ist. Dies hat sich als zweckmäßig erwiesen, weil neue Schäden in den meisten Fällen nur in den ersten Jahren der Salzstreuung, vor allem im ersten Winter, auftreten.

Schäden durch Frost- oder Frost-Tausalzeinwirkungen sind an einwandfrei hergestelltem und eingebautem Luftporenbeton äußerst selten, was wohl daran liegt, dass die künstlichen Luftporen den Frostwiderstand des Betons ganz erheblich verbessern. Wenn Schäden auftreten, dann liegt es meist daran, dass Beton ohne künstliche Luftporen oder mit einem völlig unzureichenden Luftgehalt eingebaut wurde.

Es gibt Sonderfälle, in denen auch an einwandfreiem Luftporenbeton Frost- oder Frost-Taumittelschäden aufgetreten sind.

(1) Wird der Beton erst im Spätherbst eingebaut und sehr früh beansprucht, muss mit Schäden gerechnet werden. Der Beton muss daher **mindestens 7 Tage bei 20 °C oder entsprechend länger bei niedrigeren Temperaturen** erhärten, wobei er mind. 80 % der 28-Tage-Festigkeit erreicht und muss darüber hinaus **mindestens einmal ausgetrocknet** sein, so dass in den oberflächennahen Schichten das Grundschwinden zu einer Verminderung der Wassersättigung der Kapillarporen geführt hat, vgl. Abschn. 4.4.9.

(2) Durch **längeres Bearbeiten von Betonoberflächen** z. B. mit einem **Tellerglätter** oder wenn schräge Flächen sich erst **nach beginnendem Ansteifen** des Betons glätten lassen, wird das Luftporensystem in den oberflächennahen Schichten – und gerade auf diese kommt es an – gestört. Gerade an Tankstellen und kleinen Parkplätzen ist die Versuchung groß, mit Tellerglättern sehr schöne Oberflächen herzustellen, die dann leider oft den ersten Winter nicht überstehen.

(3) **Starkes Aufheizen** von noch jungen Betonoberflächen kann auch zu einer so weitgehenden Störung des Luftporengefüges führen, so dass Schäden auftreten.

(4) Auch Gesteinskörnungen mit unzureichendem Widerstand gegen Frost und Taumittel können Ursache von Schäden sein.

5.9.9 Luftporenbeton mit Mikrohohlkugeln (MHK)

Diese „vorgefertigten" Luftporen, vgl. Abschn. 2.5.4, haben bereits die erforderlichen kleinen Durchmesser, so dass von der MHK-Paste nur 2 kg/m³ bis 3,5 kg/m³ zugegeben werden müssen, bei Spritzbeton allerdings bis zu 7 kg/m³, weil ein Teil von ihnen beim Spritzvorgang zerstört wird. Man verwendet MHK bei kleinen Vorhaben, bei denen man auf eine aufwändige Prüfung künstlicher Luftporen verzichten will, bei sehr fließfähigem Beton, bei sehr steifem Beton, bei Spritzbeton oder wenn man fürchtet, dass beim Fördern oder Verdichten eines LP-Betons die Luftporen verloren gehen. Mit dem **Roll-A-Meter** kann man an einer Probe Frischbeton durch Wasserzugabe und Bewegung die MHK aufschwimmen lassen und so ihren Anteil messen.

5.10 Beton für Bauteile mittlerer Dicke und massige Bauteile (Hydratationswärme)

5.10.1 Grundsätzliches

Hydratationswärme kann dazu führen, dass Betonbauteile schon nach wenigen Tagen oder Wochen oder auch erst bei starker **Abkühlung** im Winter **Risse** bekommen. Ursache ist, dass die von Temperaturänderungen verursachten **Dehnungen und Verkürzungen** behindert oder gänzlich **verhindert** werden. Die bei der Erhärtung des Zements entstehende **Hydratationswärme** spielt dabei die wichtigste Rolle, daneben auch die natürlichen Änderungen der Temperatur, während ein Schwinden höchstens Oberflächenrisse verursachen kann. Durch äußeren Zwang entstehen Spaltrisse oder Biegerisse, durch Zwang innerhalb eines Querschnittes oberflächennahe Eigenspannungsrisse, vgl. Abschn. 3.5.1.

Während in dünnen Bauteilen wie Estrichen die Hydratationswärme praktisch unbemerkt abfließt, erhärtet der Beton in **massigen Bauteilen** und selbst in solchen **mittlerer Dicke**, aufgeheizt oft nur durch Hydratationswärme, bei einer erhöhten Temperatur. Wenn sich solche Bauteile später zu stark abkühlen und sich nicht verkürzen können, entstehen hohe Zugspannungen bis hin zu Rissen. Die Temperatur erreicht auch bei nur 30 bis 60 cm dicken Bauteilen gegen Ende des ersten Tages ihr Maximum. Bei über 40 m dicken Staumauern dauert es ohne künstliche

Kühlung viele Jahre, bis die Umgebungstemperatur erreicht wird. Kein Wunder, dass man beim Bau von Talsperren schon am Anfang des vorigen Jahrhunderts, als man begann, an Stelle von Bruchsteinmauerwerk Beton zu verwenden, bestrebt war, die Hydratationswärme klein zu halten. Dazu wird auch heute noch der **Zementgehalt** möglichst **niedrig** gehalten und die nötige Festigkeit durch langsam erhärtende **puzzolanische** oder **latent hydraulische** Zusatzstoffe sichergestellt. Auch wurden Portlandzemente entwickelt, die vor allem durch einen niedrigen C_3A-Gehalt ähnlich wie Hüttenzemente weniger Wärme entwickeln.

5.10.2 Vermeiden von Rissen durch betontechnische Maßnahmen

Beim Bau großer Talsperren ebenso wie in allen anderen Fällen, in denen **keine Stahlbewehrung** vorgesehen ist, wie bei Fahrbahndecken von Autobahnen und Startbahnen auf Flughäfen oder auch bei vielen bewehrten oder unbewehrten Tunnelinnenschalen muss der Beton so hergestellt werden, dass er wenig zur Rissbildung neigt und die vor allem durch die Hydratationswärme verursachten **Spannungen klein** bleiben.

Gezielte Maßnahmen sind erst möglich, seit es gelungen ist, die rissauslösenden **Zwangsspannungen im Laborversuch** und auch in der Praxis in **Bauteilen** zu messen, vgl. Abschn. 3.6. Daneben ist die Messung und die **Berechnung** des **Temperaturverlaufes** in einzelnen Querschnitte des Bauteils auch heute noch ein wichtiges Hilfsmittel. Die **Betontemperaturen** und deren Verlauf erlauben aber **allein keine Aussage** über die durch sie **verursachten Spannungen** und sind folglich auch keine ausreichende Grundlage für das Vermeiden störender Risse.

Unsere heutigen Kenntnisse über zweckmäßige **betontechnische, konstruktive** und **ausführungstechnische** Maßnahmen zur Vermeidung hoher Temperaturspannungen reichen bei vielen Bauteilen mittlerer Dicke ebenso wie bei massigen Bauteilen aus, um auf eine aufwändige **Bewehrung** zur **Beschränkung der Rissbreiten** zu verzichten, sodass man sich auf die zur Abtragung von Lastspannungen notwendigen Stahlquerschnitte beschränken kann. Aber selbst wenn eine rissbreitenbegrenzende Bewehrung für nötig gehalten wird, werden durch die erwähnten Maßnahmen die durch Hydratationswärme verursachten Spannungen niedriger gehalten, wodurch die Gefahr, dass störende Risse auftreten, erheblich vermindert wird. Sollte sich dennoch ein Riss zu weit öffnen oder Wasser durchlassen, kann er mit **Reaktionsharzen zuverlässig verpresst** werden, vgl. Abschn. 11.8. Man kann auch, um Stahlbewehrung einzusparen, breitere Risse von vornherein zulassen und ein Verpressen von vornherein planen.

In der Praxis wählt man von den zahlreichen, nachweislich effektiven betontechnischen, konstruktiven und ausführungstechnischen Maßnahmen jene aus, die unter den Gegebenheiten des vorgesehenen Bauvorhabens zweckdienlich erscheinen. Oft werden auch nur jene angewandt, die mit keinen großen Mehrkosten verbunden sind. Dabei ist auch abzuwägen, welche konstruktiven Maßnahmen getroffen werden können, mit welchen Temperaturen bei der Bauausführung zu rechnen ist und welche ausführungstechnischen Maßnahmen, z. B. Kühlen im Sommer oder Wärmedämmen im Winter, auf der Baustelle umsetzbar sind. Zu berücksichtigen ist auch die Frage, wie weit **während der Nutzung** Betriebszustände auftreten, die zu erheblichen Temperaturänderungen führen und damit eine spätere Rissbildung verursachen können, wie dies beispielsweise bei Faulbehältern, Portalbereichen von Tunneln oder Garageneinfahrten der Fall sein kann. Schließlich muss auch bewertet werden, wie weit angesichts der heutigen Möglichkeiten, Risse wasserdicht zu verpressen, eine hohe Sicherheit gegenüber einer Rissbildung überhaupt nötig ist, oder ob es unter den gegebenen Verhältnissen zwingend notwendig ist, durchlässige Risse zu vermeiden. Ob Risse wie ein Charakterfehler oder wie eine Sommersprosse zu bewerten sind.

5.10.3 Prüfen der Rissempfindlichkeit

Um Betonzusammensetzungen zu entwickeln, die wenig rissempfindlich sind, kann man alle Einflüsse in Vergleichsversuchen im **Reißrahmen** quantifizieren, vgl. Abschn. 3.6.4. Die Temperatur, bei welcher der Balken im Reißrahmen durchreißt, die **„Risstemperatur"**, ist dabei das Maß für die Rissempfindlichkeit, welches das praktische Verhalten gut wiedergibt. Maßgebend für die Risstemperatur sind nicht nur **Hydratationswärme** und die im Beton erreichte **Zugfestigkeit,** sondern auch der **Anstieg des E-Moduls** während der Erhärtung und die anfangs sehr große Spannungserschlaffung durch **Relaxation**, ebenso wie auch alle Einflüsse der **Zusammensetzung** und **Temperatur** des Frischbetons einschließlich auch der **Wärmedehnung der Gesteinskörnungen.** Für die meisten Einflüsse liegen Erfahrungswerte vor. Um die Auswirkungen der beim Bau zu erwartenden Temperaturen zu erfassen, können Reißrahmenversuche auch bei unterschiedlichen Frischbetontemperaturen durchgeführt werden. Auch wurden schon, um sich Gewissheit darüber zu verschaffen, ob der während der Bauausführung gelieferte Zement und die anderen Ausgangsstoffe die gleichen Eigenschaften wie jene der

Erstprüfung haben, Versuche mit beim Einbau entnommenen Betonproben durchgeführt.

5.10.4 Einfluss von Zementen und Zusatzstoffen

Bei **kleinen Bauvorhaben** kann es angebracht sein, auf Überlegungen hinsichtlich der zu Rissen führenden Zugspannungen zu verzichten und sich nur zu bemühen, eine starke Erwärmung zu vermeiden. In diesem Falle wählt man einen **Zement mit niedriger Hydratationswärme** also einen LH-Zement nach DIN EN 197, vgl. Abschn. 2.2.8 (c). Den Zementgehalt setzt man so niedrig wie möglich an und verwendet entsprechend viel **Flugasche** oder andere, in den ersten Tagen wenig zur Erwärmung beitragende, aber **reaktive Zusatzstoffe**. Damit kann eine ebenso hohe Festigkeit und dichtes Gefüge erreicht werden, allerdings erst ein bis zwei Monate später. Nur wenn Anforderungen an die Frühfestigkeit zwingend nötig sind, müssen je nach herrschenden Temperaturen dem Ersatz von Zement durch reaktive Zusatzstoffe enge Grenzen gesetzt werden.

Bei **größeren oder empfindlicheren Bauteilen** ist es meist nötig, weitergehende Maßnahmen für die Auswahl eines Betons mit niedriger Rissempfindlichkeit zu treffen und damit auch die Rissgefahr klein zu halten. Man wählt einen **Zement mit niedriger Risstemperatur**, vgl. Abschn. 2.2.9 (d.) Darüber hinaus niedrige Zementgehalte und möglichst große Anteile von Flugasche oder anderen reaktiven Zusatzstoffen.

Für **Bauteile großer Dicke** kann man eine wenig rissempfindliche Betonzusammensetzungen durch Vergleich der Temperaturspannungen in einer **Temperaturspannungs-Prüfmaschine** auswählen, Abschn. 3.6.4. Nach vorliegenden Erfahrungen geht man aber nicht weit fehl, wenn man für die Optimierung des Betons viel weniger aufwändige Reißrahmenversuche durchführt und deren Ergebnisse auch der Entwicklung von Beton für Bauteile mit mehreren Metern Dicke zugrunde legt.

5.10.5 Einfluss der Gesteinskörnungen

Eine maßgebende Rolle spielt die **Wärmedehnzahl der Gesteinskörnungen**, Tabelle 2.3-1. Sie bestimmt weitgehend die Wärmedehnung des Betons. Temperaturspannungen sind umso höher, je größer die Wärmedehnzahl, Abb. 5.10-2. In der Praxis sind Fälle, in denen man ohne großen Aufwand Gesteinsstoffe nach der Wärmedehnzahl auswählen kann, allerdings recht selten. Auch wenn quarzitische Gesteine baustellennahe anstehen, wird man kaum Kalke mit nur halb so großer Wärmedehnzahl aus

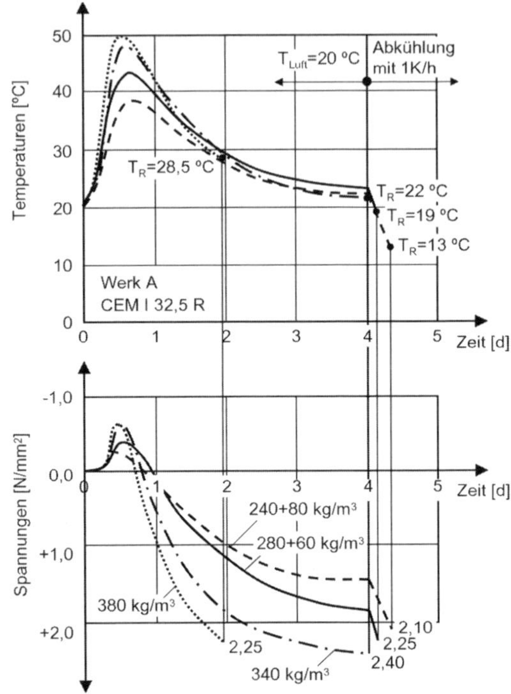

Abb. 5.10-1: Wird ein Teil der 340 kg/m³ des Zements durch 60 oder gar 80 kg/m³ Flugasche ersetzt, dann zeigt eine niedrigere Risstemperatur T_R, dass die Hydratationswärme weniger leicht zu Rissen führen kann. Erhöhte Zementgehalte vergrößern die Rissempfindlichkeit, [Breitenbücher 88]

großer Entfernung anliefern können. Bei der Entscheidung, welche Maßnahmen zur Vermeidung von störenden Rissen getroffen werden, muss man wissen, ob die Gesteinskörnungen zu einer hohen oder niedrigen Rissempfindlichkeit führen. Zuverlässig bestimmen lässt sich dieser Einfluss im Reißrahmen-Regelversuch, wenn man nicht Bindemittel oder Betonzusammensetzungen, sondern Gesteinskörnungen vergleicht.

Größtkorn und Kornzusammensetzung müssen so gewählt werden, dass man mit möglichst **niedrigem Wassergehalt** und daher auch mit **wenig Zement** eine ausreichende **Verarbeitbarkeit** und ein **dichtes Betongefüge** erzielt. Beton mit einem **Größtkorn von 32 mm** oder bei Massenbeton bis zu 128 mm hat zwar eine etwas niedrigere Zugfestigkeit als solcher mit Gesteinskörnungen nur bis 8 mm oder 16 mm. Das fällt aber kaum ins Gewicht im Vergleich zum Minderbedarf an Zement, dessen Anteil stets so gewählt werden muss, dass eine vergleichbare Verarbeitbarkeit und ausreichende Festigkeit erzielt wird.

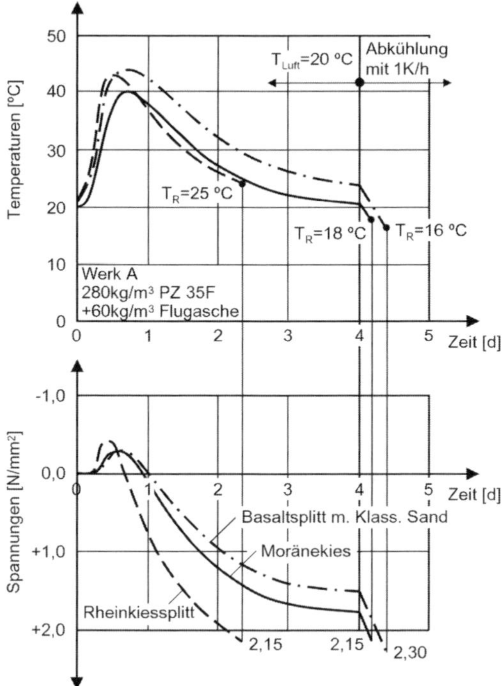

Abb. 5.10-2: Gesteinskörnungen mit niedriger Wärmedehnzahl wie Basalt führen zu niedriger Risstemperatur T_R, also hinsichtlich Hydratationswärme weniger empfindlichem Beton, [Breitenbücher 88]

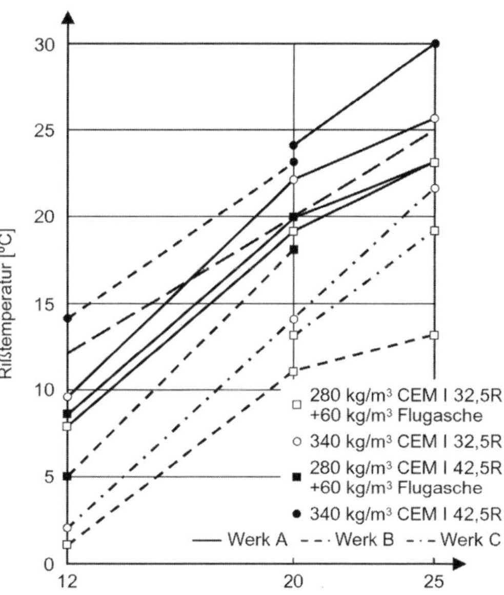

Abb. 5.10-3: Bei einer Temperatur des Frischbetons von nur 12 °C anstatt 20 °C ist die Risstemperatur um mehr als 8 K niedriger, [Breitenbücher 88]

Gesteinskörnungen mit nur kleinen Streuungen der Kornzusammensetzung und damit auch des Wasseranspruches sind ganz besonders im Sandbereich wichtig, ebenso eine sorgfältige Dosierung. Je kleiner damit die Streuungen der Betoneigenschaften gehalten werden können, desto kleiner kann das Vorhaltemaß bleiben, wodurch auch der Zementgehalt niedriger bleiben kann. Ungleichmäßiger Beton führt auch viel **leichter zu Rissen**: Bereiche mit mehr Zement erwärmen sich stärker und ziehen sich erst später zusammen, so dass sich in benachbarten schon abgekühlten Bereichen mit niedriger Festigkeit viel eher ein Riss auftut.

5.10.6 Einfluss von Zusatzmitteln

Generell nachgewiesen ist lediglich ein deutlicher Einfluss von **Luftporenmitteln:** Luftporenbeton hat eine um 3 bis 4 K niedrigere Risstemperatur als ein Vergleichsbeton ohne künstliche Luftporen. **Fließmittel** und **Verflüssiger** können dazu benutzt werden, den Wassergehalt niedriger zu halten und so bei vorgegebenem *w/z*-Wert einen niedrigeren Zementgehalt zu ermöglichen.

Mit Verzögerern die Wärmeentwicklung so zu bremsen, dass mehr Wärme abfließen kann und das Temperaturmaximum nicht so hoch ausfällt, ist bislang nicht gelungen. Wird nur das Erstarren verzögert, dann setzt die Erhärtung und damit auch der Temperaturanstieg nach der Verzögerung umso intensiver ein. Wird die Erhärtung verlangsamt, dann erschlaffen die ohnehin bescheidenen Druckspannungen noch stärker, so dass die Nullspannungstemperatur höher ausfällt.

Große Hoffnungen hat man in **Quellmittel** gesetzt, Abschn. 2.5.10. Ihre Wirkung wäre im Grunde genommen sehr hilfreich, weil sie Druckspannungen aufbauen und so den bei der Abkühlung entstehenden Zugspannungen entgegenwirken, [Ebensperger 90]. Leider ist es bis heute aber nicht gelungen, Produkte zu entwickeln, mit denen sich auch in der Praxis zielsicher ein vorzugebendes Quellmaß erreichen lässt. Zu groß ist der Einfluss von Temperatur, Feuchtigkeit und Zusammensetzung des Quellzements.

5.10.7 Temperatur des Frischbetons

Wie Versuche zeigen, lässt sich durch Absenken der Temperatur von Frischbeton und Umgebungsluft von 20 °C auf 12 °C die Risstemperatur sogar um mehr als 8 K erniedrigen, was nicht nur auf die bei kühler Anfangserhärtung etwas höhere Zugfestigkeit zurückzuführen sein dürfte, Abb. 5.10-3.

In der Praxis hat sich das **Kühlen der Ausgangsstoffe**, das Kühlen des **Frischbetons** und ein **Betonieren bei Nacht** mehr noch als ein frühzeitiges Kühlen des erhärtenden Betons als eine sehr zweckmäßige Maßnahme erwiesen, vgl. Abschn. 7.2.6.

5.10.8 Einfluss des Schwindens

Trocknungsschwinden kann Ursache von Oberflächenrissen sein. Bei Bauteilen mittlerer Dicke kann einseitiges Schwinden im Laufe von Wochen auch zu Biegespannungen und sogar keilförmigen Spaltrissen führen, dies vor allem, wenn nur eine Seite austrocknet, die gegenüber liegende Fläche aber Feuchtigkeit aufnehmen kann und daher quillt, Abschn. 3.4.5.

5.10.9 Anforderungen der Expositionsklassen bei massigen Bauteilen

Die Forderung nach niedrigem Zementgehalt steht teilweise in Widerspruch zu den je nach Expositionsklasse in DIN FB 100 geforderten höchstzulässigen *w/z*-Werten und Mindestzementgehalten. Wenn massige Bauteile schon nach 28 Tagen mit den vorgesehenen hohen Zementgehalten die Anforderungen eines C 25/30, C 30/37 oder sogar C 35/45 mit angemessenem Vorhaltemaß erfüllen müssen, ist die Gefahr groß, dass sich durch abfließende Hydratationswärme klaffende Risse bilden, wenn nicht ein unverhältnismäßig hoher Bewehrungsgrad die Erwartungen einer planmäßigen Rissbreitenbegrenzung erfüllt. Aus diesem Grunde lässt die Richtlinie „Massige Bauteile aus Beton" [DAfStb 17], vgl. Abschn. 4.1.2, für **mindestens 80 cm dicke Bauteile** bei Einwirkung von Chloriden, Frost und chemischen Angriffen stets Zementgehalte von nur 300 kg/m^3 zu und begnügt sich mit *w/z*-Werten von 0,50 statt 0,45 und Festigkeitsklassen 30/37 statt 35/45. Auch darf die geforderte Druckfestigkeit erst nach 56 oder 91 Tagen nachgewiesen werden. Bei Beton, der nach 2 Tagen mindestens 30 % der 28-Tage-Festigkeit erreicht, gilt die für die Expositionsklasse geforderte Festigkeit als nachgewiesen, wenn nach 28 Tagen eine um eine Klasse niedrigere Druckfestigkeit erreicht wird. In vielen Fällen muss trotz der für die entsprechende Expositionsklasse etwas niedrigeren Zementgehalte mit zu hohen Zwangsspannungen infolge Hydratationswärme gerechnet werden, was zusätzliche Überlegungen und Maßnahmen erfordert.

Um die Anforderungen an die Dauerhaftigkeit dennoch zu erfüllen, bestehen unterschiedliche Möglichkeiten:

(1) **Verwendung eines noch** niedrigeren Zementgehaltes, wobei zur Erzielung eines dichten Gefüges der Anteil an **Flugasche** mindestens in gleichem Maße erhöht wird. Werden die Grenzen von DIN FB 100 unterschritten, ist eine bauaufsichtliche Zustimmung im Einzelfall nötig. Ggf. ist eine hinreichende Alkalitätsreserve für den Korrosionsschutz der Bewehrung nachzuweisen. Ähnliches gilt für den Frostwiderstand. Verwendet werden vorzugsweise Flugaschen mit hohem Aktivitätsindex, die mit dem effektiven *k*-Wert angerechnet werden.

(2) Bei Expositionsklassen XC, XD oder XS, also Maßnahmen zum Schutz vor Bewehrungskorrosion, können die Anforderungen an die Betonzusammensetzung ermäßigt werden, wenn die **Betondeckung entsprechend erhöht** wird, wie dies bei massigen Bauteilen vielfach möglich ist. Auch dazu ist eine Zustimmung im Einzelfall nötig.

(3) **Verwendung eines Vorsatzbetons**. Wenn der Vorsatzbeton die Anforderungen an die Dauerhaftigkeit (Expositionsklassen) erfüllt, besteht für den Kernbeton kein Korrosions- oder Angriffsrisiko (XO), so dass für den *w/z*-Wert oft nur die Festigkeitsanforderungen maßgebend sind. Enthält der Kernbeton eine Stahlbewehrung, gilt XC 1

5.11 Beton mit besonderen Eigenschaften

Anforderungen an die **Dauerhaftigkeit** einschließlich **Verschleißfestigkeit** werden in Abschnitt 4 behandelt. Beton mit **hoher Druckfestigkeit** in Abschn. 6.2, **ultrahochfester Beton** in Abschn. 6.3. Betonzusammensetzungen mit **geringer Rissempfindlichkeit** in Abschn. 5.10.3 bis 5.10.9.

5.11.1 Hohe Zugfestigkeit und Biegezugfestigkeit

Je nachdem, wie man die Zugfestigkeit prüft, auf **axialen Zug, Biegezug oder Spaltzug,** erhält man völlig unterschiedliche Ergebnisse. Aber auch Gestalt und Größe des Probekörpers, sowie die Belastungsgeschwindigkeit und besonders auch die Austrocknungsbedingungen vor der Prüfung haben starken Einfluss auf die in Laborprüfungen ermittelte Zugfestigkeit, Abschn. 3.4.2.

Etwas höhere Zugfestigkeiten erreicht man durch **gebrochene Gesteinskörnungen** mit **mäßig rauer Oberfläche**, größeren Anteilen an **Sand** und Beschränkung des Größtkorns auf **8 oder 16 mm**. Wenn auf den Oberflächen der Gesteinskörner auch nur hauchdünne Schichten aus **Schluff oder Ton** verblieben sind, die sich beim Mischen nicht abgelöst haben, beeinträchtigt dies die Zug- und Biegezugfestigkeit erheblich.

Mit üblichem Straßenbeton C 30/37 lassen sich 28-Tage-Biegezugfestigkeiten von 4,5 bis 6 N/mm² erzielen, mit hochfestem Beton bis etwa 8 N/mm², bei Zusatz von Microsilica solche von 7 bis 10 N/mm². Bei diesen Ergebnissen an Balken 150 × 150 × 600 mm³ und Belastung in den Drittelspunkten muss beachtet werden, dass die Biegezugfestigkeiten bei **höheren Probekörpern** deutlich **niedriger** ausfallen und auch, dass bei einer Prüfung mit **mittiger Einzellast** die Ergebnisse um **10 bis 30 % höher** sind als bei einer Belastung in den **Drittelspunkten**, [Bonzel 63]. Auch bei länger anhaltender Zug- oder Biegezugbeanspruchung muss ähnlich wie bei dynamischen Einwirkungen mit etwas niedrigeren Festigkeiten gerechnet werden.

5.11.2 Große Bruchdehnung

Wenn es darum geht, dass ein Betonbauteil, dem eine große Dehnung aufgezwungen wird, möglichst nicht reißt, ist eine große Bruchdehnung gefragt. Beim Asphalt ist sie dank seiner Viskosität so groß, dass Asphaltstraßen auch bei großer Kälte (meist) keine Risse bekommen, obwohl sie keine Fugen haben. Bei Beton sind die Möglichkeiten zu größeren Bruchdehnungen recht begrenzt: Höhere Festigkeiten bringen nur wenig, weil mit der Festigkeit auch der E-Modul steigt. **Luftporenbeton** hat eine etwas größere Bruchdehnung. Das macht zwar nicht viel aus, wird aber wegen der vergleichsweise niedrigen Kosten oft genutzt, vgl. Abschn. 5.9.1. Reißrahmenversuche mit Zusatzmitteln, die ein leichtes Quellen verursachen, haben günstige Ergebnisse gezeigt, [Giese 09]. Viel lässt sich mit geeigneten **Polymerzusätzen** erreichen, aber nur, wenn man bereit ist, erhebliche Mehrkosten in Kauf zu nehmen, vgl. Abschn. 2.3.8. Hohe Verformbarkeit lässt sich mit **Stahlfasern** erzielen, wobei die Fasern verhindern, dass sich nach Erreichen der Bruchdehnung, also dem Entstehen von Rissen, die Betonstruktur auflöst, vgl. Abschn. 6.8.3.

5.11.3 Hohe Grünstandfestigkeit

Für Bauteile, die **unmittelbar nach dem Verdichten** ausgeschalt werden und sich im grünen Zustand nicht unzulässig verformen dürfen, ist eine ausreichende **Gründruckfestigkeit** nötig. Selbst 2 m lange Rohre werden in Betonwerken stehend verdichtet und unmittelbar danach ausgeschalt. Beton-Leitwände neben den Straßen können mit Gleitschalungsfertigern hergestellt werden. Gründruckfestigkeit entsteht durch **Adhäsionskräfte** zwischen Wasser und festen Bestandteilen sowie Kornverzahnung, also **innere Reibung** der möglichst **kantigen Gesteinskörnungen** bei entsprechenden Anteilen von Mehlkorn, [Hüsken 08]. Sie ist ebenso wie die Festigkeit nach dem Erhärten des Zements umso höher, je größer die **Packungsdichte** ist, d. h. je kleiner der Porenhohlraum ist, [Bornemann 12]. Ähnlich wie im Proctorversuch bei der Verdichtung von Böden, Abb. 8.1-18, führt ein **optimaler Wassergehalt** zu großer Packungsdichte (Trockenrohdichte). Der optimale Wassergehalt ist umso niedriger und die Packungsdichte umso höher, je intensiver verdichtet wird, Abb. 5.11-2. Proctorversuche, Rüttelversuche oder andere praxisnahe Verdichtungsprüfungen sind nötig, um den optimalen Wassergehalt zu ermitteln.

Abb. 5.11-1: Auch große Rohre werden nach dem Verdichten sofort ausgeschalt und dürfen sich nicht verformen. Sie brauchen dazu eine hohe Grünstandfestigkeit (Foto Setzer)

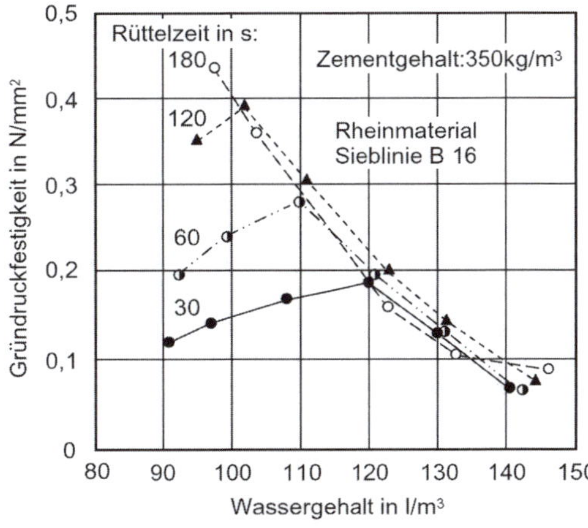

Abb. 5.11-2: Die Druckfestigkeit des noch grünen Betons wird von der Rüttelzeit und dem Wassergehalt bestimmt, [Wierig 68]

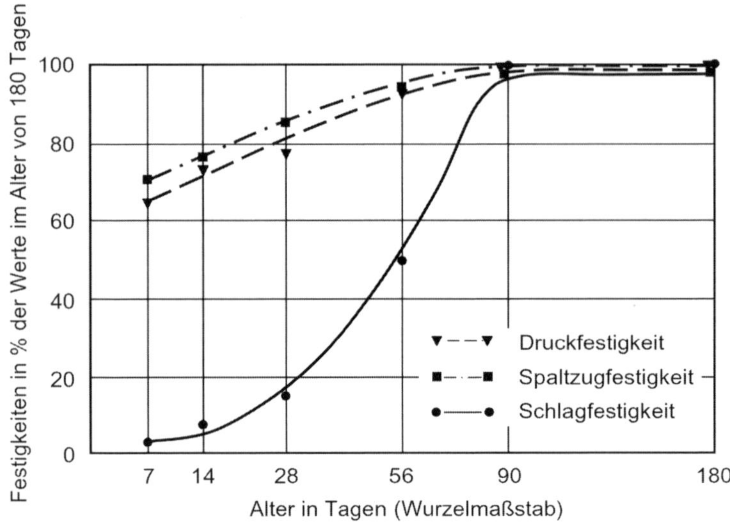

Abb. 5..11-3: Die Schlagfestigkeit wird erheblich größer, wenn der Beton nach 7-tägiger Wasserlagerung austrocknet, [Dahms 68]

Die Packungsdichte kann erhöht und der optimale Wassergehalt gesenkt werden, wenn Anteil und Kornzusammensetzung des **Mehlkorns optimiert** werden, vgl. Abschn. 5.6.2. Eine weitere Erhöhung der Packungsdichte ist möglich, wenn mit leistungsfähigen **Fließmitteln**, vorzugsweise solchen auf Basis PCE die Verdichtungswilligkeit verbessert und damit die nötige **Wasserzugabe nochmals vermindert** wird. Man kann davon ausgehen, dass Betonzusammensetzungen, die in Hinblick auf hohe Gründruckfestigkeit optimiert wurden, gut verarbeitbar sind und auch zu einem gleichmäßigen Aussehen der Betonoberflächen führen. Voraussetzung ist natürlich eine sehr geringe Schwankungsbreite vor allem der Eigenschaften des Mehlkorns.

Beton, der mit steifer (F 1) oder plastischer (F 2) Konsistenz eingebaut wird, erreicht mit **künstlichen Luftporen** eine **höhere Grünstandfestigkeit**, vgl. Abschn. 5.9, noch höher durch Zusatz von **Kunststofffasern**, vgl. Abschn. 6.8.4. Neuere Versuche deuten darauf hin, dass mit Superabsorbierenden Polymeren (SAP) als versteifende Zusatzmittel selbst Fließbeton grünstandsfest gemacht werden kann, Abschn. 2.5.7 [Breitenbücher 15]. Auch durch eine Absenkung des Wassergehaltes im **Vakuumverfahren** entsteht ebenso wie in gewissem Ausmaß auch durch **Schalungseinlagen** eine höhere Gründstandfestigkeit, vgl. Abschn. 7.6.9.

5.11.4 Hohe Schlagfestigkeit

Vor allem beim Rammen von Pfählen oder anderen stoßartigen Beanspruchungen muss der Beton schlagfest sein. Als Maß gilt die Anzahl von Schlägen eines Fallbären, die zum Bruch führt. Die Schlagfestigkeit ist etwa viermal so groß, wenn Beton mit einem ***w/z*-Wert von nur 0,40** anstelle von 0,50 verwendet wird. Ähnlich stark steigt die Schlagfestigkeit, wenn der Beton vor der Beanspruchung nur wasserhaltend, **nicht wasserzuführend nachbehandelt** wird und mindestens **3 Monate lang austrocknen** konnte, Abb. 5.11-3. Das ist verständlich, weil sich in trockenem Betongefüge **beim Schlag keine hydraulischen Drücke** einstellen können. Vorteilhaft sind ein hoher Anteil feiner Gesteinskörnung, ein nicht zu hoher Zementgehalt und ein gebrochenes Grobkorn mit mäßig rauer Kornoberfläche und möglichst niedrigem E-Modul [Dahms 68]. Durch den Zusatz von **Stahlfasern** kann die Schlagfestigkeit um ein Vielfaches erhöht werden [Bonzel 80].

5.11.5 Hoher oder niedriger Elastizitätsmodul

Der E-Modul wird vom E-Modul des Zementsteins – mit etwa 5 000 bis 25 000 N/mm² – und jenem der Gesteinskörnungen – zwischen 10 000 und 100 000 N/mm² – bestimmt. Erhöhte Anteile von Zementstein und/oder Sand führen zu niedrigerem E-Modul. Der E-Modul des nachgiebigeren Zementsteins wirkt sich stärker aus als ein höherer E-Modul von Gesteinskörnungen. Zu höherem E-Modul von Beton führen eine hohe Druckfestigkeit des Betons, ein relativ niedriger Gehalt an Zementleim und Sand sowie vor allem grobe Körnungen aus **Gestein mit hohem E-Modul** (s. Tabelle 2.3-1). Vielfach werden gebrochene Körnungen, also **Splitte**, bevorzugt, die aus Gesteinen mit hohem E-Modul hergestellt wurden. Sie erfordern aber meist einen etwas höheren Gehalt an Zementleim. Aber auch mit vielen Kiesen lassen sich hohe E-Moduli erzielen. Auf den E-Modul des Kiesgesteins kann jedoch nur indirekt durch Prüfung des damit hergestellten Betons geschlossen werden, weil man an Kieskörnern den E-Modul genauso wie die Druckfestigkeit nicht prüfen kann.

Bei verformungsempfindlichen Bauwerken muss – wenn keine Erfahrungen vorliegen – stets auf eine **experimentelle Bestimmung des E-Moduls** nach DIN 1048-5 zurückgegriffen werden. Dadurch gewinnt man einen Anhaltswert für die bei der Belastung auftretenden Verformungen.

Soll Beton einen möglichst **niedrigen E-Modul** erreichen, verwendet man vorzugsweise **poröse Körnungen**, wie sie für **Leichtbeton** oder auch aus recycliertem Beton hergestellt werden und vermeidet höhere Betonfestigkeiten. Haufwerksporiger Leichtbeton erreicht bei Rohdichten unter 1 000 kg/m^3 E-Moduli im Bereich von nur 5 000 N/mm^2, dampfgehärteter Porenbeton bei Rohdichten von 500 kg/m^3 solche im Bereich von 2 000 N/mm^2.

5.11.6 Geringes Schwinden und Quellen

Bei Schwinden und Quellen wird das Porenwasser vor allem durch Austrocknen oder Wasseraufnahme umverteilt, was nur allmählich und nur in den Randzonen von Betonquerschnitten geschehen kann.

Um Schwindrisse zu vermeiden, ist eine Forderung nach „schwindarmem Zement“ nicht zielführend, [Walz 61, Springenschmid 93]. In der Praxis müssen je nach der Lage der dem Austrocknen oder der Wasseraufnahme ausgesetzten Betonoberfläche drei unterschiedliche Fälle beachtet werden, vgl. Abschn. 3.4.5.1.

(a) **Axiales Schwinden** führt in **dünnen Bauteilen**, die allseitig stärker austrocknen, zum Aufgehen von Fugen und bei vorgespannten Bauteilen zu einer Verminderung der Vorspannung. Axiales Schwinden ist kleiner, wenn

- der Wassergehalt des Betons niedrig ist, vgl. Abb. 3.4-19. Dazu sind leistungsfähige Fließmittel und Kornzusammensetzungen mit niedrigem Wasseranspruch hilfreich. Ein Wassergehalt von 140 l/m^3 anstatt 200 l/m^3 führt zu einer Halbierung des Schwindmaßes,
- poröse Gesteinskörnungen und solche mit niedrigem E-Modul vermieden werden. Betone mit Hartgesteinssplitt oder gar Stahlschrott schwinden sehr wenig,
- ein hoher Anteil groben Korns verwendet wird. Sandreicher Beton schwindet stärker,
- ein frühzeitiges Austrocknen vermieden wird,
- die Oberfläche versiegelt oder beschichtet wird, so dass Wasser nicht entweichen kann. Bei sehr frühem Auftrag kann auf einen Verdunstungsschutz verzichtet werden,
- die austrocknenden Oberflächen – bezogen auf den Querschnitt – klein sind und
- bei hoher Betonfestigkeit der Zementgehalt nicht zu hoch und der *w/z*-Wert nicht zu niedrig sind, damit das Grundschwinden nicht zu groß wird. Wenn keine hohen Frühfestigkeiten nötig sind, kann ein Ersatz eines Teils des Zements durch reaktive Zusatzstoffe sinnvoll sein.

Wie weit axiale Verkürzungen durch Schwinden (Austrocknen) oder durch **Abkühlung** (thermisches Schwinden) verursacht werden, ist oft schwer zu unterscheiden.

(b) **Einseitiges Schwinden** von Balken, Wänden oder Platten kann zu Verformungen oder, wenn diese verhindert werden, zu Biegespannungen bis hin zu keilförmigen Rissen führen. Diese Beanspruchungen sind besonders groß, wenn der Beton auf der gegenüberliegenden Seite Feuchtigkeit aufnehmen kann und daher quillt, vgl. Abb. 3.4-18. **Einseitiges Quellen** kann beispielsweise bei Bodenplatten durch wasserdichte Unterlagsfolien vermieden werden. Für die Betonzusammensetzung gelten die Regeln nach (a) sinngemäß. Darüber hinaus ist besonders darauf zu achten, dass sich der Beton beim Einbau nicht entmischt, weil **obere mörtelreiche** Betonschichten erheblich **stärker schwinden** als tiefer liegender grobkornreicher Beton.

(c) **Schwindrisse an der Oberfläche** von Bauteilen werden vor allem durch **rasches Austrocknen** der **Randzone** verursacht, was zu **Eigenspannungen** führt. Besonders ausgeprägt kann dies bei Beton mit niedriger Feuchteleitfähigkeit, also Beton mit hoher Festigkeit sein, weil schon bald nach dem Beginn des Erhärtens ein so dichtes Gefüge entsteht, dass nur mehr wenig Wasser von tiefer liegenden Schichten durch Kapillarströmung oder Dampfdiffusion zur austrocknenden Randzone gelangt. **Schwindrisse** in der **Druckzone** von weit gespannten Decken können zu erhöhten Durchbiegungen führen. Um **Schwindrisse** zu vermeiden strebt man an:

- Betonzusammensetzungen wie unter (a),
- die Verwendung von Zement mit niedrigem Alkaliäquivalent unter etwa 1,0 und mit nur

kleinen Anteilen an Feinstkorn, also vorzugsweise Zement CEM 32,5,

- frühzeitiges starkes Austrocknen zu vermeiden. Dazu reicht eine Feuchtigkeit der Umgebungsluft von mind. 85 % oder ein aufgesprühtes Nachbehandlungsmittel,
- lange andauernder Schutz vor Austrocknen und anschließend nur allmähliches Austrocknen,
- am ersten Tag nasse Oberflächen zu vermeiden. Der Beton würde dabei frühzeitig Quellspannungen aufbauen, die relaxieren, sodass die Randzonen in stark durchfeuchtetem Zustand erhärten. Dies führt bei späterem Austrocknen zu höheren Schwindspannungen,

und schließlich auch

- vermeiden glatter Betonoberflächen,
- vermeiden von Anreicherungen von Feinmörtel an den abgezogenen Oberflächen.

Frühschwinden wird durch **Schutz** vor **frühzeitigem starken Austrocknen** verhindert. Auch durch **Nachrütteln** kann man eine frühe Rissbildung durch Frühschwinden vermeiden. Dabei werden auch Risse, die oft durch Setzen des Frischbetons an der obersten Bewehrungslage verursacht wurden, wieder geschlossen. Betone mit sehr hohem Gehalt an Mehlkorn neigen stärker zu Frühschwindrissen, besonders wenn im Winter Betonoberflächen trockenem Wind ausgesetzt sind oder der Beton erst spät zu erhärten beginnt.

Grundschwinden (Autogenes Schwinden) ist umso größer, je höher der Gehalt an Portlandzement und je niedriger der *w*/*z*-Wert ist, weil der Zementleim in diesen Fällen schon früh so fest wird, dass Spannungen entstehen. Durch puzzolanische Zusatzstoffe wie Flugasche oder entsprechende Zemente wird die Anfangserhärtung gebremst, ohne dass die Endfestigkeit darunter leidet. Besonders stark werden Frühschwinden und Grundschwinden durch Silicastaub gefördert, wenn er zu einem zäh-klebrigen Feinmörtel führt, der auch das Nachsaugen von Wasser aus tieferen Schichten behindert. Bei Beton mittlerer und niedriger Festigkeit spielt das Grundschwinden keine Rolle.

5.11.7 Großes oder kleines Kriechen

Es wird von ähnlichen Einflussfaktoren bestimmt wie das elastische Verhalten, siehe Abschn. 5.11.5, und soweit es das Trocknungskriechen betrifft, auch wie das Schwinden, Abschn. 5.11.6. Beton, der wenig kriecht, ist gekennzeichnet durch hohe Druckfestigkeit, niedrigen Leimgehalt und grobe Gesteinskörnungen mit hohem E-Modul. Besonders groß sind Kriechen und Relaxation, wenn hohe Spannungen bzw. Verformungen in jungem Alter bei noch niedriger Festigkeit aufgebracht werden.

5.11.8 Große oder kleine Wärmedehnzahl α_T

Die Wärmedehnzahl von Beton wird im Wesentlichen von jener der Gesteinskörnungen bestimmt und kann daher nur durch Auswahl entsprechender Gesteinskörnungen beeinflusst werden, siehe Abschn. 3.4.4.

5.11.9 Niedrige oder hohe Rohdichte

Die Möglichkeiten, üblichen Beton gezielt mit **niedriger Rohdichte** herzustellen, bewegen sich in engem Rahmen, wenn nicht poröse Körnungen wie für Leichtbeton beschafft werden oder auf dichtes Gefüge verzichtet wird, vgl. Abschn. 6.4. Eine Erhöhung des Wasser- und Zementgehaltes, wie sie bei kleinem Größtkorn, etwa 8 mm statt 32 mm, oder weicherer Konsistenz nötig ist, führt zu einer nur bescheideneren Verminderung der Rohdichte um höchstens 0,05 kg/dm³. Wird Luftporenbeton anstelle von Normalbeton verwendet, dann ist bei einem Luftgehalt von 5 % mit einer um 0,07 kg/dm³ bis 0,10 kg/dm³ niedrigeren Rohdichte zu rechnen.

Einen Sonderfall stellt **leichter Normalbeton** dar. Weil in den Normen die Grenze zwischen Normalbeton und Leichtbeton bei 2 000 kg/m³ (ofentrocken) gezogen wurde, gelten die höheren Anforderungen an Leichtbeton nicht für Beton mit Rohdichten knapp über dieser Grenze. Damit lassen sich aber in Vergleich mit Beton mit üblichen Rohdichten von etwa 2 400 kg/m³ größere Fertigteile, etwa längere Brückenträger herstellen, ohne die für den Transport geltenden Höchstlasten zu überschreiten und ohne die besonderen Anforderungen an Leichtbeton zu erfüllen. Man verwendet dafür neben normalen Gesteinskörnungen hochfeste Leichtkörnungen, etwa aus geeignetem Blähton.

Beton mit **hoher Rohdichte** lässt sich gezielt nur herstellen, wenn man **Gesteinskörnungen mit hoher Rohdichte**, wie Basalt, Diorit oder Gabbro anstelle solcher mit üblicher Rohdichte verwendet. Mit **Basaltkörnungen** mit einer Rohdichte von 3,0 kg/dm³ kann man die Rohdichte des Betons nur wenig, auf nahezu **2,60 kg/dm³** erhöhen, während man mit vielen **Kalkgesteinen** mit einer Rohdichte von nur 2,50 kg/dm³ auf eine Rohdichte des Betons nur 2,32 kg/dm³ kommen kann, also nur **etwa 10 % weniger**.

Zum **Schwerbeton** finden sich Angaben in Abschnitt 5.11.14 über den Strahlenschutzbeton.

5.11.10 Hoher Widerstand gegen Eindringen von Flüssigkeiten und Gasen

Hoher Widerstand gegen das Eindringen von Flüssigkeiten und Gasen ist eine der wichtigsten Eigenschaft von Beton. Er geht dabei nicht nur darum, Wasser oder andere Flüssigkeiten nicht tief in Betonbauteile eindringen oder gar durch sie durchtreten zu lassen. Auch für hohen Widerstand gegen Frost, chemische Angriffe oder AKR ist entscheidend, dass Wasser nur sehr wenig oder besser gar nicht von außen in das Betongefüge gelangt. Großer Widerstand gegen Eindringen des gasförmigen Kohlendioxids ist Voraussetzung dafür, dass Randzonen des Betons nicht carbonatisieren und dadurch die Stahlbewehrung dauerhaft vor Korrosion schützen.

Eine besondere Bedeutung hat die Dichtigkeit gegenüber **wassergefährdenden Stoffen** erlangt. Das ist nicht nur wichtig für alle Tankstellen und auch für Betonrohre, etwa von Abwasserleitungen, aus denen auch langfristig keine Flüssigkeiten in den umgebenden Boden entweichen dürfen. Auch in Chemiewerken müssen alle großen Behälter von Flüssigkeiten für den Fall eines Schadhaftwerdens Auffangwannen vorhanden sein, die dafür sorgen, dass keine gefährdenden Stoffe ins Grundwasser gelangen.

Wenn Bauteile undurchlässig sein sollen, muss der Beton zwei Anforderungen entsprechen: er muss ein **dichtes Gefüge** haben, Abschn. 3.4.6 und er muss **frei von Rissen und anderen Fehlstellen** sein. Für wasserundurchlässige Bauwerke aus Beton gilt die WU-Richtlinie [DAfStb 17].

Bei der **Zusammensetzung** muss beachtet werden, dass ein Beton mit hohem Eindringwiderstand vor allem **gut verarbeitbar** sein muss, damit Fehlstellen vermieden werden. Er muss bei Bauteilen unter 40 cm Dicke als Beton der Expositionsklasse XC 4 oder XA 1 oder Beton mit hohem Wassereindringwiderstand festgelegt werden. Dies bedeutet nach DIN FB 100 dass der *w*/*z*-Wert höchstens 0,60 betragen darf. Bei Bauteilen über 40 cm Dicke geht man davon aus, dass ein dicker Kernbereich nicht austrocknen kann und lässt daher einen *w*/*z*-Wert bis zu 0,70 zu.

Vor einer **Prüfung der Wassereindringtiefe** nach DIN EN 12390-8 unter Druck von 50 Meter Wassersäule müssen die Proben bis zur Prüfung im Alter von 4 Wochen unter Wasser gelagert werden, wodurch man allzu große Prüfstreuungen vermeidet. Ein Schluss auf den auf der Baustelle eingebauten und nur wenige Tage lang feucht gehaltenen Beton muss infrage gestellt werden. Nur wenn Proben annähernd wie der Beton auf der Baustelle nachbehandelt werden, könnte der Laborversuch eine auch nur grobe Orientierung für das praktische Verhalten sein.

Im Gefüge wasserundurchlässiger Bauteile dürfen sich auch keine durchgehenden Kanäle gebildet haben, wie sie durch **Bluten** des Betons unter **groben Gesteinskörnern** oder auch entlang von **Stahleinlagen,** durch Setzen oder wenn eine Rüttelflasche den Stahl berührt, bilden können. Mitunter treten in Bodenplatten Durchlässigkeiten sogar entlang von Unterstützungskörben der oberen Bewehrung auf, wenn unvorsichtig gerüttelt wurde. Nester von Grobkorn oder zusammenhängende grobe Poren können durch Fehler bei Einbringen oder beim Verdichten entstehen und sind oft Ursache von Wasserdurchtritten. Aus gutem Grunde verlangt man daher **günstige Kornzusammensetzungen** wie beispielsweise im mittelkörnigen Sieblinienbereich und Mehlkorngehalte, die nahe der empfohlenen oberen Grenze liegen, vgl. Tab. 5.4-2.

Wenn ein Bauteil wasserundurchlässig sein muss, wie bei Wasserbehältern, Weißen Wannen oder Tunnelinnenschalen ohne Abdichtungsbahnen, sind weitgehende vertragliche Vereinbarungen über die **Dichtigkeitsanforderungen** nötig, vgl. Abschn. 8.5.2. Es ist für Fachleute verhältnismäßig einfach, einen Beton so zusammenzusetzen, dass kein Wasser durch sein Gefüge sickert oder die Wassereindringtiefe bei der Prüfung weniger als 30 mm oder 50 mm zeigt. Viel schwerer ist es, das Bauteil so zu konstruieren und den Beton auch so einzubauen, dass er unter den Bedingungen auf der Baustelle schließlich unter einseitigem Wasserdruck keine **Feuchtstellen** oder gar Wasserdurchtritte an **Fehlstellen, Fugen** oder **Rissen** zeigt.

Auch der **Feuchtigkeitsgehalt des Betons** während der Beanspruchung spielt für die Wasserdurchlässigkeit eine wichtige Rolle: Es klingt wie ein Widerspruch, aber **Wasser dringt in trockenen Beton erheblich schneller** ein als in feuchten Beton. Als feucht gilt dabei ein Beton nur, wenn er längere Zeit hindurch feucht gehalten wird, so dass das **Zementgel aufquellen** konnte. Wenn Bauteile, die im jungen Alter Wasser durchlassen, sich im Laufe von Monaten **selbst abdichten,** so kann der Grund dafür nicht nur im **Ausscheiden von Calciumhydroxid** in den schmalen Rissen und in einer noch **fortschreitenden Hydratation** liegen, sondern auch in – allerdings reversiblen – **Quellvorgängen**, vgl. Abschn. 3.4.6.1.

Für die **chemische Industrie** kann das Eindringvermögen aufgrund von Versuchen mit den entsprechenden Flüssigkeiten ermittelt werden. Wenn ein

Beton den in der Richtlinie „Betonbau beim Umgang mit wassergefährdenden Stoffen“ [DAfStb 11] definierten Anforderungen entspricht, gilt er als **flüssigkeitsdicht „FD“**. Dabei wird unter anderem ein *w/z*-Wert von höchstens 0,50, ein Zementleimgehalt von höchstens 290 l/m³ und eine doppelt so lange Nachbehandlung wie nach DIN 1045-3 verlangt. Man geht davon aus, dass dann in Auffangwannen **innerhalb von 3 Tagen keine Flüssigkeit tiefer als 4 cm** eindringt, selbst das sehr leicht eindringende Methylenchlorid nicht. Bei langfristigen Einwirkungen kann selbst Motoröl oder Dieselkraftstoff sehr tief eindringen, weil der Zementstein nicht wie bei Wasser aufquillt.

Generell kann das Eindringvermögen durch Zusätze von Microsilica etwas vermindert werden. Auch Zusätze von löslichen oder quellfähigen Kunststoffen können Verbesserungen bringen, [Paschmann 92].

Die Frage, ob in Abwasserleitungen **Chlorkohlenwasserstoffe** (CKW) durch hochwertigen Beton der Rohre ins Grundwasser diffundieren können, wurde eingehend untersucht [Neck 92]. Dabei zeigte sich, dass durch Rohrbeton nur so geringe Mengen an CKW diffundieren können, dass auch langfristig die im umgebenden Grundwasser die für Trinkwasser zulässigen Konzentrationen bei weitem nicht erreicht werden.

Wenn es um die **Durchlässigkeit von Gasen** geht, ist neben der Zusammensetzung des Betons sein **Feuchtigkeitsgehalt während der Beanspruchung** von noch größerer Bedeutung als der *w/z*-Wert, also der Gehalt an Kapillarporen, vgl. Abschn. 3.4.6.2.

Die **Transportvorgänge** von Flüssigkeiten und Gasen lassen sich auch **berechnen,** wobei Werkstoffkennziffern zugrunde gelegt werden, die unter bestimmten, genau definierten Versuchsbedingungen, die aber oft nicht hinreichend dem Praxisfall entsprechen, gewonnen wurden. Auch können die wichtigen Einflüsse von Nachbehandlung und des Feuchtegehalts nur annähernd berücksichtigt werden. Wenn es um eine geeignete Betonzusammensetzung geht, ist eine experimentelle Prüfung eher zielführend, auch wenn nur wenig Zeit zur Verfügung steht. Dabei kann auch der Austrocknungszustand der Randzone berücksichtigt werden. In den meisten Fällen beschränkt man sich darauf, den Beton mit begrenztem *w/z*-Wert und unter Berücksichtigung der anderen vorgenannten Regeln herzustellen.

5.11.11 Widerstand gegen Auslaugen

Von Auslaugen oder **Elution** spricht man, wenn durch Einwirkung von Flüssigkeiten in Beton eingebundene Stoffe gelöst und wegtransportiert werden.

Ein typisches Beispiel sind **Kalkauslaugungen**, wie sie auftreten, wenn Wasser durch Risse oder Fehlstellen sickert. Das Wasser verdunstet und lässt das aus dem Beton gelöste Calciumhydroxid an der Oberfläche zurück, wo es zu Calciumcarbonat, also Kalkstein, carbonatisiert, Abb. 5.11-4. Solche Aussinterungen stören zunächst vor allem optisch. Sie lassen sich nur vermeiden, wenn man verhindert, dass **Wasser durch Risse oder Fehlstellen sickert**. Wenn die Risse nicht zusintern, kann es im Laufe von Jahrzehnten auch zu einer Korrosion der Stahlbewehrung kommen.

Im Gegensatz dazu können **Kalkaussinterungen in Tunnelentwässerungen** schon nach Monaten zu einem echten technischen Problem werden, siehe Abschn. 8.8.2.3.1. Wie stark Stoffe aus einem Betongefüge ausgelaugt werden können, lässt sich in einer **Durchströmungszelle** prüfen. Dazu werden Bohrkerne in dünne Scheiben geschnitten und so in die Zelle eingebaut, dass eine möglichst große Fläche dem langsam durchströmenden Wasser ausgesetzt wird, Abb. 5.11-5. Aus chemische Analysen des abfließenden Wassers kann man schließen, wie der Beton zusammengesetzt werden muss, damit nur wenig Kalk ausgelaugt werden kann. Durch Verwendung von Flugasche oder Zementen mit hohem Gehalt an Hüttensand lässt sich dieser Anteil niedrig halten. Dies und die Verwendung alkalifreier Beschleuniger für Spritzbeton hat dazu beigetragen, dass der Aufwand zum Reinigen der Entwässerungsleitungen bei heutigen Tunnelbauten kleiner gehalten werden konnte, siehe Abschnitt 9.5.4. Wenn normaler Beton mit **Regenwasser** oder anderem **weichen oder gar kohlensäurehaltigem Wasser** lange Zeit in Berührung kommt, treten allmählich ähnliche Lösungsvorgänge auf, vgl. Abschnitt 4.5.5.

In jüngster Zeit wurden Überlegungen angestellt, wie weit vor allem bei Gründungen aus dem Beton von Fundamentplatten, Pfählen, Rohren oder anderen Betonbauteilen **Inhaltsstoffe herausgelöst** werden können und dadurch eine Gefährdung des Grundwassers oder des Bodens verursachen könnten. Hierbei wird vor allem an Schwermetalle und organische Inhaltsstoffe gedacht. Die entsprechenden Regelwerke enthalten Geringfügigkeitsschwellen. Sie gelten für Wasserproben, in die nach dem Trogverfahren ein Beton-Probekörper eingelagert wurde. Da Beton der meisten Bauteile allein schon aus Gründen des Korrosionsschutzes ein dichtes Gefüge aufweist, kann nur wenig Wasser eindringen und Inhaltsstoffe nur in **äußerst geringem Maße** herauslösen. Im Laufe der Zeit ist auch mit einer deutlichen Verminderung der Auslaugungen zu rechnen, [VDZ 08].

Abb. 5.11-4: Aussinterungen von ausgelaugtem Kalk an einer undichten Arbeitsfuge

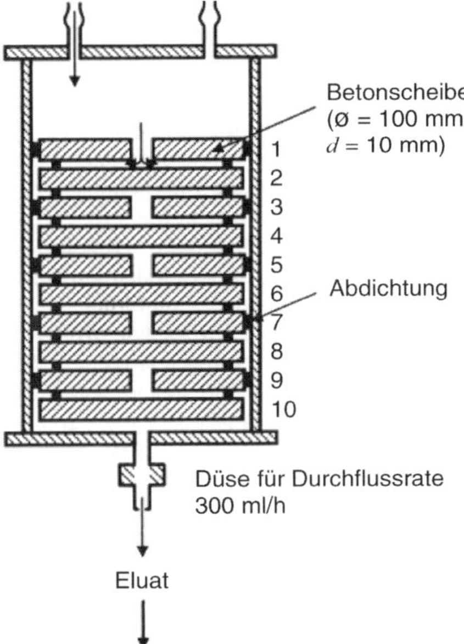

Abb. 5.11-5: Durchströmungszelle zur Bestimmung der von Wasser aus dem Betongefüge innerhalb eines bestimmten Zeitraumes auslaugbaren Alkalien, [Breitenbücher 92]

5.11.12 Beton für tiefe oder hohe Gebrauchstemperaturen

Beton mit ausreichendem Frostwiderstand hält auch sehr **tiefen Temperaturen** bis **etwa – 150 °C** ohne Weiteres stand, wenn er **langsam abgekühlt** wird. Bei feuchtem Beton ist die Druckfestigkeit sogar wesentlich höher [Rostasy 80]. Bei wiederholtem plötzlichem Abkühlen auf niedrige Temperaturen können Temperaturspannungen in der äußeren Randzone von Betonbauteilen zu Abplatzungen führen.

Hohen Temperaturen bis über **etwa 250 °C** kann üblicher Konstruktionsbeton, der gut nachbehandelt wurde und anschließend langsam austrocknen konnte, gut ertragen, vorausgesetzt, er wird nur langsam erwärmt. **Gesteinskörnungen** mit **niedriger Wärmedehnzahl** können vorteilhaft sein, wenn große Dehnungen oder Zwängungen vermieden werden sollen. Andernfalls entstehen durch die unterschiedlichen Wärmedehnungen von Feinmörtel und groben Gesteinskörnungen Gefügespannungen, die bei höheren Temperaturen zu Minderfestigkeiten führen. Körnungen aus Kalkgestein sollen bei einer Erwärmung über 100 °C nur verwendet werden, wenn der Beton vor der Erwärmung rasch austrocknen kann, [Grübl 01]. An Stelle von Kalksanden werden besser quarzitische Sande verwendet. Stets gilt, dass eine gute Hydratation, ein langsames Austrocknen und ein langsamer Temperaturanstieg den Widerstand gegen hohe Temperaturen erheblich verbessern.

Für Beton, der etwa bei Industrieöfen ständig oder zeitweise Temperaturen über 250 °C ausgesetzt ist, gelten besondere Regeln, [Hallauer 69]. Für höhere Gebrauchstemperaturen bis etwa 500 °C ist Beton mit üblichen Zementen verwendbar. Mit Tonerdezement (vgl. 2.2.11 (d)) und feuerfesten Gesteinskörnungen wie Schamotte, gesintertem Bauxit oder Vermikulit lassen sich nach besonderen Regeln **feuerfeste Betone** herstellen, die Gebrauchstemperaturen bis zu 1 900 °C standhalten [Locher 2000].

5.11.13 Beton mit hohem Feuerwiderstand

Der Feuerwiderstand von Beton und Bauteilen aus Beton wird in **Brandversuchen** geprüft. In der Brandkammer muss dabei die Temperatur

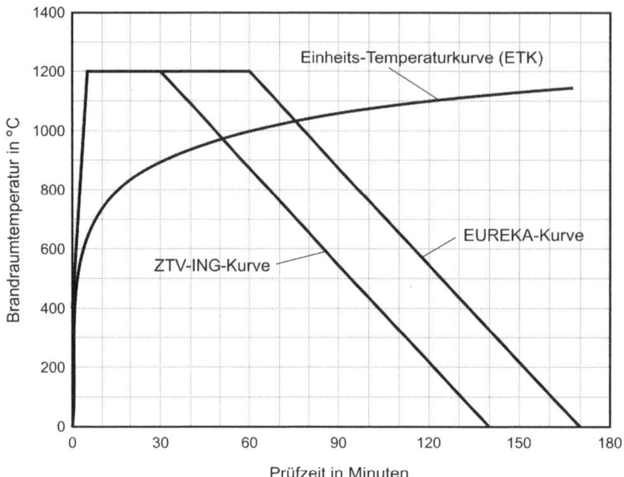

Abb. 5.11-6: Bei Brandversuchen muss der Temperaturanstieg für Hochbaubauten der ETK, für Tunnel aber wegen der dort viel schnelleren Wärmeentwicklung der ZTV-ING-Kurve (Straßen) oder EUREKA-Kurve (Bahn) entsprechen

entsprechend der international genormten **Einheitstemperaturkurve** in einem Zeitraum von 90 Minuten auf 1 000 °C ansteigen. Bei Bränden in **Tunneln** steigen die Temperaturen viel schneller als bei Bränden im Freien, Abschn. 4.8. Daher muss für Brandversuche von Tunnelbeton auch eine Temperaturkurve mit sehr raschem Anstieg gewählt werden. Mit einem Temperaturanstieg auf 1 200 °C innerhalb von nur 5 Minuten werden selbst Brände von Tankwägen berücksichtigt [Kusterle 04, Glatzl 04].

Bis vor wenigen Jahren konnte geringes Abplatzverhalten im Brandfall nur durch die Wahl der **Gesteinskörnungen**, durch einen Gehalt an **künstlichen Luftporen** und durch gutes **Austrocknen** erreicht werden. Vorteilhaft sind Gesteinskörnungen mit niedriger Wärmedehnzahl und solche, die nicht zu Strukturstörungen führen, wie sie durch die Quarzumwandlung bei 573 °C und Brennen des Kalk- und Dolomitanteils, wo Ätzkalk und giftiges CO_2 entsteht, auftreten, [Mörth 06]. Damit bei besonders gefährdeten Bauteilen in der Randzone abgesprengte Betonstücke nicht gleich abfallen, hat man bis vor kurzem oberflächennah **Bewehrungsmatten** eingelegt. Sie mussten, damit sie nicht korrodieren, verzinkt sein. Ein besonderer Weg bestand darin, den Beton mit **Brandschutzplatten** zu verkleiden. Nachteile von Brandschutzverkleidungen sind der zusätzliche Platzbedarf, die Schwierigkeit, Installationen zu befestigen, und der vergleichsweise höhere Erhaltungsaufwand, [Kusterle 06].

Einen wesentlichen Fortschritt brachte die Verwendung von **Fasern aus Polypropylen (PP)**, die bei etwa 120 °C erweichen und bei etwa 170 °C schmelzen. Dadurch entstehen Verbindungskanäle, durch die der Wasserdampfdruck, der sich durch Verdampfen des Porenwassers der äußeren Betonschicht bildet, entspannen kann. Man geht heute davon aus, dass sich entlang der PP-Fasern mikroporöse Übergangszonen bilden, die in gewissem Maße vergleichbar mit den Grenzflächen zwischen Gesteinskörnern und Zementstein sind. Bei Bränden entweicht durch diese Übergangszonen der Dampfdruck. Durch Zugabe **von 2 kg/m³ 3–6 mm langen Polypropylenfasern von 0,018 mm Durchmesser** werden selbst Abplatzungen von Betoninnenschalen von Tunneln verhindert. Zur Herstellung von PP-Faserbeton siehe Abschn. 6.8.4. Weitere Hinweise finden sich in [BMVI/BASt 15, Orgass. 15, und ÖBV 15/4].

5.11.14 Strahlenschutzbeton

Beton wird vielfach zum Strahlenschutz verwendet, beispielsweise in Krankenhäusern zum Schutz vor Röntgenstrahlen oder in der Industrie. Auch normaler Beton entsprechend großer Dicke schützt vor Strahlungen. Wenn aber sehr dicke Decken und -wände vermieden werden sollen, muss der Beton gezielt so zusammengesetzt werden, dass er eine erhöhte Schutzwirkung erreicht. Dazu werden die für massige Bauteile üblichen Zemente und spezielle Gesteinskörnungen eingesetzt.

Wenn **Gamma- oder Röntgenstrahlen** abgeschirmt werden müssen, verwendet man meist **eisenhaltige Gesteinskörnungen** hoher Dichte wie Magnetit oder Hämatit mit Rohdichten von 4,6 bis 4,9 kg/dm³ oder gar Eisengranalien und Stahlsand mit Rohdichten von 6,8 bis 7,5 kg/dm³. Auf diese Weise können Beton-Rohdichten von 4 bis über 5 kg/dm³ erzielt werden. Wegen ihrer hohen Ordnungszahl sind auch Baryt oder Ähnl. gebräuchlich, vgl. Abschn. 2.4.9.3.

Wenn es darum geht, **Neutronen** abzuschirmen, ist neben der Dichte auch ein hoher Gehalt an Wasser, das im Zementstein oder in den Gesteinskörnungen gebunden sein kann, maßgebend. Als im Zementstein gebundenes Wasser können 20 bis 25 % der Zementmasse angenommen werden, zusätzlich stehen durch die Restfeuchte von physikalisch gebundenem Wasser noch etwa 30 kg/m³ zur Verfügung. Bei Betriebstemperaturen über 100 °C entweicht allerdings das physikalisch gebundene Wasser. Besonders vorteilhaft sind in diesem Falle Gesteinskörnungen, die Kristallwasser enthalten, wie **Limonit** oder **Serpentin.**

Beton, dessen Bestandteile wie in den vorgenannten Fällen eine sehr unterschiedliche Dichte haben, neigt natürlich sehr stark zum Sedimentieren. Deshalb bevorzugt man steife Konsistenzen für den Einbau mit **Förderbändern** oder **Kübeln.** Nur wenn feine und grobe Körnungen eine ähnlich hohe Dichte aufweisen, kann es gelingen, pumpbaren Beton herzustellen. Zu beachten ist auch die hohe Beanspruchung der Mischanlage und eine – in Kubikmetern gerechnet – deutlich **kleinere Füllmenge** der Fahrmischer, sowie der **erschwerte Einbau**. Bei tragenden Bauteilen muss beachtet werden, dass sich Festigkeiten und Verformungskennzahlen bei höheren Temperaturen und sehr starker Strahlenbelastung ungünstig verändern können.

5.12 Beton für Wärmebehandlung und Dampfhärtung

5.12.1 Erfahrungen

Die alte Regel, dass bei einer **Erhöhung der Temperatur um 10 K chemische Reaktionen doppelt so schnell** ablaufen, gilt für die Hydratation des Zements nur für die ersten Tage und auch das nur näherungsweise. Die 28-Tage-Festigkeit lässt sich damit nicht berechnen. Im Gegenteil! Nach seiner Anfangsphase **erhärtet warmer Beton nurmehr langsam.** Er kann, wenn er anfangs eine Temperatur von mehr als 70 °C hatte, je nach Zusammensetzung nach 4 Wochen mit seiner Druckfestigkeit erheblich **unter jener von stets bei 20 °C gelagerten Probewürfeln** zurückbleiben. Ersetzt man einen Teil des Portlandzements durch Flugasche oder verwendet man Zemente mit Hüttensand, dann kommt man näher an die bei 20 °C-Lagerung erhaltenen Festigkeiten heran.

In vielen Anwendungsbereichen vor allem in **Fertigteilwerken** macht man sich seit Jahrzehnten die Vorteile einer Wärmebehandlung zunutze. Eisenbahnschwellen schon nach 8 oder 10 Stunden vorspannen zu können oder Wohnhauswände selbst im Winter schon am Tag nach dem Betonieren ausliefern zu können, ist eine große Erleichterung für alle Betriebsabläufe. Der anfänglichen Begeisterung für die einst neue Wärmebehandlung folgte schon nach wenigen Jahren schleichend eine Ernüchterung. Tiefgehende **Strukturauflösungen** vor allem bei Bauteilen, die im Freien den Niederschlägen ausgesetzt waren, lösten eine fieberhafte Suche nach Ursachen und nach Abhilfemaßnahmen aus. Schließlich fand man, dass sich **schädlicher sekundärer Ettringit** gebildet hatte, vgl. Abschn. 4.7. Heute lassen sich solche Schäden auch bei Bauteilen, die, wie Eisenbahnschwellen, später der Feuchtigkeit ausgesetzt werden, vermeiden, [Wischers 92]. Wie weit die zur Verfügung stehenden neuartigen Erhärtungsbeschleuniger eine Wärmebehandlung ersetzen können, ist noch nicht abzusehen, vgl. Abschn. 2.5.6.

Um spätere Schäden zu vermeiden, darf

(1) die Wärmebehandlung **nicht zu intensiv** sein und muss

(2) der Beton **geeignet zusammengesetzt** sein.

Zur Durchführung der Wärmebehandlung enthält die Richtlinie zur Wärmebehandlung von Beton [DAfStb 12] Grenzwerte für **Vorlagerungszeiten**, anschließende **Aufheizraten** und **Höchsttemperaturen**, siehe Abschn. 7.11.

5.12.2 Beton für Wärmebehandlung

Um spätere Schäden zu vermeiden, müssen Zemente mit **niedrigem C_3A-Gehalt** und einem **Sulfatgehalt von höchstens 3,0 %** verwendet werden. Doch Vorsicht! Gerade Zemente mit rascher Anfangserhärtung erfüllen vielfach diese Anforderung nicht. Dagegen mindern Zemente, die relativ viel **Hüttensand** enthalten, oder die Verwendung von **Flugasche** die Gefahr einer späten Ettringitbildung, [Stark 13].

Bei der Auswahl des Zements sollte man auf den Rat eines kompetenten Fachmanns des Zementwerkes und eine Vollanalyse des Zements mit Berechnung des C_3A-Gehaltes nicht verzichten. Darüber hinaus empfiehlt es sich, die Forderung nach **Frühfestigkeit so niedrig wie möglich** anzusetzen. Gerade bei **niedrigen *w/z*-Werten**, die zu besonders hohen Frühfestigkeiten führen, ist die Gefahr einer späteren Schädigung besonders groß.

In der Erstprüfung muss festgestellt werden, ob die erforderliche 28-Tage-Druckfestigkeit zielsicher erreicht wird und um wie weit sie vom nicht wärmebehandelten Beton abweicht. Die wichtigsten Fragen müssen aber schon vorher geklärt werden, nämlich

- welche Temperaturverläufe angestrebt werden,
- ob Flugasche oder andere Zusatzstoffe zweckmäßig sind,
- welcher Zement sich eignet.

Die zu erwartenden Festigkeiten können nach Abb. 5.12-1 abgeschätzt werden, [Wierig 70].

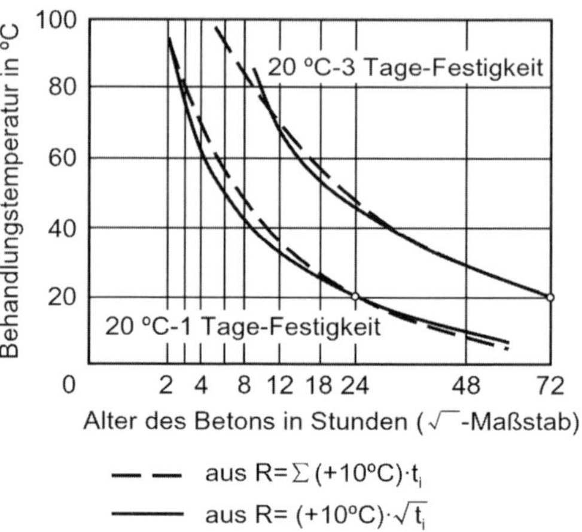

Abb. 5.12-1: Linien gleicher Festigkeit in Abhängigkeit von Temperatur und Alter des Betons, [Wierig 70]

5.12.3 Eigenschaften von wärmebehandeltem Beton

28-Tage-**Druckfestigkeiten und Nacherhärtung** sind, wenn nicht sehr lange nachbehandelt wird, meist deutlich **niedriger** als bei normal erhärtetem Beton, die Wassereindringtiefe erheblich größer. Bei E-Modul und Verbundfestigkeiten sind keine großen Unterschiede zu erwarten. Die Bruchdehnung ist etwas niedriger. Der Widerstand sowohl gegen Frost als auch gegen Frost und Taumittel und damit auch die Wirkung künstlicher Luftporen wird kaum beeinträchtigt, vorausgesetzt, es werden Gefügeschäden vermieden, indem lange genug vorgelagert und schonend wärmebehandelt wird.

5.12.4 Dampfhärten

Erwärmt man Frischbeton so stark, dass der bei der Hydratation des Zements abgespaltene Kalk mit dem Quarz eines Quarzsandes reagiert, entstehen **zusätzliche Calciumsilikathydrate,** ähnlich wie wir es bei Kalksandsteinen und Porenbeton kennen. Voraussetzung dazu sind Temperaturen von **etwa 170 °C.** Damit das Wasser in den Poren des Betons nicht zu kochen anfängt, muss von außen Druck einwirken. Dazu lagert man die Fertigteile in ihren Schalungen in großen **Druckkammern,** sog. **Autoklaven**. Die Folge sind hohe Festigkeiten schon nach wenigen Stunden, geringes Schwinden und großer Widerstand gegen chemische Angriffe. Geringerer Frostwiderstand und ein verminderter Korrosionsschutz der Bewehrung sind ebenso wie die hohen Kosten der Autoklavbehandlung der Grund, weshalb heute nur wenige Betriebe mit Dampfhärtung arbeiten.

6 Besondere Betonarten

6.1 Selbstverdichtender Beton (SVB)

6.1.1 Entwicklung

Gussbeton war bis in die Zwanzigerjahre des vorigen Jahrhunderts weit verbreitet, selbst beim Bau großer Staumauern. Er wurde – wenn überhaupt – nur durch Stochern verdichtet. Grobe Gesteinskörner sackten nach unten, oben bildete sich eine dicke Mörtelschicht, die vor jedem Weiterbetonieren weggekratzt werden musste. Bald erkannte man, dass das viele Wasser, das notwendig war, um dem Beton eine flüssig-weiche Konsistenz zu verleihen, nur zum geringen Teil von Zement gebunden wurde. Der Rest blieb in Poren zurück, so dass der Beton nur **niedrige Festigkeiten** erreichte, dem Frost wenig Widerstand leistete und beim Austrocknen hohe Schwindspannungen und oft auch Schwindrisse aufgetreten sind.

Aus diesen Erfahrungen folgerte man, dass man Beton in **möglichst steifer Konsistenz** herstellen müsse, was dazu führte, dass er nur durch **Stampfen** oder starkes **Rütteln** verdichtet werden konnte. Der Einbau war sehr arbeitsintensiv und brachte durch Rütteln oder Stampfen eine große Lärmbelastung, dennoch hat es bei solchem Beton nicht selten Nester mit Grobkorn gegeben. Für Stahlbeton tolerierte man dann später doch auch einen **weichen Beton**, der ein Ausbreitmaß von höchstens 50 cm haben durfte. Als man in den Achtzigerjahren, dank **leistungsfähiger Fließmittel,** einen „Fließbeton“ zulassen konnte, wurde das Ausbreitmaß des weichen Betons – inzwischen als **„Regelkonsistenz“** vom früheren Makel befreit – auf **höchstens 48 cm** begrenzt.

Richtig **fließfähige Betone**, die auch ohne Verdichtung ein dichtes Gefüge und eine hohe Festigkeit erreichen, waren in Sonderfällen aber immer schon nötig. Man denke nur an das Untergießen von Maschinenverankerungen, Brückenlagern oder Gleistragplatten von Festen Fahrbahnen, wo ein Einstopfen von steifem Mörtel nicht befriedigte und oft auch nicht möglich war. Die Industrie erkannte diesen Bedarf und entwickelte werksgemischte **Vergussmörtel** und **Vergussbetone**. Dank einer optimierten Zusammensetzung, leistungsfähiger Fließmittel und einer Anlieferung in Säcken mit genau zugemessenen Mischungsanteilen haben sich diese Mörtel und Betone auch gut bewährt. Eine Richtlinie Vergussbeton und Vergussmörtel [DAfStb 11] wird überarbeitet, enthält aber weiterhin die von DIN FB 100 abweichenden Anforderungen. Sie betreffen nicht nur das Fließmaß und die Entmischungsneigung, sondern auch die für das Ausfüllen schmaler Spalte wichtige Quellfähigkeit.

Als Vorläufer des selbstverdichtenden Betons kann man auch den **Unterwasserbeton** bezeichnen, wie er für Schlitzwände, Bohrpfähle oder unter Wasser betonierte Sohlplatten schon seit langem verwendet wird, vgl. Abschn. 8.7. Er muss so fließfähig sein, dass er, ohne durch Rütteln verdichtet zu werden, ein geschlossenes dichtes Gefüge erlangt.

Anfang der 1990er Jahre entwickelte der Japaner Prof. Okamura ein Verfahren für die Herstellung von **selbstverdichtendem Konstruktionsbeton** mit hohem Anspruch an Gleichmäßigkeit und Güte, [Okamura 95]. Die ursprüngliche Intention, war jedoch nicht die Erleichterung des Einbaues, sondern die **Verbesserung der Qualität** und Dauerhaftigkeit von Betonbauwerken, trotz des zunehmenden Einsatzes von ungelerntem Personal.

Betone, die sich ohne Zufuhr äußerer Verdichtungsenergie selbst entlüften, können erst hergestellt werden, seitdem man mit leistungsfähigen **Fließmitteln** der 3. Generation auf Basis PCE die **Fließgrenze der Leimphase** erheblich reduzieren kann. Es muss aber auch dafür gesorgt werden, dass beim Fließen des Betons die **groben Gesteinskörner** in Schwebe bleiben und an der Stahlbewehrung **nicht hängen bleiben**. Dazu wird bei gleichbleibendem Zementgehalt der **Anteil an grober Gesteinskörnung vermindert** und stattdessen der Gehalt an **Sand, Mehlkorn** und auch **Wasser erhöht**, wobei oft auch **Stabilisierer** verwendet werden müssen.

Trotz **höherer Materialkosten** und des Mehraufwandes bei der Herstellung setzt sich selbstverdichtender Beton allmählich durch, vor allem für **großformatige Fertigteile.** Gründe sind die **leichtere Verarbeitung** bei dichter Bewehrung und die **bessere Qualität der Oberflächen**. Allerdings ist es aber auch zu Fehlschlägen gekommen, die vor allem auf fehlende Erfahrung oder mangelnde Robustheit zurückzuführen waren.

Bei der Verwendung Selbstverdichtender Betone sind in Deutschland zusätzliche normative Anforderungen zu berücksichtigen, welche im Wesentlichen in der **DIN EN 206-9 „Ergänzende Regeln für selbstverdichtenden Beton“** sowie der **Richtlinie „Selbstverdichtender Beton“** [DAfStb 12] enthalten sind.

6.1.2 Grundlagen

Selbstverdichtender Beton **(SVB)** oder „self compacting concrete“ **(SCC)** muss zwei gegensätzliche Anforderungen erfüllen:

(1) Er muss so **fließfähig** sein, dass er sich **selbst entlüftet**, unter der alleinigen Wirkung der Schwerkraft weitgehend **selbstnivellierend fließt**, die **Schalung hohlraumfrei füllt** und dabei die **Bewehrung vollständig umschließt**, ohne an engliegender Bewehrung zu blockieren. SVB muss zudem in der Lage sein, sich **nahezu vollständig auszunivellieren**, Abb. 6.1-1.

(2) Er muss dennoch eine **ausreichende Stabilität** aufweisen, d. h. einen so **tragfähigen Feinmörtel** haben, dass er sich nicht entmischt, vor allem dass die **groben Gesteinskörner nicht** (oder nur wenig) **nach unten sacken**, vgl. Abschn. 3.2.6. Während bei Normalbeton das Gerüst des Grobkorns ein Entmischen verhindert, muss dies bei selbstverdichtendem Beton **durch die Stützwirkung eines Leims bzw. Mörtels** mit **ausreichender Fließgrenze und Viskosität** geschehen. Der fließende Beton muss auch beim Fließen das **Grobkorn mittransportieren**, so dass es **zu keinem Absondern des Feinmörtels** kommt.

Über diese beiden Anforderungen hinaus sollte er **robust** sein, d. h.:

- **unempfindlich gegenüber Schwankungen im Wassergehalt** und **Wasseranspruch von Mehlkorn und Sand** sein, [Lowke 14],
- **unempfindlich** hinsichtlich **unterschiedlicher Temperaturen** sein. d. h. bei warmem Wetter nicht zu schnell ansteifen und bei niedrigen Temperaturen keine stark verminderte Wirkung der Fließmittel zeigen, [Schmidt W. 14] und
- einen **hinreichend langen Zeitraum** von z. B. 2 Stunden **verarbeitbar** sein, vor allem wenn er nicht in Werken, sondern auf Baustellen verarbeitet werden soll.

In der Praxis machen schwankende Feuchtigkeitsgehalte des Sandes und die Temperaturabhängigkeit der Wirkung des Fließmittels häufig Schwierigkeiten.

Die nötige hohe Fließfähigkeit lässt sich durch eine hohe Dosierung eines sehr leistungsfähigen Fließmittels und leicht erhöhten Wassergehalt erzielen. Um ein Blockieren der groben Gesteinskörnung an der Bewehrung zu verhindern, muss der Gehalt an **Grobkorn reduziert** werden.

Mehrere Strategien können zur Erzielung der erforderlichen Eigenschaften angewandt werden. Zu unterscheiden ist zwischen Selbstverdichtendem Beton vom (a) **Mehlkorntyp** und vom (b) **Stabilisierertyp.** Daneben verwendet man beim (c) **Kombinationstyp** gleichzeitig beide Strategien.

Abb. 6.1-1: Mit Selbstverdichtendem Beton (SVB) erhält man ohne Zutun ebene, horizontale Oberflächen (Foto Lafarge Perlmooser)

Bei Selbstverdichtendem Beton des **Mehlkorntyps** sind für die Sicherstellung einer ausreichenden Mischungsstabilität hohe Gehalte an **Mehlkorn von bis zu 650 kg/m³** erforderlich, so dass neben dem Zement in der Regel **Flugasche** oder auch **Kalksteinmehl** zugegeben wird. Das Mehlkorn wirkt dabei als Füller.

Bei Selbstverdichtenden Betonen des **Stabilisierertyps** hingegen wird die Mischungsstabilität durch Zugabe eines **Stabilisierers** zusätzlich zu einem nur mäßig auf etwa **350 bis 450 kg/m³ erhöhten Mehlkorngehalt** gewährleistet.

Sowohl die Erhöhung des Mehlkorngehaltes wie auch die Zugabe eines Stabilisierers dienen dem Zweck, den **Leim und Feinmörtel zu einer tragfähigen Suspension** zu machen, in der das **Grobkorn** – meist **begrenzt auf 8 oder höchstens 16 mm** – kaum mehr sedimentiert. Das Masseverhältnis von Wasser zu Mehlkorn, der **Wasser/Feststoff-Wert** oder ***w/f*-Wert** (auch *w/p*-Wert für water/powder), liegt dazu bei etwa **0,3 bis 0,4,** bei Verwendung eines Stabilisierers bis zu etwa **0,5.**

Maßgebend für das Fließverhalten des SVB sind in erster Linie die Volumenverhältnisse der Mischungsanteile, auf die die Kennwerte in der Regel bezogen werden, Tab. 6.1-1.

Die beiden vorgenannten gegensätzlichen Anforderungen führen dazu, dass der **Wassergehalt** des Frischbetons **nur sehr wenig** von seinem optimalen Wert **abweichen darf**. Ist er zu niedrig, ist der Beton nicht fließfähig und/oder entlüftet nicht mehr zufriedenstellend, ist er zu hoch, hat er keine ausreichende

Tabelle 6.1-1: Zusammensetzung und Volumenanteile eines selbstverdichtenden Betons vom Mehlkorntyp

	Anteil kg/m³	Dichte kg/dm³	Stoffraum im Beton m³	Volumenanteile
Zement	360	3,10	0,116	28 % v. Leim
Steinmehl	270	2,60	0,104	26 % v. Leim
Wasser	185	1	0,185	45 % v. Leim
Fließmittel	3	~1	0,003	1 % v. Leim
w/f-Wert[1)]				0,30[2)]
w/z-Wert				0,52[2)]
Leim	818	2,01	0,408	41 % v. Beton
Sand	650	2,65	0,245	38 % v. Mörtel
Mörtel[3)]	1468	2,45	0,653	65 % v. Beton
Leim	818	2,01	0,408	62 % v Mörtel
Luftporen			0,010	
Gesteinskörnung 4/8 + 8/16	896	2,66	0,337	34 % v. Beton

1) Wasser/Feinstteil-Verhältnis 2) Masseverhältnis 3) Leim + Sand

Mischungsstabilität mehr, d. h. das Grobkorn sedimentiert. Abweichungen von mehr als 5 l/m³ können schon zu erheblichen Schwierigkeiten führen. Da der optimale Wassergehalt auch stark von der Feinheit der Gesteinskörnungen und dem Wasseranspruch von Zement und Füller – meist Flugasche oder Kalksteinmehl – abhängt, müssen all diese **Ausgangsstoffe sehr gleichmäßig** in ihrer Zusammensetzung und Korngröße sein. Auch der **Wassergehalt** aller Gesteinskörnungen muss sehr gleichmäßig sein, was beim Sand oft besondere Maßnahmen erfordert. Ein genaues Zumessen aller flüssigen und auch der festen Mischungsanteile hat sich als sehr wichtig erwiesen. Bei optimaler Mischungszusammensetzung kann jedoch ein SVB eine mit Rüttelbeton vergleichbare Robustheit gegenüber einer Überdosierung des Wassers von bis zu 20 l/m³ aufweisen. [Lowke 14].

6.1.3 Mischungsentwurf

Hierzu gibt es mehrere ähnliche Verfahren, die aber unterschiedliche Prüfgeräte erfordern, siehe Okamura [Grübl 01, Paschmann 99, De Schutter 08]. Stets muss in mehreren Schritten vorgegangen werden. Für Fließfähigkeit und Viskosität werden zusätzlich zur **Masse** der Mischungsanteile auch deren **Volumina** berücksichtigt. Stets sind die folgenden Schritte nötig:

(1) **Auswahl von Zement und Füller.** Als Füller kommen Flugaschen oder Gesteinsmehle vor allem aus Kalkstein, aber auch Hüttensandmehl, Trass oder ähnliche Zusatzstoffe in Betracht. Gewählt werden Zemente und Füller, die in einem Leim mit möglichst wenig Wasser ein ausreichendes Fließverhalten zeigen. Dazu sind **rheologische Messungen** z. B. mit einem **Auslaufrheometer** oder noch besser mit einem **Rotationsviskosimeter** nötig, vgl. Abschn. 5.6.2 [Paschmann 2000]. Die relative Viskosität soll bei Zunahme der Schergeschwindigkeit nur wenig ansteigen, weil der Beton sonst **zu klebrig** werden kann. Wenn Fließgrenze oder/und relative Viskosität nach 30 und 90 Minuten stärker ansteigen, ist nur von einer Eignung für kurze Verarbeitungszeiten, wie sie für Fertigteilwerke ausreichen, zu rechnen.

(2) Für den **Anteil von Zement und Füller** im Leim sind der anzustrebende ***w/z*-Wert** und wiederum die **Fließfähigkeit** beim Zusammenwirken der Kornzusammensetzungen von Zement und Füller maßgebend. Der Volumenanteil des Wassers beträgt z. B. 45 % des gesamten Leimvolumens. Die erforderliche Fließfähigkeit kann nur erreicht werden, wenn ein geeignetes **Fließmittel** in ausreichendem Maße zugegeben wird. Verwendet werden **Fülleranteile**, die, wenn höhere *w/z*-Werte zulässig sind, meist **fast die Hälfte des Mehlkorns** ausmachen. Wenn reaktive Füller wie Flugasche verwendet werden, ist ihr Anteil oft sogar noch größer als der Zementanteil. Dabei muss beachtet werden, dass die meisten

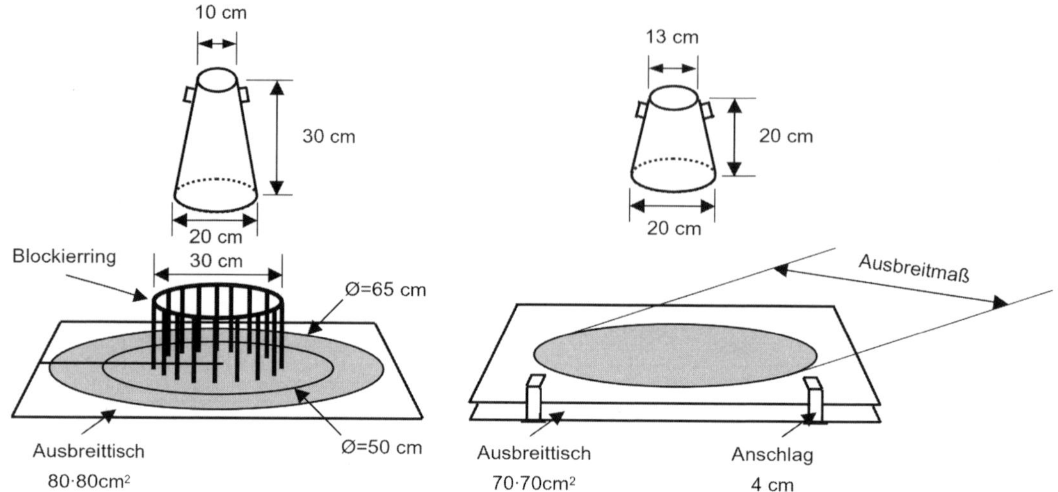

Abb. 6.1-2: Die Fließfähigkeit wird mit dem Setztrichter bestimmt (links), wobei als Setzfließmaß der Durchmesser des Betonkuchens gilt. Bei eng liegender Bewehrung wird ein Blockierring verwendet. Für das bei Rüttelbetonen gebräuchliche Ausbreitmaß wird eine ähnliche kegelstumpfförmige, aber kleinere Blechform verwendet. [Grübl 01]

Füller eine niedrigere Rohdichte als Zement haben. Verwendet man beispielsweise 200 kg/m³ Flugasche mit einer Rohdichte von 2,4 g/cm³ und 300 kg/m³ Portlandzement mit einer solchen von 3,1 g/cm³, dann beträgt das Masseverhältnis $z : f = 1 : 0{,}67$, das Volumenverhältnis dagegen $z/\rho_z : f/\rho_f = 1 : 0{,}86$. Einzelne Zementwerke stellen **fertige Gemische aus Zement und Füller** her, die in Kornzusammensetzung und Kornform für eine Verwendung im SVB optimiert wurden [Röck 08], vgl. Abschn. 2.2.10 (d).

(3) **Mörtelversuche** sind nötig, um einen günstigen **Sand auszuwählen** und zu klären, **wie viel Sand zum Leim zugemischt** werden kann, um eine noch ausreichende Fließfähigkeit zu erreichen. Günstig sind rundkörnige Sande, ungünstig Sande mit steiler Sieblinie, sowie Brechsande, [Huß 09]. Zur Prüfung der **Fließfähigkeit** kann der **Mörtel-Ausbreitversuch mit dem Haegermann-Setztrichter** verwendet werden, Abschn. 5.6.2. Der Sandanteil wird so gewählt, dass ein bestimmtes **Ausbreitmaß** im Bereich zwischen **24 und 28 cm** erreicht wird und so auf eine ausreichende Fließfähigkeit schließen lässt. Im Mörtel muss so viel Leim enthalten sein, dass zwischen den Gesteinskörnern eine **ausreichende Leimschichtdicke** die Fließfähigkeit sicherstellt. Der **Anteil an Leim im Mörtelvolumen** beträgt dabei in günstigen Fällen etwa **60 Vol.-%,** bei Verwendung von **Stabilisierern oft nur 55 Vol.-%.**

(4) **Betonversuche** müssen schließlich klären, wie viel Mörtel nötig ist, damit der Beton ein für das Selbstverdichten ausreichendes **Fließvermögen** aufweist und eine genügende **Sedimentationsstabilität** erhält. Dazu werden Betonmischungen mit dem ausgewählten Mörtel und unterschiedlichen Anteilen grober Gesteinskörnungen durchgeführt, wobei als Orientierung gelten kann, dass der **Mörtelanteil im Beton etwa 65 Vol.-%** betragen kann. Die groben Gesteinskörner schwimmen somit im Mörtel, ohne dass sie einander berühren. Eine lose Schüttung der groben Gesteinskörner mit einer Schüttdichte von etwa 650 l/m³ würde dagegen samt den dazwischen liegenden Hohlräumen nur etwa 50 bis 60 % des Betonvolumens ausmachen. Günstig für die Fließfähigkeit sind **Gesteinskörnungen mit runder glatter Oberfläche,** die eine **hohe Packungsdichte** aufweisen.

6.1.4 Prüfverfahren und Erstprüfung von SVB

Um festzustellen, ob sich der Beton bei den zu erwartenden Einbaubedingungen eignet, müssen spezielle, für den SVB entwickelt **Frischbetonprüfungen** durchgeführt werden.

Zur Prüfung der **Fließfähigkeit** dient der **Setzfließversuch** nach DIN EN 12350-8, bei dem ähnlich wie beim Ausbreitversuch eine Probe des Frischbetons in einen kegelstumpfartigen Blechkonus gegeben wird und nach Abziehen dieser Form der **Durchmesser**

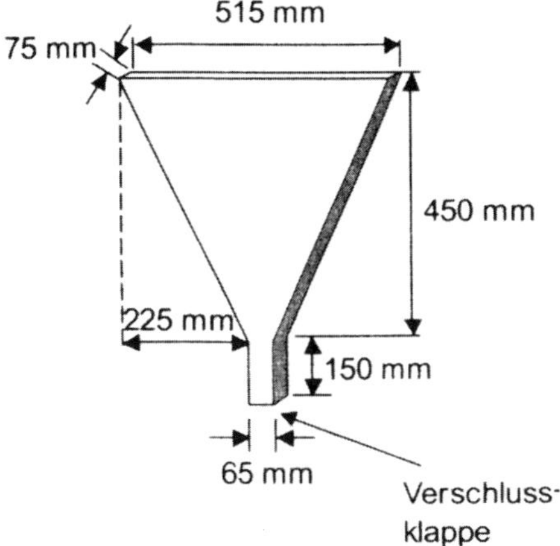

Abb. 6.1-3: Die Viskosität kann durch die Auslaufzeit (Fließzeit) aus dem Auslauftrichter gekennzeichnet werden. (Ouchi)

des entstehenden **Betonkuchens** gemessen und als **Setzfließmaß SF** bezeichnet wird. Der Konus hat Abmessungen wie beim Setzmaß (slump-test) und ist damit etwas höher als beim bekannten Ausbreitversuch. Weil auf das 15malige Schocken verzichtet wird, genügt anstelle des Schocktisches eine Platte aus Stahlblech. Sie soll mindestens 800 × 800 mm², besser 900 × 900 mm² groß sein. Das Setzfließmaß SF wird **hauptsächlich von der Zugabemenge des Fließmittels** beeinflusst. Bei geeigneten selbstverdichtenden Betonen liegt es etwa im Bereich um **65 bis 75 cm.** Die **Zeit**, bis der Kuchen einen Durchmesser von 500 mm erreicht, die sog. **Fließzeit t_{500}**, kennzeichnet recht gut die plastische **Viskosität**.

Zur Bestimmung der **Blockierneigung**, d. h. wie weit eine dichte Bewehrung das Fließvermögen beeinträchtigt, kann ein **Blockierring (sog. J-Ring)** nach DIN EN 12350-12 verwendet werden, der mit Metallstäben von 18 mm Durchmesser das Ausbreiten des Betons behindert. In Abhängigkeit der Bewehrungsabstände wird ein Ring mit 16 Stäben und einem lichten Abstand von 41 mm oder einer mit 12 Stäben und einem Stababstand von 59 mm verwendet. Zur Bewertung der **Blockierneigung PJ** wird die **Höhendifferenz** des Betons im **Mittelpunkt des Ausbreitkuchens** und **außerhalb des Blockierrings** bestimmt. Diese sollte nicht mehr als 10 mm betragen.

Eine kombinierte Bewertung der **Blockierneigung** und der **Nivellierfähigkeit** eines SVB kann mithilfe des **L-Kasten-Versuchs (L-Box)** nach DIN EN 12350-10 erfolgen. Dabei fließt der in einem 60 cm hohen, 10 × 20 cm² großen Kasten stehende Beton nach Öffnen eines Schiebers in eine 60 cm lange horizontale Rinne. Der Beton soll sich bis zum Ende der Rinne weitgehend ausnivellieren. Nach DIN EN 206-9 sollte des Verhältnis der Höhen des Betons am Ende und Anfang des Kastens nicht kleiner als 0,8 sein. Aus dem Ergebnis ist auch zu schließen, wie weit der Beton für Oberflächen mit geringem Gefälle verwendet werden kann.

Die **Viskosität** wird mit dem in Japan entwickelten **Auslauftrichter** (sog. V-Trichter) nach DIN EN 12350-9 bestimmt, indem die Zeit gemessen wird, die der Beton braucht, um aus dessen unterer 65 × 75 mm² großen Öffnung auszufließen, Abb. 6.1-3. Die überwiegend vom **Wassergehalt und dem Wasseranspruch von Mehlkorn und Gesteinskörnung** beeinflusste Fließzeit, die „**Trichterauslaufzeit**", liegt etwa zwischen 2 und 25 Sekunden.

Um bei jeder Lieferung eines Transportbetons die Konsistenz einfacher und schneller zu prüfen, wurden die Verfahren des Setzfließmaßes und der Trichterauslaufzeit zu einer Prüfung der **Kegelauslaufzeit** kombiniert. Dabei wird ein kegelstumpfförmiger Blechkonus mit dem kleineren unteren Durchmesser ($d = 65$ mm) nach unten mit einem Stativ über einer Platte gehalten, [DAfStb 12]. Der Auslaufkegelstumpf hat das gleiche Volumen wie der Setzfließmaßkonus und ist mit einer Klappe verschließbar, [Kordts 04], Abb. 6.1-4. Man kann nun in einem

Abb. 6.1-4: Mit dem Auslaufkegel können Fließfähigkeit und Viskosität in einem Versuch ermittelt werden, [Kordts 04].

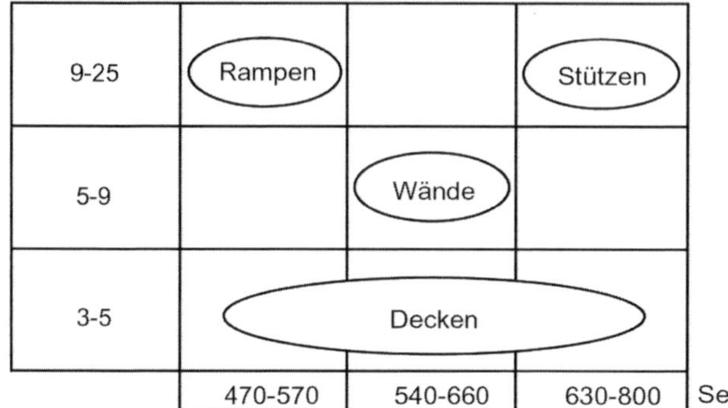

Abb. 6.1-5: Auslaufzeit und Setzfließmaß müssen auf das Bauteil abgestimmt sein. Niederländischer Vorschlag. [De Schutter 08]

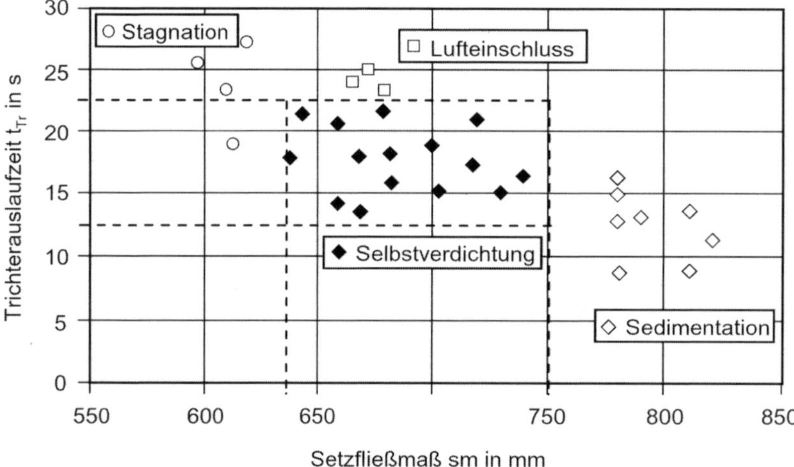

Abb. 6.1-6: Beispiel für den Verarbeitungsbereich nach der SVB-Richtlinie [DAfStb 12].

einzigen Versuch die **Kegelauslaufzeit** stoppen und anschließend das **Setzfließmaß** messen. Dabei kann man davon ausgehen, dass beide Werte zahlenmäßig mit den Ergebnissen der vorgenannten Trichterauslaufzeit und dem Setzfließmaß übereinstimmen.

Welches Setzfließmaß und welche Trichterauslaufzeit anzustreben sind, wird von den Einbaubedingungen bestimmt. So erfordern **großflächige Decken** mit geringer Bewehrung nur **niedrige Viskositäten**, aber vor allem bei langen Fließwegen eine sehr **gute Fließfähigkeit**. Dagegen sind für Wände und ganz besonders für **dicht bewehrte Stützen hohe Viskositäten und gute Fließfähigkeit** nötig. Eine Orientierung können die in den Niederlanden gebräuchlichen zusätzlichen Konsistenzklassen geben, Abb. 6.1-5. Die mit dem Betonhersteller vereinbarten Zielvorgaben sind natürlich nicht punktgenau einzuhalten. Mit den zulässigen Abweichungen ergibt sich ein Bereich, ein sog. „**Verarbeitbarkeitsfenster**", in dem der Beton bei der Übergabe liegen soll, Abb. 6.1-6.

Besonders wichtig ist bei der Erstprüfung eine Prüfung der **Mischungsstabilität,** d. h. **Sedimentationsneigung** des SVB. Man kann sie mit dem **ZylinderSedimentationsversuch (Auswaschversuch)** bestimmen. Dabei wird eine 450 mm hohe Zylinderform mit 150 mm Durchmesser mit Frischbeton gefüllt. Die Zylinderform ist in drei gleich hohe Segmente zerlegbar. Nach einer Ruhezeit von 30 Minuten wird sie **in ihre drei Segmente** zerlegt und aus jedem Zylinderteil das Grobkorn getrennt über einem **8-mm-Sieb ausgewaschen, getrocknet und gewo-**

gen, [Lowke 03]. Der Anteil an Grobkorn im **oberen Segment** darf um **nicht mehr als 20 % kleiner** als im ursprünglichen Beton sein. Selbstverständlich kann man den Frischbeton auch in einen anderen Behälter füllen und durch **Absieben** von oben und unten entnommener Proben den Anteil Grobkorn ermitteln.

Nachdem der Auswaschversuch, der die Sedimentationsneigung eines Betons gut wiedergibt, bei der Übergabe des Betons auf der Baustelle wegen des zu großen Zeitaufwandes keine rechtzeitigen Ergebnisse liefern kann, wurde ein **Schnellauswerteverfahren** entwickelt, bei dem eine radarbasierte Sono W/Z-Sonde [Imco 15] verwendet wird, [Lohaus 16].

Die Entwicklung einer Rezeptur für einen selbstverdichtenden Beton darf sich nicht auf die Einhaltung angestrebter Messwerte beschränken. Vielmehr muss der **Frischbeton bei der Prüfung beobachtet** werden, etwa, ob er sich beim Fließen entmischt, ob er sich entlüftet, ob er zum Absondern von Leim neigt und ob er die Stahleinlagen auch vollständig umhüllt, vgl. Abschn. 5.6.5. Im Zweifelsfalle kann es auch notwendig sein, Proben – auch solche mit Stählen – erhärten zu lassen und auseinanderzuschneiden, um an den Schnittflächen Verdichtungsgrad, Homogenität und Umhüllung des Stahls zu beurteilen.

In der Erstprüfung muss auch untersucht werden, ob sich der Beton bei den zu erwartenden **Temperaturen** und dem zu erwartenden größtmöglichen **Zeitbedarf** für **Transport und Einbau** eignet, eine zwingende Voraussetzung, um Fehlschläge zu vermeiden. In vielen Fällen der Praxis hat es sich als zweckmäßig, ja notwendig erwiesen, **vor jeder neuen Betonieraufgabe** in einem **Verarbeitungsversuch** auch zu prüfen, ob sich die Schalung gleichmäßig und fehlstellenfrei mit Beton füllt. Dazu müssen Abmessungen der Probe und Dichte der Bewehrung den ungünstigsten Bedingungen des Bauteils entsprechen.

6.1.5 Robustheit von SVB

Unliebsame Erfahrungen in der Praxis haben gezeigt, dass die ursprünglichen günstigen Eigenschaften des SVB schon bei nur geringen **Abweichungen der Zusammensetzung** oder **Temperatur** verloren gehen können. Dafür genügen schon geringfügig abweichende Kornzusammensetzungen oder Eigenfeuchten des Sandes oder auch Unterschiede von Lieferung zu Lieferung beim Zement, Zusatzstoff oder Füller.

Untersuchungen zur Robustheit werden durchgeführt, indem man Mischungen prüft, die nur wenig von der ursprünglichen abweichen, indem man etwa

- den **Wassergehalt** um 5 oder 10 kg/m³ erhöht bzw. vermindert,
- den Frischbeton mit einer um 5 oder 10 K höheren oder niedrigeren **Temperatur** prüft und
- die Prüfungen erst nach 30, 60 oder 120 Minuten durchführt.

Zur Erhöhung des **Widerstands** gegen die **Sedimentation** der groben Gesteinskörnung bei einer **unplanmäßigen Überdosierung des Wassers** können folgende betontechnologische Maßnahmen am Bindemittelleim zielführend sein [Lowke 14]:

- Verringerung der **Fließmitteldosierung** auf das für die Selbstverdichtungs- und Formfüllungseigenschaften des Betons notwendige Mindestmaß
- Erhöhung des **Wasser/Feststoff-Verhältnisses** (*w*/*b*) im Bindemittelleim und entsprechende Verringerung der Fließmitteldosierung bei konstanter Fließfähigkeit des Betons (z. B. durch Reduzierung des Zusatzstoffgehalts)
- **Erhöhung der maximalen Packungsdichte des Zement-Zusatzstoff-Gemisches** und entsprechende Anpassung der **Fließmitteldosierung** bei konstanter Fließfähigkeit des Betons (z. B. durch Änderung der Korngrößenverteilung des Bindemittelgemisches – Wahl eines anderen Zements oder Zusatzstoffs)
- Verringerung des Fließmittelanspruchs des Zement-Zusatzstoff-Gemisches und entsprechende Verringerung der Fließmitteldosierung bei konstanter Fließfähigkeit des Betons (z. B. durch Änderung der **Feinheit von Zement/Zusatzstoff** oder Wahl eines **anderen Zements** bei gleicher Feinheit)

Die Reihenfolge der angeführten Maßnahmen gibt die Effizienz im Hinblick auf die Erhöhung der Sedimentationsbeständigkeit und Robustheit wieder. Die Kombination verschiedener Maßnahmen kann die Wirkung einer Einzelmaßnahme übertreffen. Bei optimierter Zusammensetzung des Bindemittelleims können Selbstverdichtende Betone auch bei praxisüblichen Schwankungen des Wassergehalts von +10 bis +20 l/m³ eine hohe Sedimentationsbeständigkeit aufweisen [Lowke 14].

Aus weiteren Untersuchungen zur Robustheit Selbstverdichtender Betone können darüber hinaus folgende Schlussfolgerungen gezogen werden,

- **Organische Stabilisierer** (Zelluloseether) können bei richtiger Dosierung das Fließvermögen **weniger empfindlich** hinsichtlich Schwankungen des Wassergehaltes machen, vgl. z. B. [Höveling 04].
- **Anorganische Stabilisierer** (Nanosilica) können das **Wasserrückhaltevermögen** und die **Sedimentationsstabilität** erhöhen.

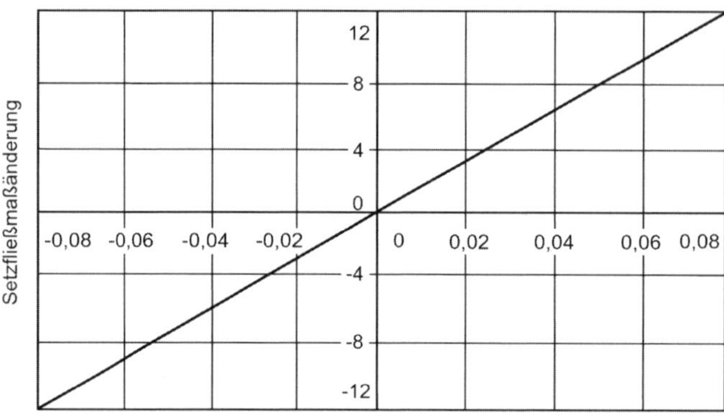

Abb. 6.1-7: Anweisung für die Korrektur der Konsistenz beim Einbau (Beispiel)

- **Zu hohe** Zugaben an **Fließmittel** verschlechtern die Sedimentationsstabilität. Bei **zu geringem** Überschuss an Fließmittel kann aber die verflüssigende Wirkung sehr früh nachlassen.
- **Gröberes Grobkorn** führt zu **stärkerem Sedimentieren**.
- Zemente und Füller, die eine **breite Kornzusammensetzung** (flache Sieblinien) haben, sind **weniger empfindlich** hinsichtlich **Änderungen des Wassergehaltes**.
- Mit einigen Fließmitteln kann **im Fahrmischer eine zusätzliche Verflüssigung** entstehen, die zu späteren Entmischungen führen kann.
- **Erhöhte Temperaturen** können in Abhängigkeit der **Fließmittelart** zu **sehr raschem Ansteifen** führen. Durch eine Erhöhung des w/b-Werts kann dieser Effekt reduziert werden.
- Durch **Nachdosieren des Fließmittels** kann das **Fließvermögen** wieder **verbessert** werden. Dazu muss aber schon in der Erstprüfung eine Konsistenzkorrekturanweisung für das verwendete Fließmittel aufgestellt werden, Abb. 6.1-7. Voraussetzung dazu ist aber, dass die Konsistenz des SVB noch nicht zu weit abgefallen ist.
- Die **Kornzusammensetzung des Sandes** muss sehr **gleichmäßig** sein. Die Schwankungen, bezogen auf die Gesamtsieblinie, sollten bei 0,125 mm höchstens 0,5 %, bei 0,25 und 1 mm höchstens 1,0 % betragen.

6.1.6 Eigenschaften des Festbetons

Selbstverdichtender Beton kann je nach Zusammensetzung nach 28 Tagen **Druckfestigkeiten von 40 bis über 100 N/mm²** erreichen. Sie liegen meist **etwas höher als nach dem *w/z*-Wert** zu erwarten wäre, vgl. Abschn. 5.5.6. Die **Zugfestigkeit** kann im Vergleich zur Druckfestigkeit **etwas höher** als bei Rüttelbeton sein. Der **E-Modul** ist wegen des kleineren Gehaltes an grober Gesteinskörnung, die die Verformungen des Zementsteins behindert, meist **etwas niedriger**, vor allem anfangs. Wird Flugasche oder ein anderer Typ II-Zusatzstoff als Füller verwendet, dann ist mit einer erheblichen Nacherhärtung zu rechnen.

Untersuchungen zum **Schwinden und Kriechen** zeigen mitunter **erhöhte Verformungen** [Hegger 01], was auf den reduzierten Grobkorngehalt zurückgeführt wird. Da auch das **Zugrelaxationsverhalten größer** ist, werden Schwindspannungen in stärkerem Maße wieder abgebaut. Teilweise wurden auch vergleichbare oder niedrigere Verformungen festgestellt, vgl. u. a. [Graubner 02]. Inerte Zusatzstoffe behindern die Schwind- und Kriechverformungen Selbstverdichtender Betone in gleicher Weise wie die Gesteinskörnung, [Lowke 07].

Selbstverdichtender Beton darf nach der Richtlinie [DAfStb 12] für nahezu alle Aufgaben wie Rüttelbeton verwendet werden. In den Niederlanden und in Österreich verzichtet man sogar gänzlich auf zusätzliche Nachweise von Festbetoneigenschaften.

Hinsichtlich eines **Frost- und Frost-Taumittelangriffes** ist bei Selbstverdichtendem Beton ein mindestens **ebenso großer Widerstand** wie bei Normalbeton gegeben. Verlangt wird nach der Richtlinie [DAfStb 12] allerdings, dass bei Luftporenbeton **Mikroluftgehalt und Abstandsfaktor** in der **Erstprüfung nachgewiesen** werden, weil möglicherweise nicht so viele feine Luftporen wie erforderlich entstehen. Die bisherige Annahme, dass hohe Mehlkorngehalte den Frostwiderstand vermindern, gilt nur für den Fall, dass wegen eines erhöhten Wasseranspruches ein höherer *w/z*-Wert verwendet wird. Auch im Hinblick auf andere dauerhaftigkeitsrelevante Vorgänge wie Wassereindringen, Carbonatisierung oder Alkali-Kieselsäure-Reaktion gelten für

Selbstverdichtende Betone dieselben Regeln wie für Rüttelbetone, [De Schutter 08, Lowke 09]. Im **Brandfall** besteht bei sehr dichtem Gefüge eine **erhöhte Gefahr eines Abplatzens der Betondeckung**. Daher können bei höheren Festigkeitsklassen besondere Maßnahmen nötig sein. SVB mit Polypropylenfasern herzustellen, ist bisher nicht gelungen.

6.1.7 Einbringen auf Baustellen und im Fertigteilwerk

Die **Schalungen** müssen, wenn keine Nachweise nach DIN 18218 erbracht werden, auf vollen hydrostatischen Druck ausgelegt werden. Dafür brauchen sie aber nicht mehr dem Rütteln standzuhalten. Die Anforderungen an **Dichtigkeit der Schalung** brauchen nicht erhöht zu werden, ja selbst ein Abschalen von **Arbeitsfugen** mit Streckmetall ist wegen des guten Zusammenhaltevermögens möglich. Der Beton wird in der Regel **eingepumpt**, ohne Pausen für das Rütteln werden selbst hohe Stützen in kurzer Zeit gefüllt [Breitenbücher 01].

SVB kann auch **von unten** in die Schalung eingepumpt werden. Dabei kann der Schalungsdruck jedoch auch über den hydrostatischen Betondruck steigen. Den Schalungsdruck eines SVB kann man auf das Niveau eines Rüttelbetons vermindern, indem man ihn **hochthixotrop** einstellt oder auch durch sehr **geringe Steiggeschwindigkeiten** beim Einbringen [De Schutter 08]. Wird der Betonkörper durch eine **obere Schalung** begrenzt, dann muss diese gegen hohe Auftriebskräfte gesichert werden, wobei die Möglichkeit gegeben sein muss, dass **Luft entweichen** kann.

Es darf nicht vergessen werden, dass auch selbstverdichtender Beton vom Mischen her **noch Luftblasen enthält**, die beim Einbau entweichen müssen. Bewährt hat sich, den Beton zunächst ein Stück weit in einer nur **wenig geneigten Rinne fließen zu lassen**, damit er sich dabei entlüftet. Dies kann vor allem bei dichter Bewehrungslage sehr zur Erzielung einer gleichmäßigen porenfreien Oberfläche beitragen. **Im freien Fall** kann sich SVB nicht entmischen. Er kann dabei aber **Luft aufnehmen**, weshalb man vor allem bei hohen Bauteilen den **Pumpenschlauch nahe oder in der Betonoberfläche halten** sollte. SVB darf man nach dem Einbau **nicht rütteln.** Dies würde zwangsläufig zur **Entmischung** führen. Wichtig ist, dass SVB beim Einbau von selbst **bis in den letzten Winkel** der Schalung fließt. Um sich davon zu überzeugen, müssen dazu nötigenfalls verschließbare Öffnungen in der Schalung vorgesehen werden.

Zur Bildung einer **„Elefantenhaut"**, einer über den ganzen Querschnitt gehenden und auch an der Schalung sichtbaren **Trennschicht**, kann es vor allem bei **hohen Frischbetontemperaturen**, **niedriger Luftfeuchtigkeit** oder auch Schwankungen in der Kornzusammensetzung des Feinsandes infolge eines zu frühen Absinkens des Setzfließmaßes kommen, noch bevor die darüber liegende Schicht eingebaut ist. Auch bei **Unterbrechungen des Einbaues** von mehr als 30 Minuten kann eine solche Trennschicht entstehen. Daher müssen **Lieferung und Einbringen des Betons zügig aufeinander folgen**. Durch Stochern oder andere Maßnahmen gelingt es oft nicht, solche sichtbaren Trennschichten zu vermeiden.

Selbstverdichtender Beton muss **besonders sorgfältig nachbehandelt** werden, um Mängel durch frühzeitiges Austrocknen zu vermeiden. Die **Erhärtung** schreitet **an den ersten Tagen langsamer** fort als bei Rüttelbeton, weshalb er oft erst **später ausgeschalt** werden kann.

6.1.8 Praktische Erfahrungen

Kein Zweifel: Der Aufwand für die **Entwicklung und Überwachung** ist bei selbstverdichtendem Beton **erheblich größer** als bei üblichem Rüttelbeton. Dazu kommt noch, dass es hin und wieder nicht gelingt, praxistaugliche Mischungszusammensetzungen zeitgerecht fertig zu stellen. Leider gab es besonders in der Anfangsphase oft Rückschläge, sodass heute SVB auf Baustellen nicht mehr so oft eingesetzt wird. Ein bevorzugtes Anwendungsgebiet sind **Fertigteile**. Bei einer Fertigung in Werkshallen und kurzer Anlieferungszeit sind Fehlschläge selten. Rütteltische sind nicht nötig. Auch der einfachere lärmfreie Einbau ist von Vorteil. Auch Leichtbeton kann selbstverdichtend hergestellt werden, vgl. Abschn. 6.3.4.

Von den höheren Anforderungen an alle **Ausgangsstoffe**, vor allem hinsichtlich Gleichmäßigkeit der Eigenschaften, aber auch an die Dosier- und Mischanlagen war schon die Rede. Die in den Silos **unten liegenden Sandkörnungen** haben meist eine größere Feuchte und sollen daher für andere Zwecke verwendet werden. Die Mischzeiten können erheblich länger sein und auch der Füllungsgrad der Fahrmischer muss kleiner gehalten werden. Ein Deckel am Fahrmischer kann verhindern, dass Beton während der Fahrt verloren geht. Der Beton muss meist auch rasch, solange er noch gut fließfähig ist, eingebaut werden. Jede Betonlieferung muss **vor der Annahme geprüft** werden, z. B. durch Bestimmung der Kegelauslaufzeit. Bei großen Platten ist es ein großer Vorteil, dass man den Beton nur mehr im **Abstand von etwa 10 m einbringen** muss, weil er selbst weiterfließt.

Selbstverdichtender Beton hat in der Regel an geschalten Flächen eine **nahezu porenfreie Oberfläche**, die kaum kosmetische Nachbearbeitung erfordert. An Konterschalungen können aber nach oben entweichende Luftblasen hängen bleiben. Zweifellos eignet sich SVB besonders für **schwierige Betonieraufgaben** bei dichter Bewehrungslage. Es wäre aber verfehlt anzunehmen, dass selbstverdichtender Beton einen noch kleineren **Abstand der Betonstähle** zuließe als dies bei Rüttelbeton der Fall ist. Architektonisch gestaltete **feingliedrige Oberflächen** können aber leichter hergestellt werden.

6.1.9 Selbstverdichtender oder leicht verarbeitbarer (F 5 + F 6) Beton?

Vor allem bei schwierigen Baustellenverhältnissen, etwa Temperaturen unter 8 °C oder über 25 °C, langen Transportwegen oder bei ungleichmäßigen Ausgangsstoffen stellt sich die Frage, ob man einen **selbstverdichtenden Beton** wählt oder mit einem **sehr fließfähigen, also F 6-Beton** mit einem Ausbreitmaß zwischen 63 und 70 cm arbeitet, den man in Wänden und Stützen meist nur noch mit einem kleinem Tauchrüttler leicht verdichten muss, vgl. Abschn. 5.3.

Leicht verarbeitbarer Beton F 6 wird heute vor allem bei **Platten** von **Wohnhausdecken, Industrieböden oder Fundamenten** sehr oft verwendet, wenn waagrechte, ebene Oberflächen gefordert sind. In der Regel genügt ein **Rechen** zur gleichmäßigen Verteilung des Betons und zur Erzielung der **richtigen Höhenlage der Oberfläche**. Die gewünschte **Plattendicke** kann mit **eingeschlagenen Nägeln** gekennzeichnet werden, [Harand 06]. Wenn sich der Beton nicht vor dem Einbau entlüftet, kann ein leichtes Rütteln nötig sein. Mit einer **Schwabbelstange** wird die Oberfläche geglättet, Abb. 6.1-8. Auch für das Verpressen von schmalen Stützen von unten über Einfüllstutzen genügt ein sehr fließfähiger, d. h. F 6-Beton, [Lohaus 06].

Wenn man bei kleineren Mengen an SVB die Kosten für die Überwachung mitrechnet, ergibt sich nahezu eine Verdopplung des Kubikmeterpreises gegenüber einem Normalbeton, während die Mehrkosten eines sehr fließfähigen, also **leicht verarbeitbaren F 6-Betons** bei einem **Mehlkorngehalt von etwa 450 kg/m³** und Fließmittelzugabe im Betonwerk nicht weit über jenen eines weichen Betons F 3 liegen. Leicht verarbeitbare Betone haben sich auf Baustellen deutlich besser durchgesetzt. Dies darf aber nicht darüber hinwegtäuschen, dass auch leicht verarbeitbare Betone bei nicht optimaler Zusammensetzung eine geringe Robustheit aufweisen können.

Abb. 6.1-8: Einbau von sehr fließfähigem (F 6) Beton mit leichtem Rütteln und Schwabbelstange

Darüber hinaus kann auch eine nicht sachgemäße, zu starke Verdichtung zu signifikanten Entmischungserscheinungen und Bluten des leicht verdichtbaren Betons führen, [Kränkel 12].

6.2 Hochfester Beton HFB (Hochleistungsbeton)

6.2.1 Entwicklung

Mit der Verbesserung der technologischen Kenntnisse und der Verfahrenstechnik wurde es in der zweiten Hälfte des letzten Jahrhunderts möglich, **hochwertigere Zemente** mit **gleichmäßigen Eigenschaften** herzustellen. Eine ähnliche Entwicklung zeichnete sich in der Betontechnik ab, so dass es schon in den Sechzigerjahren in gut geführten Fertigteilwerken durchaus gelungen ist, Betondruckfestigkeiten von 60 bis 80 N/mm² im Alter von 28 Tagen zielsicher zu erreichen. In einem Laborversuch ist es damals K. Walz gelungen, einen Beton herzustellen, der nach 42 Tagen eine Druckfestigkeit von 143 N/mm² erreichte, [Walz 66]. Dazu wurden Basaltkörnungen 0/15 (heute 0/12), 350 kg/m³ PZ 475 (entspricht einem CEM I 52,5) und nur 112 l/m³ Wasser bei einer Temperatur von + 5 °C gemischt. Nach dem Verdichten mit einem Rüttelstampfer erhärtete der Beton am ersten Tag unter einem Druck von 2 N/mm².

Bis 1972 war in DIN 1045 Beton nur bis zum B 300 mit einer mittleren 28-Tage-Druckfestigkeit von 30 N/mm² genormt: Erst in die anschließende Neufassung wurden die Festigkeitsklassen B 35, B 45 und B 55 aufgenommen. Nach DIN FB 100 gelten heute Betone **C 55/67 bis C 100/115** als **hochfest**. Für Beton C 90/105 und C 100/115 ist eine Zustimmung im Einzelfall erforderlich. In der neuen EN 206-1 soll zwischen normal- und Hochfestem Beton nicht mehr unterschieden werden.

Betone mit einer mittleren Druckfestigkeit von mindestens 60 N/mm² hat man bis in die Neunzigerjahre als ausreichend für die Lösung konstruktiver Fragen angesehen. Dazu trug auch die nicht ganz unberechtigte Sorge bei, **dass höhere Betonfestigkeiten doch zu noch dünneren, weniger robusten Querschnitten** führen würden, bei denen es noch schwieriger ist, den Beton zwischen einer extrem dichten Bewehrungslage einzubringen.

Mit der Entwicklung **sehr leistungsfähiger Fließmittel** war der Weg frei, um einen Beton mit extrem niedrigen *w/z*-Werten herzustellen, den man noch gut verdichten konnte, und dies ohne wesentliche Erhöhung des Zementgehaltes. Damit konnten Druckfestigkeiten von 80 bis 100 N/mm² zielsicher erreicht werden. Mit der Herstellung von Beton so hoher Festigkeiten in weicher oder sogar fließfähiger Konsistenz erkannte man auch rasch die Vorteile, die solcher Beton etwa bei noch schlankeren **Stützen von Hochhäusern** bieten konnte [Walraven 05]. Heute wird auch für **Brücken** Beton bis C 70/85 verwendet. Um in **Fertigteilwerken** noch höhere Druckfestigkeitklassen zu erzielen, wird die Packungsdichte mit Kalksteinmehl, Flugaschen oder auch Hüttensandmehl optimiert.

Der Deutsche Ausschuss für Stahlbeton brachte, aufbauend auf einem Sachstandsbericht [Schrage 94], eine Richtlinie für Hochfesten Beton heraus [DAfStb 95]. Wesentliche Elemente dieser Richtlinie wurden in DIN 1045-1 und DIN FB 100 übernommen. Darin sind auch Regeln für die **zusätzliche Überwachung** der Ausgangsstoffe und Herstellung sowie die zu erwartenden Eigenschaften und für die zur Bemessung notwendigen Rechenwerte. Wie die hohen Festigkeiten zielsicher erreicht werden, bleibt selbstverständlich dem Betonhersteller überlassen.

Grundlage des hochfesten Betons ist ein stark auf etwa 0,32 bis 0,36, mitunter auch auf nur 0,28 **abgeminderter *w/z*-Wert** unter weitgehender Anrechnung hochreaktiver Zuatzstoffe und die Verwendung leistungsfähiger Fließmittel, damit der Beton auch verdichtet werden kann, Abb. 6.2-1. Die **Bindemittelgehalte** liegen dazu meist zwischen **350 und 450 kg/m³**. Mitte der Achtzigerjahre, etwa gleichzeitig mit den ersten leistungsfähigen Fließmitteln kam auch **Silicastaub** auf den Markt, der sich als ausgezeichnetes Hilfsmittel zur **Verbesserung des Verbundes zwischen Zementstein und Gesteinskörnungen** erwies. Er wirkt auch **porenfüllend** im viel gröberen Zementgefüge und **erhärtet puzzolanisch**. Beton mit *w/z*-Werten deutlich unter 0,40 erreicht schon sehr früh ein sehr dichtes Gefüge in dem nahezu keine Kapillarporen vorhanden sind.

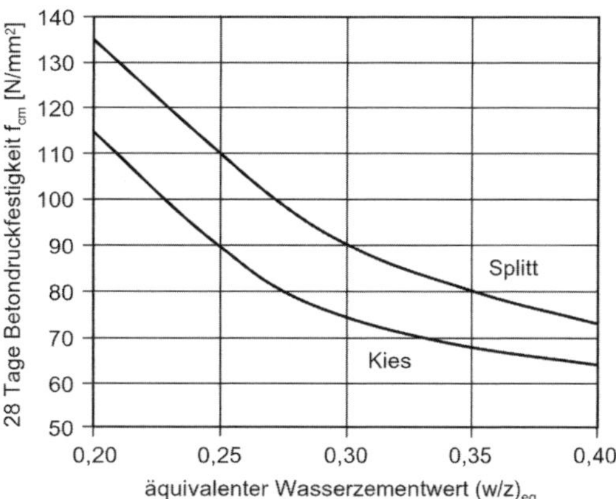

Abb. 6.2-1: Diagramm zum groben Abschätzen der zu erwartenden Druckfestigkeiten, [Richter 02]

Es versteht sich von selbst, dass solcher Beton **kaum mehr Wasser aufnehmen** kann und auch **chemisch angreifende Flüssigkeiten** kaum eindringen können. Auch ist durch einen größeren Widerstand gegen **Carbonatisierung** und gegen **Eindringen von Chloriden** ein besserer Schutz der Stahlbewehrung vor Korrosion gegeben. Darüber hinaus ist auch der **Verschleißwiderstand** von Oberflächen aus hochfestem Beton wesentlich größer. Weil dieser Beton eine größere Dauerhaftigkeit erwarten lässt, wird er mitunter auch als **„Hochleistungsbeton"** bezeichnet, obwohl seine Eigenschaften mit dem physikalischen Begriff der Leistung – Arbeit je Zeiteinheit – nichts zu tun haben. Ähnlich dem Selbstverdichtenden Beton ist aber bei Entwurf, Herstellung und Verwendung von Hochfestem Beton von den beteiligten Personen eine höhere Leistung zu erbringen, damit alle Anforderung zielsicher erfüllt werden.

Der hohe Widerstand gegen korrosive Einwirkungen war es, der zu den ersten großen Anwendungen führte, nämlich bei den **großen Ölplattformen**, die vor allem in Norwegen hergestellt wurden. Heute wird hochfester Beton vor allem für **Fertigteile** und bei Hochhäusern auch für **Stützen** in Ortbeton verwendet. Brücken können leichter werden, weil kleinere Querschnitte möglich sind und teilweise sogar auf Abdichtung und Schutzbeton verzichtet werden kann. Bei **Abwasserleitungen, Kläranlagen und Kühltürmen** nutzt man den größeren Widerstand gegen chemische Angriffe und Verschleiß.

Ähnlich wie bei selbstverdichtendem Beton ist auch die Herstellung von Hochfestem Beton nur möglich, wenn die Ausgangsstoffe **erhöhte Anforderungen** an **Güte und Gleichmäßigkeit** erfüllen, die personelle und technische Ausstattung des Betonswerkes den besonderen Anforderungen gerecht wird und darüber hinaus auch Einbau und Qualitätssicherung der wesentlich schwierigeren Aufgabe gewachsen sind. Kein Wunder, dass vor allem bei kleineren Einbaumengen die Kosten der Ingenieurleistungen oft die Größe der Stoffkosten erreichen.

6.2.2 Ausgangsstoffe und Mischungsentwurf

Es geht nicht nur darum,

(1) die angestrebte **Druckfestigkeit** zu erreichen, sondern auch um

(2) die für die Verdichtung nötige **Konsistenz**,

(3) ohne allzu große **Klebrigkeit** zu erzielen und

(4) die Verarbeitbarkeit innerhalb der notwendigen **Zeitspanne** und bei der zu erwartenden Temperatur – nötigenfalls unter Verwendung eines Verzögerers – sicherzustellen und schließlich auch darum,

(5) dass der Beton nicht zu sehr zur **Rissbildung** neigt.

Klebrigkeit, rasches Ansteifen und Rissempfindlichkeit sind bei höherer Festigkeit meist stärker ausgeprägt. In der Regel muss die Betonzusammensetzung auf den entsprechenden Anwendungsfall abgestimmt werden.

Als Bindemittel werden, wenn hohe Festigkeiten schon in den ersten Tagen nötig sind, **Zemente CEM 42,5 R und CEM 52,5** verwendet. Bei massigen Bauteilen und auch solchen mittlerer Dicke verwendet man Kombinationen von CEM I-Zementen mit **Flugasche** oder anderen reaktiven Zusatzstoffen. Vorteilhaft sind in jedem Falle Zemente mit niedriger Risstemperatur, wenn solche nicht zur Verfügung stehen C_3A-arme Portlandzemente CEM 32,5. Bei Zementen dieser niedrigen Festigkeitsklasse empfiehlt es sich, mit dem Zementwerk Rücksprache zu halten, bevor man mit den Erstprüfungen beginnt. Gleichbleibende Eigenschaften des Zements bei Erstprüfung und Bauausführung sind sehr wichtig. Zu berücksichtigen ist auch, dass die mit einem *w/z*-Wert von 0,50 im Alter von 28 Tagen ermittelte **Normfestigkeit des Zements** bei sehr niedrigen *w/z*-Werten des Betons **nicht mehr** auf dessen **Druckfestigkeit schließen** lässt, wie wir es von normalfestem Beton her gewohnt sind. Gröber **gemahlene Zemente**

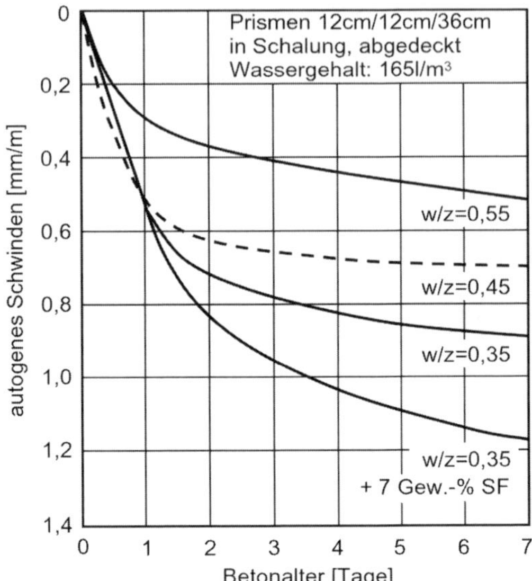

Abb. 6.2-2: Einfluss von *w/z*-Werten und Silicastaub auf das Grundschwinden (autogenes Schwinden), [Nischer 98]

haben den Vorteil einer langsameren Erhärtung und damit kleinerer Rissgefahr. Außerdem kommt man damit meist mit weniger Fließmittel aus.

Der Zementgehalt soll mit Rücksicht auf die am ersten Tag auftretende Hydratationswärme möglichst niedrig gehalten werden. Durch einen teilweisen Ersatz von Zement durch **Flugasche** wird erreicht, dass trotz niedriger Hydratationswärme nach 28 und 56 Tagen hohe Festigkeiten erzielt werden. Eine Begrenzung des Mehlkorngehaltes auf höchstens 100 kg/m³ über den Zementgehalt ist technisch nur begründbar, wenn man Flugasche oder andere puzzolanische Zusatzstoffe zum Zement hinzurechnet, vgl. Abschn. 5.4.

Silicastaub wirkt sich auf die 28-Tage-Druckfestigkeit des Betons sehr günstig aus, kaum jedoch auf die Frühfestigkeit. Man sollte den Anteil Silicastaub nicht zu groß – in der Regel mit 6 bis 8 % der Zementmenge – wählen. Bei Verwendung gebrochener Gesteinskörnungen und Zielfestigkeiten bis zu 90 N/mm² kann man meist auf Silicastaub verzichten, nicht jedoch, wenn als grobe Gesteinskörnungen nur Rundkorn zur Verfügung steht. Silicastaub erhöht das **Grundschwinden**, wodurch in jungem Alter sehr leicht Risse entstehen, Abb. 6.2-2. Silicastaub erfordert meist mehr Fließmittel und macht den Beton auch klebriger. Aus demselben Grund sollte man auch – wenn nicht schon besondere Erfahrungen vorliegen – den *w/z*-Wert nicht zu niedrig ansetzen.

Auswahl von Zement, Zusatzstoffen und darauf abgestimmten Fließmitteln erfolgt zweckmäßig mit Hilfe **rheologischer Versuche**, mit dem Ziel, eine **hohe Packungsdichte** zu erreichen. Die Konsistenz muss den Erfordernissen des Einbaues entsprechen, wobei die **Klebrigkeit** sowohl das **Pumpen**, etwa bei einem Wiederanfahren nach kurzer Pause, als auch das **Entleeren von Kübel und Verteilen** des Betons beeinträchtigen kann. In der Regel strebt man eine **sehr weiche bis sehr fließfähige Konsistenz** oder bis C 70/85 sogar selbstverdichtenden Beton an.

Als grobe **Gesteinskörnungen** sollte möglichst **gebrochenes Korn** mit überwiegend gedrungener Form, also Edelsplitt verwendet werden, womit auch hohe Zugfestigkeiten und E-Module erzielt werden. Es wurden aber auch schon mit Rundkies Betone mit über 90 N/mm² liegenden Druckfestigkeiten hergestellt. Mit Rücksicht auf den Haftverbund sollten die **Kornoberflächen mäßig rau** und vor allem **frei von anhaftenden Feinstteilen** sein. Zu bevorzugen sind **Gesteine mit hoher Festigkeit und hohem E-Modul**. Das Größtkorn sollte mit Rücksicht auf Gefügespannungen nicht zu groß gewählt werden, d. h. mit **16 oder höchstens 22 mm.** Einer günstigen Kornzusammensetzung kommt mit Rücksicht auf einen niedrigen Wasseranspruch besondere Bedeutung zu. Gute Erfahrungen hat man mit Sieblinien, die im Sand bei B, im Grobkorn näher bei A liegen, gemacht. Bei höherem Bindemittelgehalt kann mit etwas weniger Sand gearbeitet werden, da ja für die Frischbetoneigenschaften die Kornzusammensetzung der Gesteinsstoffe gemeinsam mit jener der Bindemittel maßgebend ist.

Um eine optimierte Kornzusammensetzung in der nötigen Gleichmäßigkeit zu erhalten, haben sich Sande, die in Klassiertanks aufbereitet wurden, bewährt. Als Beispiel zeigt Tabelle 6.2-1 Zusammensetzung und Eigenschaften eines Hochfesten Betons einer Brücke.

Tabelle 6.2-1: Beispiel für die Zusammensetzung eines Hochfesten Betons C 70/85 [Brandl 18]

Ausgangsstoffe	
Wasser	138 kg/m³
CEM I 52,2	380–400 kg/m³
Flugasche	60 kg/m³
Sand	791 kg/m³
Kies 2/8	369 kg/m³
Kies 8/16	686 kg/m³
Fließmittel	3,8 kg/m³
Mikrosilica Slurry	60 kg/m³
Frischbeton Rohdichte	2461 kg/m³
$w/(z + k f + s)$	0,32

Beton erhärtet umso schneller, je niedriger sein *w/z*-Wert ist. Meist erreicht hochfester Beton **schon nach 24 Stunden**, spätestens, am 2. Tag **die Hälfte der 28-Tage-Druckfestigkeit**. Bei den niedrigen *w/z*-Werten ist für eine vollständige Hydratation aber nicht genügend Wasser vorhanden mit der Folge, dass auch die **Hydratationswärme schon nach 2 Tagen nur mehr wenig zunimmt.** Eine Folge der schon bei noch niedrigem Hydratationsgrad vorhandenen Steifigkeit und Festigkeit ist es, dass sich der Wasserverlust durch **Selbstaustrocknung des Zementsteins**, vgl. Abschn. 3.3.5, beim Hochfesten Beton in viel größerem Ausmaß zu Spannungen und/oder Verformungen, dem **Grundschwinden**, und damit zur Gefahr einer Rissbildung führt [Springenschmid 93], Abb. 6.2-3. Um die hohen Kapillarspannungen durch inneres Austrocknen und die damit verbundene Gefahr der Rissbildung zu vermindern, wird versucht, mit **porösen Gesteinskörnungen** wie Blähton oder auch rezyklierten Betonkörnungen, die vor dem Mischen mit Wasser gesättigt werden, für einen Wassernachschub, also eine **innere Nachbehandlung**, zu sorgen.

Bei massigen Bauteilen oder solchen mit mittlerer Dicke spielt natürlich die **Hydratationswärme** eine wichtige Rolle, obwohl sie sich nur am Anfang stark entwickelt. Wenn man verschiedene Bindemittel vergleicht, zeigt sich, dass die bei Verformungsbehinderungen auftretenden Spannungen aber keinesfalls proportional zur Höhe der maximalen Temperatur sind. Wie aus Abb. 6.2-4 hervorgeht, kann man durch 30%igen Ersatz des Zements durch **Flugasche** die **Zwangsspannungen aus Hydratationswärme und Grundschwinden erheblich vermindern**. Können durch Hydratationswärme Temperaturen über 65 °C entstehen, muss dies durch eine entsprechende Erstprüfung wegen der Gefahr von Minderfestigkeiten berücksichtigt werden, vgl. Abschn. 3.4.1.3.

6.2.3 Herstellung, Einbau und Nachbehandlung

Hochfester Beton, der gleichmäßig gut einzubauen ist und seine Güte zielsicher erreichen soll, erfordert bei seiner Herstellung in allen Schritten **besondere Sorgfalt, Genauigkeit und Erfahrung**. Zweckmäßig wird bei der Herstellung zuerst der als Suspension angelieferte Silicastaub verwogen und anschließend dazu das Zugabewasser, in das auch das Zusatzmittel zudosiert wird. Der Mischer wird in der Reihenfolge **Grobkorn, Sand, Bindemittel und Wasser mit Silicasuspension und Zusatzmittel** gefüllt [Merkblatt DBV 02/1]. Wird die Silicasuspension vor dem Wasser zugegeben, ist die Gefahr, dass sich Zement-Silica-Agglomerate bilden, besonders groß, [Marchuk 02]. Präzise Einhaltung des geplanten

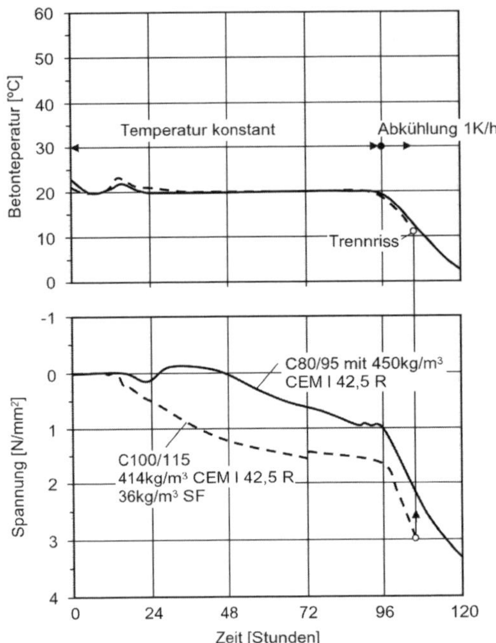

Abb. 6.2-3: Reißrahmenversuche mit Kühlung zur Abfuhr der Hydratationswärme zeigen, dass Silicastaub (SF) Zugspannungen durch Grundschwinden erheblich vergrößert. [Springenschmid 93]

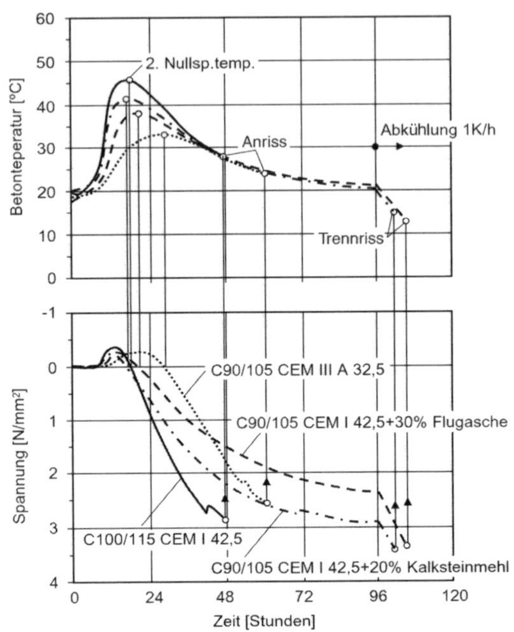

Abb. 6.2-4: Teilweiser Ersatz von Zement durch Zusatzstoffe führt im Reißrahmenversuch zu kleinerer Rissempfindlichkeit (Risstemperatur), [Springenschmid 93]

Wassergehaltes und intensives Mischen sind nötig, wobei sich nur sehr intensiv arbeitende Mischer eignen, [Orgass 06]. Wegen der Klebrigkeit des Betons sind **längere Mischzeiten** nötig, so dass die Leistung des Mischers oft nicht einmal die Hälfte jener bei Normalbeton erreicht. Abhängig von der Bauart und Werkzeuggeschwindigkeit des Mischers können Mischzeiten **bis über 3 Minuten** nötig sein. Die Fließfähigkeit wird durch den besseren Aufschluss des Fließmittels durch längeres Mischen verbessert. Für die meisten Anwendungsfälle sind niedrige Frischbetontemperaturen zur Erzielung der gewünschten Festigkeiten und zur Vermeidung von hohen Temperaturspannungen erforderlich, weshalb man in den Sommermonaten den Frischbeton **nötigenfalls kühlen** muss.

Besonders wichtig ist es, zusätzlich zu einer positiv verlaufenden Erstprüfung im Labor mit den für die Bauausführung vorgesehenen Facharbeitern und Maschinen einen **Verarbeitungsversuch** durchzuführen, bei dem möglichst auch schon die zu erwartenden Temperaturen herrschen sollen. Wegen der zäh-klebrigen Konsistenz muss erst erprobt werden, **ob sich der Mischer** eignet oder trotz längerer Mischzeit keine **Klumpen** verbleiben.

Auch müssen Mischer ebenso wie Fahrmischer, Pumpen, Krankübel und Schüttrohre immer wieder von festklebenden Betonresten gereinigt werden.

Die Entmischungsgefahr beim Einbau ist auch bei Fallhöhen über 5 m gering. Das Rütteln des klebrigen Betons bis zur praktisch vollständigen Entlüftung, so dass keine Luftblasen mehr aufsteigen, erfordert aber auch bei sehr weicher Konsistenz einen **engeren Abstand der Eintauchstellen** und **längere Rüttelzeiten**. Rüttelbohlen müssen sehr steif sein, damit sie nicht aufschwimmen.

Schon bei der Planung der Bewehrung muss daher darauf geachtet werden, dass die **Rüttellücken** einen viel **engeren Abstand** haben müssen. Betonlagen von 0,5 m Höhe und mehr lassen sich kaum mehr so verdichten, dass der verbleibende Luftgehalt unter 2,0 % liegt. Luftblasen können auch erst nach dem Rütteln an die Oberfläche kommen [Tue 05]. Da der mehlkornreiche Beton nicht zum Bluten neigt, ist ein Nachverdichten nicht sinnvoll.

Der klebrige Frischbeton muss **unmittelbar nach dem Abziehen geglättet** werden, weil ein späteres Zureiben oft nicht mehr möglich ist. Mitunter kann nur durch **frühzeitiges Klopfen mit der Kelle** geglättet werden. Trocknet der Beton auch nur wenig ab, dann bildet sich eine **Elefantenhaut**.

Der **Nachbehandlung** kommt eine große Bedeutung zu, vor allem am ersten Tag – solange das Gefüge noch nicht dicht ist –, weil sehr leicht Oberflächenrisse auftreten. Die Nachbehandlung muss **sofort nach dem Glätten** einsetzen, um Frühschwinden, vgl. Abschn. 3.3.4, zu vermeiden. Zweckmäßig wird **am ersten Tag wasserzuführend** nachbehandelt, etwa mit einem Sprühnebel oder wasserhaltenden Matten, weil dadurch in der Randzone das für die Hydratation fehlende Wasser nachgesaugt werden kann und darüber hinaus die Oberfläche gekühlt wird. Die Auffassungen, wie lange Hochfester Beton vor Austrocknen zu schützen ist, sind unterschiedlich, worin man die Sorge vor dem Auftreten von Oberflächenrissen erkennen kann. In jedem Falle sollte man auch am **zweiten Tag** nach dem Betonieren noch ein **schroffes Austrocknen vermeiden**. Bei hohen Beanspruchungen der Randzone bringt eine wasserzuführende Nachbehandlung selbst über einen Zeitraum von Wochen noch Vorteile [Kern 98]. Eine wärmedämmende Abdeckung ist erst nach 8 bis 12 Stunden nötig und nur, wenn eine starke Abkühlung der Umgebungsluft zu befürchten ist.

6.2.4 Eigenschaften und Anwendung

Die **Druckfestigkeit** wird durch die Festigkeit des Zementsteins, der groben Gesteinskörner und den Verbund zwischen diesen begrenzt. Die für den Bruchvorgang maßgebende Mikrorissbildung, die auch für den plastischen Verformungsanteil maßgebend ist, beginnt bei Hochfestem Beton erst bei einer sehr hohen Spannung. Der Bruch tritt bei einer Prüfung von Proben in den üblichen lastgesteuerten Prüfmaschinen plötzlich, nahezu explosionsartig auf. Das zeigt, dass sich Hochfester Beton ausgesprochen **spröde** verhält. Ein **abfallender Ast der Spannungsdehnungslinie** ist auch bei verformungsgesteuerter Prüfung nur **bis knapp nach Überschreiten der Höchstlast** feststellbar. Der **E-Modul** liegt zwischen 30 000 und 40 000 N/mm². Er kann bei Verwendung hochfester Splitte sogar mehr als 45 000 N/mm² erreichen, also deutlich über den Rechenwerten der DIN 1045-1 liegen.

Wenn bei dünnen Bauteilen die Frischbetontemperatur nur **etwa 5 °C** beträgt, erhärtet Hochfester Beton **langsamer** und erreicht nach 24 Stunden nur etwa ein Drittel der Festigkeit von bei 20 °C gelagerten Proben. Bei einer Lagerung **bei 40 °C** erhöht sich die 1-Tages-Druckfestigkeit gegenüber 20 ° Umgebungstemperatur um ungefähr die Hälfte und bleibt **nicht mehr weit unter der 28-Tage-Festigkeit** von bei 20 °C gelagerten Würfeln. Für die Praxis sind dies nur grobe Anhaltswerte.

Auf die **Frühfestigkeiten** wirken sich Mischungszusammensetzung, **Frischbetontemperatur und Wasserabgabe**, d.h. Bauteildicke, sehr stark aus. Laborprüfungen sind nötig, um realistische Annahmen treffen zu können. In Bauteilen mittlerer Dicke werden zur Simulation der Wärmeentwicklung Würfelformen aus Schaumstoff verwendet oder man betoniert Proben mit einer dem Bauteil entsprechenden Dicke und entnimmt daraus Bohrkerne. In Bauteilen **über 0,5 m Dicke** ist wegen einer Erwärmung um oft sogar mehr als 40 K mit erheblich **höheren 1-Tages-Festigkeiten,** aber im **Vergleich zum Probewürfel** mitunter mit **niedrigeren Festigkeiten nach 28 Tagen** zu rechnen, vgl. Abschn. 3.4.1.3.

Niedrige Frischbetontemperaturen vermindern die Höchsttemperatur und damit die Gefahr zu kleinerer Endfestigkeiten im Bauteil. Auch machen sie den Beton besser und länger verarbeitbar. Schließlich leisten sie neben der Verwendung von Flugasche oder anderen reaktiven Zusatzstoffen und Zementen mit niedriger Risstemperatur einen erheblichen Beitrag zur Vermeidung von Temperaturrissen im jungen Beton.

Eine zerstörungsfreie Prüfung von Hochfestem Beton bis etwa 100 N/mm² Druckfestigkeit ist mit dem Silver Schmidt **Prüfhammer** möglich, vgl. Abschn. 3.4.1.5.

Die **Zug- und Biegezugfestigkeiten** von Hochfestem Beton sind größer als bei normalfestem Beton, aber nicht proportional zur Druckfestigkeit, sondern nur etwa zur Wurzel daraus. Immerhin lassen sich Straßenbetone als Luftporenbeton mit Biegezugfestigkeiten bei Drittelpunktsbelastung bis 10 N/mm² herstellen. Sie sind im frischen Zustand vergleichsweise klebrig. Bei Hochfestem Beton ohne Luftporen wurden Zugfestigkeiten bis 6,5 N/mm² und Biegezugfestigkeiten bis 13 N/mm² festgestellt, [Pfeuffer 97].

Während das Grundschwinden bei Verwendung von Silicastaub und bei hüttensandreichen Zementen verhältnismäßig groß ist und nur anfangs mit der Hydratation des Zements fortschreitet, führt das **Austrocknen zu sehr kleinen Schwindmaßen**, insbesondere bei hohen Druckfestigkeiten, Abb. 3.4-14. Kein Wunder, denn vom Austrocknen ist doch nur eine sehr dünne Randzone betroffen. Auch beim **Kriechen** ist der auf Austrocknen zurückzuführende Anteil praktisch null. Damit spielen beim Schwinden die Abmessungen des Bauteils im Vergleich zu den Verhältnissen bei normalfestem Beton nur mehr bei sehr kleinen Querschnitten eine Rolle. Aber auch die vor allem durch das **Grundfließen bestimmte Kriechzahl** ist bei Hochfestem Beton kleiner und erreicht bei Druckfestigkeiten von 100 N/mm² nur mehr **etwa die Hälfte** von jenem eines normalfesten Konstruktionsbetons

[Schrage 96]. Schon nach 4 Wochen erreicht das Kriechen nahezu seinen Endwert.

Im **Brandfall** erweist sich die **Sprödigkeit** als Nachteil. Mit erheblichen **Festigkeitsverlusten** muss schon bei Temperaturen **über 150 °C** gerechnet werden. Gefährlich sind vor allem Abplatzungen der äußeren Betonschale durch den Druck von verdampfendem Porenwasser. Durch Zugabe von **Polypropylen Fasern** kann diese Gefahr vermindert werden, vgl. Abschn. 5.11.13. Allerdings fallen dann die Festigkeiten etwas niedriger aus.

Hochfester Beton ist wegen seines dichten Gefüges auch widerstandsfähiger gegen **chemische Angriffe**. Wird Silicastaub verwendet, dann werden nicht nur das wenig feste Calciumhydroxid, sondern auch Aluminate und Alkalien gebunden, was sich günstig bei Sulfatangriff und bei einer Gefahr einer Alkalireaktion der Gesteinsstoffe auswirkt. Ähnliches gilt für einen Säureangriff, wobei Silicastaub in Verbindung mit Portlandzement eine positive Wirkung zeigt. Auf den Korrosionsschutz von Stahl bei Einwirken von Chloriden wirkt sich die Bindung von Calciumhydroxid und das ebenfalls durch Silicastaub verminderte Bindevermögen von Chloridionen negativ aus. Dies wird aber durch das dichtere Gefüge mehr als ausgeglichen, so dass man insgesamt und generell für hochfeste Betone von einem **erheblich besseren Korrosionsschutz** ausgehen kann.

Bei **Verschleißbeanspruchung** führt der hochfeste Feinmörtel zu erheblich kleinerem Abrieb, vorausgesetzt, es wird auch entsprechend widerstandsfähiges Grobkorn verwendet. Dies macht man sich bei Betonstraßen in Skandinavien, wo im Winter nach wie vor kräftige Spikes verwendet werden, zunutze.

Hoher Widerstand gegen **Frost** ist bei Hochfestem Beton zu erwarten. Dennoch gibt es Berichte über **Gefügeschäden** bei Frostversuchen mit Hochfestem Beton **ohne Luftporen**, wenn Silicastaub bei *w/z*-Werten über 0,35 verwendet wurde, [Feldrappe 04]. Hoher Widerstand gegen Frost und Taumittel ist ohne künstliche Luftporen in vielen Fällen gegeben. Man sollte dies aber vorsorglich durch Prüfungen im CDF-Verfahren (Abschn. 4.4.8) nachprüfen.

6.3 Ultrahochfester Beton (UHFB)

6.3.1 Entwicklung

Dieser auch als **„Ultra High Performance Concrete“ (UHPC)**, **„Hochleistungs-Feinkorn-Beton“ (HLF-Beton)** oder, mit einem Größtkorn von höchstens etwa 0,5 mm als **Reactive Powder Concrete (RPC)** bezeichnete Beton fasziniert in jüngster Zeit in aller Welt Technologen in gleichem Maße wie Konstrukteure. Dass es möglich ist, Beton mit *w/z*-Werten um 0,25 herzustellen und zu verarbeiten, verdanken wir vor allem leistungsfähigen **PCE-Fließmitteln,** der Verwendung von **Mikrosilica** und einer schon **hoch entwickelten Technologie**, [Fehling 13]. Erreichbar sind heute Druckfestigkeiten von **120 N/mm² bis über 200 N/mm²** und sehr **hohe Verbundfestigkeiten** an Stahl oder anderem Untergrund. Vorgeschlagen werden Betonfestigkeitsklassen C 130, C 150 und C 175. Belastungsversuche zeigen ein nahezu idealelastisches Verhalten bei einem **E-Modul von etwa 45 000 bis 55 000 N/mm².** Wird die Druckspannung bis zum Versagen gesteigert, tritt ein explosionsartiger Bruch bei einer Stauchung von etwa 0,45 % auf. Das Gesamtschwinden (Grundschwinden und Trocknungsschwinden) wird zwischen 0,6 mm/m und 1,0 mm/m angenommen. Eine DAfStb-Richtlinie ist in Vorbereitung.

Mit UHFB lassen sich **hochfeste und leichte** Fertigteile, wie **Träger** für weiter gespannte Brücken [Graybeal 04], **schlanke Stützen** oder sogar Spundwände herstellen. Dank seines sehr **dichten Gefüges** ist UHFB auch gegen chemische Einwirkungen weit **widerstandsfähiger** als herkömmlicher Beton.

Mit 2 bis 6 % **Stahlfasern** verhält sich UHFB nicht mehr spröde, sondern zeigt hohe **Nachrissfestigkeit** und Verformbarkeit. Er liegt außerhalb der heute eingeführten Normen, die nur bis zum Hochfesten Beton C 100/115 reichen. Für tragende Bauteile ist daher eine **Zustimmung im Einzelfall** erforderlich.

6.3.2 Zusammensetzung

Der Schlüssel zu hohen Festigkeiten liegt in einer **sehr hohen Packungsdichte**, also sehr **niedrigem Gehalt an Kapillarporen**. Um ein homogenes Gefüge, das frei bleiben muss von Mikrodefekten, zu erreichen, wird auf **grobe Gesteinskörnungen verzichtet**. Zement und Zusatzstoffe werden bis hin zum extrem feinkörnigen Mikrosilica in ihrer **Kornzusammensetzung sorgfältig aufeinander abgestimmt.** Kein Wunder, dass dies in der Regel nur in gut ausgestatteten Werken der Zementhersteller geschehen kann. Sie liefern meist entweder einen für diesen Zweck entwickelten Zement (Abschn. 2.2.10 (e), etwa der Klasse CEM II/B-M(S-D) 52,5 N, der schon Silicastaub (D) enthält oder gleich eine **Bindemittelvormischung**, als UHFB-Spezialzement, die auch entsprechendes Quarzmehl enthält. Beim Mischen wird dann Sand 0/2 und in vielen Fällen auch Hartsteinsplitt 2/5 zugegeben und auch Wasser mit dem empfohlenen oft gleich mitgelieferten PCE-Fließmittel. Es gibt aber auch Hersteller, die UHFB als **fertigen Trockenbeton** in 25-kg-Säcken oder Big Bags liefern.

Tabelle 6.3-1: Ausgewählte UHFB-Zusammensetzungen

	UHPC fein (0/0,5 mm) M2Q	UHPC fein (0/0,5 mm) M3Q	UHPC grob (0,8 mm) B5Q
	[kg/m³]		
Wasser	166	183	158
Zement	832	775	650
Feinsthüttensand	–	–	–
Silikastaub	135	164	177
Fließmittel	10,6	10,3	9,9
Quarzmehl fein	207	193	325
Quarzmehl grob	–	–	131
Quarzsand 0,125/0,5	975	946	354
Basalt 2/8	–	–	597
Mikrodrahtfasern	2,5 Vol.-%	2,5 Vol.-%	2,5 Vol.-%

Bei ***w/z*-Werten zwischen 0,23 und 0,28** verbleiben im Zementstein nicht hydratisierte Reste von Klinkerkörnern, die wie fest eingebundene Gesteinskörner wirken. Für die Festigkeiten maßgebend ist aber nicht so sehr der *w/z*-Wert, sondern das Verhältnis von Wasser zu allen zementfeinen und noch feineren Stoffen, wobei auch sehr feine kaum reaktive, aber porenfüllende Quarzmehle einen Beitrag leisten können. Durch **reaktive Zusatzstoffe** wie **Mikrosilica, fein gemahlene Hüttensande** oder **Metakaolin** wird ein Teil des bei der Hydratation des Klinkers freiwerdenden und weniger festen **Calciumhydroxides** gebunden, Tab. 6.3-1. Um die dabei zu erwartende Steigerung der Festigkeit zu beschleunigen, werden Fertigteile mitunter **wärmebehandelt.**

6.3.3 UHFB mit Fasern

Für sehr viele Anwendungsbereiche werden dem UHFB **Stahlfasern** zugemischt, um ein erheblich **größeres Verformungsvermögen**, also ein **duktiles Verhalten** zu erzielen. Bei hoher Beanspruchung werden dadurch nach der ersten Rissbildung bei weiterer Zunahme der Belastung oder Verformung die gut im Gefüge haftenden **Stahlfasern allmählich herausgezogen**, Abb. 6.3-1. Bei Dehnungen über etwa 0,2 % oder Stauchungen über etwa 0,45 % kommt es zu Lockerungen des Gefüges, also einem abfallenden Ast der Spannungs-Dehnungslinie. Die **Nachrisszugfestigkeit** ist deutlich höher als jene beim Erstriss. Verwendet werden oft hochfeste Mikrostahlfasern mit nur 9 mm Länge und 0,15 mm Durchmesser und gleichzeitig übliche 30 mm lange Stahlfasern mit 0,5 mm Durchmesser, [Mellwitz 14].

Durch Kombination **kurzer und langer Fasern**, etwa 1 Vol. % 13 mm langer Fasern, die bei der Mikrorissbildung aktiviert werden, und 1 Vol. % 40 mm langer Fasern, die Makrorisse überbrücken, kann die Biegezugfestigkeit von 7 N/mm² auf 45 N/mm² angehoben werden, [Fehling 13].

Auch Ultrahochfester Stahlfaserbeton wird von einzelnen Zementherstellern in Säcken oder Big Bags angeboten, sodass nur mehr die mitgelieferten Stahlfasern und Wasser mit Fließmittel zugemischt werden müssen. Für die Wirksamkeit der Fasern ist deren **Verteilung** und **Orientierung im Betongefüge** maßgebend, was oft besondere Maßnahmen bei der Zugabe und beim Mischvorgang erfordert. Der Konsistenz und insbesondere dem Gehalt an Sand kommt hier Bedeutung zu, [Fröhlich 12].

6.3.4 Herstellen und Verarbeiten

Der überwiegend aus pulverförmigen Stoffen bestehende UHFB kann in **leistungsfähigen Zwangsmischern** hergestellt werden, erfordert aber **kleinere Mischerfüllungen** und **sehr lange Mischzeiten**. Transportbetonwerke brauchen dazu **zusätzliche Einrichtung** zum Lagern und Zudosieren von Quarzmehl und ggf. auch Fasern, sowie zum Nachdosieren eines Teiles des Zusatzmittels, mit dem gegen Ende des Mischvorganges die Konsistenz eingestellt wird. Nur bei kleinen Mengen kann dies von Hand erfolgen. Das klebrig-zähe **Mischgut haftet** schwach an den Stahl- oder Kunststoffteilen der Mischer und Fahrmischer und lässt sich mit einem einfachen Wasserstrahl entfernen, [Aßbrock 13]. In der **ersten**

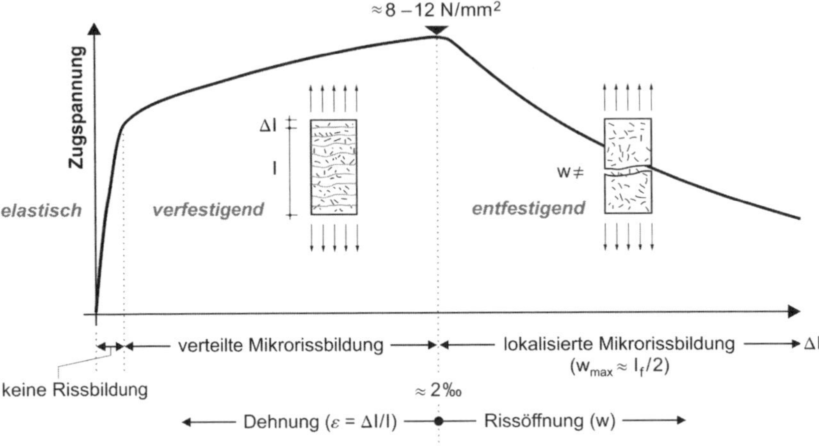

Abb. 6.3-1: Zugverhalten von ultrahochfestem Beton mit 3 % Stahlfasern nach Versuchen von Holcim (Schweiz) AG

Phase des Mischvorganges können **hohe Geschwindigkeiten der Mischwerkzeuge** die bis zur Verflüssigung nötige Mischzeit verkürzen. Wie lange es dauert, bis die Verflüssigung erreicht wird, bestimmt die **chemische Struktur des PCE-Fließmittels**. Mit kurzen Hauptketten verflüssigen PCE-Fließmittel rasch, werden aber schnell adsorbiert und von Hydratationsprodukten überwachsen, was dann zu **raschem Ansteifen** führt. Dagegen führen **langsam adsorbierende Fließmittel** zu **längeren Verarbeitungszeiten**. Man hilft sich durch Fließmittelgemische oder **zweite etwas spätere Zugabe**, [Mazanek 09]. In der folgenden Mischphase bis zur **Stabilisation**, dem endgültigen Erreichen der **Zielkonsistenz**, genügt ein **langsameres Mischen**, die Mischzeit kann dann durch schneller rotierende Mischwerkzeuge nicht mehr verkürzt werden.

Konsistenz und nötige **Verarbeitungszeit** müssen durch eine entsprechende **Dosierung des Fließmittels** so eingestellt werden, dass ausreichende Verarbeitbarkeit und Formfüllungsvermögen erreicht werden, Abb. 6.3-2 [Kränkel 14]. Mit geringerem Gehalt an Fließmittel ist auch eine plastische, ja sogar erdfeuchte Konsistenz herstellbar.

UHFB kann in **Fahrmischern** transportiert und mit **Pumpen** gefördert werden, erfordert aber wesentlich **höheren Pumpendruck**. Er ist wegen seines hohen Anteils an Feinkorn noch kohäsiver und zähviskoser als SVB, er fließt auch deutlich langsamer. Zum Abziehen und Glätten können, wenn Vorversuche es als zweckmäßig erscheinen lassen, leichte Rüttelbohlen verwendet werden, oft genügt aber auch eine Kelle. Bei der Berechnung der für ein Bauteil erforderlichen Menge an UHFB ist zu berücksichtigen, dass ein Teil der Mische an Misch- und Transportbehältern kleben bleibt und nicht mehr eingebaut werden kann.

Die **viskose** und teilweise auch **thixotrope Konsistenz** kann sich während der Verarbeitungsdauer **rasch ändern**, wobei vor allem **Ruhepausen** zu einem **Ansteifen** führen können. Wegen des niedrigen Wassergehaltes trocknet die Oberfläche bei niedriger Luftfeuchtigkeit sehr rasch aus. Schon kurz nach dem Mischen oder nach dem Einbau kann sich an der Oberfläche eine dünne zähplastische Grenzschicht, eine sog. **Elefantenhaut**, bilden. Dabei werden durch Verdunstung des Wassers im oberflächennahen Bereich die darin gelösten Bestandteile ausgeschieden, was durch Feuchthalten vermieden werden kann. Eine Elefantenhaut **behindert das Entlüften**, sodass sich Luftblasen unterhalb der Grenzschicht ansammeln können, [Wetzel 12]. Bauteile mit nur mäßiger oder größerer Dicke **erwärmen sich sehr stark** durch die Hydratationswärme, weshalb Zemente mit niedriger Wärmeentwicklung bevorzugt werden.

Fertigteile werden meist, beginnend am Tag nach ihrer Herstellung, 2 bis 3 Tage lang bei Temperaturen von 60 bis 90 °C wärmebehandelt, was zu einer erheblichen Steigerung der Festigkeit führt. Dies wird, ebenso wie die deutliche Festigkeitszunahme bis in die folgenden Jahre auf **puzzolanische Reaktion des Silicastaubes** zurückgeführt, [Schachinger 09]. Bei einer Wärmebehandlung ist, wie auch bei der Nachbehandlung, zu beachten, dass UHFB viel **empfindlicher** gegenüber **schroffen Temperaturänderungen** und **Feuchtigkeitsverlusten** ist, als wir dies von üblichen Fertigteilen gewohnt sind. Wird dies

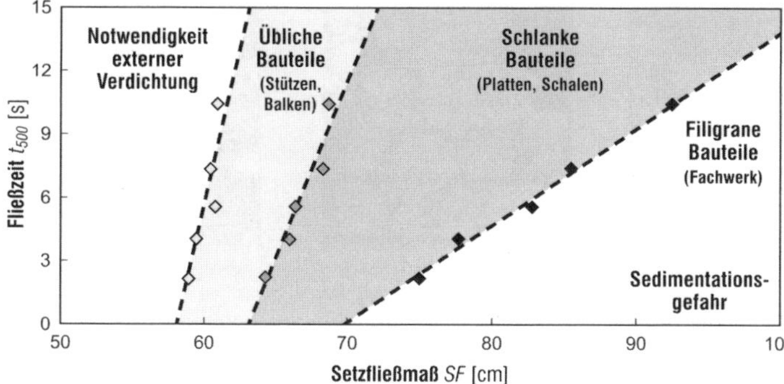

Abb. 6.3-2:
Verarbeitbarkeit von UHFB für unterschiedliche Bauteile [Kränkel 14]

nicht hinreichend berücksichtigt, können **oberflächliche Rissbildungen** ebenso wie **Verwölbungen** größerer Betonteile die Folge sein.

6.3.5 Dauerhaftigkeit

Umfangreiche Untersuchungen über korrosive Einwirkungen lassen, ebenso wie die schon vorliegenden Erfahrungen der letzten 10 Jahre, erwarten, dass UHFB **weit widerstandsfähiger** als andere zementgebundene Baustoffe ist, [Müller H.S. 11, Wassmann 12]. Dies ist auf die deutlich **dichtere Mikrostruktur** zurückzuführen, die zwar durch **Mikrorisse bei gröberen Gesteinskörnern** oder **Fasern** und auch durch **Wärmebehandlung** oder **unzureichende Nachbehandlung** etwas beeinträchtigt sein kann, aber auch dann noch zu erheblich kleinerer Porosität und Wasseraufnahme als bei normalfestem Beton führt.

Die **Carbonatisierungstiefen** sind in den ersten Monaten mit dem üblichen Phenolphthalein-Test oft gar nicht messbar und erreichen nach Jahren höchstens wenige Millimeter.

Der Widerstand gegen **Säureangriff** ist erheblich größer. Es wurden Schädigungstiefen gemessen, die weniger als die Hälfte dessen ausmachen, was bisher bei hinsichtlich Säurewiderstands optimiertem Beton festgestellt wurde.

Chloride dringen allein schon wegen der sehr geringen Wasseraufnahme durch Saugen, aber auch bei weiterer Diffusion etwa um **eine Größenordnung langsamer** als bei normalfestem Beton in das Gefüge ein.

Der Widerstand gegen **Frostangriff** ist auch bei Einwirkung von Salz oder anderen Taumitteln sehr hoch, obwohl keine künstlichen Luftporen eingebracht werden. Stahlfasern, grobe Gesteinkörnungen, Wärmebehandlung oder schroffe Temperaturwechsel können Mikrorisse verursachen, die den Widerstand vermindern, doch bleibt die Abwitterung auch unter diesen Umständen meist noch deutlich unter dem 1 500 g/m^2-Kriterium des CDF-Prüfverfahrens.

Auch was äußeren **Sulfatangriff** oder Bildung von sekundärem Ettringit **nach Wärmebehandlung** betrifft, zeigt sich UHFB als äußerst widerstandfähig, selbst wenn Zemente mit hohem C_3A-Gehalt verwendet werden.

Eine Gefahr einer **Alkali-Kieselsäure-Reaktion** besteht nach den vorliegenden Versuchen auch bei einem hohen Gehalt an Silicastaub nur, wenn es zu **Agglomerationen** kommt. Bei **Wärmebehandlung** wird ein Zement mit **niedrigem Alkaligehalt** empfohlen.

Versuche über den Widerstand gegen schleifenden **Verschleiß** auf der Böhmescheibe zeigen, dass der Abrieb nur etwa ein Drittel von dem ausmacht, was bei üblichem Beton zu erwarten ist.

Ähnlich wie bei Hochfestem Beton führt auch bei UHFB hohe Temperaturen, wie sie bei **Bränden** auftreten, der hohe Dampfdruck im Inneren zu **Abplatzungen** der randnahen Schichten. Aber auch hier gilt, dass der **Feuerwiderstand** durch Zusatz von **Polypropylenfasern,** die bei einem Brand schmelzen und druckentlastende Kanäle freigeben, Abplatzungen vermieden werden können, vgl. Abschn. 5.11.13.

6.3.6 Anwendungsbereiche

Die hohe Festigkeit wird für **Fertigteile**, wie **Fassadenelemente**, bewehrte oder vorgespannte **Platten** und **Träger** sowie **Schalentragwerke** [Freytag 16] oder auch **Rammpfähle** und andere Bereiche wie **Gelenke** oder **Ankerköpfe** mit hohen **Spannungskonzentrationen** genutzt [Mellwitz 14]. Wenn Stoßstellen von Fertigteilen eine hohe Passgenauigkeit erfordern, muss beachtet werden, dass sie sich nach dem Ausschalen noch etwas verwinden und verdrehen können. Sie werden nötigenfalls mit

Abb. 6.3-3: Wildbrücke Völkermarkt aus ultrahochfestem Beton

CNC-Betonfräsmaschinen nachbearbeitet [Sagmeister 16, Zimmermann 10]. Dank ihrer hohen Oberflächenfestigkeit können Bauteile aus UHFB auch mit speziellen Epoxidharzmörteln **kraftschlüssig geklebt** werden, [Deuse 15].

Mitunter erhalten auch Bauteile aus Stahlbeton, deren Oberfläche, wie etwa bei Brücken, besonders hoch beansprucht wird, eine nur 30 bis 80 mm dicke **Schutzschicht aus UHFB**. Sie kann auch erst später im Zuge einer Instandsetzung bei bestehenden Bauwerken aufgetragen werden, [Pilch 14]. Bei hohen **chemischen Beanspruchungen** oder bei zu erwartendem starkem **Verschleiß** können **verlorene Schalungen** aus UHFB später als Schutzschicht dienen. Vielfach dienen diesem Zweck auch **nachträglich aufgetragenen Schutzschichten**, etwa bei starkem **Säureangriff in Kläranlagen** oder Frostschäden durch Spritzwasser an **Brückenpfeilern.** Selbst im **Maschinenbau** nützt man UHFB mit seinen an jene von Stahl heranreichenden Festigkeiten, aber Überlegenheit, was Verfügbarkeit, niedrigere Wärmeleitfähigkeit und besseres Dämpfungsvermögen betrifft.

6.4 Leichtbeton

6.4.1 Arten und Verwendung von Leichtbeton

Leichtbeton wird im Hochbau hauptsächlich wegen der seinem Porengehalt entsprechenden höheren **Wärmedämmung** verwendet. Bei **weit gespannten Decken** nutzt man aber auch das niedrigere Eigengewicht eines um rund ein Viertel **leichteren Konstruktionsbetons**. Dies gilt auch für **Brücken** und andere Ingenieurbauten, wo hohe Anforderungen an Festigkeit und Dauerhaftigkeit erfüllt werden müssen. So gibt es in Norwegen allein fünf Brücken mit 200 bis 300 m weit gespannten Mittelfeldern, die aus

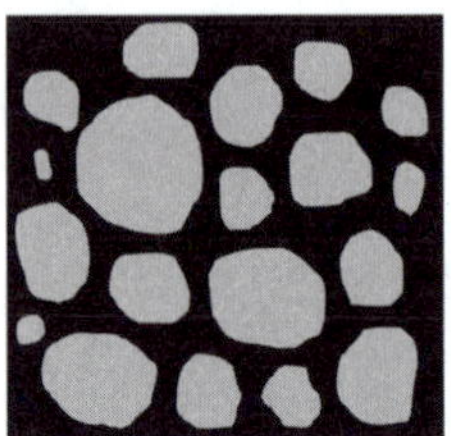

Gefügedichter Leichtbeton mit poröser Gesteinskörnung

Haufwerkporiger Leichtbeton mit dichter Gesteinskörnung

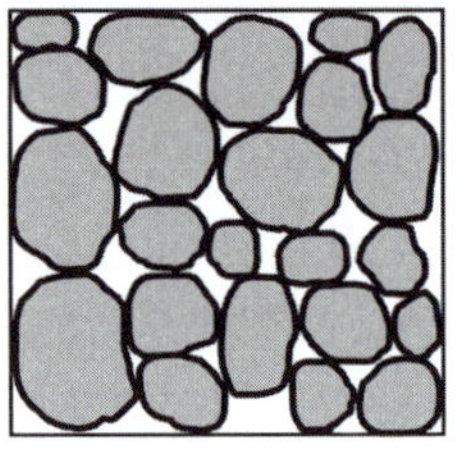

Haufwerkporiger Leichtbeton mit poröser Gesteinskörnung

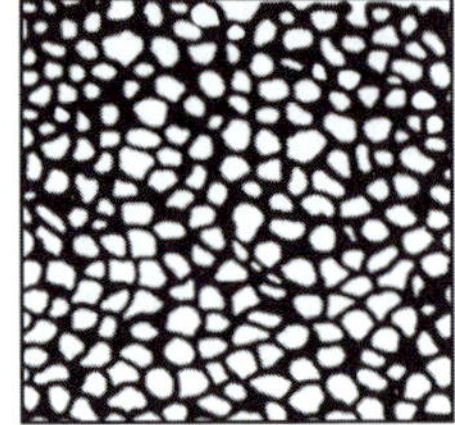

Porenbeton,Gas- oder Schaumbeton

Abb. 6.4-1: Arten von Leichtbeton, schematisch [Aurich 71]

Leichtbeton LC 50/55 oder LC 55/60 bestehen. Ähnliches gilt für **Fertigteile** wie etwa **Brückenträger,** die aus Leichtbeton hergestellt, bei gleichen zulässigen Transportlasten länger sein können als solche aus Normalbeton. Auch für **Meerwasserbauten** wird Leichtbeton verwendet, wobei sehr hohe Anforderungen gestellt werden, [Thienel 11].

Zu unterscheiden sind vier verschiedene Arten von Leichtbeton, Abb. 6.4-1.

(1) **Gefügedichter Leichtbeton mit Korneigenporosität**

Die niedrige Dichte entsteht durch die Verwendung von porösen und daher **leichten Körnungen**, vgl. Abschn. 2.4.9.2. Diese Körnungen sind wie bei Normalbeton in ein **dichtes Gefüge aus Zementstein** eingebettet. Für Leichtbeton hoher Festigkeit (Konstruktionsleichtbeton, vgl. Abschn. 6.4.2) wird oft ein Blähton oder Blähschiefer verwendet, für niedrigere Festigkeiten aber auch Ziegelsplitt. Eine weitere herstellungstechnische etwas robustere Möglichkeit besteht darin, industriell hergestelltes **Blähglas**, das eine extrem niedrige Rohdichte aufweist, zu verwenden, [Thienel 2000]. Eine sehr niedrige Dichte und Festigkeit, aber hohe Wärmedämmung erreicht man mit aufgeschäumten Partikeln aus Polystyrol (z. B. Styropor). Beides sind porige Körnungen, auch als Körnungen mit **Korneigenporosität** bezeichnet.

(2) **Leichtbeton mit Haufwerksporosität**

Neben Körnungen mit niedriger Dichte kann man auch durch entsprechende Kornzusammensetzung mit normalen, d. h. nicht porösen **Gesteinskörnern überwiegend gleicher Größe** – etwa 16/22 mm – in den beim Verdichten leer bleibenden Zwickeln zwischen den Körnern **Hohlräume** schaffen, wobei die groben Körner nur durch einen dünnen Film aus Zementleim oder Feinmörtel miteinander verklebt werden. Der Zwickelhohlraum kann **bis etwa 35 % des** gesamten **Volumens** ausmachen. Leim und Feinmörtel müssen, um gleichmäßig an den Körnern zu haften, eine klebrige Konsistenz haben. Je mehr Leim oder Feinmörtel verwendet wird, desto höher sind die Festigkeiten, vorausgesetzt, es gelingt, den Feinmörtel gleichmäßig zum Verbinden des Grobkorns im Gefüge zu verteilen. Der wegen der einheitlichen Korngröße als **„Einkornbeton"** bezeichnete Beton erreicht bei Rohdichten von etwa 1 600 bis 1 800 kg/m^3 Druckfestigkeiten von etwa 5 bis 10 N/mm^2. Offenporiger Einkornbeton wird wegen seiner großen Wasserdurchlässigkeit auch als Filterbeton, sog. Dränbeton zur **Entwässerung** und auch im Lärmschutz eingesetzt. Wenn sich seine Poren weitgehend mit Wasser füllen, kann er durch Frost zerstört werden. Durch Zugabe eines Polymers kann jedoch ein hoher Frostwiderstand erzielt werden [Vogel 18].

(3) **Leichtbeton mit Haufwerksporosität und Korneigenporosität**

Stellt eine Kombination von (1) und (2) dar. Man erzielt dadurch noch niedrigere Rohdichten und folglich eine **noch höhere Wärmedämmung**, [Sagmeister 99]. Wenn Druckfestigkeiten von 2 bis 4 N/mm^2 ausreichen, sind Rohdichten von 600 bis 700 kg/m^3 möglich. Bei Rohdichten über 1 000 kg/m^3 werden Festigkeiten zwischen 5 und 10 N/mm^2 erreicht. Diese Festigkeiten genügen durchaus etwa für **Wände von Wohnhäusern**. Einst hatte man den **Ziegelsplitt von Bombenruinen**, später auch **geschäumte Hochofenschlacke** mit geringem Mörtelanteil, für solche Wände von Wohnbauten verwendet. Vielfach wird solcher Beton auch für **Wandbausteine** verwendet. Auch für **Schallschutzwände** neben Straßen und Eisenbahnen hat sich solcher Leichtbeton bewährt. Um die Wärmedämmung noch weiter zu vergrößern, kann auch der **Feinmörtel, die sog. Matrix, porosiert** werden, ohne dass die Festigkeit zu niedrig ausfällt. Dazu mischt man in Betonsteinwerken zum Feinmörtel **Schaumbildner** oder **Luftporenbildner**. Fertigteile können auch eine Stahlbewehrung erhalten, wenn diese zum Korrosionsschutz beschichtet wird oder aus rostfreiem Betonstahl besteht, [Neunast 2000].

(4) **Porenbeton** (früher „Gasbeton") und **Schaumbeton** sind Leichtbetone, die keine Gesteinskörnungen oder nur solche aus **feingemahlenem Sand** enthalten.

Porenbeton kann durch entsprechend hohe Zugabe eines **speziellen Porenbildners** beim Mischen von Zement, auch Kalk, Wasser und Sand hergestellt werden, wobei Luftgehalte bis etwa 25 % erzielbar sind. Als Porenbildner wird dabei ein **modifiziertes Aluminiumpulver** verwendet, das bei seiner Reaktion im alkalischen Zementmörtel Wasserstoffbläschen bildet. Porenbeton erhärtet bei Temperaturen von rd. 160 °C und muss dabei in Druckkesseln, sog. **Autoklaven,** unter einem Dampfdruck von rd. 8 bar gehalten werden, damit das Porenwasser nicht kocht. Er dient für Betonsteine und unbewehrte oder bewehrte Fertigteile (z. B. **Ytong, Hebel** oder **Siporex**). Stahlbewehrung muss mit einem Korrosionsschutz überzogen werden. Bei Trockenrohdichten von 400 bis 800 kg/m^3 werden Druckfestigkeiten von 3 bis 10 N/mm^2 erreicht.

Beim **Schaumbeton** wird ein **Schaum vorab** entweder mechanisch in schnelllaufenden Zwangsmischern (**Schaumgeneratoren**) mit Hilfe von Luftporen- oder Schaumbildnern oder chemisch durch entsprechende Additive hergestellt. Der Schaum wird anschließend in Spezialmischern mit Zementleim und feingemahlener Gesteinskörnung vermengt. Er erhärtet an Luft. Erreichbar sind Rohdichten von 600 bis 1 500 kg/m^3 bei Druckfestigkeiten von 2 bis 15 N/mm^2, nach neueren Entwicklungen auch darüber [Schauerte 12]. Verwendet wird Schaumbeton als Niveauausgleich und zum Verfüllen von Hohlräumen, nicht für tragende Bauteile.

6.4.2 Gefügedichter Leichtbeton (Konstruktionsleichtbeton)

6.4.2.1 Grundsätzliches

Für bewehrte und vorgespannte Bauteile wird gefügedichter Leichtbeton mit Natursand oder Leichtsand und porösen groben Gesteinskörnungen verwendet. Als Leichtbeton nach DIN FB 100 und DIN 1045-1 gilt Beton, der im ofentrockenen Zustand Rohdichten zwischen **800 und 2 000 kg/m^3** aufweist.

Während bei Normalbeton die Gesteinskörnungen dank ihres in Vergleich zum Feinmörtel größeren E-Moduls einwirkende Druckspannungen überwiegend selbst abtragen, trifft dies bei Leichtbeton zumindest

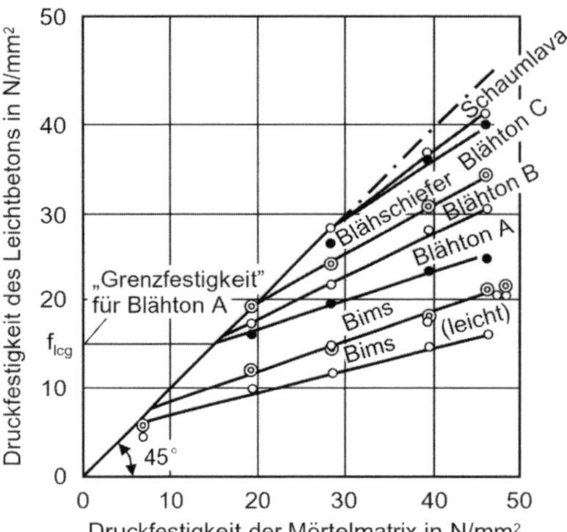

Abb. 6.4-2: Die Festigkeit von gefügedichtem Leichtbeton wird von der zugehörigen Matrixfestigkeit und jener der Leichtkörnungen bestimmt, [Schütz 70]

bei höheren Druckspannungen nicht zu. Höhere **Spannungen** müssen daher primär vom **Feinmörtel** aufgenommen werden. Die Druckfestigkeit des Feinmörtels – vielfach als **„Matrix"** bezeichnet – wird vom ***w/z*-Wert** bestimmt. Ist die Festigkeit des Feinmörtels genügend hoch, begrenzt die **Kornfestigkeit der porösen Körner** die aufnehmbaren Druckspannungen, Abb. 6.4-2. In anderen Worten, die Druckfestigkeit des Leichtbetons wird sowohl durch die Festigkeit der porösen Körnung als auch durch jene des Feinmörtels begrenzt. Dies hat zur Folge, dass der Feinmörtel durchaus schon im Alter von 7 Tagen die Festigkeit der porösen Körnung erreicht und bei weiterer Hydratation die **Druckfestigkeit** des Betons **nur mehr wenig zunimmt**, weil das Grobkorn versagt. Aber auch bei weniger festem Feinmörtel müssen wir feststellen, dass die **Nacherhärtung** von Leichtbeton nicht so fortschreitet, wie wir es vom Normalbeton kennen, sondern je nach verwendeter poröser Körnung **kleiner** ausfällt. Man bemüht sich mitunter, auch in die Matrix Luftporen einzubringen, so dass deren Festigkeit und Rohdichte etwa jenen der leichten Körnungen entsprechen, [Trautmann 04].

Die Festigkeitsklassen von Leichtbeton stimmen nur bei den **Zylinderfestigkeiten mit jenen von Normalbeton** überein. Sie reichen von **LC 8/9 bis LC 50/55**, für hochfesten Leichtbeton bis **LC 80/88**. Die **Würfelfestigkeiten** sind bei Leichtbeton **nur wenig höher** als jene, welche an Zylindern bestimmt werden, weil der Bruch durch die porösen Körner geht und dabei die Behinderung der Querdehnung keine so große Rolle wie bei der Würfelprüfung spielt.

Nach ihrer Rohdichte werden Leichtbetone in Klassen von **D 1,0** bis **D 2,0** eingeteilt, [Zementmerkblatt VDZ 14]. Mit „D 1.6" wird ein Leichtbeton bezeichnet, der im ofengetrockneten Zustand 1 400 bis 1 600 kg/m³ wiegt. Der **Frischbeton ist wesentlich schwerer.** Das Wasser entweicht aber nur langsam und nur teilweise. Daher ist auch während der Nutzung des Bauteils die Dichte höher als im trockenen Zustand. Im Laufe der Zeit nimmt die Trockenrohdichte etwas zu, offensichtlich durch chemische Bindung des anfangs nur physikalisch gespeicherten Wassers, [Welsch 15].

6.4.2.2 Zusammensetzung und Eigenschaften

Für Konstruktionen aus gefügedichtem Leichtbeton mittlerer und höherer Festigkeit werden meist Körnungen aus Blähton oder Blähschiefer (siehe Abschn. 2.4.9.2) nur bis 16 mm Korngröße eingesetzt, weil die Festigkeit grober Körner im Vergleich zu feineren Körnern gleicher Schüttdichte erheblich kleiner ist. Wegen ihrer großen Porosität können geblähte Gesteinskörnungen viel Wasser aufnehmen, Blähton erreicht beispielsweise nach einstündiger Wasserlagerung eine **Wasseraufnahme** von etwa **10 bis 14 %.** Daher bezieht man sich bei der Angabe der **Dichte** sowohl bei den **Körnungen** als auch bei **Leichtbeton** stets auf den **ofentrockenen Zustand.**

Leichtsand muss größtenteils **aus groben Körnungen gebrochen** werden, ist daher **offenporig, schwerer und weniger fest.** Darüber hinaus hat er meist eine ungünstige Kornform. Leichtsand kann bei Wasserlagerung in einer Stunde nahezu 40 % Wasser aufnehmen. Vielfach wird, um höhere Festigkeiten leicht zu erzielen, an Stelle von Leichtsand **Natursand** verwendet. Selbstverständlich erhöht Natursand auch die **Wärmeleitfähigkeit.** DIN 4108-4 enthält **Rechenwerte** für die Wärmeleitfähigkeit, etwa für die Rohdichteklasse D 1,2 mit 0,62 W/(mK), mit Natursand 0,74 W/(mK). Durch Versuche mit bestimmten Körnungen, etwa einem Blähton und einem Blähsand, kann, eine wesentlich **niedrigere Wärmeleitfähigkeit** erzielt und für eine entsprechende bauaufsichtliche Zulassung nachgewiesen werden, [Thienel 10].

Leichtbeton der Festigkeitsklasse LC 12/13 ist mit Blähton 4/8 in der niedrigen Rohdichteklasse D 1,2 herstellbar, erreicht aber mit Natursand nur D 1,4. Hohe Festigkeitsklassen ab etwa LC 55/60 werden durch Zugabe von **Microsilika** und leistungsfähigen Fließmitteln erreicht und erfordern selbstverständlich auch **hochfeste Körnungen**. Solche Betone sind sehr **spröde.** Bei norwegischen Ölplattformen wurden Leichtbetone mit charakteristischen Druckfestigkeiten von 60 bis 70 N/mm² und Rohdichten von 1 950 kg/m³ mit 420 kg/m³ Zement, 20 kg/m³

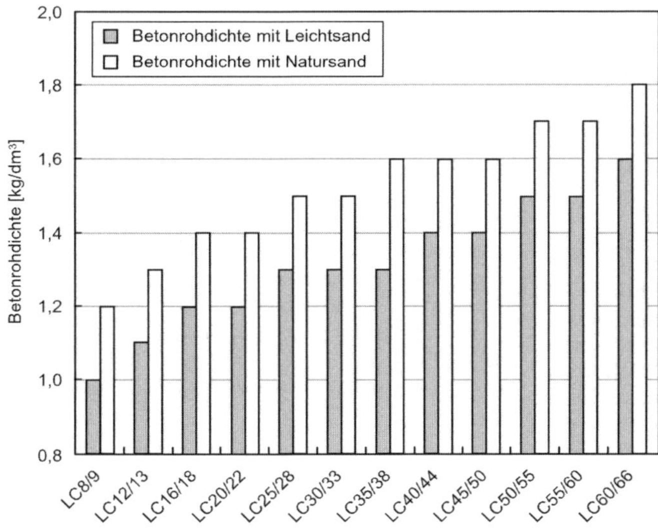

Abb. 6.4-3: Anhaltswerte für die Zuordnung von Festigkeitsklassen und erforderliche Betonrohdichte, [Thienel 03]

Silicastaub, hochfestem Blähton und leistungsfähigen Fließmitteln hergestellt, [Kepp 95]. Leichtbeton hoher Festigkeit neigt aber im Brandfall wegen des hohen Wasserdampfdruckes zu explosionsartigen Abplatzungen, wenn nicht **Polypropylenfasern** zugemischt werden, vgl. Abschn. 4.8.

Der **E-Modul** von Leichtbeton ist umso **niedriger, je kleiner seine Rohdichte** ist und erreicht bei einer solchen von 1 500 bis 1 600 kg/m^3 nur mehr die Hälfte jenes von Normalbeton. Für bestimmte Anwendungen z. B. bei Ölplattformen hat es sich durchaus bewährt, **hohe Festigkeiten und niedrigere E-Module** gezielt durch nur teilweisen Ersatz von dichten Körnungen durch Blähton anzusteuern. **Schwinden und Kriechen** sind bei Leichtbeton generell etwas größer, was bei den viel größeren an Luft grenzenden Oberflächen verständlich ist. Dies gilt besonders, wenn mit feuchten Körnungen gearbeitet wird. Als Kriechzahl ergibt sich wegen des niedrigeren E-Moduls ein kleinerer Wert.

Mitunter werden einzelne poröse Körnungen, z. B. 4/8, auch verwendet, um die Rohdichte von normalem Konstruktionsbeton abzusenken. Man spricht dann von **leichtem Normalbeton**. Mit einer Rohdichte über 2 000 kg/m^3 kann nach Regeln des Normalbetons bemessen werden, soweit man nicht gegen Prinzipien, die nicht im Normenwerk definiert sind, verstößt.

Der **Korrosionsschutz der Stahleinlagen** beruht bei gefügedichtem Leichtbeton auf denselben Regeln wie Normalbeton. Weil die porösen Körner das Eindringen von Kohlendioxyd nicht so stark behindern wie dichte Gesteinskörner, muss mit einer **tiefer gehenden Carbonatisierung** gerechnet werden. Günstig wirkt sich bei Leichtbeton im Gegensatz zu Normalbeton der sehr dichte Verbund zwischen porösem Grobkorn und Zementstein aus. Die Körner saugen aus dem frischen Zementleim Wasser auf, ähnlich wie bei Vakuumbeton, vgl. Abschn. 7.6.9. Es wird später vom Zement durch den Hydratationssog zurückgesaugt wird. Insgesamt ist bei gefügedichtem Leichtbeton oft die **Carbonatisierungstiefe größer** als bei Normalbeton gleicher Festigkeit, [Mansour 98]. DIN 1045-1 verlangt, dass die **Betondeckung** um mindestens **5 mm größer** als das größte Korn sein muss.

Bei Einwirkungen von **Frost, Taumittel** oder **chemischen Beanspruchungen** gelten für die entsprechenden **Expositionsklassen** die gleichen Anforderungen wie für normalen Beton, mit der Einschränkung, dass keine Anforderungen an die Druckfestigkeit gestellt werden, weil sie kein Maß für *w*/*z*-Wert und Zementgehalt ist.

6.4.2.3 Mischungsentwurf und Verarbeitung von gefügedichtem Leichtbeton

Mischungsstabilität, einbaufähige Konsistenz und Einbau erfordern eine kompetente betontechnische Betreuung, [Hanke, 15]. Die Erfahrungswerte für den **Mischungsentwurf** gelten weitgehend nur für die gewählten **Körnungen eines bestimmten Herstellers**. In der Regel muss die Festigkeit des Feinmörtels deutlich höher sein als jene des Betons. Als eine Richtrezeptur für LC 25/28 bis LC 35/38 kann gelten:

Zement 300 bis 350 kg/m^3

Flugasche 80 kg/m^3

Blähton-Größtkorn bei niedrigen Festigkeiten 32 mm, sonst 16 mm

Leichtsand, bei höheren Festigkeiten Natursand

Konsistenz weich bis fließfähig

Mörtelgehalt einschl. Sand 0/4 bei Platten 500 bis 550 dm^3/m^3, bei Wänden 550 bis 600 dm^3/m^3

Rohdichte Frischbeton 1 700 kg/m^3

Rohdichte Festbeton trocken 1 500 kg/m^3.

Um den *w/z*-Wert zu berechnen, darf nur das **„wirksame" Wasser** mitgerechnet werden, **nicht die in den Poren der Gesteinskörner befindliche Feuchtigkeit**, die für den Kapillarporengehalt des sich bildenden Zementsteins keine Rolle spielt. Die Bestimmung dieses **„wirksamen *w/z*-Wertes"** ist oft nicht mit der wünschenswerten Genauigkeit möglich, weil die porösen Körner auch noch während des Mischens des Betons Feuchtigkeit aufnehmen. Einen Richtwert für das **„Saugwasser"** erhält man, wenn man eine Probe der Leichtbetonkörnung 60 Minuten lang unter Wasser lagert. Allerdings nehmen die Körner mitunter **mehr Wasser** auf, wenn sie **nur berieselt** werden, weil dabei in Gegensatz zu einer Lagerung unter Wasser keine Luft mit eingeschlossen wird.

Leichte Gesteinskörnungen haben, vor allem wenn sie **im Freien gelagert** werden, oft sehr **unterschiedliche Feuchtigkeitsgehalte.** Bei den Körnungen über 4 mm wird die Trockenschüttdichte nur wenig von der Feuchtigkeit beeinflusst. Daher werden diese Körnungen besser nicht nach Masse, sondern nach **Volumenanteilen** zugemessen werden.

Beim Mischen wird die **Wasserzugabe** so bemessen, dass stets die **gleiche Konsistenz** erreicht wird. Wegen der sehr unterschiedlichen Dichte von Zementleim und Körnung muss der Mischvorgang genau beobachtet werden und soll **mindestens 90 Sekunden** lang dauern. In den meisten Fällen sind **Zwangsmischer** nötig.

Auch **nach dem Mischen** wird noch **Wasser aufgesaugt**, zwar in geringeren Mengen, aber doch ausreichend für ein **rascheres Ansteifen**. Weil gleichzeitig mit der Wasseraufnahme **Luft aus den Poren** in Form kleiner Bläschen ausgepresst wird, Bläschen, die den Verbund zur Matrix beeinträchtigen können, muss Leichtbeton **vor dem Einbau noch einmal gut durchgemischt** werden. Man kann nun einfach die porösen Körnungen vor dem Mischen mit Wasser sättigen, um all diese Probleme in den Griff zu bekommen – wenn man sich dadurch nicht neue schaffen würde. Die Feuchtigkeit trocknet im erhärteten Zustand nur sehr langsam im Laufe von Jahren heraus, so dass Beton mit Wasser gesättigten Leichtkörnungen deutlich schwerer ist und auch eine höhere Wärmeleitfähigkeit hat.

Mitunter wird auch vorgeschlagen, das Aufsaugen von Wasser durch die trockenen oder nur wenig feuchten Körnungen dadurch einzuschränken oder zu verhindern, dass man die **Körner hydrophobiert** oder auch, dass man sie **mit Zementleim umhüllt** und auf diese Weise mit einer dichten Schale umgibt. Das **Pumpen** von Leichtbeton kann Schwierigkeiten machen, weil das Wasser in die luftgefüllten Poren im Inneren der Körner gepresst wird, so dass der Beton ansteift und regelrecht kompressibel wird. Wenn keine Erfahrungen vorliegen, sind **Pumpversuche** mit einer Konsistenz F 5 oder F 6 angeraten, [Schönbichter 06]. Dies gilt vor allem, wenn man wegen der erwähnten Nachteile auf eine starke Wassersättigung der porösen Körner vor dem Mischen verzichtet.

Beim Einbau kann es wegen der porösen Gesteinskörner leichter zu Entmischungen kommen. Ein **Aufschwimmen der leichten Körner** kann durch Vermeiden einer zu weichen Konsistenz oder auch durch zäheren Mörtel, z. B. durch hohen Mehlkorngehalt, Luftporenbildner oder Stabilisierer, vermieden werden.

Beim **Rütteln** zeigt sich ein deutlich verminderter Wirkungsradius, so dass man die Tauchrüttler in sehr engen Abständen einsetzen muss. Wichtig ist, dass dabei die leichte grobe Körnung nicht aufschwimmt.

Leichtbeton kann auch **selbstverdichtend** hergestellt werden, wenn entsprechende Erfahrungen vorliegen. Dabei muss durch einen entsprechend zähen Feinmörtel das Aufschwimmen des leichten Grobkorns vermieden werden.

Zur **Nachbehandlung** ist ein Schutz vor schnellem Austrocknen nötig, um eine Netzrissbildung in einer trockenen Randzone über einem feuchten Kern zu vermeiden. Die **Hydratationswärme** des Zements führt bei Leichtbeton zu einer stärkeren Erwärmung, weil Wärmekapazität und Wärmeleitfähigkeit niedriger als bei Normalbeton sind. Daher kann ein Ersatz eines Teils des Zements durch **Flugasche** und ein **Kühlen der Betonoberflächen**, sobald diese begehbar sind, auf die Dauer von einem Tag sowie hernach ein Auflegen von Wärmedämmmatten vorteilhaft sein.

6.5 Beton mit recyclierten Gesteinskörnungen oder Restbeton

Für die Verwendung der nach DIN 4226-100 aufbereiteten Körnungen (vgl. Abschn. 2.4.8) **Typ 1 (Betonsplitt)** und **Typ 2 (Bauwerksplitt)** wurde eine Richtlinie für Beton mit recyclierten Gesteinskörnungen [DAStb 10/09] eingeführt. Sie zeigt in ihrem

Teil 1 einen Weg auf, nach dem recyclierte Körnungen generell für Bauteile, die nach DIN 1045-1 bemessen wurden, eingesetzt werden können. Auf diese Weise muss nicht schon vor der Bemessung entschieden werden, ob recyclierte Körnungen mit zum Einsatz kommen sollen. Stets muss neben Betonsplitt oder Bauwerksplitt ein größerer Anteil von **ungebrauchten Körnungen** verwendet werden. Ein zu hoher Anteil recyclierter Körnungen könnte zu so **niedrigem E-Modul** des damit hergestellten Betons führen, dass dies in der Bemessung berücksichtigt werden müsste. Dieser Fall einer „angepassten" Bemessung soll in einem Teil 2 der Richtlinie behandelt werden.

Für Gesteinskörnungen, die aus **ungebrauchtem Restbeton** durch Auswaschung wiedergewonnen werden (vgl. Abschn. 2.3.11), lässt DIN FB 100 einen Anteil der wiedergewonnenen Gesteinskörnung von **bis zu 5 %** der gesamten Gesteinskörnungen zu, höhere Anteile nur nach einer Trennung in Grob- und Feinkorn.

Unsere Erfahrungen mit Abbruchmassen und daraus gewonnenen recyclierten Körnungen sind noch nicht allzu groß und das ist auch an den vorsichtigen Angaben der Richtlinie für Beton mit recyclierten Gesteinskörnungen zu erkennen. **Betonsplitt** und **Bauwerksplitt** darf nur für Beton einer Festigkeitsklasse von **höchstens C 30/37** verwendet werden, wobei die Anteile höchstens **45 % (Typ 1)** bzw. **35 % (Typ 2)** betragen dürfen, wenn eine Expositionsklasse XO oder XC 1 bis XC 4 vorliegt. Bei Frost ohne Taumittel (XF 1 und XF 3) sowie hohem Wassereindringwiderstand sowie XA 1 lässt man nur 35 % bzw. 25 % recyclierten Splitt zu. Für alle anderen Expositionsklassen und höheren Festigkeiten ebenso wie **für Spannbeton und Leichtbeton** sollen **keine recyclierten Körnungen** verwendet werden. Nicht betroffen von diesen Regelungen sind alle Anwendungen außerhalb von DIN 1045-1 wie etwa für Straßenbeton.

Der Grund für diese engen Begrenzungen liegt darin, dass Betonsplitt wegen der an den Gesteinskörnern anhaftenden **Reste von Altbeton**, der naturgemäß etwas poröser ist, selbst insgesamt eine **größere Porosität** aufweist, also **niedrigere Rohdichte** und mit Leichtbeton fast vergleichbare **hohe Wasseraufnahme** hat. Das führt nicht nur zu etwas **niedrigerem E-Modul**, sondern auch zu etwas **stärkerem Schwinden und Kriechen**, [Grübl 02].

Besondere Vorsicht ist geboten, wenn Splitt oder Brechsand aus Altbeton, der durch **Alkalireaktion** gefährdet oder bereits geschädigt wurde, gewonnen wird [Aue 01]. Ähnliches gilt für Altbeton, der in Randzonen **Chloride** aufnehmen konnte. An daraus gewonnenen Splitten wurden etwas niedrigere Chloridgehalte festgestellt, wenn sie nass gesiebt wurden oder länger im Freien lagern konnten, [Friedl 04]. Werden bei der Aufbereitung **gipshaltige Bauteile** nicht sorgfältig ausgeschieden, können erhöhte Sulfatgehalte die Frischbetoneigenschaften und/oder die Dauerhaftigkeit beeinträchtigen. Dies kann bei Verwendung von Betonbrechsand leicht vorkommen, [Lay 06].

Beim **Mischungsentwurf** muss stets darauf geachtet werden, dass Betonsplitt meist um **0,2 bis 0,8 kg/dm³ leichter als Gesteinssplitt** ist und unsere Sieblinien sich auf Volumenanteile beziehen. Man muss daher den **Masseanteil** an recyclierten Körnungen entsprechend **vermindern**. Wichtig ist aber auch, dass durch **starkes Wasseraufsaugen** der Beton sehr **rasch ansteifen** kann. Das aufgesaugte **Kernwasser** darf bei der Berechnung des *w/z*-Wertes nicht mitgerechnet werden, es kommt nur auf das „wirksame" Wasser des Zementleims an, wie dies auch bei Leichtbeton der Fall ist. Der Anteil an Kernwasser vom gesamten Wassergehalt kann nach DIN EN 1097-6 bestimmt werden, was verhältnismäßig aufwändig ist. Ein einfacheres Verfahren nutzt den Umstand, dass das an der Oberfläche haftende Wasser beim Trocken schnell, das Kernwasser jedoch nur sehr langsam verdunstet, vgl. Abb. 7.2-2 [Aycil 15].

In der Praxis werden Betonsplitte und -sande **nie ganz trocken** und auch **kaum wassergesättigt** verwendet. Der „mittlere" Wassergehalt hat beim Schwinden durchaus Vorteile. Er soll aber **möglichst einheitlich** sein, um einen Beton herstellen zu können, der beim Einbau auch die gewünschte Konsistenz aufweist. Dazu muss er beim Mischen etwas weicher eingestellt werden. Man kann den Beton in der Mischanlage mit einem aus der Erstprüfung unter Berücksichtigung der Oberflächenfeuchte der Körner abgeleiteten konstanten Wassergehalt herstellen oder aber man gibt so viel Wasser zu, dass eine bestimmte, aus der Leistungsaufnahme des Mischers abzuleitende Konsistenz gleichbleibend erreicht wird. In beiden Fällen kann an der Einbaustelle auch eine **Korrektur der Konsistenz** durch Zugabe eines Fließmittels nötig sein. Wichtig ist dazu eine Dosieranweisung, damit man weiß, wie viel Fließmittel eingemischt werden muss, damit sich das Ausbreitmaß um 5, 10 oder gar 20 cm größer einstellt. Arbeitet man beim Mischen mit konstanter Konsistenz, dann kann die Zugabe des Fließmittels vor dem Einbau meist klein bleiben, weil Betonsplitte das Wasser verhältnismäßig schnell aufsaugen und dadurch schon beim Mischen ein entsprechendes Vorhaltemaß für die Konsistenz eingestellt werden kann.

Die **Festbetoneigenschaften** weichen, wenn Betonsplitt und Natursand verwendet werden, **nur wenig** von jenen von Beton mit ungebrauchten Gesteinskörnungen ab. Dies gilt für Druckfestigkeit, Carbonatisierung, Wassereindringwiderstand und Frostwiderstand. Dagegen können **E-Modul und Zugfestigkeit etwas niedriger**, **Kriechen und Schwinden** aber doch um einiges **größer** sein.

Wird **Betonbrechsand** in größeren Anteilen mitverwendet, dann sind die Unterschiede meist erheblich größer. Deshalb und wegen des sehr großen Anteils an Mehlkorn ist dies in der Richtlinie **nicht vorgesehen** und auch **nicht ratsam.** Es fehlt aber nicht an Überlegungen, Betonbrechsande **anderweitig zu verwenden** und ihren hohen Mehlkorngehalt zu nutzen. Man hat sogar schon festgestellt, dass in dem zu Staub gewordenen Zementstein mitunter noch ein deutliches hydraulisches Erhärtungsvermögen schlummert.

Weit verbreitet ist die **Wiederverwendung von altem Straßenbeton**. Um große Materialtransporte zu vermeiden, werden dazu in der Regel bei Erneuerungs-Deckenlosen **mobile Aufbereitungsanlagen** eingerichtet. Dabei wird mit Betonsplitt ein Beton mit hohem Frost-Tausalzwiderstand hergestellt. Dennoch setzt man in den meisten Fällen die Betonsplitte nur im Unterbeton ein und verwendet für die hochbeanspruchte obere Betonschicht ungebrauchte Gesteinskörnungen. Nachdem heute Betondecken dicker gemacht werden als früher, in vielen Fällen auch breiter, reicht der aus der alten Decke gewonnene Splitt ohnehin oft nicht einmal für den gesamten Unterbeton. Den Betonbrechsand nutzt man vielfach, um die Kornzusammensetzung der unter der Decke einzubauenden hydraulisch gebundenen Tragschicht zu verbessern.

6.6 Sandreicher Beton und Sandbeton

6.6.1 Entwicklung

In weiten Gebieten Europas ist **Sand reichlich vorhanden**, während grobe Gesteinskörnungen über große Entfernungen angeliefert werden müssen und daher teuer sind. Dies gilt vor allem für die ebenen Landschaften im Norden Mitteleuropas bis weit nach Russland, wo vor allem die durch **Wasser** oder **Wind verfrachteten Küstensande gleichkörnig** sind, d.h. eine steile Sieblinie aufweisen. Aber auch im Geschiebe von Flüssen ist der Sandanteil mit zunehmender Entfernung vom Gebirge immer größer, Abschn. 2.4.2.

Bisher hat man stets gefordert, möglichst grobkörnige, also im günstigen Sieblinienbereich AB liegende Körnungen mit möglichst großem Größtkorn zu verwenden. Das wurde vor allem mit dem höheren Wasseranspruch von feinkörnigen Kornzusammensetzungen und damit notwendigen höheren Zementgehalten und größerem Schwinden begründet. Versuche, diese Nachteile in den Griff zu bekommen, hat es schon zur Zeit der Berliner Blockade gegeben, als man wegen des dort bestehenden Mangels an groben Gesteinskörnungen für diesen Raum feinkörnige Sieblinien zuließ, [Kordina 86]. Auch in Russland wird Beton mit Sand als einziger Gesteinskörnung hergestellt. Wenn nur feinkörnige Sande zur Verfügung stehen, sind hohe Zementgehalte von rd. 500 kg/m^3 nötig. Sandbeton hat sich dort bei vielen Wohnbauten durchgesetzt, [Harcenko 06]. Auch wurden in Russland schon große Autobahnstrecken mit Sandbeton gebaut, [Sodeikat 02]. Dabei erreichte man mit Zementgehalten von 390 bis 420 kg/m^3 und Luftporengehalten von 3 bis 6 % Druckfestigkeiten von 30 N/mm^2. Dies war nur möglich mit einer **Aufbereitung der Sande**, bei der sie klassiert und neu zusammengesetzt wurden. **Fehlende Korngrößen** wurden durch Zugabe von Sanden **aus anderen Lagerstätten** ergänzt.

Mit der Entwicklung **leistungsfähiger Fließmittel** in den Neunzigerjahren konnte man sandreichen Beton mit nur wenig erhöhtem Wassergehalt herstellen. Das hat man in den kiesarmen Regionen Norddeutschlands zunächst nur für Innenbauteile genutzt, wo man einen Anteil von 20 % Kies 8/32 mitverwendete, [Sievers 97]. Die Praxis hat solchen Beton nur angenommen, wenn er in **sehr weicher oder fließfähiger Konsistenz** angeboten wurde und es zeigte sich, dass er in dieser Konsistenz auch wirtschaftlich durchaus wettbewerbsfähig war.

6.6.2 Technologie

Sandbeton hat eine Kornzusammensetzung, die über der Sieblinie C 32, ja sogar über C 8, liegt, beides Sieblinien, die in DIN FB 100 nur informativ, also nicht normativ, angegeben sind, Abb. 6.6-1.

Vorrangiges Ziel bei der Entwicklung von sandreichem Beton und Sandbeton muss die **Vermeidung allzu großer Lufteinschlüsse** sein. Ohne besondere Maßnahmen können bis über 10 % grobe Luftporen entstehen. Solche Betone haben kaum Druckfestigkeiten über 20 N/mm^2. Die Lufteinführung kann ihre Ursache zum Teil auch durch bestimmte Fließmittel haben. Auch zeigte sich, dass es beim Mischen in einem kleinen Labormischer viel schwerer ist, einen Luftgehalt von 4 % nicht zu überschreiten, als dies bei großtechnischem Mischen der Fall

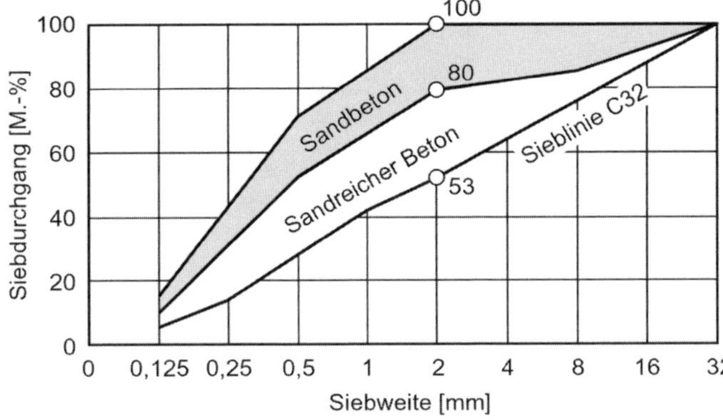

Abb. 6.6-1: Sieblinienbereiche für sandreichen Beton und Sandbeton [Sievers 97]

ist. Der Schlüssel zur Vermeidung hoher Luftgehalte liegt aber bei der **Kornzusammensetzung des Sandes**. Wenn die Kosten einer **Aufbereitung in Klassiertanks**, vgl. Abb. 2.4-2, vermieden werden sollen, bleibt oft nur eine Verbesserung durch gezieltes **Zusammenmischen** von unterschiedlichen, aber sich ergänzenden Sanden und/oder eine Erhöhung der Packungsdichte durch **mehlfeine Stoffe wie Flugasche** oder **Kalksteinmehl.** Durch eine Mitverwendung von etwa 20 % Grobsand oder Kies wird die Verarbeitbarkeit verbessert. Dann spricht man von **sandreichem Beton.**

6.6.3 Festbetoneigenschaften

Sandreicher Beton mit nur 20 % grober Gesteinskörnung kann heute von erfahrenen Betontechnologen mit geeigneten Fließmitteln durchaus in der **Festigkeitsklasse C 25/30** mit **nur 320 kg/m³ Zement und 80 kg/m³ Flugasche** hergestellt werden, vorausgesetzt, der vorgesehene Sand eignet sich dafür, [Spengler 06]. Dazu muss er natürlich auch sehr gleichmäßig sein. In seinen Festbetoneigenschaften ist sandreicher Beton vergleichbar mit einem Normalbeton mit einer Sieblinie AB, bei dem die Gesteinskörnungen überwiegend aus Sandstein bestehen. **E-Modul** und **Verbund** zu den Stahleinlagen sind erwartungsgemäß **etwas kleiner**, **Schwinden und Quellen etwas größer** als bei Normalbeton gleicher Festigkeit, [Springenschmid 98]. Größeres Schwinden muss aber nicht heißen, dass Schwindrisse eher zu erwarten sind. Dies hängt auch von der Steilheit des Feuchtegradienten, also vor allem von der Feuchteleitfähigkeit und auch vom Relaxationsvermögen des Betons während des Austrocknens ab, vgl. Abschn. 3.4.5.1. Die bisher gemessenen **Wassereindringtiefen** von sandreichem Beton waren mit jenen **üblicher** Betone mit 50 bis 60 % Grobkorn fast vergleichbar, was auch für die **Carbonatisierungstiefen** zutrifft.

Sandreicher Beton mit hohem **Frostwiderstand und Frost-Taumittelwiderstand** ist **möglich,** wenn die entsprechenden *w*/*z*-Werte nicht überschritten werden und Luftporenbeton mit einem auf den erhöhten Feinmörtelgehalt abgestimmten Luftgehalt hergestellt wird. Die **Reißneigung** gemessen im Reißrahmen liegt im Rahmen **üblicher** Betone, [Schießl 03].

In der Praxis verwendet man sandreichen Beton und auch Sandbeton überwiegend für **Fundamente** und **Innenbauteile** sowie **Außenbauteile bis XF 1.** Festigkeitsklassen C 30/37 und darüber sind schwierig herzustellen und kaum wirtschaftlich.

6.6.4 Selbstverdichtender sandreicher Beton

Bei entsprechend hohem Leimgehalt von 400 l/m³ und Einsatz von entsprechenden Fließmitteln lassen sich Betone herstellen, die **entmischungsfrei fließen**, fast vollständig **entlüften** und nahezu **selbstnivellierend** sind. Dabei ist zu beachten, dass einzelne Fließmittel erst nach einer Stunde voll wirksam werden. Mit üblichem Zementgehalt von 340 kg/m³ und 240 kg/m³ Flugasche wurden sogar 28-Tage-Druckfestigkeiten von 55 N/mm² erreicht. Daraus ist zu erkennen, dass die Weiterentwicklung von selbstverdichtendem Beton in Gebieten mit unzureichenden Vorkommen an grobem Korn besonders erfolgreich sein könnte, [Weiße 04].

6.7 Erdfeuchter Beton

6.7.1 Grundsätzliches

Erdfeuchter Beton muss durch Walzen, Rütteln oder Stampfen verdichtet werden. Es bleiben aber fast immer noch mehr als 2 % Verdichtungsporen im Gefüge zurück, ähnlich wie bei Bodenverfestigungen Abschn. 8.1.11.1. Weil zu wenig Feinmörtel vorhanden ist oder der Frischbeton zu steif ist, entsteht kein dichtes, sondern ein eher **haufwerksporiges Gefüge** mit punktartiger Verklebung der groben Gesteinskörner. Erdfeuchter Beton wird in der Regel mit nur **wenig Zement** hergestellt und erreicht nach dessen Erhärtung nur verhältnismäßig **niedrige Festigkeiten**. Im noch grünen Zustand ist er so **standfest**, dass er ausgeschalt werden kann. In Gegensatz zum üblichen dichten Beton, bei dem man die Dichte nicht nachprüfen muss, weil man ihn stets praktisch vollkommen verdichtet, muss man bei erdfeuchtem Beton eingebrachtem Beton, der fast immer Haufwerksporen enthält, die **Dichte nachprüfen.** Nicht den Porengehalt, das wäre zu aufwändig, sondern die Rohdichte, die genauso kennzeichnend für den Verdichtungsgrad ist. **Je größer die Rohdichte, desto höher die Festigkeit** [Springenschmid 63].

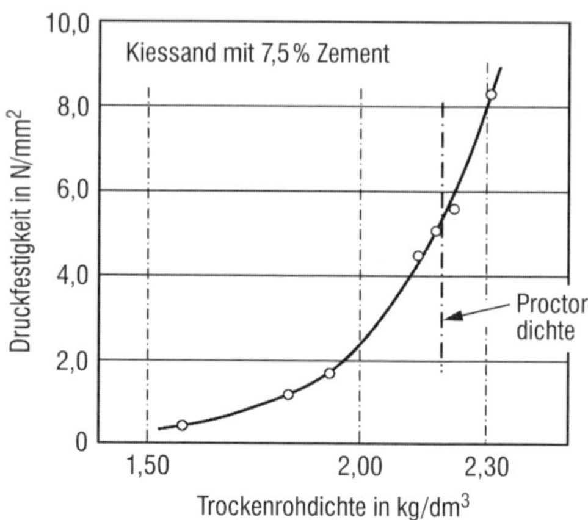

Abb. 6.7-1: Je stärker ein erdfeuchtes Kiessand-Zement-Gemisch verdichtet wird, desto höher ist seine Druckfestigkeit

Erdfeuchter Beton wird für **Wandbausteine** und viele andere **Betonwaren** verwendet. Auch als **Sauberkeitsschicht** direkt am Baugrund vor Aufbringen der Fundamente und für ähnliche Aufgaben wird Beton mit erdfeuchter Konsistenz eingebaut. Für alle Betone mit **haufwerksporigem** Gefüge, wozu auch der **Einkornbeton (Filterbeton)** gehört, gelten die Regeln des erdfeuchten Betons. Dazu gehört auch der **Walzbeton**, Abschn. 6.7.3.

6.7.2 Erdfeuchter Beton für Betonwaren

In den meisten Fällen werden Betonwaren wie Wandbausteine, Pflastersteine oder Dachplatten durch kräftige Rüttler verdichtet und unmittelbar danach ausgeschalt, Abb. 6.7-2. Dazu müssen sie **grünstandfest** sein. Maßgebend dafür sind **Adhäsionskräfte** zwischen Wasser und Feststoffpartikel, die in der Bodenmechanik bekannte **innere Reibung** des möglichst sperrigen Grobkorns und ein hoher Gehalt an feinen sich gegenseitig verzahnenden, also möglichst nicht rundlichen **Feinststoffen**, vgl. Abschn. 5.11.3. Durch **versteifende Zusatzmittel**, eine Optimierung der Betonzusammensetzung und sehr starke Verdichtung können heute wesentliche Verbesserungen und/oder Einsparungen erzielt werden, [Bornemann 05].

Für die meisten Betonwaren werden je nach geforderter Druckfestigkeit Zementgehalte von 250 bis 350 kg/m³ und *w/z*-Werte von 0,35 bis 0,45 verwendet, wobei Leimgehalt und Kornzusammensetzung der Gesteinskörnungen bisher meist nach Erfahrung bei der Fertigung so festgelegt wurden, dass Grünstandfestigkeit zufriedenstellend ist und die Anforderungen an das fertige Produkt – Druckfestigkeit, Aussehen und ggf. auch Frost-Tausalzwiderstand und Wasserundurchlässigkeit – erreicht werden.

Frost-Tausalzschäden an Pflastersteinen und Gehwegplatten waren lange Zeit ein ernstes Problem. Bei erdfeuchtem, oft sogar nur rieselfähigem Frischbeton kommen **Luftporenmittel nicht zur Wirkung**, weil beim Mischen für ein Schäumen zu wenig Wasser vorhanden ist, vgl. Abb. 4.4-6. Da erdfeuchter Beton aber stets einen in Vergleich zu normalem Beton erhöhten Gehalt an **feinen Verdichtungsporen** aufweist, können diese den Druck des gefrierenden Wassers aufnehmen, vor allem sobald die Hydratation von Zement und auch reaktiven Zusatzstoffen so weit fortgeschritten ist, dass durch das Grundschwinden eine starke **innere Austrocknung** stattgefunden hat, vgl. Abschn. 3.1. Die Frage, ob bei der Werksfertigung auch tatsächlich ein hinreichend feines Porensystem entstanden ist, lässt sich aber nicht so einfach wie bei Luftporenbeton beantworten. Daher müssen stets **Frost-Tausalzprüfungen** Gewissheit schaffen. Die früher dazu verwendeten Prüfverfahren waren unbefriedigend, weil die Ergebnisse schlecht reproduzierbar waren, bis schließlich von M. J. Setzer das **CDF-Verfahren** entwickelt wurde, vgl. Abschn. 4.4.8. Ohne Schäden an Pflastersteinen hätten wir wahrscheinlich heute noch keine so präzise Frost-Tausalzprüfung.

6.7.3 Walzbeton

Walzbeton oder **Roller Compacted Concrete (RCC)** wird mit erdfeuchter Konsistenz hergestellt. Beim Schütten zerfällt er in Brocken, die nur mattfeucht sind. Er wird nach den **Regeln des Erdbaues** in Schichten von 15 bis höchstens 30 cm Dicke eingebaut und mit kräftigen Rüttelwalzen verdichtet.

Abb. 6.7-2:
Um Betonsteine mit Bodenfertigern herzustellen und sofort ausschalen zu können, muss der Beton erdfeucht sein und stark verdichtet werden.

Walzbeton wird für den Bau von Gewichts-**Staumauern,** als **Uferschutz** und vereinzelt im **Straßenbau** als Tragschicht oder sogar als Tragdeckschicht verwendet, Abschn. 8.2.2.

Wirtschaftlich vorteilhaft ist Walzbeton, weil auch mit **Gesteinskörnungen** von **etwas geringerer Güte** gearbeitet werden kann und vor allem, weil beim Einbau wie im Erdbau **große Tagesleistungen** erreicht werden können. So konnte beim 140 m hohen Son La-Staudamm in Vietnam Walzbeton mit Stundenleistungen von 720 m^3 eingebaut werden.

Man unterscheidet heute je nach Anforderungen an die Gesteinskörnungen und den Gehalt an Bindemittel unterschiedliche Arten von Walzbeton, siehe [Springenschmid 87]. Die **Zusammensetzung** von Walzbeton muss stets so gewählt werden, dass er sich gut verdichten lässt, danach standfest ist und die Walzen beim Verdichten nicht **Wellen mit „Elefantenhaut"** vor sich herschieben, was vor allem bei höherem Gehalt an Bindemittel oder anderen Feinstanteilen auftreten kann. Dazu müssen die **Hohlräume** zwischen dem Grobkorn **gerade gut mit Mörtel gefüllt** werden. Ein Zuviel an Mörtel ist zu vermeiden. Ähnliches gilt auch für den Leimgehalt des Mörtels. Er muss die Hohlräume des verdichteten Sandes – etwa 30 bis 42 % – gerade ausfüllen. In der Regel ergeben sich **Gesamtwassergehalte zwischen 5 und 7 %.** Viel Erfahrung ist nötig, um mit Hilfe von Probemischungen im Labor und bei anschließenden Großversuchen die Zusammensetzung so zu optimieren, dass sich der Walzbeton gut einbauen lässt und die gewünschte Festigkeit erreicht.

6.8 Faserbeton und textilbewehrter Beton

6.8.1 Entwicklung des Faserbetons

Eine Stahlbewehrung, bestehend aus Stäben oder Matten, in der nötigen Genauigkeit zu verlegen, erfordert auch heute noch recht aufwändige Handarbeit, trotz aller Maßnahmen zur Rationalisierung. Immer wieder hat man nach anderen Möglichkeiten gesucht, um die vergleichsweise sehr niedrige Zugfestigkeit des Betons zu erhöhen. Den Zementstein zugfester zu machen oder dessen Verbund zu den Gesteinskörnern zu verbessern, brachten nur bescheidene Verbesserungen, keinesfalls aber einen Ersatz für den aufwändigen Einbau einer Stahlbewehrung.

In den Sechzigerjahren des vorigen Jahrhunderts hat man erste Überlegungen angestellt, **dünne Fasern aus Stahl** in den Frischbeton einzumischen und so eine konventionelle Stahlbewehrung zu ersetzen. Die Technologie war im Prinzip nicht allzu neu. Hatte doch schon der Industrielle Hatschek an der Wende zum 20. Jahrhundert Zementstein durch Zumischen von **Asbestfasern** so zu verstärken verstanden, dass man dünne biegesteife Platten herstellen konnte, die als Dachdeckung der Witterung ausgesetzt so dauerhaft waren, dass ihr Name Eternit gerechtfertigt war. Das schwierigste war dabei, die notwendigen etwa 10 % **Fasern gleichmäßig einzumischen**, bis man zu einer Technologie der Papierherstellung griff und die Fasern in eine dünnflüssige Zementschlämme gab und anschließend das Wasser über ein Vlies absaugte. Auch beim heutigen Faserbeton sind den Faserlängen und den Fasergehalten durch den Mischprozess Grenzen gesetzt.

In den letzten Jahrzehnten wurde vor allem die Technologie des **Stahlfaserbetons** weiter entwickelt und erweist sich als wertvolle Ergänzung zu den Betonbauweisen mit der bisher üblichen Bewehrung aus Stahlstäben. Die Fasern dienen aber nicht als Ersatz für eine Hauptzugbewehrung bei hohen Lastspannungen, sondern bevorzugt zur **Rissbreitenbegrenzung** bei großen **Zwangs- oder Eigenspannungen** und wenn etwa bei **schlagartiger Beanspruchung** ein Beton erforderlich ist, der nicht spröde versagen kann, sondern günstige **Nachrisszugfestigkeiten** und große **Duktilität** aufweist.

6.8.2 Arten von Fasern

Neben Stahlfasern werden heute Fasern aus alkaliresistentem **Glas** und Kunststoffen wie **Polypropylen (PP)** und mitunter auch aus **Polyacrylnitril** und **Aramid** (d. s. speziell strukturierte Polyamide) oder **Polyester** verwendet. Daneben kommen Fasern aus Kohlenstoff **(Carbon)**, ein besonders hochwertiger Werkstoff auch als Langfaser zum Einsatz, Tab. 6.8-1.

Stahlfasern werden aus Stahldraht glatt oder profiliert mit Endhaken oder auch gewellt hergestellt oder aus Stahlblöcken gefräst (Spanfasern). Auch aus Stahlblech können Fasern geschnitten werden, die anschließend Endhaken erhalten. Stahldrahtfasern haben im Vergleich zu Blechfasern eine höhere Zugfestigkeit. Spanfasern sind verhältnismäßig spröde, haben aber dank ihrer Gestalt eine günstigeres Verbundverhalten, Abschn. 6.8.3.

Glasfasern erreichen bei Durchmessern von 0,012 bis 0,020 mm eine im Vergleich zu massivem Fensterglas (E-Glas) unverhältnismäßig hohe **Zugfestigkeiten von 2 000 N/mm² bis 3 700 N/mm²** und einen E-Modul, der etwa doppelt so groß ist wie jener von Beton. Zur Verstärkung von Epoxyd- oder Polyesterharzen haben sie sich seit Jahrzehnten etwa bei Booten oder Flugzeugen bewährt. Mit Zement gemischt führen aber dessen Alkalien zu einer Oberflächenkorrosion des Glases, gegen die dünne Fasern besonders empfindlich sind. Seit es in England gelungen ist, ein Glas zu entwickeln, das dank eines hohen Gehaltes an Zirkon dem Angriff durch die Alkalien des Zements einen wesentlich höheren Widerstand entgegensetzt, werden Glasfasern auch in Beton verwendet. Dieses Glas wird **AR-Glas** für „**alkali resistant**" bezeichnet. Die sehr glatten Fasern werden mit einer **polymeren Schlichte** überzogenen.

Fasern aus AR-Glas werden heute nicht nur als **Kurzfasern** zum Beton gemischt, sondern auch als Bündel mit 100 oder 200 Fasern zu einem **Spinnfaden, sog. Filament** verbunden eingesetzt. Etwa 10 bis 40 Filamente können zu einem **Roving** mit einem Durchmesser von etwa 1 mm zusammengefasst werden. Spinnfäden und Rovings lassen sich zu **Vliesen, Matten und Geweben** verarbeiten, Abschn. 6.8.5.

Große Verbreitung haben **Fasern aus Kunststoffen**, vor allem aus **Polypropylen (PP)** gefunden, die auch verhältnismäßig wenig kosten. Wegen ihres niedrigen E-Moduls können sie nur in jungem Beton einen Beitrag zur Vermeidung von Rissen leisten, Abschn. 6.8.4. Mit ihnen kann man aber den Feuerwiderstnd von Beton erheblich vergrößern, Abschn. 5.11.13.

Kohlenstofffasern, sog. **Carbonfasern**, haben längst in Verbindung mit Reaktionsharzen außerhalb des Bauwesens, etwa für Fahrzeug- und Flugzeugteile oder für Sportgeräte eine weite Verbreitung gefunden. Ihre Zugfestigkeit liegt weit über jener selbst hochwertiger Stähle. Es gibt auch Fasern, deren E-Modul mehr als doppelt so groß wie jener von Stahl ist. Dem steht eine niedrige Bruchdehnung gegenüber. Der kg-Preis von Carbonfasern beträgt etwa das 16fache von Stahl, doch ist die Festigkeit bis zu 6mal höher, während die Dichte nur ein Viertel jener von Stahl beträgt [Curbach 17]. Carbonfasern haben sich auch als **Faserbündel** mit Styrolbutadien zu weichen oder mit Epoxydharzen zu harten **Garnen** verbunden als **Textil** geflochten zur Verstärkung von Bauteilen durchsetzen können, Abschn. 6.8.8.

6.8.3 Stahlfaserbeton

6.8.3.1 Grundsätzliches

In Beton eingebettete Stahlfasern können, dank ihres hohen E-Moduls, bei Verformungen entsprechend hohe Zugspannungen aufnehmen. Wenn schließlich der Beton reißt, übernehmen sie die bis dahin vom Beton aufgenommenen Zugkräfte. Dazu muss ein bestimmter Mindestgehalt an Fasern, der sog. **kritische Fasergehalt** vorhanden sein. Sind zu wenig oder zu stark verformbare Fasern vorhanden, dann können sie beim Durchreißen des Betons die frei werdenden Kräfte nicht übernehmen. Fasern aus Kunststoffen oder einem anderen Werkstoff mit einem E-Modul, der niedriger als jener von Beton ist, können nur während der Anfangserhärtung des Betons die noch niedrigen Zugkräfte aufnehmen.

Fasern können nur bis zu einem **Anteil von etwa 1 Vol. %** in eine Betonmischung eingebracht werden. Bei zu hoher Zugabe entstehen beim Mischen Agglomerate von Fasern, sog. **Igel**. Beim normalen Faserbeton liegen die Fasern in **allen möglichen Richtungen orientiert**, während im Stahlbeton die Bewehrung in Richtung der Zugspannungen eingelegt wird. Allein schon deshalb würde ein Balken aus Faserbeton dreimal mehr Stahl erfordern als für

Tabelle 6.8-1: Faserarten und ihre Eigenschaften [Holschemacher 17]

Faserart	Typischer Faser-durchmesser [µm]	Typische Faserlänge [mm]	Dichte [g/cm³]	Elastizitäts-modul [kN/mm²]	Zugfestigkeit [N/mm²]	Bruch-dehnung [%]
Stahldraht-fasern	100–1500	6,4–76	7,85	160–210	300–3000	1–10
Spanfasern	400	30	7,85	210	900	
Blechfasern	400–650	12–50	7,85	210	270–1200	10
Glasfasern (AR)	12–20	3–40	2,68–2,70	72–80	1500–3700	1,5–3,6
Polypropylen Mikrofasern	10–150	3–36	0,9	1,3-9,8	200–700	10–15
Polypropylen Makrofasern	5–19	4-24	1,18	15-20	200-1000	6–50
Polyacryl-nitritfasern	5–19	4–24	1,18	15–20	200–1000	6–50
Carbonfasern	7–18	6–12	–	280–500	600–5900	05–2,0
Aramidfasern	10–12	12–20	1,44	30–130	60–2930	1,8–4,4

die Hauptzugbewehrung notwendig ist. Dazu kommt noch, dass die Hälfte der Fasern nicht in der Zugzone zu liegen kommt, so dass aus der dreifachen Menge mehr als die sechsfache wird. Bei mehrachsigen Beanspruchungen wirkt sich dieser Umstand weniger nachteilig aus.

Die Fasern können nur Kräfte aufnehmen, die durch einen **Verbund mit der Matrix**, dem Zementstein, übertragen werden. Je niedriger die aufnehmbare Haftverbundspannung τ_m, desto größer müsste die Länge des Verbundes und damit auch jene der Faser sein. Denn, wie ein Betonstahl, trägt auch eine Faser nicht von ihrem Anfang an voll, sondern erst von dort an, wo die Verbundlänge erreicht ist. Nur Fasern, die mindestens die **kritische Faserlänge** gleich der doppelten Verbundlänge aufweisen, können eine Zugkraft entsprechend ihrer Zugfestigkeit aufnehmen und auch das nur in ihrem mittleren Bereich. Tritt ein Riss an einer anderen Stelle auf, versagt nicht die Zugfestigkeit der Faser, sondern ihr Verbund mit der Matrix. Dies hat zur Folge, dass die **Faser aus der Matrix herausgezogen** wird, ohne selbst zu reißen.

Während die aufnehmbare Verbundkraft ungefähr proportional dem Umfang, also auch zu ihrem Durchmesser ist, nimmt die größte aufnehmbare Zugkraft einer Faser proportional zu ihrem Querschnitt, also dem Quadrat des Durchmessers zu. Das heißt, dass die Zugfestigkeit einer Faser nur ausgenutzt werden kann, wenn sie **extrem dünn und/oder sehr lang** ist. Wenn man für eine Stahlfaser mit 0,60 mm Durchmesser die kritische Faserlänge berechnet, kommt man auf etwa 360 mm. Dagegen zeigt sich in der Praxis, dass schon Fasern mit **mehr als 60 mm Länge kaum mehr eingemischt** werden können. Würde man statt einer Faser mit 0,60 mm Durchmesser denselben Stahlanteil in Form von 36 Fasern mit nur 0,10 mm Durchmesser zugeben, wären diese zwar mit 60 mm genügend lang aber nicht einzumischen und obendrein kaum bezahlbar.

Aus diesen Überlegungen ergeben sich mehrere **Folgerungen**:

(1) Vorteilhaft für die Aufnahme von Zug- und Biegespannungen sind Fasern, die **möglichst dünn und möglichst lang** sind.

(2) Gut einmischbare Stahlfasern sind viel zu kurz. Daher kann man ihre **Zugfestigkeit** nicht voll ausnützen.

(3) Dem **Verbund zwischen Faser und Matrix** kommt besondere Bedeutung zu. Daher werden Stahlfasern vielfach **gewellt oder gekröpft**.

(4) Je nachdem wie der Beton in die Schalung gebracht wird, können die Fasern **nicht gleichmäßig verteilt oder/und nicht gleichmäßig ausgerichtet** sein. Dies ist viel schwerer zu überprüfen als die Lage der Betonstähle beim Stahlbeton.

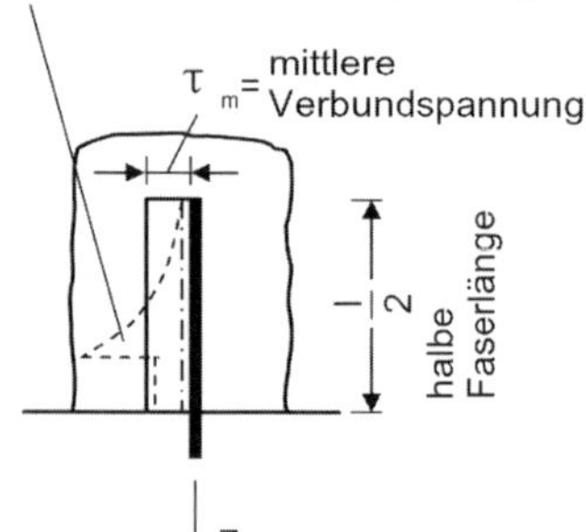

$$Z_{max} = \frac{\pi \cdot d^2}{4} \cdot f_{ft} \lesseqgtr \pi \cdot d \cdot \frac{l}{2} \tau_m$$

$$\boxed{l_{krit} = \frac{d}{2} \cdot \frac{f_{ft}}{\tau_m}}$$

Abb. 6.8-1: Die Zugfestigkeit der Faser f_{ft} wird nur ausgenutzt, wenn die Faser nicht aus dem Gefüge herausgezogen wird, d. h. Verbund und Faserlänger groß genug sind. [Wischers 74]

(5) In **Hochfestem Beton** ist auch die Verbundfestigkeit größer, so dass die **Fasern besser ausgenutzt** werden können.

(6) Stahlfasern können, in Gegensatz zu einer Bewehrung mit Stäben aus Betonstahl, nicht, wie im üblichen Stahlbeton, hohe Lastspannungen aufnehmen. Aber sie können, dank ihres Widerstandes gegen ein Herausziehen aus der Matrix, auftretende **Risse überbrücken**.

Anders sind die Verhältnisse beim **Asbestzement**, der lange Zeit als Paradebeispiel des Faserbetons gegolten hat. Die Asbestfasern haben von Natur aus mit etwa 0,000 1 mm einen extrem kleinen Durchmesser, wie er auch heute in einem technischen Prozess nicht herstellbar ist. Mit einer Länge von bis zu 40 mm und einem E-Modul von rd. 160 000 N/mm^2 kann die mit Betonstahl vergleichbare Zugfestigkeit von Asbestfasern weitgehend ausgenutzt werden. Die Folge ist, dass Asbestzement eine hervorragende Biege- und Zugfestigkeit hat, allerdings aber recht spröde bricht.

6.8.3.2 Prüfung und Verwendung von Stahlfaserbeton

Heute gibt es für Stahlfaserbeton ein **Merkblatt** mit den Besonderheiten für **Industriefußböden** [DBV 13] und für tragende Bauteile die **Richtlinie Stahlfaserbeton** (mit Erläuterungen) [DAfStb 12], welche die Angaben der DIN 1045 für Bemessung, Herstellung, Verarbeitung und Prüfung ändert und ergänzt, [Holschemacher, 17]. In Österreich gilt die Richtlinie Faserbeton [ÖBV 08].

Um die **Leistungsfähigkeit von Stahlfaserbeton** zu prüfen, werden **Biegezugversuche** mit verformungsgesteuerten Prüfmaschinen an Balken 700 × 150 × 150 mm^3 unter Drittelspunktbelastung durchgeführt, Abb. 6.8-2. Für die **Gebrauchstauglichkeit** (Verformungsbereich I) ist kennzeichnend, welche Lasten im Biegeversuch mit einer Stützweite von 600 mm bis zu einer verhältnismäßig geringen Durchbiegung von 0,95 mm, bei der nur eine geringe Rissöffnung auftritt, aufgenommen werden. Man geht davon aus, dass Beton ohne Stahlfasern nach Erreichen der Höchstlast bei einer Durchbiegung von 0,3 mm reißt und rechnet aus der Last, die bei einer Zunahme der Durchbiegung auf 0,95 mm gemessen wird, eine auf den gesamten Betonquerschnitt bezogene **Nachrissbiegezugfestigkeit**, Abb. 6.8-3.

Für den Nachweis der **Tragfähigkeit** (Verformungsbereich II) verlangt man, dass bei einer wesentlich höheren Durchbiegung noch kein Versagen auftritt, sondern noch eine Last aufgenommen werden kann. Hierzu wird aus der bei einer Zunahme der Durchbiegung auf 3,15 mm gemessenen Last die Nachrissbiegezugfestigkeit ermittelt. Dieses Arbeitsvermögen ist maßgebend für die **Güteklasse des Stahlfaserbetons**. Sie wird ausgedrückt durch die **Nachrissbiegezugfestigkeit in den Leistungsklassen I und II.** In Österreich führt man ähnliche verformungsgesteuerte Biegezugfestigkeitsprüfungen durch und teilt die Faserbetonklassen T nach der äquivalenten Biegezugfestigkeit bei einer Durchbiegung von l/600 und l/200 ein.

Durch Bewehren mit Stahlfasern können vor allem zwei unterschiedliche Ziele verfolgt werden:

(1) **Verhindern einer Makrorissbildung**:
Nach dem Auftreten eines Mikrorisses wird dessen weitergehende Öffnung durch Aktivierung der diesen kreuzenden Fasern vermieden, so dass sich bei weiterer Dehnung an anderer Stelle neue Mikrorisse bilden. Diese **rissverteilende Wirkung** ist vor allem bei aufgezwungenen Verformungen, also **Zwangspannungen**, nutzbar. Auch bei Stahlbeton können zusätzliche Stahlfasern einen erheblichen Beitrag zu einer feinen Rissverteilung mit kleinen Öffnungsweiten leisten oder u. U. sogar eine Schubbewehrung ersetzen. Vorteilhaft sind dazu möglichst viele dünne Fasern mit guten Verbundeigenschaften.

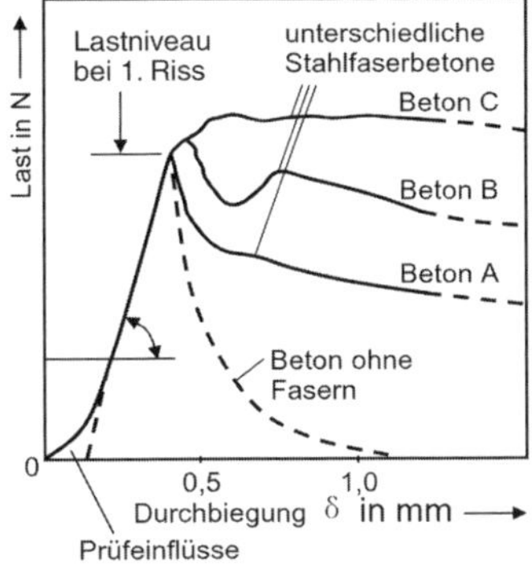

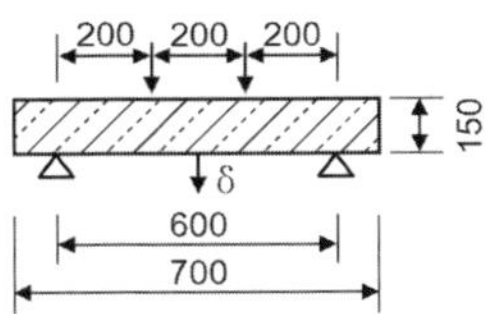

Abb. 6.8-2: Last-Verformungslinien von Stahlfaserbetonen bei einer verformungsgesteuerten Biegezugprüfung [Holschemacher 17]

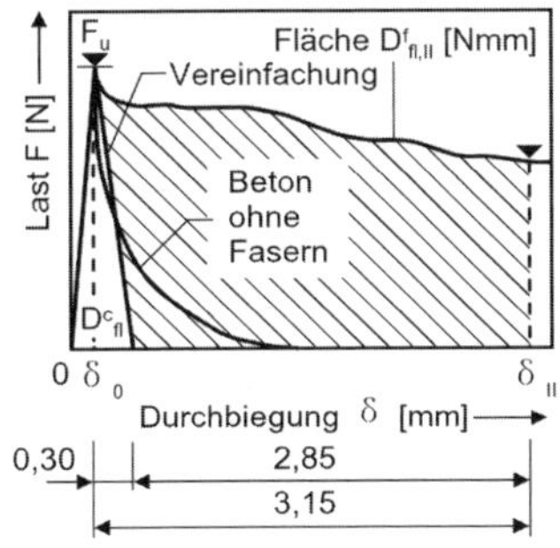

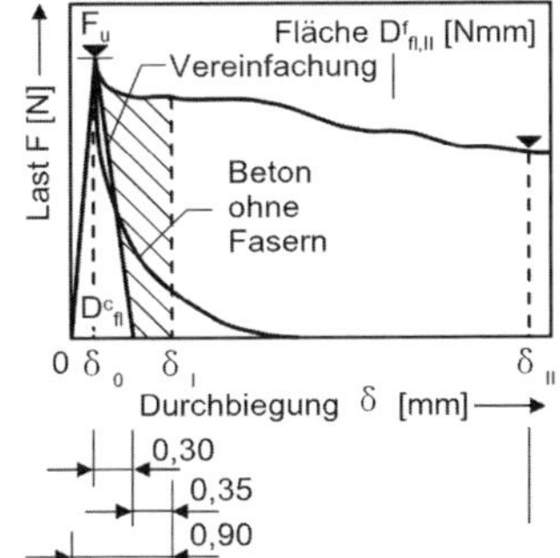

Abb. 6.8-3: Ermittlung der äquivalenten Biegezugfestigkeit für die Gebrauchslast (rechts) und für die Tragfähigkeit (links). Die schraffierte Fläche kennzeichnet das Arbeitsvermögen [Holschemacher 17]

(2) **Verbessern des Nachbruchverhaltens**
Durch den Faserzusatz ergibt sich an Stelle eines plötzlichen Versagens eine hohe **Duktilität,** also bei einer mit Zunahme der Dehnung ein nur allmähliches Abfallen der aufnehmbaren Zugspannungen, bis schließlich im Rissbereich alle Fasern aus dem Gefüge gezogen sind.

Während Zug- und Druckfestigkeit durch die Faserzugabe nur wenig verändert werden, tritt eine erheblich vergrößerte **Bruchdehnung** und **Bruchstauchung** auf. Faserbeton kann sogar eine etwas niedrigere Druckfestigkeit als Beton ohne Fasern mit gleicher Zusammensetzung aufweisen. Dies vor allem, wenn wegen der schlechteren Verdichtbarkeit mehr Verdichtungsporen im Gefüge bleiben. Größer werden dagegen bei Stahlfaserbeton:

Schubfestigkeit
Spaltzugfestigkeit
Stoßfestigkeit
Schlagzähigkeit
Abriebfestigkeit und
Einbruchsicherheit (Tresorbeton)

Wegen der kleineren Rissweiten ist mit einer im Vergleich zu Stahlbeton erhöhten Dichtigkeit zu rechnen.

Es gibt eine Reihe von Fällen, in denen bei der Wahl eines entsprechenden Stahlfaserbetons auf konstruktive Bewehrung verzichtet werden kann. Auch zeigen Prüfungen von weitgespannten vorgespannten Fertigteilbalken aus Faserbeton sogar ganz ohne schlaffe Bewehrung ein hervorragendes Verhalten [Falkner 05, Strobach 06]. Wegen der hohen **Schlagzähigkeit** verwendet man Stahlfaserbeton auch bei Bauteilen, die durch Explosionen, Beschuss, Schläge oder Stöße stark beansprucht werden.

Bei einem Vergleich mit Stahlbeton darf nicht übersehen werden, dass das **Gefüge des Faserbetons** viel stärker mit Stahl durchsetzt ist. Bei einem Beton mit 60 kg/m³ (d. s. 0,764 Vol.-%) Stahlfasern von 0,6 mm Durchmesser und 50 mm Länge sind in jedem 10-cm-Würfel durchschnittlich 546 Fasern mit einer Gesamtlänge von 27,3 m. Diese dichte Bewehrung macht den Faserbeton auch wesentlich **unempfindlicher** in Hinblick auf örtliche **Kantenpressungen**, wie sie beispielsweise bei Pressfugen zwischen Betonfertigteilen auftreten können.

Eine interessante Erscheinung zeigt sich, wenn kurze und lange Stahlfasern oder neben Stahlfasern auch dünne Polypropylenfasern verwendet werden. Man spricht dann von einem **Fasercocktail**. Die kurzen

Fasern verhindern das Öffnen von Mikrorissen, während die langen Fasern erst bei viel höheren Spannungen aktiviert werden und sich sehr hohe Biegezugfestigkeiten ergeben, [Walraven 06]. PP-Fasern führen, wenn sie gemeinsam mit Stahlfasern verwendet werden, offensichtlich zu einer frühen Mikrorissbildung, wodurch sich während der Belastungsphase die inelastischen Energieanteile besser verteilen. Die Folge ist, dass auch noch bei einer verhältnismäßig großen Stauchung höhere Druckspannungen aufgenommen werden können, [Kützing 02].

6.8.3.3 Herstellen und Verarbeiten von Stahlfaserbeton

Stahlfaserbetone haben in der Regel Fasergehalte von 15 bis 80 kg/m³, also 0,2 bis 1,0 Vol %. Die Wirksamkeit von Stahlfasern ist umso größer, je schlanker sie sind. Mit Zunahme der Schlankheit und des Fasergehaltes wird jedoch die **Verarbeitbarkeit erschwert**, weshalb man meist Schlankheiten von 45 bis 80 bevorzugt. Um gut verarbeitbar zu sein, soll der Beton einen auf etwa 45 bis 55 % erhöhten Anteil von Feinkorn unter 2 mm aufweisen, was bei 16 mm Größtkorn dem Sieblinienbereich B/C entspricht. Bei kleinerem Größtkorn bilden sich nicht so leicht Igel. Es werden meist mindestens 310 bis 340 kg/m³ Zement und ein *w/z*-Wert zwischen 0,50 und 0,55 verwendet. Durch die Fasern wird die Konsistenz erheblich steifer. In der Regel wird durch Fließmittelzugabe ein Ausbreitmaß von 48 bis 55 cm eingestellt, [Breitenbücher 02]. Die Mehrkosten von Faserbeton liegen im Bereich von 30 bis 50 €/m³ zuzüglich des Mehraufwandes für Vorversuche und eine verstärkte Überwachung.

Bei der Herstellung und Verarbeitung ist besonders darauf zu achten, dass

- alle Fasern beim Mischen gut **vereinzelt** werden
- sich **keine Faserkonglomerate**, sog. „**Igel**" bilden
- beim Fördern mit Pumpen **keine Verstopfer** auftreten und
- die Fasern nach dem Verdichten **gleichmäßig im Beton verteilt** sind. Nur wenn dies gewünscht wird, dürfen sie sich bevorzugt in eine Ebene oder eine Richtung orientieren.

Angeliefert werden Fasern in **Kartons, Säcken oder Big Bags**, und zwar lose oder mit **wasserlöslichem Kleber** parallel verklebt, was sich besonders bei den häufig verwendeten Drahtfasern mit aufgekröpften Endhaken bewährt hat. Die Fasern werden meist bei der Herstellung des Betons in den Mischer zudosiert. Im Fahrmischer ist eine Zugabe nur bei rein konstruktiver, nicht statischer Verwendung zulässig. Für Transport, und Zugabe und Vereinzelung wurden geeignete Maschinen entwickelt. Die **Vereinzelung** kann besonders bei längeren oder ungünstig geformten Fasern Schwierigkeiten machen. Im Labor können Fasern über ein Sieb zugegeben werden. Zwangsmischer sind vorteilhaft, verlängerte Mischzeiten zwingend, um eine gleichmäßige Faserverteilung zu sichern. Die **Streuungen der Nachrissbiegezugfestigkeiten** durch **inhomogene Faserverteilung**, wie sie bei Zugabe ohne Dosiervorrichtung auftreten, sind deutlich größer als Streuungen durch die Faserorientierung, [Hadl 16].

Faserbeton lässt sich in der Regel mit Betonpumpen mit Förderleitungen von mindestens **150 mm Durchmesser gut pumpen**. Ein Sieb, das auf den Aufgabetrichter gelegt wird, verhindert dass etwa vorhandene Igel die Leitung verstopfen. Wird durch nachträgliche Wasserzugabe die Konsistenz zu weich eingestellt, dann besteht die Gefahr, dass sich die Fasern beim Pumpen absondern und zu Verstopfern führen. Bei Kübelförderung kann ein Rüttler an der Auslauföffnung das Entleeren des wegen des höheren Leimgehaltes meist zähen Stahlfaserbetons erleichtern. Zwangsmischer sind vorteilhaft, verlängerte Mischzeiten sind zwingend, um eine gleichmäßige Faserverteilung zu sichern.

Beim **Verteilen des Betons** in der Schalung kann es zu einer **Faserorientierung in Fließrichtung** kommen. Daher muss auf die gleichmäßige Verteilung und auf die Orientierung der Fasern besonders geachtet werden. Die Nachrissbiegezugfestigkeit vermindert sich auch bei sorgfältigem Einbau auf **55 % bis 70 %**, [Empelmann, 09]. Verdichtet wird Faserbeton mit Innenrüttlern oder Oberflächenrüttlern. Ein Überrütteln kann zu einem Absacken der Fasern führen und muss vermieden werden.

Im erhärteten Beton lässt sich die Faserverteilung durch Schnitte mit Diamanttrennscheiben überprüfen. Stattdessen können Fasergehalt und Faserorientierung auch mit einem Prüfgerät durch elektromagnetische Induktion ermittelt werden, [Wiechmann 13].

Faserbeton wird heute vielfach als Beton nach Eigenschaften im Verantwortungsbereich des Betonherstellers angeboten, wobei die Erstprüfungen sowie eine Eigen- und Fremdüberwachung den Gütenachweis erbringen [DAfStb 12].

6.8.3.4 Korrosion von Stahlfasern

Eine Korrosion kann in carbonatisierten Randzonen nur auftreten, wenn hin und wieder Feuchtigkeit Zutritt hat. Die mitunter befürchteten **Absprengungen von Betonstücken** durch eine Korrosion der Stahlfasern **treten nicht auf**, offensichtlich weil in der Praxis sich bei den dünnen Stahlquerschnitten auch nur wenige Korrosionsprodukte bilden und dadurch nur geringe Sprengkräfte entstehen. Mit **Rostflecken** an Oberflächen, die nicht vor Feuchtigkeit geschützt werden, muss man rechnen. Bei Rissbreiten über 0,2 mm tritt u.U. eine deutliche Korrosion der Fasern auf. Werden Oberflächen starker Chlorideinwirkung ausgesetzt oder müssen Sichtflächen von Außenbauteilen frei von Rostflecken bleiben, dann verwendet man Stahlfasern, die mit **Polymeren imprägniert** wurden, oder macht eine **Vorsatzschale** aus unbewehrtem Beton. Bei Auslagerung in Meerwasser hat sich dies nach vorliegenden Berichten aber nicht als notwendig erwiesen. Bei starken Angriffen können auch verzinkte Stahlfasern oder solche aus rostfreiem Stahl verwendet werden.

6.8.3.5 Stahlfasern für besondere Betonarten

Beton mit **sehr hohen Fasergehalten** bis zu 10 % d. s. etwa 800 kg/m³ kann man herstellen, wenn man die Fasern zuerst in eine Schalung gibt und erst dann mit Zementmörtel mit 1 mm Größtkorn einfüllt, wie bei Verfahren mit den Bezeichnungen **SIFCON** (**S**lurry **in**filtrated **f**iber **c**oncrete) [Lemberg 96] oder **DUCON** (**Du**ctile **Con**crete) [Hauser 17]. Erreichbar sind Druckfestigkeiten bis weit über 100 N/mm², Zugfestigkeiten von 30 N/mm² und ein erheblich duktileres Verhalten dank enger Rissabstände und Bruchdehnungen bis zu 5 %.

Leichtbeton zeigt, vor allem wenn er hohe Festigkeit und niedrige Rohdichte aufweist, bei hoher Belastung ein sehr sprödes Verhalten. Durch Verwendung von z.B. 60 kg/m³ möglichst langer Fasern mit gekröpften Enden kann die Verformbarkeit erheblich verbessert werden. Es muss jedoch darauf geachtet werden, dass sich der Beton wegen der Fasern schlechter verdichten lässt und durch zu viele Verdichtungsporen die Festigkeit beeinträchtigt werden kann.

Auch in **Selbstverdichtendem Beton** sind Stahlfasern vorteilhaft zu verwenden. Eine sorgfältige Optimierung der rheologischen Eigenschaften führt zu Bindemittelgehalten bis in den Bereich von 450 bis 600 kg/m³. Die Fasern führen selbstverständlich dazu, dass der Frischbeton weniger gut fließt. Zu klären ist jeweils, bis zu welchem, von der Faserart abhängigen Fasergehalt der Beton die Fasern transportieren kann, ohne seine selbstverdichtenden Eigenschaften zu verlieren. Je nach Bauteil und Art der Einbringung des Betons stellen sich unterschiedliche Verteilungen und Orientierungen der Fasern ein, die nur durch Vorversuche ermittelt werden können.

Bei **Hochfestem Beton** ist gerade die Sprödigkeit, das plötzliche Versagen ist besonders ausgeprägt. Mit Stahlfasern oder anderen Kurzfasern mit hohem E-Modul, die den Zusammenhalt des Betons nach Auftreten der ersten Risse noch sichern und erst mit zunehmender Verformung, d.h. Rissöffnung, zu einer allmählichen Abnahme der Tragfähigkeit führen, ist ein Weg gefunden, um auch Hochfestem Beton eine **erhebliche Duktilität** zu verleihen. Der hohe Widerstand von mit Stahlfasern bewehrtem Hochfesten Beton gegen dynamische Einwirkungen zeigt sich auch bei Beschussversuchen, [Keuser 04]. Zu beachten ist, dass bei sehr hohen Festigkeiten auch der Verbund zu den Stahlfasern so groß wird, dass Fasern teilweise ihre Zugfestigkeit erreichen und reißen, also nicht mehr allmählich aus dem Feinmörtel herausgezogen werden. Zur Erzielung eines günstigen Nachrissverhaltens kann die Verwendung von Stahlfasern mit hoher Zugfestigkeit vorteilhaft sein.

Bei **Ultrahochfestem Faserbeton** ist die Verwendung von Stahlfasern in den meisten Fällen zwingend, damit er nicht spröde bricht, sondern ein duktiles Verhalten zeigt. Wegen des erheblich besseren Verbundes können kürzere Fasern eingesetzt werden, siehe Abschn. 6.3.3.

Stahlfaserspritzbeton kann im Trocken- und im Nassverfahren hergestellt werden, siehe Abschn. 9.9.1.

6.8.4 Kunststofffaserbeton

Polypropylen (PP) ist ähnlich wie das hin und wieder für Fasern verwendete **Polyacrylnitril** (PAN) sowie das weniger häufig eingesetzte **Polyamid** (PA) (Nylon) mit dem alkalischen Beton gut verträglich. PP hat eine mit Stahl vergleichbare Zugfestigkeit, aber einen E-Modul, der nur einen Bruchteil jenes von erhärtetem Beton ausmacht, so dass seine Fasern im Beton keine nennenswerten Kräfte aufnehmen können, Abb. 6.8-4.

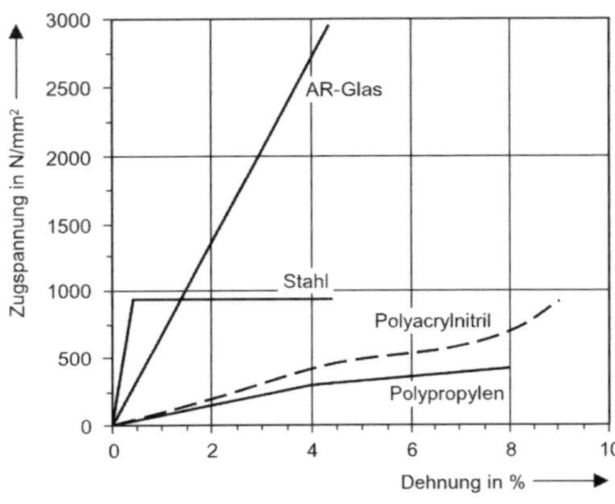

Abb. 6.8-4: Spannungs-Dehnungslinien von Faserwerkstoffen

Anders dagegen, wenn junger Beton unmittelbar nach seiner Verdichtung austrocknet, also plastisch schwindet, oder aus anderen Gründen frühzeitig zu Rissen neigt. Die Fasern, deren Längen und Durchmesser in der Größenordnung von Glasfasern liegen, durchdringen das Gefüge dicht und können im noch wenig festen Beton Risse vermeiden. Hierfür werden Fasergehalte von 0,1 bis 1,0 Vol.-%, d. s. etwa 1 bis 10 kg/m^3, verwendet. 2 kg PP-Fasern mit 0,02 mm Durchmesser haben eine Länge von 7 000 km und eine Oberfläche von etwa 440 m^2. Den **Frischbeton** machen sie daher **zäher,** also schwerer verarbeitbar. Sie verleihen ihm eine **höhere Grünstandfestigkeit**. Beim Spritzbeton können sie mithelfen, den Rückprall zu vermindern.

Große Vorteile bringen PP-Fasern wenn Beton einen hohen **Feuerwiderstand** aufweisen muss, siehe Abschn. 5.11.13. Eine gewisse Verbesserung von Zähigkeit und Nachrissverhalten von erhärtetem Beton wurde bei Druck-, Zug- und Stoßbeanspruchungen bei deutlich höheren Fasergehalten von bis zu 30 kg/m^3 festgestellt.

Zur **Herstellung** von Beton mit PP-Fasern ist ein größerer Leimgehalt und mehr Mehlkorn und Feinsand nötig. Auch der Wasseranspruch wird durch die Fasern erheblich vergrößert, so dass nur mit einem sehr leistungsfähigen Fließmittel ein Bluten verhindert werden kann, [Pichler 04]. Art der **Faserzugabe, Vereinzelung, Mischbarkeit** und **Verarbeitbarkeit** müssen in Vorversuchen geklärt werden. Dabei ist darauf zu achten, dass die Mischwirkung in Labormischern oft ganz anders ist als in Mischern des Betonwerkes. In der Regel sind neben **Fließmittel** oft auch **Stabilisierer** und **Luftporenbildner** erforderlich, [Rath 04]. Bewährt haben sich spezielle für Faserbeton optimierte Zusatzmittel. Das Ausbreitmaß lässt einen guten Schluss auf das Zusammenhaltevermögen zu, nicht aber auf die Verarbeitbarkeit, bei der andere Gesetzmäßigkeiten als bei faserfreiem Beton gelten. Die Fasern adsorbieren Rüttelenergie. Deshalb wird meist eine **fließfähige Konsistenz** angestrebt, so dass nur mehr wenig mit einem Schalungsrüttler gerüttelt werden muss. Beton mit PP-Fasern, der nur wenig zum Bluten neigt, kann gut, auch über längere Strecken, gepumpt werden. Die Praxis hat gezeigt, dass ein sorgfältiges Reinigen der Pumpen ebenso wie ein Schutz aller Anlagen vor dem Eindringen der extrem feinen Fasern nötig sind, [Haberland 05].

Auch bei sorgfältigem Mischen und Einbringen muss mit Streuungen im Fasergehalt gerechnet werden. An Proben des Frischbetons kann der **Fasergehalt durch Aufschwimmen der Fasern**, die leichter als Wasser sind, ermittelt werden, wobei die Fasern, bevor sie gewogen werden, getrocknet werden müssen. Das Prüfverfahren ist in einer Richtlinie über erhöhten Brandschutz [ÖBV 15] beschrieben, wie auch ein Verfahren für die Bestimmung des Fasergehaltes in erhärtetem Beton, [Orgass 15]. Wenn Betonproben grob geschliffen und mit einem dunklen Farbstoff eingefärbt werden, kann man die hellen Fasern gut erkennen, [Glatzl 04].

6.8.5 Glasfaserbeton

Die sehr dünnen, 6 bis 24 mm langen Fasern aus AR-Glas durchdringen, wenn sie hinreichend dispergiert werden, bei üblichen Zugaben von 1 bis 4 Vol.-% die Matrix des Feinmörtels sehr dicht, vgl. Abschn. 6.8.2. Kein Wunder, wenn man bedenkt, dass 1 Vol.-% Glasfasern etwa 27 kg Fasern je Kubikmeter mit einer Länge von mindestens 32 000 km entsprechen. Das sind etwa 1 600 Fasern je Kubikzentimeter Beton.

Wegen ihres niedrigen E-Moduls, etwa ein Drittel von jenem von Stahl, kann man nicht erwarten, dass Glasfasern, so wie Stahlfasern, nach der Entstehung der ersten Risse große Lastspannungen aufnehmen können. Durch die kurzen Glasfasern wird aber ein homogenes Gefüge mit verbesserter **Duktilität** erreicht. Glasfaserbeton mit hinreichend hohem, überkritischem Fasergehalt hat eine **verbesserte Zug- und Biegetragfähigkeit** sowie **höhere Bruchdehnung und Schlagzähigkeit**, ist aber erheblich teurer als Stahlbeton, [Meyer 02]. Eingeschränkt wird die Verwendbarkeit durch die **Kerbempfindlichkeit** der Glasfasern, so dass man sie nur in Verbindung mit Feinbeton, d. h. 1 bis 2 mm Größtkorn verwenden kann.

Hauptanwendungsgebiete für solchen Glasfaserbeton sind dünne **plattenartige** ebene oder gewölbte **Fertigteile** wie Fassadenplatten, Kellerschächte oder integrierte Schalungen. Mit einer Bewehrung von etwa 1 Vol. % Kurzfasern lassen sich beispielsweise dauerhafte Fassadenplatten herstellen, die mit einer Dicke von nur 13 mm Abmessungen bis 3,6 m Länge haben können und auch eine hohe Schlagfestigkeit aufweisen, [Rieder 12, Paschmann, 06].

Im Spritzverfahren aufgetragen sind etwas höhere Fasergehalte möglich, wobei sich die Fasern oberflächenparallel ausrichten. Werden zur Aufnahme großer Kräfte Faserbündel (Rovings) verwendet, dann spricht man von textilbewehrtem Beton, vgl. Abschn. 6.8.7.

Untersuchungen über das **Langzeitverhalten** haben ergeben, dass Beton mit AR-Glasfasern vor allem bei Feuchteeinwirkung im Laufe der Zeit an Festigkeit verlieren kann und versprödet. Die Ursache dafür liegt in einer teilweisen Auflösung der polymeren Schutzschicht (Schlichte) und in einem kristallinen Aufwachsen von Hydratationsprodukten auf den Faseroberflächen, [Schorn 04]. Dem begegnet man durch Fasern mit erhöhtem Korrosionswiderstand, einer widerstandsfähigeren Schlichte und einer Zementsteinmatrix, bei der durch puzzolanische oder latent hydraulische Zusatzstoffe der Gehalt an Calciumhydroxid vermindert wurde. In carbonatisierten Randbreichen ist wegen des Fehlens von Calciumhydroxid der Korrosionswiderstand größer.

6.8.6 Glasfaserstäbe

Die hohe Festigkeit sehr dünner Glasfasern ist eine Herausforderung, daraus nicht nur kurze Stücke zu schneiden und dem Beton zuzumischen, sondern die Fäden, sog. Filamente z. B. 204 an der Zahl, zu einem **Spinnfaden** zusammenzufassen und eine große Anzahl davon zu **Rovings** zu bündeln und in Zementmörtel oder Reaktionsharz einzubetten. Der Vorteil gegenüber einem gleich dicken Stab aus Glas liegt auf der Hand: Im Glasstab wirkt schon die kleinste Fehlstelle als Kerbe und kann zum Bruch führen, während beim Roving nur eines von einer Vielzahl von Monofilamenten versagt.

Bewehrungsstäbe aus mit Epoxydharz umhüllten Glasfasern, also GFK, haben einen niedrigeren E-Modul als Betonstahl, aber eine mehr als doppelt so große Zugfestigkeit. Sie werden verwendet, wo **Korrosion von Stahl** befürchtet wird, wo die Bewehrung **elektrisch nicht leitend** sein soll oder **Beton wieder abgebrochen** werden muss und die Bewehrung leicht zerspanbar sein soll.

6.8.7 Textilbewehrter Beton

Rovings können zu **Filamentgarnen** verarbeitet werden und lassen sich wie Textilien in einer Ebene zusammenfassen. Man spricht von **„Gelegen“**, **„Geflechten“** oder **„Geweben“**. Verwendet werden dafür neben Carbonfasern auch andere Hochleistungsfasern, wie AR-Glasfasern oder Basaltfasern, um spezielle Anforderungen zu erfüllen oder kostengünstiger zu sein. Auch unterschiedliche Fasern können zu einem Bewehrungsnetz kombiniert werden. Wenn Kräfte in verschiedenen Richtungen aufgenommen werden sollen, können Filamentgarne in den entsprechenden Richtungen bemessen werden.

Bei textilen **Bewehrungsmatten** werden die Garne weich mit Styrolbutadien oder ähnlichen **Klebern** oder hart mit Epoxydharz **gekoppelt.** Mit Epoxydharz verklebte Matten erreichen höhere Festigkeiten und bessere Verbundeigenschaften und werden zweckmäßig für Beton höherer Festigkeit eingesetzt. Weiche Textilien bevorzugt man für Verstärkungen. Sie können auch leicht um Ecken gebogen und den Formen bestehender Bauteile angepasst werden.

Garne mit tausend oder mehr Filamenten mit Durchmessern von 0,01 bis 0,03 mm haben bei einer Querschnittsfläche von insgesamt 1 mm^2 wegen ihrer geometrischen Anordnung einen sehr großen Umfang von etwa 15 mm, wodurch ein guter Verbund entstehen kann. Ein Betonstahl von 10 mm Durchmesser entspricht in seinem Querschnitt nahezu 100 solchen Filamentgarnen. Daraus ist zu folgern, dass eine vergleichbare **Textilbewehrung** ein **größeres Volumen** als eine Stahlbewehrung einnimmt, sich aber wegen ihrer viel **größeren Oberfläche besser zur Rissverteilung** eignet. Allerdings erreicht der Verbund mit dem feinkörnigen Beton nur die äußeren Fasern eines Garns, so dass die innen liegenden Filamente auch weniger zur Tragfähigkeit beisteuern.

Nachdem die im Stahlbetonbau zum Korrosionsschutz notwendige Deckung der Bewehrung entfällt, lassen sich aus textilbewehrtem **Beton sehr dünne und leichte Bauteile** herstellen. Bei der praktischen Verwendung geht es dabei vor allem um die werksmäßige Fertigung von leichten Bauteilen, wie Fassadenelementen oder Schalen.

6.8.8 Carbonbeton

Carbonbeton ist ein mit **Carbontextil** und/oder **Carbonfaserstäben** und/oder **Carbonvorspannelementen** bewehrter. meist hochfester oder ultrahochfester Beton. Dank ihrer sehr hohen Zugfestigkeit werden Carbonfasern hauptsächlich zur Abtragung von Zugspannungen genutzt. Carbongarne sind aber sehr empfindlich hinsichtlich Querdruck, was sich bei Lasteinleitungen über Formschluss oder Klemmen bemerkbar macht. Bei hohen Bewehrungsgraden wird auch die Längsdruckfestigkeit beeinträchtigt.

Mit Carbonbeton wurde dank der Entwicklungsarbeit vor allem an der TU Dresden (M. Curbach) und der RWTH Aachen (J. Hegger) ein Werkstoff gefunden, der für viele Anwendungsgebiete vor allem dank geringerer Korrosionsgefahr und höheren Zugfestigkeiten und dadurch möglichen schlankeren Bauteilen den Stahlbeton übertrifft, Abb. 6.8-5. Die Bemessung erfolgt nach den gleichen Modellen wie im Stahlbetonbau, [Michler, 17]. Da es noch keine bauaufsichtlich eingeführte Norm für Carbonbeton gibt, ist stets eine Zulassung im Einzelfall erforderlich, soweit nicht bereits eine allgemeine bauaufsichtliche Zulassung vorliegt, wie beispielweise für im Zuge von Verstärkungen bestehender Bauwerke erfolgreich eingesetzter extrem dünner Verstärkungen mit Carbonmatten und Spritzbeton, [Al-Jamous 17].

Abb. 6.8-5: Fußgängerbrücke aus Carbonbeton ohne Stahlbewehrung in Alberstadt.

6.9 Kunststoffmodifizierter Mörtel und Beton (PCC)

Verwendet werden heute für solche auch Polymer Cement Concrete = PCC bezeichnete Mörtel oder Betone hauptsächlich Styrol-Butadiene, Styren Acrylate oder Acrylsäureester als **Dispersion** oder als **redispergierbare Pulver**, die erst beim Kontakt mit Wasser eine stabile Dispersion bilden, vgl. Abschn. 2.3.8. Die Polymerteilchen bilden beim Wasserentzug durch Verdunsten oder Hydratation zusammenhängende Filme und nehmen dabei eine netzartige Struktur im Mörtel ein, [Dimmig-Osburg 06]. Bei niedrigem Polymergehalt entsteht zumindest eine punktartige Verklebung. Im Idealfall durchdringen sich Polymer- und Zementsteinphase gegenseitig. So kann der Polymerfilm Schwachstellen, ja sogar Mikrorisse im Mörtel überbrücken und Zugspannungen aufnehmen. Dadurch werden **höhere Zug- und Biegezugfestigkeiten** und deutlich **höhere Bruchdehnungen** erzielt, während E-Module und **Druckfestigkeiten niedriger** ausfallen können – vor allem bei höheren Temperaturen. Kriechen und Relaxation werden bedingt durch den niedrigen E-Modul vergrößert und das Schwinden verlangsamt. In vielen Fällen wird durch ein dichteres Gefüge Wasseraufnahme und Wasserdurchlässigkeit verringert und damit auch die Dauerhaftigkeit verbessert.

Im frischen Zustand wirkt der Polymerzusatz verflüssigend und verbessert auch das Wasserrückhaltevermögen, so dass ein **Austrocknen verlangsamt** und die Neigung zum **Bluten verringert** wird. Auch die **Haftung** des frischen Mörtels am Untergrund, meist dem Altbeton, wird verbessert.

All diese Eigenschaften werden beeinflusst vom Polymeranteil – in der Regel 5 bis 20 % des Zementanteiles – und von der Polymerart. Besondere Bedeutung für die Verarbeitbarkeit und das praktische Verhalten kommt darüber hinaus den Additiven wie Schutzkolloiden, Emulgatoren, Antiblockmitteln oder Entschäumern zu. Im Handel erhältlich sind nur **Fertigprodukte.** Um ein geeignetes Produkt auszuwählen, müssen Produktdatenblätter und Leistungserklärungen der Hersteller genau beachtet werden. Die noch nach DIN EN 1504-3 hergestellten kunststoffmodifizierten Mörtel und Betone unterscheiden sich erheblich.

Die Vorteile kunststoffmodifizierter Mörtel und Betone PCC kommen vor allem bei **dünnen Schichten** zum Tragen. Dazu gehören guter Verbund und geringere Empfindlichkeit in Bezug auf Nachbehandlung, sowie eine verminderte Rissempfindlichkeit. Dagegen fallen die Mehrkosten für den Kunststoffzusatz wegen der kleinen Schichtdicken nicht so sehr ins Gewicht. All das sind Gründe, weshalb man heute fast immer, wenn Schichten von Mörtel oder Beton in Dicken von bis 50 mm auf einen bestehenden Beton aufgebracht werden müssen, zu PCC greift.

6.10 Besondere Mörtel

6.10.1 Einpressmörtel (EPM) für Spannbeton

Bei Bauteilen aus Spannbeton mit nachträglichem Verbund, zu denen die Tragwerke fast aller in den vergangenen Jahrzehnten gebauten großen Betonbrücken gehören, werden die Spannstähle in Hüllrohren aus Stahlblech lose verlegt. Sobald der Beton hinreichend erhärtet ist, werden sie gegen diesen mit hydraulischen Pressen vorgespannt und dauerhaft verankert. Möglichst bald danach müssen die im Hüllrohr neben den Stählen verbliebenen Hohlräume mit EPM verfüllt werden, damit

- die Spannstähle vor Korrosion geschützt werden und
- ein kraftschlüssiger Verbund zwischen Spannstahl und über das gewellte Hüllrohr aus Stahlblech mit dem umgebenden Beton hergestellt wird.

Der Verbund von mit EPM erfolgreich verpressten Spanngliedern ist so gut, dass, wie Versuche zeigen, beim Bruch von einem von 8 Drähten oder Litzen eines Spanngliedes, ja sogar bei mehreren Brüchen im Abstand von nur 50 cm das Spannglied dennoch einen großen Teil der ursprünglichen Bruchlast aufnehmen kann, [Vill 05]. Voraussetzung dafür und für die korrosionsschützende Passivierung der Stähle ist, dass das Hüllrohr mit Einpressmörtel nahezu **vollständig und ohne größere Luftblasen** gefüllt wurde. Gerade das stellt hohe Anforderungen an den zu verwendenden Einpressmörtel, an Mannschaft und Geräte.

Mörtel enthält definitionsgemäß neben Zement und Wasser auch Sand. Ursprünglich dachte man, man könnte solchen Mörtel durch die oft 50 oder 80 m langen Hüllrohre pressen. Der Sand hat sich aber bald als sehr hinderlich erwiesen, dennoch bezeichnet man heute noch den nur aus Zement, Wasser und Einpresshilfe bestehenden Zementleim zum Verpressen von Spanngliedern als Mörtel. Er muss so viel Wasser enthalten, dass er sich gut durch die Hüllrohre pressen lässt, also eine niedrige Viskosität aufweist. Andererseits darf er nicht so viel Wasser enthalten, dass er so stark sedimentiert, dass nach dem Erhärten über dem Mörtel dicke Wasserschichten verbleiben, Abb. 6.10-1. Hohe *w/z*-Werte verursachen auch niedrigere Festigkeiten, auch das muss vermieden werden. Um die einander widersprechenden Anforderungen zu erfüllen verwendet man **Einpresshilfen**, [Benz 84], also Zusatzmittel die das Fließvermögen verbessern und darüber hinaus Gasporen entwickeln, durch die das chemische Schwinden kompensiert wird und sogar eine kleine Volumenzunahme auftritt, vgl. Abschn. 2.5.8. Als Zement ist in DIN EN 447 von 2008 nur ein CEM I vorgesehen, doch gibt es nur ganz wenige Werke, deren Zement auch geeignet ist, z. B. das Werk Erwitte. Erreichen muss der EPM eine ausreichende **Fließfähigkeit**, ein **Wasserabsondern** von höchstens 2 %, möglichst keine Volumenverminderung und eine ausreichende **Druckfestigkeit** von mindestens 30 N/mm². In der Praxis liefern Zementwerke EPM als Fertigprodukte mit einer geeigneten

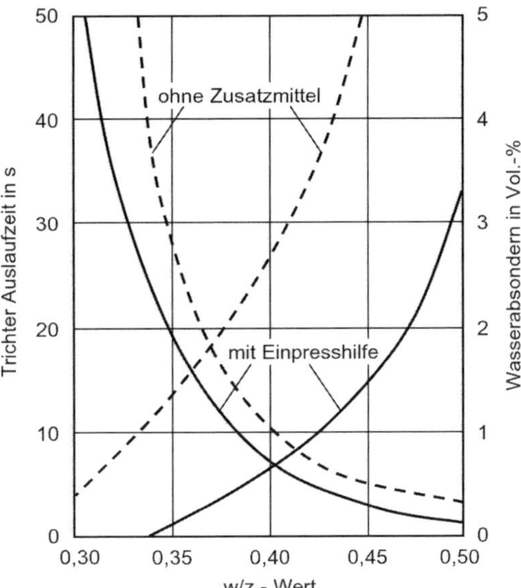

Abb. 6.10-1: Einpressmörtel muss so fließfähig sein, dass es nicht zu Verstopfern kommt, d. h. dass seine Trichter-Auslaufzeit hinreichend klein ist, andererseits darf er aber nur wenig zum Wasserabsondern neigen [Benz 84]

Einpresshilfe. Ein Einpressversuch auf der Baustelle, bevor mit dem ersten Spannkanal begonnen wird, ist dennoch ratsam, um gefürchtete Verstopfer möglichst zu vermeiden.

Bei mit EPM verpressten Spanngliedern können die Spannstähle später nicht mehr ausgetauscht werden. Vielfach werden daher heute die Spannkanäle nur mehr korrosionsschützend mit Fett oder Wachs verpresst und die Spannglieder nunmehr an ihren Enden verankert. Dazu werden die Spannstähle vom Herstellwerk oft schon in einem PE-Rohr, in dem sie mit Korrosionsschutzfett umhüllt wurden, ausgeliefert.

Voraussetzung für **sachgerechtes Verpressen** ist, dass die Hüllrohre mit den entsprechenden Anschlüssen richtig verlegt wurden. Damit an den Hochpunkten keine Luftblasen verbleiben, muss dort stets ein Entlüftungsröhrchen angebracht sein. Alle Tiefpunkte müssen eine Öffnung zum Abfluss von Spülwasser haben. Die Hüllrohre müssen so dicht sein, dass beim Betonieren kein Zementleim eindringen kann. Ähnlich wie beim Vorspannen sind auch zum Verpressen spezielle Geräte und erfahrene Mitarbeiter nötig, so dass man die Einpressarbeiten am besten einer Spezialfirma überlässt, die auch mit den Forderungen der DIN EN 446 und 447 vertraut ist.

Eingepresst wird stets vom tiefer liegenden Ende oder einem Tiefpunkt her. Damit dem Mörtel beim

Benetzen der Innenflächen des Spanngliedes nicht zu viel Wasser entzogen wird, was zu Verstopfern führen kann, muss jedes Hüllrohr vorher mit Wasser gespült werden. Es ist anschließend mit Druckluft auszublasen, um eine unzulässige Verdünnung des Mörtels durch verbliebenes Wasser zu vermeiden. Den ersten in ein Hüllrohr eingepressten Mörtel lässt man am anderen Ende wieder austreten und prüft sein Fließvermögen. Ganz wichtig ist, dass der Mörtel, während ein Spannglied verpresst wird, nicht zu sehr ansteift. Um dies zu vermeiden, muss sein Fließvermögen auch 30 Minuten nach dem Mischen noch ausreichend sein, worauf vor allem bei sommerlichen Temperaturen zu achten ist.

Die Hüllrohre aus Blech haben Wellen, in deren Scheitel sich geringe Mengen an Wasser sammeln können, ohne den Stahl zu gefährden. Anders aber bei **senkrecht** oder **schräg verlaufenden Spanngliedern**: Sondert sich Wasser ab, dann sammelt es sich oben und kann dort den Korrosionsschutz aller durchgehenden Stähle beeinträchtigen. Ein Versagen mehrerer Stähle in einem Querschnitt kann sehr gefährlich sein.

Obwohl der Einpressmörtel dank seiner vielen kleinen Gasporen und eines w/z-Wertes von höchstens 0,45 sehr früh gefrierbeständig ist und bald einen hohen Frostwiderstand erreicht, besteht die Gefahr eines Frostschadens, wenn im Hüllrohr die Temperaturen deutlich unter 5 °C abfallen oder dort gar Kondenswasser gefroren ist. Um Korrosion des empfindlichen Spannstahls zu vermeiden, sollen die Spannglieder möglichst bald nach dem Vorspannen verpresst werden, wenn nicht ein temporärer Korrosionsschutz vorgesehen ist.

Ist ein **Hüllrohr verstopft**, weil es undicht war und beim Betonieren Zementleim vom umgebenden Beton eingedrungen ist, so dass es nicht durchgängig verpresst werden kann, besteht meist kein anderer Weg als die Luft aus dem Hüllrohr abzusaugen und im Vakuum zu verpressen. Das gilt auch, wenn trotz aller Vorsicht beim Verpressen ein Verstopfer auftritt. Um ein Verletzen des empfindlichen Spannstahls zu vermeiden, dürfen Hüllrohre nur mit Bohrmaschinen angebohrt werden, die sich beim Berühren des Hüllrohres automatisch abschalten.

6.10.2 Sonstige Einpress- und Verfüllmörtel

Zementleim wird mit und ohne Sand oder anderen Gesteinskörnungen für eine ganze Reihe unterschiedlicher Aufgaben verwendet, wenn es darum geht, andere Stoffe **zu verfestigen** oder **abzudichten** oder aber **Hohlräume nur zu verfüllen** oder mit Mörtel hoher Festigkeit **Kräfte in das umgebende Material einzuleiten**. Dazu gehört das Verpressen von Rissen, vgl. Abschn. 11.8, aber auch das Verpressen von in ein Bohrloch gestellten Pfählen zur Verbesserung des Verbundes, das Vergießen oder Verpressen von Bohrungen, etwa von Gebirgsankern und das Verfüllen des Firstspaltes über Tunnelinnenschalen. Weiters auch die Herstellung von Injektionspfählen oder Mixed-in-Place-Pfählen, bei denen sich der Zementleim mit dem umgebenden Sandboden mischt, das Verfüllen von Schüttungen aus Stahlfasern (SIFCON oder DUCO) oder wenn große Leitungsrohre in Stollen verlegt werden, das Hinterfüllen des Hohlraumes zwischen den Rohren und dem Gebirge oder auch von wassergefüllten Hohlräumen.

Neben den Regeln für Spannglieder (Abschn. 6.10.1) und für Risse (Abschn. 11.8) ist für die gestellten Aufgaben zu beachten:

- Das Verpressgut kann umso grobkörniger sein, also ggf. Sand oder sogar Gesteinskörnungen bis 8 oder 11 mm enthalten, je größer der Querschnitt der zu verfüllenden Hohlräume ist. Muss das Verpressgut dünnflüssig sein, können keine groben Gesteinskörnungen verwendet werden, weil sie sedimentieren würden.
- Durch entsprechende Zusatzmittel mit verflüssigender Wirkung kann die Fließfähigkeit verbessert und/oder die Wasserzugabe vermindert werden.
- Mit hochtourigen Mischern kann die Fließfähigkeit ebenfalls etwas verbessert werden. Dabei erhöhen sich auch die Frühfestigkeiten.
- Wenn beim Verpressen von Rissen oder schmalen Hohlräumen der Untergrund Wasser aufnimmt, kann das Verpressgut sehr stark ansteifen. Vorteilhaft kann ein vorangehendes Einpressen von Wasser sein.
- Erstarrungsverhalten und Festigkeitsentwicklung können in weitem Bereich gesteuert werden, wobei stets auch die herrschenden Temperaturen zu beachten sind.
- Für rasches Erstarren und hohe Frühfestigkeit können die für Spritzbeton entwickelten Stoffe verwendet werden, vgl. Abschn. 9. Nur wenn sich in Umgebung des Verpressgutes kein Stahl und keine anderen Metalle befinden, können chloridhaltige Beschleuniger eingesetzt werden. Durch chloridhaltige Beschleuniger kann bei Injektionspfählen auch die Gefahr einer Störung der Erhärtung durch organische Stoffe vermindert werden.

- Langsames Erstarren und langsame Erhärtung können nötig sein. Dazu dienen entsprechende Zemente und Zusatzstoffe, sowie Zusatzmittel.
- Ein geeigneter *w/z*-Wert kann je nach erforderlichen Eigenschaften zwischen 0,40 und bis weit über 1,0 liegen.
- Werden nur niedrige Festigkeiten angestrebt, kann der Zementanteil entsprechend niedrig, sogar unter 100 kg/m^3 gehalten werden. Zementfeine Steinmehle sind dann nötig, um eine ausreichende Verarbeitbarkeit zu erzielen.
- Soll das erhärtete Verpressgut wie bei Dichtwänden bei Verformungen nur wenig zu Rissen neigen, können niedrige Zementgehalte und Zusätze von Bentonit oder anderen Tonen zweckmäßig sein.
- Auch geringe Mengen von Humus und ähnlichen organischen Stoffen im umgebenden Boden können das Erhärten des Zements verzögern oder verhindern.
- Sulfathaltiges Wasser und Wasserandrang in gipshaltigem Gebirge kann ähnlich wie andere chemisch angreifende Stoffe (vgl. Abschn. 4.5) im Laufe von Monaten oder Jahren zu Zerstörungen des Einpressmörtels führen.

Mehrere Zementwerke und Betonwerke bieten für die unterschiedlichsten Verpress- und Verfüllarbeiten Fertigprodukte an. So auch **Flüssigboden** für das Verfüllen von Leitungsgräben, meist sogar pumpbar, um Verdichtungsarbeiten zu ersparen und Nachsetzungen zu vermeiden. Dabei kann oft auch der vorher ausgehobene Boden mitverwendet werden.

6.10.3 Mörtel für gefährliche Abfälle

Schadstoffe, die wegen der Gefahr kontaminierter Auslaugungen nicht deponierbar sind, können vielfach mit Hilfe von Zement oder ähnlicher hydraulischer Bindemittel, vgl. Abschn. 2.2.11 (e), so gebunden werden, dass sie auch bei Einwirkung von Feuchtigkeit nicht mehr gefährdend werden können. Auf diese Weise können beispielsweise kontaminierte Böden oder hochbelastete Filteraschen aus der Stahlproduktion so immunisiert werden, dass man sie bedenkenlos deponieren kann.

7 Herstellen, Verarbeiten, Nachbehandeln und Überwachen

7.1 Planung der Betonarbeiten

Bei allen Betonarbeiten, selbst beim Bau kleiner Einfamilienhäuser, muss **zeitgerecht überlegt** werden, wie der angelieferte Beton **zur Einbaustelle gefördert** wird und **wie lange dies dauert,** darüber hinaus **wie viele Arbeitskräfte** nötig sind und **wie viel Zeit** nötig ist, um den Beton zu **verteilen**, zu **verdichten** und seine Oberfläche in der planmäßigen Höhenlage **abzuziehen.** Hierbei gelten bei allen Baustellen vor allem zwei Regeln:

1. Der Frischbeton darf beim Einbau noch **nicht so weit angesteift** sein, dass er nur mehr erschwert zu verarbeiten ist. Die Forderung, dass bei Transportbeton die Mischfahrzeuge spätestens **90 Minuten** nach der Wasserzugabe vollständig entleert sein sollen, ist meist maßgebend für die Planung, wenn dies nicht möglich ist, muss der Beton verzögert werden.
2. Beim Einbringen des Betons darf es **keine Unterbrechungen** geben, die dazu führen, dass frischer Beton an oder auf **Beton, der bereits erstarrt** ist, gelangt **(„kalte Fuge").** Der Beton jedes Bauteils muss in einem Zuge, also frisch in frisch, eingebaut werden. Die Rüttelflasche muss in die zuvor eingebaute Betonlage noch eintauchen können.

Große Fundamentplatten, Stützmauern oder andere große Betonbauteile müssen nötigenfalls in **Abschnitten** betoniert werden, zwischen denen **Arbeitsfugen** anzuordnen sind. Diese müssen so gelegt werden, dass sie möglichst **nur Druckspannungen normal zur Fugenfläche** aufzunehmen haben. Einspringende Ecken in den Betonierabschnitten sollen vermieden werden. Will man Arbeitsfugen vermeiden, wie etwa bei Brückenträgern, können mit verzögernden Zusatzmitteln (BV) in Ausnahmefällen Einbauzeiten bis zu 36 Stunden ermöglicht werden.

Überlegungen, wie der Beton hergestellt, transportiert und eingebaut werden soll, müssen schon bei der Planung der Baustelleneinrichtung angestellt werden und erfordern ein großes Maß an Erfahrung, [Beizel 03]. Im **Betonierplan** muss berücksichtigt werden:

- Kann der Beton **termingerecht angeliefert** und **übergeben** werden (Zufahrten, Verkehrsbehinderungen, Nachtfahrverbote, Lärmentwicklung)?
- Welche Fördereinrichtungen (**Pumpe, Förderband, Krankübel** usw.) sind zweckmäßig?
- Welche **stündliche Einbauleistung** ist notwendig?
- Wie werden die **Anlieferung** des Betons und die stündliche **Leistung** der **Fördereinrichtungen** aufeinander **abgestimmt**?
- In welcher **Reihenfolge** soll der Beton in den einzelnen Abschnitten eingebracht werden, wozu auch die räumliche Abstimmung nötig ist (**Zufahrten, Reichweiten von Pumpen** oder **Verteilern** usw.). Nötigenfalls ist die Reihenfolge in einem Betonierplan festzulegen,

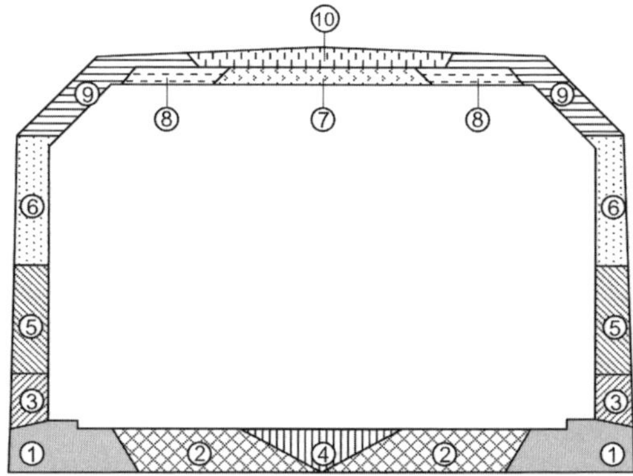

Abb. 7.1-1: Betonierfolge bei einem Tunnel in offener Bauweise. Die Sohlplatte braucht nur am Rande eine obere Schalung, wenn sie beim Einbringen des Betons der Wand schon hinreichend angesteift ist. Dazu wird die Konsistenz für die Sohlplatte ebenso wie für die Decke plastisch (F 2), jene der Seitenwände weich (F 3) eingestellt.

Ist der **Abstand der Betonstähle** so groß, dass der Beton überall eingebracht und verdichtet werden kann? vgl. Abb. 1.6-1. Sind ausreichende **Betonieröffnungen** und **Rüttelgassen** vorhanden? Kann auch in Knotenpunkten bei **sich kreuzender Bewehrung** der Beton noch eingebracht werden? vgl. Abschn. 1.6.3.

- Sind die Anforderungen an die **Schalung (Oberfläche, Schalungsdruck**, **Steifigkeit** von Schalung und Rüstung usw.) erfüllt?
- Welche Anforderungen sind an die Verarbeitbarkeit des Frischbetons zu stellen **(Größtkorn, Konsistenz, ggf. Verzögerung)**?
- Wie soll der Beton **verdichtet** werden? Welche technischen Anforderungen sind an die **Rüttler** zu stellen?

- Wie soll die **Oberfläche des Betons** abgezogen oder geglättet werden?
- Was ist bei ungünstigen Witterungsverhältnissen **(Platzregen, Hitzewelle, Kälteeinbruch)** zu tun?
- Welche Maßnahmen für **Schutz und Nachbehandlung** des eingebrachten Betons sind nötig?
- **Wer überwacht** Anlieferung, Einbringen und Verdichten des Betons. Und schließlich die wichtigste Frage:
- Entspricht die **Einbaumannschaft** im Hinblick auf **Zahl** der Arbeitskräfte, **Fachkenntnisse** und **Motivation** den nötigen Voraussetzungen?

Für die Vorbereitung größerer Betonieraufgaben ist es unabdingbar, dass zeitgerecht eine **Besprechung mit allen Beteiligten**, in der Regel Bauleiter, Planer, Transportbetonwerk und Polier der Einbaumannschaft stattfindet, in der die nötigen Maßnahmen abgestimmt werden. Dazu gehört auch, dass Überlegungen angestellt werden, **was bei unerwarteten Ereignissen** wie Maschinenausfällen oder Verkehrsstau bei der Anlieferung zu tun ist. In jedem Falle empfiehlt es sich, zwischen Einbau und Abnahme von Bewehrung, Fugenbändern usw. und Betonierbeginn einen angemessenen zeitlichen Abstand vorzusehen, um bei Verzögerungen eine Verschiebung des Betoniertermins zu vermeiden.

Der Betoneinbau ist ein nicht wiederholbarer Vorgang. Nur in Fertigteilwerken können fehlerhaft hergestellte Teile ausgeschieden werden. Auf Baustellen kann ein entmischter, schlecht verdichteter oder sonst mit groben Fehlern behafteter Beton, wenn überhaupt, nur mit einem Aufwand, der um ein Vielfaches größer ist als jener eines sachgerechten Einbaues, instand gesetzt oder gar erneuert werden. Das muss bei der Planung der Betonarbeiten bedacht werden.

7.2 Herstellen des Betons

7.2.1 Entwicklung

Die Zeiten, als es nur darum ging Kiessand mit Zement zu mischen und so viel Wasser zuzugeben, dass der Beton beim Einbau nicht mehr zu sehr gestampft oder gestochert werden muss, sind längst vorbei. Um so zu mischen, genügten einst zwei Schaufeln und ein großes Blech. Für das Fundament eines Gartenhäuschens reicht ein so hergestellter Beton allenfalls auch heute noch. In all den anderen Fällen wird Beton heute **maschinell gemischt**, früher überwiegend mit Freifallmischern, heute mehrheitlich in Zwangsmischern.

Schon vor Jahrzehnten hat man bei massigen Bauteilen großer Wasserbauten erkannt, dass gleichbleibende Festigkeiten mit den wegen der Wärmeentwicklung niedrig gehaltenen Zementanteilen nur zu erreichen sind, wenn die **Dosiergenauigkeit aller Bestandteile verbessert** wird. Auch bei automatischer Steuerung der Siloverschlüsse kommt es nach dem Schließen noch zu einem **Nachlauf** in unterschiedlichem Ausmaß, was nicht zu verhindern ist. Man begann daher, alle eingewogenen Mischungsanteile automatisch noch einmal abzuwiegen (**Soll-Ist-Wertvergleich**) und mit derselben **Automatik Fehler,** wenn möglich durch **Nachdosieren zu korrigieren** oder, bei groben Fehlern, den Beton als **Fehlmische** zu kennzeichnen und auszuscheiden.

Heute werden die Möglichkeiten der **EDV** weitgehend genützt und ältere Mischanlagen nötigenfalls nachgerüstet. Die **automatischen Prozessablaufsteuerung** aller **Dosier- und Mischeinrichtungen** samt dem sich durch den Soll-Ist-Wertvergleich ergebenden Nachdosieren erfordert aber auch eine **zuverlässige** und **kontinuierliche Messung**, vor allem des **Wassergehaltes** des **Sandes**, mitunter auch der nächstfeinsten Gesteinskörnung und der **Betonmische**, der **Leistungsaufnahme des Mischers** und der **Temperatur** des Frischbetons und des **Feststoffgehaltes** von **Recyclingwasser.**

Nicht wegzudenken sind die Prozessleitsysteme auch bei der **Bevorratung der Ausgangsstoffe, Erfassung von Aufträgen**, **Protokollierung der Produktionsdaten** bis hin zum Ausdruck der **Lieferscheine**, der Fakturierung und der Auftrags- und Fuhrparkdisposition. Ihnen und der hochwertigen Regel- und Messtechnik bei der Herstellung des Betons verdanken wir nicht nur eine früher unerreichbare **Gleichmäßigkeit** von Verarbeitbarkeit und Festbetoneigenschaften, sondern auch eine erhebliche **Personaleinsparung.** Dies kann so weit gehen, dass der Mischmeister während der Betonproduktion nicht mehr an den Kommandoraum gebunden ist, sondern Kontrollgänge machen kann, [Sonnenberg 05/1].

Von modernen Anlagen wird verlangt, dass sie in der Lage sind, eine **Vielfalt von Betonsorten** herzustellen, Sorten, für die neben Zement und Gesteinskörnungen noch Flugasche oder andere Zusatzstoffe, Mikrosilica, Steinmehl, Stahl- oder synthetische Fasern und die unterschiedlichsten Zusatzmittel zudosiert werden. Dass sie hohe **Stundenleistungen** erbringen können, sich aber auch rasch umstellen lassen auf **wechselnde Betonsorten** und auch auf **kleine Produktionsmengen** für Selbstabholer. Vielfach sind sie in der Lage, auch feinstteilreiche, oft recht **zähe Betone** mit niedrigem Wassergehalt, die beim Mischen **hohe Scherkräfte** erfordern, zu mischen oder gar **Trockenmischgut** herzustellen, den

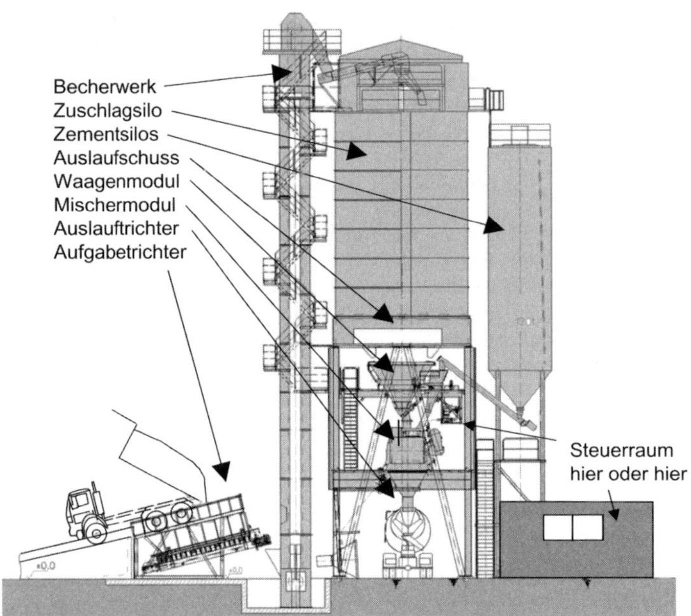

Abb. 7.2-1: Betonmischturm mit Becherwerk (Fa. Liebherr)

Feinmörtel gesondert **hochtourig** zu mischen und zuzugeben, Betone, die mit **unterschiedlicher Drehzahl** zu mischen sind, auch solche, bei denen ein oder mehrere **Zusatzmittelmittel** gezielt zu **unterschiedlichen Zeitpunkten** zugegeben werden müssen.

Ziel der Weiterentwicklung von Mischanlagen ist es, unter Berücksichtigung von Aspekten der **Wirtschaftlichkeit**, der **Nachhaltigkeit** und des **Umweltschutzes** den Beton so herstellen zu können, dass die angestrebten Eigenschaften sicher erreicht werden und die **Streuungen** sowohl der Frischbetoneigenschaften – also vor allem der Konsistenz – wie auch der Festbetoneigenschaften möglichst **klein bleiben**. Kein Wunder, denn schließlich muss die Zielfestigkeit umso höher sein, je größer die im ungünstigen Fall zu erwartenden Streuungen sind.

Maßgebend für Sicherheit und Dauerhaftigkeit eines Bauwerks ist in der Regel der Bereich mit der niedrigsten Festigkeit. Man kennzeichnet die niedrigsten Festigkeiten heute recht großzügig und meist ohne auf die Eigenheit des jeweiligen Bauteils zu achten, als die **5 %-Quantile der Druckfestigkeit**. An empfindliche Bauteile wie statisch bestimmte feingliedrige Biegebalken sollten aber höhere Anforderungen gestellt werden als an massige Konstruktionen wie Fundamentplatten oder Schleusenwände, bei denen sich Kräfte nötigenfalls umlagern können.

7.2.2 Anlieferung und Lagerung der Ausgangsstoffe

Wichtigste Forderung ist für alle Ausgangsstoffe, dass **Entmischungen** und **unterschiedliche Temperaturen** und **Wassergehalte** ebenso wie **Verunreinigungen vermieden** werden. Wenn etwa der Sand an seiner Oberfläche von einem Gewitterregen stark durchnässt wurde, lässt sich damit kein gleichmäßiger Beton mehr herstellen.

Für stationäre Anlagen werden oft die etwas teureren **Mischtürme** verwendet, bei denen die Gesteinskörnungen vor Witterung geschützt in einem Mehrkammersilo über dem Mischer lagern, [Beizel 03]. Sie werden mit Förderbändern oder Becherwerken beschickt. Bei den vergleichsweise einfacheren **Sternanlagen** hat man für die Gesteinskörnungen Lagerboxen, in welche die Lieferfahrzeuge die Körnungen abkippen. Mit Schrappern werden die Körnungen zur Dosieranlage gefördert. In allen Fällen, in denen Gesteinskörnungen auf einem **Boden abgekippt** werden, muss dieser **befestigt** sein, um Verunreinigungen zu vermeiden.

Neben Sternanlagen haben sich auch **Reihenanlagen** bewährt. Bei ihnen werden die einzelnen Körnungen auf einem Zwischenlager abgekippt, von wo Radlader oder Förderbänder die nur etwa 30 m^3 fassenden Reihensilos beschicken. Diese entleeren über eine offene oder unterirdisch angeordnete Bandanlage.

Besonders günstig ist das Lagern der Gesteinskörnungen in **großen Schüttkegeln** mit einer **unterirdischen Entnahme** mit Förderbändern, weil bei einer Entnahme von unten aus der Mitte eines großen Kegels sowohl der Feuchtigkeitsgehalt als auch die Temperatur weniger schwanken.

Bei **Sand** ist es wegen seiner meist größeren Eigenfeuchte besonders wichtig, ihn so anzuliefern und zu lagern, dass er schon vor dem Zumessen eine **gleichmäßige, nicht zu hohe Eigenfeuchte** hat. Maßnahmen dazu können sein: Große Lagerboxen, damit der Sand vor seiner Verwendung 1 bis 2 Tage lagern kann, sodass sich Feuchteunterschiede ausgleichen, ebenso ein **Abdecken der Lagerboxen** zum Schutz vor **Niederschlägen** und vor **Sonneneinstrahlung** und selbstverständlich eine gute **Entwässerung** der Lagerboxen. Bei **Siloanlagen** hat es sich bewährt, nach jeder Produktionspause die ersten etwa 500 kg jeder Gesteinskörnung abzuziehen und zwischenzulagern, weil sie meist eine höhere Eigenfeuchte haben.

Werden Gesteinskörnungen in Aluminiummulden transportiert, dann entsteht ein sehr feiner Abrieb. Nachteile daraus sind nicht bekannt geworden. Im Winter muss darauf geachtet werden, dass die Gesteinskörnungen **nicht gefroren** sein dürfen. Besonders beim Sand ist die Gefahr groß, dass selbst kleine Eisklumpen beim Mischen nicht schmelzen und im erhärteten Beton dann zu Fehlstellen führen. Stücke von **Humus oder Torf** in den Gesteinskörnungen können erhebliche Verzögerungen der Festigkeitsentwicklung bis hin zur vollständigen „Vergiftung" hervorrufen. Reste von **Holz** oder **Asphalt** dürfen bei Transport und der Lagerung nicht in die Lieferung gelangen. Sie würden später aufwändige Ausbesserungen notwendig machen. Grundsätzlich sollen frisch angelieferte **Gesteinskörnungen jeden Tag mehrmals** nach **Augenschein geprüft** werden.

Beim **Zement** sind Verunreinigungen selten. Es ist aber schon vorgekommen, dass aus der **vorherigen Füllung** des **Silofahrzeuges** Reste von anderen Zementen, ja sogar von Soda oder Milchpulver gefunden wurden, was dann schon in der Mischtrommel zu unerwünschten Reaktionen geführt hat. Zement kann praktisch auf unbegrenzte Dauer gelagert werden, vorausgesetzt, er wird **vor Feuchtigkeitszutritt geschützt**, was aber nur in **luftdicht verschlossenen** Behältern möglich ist. Auch in **Zementsilos** können sich **Klumpen** bilden, wenn beispielsweise über den Winter bei nur teilweiser Füllung die Luftfeuchtigkeit kondensiert. In Säcken gelagerter Zement kann aus der Luft **Feuchtigkeit aufnehmen** und zu hydratisieren beginnen. Wenn dabei **Knollen** entstehen, die **mit den Fingern leicht zerdrückt** werden können, ist damit zu rechnen, dass diese Agglomerate auch beim Mischen des Betons weitgehend wieder zu Pulver werden und die Normfestigkeit des Zementes nur **wenig beeinträchtigt** wird. Im Allgemeinen sollte man aber Sackzement **nicht länger als 3 Monate**, fein gemahlenen Sackzement nicht länger als 1 Monat, lagern, wenn auf luftdichten Verschluss der Säcke verzichtet wird. Länger gelagerten Zement sollte man in jedem Fall danach prüfen, ob sich Klumpen gebildet haben oder sich sein Erstarrungsverhalten verändert hat. Auch kann es vorkommen, dass bei länger gelagertem Zement **Zusatzmittel anders reagieren**.

Silicastaub wird, um besser handhabbar zu sein, in der Regel als **Suspension** angeliefert, in der Praxis bezeichnet man sie als **„Slurry"**. Trotz der sehr kleinen Partikel können Sedimentationserscheinungen auftreten. Um solche Entmischungen zu vermeiden, muss eine Silicasuspension **immer wieder aufgerührt oder umgepumpt** werden. Eine rasche Prüfung der Dichte mit einem Aerometer gibt zuverlässig Aufschluss. Sie soll auf $\pm 0{,}02$ kg/dm^3 genau eingehalten werden.

Auch bei den meisten **Zusatzmitteln** können bei längerer Lagerung Entmischungen oder andere Veränderungen auftreten, zu denen der Hersteller in der Regel entsprechende Hinweise gibt. Dies gilt auch für eine Lagerung bei **niedrigen oder hohen Temperaturen**, und ganz besonders, wenn im Winter **Frost** einwirkt.

7.2.3 Zumessen der Ausgangsstoffe

Die Erfahrung hat gezeigt, dass Ungenauigkeiten beim Zumessen der Mischungsanteile sowohl durch Fehler beim Dosieren, z.B. durch Nachlauf nach dem Schließen der **Verschlüsse**, als auch durch **Fehler der Waagen** auftreten, [Huber 84, Sonnenberg 05/2]. Grobe Fehler können z.B. durch **Fremdkörper in Ausgangsstoffen** oder durch eine mechanisch bedingte Fehlfunktion verursacht werden und ganz erheblich zu großen Streuungen der Betoneigenschaften beitragen oder sogar zu **Fehlmischen** führen. Besonders gravierend können sich Fehldosierungen bei **Zusatzmitteln**, etwa durch **verstopfte Leitungen** oder **leere Vorratsbehälter** auswirken. Daher werden Messgefäße und Leitungen für Zusatzmittel oft in Glas oder durchsichtigem Kunststoff gemacht und für den Mischmeister sichtbar angeordnet, wenn er nicht automatisch über jede unzureichende Dosierung informiert wird.

Für die Herstellung von gleichmäßigem Beton benutzt man heute Verfahren, bei denen die jeweils eingewogene Masse jedes Ausgangsstoffes nachgewogen wird und das Prozessleitsystem den **Sollwert (= Zielwert)** mit dem **Istwert (= Messwert)** vergleicht. Automatisch wird geprüft, ob die zulässige Abweichung überschritten wird. In diesem Falle wird – wenn möglich – automatisch **nachdosiert.** Werden mehrere Mischen für einen Fahrmischer hergestellt, kann eine nachdosierte Menge auch erst in der nächsten Mische zugegeben werden. Ist eine Korrektur nicht möglich, etwa weil die Zugabe von Wasser oder eines Zusatzmittels viel zu groß war, muss sichergestellt sein, dass die Mische als **Fehlmische ausgeschieden** wird.

Der Soll-Istwert-Vergleich kann am **Lieferschein** zusammen mit anderen Daten wie Temperatur des Frischbetons und Mischzeit ausgedruckt werden, so dass man stets eine Kontrolle über die ausgelieferte Betonmische hat, vgl. Abschn. 7.3.4.

DIN FB 100 lässt **Abweichungen vom Zielwert** bei jedem Ausgangsstoff von **bis zu 3 %** zu. Diese schon 1972 in der damaligen DIN 1045 festgelegte Toleranz ist in die neue Normengeneration unverändert übernommen worden, obwohl sie für die Herstellung der heutigen oft sehr hochwertigen und empfindlichen Betonzusammensetzungen **viel zu groß** ist und von modernen Anlagen erheblich unterschritten werden kann. So sind für hochwertigen Beton **Dosiergenauigkeiten** von ±3 bis 10 kg/m³ bei den Gesteinskörnungen und ±2 kg/m³ beim Zement sowie von ±3 l/m³ beim Wasser unter Berücksichtigung der Eigenfeuchte der Gesteinskörnungen durchaus erreichbar, [Huber 97].

Für die Herstellung von Beton mit nur durchschnittlichen Anforderungen an Gleichmäßigkeit und **Konsistenz** reicht auch heute noch das geschulte Auge des **Mischmeisters**. Dazu ist eine **Sichtverbindung** zwischen Leitstand der Mischanlage und Ausbringung der frischen Betonmische nötig. Eine sehr wichtige Hilfe erhält der Mischmeister auch durch eine Überwachung der **Leistungsaufnahme des Betonmischers**. Bei gleicher Füllmenge beeinflusst die Konsistenz des Betons die für den Mischvorgang notwendige elektrische Leistung stark, so dass man daraus gut auf die erreichte Konsistenz schließen kann. Dies hat auch den Vorteil, dass Schwankungen im Feinstkorn des Sandes, die eine darauf abgestimmte Wasserzugabe notwendig machen, leichter ausgesteuert werden können.

7.2.4 Messen der Feuchte und der Konsistenz

Bei den heutigen Anforderungen an die Gleichmäßigkeit, besonders aber bei Selbstverdichtenden und Hochfestem Beton ist eine genaue Berücksichtigung der im Sand und oft auch in den gröberen Gesteinskörnungen enthaltenen Feuchtigkeit, Voraussetzung.

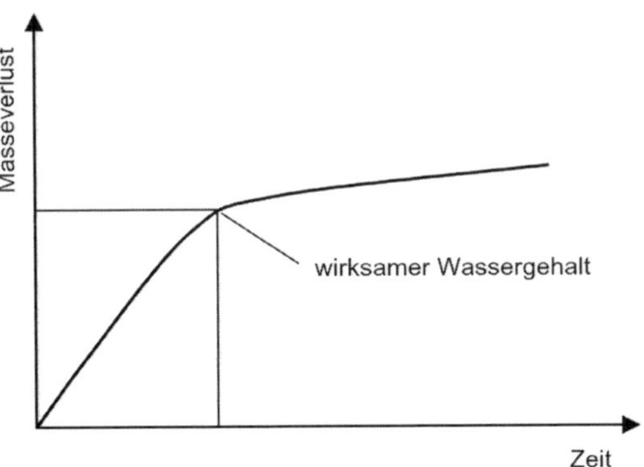

Abb. 7.2-2: Beim Trocknen von Gesteinskörnungen entweicht zuerst das für den *w/z*-Wert wirksame Oberflächenwasser und anschließend langsamer das Kernwasser

Maßgebend ist der gravimetrisch, d. h. durch Darren im **Trockenschrank** oder etwas weniger zeitaufwändig mit **Infrarotstrahlen, Mikrowellen** oder durch Abbrennen von eingemischtem **Spiritus** ermittelter Wassergehalt. Doch Vorsicht: Für den *w/z*-Wert kommt es nicht auf das gesamte, beim Darren verdampfbare Wasser an, sondern nur auf das für den Zement zur Verfügung stehende, also **wirksame Wasser**, also nicht auf jenes, das von den Poren der Gesteinskörner aufgenommen wurde. Dieses **Kernwasser** kann 1 % und mehr, bei Leichtkörnungen oder recycliertem Beton sogar viel mehr ausmachen. Da das Kernwasser beim Trocknen langsamer entweicht, zeigt sich bei mehrmaligen Wiegen der Probe während des Trocknens einen **Knick in der Trocknungskurve**, Abb. 7.2-2.

Daraus lässt sich abschätzen, wann die Gesteinskörner oberflächlich trocken, aber im Kern noch feucht sind.

Indirekte Feuchtmessverfahren machen es möglich, den beim Sand und auch bei den gröberen Körnungen ermittelten Messwert **automatisch** mit Hilfe der Mikroprozessorsteuerung bei der Dosierung der Mischungsanteile zu berücksichtigen. Darüber hinaus kann damit auch der Wassergehalt des Betons im Mischer bestimmt werden.

Gebräuchlich sind heute Verfahren, die

- die **elektrische Leitfähigkeit**, also den Reziprokwert des elektrischen Widerstandes messen oder
- nach dem Prinzip von **kapazitiven Hochfrequenzverfahren** die Dielektrizitätskonstante ermitteln, wobei aus einem Vergleich des Messwertes, der meist zwischen 3 und 10 liegt, mit jenem von Wasser mit 80 auf den Feuchtegehalt geschlossen werden kann,

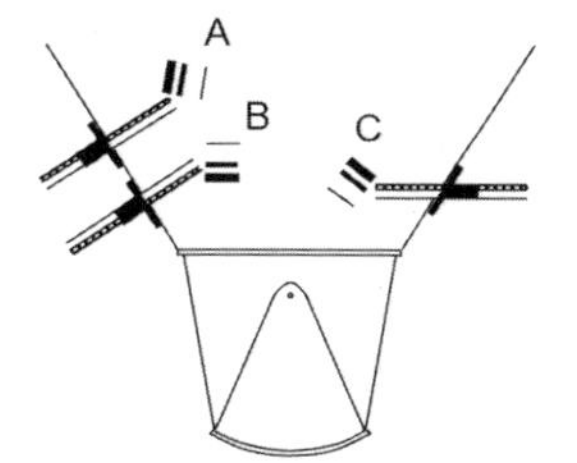

A) Falsch – Material staut sich auf der Messfläche

B) Falsch – Bei Klappenöffnung großer Dichtenunterschied des Messmaterials am Sensorkopf. (Material „fällt" daran vorbei)

C) Richtig – Sonde befindet sich direkt im Materialstrom. Nur unwesentliche Dichteunterschiede zwischen Dosierung und geschlossener Klappe.

Festsitzendes Material, das erst bei völliger Entleerung des Silos nachrutscht.

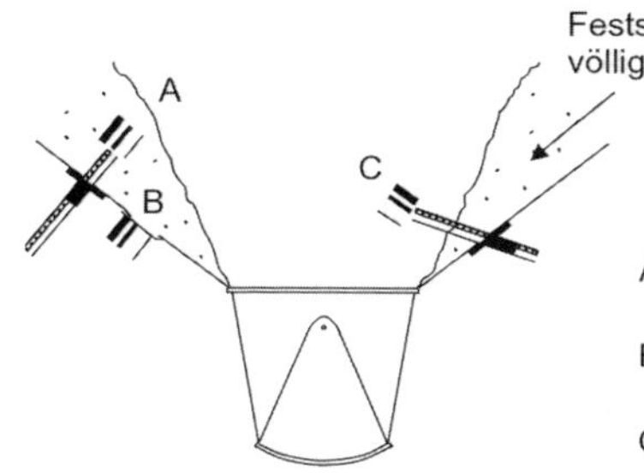

A) Falsch – Sonde befindet sich nicht im Materialfluss

B) Falsch – Sonde befindet sich nicht im Materialfluss

C) Richtig – Sonde misst im Hauptstrom

Abb. 7.2-3: Nur bei richtiger Anordnung der Sonden für die Feuchtemessung sind kennzeichnende Ergebnisse zu erwarten, [Sonnenberg 04]

- auch aus der Schwächung von **Mikrowellen**, die zwischen einem Sender und einem Empfänger auftritt, kann über die Dielektrizitätskonstante auf die Feuchte des dazwischen durchströmenden Materials geschlossen werden [Ludwig 99],
- schließlich wird neuerdings vielfach mit der **Radar-Impulstechnologie** gearbeitet, bei der ebenfalls die Dielektrizitätskonstante gemessen wird, die dann in Materialfeuchte umgerechnet wird, [Krell 15, Sonnenberg 12].

Bei allen indirekten Verfahren ist es wichtig, dass die **Messgeber** so angeordnet sind, dass sie den Materialstrom erfassen und **nicht mit wasserreichem Feinmaterial verklebt** sind, Abb. 7.2-3.

Der Messwert ist nicht nur von der Feuchte, sondern auch von der **Schüttdichte,** der Temperatur und der Zusammensetzung beeinflusst, so dass stets durch einen Vergleich mit Darrproben eine **Kalibrierkurve** ermittelt werden muss. Bei jeder Änderung der Gesteinskörnung, wie etwa einer anderen Gewinnungsstätte des Sandes und darüber hinaus üblicherweise wöchentlich, müssen **Kontrollmessungen** durchgeführt werden. Gelöste Salze oder Gase oder Änderungen des pH-Wertes können sich als Störfaktoren erweisen.

Während mit der Feuchtemessung schon seit Jahrzehnten Erfahrungen gesammelt wurden, steckt die automatische **Messung der Konsistenz** noch in den Kinderschuhen. Überwiegend muss man sich heute noch auf Messungen des **Wassergehaltes** des gemischten Betons und die **Leistungsaufnahme des Mischers** stützen. In Fahrmischern könnte bei einigen häufig vorkommenden Betonsorten aus dem hydraulischen Druck des Antriebes und dem Drehmoment auf das Ausbreitmaß geschlossen werden [Karden 11].

7.2.5 Mischen des Betons

Für das Mischen des Betons wurden Mischer von sehr unterschiedlicher Bauart entwickelt, [Beitzel 17]:

- **Trommelmischer (Freifallmischer)**, zu denen auch die Fahrmischer der Transportbetonwerke und die kleinen 80 oder 100 l fassenden Baustellenmischer mit **kippbarer Trommel** gehören. Sie sind robust und zeigen nur bei langem Einsatz Verschleiß. Für Massenbeton mit einem Größtkorn bis zu 125 mm werden Trommelmischer mit einer Nenngröße bis zu 4,5 m^3 verwendet.
- **Tellermischer** sind Zwangsmischer, bei denen der Beton in einem meist sich um eine **senkrechte Achse drehenden Mischgefäß** mit meist **exzentrisch angeordneten Mischwerkzeugen** durchgemischt und durch eine Bodenöffnung des Mischgefäßes entleert wird. Tellermischer werden wegen des intensiven Mischvorganges in Fertigteilwerken bevorzugt und erlauben bei entsprechender Bauart auch kürzere Mischzeiten.
- Bei **Trogmischern**, wie sie auch bei Asphalt-Mischanlagen üblich sind, handelt es sich um

Zwangsmischer mit einer oder zwei horizontalen Mischwellen. **Doppelwellen-Trogmischer** werden heute vielfach bei hohen Anforderungen bevorzugt. Die Mischungsanteile werden auf engem Raum intensiv durchmischt, wobei Zerkleinerungserscheinungen weicher Körner weniger ausgeprägt sind und Fasern gut eingemischt werden können.

- Bei **Durchlaufmischern** laufen die Ausgangsstoffe im Gegensatz zu den vorgenannten Chargenmischern an einem Ende einer Trommel oder eines Troges kontinuierlich zu und werden mit horizontalen oder schwach geneigten Mischwellen durchgemischt. Am anderen Ende wird der Beton ausgetragen. Durchlaufmischer werden nur verwendet, wenn große Mengen von **bis zu 200 m³ je Stunde** an Beton einer Sorte oder Mischgut für Hydraulisch Gebundene Tragschichten innerhalb kurzer Zeit herzustellen sind.
- Als **Combi-Mischer** bezeichnet man Doppelwellen-Trogmischer, die sowohl **chargenweise** als auch als **Durchlaufmischer** verwendet werden können. Sie werden wegen ihrer variablen Stundenleistung von 50 bis 200 m³ bevorzugt in mobilen Werken für größere Baustellen verwendet und müssen dazu auch rasch aufgebaut werden können.
- **Suspensionsmischer**, mit denen Zementleim und auch Zusätze von Feinststoffen wie Farbpigmenten unter großem Energieeintrag hochtourig gemischt werden. Durch das intensive Mischen mit einem **Wirbler** werden Agglomerate vermieden und die Feinststoffe besser aufgeschlossen. Bei der Herstellung von Beton kann der Leim vorgemischt werden, (Zweistufiges Mischen).

Die **Mischwirkung** kann aber auch nach DIN 459-2 oder einer neueren RILEM-Empfehlung geprüft werden. Dabei werden drei unterschiedliche Betonsorten hergestellt und nach optimaler Mischzeit an Proben die **Variationskoeffizienten** des Gehaltes an **Wasser, Mehlkorn und Grobkorn sowie Porenluft** ermittelt. Dazu werden **4 bis 6 dm³ große Proben** beim Entleeren des Mischers entnommen, wobei die ersten und letzten 0,1 m³ Mischgut unberücksichtigt bleiben.

Bei der Wahl eines Mischers ist neben **Stundenleistung** und **Mischwirkung** stets auch der **Verschleiß** der Mischwerkzeuge und der **Zeitaufwand zum Reinigen und Schmieren** zu beachten. Vielfach werden heute Mischer mit **Hochdruckwasserdüsen zum Reinigen** ausgestattet. Wichtig kann auch die Möglichkeit zum Anbringen von **Zusatzeinrichtungen** sein, wie etwa für das Einbringen von **Heißdampf, Silica-Suspension oder Fasern.** Bei Sonderbetonen kommt der Auswahl eines geeigneten Mischers besondere Bedeutung zu.

Eine zu große Füllung des Mischers beeinträchtigt die Mischwirkung erheblich. Der **Nenninhalt der Mischer** bezieht sich auf das oft recht optimistisch bewertete Fassungsvermögen von unverdichtetem weichen Frischbeton, der bei einem Verdichtungsmaß von beispielsweise 1,05 nur ein geringes Porenvolumen hat. Wird Beton plastischer oder gar steifer Konsistenz hergestellt, dann kann aus dem Verdichtungsmaß von 1,11 bis 1,25 bzw. 1,26 bis 1,45 abgelesen werden, dass die Lagerungsdichte im Frischbeton erheblich kleiner ist und daher mit einer Mische nur ein **deutlich kleineres Volumen an verdichtetem Beton** hergestellt werden kann. Als Faustregel gilt, dass das mit einer Mische herstellbare Volumen an Festbeton **zwei Drittel des Nenninhalts** des Mischers beträgt.

In der Regel wird in den Mischer **zuerst die grobe Gesteinskörnung**, anschließend der Sand, Zement und Zusatzstoffe und **erst zum Schluss das Wasser mit den meist flüssigen Zusatzmitteln und ggf. Silica-Suspension** zugegeben. **Fließmittel und Verflüssiger** sind besonders wirksam, wenn sie erst mit dem letzten Drittel des Wassers zugegeben werden. Mitunter können Fließmittel oder auch Verzögerer erst zu einem späteren Zeitpunkt zugemischt werden, damit sie länger wirksam bleiben. **Luftporenmittel** sollen, damit sie am wirksamsten sind und ein stabiler Luftgehalt leichter eingestellt werden kann, im Anmachwasser, aber noch vor anderen Zusatzmitteln zugemischt werden.

Die **Mischzeit** beginnt definitionsgemäß erst **nach Zugabe aller Ausgangsstoffe**. Um die **Stundenleistung** eines Mischers zu berechnen, muss auch die zum Beschicken und Entleeren erforderliche Zeit berücksichtigt werden.

Der Beton muss so lange gemischt werden, bis ein nach Augenschein **einheitliches gleichmäßiges Mischgut** entstanden ist. Durch etwas **längeres Mischen** wird der **Zement besser aufgeschlossen** und der Frischbeton **geschmeidiger und etwas weicher**. Zu kurzes Mischen führt zu **unzureichender Mischungsstabilität**, besonders bei leimarmem Beton, LP-Beton, Faserbeton und dgl. Die notwendige **Mischzeit** liegt in der Regel zwischen 30 und 120 Sekunden und ist bei Freifallmischern etwas größer als bei Zwangsmischern. Ganz entscheidend wird die nötige Mischzeit von der **Bauweise des Mischers** und dem **Füllungsgrad** und mitunter sogar einstellbaren **Drehzahl** (Geschwindigkeit) der **Mischwerkzeuge**, sowie von der angestrebten **Konsistenz** bestimmt. **Luftporenbeton muss etwas länger** gemischt werden, damit sich die Luftporen noch im

Mischer ausreichend entwickeln. Auch mehlkornreiche Betone müssen wegen des **zäh-klebrigen Feinmörtels deutlich länger** gemischt werden.

Da sich die Mischdauer direkt auf die Stundenleistung einer Mischanlage auswirkt, wird sie oft zu knapp bemessen. Für Straßenbeton ist eine Mischzeit von mindestens 45 Sekunden vorgeschrieben, doch gibt es Firmen, die für ihre Mischanlagen diesen Zeitraum auf 55 Sekunden erhöhen. Bei **zu langem Mischen** kann es vorkommen, dass einzelne Bestandteile wieder herausgelöst werden. Vielfach wird auch ein erhöhtes Ansteifen durch den **Abrieb von weniger festen Gesteinskörnern** beobachtet.

Durch intensives Vormischen des Leimes mit einem **Suspensionsmischer** („kolloidales Mischen“) wird der Beton besser verarbeitbar und erreicht eine **höhere Frühfestigkeit**. Die meist vorliegenden Agglomerate von Zement und anderen mehlfeinen Stoffen werden durch sehr intensiv wirkende **Wirbler**, die Umfangsgeschwindigkeiten von 10 bis 30 m/s haben, aufgespalten. Dadurch wird die Oberfläche der Zementkörner intensiver mit Wasser benetzt. Auch die Verarbeitbarkeit des Betons wird verbessert, vorausgesetzt, das Vermischen wird **nicht so weit getrieben**, dass sich durch Abrieb **zusätzliches mehlfeines Korn** bildet.

7.2.6 Kühlen oder Erwärmen des Betons

Beton mit einer **Temperatur zwischen 5 °C und 12 °C** hat eine **etwas weichere** Konsistenz und erreicht auch **geringfügig höhere 28-Tage-Festigkeiten** als Beton gleicher Zusammensetzung mit höherer Temperatur. Selbstverständlich gilt dies nur, soweit sich seine Temperaturen am ersten Tag nicht wesentlich ändert. **Hohe Temperaturen des Frischbetons** sind im Hinblick auf Temperaturspannungen genauso **von Nachteil wie** eine am ersten Tag entstehende große **Hydratationswärme**. Bei Temperaturen **über 25 °C** kann der Beton auch erheblich **schneller ansteifen**. Auch die **Wirkung von Zusatzmitteln** wird stark von der Temperatur des Frischbetons bestimmt, vgl. Abb. 2.5-1.

Unter den klimatischen Bedingungen Mitteleuropas muss man damit rechnen, dass an extrem heißen Tagen in den Monaten Juni bis August ohne besondere Maßnahmen **Frischbetontemperaturen bis zu 32 oder 34 °C** auftreten können. Wenn in Mischanlagen die Silos über ein **Wochenende** der prallen **Sonne** ausgesetzt waren, können auch noch höhere Temperaturen entstehen. Für bestimmte Bauaufgaben – vor allem wenn Zwangsspannungen Risse verursachen können – ist es notwendig, die Temperatur des einzubauenden Betons auf **höchstens 25 °C**, wie bei Tunneln oder Fundamentplatten weißer Wannen abzusenken. Für massige Bauteile von Wasserbauten werden Frischbetontemperaturen **unter 15 °C** gefordert. Massenbeton muss mit noch niedrigeren Temperaturen eingebaut werden. Bei der 186 m hohen Gewölbesperre Zillergründl (Tirol) wurde durch Zugabe von Scherbeneis die Frischbetontemperatur auf **5 bis 8 °C** abgesenkt, beim großen Wasserkraftwerk Itaipu im brasilianischen Urwald waren Frischbetontemperaturen von höchstens 6 °C gefordert, was auch eine Kühlung des Grobkorns mit Eiswasser und des Sandes mit Luft von –17 °C nötig machte.

Bei **Frost** und Temperaturen nahe dem Gefrierpunkt muss Beton, wenn die Frischbetontemperaturen sonst unter 10 °C liegen würden, **erwärmt** werden. Damit die **Hydratation zügig beginnt**, sind Temperaturen **über +3 °C** nötig, die nicht unterschritten werden dürfen, bis der Beton eine Druckfestigkeit von **mindestens 5 N/mm²** erreicht und damit **gefrierbeständig** ist, d. h. ohne Schaden einfrieren kann, vgl. Abschn. 4.4.2. Im Allgemeinen wird Transportbeton im Winter **auf +15 °C aufgeheizt**, mit **mindestens 12 °C übergeben** und dem Abnehmer ein pauschaler **Heizkostenzuschlag** in Rechnung gestellt. Damit wird auch erreicht, dass **seitlichen Schalungen** meistens schon am Tag nach dem Betoneinbau entfernt werden können.

Die **Temperatur des Frischbetons** lässt sich leicht **berechnen,** wenn man davon ausgeht, dass die spezifische **Wärmekapazität des Wassers** rund **fünfmal so groß** ist wie jene von Zement und diese wiederum ungefähr gleich groß ist wie jene der **Gesteinskörnungen**. Man braucht also nur die Mischungsanteile mit deren Temperatur zu multiplizieren, den Wasseranteil zusätzlich mit dem Faktor 5 und durch die Summe der Mischungsanteile – beim Wassers wiederum mit deren fünffachen Wert gerechnet – zu dividieren. Wer präzise Berechnungen liebt, besorge sich aus Handbüchern die genauen Werte der spezifischen Wärmekapazität der einzelnen Bestandteile, darf aber nicht enttäuscht sein, wenn schon bei der Abschätzung der Eigenfeuchte des Sandes, die im Gegensatz zum Zugabewasser mit der Temperatur des Sandes in Rechnung gestellt werden muss, Unsicherheiten auftreten. Dazu kommt auch, dass sich der Beton beim **Mischen um 1 bis 2 K** erwärmt.

Als **Faustregel** kann angenommen werden, dass sich Beton mit 300 kg/m³ Zement und 165 kg/m³ Wasser **um 1 K** (also 1 °C) **erwärmt,** wenn

der **Zement um 10,1 K,**

die trockenen **Gesteinskörnungen um 1,6 K** oder

das **gesamte Wasser um 3,7 K**

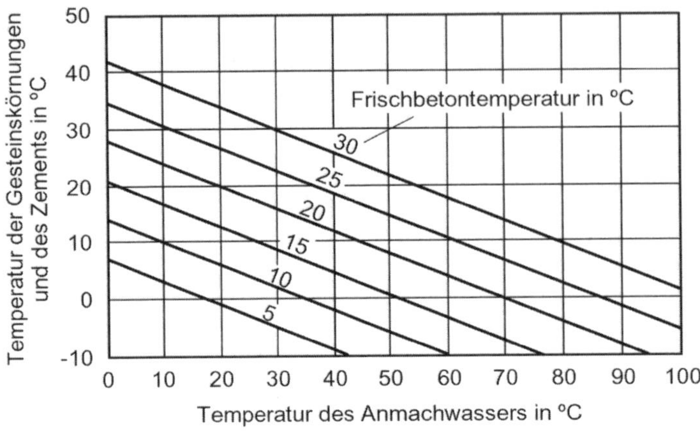

Abb. 7.2-4: Mit heißem Anmachwasser kann der Frischbeton erwärmt werden. Diagramm für 1 900 kg/m³ trockene Gesteinskörnungen, 300 kg/m³ Zement und 180 kg/m³ Anmachwasser [Grübl 01]

wärmer ist oder

1 kg/m³ Wasserdampf zugemischt wird.

Darüber hinaus gilt, dass

7,6 kg/m³ Eis, das beim Mischen schmilzt ebenso wie

7 kg/m³ (theoretischer Wert) **bis 13 kg/m³ flüssiger Stickstoff** die Temperatur um **1 K senken**.

Die **Temperatur** des Frischbetons kann auch aus Abb. 7.2-4 abgeschätzt werden.

Zum **Erwärmen des Betons** kann man das **Zugabewasser** aufheizen, [Pree 05]. Nachdem die Gesteinskörnungen aber meist schon feucht sind und nur mehr wenig Wasser zugegeben werden kann, erreicht man auf diese Weise nur eine mäßige Erwärmung. Auch soll das heiße Wasser eine Temperatur von **60 °C nicht überschreiten**, wenn es im Mischer direkt auf Zement trifft. In Transportbetonwerken wird heute meist **Heißdampf** in den Mischer **eingedüst**, wie dies auch in Betonstein- und Fertigteilwerken gemacht wird, damit der Beton schneller erhärtet und früher ausgeschalt werden kann. Vielfach wird auch Heißdampf oder Heißluft schon zum **Erwärmen der Gesteinskörnungen** in den Silos oder Deponien und auch zum Auftauen verwendet. Dabei ist auf eine gleichmäßige Erwärmung der gesamten Gesteinskörnungen besonders zu achten. Auch **kombinierte Warmwasser- und Warmluftheizungen in Containern** oder in stationären Anlagen werden eingesetzt, [Mack 05].

Auch zum **Kühlen** kann man Wasser verwenden, wozu in Containern **Kaltwasseranlagen** für Wassertemperaturen von +4 °C angeboten werden. Noch einfacher, wenn auch nicht ganz so wirkungsvoll, ist es, die Gesteinskörnungen über 4 mm schon lange bevor sie in den Mischer kommen, intermittierend **mit kaltem Wasser leicht zu besprühen** und zur Aktivierung der **Verdunstungskälte abtrocknen** zu lassen. Die Temperatur der groben Gesteinskörnungen lässt sich so um bis zu 5 K und damit jene des Frischbetons um bis zu 3 K absenken. Voraussetzung dazu ist, dass alle Gesteinskörnungen durch **Schutzdächer vor Sonneneinstrahlung geschützt** werden.

Reichen diese Maßnahmen nicht aus, kann **flüssiger Stickstoff**, der eine Temperatur **von höchstens –193 °C** aufweist, in den **Betonmischer** oder mit speziellen Lanzen in den **Fahrmischer eingedüst** werden, Abb. 7.2-5.

Durch ständiges Mischen muss sichergestellt werden, dass sich der flüssige Stickstoff, der für den Beton **chemisch völlig unbedenklich** ist, **gleichmäßig verteilt** und der Beton **nirgends gefriert**. Dabei kann es zu einer stärkeren Wirkung von beigegebenen Luftporenbildnern und auch zu einer weicheren Konsistenz kommen. Stickstoffkühlung mit Lanzen einzudüsen, ist teuer und erfordert bei Zugabe im Fahrmischer einen Zeitaufwand von bis zu 20 Minuten. Die Gesteinskörnungen und die Mischertrommel werden thermisch beansprucht. Es bildet sich Nebel, ein Teil der Energie geht verloren. Besser ausgenützt wird flüssiger Stickstoff, wenn man damit den **Zement abkühlt**. Dies kann entweder bei der Füllung des Zementsilos oder besonders effektiv und **gut dosierbar** auf bis zu minus 190 °C unmittelbar **vor der Zementwaage** geschehen, wobei mit einem so **gekühltem Zement** eine Abkühlung des Frischbetons um bis zu 22 °C möglich ist.

Müssen mindestens mehrere Monate lang Betonlieferungen gekühlt werden, dann ist es wirtschaftlicher, mit **Scherbeneis** (Brucheis) zu arbeiten. Es wird in einer **Industrieeisanlage** hergestellt, so gelagert, dass es nicht **zusammenballt** und über eine **Eiswaage** im

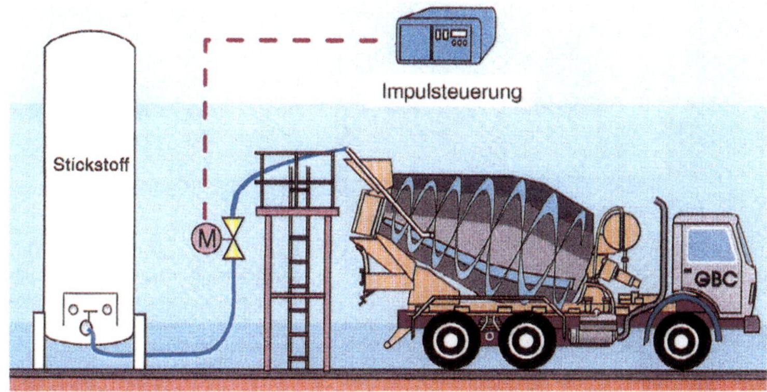

Abb. 7.2-5: Durch Eindüsen von flüssigem Stickstoff kann Frischbeton gekühlt werden, [Pree 05]

Mischer anstelle eines Teils des Zugabewasser **auf die grobe Gesteinskörnung** zudosiert werden kann. Das Eis muss noch **während des Mischens schmelzen**. Daher können als Scherbeneis **höchstens 3 bis 4 mm dicke Eisscherben** verwendet werden. Damit keine dickeren Eisstücke entstehen, wird in den meist in **Containern** untergebrachten Anlagen Wasser auf eine Kühltrommel gesprüht und das dabei entstehende Eis sogleich abgeschabt. Da Scherbeneis **nur kurze Zeit lagerfähig** ist, wird es meist nahe der Mischanlage hergestellt. Es lässt sich gut dosieren. Die Frischbetontemperatur kann damit um **bis zu 10 K** abgesenkt werden.

In südlichen Ländern müssen vor allem für Massenbeton auch die Gesteinskörnungen gekühlt werden. Man verwendet dazu Kaltwasser oder Kaltluft, [Mack 05].

7.3 Transportbeton

7.3.1 Entwicklung

Der Grundgedanke, Beton nicht gesondert auf jeder Baustelle, sondern in einem gut eingerichteten Werk herzustellen und „ohne Verlust der Bindefähigkeit" zum Ort der Verwendung zu transportieren, hat schon **1903** den Hamburger J. H. Magens fasziniert. Er erhielt dafür ein Patent und hat auch schon mehrere Werke betrieben, die aber wieder verloren gingen. In den Vereinigten Staaten blühte in den Dreißigerjahren aber dann doch das Geschäft, während in Deutschland die ersten Transportbetonwerke erst Ende der 50er Jahre entstanden. Ob der späte Beginn nur wirtschaftliche Gründe hatte oder technische Bedenken bestanden, ist nicht mehr nachzuvollziehen. Tatsache ist aber, dass man lange Zeit hindurch der Meinung war, der Beton könne beim Transport an Güte einbüßen. Dies ging so weit, dass man für Autobahnen sog. Brückenmischer vorschrieb, das sind Mischer, die wie die damaligen Fertiger auf den seitlichen Schalungsschienen fuhren und den Beton direkt an der Stelle, wo er eingebaut wurde, aus dem Mischtrog abkippen konnten.

Schließlich wurden aber dann doch Transportbetonwerke eingerichtet und im Jahre **1961** erschienen in Deutschland auch die ersten **vorläufigen Richtlinien für Transportbeton**. Bis 1980 stieg die Zahl der Transportbetonwerke rasant an. Heute gibt es in Deutschland nahezu 2 500 Werke mit über 5 700 Fahrmischern und über 1 500 Betonpumpen. Auf **Baustellen** wird Beton nur mehr gemischt, wenn es sich um **sehr kleine** oder **sehr große Mengen** innerhalb kurzer Zeit handelt. Heute findet man eigene Mischanlagen nur mehr in **Betonstein- und Fertigteilwerken** und auf **großen Baustellen**, etwa bei **Autobahn-Deckenlosen, Tunnelbauten** oder bei großen **Wasserbauten.** Sie werden nicht selten von dafür spezialisierten Firmen betrieben.

Die große Anzahl von Transportbetonwerken führt dazu, dass der Beton kaum über mehr als 25 km weit geliefert werden muss und daher ein zu spätes Entladen kein Problem mehr ist, wenn nicht Staus im Straßenverkehr oder Verzögerungen beim Einbau auftreten.

In den ersten Jahrzehnten brachte die planmäßige Werksfertigung gegenüber mitunter weniger gut ausgestatteten Baustellenanlagen auch Vorteile dank einer gleichmäßigeren Qualität. In den jetzigen Zeiten des starken Wettbewerbs wird Transportbeton meist auch **wirtschaftlich so optimiert**, dass die zugesicherten Eigenschaften **nur mit knapp bemessenen Vorhaltemaßen** angesteuert werden.

7.3.2 Anforderungen an den Transport

Nach DIN 1045-3 **sollte** der Beton spätestens **90 Minuten** nach der Wasserzugabe aus dem Fahrmischer vollständig entladen sein. Bei steifem Beton, der in

Abb. 7.3-1: Fahrmischer mit aufgeschnittener Mischtrommel, um die Spiralen (hier mit Verschleißschutzleisten) sichtbar zu machen (Fa. Liebherr)

Mulden, also Fahrzeugen ohne Mischer oder Rührer befördert wird, sollte dies schon nach **45 Minuten** der Fall sein. Diese Zeitangaben der Norm sind natürlich grobe Vereinfachungen. Umfangreiche Untersuchungen [Wischers 63] zeigten, dass in den ersten Stunden **keine Gefahr** durch eine Beeinträchtigung der **Reaktionen des Zements** besteht. Vielmehr **steift** der Beton **nach einiger Zeit etwas an**, sodass er **nicht mehr vollständig verdichtet** werden kann. Beton, der **mehrere Stunden lang langsam gemischt** wurde und dann noch **ausreichend verdichtet** werden konnte, zeigte **höhere Anfangsfestigkeiten** und auch nach **28 Tagen noch etwas höhere Festigkeiten** als sofort verdichteter Beton. Günstig ist es, den Beton **nicht länger ruhen** zu lassen, sondern immer wieder **kurz zu durchmischen**. Wird der Beton dagegen schnell, d. h. **intensiv, gemischt,** dann wird er deutlich **schneller steif**. Daher darf der Fahrmischer während der Fahrt die **Trommel nicht ständig rasch drehen**, sondern höchstens langsam rühren. Wenn man zu schon angesteiftem Beton Wasser zumischt, um ihn noch verdichten zu können, fällt seine Festigkeit erheblich niedriger aus, genauso wie wenn man das Mehr an Wasser schon beim ersten Mischen zugegeben hätte. Bei **längerem intensiven Mischen erwärmt sich der Beton** erheblich, wodurch das **Ansteifen beschleunigt** wird.

Der **Abrieb der Gesteinskörnungen** durch längeres Mischen ist bei Flusskiesen gering und spielt offensichtlich nicht die große Rolle, die man vermuten könnte. Bei weniger abriebfesten Gesteinskörnungen lässt sich eine **Zunahme des Mehlkorngehaltes** im Zweifelsfall leicht abschätzen, wenn man eine Probe im Labormischer länger mischt. Ein sehr langes und intensives Mischen führt zu einem **besseren Aufschluss des Zements.** Dabei werden die sich an der Oberfläche der Zementkörner gebildeten, ersten Hydratationsprodukte abgerieben, so dass neue Flächen frei liegen. Das ist die Ursache für eine deutlich höhere Anfangsfestigkeit. Auch die Biegezugfestigkeit wird durch langes Mischen nicht beeinträchtigt. Dagegen wird das **Schwinden** bei plastischem und besonders bei sehr weichem Beton ganz **erheblich größer.**

Der Albtraum jedes Mischerfahrers ist also nicht, dass er im Stau steht und der Beton in seiner Trommel fest wird. Im Notfall kann er das Wasser, das er für die Reinigung bei sich hat, einmischen. Viel **schlimmer** ist es, wenn der **Antrieb der Trommel versagt.** Für diesen Fall haben die meisten Trommeln eine Notöffnung, die von außen mit einem Deckel verschraubt ist. Oft kann die **Trommel mit einer Kurbel auch von Hand gedreht** werden.

7.3.3 Fahrmischer und Mulden

Beton, der sich beim Transport nicht entmischt, kann in **Mulden** befördert werden. Sie sind einfacher im Aufbau und können mehr Ladung aufnehmen. Bei großen Betonstraßenbaustellen verwendet man große Drei- oder Vierachser mit Mulden, dieselben wie für die Anlieferung der Gesteinskörnungen. Die Mulden müssen aber **aus Stahl** sein, **nicht aus Aluminium**, damit Betonschäden durch Aluminiumreaktion vermieden werden. DIN 1045-3 geht davon aus, dass sich **nur steifer Beton nicht entmischt** und daher ohne Mischer oder Rührwerk befördert werden darf.

Gebräuchlich sind heute **Fahrmischer** für 4 m³ bis 15 m³ Nennfüllung (Volumen des Festbetons), [Sonnenberg 04/1, 06/1], am häufigsten findet man Vierachser für 8 m³ bis 12 m³ Festbeton, Abb. 7.3-1. Kleine zweiachsige 4 m³-Fahrmischer findet man im Gebirge mit engen Straßen.

Die Mischertrommel darf stets **nur zu 55 bis 60 % gefüllt** werden, auch wenn etwa bei Leichtbeton die Versuchung groß ist, die zulässige Höchstlast auszunutzen. Die Trommel wird direkt vom **Fahrzeugmotor** oder einem **eigenen Motor** stufenlos verstellbar bis zu 14-mal je Minute gedreht. Zum **Entleeren**

Abb. 7.3-2: Fahrmischer mit Förderband zum Einbringen von Beton oder auch Kies oder dgl.

wird die **Drehrichtung umgekehrt,** so dass die Spiralen im Inneren der Trommel den Beton austragen.

Wenn während der Fahrt die Trommel steht, verdichtet sich der Beton und es überrascht nicht, dass beim neuerlichen Drehen die Gefahr besteht, dass der Fahrmischer umkippt. Aber auch bei der üblichen langsamen Drehbewegung während der Anlieferung kann es in engen Kurven zu gefährlichen Situationen kommen. Damit fließfähiger Beton oder Mörtel auf steilen Rampen nicht aus der Trommel schwappt, kann ein **Deckel** als Trommelverschluss angebracht werden.

Beim Entleeren fließt der Beton über den **Auslauftrichter** und über **Schwenk-** oder **Klappschurren** in Krankübel oder Pumpen, mitunter auch mit verlängerten Schurren direkt zum Ort der Verwendung. Zur Standardausrüstung gehört auch ein **Wassertank mit Pumpe** und Schlauch, um Trommel und Entleerungseinrichtungen reinigen zu können. Mitunter wird im Werk auch nicht das ganze vorgesehene Wasser zugegeben, sondern erst bei der Übergabe mit einem Teil des restlichen Wassers die erforderliche Konsistenz eingestellt. Dabei wird mitunter auch versucht, durch Messung der zum Mischen nötigen Antriebsleistung auf die Konsistenz zu schließen.

Die Bauweise der Fahrmischer mit drehbarer Trommel als Freifallmischer und Schurre zum Entleeren hat sich in den letzten 50 Jahren kaum verändert. Gute Fahrmischer zeichnen sich durch eine **niedrige Schwerpunktslage, robuste und wartungsarme Bauweise** und leicht **zu reinigende Entleerungseinrichtungen** am Heck aus. Zu den Verbesserungen der letzten Jahre gehören ein **erhöhter Bedienungskomfort**, **hochverschleißfeste Stahlbleche** mit **größere Blechdicken** der **Trommel** und der darin eingeschweißte **Spiralen** und **gewichtsreduzierte Fahrgestelle und Aufbauten**, um beispielsweise mit 4-Achs-Fahrmischern mit 32 t zulässigem Gesamtgewicht 8 m^3 Beton transportieren zu können, [Sonnenberg 14].

Für kleinere Baustellen bewährt haben sich Fahrmischer **mit Betonpumpe** samt Ausleger oder auch **mit Förderband**, Abb. 7.3-2.

Fahrzeuge mit Förderband können auch zum Einbringen von Sand, Kies oder Splitt verwendet werden.

7.3.4 Liefervereinbarungen

Transportbeton ist kein Fertigprodukt, sondern wird von einem Werk hergestellt und von seinem Geschäftspartner, der Baufirma, „verwendet". Die dabei nötige auch zeitlich präzise Zusammenarbeit kann sehr leicht zu Irrtümern bis hin zu Streitfällen führen. Um sie zu vermeiden, wurde von den zuständigen Verbänden ein **Leitfaden für technische Liefervereinbarungen** ausgearbeitet [BTB/DBV 01], [Lindner 02].

Heute wird in den meisten Fällen aus dem **Sortenverzeichnis** (Eigenschaftsverzeichnis) des Transportbetonwerkes **Beton nach Eigenschaften** nach DIN FB 100 bestellt. Darin müssen dieselben Angaben wie bei der Festlegung des Betons (Abschn. 5.2) enthalten sein, mindestens

1. **Druckfestigkeitsklasse**, z. B. C 20/25
2. **Expositionsklasse**(n), z. B. XC 4 und XF 1, (in Österreich auch Kurzbezeichnung, Abschn. 4.1.2) wenn AKR möglich auch **Feuchtigkeitsklasse,**

3. **Konsistenzklasse** bei der Übergabe, z. B. F 3, bei schwierigen Einbaubedingungen ggf. auch **Konsistenzmaß**
4. Nennwert des **Größtkorns**, z. B. 16 mm
5. Art der Verwendung: **unbewehrter Beton, Stahlbeton** oder **Spannbeton** (nur wegen des maximal zulässigen Chloridgehaltes)

Die Bestellung vereinfacht sich, wenn die gewünschte Betonsorte durch eine **Schlüsselnummer** definiert ist. Der Verwender des Betons muss dem Hersteller selbstverständlich auch Angaben über

- **Menge**
- **zeitlichen Ablauf der Lieferung**,
- **Anfahrtsweg**,
- **Beschränkungen** oder **Behinderungen** bei der **Anfahrt** und
- ggf. **besondere Einbauverfahren** machen.

Gut ist es, wenn ein Angehöriger des Betonwerks vorher die Baustelle besucht, um sich über die Zufahrt und sonstigen Verhältnisse zu informieren. Wenn abzusehen ist, dass für die Anlieferung und den Einbau bis zur vollständigen Entleerung des Fahrmischers möglicherweise ein Zeitaufwand von **mehr als 90 Minuten** erforderlich ist, muss bei der Bestellung vereinbart werden, dass der Beton entsprechend **verzögert** wird.

Nach DIN FB 100 darf bei jeder Expositionsklasse eine bestimmte Druckfestigkeitsklasse nicht unterschritten werden. So muss beispielsweise für ein Innenbauteil, also für eine trockene Umgebung, ein als XC 1 bestellter Beton mindestens eine Festigkeit entsprechend C 16/20 aufweisen. In Fällen, in denen er wegen der statischen Anforderungen einer höheren Festigkeitsklasse entsprechen muss, etwa C 25/30, steht am Lieferschein dann neben die **C 25/30** automatisch auch die **höhere Expositionsklasse XC 4**, obwohl sie **nicht bestellt** wurde. Damit sind auch alle Anforderungen an **niedrigere Expositionsklassen erfüllt**. Für den, der den Beton bezahlen muss und eine höhere Expositionsklasse geliefert bekam als er bestellt hat, **kein Grund zur Beanstandung.**

In vielen Fällen müssen an Beton nach Eigenschaften noch **zusätzliche**, oft nicht in den Sortenverzeichnissen enthaltene **Anforderungen** gestellt werden. Dies betrifft vor allem Betone für WU-Konstruktionen, massige Bauteile, Industrieböden, Gleitbauverfahren, Betone des Spezialtiefbaues, Sichtbetone, Unterwasserbetone, selbstverdichtenden Betone und Betone mit besonders hohem Widerstand gegen physikalische und/oder chemische Einwirkungen. Darüber hinaus müssen oft auch besondere Anforderungen an den Frischbeton gestellt werden, die klar beschrieben werden müssen, nötigenfalls auch die zu verwendenden Prüfverfahren. Es gibt aber auch Fälle, in denen Eigenschaften verlangt werden müssen, für die geeignete Prüfverfahren erst in Entwicklung sind, aber noch nicht allgemein eingeführt wurden, [Wagner 15]. Einige dieser Prüfverfahren können schon angewendet werden, wenn Erfahrungen damit vorliegen. Das betrifft beispielsweise Verfahren zur Beschreibung der **Pumpstabilität**, also Mischungsstabilität unter hohem Druck, für die zeitliche Entwicklung des im **Spezialtiefbau wichtigen Entwässerungsverhaltens, die Mischungsstabilität von fließfähigem Beton** und für die bei der **Oberflächenbearbeitung oft wichtigen zeitabhängige rheologischen Eigenschaften.**

Eine besondere Herausforderung ist es, zusätzliche Prüfverfahren zu entwickeln, die sich für eine **Abnahmeprüfung auf der Baustelle** eignen, also innerhalb weniger Minuten kennzeichnende Ergebnisse liefern. So eignet sich für die Beurteilung des Wasserabstoßens der Bluteimertest wegen des Zeitaufwandes nur für Laborprüfungen, während eine Prüfung mit der Filterpresse nötigenfalls in der kurzen Zeitspanne zwischen Eintreffen eines Fahrmischers und dessen Entleerung durchgeführt werden kann. Bei schwierigen Betonieraufgaben müssen **für alle Prüfergebnisse Sollwert, Toleranzbereich** und **Maßnahmen bei zu großen Abweichungen** vereinbart werden.

Auch heute ist es noch so, dass neben den in den Regelwerken festgelegten Anforderungen, siehe u. a. Zementmerkblatt Transportbeton [VDZ 13], bei anspruchvolleren Betonieraufgaben noch **Fachkompetenz, Erfahrung** und **Kooperationsbereitschaft** von **Betonhersteller** und **Anwender** entscheidend für den Erfolg einer Baumaßnahme sind. Hier kann ein kollegiales Gespräch der Beteiligten vor dem Abschluss des Liefervertrages zum Ziele führen. Dies betrifft auch die von der **Temperatur abhängige Wirkung von PCE-Fließmitteln,** aber auch anderer Zusatzmittel und deren Wechselwirkungen mit dem **Zement**, vor allem auch bei oft nur geringen Änderungen seines Sulfatträgers oder anderer Ausgangsstoffe.

Selbst bei vertraglich eindeutig festgelegten Betoneigenschaften kann es vorkommen, dass durch Lieferschwierigkeiten von Ausgangsstoffen und anderen **unerwarteten Ereignissen** kooperative Lösungen erfordern, um Streitfälle zu vermeiden, [Krell 10].

In DIN FB 100 ist vorgesehen, dass auch **Beton nach Zusammensetzung** bestellt werden kann. Der Verfasser der Festlegung, also in der Regel der Verwender, ist dann für die Erreichung der Betoneigenschaften und der durchzuführenden Prüfungen verantwortlich, während der Hersteller nur verpflichtet ist, die vorgegebenen Zusammensetzung und ggf. die Herkunft der Ausgangsstoffe, sowie eine ggf. vorgegebenen Temperatur des Frischbetons einzuhalten.

Am **Lieferschein** muss der Hersteller des Betons dem Verwender mindestens jene Angaben machen, die in DIN FB 100 bzw. ÖNORM B 4710-1 jeweils in Ziffer 7.2 gefordert werden. Sie betreffen alle für **die Verwendbarkeit maßgebenden Angaben, auch die Uhrzeit bei der Beladung** und die **Festigkeitsentwicklung**, weil langsamer erhärtende Betone länger nachzubehandeln sind. Bei besonderen Anforderungen an den Beton, etwa im Hinblick auf Verarbeitungszeit, Bluten, Gesteinsstoffe, sollten diese ebenfalls am Lieferschein angegeben werden.

Für Ingenieurbauten verlangen die ZTV-ING am Lieferschein noch ausführlichere Angaben, insbesondere auch die **eingewogenen Mengen** an Zement und allen anderen Mischungsanteilen. Eine genaue Überprüfung der Lieferscheine bedeutet bei großen Betonierleistungen allerdings einen großen Aufwand, wenn sie mit der nötigen Fachkompetenz und Gründlichkeit vorgenommen werden soll. Sie kann vielfach erst nach dem Entleeren des Fahrmischers erfolgen. Daher kann es zweckmäßig sein, in der **Liefervereinbarung** festzulegen, dass **wichtige Daten** für jeden Betonierabschnitt oder jeden Liefertag **statistisch** ausgewertet und am folgenden Tag übergeben werden, wie dies in Österreich empfohlen wird, vgl. Abschn. 7.12.3. Damit wird eine leicht nachvollziehbare Qualitätskontrolle und darüber hinaus ein Überblick über die Funktionstüchtigkeit der Mischanlage gewonnen.

7.3.5 Übergabe (Abnahme)

Mit dem Entleeren des Transportfahrzeuges (Fahrmischer oder Mulde) geht die Verantwortung für den Beton **vom Hersteller auf den Verwender** über. In der meist nur kurzen zur Verfügung stehenden Zeit soll der Verwender nicht nur den **Lieferschein unterschreiben**, sondern auch prüfen, ob dies tatsächlich der **bestellte Beton** ist und zu welcher Uhrzeit er hergestellt wurde, d. h. **wie alt** er bei der Übergabe schon ist. Das Wichtigste ist eine Sichtprüfung, ob die Lieferung auch so **wie erwartet verarbeitet** werden kann. In Überwachungsklasse 2 und 3 muss **jede Lieferung** nach Augenschein geprüft werden. Vor dem ersten Einbringen einer **neuen** Betonzusammensetzung soll stets die **Konsistenz** mit einem geeigneten Verfahren geprüft werden. Dazu wird zunächst nur ein kleiner Teil der Lieferung entladen. Ist die Konsistenz zu weich ist, kann dies ein Zeichen für zu hohen Wassergehalt und damit zu hohen *w/z*-Wert und zu niedrige Festigkeit sein. Innerhalb weniger Minuten können folgende Prüfungen durchgeführt werden:

- **Konsistenz (Ausbreitmaß oder Verdichtungsmaß)**
- **Betontemperatur**
- **Rohdichte** und
- **Luftgehalt bei Luftporenbeton**

Darüber hinaus gibt es einfache Mittel zu einer ersten Beurteilung des Frischbetons, Abschn. 5.6.5.

Einen etwas größeren Zeitaufwand erfordern

- **Bluten mit einer Filterpresse** und
- **Wassergehalt (Mikrowellen- oder Spiritusverfahren).**

Liegen Prüfergebnisse außerhalb des festgelegten Bereiches, wurde etwa Beton mit der Konsistenz F 3 bestellt, zeigt die Annahmeprüfung aber ein Ausbreitmaß unter 420 mm oder über 480 mm, kann die Lieferung vom Verwender zurückgewiesen werden, wenn keine Möglichkeit zur Korrektur, etwa durch Zugabe von Fließmittel besteht, [Meyer 05].

Eine **Wasserzugabe vor dem Entleeren** kann vom Herstellwerk geplant und zulässig sein, wenn damit der Wassergehalt der **Erstprüfung nicht überschritten** wird und die bestellte Konsistenz eingestellt werden soll. Am **Lieferschein** müssen Gesamtwassermenge und noch **zulässige Wasserzugabe vermerkt** sein. Am Fahrmischer muss eine **Dosiereinrichtung** für das Wasser vorhanden sein. Wird eine etwa wegen zu langer Fahrzeit bereits angesteifte Lieferung durch **Zumischen** des stets vorhandenen **Waschwassers** wieder verarbeitbar gemacht, ist mit einer Minderung der Festigkeit zu rechnen. Ähnliches gilt, wenn der Abnehmer eine nicht geplante Wasserzugabe verlangt, damit der Beton leichter verarbeitbar ist. Der Hersteller des Betons verlangt zu Recht, dass eine solche Wasserzugabe am Lieferschein mit **Unterschrift des Abnehmers** vermerkt werden muss und er damit von der **Verantwortung für die Güte des Betons entlastet** wird.

Fließmittel werden heute oft verwendet, um Beton besser verarbeitbar zu machen. Für Beton, der ein Ausbreitmaß über 480 mm haben soll und hochfesten Beton ist stets ein Fließmittel nötig. Weil viele Fließmittel nur eine **kurze Wirkungsdauer** haben, musste man von der alten Regel, dass Zusatzmittel schon bei der Herstellung des Betons in der Mischanlage zuzugeben sind, eine Ausnahme machen. Seither sehen wir den Fahrer des Mischerfahrzeuges oft, wie er die Konsistenz des angelieferten Betons prüft und dann mit einem Kanister mit Fließmittel zum Fülltrichter des Fahrmischers klettert und durch Zugabe einer aus einer **Dosieranweisung** entnommenen Menge an

Fließmittel den Beton auf die vereinbarte Konsistenz bringt. Die Zugabemenge soll **mindestens 1 l je m³ Beton** betragen, wozu das Zusatzmittel nötigenfalls zu **verdünnen ist**. Muss die Konsistenz genau eingehalten werden, dann sind **Dosieranweisungen,** also Konsistenz-Korrektur-Anweisungen nötig, die für die gewünschte Verflüssigung des Betons die Dosierung des gewählten Fließmittels angeben, vgl. Abb. 6.1-7. Dazu muss der Mischer dann noch mit hoher Umdrehungszahl laufen, und zwar je m³ Füllmenge 1 Minute, mindestens aber für 5 Minuten, lang.

7.3.6 Verspätetes Entladen

Jeder, der im Straßenverkehr einmal im Stau gesteckt ist, weiß, wie leicht es geschehen kann, dass auch eine gewissenhafte Zeitplanung nicht mehr eingehalten werden kann. DIN 1045-3 sieht vor, dass Mischerfahrzeuge **90 Minuten** nach Wasserzugabe vollständig **entladen sein sollten**. Was zu tun ist, wenn diese Frist überschritten wird, ist nicht festgelegt und muss auf der Baustelle entschieden werden. Für den Bauleiter stellt sich oft die Frage, ob bis zur Anlieferung einer neuen Lieferung nicht so viel Zeit vergeht, dass der zuvor eingebaute Beton schon so weit erstarrt ist, dass er sich nicht mehr mit der nachbestellten Lieferung verbindet und eine „kalte Fuge“ entsteht. Für seine Entscheidung, was im Interesse eines mängelfreien Bauteils das geringere Übel ist, enthält das technische Regelwerk keine Hinweise. Beton, der keine höheren Anforderungen erfüllen muss, ist in der Regel robuster, während **anspruchsvollere Betonzusammensetzungen**, auch solche mit Zementen mit **hoher Frühfestigkeit** oder gar hochfester Beton hinsichtlich einer Entladung spätestens nach eineinhalb Stunden **erheblich empfindlicher** reagiert und nötigenfalls nicht mehr eingebaut werden kann, sondern **zurückgewiesen** werden muss. Das gilt besonders bei **sommerlichen Frischbetontemperaturen**. Es kann durchaus vorkommen, dass Beton, der auch in unserem Klima im Hochsommer Temperaturen bis über 30 °C erreichen kann, schon vor Ablauf von eineinhalb Stunden unzulässig ansteift.

Entscheidend ist, dass der Beton noch **nicht so weit angesteift** ist, dass er **nicht mehr einwandfrei verdichtet** oder **nicht mehr gepumpt** werden kann. **Fließmittel und auch Wasser dürfen nur zugemischt** werden, wenn **vorsorglich eine Erstprüfung** gemacht wurde, mit der die maximal mögliche Zugabe ermittelt wurde. Wenn mit mittleren oder gar höheren Temperaturen zu rechnen ist, sollte stets das Ergebnis einer entsprechenden Erstprüfung in Form einer **Dosieranweisung** vorliegen. Um ein frühes Ansteifen des Betons zu vermeiden, darf die **Mischtrommel nur langsam** oder nur mit Pausen von 10 bis 20 Minuten gedreht werden. Bei niedrigen Betontemperaturen ist ein verspätetes Entladen weniger nachteilhaft, weil der Beton langsamer ansteift, es sei denn, er trocknet aus. Besonders zu beachten ist, dass Zusatzmittel das Ansteifen stark verändern können.

Mängel durch Verspätungen bei der Lieferung oder beim Einbringen können durch eine vorsorgliche Verwendung von **Verzögerern** vermieden werden, wenn dadurch die Frühfestigkeit nicht zu stark beeinträchtigt wird. Bei größeren Baustellen hat es sich auch bewährt, die Betonarbeiten in die **Nachtstunden** zu verlegen, um Behinderungen bei der Anlieferung durch den Verkehr zu vermeiden.

7.3.7 Überwachung von Transportbeton

Für Transportbetonwerke und deren Betonlieferungen gelten dieselben Anforderungen wie für baustelleneigene Betonherstellung, siehe Abschn. 7.12.1.

7.3.8 Restbeton

Beton, der nicht abgenommen werden kann, auch **Retourbeton** genannt, muss ebenso wie **Fehlmischen** entsorgt werden. Man geht davon aus, dass dies etwa 1 % der gesamten Produktion ausmacht. Es gibt heute mehrere Hersteller von **Recyclinganlagen für Frischbeton-Restmengen**, die eine Verwendung von Wasser aus Beton-Restmengen und aus Auswaschvorgängen als Zugabewasser oder als Waschwasser ermöglichen, vgl. Abschn. 2.6.2. Gleichzeitig werden die Gesteinsstoffe wiedergewonnen und in Sand und grobe Gesteinskörnung getrennt, vgl. Abb. 2.4-11, [Sonnenberg 17].

7.4 Fördern des Frischbetons

7.4.1 Anforderungen

Der Frischbeton soll möglichst in der Güte, in der er den Mischer verlässt, eingebaut und verdichtet werden. Beim Transport vom Mischwerk zur Baustelle, der Übergabe dort und beim Fördern auf der Baustelle bis zur Einbaustelle in der Schalung ist darauf zu achten, dass sich der Beton **nicht entmischt**, dass er **nicht austrocknet** oder Regenwasser aufnimmt und dass er **nicht unzulässig abgekühlt oder erwärmt** wird. Darüber hinaus darf er nicht so lange unterwegs sein, dass er zu stark **ansteift**.

Entmischen kann Absondern von Grobkorn, Abfließen des Zementleims oder Absondern von Wasser bedeuten. Wenig dazu neigt ein Beton mit einer etwas sandreicheren Kornzusammensetzung etwa knapp

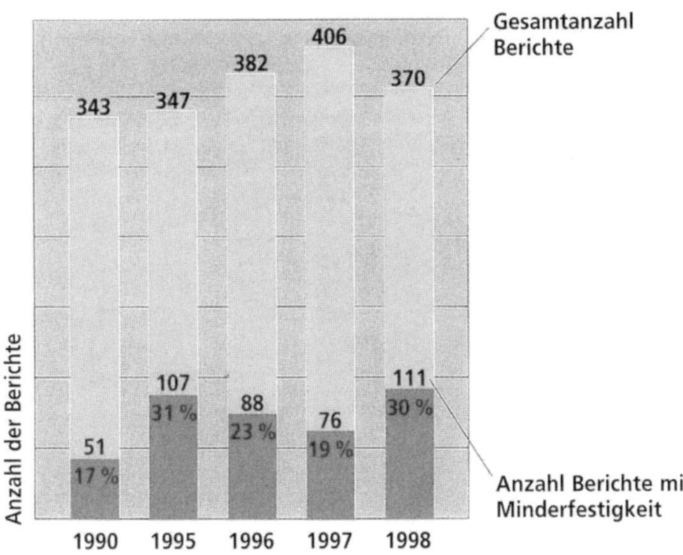

Abb. 7.3-3: Überwachungsberichte mit Minderfestigkeiten aus der B II-Überwachung, [Breitenbücher 99]

unter der Sieblinie B und ausreichendem Gehalt an Mehlkorn, so dass Feinmörtel zäh, nahezu klebrig wird. Zum Gehalt an Mehlkorn siehe Abschn. 5.6.2.

Auch durch Zusatzmittel kann der Entmischungsgefahr begegnet werden. Verwendet werden dazu sowohl **Stabilisierer** als auch **Luftporenmittel**.

Beton mit **steifer Konsistenz entmischt** sich sehr leicht. Er bildet beim Aufprall auf eine **Platte keine zusammenhängenden Schollen**, vielmehr lösen sich grobe Gesteinskörner aus der Masse, wie dies auch ein Ausbreitversuch mit zu steifem Beton zeigt. Auch gut zusammengesetzter Beton kann beim Einbau Grobkorn absondern, so dass nach dem Ausschalen **Nester ohne Feinmörtel** sichtbar werden. Lässt man Frischbeton frei abstürzen, dann **kollern die schweren groben Körner weiter** weg als der zähere Feinmörtel. Dies lässt sich vermeiden, indem man den Beton nicht frei fallen lässt, sondern durch ein **Rohr** oder einen **Schlauch** bis nahe an den Einbauort führt, siehe Abschn. 7.5, Abb. 7.4-1.

Nester am Fuß von Wänden oder Stützen findet man auch heute noch, obwohl die Gefahr durch die meist weicheren Betone nicht mehr so groß ist. Besonders ärgerlich sind solche Nester an **Arbeitsfugen**, die **wasserundurchlässig** sein sollen. Sie entstehen besonders leicht, wenn dichte Bewehrung den Einbau des Betons behindert. Um dies zu vermeiden, hat man einst zuerst eine **Anschlussmische** ohne grobes Korn eingebaut, was heute aus betrieblichen Gründen meist nicht mehr möglich ist.

7.4.2 Betonpumpen

Dass man den Frischbeton mit geeigneten Pumpen fördern kann, geht auf eine Erfindung des norddeutschen Bauunternehmers Max Giese im Jahre 1928 zurück. Heute werden allein auf deutschen Baustellen Jahr für Jahr mehr als 18 Mill. m^3 Beton mit Pumpen gefördert. Dabei nutzt man auch die Möglichkeit, mit hydraulisch klappbaren **Verteilermasten** problemlos auch weit auseinander liegende Einbaustellen zu erreichen.

Autobetonpumpen fördern den Beton in der Regel mit zwei Kolben maximale Fördermengen von 30 m^3 bis über 200 m^3 je Stunde, [Sonnenberg 15]. Mit ihren drei- bis fünfarmigen Verteilermasten haben sie maximale Reichweiten von 20 m bis zu 60 m und maximale Förderhöhen von 20 m bis zu 70 m.

Am Ende der Stahlrohre mit üblichen Durchmessern von **100 mm, 125 mm oder 150 mm** ist ein meist 4 m langer flexibler **Endschlauch.** Mitunter ist dort auch ein **Absperrschieber**, mit dem sich die Entleerung des Endschlauches unterbrechen lässt. Bewährt haben sich am Schlauchende auch **Betonbremsen,** die den Ausfluss vergleichmäßigen und die Handhabung erleichtern. Bei großen **Verteilermasten** sind seitliche, vom Fahrzeug ausfahrbare Abstützarme nötig, für die bei der Aufstellung **genügend Platz** vorhanden sein muss.

An **Fahrmischer montierte Pumpen** erreichen mit ihren Rohren von nur 100 mm oder 125 mm Durchmesser und meist dreiarmigen Verteilermasten bei

Abb. 7.4-1: Betonkübel werden mit einem Hebel geöffnet und entleeren bei Fallhöhen über 1 m oder bei enger Bewehrung durch einen Schlauch, [Alfes 02]

Förderleistungen von 45 m³ bis 60 m³ je Stunde maximale Weiten von 13 m bis über 20 m und Höhen von 20 m bis 30 m.

In Fertigteilwerken und bei größeren Baustellen werden vielfach **stationäre Betonpumpen** eingesetzt, die etwa den Leistungsbereich der beiden vorgenannten Pumpen abdecken. Sie fördern den Beton über fest verlegte Rohre oder pumpen ihn durch Förderrohre von meist 125 mm Durchmesser, die vielfach von getrennten, am Einbauort aufgestellten Verteilermasten geführt werden. Es ist durchaus möglich, Beton auch über große Entfernungen, etwa in Stollen, sogar **über 1 km weit** und mehr als 300 m hoch ohne Einschaltung einer Zwischenstation zu pumpen. Dazu ist eine Optimierung der Betoneigenschaften und die Auswahl einer speziellen Betonpumpe unerlässlich. Bei großen Fundamentplatten und anderen großen Bauteilen haben sich auch auf Baustellen **separate Verteilermaste** bewährt, vor allem wenn die Fahrmischer den Beton in zu großer Entfernung vom Einbauort übergeben müssen oder der Beton in einem großen Bereich verteilt werden muss. Stationäre Hochleistungsbetonpumpen wurden auch verwendet, um beim Bau des **Burj Khalifa in Dubai** Beton bis zu **606 m hoch** zu pumpen, wozu umfangreiche Vorversuche nötig waren, [Grimm 11].

Wegen ihrer hohen Leistung werden heute überwiegend **Kolbenpumpen** verwendet. Sie haben zwei neben einander liegende Zylinder, in denen eine Kolbenstange ölhydraulisch angetrieben wird, die über einen zweiten Kolben den Beton **erst ansaugt** und ihn dann **in die Rohrleitung drückt**, Abb. 7.4-2.

Um die Betonförderzylinder zu kühlen, wird ein dazwischen liegender Behälter mit Wasser gefüllt, das anschließend auch für die Reinigung verwendet werden kann. Der Beton wird ständig in Bewegung gehalten, nur das Umstellen des Schiebers führt zu einem Stoß. Die **Steuerung** erfolgt über Funk meist direkt **vom Einbau aus.**

Rotorpumpen haben gegenüber den Kolbenpumpen den Vorteil, dass sie **leise und stoßfrei** arbeiten und beim Entleeren **fast kein Restbeton** anfällt, Abb. 7.4-3.

Sie erreichen nur einen relativ niedrigen Förderdruck und eignen sich besonders für **Estriche sowie Schaum- und Leichtbeton**.

7.4.3 Anforderungen an Pumpbeton

Trotz verbesserter Maschinentechnik treten in jüngerer Zeit wieder vermehrt gefürchteten **Verstopfer** der Pumpenleitungen auf. Ihre Ursache liegt in der veränderten Zusammensetzung der heute üblichen Betone mit **niedrigeren Wassergehalten** und der folglich viel größere Zugabe von **Verflüssigern oder Fließmitteln.** Auch wird heute Beton häufiger über größere Entfernungen und in größere Höhen gepumpt.

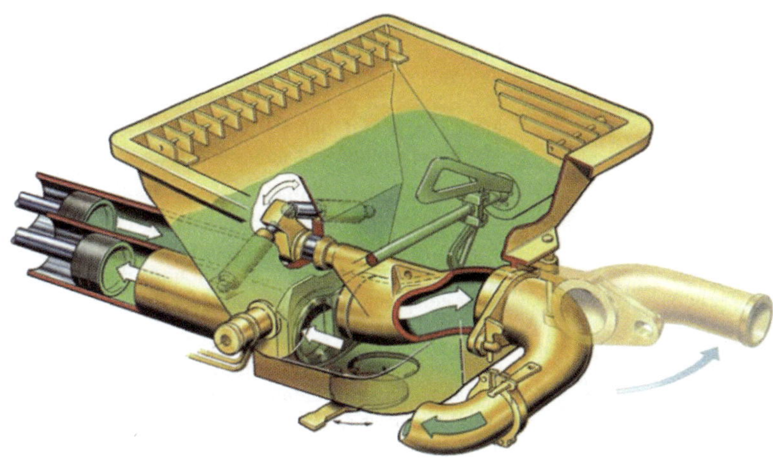

Abb. 7.4-2: Kolbenpumpen haben zwei nebeneinander liegende ölhydraulisch angetriebene Förderkolben, durch die abwechselnd Beton in die Rohrleitung gedrückt wird, (Putzmeister)

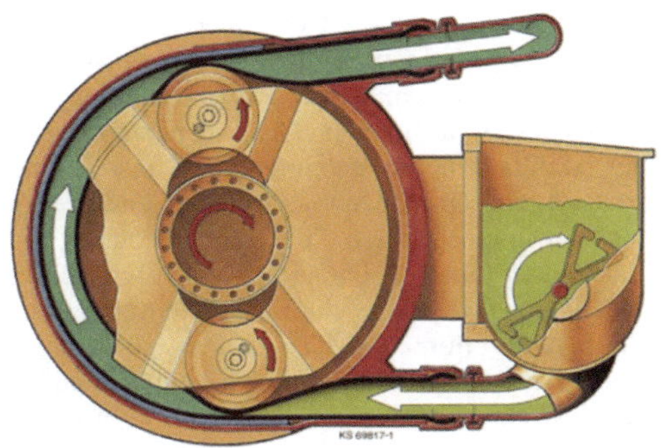

Abb. 7.4-3: Rotorpumpen haben einen halbkreisförmigen Förderschlauch, der von den Rollen eines Rotors so gequetscht wird, dass der Beton angesaugt und kontinuierlich durch die Rohrleitung gedrückt wird, (Putzmeister)

Steifer Beton kann nicht gepumpt werden und wird meist mit Förderbändern zur Einbaustelle gebracht.

Wesentlich ist, dass der **Pumpendruck über den Leim** des Betons, **nicht als Korn-zu-Korn-Druck über das Grobkorngerüst**, übertragen wird. Entmischt sich ein Beton durch **Bluten** oder wurde gar Wasser zugegeben, das dann durch den Pumpendruck ausgetrieben wird, **verkeilt sich das Grobkorn**.

Ist das **Leimvolumen zu klein, steigt der Betondruck** in der Pumpe stark an. Wird zur Erzielung der nötigen Konsistenz Fließmittel zugegeben, dann können auch innerhalb des Betongefüges Entmischungen auftreten, wobei es nicht nur zu einer **Absonderung von Wasser oder Leim** kommt, sondern auch zu **Sedimentationen im Bereich der Sandpartikel**, die den Scherwiderstand des Betons und damit den Pumpendruck erhöhen, [Neumann 12]. Durch **Unterbrechungen** des Pumpens wird dieser Vorgang noch verstärkt. Ein ausreichendes **Leimvolumen** wird durch einen entsprechenden Gehalt an mehlfeinen Stoffen, **Zement** und oft auch **Flugasche** oder **Steinmehl** erzielt. Wichtig ist, dass durch einen entsprechenden Mehlkorngehalt ein gutes **Wasserhaltevermögen** erzielt wird. **Zu hoher Mehlkorngehalt** sollte vermieden werden, weil er den Beton **zu zäh** macht.

Niedrige *w*/*z*-Werte können zu höherem Betondruck führen, wenn der Beton durch Fließmittel verflüssigt wurde. **Sande** mit kantiger Kornform oder hoher spezifischer Oberfläche ebenso wie poröse Körnungen können die Pumpwilligkeit eines Betons deutlich vermindern. Auch Selbstverdichtender Beton ist gut pumpbar. Der Pumpendruck wird durch eine **weichere Konsistenz aber nur in geringem Maße** verringert. Der Beton muss durch die Rohrleitungen gleichmäßig fließen. Auch stark **wechselnde Betonzusammensetzungen** können daher auch Ursache von **Verstopfern** sein. Die Konsistenz eines nicht zu Verstopfungen neigenden Betons kann in einem weiten Bereich zwischen **plastisch und fließfähig** liegen. Weder das Ausbreitmaß noch andere empirischen Konsistenzmasse reichen aber zur Beurteilung der Pumpbarkeit aus. Es kommt darauf an, dass sich an den Innenwandungen des Rohres eine **dünne Gleitschicht** bildet und darüber hinaus, dass sich der Beton **nicht als Pfropfen** durch die Pumpleitung bewegt, sondern **geschert und verformt** wird, [Secrieru 16].

Um die jeweils erforderliche Pumbarkeit zu messen, wurden neue Prüfgeräte entwickelt, [Karsten 09]. Das „**Sliper**" (**Sli**ding **P**ipe Rheom**e**te**r**) besteht aus einem stehenden Kolben, über den ein Rohr vertikal

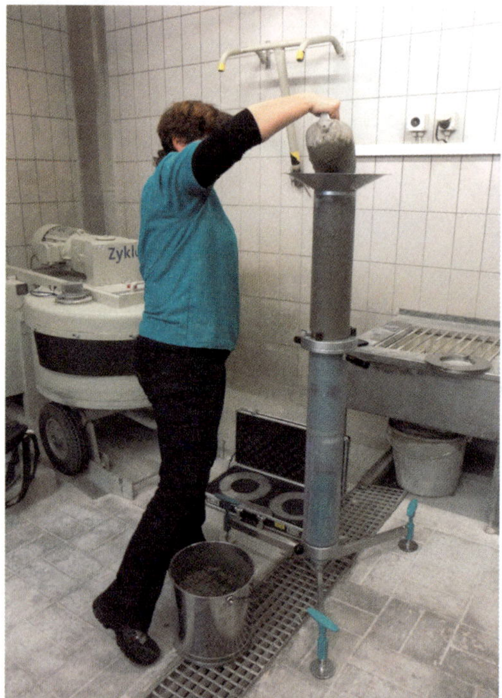

Abb. 7.4-4: Mit dem Sliper (**sli**ding **p**ipe rheomet**er**) wird die Eignung von Frischbeton zum Pumpen geprüft. Durch Anbringen der ringförmigen Belastungsgewichte kann die Pumpgeschwindigkeit eingestellt werden, (Schleibinger)

nach unten gleitet. Der im Rohr befindliche Beton übt dabei einen dynamischen Druck auf einen Sensor im Kolben aus. Aus dem Druck kann auf die für eine Förderung des Betons **erforderliche Pumpleistung** geschlossen werden. Die Versuche bestätigten die Erfahrung, dass sich auch bei den mehlfeinen Stoffen ein **niedriger Wasseranspruch** und eine **rundliche Kornform**, ebenso wie Mikrosilica günstig auf die Pumpbarkeit auswirken, [Neumann 12].

7.4.4 Erfahrungen beim Betonpumpen

Bei mittleren und längeren Pumpwegen kann zuerst eine Schlämpe oder Feinmörtel 0/4 als **Schmiermischung** gepumpt werden, damit sich an der Rohrwandung eine Gleitschicht bildet und der Beton nicht durch Verlust an Leim zu sperrig wird.

Rohre mit einem **Durchmesser** von nur 100 mm führen nicht nur zu kleinerer Leistung, sondern verstopfen leichter als solche mit 125 mm oder 150 mm Durchmesser. Für Beton mit **32 mm Größtkorn** muss die Nennweite des Rohres mindestens **100 mm**, bei **63 mm Größtkorn** mindestens **150 mm**, betragen. Dies setzt aber voraus, dass nur **wenig Überkorn** vorhanden ist. Ein wichtiger Gesichtspunkt für die Wahl des Rohrdurchmessers und der entsprechenden Pumpe ist auch die Dichte der **Bewehrung**. Bei **engem Abstand** hat ein Pumpenschlauch von nur **100 mm** Durchmesser unbestritten Vorteile.

Werden **Kolbenpumpen** verwendet, dann darf in der Rohrleitung nur sehr **wenig Luft** verbleiben. Sie **komprimiert sich** durch den Kolbendruck und **entspannt sich** anschließend wieder, **ohne den Beton** im Rohr entsprechend **weiterzudrücken**.

Bei **Leichtbeton** mit offenporigem Grobkorn wird die Luft in den Poren zusammengedrückt, anstatt den Beton in der Rohrleitung vorwärtszudrücken. Auch Wasser wird in die Poren gedrückt und so dem Feinmörtel entzogen, was zu starkem Ansteifen führt. Wenn Leichtbeton gepumpt werden soll, müssen die **porösen Körnungen** zuvor einen Tag **in Wasser gelagert** werden. Auch durch Zugabe eines **Stabilisierers**, der dem Feinmörtel vor einer Wasserabgabe durch den Pumpendruck schützt, verbessert man die Pumpbarkeit erheblich. Auch **Luftporenbeton** mit sehr hohem Luftgehalt kann erschwert pumpbar sein. Wenn **Stahlfaserbeton** gepumpt werden soll, sind sorgfältige Vorversuche nötig, weil die Fasern den Beton sperrig machen und die Reibung an den Rohrwandungen erhöhen. Bei amerikanischen Versuchen, für das Pumpen von Beton an Stelle von Stahlrohren leichtere **Aluminiumrohre** zu verwenden, haben sich feinste Aluminiumpartikel von den Rohrwandungen abgerieben und durch chemische Reaktion mit dem Frischbeton Gasblasen entwickelt, die den Beton aufgetrieben haben, was zu erheblichen Minderfestigkeiten führte.

Werden Rohrleitungen **bergab** geführt, darf der Betonstrom nicht abreißen. Luftpolster würden die weitere Förderung behindern. Mehrere **starke Krümmungen am Ende** von bergabführenden Strecken können ein Abreißen vermeiden. Stattdessen können auch an den **Hochpunkten Entlüfter** eingebaut werden. Bei größeren Pumphöhen baut man vor der Steigleitung einen **Absperrschieber** ein. Stattdessen kann man die senkrechte Leitung auch erst in gewissem Abstand von der Pumpe verlegen. Die horizontale Leitung bis zum senkrechten Strang nimmt während des Kolbenrücklaufes durch Reibung einen Teil des Druckes auf.

Muss das Pumpen einige Zeit unterbrochen werden, dann empfiehlt es sich, dazwischen durch **kurzes Pumpen einem Absetzen des Betons** in der Rohrleitung **entgegenzuwirken**. Am **Ende** jedes Einsatzes muss die Rohrleitung entleert werden. Dazu wird ein **Schaumgummiball** mit Wasser oder Druckluft durch die Leitung gepresst.

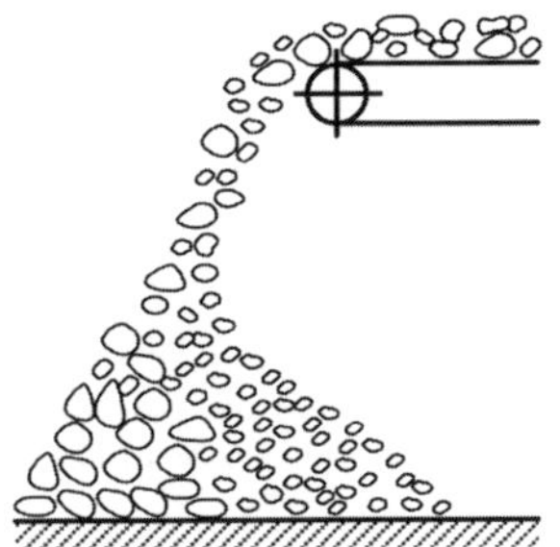

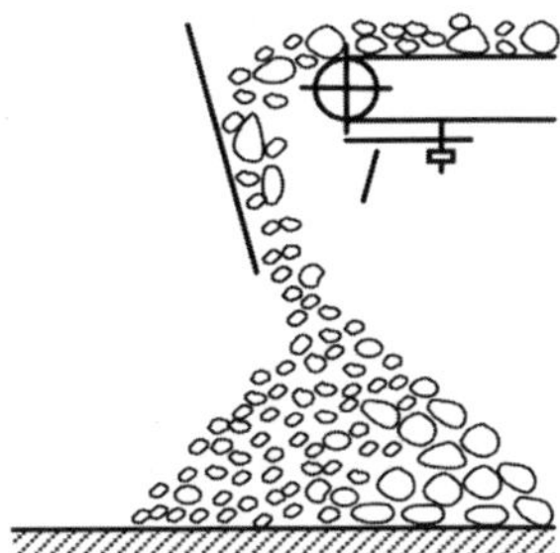

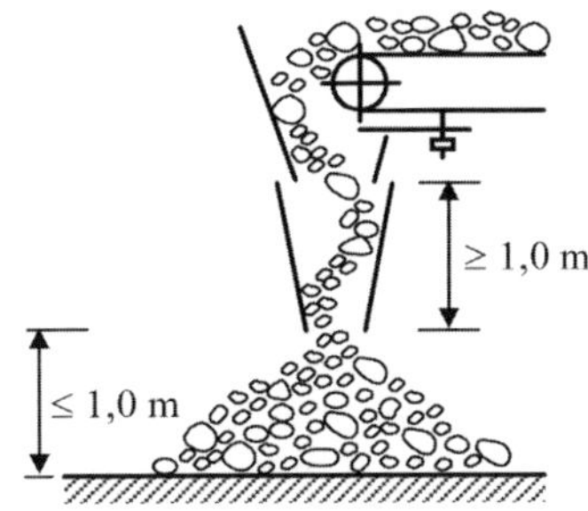

Abb. 7.4-5: Beim Abwurf von einem Förderband entmischt sich der Beton (links). Ein Abstreifer verhindert, dass Mörtel am Band kleben bleibt (Mitte). Durch einen Trichter mit einem Schlauch wird vermieden, dass sich das Grobkorn absondert (rechts). (Walz)

Bei heißem Sommerwetter kann es nötig sein, lange Rohrleitungen vor **Sonneneinstrahlung** zu schützen oder zu kühlen. In ähnlicher Weise muss bei tiefen Temperaturen im Winter eine übermäßige Abkühlung vermieden werden.

7.4.5 Förden über Rutschen, Rinnen und Rohre

Kann das schwere Mischerfahrzeug genügend nahe an die Einbaustelle heranfahren und liegt diese entsprechend tiefer als die Mischeröffnung, dann lässt man den Beton am einfachsten über die am Fahrzeug befindliche **Rutsche**, die geschwenkt und nötigenfalls verlängert werden kann, zur Einbaustelle gleiten. Fließfähiger Beton kann auch über Rohre gefördert werden, vorausgesetzt, es reicht das Gefälle zum Einbauort dafür aus.

Beton kann, wie etwa im Schachtbau, in **Tiefen von 1000 m** und mehr durch **Rohre** von 150 oder 200 mm Durchmesser abgestürzt werden und fällt nach etwa 100 m mit gleichbleibender Geschwindigkeit von rund 100 km/h. Der Beton soll **ähnlich wie Pumpbeton** zusammengesetzt sein damit der Feinmörtel zäh genug ist, um ein Herauslösen grober Körner zu vermeiden. Der Beton kann über **schräge Rinnen direkt in die Schalung** geleitet werden oder aber zuerst in einen **Auffangbehälter prallen** und dann über den Überlauf in ein **Nachmischsilo gelangen**, von wo er mit Pumpen oder Behälter weiter gefördert wird, [Dahms 62].

Wenn Beton über größere Strecken schräg nach unten gefördert werden muss, verwendet man zweckmäßig **rechteckige Rinnen**. Auch hier liegen Erfahrungen über Förderweiten von mehreren 100 m vor, und zwar von Ummanteln von Druckrohrleitungen in Schrägschächten. Dabei muss der Beton auch **selbstverdichtend** sein. Um jedes Entmischen zu vermeiden, müssen Konsistenzmaß und Mehlkorngehalt auf die Neigung abgestimmt sein, wobei hohe Fließgeschwindigkeiten, d. h. ein „Schießen" des Betons, **vermieden** werden müssen. In jedem Falle wird man sich durch **Großversuche** mit mindestens 10 m langen Rinnen Sicherheit verschaffen, dass der Beton ohne Wellenbildung gleitet, grobe Körner sich nicht herauslösen und ein dichtes Gefüge entsteht, [Rienössl 70].

7.4.6 Bandförderung

Förderbänder haben sich für den Einbau von **steifem und plastischem Beton** sowohl auf kleinen Baustellen als auch auf Großbaustellen bewährt. Bei weichem Beton muss darauf geachtet werden, dass die Neigung des Bandes nicht zu groß ist. In der Regel werden **gemuldete Förderbänder** verwendet. An der **Abwurfstelle entmischt** sich der Beton, vor allem wenn das Band schnell läuft. Das Grobkorn fliegt in Bandrichtung am weitesten. **Feinmörtel kann am Band haften bleiben**, wenn dies nicht durch einen **Abstreifer** verhindert wird. Um Entmischungen zu vermeiden, genügt es bei steifem und plastischem Beton selbst bei hohen Bandgeschwindigkeiten den Beton über einen Trichter in einen **Schlauch** zu leiten, der **bis knapp über die Einbaustelle** reicht, Abb. 7.4-5.

Dort wird der Beton sogleich mit Tauchrüttlern verdichtet. Muldenförmige **Förderbänder, die teleskopierbar** auf einem **Autokran montiert** werden, haben sich auf Großbaustellen als besonders leistungsfähig erwiesen. Auch Transportbeton-Fahrmischer werden oft mit einem Förderband ausgerüstet.

7.4.7 Fördern mit Kübeln

Betonkübel entleeren mit einer **Bodenöffnung** direkt oder münden unten in einen **Förderschlauch,** der bei Wänden und Stützen zwischen der Bewehrung eingefädelt wird, vgl. Abb. 7.4-1. Der Kübel wird meist direkt vom Fahrmischer oder über einen **Zwischenbehälter** befüllt und mit einem **Kran** zur Einbaustelle gebracht. Je nach Tragfähigkeit des Kranes verwendet man Kübel, die **0,5 bis 1,5 m³** Beton aufnehmen. Für den Betontransport mit Hubschraubern etwa für Seilbahnstützen verwendet man kleinere Kübel. Bei Talsperren werden solche mit bis zu 9 m³ Fassungsvermögen eingesetzt, vgl. Abb. 8.2-7. Für das Fördern im Kübel darf der Beton **nicht zu klebrig** sein, weil er sich sonst nach Öffnen des Verschlusses **nicht vollständig entleert**. Es gibt Kübel, die sich auch bei **sehr trockenem Beton** eignen, weil sie beim Entleeren **nicht zur Brückenbildung** führen. Mitunter werden am Kübel **Außenrüttler** angebracht, um das Entleeren zu erleichtern. Bei steifer und plastischer Konsistenz ist dies meist nicht erforderlich.

Der **Verschluss** der Betonkübel wird mit einem **Hebel**, bei größeren Kübeln hydraulisch oder auch elektrisch geöffnet. Er soll ein dosiertes und vollständiges Entleeren auch bei stark unterschiedlichen Konsistenzen ermöglichen.

7.5 Einbringen

Beim Einbringen zeigt sich bei jedem Bauteil, ob die **Bewehrung betongerecht geplant und verlegt** wurde und nicht einem überzogenen Wunsch nach Feingliedrigkeit folgend so bemessen wurde, dass der Beton nicht mehr in allen Bereichen eingebracht und verdichtet werden kann. Sehr wichtig ist auch, dass ausreichend **Einfüllöffnungen** und **Rüttelgassen** vorhanden sind. Nicht selten hat es beim Ausschalen unangenehme Überraschungen geben, wenn **Bewehrungsstäbe so dicht nebeneinander** liegen, dass **grobe Körner** des Betons dazwischen nicht durchgekommen sind, also gleichsam **abgesiebt** wurden, sodass unter den Bewehrungsstäben ein Hohlraum entstand. Es zeigt sich auch, ob die **Abstandshalter richtig** und in **ausreichendem Maße** angeordnet wurden. Wenn nach dem Erhärten des Betons die Messung zeigt, dass die Betondeckung nicht ausreicht, ist guter Rat teuer.

Unabdingbar ist die Forderung, dass der Beton beim Einbau und Verdichten die Schalung **vollständig bis in den letzten Winkel** ausfüllt und dort auch keine Ansammlungen von grobem Korn entstehen. Dazu müssen nicht nur Konsistenz und Verdichtungsverfahren entsprechend gewählt werden. Es zeigt sich auch immer wieder, dass etwas **sandreichere** Kornzusammensetzungen von Vorteil sein können. Wird Pumpbeton eingebracht, dann dürfen möglicherweise zuerst aus dem Rohr kommende **Reste der Schmiermischung** nicht eingebaut werden, sondern sind zu **entsorgen.**

Die Gefahr, dass sich der Beton beim **Einbringen entmischt**, ist bei größeren Fallhöhen und bei **dichter Bewehrung** besonders groß. Kiesnester an Betonierfugen dürfen nicht entstehen. Bei Fallhöhen über 2 m **müssen**, bei solchen **über 1 m sollen Fallrohre oder Schläuche** verwendet werden, bei Sichtbeton und anderen hohen Anforderungen oft schon bei **Fallhöhen über 0,5 m.** Durch kurze seitliche Abstände der Einfüllstellen können **Schüttkegel vermieden** werden. In der Regel bemüht man sich, den Beton in **Lagen von etwa 50 cm Höhe** zu schütten und umgehend danach zu verdichten. **Wände, Stützen und hohe Unterzüge** werden **vor** den in diese einzubindende **Platten oder Balken** betoniert. Wenn die Schalung von oben nicht zugänglich ist, wie etwa in der Firste von Tunneln, kann Beton auch von unten oder von der Seite eingepresst werden. Dabei entsteht stets ein erhöhter Schalungsdruck.

Beim Einbringen des Betons dürfen Bewehrung und Schalungsflächen von erst später zu betonierenden Abschnitten **nicht verkrustet** werden. Der Betoniervorgang soll möglichst **nicht unterbrochen** werden.

7.6 Verdichten

7.6.1 Grundsätzliches

Verdichten heißt Entlüften, also die in den Poren des lose geschütteten Betons vorhandene Luft auszutreiben. Das gelingt nur **„praktisch vollständig"**, womit ausgedrückt wird, dass auch bei guter Verdichtung einzelne grobe Luftporen, sog. **Verdichtungsporen,** im Gefüge bleiben können. Das dürfen aber nicht mehr als **1 bis höchstens 2 %,** also etwa **10 bis 15 l je m³** Beton, im äußersten Fall 20 l je m³, ausmachen, was in der Stoffraumrechnung berücksichtigt wird. Nur bei **Luftporenbeton** muss mit einem Luftgehalt von **40 oder mehr l je m³** gerechnet werden, wobei es sich weitgehend nicht um Verdichtungsporen, sondern feinste künstliche Luftporen handelt.

Die Luft in den Poren trägt nicht zur Festigkeit bei. Man geht nicht fehl, wenn man bei schlecht verdichtetem Beton mit beispielsweise 50 l/m³ Verdichtungsporen, also um 30 l/m³ mehr als zulässig, mit der gleichen Druckfestigkeit rechnet, wie wenn um 30 l/m³ mehr Wasser im Beton wäre. Dass dadurch nicht nur das Aussehen, sondern auch die Dauerhaftigkeit beeinträchtigt wird, dass durch schlecht verdichteten Beton Wasser sickern kann, leicht Frostschäden auftreten und Stahleinlagen kaum mehr vor Korrosion geschützt sind, braucht nicht betont zu werden. Trotzdem hat es sich als **nicht notwendig** erwiesen, bei üblichem Beton auch das Ausmaß der Verdichtung zu prüfen, weil **mangelhafte Verdichtung** meist an den **Schalflächen sichtbar** wird. Besondere Vorsicht ist aber bei Bauteilen geboten, die nicht geschalt werden, wie bei **Stützen aus Stahlrohren**, die mit Beton gefüllt werden oder bei **Mantelbetonwänden**. **Geprüft** wird das **Ausmaß der Verdichtung** nur bei Einkornbeton, Hydraulisch Gebundenen Tragschichten oder anderen nur erdfeucht eingebauten Gemischen, bei denen planmäßig mit einem höheren Gehalt an Porenluft gerechnet wird, vgl. Abschn. 6.7.1.

Wie ein Beton verdichtet wurde, ob durch Rütteln, Stochern oder Schocken, hat **keinen wesentlichen** Einfluss auf seine Eigenschaften. Maßgebend ist das Ergebnis, eine praktisch vollständige Verdichtung, siehe Merkblatt Betonierbarkeit [DBV 14].

7.6.2 Verdichten durch Rütteln

Die Erkenntnis, dass ein Beton umso fester und dauerhafter ist, je weniger Wasser er enthält, führte in der Frühzeit des Betonbaues zu steifen Betonen, die nur durch kräftiges Stampfen zu verdichten waren. Große Erleichterung brachten die um 1926 bekannt gewordenen **Rüttler,** mit denen Schwingungen eingeleitet werden konnten, die den **Zementleim verflüssigen.** Dabei werden auch die **Gesteinskörner in Schwingungen** versetzt, so dass die **Reibung** zwischen ihnen **aufgehoben** wird. Unter Einwirkung der Schwerkraft sinken vor allem die **groben Körner nach unten** und nehmen eine dichte Lagerung ein, [Walz 60]. Ursache dafür ist, dass die **Gesteinskörnungen** mit einer Dichte von **2,6 bis 3,0 kg/dm^3** bei gleichem Volumen wesentlich schwerer sind als **Zementleim,** dessen Dichte etwa zwischen **1,6 und 1,9 kg/dm^3** liegt.

Rüttler haben eine **Unwucht**, das ist eine **exzentrisch angeordnete Masse**, die **hochfrequent** in Rotation versetzt wird, d.h. mit einer Drehzahl, die meist beim Vierfachen der Frequenz des Wechselstromes mit 50 Hertz liegt. Die **elektrisch angetriebenen Rüttlern** vibrieren somit mit **200 Hertz**, also **12000 Schwingungen je Minute.** Dagegen haben die nicht so oft zu findenden mit **Druckluft angetriebenen Rüttler** eine Leerlauffrequenz von bis zu **350 Hertz**, die jedoch unter Last absinken kann, [Sonnenberg 09]. Solchen **pneumatischen Antrieb** bevorzugt man bei Innenrüttlern für **Beton mit hohem Feststoffanteil** und vor allem bei **Schalungsrüttlern.**

Abb. 7.6-1: Innenrüttler, sog. Rüttelflaschen, übertragen ihre Schwingungen in einem begrenzten Wirkungsbereich auf den Beton, so dass die Reibung zwischen den Gesteinskörnern aufgehoben wird. Der Beton fließt.

In allen anderen Fällen hat sich elektrischer Antrieb bewährt, so bei den meisten der auf so vielen Baustellen zu findenden meist **„Rüttelflaschen"** genannten Tauchrüttlern. Sie werden stets über einen flexiblen **Schlauch** oder eine **Stange** geführt und haben **Durchmesser** zwischen 30 und 80 mm, im Hochbau **meist 50 mm**, bei Massenbeton bis zu 150 mm. Der Antrieb erfolgt entweder von außen über eine **biegsame Welle** oder aber durch einen **eingebauten Motor**, Abb. 7.6-1. Für feingliedrige Bauteile verwendet man **Rüttelschwerte** oder auch **Rüttelnadeln.**

Damit der Beton gut durch Rütteln zu verdichten ist, soll er **mindestens eine plastische Konsistenz** aufweisen, d.h. ein **Ausbreitmaß über 350 mm** oder ein Verdichtungsmaß von höchstens 1,25 haben. Steifer Beton kann nur durch kräftiges Rütteln, **Stampfen** oder **Rütteln unter Auflast** ausreichend verdichtet werden. Bei **weichem und fließfähigem Beton** besteht vor allem bei zu **langem Rütteln** die Gefahr, dass eine starke **Entmischung** eintritt, dass nämlich das viel **schwerere Grobkorn nach unten sackt** und sich oben eine dicke **Schicht aus Feinmörtel** bildet, die weniger fest und widerstandsfähig ist. Dem kann durch Verminderung des Gehalts an Sand bzw. Mehlkorn und Wasser entgegengewirkt werden. Bei schwierigen Einbaubedingungen wird heute sehr oft leicht verarbeitbarer Beton F 5 oder F 6 bevorzugt, der nunmehr leicht zu rütteln ist, vgl. Abschn. 6.1.9.

Innenrüttler sollen **rasch** in den Beton **nach unten** geführt werden und dort kurz verbleiben und anschließend **langsam nach oben gezogen** werden. Durch diese Vorgangsweise erreicht man, dass auch die **unten befindliche Luft** noch gut **nach oben entweichen** kann. Ausreichend verdichtet ist der Beton erst, wenn die **Oberfläche geschlossen** ist, sich **nicht mehr setzt** und nur mehr ganz **vereinzelt kleinere Luftblasen entweichen**.

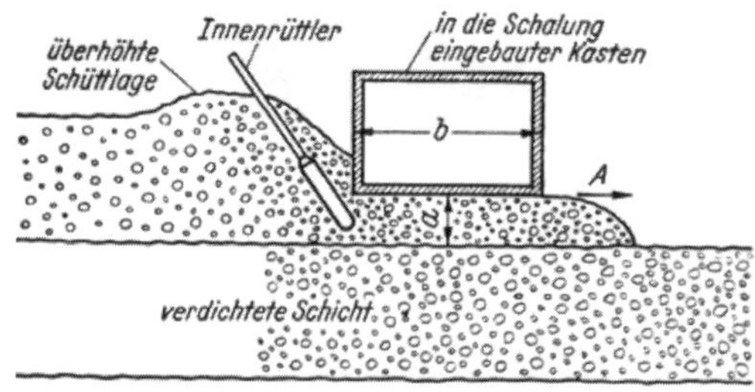

Abb. 7.6-2: Muss an eine obere Begrenzung satt anbetoniert werden, muss der Beton auf einer Seite angeschüttet werden und dort durch Rütteln zuerst entlüftet und dann unter die obere Begrenzung getrieben werden, [Walz 60]

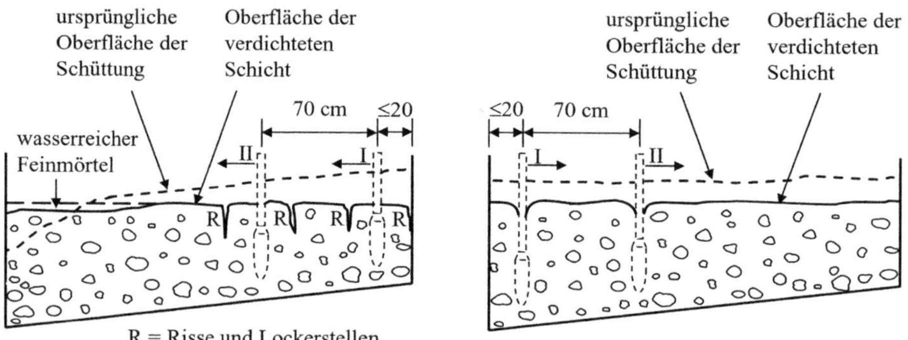

Abb. 7.6-3: Falsches Einsetzen des Rüttlers (links) kann zu Rissen führen [Walz 60]

Der Beton soll in **Schüttlagen** von nicht mehr als 50 cm Dicke eingebracht werden. Die Rüttelflasche muss beim Verdichten auch 10 bis 15 cm tief in die untere Lage eintauchen, damit die einzelnen **Lagen miteinander „vernäht“** werden. Bei dünnen Schichten wird der Rüttler schräg geführt. In schlanken Stützen bleibt der Innenrüttler eingeschaltet, während man die Schalung mit Beton füllt, und wird dabei langsam nach oben gezogen. Wird gegen eine horizontale, **obere Begrenzung** betoniert, dann bleibt die entweichende Luft dort in **Blasen** hängen. Das kann man vermeiden, indem man entweder die obere Begrenzung so schräg macht, dass Luftblasen entweichen können oder aber den Beton **zuerst neben der oberen Begrenzung verdichtet** und anschließend im entlüfteten Zustand seitlich unter die obere Schalung treibt, Abb. 7.6-2. Das ist der einzige Fall, in dem man die Rüttelflasche zum Verteilen des Betons verwenden darf.

Innenrüttler müssen in einem ihrem **Wirkungsbereich entsprechenden Abstand** eingesetzt werden. Die Wirkungsbereiche müssen sich **überschneiden.** Sie werden von der Konsistenz des Betons, insbesondere auch der Zähigkeit seines Feinmörtels und von Durchmesser und Leistung des Rüttlers bestimmt. Die Faustregel, nach der der **Wirkungsbereich etwa dem 10fachen des Flaschendurchmessers** entspricht, muss vor Ort überprüft werden. Vor allem bei Hochfestem Beton, Schwerbeton und bei Leichtbeton ist der Wirkungsbereich erheblich kleiner.

Innenrüttler sollen möglichst die **Bewehrung nicht berühren** und zur **Schalung** möglichst einen **Abstand von etwa 10 bis 20 cm** haben. Ein Rütteln in gleichmäßigen Abständen, mit gleicher Rütteldauer und zügig eingebrachtem Beton ist vor allem bei Sichtflächen wichtig. Falsches Einsetzen der Rüttler kann zu Entmischungen, Rissen im Frischbeton und nach dem Ausschalen zu Enttäuschungen führen, Abb. 7.6-3.

Auch gut **verdichteter Beton setzt sich** in der ersten Zeit bis zum Erstarren geringfügig, Abschn. 3.2.9. Das kann dazu führen, dass Bewehrungsstäbe, die knapp unter der Oberfläche liegen, das Setzen behindern, sodass sich **Risse über den Bewehrungsstäben parallel** zu diesen bilden. Oft sondert der Beton auch an der Oberfläche und unter groben Gesteinskörnern und Bewehrungsstäben etwas Wasser ab. Durch **Nachrütteln** werden all diese **Mängel behoben** und kleine **Risse** wieder geschlossen. Gefüge, Festigkeit und Aussehen des Betons können damit **verbessert** werden.

Mit Innenrüttlern kann **nachgerüttelt** werden, **solange sich das Loch beim Herausziehen der Rüttelflasche wieder schließt.** Mit Schalungs- und

Tischrüttlern kann noch länger nachgerüttelt werden, solange der Beton unter den Rüttelschwingungen noch **etwas plastisch** wird. Gegenüber den kleinen hochfrequenten Schwingungsausschlägen durch Rüttler ist Beton, auch wenn diese erst deutlich **nach dem Erstarrungsbeginn** einwirken, **unempfindlich.** Dagegen können langsam auftretende **größere Bewegungen**, etwa durch Verformungen des Lehrgerüstes, schon sehr früh **Risse verursachen**, [Walz 60].

Auch der **Verbund zwischen Bewehrungsstahl und Beton** kann durch Rütteln eines neu eingebrachten Betons beeinträchtigt werden, weil sich die Schwingungen im Stahl viel weiter fortpflanzen als im Beton, sodass sich dem **Stahl entlang Hohlstellen** bilden können. Auch dies kann durch **Nachrütteln** des schon zuvor eingebrachten Betons behoben werden. Rüttler dürfen **Bewehrungsstäbe nicht berühren**. Kritisch hinsichtlich später Erschütterungen sind zum **Bluten** neigende Betonzusammensetzungen und **größere Schwingungsbreiten**, wenn sie im Alter von **etwa 7 bis 24 Stunden** auftreten, vgl. Abschn. 7.8.7.

Außenrüttler (Schalungsrüttler) werden in Betonwaren und Fertigteilwerken verwendet. Dort findet man auch **Rütteltische**, wie man sie auch mit kleinen Abmessungen in Betonlabors hat. Eine gute Verdichtungswirkung wird erzielt, wenn die Formen für Probekörper beim Rütteln lose auf dem Rütteltisch stehen. Auf Baustellen werden Außenrüttler als **Schalungsrüttler** an **sehr stabilen Versteifungen der Schalung** befestigt, um Betonschüttungen, die, wie beispielsweise in der Firste von Tunnelgewölben, die mit Innenrüttlern nicht erreichbar sind, zu verdichten. Bei den meist mit Druckluft angetriebenen Außenrüttlern läst sich die **Frequenz leicht so steuern,** dass die Eigenfrequenz der **Schalung** rasch durchschritten und dadurch **weniger beansprucht** wird. Schalungsrüttler haben nur einen **kleinen Wirkungsbereich** und können sich **gegenseitig beeinflussen**. Um die in der Betonschüttung noch vorhandene Luft auszutreiben, müssen stets **zuerst** die **unteren Rüttler** eingeschaltet werden. Mit Schalungsrüttlern können recht gleichmäßige Sichtflächen erzielt werden.

Als **Oberflächenrüttler** werden **Rüttelplatten** und **Rüttelbohlen,** Abb. 7.6-4, verwendet.

Mit ihnen können bis zu etwa 20 cm dicke Platten verdichtet werden. Selbst wenn der Beton eine **steife Konsistenz** hat, kann durch entsprechend langes Rütteln das Ziel, eine einigermaßen **geschlossene mattfeuchte Oberfläche** und eine bis in entsprechende Tiefe reichende praktisch vollständige Verdichtung, erreicht werden. Erdfeuchter und sehr steifer Beton kann auch mit den bei Asphaltdecken und im Erdbau üblichen Rüttelplatten, Glattmantel-Rüttelwalzen und Rüttelstampfern verdichtet werden. Zum

Abb. 7.6-4: Rüttelbohlen verdichten den Beton und ermöglichen das Abziehen ebener Oberflächen, [Olipitz 05]

Nachverdichten und Glätten von bereits begehbaren Bodenplatten und Estrichen verwendet man Vibrations-Patschen und Tellerglätter, vgl. Abschn. 8.6.6.

7.6.3 Verdichten durch Stampfen

Handstampfer oder besser **Maschinenstampfer**, vielfach auch mit einschaltbarer Vibration, verwendet man, um auf **kleinen oder winkeligen** Flächen **steife Betone** in Schichten von **etwa 15 cm** zu verdichten. Dabei muss so lange gestampft werden, bis der Beton weich wird und eine **geschlossene Oberfläche** zeigt. Auch wenn die Oberfläche dann aufgeraut wird und sogleich die nächste Schicht eingebracht und gestampft wird, kann der Verbund beeinträchtigt werden. Die Schichtlagen sollen daher stets rechtwinklig zur Druckbeanspruchung liegen. Der einst so gerühmte Stampfbeton schwindet meist etwas weniger, wird aber wegen der aufwändigen Verdichtung nur mehr in Sonderfällen eingesetzt.

7.6.4 Verdichten durch Stochern

In Beton mit **sehr weicher (F 4)** bis **fließfähiger (F 5) Konsistenz** können noch vorhandene **Luftblasen durch systematisches Stochern** mit dünnen Stangen **ausgetrieben** werden. Das kann sogar bei **Selbstverdichtendem Beton** zweckmäßig sein. Es muss jedoch darauf geachtet werden, dass das Grobkorn dabei nicht zu sehr nach unten sackt. Bei **dünnen Stützen** kann zusätzlich zum Stochern ein **Klopfen auf die Schalung** dazu beitragen, dass weniger Luftblasen an den Seitenflächen verbleiben.

7.6.5 Verdichten durch Schocken

Wenn **gleichmäßiges Aussehen** der Oberfläche von Fertigteilplatten gefordert wird, kann ein Verdichten durch Schocken vorteilhaft sein. Dabei wird die

Schalung mit dem Beton mehrmals angehoben und fällt – ähnlich wie beim Ausbreitversuch – auf eine harte Unterlage.

7.6.6 Verdichten durch Schleudern

Ein **besonders dichtes Gefüge**, **glatte äußere Oberflächen** und **hohe Festigkeiten** erhält man, wenn der Frischbeton bei der Herstellung von Stützen oder Masten **hohen Zentrifugalkräften** ausgesetzt wird. Der Beton wird dazu in ein **rundes, ovales oder achteckiges Schalungsrohr** gegeben, das man auf einer Schleuderbank mit **bis zu 700 U/min** um seine Längsachse rotieren lässt. In Längsrichtung verteilt sich dabei der Frischbeton und erreicht weitgehend eine gleichmäßige Dicke.

Abb. 7.6-5: Durch Schleudern wird der Beton von Masten mit 20-facher Erdbeschleunigung verdichtet und erhält ein hochfestes, widerstandsfähiges Gefüge, [Barnas 04]

In der **äußeren Randzone** reichern sich die **groben Gesteinskörner** in dichter, **praktisch porenfreier Lagerung** an, während innen der überschüssige, wasserreiche und **wenig feste Feinmörtel** verbleibt. Stützen aus Schleuderbeton können mit einem **Bewehrungsgrad von bis zu 20 %** hergestellt werden und erreichen eine sehr hohe Tragfähigkeit und bei Verwendung von PP-Fasern auch einen sehr hohen Feuerwiderstand, [Barnas 04].

7.6.7 Verdichten durch Walzen

Steifer Beton kann in **dünnen Schichten** mit **Walzen** oder **Rüttelwalzen** verdichtet werden, wovon man bei **Tragschichten von Straßen** und bei **Walzbeton** von Talsperren Gebrauch macht, vgl. Abschn. 6.7.3. Der Beton darf dazu **nicht zu sandreich** sein und soll mit seinem **Wassergehalt knapp unter** dem Optimum nach **Proctor** liegen. Auf plastischem oder weichem Beton würden Walzen einsinken.

Auch **große Rohre** können durch **Walzen** verdichtet werden und erhalten dabei eine im Vergleich zu Schleuderbetonrohren wesentlich **verschleißfestere innere Oberfläche**. Zum Verdichten hängt die Rohrschalung mit dem eingebrachten Beton mit horizontaler Achse auf einem kleineren sich langsam drehenden Walzzylinder.

7.6.8 Einbau und Verdichten auf geneigten Oberflächen

Wenn Beton auf geneigten Böschungen oder Dächern eingebaut werden soll, denkt man zuerst an **Spritzbeton**, der sich bekanntlich auch auf lotrechten Flächen oder sogar über Kopf auftragen lässt. Wird aber Rüttelbeton in solchen Fällen oder bei Bögen

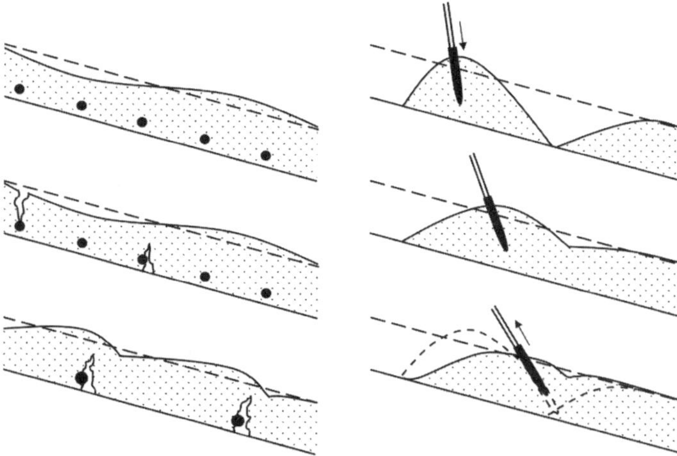

Abb. 7.6-6: Kurzes Rütteln und Fließen des Frischbetons zum zuvor eingebrachten Beton (rechts) verhindert, dass dieser noch einmal ins Fließen und Gleiten kommt (links)

von Brücken oder in offener Bauweise hergestellten Tunnelgewölben verwendet, dann schützt eine obere Schalung, die sog. **Konterschalung**, den Beton vor Abgleiten. Man verzichtet darauf nur im Scheitel und den angrenzenden Bereichen mit mäßiger Neigung. **Neigungen bis zu 30° oder gar 45°** lassen sich ohne Konterschalung herstellen, sind aber eine besondere Herausforderung für zielgerechten Entwurf und äußerst gleichmäßige Herstellung des Betons. Er soll **so weich** sein, dass er sich pumpen und durch **Rütteln verdichten lässt**, aber andererseits **so steif**, dass er von den schrägen Flächen **nicht abrutscht**. Nicht zu große Schichtdicken und **raue Schalungen bzw. Unterlagen** sind vorteilhaft.

Auf **Vorversuche** im Maßstab 1 : 1 kann man in der Regel nicht verzichten. Zweckmäßig rüttelt man den Beton schon knapp oberhalb der Abziehbohle und lässt ihn dabei unter die Abziehbohle fließen. Die nötige Grünstandfestigkeit wird am besten von **Luftporenbeton** mit ausreichendem **Mehlkorngehalt** bei einer Konsistenz, die einem **Verdichtungsmaß von etwa 1,25** entspricht, erreicht. Eingebaut wird solcher Beton – trockenes Wetter vorausgesetzt – meist mit Hilfe von entsprechenden Rüttelbohlen oder bei größeren Flächen mit eigens dazu entwickelten Böschungsfertigern, [Enzenberg 04].

Abb. 7.6-7: Betoneinbau bei 40° Neigung mit einem 14 m langen FCS Brückenfertiger beim Innkanal, [Müller, M. 04]

7.6.9 Vakuumbehandlung und Schalungseinlagen

Beton kann nach seiner Verdichtung in der **Randzone** ein besonders dichtes Gefüge erhalten, wenn man ihn einer Vakuumbehandlung unterzieht, bei der ein Teil des für die einbaufähige Konsistenz notwendig gewesenen **Wassers abgesaugt** wird, Abb. 7.6-8.

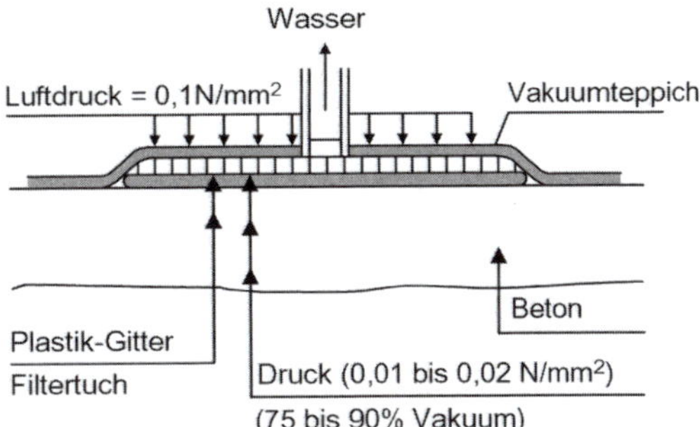

Abb. 7.6-8: Beim Vakuumbeton werden durch Absaugen von Wasser aus der oberen Randzone Festigkeit und Widerstandsfähigkeit stark erhöht, [VDZ 08]

Eine ähnliche, freilich weniger starke Wirkung erzielt man auf lotrechten oder stark geneigten Oberflächen, wenn man auf die Schalung ein **wassersaugendes** oder **wasserabführendes Vlies** als **Schalungseinlage** heftet.

Dass man eine Betonoberfläche **erheblich verschleißfester und dauerhafter** machen kann, wenn man aus ihr Wasser absaugt, scheint wie ein Widerspruch. Im Gegensatz zu Wasserverlusten beim Austrocknen bleiben aber bei einer **Vakuumbehandlung keine luftgefüllten Poren** zurück, die Kapillaren schließen sich und das Gefüge wird dichter. Auch wenn anschließend jedes Austrocknen vermieden wird, hydratisiert der Zement nicht mehr vollständig, weil ihm dazu Wasser fehlt. Vakuumbeton erreicht aber eine dennoch höhere Festigkeit, die seinem nun viel niedrigeren w/z-Wert entspricht. Sie ist bei w/z-Werten von 0,35 oder gar 0,30 trotz unvollständiger Hydratation erheblich höher als bei w/z-Werten über 0,40 nach vollständiger Hydratation.

Eine Vakuumbehandlung macht man heute vorzugsweise bei **großen horizontalen Flächen**, die bei starker **Verschleißbeanspruchung** oder **Frost** auch nach Jahrzehnten noch gut aussehen sollen, wie etwa bei Garagen oder Hallenböden. Der **Widerstand gegen Carbonatisierung** der Betonoberfläche wird ganz **erheblich vergrößert**. Auch gegenüber **Tausalzen und Frost** ist vakuumbehandelter oder nur mit Schalungseinlagen verbesserter Beton wesentlich **widerstandsfähiger**. Der Nachweis, dass in jedem Falle auf Luftporenbildner verzichtet werden kann, steht aber noch aus. Ein besonderer Vorteil ist die **hohe Grünstandfestigkeit**, die dazu führt, dass **vakuumbehandelte Flächen sofort begangen** werden können. Senkrechte Flächen von Rohren oder anderen Fertigteilen können sofort ausgeschalt werden, [Grübl 01].

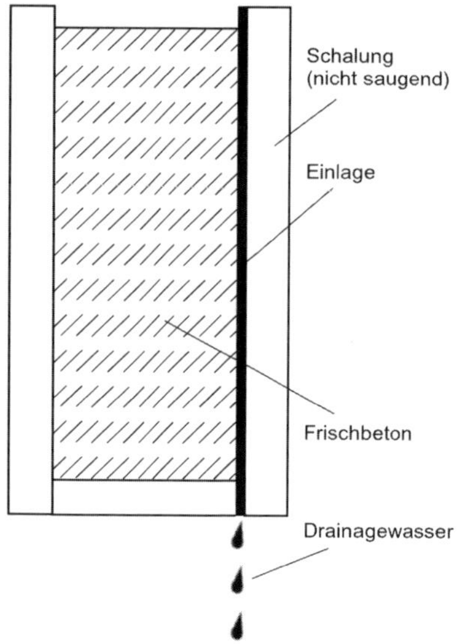

Abb. 7.6-9: Durch wasserabführende Schalungseinlagen entsteht eine verbesserte porenfreie Randzone, [Beddoe 95]

Eine Vakuumbehandlung überlässt man am besten erfahrenen und dafür ausgerüsteten **Spezialfirmen.** Sie legen unmittelbar **nach dem Abziehen** auf den Betonboden eine **Filtermatte,** auf die ein **Vakuumteppich** kommt, in dessen Mitte das Wasser abgesaugt wird. Die Vakuumbehandlung muss **umso länger** anhalten, **je tiefer** sie reichen soll und je mehr Wasser abgesaugt werden soll. In der Regel begnügt man sich mit etwa **10 bis 20 Minuten**. Vielfach erhält die Oberfläche unmittelbar danach durch **Abscheiben** mit einem **Flügelglätter** ihr endgültiges Aussehen.

Günstig ist Beton mit **nicht zu hohem Mehlkorngehalt** und **plastischer bis weicher** Konsistenz. Rütteln während der Vakuumbehandlung ist günstig. **Niedrige Temperaturen** führen zu **höherer Viskosität** des Wassers und bei hohem Vakuum zu **frühzeitiger Eisbildung.** Im Interesse einer guten Tiefenwirkung wird der Beton bei **kühler Witterung** beim Mischen **erwärmt.**

Sollen senkrechte oder geneigte Flächen sehr fest und widerstandsfähig gemacht werden, dann begnügt man sich vielfach mit wassersaugenden oder wasserabführenden **Schalungseinlagen** (Schalungsbahn).

Ähnlich wie wenn man auf der Innenseite einer Schalung mehrere Lagen Löschpapier aufbringt, wird **Wasser nur aus einer – nicht sehr tiefen – Randzone** abgesaugt, Abb. 8.9-5. An der **dunklen Farbe erkennt** man den nun sehr niedrigen *w/z*-Wert, [Beddoe 95]. Ein weiterer Vorteil von Schalungseinlagen ist, dass die Oberfläche des Betons ähnlich wie nach einer Vakuumbehandlung **praktisch porenfrei** ist, weil die Luft von sonst oft störenden Verdichtungsporen abgesaugt wird, [Zeniti 99]. Bei Oberflächen, die beschichtet werden sollen, er**spart** man sich so das vorher nötige **Spachteln**. Bei Wasseranlagen schätzt man, dass sich auf den extrem dichten **Oberflächen kaum Algen oder Moos** bilden kann.

Zu den Vorteilen gehört auch, dass die dichtere und weniger Wasser enthaltende Randzone deutlich **weniger schwindet**. Trotz des höheren E-Moduls führen die in den Randzonen immer viel größeren Temperaturänderungen auch nicht zum Ablösen der äußeren hochfesten Schale vom weniger festen Kernbeton.

7.7 Fugen

7.7.1 Planung

Betonbauteile mit **großen Abmessungen** müssen durch Fugen unterteilt werden. Als **Arbeitsfugen** bezeichnet man solche, die nur nötig sind, weil die Betonbauteile nur **abschnittsweise hergestellt** werden können oder die entstehen, weil der Betoneinbau **unplanmäßig unterbrochen** werden musste. Arbeitsfugen, die planmäßig ohne Verbund zwischen vorher eingebautem und neuem Beton bleiben sollen, nennt man **Pressfugen.** Der Verbund wird durch einen Anstrich oder Ähnliches unterbrochen. Fugen, die während der Nutzung ihre **Öffnungsweite ändern**, nennt man **Bewegungsfugen**. Dabei unterscheidet man zwischen solchen, die nur **Verkürzungen**, etwa durch Abkühlung oder Schwinden aufnehmen, und **Scheinfugen**, die auch **Kontraktionsfugen** genannt werden und gleichzeitig oft auch Arbeitsfugen sind, und solchen, die auch **Dehnungen** aufnehmen sollen und als **Raumfugen** oder **Dehnfugen** bezeichnet werden. Sie müssen eine zusammendrückbare Einlage haben. Raumfugen sind auch zwischen Bauteilen nötig, die sich horizontal oder vertikal zueinander verschieben könnten, wie etwa bei zu erwartenden Setzungsunterschieden oder zwischen großen und kleinen Bauteilen.

Fugen sollen nur vorgesehen werden, wenn dies **zwingend notwendig** ist. Ihre Herstellung ist **teuer** und **erfordert besondere Sorgfalt**. Vor allem die Bewegungsfugen sind es, die immer wieder überprüft und nötigenfalls **instand gesetzt** werden müssen, vgl. Abb. 8.2-2. Nur Arbeitsfugen, die sorgfältig hergestellt wurden, erfordern später meist keine Pflege.

Aus gutem Grunde bemüht man sich heute, Kaimauern, Schifffahrtsschleusen und selbst den stärkeren Temperaturänderungen ausgesetzte Brücken als **integrale Bauwerke** herzustellen und Fugen so weit wie

Abb. 7.7-1: Horizontale Arbeitsfuge mit mangelhafter Abdichtung der Schalung, so dass Zementleim ausgeflossen ist und porösen Beton hinterlässt

möglich zu vermeiden, vgl. Abb. 8.3-2, [Morgen 05, Westendarp 06]. Bei den stets unbewehrten Staumauern von Talsperren werden die lotrechten Arbeitsfugen später verpresst, sodass ein großer monolithischer Baukörper entsteht, Abschn. 8.2.2.

Wenn es nur um die bei Erwärmung auftretenden Dehnungen geht, **verzichtet** man oft auf Raumfugen, vorausgesetzt, die Dehnungen können in der Fugenfläche **schadlos in Druckspannungen** umgesetzt werden. Bei Fahrbahndecken macht man schon schon seit Jahrzehnten **keine Raumfugen** mehr, sondern nur mehr Scheinfugen, die sich bei Abkühlung weniger öffnen, weil zunächst Druckspannungen abgebaut werden müssen.

Bei allen größeren Bauwerken muss ein **Fugenplan** mit Regeldetails rechtzeitig ausgearbeitet werden [Hohmann 06]. Fugen sollen möglichst **gradlinig** verlaufen und **keine Versprünge aufweisen.** Kreuzungspunkte von Fugen müssen besonders sorgfältig geplant und ausgeführt werden, damit an den Ecken keine Risse auftreten. Die Fugenflächen müssen **normal, d. h. im rechten Winkel** zur **Außenfläche des Betonkörpers** verlaufen. Sie sollen möglichst so angeordnet sein, dass über die Fuge **nur Normalkräfte** übertragen werden, wie wir es auch von den Fugen in Natursteinbögen und Gewölben des Altertums her kennen.

7.7.2 Arbeitsfugen

An Betonflächen, die gegen eine glatte Schalung hergestellt wurden, haftet der Frischbeton des nächsten Abschnittes nur schlecht. Um einen besseren Verbund zu erzielen, soll vor dem Weiterbetonieren die obersten Feinmörtelschicht entfernt werden, so dass die **Kuppen des groben Korns freiliegen.** Dies geschieht am besten mit einem **Hochdruckwasserstrahl.** Wenn bei **senkrechten oder geneigten Arbeitsfugen** mit Abschalungselementen aus **Lochblech, Streckmetall** oder sehr **feinmaschigem Drahtgewebe** geschalt wurde, muss stets geprüft werden, ob zusätzliche Maßnahmen nötig sind, um einen **dichten Anschluss** sicherzustellen. Stets muss besonders darauf geachtet werden, dass die **Schalung des nächsten Abschnittes dicht** an den bereits erhärteten Beton **anschließt** oder die Fuge mit einem Moosgummiband abgedichtet wird, Abb. 7.7-1.

Zur Abdichtung von Arbeitsfugen gegen durchdringendes Wasser siehe Abschn. 7.7.5.

Wenn bei größeren Bauteilen der Beton an einer mehr als etwa 10 m langen Arbeitsfuge an bereits abgekühlten Beton angeschlossen wird, können **Risse,** die **rechtwinkelig oder schräg von der Fuge** weggehen, entstehen, vgl. Abb. 3.6-2. Häufig tritt dies etwa bei Stützmauern auf Fundamenten oder Weißen Wannen auf, wenn der Beton einer Wand infolge Hydratationswärme und oft auch höherer Frischbetontemperatur bei einer erhöhten Temperatur fest wurde und sich in den nächsten Tagen abkühlt. Die zwangsläufig damit verbundene Kontraktion wird durch die Bodenplatte behindert, was bis zu einer Rissbildung führen kann.

Bei großen, **abschnittsweise** hergestellten **Brücken** kann es, wie auch bei anderen **massigen Bauteilen,** vorgekommen, dass sich **Arbeitsfugen** zwischen den Betonierabschnitten, die mit Verbund hergestellt wurden und auch mit gekoppelten Spanngliedern vorgespannt werden, wieder **aufgehen.** Ursache für das **Öffnen** dieser **Koppelfugen**, dem sog. **Mehlkorn-Effekt**, sind die durch **Spannglieder eingeleiteten Kräfte** und die **Hydratationswärme** [Mehlhorn 02].

Auch nur durch den **Temperaturverlauf** beim Erhärten des Betons kann es zu einem teilweisen Öffnen der Fugen kommen, was am Beispiel einer Hohlkastenbrücke erläutert wird: Nach dem Anbetonieren eines neuen Betonierabschnittes **erwärmen** sich dessen dünne **Bodenplatte** und die nicht viel dickere **Fahrbahnplatte** nur kurz, während in den viel **dickeren Stegen** die **Temperatur noch länger ansteigt.** Wenn sich schließlich auch die Stege abkühlen, erhalten Bodenplatte und Fahrbahnplatte Druck und behindern die thermische Verkürzung der Stege. Die **Koppelfugen öffnen sich** in den Stegen. Verhindern lässt sich dies durch **niedrige Frischbetontemperatur,** Betonzusammensetzungen mit **niedriger Risstemperatur**, vgl. Abschn. 5.10, und **Vermeiden einer raschen Abkühlung** von Bodenplatte und Fahrbahnplatte.

Zum Herstellen eines Verbundes mit bestehenden Bauteilen siehe Abschn. 11.5.2.

7.7.3 Scheinfugen (Kontraktionsfugen)

Scheinfugen nehmen nur Verkürzungen und auch Biegeverformungen auf, und verhindern so, dass sichtbare Risse entstehen. Sie sind in der Herstellung und Erhaltung weniger aufwändig als Raumfugen. Um ein **Öffnen der Fugen** zu ermöglichen und als **Gelenk** zu wirken, genügt in der Regel eine **Schwächung des Querschnittes um 30 bis 40 %.** Dann reißt der Beton früher oder später unter der Schwächung und nicht an anderer Stelle nach unten durch. Zur Schwächung kann auch in den Frischbeton ein mit Schalöl bestrichenes oder beschichtetes **Blech**, eine **Leiste aus Kunststoff** oder auch ein dünnes **Holzbrett** eingedrückt werden. Stattdessen kann man aber auch erst wenn der Beton schon fest ist einen schmalen **Schnitt** mit einer Diamant-Trennscheibe oder einer **Fugensäge** einschneiden. Das soll man so früh wie möglich machen, damit nicht vorher schon ein Riss entsteht.

Erwärmung, wie im Sommer, verursacht in allen langgestreckten Bauteilen, deren Ausdehnung behindert wird, **Druckkräfte**, die auch über Scheinfugen und ggf. vorhandene Pressfugen hinweg übertragen werden müssen. Dazu muss mindestens die mittlere Hälfte des Querschnittes, also dessen Kern, zur Verfügung stehen.

Die **Fugenflächen** müssen auch in der **ganzen Breite sauber gegenüberliegen**. **Fremdkörper** dürfen **nicht dazwischengeraten**. Bei den im Freien liegenden Fahrbahndecken werden die Fugen daher oben mit einer elastoplastischen **Vergussmasse** oder einem elastomeren **Fugenprofil** abgedichtet. Wenn Scheinfugen wasserdicht sein müssen, baut man in ihrer Mitte elastomere oder thermoplastische **Fugenbänder** ein.

7.7.4 Raumfugen (Dehnfugen)

Muss einem Bauteil auch eine **Ausdehnung**, etwa bei einer **Erwärmung** ermöglicht werden, also die Dehnungen nicht in Druckspannungen umgesetzt werden, dann sind **Raum- oder Dehnfugen** in entsprechendem Abstand nötig.

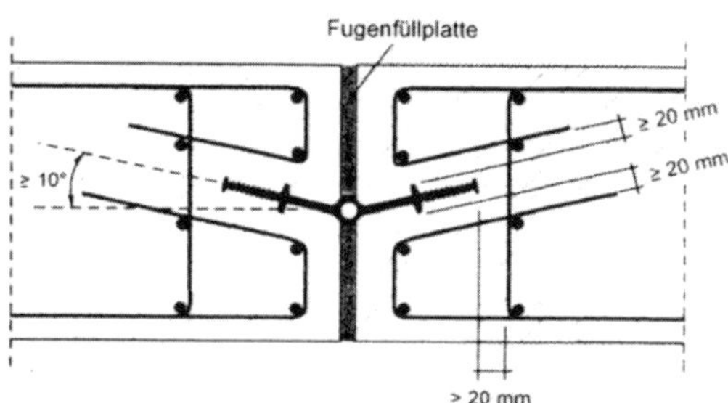

Abb. 7.7-2: Raumfugen mit kompressibler Fugenfüllplatte und Fugenband zur Aufnahme kleiner horizontaler und vertikaler Bewegungen. Durch V-förmiges Verlegen des Fugenbandes können beim Verdichten aufsteigende Luftblasen entweichen [Hohmann 14]

Solche Fugen haben stets eine **zusammendrückbare Fugenfüllung**, die ggf. auch **horizontale oder vertikale Verschiebungen** aufnehmen kann.

Raumfugen werden in einer Breite von meist 10 bis 20 mm mit **Diamant-Trennsägen** geschnitten oder erhalten schon vorher die **Fugeneinlage,** die in der Schalung gut befestigt werden muss. Besonders wichtig ist es, dass der **Fugenspalt** über die **ganze Breite** und auf **volle Tiefe** durchgeht. Wenn unten oder an Stoßstellen von Fugeneinlagen eine **Betonbrücke** verblieben ist, führt dies beim Schließen der Fuge zu Absprengungen.

Fugenfüllplatten und andere **Fugeneinlagen** müssen so befestigt werden, dass sie beim Einbringen, Verdichten und Glätten des Betons nicht umgedrückt oder verschoben werden können. Sie sollen überdies **nicht verrotten**. Holzbretter vermeidet man heute allein schon wegen der vielen härteren Äste. Bei den breiteren Fugenspalten von Raumfugen ist es besonders wichtig, dafür zu sorgen, dass **keine harten Fremdkörper** eindringen können. Dies könnte bei Bewegungen der Fuge unweigerlich zu Spannungskonzentrationen und lokalen Absprengungen des Betons führen. Dies gilt auch für Zementleim oder Reaktionsharze wie sie für das **Verpressen von Rissen** verwendet werden, wenn sie in einen Teil des

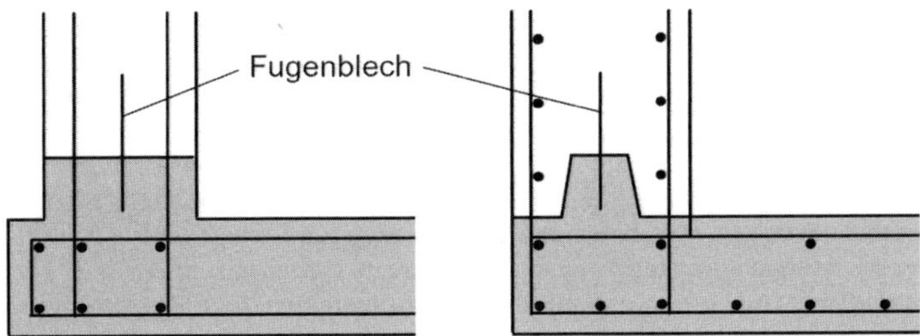

Abb. 7.7-3:
Arbeitsfuge zwischen Bodenplatte und Wand mit Höcker zur Aufnahme des Fugenbleches

Fugenspaltes eindringen. Das Eindringen von Fremdkörpern in breitere Fugen kann verhindert werden, wenn der Fugenspalt oben mit einem elastischen Fugenband, etwa einem Neopren-Profil oder einer elastoplastischen Vergussmasse **verschlossen** wird, vgl. Abb. 8.1-6.

7.7.5 Abdichtung von Fugen

Sind Fugen, wie etwa im Wasserbau, bei Gründungen oder bei Flüssigkeitsbehältern einseitigem **Wasserdruck** ausgesetzt, müssen sie mit einem **Fugenband** oder **Fugenblech** abgedichtet werden [Ebeling 06, Hohmann 14]. Diese werden meist mittig, bei dickeren Betonbauteilen auch nahe der Wasserseite, eingebaut.

Verwendet werden **elastomere Fugenbänder** nach DIN 7865, die vulkanisiert werden müssen, oder **thermoplastische Fugenbänder** nach DIN 18541, die durch Schweißung verbunden werden. Fugenbänder und Bleche müssen an **Stößen, Kreuzungspunkten und Abzweigungen** dauerhaft **dicht verbunden** werden. Für die Fügetechnik bei den im Herstellwerk und teilweise auch auf Baustellen herstellbaren Verbindungen bestehen in DIN 18197 strenge Vorgaben.

Weil Fugenbänder, genauso wie Fugenbleche die **Bewehrung nicht kreuzen** können, muss bei Wasserbehältern oder Weißen Wannen die Bewehrung der Bodenplatte an der Arbeitsfuge zu den Außenwänden nach unten gebogen werden. Dies lässt sich vermeiden, wenn man im Bereich der späteren Arbeitsfuge gleichzeitig mit dem Betonieren der Bodenplatte durchlaufend 15 cm hohe **Sockel** herstellt, in die das Fugenband oder Fugenblech eingesetzt wird, Abb. 7.7-3.

Beim Einbau der Dichtungselemente ist **besondere Sorgfalt** nötig, damit

- das Fugenband oder Fugenblech **vollständig mit feinmörtelreichem Beton umschlossen** wird und
- sich **weder Luftblasen** noch **Wasser von blutendem Beton unter dem Fugenband ansammeln**. Horizontal liegende Fugenbänder werden vielfach V-förmig eingebaut, damit beim Verdichten des Betons aufsteigende Luftblasen nicht an der Unterseite des Fugenbandes hängen bleiben, vgl. Abb. 7.7-2. Darüber hinaus muss darauf geachtet werden, dass
- das **Fugenband** beim Einbringen des Betons **nicht umklappt**. In Wänden ist diese Gefahr bei horizontalen Fugen besonders große. Daher verwendet man dort vielfach Fugenbleche.

Für **Raumfugen** kann man zur besseren Verformbarkeit **Fugenbänder** verwenden, die mittig ein **Hohlprofil** haben, Abb. 7.7-2. Für das Abschalen von Arbeitsfugen in Bodenplatten wurden Blechelemente entwickelt, die bereits Vorkehrungen für den Einbau von Fugenbändern haben und im Beton verbleiben können.

In der Praxis erweist es sich immer wieder, wie schwierig eine vollständige Abdichtung von Arbeitsfugen gegen durchdringendes Wasser auszuführen ist. Das hat in jüngerer Zeit zu Neuentwicklungen geführt.

Als **quellfähige Fugeneinlagen** dienen heute spezielle **Gummiprofile**, die in Arbeitsfugen an den erhärteten Beton mittig zwischen den herausstehenden Bewehrungsstäben so befestigt werden, dass sie **nicht aufschwimmen** können. Wenn sich in einer Arbeitsfuge ein Riss bildet, durch den **Wasser zutritt, quillt die Fugeneinlage**. Dies wird durch den umgebenden Beton behindert, sodass ein Anpressdruck entsteht, durch den der Riss abgedichtet wird. Solche Fugeneinlagen sind für Bewegungsfugen nicht geeignet. Zur Beurteilung einer Eignung auch für häufigen Nass-Trocken-Wechsel reicht die derzeitige Prüfung mit nur 3 Zyklen nicht aus.

Bei den heute schon oft verwendeten **Injektionsschlauchsystemen** werden Arbeitsfugen erst mehrere Wochen nach Erhärten des Betons durch **Injizieren** eines dafür vorgesehenen **Mikrofeinzements, Acrylatgels oder Polyurethanharzes** abgedichtet. Für Raumfugen sind diese Systeme nicht geeignet. Das Schlauchsystem muss so dicht an der Arbeitsfuge verlegt werden, dass ein in der Fugenfläche auftretender Riss auch vom Injektionsgut erreicht wird. Vielfach werden Injektionsschläuche nur vorsorglich an den Arbeitsfugen verlegt für den Fall, dass Wasserdurchtritte beobachtet werden. Das System eignet sich aber auch für Fälle, in denen keine Fugenbleche oder Fugenbänder eingebaut wurden. Vorteilhaft können solche Systeme sein, die bei nochmaligen Wasserdurchtritten ein **mehrmaliges Injizieren** ermöglichen. Bei ihnen müssen die Schläuche nicht nur zulassen, dass das Injektionsgut durch ihre Wandung durchgepresst wird. Sie müssen darüber hinaus ermöglichen, den Schlauch selbst wieder so zu reinigen, das er wiederverwendet werden kann. In jedem Fall ist für eine sachgerechte Planung und Durchführung solcher Arbeiten ist ein reiches Maß an Erfahrung nötig, siehe Merkblatt Injektionsschlauchsysteme und Quellfähige Einlagen für Arbeitsfugen [DBV 10].

7.8 Nachbehandlung und Schutz des Betons

Damit Beton ein dichtes Gefüge erhält, seine planmäßige Festigkeit erreicht, und an der Oberfläche keine Risse bekommt, muss er nachbehandelt und geschützt werden.

7.8.1 Schädigung durch frühzeitiges Austrocknen

Zement hydratisiert nur, solange im Betongefüge genügend Feuchtigkeit vorhanden ist. Bei Oberflächen, die der Luft ausgesetzt sind, stellt sich ein Gleichgewichtszustand zwischen der Feuchtigkeit der Luft und jener in den mikroskopisch feinen nicht sichtbaren Kapillarporen der oberflächennahen Betonschichten ein. Wenn bei niedrigerer Feuchtigkeit die **Kapillaren austrocknen,** kommt damit die **Hydratation** von der Randzone nach innen fortschreitend **zum Stillstand**. Die Folge ist, dass in der so wichtigen Randzone

- die **Festigkeit** nicht mehr zunimmt,
- das Gefüge sehr **porös** bleibt und der Beton daher **rascher carbonatisiert,**
- der **Frostwiderstand** dort, wo er am wichtigsten ist, niedrig bleibt,
- **Chloride** tiefer eindringen können, [Spörel 13]
- der **Verschleißwiderstand** kleiner bleibt und
- bei bestimmten Zementarten die Betonoberfläche **absandet.**

Wie sehr ein frühzeitiges Austrocknen die Bemühungen, einen dauerhaften Beton herzustellen, zunichte macht, zeigen Versuche, bei denen die **Carbonatisierungstiefe** von unterschiedlich nachbehandeltem Beton nach einjähriger Lagerung an Luft geprüft wurde, [Gräf 86], vgl. Abb. 4.2-3. Bei einem Ausschalen nach einem Tag und anschließender Luftlagerung war bei einem Beton mit einem *w*/*z*-Wert von 0,50 die Carbonatisierungstiefe genauso groß wie bei einem Beton mit *w*/*z*-Wert von 0,80, wenn Wasserverluste erst nach einem Monat eintreten konnten. Besonders tief carbonatisieren **hüttensandreiche Hochofenzemente**, wenn sie **nicht sehr lange feucht** gehalten werden.

Für die Praxis ist wichtig, dass beim Austrocknen von Betonoberflächen **Wasser anfangs von unten nachgesaugt wird**. Estriche und andere **dünne Betonschichten**, die nicht viel Wasser nachsaugen können, **trocknen** an ihrer Oberfläche viel **stärker aus** als obere Randzonen dicker Betonkörper, Abb. 7.8-1. Dieser **Wassertransport** kommt bei **steifem Beton** schon während des **ersten Tages** zum Stillstand, während bei **weichem Beton** besonders bei höherem *w*/*z*-Wert auch **noch am folgenden Tag** die kapillare Leitfähigkeit dazu noch groß genug ist, [Nischer 76].

Beton **weicher oder fließfähiger** Konsistenz kann durch frühzeitiges, d. h. schon nach dem Abtrocknen eines ggf. vorhandenen Blutwasser einsetzendes Austrocknen sehr **stark geschädigt** werden, ganz besonders, wenn es sich um dünne Platten handelt. Auch bei **sehr steif bis trocken** hergestellten Betonwaren ist ein Austrocknen für die Randzone sehr **schädlich,** weil der Beton **weniger Wasser** enthält. Mit Zementen CEM I 52,5 sind wegen der **schnelleren Anfangserhärtung** die Wasserverluste nur **halb so groß.**

Wenn Beton nach dem ersten Tag bzw. bei langsamer Erhärtung auch noch **nach dem zweiten Tag austrocknet**, ist vor allem die etwa **2 cm dicke Randzone** betroffen. Bei **massigen Bauteilen** oder solchen mittlerer Dicke, die anfangs nicht zu sehr austrocknen, kann durch ein reichliches **Wasserangebot** auch **noch am dritten Tag** eine Schädigung vermieden werden.

Bei hoher Luftfeuchtigkeit findet praktisch kein Austrocknen mehr statt. Bei **feuchtem Novemberwetter erübrigt sich jedes Feuchthalten**. Es kommt in den oberflächennahen Poren zu einer Kapillarkondensation, so dass die Hydratation des Zements nicht beeinträchtigt wird. Man geht davon aus, dass dies bei einer **relativen Luftfeuchte über etwa 85 %** der Fall ist, [Kern 98]. Dies gilt aber nur, wenn die Betonoberfläche **nicht wesentlich wärmer** als die Umgebungsluft ist.

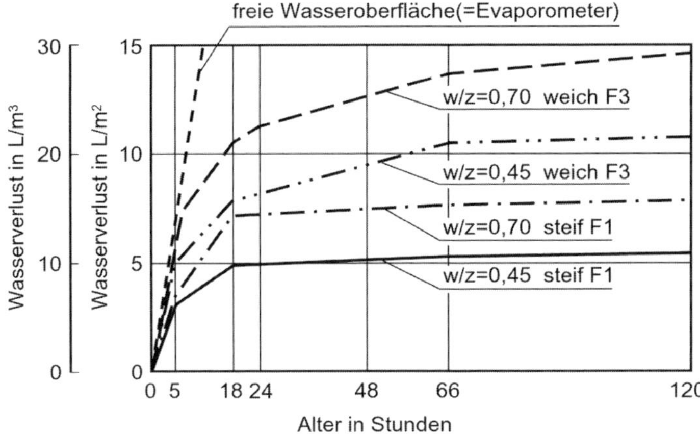

Abb. 7.8-1: Bei 50 cm dicken Betonplatten (oben) verdunstet bei 27 km/h Windgeschwindigkeit mehr Wasser (in l/m²) als in nur 5 cm dicken Betonplatten (unten). Vom ursprünglichen Wassergehalt (in l/m³) verliert die dünne Betonplatte einen viel größeren Teil ihres Wassers. [Nischer 76]

Es hat nicht an Bemühungen gefehlt, Prüfverfahren zu entwickeln, mit denen nachträglich beurteilt werden kann, ob ein Beton ausreichend nachbehandelt wurde. So wurde versucht, die Luftdurchlässigkeit der Betonrandzone mit einer Saugglocke zu prüfen, um ggf. aus hoher Luftdurchlässigkeit auf mangelnde Nachbehandlung zu schließen. Es ist richtig, dass Gasdurchlässigkeit umso größer ist, je poröser das Gefüge ist. Nachdem die Gasdurchlässigkeit aber ganz entscheidend auch vom Feuchtigkeitsgehalt des Betons während der Prüfung bestimmt wird, erwies sich die Prüfung mit der Saugglocke als nicht genügend aussagekräftig.

Frühes Austrocknen kann auch sehr leicht zu **Frühschwinden** und damit zu **Oberflächenrissen** führen, vgl. Abschn. 3.3.4. Man erkennt solche Risse an ihrem **netzartigen Verlauf**, ähnlich wie bei ausgetrockneten Tonböden. Zusätzliche Ursache für solche Risse ist aber oft eine starke **Sonneneinstrahlung,** die dazu führt, dass der oberflächennahe Beton bei einer deutlich **höheren Temperatur erhärtet** und bei Abkühlen auf die Umgebungstemperatur reißt. Oft tragen beide Ursachen, Austrocknen und Abkühlung zu Netzrissen bei. Die Gebrauchseigenschaften der Oberflächen können beeinträchtigt werden, ähnlich wie bei einer unzureichende Hydratation als Folge von frühzeitigem Wassermangel. Risse in frischen Betonoberflächen können aber durch **Setzen des Betons über Stahleinlagen** oder auch durch spätes **Abziehen der Oberfläche** von zu klebrigem Beton entstehen, Abschn. 11.8.1.

7.8.2 Schutz vor Austrocknen

Wie sehr **Luftfeuchtigkeit, Temperatur** und **Windgeschwindigkeit** die stündlich auftretenden Wasserverluste frischer Betonoberflächen bestimmen, zeigt Abb. 7.8-2.

Daraus geht hervor, wie stark höhere Betontemperaturen und hohe Windgeschwindigkeiten besonders bei der im **Winter** meist trockenen Luft das Austrocknen beschleunigen. Zu bedenken ist dabei, dass ein 4 cm dicker Estrich oder eine ebenso dicke Randzone eines Betons insgesamt nur 1 bis 2 kg/m² Wasser abgeben dürfen, soll die Hydratation nicht beeinträchtigt werden.

Die Verfahren zum Schutz vor Austrocknen siehe Abschn. 7.8.5.

Was die **Dauer der Nachbehandlung** betrifft, war es nötig Fristen zu fordern, die nicht nur technisch erforderlich erscheinen, sondern auch mit den Mitteln und Informationen auf der Baustelle auch umsetzbar sind. Bei der Beratung der DIN 1045-3 hat man sich auf die Forderung geeinigt, dass Beton, bis er **mindestens 50 % der charakteristischen**

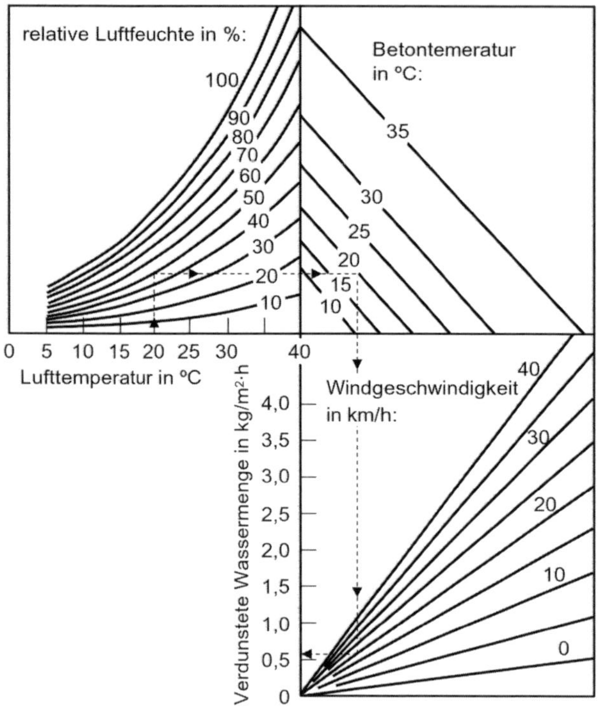

Abb. 7.8-2: Die Wasserverluste durch Austrocknen werden von der Windgeschwindigkeit, der Temperatur, der Feuchtigkeit der Luft sowie der Temperatur des Betons bestimmt, [ACI 77]

Festigkeit erreicht hat, vor Austrocknung zu schützen ist. **Ausgenommen** ist Beton, der, wie oft bei Hochbauten, nur den Expositionsklassen **XO** oder **XC 1** (nass oder trocken) entsprechen muss und nur einen **halben Tag** vor Austrocknen geschützt werden muss. Damit man bei all den anderen Expositionsklassen nicht prüfen muss, wann die geforderten 50 % der Druckfestigkeit erreicht sind, gibt eine **Tabelle in DIN 1045-3** je nach Festigkeitsentwicklung und **Oberflächentemperatur des Betons** die nötige Dauer des Feuchthaltens an, Tabelle 7.8-1. An Stelle der Oberflächentemperatur kann auch die **morgendliche Lufttemperatur** zugrunde gelegt werden, [Becker 06]. Die Festigkeitsentwicklung wird durch das **Verhältnis *r* der 2-Tage- zur 28-Tage-Druckfestigkeit** definiert und ist auf den Lieferscheinen von Transportbeton stets anzugeben. In der Tabelle gilt als Oberflächentemperatur jene, die nicht für längere Zeit unterschritten wird. Wenn Temperaturen, die längere Zeit **unter 5 °C** fallen, dürfen die Tage nach DIN 1045-3 nicht, nach ÖNORM B 4710-1 nur mit dem 0,3fachen eines Tages mit mehr als 12 °C in Rechnung gestellt werden, solange der Gefrierpunkt nicht unterschritten wird.

Auch aus der **Temperatur des Frischbetons** beim Einbau darf nach einer Tabelle in DIN 1045-3 die Anzahl der Tage, die nachzubehandeln ist, entnommen werden. Bei schnell erhärtendem Beton mit einer Temperaturen über 15 °C genügt es, einen Tag lang nachzubehandeln. Bei mittlerer Festigkeitsentwicklung und auch bei Betontemperaturen zwischen 10 und 15 °C müssen diese Fristen jeweils verdoppelt werden. Ist eine Luftfeuchtigkeit über 85 % vorhanden, brauchen keine Maßnahmen getroffen zu werden.

Die Forderung nach nur 50 % der charakteristischen Festigkeit reicht bei hohen Beanspruchungen der Oberflächen nicht aus. Deshalb verlangt ZTV-ING ähnlich wie die ÖNORM B 4710-1 für die Expositionsklassen **XC 3 und XC 4** sowie für **alle XF, XD, XA und XM** Klassen einen Schutz vor Austrocknen, bis **mindestens 70 % der charakteristischen Festigkeit** erreicht sind, oder eine Verdopplung der in Tabelle 7.8-1 angegebenen Fristen.

Die ÖNORM fordert zu Recht, dass der Beton im Anschluss an die Nachbehandlung **nur langsam austrocknen darf**. Jeder, der einen Beton, der wärmer als die Umgebungsluft ist oder bei trockenem windigem Wetter ausgeschalt hat, weiß, wie leicht sehr bald feine, aber sichtbare Risse auftreten und wie notwendig ein nur langsames Austrocknen ist,

Tabelle 7.8-1: Mindestdauer der Nachbehandlung nach der Oberflächentemperatur, gilt nicht für Beton X 0, XC 1 und XM

Oberflächen temperatur[2] ϑ [°C]	Mindestdauer der Nachbehandlung in Tagen		
	Festigkeitsentwicklung des Betons[1] $r = f_{cm2}/f_{cm2}$		
	schnell $r \geq 0{,}5$	mittel $r \geq 0{,}30$	langsam $r \geq 0{,}15$
$\vartheta \geq 25$	1	2	2
$25 > \vartheta \geq 15$	1 (1)[2]	2 (2)	4 (4)
$15 > \vartheta \geq 10$	2 (2)	4 (4)	7 (7)
$10 > \vartheta \geq 5$	3 (4)	6 (8)	10 (14)

1) Würfeldruckfestigkeit nach 2 bzw. 28 Tagen.

2) Werte in Klammern für Frischbetontemperaturen ohne Messung von Temperaturen während der Nachbehandlung für Außenbauteile (XC 2, CX 3, CX 4 und XF 1), und für Bauteile, die vor übermäßiger Abkühlung geschützt sind, nicht bei Stahlschalungen oder Bauteilen mit großer Oberfläche wie Decken nach einem Vorschlag zur Änderung A2 von DIN 1045-3.

vgl. Abb. 3.4-16. Trotz der Festlegungen in den Regelwerken bleiben die Entscheidungen über das Feuchthalten von jungen Betonoberflächen eine Aufgabe für den verantwortlichen Ingenieur, der oft Kompromisse finden muss. Wissen muss er auch, dass es am **Tag des Betoneinbaues** und am **ersten Tag danach** besonders **wichtig** ist, den Beton vor Austrocknen zu schützen.

7.8.3 Schutz vor Erwärmung

Früher Zwang, der oft zu optisch störenden oder gar wasserführenden **Risse** führt, ist in den meisten Fällen auf **Temperaturspannungen** zurückzuführen. Sie können durch entsprechende **Nachbehandlung erheblich vermindert** werden.

Beton erreicht – im Gegensatz zu Reaktionsharzen – seine höchste Festigkeit, wenn er anfangs bei einer **niedrigen Temperatur** um etwa +5 °C erhärtet. Dieser Vorteil ist aber gering und kein Mensch würde einen Beton deshalb kühlen. Vorsicht ist aber bei **Frischbetontemperaturen gegen 30 °C und darüber** geboten, weil der Beton **schneller ansteift** und **Zusatzmittel anders reagieren** können. Auch wenn er in der Schalung verdichtet wurde, kann eine zusätzliche Erwärmung von außen ungünstig sein. Wenn bei massigen Bauteilen zu hoher **Frischbetontemperatur** und **Hydratationswärme** noch eine Aufheizung von außen etwa bei starker **Sonneneinstrahlung** kommt, können Temperaturen über **65 °C** erreicht werden, bei denen sogar **schädliche Ettringitbildungen** möglich sind, vgl. Abschn. 4.7.2.

Wichtig ist, dass bei Temperaturen des Betons im Bauwerk **über 60 °C** die **Druckfestigkeit** mitunter **um 20 % und mehr** gegenüber dem Probewürfel, der sich nur wenig erwärmt, **zurückbleiben kann**. Der Beton **im Bauwerk** hat dann eine **niedrigere Festigkeit als der Probewürfel**, [Schrage 96]. Sind solche Temperaturen nicht zu vermeiden, müssen in einer Erstprüfung mit entsprechendem Temperaturverlauf die erforderlichen Zemente oder Zement-Flugasche-Kombinationen ausgewählt werden, bei denen es bei den zu erwartenden Temperaturen zu keinen Minderfestigkeiten kommt.

Auch für die Frage, ob die **Hydratationswärme zu Rissen** führt, spielt neben der bis zum Festwerden am ersten Tag entstehenden Hydratationswärme und der Frischbetontemperatur auch eine **Aufheizung** etwa durch **Sonneneinstrahlung** eine oft entscheidende Rolle.

Frühzeitige Kühlung von Betonoberflächen ist **günstig**, weil dadurch **Hydratationswärme schadlos** abgeführt wird [Springenschmid 03]. Wenn sich dann der Kern der Bauteils erst später abkühlt, entstehen **Eigenspannungen** mit **günstigen Druckspannungen** in oberflächennahen Bereichen und meist belanglosen Zugspannungen im wenig beanspruchten Kern, Abb. 7.8-3.

Auch in plattenförmigen Bauteilen von etwa 20 bis 50 cm Dicke ist, wenn die Verformungen, wie in Betonböden, behindert werden, ein frühes Abkühlen günstig.

Wie wichtig dabei der **Zeitpunkt** ist, zu dem die **Kühlung** beginnt, zeigen Versuche im Reißrahmen, bei denen die Spannungen gemessen wurden, die in einem mit 20 °C Frischbetontemperatur eingebauten Betonbalken, der sich in Längsrichtung nicht verformen konnte, entstehen, Abb. 7.8-4, [Kraeft 98].

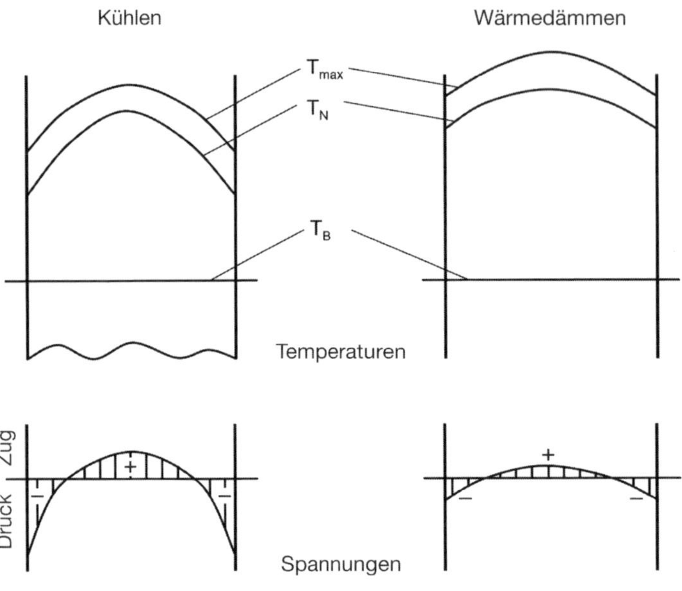

Abb. 7.8-3: Bei dicken Betonwänden führt frühzeitig beginnendes Kühlen der Oberfläche (Schalung) zu niedrigerer Maximaltemperatur T_{max} und stärker gekrümmten Gradienten der Nullspannungstemperatur T_N, so dass nach dem Auskühlen der Wand (Temperaturausgleich) eine größere Druckvorspannung in der Betonrandzone vor Rissen durch Schwinden und rasche Abkühlung schützt. Frühzeitiges Wärmedämmen (Bild rechts) ist ungünstig, weil keine nennenswerte Druckvorspannung entsteht [Mangold 94]

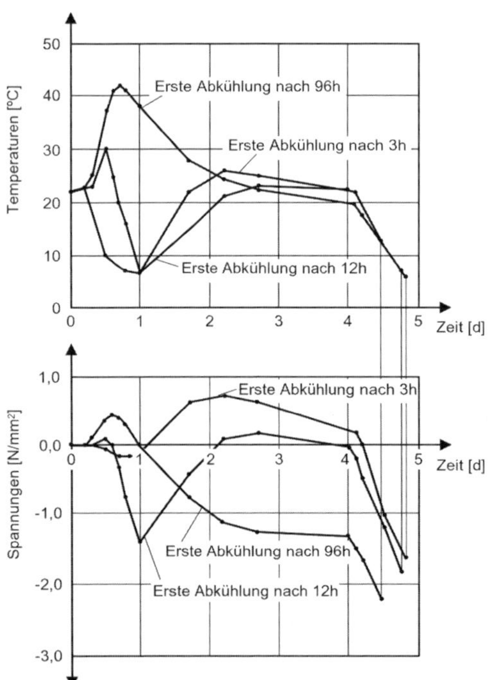

Abb. 7.8-4: Temperaturen (oben) und Spannungen (unten) im Reißrahmenversuch zeigen, dass Beton, der schon nach 3 Stunden abgekühlt wird, in Gegensatz zu einer Abkühlung nach 12 Stunden kaum Zugspannungen erhält. Trotz einer äußeren Erwärmung am 2. Tag ist bei frühzeitig gekühltem Beton die Risstemperatur nach 4 Tagen niedriger, der Beton reißt weniger leicht. [Kraeft 98]

Begann die Kühlung schon nach drei Stunden und wurde im Alter von 24 Stunden eine Temperatur von 7 °C erreicht, entstanden kaum Zugspannungen. Bei einer im Alter von 12 Stunden begonnenen zwölfstündigen Abkühlung auf 7 °C erreichten die Zugspannungen immerhin 1,4 N/mm². Wurde dagegen erst nach vier Tagen abgekühlt, ist der Balken schon bei einer Kühlung auf nur 12 °C durchgerissen, während die beiden frühzeitig gekühlten Balken, die sich wieder erwärmt hatten, erst bei einer abermaligen Abkühlung auf 7 °C durchgerissen sind. Daraus ist zu sehen, wie **günstig** sich eine **frühzeitige Kühlung der Betonoberfläche** auf Temperaturspannungen auswirkt.

Dagegen führt starke **Sonneneinstrahlung** genauso wie jede andere Erwärmung, die sich auf die äußere **Randzone** beschränkt, häufig zu späteren **Oberflächenrissen**, die fälschlicherweise einem Schwinden zugeschrieben werden. Wie sehr sich eine nach Süden orientierte Wand durch Sonneneinstrahlung erwärmt, haben Nischer und Zückert, [Nischer 2002] berechnet und durch Versuche überprüft. Eine 50 cm dicke **Wand** erreichte im Sommer, je nachdem, wie ihre Stahlschalung abgedeckt wurde, maximale Temperaturen von

Sonne, Abdeckung mit weißer Folie	48 °C
Sonne ohne Folie	55 °C
Sonne, Abdeckung mit schwarzer Folie	71 °C
Kühlung der Betonoberfläche Besprühung mit Wasser	23 °C

Stahlschalung mit Wasser besprüht mit Verdunstung 23 °C

Stahlschalung mit Wasser besprüht ohne Verdunstung 37 °C

Für horizontale **Platten** zeigt Abb. 7.8-5, wie sehr an einem Sommertag die Oberflächentemperatur durch unterschiedliche Nachbehandlung eines am Morgen eingebauten Betons beeinflusst wird, [Hiller 01].

Das **Kühlen** der Betonoberfläche muss **frühzeitig** einsetzen. Meist sprüht man dazu Wasser auf, das verdunstet und dabei durch **Verdunstungskälte** kühlt. ÖNORM B 4710-1 fordert „die **Berieselung** hat mit **Beginn der Anfangserhärtung** zu beginnen und ist bei massigen Bauteilen bis zum Erreichen der **Höchsttemperatur** fortzuführen". Die alte, aus der amerikanischen Literatur stammende Forderung, dass in **massigen Bauteilen** die **Temperaturdifferenz zwischen Kern und Randzone** ein gewisses Maß nicht überschreiten sollte, lässt die **Vorteile einer frühzeitigen Kühlung außer Acht**. Sie berücksichtigt auch keine anderen baustellenabhängigen Temperatureinflüsse auf die Oberfläche des Betons nach dessen Einbau, [Mangold 94].

7.8.4 Schutz vor zu starker Abkühlung

Es ist vor allem die Frage zu stellen, **ab welchem Alter** ein Beton schon so fest ist, sein E-Modul schon so hoch und die Relaxation nur mehr so klein ist, dass mit einer **Kühlung nicht mehr begonnen** werden darf und ein **Schutz vor** einer möglicherweise bevorstehenden starken **natürlichen Abkühlung** nötig ist, um Risse zu vermeiden. **Langsam erhärtender** Beton mit niedriger Frühfestigkeit, niedriger Temperatur und weicher oder fließfähiger Konsistenz ist in den ersten 24 Stunden noch **wenig empfindlich** gegenüber einem **Temperatursturz.** Dagegen besteht bei **Straßenbeton C 30/37** mit plastischer Konsistenz und einem Zementgehalt von 350 kg/m^3 bei **heißem Sommerwetter** sehr wohl die **Gefahr einer Rissbildung**, wenn in der **ersten Nacht** die Temperatur um **mehr als 15 K** fällt. Vor allem für den **am Morgen oder Vormittag** eingebauten und tagsüber durch Sonneneinstrahlung aufgeheizten Beton besteht die Gefahr, dass sich nach kalter Nacht **Risse** bilden. Dagegen kann ein erst **abends eingebauter** Straßenbeton auch im Sommer bis zum nächsten Morgen noch so stark relaxieren, dass eine schroffe nächtliche Abkühlung **kaum zu Rissen** führt. Mit ungünstigen Temperaturverhältnissen ist vor allem in den Monaten Mai, Juni, Juli und August zu rechnen.

Bei **dicken Bauteilen**, wie großen Fundamentplatten, trifft eine **rasche Abkühlung** zunächst hauptsächlich die **obere Randzone** und kann zu hohen Biegespannungen führen. Große Platten können sich bei **großen Temperaturunterschieden zwischen oberer und unterer Randzone** nicht wie die nur 5 m langen Felder von Betonstraßen aufschüsseln, Abb. 8.1-4. Im Ingenieurbau tut man daher gut daran, den Beton vor extremer Abkühlung mit **wärmedämmenden Matten zu schützen**, auch vor Kälteeinbrüchen im Herbst oder Winter. Eine Grenze anzugeben, ab der eine solche Maßnahme zwingend nötig ist, wird kaum möglich sein. Selbst mit einer Berechnung für ein bestimmtes Bauteil wird so etwas kaum gelingen, zu viele Rechenannahmen sind zu treffen und das Ausmaß eines zu erwartenden örtlichen Temperaturabfalls ist kaum vorherzusagen. Man muss sich daher auf das Ingenieurdenken des vor Ort anwesenden Bauleiters verlassen. Er muss eine bevorstehende extreme Abkühlung ahnen und empfindliche Bauteile rechtzeitig, auch wenn ein Wochenende bevorsteht, vorsorglich schützen. Es ist davon auszugehen, dass je nach Dicke des Bauteils bei **rascher Abkühlung** vor allem Biegespannungen zu keilförmigen **Biegerissen** führen können, während bei **längeren Kältephasen** auch axiale Zugspannungen **Spaltrisse** verursachen können. Wurde eine Betonoberfläche **von Beginn der Erhärtung an gekühlt,** dann ist sie wegen der niedrigeren Nullspannungstemperatur **wesentlich weniger empfindlich**.

7.8.5 Verfahren für Schutz und Nachbehandlung

Die zu treffenden Maßnahmen müssen auf die zu erwartenden Witterungsverhältnisse abgestimmt werden. Es kann zweckmäßig sein, für die Nachbehandlung eine **eigene Position des Leistungsverzeichnisses** vorzusehen. Auch geschalte Flächen müssen nachbehandelt werden, wenn sie frühzeitig ausgeschalt werden.

Wasserzuführende Nachbehandlung darf nicht bei bevorstehendem Frost verwendet werden. Sie soll auch nicht verwendet werden, wenn die **Gefahr einer Schwindrissbildung** wie bei Estrichen groß ist, weil die obere Randzone unter der Einwirkung von Wasser **anfangs quillt** und nach der Erhärtung **umso mehr schwindet**. Bei Estrichen in Innenräumen hat es sich bewährt und als ausreichend erwiesen, nach dem Verlegen die **Fenster zu schließen** und damit auch **Zugluft zu vermeiden**. Bei **hochfestem Beton** haben früh einsetzende **wasserzuführende Maßnahmen** den Vorteil, dass anfangs Wasser durch den **Hydratationssog** eingesaugt werden kann, die Randzone daher besser hydratisiert und einer Rissbildung durch Frühschwinden und autogenes Schwinden entgegengewirkt wird. Man kann auch hochfestem

Beton schon beim Mischen **poröse Körnungen**, die man vorher **mit Wasser sättigt**, oder andere **Wasserspeicher** zugeben.

Ein **Besprühen mit Wasser** bringt bei warmer Witterung sowohl einen Schutz vor Austrocknen als auch eine Kühlung der Oberfläche. Sehr kaltes Wasser soll nur aufgespritzt werden, wenn damit schon mit Beginn der Erhärtung des Betons begonnen werden kann. Das Besprühen muss tagsüber fortgeführt werden, um die Oberfläche stets mattfeucht bis glänzend nass zu halten.

Wasserhaltende Abdeckungen können aus Jute, Geotextil, ja selbst aus Stroh bestehen. Sie sollen so viel Wasser speichern, dass sie nicht zu schnell austrocknen und zu oft wieder befeuchtet werden müssen. Durch Verdunstungskälte bleibt die Oberfläche deutlich kühler als ohne Nachbehandlung. Nur wenn keine Sonne einstrahlt, kann man sie auch mit einer Folie abdecken. Dies ist vor allem bei Frostgefahr zu empfehlen.

Bewährt haben sich:

(1) **Abdecken mit Folien**

Folien, die an den **Rändern dicht abschließen** sind ein **guter Schutz** vor Wasserverlusten. Sie müssen so befestigt werden, dass sie der **Wind** nicht wegreißen kann. Unter durchsichtigen oder gar schwarzen Folien kann sich der Beton bei **Sonneneinstrahlung aber erheblich stärker** als ohne Nachbehandlung **erwärmen**.

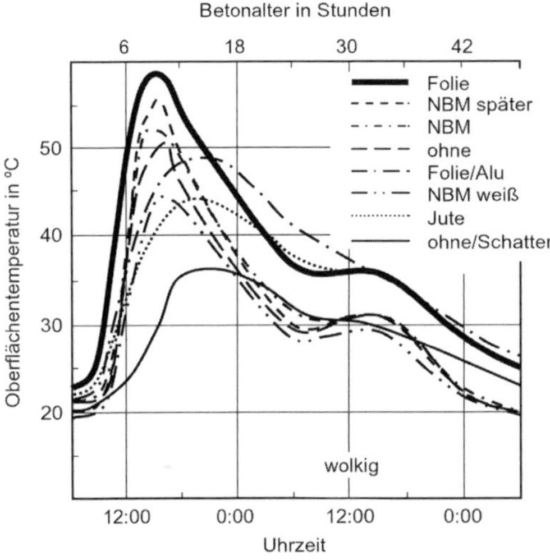

Abb. 7.8-5: An sonnigen Tagen wird die Temperatur der Betonoberfläche unter einer durchsichtigen Folie um mehr als 30 K höher als im Schatten. Günstig sind feuchte Jute oder reflektierende oder weiße Nachbehandlungsmittel (NBM) [Hiller 01]

Deshalb sollten im Sommer nur **aluminiumbeschichtete Folien** verwendet werden, welche die Sonneneinstrahlung **reflektieren.** Bei jeder Folienabdeckung muss allerdings damit gerechnet werden, dass sich **Kondenswasser** bildet und ungleichmäßig **abtropft**. Das kann **Sichtflächen** erheblich beeinträchtigen.

(2) **Abdecken mit Matten aus wasserundurchlässigem geschäumtem Kunststoff.**

Damit kann Beton vor Abkühlung und auch Austrocknen geschützt werden, wenn die Matten selbst **kein Wasser aufnehmen.** Sie dürfen bei massigen Bauteilen aber **erst nach 1 bis 2 Tagen** aufgelegt werden, jedenfalls erst **nach Erreichen der maximalen Temperatur**, es sei denn, es ist ein Schutz vor Frost oder extremer Abkühlung nötig.

(3) **Nachbehandlungsmittel (NBM) und Beschichtungen**

Die flüssigen Nachbehandlungsmittel enthalten meist ein Paraffinwachs oder ähnliche Stoffe in einer **wässrigen Dispersion.** Sie werden auf die Betonoberfläche gesprüht und bilden dort einen **Film, der Wasserverluste weitgehend verhindert**. Für Bundesfernstraßen und deren Bauwerke müssen sie den **Technischen Lieferbedingungen für flüssige Beton-Nachbehandlungsmittel** TL NBM-StB 09 [FGSV 09] entsprechen. Ist mit **starker Sonneneinstrahlung** zu rechnen, dann sollte man Nachbehandlungsmittel mit **reflektierenden Eigenschaften**, man spricht von „erhöhtem **Hellbezugswert**" (Weißwert **„W"**), verwenden. Sie können die **Erwärmung durch Sonneneinstrahlung** gegenüber normalen NBM um bis zu **10 K niedriger** halten.

Nachbehandlungsmittel schützen vor allem **gegen frühe Wasserverluste**, was besonders wichtig ist, weil die Wasserverdunstung am ersten Tag bei weitem am größten ist, vgl. Abb. 7.8-1. Nachbehandlungsmittel, die, wie in der Regel, erst aufgesprüht werden, wenn der Beton **kein Blutwasser** mehr an der Oberfläche zeigt, also **mattfeucht** ist, werden mit **„M"** bezeichnet. Aufgesprühte Nachbehandlungsmittel haben sich vor allem bei **Betonstraßen gut bewährt**, bei denen die **Anforderungen** an die Festigkeit und den Widerstand gegen Frost und Taumittel besonders groß sind. Sie sollen dort nach mehreren Wochen so weit **abwittern**, dass die Fahrbahnmarkierungen gut haften. Mitunter muss mit einer Kehrmaschine nachgeholfen werden. Für solche Verkehrsbauten geeignete NBM werden mit **„V"** gekennzeichnet. Für den **allgemeinen Betonbau** geeignete NBM, also solche ohne Anforderungen an die spätere Griffigkeit, werden mit **„BM"** bezeichnet, wenn sie auf die **mattfeuchte Oberfläche** aufgetragen werden sollen, und mit **„BE"**, wenn sie sich für **geschalte Oberflächen** eignen und folglich erst nach den Entschalen aufgetragen werden. Voraussetzung für einen wirksamen Verdunstungsschutz ist, dass eine **ausreichende Aufsprühmenge** aufgebracht wird, wobei ein Vergleich mit der im Prüfzeugnis angegebenen Menge hilfreich ist. **Raue Oberflächen** erfordern **höhere Aufsprühmengen**. ÖNORM B 4710-1 verlangt generell einen zweimaligen Auftrag und bei geneigten oder senkrechten Flächen **thixotrope** NBM.

Im Hoch- und Ingenieurbau besteht manchmal die Sorge, ein späterer **Anstrich** würde auf mit flüssigen Nachbehandlungsmitteln behandelten Oberflächen nicht haften. Der Vorteil einer zuverlässigen Nachbehandlung, die nach dem Aufbringen **weder durch Wind** noch unzureichende Überwachung an **Wochenenden** gefährdet ist, wird zu wenig genutzt.

Beschichtungen, die schon auf einen in jungem Alter entschalten Beton aufgebracht werden, können auch vor Wasserverlusten schützen. Bewährt haben sich solche in unterschiedlichen Farbtönen hergestellte Beschichtungen beispielsweise bei den im **Gleitverfahren** betonierten Masten von Windkraftanlagen.

7.8.6 Schutz vor Erschütterungen

Zu den Einflüssen, deren Auswirkungen auf jungen Beton **oft überschätzt** wird, gehören Schwingungen und Erschütterungen, wie sie bei Arbeiten an unter Verkehr stehenden Brücken oder in der Nähe von Ramm- oder Sprengarbeiten auftreten können. Ein Grund dafür liegt wohl darin, dass der Mensch selbst kleinste Schwingungen, wie sie auf schlanken Brücken auftreten, als sehr unangenehm empfindet. Allgemein gilt, dass Beton in seiner ersten Phase nach dem Verdichten durch Erschütterungen sogar **nachverdichtet** wird, wenn diese nur groß genug sind. Sobald ein Beton so weit **erstarrt** ist, dass er bei stärkerer Verformung Risse bildet, also bei mittleren Temperaturen nach etwa 3 Stunden, bis zu einem Zeitpunkt, wo er eine Druckfestigkeit von **etwa 5 N/mm²** erreicht, kann er durch Schwingungen Schaden erleiden, vgl. Abb. 3.3-2. Dazu muss die **Schwinggeschwindigkeit aber über 20 mm/s** und die **Amplitude über 0,7 mm** liegen. Nur mit **extrem starken Erschütterungen** etwa in der Nähe von Sprengungen muss man **warten,** bis der Beton eine deutlich über 5 N/mm² liegende Festigkeit erreicht hat. In Zweifelsfällen bleibt bei dieser, bislang nur wenig untersuchten Problematik nur der Weg, entsprechende Voruntersuchungen durchzuführen, um die nötigen Grenzwerte festzulegen, [Bonzel 80/1].

Oft nicht richtig erkannt werden die Folgen von **Schwingungen der Stahleinlagen** in bereits verdichtetem Beton. Schwingungen, wie sie beim Rütteln auftreten, wenn ein **Tauchrüttler die Bewehrung berührt**, pflanzen sich **in Stahlstäben** um ein **Mehrfaches weiter fort** als im frischen Beton. Wenn Bereiche erreicht werden, wo der Beton schon erstarrt ist, kann dies dazu führen, dass sich der Stahl vom **umgebenden Beton losrüttelt**, dünne Hohlräume bildet und der Verbund beeinträchtigt wird. Das kann auch Nachteile für den Korrosionsschutz bringen: Man stellt bei älteren Bauwerken immer wieder in Wänden und Stützen fest, dass **Beton**, der **lotrechte Stäbe** umgibt, in unmittelbarer Nähe des Stahles **carbonatisiert** ist, obwohl die Carbonatisierungsfront noch nicht so tief eingedrungen ist. Es liegt eine **Stahlbettcarbonatisierung** vor.

7.9 Betonieren im Winter

Beton erhärtet bei Temperaturen **unter +3 °C** nur mehr **sehr langsam**, unter –10 °C kommt die Hydratation ganz zum Stillstand, vgl. auch Merkblatt [DBV 04]. Gefriert der Beton, d. h. unterschreitet er eine Temperatur von etwa –1 bis –2 °C, dann muss er schon so gut erhärtet sein, dass das gefrierende Anmachwasser keinen Schaden anrichtet, d. h. dass er **gefrierbeständig** ist, vgl. Abschn. 4.4.2. Dazu muss eine **Druckfestigkeit von etwa 5 N/mm²** erreicht sein. Dann sind die Kapillarporen durch Grundschwinden so weit ausgetrocknet, dass genügend Porenraum für die Ausdehnung des gefrierenden Wassers vorhanden ist. Vorsicht aber, wenn der Beton etwa durch wasserzuführende Nachbehandlung oder bei nassem Novemberwetter **Wasser aufsaugen** konnte und bei einem Übergang zu Frostwetter gerade die **gefährdeten Randzonen** einfrieren.

Muss bei winterlichen Temperaturen betoniert werden, dann gelten daher wichtige Regeln:

1. Der Beton muss **möglichst schnell** so weit erhärten, dass er **gefrierbeständig** ist. Dazu muss er genügend **warm eingebracht** werden und genügend lang **warm gehalten** werden.
2. Der Beton darf **weder austrocknen noch** darf **Wasser von außen** auf ihn einwirken.
3. An **gefrorene Bauteile darf nicht anbetoniert** werden.

In der Praxis zeigt sich, dass der Beton in **dünnwandigen Bauteilen** viel **schneller abkühlt** als in massigen. Man muss im Spätherbst auch sehr früh mit dem **Verputzen** oder dem Einbringen von **Fugenmörtel** zwischen schon abgekühlten Fertigteilen aufhören, während für **massige Fundamente** ein auf

12 bis 15 °C erwärmter Beton auch noch beim ersten Schneefall eingebracht werden kann, vorausgesetzt, die Oberfläche wird sogleich mit einer **Wärmedämmung abgedeckt**.

Kälteeinbrüche im Spätherbst oder Winter lassen sich oft nicht hinreichend vorhersagen. Den **Frischbeton aufzuheizen**, ist übliche Praxis, ihn nach dem Einbau auch lange genug warm zu halten, ist aber oft mit erheblichen Schwierigkeiten verbunden oder gar unmöglich. Die **Erhärtung kann man beschleunigen** durch Verwendung von **Zementen mit hoher Anfangsfestigkeit** (CEM 42,5 R und CEM 52,5) und **erhöhte Zementgehalte** sowie **niedrige *w*/*z*-Werte**, wodurch der Beton nicht nur **schneller gefrierbeständig** wird, sondern auch **schneller Hydratationswärme** entwickelt und daher nicht so leicht gefriert und schneller gefrierbeständig wird.

Im Winter wird immer wieder, ähnlich wie bei Betonarbeiten im Hochgebirge, der Wunsch nach einem **Frostschutzmittel** geäußert, mit dem der Beton auch bei Temperaturen von –10 bis –5 °C noch rasch erhärtet und bald gefrierbeständig wird. Es fehlte nicht an Bemühungen, Substanzen zu finden, mit denen die Hydratation des Zements beschleunigt werden kann. Über die Verwendung von Beschleunigern auf Basis nanoskaliger Calcium-Silikat-Impfkristalle im Winterbau liegen noch wenig Erfahrungen vor, Abschn. 2.5.6.

In der Vergangenheit erfüllte diesen Wunsch nur **Calciumchlorid**, das aber – abgesehen von kleinen, praktisch nutzlosen Dosierungen – eine **Korrosion von Stahl** verursachen kann, so dass man bei bewehrtem Beton davor nur warnen kann. Die Versuchung, etwa beim Ausschalen festgestellte Betoniermängel bei Minustemperaturen mit Hilfe eines Chloridzusatzes zum Mörtel noch schnell instand setzen zu können, ist groß. Wenn aber schon nach wenigen Jahren Stähle korrodieren und dies so stark, dass die Betondeckung oder gar eine Verkleidung abgesprengt wird, kostet eine neuerliche Instandsetzung sehr viel Geld.

Muss bei extrem niedrigen Temperaturen, wie etwa in Sibirien, gearbeitet werden, bleiben neben der Verwendung von hoch dosierten Zusätzen von Alkalisalzen, wie Natriumnitrat oder Kaliumsulfat, die den Gefrierpunkt absenken, [Sodeikat 01], nur **warmer Beton** und **Wärmedämmmatten** übrig, wenn man nicht mit **Heizdrähten** verhindert, dass der Beton einfriert, bevor er gefrierbeständig ist. In Mitteleuropa werden Alkalisalze wegen ihrer noch nicht abschätzbaren Nebenwirkungen und Kosten nicht verwendet.

7.10 Ausschalen, Vorspannen und Ausrüsten

7.10.1 Seitliche Schalungen

Wenn **nicht winterliche Temperaturen** herrschen, können seitliche Schalungen meist schon **am Tag nach dem Einbringen des Betons** entfernt werden. Voraussetzung dazu ist, dass **Oberflächen und Kanten nicht beschädigt** werden. Bei niedrigen Frischbetontemperaturen, hohem *w*/*z*-Wert, fließfähiger Konsistenz und/oder langsam erhärtenden Zementen ist Vorsicht geboten. Eine Betondruckfestigkeit von **3 N/mm²** reicht in den meisten Fällen für das Entfernen der seitlichen Schalung.

Es ist günstig, die seitliche Schalung **so früh wie möglich** zu entfernen, weil der Beton dann die vor allem durch eine **Abkühlung entstehenden Spannungen** noch weitgehend **abbauen** kann. Auch **Sichtflächen** werden bei frühem Entschalen **gleichmäßiger**. In der Regel ist aber dann noch ein Schutz vor Austrocknen nötig. Wenn es um das Vermeiden von Rissen geht und ein frühes Ausschalen nicht möglich ist, kann auch ein sehr spätes Ausschalen, erst nach etwa 2 bis 4 Tagen zweckmäßig sein.

Wenn die umgebende Luft **sehr kalt** ist, dürfen die seitlichen Schalungen **nicht** entfernt werden. Besonders bei noch warmem Beton ist die Gefahr groß, dass ein **Temperaturschock** und starkes Austrocknen Oberflächenrisse auslösen, vgl. Abschn. 7.8.4.

Besondere Regeln sind zu beachten, wenn im **Gleitbauverfahren** gearbeitet wird, mit dem turmartige Bauteile, wie Teppentürme, Wasserbehälter, Silos oder Maste sehr wirtschaftlich hergestellt werden können. Der Beton muss oft schon mit einer Druckfestigkeit von nur 0,1 N/mm² den unteren Schalungsrand verlassen. Um die Oberfläche noch verreiben zu können, soll die Druckfestigkeit nicht über 0,3 N/mm² liegen, Merkblatt Gleitbauverfahren [DBV 08].

7.10.2 Vorspannen

Langgestreckte Bauteile wie Brückenträger können, nachdem sie durch Hydratationswärme aufgeheizt wurden, bei **starkem Abkühlen durchgehende Risse** bekommen, wenn die **thermische Kontraktion behindert** wird. Bei vorgespannten Bauteilen kann man das verhindern, indem man **frühzeitig**, d. h. noch vor einer größeren Abkühlung eine **Teilvorspannung** aufbringt. Dazu muss der Beton mindestens **40 % der charakteristischen Festigkeit** erreicht haben, damit die hohen, bei den Verankerungen der Spannglieder auftretenden Spannungen sicher aufgenommen werden können. **Zemente mit hoher Frühfestigkeit** oder

Tabelle 7.10-1: Anhaltswerte für die Ausschalfristen in Tagen. An Stelle der Bauteiltemperatur kann das Mittel aus max. und min. Lufttemperatur verwendet werden, Tage mit weniger als 5 °C werden nicht mitgerechnet [DBV 13]

Bauteiletemperatur ϑ in °C	Festigkeitsentwicklung des Betons $r = f_{cm2}/f_{cm28}$		
	schnell	mittel	langsam
	$r \geq 0{,}50$	$r \geq 0{,}30$	$r \geq 0{,}15$
$\vartheta \geq 15$	4	8	14
$15 > \vartheta \geq 5$	6	12	20

Abb. 7.10-1: Beim Entfernen von Baustützen muss bedacht werden, dass beim Betonieren der Geschossdecken die darunterliegenden Decken sehr stark, oft stärker als während der Nutzung, belastet werden.

höhere Zementgehalte sind kein Weg, um früher vorspannen zu können. Gerade durch sie würde sich der Beton stärker erwärmen, bei einer höheren Nullspannungstemperatur erhärten und bei zu starker oder zu früher Abkühlung besonders hohe Zugspannungen erhalten. Aus gutem Grunde muss schon im Zuge der **Erstprüfung** die von der Frischbetontemperatur und Erwärmung im Bauteil bestimmte **Festigkeitsentwicklung** in den **ersten Tagen** ermittelt werden, Abschn. 5.8.1. Dabei zeigt sich in der Regel, dass der Beton in dicken Bauteilen wegen seiner Erwärmung viel **schneller als in üblichen Probewürfeln** an Festigkeit gewinnt, vgl. Abb. 5.8-1.

7.10.3 Entfernen von tragenden Schalungen und Rüstungen

Tragende Bauteile dürfen frühestens ausgeschalt werden, wenn der Beton ausreichend erhärtet ist, um

- das **Bauteil** selbst und ggf. darauf einwirkende **Lasten tragen** zu können,
- ungewollte **Verformungen gering** zu halten,
- eine **Beschädigung der Oberflächen** und Kanten durch das Ausschalen zu vermeiden.

Aus betrieblichen Gründen ist es oft erwünscht, so früh wie möglich auszuschalen. Voraussetzung für die Entscheidung des verantwortlichen **Bauleiters** ist, dass er die dazu nötigen **Informationen vom Tragwerksplaner** und vom **Betontechnologen** erhalten hat. Ausführliche Hinweise enthält das Merkblatt „Betonschalungen und Ausschalfristen" [DBV 13].

In den meisten einfacheren Fällen hat der Bauleiter ausreichende **Erfahrungen,** um unter den gegebenen Bedingungen den frühestmöglichen Zeitpunkt festzulegen. Anhaltswerte enthält Tabelle 7.10-1.

Besonders ist darauf zu achten, dass während der Bauzeit in Gebäuden oft **sehr schwere Lasten gelagert** werden müssen. Geschossdecken werden besonders hoch belastet, wenn die **darüber liegende Decke** beim Betonieren **darauf abgestützt** wird, Abb. 7.10-1.

Eine Verlängerung der Ausschalfristen oder ein Setzen von **Hilfsstützen** kann auch nötig sein, wenn eine frühe Belastung zu großen Kriechverformungen führen könnte.

Ausschalen und Ausrüsten müssen **zwängungsfrei** erfolgen. Nötigenfalls muss schon der Planer Überlegungen anstellen, wie Schalungen und Stützen

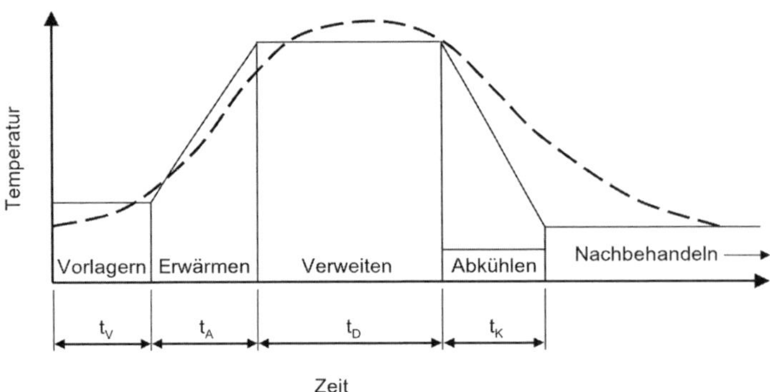

Abb. 7.11-1: Bei der Wärmebehandlung darf der Beton nicht zu früh, nicht zu rasch und auf keine zu hohe Temperatur erwärmt werden. [DAfStB 12]

entlastet und ausgebaut werden, ohne dass dadurch statische Umlagerungen entstehen, die vereinzelt sogar schon zu einem Versagen der Konstruktion geführt haben.

7.11 Wärmebehandeln von Beton

Um in Fertigteilwerken **Eisenbahnschwellen, Tunneltübbings** oder andere Bauteile früher ausschalen und die teuere **Schalung rascher umsetzen** zu können, wird Beton wärmebehandelt. Auf die zweckmäßige Zusammensetzung von Beton, der wärmebehandelt werden soll, ebenso wie auf die **Gefahren für der Feuchtigkeit ausgesetzte Fertigteile** nach zu intensiver Wärmebehandlung wurde in Abschn. 5.12 hingewiesen.

Grundsätzlich bestehen für die Wärmebehandlung zwei Möglichkeiten: Entweder nutzt man die **Erwärmung durch Hydratationswärme**, indem man das Fertigteil **wärmedämmend abdeckt** und nötigenfalls durch **Erwärmen des Frischbetons** im Mischer etwas nachhilft, oder aber man führt **Wärme von außen** zu. Bei beiden Verfahren müssen Grenzwerte für den **Sulfatgehalt des Zements**, den **zeitlichen Verlauf** und die **Temperaturen** eingehalten werden, damit es vor allem bei späterer Einwirkung von Feuchtigkeit nicht zu Gefügestörungen durch schädlichen **sekundären Ettringit** oder auch **Taumasit** kommt, Richtlinie Wärmebehandlung [DAfStb 12].

Wird Frischbeton erwärmt, soll er nicht mehr als **30 °C**, bei späterer Nutzung in **trockener** Umgebung nicht mehr als **50 °C** erreichen. Er soll während der Erhärtung im Mittel **60 °C**, bei Nutzung in **trockener** Umgebung **80 °C** nicht überschreiten. Wird der Beton erst in der Schalung erwärmt, spielt die Art der Erwärmung, durch heiße Luft, Dampf, Heizmatten oder dgl., keine Rolle, solange der Beton dabei nicht austrocknet. Wichtig ist bei späterer Nutzung in feuchter Umgebung, dass die Erwärmung erst nach einer **Vorlagerungsdauer** von **3 Stunden bei 30 °C** oder **4 Stunden bei 40 °C** beginnt.

Beim Aufheizen soll die Betontemperatur um **nicht mehr als 20 K je Stunde** steigen, auch schroffes Abkühlen soll vermieden werden, weil durch steile Temperaturgradienten Eigenspannungen eingeprägt werden. Für die Herstellung von **Eisenbahnschwellen** fordert die Deutsche Bahn die Einhaltung eines zusätzlichen Standards.

7.12 Überwachung von Herstellung, Verarbeitung und Nachbehandlung

7.12.1 Überwachen der Herstellung des Betons

Jeder, der ein **Produkt herstellt** und zur Verwendung weitergibt, ist dafür **verantwortlich,** dass das Produkt den **vereinbarten Eigenschaften** und den geltenden **Regeln** entspricht. Das gilt für den Beton genauso wie für seine Ausgangsstoffe. An die Eigenschaften des **Frischbetons** müssen bei schwierigen Bedingungen des Transportes oder des Einbaues heute oft **sehr hohe Anforderungen** gestellt werden, die bei der noch nie dagewesenen Vielfalt von Zementen, Zusatzstoffen und Zusatzmitteln mitunter nur schwer auch in der nötigen Gleichmäßigkeit erfüllt werden können.

Für die Eigenschaften, die der **erhärtete Beton** in der Regel erst 4 Wochen nach Übergabe an den Verwender erreichen soll, kann der Hersteller des Betons den Nachweis nicht erbringen, weil er ihn ja im frischen Zustand an den Verwender übergibt. Er ist jedoch für die **Konformität** verantwortlich, das heißt dafür, dass er über **gesicherte Erkenntnisse** verfügt, nach denen die **festgelegten Anforderungen erfüllt** werden.

Für **tragende Bauteile** müssen im Interesse der Sicherheit und Dauerhaftigkeit vor allem die im **DIN FB 100** enthaltenen, recht umfassenden Festlegungen für die Überwachung der Herstellung des Betons eingehalten werden. Danach kann Beton vom Herstellwerk sowohl **nach Eigenschaften** als auch **nach Zusammensetzung** und auch als **Standardbeton** hergestellt werden, vgl. Abschn. 5.2.

Nur der für einfache Fälle vorgesehene **Standardbeton** darf ohne Erstprüfung und nur in den Festigkeitsklassen **C 8/10 bis C 16/20** ohne Zusatzmittel oder Zusatzstoffe hergestellt werden. Auch sein Einbau wird nur durch das Baustellenpersonal überwacht, nicht durch eine Überwachungsstelle.

Die folgende Darstellung beschränkt sich auf das Wesentliche für den überwiegend verwendeten **Beton nach Eigenschaften**. Die vollständige Darstellung der Überwachung, auch für Beton nach Zusammensetzung, Standardbeton sowie Leicht- und Schwerbeton, findet sich im DIN FB 100.

Wird Beton für **nicht tragende Bauteile**, also außerhalb des bauaufsichtlich geregelten Bereiches verwendet, wie etwa für Straßen, dann gelten die Anforderungen des DIN FB 100 nur, wenn sie vorher vereinbart wurden, was in den meisten Fällen auch der Fall ist. Für **Ingenieurbauten**, **Wasserbauten, Autobahnen** und dgl. **des Bundes** enthalten **Zusätzliche Technische Vertragsbedingungen** (ZTV) ergänzende Anforderungen, auch für die Überwachung des Betons.

7.12.2 Werkseigene Produktionskontrolle nach DIN

Die in DIN FB 100 auf den Seiten 62 bis 73 beschriebene **Werkseigene Produktionskontrolle (WPK)** umfasst alle Maßnahmen, die erforderlich erscheinen, um das **Risiko der Nichtkonformität von Beton** zu mindern und jegliches Qualitätsproblem zu erkennen und aufzuzeichnen. Dazu gehören die Erstellung eines **Handbuches der Produktionskontrolle**, die Häufigkeit der durchzuführenden **Prüfungen**, die Anforderungen über die erforderlichen **Aufzeichnungen,** Regeln für die **Betonzusammensetzungen** und **Erstprüfungen**, sowie Anforderungen an das **Personal,** die **Ausstattung** des Werkes, sowie Regeln für das **Dosieren** und **Mischen** des Betons. Der wichtigste Teil der Werkseigenen Produktionskontrolle ist der **Konformitätsnachweis**, also der Nachweis, dass der Hersteller durch das Ergebnis von Prüfungen und die Vorlage gesicherter Ergebnisse über die nötigen Erkenntnisse verfügt, nach denen die festgelegten Anforderungen an den Beton erreicht werden.

Nach Anhang C des DIN FB 100 muss die Produktionskontrolle jedes Werkes mindestens einmal im Jahr von einer hierfür **anerkannten Überwachungsstelle** (früher „Fremdüberwacher“) überwacht werden. Hierbei ist auch zu prüfen, ob die Einrichtungen für die erforderlichen Prüfungen vorhanden sind, bei der Erstprüfung einer neu errichteten Anlage auch, ob die personellen Voraussetzungen und die Ausstattung für die Produktion und deren Prüfung gegeben sind. Eine **Zertifizierungsstelle,** meist ein Materialprüfungsamt, zertifiziert den Beton auf Grundlage des **Berichtes der Überwachungsstelle**, in dem angegeben ist, dass die Produktionseinheit die Erstbewertung der Produktionskontrolle zur Zufriedenheit der Überwachungsstelle bestanden hat und der Beton den Anforderungen von DIN FB 100 entspricht. Der Anhang C enthält auch zahlreiche weitere Regelungen, u. a. für **Sonderüberwachungen**, die nach Werksstillstand von mehr als 6 Monaten durchzuführen sind, und was in Fällen der Nichtkonformität, bei nicht plausiblen Ergebnissen und dgl. zu geschehen hat.

7.12.3 Steuerung der Produktion und zusätzliche Überwachung

Betonwerke brauchen für die Steuerung ihrer Produktion neben der in DIN-Fachbericht 100 festgelegten Werkseigenen Produktionskontrolle weitere Informationen zur **Steuerung** ihrer **Produktion**. Die hierfür verwendeten Einrichtungen und Vorgangsweisen liegen im Ermessen des Werkes. Bei größeren Bauvorhaben fordern oft auch der **Verarbeiter** und/oder der **Auftraggeber** vertraglich zusätzliche Maßnahmen, etwa zum frühzeitigen Nachweis der Gleichmäßigkeit der Betonproduktion oder zum Ausscheiden von Fehlmischen. Dabei werden die Ergebnisse der Messungen zur Produktionssteuerung benutzt.

Der Grund hierfür ist leicht zu erkennen. Die **Verantwortung für die Konformität** jeder Betonlieferung liegt nur bis zur Übergabe beim **Hersteller**. Das kann je nach vertraglicher Festlegung bei der Entleerung des Fahrmischers oder auch etwa am Ende der Pumpleitung sein.

Der Verarbeiter kann das Wichtigste, die Eigenschaften der erhärteten Betonlieferung, bei der Übergabe nicht prüfen, nur die Eigenschaften des Frischbetons.

In der Praxis ist eine Klärung der Frage, ob ein Mangel vom **Hersteller** zu vertreten ist oder erst **nach der Übergabe** des Betons vom Verwender verursacht wurde, nur in seltenen Fällen zeitgerecht möglich. Wurde Beton einer **nicht entsprechenden Lieferung** eingebaut, ist dessen **Entfernung** in den meisten

Fällen **kaum mehr möglich**, selbst wenn der Mangel schon in den ersten Tagen erkannt wird. Abgesehen von allen rechtlichen und wirtschaftlichen Folgen für den Auftragnehmer muss aber auch der Auftraggeber in der Regel mit Verzögerungen bei der Fertigstellung, mitunter auch mit einer Einschränkung der Verwendbarkeit des Bauwerks rechnen. Daher gilt die Regel, dass bei Beton eine **rechtzeitige Prüfung nur stattfinden kann, so lange der Beton noch in der Mischmaschine ist**. Dies kann aber nur durch **Nachprüfen der Dosierung der Mischungsanteile** und **Messungen während des Mischen** erfolgen.

In guten Betonwerken erfolgt heute die Steuerung und Überwachung der Betonherstellung durch eine **elektronische Anlagensteuerung.** Die wichtigsten Einflussgrößen werden damit zum frühestmöglichen Zeitpunkt geprüft. Dazu gehört eine automatische Bestimmung des Wassergehaltes des Sandes und der Masse aller bereits zugewogenen Mischungsanteile mit dem Ziel, die Ursache von Mängeln möglichst noch zu erkennen und korrigieren (**Soll-Istwert-Vergleich**), solange der Beton noch im Mischer ist. Wird eine Liefercharge aus mehreren Einzelchargen zusammengesetzt, ist der Soll-Istwert-Vergleich der gesamten Liefercharge maßgebend. Auch die Auslieferung von Fehlmischen kann dadurch vermieden werden, vgl. Abschn. 7.2.3.

Wird eine Überwachung der Betonherstellung auch durch den Auftraggeber für notwendig gehalten, können zwei unterschiedliche Wege gegangen werden:

(1) Prüfung der **dokumentierten Prüfergebnisse** nach DIN FB 100. Dort ist auch eine stichprobenartige Überprüfung nahezu aller Stoffe und Einrichtungen, die zu verminderter Qualität des Betons führen können, vorgeschrieben. Mängel erkennt man jedoch erst zu spät, doch rechnet man damit, den Verursacher gerichtsfest feststellen zu können.

(2) Überprüfung der gespeicherten Daten der Anlagensteuerung anhand einer für jedes Bauteil oder nach jedem Arbeitstag durchgeführten **statistischen Auswertung**. Diese muss übersichtlich ausgedruckt werden, damit vor allem **Streuungen und maximalen Abweichungen von den Sollwerten** auf einen Blick erkannt werden können.

Beide Wege der Überwachung haben Vor- und Nachteile. Die Kontrolle der Prüfungen nach DIN FB 100 ist aufwändig in ihrer Durchführung, selbst wenn sie sich auf die Ergebnisse der Druckfestigkeitsprüfungen beschränkt. Wenn die Betoneigenschaften seitens des Auftraggebers überwacht werden sollen, ist fachkundiges Personal nötig, das oft nicht oder nicht ständig und zur rechten Zeit zur Verfügung steht. Jeder, der einmal nur einen Aktenordner voll Lieferscheinen dahingehend zu überprüfen hatte, ob die in einer ZTV geforderten Angaben der Mischungsanteile des bereits eingebauten Betons mit der in der Norm geforderten Genauigkeit eingehalten wurden, weiß davon ein Lied zu singen.

Die Kontrolle der **von den Anlagensteuerung gespeicherten Daten** kommt dem Mangel an qualifiziertem Überwachungspersonal seitens des Auftraggebers zweifellos entgegen, vorausgesetzt, es wird zeitgerecht vertraglich festgelegt, dass die Daten auch **statistisch aufbereitet** werden müssen. Der für die Überwachung zuständige Mitarbeiter kann, wenn er die Ergebnisse des am Vortag hergestellten Betons anhand der statistischen Auswertung erhält, sie auf einen Blick beurteilen und kann seine weitere Aufmerksamkeit anderen, wichtig erscheinenden Prüfungen zuwenden. Die Statistik ersetzt aber nicht die in DIN FB 100 für den Betonhersteller und den Abnehmer des Betons vorgeschriebenen Überprüfungen.

Nach den in Österreich bei großen Bauten im Laufe von Jahrzehnten gewonnenen Erfahrungen kann bei einer Prüfung und Steuerung der Betonherstellung selbst die Anzahl der zu prüfenden **Probewürfel erheblich vermindert** werden, wenn **jede Charge dokumentiert** vorliegt und die Lieferungen dank der Anlagensteuerung sehr **geringe Streuungen** aufweisen. Dazu soll die Anlagensteuerung des Betonwerkes folgende Einrichtungen enthalten:

- Rezeptspeicherung und Ausdruck
- Feuchtemessung des Sandes
- Soll-Ist-Wert-Kontrolle der Einwaage aller Betonkomponenten jeder Mischung (einschließlich ggf. automatischer Korrektur der Einwaagen bei Überschreiten vorgegebener Grenzwerte)
- Datenausdruck (Chargenprotokoll, Einwaagefehlerprotokoll).

Bei anspruchsvollen Bauvorhaben hat es sich bewährt, schon in der Ausschreibung zu fordern, dass dem Auftraggeber folgende Angaben vorzulegen sind:

(1) Für jeden Betonierabschnitt und für jede Betonsorte einen übersichtlichen Ausdruck (Protokoll) für folgende Werte:
   - Gesamtzahl der Chargen
   - Chargen mit Einwiegefehlern und/oder Handumschaltung
   - Mittelwert, Maximum und Minimum der Einwaagen der Betonausgangsstoffe im Vergleich zur Soll-Menge

(2) Messung und Ausdruck der Frischbetontemperaturen und der Mischzeiten.

(3) Ergebnisse der Frischbetonprüfungen, und zwar der Konsistenz, der Rohdichte, des geprüften Wassergehaltes und bei Luftporenbeton auch des Luftgehaltes, sowie

(4) Ergebnisse der Druckfestigkeitsprüfungen im Alter von 28 Tagen. Bei mehr als einer Woche dauernden Betonieraufgaben sind zusätzliche orientierende Prüfungen der 7-Tage-Druckfestigkeit hilfreich, um u. U. auftretende Minderfestigkeiten früher zu erkennen.

(5) Überwachung der Ergebnisse durch die anerkannte Überwachungsstelle.

Stets muss beachtet werden, dass je nach Ort der Prüfung unterschiedliche Zielgrößen anzustreben sind. Maßgebend sind die **Frischbetoneigenschaften** am **Einbauort**. Um sie zu erreichen, muss bei Mischanlagen ein der Witterung und den jahreszeitlichen Bedingungen angemessenes Vorhaltemaß berücksichtigt werden.

7.12.4 Überwachung des Betons beim Einbau auf Baustellen

Auch wenn der Beton von einem Transportbetonwerk hergestellt wurde, das für die Erfüllung der Betoneigenschaften verantwortlich ist und einer Überwachung und Zertifizierung unterliegt, muss die **Baustelle Prüfungen des gelieferten Betons** durchführen, um den Nachweis der geforderten Eigenschaften zu erbringen und auch dafür, dass der **richtige, für das Bauteil geplante Beton** eingebaut wurde, also den **Nachweis der Identität**. Verfehlen die Würfelprüfungen der von der Baustelle entnommenen Proben die Kriterien der Annahmeprüfung nach DIN 1045-3, so besteht die hohe Wahrscheinlichkeit, dass eine ausreichende Güte der Betonlieferung nicht nachgewiesen werden kann, [Becker 06]. Auch könnte eine falsche Betonsorte geliefert worden sein, vgl. Zement-Merkblatt „Überwachen von Beton auf Baustellen", [VDZ 14].

Je nachdem für welche Beanspruchung ein Beton vorgesehen ist, werden in DIN 1045-3 „Bauausführung" drei **Überwachungsklassen** mit unterschiedlichem Umfang der Prüfungen festgelegt.

Überwachungsklasse 1: Beton bis C 25/30, der nur einer Carbonatisierung (XC 1 bis XC 4) und als Außenbauteil höchstens Frost bei mäßiger Wassersättigung ausgesetzt ist, nicht für Spannbeton. Viele **kleinere Hochbauten** fallen in diese Überwachungsklasse.

Überwachungsklasse 2: für Beton bis C 50/60 und alle Expositionsklassen und besonderen Betoneigenschaften, Leichtbeton bis LC 25/28 bei Rohdichteklassen bis D 1,4 und bis LC 35/38 bis Rohdichteklasse D 2,0

Überwachungsklasse 3: für Hochfesten Beton ab C 55/67 und Leichtbeton höherer Festigkeit als ÜK 2.

Die bei der Übernahme des Betons durchzuführenden Prüfungen des Frischbeton und die Anzahl der Druckfestigkeitsprüfungen siehe Tabelle 7.12-1.

Bei anspruchsvolleren Betonarbeiten sind oft über die Anforderungen der DIN 1045-3 hinausgehende Eigenschaften des Frischbetons, wie Entmischungsstabilität, Gleichmäßigkeit der Lieferungen oder dgl. nötig, die, wenn möglich, auch bei der Übernahme geprüft werden sollten.

Bei **Überwachungsklasse 1** sind das **Baustellenpersonal** und der **Bauleiter** für die Überwachung des Betons und seines Einbaues verantwortlich. Wird Beton der **Überwachungsklassen 2 und 3** eingebaut, muss die Baustelle über eine **ständige Betonprüfstelle** verfügen, die von einem **erfahrenen Fachmann**, der über erweiterte betontechnologische Kenntnisse verfügt, geleitet wird. Sie muss durch eine anerkannte **Überwachungsstelle**, meist ein Materialprüfungsamt, überwacht werden, wozu vorab eine Prüfung nötig ist, um zu klären, ob auf der Baustelle die ausreichende personelle und gerätemäßige Ausstattung vorhanden ist. Mindestens zweimal jährlich müssen weitere Überprüfungen der Baustelle durchgeführt werden. Die weiteren Aufgaben sind in DIN 1045-3 festgelegt.

Als **Betonprüfstelle** werden vielfach auch selbständige, nicht zur Bauunternehmung gehörende Firmen, die meist über einen Laborbus verfügen, beauftragt. Die Betonprüfstelle darf – und das kann wichtig sein – nicht vom Hersteller des Betons (Transportbetonunternehmer) wirtschaftlich abhängig sein. Dieser muss von einer anderen Prüfstelle überwacht werden.

Der scharfe wirtschaftliche Wettbewerb hat nicht nur dazu geführt, dass Betonwerke die geforderten Eigenschaften des Betons nur sehr knapp ansteuern, vgl. Abb. 7.3-3. Auch Betonprüfstellen werden mitunter nach dem Prinzip des **Billigstbieters** ausgewählt und erfüllen dann bestenfalls die formalen Anforderungen der Norm. Ein **fataler Irrtum**. Wenn heute für die Beseitigung von Planungs- und Ausführungsfehlern bei Rohbauarbeiten von einer Größenordnung von 5 % der Bausumme die Rede ist, müssen für die Auswahl der Betonprüfstelle andere Regeln gelten.

Vordringliche **Aufgabe der Betonprüfstelle** ist es, den Unternehmer und seinen verantwortlichen **Bauleiter zu beraten**, sowie dessen **Mitarbeiter** auf der Baustelle zu **schulen**, um Mängel oder gar Schäden zu vermeiden. Bei großen Bauvorhaben arbeitet die Betonprüfstelle mit dem schon in der Planung tätigen betontechnischen Sachverständigen zusammen, vgl. Abschn. 1.7. Leiter von Prüfstellen und deren Mitarbeiter müssen über **Fachkompetenz, Erfahrung** und gesundes **Ingenieurdenken** verfügen. Bei anspruchsvollen Bauaufgaben muss die Prüfstelle von sich aus Vorschläge für zweckmäßige **zusätzliche baubegleitende Prüfungen** machen. Sie muss dafür mit Geräten und Personal ausreichend ausgestattet sein. Dabei ist zu berücksichtigen, dass die Haftung des Bauunternehmers für seine Leistungen und die seiner Nachunternehmer bis zu 30 Jahre betragen kann, wenn er beim Auftreten von Schäden nicht zweifelsfrei nachweisen kann, dass ihn kein Organisationsverschulden trifft. Als Beispiel für fehlende baubegleitende Prüfungen sei die zerstörungsfreie Messung der Betondeckung bei einem Bau von Silos in Gleitbauweise genannt. Während bei einer 24-stündigen baubegleitenden Messung mit 1,50 €/m² bis 10,0 €/m² gerechnet hätte werden müssen, kostete die Instandsetzung der aufgetretenen Mängel und Schäden 180 €/m² bis 193 €/m², eine Größenordnung, die einem Neubau entspricht, [Fiala 02].

7.12.5 Prüfung der Druckfestigkeit bei Verwendung von Transportbeton

Der **Verwender**, in den meisten Fällen also die **Baustelle,** muss bei Beton nach Eigenschaften die **Identität des gelieferten Betons** nachweisen, während der **Transportbetonhersteller** nur die **Konformität** mit seiner Produktion bestätigen kann. Der Verwender muss bei Überwachungsklasse 1 nur Prüfungen nach Augenschein durchführen, Laborprüfungen nur im Zweifelsfall. Bei Beton der **Überwachungsklassen 2 und 3** müssen bei der Anlieferung Prüfungen durchgeführt werden und aus entnommenen Stichproben Probewürfel für eine Druckfestigkeitsprüfung hergestellt werden, Tab. 7.12-1.

Die daran nach 28 Tagen festgestellten Druckfestigkeiten müssen die **Kriterien** sowohl für **jeden Einzelwert** und als auch für den **Mittelwert** nach Tab. 7.12-2 erfüllen. Dann ist der **Nachweis** erbracht, dass der Beton der Stichprobe mit der vom Transportbetonwerk nachgewiesenen Grundgesamtheit **übereinstimmt.** Einzelheiten des Konformitätsnachweises siehe DIN FB 100, Abschn. 8.

Gelingt dieser Nachweis nicht, dann muss die Druckfestigkeit des bereits eingebauten und erhärteten Betons des entsprechenden Bauteils nachgewiesen werden, vgl. Abschn. 11.3. Dies bedeutet in der Regel einen erheblichen Aufwand. Zeigt sich dabei abermals, dass die geforderte Druckfestigkeit nicht ausreicht, müssen zusätzliche Maßnahmen für die **Standsicherheit** und **Gebrauchstauglichkeit** getroffen werden.

Tabelle 7.12-1: Prüfungen des Betons bei der Übernahme durch den Verwender

Prüfgegenstand	Prüfverfahren	Häufigkeit der Überwachungsklasse		
		1	2	3
Lieferschein	Augenschein	jedes Lieferfahrzeug		
Konsistenz	Augenschein	Stichprobe	jedes Lieferfahrzeug	
	Verdichtungsmaß Ausbreitungsmaß	in Zweifelsfällen	– beim ersten Einbringen jeder Betonzusammensetzung – bei der Herstellung von Probekörpern – in Zweifelsfällen	
Frischbetonrohdichte	Wägung	– bei der Herstellung von Probekörpern – in Zweifelsfällen		
Gleichmäßigkeit des Betons	Augenschein	Stichprobe		jedes Lieferfahrzeug
	Vergleich der Eigenschaften	in Zweifelsfällen		
Druckfestigkeit	Würfelprüfung	in Zweifelsfällen	3 Proben je 300 m³ oder je 3 Betoniertage	3 Proben je 50 m³ oder je Betoniertag
Luftgehalt von Luftporenbeton	Prüftopf	–	– zu Beginn jedes Betonierabschnitts – in Zweifelsfällen	
Frischbetontemperatur	Betonthermometer	in Zweifelsfällen	bei Lufttemperatur unter +5 °C und über +30 °C beim Einbau des Betons	

Tabelle 7.12-2: Annahmekriterien für Ergebnisse der Druckfestigkeitsprüfung nach Merkblatt Überwachen von Beton [VDZ 14]

Anzahl „n“ der Einzelwerte	Mittelwert[1] f_{cm} [N/mm²]	Einzelwert f_{ci} [N/mm²] ÜK 1 + ÜK 2	ÜK 3
3 bis 4	$f_{cm} \geq f_{ck} + 1$	$f_{ci} \geq f_{ck} - 4$	$f_{ci} \geq 0{,}9 \cdot f_{ck}$
5 bis 6	$f_{cm} \geq f_{ck} + 2$		
> 6	$f_{cm} \geq f_{ck} + \left(\frac{1{,}65 - 2{,}58}{\sqrt{n}}\right) \cdot \sigma$ [2]		

1) Mittelwert von „n“ nicht überlappenden Einzelwerten.
2) σ ist Standardabweichung der Stichprobe für $n > 35$, wobei 3 N/mm² für ÜK 2 und $\sigma \geq 5$ N/mm² für ÜK 3. Bei Stichproben für $n < 35$ gilt $\sigma \geq 4$ N/mm².

8 Beton für besondere Bauten

8.1 Betonstraßen und Tragschichten mit hydraulischen Bindemitteln

8.1.1 Entwicklung des Betonstraßenbaues

Die Betondecken der ersten Autobahnen waren noch Rumpelbahnen mit Raumfugen alle 10 m. In den vergangenen Jahrzehnten ist es gelungen, die Fahrbahndecken tragfähiger, ebener, griffiger und dauerhafter zu machen, ebenso die Oberflächen so zu strukturieren, dass der Verkehr weniger Lärm verursacht.

Wichtige Schritte waren:

- tragfähige und erosionsbeständige Schichten als Unterbau
- verbesserte Entwässerung
- Dübel und Anker an Fugen
- Luftporenbeton zur Vermeidung von Frost-Tausalzschäden [Walz, 62]
- Geschnittene Fugen mit verbesserten Einlagen
- Weglassen der Raumfugen [Springenschmid 63]
- Weglassen der Stahlbewehrung
- 5 m Fugenabstände zur Verminderung von Biegespannungen aus Temperaturänderungen [Eisenmann 65]
- Gleitschalungsfertigung
- Erhöhung der Deckendicke von 22 cm auf 25 bis 30 cm
- Oberflächentexturen mit Waschbeton oder Grinding
- Recyclierte Gesteinskörnungen aus alten Decken, usw.,
- Erneuerungen einzelner Deckenfelder mit Schnellbeton, sodass sie noch am selben Tag den Verkehr wieder aufnehmen können

  sowie
- Vermeiden von AKR-Schäden durch Auswahl der Gesteinskörnungen
- Vermeiden von Hitzeschäden.

Für den Bau von Betonfahrbahndecken auf Bundesfernstraßen gelten die ZTV Beton-StB 07 [FGSV 07].

Im Laufe der Jahrzehnte gab es auch Entwicklungen, die nicht von dauerhaftem Erfolg begleitet waren. Als Beispiele können genannt werden, Sandschichten unter der Betondecke als „Gleitlager", Vorspannen von Betondecken durch Keile oder Spannglieder, Erhöhung der Biegezugfestigkeit durch hochfesten Beton, Strukturierung der Oberflächen durch Besenstrich oder das Vermeiden von Stufen an Fugen mit darunterliegende Betonschwellen.

Die heutigen Bauweisen erfordern weniger Arbeitskräfte, stellen aber höhere Anforderungen an die Qualifikation der eingesetzten Mannschaft und an die geräte- und maschinentechnische Ausrüstung. Unverändert geblieben ist die Herausforderung, mit Gesteinskörnungen aus nicht zu weiter Entfernung unter Witterungsverhältnissen, die vom beginnenden Schneegestöber bis zur brütenden Sommerhitze reichen können, Fahrbahndecken zu bauen, die auf viele Jahrzehnte den hohen Anforderungen des immer stärker werdenden Verkehr genügen. Die notwendige Weiterentwicklung der Bauweise erforderte eine ständige enge Zusammenarbeit von Forschung und Praxis [Sommer 17].

8.1.2 Bemessung

Die Betonplatten von Fahrbahnen haben vor allem die Aufgabe, die **Radlasten**, die bei großen Flugzeugen bis zu 250 kN betragen können, auf eine so große **Fläche** des Untergrundes zu verteilen, dass keine störenden Verformungen oder gar Risse auftreten, sowie die Ebenheit und Befahrbarkeit beeinträchtigen. Berechnet man die Biegezugspannungen, welche in einer 25 cm dicken Betonplatte auf elastischer Unterlage unter der im Straßenverkehr zugelassenen Radlast von 50 kN in Plattenmitte auftreten, dann erhält man **nur 1 N/mm²** und selbst wenn ein Rad über einer unverdübelte Plattenecke steht, nicht mehr als 2 N/mm² [Springenschmid 99], Abb. 8.1-1.

Demgegenüber hat Straßenbeton schon im Alter von 28 Tagen eine Biegezugfestigkeit von 5 bis 6 N/mm². Um eine Betonfahrbahn so zu bemessen, dass sie viele Jahrzehnten genutzt werden kann, genügt es nicht, nur dafür zu sorgen, dass die Lastspannungen mit einer angemessenen Sicherheit unter der Festigkeit des Betons bleiben. Vielmehr müssen die **Anzahl der Lastwiederholungen**, die **dynamische Belastung**, die Aufwölbungen und Aufschüsselungen durch **Temperatur- und Feuchtigkeitsänderungen** und die Eigenschaften von **Tragschicht und Untergrund** und deren **Entwässerung** berücksichtigt werden.

Die erforderliche **Dicke der Betondecke** und des gesamten Oberbaues, also einschließlich aller über dem Planum des Untergrundes liegenden Schichten wird im Straßenbau in den **Richtlinien für die**

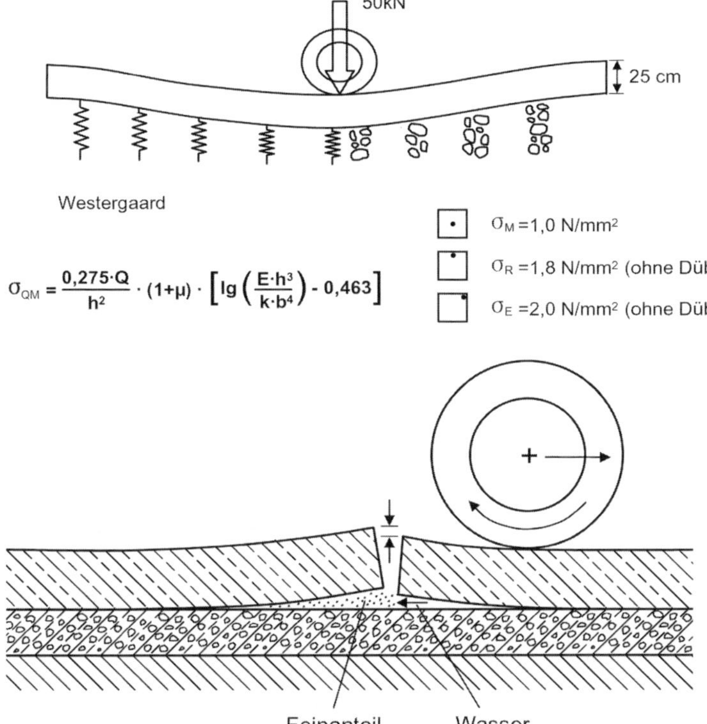

Abb. 8.1-1: Biegespannungen in einer Platte auf elastischer Unterlage unter der Last einer 10 t-Achse [Westergaard 26]

Abb. 8.1-2: Stufenbildung und Erosion an einer Fuge durch Wasser, das beim Überrollen von Fahrzeugen ausgepresst wird [Ray 79]

Standardisierung des Oberbaues von Verkehrsflächen **RStO-12** [FGSV 12] festgelegt, ein Regelwerk, in das jahrzehntelange Erfahrungen eingeflossen sind. Maßgebend für die Schichtdicken ist **nicht die höchste zu erwartende Achslast**, die für öffentliche Straßen in der StVZO mit **11,5 t** festgelegt ist (aber oft überschritten wird), sondern die Lastwiederholungen, die als **Verkehrsbelastungszahl** für einen Nutzungszeitraum von 30 Jahren für die zu erwartenden äquivalenten 10 t-Achsen abgeschätzt werden muss.

Als grober Anhalt können für die Dicke des Betons gelten:

Ländliche Wege	14 bis 18 cm
Anliegerstraßen, Sammelstraßen	16 bis 20 cm
Hauptverkehrsstraßen	20 bis 29 cm
Autobahn für mäßigen Verkehr	24 bis 26 cm
Autobahn für starken Verkehr	26 bis 30 cm
Landebahnen, Rollwege von Flughäfen	34 bis 38 cm
Vorfelder (Abstellflächen) von Flughäfen	40 cm

Obwohl es zahlreiche Verfahren gibt, die nötige Dicke einer Betondecke nach den Regeln der Statik zu berechnen, hat sich deren Anwendung ohne Berücksichtigung jahrzehntelanger praktischer Erfahrungen nicht durchsetzen können. Solche **Bemessungsverfahren** [FGSV 09] sind aber hilfreich, wenn es darum geht, **ungewöhnliche Beanspruchungen**, etwa für sehr hohe Radlasten oder sehr rasche Temperaturänderungen, zu berücksichtigen. So sind bei Containerterminals neben entsprechendem Unterbau Betondicken von bis zu 64 cm nötig, wenn mit Stackern (Aufstaplern) mit Achslasten von bis zu 120 t und bei eng und hoch gestapelten Containern mit nahezu punktförmig einwirkende Lasten von bis zu 133 t gerechnet werden muss, [Freudenstein 18].

Die Praxis lehrt uns immer wieder, dass **dickere Betondecken** erheblich **dauerhafter** sind als solche, die aus falscher Sparsamkeit nur knapp bemessen wurden, [Sommer 17]. Eine erheblich längere Nutzungsdauer ist zu erwarten, wenn Betonfahrbahndecken mit einer um 3 bis 5 cm größeren Dicke als nach RSTO-12 ausgeführt werden. Wenn später Ebenheit, Griffigkeit und/oder lärmmindernde Eigenschaften nicht mehr ausreichen, kann bedenkenlos dank des heute möglichen Grindings eine dünne Oberflächenschicht abgefräst werden, vgl. Abschn. 8.1.5.2.

Bei **Tragschichten unter der Betondecke** muss berücksichtigt werden, dass **Wasser,** das sich bei starken Niederschlägen und unzureichender Entwässerung im Bereich unter den **Fugen** sammelt, von

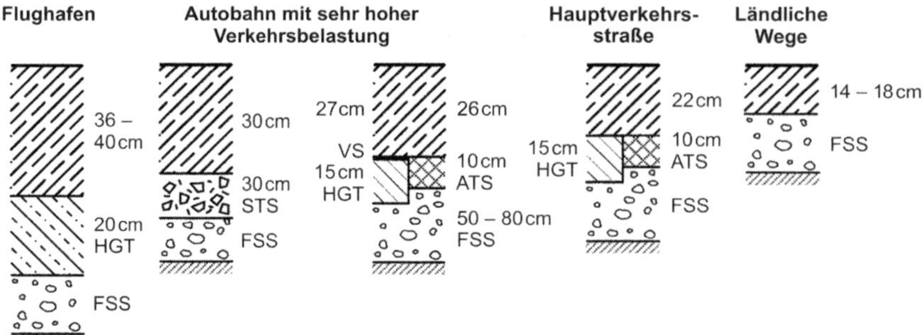

Abb. 8.1-3: Schichtaufbau bei Betonfahrbahnen

schweren Fahrzeugen mit hohem Druck **ausgepresst** wird. Beim Zurückfedern der Platte wird es wieder **angesaugt**. Dadurch können Oberflächen von Tragschichten so stark **erodieren**, dass sich unter der Betonplatte **Hohlräume** bilden. Das durch dieses **Pumpen** erodierte Material sammelt sich an der Fuge unter dem Plattenende, so dass in Fahrtrichtung bergabgehende **Stufen** entstehen, Abb. 8.1-2.

Beim AASHO-Road-Test hat man gezielt Fahrzeuge mehr als ein Jahr lang über Decken unterschiedlicher Dicke Tag und Nacht lang fahren lassen, um eine Beziehung zwischen Achslast und nötiger Deckendicke zu finden. Dabei zeigte sich, dass an den Betondecken Schäden fast nur im niederschlagsreichem Novemberwetter auftraten.

Als Unterlage stark belasteter Betondecken haben sich Tragschichten aus **Asphalt** und auch **Hydraulisch Gebundene Tragschichten (HGT)** bewährt, wenn der **Widerstand** ihrer Oberfläche **gegen Erosion** so groß war, dass ausgepresstes Wasser keinen Schaden anrichten konnte. Wird eine Betondecke auf einer **ungebundenen Schottertragschicht** verlegt, so muss diese **sehr wasserdurchlässig** sein, damit zwischen Decke und Tragschicht kein Wasser stehen bleiben kann.

Bei Straßen mit schwerem Verkehr legt man oft noch zwischen HGT und Betondecke einen **Vliesstoff,** also ein Geotextil aus Polyäthylen- oder Polypropylenfasern mit etwa 500 g/m^2 Flächengewicht. Es wirkt **entwässernd** und da es starke Wasserbewegungen bremst, auch als **Schutz vor Erosion.** Darüber hinaus **verhindert es einen Verbund** zwischen Betondecke und HGT und schützt so die Betondecke vor Rissen der HGT, die durchschlagen könnten. Aus Sorge, dass sich ein Vliesstoff bei einer **späteren Erneuerung** der Decke nicht vom Beton löst und ein mit **Resten des Vliesstoffes durchsetzter Altbeton** nicht wiederverwendet werden kann, bevorzugt man heute stattdessen wieder 5 cm dicke Zwischenschichten aus **Asphalt**, eine Bauweise, die sich seit langem bewährt hat und auch in die neue RSTO aufgenommen wurde. Verwendet wird hierzu Asphaltdeckschichtmischgut, das möglichst wenig am Beton der Fahrbahndecke haften soll. Abb. 8.1-3 zeigt den Schichtaufbau bei Betonfahrbahnen für unterschiedliche Verkehrsbelastung.

In allen unter der Straßendecke liegenden Schichten dürfen im Laufe der Zeit **keine unterschiedlichen Setzungen** auftreten, weil sich diese auf die Ebenheit auswirken würden und auch zusätzliche Spannungen im Beton hervorrufen könnten. Man erreicht dieses Ziel vor allem durch einen hohen Verdichtungsgrad und eine strenge Prüfung der Dichte der Tragschichten und des Unterbaues.

Eine **Bewehrung mit Betonstahlmatten** erhalten nur Betonplatten, wenn z. B. dennoch ungleichmäßige **Setzungen nicht auszuschließen** sind oder wenn wegen spitzwinkeliger Formen oder übergroßen Plattenlängen **klaffende Risse** zu befürchten sind. Die Bewehrung verhindert nur, dass abgebrochene Plattenteile den Verkehr gefährden. Das Entstehen von Rissen können zwischen Oberbeton und Unterbeton eingelegte Betonstahlmatten nicht verhindern.

Für **Start- und Landebahnen**, sowie Abstellflächen moderner Flughäfen, ist die Bauweise des Münchner Flughafens (1988 bis 1991) richtungweisend. Sie beruht auf

(1) der Wahl einer entsprechenden **Schichtdicke des Betons** von 36 bis 40 cm, ohne Stahlbewehrung,

(2) einer **Biegezugfestigkeit des Betons**, die mit 6 N/mm^2 (geprüft am alten 100 mm hohen Balken) ohne sehr aufwändige Maßnahmen erreichbar ist,

(3) einer **steifen Unterlage**, im vorliegenden Falle eine 20 cm dicken **hydraulisch gebundenen Tragschicht**, die auf einer sehr gut verdichteten **Frostschutzschicht,** meist aus Kiessand, liegt und darunter ein gut **verdichteter Untergrund**,

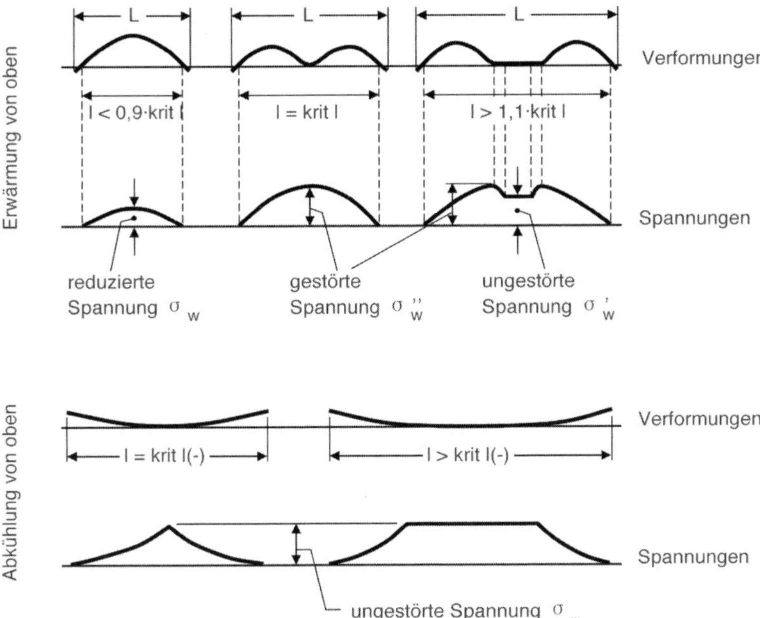

Abb. 8.1-4: Oben: Platten, die von oben erwärmt werden, wölben sich auf. Darunter: Aufschüsseln bei Abkühlung von oben, [Eisenmann 65]

(4) **Fugen im Abstand von 5 bis höchstens 7 m.** Sie erhalten an Querfugen zur Übertragung von Querkräften **Dübel.** In Längsfugen sorgen **Anker** dafür, dass sie sich nicht öffnen können, sodass Querkräfte durch Verzahnung der Gesteinskörner über den Riss unter dem Fugenschnitt übertragen werden.

In **Tunneln** sind Betondecken nur kleineren Temperaturänderungen ausgesetzt. Die vorteilhaft hellen Betondecken werden meist mit unverändertem Abstand der Fugen und kaum verminderter Dicke oft auf einem Vlies verlegt. Auf Dübel wird nicht verzichtet, damit die Platten nicht zu „klappern" anfangen, was oft durch Schwinden verursacht werden kann, besonders in langen Tunneln, wo im Winter die Luft sehr trocken ist.

8.1.3 Fugen

Fugen haben die Aufgabe, die durch Temperaturänderungen verursachten Spannungen klein zu halten. Dabei handelt es sich nicht, wie man früher glaubte, nur um die bei niedrigen Temperaturen auftretenden Zugspannungen in Längsrichtung, sondern vor allem um Biegespannungen, die durch **Temperaturgradienten**, also Unterschiede zwischen der Temperatur der oberen und der unteren Randzone entstehen und ein Aufwölben oder ein Aufschüsseln verursachen, Abb. 8.1-4, vgl. Abschn. 3.5.2.

Wenn die Abmessungen einer Betonplatte eine **kritische Länge** überschreiten, führt beim Aufschüsseln und Aufwölben allein schon das Eigengewicht der Betonplatte zu hohen Biegespannungen, [Eisenmann 65]. Um diese Biegespannungen klein zu halten, sollen Betondecken Fugen im Abstand von höchstens dem **25fachen der Plattendicke** erhalten. Die Fugen wirken dabei als Gelenke.

Raumfugen (Dehnfugen) sind in Betonstraßen nicht erforderlich, vgl. Abschn. 7.7. Selbst wenn der Beton bei einer niedrigen Temperatur erhärtet, entstehen durch sommerliche Erwärmung **Druckspannungen** von durchschnittlich **höchstens 10 N/mm²**, eine willkommene Vorspannung, die zu keinen Schäden führt. Voraussetzung dazu ist, dass zur Übertragung der Spannungen in den Fugen mindestens **zwei Drittel des Betonquerschnittes** zur Verfügung stehen. Der Riss unter dem Fugenschnitt der **Scheinfugen** (Kontraktionsfugen) schließt sich im Sommer. Über ihn werden **Längskräfte gut übertragen**. Aber wehe, wenn etwa bei einer Ausbesserung ein Riss nur auf halber Breite eines Deckenfeldes geschlossen wird oder nur ein Teil einer Betonplatte ausgebaut wird, Abb. 8.1-5.

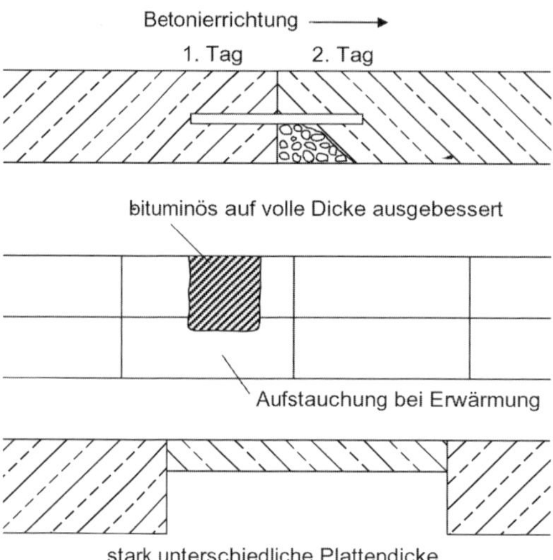

Abb. 8.1-5: Entmischter Beton an Tagesendfugen oder andere Querschnittsverminderungen können bei hohen Temperaturen Schäden verursachen [Springenschmid 63]

Dann konzentrieren sich bei starker Erwärmung die Längskräfte auf eine zu kleine Fläche, was zu **Hitzeschäden** führen kann. Dabei handelt es sich überwiegend um Abplatzungen des oberflächennahen Betons, in einzelnen Fällen aber auch um gefährlichere Aufstauchungen [Gütegem. 13]. Hitzeschäden sind auch in heißen Sommer 2015 nur auf Autobahnen an bis 1986 üblichen nur 20 bis 22 cm dicken Betondecken aufgetreten, nicht an modernen dickeren Decken, [Freudenstein 15].

Als man bis in die Siebzigerjahre noch alle 36 m Raumfugen machte, gab es oft gerade an **Raumfugen Hitzeschäden** in Form von Absprengungen, mitunter sogar Aufstauchungen. Die Ursache ist leicht erklärt: Die **Raumfugen schließen** sich im Laufe der Jahre immer mehr, während sich die dazwischenliegenden **Scheinfugen immer weiter öffnen**, sodass vermehrt Fremdstoffe eindringen können. Bei Raumfugen stehen sich die beiden Fugenflächen nicht genau gegenüber, so dass bei hohen Längskräften Spannungskonzentrationen zu Absprengungen führen können.

Am Ende der Tagesabschnitte werden **Pressfugen** angeordnet, an die am nächsten Tag satt anbetoniert wird. Bilden sich dort beim Einbau Nester oder wird der Beton mit Rücksicht auf den erst am Vorabend eingebauten Beton auf der anderen Seite der Fuge so **schlecht verdichtet**, dass dort entstehende Längskräfte auf einer nur kleinen Fläche übertragen werden können, ist es durchaus möglich, dass die verbliebene dünnere Betonschicht im nächsten heißen Sommer die Druckkräfte nicht mehr aufnimmt und nach oben gesprengt wird.

Querfugen werden heute als **Scheinfugen** im Abstand von meist 5 m geschnitten und öffnen sich, wenn sich der Beton abkühlt. Die Öffnungsweiten der Fugen ändern sich bei den so kurzen Feldern der Betondecken kaum um mehr als 1 mm, sodass die Fugenfüllungen wenig beansprucht werden. Fugenabstände über 7,5 m vermeidet man. Querfugen erhalten 500 mm lange **Dübel aus Rundstahl** Ø 25 mm, die mit Kunststoff oder Bitumen beschichtet werden, damit sie das Öffnen der Fugen nicht zu sehr behindern und auch damit sie nicht korrodieren. Sie liegen parallel im Abstand von 250 mm. Bei untergeordneten Straßen und Wegen verzichtet man auf Dübel und nimmt in Kauf, dass sich an den Fugen mitunter allmählich kleine Stufen bilden können.

Auch die **Längsfugen** werden als Scheinfugen geschnitten. Sie werden zwischen den Fahrstreifen angeordnet. Die Radspuren des Schwerverkehrs sollen aber möglichst nicht zu knapp an einer Längsfuge oder am rechten Fahrbandrand verlaufen. Während Querfugen bei sommerlicher Erwärmung durch Längskräfte zugedrückt werden, ist dies bei den Längsfugen nicht der Fall. Sie können sich im Laufe der Jahre immer weiter öffnen. Um dies zu verhindern, erhalten sie **Anker** aus **20 mm dickem Betonstahl**. Die 800 mm langen Anker werden mittig, also im Fugenbereich, durch einen bituminösen Anstrich vor Korrosion geschützt. Auch Längsfugen zwischen zwei getrennt hergestellten Bahnen müssen verankert werden, damit sie sich im Laufe der Jahre nicht öffnen.

Scheinfugen werden in der Regel mit einer sehr **dünnen Diamant-Trennscheiben** als **Kerbe** eingeschnitten, ZTV Fug 15 [FGSV 15]. Die Kerben müssen bei Querfugen eine Tiefe von etwa 25 % der Deckendicke haben. Zu tiefe Fugenschnitte könnten das Entstehen von Hitzeschäden fördern [Freudenstein 17]. **Längsfugen** müssen dagegen sogar auf eine Tiefe von **40 bis 45 %** der Deckendicke geschnitten werden, damit sich neben der Fuge keine Längsrisse bilden. Während in Querfugen bei der ersten nächtlichen Abkühlung zusätzlich zu Biegespannungen auch Zugspannungen in Längsrichtung der Decke auftreten, die zum Aufreißen des Betons unter dem Fugenschnitt beitragen, ist dies bei Längsfugen nicht der Fall.

Für die **Fugenfüllung** erhalten Querfugen später oben einen **breiten Fugenspalt**, der ebenfalls mit einer Diamant-Trennscheibe eingeschnitten wird. Er darf nicht zu tief sein. Die Fugen werden oben durch eine heiß oder besser eine kalt verarbeitbare elastomere zweikomponentige Fugenmasse abgedichtet, Abb. 8.1-6.

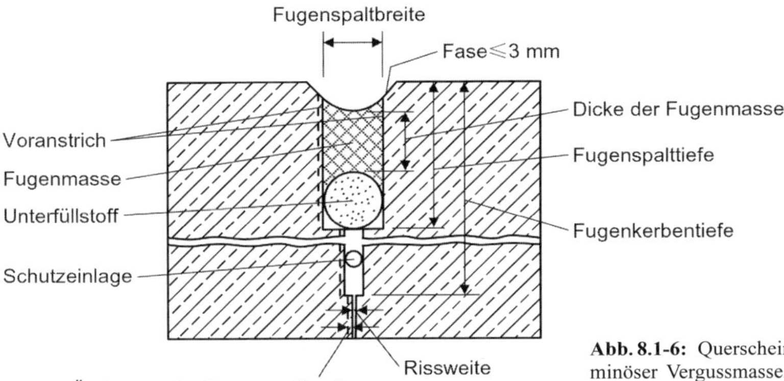

Abb. 8.1-6: Querscheinfuge mit heiß verarbeitbarer bituminöser Vergussmasse, die sich beim Öffnen der Fuge einschnüren kann, nach ZTV Fug-StB 15 [FGSV 15]

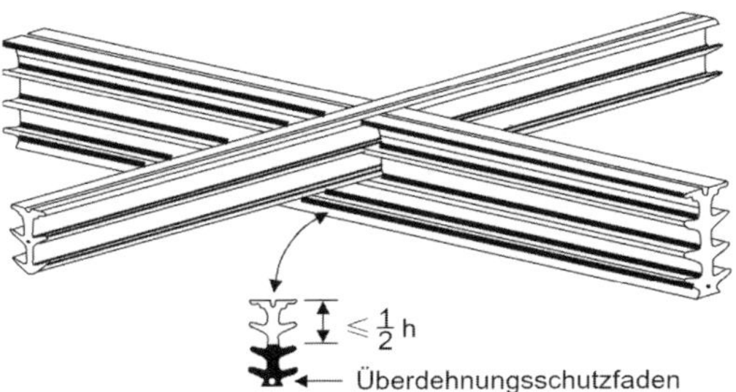

Abb. 8.1-7: Fugenprofile aus Elastomer im Kreuzungsbereich [ZTV Fug-StB 15]

Öffnet sich die Fuge, dann muss sich die **Vergussmasse einschnüren** und das ist nur möglich, wenn der **Verfüllquerschnitt annähernd quadratisch** ist, [Alte-Teigeler 05]. Der Füllquerschnitt wird meist 8 mm breit geschnitten, jedenfalls so breit, dass sich die Öffnung des Fugenspaltes im Laufe der Zeit um nicht mehr als 25 % ändert. Bewährt haben sich auch **Fugenprofile** aus **elastomerem Kunststoff**, die in die Fuge eingeklebt werden, Abb. 8.1-7.

Sie werden vorzugsweise für Längsfugen verwendet, während man die Querfugen vergießt, auch um Kreuzungen von Fugenprofilen zu vermeiden. Gute Erfahrungen liegen in Österreich aber auch mit elastomeren Fugenprofilen in den Querfugen und Verguss in den Längsfugen vor.

Beide Arten der Fugenfüllung müssen den Fugenspalt **vor eindringenden Fremdkörpern** schützen und verhindern, dass bei starken Regenfällen allzu viel Wasser unter die Decke gelangen kann. Damit, dass Fugen über Jahre **nicht** absolut **wasserdicht** verfüllt werden können, musste man sich abfinden. Um das Eindringen von Fremdkörpern zu vermeiden, müssen Fugenfüllungen immer wieder überprüft und ggf. erneuert werden. Werden heiß verarbeitbare Vergussmassen verwendet, rechnet man damit, dass dies alle 7 bis 10 Jahre nötig ist, [Breitenbücher 16].

Für untergeordnete Straßen und Wege verwendet man an Stelle von mit Diamant-Trennscheiben eingeschnittener Fugen, die verfüllt werden müssen, ganz einfach etwa 2 cm dicke **Holzbretter.** Sie werden vor dem Einbau des Betons an der Unterlage befestigt. Die Bretter müssen **auf volle Deckendicke durchgehen.** Verbleibt eine auch nur dünne Verbindung des Betons zu jenem der Nachbarplatte, können im Sommer Absprengungen entstehen.

Bei **Endbereichen** von Betondecken verschieben sich im Laufe der Jahre die Deckenplatten auf eine Länge von etwa 30 m in sehr geringem Ausmaß zum Fahrbahnende hin, weil nach jeder sommerlichen Dehnung bei der folgenden Abkühlung die **Rückstellkraft fehlt**, die ein Schließen der Querfugen bewirken würde. Dies gilt auch für den Übergang zu Asphaltdecken. Vor **Brücken** und anderen **Einbauten** treten durch die sommerliche Erwärmung der Betondecke **Horizontalkräfte** auf, die bis zu rd. 10 N/mm^2 mal Querschnittsfläche der Betonfahrbahn reichen können. Man versucht, Schäden zu vermeiden, indem man vor Brücken an Stelle der letzten drei Scheinfugen **Raumfugen** einbaut. An Stelle von Holzbrettern werden dabei zweckmäßig Sandwichplatten verwendet, [Klee 15]. Dickere Endfelder, die sich nicht so leicht verschieben und Endsporne haben sich oft nicht bewährt. Mitunter macht man aber nur 1,5 m breite Asphaltstreifen [Sommer 17].

Wenn vor **Brücken** der Einbau des Deckenbetons unterbrochen werden muss und der Fertiger und alle anderen Maschinen umgesetzt werden müssen, erfordert dies einen erheblichen Aufwand und verursacht zusätzliche Kosten. Daher führt man über kleinere **Brücken**, die **keine Übergangskonstruktion** und **keine Lager** brauchen, die Betondecke möglichst **in gleich bleibender Dicke** durch. Dann kann man auch auf Raumfugen vor und nach der Brücke verzichten. Bauteile, die die **Überfahrt des breiten Fertigers** an der Seite **behindern** könnten, dürfen erst nach der Deckenfertigung angebracht werden. Über den Konstruktionsbeton der Brücke kommen die Abdichtung und eine Schutzschicht. Darauf wird vor dem Betoneinbau ein **Vliesstoff** verlegt, damit sich die Betondecke etwas verschieben kann. Bei Brücken im Gefälle können die Betonplatten mittig durch einen Dübel mit dem Konstruktionsbeton verbunden werden.

8.1.4 Straßenbeton

Beton von Straßen und Autobahnen muss über **viele Jahrzehnte** den oft sehr schweren **Verkehr, Witterung, Tausalz** und **Schneeräumung** standhalten. Kein Wunder, dass der Begriff „**Straßenbeton**" ein **Synonym für dauerhaften Beton** von hoher Festigkeit geworden ist. Dies verdankt er den seit einem halben Jahrhundert gestellten hohen Anforderungen, früher Luftporenbeton B 35 mit einer Biegezugfestigkeit von mindestens 5,5 N/mm^2. Heute muss Straßenbeton den Klassen **C 30/37 und XF 4** entsprechen, wobei die TL-Beton-StB 07 [FGSV 07] zusätzliche Anforderungen stellen. Der **Luftporenbeton** (vgl. Abschn. 5.9) muss mit einem **Zementgehalt** von **mindestens 340 kg/m^3** hergestellt werden, in der Erstprüfung der **Biegezugfestigkeitsklasse F 4,5** entsprechen und einen ***w/z*-Wert** von **höchstens 0,45** aufweisen. Die Biegezugfestigkeit wird an einem 150 mm hohen und 600 mm langen Balken bei Belastung durch **zwei Einzellasten** in den Drittelspunkten geprüft. Bei weniger häufig befahrenen Betondecken begnügt man sich mit F 3,5. Die neuerdings mitunter geforderte Expositionsklasse XM 2 erfüllt Straßenbeton ohne Nachweis.

Für die Ausgangsstoffe gelten bei Straßenbeton etwas höhere Anforderungen als für normalen Konstruktionsbeton. Verwendet wird heute meist **CEM I 42,5 N** und auch vereinzelt Portlandhüttenzement CEM IIA-S 42,5 N, an den als Straßenbauzement besondere Anforderungen gestellt werden, Abschn. 2.2.9 (b). Im Winter oder bei sehr früher Verkehrsfreigabe sollte ein Zement mit höherer Anfangsfestigkeit oder ein erhöhter Zementgehalt zum Einsatz kommen.

Die **groben Gesteinskörnungen** für den Oberbeton müssen einen hohen Widerstand gegen **Frost und Tausalz** (höchstens 5 % bzw. 8 % Abwitterungen im Dosenfrost mit Taumittel) aufweisen und für stark beanspruchte Straßen einen hohen Anteil an **gebrochenem Korn** haben. Der **Sandanteil** darf **nicht zu hoch** sein. Die Gesteinskörnungen dürfen zu **keiner schädigenden Alkalireaktion** im Beton führen, siehe Abschn. 4.6.7.

Bestehen, wie bei Autobahnen, hohe Anforderungen an **Griffigkeit** und **lärmmindernde Eigenschaften** der Oberflächentextur, wird die Oberfläche meist als **Waschbeton** hergestellt. Für den **nur 4 bis 7 cm dicken Oberbeton** werden **Splitte 4/8** oder, wenn es nur auf Griffigkeit ankommt, nicht auf Lärmminderung, auch Splitte 4/11 verwendet. Gefordert wird davon ein hoher **Widerstand gegen Polieren** mit PSV mind. 51, wenn geeignete Gesteine zur Verfügung stehen sogar PSV 53. Auch vermeidet man Sande aus Kalk- oder Dolomitgestein, weil sie zum Polieren neigen. Damit beim Waschbeton kleine Abstände der Profilspitzen erreicht werden, verwendet man eine Ausfallkörnung ohne Korn 1/4. Für den feinkörnigen Oberbeton sind mind. **420 kg/m^3 Zement** nötig. Wird die Oberflächentextur nicht als Waschbeton, sondern durch Grinding hergestellt, sind andere, meist geringere Anforderungen zu stellen, Abschn. 8.1.5.2.

Wenn gebrochene Gesteinskörnungen schwer zu beschaffen sind, kann für den Unterbeton auch Kies verwendet werden, wie beim Münchner Flughafen. Der Kies muss nur einen Frostwiderstand F 2 aufweisen. Auch bestehen keine Bedenken, für den Unterbeton Zemente CEM II B-S einzusetzen, die etwas empfindlicher hinsichtlich Nachbehandlung sein können. Nachteile aus unterschiedlichen Zusammensetzungen von Unter- und Oberbeton sind nur bei extremen unterschiedlichen Eigenschaften zu erwarten, [Sodeikat 01].

Straßenbeton muss ein **hohes Maß an Gleichmäßigkeit** aufweisen, weshalb mit sorgfältig getrennten Körnungen und einer **Mischzeit** von mindestens 45 Sekunden, in der Praxis vielfach **55 Sekunden**, gearbeitet wird. Der Oberbeton darf **keinerlei Verunreinigungen** enthalten. Holzstücke würden beim Verdichten aufschwimmen und in der Oberfläche sichtbar bleiben.

Für den Unterbeton haben sich auch Körnungen aus dem **alten Beton** der zu erneuernden Fahrbahndecke bewährt, [Springenschmid 93], Abschn. 6.5. In einer mobilen Aufbereitungsanlage wird er gebrochen. Dübel und Anker werden mit Magnetabscheidern entfernt, ggf. noch vorhandenes Holz mit Windsichten, so dass man nur dafür sorgen muss, dass möglichst die größeren Asphaltflicken und zusammenhängende Reste von Fugenmassen ausgesondert werden. Für Unterbeton können bis zu 20 % Asphaltanteile bedenkenlos zugelassen werden, weil die Biegefestigkeit dadurch kaum beeinträchtigt wird [Sommer 92]. Selbst das im Beton noch vorhandene Chlorid von Salzstreuungen schadet nicht, weil Betonstraßen heute keine Stahlbewehrung erhalten und Dübel zur Gänze und Anker im Fugenbereich kunststoffbeschichtet sind. Voraussetzung ist, dass der Altbeton

Abb. 8.1-8: Einbau der Betonfahrbahn mit je einem Gleitschalungsfertiger für Unterbeton (links) und Oberbeton. Dazwischen wurden Dübel und Anker eingerüttelt. (Heilit Verkehrswegebau)

keine Schäden aus Alkalireaktionen oder andere Gefügestörungen hat. Eine Prüfung von Betonsplitt aus alten Fahrbahndecken auf Frost-Tausalzwiderstand ist nicht erforderlich, wenn der Beton schon vorher Jahrzehnte hindurch ausreichenden Frost-Tausalzwiderstand gezeigt hat. Eine solche Prüfung würde selbst bei positivem Ergebnis die Bauzeit und damit die Dauer der für die Deckenerneuerung notwendigen Verkehrsumleitungen erheblich verlängern. Man verlangt heute stattdessen nur als letzten Brechvorgang eine **Prallzerkleinerung,** womit man eine größtmögliche Ausbeute an Grobkorn erhält und außerdem sichergestellt wird, dass keine Körner mit feinen Anrissen, die der Frost zerstören könnte, in den neuen Beton gelangen. Damit hat man gute Erfahrungen gemacht, selbst bei Verwendung im Oberbeton. In den meisten Fällen reichen die anfallenden Mengen an recycliertem Betonsplitt aber für den Unterbeton der neuen Fahrbahndecke nicht aus, weil man sie dicker und meist auch breiter macht. Den Betonbrechsand, in dem sich Zementstein angereichert hat, nutzt man vielfach zur Verbesserung der Kornzusammensetzung der einzubauenden HGT.

Beim Entwurf des Betons für Fahrbahndecken darf man sich nicht darauf beschränken, nur die in den Regelwerken gestellten Anforderungen zu erfüllen. Erfahrungen der Einbaumannschaft bestimmen **zusätzliche**, oft auf die Bauart der verwendeten Geräte abgestimmte **Anforderungen,** die auf die Baustellenverhältnisse abgestimmt werden müssen, vgl. Abschn. 8.1.6.

Wenn die Notwendigkeit einer sehr **frühzeitigen Verkehrsfreigabe** besteht, verwendet man sehr niedrige *w/z*-Werte und leistungsfähige Fließmittel, in besonderen Fällen auch spezielle Zemente. Die Möglichkeiten, durch höhere Anforderungen an den Beton das Langzeitverhalten einer Betonfahrbahn zu verbessern, sind begrenzt. Die Festigkeitsklasse C 35/45 wurde bei Flughäfen verlangt und auch erreicht. Dies gilt auch für eine Biegezugfestigkeit von 6 N/mm^2, geprüft allerdings an alten, nur 100 mm hohen Balken. Betone mit einem ausreichenden Luftgehalt erreichen so hohe Festigkeiten oft nur mit **Zementen mit höherer Normfestigkeit**, d. h. **auf Kosten der Nacherhärtung**. Wenn solche Betonfahrbahnen erst nach Monaten in Betrieb genommen werden, ist dies **nicht sinnvoll**. Falls bei erst später erfolgender Verkehrsfreigabe erhöhte Festigkeiten gefordert werden, sollte man den Nachweis erst im Alter von 56 Tagen verlangen.

Hochfester Beton lässt sich in der Regel wesentlich schwerer verarbeiten, auch wenn kein Mikrosilica verwendet wird. Da er gleichmäßiger verschleißt, neigt er auch eher zum Polieren. Seine Verwendung bleibt auf Sonderfälle beschränkt. **Höhere Tragfähigkeit und Dauerhaftigkeit** erreicht man im Allgemeinen besser durch **größere Schichtdicken** als durch erhöhte Anforderungen an den Beton.

8.1.5 Herstellen von Betondecken

8.1.5.1 Einbau des Betons

Wenn es sich um größere Flächen handelt, wird der Beton heute stets mit **Gleitschalungsfertigern** eingebaut, Abb. 8.1-8. Sie haben Arbeitsbreiten bis zu 16 m und erlauben Tagesleistungen bis 1 000 m. Wenn stündlich 200 bis 300 m^3 Frischbeton eingebaut werden, sind sehr leistungsfähige Mischanlagen

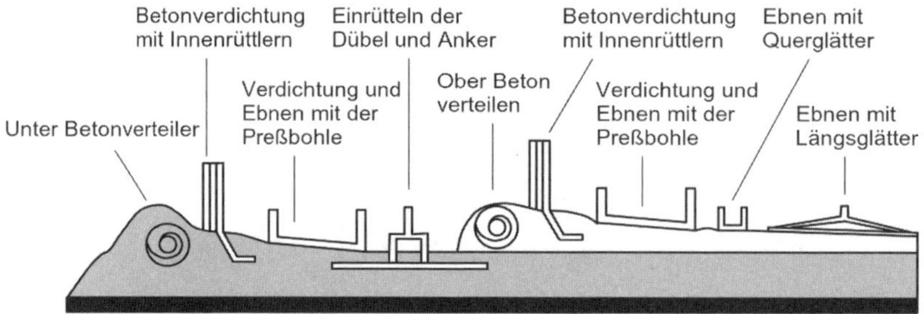

Abb. 8.1-9: Verteilen, Verdichten und Glätten des Betons beim Einbau mit Gleitschalungsfertigern (schematisch) [Grahlke 94]

nötig. **Transportbetonwerke** sollen nur herangezogen werden, wenn sie eine ausreichend **hohe Leistungsfähigkeit** haben und ausreichende **Erfahrungen** mit der Herstellung von **Luftporenbeton** vorhanden sind. **Gleich bleibende Konsistenz** ist Grundvoraussetzung für ebene Oberflächen. Vielfach wird daher verlangt, dass jede Betonsorte von nur einem Werk geliefert wird und dieses zwischendurch keine anderen Baustellen beliefert. Der steife bis plastische Beton wird nicht in Fahrmischern, sondern in großen **Muldenfahrzeugen** zum Fertiger gebracht. Die Mulden dürfen nicht aus Aluminium sein, weil feiner Abrieb zu störenden Poren im Beton führen kann. Auf **Autobahnen** wird der Beton heute in der Regel in **zwei Lagen** eingebaut, wobei die **Dübel und Anker** in die **untere Lage** eingerüttelt werden und die obere, nur 4 bis 7 cm dicke Lage mögliche Ungleichmäßigkeiten, die beim Einrütteln verbleiben, überdeckt, Abb. 8.1-9.

Ein nur kurzer zeitlicher Abstand zwischen dem Einbau von Unter- und Oberbeton oder ein Fertiger, der beide Lagen einbaut, ist vor allem bei warmer Witterung Voraussetzung für guten Verbund der beiden Lagen.

Beim früher üblichen Einbau mit **schienengeführten Fertigern** mussten die **Schienenoberkanten** sehr genau **eingemessen** werden, weil sie Höhenlage und Ebenheit der fertigen Decke bestimmten. Bei Gleitschalungsfertigern hat diese Aufgabe ursprünglich ein seitlich gespannter **Leitdraht** übernommen. Heute geschieht dies durch leitdrahtlose Systeme mit digitalen Deckenmodellen, die im Vorfeld erstellt werden.

Bei kleineren Baustellen wie Tank- und Rastanlagen wird der Beton meist einlagig eingebaut. Dann müssen Dübel und Anker in Drahtkörben verlegt werden, bevor der Beton von der Seite her eingebracht wird, Abb. 8.1-10.

Für Siedlungsstraßen und Wege verwendet man oft auch **umgebaute Asphalt-Deckenfertiger.** Bei sehr kleinen Flächen können auch Kanthölzer als seitliche Schalung dienen. Der Beton wird dort mit einem kleinen Bagger oder mit der Hand verteilt und mit einer Rüttelbohle verdichtet und eben abgezogen.

Tagesendfugen erfordern besondere Sorgfalt, vor allem, wenn am nächsten Morgen an den noch wenig festen Beton angeschlossen werden muss, vgl. Abb. 8.1-5. Aus diesem Grund wird bei großen Baulosen mitunter Tag und Nacht durchgearbeitet.

8.1.5.2 Oberflächentextur: Waschbeton oder Grinding

Der früher übliche **Besenstrich** über die frische Betonoberfläche quer zur Fahrtrichtung mit einem Stahl- oder Piasavabesen machte die Decke **griffig, aber laut**, so dass man ihn nicht in Wohngebieten einsetzte. Mit einem nachgeschleppten Jutetuch erhält man bessere Messwerte, doch führt der Verlust an Makrotextur durch Einwirkungen von Verkehr und Witterung zu einer Abnahme der Griffigkeit, [Sommer 17]. Dennoch galten Betonstraßen früher als griffig, weil man sich darauf verlassen konnte, dass man auch im Zuge langer Strecken von keinen durch Anreicherungen von Bindemittel glatt gewordenen oder sonst minder griffigen Stellen überrascht wurde.

Heute wird von viel befahrenen Fahrbahndecken eine höhere **Griffigkeit** verlangt. Darüber hinaus werden zunehmend **lärmmindernde Eigenschaften** gefordert. Daneben **Ebenheit, Wasserabfluss, Lichtreflexion** und geringer **Rollwiderstand** [Fleischer 04]. Um hohe Anforderungen an die Ebenheit zu erfüllen, wird der verdichtete Beton in der Regel abschließend mit einem **Längsglätter** abgezogen, wodurch Unebenheiten, die auch zu stärkerer Lärmentwicklung führen können, vermieden werden.

Für die **Griffigkeit** der Oberflächen ist die **Makrotextur,** die, wie die Profile der Reifen, für den bei nassen Straßen und hohen Fahrgeschwindigkeiten nötigen Wasserabfluss sorgt, wichtig. Daneben aber auch die **Mikrotextur**, also die **feinen Spitzen und Kanten** der Oberfläche, die den verbleibenden

Abb. 8.1-10: Betoneinbau für einen Parkplatz einer Raststätte. Dübel und Anker auf Drahtkörben (STRABAG)

dünnen Wasserfilm durchbrechen. Für die Lärmentwicklung ist das **Reifen-/Fahrbahngeräusch** (Rollgeräusch), ebenso wie die Windgeräusche nur bei **höheren Geschwindigkeiten** maßgebend, weil dabei das Motorgeräusch nicht mehr vorherrscht. Wenn zwischen den Berührungspunkten des Reifens mit der Oberfläche der Fahrbahn **Vertiefungen im Abstand von mehr als etwa 2 cm** sind, etwa infolge breiter Fugen oder zwischen herausragenden Gesteinskörnern, kommt es zu **Schwingungen der Lauffläche des Reifens**, die sich wie das **Dröhnen** anhört, das man von Pflasterdecken kennt. Wenn diese Abstände der dazwischenliegenden Vertiefungen sehr klein sind oder die Fahrbahnoberfläche eine zu schwache Textur aufweist, kann das Auspressen der Luft aus der Kontaktfläche ein störendes **Zischen** verursachen. **Texturtiefen von 0,7 bis 1,1 mm** sind günstig, weil die Kontaktfläche besser entlüftet wird und eine hohe Griffigkeit erhalten bleibt.

Mit einem **Waschbeton** lassen sich diese Anforderungen dauerhaft erfüllen, Abb. 8.1-11. Die Herstellung erfordert aber besondere **Erfahrungen der Einbaumannschaft**.

Darüber und auch in Hinblick auf Dauerhaftigkeit liegen in Österreich seit mehr als drei Jahrzehnten positive Erfahrungen vor [Sommer 93, Haider 05, Breyer 09]. Seit 2006 werden auch auf deutschen Autobahnen fast nur mehr Waschbetonoberflächen ausgeführt. Dazu wird die frische Betonoberfläche mit einem **Oberflächenverzögerer,** der gleichzeitig auch als **Nachbehandlungsmittel** wirkt, besprüht, sodass die oberste Feinmörtelschicht mit einer Kehrmaschine ausgekehrt werden kann. Obwohl dies **trocken** geschieht, ist der Name „Waschbeton" geblieben. Bei der Wahl des **richtigen Zeitpunktes**, in der Regel noch vor dem Schneiden der Fugenkerben, müssen die Temperaturverhältnisse und die übrigen örtlichen Bedingungen berücksichtigt werden.

Eine Alternative zum Waschbeton ist neuerdings das sog. **Grinding**, ein Abfräsen zum Verbessern der **lärmmindernde Eigenschaften** und der **Griffigkeit**. Dabei wird nicht nur die oberste Mörtelschicht abgetragen, sondern auch das **Grobkorn angeschnitten**, wozu eine Abtragstiefe von etwa 3 bis 5 mm nötig ist, etwas mehr, wenn gleichzeitig auch **Unebenheiten** entfernt werden. Dazu verwendet man gleiche diamantbesetzte Trennscheiben wie zum Abfräsen von Unebenheiten. Auf der rotierenden Welle gibt man jedoch zwischen die Trennscheiben Distanzscheiben, damit zwischen den Rillen Stege von 2 bis 3 mm Breite entstehen, die abbrechen, Abb. 8.1-12. Vorteilhaft ist dabei, dass keine zusätzlichen Anforderungen an Gesteinskörnungen und Zusammensetzung des Oberbetons gestellt werden müssen. Es muss nur dafür gesorgt werden, dass das Grobkorn gleichmäßig bis ganz knapp unter die Oberfläche reicht, [Skarabis 16]. In ähnlicher Weise werden beim **Grooving** Rillen zur Verbesserung des **Wasserabflusses** eingefräst. Dabei müssen die Rillen aber einen Abstand von deutlich mehr als 10 mm haben, damit die dazwischenliegenden Stege nicht abbrechen.

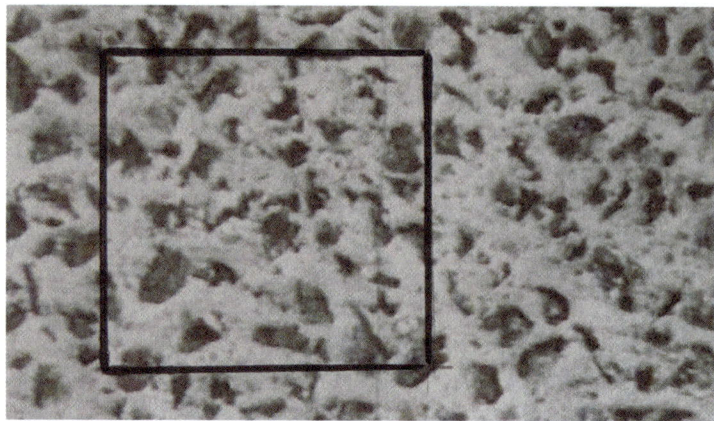

Abb. 8.1-11: Waschbeton auf der Fahrbahnoberfläche ist griffig und lärmmindernd. Auf 25 cm^2 (Quadrat im Bild) sollen 25 bis 50 Profilspitzen hervorstehen

Abb. 8.1-12: Grindingwelle bestehend aus diamantbesetzten Trennscheiben und dazwischenliegenden Distanzscheiben

8.1.5.3 Nachbehandeln

Als Schutz vor **Austrocknen** werden die Oberflächen von Waschbeton nach dem Ausbürsten, andere Oberflächen schon, sobald sie mattfeucht sind, also nach etwa 1 bis 2 Stunden, mit einem **Nachbehandlungsmittel** nach TL NBM-StB 09 [FGSV 09] besprüht. Dabei bildet sich ein Film, der das Austrocknen stark verlangsamt und nach einigen Wochen abwittert. Vielfach ist es nötig, vor Aufbringen der Fahrbahnmarkierungen Reste dieses Films mit einem kräftigen Besen abzubürsten.

In den Sommermonaten ist ein **Schutz vor starker Erwärmung** besonders wichtig. Erhärtet der Beton in der oberen Randzone bei einer deutlich höheren Temperatur als in der unteren, dann schüsselt die Platte auf, sobald sich der Beton in der ersten Nacht oben abkühlt. Es ist nötig, weiße, also die Sonnenstrahlung **reflektierende Nachbehandlungsmittel** zu verwenden, die einen **erhöhten Hellbezugswert (Weißwert)** haben. Damit erwärmt sich die Betonoberfläche durch Sonneneinstrahlung um nahezu 10 K weniger als bei farblosen, d. h. nicht reflektierenden Nachbehandlungsmitteln, vgl. Abschn. 7.8.5. Bei Lufttemperaturen **über 30 °C** sollte am ersten Tag zusätzlich **nass nachbehandelt** werden, damit die Wasserverluste klein bleiben und **Verdunstungskälte** aktiviert wird, [Springenschmid 98].

8.1.5.4 Schneiden der Fugen

Damit **Querrisse** infolge Abkühlung vermieden werden, müssen im **Sommer** schon nach wenigen Stunden Kerben in die Decke geschnitten werden. Sie müssen eine Tiefe von 25 % der Deckendicke haben. Das muss, vor allem, wenn heißen Tagen kühle Nächte folgen, oft schon in der **ersten Nacht** geschehen, sobald der Beton so weit erhärtet ist, dass die **Fugenkanten** beim **Schneiden nicht mehr ausbrechen**. Wird zu spät gekerbt, können Risse quer über die Oberfläche auftreten. Besonders kritisch sind Betone mit Gesteinskörnungen mit großer

Wärmedehnzahl oder mit Zementen mit hoher Risstemperatur, vgl. Abschn. 3.6.5 und Abschn. 5.10. Von der Praxis, zunächst nur jede dritte oder vierte Querfuge zu schneiden, ist man wieder abgekommen. Ein erst späteres Schneiden der restlichen Scheinfugen birgt auch die Gefahr eines Paketreißens, bei dem sich die früher durchgerissenen Fugen weiter öffnen und dann schwerer dauerhaft zu verfüllen sind.

Auch **Längsfugen** müssen frühzeitig, aber etwas **tiefer**, geschnitten werden, vgl. Abschn. 8.1.3.

8.1.6 Überwachung und Prüfungen

In der **Erstprüfung** (Eignungsprüfung) muss besonders darauf geachtet werden, dass der Beton den erforderlichen **Luftgehalt** aufweist und eine ausreichende **Biegezugfestigkeit** erreicht. Die **Verarbeitbarkeit** muss so eingestellt werden, dass sich der Beton mit dem vorgesehenen Fertiger gut **verdichten** lässt, dass sich auch **Dübel und Anker gut einrütteln** lassen und anschließend **nicht nach unten sacken**. Er darf bei den zu erwartenden Temperaturen und Transportweiten **nicht vorzeitig ansteifen** und darf **nicht bluten.** Konsistenz und Sandgehalt müssen so abgestimmt werden, dass bei einmaligem Übergang des Fertigers der **Deckenschluss**, d. h. eine geschlossene Oberfläche entsteht und die groben **Gesteinskörner** gleichmäßig über den Querschnitt **bis ganz knapp unter die Oberfläche** reichen. Bei einem Einbau mit einem Gleitschalungsfertiger muss der Beton auch eine ausreichende **Grünstandfestigkeit** aufweisen, damit die seitlichen Kanten nicht absacken, [Reuter 02].

Wenn der Beton beim Einbau in der Fertigerschnecke noch einmal durchgemischt wird, darf eine **Nachaktivierung** des **Luftporenbildners** nicht zu überhöhten Luftgehalten führen.

Vor allem bei Beginn des Einbaues muss überprüft werden, ob sich der Beton den Anforderungen entsprechend einbauen lässt. Eine Feinabstimmung der Zusammensetzung kann nötig sein.

Die **Werkseigene Produktionskontrolle** (Eigenüberwachungsprüfung) besteht vor allem aus einer

(1) Überprüfung der angelieferten **Baustoffe** (Gesteinsstoffe nach **Augenschein,** sowie täglich einer **Siebung des Sandes**, wöchentlich auch der groben Körnungen), einer

(2) **Frischbetonprüfung** mit **stündlicher** (Oberbeton) bzw. täglicher (Unterbeton) **Prüfung des Luftgehaltes** sowie täglichen Prüfungen von Betonzusammensetzung (***w/z*-Wert), Konsistenz und Temperatur** sowie

(3) täglich einer Herstellung von Probewürfeln, Bestimmung der Rohdichte und nach 28 Tagen einer Prüfung der **Druckfestigkeit.**

Eine **sehr frühe Prüfung** der **Luftporenverteilung** (vgl. Abschn. 5.9.7) an einem **Bohrkern der ersten Tagesleistung** kann Gewissheit darüber bringen, ob sich beim Einbau der Luftgehalt nachteilig verändert hat und ob Frost-Tausalzschäden zuverlässig vermieden werden.

Sehr wichtig ist, dass bei **Auffälligkeiten** wie z. B. Holzstücken oder anderen Verunreinigungen im Splitt oder unzureichendem Luftgehalt die Ergebnisse nicht nur protokolliert werden, sondern, dass **sofort Maßnahmen** getroffen werden, um den Mangel zu beheben.

Während des **Einbaues** und an der fertig gestellten Decke müssen frühzeitig **geprüft** werden:

- **Dicke der Decke**
- **Ebenheit in Längs- und Querrichtung**
- **Oberflächentextur**
- Lage von **Dübel und Ankern** [Birmann 06].

Der Auftraggeber stellt mit **Kontrollprüfungen** fest, ob die eingebaute Decke den Anforderungen entspricht. Für die wichtigsten Anforderungen ist in den ZTV-Beton StB-07 [FGSV 07] auch angegeben, was an Maßnahmen im Falle einer Nichterfüllung der Anforderungen üblich ist. Diese Anforderungen müssen für das jeweilige Projekt festgelegt werden.

Geprüft wird:

- **Druckfestigkeit und Deckendicke** an einem **Bohrkern je 1 000 m²**. Aus den Bohrkernen mit 15 cm Durchmesser werden 15 cm hohe Zylinder geschnitten, eben geschliffen und geprüft. Im Alter von 60 Tagen muss die **charakteristische Druckfestigkeit mindestens 38 N/mm²**, im Mittel **mindestens 46 N/mm²** erreichen. Werden die Bohrkerne erst zu einem späteren Zeitpunkt geprüft, muss die festgestellte Festigkeit durch Multiplikation mit einem **Zeitbeiwert** korrigiert werden. Der Zeitbeiwert beträgt bei Zement CEM I nach 120 Tagen 0,92, nach 180 Tagen 0,88 und nach 360 Tagen 0,82. Wurden Zemente CEM II oder III verwendet, dann betragen die Zeitbeiwerte 0,95, 0,93 bzw. 0,92 [Müller, C. 14]. Der **Preisabzug** beträgt beispielsweise bei **Unterschreitung der Druckfestigkeit** um 10 % für die zugehörende Fläche 30 % des Einheitspreises. Erreichen Bohrkerne **besonders hohe Festigkeiten**, so ist anhand der Rohdichte zu prüfen, ob **möglicherweise der Luftporengehalt zu klein** ist. Im Zweifelsfalle gibt eine mikroskopische Untersuchung Aufschluss.

- Die **Dicke der Decke** wird an den Bohrkernen gemessen und darf um bis zu 0,5 cm unterschritten werden. Wird die Dicke um weitere 2 % unterschritten, beträgt der Abzug hierfür 10 %, bei einer Unterschreitung von 5 % sogar 24 % des Einheitspreises. In ähnlicher Weise wurden bisher um bis zu 1,5 cm erhöhte Einbaudicken vergütet.

- Die **Ebenheit** wird in Längsrichtung mit einem **Planografen** und im Zweifelsfalle auch in Querrichtung geprüft. Überschreitet die Abweichung auf einer **4 m langen Maßstrecke** (Latte) den Grenzwert von **4 mm,** bei untergeordneten Straßen 6 mm, dann wird die Oberfläche in der Regel **eben gefräst.** Ist dies nicht möglich und ist ein ausreichender Wasserabfluss gewährleistet, dann können geringe Unebenheiten durch einen Preisabzug abgegolten werden.

- Die **Griffigkeit** der befeuchteten Fahrbahnoberfläche kann mit einem Fahrzeug mit **schräg laufendem Messrad** (SKM) geprüft werden. Erheblich einfacher ist es, die Griffigkeit mit dem englischen **SRT-Pendel** zu prüfen, wobei gemessen wird, wie stark das Pendel, beim Gleiten über die Straßenoberfläche – oder eine Laborprobe – abgebremst wird [Scharnigg 09]. Bei Waschbetonoberflächen wird die **Texturtiefe** mit dem **Sandfleckverfahren** nach DIN EN 13036-1 gemessen, indem eine definierte Menge von Glassand mit einer Scheibe kreisförmig zwischen den Gesteinsspitzen verteilt wird und der Durchmesser des Kreises als Maß für die Texturtiefe dient. Daneben werden auf Flächen von je 25 cm² die **herausragenden Profilspitzen** gezählt, Abb. 8.1-11. Werden die Anforderungen – 25 bis 50 Spitzen – erfüllt, gelten nach den Richtlinien für Lärmschutz an Straßen (RLS 90) Betondecken dank ihrer **um 2 dB(A) verminderten Lärmemission** zu den lärmarmen Fahrbahndecken, vgl. Abschn. 8.1.5.2.

Es fällt auf, dass die so wichtige **Biegezugfestigkeit** nur in der Erstprüfung nachzuweisen ist, obwohl schon seit den Anfängen des Betonstraßenbaues Klarheit darüber bestand, dass die Biegezugfestigkeit bei Straßen wichtiger als die Druckfestigkeit ist. Versuche, eine Biegezugfestigkeit oder auch eine Spaltzugfestigkeit als Kontrollprüfungen zu verlangen, haben immer wieder zu Unstimmigkeiten geführt, weil die Prüfstreuungen zu groß sind. Kein Wunder, wenn man bedenkt, dass oberflächennahe Schwindspannungen, auch wenn sie nur 0,5 N/mm² betragen, das Ergebnis einer Prüfung von Druckfestigkeiten kaum, jenes von Biegezugfestigkeiten aber ganz erheblich beeinträchtigen können. Wenn in der Erstprüfung nachgewiesen wird, dass mit den vorgesehenen Gesteinskörnungen bei einer bestimmten Druckfestigkeit auch eine ausreichende Biegezugfestigkeit erreicht wird, kann dies auch für die Fahrbahndecke unterstellt werden. Voraussetzung dazu ist allerdings, dass an den groben Gesteinskörnungen keine schluffigen oder tonigen Schichten anhaften, die den Verbund mit dem Feinmörtel beeinträchtigen können.

8.1.7 Verkehrsfreigabe

Betondecken dürfen erst für den Verkehr freigegeben werden, wenn sie mindestens **70 % der geforderten Druckfestigkeit** erreicht haben. Das entspricht etwa 80 % der geforderten Biegezugfestigkeit. Das ist je nach Temperaturverhältnissen im Sommer oft schon im Alter von 4 bis 8 Tagen der Fall. Wird **früh-hochfester Straßenbeton** verwendet, dann muss die 2-Tage-Druckfestigkeit jedes Probewürfels mindestens 25 N/mm², der Mittelwert mindestens 28 N/mm² betragen, was durch leistungsfähige Fließmittel gut erreichbar ist. Verkehrsfreigaben sind dann im Sommer in der Regel **nach 2 Tagen** möglich, vorausgesetzt, es wurden bis zu diesem Zeitpunkt auch die erforderlichen Nebenarbeiten, also die Fugenfüllung, Bankette und Fahrbahnmarkierungen fertig gestellt. Instandsetzungen mit Schnellbeton siehe Abschn. 8.1.8.

Fugenschneider und andere kleinere Geräte verursachen schon nach wenigen Stunden keine Beschädigung der Betonoberflächen mehr, wenn sie **gummibereifte Räder** haben. Es muss jedoch besonders darauf geachtet werden, dass vor allem im Bereich der Fugen **keine Gesteinskörner, Betonreste oder andere harte Fremdkörper** liegen.

Im Spätherbst und Winter erhärtet der Beton je nach Temperatur erheblich langsamer, weshalb u. U. Zemente CEM I 42,5 R verwendet werden. Mit **Tausalz** oder anderen Auftaumitteln darf Beton erst bestreut werden, wenn er mindestens einmal auch **gut austrocknen** konnte, vgl. Abschn. 4.4.9. Imprägnierungen oder andere Schutzmaßnahmen haben sich oft nicht bewährt.

8.1.8 Instandhaltung und Instandsetzung

Die baulichen Maßnahmen für die Instandhaltung, Instandsetzung und Erneuerung von Betondecken sind in der **ZTV-BEB-StB** 15 [FGSV 15] geregelt. Darin wird u. a. das Erneuern der **Fugenfüllung,** sowie die Behandlung von **Rissen und Unebenheiten**, das **Ausbessern von Fehlstellen** und der **Ersatz ganzer Deckenfelder** beschrieben. Treten an neuen Decken klaffende Risse oder andere gravierende Mängel auf, dann werden vielfach ganze Deckenfelder ausgebaut und erneuert. Der Aufwand hierfür hält sich in Grenzen, wenn die Baustelleneinrichtung noch vorhanden ist. Es gelingt aber kaum, einzelne Deckenfelder so zu erneuern, dass man es später nicht mehr erkennen kann.

Besonders zu beachten ist bei Instandsetzungen, dass die Betonfahrbahnen **im Sommer** oft in **Längsrichtung** unter einer **Druckspannung** stehen. Werden Teile eines Deckenfeldes ausgebaut, dann kann die vorhandene Druckkraft oft vom verbleibenden Rest der Fahrbahn nicht mehr aufgenommen werden und es kann in der nächsten Hitzeperiode zu einer Aufstauchung kommen, vgl. Abb. 8.1-5. Ähnliche Schäden sind zu erwarten, wenn auf einen Teil eines Deckenfeldes, der Riss unter dem Fugenschnitt, teilweise Reaktionsharz oder Zementleim gelangen konnte.

Fortschreitende **Rissbildung überwiegend in Längsrichtung**, an den Fugen auch **parallel zum Fugenspalt** sind meist auf **Alkali-Kieselsäure-Reaktionen** und **erhöhtes Schwinden** von Zementen mit hohem Alkaligehalt zurückzuführen, wobei die Einwirkungen der Alkalien des Tausalzes und hohe dynamische Beanspruchungen durch Schwerverkehr zum Schädigungsverlauf beitragen. Einschneidende Maßnahmen bei der Auswahl von Zementen und Gesteinskörnungen haben dazu geführt, dass solche Schäden an neueren Fahrbahndecken nicht mehr aufgetreten sind.

Sobald an älteren Decken noch deutliche AKR-Schäden erkennbar sind, versucht man durch frühzeitige Überdeckung mit einen dünnen Asphaltschicht das Eindringen von Wasser und damit das Fortschreiten der AKR zu vermeiden, vgl. Abschn. 4.6.9. In einzelnen Fällen war aber eine Erneuerung ganzer Deckenlose nötig. Der Ersatz nur einzelner Deckenfelder hat sich bei AKR-Schäden nicht bewährt, weil dabei Längsdruckspannungen in den Nachbarfeldern abgebaut werden, was dort zu einem schnelleren Schadensfortschritt führt.

Abwitterungen der obersten Feinmörtelschicht infolge einer Einwirkung von **Frost und Tausalz** sind heute selten, etwa bei groben Mängeln am Luftporensystem oder bei einer Verkehrsfreigabe einer jungen Decke im Spätherbst bei starkem Frost, wenn auf eine Salzstreuung nicht verzichtet wurde. Betonstraßen mit unzureichendem Luftporensystem bleiben in vielen Fällen – leider nicht in allen – schadensfrei, Abschn. 5.9.8. Es kommt häufig vor, dass Frost-Tausalzschäden **nur im ersten Winter** auftreten und in den folgenden Jahren nicht mehr fortschreiten. Sind derartige Mängel gravierend und können sie nicht durch Abschleifen behoben werden, müssen ganze Deckenfelder erneuert werden.

Beim **Ersatz einzelner schadhafter Deckenfelder** gelingt es dank leistungsfähiger Fließmittel und sehr niedriger *w/z*-Werte im Hochsommer sogar, den Beton, der am frühen Morgen ausgebrochen wird, so zu erneuern, dass die Fahrbahn **noch am selben Tag** vor Einbruch der Dunkelheit wieder für **PKW-Verkehr freigegeben** werden kann, [Franke 83, Klinke 02]. Mit Schnellzementen und Beschleunigern (Abschn. 2.5.6) werden neuerdings **Schnellbetone** hergestellt, die schon nach 5- bis 10-stündiger Erhärtung eine Verkehrsübergabe ermöglichen, [Küchlin 12]. Für besondere Fälle wurden schon Betonzusammensetzungen entwickelt, die 90 Minuten nach dem Einbau eine Druckfestigkeit von 20 N/mm^2 erreichen können, [Bäuml 18]. Besonders zu beachten ist, dass Schnellbetone **genügend lange verarbeitbar** sind, einen ausreichenden **Luftporengehalt** erreichen und nicht zu erhöhter Rissbildung neigen. Stets sind Vorversuche bei den zu erwartenden Temperaturen nötig.

Zur Verbesserung der Oberflächentextur, vor allem von Griffigkeit und Lärmminderung, können **Rillen** mit Diamant-Trennscheiben **eingefräst** werden („grinding"), vgl. 8.1.5.2. Wie auch für ähnliche Arbeiten zur Instandsetzung von Betonfahrbahnen gibt es für solche Aufgaben **spezialisierte Firmen**, die über erfahrenes Personal und spezielle Geräte verfügen.

8.1.9 Fugenlose Betonstraßen

Eine technisch interessante Bauweise ist die **kontinuierlich bewehrte Betondecke,** bei der auf das Einschneiden von Fugen verzichtet wird. Dafür erhält die Decke in Längsrichtung eine so **starke Bewehrung aus Betonstahl**, dass sich die zwangsläufig bei Abkühlung auftretenden **Risse nur wenig öffnen** können, so dass sie – davon geht man aus – **keine Instandhaltung** erfordern. Dank der starken Bewehrung – in Längsrichtung immerhin 0,6 bis 0,8 % des Deckenquerschnittes – öffnen sich die Risse bei noch stärkerer Abkühlung nicht weiter, sondern es entstehen daneben im Abstand von 0,6 bis 1,8 m weitere Risse, [Meier 05]. Der Abstand dieser Risse sollte aber nicht zu klein werden, damit die Plattenwirkung nicht verloren geht. Wird bei kühlem Wetter eingebaut, ist mit einer niedrigen Nullspannungstemperatur zu rechnen, die zu großen Rissabständen führt, [Dirnhofer 15].

Trotz einiger guter Erfahrungen in Ländern mit mildem Klima, wie Belgien und einzelnen amerikanische Bundesstaaten, wird diese Bauweise in Deutschland nur bei den **festen Fahrbahnen der Bahn**, aber – von einzelnen Versuchen abgesehen – nicht auf Straßen angewendet. Eine fugenlose feste Fahrbahn ist auch besser kompatibel mit den lückenlos verschweißten Schienen. Dagegen fürchtet man bei Straßen eine **Korrosion der Bewehrung** durch Tausalz, das durch die Risse eindringen kann. Außerdem ein Ausbrechen von Betonstücken bei Rissverzweigungen, darüber hinaus auch Erschwernisse bei der Herstellung und wenn kurze Deckenabschnitte erneuert werden müssen. Auch Mehrkosten fallen ins Gewicht, vor allem weil die Erfahrung gezeigt hat, dass kontinuierlich bewehrte Decken **kaum dünner als unbewehrte Decken** gemacht werden können, [Darrter 05].

Das Prinzip, durch starke Längsbewehrung dank vieler feiner Risse auf Fugen verzichten zu können, wird aber erfolgreich bei der Gründung großer Gebäude angewandt, wenn auf durchgehende Fugen verzichtet werden soll.

8.1.10 Whitetopping

Bei dieser in den Vereinigten Staaten für Instandsetzungen entwickelten Bauweise wird eine **Asphaltschicht mit einer dünnen Betondecke überdeckt** und auf diese Weise mit zum Tragverhalten herangezogen. Voraussetzung dazu ist ein **guter Verbund beider Schichten** und **enge Fugenabstände**. Vor allem in Bereichen, in denen hohe oder oftmalig einwirkende Lasten in Asphaltdecken zu Verdrückungen oder Spurrinnen geführt haben, wie etwa bei **Bushaltestellen,** werden 120 bis 150 mm dicke Betondecken aufgebracht und mit Fugenschnitten im Abstand von 1,5 bis 1,8 m in Platten unterteilt. Zur Sicherung des Verbundes wird die Asphaltdecke vor dem Einbau des Betons abgefräst und gereinigt, [Eid 12, Riffel 09].

8.1.11 Tragschichten und Bodenverbesserungen mit hydraulischen Bindemitteln

8.1.11.1 Grundsätzliches

Stärker belastete Straßen brauchen unter einer Fahrbahndecke aus Beton oder Asphalt ausreichend dicke **Tragschichten**. An sie müssen keine so hohen Anforderungen wie an Straßenbeton oder Asphalt gestellt werden, weil sie vor den unmittelbaren Einwirkungen von Witterung und Verkehr geschützt sind.

Bewährt haben sich

(1) **Hydraulisch gebundene Tragschichten (HGT)**, die einem Magerbeton ähnlich sind und in einer **Mischanlage** hergestellt werden.

(2) **Verfestigungen** (verfestigte Tragschichten), die auch mit **Sanden** und im Baumischverfahren hergestellt werden können, sowie

(3) **Bodenverfestigungen** (auch als **Bodenstabilisierungen, Bodenvermörtelungen** oder **soilcement** bezeichnet), die sowohl zentral in Mischanlagen, wie auch im Baumischverfahren hergestellt werden können und

(4) **Bodenverbesserungen** des Unterbaues oder des Untergrundes mit Kalk oder hydraulischen Bindemitteln, die stets im Baumischverfahren hergestellt werden.

Für all diesen Schichten gilt,

- dass sie so fest erhärten müssen, dass sie sich unter den zu erwartenden Einwirkungen von Wasser, Frost und Verkehr **nicht wieder in eine Lockermasse** auflösen.
- dass ihre **Festigkeit nicht zu hoch** sein darf, weil sich sonst bei Abkühlung nur Risse in großen Abständen bilden, die sich aber weiter öffnen und zu Reflexionsrissen in der darüberliegenden Fahrbahndecke führen können. Dazu kommt es nicht, wenn sich Risse in kurzen Abständen bilden oder unter günstigen Voraussetzungen keine Risse auftreten.
- dass ihr Beitrag zu einer Erhöhung der Tragfähigkeit nicht auf ihrer Biegezugfestigkeit, sondern auf ihrer **Schichtdicke** beruht.
- dass sie als praktisch **nicht verformbare Unterlage**, gleichsam als **„Rückgrat"** der Straße, nicht nur den Einbau der darüber zu liegenden Schichten erleichtern, sondern auch während der Nutzung erheblich zur **Ebenheit** der Fahrbahnoberfläche beitragen.
- dass sie erdfeucht, etwa bei **optimalem Wassergehalt nach Proctor** verdichtet werden, wobei keine praktisch vollständige Verdichtung wie bei Beton erzielt werden kann, weil sie weniger Bindemittel und Wasser enthalten als zum Füllen ihres Porenraumes nötig wäre. Daher wird ihre Festigkeit nicht vom *w/z*-Wert bestimmt, sondern vor allem von der **erzielten Dichte** und dem Gehalt an **Bindemittel**. Die Dichte muss nachgeprüft werden, vor allem wenn eine Entnahme von Bohrkernen wegen der zu niedrigen Festigkeit oft nicht möglich ist. Nur für Bodenverbesserungen kann dies nicht in vollem Maße gelten.

Als hydraulische Bindemittel werden nicht zu schnell erhärtende **Zemente** oder Hydraulische **Tragschichtbinder** verwendet.

Für den Bau von **hydraulisch gebundenen Tragschichten** und **Verfestigungen** (Verfestigte Tragschichten) gelten die ZTV Beton-StB 07, [FGSV 07], für die **Ausgangsstoffe** die Lieferbedingungen TL Beton-StB 07 [FGSV 07], und für **Prüfungen** die TP Beton-StB 10 [FGSV 10]. Für **Bodenverfestigungen** und **Bodenverbesserungen** sind die ZTVE-StB 09 [FGSV 09] und das Merkblatt für Bodenverfestigung und Bodenverbesserung mit Bindemitteln [FGSV 04] zu beachten, für ländliche Wege die ZTV LW 16 [FGSV 16].

8.1.11.2 Hydraulisch Gebundene Tragschichten (HGT) und Verfestigungen

Für **Hydraulisch Gebundene Tragschichten** verwendet man wie für Beton Kiessande oder auch zusammengesetzte Körnungen aus gebrochenem Felsgestein oder aufbereitetem Altbeton. Sie müssen einem vorgegebenen **Sieblinienbereich** entsprechen. Dieser reicht von einer Sieblinie, die etwas sandreicher ist als die Betonsieblinie A bis über die Mitte des Bereiches B/C, vgl. Abb. 3.2-5. Der Anteil kleiner 0,063 mm darf aber, und das gilt auch für Verfestigungen, bis zu 15 % betragen. Hydraulisch gebundene Tragschichten müssen, in Gegensatz zu Verfestigungen, stets im **Zentralmischverfahren,** d. h. in einer **ortsfesten Betonmischanlage** hergestellt werden. Sie werden in der Regel auf einer **Frostschutzschicht** mit einem **Fertiger** in **Dicken von 15 bis 20 cm** eingebaut.

Für **Verfestigungen (Verfestigte Tragschichten)** gelten **keine Sieblinienbereiche.** Sie können daher auch mit **Sanden**, also Körnungen ohne Grobkorn, hergestellt werden.

In der Erstprüfung müssen HGT und Verfestigungen, die mit **Asphalt** überdeckt werden, **Druckfestigkeiten von nur 7 N/mm²** erreichen, um Reflexionsrisse zu vermeiden. Unter **Betondecken** müssen die **Druckfestigkeiten mindestens 15 N/mm²** betragen, damit deren Oberfläche auch gegen Erosion ausreichend widerstandsfähig ist, [Fleischer 94], vgl. Abb. 8.1-3.

Um zu vermeiden, dass Risse in der HGT oder Verfestigung in eine darüber aufgebrachte Betondecke als Reflexionsrisse durchschlagen, wird der Verbund zwischen beiden Schichten durch ein **Vlies** oder eine **Asphalt-Zwischenschicht** unterbrochen, Abb. 8.1-13. Ein anderer Weg besteht darin, in die HGT bzw. Verfestigung in engem Abstand von 3 bis 5 m **Kerben** einzurütteln. Praktische Erfahrungen

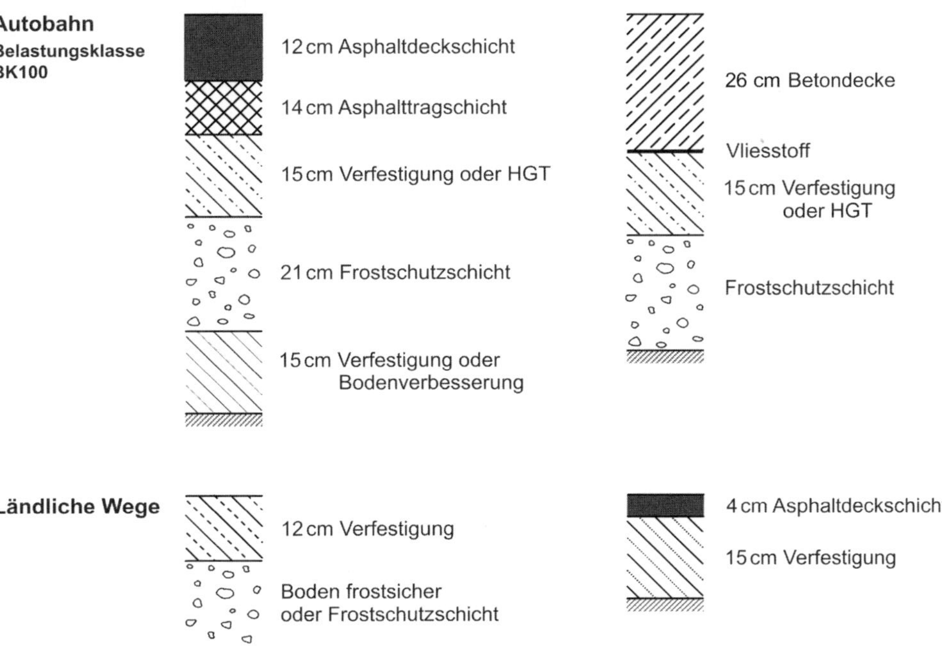

Abb. 8.1-13: Beispiele für Verfestigungen im Schichtaufbau von Fahrbahndecken

haben gezeigt, dass sich Reflexionsrisse kaum bilden, wenn höher sulfatisierte **Tragschichtbinder** verwendet wurden, wenn kalkreiche oder andere Gesteinskörnungen mit **niedriger Wärmedehnzahl** zum Einsatz kommen oder Tragschichten in der **kühlen Jahreszeit** hergestellt werden.

8.1.11.3 Bodenverfestigungen mit hydraulischen Bindemitteln

Sie dienen dazu, geeignete Böden durch hydraulische Erhärtung und Verdichten zu einem Feststoff zu machen und so ihre Tragfähigkeit zu erhöhen. Bodenverfestigungen werden in der Regel im **Baumischverfahren** mit dem an Ort und Stelle anstehenden oder mit einem eingebrachten Boden hergestellt. Man kann sie aber auch im Zentralmischverfahren in einer leistungsfähigen ortsfesten Anlage mischen und das Boden-Bindemittel-Gemisch mit Straßenfertigern einbauen. Eingesetzt dafür werden Zemente oder hydraulische Tragschichtbinder. Von Verfestigungen unterscheiden sich vor allem durch die Möglichkeit, recht unterschiedliche Böden zu verwenden:

(1) gut geeignet sind alle **natürlichen Kiessande** oder aus **Felsgestein** oder **Altbeton** gewonnene Körnungen mit nicht zu niedrigem Anteil an Feinsand und Mehlkorn. Selbst **Asphaltgranulat** oder **Hausmüll-Verbrennungsaschen** können geeignet sein, [Westiner 98]. Der feinkörnige Anteil soll nicht zu klein sein, nötigenfalls kann man auch Sand zumischen. Damit eine geschlossene Oberfläche hergestellt werden kann, sollen mindestens 35 % Kornanteile kleiner 4 mm vorhanden sein. Um Beschädigungen der Misch- und Einbaugeräte zu vermeiden, soll das Größtkorn höchstens 32 mm betragen.

(2) **Sande** sind geeignet, erfordern aber etwas höhere Zementgehalte, [Fleischer 88], Merkblatt Sand-HGT [FGSV 91].

(3) **Körnige Böden mit hohen Schluffgehalten** erfordern etwas mehr Bindemittel.

(4) **Schluffböden**, die sich gut **zerkleinern** und mit Zement **mischen** lassen, können noch verwendbar sein, erfordern aber hohe Bindemittelgehalte. Andernfalls sind sie, wie auch **Tonböden,** nicht geeignet.

(5) **Nicht geeignet** sind alle **organischen Böden**, auch solche mit nur **sehr geringen Gehalten an Humus** oder anderen organischen Stoffen. Ebenso Körnungen, die **Sulfate** enthalten, auch wenn ihr Anteil nur 0,3 % beträgt, [Krysta 18].

Die beim Beton bewährte Regel, dass Gesteinskörnungen nur 1,5 % bzw. 3 % Feinanteile kleiner 0,063 mm enthalten dürfen, vgl. Abschn. 2.4.5.1, hat vor allem den Zweck, die Entwicklung höherer Festigkeiten nicht zu beeinträchtigen. **Schluff- und Tonpartikel** stören die Hydratation des Zements nicht, sie können aber den Verbund beeinträchtigen, wenn sie an gröberen Korn haften und erfordern wegen ihrer großen Oberfläche höhere Zementgehalte. Anders bei **Humus** und Böden mit anderen **organischen Stoffen**. Sie können die Hydratation des Zements erheblich **verzögern** oder ganz **verhindern.**

8.1.11.4 Bodenverbesserungen mit Bindemitteln

Bei Bodenverbesserungen werden im Baumischverfahren Bindemittel eingemischt, um **Schluff- und Tonböden einbaufähiger** und **verdichtungswilliger** zu machen und damit auch die Bauarbeiten zu erleichtern. Verwendet werden hierzu **Hydraulische Boden- und Tragschichtbinder** nach DIN 18506, oft aber auch **Mischbindemittel**, die neben Zement auch Kalk enthalten, oder auch **Baukalk nach DIN EN 459-1** und nach **ARS 7/2002** [BMVBW 02]. Beim Ablöschen von Feinkalk kommt es durch eine **exotherme Reaktion** zur einer **Erwärmung** und auch zu einer **Bindung von Wasser** aus dem Boden. Durch Koagulation wird die **Bodenstruktur** verbessert und oft bilden sich sogar **Calciumsilikathydratphasen**. Selbst nasse, durch Regenfälle stark **aufgeweichte Böden** können in vielen Fällen durch Einmischen von nur 3 % bis 5 %, also etwa 50 kg/m^3 eines geeigneten Bindemittels, verdichtbar und als Baustraße wieder befahrbar gemacht werden, vgl. Merkblatt über Bodenverfestigungen und Bodenverbesserungen mit Bindemitteln, [FGSV 04].

Erhöhte Anforderungen werden an **qualifizierte Bodenverbesserungen** gestellt, deren **Bindemittelgehalt mindestens 3 %** betragen muss. Nach 28 Tagen müssen sie eine **Druckfestigkeit** von mindestens **0,5 N/mm^2** erreichen, die nach 24-stündiger **Wasserlagerung** eines Probezylinders um **nicht mehr als 50 % abfallen** darf. Durch qualifizierte Bodenverbesserungen wird die Tragfähigkeit erhöht, Setzungen und Verformungen werden minimiert. Auch die Frostempfindlichkeit wird vermindert, sodass Böden der **Frostempfindlichkeitsklasse F 3 der Klasse F 2** zugeordnet werden können.

Bodenverbesserungen werden auch bei **Dammschüttungen** schichtweise vor allem im Bereich von **Brückenwiderlagern** ausgeführt, um Setzungen zu vermeiden. Beim Verfüllen von **Rohrleitungsgräben** kann mit geeigneten Bodenverbesserungen vermieden werden, dass sich später in der Straßenoberfläche **Setzungsmulden** bilden, [Petscharnig 05].

Maßgebend für den Erfolg ist stets, dass Bindemittel, Zugabemenge, Mischvorgang und Einbau auf den vorhandenen Boden abgestimmt wurden. Der Vorteil liegt in der Regel darin, dass durch eine Bodenverbesserung der sonst nötige **Austausch des Bodens erspart** bleibt.

8.1.11.5 Zentralmischverfahren

Wird zentral gemischt, verwendet man meist übliche, sehr leistungsfähige Betonmischanlagen. Bewährt haben sich neben **Zwangsmischern** auch **Durchlaufmischer**. Um genügend Gemisch zum Einbau zu bringen, ist in der Regel eine größere Anzahl von Fahrzeugen nötig. Für den Einbau werden für die geforderte Dicke von meist 15 cm in der Regel **Straßenfertiger** verwendet. Wenn ihre Arbeitsbreite nicht ausreicht und in Längsbahnen gearbeitet werden muss, sollen mehrere Fertiger möglichst gleichzeitig gestaffelt fahren, um Längsfugen zu vermeiden. Verdichtet wird abschließend mit **Gummiradwalzen** und **Glattwalzen.** Es kann auch mit einem für Betonfahrbahnen üblichen **Gleitschalungsfertiger** gearbeitet werden, vor allem bei hohen Anforderungen, wie sie unter Betonfahrbahnen nötig sind. Verdichtet wird dann mit **Tauchrüttlern,** wozu ein etwas höherer Wassergehalt nötig ist. Eine so eingebaute HGT unterscheidet sich dann kaum mehr von einer Tragschicht aus Beton C 15/20.

Bei **Arbeitsquerfugen,** wie sie etwa am Ende eines verfestigten Abschnittes oder als Tagesendfugen nötig sind, muss die eingebaute Schicht **senkrecht abgeschnitten** werden, damit die bei einer Erwärmung auftretenden horizontalen Druckspannungen in Längsrichtung nicht zu Aufstauchungen führen.

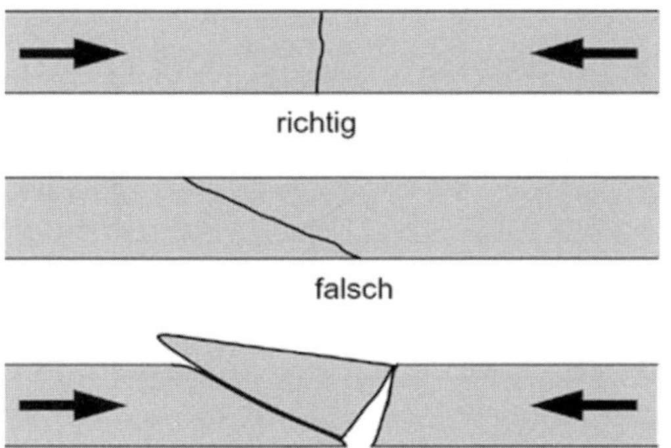

Abb. 8.1-14: Arbeitsquerfugen müssen senkrecht verlaufen, damit im Sommer keine Aufstauchungen entstehen

Wenn **Kerben** nötig erscheinen, werden sie während des Verdichtens mit einem hierzu entwickelten Gerät auf eine Tiefe von 35 % der Deckendicke eingerüttelt, damit sie später nach unten durchreißen. Aufgelockertes Gefüge muss nötigenfalls nachverdichtet werden.

Als **Schutz vor Austrocknen** haben sich unmittelbar nach dem Verdichten aufgesprühte Bitumenemulsionen C60B1-N in einer Aufsprühmenge von 0,5 kg/m^2 bewährt. Bei grobkörnigem Gefüge muss etwas mehr aufgesprüht werden. Um zu vermeiden, dass Baufahrzeuge die Bitumenhaut aufnehmen, kann in die frisch aufgesprühte Bitumenemulsion 6 bis 8 kg/m^2 **Splitt 2/5** eingestreut und eingewalzt werden. Es gibt aber auch immer wieder Fälle, in denen man zweckmäßiger durch eine Nassnachbehandlung ein Austrocknen mindestens während der ersten 3 Tage verhindert.

Die fertig gestellte Schicht kann **mit Fahrzeugen befahren** werden, sobald dabei **keine Verdrückungen** mehr entstehen. Gegen **Frost** sind Verfestigungen in den ersten Wochen **sehr wenig widerstandsfähig,** vor allem wenn darüber noch keine Decke aufgebracht wurde. Fast bei jedem frühen Wintereinbruch treten Schäden auf, weil nicht mit der im Vergleich zu Tragschichten aus Asphalt **viel größeren Frostempfindlichkeit** gerechnet wurde. Müssen Arbeiten im Herbst ausgeführt werden, ist ein erhöhter Gehalt an rasch erhärtendem Zement vorteilhaft. Wenn es nicht sicher ist, ob vor Einbruch des Winters noch eine dichte Decke aufgebracht wird, muss die **Oberfläche so abgedeckt** werden, dass sie sich bei Regen oder Schnee **nicht mit Wasser sättigt**. Andernfalls muss nach dem Winter die vom Frost gelockerte Schicht von der Oberfläche scharf abgekehrt werden und die anschließend aufzubringende Decke entsprechend dicker ausgeführt werden. In ungünstigen Fällen kann es aber auch zu tiefgehenden Strukturauflösungen kommen.

Wird das Gemisch mit Fertigern eingebaut, sind die **Anforderungen** an Schichtdicke und Ebenheit **leichter einzuhalten** als beim Baumischverfahren. Auch sind die Schichten meist **gleichmäßiger.** Es ist dann auch möglich, **mehrere Schichten** übereinander einzubauen. Für die mögliche Einbaudicke ist neben der Bauart des Fertigers die Leistungsfähigkeit der Verdichtungsgeräte maßgebend.

8.1.11.6 Baumischverfahren

Bei diesem auch „**Mixed in place**“ bezeichneten Verfahren wird entweder anstehender Boden oder eine zuvor eingebrachten Bodenschicht verfestigt. Um nach der Verdichtung eine hinreichend **ebene Oberfläche** zu erhalten, muss zuerst die zu verfestigende Schicht auf die **profilgerechte Höhenlage** gebracht

Abb. 8.1-15: Ein Zementstreugerät verteilt das Bindemittel in der bei der Erstprüfung ermittelten Menge von meist zwischen 10 und 25 kg/m², bevor es eingemischt wird

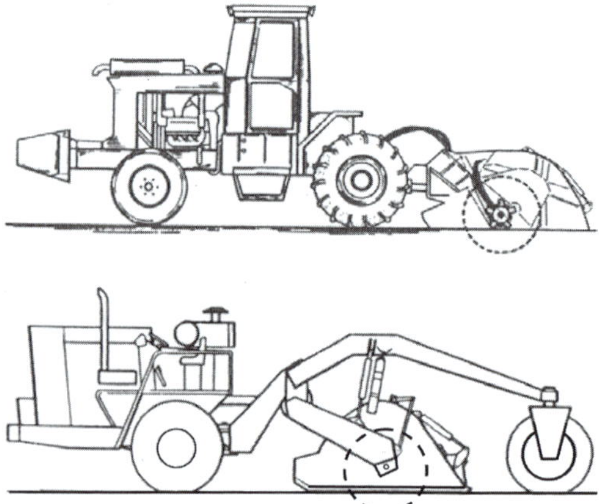

Abb. 8.1-16: Bodenmischmaschinen mit angebauter und mittiger Mischwelle

und dazu auch **verdichtet** werden. Das Bindemittel wird mit speziellen **Zementstreugeräten** aufgestreut, Abb. 8.1-15, und mit einer meist selbstfahrenden **Bodenfräse** (auch „Bodenstabilisierer" oder „Bodenvermörtler"), Abb. 8.1-16 eingemischt.

Dafür werden vielfach auch leistungsfähige Fräsen für den Abtrag von Asphaltdecken verwendet. In der Regel muss beim Mischen noch nötiges Wasser aus einem Tankwagen eingespritzt werden. Durchmesser des Mischrotors und Anordnung der Mischwerkzeuge bestimmen ebenso wie die Leistungsfähigkeit der Verdichtungsmaschinen die mögliche **Mischtiefe**. Mit modernen Bodenfräsen und Stampffußwalzen sich Schichtdicken bis 40 cm möglich. Werden Böden mit bindigen Anteilen verfestigt, muss darauf geachtet werden, dass sie gut durchfeuchtet sind. Werden bindige Anteile beim einem Wassergehalt verdichtet, der auch nur wenig unter dem optimalen nach Proctor liegt, quellen sie bei Frost und können Frostaufsprengungen verursachen, Abb. 8.1-17 [Springenschmid 85].

Die einzelnen Arbeitsgänge müssen vor allem bei warmem Wetter rasch aufeinander folgen, weshalb die zu verfestigenden Abschnitte nicht zu groß sein dürfen. Vom Aufstreuen des Bindemittels und ersten Einmischen an gerechnet soll das Boden-Bindemittel-Gemisch bis zur Verdichtung **nie länger als 30 Minuten undurchmischt** liegen bleiben. Andernfalls kann es kaum mehr gelingen, das Gemisch auf die erforderlichen 98 % der Proctordichte zu verdichten.

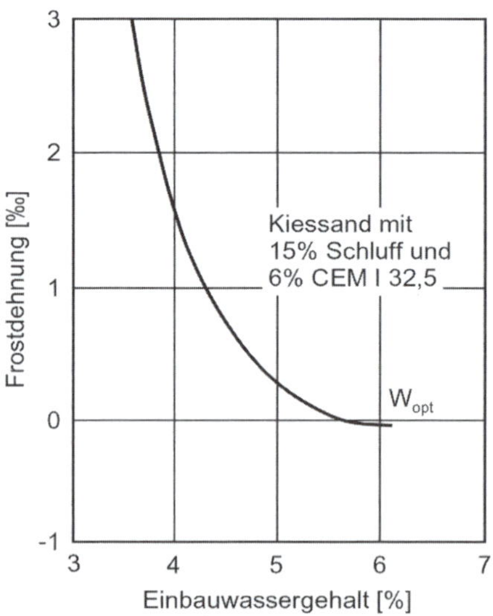

Abb. 8.1-17: Bei Schluffböden können Einbauwassergehalte unter dem optimalen Proctorwassergehalt starke Frosthebungen verursachen.

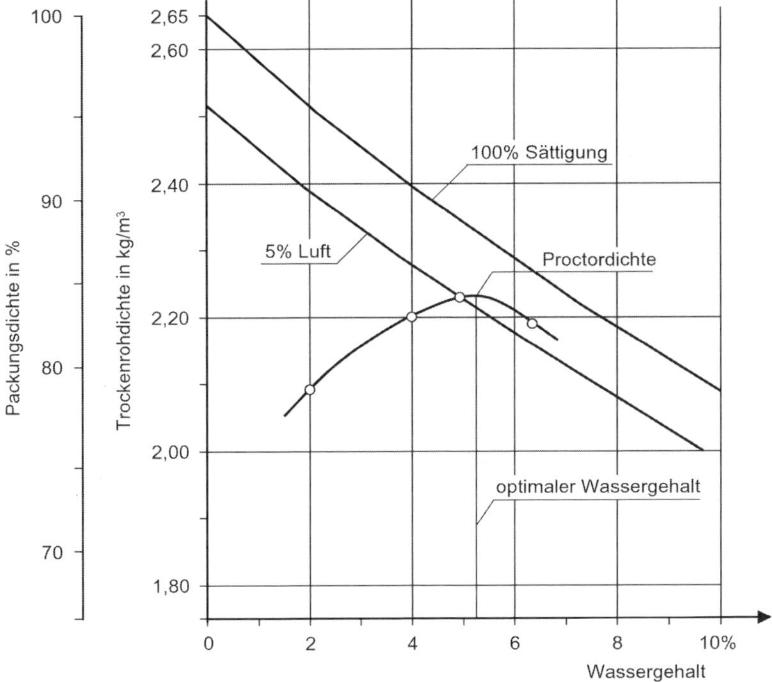

Abb. 8.1-18:
Beim Proctorversuch werden Böden oder Gesteinskörnungen mit dem zu erwartenden Gehalt an Bindemittel bei unterschiedlichem Wassergehalt mit einer genau definierten Anzahl von Schlägen eingestampft. Als optimal gilt der Wassergehalt, bei dem die höchste Trockenraumdichte, die „Proctordichte" erreicht wird

Für den Schutz vor Austrocknen, frühe Befahrbarkeit und ggf. nötiges Kerben gelten dieselben Regeln wie für den Einbau mit Fertigern, Abschn. 8.1.11.5.

Man muss sich darüber im Klaren sein, dass im **Baumischverfahren** auch mit modernen, sehr leistungsfähigen Bodenfräsen, mehrmaligem Durchmischen und besonderer Sorgfalt meist nur eine **Mischgüte** erreicht werden kann, die nur annähernd an jene heranreicht, die in Betonzwangsmischern erzielt werden kann. Dazu kommt noch, dass sich bei den niedrigen Bindemittelgehalten von nur 80 kg/m³ bis 120 kg/m³ Ungleichmäßigkeiten stärker auswirken. Ein Teil des Bindemittels dient verfahrensbedingt nur dem **Ausgleich der Mischungenauigkeiten**, was aber nicht gesondert berücksichtigt wird.

8.1.11.7 Prüfungen von HGT und Verfestigten Tragschichten

In der **Erstprüfung** (Eignungsprüfung) muss geklärt werden, ob das vorgesehene Ausgangsmaterial – Boden oder Gesteinskörnung – mit dem in Aussicht genommenen Bindemittel, Zement oder Tragschichtbinder ausreichend **erhärtet**, weiters, **wie viel Bindemittel und welcher Wassergehalt** nötig ist und wie groß die damit erzielte **Proctordichte** ist. Dazu werden Probezylinder mit einem geschätzten erforderlichen Gehalt an Bindemittel im Proctorversuch verdichtet, um daran im Alter von 28 Tagen die Druckfestigkeit zu prüfen.

Bis 16 mm Größtkorn genügen Probezylinder wie im Proctorversuch mit *D*/*H* = 100/120 mm, wobei die Druckfestigkeiten mit 1,25 multipliziert werden müssen. Bei gröberen Körnungen verwendet man Probezylinder *D*/*H* = 150/125 mm. Die ermittelte Druckfestigkeit wird sehr stark von der erzielten Dichte der Probezylinder beeinflusst, Abb. 6.7-1. Werden die Proben nicht nach Proctor verdichtet, muss auf die erzielte Dichte besonders geachtet werden. Die Druckfestigkeit muss 7 N/mm² bzw. 14 N/mm² erreichen, Abschn. 8.1.11.2.

Ein ausreichender Widerstand gegen Frost wird bei Böden und Gesteinskörnungen mit **weniger als 5 % Feinteile kleiner 0,063 mm** schon bei der geforderten Druckfestigkeit von 7 N/mm² erreicht. Das hat mit dem Frostwiderstand des unverfestigten Bodens nichts zu tun. Man könnte auch frostunempfindliche Böden der Frostklasse F 1 mit so niedrigem Zementgehalt verfestigen, dass sie sich beim ersten Frost wieder in eine Lockermasse auflösen. Liegt der Kornanteil kleiner 0,063 mm über 5 % sind **Frostprüfungen** durchzuführen. Der Bindemittelgehalt ist so hoch zu wählen, dass die Längenänderung im Frostversuch nach den TP Beton-StB 10 [FGSV 10] höchstens 0,1 % beträgt.

Abb. 8.2-1: Wehrseitige, noch in Stampfbeton errichtete Schleusenkammerwand mit Kalkaussinterungen an den Arbeitfugen [Westendarp 14]

Für die Bauausführung wird der gewählte Bindemittelgehalt z [%] unter Berücksichtigung der Proctor-Trockenrohdichte ρ_t [kg/m^3] auf den Bindemittelgehalt in kg je m^3 Z [kg/m^3] nach

$$Z = \frac{\rho_t \cdot z}{100 + z}$$

umgerechnet.

Während der **Bauausführung** werden vor allem die **Gleichmäßigkeit des Gemisches,** die **Schichtdicke, Ebenheit** und **profilgerechte Lage** überwacht.

Die Güte des eingebauten Gemisches wird hauptsächlich durch

(1) **Bindemittelgehalt,**

(2) **Wassergehalt** und

(3) **Dichte** bestimmt.

Werden Probezylinder aus dem beim Einbau entnommenen Gemisch nach Proctor verdichtet und nach der Erhärtung des Bindemittels geprüft, muss zusätzlich geprüft werden, ob auch die eingebaute Schicht ausreichend verdichtet wurde.

Die in der **Erstprüfung** erreichten Festigkeiten können bei der Bauausführung **nicht** erreicht werden. Daher muss zugelassen werden, dass Einzelwerte der **Druckfestigkeiten** im Alter von 28 Tagen für Tragschichten unter Asphaltdecken nur **3,5 N/mm²** erreichen. Unter Betondecken müssen mindestens **6 N/mm²,** im Mittel mindestens 10 N/mm² erzielt werden. Der Zementgehalt darf den Sollwert im Mittel – jeweils relativ – um nicht mehr als 5 % unter oder 8 % überschreiten. Der Verdichtungsgrad soll 98 % der Proctordichte erreichen.

8.2 Wasserbauten

8.2.1 Flussbauten, Wasserstraßen und weitere Binnenwasserbauten

8.2.1.1 Entwicklung

Schon Ende des 19. Jahrhunderts hat man erkannt, dass Beton gegenüber den **bisher verwendeten Werksteinen** große wirtschaftliche Vorteile bringt. Nur zögernd hat man ihm aber einen ausreichenden Widerstand gegen **Frost,** Abrieb durch **Geschiebe** und **Schiffstoß** zugetraut, Eigenschaften, die im Wasserbau besonders wichtig sind. Bis zur Mitte des 20. Jahrhunderts wurden Brückenpfeiler und selbst einzelne Flusskraftwerke noch mit Naturstein verkleidet, während man bei Schleusenwänden und vielen anderen Bauteilen schon längst **Betonoberflächen ungeschützt** allen Einwirkungen aussetzte. Es ist erstaunlich, dass dabei verhältnismäßig **wenig Schäden** auftraten, selbst an Schleusen aus Gussbeton und Stampfbeton mit mittleren Druckfestigkeiten von 15 bis 30 N/mm² und noch sehr großen Ungleichmäßigkeiten, [Westendarp 06]. Die Ursache hierfür mag in der sehr **robusten Bauweise** mit **großen Querschnitten** liegen, und auch im weitgehenden Verzicht auf Stahlbewehrung oder – wenn man solche vereinzelt für nötig hielt – in **Betondeckungen von 10 cm und mehr.** Nur selten sind durch abfließende Hydratationswärme verursachte Risse aufgetreten. Selbst bei Schleusenwänden, bei denen während des Betriebes oft von der Sonne erwärmter Beton mit viel kälterem Wasser beaufschlagt wird, was zu sehr raschen Temperaturänderungen der Randzonen führt, sind kaum dafür typische Mängel festzustellen. Ursache hierfür sind niedrige E-Moduli des Betons aus dieser

Zeit von oft nur 12 000 bis 15 000 N/mm². **Schäden** entstanden vor allem durch **Lösungsvorgänge und Frost**, oft an **horizontalen Arbeitsfugen**, wo der zuvor eingebrachte Beton nur unzureichend vorbereitet wurde oder sich in der Anschlussmische Grobkorn angereichert hat, Abb. 8.2-1.

Als später **Stahlbeton** mit höheren Festigkeiten erhebliche Einsparungen an Betonvolumen und entsprechend schlankere Bauwerke erlaubte, mussten bei einigen Schleusenwänden erhebliche Schäden vor allem durch Frost festgestellt werden. Dagegen sind Korrosionsschäden am Betonstahl dank der in der Regel eingehaltenen Betondeckungen von 50 mm bei Binnenwasserbauten in Gegensatz zu Meerwasserbeuten, vgl. Abschn. 8.2.3, nicht aufgetreten. Erhebliche Schäden entstanden aber häufig an **Bewegungsfugen** und vereinzelnd an mit Streckmetall abgeschalten vertikalen Arbeitsfugen, Abb. 8.2-2, [Bayer 2000, Westendarp 14].

Abb. 8.2-2: Schadhafte Raumfuge der Kammerwand einer 20 Jahre alten Moselschleuse (Westendarp)

8.2.1.2 Anforderungen an den Beton

Die statischen Beanspruchungen sind bei Wasserbauten wegen der großen Abmessungen der Betonquerschnitte meist gering. Wie die Erfahrungen und Schadensbilder zeigen, werden die Bauteile von Wehranlagen, Schleusen usw. durch **Frost** und **Lösungsvorgänge,** teilweise auch mechanisch durch **Schiffsstoß** oder **Verschleiß** stark beansprucht. Ein bei solchen Beanspruchungen üblicher Beton mit niedrigem *w/z*-Wert und zwangsläufig auch höherem Zementgehalt verbietet sich aber für die massigen Bauteile. Um die einander widersprechenden Anforderungen zu erfüllen, fordert man in der Regel einen **langsam erhärtenden** und nur **wenig Hydratationswärme** entwickelnden Beton. Wegen der nur geringen statischen Beanspruchung genügt meist eine Festigkeitsklasse **C 25/30**, die auch erst nach **56 Tagen** erreicht werden muss. Es kann auch sinnvoll sein, stattdessen einen Beton C 20/25 vorzusehen. An Stelle einer Betonzusammensetzung nach dem Description-Konzept ist es oft notwendig in Performance-Prüfungen nicht nur ausreichenden **Frostwiderstand**, sondern auch **Mischungsstabilität** bei entsprechendem **Verdichtungsbedarf** nachzuweisen, auch weil heute an Stelle der früher meist plastisch eingebauten Betone weiche Konsistenzen bevorzugt werden, [Spörel 17]. Dazu kommt noch bei dem heute meist bevorzugten Einbau mit Pumpen der Nachweis einer ausreichenden **Pumpstabilität.**

Bei so **niedrigen Festigkeiten** und **hohen Anforderungen an die Dauerhaftigkeit** sind zusätzliche Maßnahmen nötig, die zu einer sehr gleichmäßigen Beschaffenheit aller Betonlieferungen eines Bauteils führen. **Je gleichmäßiger** die Betoneigenschaften, **desto kleinere Vorhaltsmaße** können gewählt werden, was niedrigere Zementgehalte, also weniger Wärmeentwicklung erlaubt. Kein Wunder, dass es gerade die Auftraggeber großer Wasserbauten waren, die durch ihre Forderungen die Entwicklung der Betontechnologie vorangetrieben haben und in ihren Baustellenlabors neue Maßnahmen entwickelten, um eine gleichmäßigere Betonproduktion zu erzwingen. Genannt sei hierzu die für die Einführung des Luftporenbetons nötig gewordene **Feinstkornaufbereitung des Sandes** und der **Soll-Istwert-Vergleich** samt **automatischer Korrektur** der Einwaagen mit **Mikroprozessoren** zur Verminderung der Streuungen und rechtzeitigen Ausscheidung von Fehlmischen [Rozinski 73, Springenschmid 87].

Für die Errichtung von Wasserbauwerken der Wasser- und Schifffahrtsverwaltung haben sich die Festlegungen der DIN-Normen als nicht ausreichend erwiesen, [Westendarp 14]. Daher hat die Wasser- und Schifffahrtsverwaltung zusätzliche Regelwerke eingeführt. **ZTV-W LB** 215 12 [BMVBS 12].

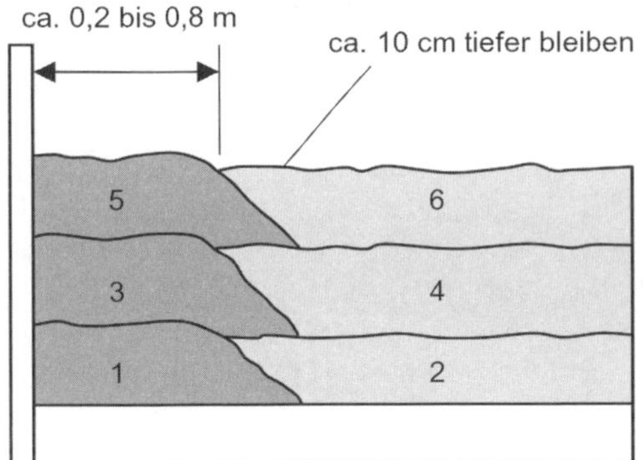

Abb. 8.2-3: Als Kernbeton von großen Schleusen und anderen massigen Bauteilen dient ein Beton mit niedriger Festigkeit, der auch weniger Hydratationswärme entwickelt. Er wird vor Frost, Lösungsvorgängen und mechanischen Beanspruchungen durch den Vorsatzbeton geschützt. [Westendarp 01]

Zur Verminderung der Hydratationswärme bei massigen Bauteilen werden **LH-Zemente**, Gesteinskörnungen mit **Größtkorn von mindestens 32 mm** und **Frischbetontemperaturen von höchstens 25 °C** verlangt, darüber hinaus, dass die **Druckfestigkeit** des Betons nach 28 Tagen eine **obere Grenze** nicht überschreiten darf. Der Temperaturanstieg durch **Hydratationswärme** des Betons wird in quasiadiabatischen Versuchen ermittelt, wobei nach 7 Tagen für Schleusensohlen (XC 1/XC 2) **28 K** und für Schleusenkammerwände (XC 4, XF 3) **36 K** obere Grenzwerte darstellen, die nur um bis zu 5 K überschritten werden dürfen, wenn die **Frischbetontemperatur unter 15 °C** gehalten wird.

Die Erfahrungen mit Frostschäden an jüngeren Baumaßnahmen haben dazu geführt, dass auch bei **Expositionsklasse XF 3** in Gegensatz zu DIN FB 100 **nur Luftporenbeton** zugelassen wird, wobei für den Luftporengehalt auch ein oberer Grenzwert einzuhalten ist. Mit **Frostprüfungen** des Betons nach dem CIF-Verfahren wird ein ausreichender Frostwiderstand nachgewiesen.

Ein anderer Weg, um hochwiderstandsfähige Bauteile trotz niedriger Hydratationswärme zu erreichen, besteht darin, nur im Randbereich einen ausreichend widerstandsfähigen **Vorsatzbeton** (Randbeton) zu verwenden, während im Inneren ein **Kernbeton** mit niedrigerem Zementgehalt eingesetzt wird. Das hat sich bei Talsperren und auch bei anderen massigen Querschnitten des Wasserbaues bewährt, [Westendarp 01].

Die Schale des Vorsatzbetons muss so dick sein, dass der Frost den Kern nicht erreicht. Dies ist wichtig, weil das stets zur kalten Seite diffundierende Wasser sich an der Grenze zum dichteren Vorsatzbeton anreichern und letztlich dort Frostschäden verursachen könnte. Aus einbautechnischen Gründen sollte die Schicht aus **Vorsatzbeton mindestens einen halben Meter dick** sein. Zwingend nötig ist, dass Kern und Vorsatzbeton **frisch in frisch** eingebaut werden. Bei nicht sehr massigen Bauteilen verzichtet man auf den gleichzeitigen Einbau zwei verschiedener Betonsorten. Dadurch wird auch die Möglichkeit einer Verwechslung vermieden.

Für Wasserbauten, bei denen eine Stahlbewehrung nötig ist, gilt generell, dass die **Betondeckung mindestens 50 mm** mit einem Vorhaltemaß von 10 mm eingehalten werden muss, und zwar unabhängig davon, welche Expositionsklasse vorliegt. Eine **lange Nachbehandlung** ist vor allem zur Vermeidung späterer Frostschäden bei **hüttensandreichen Zementen** von großer Bedeutung. Ein Belassen in der Schalung für 7 Tage und anschließendes noch zweiwöchiges Feuchthalten bringt oft erhebliche baubetriebliche Erschwernisse. **Schalungsbahnen** führen zu einer besonders dichten Randzone, vgl. Abschn. 7.6.9. Neuere Versuche deuten darauf hin, dass ein zweitägiges Belassen in einer Schalung mit sachgerecht eingelegter Schalungsbahn und anschließendem Aufbringen eines Nachbehandlungsmittels wirkungsvoller als die bisherigen Maßnahmen ist, [Westendarp 01].

8.2.1.3 Bauteile

Sohlplatten und andere **ständig unter Wasser** befindliche Bauteile wären nur der Expositionsklasse XC 1/XC 2 mit $w/z \leq 0,75$ zuzuordnen. Um einen großen Wassereindringwiderstand sicherzustellen und Lösungsvorgänge durch das oft weiche Wasser in Grenzen zu halten, werden meist die Anforderungen an **Expositionsklasse XA 1** gefordert. In der Praxis haben sich Betone **C 25/30 (56)** mit ***w/z*-Werten bis 0,60** auch bewährt. Um die Hydratationswärme klein zu halten, verwendet man **220 bis 260 kg/m³ LH-Zement** und **80 bis 120 kg/m³ Flugasche**. Die Flugasche leistet auch einen Beitrag zur Verminderung etwaiger Alkali-Kieselsäure-Reaktionen. Der Bindemittelgehalt beträgt insgesamt meist

Abb. 8.2-4: Beton einer Seeschleuse nach jahrzehntelangem Betrieb

etwa 320 bis 350 kg/m³, bei Größtkorn 63 mm und günstiger Kornzusammensetzung auch weniger. Je nachdem, ob der Beton mit Förderband, Kübel oder Pumpen gefördert wird, können Wassergehalte bis in den Bereich von nur 135 l/m³ möglich sein. Das dichte Gefüge wird durch eine **Prüfung der Wassereindringtiefe** nachgewiesen.

Kernbeton, der allseitig mit Vorsatzbeton umgeben ist, braucht keiner Expositionsklasse zugeordnet zu werden. Er sollte sich aber weder in seinen mechanischen Eigenschaften noch in seiner Durchlässigkeit zu sehr vom Vorsatzbeton unterscheiden. Man wählt, wenn statisch zulässig, eine Festigkeitsklasse niedriger und bleibt auch im Bindemittelgehalt um bis zu 30 kg/m³ unter jenem des Vorsatzbetons. Der Gehalt an Portlandzement-Klinker kann im Bereich von 120 kg/m³ liegen, d. h. man verwendet entweder Hochofenzement mit 50 % Hüttensand und Flugasche oder einen Portlandzement und einen deutlich größeren Anteil Flugasche.

Beton in der Wasserwechselzone wie bei Uferwänden, Wehrpfeilern und Kammerwänden von Schleusen wird durch **Frost** und oft auch durch **Schiffsstoß oder anfrierendes Eis oder Eisgang** stark beansprucht, Abb. 8.2-4.

Besonders schroff ist die Frostbeanspruchung in Schleusenkammern und Sparbecken, wenn in Kälteperioden der zuvor mit Wasser beaufschlagten Beton, ohne genügend abtrocknen zu können, sehr niedrigen Lufttemperaturen ausgesetzt wird. In Wänden, die nicht einseitig mit Erde hinterfüllt sind, kann der Frost sehr tief eindringen, [Westendarp 2000]. In der Regel wird **Luftporenbeton C 25/30 (56)** mit einem *w/z*-Wert von **höchstens 0,55** gewählt, wobei sich Portlandzemente und Flugasche besonders bewährt haben. Hochofenzemente erfordern eine sehr lange Nachbehandlung, können nach Jahren aber eine sehr hohe Festigkeit erreichen. Um die Wirkung der Luftporen sicherzustellen, sollen Zemente mit hohem Gehalt an Hüttensand vermieden werden.

Der Beton wird meist mit **Pumpen** eingebracht und durch **Rütteln** verdichtet. Wenn zur Vermeidung von Arbeitsfugen hohe Wandabschnitte von z. B. 7 m in einem Zug betoniert werden, muss der Beton nachgerüttelt werden, um Setzungsrisse zu vermeiden.

Für Beton in der Wasserwechselzone sind in Tabelle 8.2-1 Beispiele genannt. Hierzu ist zu ergänzen:

- Schleuse Wusterwitz am Elbe-Havel-Kanal [Hanke 13, Westendarp 01].
- Schleuse Berching (1988/90), letzte Schleuse des Main-Donau-Kanals. Nach erheblichen Frostschäden an zuvor gebauten Schleusen wurde für Berching Luftporenbeton und ein Portlandzement mit einer Risstemperatur unter 10 °C verwendet. Rissbreite und -anzahl sind gegenüber den baugleichen Vorgängen dadurch um 40 % kleiner geblieben, [Moosburger 93]. Durch Substitution von etwa 30 % des Zements durch hochwertige Flugasche wäre eine weitere Verminderung der Rissbildung möglich gewesen.
- Innkanal Jettenbach-Töging (2003). Erneuerung des aus den Jahren 1919/24 stammenden Betons der 15 bis 20 cm dicken Kanalauskleidung. Auf 40° geneigten bis zu 18 m langen Böschungen erfolgte der Einbau mit horizontal oder in der Falllinie fahrenden Gleitschalungsfertigern, vgl. Abb. 7.6-7.

Tabelle 8.2-1: Beton für die Wasserwechselzonen von Wasserbauten im Binnenland

	Wusterlitz	Berching	Innkanal
Beton	C25/30 (56d)	B 25 (C20/25)	B 25 (C20/25)
Gesteins-körnungen	A 32/B 32	A 22/B 22	A 32/B 32
Zement	CEM III 32,5 N-LH/NA	PZ 35 F[1)]	CEM II/B-S 32,5 R
Zementgehalt [kg/m³]	300	320	255
Flugasche [kg/m³]	–	–	70
Wassergehalt	156		155
w/z-Wert	0,52	0,55	0,61
w/b k = 0,4			0,55
w/b k = 0,1			0,48
LP-Beton	ja	ja	ja

1) Zement (heute CEM I 32,5R) mit Risstemperatur unter 10 °C

Wenn große Stahlbauteile, wie Turbinengehäuse bei Flusskraftwerken eingebaut und dabei satt mit Beton ummantelt werden müssen, besteht die Gefahr, dass durch abfließende Hydratationswärme unzulässige Verformungen auftreten.

Um dies zu vermeiden, lässt man beim Betonieren zunächst einen breiten Spalt um das Einbauteil frei und schalt die senkrechten Flächen als Arbeitsfuge mit Streckmetall ab. Das Streckmetall muss nach dem Erhärten des Betons wieder entfernt werden. Sobald das Einbauteil versetzt und genau eingerichtet wurde, kann in den Spalt ein **Zweitbeton (Sekundärbeton)** eingebracht werden. Wenn der Beton in dem Spalt schwer zu verdichten ist, muss er eine entsprechend fließfähige Konsistenz haben. In der Zusammensetzung unterscheidet sich Zweitbeton kaum vom umgebenden Beton, nur die Konsistenz wird sehr weich (F 4) eingestellt oder man verwendet selbstverdichtenden Beton [Neumayr 16].

Schäden an Raumfugen, vgl. Abb. 8.2-2, lassen die Frage aufkommen, wie weit solche Fugen nicht durch Scheinfugen oder Arbeitsfugen, also abgedichtete Sollbruchstellen ersetzt werden können oder überhaupt längere Bauteile **fugenlos** herstellbar sind, ohne dass wasserführende Risse zu erwarten sind, vgl. Abschn. 7.7, [Bayer 2000]. Unsere heutigen Kenntnisse über Maßnahmen zur Verminderung von Spannungen und Verformungen infolge Hydratationswärme und Temperaturänderungen bieten dazu eine gute Voraussetzung. Neuere Bemühungen gehen dahin ganze Schleusenbauwerke und Kaianlagen ohne Fugen, aber mit entsprechender **rissbreitenbeschränkende Bewehrung** auszuführen, wobei in Kauf genommen wird, dass Risse über 0,4 mm Breite verpresst werden müssen [Morgan 16, Weisner 13]. Messungen ergaben, dass dabei der zentrische Zwang gering ist, der **Biegezwang** aber nicht unterschätzt werden darf. **Raumfugen** sind **stets nötig** bei stark **unterschiedlichen** Querschnitten der Bauteile, wenn solche nicht vermieden werden können, wie etwa zwischen Wehranlagen und Kraftwerken von Flusskraftwerken oder zwischen Kammerwänden und Querhäuptern von Schleusen.

Ein wichtiger Beitrag zur Vermeidung störender Risse besteht auch darin, **einspringende Kanten** bei Gängen, Schächten oder anderen Querschnittsschwächungen zu **vermeiden** oder **gut auszurunden**. Durch rundliche Öffnungen oder zumindest Abschrägungen einspringender Kanten können oft Spannungsspitzen und Risse verhindert werden, [Wicke 2000].

Horizontale Arbeitsfugen müssen sorgfältig ausgeführt werden, weil Mängel kaum mehr zu beheben sind und überdies später immer deutlicher sichtbar bleiben, vgl. 7.7.2.

Auf Planiebereichen, die als **Verkehrsflächen** im Winter dem Frost ausgesetzt sind, kann nie ausgeschlossen werden, dass sich Eis bildet, auf das dann **Salz oder andere Taumittel** gestreut werden. Daher müssen **alle der Witterung ausgesetzten horizontalen Verkehrsflächen**, auch Treppen, so wie Straßen mit **Luftporenbeton C 30/37** entsprechend XF 4 hergestellt werden, in der Regel mit Portlandzement CEM I. Wegen der witterungsbedingt starken Temperaturänderungen sind dort Risse unvermeidlich, wenn nicht Scheinfugen in Abständen, die nicht viel größer als sie bei Straßen sind, vorgesehen werden, vgl. Abschn. 8.1.3.

Bei **Sohlschwellen** und anderen Einbauten in **geschiebeführenden Flüssen** muss der Beton ebenso wie bei auf **Hydroabrasion** beanspruchten Bereichen von Schleusen oder Kraftwerken einen sehr hohen **Verschleißwiderstand** aufweisen. Abweichend von FB 100 ist die Verwendung von Hartstoffen nach DIN 1100 nicht zielführend, weil die oberste Betonschicht stets abgetragen wird. Notwendig ist **möglichst fugenloser Beton hoher Festigkeit** mit hohem Anteil an sehr **verschleißfestem Grobkorn,** vgl. Abschn. 4.9.

8.2.1.4 Instandsetzungen

Bei der Instandsetzung von Wasserbauwerken müssen einige Besonderheiten beachtet werden. Dies betrifft vor allem die **Wasserwechselbeständigkeit** für zeitweise von Wasser beaufschlagten Flächen und die Notwendigkeit, auch **Bauteile mit sehr niedriger Betonfestigkeit** instand zu setzen. Bei allen anderen Bauteilen geht man nicht weit fehl, wenn man sich an die in Abschnitt 11 behandelten Regeln hält. Für die speziellen wasserbaulichen Anforderungen hat die Wasser- und Schifffahrtsverwaltung des Bundes die ZTV-W LB 219 [BMVBS 17] herausgebracht, [Westendarp 17].

Der **Beton alter Wasserbauwerke** hat oft ein stark **unterschiedliches Gefüge** mit Druckfestigkeiten, die mitunter sogar **unter 10 N/mm²** liegen, und Abreißfestigkeiten, die nicht einmal ein Drittel der wünschenswerten 1,5 N/mm² erreichen. Wenn auf so wenig festem Untergrund **Vorsatzschalen** aus Beton oder Spritzbeton aufgebracht werden, müssen sie **mindestens 10 cm dick** sein und mit Stahlstäben **im Altbeton verankert** werden. In der **Wasserwechselzone** von Ufermauern oder gar Schifffahrtschleusen kommt noch hinzu, dass **Wasser** mitunter unter erheblichem Druck in **feine Risse der Instandsetzungsschicht** eindringt, sich in groben Poren des Altbetons oder einer schon geschädigten Grenzschicht anreichert und bei jedem raschen **Absenken des äußeren Wasserspiegels** einen erheblichen **Spaltwasserdruck** ausübt, Abb. 8.2-5.

Im Grunde genommen gibt es zwei Wege, um derartige Schäden zu vermeiden:

Entweder verhindert man, dass Wasser in den Altbeton eindringt, was einen **rissefreien,** auch an Bauwerksfugen dauerhaft **wasserdichten Anschluss** erfordern würde, oder man macht die neu aufgetragene **Vorsatzschale so dick,** dass der **Frost nur selten** bis in die Grenzfläche **zum Altbeton** vordringt. Dies ist allerdings bei freistehenden, d. h. nicht einseitig eingeschütteten Wänden, wie etwa zwischen zwei Sparbecken mitunter schwer erreichbar. Will man in **Schleusen** die Frostbeanspruchung klein halten, dann muss man in **Kälteperioden das Wasser auf Oberwasser** stehen lassen.

Für die Festlegung der **Dicke der Vorsatzschale** sind Schätzungen der zu erwartenden Temperaturen unter Zugrundelegung der wenigen vorhandenen Messungen nötig, [Westendarp 2000]. Oft wurden Vorsatzschalen **25 cm** dick ausgeführt, die sich auch gut bewehren ließen und am Altbeton **verankert** wurden. Die Bewehrung kann nur vermeiden, dass sich Risse weiter öffnen.

In **Schleusen** kommt oft noch dazu, dass die für den Schiffsverkehr sicherzustellende Breite keinen

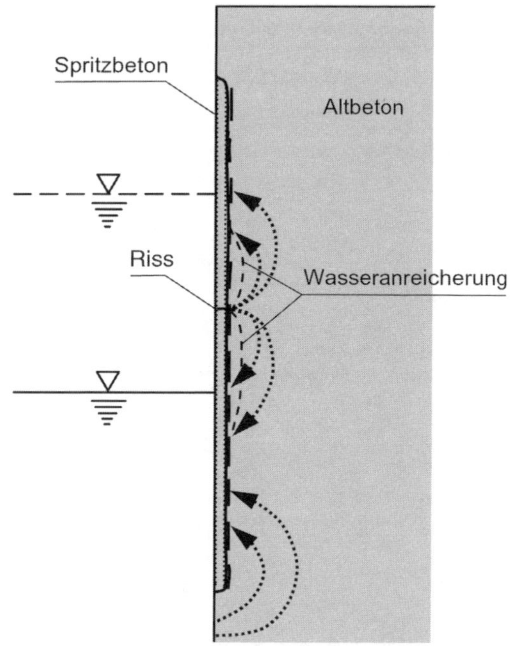

Abb. 8.2-5: Wände alter Schleusen aus porösem Altbeton mit niedriger Festigkeit dürfen nicht mit einer Schutzschicht (Spritzbeton) versehen werden. Wird der Wasserspiegel rasch abgesenkt, würde Wasser, das durch Fehlstellen eingedrungen ist, hohe Spaltwasserdrücke und im Winter auch Frostschäden verursachen

zusätzlichen Betonauftrag zulässt, so dass der **Altbeton vorher tiefgehend abgetragen** werden muss. Eine freigelegte Bewehrung dient dann als Verankerung der Vorsatzschale. Vorsatzschalen aus **polymermodifiziertem** Spritzbeton sind in der Regel teurer, können aber doch zweckmäßiger sein, [Kubens 90].

Frostschäden in der Wasserwechselzone von Ufermauern sind verhältnismäßig oft zu finden. Um sie instand zu setzen, ist eine **Absenkung** des **Wasserspiegels** in dem Bereich, in dem der Mörtel aufgetragen wird, zumindest bis zur Anfangserhärtung nötig. Für schnelle Reparaturen kleiner Flächen wurde mit Hilfe eines speziellen Schnellzementes ein **selbstverdichtender Reparaturbeton** entwickelt, der schon 2 Stunden nach dem Einbringen ausgeschalt werden kann [Röck 09].

Um einen Mörtel zu entwickeln, der auch unter Wasser auftragbar ist, sind erste Versuche gelaufen [Nguyen 16, Müller, H. S. 15]. Oberflächenschutzsysteme, die sich bei Brücken und anderen Bauwerken bewährt haben, sind für Beanspruchungen in der Wasserwechselzone vielfach nicht robust genug.

Abb. 8.2-6: Die 131 m hohe Schlegeis Gewölbesperre in Tirol dient der Speicherung von 129 Mill. m^3 Wasser für die Erzeugung elektrischer Spitzenenergie. Der Vorsatzbeton (LP-Beton) mit 240 kg/m^3 Zement, w/z = 0,5, erreichte nach 180 Tagen eine Druckfestigkeit von 32 N/mm^2, der Kernbeton mit w/z = 0,7 noch 22 N/mm^2. Dunkle Bereiche der 1967/71 errichteten Sperre zeigen, wo sich an nicht vor Regen geschützten Oberflächen Mikroorganismen gebildet haben.

8.2.2 Massenbeton für Talsperren

8.2.2.1 Anforderungen

Staumauern leiten den Wasserdruck als **Gewichtsmauern** in den Untergrund oder als **Gewölbe-(Bogen-)mauer** überwiegend in den Fels der Talflanken ab, Abb. 8.2-6. Sie werden **stets unbewehrt** ausgeführt. Nur bei den heute wegen des großen Aufwandes für Schalung und Bewehrung nicht mehr wirtschaftlichen Pfeilerkopfmauern galten die Regeln des Stahlbetons. In allen anderen Fällen müssen **alle auftretenden Kräfte vom Beton allein** abgetragen werden.

Im Ausland werden Gewichtsmauern auch gebaut, indem der Beton ähnlich wie die Schüttlagen von Erddämmen flächig eingebracht und mit Rüttelwalzen verdichtet wird. Bei dieser selbstverständlich auch unbewehrten Bauweise spricht man von **Walzbeton** (rollcrete oder roller compacted concrete), vgl. Abschn. 6.7.3. Im Vergleich zu Rüttelbeton ist dem Walzbeton ein etwas gröberer Charakter nicht abzusprechen. Eine große Sorgfalt ist nötig, um einen ausreichenden Verbund der übereinander eingebauten Schichten sicherzustellen. Wenn mit Wasserdruck zu rechnen ist, muss **wasserseitig eine Schale aus Rüttelbeton** vorgesetzt werden, weil in den horizontalen Arbeitsfugen wasserdurchlässige Fehlstellen kaum zu vermeiden sind.

Bei Talsperren mit oft weit über einer Million Kubikmeter Beton zwingen die hohen technologischen Anforderungen, wie gute **Verarbeitbarkeit**, **niedrige Zementgehalte** wegen der Rissgefahr durch Temperaturänderungen, **geringe Wassereindringtiefe** und **hoher Frostwiderstand** zu besonderen Voruntersuchungen. Die Ausgangsstoffe Zement, puzzolanische Zusatzstoffe und Gesteinskörnungen müssen sorgfältig ausgewählt werden und erfordern oft in den Herstellwerken und bei der Aufbereitung zusätzliche Einrichtungen. Erforderlich ist stets eine **Vorlaufzeit von mehreren Jahren**, während der der Auftraggeber unter Beiziehung von **Sonderfachleuten** die notwendigen **Laboruntersuchungen** an Ausgangsstoffen und zur Ermittlung der erreichbaren bzw. erforderlichen Betoneigenschaften macht, [Springenschmid 87/2]. Dazu gehört auch eine frühzeitige Abstimmung mit den Aufsichtsbehörden.

Tabelle 8.2-2: Massenbeton von Talsperren [Huber 97, Wagner 05/1, Kühme 06]

	Zillergründl[1]		Leibis[2]	
	Kern	Vorsatz	Kern	Vorsatz
Zement	PZ 275 (CEM I 32,5R)[3]		CEM II	B-S 32,5 R-NA
Zementgehalt kg/m³	113	160	120	160
Flugasche kg/m³	57	80	40	50
Bindemittelgehalt kg/m³	170	240	160	200
Wassergehalt kg/m³	120	125	103	100
w/b-Wert	0,71	0,52	0,64	0,50
Luftgehalt %	3–4[4]	3–4	3,0	3,2
Größtkorn mm	128	80	125	125
Druckfestigkeit N/mm² β_7/β_{28}	12,2/18,5	17,7/25,2	16,3/26,7	15,4/24,5
β_{180}/s_{180}	28,1/± 3	36,1 ± 3	35,2	31,3
E-Modul N/mm²	16 900 (180)	16 900 (180)	30 200 (90)	30 200 (90)
Wasserdruck/Eindringtiefe	270 m/60 mm	270 m/50 mm	100 m/82 mm	100 m/60 mm
Frostwiderstand[5] ÖNORM	91 %	92 %	–	95 %
CIF				667 g/m² (Erstpr.)

1) Gewölbesperre im Hochgebirge, 1,37 Mio m³ Beton
2) Gewichtssperre 620 000 m³ Beton
3) Risstemperatur Zement mit Flugasche 6 °C
4) Luftporenbeton wegen der besseren Verarbeitbarkeit
5) E-Modul nach 50 Frostwechseln

8.2.2.2 Betonzusammensetzung

Von großem Vorteil im Interesse niedriger Zementgehalte und damit geringer Wärmeentwicklung ist es, wenn auch sehr grobe Gesteinskörnungen zur Verfügung stehen. Aus Gründen der Verarbeitbarkeit begrenzt man das **Größtkorn auf bis zu 125 mm**, für Vorsatzbeton vielfach auf 63 oder 80 mm.

Geprüft wird Beton mit so großem Größtkorn mit **300-mm-Würfeln** bzw. 200 × 200 × 600 mm³-Balken in Prüfpressen mit entsprechend höherem Lastbereich. Das Grobkorn über etwa 75 mm bzw. 50 mm muss aus den Betonproben ausgelesen oder abgesiebt werden. Für die Prüfung des Luftgehaltes gibt es 25-l-Prüftöpfe.

Die Diskussion, ob die Talsperre Zillergründl mit Portlandzement und Flugasche oder mit Eisenportlandzement (heute CEM II-B) gebaut werden soll, führte dazu, dass zur Vermeidung von Rissen **nicht die Hydratationswärme** an sich, sondern die durch sie **verursachten Spannungen** zugrunde gelegt wurden, vgl. Abschn. 3.6.4. Damit wurde auch vermieden, dass die im Wettbewerb stehenden Zemente zur Erzielung einer extrem niedrigen 7-Tage-Hydratationswärme zu grob gemahlen wurden. Bei den österreichischen Talsperren wurden seit 1975 nurmehr Bindemittel verwendet, die zu zwei Dritteln aus einem speziell für **Massenbeton** entwickelten **Portlandzement** bestanden, der im Werk oder in Baustellennähe **mit Flugasche gemischt** wurde. In anderen Ländern werden auch andere verfügbare **puzzolanische Stoffe** oder **Hochofenzemente** verwendet. Die mit Flugasche gemachten günstigen Erfahrungen sind u. a. auch darauf zurückzuführen, dass damit hergestellter Beton, auch wenn nur mäßige Anforderungen an die Nachbehandlung erfüllt werden können, **weniger rissempfindlich** ist.

Niedrige Zementgehalte können nur verwendet werden, wenn die **Streuungen** der Betonfestigkeiten **sehr klein** sind. Voraussetzung dazu ist eine **sehr kleine Schwankungsbreite** der Eigenschaften **aller Ausgangsstoffe** und ein **sehr genaues Zumessen** der

Abb. 8.2-7: Betoneinbau bei der Gewölbesperre Zillergründl mit 9 m³ fassendem Kübel des Kabelkranes

Mischungsanteile mit automatischer Korrektur, sowie einem automatischen Ausscheiden von Fehlmischen. Besonders wichtig für eine gleichmäßige Konsistenz und geringe Schwankungsbreite des Luftgehaltes ist die **Kornzusammensetzung des Sandes** 0/1. Daher ist eine Feinstkornaufbereitung des Sandes, etwa mit einem Klassiertank, unverzichtbar, vgl. Abb. 2.4-2.

Der Frischbeton wird auf eine Temperatur von z. B. **12 °C gekühlt**, was nicht nur zur Vermeidung von Temperaturrissen wichtig ist, sondern auch zu einer **sehr gleichmäßige Konsistenz beiträgt**, vgl. Abschn. 7.2.6. Der Beton muss mit kräftigen Tauchrüttlern (Durchmesser 150 mm) **noch verdichtbar** sein, andererseits aber **befahrbar sein für Schubraupen**, die zum Verteilen des in 6 bis 9 m³ fassenden Kübeln angelieferten Betons eingesetzt werden müssen, Auch die Raupenfahrzeuge, welche die großen Tauchrüttler tragen, dürfen im Frischbeton nicht einsinken, Abb. 8.2-7.

8.2.2.3 Einbau und Nachbehandlung des Betons

Bei den österreichischen Talsperren hat man nach langjährigen Erfahrungen die Größe der **Betonierblöcke** auf eine Grundrissfläche von bis zu **20 × 40 m²** erhöht und wählt **Blockhöhen (Betonierabschnitte)** von **bis zu 4 m.** Der Beton wird in rd. **50 cm dicken Lagen** frisch in frisch eingebaut. Bei zu dicken Lagen besteht die Gefahr, dass beim Rütteln die noch vorhandene Luft nicht mehr vollständig entweichen kann, [Huber 97]. Sobald der Beton erstarrt ist, wird er zur **Abfuhr der Hydratationswärme** und Erzielung einer nicht zu hohen Nullspannungstemperatur **drei Tage lang mit kaltem Wasser besprüht.** Die in den horizontalen Arbeitsfugen liegenden **Kühlrohre** können in den ersten Tagen nur wenig zur Abfuhr der Hydratationswärme beitragen. Sie dienen vor allem dazu, den Beton im Laufe der ersten Monate so weit zu kühlen, dass die lotrechten **Fugen zwischen den Blöcken** verpresst werden können, ohne befürchten zu müssen, dass die sich bei einer späteren Abkühlung wieder öffnen.

Talsperrenbeton soll sich durch die Hydratation des Zements um höchstens **25 K** erwärmen. Bei der Bewertung des Temperaturanstieges im Hinblick auf eine Rissgefahr müssen Nullspannungstemperatur, Wärmedehnung und E-Modul des Betons ebenso wie seine Temperaturleitzahl und die Frischbetontemperatur berücksichtigt werden, vgl. Abschn. 5.10. Der **Temperaturverlauf** kann aufgrund dieser Angaben und nach Abschätzung der herrschenden Lufttemperatur- und Windverhältnisse bzw. der Wärmeabgabe **berechnet** werden, [Springenschmid 87]. Dies erleichtert die Erfüllung der zur Vermeidung von Spaltrissen meist geforderten maximal **zulässigen Temperaturdifferenzen** zwischen Beton und Felsuntergrund und Betonblock und Vorläuferblock. Die **Nullspannungstemperatur** kann vor allem im Randbereich durch **frühzeitiges Kühlen** der Betonoberfläche niedrig gehalten werden, was besonders wichtig ist, wenn die Gefahr besteht, dass sich der Beton durch Sonneneinstrahlung zusätzlich erwärmt.

Um einen guten Verbund in den **horizontalen Arbeitsfugen** sicherzustellen, werden die in Abschnitt 11.5.2 angegebenen Regeln beachtet. Als Erstes wird eine 10 bis 20 cm dicke Lage Beton mit weicher Konsistenz und nur 32 statt 125 mm Größtkorn eingebaut. Ähnliches gilt für die Aufstandsfläche am Fels. Bei besonderen Umständen, z. B. in einer Winterpause, kann es auch zweckmäßig sein, durch Auflegen einer dicken Wärmedämmschicht den bereits erhärteten Beton vor starker Abkühlung zu schützen.

8.2.3 Beton für Meerwasserbauten

Es gibt nur wenige Fragen der Dauerhaftigkeit, die schon seit mehr als einem Jahrhundert und in so vielen Ländern umfassend untersucht worden sind, wie der **chemische Widerstand** von (unbewehrtem) Beton gegenüber **Meerwasser.** Nach dem Salzgehalt müsste das Wasser aller Ozeane sehr aggressiv sein. In jedem Liter Meerwasser sind rund **33 g Salz** enthalten, wovon 1,2 g, also 1 200 mg auf **Magnesium** und mehr als doppelt so viel auf **Sulfate** entfallen. Nach DIN 1045-2 wäre das eindeutig ein starker Angriff, der Schutzschichten erfordert, damit das Gefüge des Betons nicht durch Treiben zerstört wird, vgl. Abschn. 4.5.6. Warum das **Meerwasser nur mäßig angreift – XA 2 –** und **keine Zemente mit hohem Sulfatwiderstand** nötig sind, wird auf die hohe Chloridkonzentration – zwischen 9 und 21 g je Liter –, die den Sulfatangriff hemmt, und auf eine Reaktion des im Meerwasser gelösten Hydrogenkarbonats mit dem Calciumhydroxid des Betons zurückgeführt.

Untersuchungen an Meerwasserbauten und Auslagerung von Proben z. B. auf Helgoland zeigen, dass **mit jedem Normzement** ein hinreichend **chemisch widerstandsfähiger Beton** gemacht werden kann, wenn eine günstige Kornzusammensetzung gewählt wird, eine hohe Gefügedichtigkeit entsprechend einem ***w/z*-Wert höchstens 0,50** erreicht wird und **gut nachbehandelt** wird, [Locher 67]. Bei Hochofenzementen CEM III A können auch höhere *w/z*-Werte ausreichend sein. **Portlandzemente** sollten **nur bei unbewehrtem Beton** verwendet werden, weil Chloride sehr tief eindringen würden, ganz im Gegensatz zu Beton, der mit hüttensandreichen Hochofenzementen hergestellt wurde. Diese bremsen das Eindringen von Chlorid so stark, dass man sogar bei heißem Meerwasser von Entsalzungsanlagen mit einer Betondeckung von nur 50 mm das Auslangen zu finden glaubt, [Sprung 78]. Das **Absanden der Oberfläche** von Beton, der mit hüttensandreichen Hochofenzementen hergestellt wurde, bleibt bei guter Nachbehandlung auf eine dünne Randzone begrenzt und spielt bei den meisten Anwendungen keine Rolle.

Auch bei Frostschäden, wie sie vor allem in der **Wasserwechselzone** und auf **horizontalen Flächen** auftreten können, zeigt sich, wie sehr die Chloride des Meerwassers den **Frostangriff** verstärken, daher verwendet man Luftporenbeton der Expositionsklasse XF 4. Wird hüttensandreicher Zement wie CEM III B verwendet, ist die Wirkung der Luftporen beschränkt. Die DIN FB 100 lässt in diesem Fall einen Verzicht auf Luftporenbeton zu, während in der **ZTV-W LB 215** aus gutem Grunde die **hüttensandreichen Zemente CEM III B nicht vorgesehen** sind und **stets Luftporenbeton** verlangt wird. Dank der günstigen Wirkung der Luftporen sind zur Vermeidung von Frostschäden ein ***w/z*-Wert von höchstens 0,50**, eine Festigkeitsklasse **C 30/37,** mindestens **320 kg/m³ Zement** und ein sehr **langes Feuchthalten** ausreichend, vorausgesetzt, der erste Frost kommt erst Monate nach dem Betonieren.

Wenn es um bewehrten Beton geht, erfordert der nötige **Korrosionsschutz der Stahleinlagen** besondere Beachtung. Die Chloridbelastung von Meerwasserbauten ist im Bereich von **Spritzwasser und Sprühnebel,** wo das **Wasser abtrocknet und Salze zurücklässt,** ebenso wie in der Wasserwechselzone, also **Tidebereichen** am größten **(XS 3)**, weshalb der *w/z*-Wert nach DIN FB 100 **höchstens 0,45** betragen soll. Überprüfungen einzelner Bauten zeigten aber auch, dass gut nachbehandelter mit Hochofenzement hergestellter Beton auch bei *w/z*-Werten knapp über 0,55 im Laufe von 3 Jahrzehnten nur sehr geringe Schäden aufweisen kann, [Hallauer 02/2].

Begehbare Flächen und die **Wasserwechselzone** sind besonders gefährdet, weil **Chloride tiefer** eindringen, der **Beton tiefer carbonatisiert** und an den Oberflächen Mörtel allmählich abgetragen wird, [Quitmann 99]. Einer ausreichend **großen Betondeckung** kommt hier besondere Bedeutung zu.

Nach den geltenden Normen wird für **ständig unter dem Wasserspiegel** liegende Bauteile **(XS 2)** ein *w/z*-Wert von **höchstens 0,50,** für Stahlbeton, der nur **salzhaltiger Luft** ausgesetzt ist, **höchstens 0,55** gefordert. Die **Betondeckung** muss stets mindestens **40 mm**, bei Spannbetonbauten mindestens **50 mm** betragen.

In der Praxis zeigt sich hin und wieder, dass chloridinduzierte Bewehrungskorrosion auch heute noch zu massiven Schäden führen kann. Selbst bei Einhaltung der vorgenannten Grenzwerte von DIN 1045-1 für die Betondeckung und entsprechender Betonzusammensetzungen ist eine Nutzungsdauer von 50 Jahren nicht zielsicher zu erreichen, [Westendarp 14]. Daher wurden in der ZTV-W LB 215 für XS 2 und XS 3 Betondeckungen von **mindestens 50 mm** und ergänzende Anforderungen an die **Ausgangsstoffe** festgelegt. Nachdem Chloride in Beton, der mit hüttensandreichen Zementen oder unter Verwendung ausreichender Anteile von Flugasche hergestellt wurde, erheblich weniger tief eindringt, sollen nur Zementes mit mindestens **21 % Hüttensand** oder als Zusatzstoff mindestens **50 kg/m³ Flugasche** verwendet werden, [Reschke 09]. Die geringeren Eindringtiefen von Chloriden in so hergestelltem Beton wurden auch an über viele Jahre dem Meerwasser

Tabelle 8.2-3: Beton von hochbeanspruchten Meerwasserbauten

	Große Belt-Brücke	Ölplattform Heidrun
Bindemittel kg/m³ davon	395	440
Zement kg/m³	310 (PZ)	420
Flugasche kg/m³	47	–
Silikastaub kg/m³	38	20
Wassergehalt kg/m³	138	167
Gesteinskörnung kg/m³	1 822	1 300[1)]
Luftporenbeton	ja	ja
Rohdichte kg/m³	2,36	1,95
w/*z*-Wert *w*/*b* $k = 0{,}4$ $k = 1$	0,45 0,38 0,35	0,40 – 0,38
Festigkeitsklasse	B 45/ (C 35/45)	60 bis 70 N/mm²[2)]

1) Blähton 4/8 und 8/16
2) Charakteristische Festigkeit

ausgesetzten Betonbauteilen gemessen und werden durch Chlorid-Migrationsversuche bestätigt. Für dem Meerwasser ausgesetzte Verkehrswasserbauten, die eine Nutzungsdauer von mehr als 50 Jahren erreichen sollen, muss eine **Dauerhaftigkeitsbemessung**, die in der Regel auf Chlorid-Migrationsversuchen beruht, durchgeführt werden.

Auch bei Beton für Meerwasserbauten muss überlegt werden, welches Maß an möglichen Schäden im Laufe von Jahrzehnten riskiert werden kann. Während etwa Tetrapoden als Wellenbrecher auch nach erheblichen Abwitterungen noch ihre Aufgabe erfüllen und nach langer Nutzung nötigenfalls ersetzt werden können, ist bei Ingenieurbauten ein Höchstmaß an Sicherheit auch gegen Korrosion von Beton und Betonstahl zu fordern.

Als Beispiel für Beton, der mit Meerwasser in Berührung kommt und Frost ausgesetzt ist, seien jener der Ostbrücke über den Großen Belt, [Reuters 95] und der Leichtbeton der in Norwegen gebauten schwimmenden Ölförderplattform Heidrun genannt, [Kepp 95], Tabelle 8.2.3.

Gerade von den für die Ölplattformen tätigen norwegischen Betontechnologen gingen viele Impulse für die Herstellung von hochfestem und hochwiderstandsfähigem Beton mit gleichmäßigen Eigenschaften aus.

8.2.4 Beton für Abwasserbauten

8.2.4.1 Abwasserleitungen

Häusliche Abwässer greifen, so wie sie eingeleitet werden, den Beton **nicht** an. Für die Einleitung industrieller Abwasser bestehen besondere Grenzwerte, für deren Einhaltung der Einleiter entsprechende Maßnahmen treffen muss. Schäden an Abwasserkanälen sind hauptsächlich mechanischer Natur, durch **Abrieb**, der durch mitgeführte Feststoffe verursacht wird, oder durch **Risse, Lageabweichungen, mangelhafte Seitenzuläufe oder Rohrverbindungen**, [Stein 93]. Dennoch kann es auch zu Korrosion kommen, bei der, wie in einem Falle, das Gefüge von erst 20 Monate altem Beton im Gasraum von Abwasserleitungen, also über dem Abwasserspiegel, sich so gelockert hat, dass die Gesteinskörner mit einem Schraubenzieher herausgekratzt werden konnten. So gravierende **Säureangriffe** werden nicht durch mangelhaften Beton oder durch Einleitung konzentrierter Säuren verursacht, sondern durch **Veränderungen der Abwässer auf ihrem Weg zur Kläranlage.**

Schwefelverbindungen in organischer und anorganischer Form befinden sich in jedem Abwasser. In Leitungen, in denen **nicht genügend Sauerstoff** vorhanden ist, **niedrige Fließgeschwindigkeiten** oder/und **höhere Temperaturen** herrschen, tritt ein Fäulnisprozess ein, und zwar mitunter noch bevor das Abwasser die Kläranlage erreicht. Dieser Vorgang muss primär durch entsprechende bauliche Maßnahmen wie genügendes **Gefälle** und ausreichende **Entlüftung** vermieden werden. Geschieht dies nicht im erforderlichen Maße, kommt es zu einer **biogenen Schwefelsäurekorrosion**. Durch mikrobiellen Abbau der Schwefelverbindungen im Abwasser entwickelt sich **Schwefelwasserstoff**, ein nach faulen Eiern riechendes Gas. Dieser Schwefelwasserstoff **oxidiert** im Gasraum über dem Abwasser unter der Einwirkung von Bakterien und des an feuchten Wänden bei reichlich vorhandenem Sauerstoff zu **Schwefelsäure**, Abb. 8.2-8.

Dies führt sowohl zu einem fortschreitenden **Säureangriff** auf das Betongefüge, wie auch zu einem **Sulfattreiben**, Abb. 8.2-9.

Besonderes viel Schwefelwasserstoff entsteht, wo in Einleitungsschächten Turbulenzen von stark sulfidhaltigem Abwasser auftreten. In diesen Bereichen kann es sehr leicht zu Schwefelsäurekorrosion kommen, siehe Merkblatt Chemische Angriffe [DBV 17].

Abwasseranlagen werden heute so gebaut und betrieben, dass vor allem der Gehalt an Sulfat, dem Salz der Schwefelsäure, nicht zu hoch wird. Die Beanspruchungen von Abwasseranlagen und Abwasserleitungen können mit Hilfe von Merkblättern

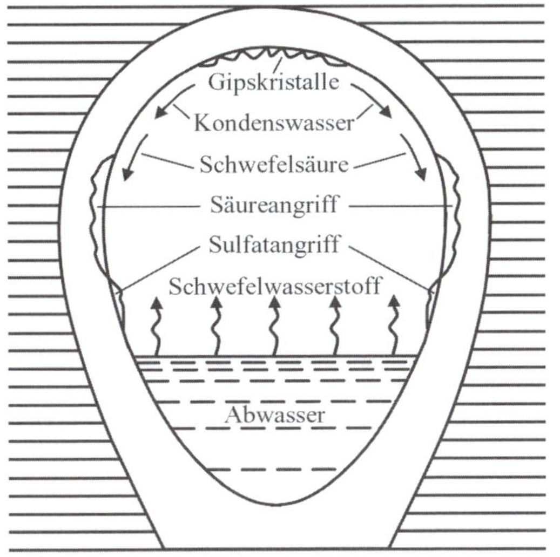

Abb. 8.2-8: Aus sehr langsam fließendem Abwasser entweicht Schwefelwasserstoff, der zu Schwefelsäure oxidieren kann, was zu Sulfattreiben und zu Säureangriffen führt (Klose)

abgeschätzt werden [DWA 10]. Auch für die Indirekteinleitung nicht häuslicher Abwässer gilt ein Merkblatt [DWA 13]. Kurzfristige Überschreitungen angegebener Grenzwerte führen im Allgemeinen zu keinen Schäden.

Abwasserleitungen müssen so dicht sein, dass **keine Stoffe** aus dem Abwasser in den **umgebenden Boden** gelangen können. Dazu dienen geeignete Rohrverbinden. Der Frage, ob im Abwasser enthaltene Schadstoffe, wie z.B. **Chlorkohlenwasserstoffe** (CKW), in gelöster Form **durch den Rohrbeton** hindurch diffundieren und das Grundwasser verunreinigen könnten, wurde experimentell geprüft, [Neck 92]. Dabei wurde festgestellt, dass auch unter ungünstigen Verhältnissen im umgebenden Grundwasser nur CKW-Konzentrationen auftreten können, die unter 1 % der für Trinkwasser zulässigen Werte liegen. Im Vergleich dazu ist das Risiko einer Grundwasserverunreinigung bei Rohrverbindungen oder durch Risse erheblich größer.

Für Abwasserleitungen werden Rohre aus Beton, Stahlbeton oder bei großen Querschnitten auch Spannbeton verwendet, wobei mindestens die Festigkeitsklasse **C 35/45** und *w/z*-Werte von höchstens **0,50** eingehalten werden, **(XA 2).** Dasselbe gilt für Abwassergerinne in Ortbeton, [Klose 01]. Werden nur häusliche Abwässer und Regenwasser eingeleitet, so genügen die Anforderungen an **XA 1.** Ob eine vergleichsweise geringe Einsparung durch eine niedrigere Betongüte in Hinblick auf lange Nutzungsdauer der Abwasserleitung und oft nicht vorhersehbare künftige Entwicklungen sinnvoll ist, muss im Einzelfall der Fachplaner beurteilen und begründen.

Werden angreifende **industrielle Abwässer** eingeleitet oder wird ein noch **höherer Widerstand gegen Säureangriff** für notwendig erachtet, dann greift man oft zu **Schutzschichten oder Auskleidungen.** Sie erfordern nicht nur Mehrkosten, sondern sollten auch eine vergleichbare **Lebensdauer** von mindestens 80 Jahren haben und keinen erhöhten Aufwand bei der Überwachung und Instandhaltung erfordern.

Eine wesentliche **Verbesserung** des Widerstandes von Beton gegen chemische Einwirkungen und auch Verschleiß kann auch durch die Verwendung von **Schalungseinlagen,** vgl. Abschn. 7.6.9, erzielt werden. Man kann heute aber auch die Möglichkeiten nutzen, die wir dank hochleistungsfähiger Fließmittel und der Verwendung von Mikrosilica haben, und Beton mit erheblich erhöhtem Widerstand gegen chemische Angriffe herstellen, vgl. Abschn. 4.5.5.

Abb. 8.2-9: Biogene Schwefelsäurekorrosion eines Betons in einem Abwasserrohr [Bielecki 87]

8.2.4.2 Beton für Kläranlagen

Becken und andere Anlagen für die Abwasserbehandlung wie Behälter und Türme für die Schlammfaulung müssen auch bei großen Abmessungen wasserundurchlässig und frei von wasserführenden Rissen bleiben. Der Beton muss unterschiedlichen chemischen Angriffen standhalten. Für die meisten Anlagen wie Vorklärbecken, Sandfang, Belebungs- und Nachklärbecken muss der Beton mindestens den Anforderungen der **Expositionsklasse XC 2** genügen. Für **Faulbehälter, Vorversäurungseindicker** und **Überschussschlammeindicker** reicht erfahrungsgemäß Beton der Expositionsklasse XC 2 nicht, ebenso für den **Gasraum über abgedeckten Becken**, wo biogene Schwefelsäurekorrosion auftreten kann. Hinweise für die zu treffenden Maßnahmen sind Fachbüchern [Bayer 11] oder dem Merkblatt „Beton für Kläranlagen“ [ÖBV 09] zu entnehmen, etwa, wo in Kläranlagen Kondensat auftreten kann oder durch Nitrifikation Säuren entstehen können.

In Bereichen der **Wasserwechselzone** treten im Winter scharfe **Frostwechsel** auf. Einzelne Bereiche wie **Räumerlaufbahnen**, die mit **Salz** oder anderen Taumitteln eisfrei gehalten werden, müssen **XF4** entsprechen, [Ogniwek 10]. Letztlich sind neben statische Beanspruchungen oft auch jahreszeitlich bedingte große Temperaturunterschiede und über einzelne Querschnitte hohe Temperaturgradienten zu beachten.

In Betracht kommen Betonzusammensetzungen nach Tabelle 8.2.4.

Um den Beton bei scharfem Frost und oft noch warmem Abwasser zu schützen, ist **Luftporenbeton in der Wasserwechselzone** unverzichtbar. Eine Verwendung von **Schalungsbahnen** oder **Vakuumbeton** erhöht den Widerstand gegen Frost und gegen lösende und treibende chemische Angriffe dauerhaft, [Lang 2000]. Außerdem wird hierdurch die Nachbehandlungsempfindlichkeit stark vermindert. Ist der Einsatz von Schalungsbahnen nicht möglich, sollte zumindest eine schwach **wassersaugende Holzschalung** verwendet werden und nicht Schalungen aus Stahl oder Holz mit Kunststoffbeschichtung, mit denen an der Oberfläche Mörtelanreicherungen entstehen können. Für Kläranlagen für besonders stark belastete Abwässer und für Bauteile, bei denen ein starker Säureangriff zu erwarten ist, können **Beschichtungen** nur eine zusätzliche Maßnahme sein, weil deren Lebensdauer bei weitem nicht an jene betontechnischer Maßnahmen heranreicht. Es kann **Hochfester Beton** (Hochleistungsbeton) verwendet werden, Abschn. 6.2. Er kann einen auf 0,35 verminderten *w/z*-Wert, Zusatz von 7 % Mikrosilica, karbonatfreie Gesteinskörnungen und einen auf 430 kg/m³ erhöhten Bindemittelgehalt haben, [Pichler 97]. Der höheren Wärmeentwicklung muss durch niedrige Frischbetontemperaturen, Flugascheanteil und nötigenfalls durch Kühlung entgegengewirkt werden. In jüngster Zeit wurden Betone mit **erhöhtem Säurewiderstand** („ESW-Betone“) entwickelt und eingesetzt, Abschn. 4.5.5. Sie müssen in ihrer Zusammensetzung innerhalb vorgegebener Grenzwerte liegen oder in einer **Performance-Prüfung**

Tabelle 8.2-4: Beton für Kläranlagen

	Beton			Faulbehälter
	Sohle	Wände	Räumerlaufbahn	
Beton	C 30/37	C 30/37	C 30/37	C 35/45
Gesteinskörnungen[1)]	GK 16 oder 22 mm, ohne Carbonate			
Zement[2)]	CEMI 13,2,5 R LH/SR			
Bindemittelgehalt kg/m³	340	360	360	380
Flugasche[3)]	20 %	23 %	–	
Wassergehalt kg/m³	165	165	165	165
w/z-Wert	0,60	0,61	0,46	0,58
w/b Wert $k = 0{,}4$	0,55	0,54	–	≤ 0,51
w/b Wert $k = 1{,}0$	0,49	0,46	–	0,43
Luftgehalt %	–	4–5	4–5	–

1) Die Kornzusammensetzung muss auf niedrigen Wasseranspruch optimiert sein.
2) Wenn Erfahrungen mit Hochofenzement vorliegen CEM III A mit weniger als 50 % Hüttensand, für Räumerlaufbahn auch CEM III B $w/z \leq 0{,}35$, C 40/50 und $Z \geq 360$ kg/m³, jedoch ohne Luftporen.
3) Flugasche mit einem Aktivitätsindex nach 90 Tagen von mind. 90 %

strengen Prüfkriterien entsprechen [Schauerte 17, Götz 14].

Für die **Betondeckung** sollte ein Mindestmaß von **50 mm** festgelegt werden, was sich besonders empfiehlt, wenn mit **Chloriden** im Abwasser zu rechnen ist, Abschn. 4.3.5. Werden **Schalungseinlagen** verwendet, ist eine Betondeckung von 40 mm ausreichend. Bei den durch Frost, Taumittel und Befahren mit kleinen Stahlrädern besonders beanspruchten **Räumerlaufbahnen** sollte der Beton mit einem **Überstand von 2 bis 3 cm** eingebaut werden und beim anschließenden Abziehen auf die Sollhöhe die oberste sehr **mörtelreiche Schicht entfernt** werden.

8.2.5 Beton für Anlagen der Trinkwasserversorgung

Schon in der Antike hat sich Opus Cementitium, ein Vorläufer unseres heutigen Betons, als Baustoff von Trinkwasseranlagen bewährt. Auch heute wird Beton für Quellfassungen, Leitungsnetze, Aufbereitungsanlagen und Trinkwasserbehälter und deren Einrichtungen verwendet. Maßgebend für eine denkbare Beeinträchtigung der Qualität des Trinkwassers ist, dass in Rohrleitungen und in Speichern im Laufe der Zeit ein **sehr großes Volumen an Wasser** auf im Vergleich dazu **kleine Betonoberflächen** einwirkt und vom erhärteten Zementstein in Lösung gehende Stoffe im Trinkwasser daher nur in **äußerst niedrigen Konzentrationen** vorliegen können. Nur unmittelbar nach **Inbetriebnahme neuer** Anlagen können höhere Konzentrationen auftreten, wenn vorab keine ausreichenden Spülungen vorgenommen wurden, [Leiner 94].

Dem Trinkwasser ausgesetzte **Betonoberflächen** müssen **glatt** und möglichst **porenfrei** sein, damit sie sich auch **leicht reinigen** lassen. Das betrifft bei Wasserbehältern auch die Decken, auf denen sich Kondenswasser bilden kann. Raue Oberflächen, Kiesnester und Poren ermöglichen das An- und Ablagern von Stoffen, die ein Keimwachstum fördern können. Wasserundurchlässiger und möglichst porenfreier Beton bedarf in der Regel **keiner weiteren Maßnahmen der Oberflächenbehandlung** oder Innenauskleidung, Arbeitsblatt W 300 [DVGW 14]. Besondere **Anforderungen** müssen aber an **organische Zusatzstoffe, Zusatzmittel, Pigmente** und **Bauhilfsstoffe** gestellt werden, deren **mikrobiologische Eignung** nach dem Arbeitsblatt W 270 [DVGW 07] geprüft werden muss. So können Schalöle und Trennmittel zur Vermehrung von Mikroorganismen beitragen. Daher werden heute in der Regel auf die Schalungen **wasserabführende Schalungseinlagen** aufgebracht, die auch dazu führen, dass äußerst dichte und praktisch porenfreie Betonoberflächen entstehen, [Merkl 09], vgl. Abschn. 7.6.9

Beton und zementgebundene Mörtel müssen hygienischen Anforderungen nach dem Arbeitsblatt W 347 [DVGW 06] entsprechen. Der Nachweis, dass darin nachteilige Stoffe wie Arsen, Blei usw. in nicht größeren Mengen als zulässig enthalten sind und auch bei Auslaugprüfungen die hierfür vorgeschriebenen Grenzwerte nicht überschritten werden, kann entweder durch **Prüfung des fertigen Produktes,** etwa einem Betonfertigteil oder einem mörtelausgekleideten Gussrohr, oder durch **Prüfung aller Ausgangsstoffe** (Zement, Gesteinskörnungen, Zusatzstoff, Zusatzmittel usw.) erbracht werden. Erfüllen alle Ausgangsstoffe die hygienischen Anforderungen, dann braucht der Mörtel bzw. Beton nicht mehr geprüft zu werden. Alle in Deutschland hergestellten Zemente erfüllen ebenso wie die meisten Zusatzstoffe und Zusatzmittel diese **Anforderungen** [Breit 08].

Die **Oberflächen** von Beton werden im Laufe von Jahrzehnten vom Trinkwasser, dessen pH-Wert in der Regel zwischen 6,5 und 9,5 liegt, durch **Hydrolyse angelöst**. Dies führt zu einer **Aufrauung,** das eine Reinigung erschweren kann. Daher soll Beton, der mit Trinkwasser beaufschlagt wird, stets ein sehr dichtes Gefüge und einen w/z-Wert von höchstens 0,50 aufweisen, [Grube 98]. Ein höherer Widerstand gegen Hydrolyse kann erwartet werden, wenn **hüttensandreiche Zemente** verwendet werden oder ein Teil des Portlandzements durch **Flugasche** oder **Silicastaub** ersetzt wird. Auch eine lange wasserhaltende Nachbehandlung ist vorteilhaft. Mit besonders hohem Widerstand gegen Lösungsvorgänge ist zu rechnen, wenn horizontale Flächen einer **Vakuumbehandlung** unterzogen werden und Wände mit Hilfe von **Schalungseinlagen** eine besonders dichte Randzone erhalten, vgl. Abschn. 7.6.9. Bei Wasserbehältern begnügt man sich in der Regel mit der Verwendung von CEM I- oder CEM II-Zementen, einer Behandlung der horizontalen Oberflächen mit **Flügelglättern** (vgl. Abschn. 8.6.6) und der Verwendung von **Schalungseinlagen** an geschalten Flächen. Wird **sehr weiches Wasser**, d. h. solches mit einer Härte unter 4°dH zu Trinkwasser aufbereitet, dann muss geprüft werden, ob in Zuleitungen und Aufbereitungsanlagen eine überschüssige freie Kohlensäure einen starken lösenden Angriff verursachen kann.

Wasserbehälter müssen **dicht** und daher auch **frei von wasserdurchlässigen Rissen** sein. Bei Erdbehältern kann ein Schwinden des Betons nur während der Bauzeit auftreten. Um Fugen auch bei großen Behältern so weit wie möglich zu vermeiden, müssen Temperaturspannungen aus Hydratationswärme, hohen Frischbetontemperaturen, Sonneneinstrahlung und dgl. auf den jungen Beton beachtet werden. Vielfach werden Wasserbehälter heute vorgespannt.

Bei **freistehenden Behältern und Wassertürmen** entstehen bei den innen mit Wasser beaufschlagten Behälterwänden neben den **Temperaturgradienten** erhebliche **Feuchtegradienten**, die zu **Quellen der inneren Randzonen** und **Schwinden** der **trockener Luft ausgesetzten äußeren Randzonen** des Betons führen, vgl. Abschn. 3.4.5.1.

Es gibt zahlreiche, mitunter sogar über 100 Jahre alte Trinkwasserbehälter, die heute noch ihren Dienst tun. Oft hat man beim Bau mit Zement gespart, so dass die Wände aus Beton mit *w/z*-Werten über 0,60 rau und auch porös wurden. Zur **Instandsetzung** wird meist feinkörniger **Spritzbeton** verwendet, dessen Oberfläche mit der **Hand geglättet** werden muss. Kleine Mängeln können auch mit einem Putz aus Zementmörtel behoben werden. Solche Mörtel werden auch für großflächige, 2 bis 3 cm dicke **Überzüge im Spritzverfahren** aufgetragen. Sie werden vielfach mit Zusätzen von **Silicastaub** hergestellt, wofür im Gegensatz zu den nur wenige Millimeter dicken Beschichtungen keine organischen Zusätze und daher auch keine mikrobiologischen Prüfungen nötig sind, [Grube 98]. Dünne mineralische Beschichtungen dürfen nur organische Zusätze enthalten, die die Anforderungen entsprechender Arbeitsblätter der DVGW erfüllen. Im Allgemeinen erreichen Beschichtungen nicht die Lebensdauer von gut hergestelltem Beton.

Seit langer Zeit bewährt sich Zementmörtel auch zum **Auskleiden von Stahl- und Gussrohren**, [Rammelsberg 2000]. Dazu wird eine entsprechende Menge von Mörtel mit einem *w/z*-Wert von etwa 0,30 in die Rohre eingebracht. Anschließend werden die Rohre in eine rasche Rotation um ihre eigene Achse versetzt, so dass die Fliehkraft den Mörtel auf der Rohrinnenseite in gleichmäßiger Dicke von 3 bis 12 mm verteilt und verdichtet. Er schützt das Innere von **Stahlrohren vor Korrosion und Inkrustation**.

8.3 Brücken

8.3.1 Entwicklung

Schon Ende des 19. Jahrhunderts wurden die ersten Brücken aus Beton und Stahlbeton, ja sogar 40 m weit gespannte Bogenbrücken, gebaut. Größere Spannweiten blieben lange Zeit dem Stahl vorbehalten, bis die Grundlagen für den Spannbeton erarbeitet waren und 1953 die DIN 4227, die – weltweit erste – Spannbetonnorm, eingeführt werden konnte. Die heutigen über **39 000 Brücken deutscher Bundesstraßen und Autobahnen** weisen eine Fläche von insgesamt mehr als 50 km^2 auf, wovon **88 % auf Beton**, davon wiederum **80 % auf Spannbeton** entfallen, Abb. 8.3-1. Dazu kommen noch zahlreiche Eisenbahnbrücken, die vor allem bei vielen Neubauten überwiegend in Stahlbeton und Spannbeton errichtet wurden.

Ein großer Teil unserer Autobahnen wurde zwischen 1965 und 1985 gebaut und aus dieser Zeit stammt auch mehr als die Hälfte der Brücken. Im Laufe der Jahre hat sich gezeigt, dass neben der Tragfähigkeit noch andere Gesichtspunkte sehr wichtig sind, [Kirsch 08]. Vor allem sollen die Tragwerke erhaltungsfreundlich sein, also möglichst wenig Lager und Einbauteile erfordern und gut zugänglich sein, [Horacek 17]. Ganz besonders betrifft dies aber auch Fragen der Korrosion. Allein schon wegen der hohen Beanspruchungen durch **Tausalz und Witterungseinflüsse** sowie durch die **Zunahme des Schwerverkehrs** spielen heute Fragen der **Dauerhaftigkeit**, also des Langzeitverhaltens unserer Brücken eine sehr wichtige Rolle. Nicht auszudenken, welche Kosten und welche Verkehrsbehinderungen entstehen würden, müsste man alle unsere Brücken schon nach einer Lebensdauer von nur 50 Jahren erneuern! Gerade aus den Sechziger- und Siebzigerjahren stammen aber auch einige Brücken, die dieses Alter nicht erreichten, auch einzelne, die nicht einmal 20 Jahre geschafft haben.

Zu spät erkannte man, dass vor allem das Chlorid der Tausalze zu erheblichen Korrosionsschäden führt und die **schadlose Abführung des Niederschlagswassers** Voraussetzung für ein dauerhaftes Bauwerk ist, vgl. Abb. 4.1-1. Bei den nach 1980 gebauten Brücken hat man die **Mindestbetondeckung von 20 mm auf 40 mm** erhöht, ein sehr wesentlicher Beitrag zur Vermeidung einer Korrosion der Stahlbewehrung. Neben der gleichmäßigen Erwärmung über den Querschnitt, die zu Längenänderungen des Überbaues führt und von den Lagern aufgenommen werden muss, hat man erkannt, dass auch die über den Querschnitt verlaufende **Temperaturgradienten**, z. B. oben warm, unten kalt, berücksichtigt werden müssen, wie dies seit 2003 im DIN FB 101 verlangt wird. Was die vom Bau her eingeprägten Spannungen betrifft, geht man in der Regel heute noch vereinfachend davon aus, dass der Beton bei einer über den Querschnitt einheitlichen Temperatur erhärtet und dabei frei von Temperaturspannungen ist. Bei **Koppelfugen** haben allerdings **unterschiedliche Nullspannungstemperaturen** schon zu störenden Rissen geführt, weil in Mittelbereichen von Querschnitten, in denen sich der Beton bei der Erhärtung stärker erwärmt als nahe der Ränder, später, wenn er auch dort abkühlt,

Abb. 8.3-1: Brücken dienen nicht nur dem Verkehr, sondern können auch das Landschaftsbild bereichern.

zusätzliche Kontraktionen oder Zugspannungen auftreten, vgl. Abschn. 3.6. Dem begegnet man heute durch zusätzliche schlaffe Bewehrung.

Auch hat sich gezeigt, dass beim **Einpressen von Mörtel in die Hüllrohre der Spannglieder** mitunter **Hohlräume** verbleiben, in denen der Spannstahl nur unzureichend vor **Korrosion** geschützt wird. Dies hat dazu geführt, dass heute zunehmend **verbundlose Spannglieder** extern oder auch innerhalb des Betonquerschnittes vorgesehen werden. Sie erhalten schon **werkseitig einen Korrosionsschutz**, sind kontrollierbar und, wenn nötig, kann man diese Spannglieder auch **austauschen.**

Unbefriedigend ist heute fast immer noch der hohe Aufwand für die **Instandhaltung von Übergangskonstruktionen und Lagern**, die vor allem die Längenänderungen aufnehmen sollen, die durch Temperaturänderungen entstehen. Längst macht man heute keine Gerbergelenke mehr. Bei kürzeren Brücken **verzichtet man** zunehmend auf **Fugen** und **bewegliche Lager** und spricht von integraler Bauweise. Bei längeren Brücken wird in einer **semiintegralen Bauweise** der Überbau monolithisch mit den Pfeilern zu einem Rahmentragwerk verbunden. Nurmehr an den Widerlagern müssen Übergangskonstruktionen eingebaut werden, die die Längenänderungen aufnehmen und so das Tragwerk nahezu zwängungsfrei halten, Abb. 8.3-2, [Nusch 16, Wenger 16]. Bei weniger als 70 m langen Straßenbrücken bemüht man sich, ohne Lager auszukommen [ÖFSV 18].

Erfahrungen der letzen Jahrzehnte haben gezeigt, welche große Bedeutung der **Robustheit einer Konstruktion** zukommt. Es soll nicht versucht werden, die Baukosten durch Ausreizen der Bauweise mit noch schlankeren Konstruktionen zu senken. Bei der Wahl des auszuführenden Entwurfes soll vielmehr die Erfassung der Gesamtkosten, d. h. **Herstellungs- und Erhaltungskosten** zugrunde gelegt werden, [Stipek 96].

Nachdem Brücken zu den am stärksten beanspruchten Bauwerken gehören, ist es verständlich, dass die Bauverwaltungen vieler Industriestaaten hierfür spezielle, teilweise von den Normen abweichende oder diese ergänzende Regelwerke geschaffen haben, so die **ZTV-ING** und die **DIN-Fachberichte 101 und 102**, in Österreich die RVS 08.46.01 Betonarbeiten [ÖFSV 04].

Neue Möglichkeiten, schlankere und vermutlich auch besonders wartungsarme Brücken zu errichten, bringt eine Verwendung von UHFB, Abschn. 6.3. Mit Carbonbewehrung lassen sich in Fertigeilwerken leichte Brückentragwerke ohne Stahl und daher auch ohne Gefahr eines Stahlkorrosion herstellen, vgl. Abb. 6.8-5, Abschn. 6.8.8.

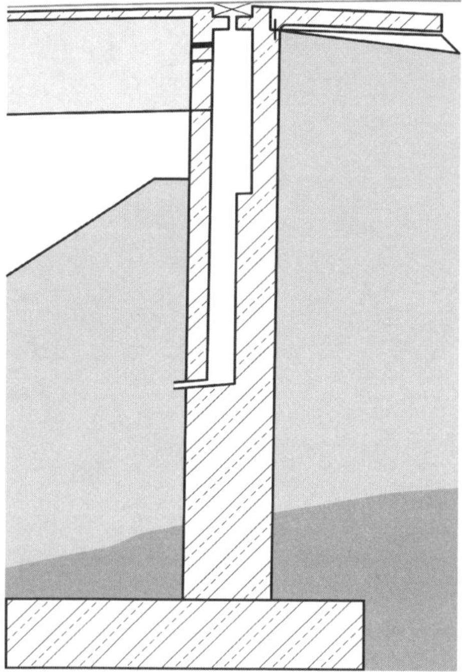

Abb. 8.3-2: Bei semiintegraler Bauweise sind Fugen nur bei den Widerlagern zur Aufnahme der horizontalen Verschiebungen der Fahrbahnplatte nötig. Die Lasten werden von integral verbundenen Federwänden aufgenommen, sodass keine Lager nötig sind, nach [Horacek 17]

Alle Brücken müssen **alle 6 Jahre einer Hauptprüfung** unterzogen werden. Die dabei gewonnenen Erkenntnisse müssen zurückfließen in die Praxis der Konstruktion und Ausführung neuer Bauwerke. Das ist eine zwingende Notwendigkeit für die Weiterentwicklung unserer Bauweisen, [Wicke 2000]. Wenn Brücken beim Abbruch systematisch untersucht werden, können mitunter recht wertvolle Erkenntnisse zum Langzeitverhalten gewonnen werden, [Vogel 06].

Viele ältere Brückenbauwerke, teilweise noch aus der Frühzeit der Spannbetonbauweise, müssen **modernisiert,** oft auch wegen der starken Zunahme des Schwerverkehrs **ertüchtigt** werden. Dazu gibt es bewährte Verfahren, siehe ZTV-ING, Teil 3, Abschnitt 7 [Welsch 16], daneben vielversprechende Neuentwicklungen unter Verwendung von mit Carbonfasern textil bewehrtem Spritzbeton, Abschn. 9.7.2.

8.3.2 Einwirkungen von Tausalz

Ein großer Teil der Schäden an Straßenbrücken wäre zu vermeiden, könnte man im Winterdienst anstelle von **Natriumchlorid** chloridfreie Taumittel verwenden, wie dies auf Flughäfen strenge Vorschrift ist. Bis heute hat man aber noch keinen Stoff gefunden, der hinsichtlich Auftauwirkung und Preis auch nur annähernd an das älteste Industrieprodukt, das Salz, herankommt. **Schäden am Beton** können durch entsprechende Ableitung des Niederschlagswassers und dank unserer heutigen **Luftporenmittel** vermieden werden. Was besondere Maßnahmen erfordert, ist der **Schutz** der eingebauten **Stähle vor Korrosion**.

In der Praxis hat sich gezeigt, dass Wasser, und damit auch Chlorid, auf fünf unterschiedlichen Wegen in Betonbrücken eindringen kann, was verhindert werden muss, vgl. Abb. 4.3-1.

(1) **Oberflächenwasser** muss gefasst und in Abläufen (Gullys) abgeleitet werden. Man möchte nicht glauben, wie schwierig es ist, alle Gullys so **tief** zu setzen, dass das Wasser auch hineinrinnt, und so **dicht** einzubinden, dass Wasser nicht daneben in den Beton sickert. Chloridhaltiges Abwasser von Brückenfahrbahnen, das man frei nach unten fallen ließ, hat der Wind an Brückenpfeiler herangetragen und dort erhebliche Korrosion verursacht. Daher wird das Oberflächenwasser heute in **Rohrleitungen** bis auf den Boden unter der Brücke geführt. Auch an **Übergangskonstruktionen** muss darauf geachtet werden, dass das Wasser schadlos abgeführt wird und nicht auf die oft darunter liegenden **Verankerungen der Spannglieder** gelangt.

(2) **Sickerwasser,** das an einzelnen **undichten Stellen des Fahrbahnbelages** und der **Abdichtung** etwa bei seitlichen Anschlüssen in das Betongefüge gelangt, ist nicht selten bis zu Spanngliedern gedrungen und hat dort eine Korrosion ausgelöst. Solche Korrosion ist besonders gefährlich, weil sie von außen nicht erkannt werden kann. Um dies zu vermeiden, haben die meisten Brücken schon seit vielen Jahrzehnten eine **Abdichtung** erhalten. Oft traten aber im Asphalt von Brückenbelägen im Sommer **Blasen** auf, die durch Wasserdampf, der aus dem Beton entwichen ist, verursacht wurden. Um solche Blasen zu vermeiden, hat man vielfach zwischen Beton und Abdichtung (Belag) zur Entspannung des Dampfdruckes ein **Glasvlies** verlegt. Allerdings reichte dann schon eine kleine Fehlstelle im Belag und der Abdichtung aus, um im Laufe der Jahre chloridhaltiges Wasser auf große Teile der Brückentafel zu verteilen: Das **Glasvlies** wirkte nicht selten als **Verteilungsschicht** für das chloridhaltige Wasser. Heute erhält daher der Beton im Bereich der Fahrbahnentafeln stets eine **Grundierung und/oder Versiegelung** bzw. bei rauen Oberflächen

eine Kratzspachtelung mit einem **lösungsmittelfreien Epoxydharz**, wodurch die Poren verschlossen werden. Darüber kommen in der Regel **vollflächig verschweißte Abdichtungsbahnen** und erst darauf der Fahrbahnbelag.

(3) **Spritzwasser,** das direkt auf **Leitwände, Pfeiler, Widerlager oder Stützwände** trifft, kann besonders tief eindringen, weil der Beton vorher oft noch trocken ist und daher viel Wasser kapillar aufsaugt. **Vom Wind vertragenes Spritzwasser** kann einige Meter **unter der Fahrbahntafel,** also an Pfeilern und Bögen, zu Anreicherungen von Chlorid in Randzonen des Betons führen. Eine Zuordnung zu XF 2 und XD 2 ist hier ausreichend, vorausgesetzt, das Wasser kann überall, d. h. auch in Zwickeln, wie sie etwa zwischen Brückenbogen und aufgeständerter Stütze entstehen, rasch abfließen, Abb. 8.3-3.

(4) **Sprühnebel** wird vor allem von Lastautos und Bussen hochgewirbelt und schlägt sich an über die Fahrbahnen führenden Brücken von Straßen und auch Eisenbahnen nieder. Er enthält nach jeder Salzstreuung auch Chloride. Diese dringen, wie Messungen zeigen, nicht allzu tief in den Beton ein. Diese Beanspruchung wird zu Recht nur XD 1 zugeordnet.

(5) Auch auf allen lotrechten und schwächer geneigten Oberflächen, die häufig von **Schlagregen** beaufschlagt werden, muss für die schadlose Abführung des Wassers gesorgt werden. Zweckmäßig macht man am unteren Ende von Seitenflächen **Tropfnasen,** durch die größere Frostschäden verhindert werden, vgl. Abb. 8.9-16.

8.3.3 Beton für Überbauten

Die Tragkonstruktion wird heute meist schon bei mittleren Spannweiten **vorgespannt** und erfordert einen Beton mit **hoher Festigkeit**, **hohem E-Modul** und **geringem Schwinden und Kriechen**. Er wird in der Regel durch Fließmittel auf eine weiche (F 3) bis sehr weiche (F4) gebracht. Bei Fahrbahntafeln mit großem Längs- und/oder Quergefälle ist zu beachten, dass der **Beton nicht zu weich** sein darf, weil sonst die Oberfläche nicht mit plangemäßem **Gefälle** hergestellt werden kann. Bei größeren Brücken muss der Beton meist **verzögert** werden, um **Arbeitsfugen** und **Risse durch Verformungen des Lehrgerüstes** unter der fortschreitenden Last des Betons zu vermeiden. Neben den technisch begründeten Forderungen müssen selbstverständlich auch die Anforderungen an einen guten **Sichtbeton** erfüllt werden, vgl. Abschn. 8.9.

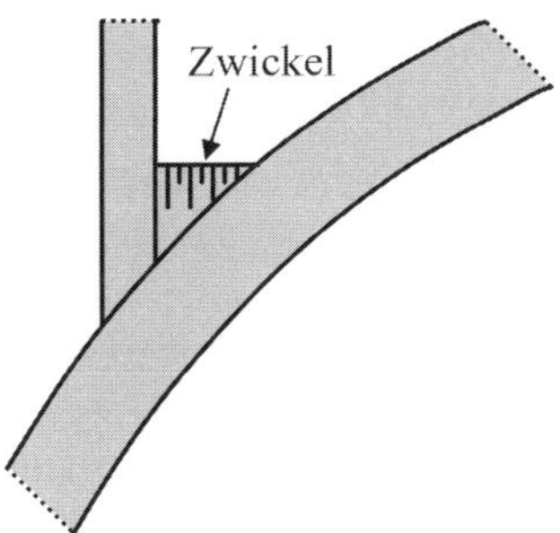

Abb. 8.3-3: Zwischen Brückenbogen und Stützen muss ein Zwickel dafür sorgen, dass vom Wind hingetragenes Wasser abfließt.

Als Zement wird **überwiegend Portlandzement** CEM I 32,5 R oder CEM I 42,5 N, oft auch CEM II A-S-Zement verwendet. Nur wenn spezielle Erfahrungen auch über das Langzeitverhalten vorliegen, sollten hüttensandreichere Zemente CEM II B-S oder CEM III A mit höchstens 50 % Hüttensand oder andere genormte oder zugelassene Zemente eingesetzt werden. **Zemente CEM 42,5 R** sollten nur verwendet werden, wenn eine **hohe Frühfestigkeit** nötig ist. Diese Zemente entwickeln mehr Wärme und können daher leichter zu Temperaturrissen führen. Mitunter wird eine höhere Frühfestigkeit angestrebt, damit die für das Aufbringen einer **Teilvorspannung** nötige Druckfestigkeit früher erreicht wird, vgl. Abschn. 7.10.2.

Bewährt hat sich bei den im Brückenbau meist etwas massigeren Bauteilen ein teilweiser Ersatz von Zement durch Flugasche. Beton mit Portlandzement und **60 bis 80 kg/m³ Flugasche** ist weniger empfindlich hinsichtlich **Rissbildung** infolge Hydratationswärme und ist im Hinblick auf **Eindringen von Chloriden** günstiger als Beton, der nur Portlandzement enthält, was in den Regelwerken teilweise noch nicht berücksichtigt ist.

Für **Fertigteile** werden Zemente **CEM 42,5 R oder CEM 52,5 R** verwendet, mit denen günstige Erfahrungen vor allem im Hinblick auf Frühfestigkeit und Verarbeitbarkeit vorliegen.

Besonders wichtige Fragen bei der Entwicklung einer geeigneten Zusammensetzung des Betons sind Mischungsstabilität und Robustheit, Abschn. 3.2.6. Zement und Zusatzmittel, also Fließmitteln und ggf. auch erforderliche Verzögerer, müssen zusammenwirken, weshalb sich bei größeren oder schwierigeren Betonarbeiten auch zeitgerecht eine Absprache mit den Herstellern empfiehlt.

Gesteinskörnungen mit Anteilen aus **Sandstein** oder anderen **porösen Gesteinen** sollten wegen eines

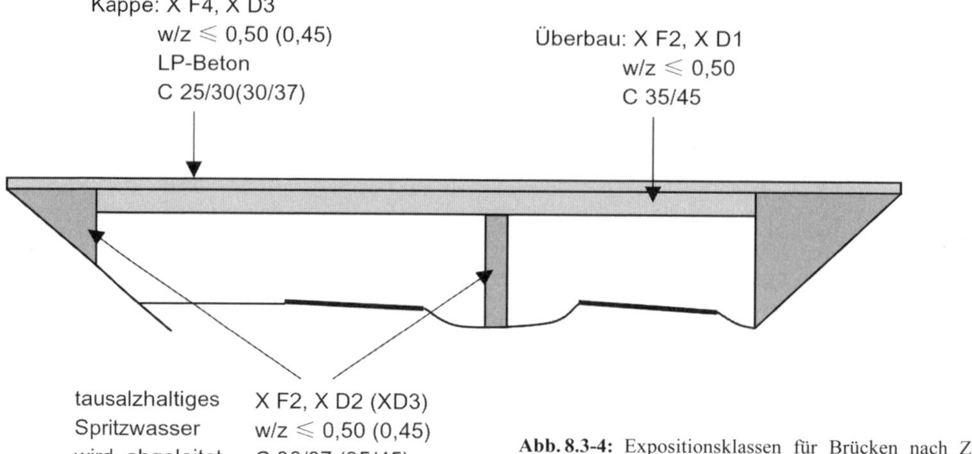

Abb. 8.3-4: Expositionsklassen für Brücken nach ZTV-ING [Großmann 04]. (Klammerangaben nach DIN FB 100)

möglicherweise **erhöhten Kriechens** vermieden werden. Vorteilhaft sind Körnungen aus „**Hartgestein**", worunter man solches mit hoher Festigkeit und hohem E-Modul versteht, die auch zu einem hohen E-Modul des Betons führen. Auch Körnungen aus Kies mit ausschließlich dichten Gesteinskörnern haben sich bewährt. Selbstverständlich sind auch hohe Anforderungen an das Betonwerk zu stellen, das hochwertigen Beton mit den vereinbarten Eigenschaften gleichmäßig, termingerecht und zuverlässig liefern muss.

Nach ZTV-ING ist für **Brückentragwerke**, die als obere horizontale Begrenzungsfläche eine Abdichtung erhalten und nur an den Seitenflächen mit Sprühnebel oder vom Wind herangetragenem Spritzwasser beaufschlagt werden, Beton einer Festigkeitsklasse von mindestens **C 35/45,** der Expositionsklassen **XF 2** und **XD 1** mit Zementgehalten von **mindestens 320 kg/m³** einzusetzen. Luftporenbeton wird für Tragwerke nicht verwendet.

Als Beispiel sei der Beton für die 296 m lange Brücke der BAB A 9 über die Saale bei Rudolphstein genannt, Tab. 8.3-1 [Weber 96]. Die durchgehende 18 m breite Fahrbahnplatte ist im Mittelbereich 1,62 m, an den Rändern nur 40 cm dick, so dass erhebliche, über die Breite unterschiedliche Spannungen aus Hydratationswärme zu erwarten waren. Die achteckigen 2,70 m, im Kopf 6,30 m dicken Hohlpfeiler sind statisch hoch beansprucht.

Bei **Trogbrücken**, Hängesäulen und anderen tragenden Bauteilen, bei denen die **Spannglieder** nur wenige Zentimeter hinter der **mit Spritzwasser beaufschlagten Oberflächen** liegen, sollte man als Schutz vor eindringendem Chlorid **zusätzliche Maßnahmen** in Betracht ziehen. Dies kann eine Verkleidung oder Beschichtung oder eine auf 80 mm erhöhte Betondeckung sein. Man kann aber auch eine **wasserabführende Schalungseinlage** beim Betonieren verwenden, durch die eine sehr dichte äußere Randzone mit vermindertem *w/z*-Wert ohne sichtbare Poren entsteht, vgl. Abschn. 7.6.9.

Eisenbahnbrücken sind in der Regel keinem Chloridangriff ausgesetzt, es sei denn, sie befinden sich in unmittelbarer Nähe einer Straße oder nahe einer Meeresküste. Schäden, denen man durch technologische Maßnahmen vorbeugen kann, werden fast nur durch **Frost** oder durch **Korrosion der Stahlbewehrung in carbonatisiertem Beton** bei Feuchteeinwirkung verursacht. Die Maßnahmen, solche Schäden zu vermieden, unterscheiden sich nicht von jenen bei Straßenbrücken. Zu fordern wären zwar die Expositionsklassen XC 3 und XF 1 mit *w/z*-Werten von höchstens 0,65 bzw. 0,60, doch bleibt man aus gutem Grunde bei der alt bewährten Begrenzung des *w/z*-Wertes auf **0,50,** der durch eine Betonfestigkeitsklasse von mindestens **C 35/45** nachgewiesen wird. Auch bei der Betondeckung verlangt man **40 mm** bzw. bei einer mitunter notwendigen erhöhten Sicherheit 50 mm.

Leichtbeton kann bei weit gespannten Brückenfeldern erhebliche Vorteile bringen, was man vor allem in Norwegen, wo man von Ölplattformen reichlich Erfahrungen mit Körnungen aus Blähton gesammelt hat, nutzt, [Melby 03]. Dabei werden Festigkeitsklassen **LC 50/55 und LC 55/60** mit Frischbetonrohdichten von **1 850 bis 1 900 kg/m³** erreicht, vgl. Abschn. 6.4. Bei **Fertigteilträgern** hat sich mitunter die Verwendung von leichtem Normalbeton mit einer Rohdichte nur wenig über 2 000 kg/m³ bewährt,

Tabelle 8.3-1: Beton der Saalebrücke Rudolphstein

Beton		Überbau (Fahrbahnplatte)	Pfeiler
		B 35 (C 30/37)	B 45 (C 35/45)
Zement CEM I 32,5[1)]		280 kg/m³	320 kg/m³
Flugasche[2)]		80	80
Sand 0/2a		689	684
Diabas-Splitt	2/8	163	160
	8/16	545	542
	16/32	545	542
Wasser		178	170
w/*z*-Wert		0,50	0,43
Betonverflüssiger BV		3,6	4,0
Fließmittel FM		nach Bedarf	
Verzögerer		nach Bedarf	
Druckfestigkeit	28 Tage	53 N/mm²	58 N/mm²
	90 Tage	61 N/mm²	70 N/mm²
E-Modul 28 Tage		38 300 N/mm²	

1) Risstemperatur höchstens 10 °C
2) Wegen hoher Reaktivität voll angerechnet

weil dadurch mit den vorhandenen Transportmitteln Träger mit **größerer Stützweite** ermöglicht werden, ohne die speziellen Anforderungen an Leichtbeton erfüllen zu müssen.

Hochfester Beton wird im Brückenbau in zunehmendem Maße für Platten und auch für Hohlkästen verwendet, vgl. Abschn. 6.2. Er ermöglicht schlankere Konstruktionen und leistet äußeren Einwirkungen von Frost oder Chloriden erheblich größeren Widerstand. Im Brückenbau ist nach DIN FB 102 für Festigkeitsklassen über **C 50/60** noch eine **gesonderte Zustimmung** nötig. Den Vorteilen bei der Dauerhaftigkeit stehen aber oft unerwartete Schwierigkeiten bei der Verarbeitung sowie eine größere Empfindlichkeit hinsichtlich Nachbehandlung und Hydratationswärme gegenüber, [Tue 05]. Wird Beton **C 70/85** gefordert, bereitet heute dank leistungsfähiger Fließmittel die 28-Tage-Druckfestigkeit meist keine Probleme. Viel schwieriger ist es, dafür zu sorgen, dass der Beton **nicht zu klebrig** ist, also gut eingebaut werden kann, und auch, dass keine zu hohen **Temperaturspannungen** entstehen, [Zilch 99]. Mit Fertigteilsegmenten aus Beton C 50/60 konnte eine einfeldrige Straßenbrücke mit 33 m Stützweite errichtet werden, bei der die Fahrbahnplatte **direkt befahren** wird. Ein Vorteil war, dass für den Bau nur eine sehr kurze Verkehrssperre der darunterliegenden Straße nötig war, [Hierl 16].

In **Plattentragwerken** hat man früher bei mittleren Spannweiten Hohlkörper zur Einsparung von Massen eingebaut. Es gab aber immer wieder Fälle, in denen Hohlkörper während des Betonierens aufgeschwommen sind oder sich während der Nutzung mit Wasser füllten. Mit 1,05 m dicken Platten aus Hochfestem Beton und **Verzicht auf Hohlkörper** konnten in jüngster Zeit Autobahnbrücken mit Feldweiten bis 39 m gebaut werden, wobei Temperaturspannungen infolge Hydratationswärme besonders zu beachten waren, [Maurer 05].

Um Risse zu vermeiden, sollte man sich nicht damit begnügen, Temperaturfelder zu berechnen und durch Messungen zu verifizieren. Vielmehr ist es nötig, auch alle sinnvollen technologischen und ausführungstechnischen Maßnahmen zu treffen, um zu hohe **Temperaturspannungen zu vermeiden**, vgl. Abschn. 5.10. Dabei muss auch durch eine auf die Witterungsverhältnisse abgestimmte Beeinflussung der Betontemperatur insbesondere auch während der Nachbehandlung geachtet werden, vgl. Abschn. 7.8.

8.3.4 Nachbehandlung der Fahrbahntafeln

Strenge, über die Anforderungen der DIN EN 13670 hinausgehende Vorschriften bestehen für die Nachbehandlung der Fahrbahntafeln von Brücken. Ihnen kommt bei der Verwendung von Zementen mit hohem Anteil an **Hüttensand** besondere Bedeutung zu. Zur Vermeidung der an freien Oberflächen mitunter zu beobachtenden frühen Rissbildung muss die Nachbehandlung schon sehr früh einsetzen und sowohl **Wasserverluste** als auch eine starke **Aufheizung** verhindern, Abschn. 7.8. Daher dürfen die Oberflächen bei sonnigem Wetter nicht mit Folien abgedeckt werden, sondern mit feuchtzuhaltenden Matten. Die bei Betonfahrbahndecken bewährten flüssigen Nachbehandlungsmittel können bei Fahrbahntafeln von Brücken nur eingesetzt werden, wenn sichergestellt ist, dass sie rechtzeitig abwittern, so dass das Eindringen der vor dem Aufbringen der Abdichtung stets erforderlichen Grundierung oder Versiegelung mit Epoxydharz nicht beeinträchtigt wird.

8.3.5 Beton für Pfeiler, Bögen, Widerlager, Stützwände und dgl.

Während niedrige Pfeiler und auch Widerlager durch den „Regenschirm" der Fahrbahnplatte gut geschützt werden, ist bei Straßenbrücken mit hohen Pfeilern und auch bei Brückenbögen nicht nur Schlagregen, sondern auch **Spritzwasser von der darüber liegenden Fahrbahn** zu berücksichtigen. Das Spritzwasser wird durch Wind an tiefer liegende Betonteile herangetragen und kann dort, vor allem wenn es Tausalz enthält, erhebliche Korrosion hervorrufen, eine Erfahrung, die man etwa bei den Brücken der Brenner-Autobahn schon nach wenigen Jahren gemacht hat.

Allgemein wird Beton für **lotrechte Flächen**, von denen das Wasser gut abfließen kann, **XF 2** und, wenn auch mit Taumittel gerechnet werden muss, **XD 3** zugeordnet.

Auch Pfeiler, Stützwände und andere Bauteile, die direkt salzhaltigem Spritzwasser ausgesetzt sind, müssen so gestaltet sein, dass Wasser gut abfließen kann. Auch für sie gelten die Expositionsklassen XF 2 und auch XD 3. Nach zahlreichen Schäden wurden, wenn solche Beanspruchungen zu erwarten sind, die Anforderungen an Beton C 35/45 und einem *w/z*-Wert von höchstens 0,45 erhöht. Wenn **Luftporenbeton** verwendet wird, was für die erdberührten, stärker Spritzwasser ausgesetzten Bereiche, wie auch Tunnelportalen vorteilhaft ist, muss – wie bei Straßenbeton – nur die Festigkeitsklasse C 30/37 erreicht werden.

Bauteile mit **horizontalen Oberflächen**, wie bei Sockeln von Betonschutzwänden oder Lärmschutzwänden, müssen aus **Luftporenbeton** hergestellt werden, wenn auf sie Tausalz gelangen kann. Der Beton muss wie Straßenbeton Expositionsklasse **XF 4** entsprechen. Allgemein gilt die Regel, dass den Niederschlägen ausgesetzte Flächen **nicht horizontal** ausgeführt werden sollten, sondern ein **Gefälle** von mindestens 2 %, besser 5 % haben sollen, damit Wasser rasch abfließt.

8.3.6 Brückenkappen

Man möchte glauben, dass die Anforderungen an Brückenkappen in Vergleich zu den tragenden Bauteilen gering sind und deren Herstellung eine einfache Sache wäre. Doch weit gefehlt! Zahlreiche Mängel und Schäden an Brückenkappen haben uns eines Besseren belehrt. Brückenkappen sind in ihrer exponierten Lage oft **extremen Temperaturunterschieden** ausgesetzt, müssen auf Straßenbrücken wie Fahrbahndecken auch **Frost und Tausalz** standhalten. Außerdem sollen sie **keine offenen Risse** haben, in die chloridhaltiges Wasser eindringen und eine Korrosion der Bewehrung auslösen kann. Damit nicht übermäßig viel rissbreitenbeschränkende Bewehrung nötig ist, soll wiederum die Zugfestigkeit den Betons von Brückenkappen niedrig sein. Also ein Straßenbeton mit niedriger Zugfestigkeit? Dabei müssen die Kappen auch Geländerstützen und bei Straßenbrücken meist auch Rückhaltesysteme aufnehmen, [DBV 11, Breitenbücher 16].

Bewährt haben sich Zemente **CEM I 32,5**, allenfalls auch CEM IIA-S 32,5, die wie Fahrbahndeckenzemente ein **Alkaliäquivalent von höchstens 0,8 %** haben. Auch mit Gesteinskörnungen, die für Brückenkappen nicht gebrochen sein müssen, aber sonst den Anforderungen für Oberbeton von Fahrbahndecken entsprechen, geht man nicht fehl. Vorteilhaft sind Gesteinskörnungen mit **niedriger Wärmedehnzahl**. Zu Schäden haben einzelne **nicht frost-tausalzbeständige Gesteinskörner** geführt, die auswittern, ebenso wie **plattige Körner**, die, wenn sie nahe der Oberfläche zu liegen kommen, den darüberliegenden Feinmörtel abplatzen lassen. Wichtig ist auch, dass die Körnungen **keine Holzstücke** oder andere **Verunreinigungen** enthalten, die aufschwimmen und an der Oberfläche sichtbar bleiben würden.

Die Kornzusammensetzung ist mit einem so niedrigen Sandanteil zu wählen, dass beim Einbau an der Oberfläche **keine dicken** und meist wasserreichen **Mörtelschichten** entstehen, das Grobkorn also bis knapp unter die Oberfläche reicht, sind es doch überwiegend an den Oberflächen vorhandene Mörtelschichten, die abwittern. Es wird empfohlen, den Beton mit plastischer Konsistenz (C 2/F 2) einzubauen, [Breitenbücher 16]. Zwingend erforderlich ist ein ausreichender Gehalt an **Luftporen**, wobei dieselben Anforderungen **wie bei Straßenbeton** einzuhalten sind.

Beton für Brückenkappen muss **XF 4** und wegen der Stahlbewehrung auch **XD 3**, darüber hinaus **WA** entsprechen. Gegenüber dem Straßenbeton und XD 3 hat man für Brückenkappen aber die Anforderungen an den *w*/*z*-Wert **mit höchstens 0,50** (statt 0,45) und an die Festigkeit mit C **25/30** (statt C 30/37) etwas vermindert, damit **Zugfestigkeit** und **Wärmeentwicklung** nicht zu hoch ausfallen, weil sonst noch mehr rissbreitenbeschränkende Bewehrung nötig wäre. Was das Vermeiden zu Rissen betrifft, ist wohl das letzte Wort noch nicht gesprochen.

Auslösend für das Entstehen von Rissen sind vor allem die viel größeren **Temperaturänderungen,** die noch dazu viel **rascher** verlaufen als in der dicken Tragkonstruktion. Damit die dadurch verursachten Zwangsspannungen nicht zu groß werden, sollte der **E-Modul** des Betons ebenso wie sein **Wärmedehnungskoeffizient** möglichst niedrig sein. Auch sollte der Kappenbeton beim Einbau eine deutlich **niedrigere Temperatur** als die darunter liegende Tragkonstruktion haben und auch bei einer niedrigen Temperatur erhärten. All diese Forderungen sind technisch gerechtfertigt, in der Praxis aber oft nicht umsetzbar. Man kann doch mit dem Betonieren der Kappen nicht warten, bis der Überbau endlich sommerliche Temperaturen erreicht hat, und dann einen gekühlten Beton einbringen. Wenn aber störende Risse festgestellt werden, muss an diese Einflüsse gedacht werden, um deren Ursachen zu verstehen.

Was kann in der Praxis gemacht werden? Schon die Forderung nach einem Luftporenbeton einer Festigkeitsklasse von nur C 25/30 statt wie bei Straßenbeton C 30/37 und einem *w*/*z*-Wert unter 0,50 sowie Zementgehalt von nur 320 kg/m^3 führt zu einem gegenüber Straßenbeton etwas verminderten Widerstand gegen Witterungseinflüsse. Umso wichtiger ist es, dass diese Anforderungen eingehalten werden und nicht irgendein Beton C 25/30 eingebaut wird. Zwingend notwendig und stets nachzuprüfen sind **Luftgehalt** und **Betondeckung.** Werden diese Anforderungen nicht eingehalten, ist dies auch noch nach Jahren feststellbar. Wenn Stahlkorrosion oder Frost einzelne Betonstücke lockert, die auf darunter liegende Fahrbahn zu fallen drohen, hilft nur ein vorsorglich angebrachtes feinmaschiges Netz. Ein Albtraum!

Bei der Auswahl des **Lieferwerkes des Betons** muss sichergestellt sein, dass man dort ausreichende **Erfahrungen** mit der Herstellung und Prüfung von **Luftporenbeton** hat. Die Hydratationswärme des Zements spielt, wenn die Kappen nicht sehr dick sind, keine sehr große Rolle. Viel wichtiger ist, nach dem Einbau des Betons eine **starke Sonneneinstrahlung** zu vermeiden und durch **Kühlhalten der Oberfläche**, sobald der Beton erstarrt ist, Wärme abzuführen und so dafür zu sorgen, dass der Beton vor allem in der oberen Randzone nicht bei einer hohen Temperatur erhärtet.

Besonders darauf zu achten ist, dass in der Praxis der **Einbau** des Luftporenbetons wegen des vergleichsweise sehr kleinen Querschnitts meist nur **sehr langsam** erfolgen kann und der letzte Beton einer Lieferung dabei noch nicht angesteift sein darf. Im Sommer kann eine Anlieferung in kleineren oder **nur teilweise gefüllten Mischerfahrzeugen** notwendig sein. Ein **nochmaliges Glätten einer bereits angesteiften Oberfläche** kann das **Luftporensystem arg schädigen** und folglich zu störenden Abwitterungen führen, vgl. Abschn. 5.9.8.

Die beste Nachbehandlung besteht immer noch durch Auflegen von **Matten,** die am wichtigen ersten Tag **feucht** gehalten werden, wodurch auch Verdunstungskälte aktiviert wird. Keinesfalls dürfen bei Sonneneinstrahlung Folien aufgelegt werden, weil sich der Beton darunter vor allem in der besonders gefährdeten oberen Randzone sehr stark erwärmen würde. Aus baupraktischen Gründen werden häufig, sobald die Betonoberflächen nur mehr mattfeucht sind, bei Betonstraßen bewährte **Nachbehandlungsmittel** aufgesprüht. Wenn mit starker Sonneneinstrahlung zu rechnen ist, müssen weiße Nachbehandlungsmittel, also solche mit **erhöhtem Hellbezugswert** verwendet werden, damit sich der Beton nicht zu stark erwärmt.

Nachträgliche **Beschichtungen von Kappen** mit Frost-Tausalzschäden haben vielfach nur eine **begrenzte Lebensdauer.**

8.3.7 Überwachen des Betons

Es ist verständlich, dass bei so hoch beanspruchten Bauwerken, wie es Brücken sind, der Auftraggeber, der später einmal für Sicherheit und Erhaltung verantwortlich ist, genaue Angaben über den angelieferten Beton haben muss, auch über seine Zusammensetzung. **Zwei Wochen vor dem Betonieren** müssen diese Angaben zusammen mit den Ergebnissen der **Erstprüfung** vorgelegt werden. Die Lieferscheine müssen einen automatischen Ausdruck der **eingewogenen Mischungsanteile** haben.

Zweckmäßig ist es, bei fehlerhaften Einwaagen eine automatisch durch Mikroprozessoren gesteuerte

Korrektur der Mischungsanteile bzw. Ausscheidung von Fehlmischen zu verlangen. Um die Überwachung zu erleichtern, sollte von jedem Betoniertag bzw. Betonierabschnitt eine **statistische Auswertung der eingewogenen Mischungsanteile** vorgelegt werden, vgl. Abschn. 7.12.3.

8.4 Parkhäuser und Garagen

8.4.1 Erfahrungen

Von **Parkhäusern, Tiefgaragen** und auch von **Einzelgaragen** in Privathäusern erwartet man sich heute ein sauberes und ansprechendes **Aussehen**, möglichst Bodenflächen mit einem hellen Farbton und **abriebfesten, glatten**, aber **nicht rutschigen Oberflächen**, die mit wenig Instandhaltung diese Eigenschaften über lange Zeit behalten. Die Erfahrungen der letzten Jahrzehnte haben gezeigt, wie schwer es oft vor allem bei mehrstöckigen Garagenbauten ist, dieses Ziel zu erreichen.

Mitunter wurden die Betreiber erst alarmiert, als von Rissen in der Decke Wasser vom darüberliegenden Parkdeck abtropfte und auf parkenden Fahrzeugen Lackschäden hinterließ. Sie wussten nicht, dass zu diesem Zeitpunkt die für die Standsicherheit des Bauwerkes maßgebende Stahlbewehrung schon an wichtigen Stellen durchgerostet sein konnte. Die Suche nach Schuldigen war ärgerlich für alle Beteiligten und konnte nicht darüber hinwegtäuschen, dass erst spät erkannt wurde, dass Fahrzeugen im Winter oft **über weite Strecken** mit dem Schneematsch in den Radkästen auch **Tausalz einschleppen.** In vielen Fällen sind **Chloride** bis zur Stahlbewehrung des Betons vorgedrungen und lösten dort eine **Lochfraßkorrosion** aus, besonders gefährlich, weil die Korrosion fortschreitet und sich die Chloride dabei nicht verbrauchen. Auch haben sich viele in den ersten Jahren gut aussehende dünne **Beschichtungen** von Betonoberflächen nicht nur als recht empfindlich gegen **mechanische Beschädigungen** erwiesen, sondern auch als unfähig, aus dem Beton kommende **Risse zu überbrücken** und **abzudichten**. Die unvermeidliche Instandsetzung solcher Schäden ist sehr aufwändig, musste doch aller Beton, in den Chlorid eingedrungen sein könnte, entfernt werden.

Spät kam die Erkenntnis, dass Baumängel, wie unzureichende Betondeckung, Trennrisse, Entmischungen oder mangelhafte Entwässerung, selbst wenn sie nur ein Ausmaß erreichen, das im Hochbau tolerierbar erscheinen würde, bei Garagenbauten oft schon nach wenigen Jahren zu schweren und oft nur mit großem Aufwand behebbaren Schäden führen. Aus diesem Grunde müssen an die Ausführung von Garagenbauten höhere Anforderungen als im Hochbau sonst üblich gestellt werden. Viele nur im Hochbau erfahrene Ingenieure mussten sich mit Fragen auseinandersetzen, wie sie nur bei Verkehrsbauten auftreten.

Zu den besonders gefährdeten Bereichen gehören

- die untersten Bereiche von Stützen und Wänden, wenn zu deren Fuß Wasser gelangen kann, das vom Beton **kapillar aufgesaugt** wird,
- Wände und Stützen neben Fahrstraßen, wenn sie **Spritzwasser** ausgesetzt sind, vor allem wenn sich daneben zeitweise Pfützen bilden können,
- Trennrisse, oft auch als Folge von **Zwangsspannungen** in den meist weit gespannten Parkdecks,

Abb. 8.4-1: Wenn Chloride eingedrungen sind, wie hier entlang von Rissen, muss, um fortschreitende Stahlkorrosion zu verhindern, aller chloridverseuchter Beton entfernt werden (Foto Ib. Schöppel)

Abb. 8.4-2: Wenn Wasser zu Fussbereichen von Stützen oder Wänden kommt, wird es aufgesaugt. Im mitgeschleppten Schneematsch enthaltenes Tausalz führt zu Chloridkorrosion des Betonstahls (Foto Ib. Schöppel)

- Biegerisse in der oberen Randzone von Parkdecks im Bereich der **negativen Stützmomente,**
- horizontale Bereiche, in denen Wasser nicht abfließt,
- Beton neben **Bewegungsfugen**, vor allem wenn sie von Fahrzeugen überfahren werden,
- **Rampen**, wenn die Fahrbahnoberfläche nicht ausreichend verschleißfest ist, auch wenn keine Fahrzeugen mit Schneeketten darüber gefahren sind,
- direkt befahrenen Oberflächen, die, wenn öfters Frost einwirkt, abwittern können, wenn der Beton keinen ausreichenden Widerstand gegen Frost und Tausalz aufweist,
- Anschlüsse von Einbauteilen.

Es gibt aber auch Beispiele dafür, dass es unter günstigen Voraussetzungen durchaus gelingen kann, Parkdecks auch ohne Beschichtung so herzustellen, dass man mit einem Minimum an Instandhaltung auskommt. Das zeigen etwa die aus den Siebzigerjahren stammenden Garagen im Inneren des Mönchsberges, neben dem Festspielhaus in Salzburg. Die Decken der Parkdecks gehen dort nicht über mehrere Felder durch, sodass die Fahrbahnoberflächen stets in der Druckzone liegen. Sie wurden **vakuumbehandelt** und sind daher besonders dicht.

8.4.2 Planung

Maßgebend ist die Lage der Parkflächen, etwa in Kellergeschossen oder aber in Obergeschossen, wo sie starken **Temperaturänderungen** ausgesetzt sind, in Gegenden mit häufigen Schneefällen und starkem Eintrag von **Tausalz** oder wärmeren Bereichen. Daneben spielt natürlich auch die Nutzung eine wichtige Rolle: Ob nur mit Pkws zu rechnen ist oder auch schwerere oder gar härter bereifte Fahrzeuge, ob nur für Wohnbereiche oder für Einkaufszentren mit oftmaligem Wechsel von Kurzparkern. Und schließlich auch die Ansprüche des Bauherrn, etwa ob er **Pfützenfreiheit** fordert und vor allem, ob er eine **kostensparende** Bauweise mit wahrscheinlich hohem Instandhaltungsaufwand oder eine hochwertige, **dauerhaftere** Bauweise wünscht. Auch ob er **horizontale** Parkflächen oder zum besseren Abfluss von chloridhaltigem Schmelzwasser und Reinigungswasser ein Gefälle von 2,5 % haben will, wodurch Pfützen und im Winter Glatteis vermieden werden. Das Gefälle muss so angeordnet werden, dass Wasser stets **von Wänden, Stützen und Fugen wegfließt.** Bei Wänden und Stützen können zur Not auch Anrampungen diesem Zweck dienen. Ein funktionierendes **Entwässerungssystem** mit entsprechenden Rinnen und Abläufen ist stets nötig.

Es ist **Aufgabe des Planers**, den Bauherrn auf die **begrenzte** und oft schwer **vorhersehbare Lebensdauer** von Kunststoffbeschichtungen und anderen, bei hohen Beanspruchungen durch Fahrzeuge, Frost und Tausalze in dünnen Schichten weniger dauerhaften Baustoffen hinzuweisen. Er muss auch einen **Instandhaltungsplan** ausarbeiten, der auf die gewählte Ausführungsart abgestimmt ist und in dem angegeben wird, in welchem zeitlichen Abstand Inspektionen mit Wartungen durchzuführen sind und welche Maßnahmen zu treffen sind.

Auf eine **jährliche Inspektion** kann man bei Garagenbauten keinesfalls verzichten.

Der Planer muss den Bauherrn auf eine möglicherweise frühzeitig nötige **Instandsetzung** und die damit verbundenen Kosten hinweisen und tut gut daran, dies auch **gerichtsfest zu dokumentieren.** Er muss den Bauherrn auch daran erinnern, dass alle befahrenen Flächen in entsprechenden Zeitabständen zu **reinigen** sind, wobei auch eingeschleppter Splitt zu entfernen ist. Alle augenscheinlich erkennbaren Beschädigungen, wie solche von Ständern von Motorrädern, ebenso wie Risse, Abplatzungen, abgefahrene Oberflächen oder Hohllagen müssen umgehend instand gesetzt werden. Dazu muss ein sachkundiger Planer eingeschaltet werden.

8.4.3 Regelwerke und Empfehlungen

Zu beachten sind die **Änderungen der Expositionsklassen** in DIN EN 1992-1 womit den besonderen Beanspruchungen in Parkhäusern und Tiefgaragen Rechnung getragen wurde, [Fingerloos 16]:

XC 3 – mäßige Feuchte für Dach- und Verkehrsflächen mit **flächiger unterlaufsicherer Abdichtung**.

XD 1 – mäßige Feuchte und **Chloride** für Einzelgaragen und für befahrene Verkehrsflächen mit **vollflächigem Oberflächenschutz**.

XD 3 – wechselnd **nass und trocken**, sowie **Chlorideinwirkung** für Fahrbahndecken, **befahrene Verkehrsflächen** mit **rissvermeidenden** Bauweisen (z. B. Einfeldträger) ohne Oberflächenschutz oder **ohne Abdichtung**, sowie für befahrene Verkehrsflächen mit dauerhaftem **lokalen Schutz vor Rissen**, (ebenso für häufige **Spritzwasserbeanspruchung)**.

Um zu verhindern, dass durch Risse eindringende Chloride Korrosion der Stahlbewehrung auslösen, werden in vielen Fällen die Oberflächen mit Beschichtungen abgedichtet. Hierfür werden **Oberflächenschutzsysteme** die der **Instandsetzungsrichtlinie [DAfStb 01/14]**, (die als Instand**haltungs**richtlinie überarbeitet und voraussichtlich 2019 eingeführt wird) verwendet, siehe Abschn. 11.4.4. Daneben gibt es **flüssig zu verarbeitende Abdichtungsstoffe** nach DIN 18532-6, eine Norm, deren Angaben über die Verwendungsregeln in Parkhäusern und Garagen zurzeit kontrovers diskutiert wird. Ein wichtiges Kriterium für die Auswahl eines Oberflächenschutzsystems ist auch die Frage, mit welchem Aufwand eine Beschichtung gewartet werden muss und nötigenfalls **erneuert** werden kann.

Das fast lehrbuchartige **Merkblatt „Parkhäuser und Tiefgaragen“** [DBV 18] enthält Vorschläge und Empfehlungen. Die **Richtlinie „Garagen und Parkdecks“** [ÖBV 17] beinhaltet Regeln, deren Einhaltung sich als notwendig erwiesen hat, [Arazli 18].

8.4.4 Unbewehrte Bodenplatten

Für direkt am Untergrund aufliegende Platten, die nicht Teil der Tragkonstruktion des Gebäudes sind, können zweckmäßig die Regeln des Betonstraßenbaues angewandt werden. Solche Bodenplatten werden nicht bewehrt. Sie brauchen keinen Schutz vor in Risse eindringende Chloride. und erhalten daher auch meist keine Beschichtung. Wenn auf sie, vor allem in den ersten Jahren, häufig Tausalz eingetragen wird und Frost einwirkt, ist **XF 4**, andernfalls **XF 2** zu berücksichtigen. XF 2 entspricht Beton C 35/45 oder Luftporenbeton C 25/30. Luftporenbeton darf nur unmittelbar nach dem Verdichten geglättet werden, nicht, wie mit Tellerglättern üblich, wenn er bereits eine gewissen Anfangsfestigkeit erreicht hat, Abschn. 5.9.8.

Zu beachten ist, besonders wenn keine Beschichtung aufgebracht wird, dass auch zu angrenzenden Fundamenten kein chloridhaltiges Wasser einsickern darf, es sei denn, man konnte auch dort auf eine Stahlbewehrung verzichten oder man hat die Fundamente entsprechend abgedichtet.

Bei freistehende Einzelgaragen für Pkw genügt eine Dicke der Bodenplatte von 12 cm. Bei größeren Bodenplatten bleibt man mit der Dicke knapp unterhalb jener von Straßen. Im Inneren von Gebäuden können wegen der dort geringeren Temperaturänderungen größere Fugenabstände gewählt werden als bei direkt der Witterung ausgesetzten Straßen.

8.4.5 Bewehrte Bodenplatten

Bodenplatten, die Teil der Tragkonstruktion des Gebäudes sind, werden in der Regel bewehrt und erfordern deshalb besondere Maßnahmen, damit durch sich bildende **Risse** keine Chloride eindringen können. Maßgebend für das Entstehen und die Öffnungsweite von Rissen ist vor allem, nach welchem **Entwurfsgrundsatz** die Bodenplatte ausgeführt wurde. Dabei wird unterschieden zwischen

(a) **Rissvermeidung** durch besondere konstruktive, technologische und ausführungstechnische Maßnahmen, vgl. Abschn. 8.5.2.

(b) **Rissverteilung** durch **engliegende Bewehrung** unter Berücksichtigung von **rechnerischen Rissbreiten** entsprechend den Möglichkeiten rissüberbrückender Oberflächenschutz- und Abdichtungssysteme.

(c) **Rissbildung** mit **planmäßiger nachträglicher Abdichtung**, wobei wenige breite Risse angestrebt werden, die aber stets zugänglich bleiben müssen.

Bewehrte Bodenplatten können direkt befahren werden, wenn nach Entwurfsgrundsatz (a) an ihrer Oberseite keine Risse aufgetreten sind, etwa, weil die obere Randzone, wie bei Einfeldplatten oder vorgespannten Konstruktionen, **stets in der Druckzone** liegt oder wenn nach Entwurfsgrundsatz (c) nur wenige Risse entstanden sind, die verpresst oder mit **rissüberbrückenden Bandagen** verschlossen wurden. Das soll möglichst vor der ersten Chlorideinwirkung geschehen. Bandagen sind aber wenig dauerhaft, vor allem in befahrenen Bereichen. Damit entlang solcher Bandagen nicht Wasser stehen bleibt, sollen sie oberflächenbündig sein, wozu man sie

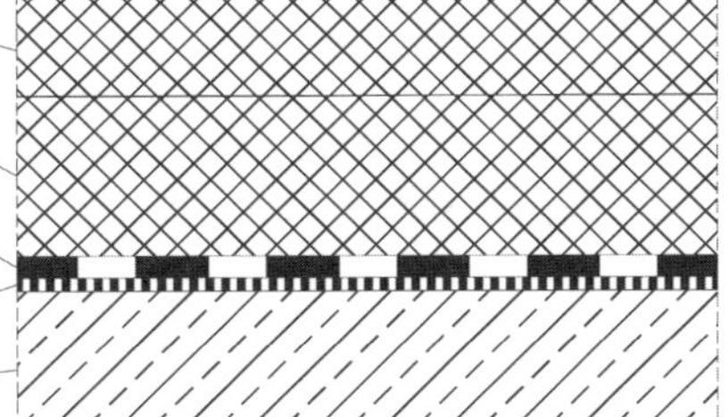

Abb. 8.4-3:
Auf befahrenen Flächen haben sich Abdichtungen und Deckschichten ähnlich wie auf Brücken am besten bewährt: Versiegelung der Betonoberfläche mit Epoxydharz, unterlaufsichere Abdichtung und Schutzschichten aus Gussasphalt.

einfräsen muss. Voraussetzung dazu ist, dass alle möglichen Rissbereiche während der gesamten Nutzungszeit so zugänglich sind, dass auch später auftretende Risse abgedichtet werden können. Der Beton muss ausreichenden Widerstand gegen Frost und Chloride haben, siehe Abschn. 8.4.4.

In den meisten Fällen werden bewehrte Bodenplatten, bei denen Risse schon aufgetreten sind oder erwartet werden müssen, abgedichtet. Dies kann durch eine vollflächig aufgebrachten **Oberflächenschutzschicht** OS 10 oder OS 11 nach der Instandsetzungsrichtlinie [DAfStb 01/14], siehe Abschn. 11.4.4 geschehen, oder, ähnlich wie bei Brücken durch eine **unterlaufsichere bahnenförmige Abdichtung** und darüber als Schutzschicht meist Gussasphalt oder Asphaltbeton, Abb. 8.4-3. Bei mäßig beanspruchten Verkehrsflächen reicht eine 4 cm dicke Asphaltschicht, bei frei bewitterten oder hoch beanspruchten Verkehrsflächen ist eine mind. 2 cm dicke Schutzschicht und darüber eine mind. 3 cm dicke Deckschicht nötig.

Es ist auch heute noch eine besondere Herausforderung für den **Planer**, eine auf die Konstruktion abgestimmte **Oberflächenschutzschicht** auszuwählen, die hinreichend **robust** und **dicht** ist, sicherstellt, dass die Bewehrung nicht korridiert und erst nach sehr langjähriger Nutzung erneuert werden muss. Bei der Wahl der Oberflächenschutzschicht ist maßgebend, ob Risse zu erwarten sind, die nach dem Aufbringen der Grundierung ihre Öffnungsweite verändern und daher so überbrückt werden müssen, dass kein Chlorid eindringen kann. Direkt befahrene Oberflächenschutzschichten werden auch auf **Verschleiß** beansprucht. Ein realitätsnahes Prüfverfahren (Parking Abrasion Test PAT) hierzu ist in Entwicklung, [Breit 17].

Es versteht sich von selbst, dass auf Flächen, die immer wieder von Fahrzeugen befahren werden, rissüberbrückende, also „weiche" Beschichtungen oder solche mit dazwischenliegender Schwimmschicht empfindlicher und weniger dauerhaft sein können als solche ohne rissüberbrückende Eigenschaften wie OS 8. Wenn bei solchen starren Beschichtungen Risse durchkommen, muss man mit Ablösungen entlang der Rissufer rechnen, ähnlich wie entlang nicht sachgerecht eingebunder Einbauten.

Bei Weißen Wannen, die ständig oder nur bei Hochwasser stärkerem **Wasserdruck von unten** ausgesetzt sind, kann bei Rissen Wasser durchsickern. Wenn Oberflächenschutzschichten wie OS 10 und OS 11 den rückseitigen Wasserdruck nicht standhalten, entstehen Blasen, die aufgeschnitten werden müssen. Alle Risse, durch die Wasser sickern kann, müssen verpresst werden. Anschließend soll zusätzlich eine **Rissbandage** aufgebracht werden. **Innenabdichtungen** gegen Wasserdruck von unten sind auf jeden Fall problematisch, auch wenn sich mit OS 11a-Systemen und Kautschukbeschichtungen in Kurzzeitversuchen keine Wasserdurchtritte gezeigt haben, [Wolff 04].

Wenn mit später auftretenden wasserführenden Rissen gerechnet werden muss, kann nur mit einer nicht rissüberbrückenden Schutzschicht OS 8 beschichtet werden oder man verzichtet ganz auf eine Beschichtung. Durch sachgerechte Verwendung einer Frischbetonverbundfolie oder ähnlichen wasserseitigen Abdichtungen der Bodenplatte schon beim Bau vermeidet man Probleme mit später auftretenden Rissen.

8.4.6 Befahrene Zwischendecken

Zwischendecken in Parkhäusern und Tiefgaragen sind größeren Temperaturänderungen und je nach Steifigkeit der Konstruktion auch höheren Zwangsspannungen ausgesetzt als Bodenplatten. Hinzu kommt, dass kein Wasser durch Risse sickern und auf darunter stehende Fahrzeuge tropfen darf. Wenn es gelingt, Parkdecks so herzustellen, dass an ihren Oberflächen keine Risse auftreten, können sie direkt befahren werden. Wenn aber mit durchlässigen Rissen gerechnet werden muss, ist es notwendig, sie wie bewehrte Bodenplatten mit Oberflächenschutzschichten oder Bahnenabdichtungen mit entsprechenden Schutzschichten wie bewehrte Bodenplatten zu versehen.

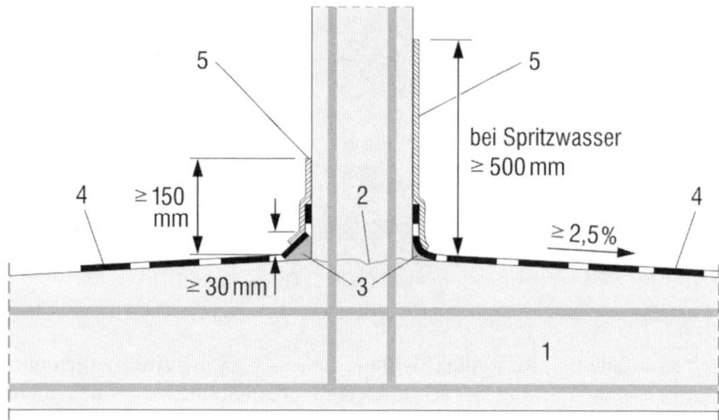

Abb. 8.4-4: Anrampungen oder leichtes Gefälle müssen dafür sorgen, dass kein Wasser zu Stützen und Wänden kommen kann. Die Beschichtungen der senkrechten Flächen müssen unten die Beschichtung der horizontalen Flächen im Randbereich überdecken.

Über **Wohnräumen** oder wenn ein oberstes Parkdeck gleichzeitig als **Dachfläche** dient, gibt man über eine zweilagige Bahnenabdichtung eine Wärmedämmschicht und darüber eine lastverteilende Fahrbahndecke.

8.4.7 Rampen

Rampen müssen besonders robust und dauerhaft sein, weil sie stärker beansprucht werden als Parkflächen und spätere Instandsetzungsarbeiten Sperren erfordern, durch die die ganze Parkanlage lahmgelegt wird. Um mechanische Beschädigungen zu vermeiden, ist eine sorgfältige Planung nötig. Kuppen müssen mit Radien von mindestens 15 m und Wannen mit mindestens 20 m ausgerundet werden, [Curbach 04].

Rampen werden vielfach **ohne Oberflächenschutz** des Betons ausgeführt. Wenn eine Bauweise, bei der keine Risse an der Oberfläche erwartet werden, nicht möglich ist, kann zur Vermeidung von Korrosion der Bewehrung nichtrostender Betonstahl, Abschn. 4.3-5, verwendet werden. Direkt der Witterung ausgesetzter Beton muss XF 4 entsprechen. Wenn er die Anforderungen an Straßenbeton erfüllt, ist er auch ausreichend verschleißfest, vorausgesetzt, eine häufige Benutzung von Fahrzeugen mit Schneeketten ist auszuschließen. Die Griffigkeit der Oberflächen ist für die stets langsam fahrenden Fahrzeuge kein Problem. Fußgänger benutzen Rampen nur im Notfall. Die sich von selbst einstellende Rauigkeit reicht dafür aus. Dennoch gibt es Bemühungen, auch hierfür ein Vorschriftenwerk mit Prüfverfahren zu schaffen.

Verdichten des Betons auf geneigten Flächen, Glätten der Oberfläche und anschließendes Aufrauen mit einem Besenstrich oder Ähnlichem erfordert eine hierfür geeignete Verarbeitbarkeit des Frischbetons und handwerkliches Geschick. Auch bei überdachten Rampen muss dafür gesorgt werden, dass **Wasser rasch zur Seite abfließt**, damit sich kein Eis bildet. Elektrische Rampenheizungen werden selten ausgeführt, weil sie leicht beschädigt werden. Die Heizelemente müssen knapp unter der Oberfläche liegen, damit es bei Schneefall nicht zu lange dauert, bis aller Schnee geschmolzen ist. Durch kurzfristige einseitige Erwärmung entstehen aber hohe Temperaturspannungen. Man könnte sie vermeiden, indem man die Rampen ständig über dem Gefrierpunkt hält.

Oberflächenschutzschichten und Bahnenabdichtungen sind vor allem bei stärker geneigten Rampen und solchen im Bogen schwer so auszuführen, dass sie den erhöhten Beanspruchungen standhalten. Beschichtungen mit Epoxydharz nach OS 8 sind robuster und eignen sich auch für Rampen. Das gilt auch für Flüssigfolien mit Vlieseinlagen und entsprechenden Verschleißschichten. Wenn die Rampenneigungen nicht zu groß sind, kann auch zweilagig eingebauter Gussasphalt als Fahrbahnbelag vorgesehen werden.

8.4.8 Seitliche Wände und Stützen

Die **Sockelbereiche** von Wänden und Stützen müssen sorgfältig geschützt werden, um Schäden durch vom Boden **aufgesaugte Feuchtigkeit** und ggf. auch durch chloridhaltiges **Spritzwasser** zu vermeiden, Abb. 8.4-4. Dazu wird die horizontale Beschichtung bis knapp über die Hohlkehle hochgezogen. Längerfristig bewährt hat sich auf den lotrechten Flächen eine Flüssigabdichtung mit Vlies oder eine bituminöse Abdichtung, die an der Hohlkehle den Rand der horizontlen Beschichtung überdeckt. Der Oberflächenschutz soll mind. 15 cm, im Spritzwasserbereich mindestens 50 cm hoch gezogen werden.

8.4.9 Fugen, Einbauten und Pflasterbeläge

Besonders gefährdet sind **Bauwerksfugen, die überfahren** werden und keine Anrampung zur Vermeidung eines Wasserzutritts erhalten. Beim **Anschluss an Einbauten**, etwa für Wasserabläufe, hat es sich bewährt, den angrenzenden Beton mit einem Trennschleifer etwa 10 mm bis 20 mm tief einzuschneiden und den Schlitz mit Epoxydharz zu verfüllen.

Der **Anfahrschutz** soll stets getrennt von der tragenden Konstruktion sein. Für häufig feuchte Leitwände ist Beton XD 3 zwingend, darüber hinaus ist auch eine Beschichtung OS 4 oder 5 zweckmäßig.

Bei **Pflasterbelägen** kann nicht verhindert werden, dass chloridhaltiges Wasser durch Fugen einsickert. Daher müssen alle darunter liegenden oder angrenzenden Bauteile aus Beton, die eine Bewehrung aus Betonstahl enthalten, sorgfältig abgedichtet werden, damit keine Stahlkorrosion auftritt.

8.5 Weiße Wannen und andere wasserundurchlässige Bauteile

8.5.1 Grundsätzliches und Erfahrungen

Beton, der, wie in Kellergeschossen, von außen mit Wasser beaufschlagt wird, muss, so dachte man lange, genauso wie Ziegelwände nach DIN 18195 abgedichtet werden. Das geschah mit bituminösen Anstrichen, später mit aufgeflämmter Dachpappe, und bis in die heutige Zeit mit Bitumenschweißbahnen, daher der Begriff **„schwarze Wanne“**. Wenn dann in einer Betonwanne dennoch Wasser durchkam, konnte man nicht feststellen, wo die äußere Abdichtung fehlerhaft aufgebracht oder später verletzt wurde. Blieb nichts anderes übrig, als den Beton, dort wo das Wasser herauskam, zu verpressen und in vielen Fällen bekam man so die Wanne auch dicht.

Warum aber nicht gleich den Beton sorgfältig einbauen, sodass keine Nester verbleiben und auf eine schwarze Abdichtung verzichten? Dies gilt auch für Behälter und andere Bauteile, die wasserundurchlässig sein müssen. Das war aber leichter gesagt als getan. Wenn heute überwiegend für Tiefgeschosse und auch für tiefliegende Verkehrsbauten **Weiße Wannen** geplant werden, darf nicht übersehen werden, dass es auch dabei oft zu Feuchtstellen oder Wasserdurchtritten und damit auch zu **Konflikten zwischen Planer, Ausführenden, Auftraggebern und Nutzer** kommt. Das kann, vereinfacht ausgedrückt, folgende Ursachen haben:

(1) Beton so zusammenzusetzen, dass im Laborversuch Wasser nur wenige Millimeter tief eindringt, gelingt fast immer. Ihn so einzubringen und verdichten, dass kein Wasser durchsickert, also auch **nirgends Entmischungen** entstehen, erfordert sorgfältige Arbeit, besonders bei Einbauten, Anschlüssen und Fugen.

(2) Beton erwärmt sich nach dem Einbau und wird bei einer **erhöhten Temperatur fest**. In den folgenden Tagen kühlt er sich auf die Umgebungstemperatur ab. Wenn er sich, wie oft, dabei nicht verkürzen kann, entstehen **Zwangsspannungen** mit Zug oder Biegezug bis hin zu **Rissen**. Man spricht von **„frühem Zwang“.** Oft kühlen sich Bauteile aber erst im **Winter** stärker ab, dann kann auch **„später Zwang“** zu wasserdurchlässigen Rissen führen.

(3) Wenn Risse für unvermeidlich gehalten werden, ordnet man eine **rissbreitenbeschränkende Bewehrung** an. Das erfordert einen Bewehrungsgrad, der umso höher sein muss, je **höher die Zugfestigkeit** des Betons ist. Beton zielsicher so herzustellen, dass er eine sehr niedrige Zugfestigkeit aufweist, aber dennoch die erforderliche Dichtigkeit, Druckfestigkeit und Dauerhaftigkeit erreicht, ist ein unerfüllbarer Wunsch! Soll man viel Bewehrung einbauen, die oft schon nach einer Woche ihre Aufgabe erfüllt hat, wenn der von der Hydratation des Zements erwärmte Beton wieder abgekühlt ist?

(4) Rissauslösende hohe **axiale Zugspannungen** können meist vermieden werden, wenn sich Außenwände und vor allem auch Bodenplatten **beim Abkühlen verkürzen** können. Wenn auch nur kleine Verschiebungen zwischen Bauteil und Baugrund durch Querschnittsversprünge, wie bei Außentreppen, Lichtschächten, Aufzugsunterfahrten oder Fundamenten von Baukränen, auch behindert werden, können schon wasserdurchlässige Risse entstehen.

(5) **Risse**, die **Wasser durchsickern** lassen, können so verpresst werden, dass sie wasserdicht werden, vorausgesetzt, sie öffnen sich später nicht wieder. Das ändert aber nichts daran, dass der fachunkundige Bauherr jeden deutlich sichtbaren Riss als **Mangel** ansieht, wenn er nicht vorher ausreichend informiert wurde.

(6) Auch wenn kein Wasser durch eine Weiße Wannen durchkommt, können sich dennoch an Innenflächen der Außenwände von Untergeschossen **Feuchtflächen** bilden. Ursache ist oft die

anfängliche **Baufeuchte** oder wenn Feuchtigkeit später auftritt, dass die Feuchtigkeit der Luft, die in geheizten Kellerräumen sehr hoch sein kann, an **kalten Außenwänden kondensiert**, Abschn. 8.5.6.

(7) **Schwinden und Quellen** tragen im Vergleich zu Temperaturänderungen meist nur wenig zu einer Rissbildung in Weißen Wannen bei, obwohl dadurch nennenswerte Spannungsgradienten im Betonquerschnitt verursacht werden können, vgl. Abschn. 3.4.5.1. Wenn aber in der Wasserwechselzone der Beton lange Zeit austrocknen konnte und dann mit kaltem Wasser beaufschlagt wird, addieren sich Schwind- und Temperaturspannungen. Auch bei freistehenden Wasserbehältern, deren Beton nur luftseitig austrocknet, können sich im Winter die durch Schwinden und Temperaturunterschiede entstehenden Spannungsgradienten addieren und damit die Wahrscheinlichkeit einer Rissbildung erhöhen.

In den heutigen Regelwerken haben viele wichtige Erkenntnisse ihren Niederschlag gefunden. Zu nennen sind die **Richtlinie Wasserundurchlässige Bauwerke aus Beton (WU-Richtlinie) [DAfStb 17]** und das **Merkblatt „Hochwertige Nutzung von Untergeschossen – Bauphysik und Raumklima“** [DBV 09], sowie die österreichische **Richtlinie Wasserundurchlässige Betonbauwerke – Weiße Wannen [ÖBV 18]**, die überwiegend Weiße Wannen für Verkehrsbauten behandelt. Daneben ist das Buch „Weiße Wannen – einfach und sicher“, [Lohmeyer 13/1] eine gern benutzte Hilfe. Aber selbst die strenge Einhaltung eines Regelwerkes ist **noch keine Garantie** dafür, dass es nicht doch zu einzelnen unvorhergesehenen Wasserdurchtritten kommt.

Fazit: Es gibt **keine generelle Lösung** für wasserundurchlässige Betonbauten. Sie bleiben eine Ingenieraufgabe, wobei die Zusammenarbeit von Planern und Ausführenden in hohem Maß gefordert ist.

Die Ursache für ungewollte Feuchtigkeit in Weißen Wannen kann in der Planung, der Ausführung oder auch in der Nutzung liegen. Daher kommt vorausgehenden klaren **vertraglichen Festlegungen**, auch über die vorgesehene Nutzung, erforderliche Dichtheit und Kostenübernahme von ggf. nötige Maßnahmen zur Abdichtung besondere Bedeutung zu, Abschn. 8.5-6.

8.5.2 Grundsätze für den Entwurf

Vier unterschiedliche Entwurfsgrundsätze werden angewandt, um Weiße Wannen oder andere Betonbauteile so zu planen, dass kein Wasser durchdringt.

Grundsatz (a): Vermeidung wasserführender Risse (Münchner Konzept zur Rissvermeidung). Dazu sind **konstruktive, technologische und ausführungstechnische** Maßnahmen nötig, [Mayer 14], Abschn. 8.5.5. Eine rissbreitenbeschränkende Bewehrung ist nur vorgesehen, soweit dies aus statischen Gründen nötig ist, nicht um Zwangsspannungen aus Hydratationswärme usw. aufzunehmen. Während der Bauzeit unerwartet auftretende Risse können nötigenfalls verpresst werden, wenn sie nicht, sobald Wasser von außen einwirkt, nach wenigen Monaten von selbst zusintern, Abschn. 11.8.3. Unterliegt eine Weiße Wanne auch während der späteren Nutzung **wiederkehrenden größeren Temperaturänderungen,** sind zusätzliche Maßnahmen zu planen. Bei Bauten mit hohen Anforderungen an die Nutzung kann eine **Kombination der Entwurfsgrundsätze (a) und (d)** sinnvoll sein.

Grundsatz (b): Rissverteilung durch rissbreitenbeschränkende Bewehrung. Die Stahlbewehrung wird ohne weitgehende Berücksichtigung von Rissursachen so bemessen, dass schon nach einer geringen, noch zuzulassenden Öffnungsweite jedes Risses die Schnittkräfte von der Stahlbewehrung übernommen werden und so eine weitere Öffnung verhindert wird. Man geht dabei davon aus, dass bei zunehmender Zugbeanspruchung neben jedem Riss weitere schmale Risse entstehen, die sich ebenfalls nicht zu weit öffnen. Je kleiner die der Berechnung zu grunde gelegte **Öffnungsweite** der Risse und je höher die **Zugfestigkeit** des Betons angenommen wird, desto **mehr Stahlbewehung** ist nötig. Dabei können auch Risse auftreten, die zwar Feuchtigkeit durchlassen, aber innerhalb einiger Monate nach Beaufschlagung mit Wasser von selbst zusintern, was bei hohem äußeren Wasserdruck (über etwa 10 m) aber nicht der Fall ist, vgl. Abschn. 11.8.3. Zu beachten ist, dass rechnerische Rissbreiten, wie mit 0,20 mm oder 0,30 mm, statistische Werte sind, die von einzelnen Rissen oft auch deutlich überschritten werden können.

Vielfach geht man davon aus, dass das abzudichtende Bauteil nur durch **frühen Zwang** durch das Abfließen der Hydratationswärme und andere Ursachen spätestens im Alter von 5 Tagen beansprucht wird und dass der Beton zu diesem Zeitpunkt pauschal erst 50 % seiner Zugfestigkeit erreicht hat. Heute üblicher Beton erhärtet oft schneller als angenommen, wobei die Zugfestigkeit anfangs sogar schneller als die Druckfestigkeit zunimmt.

Die Praxis hat gezeigt, dass Bauteile viel öfter als geplant noch während der Bauzeit oder bei der späteren Nutzung abkühlen und es durch **späten Zwang** zu sich stärker öffnenden Rissen kommt. Die durch zunehmende Hydratation steigende Zugfestigkeit bleibt oft unbeachtet. Man versucht nun, das Problem zu lösen, indem man fordert, mit einer höheren Zugfestigkeit des Betons zu rechnen und beabsichtigt, dies auch in den Regelwerken festzuschreiben. Dabei ergeben sich **sehr hohe Bewehrungsgrade**, die den Einbau des Betons oft erheblich erschweren. Die Zukunft wird zeigen, ob es gelingt, durch entsprechend verstärkte Bewehrung wasserführende Risse besser zu vermeiden, oder ob es nötig ist, verstärkt die Ursachen der rissauslösenden Spannungen – Grundsatz (a) – zu berücksichtigen.

Grundsatz (c): Abdichten von Rissen. Zu Grundsatz (b) besteht der Unterschied nur dadurch, dass man mit etwas breiteren Rissen, wie sie nach DIN 1045-1 zugelassen werden, rechnet. Diese Risse treten dann in kleinerer Anzahl auf und müssen **planmäßig abgedichtet** werden.

Grundsatz (d): Frischbetonverbundfolien (FBV) übernehmen die Abdichtung. Es handelt sich dabei um seit einigen Jahren auf dem Markt befindliche dünne Kunststoffdichtungsbahnen, die vor dem Einbringen des Betons auf der Schalung oder einer anderen glatten Unterlage in Bahnen ausgelegt, nötigenfalls fixiert und stets miteinander verklebt werden. Bisherige Erfahrungen mit FBV wurden in einem Heft zusammengefasst, [DBV 16]. Wie alle Abdichtungssysteme müssen auch FBV sehr sorgfältig auf einer Unterlage verlegt und bis zum Einbau der Betons vor Beschädigungen geschützt werden. Besonders ist darauf zu achten, dass FBV vor dem Einbringen des Betons **nicht verschmutzt** werden.

Frischbetonverbundfolien unterscheiden sich von anderen Dichtungsbahnen, weil sie durch chemische Reaktion schon mit dem Frischbeton oder durch Verkrallung durch ein Mikrovlies so fest am Beton haften, dass sie **nicht zur Hinterläufigkeit neigen**. Sollte dennoch eine Undichtigkeit auftreten, sieht man, wo abgedichtet werden muss. Man spricht davon, dass FBV selbst Rissbreiten von 5 mm noch schadlos überbrücken. FBV können auch, wenn nach anderen Entwurfsgrundsätzen (a) oder (b) gearbeitet wird, eine zusätzliche Sicherheit bringen, vor allem wenn sehr hohe Anforderungen an die Trockenheit von Innenräumen gestellt werden.

8.5.3 Anforderungen

Der Planung muss zugrunde gelegt werden, mit welchen Beanspruchungen zu rechnen ist und welche Anforderungen der Nutzer an die Trockenheit der Innenflächen stellt. Zwei **Beanspruchungsklassen** wurden in der WU-Richtlinie [DAfStb 17] definiert, je nachdem ob

Klasse 1: ständig und zeitweise drückendes Wasser

Klasse 2: Bodenfeuchte und an der Wand ablaufendes Wasser zu erwarten ist.

Die WU-Richtlinie unterscheidet auch zwei **Nutzungsklassen:**

A: Feuchtstellen auf der luftseitigen Bauteiloberfläche als Folge von Wasserdurchtritt nicht zulässig.

B: Feuchtstellen auf der luftseitigen Bauteiloberfläche als Folge von Wasserdurchtritt zulässig. Geeignet für Tiefgaragen, Installations- und Versorgungsschächte, sowie Lageräume mit geringen Anforderungen und dgl.

Die Praxis hat gezeigt, dass für Weiße Wannen in Untergeschossen von Hochbauten eine weitere Unterteilung notwendig ist. Ein Merkblatt über **hochwertige Nutzung** von Untergeschossen [DBV 09] unterteilt daher die Nutzungsklasse A nach der geplanten Nutzungsart nochmals in

Aa „anspruchsvoll" Bibliotheken, EDV-Räume usw. meist mit Klimaanlage (Luftentfeuchtung)

An „normal" Büro, Aufenthaltsräume usw. mit Heizung und Zwangslüftung ggf. auch Klimaanlage

Ac „einfach" Hobbyräume, Abstellräume usw. mit natürlicher Lüftung

Au entsprechend B „untergeordnet" einfache **Technikräume.**

Ist vorgesehen, Kellerräume nach Nutzungsklasse Aa hochwertig zu nutzen, sind besondere Maßnahmen zur Vermeidung von Kondenswasser nötig, [Kiltz 17], vgl. Abschn. 8.5.6.

Für Weiße Wannen im **Ingenieurbau,** wie bei Tunneln in offener Bauweise und bei großen Flachgründungen beschreiben die ZTV-ING Teil 5 (Tunnelbau), drei Anforderungsklassen bzw. Dichtigkeitsklassen, die von **„vollständig trocken"** über **„weitgehend trocken"** bis **„leicht feucht**" („kapillare Durchfeuchtung") reichen.

8.5.4 Bauweisen

Weiße Wannen für Bauteile, die Flüssigkeiten nicht durchdringen lassen dürfen, werden fast immer in Ortbeton hergestellt. Bei sorgfältiger Ausführung ist schon bei einer Betondicke von mindestens 150 mm ein Eindringen von Wasser bis zur luftseitigen Boden- oder Wandfläche praktisch weder durch kapillares Saugen, unter Druck, durch Permeation oder durch Diffusion möglich, (vgl. Abschn. 3.4.6.1).

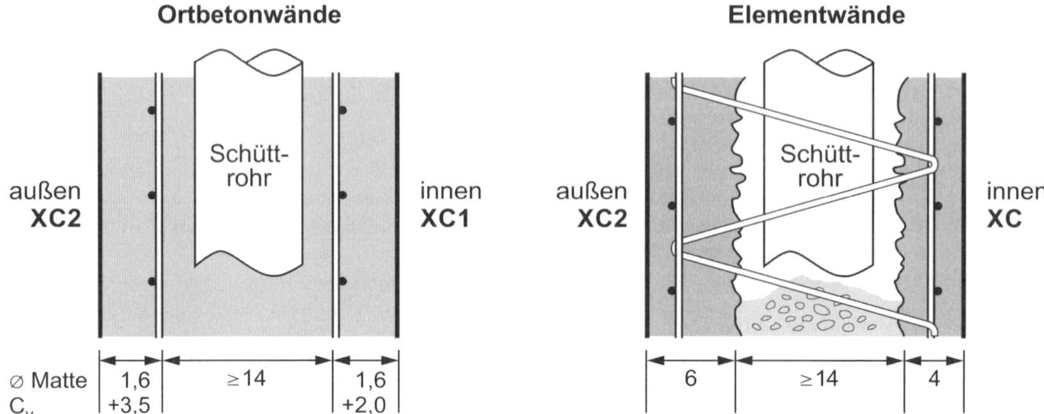

Abb. 8.5-1: Beispiele für Wanddicken, um bei innenliegenden Fugenblechen Beton mit 16 mm Größtkorn noch gut einbringen zu können

Aus **konstruktiven** und **einbautechnischen Gründen** und um eine höhere Sicherheit gegen einzelne Fehlstellen im Gefüge zu haben, wählt man aber etwas größere Dicken nach der WU-Richtlinie von meist **mindestens 240 mm**. Neben wasserdurchlässigen Rissen und undichten Fugen können auch Fehlstellen im Betongefüge zu Undichtigkeiten führen, häufig in Bereichen, in denen eine sehr dichte Bewehrung den Einbau behindert hat.

Das Betongefüge darf nur eine sehr geringe Porosität haben, damit Wasser auch kapillar nur sehr wenig tief eindringt. Dazu muss der Beton ausreichend lange nachbehandelt werden. **Elementwände (Dreifachwände)** werden heute vielfach für Kellerwände verwendet. Bei **Fertigteilen** kann man Wasserundurchlässigkeit schon mit erheblich kleineren Dicken erreichen, weil durch industrielle Produktionsbedingungen, vor Witterung geschützt, eine sehr hohe und gleichmäßige Betongüte erzielt werden kann. Insgesamt können dabei dabei aber etwas größere Wanddicken nötig sein. Werden Fertigteile verwendet, müssen die **Fugen** sorgfältig abgedichtet werden.

Die in Betonwerken hergestellten 40 mm bis 60 mm dicken Fertigteile dienen beidseitig als **verlorene Schalung** und enthalten bereits die statisch und für den Transport erforderliche Bewehrung. Sie werden mit Kernbeton gefüllt. Damit ein monolithischer, hinterlaufsicherer Verbund entsteht, müssen die Innenflächen rau sein, wobei die Rautiefe mindestens 1,5 mm betragen soll. Elementwandplatten werden auf etwa 3 cm hohe Distanzhölzer gestellt, so dass der Kernbeton unten austreten kann, [Hartl 99]. Mit vorgelegten Kanthölzern verhindert man, dass zuviel Beton herauskommt, nachdem man sich davon überzeugt hat, dass sich der Kernbeton im Anschlussbereich nicht entmischt hat und gut verdichtet wurde.

Zur **Abdichtung der Stoßfugen** werden meist beschichtete Fugenbleche eingesetzt. Es können auch wasserseitig mit **Epoxydharz aufgeklebte flexible Fugenbänder** verwendet werden. Sind sehr dünne Wände geplant, ist die Wassereindringtiefe nach DIN EN 12390-8 mit Proben, die wie bei der Werksfertigung nachbehandelt wurden, zu prüfen. Die in der WU-Richtlinie geforderten Mindestwanddicken sollen aber nicht unterschritten werden, weil die Praxis gezeigt hat, dass sich bei zu kleinen Wanddicken ausführungsbedingte Betonierfehler häufen.

8.5.5 Grundsatz (a): Münchner Konzept zur Rissvermeidung

8.5.5.1 Grundlagen

Das bisherige Wissen über die Herstellung wasserundurchlässiger Bauteile ohne Bewehrung zur Vermeidung von störenden Rissen wurde am Baustoffinstitut (heute CBM) der TU München durch umfassende Untersuchungen im Labor und auf Baustellen unter Verwendung eigens dazu entwickelter Prüfeinrichtungen erweitert, vgl. Abschn. 3.6. Die dabei gewonnenen Erkenntnisse wurden seit Anfang der Neunzigerjahre bei einer Reihe von Weißen Wannen und anderen wasserundurchlässigen Bauwerken genutzt. In einigen wichtigen Fällen wurden dabei nicht nur die **Temperaturen**, sondern auch die **Zwangsspannungen** mit dem Stressmeter gemessen, vgl. Abschn. 3.6.4. Damit konnte festgestellt werden, wie weit die Zugfestigkeit des Betons in Anspruch genommen wurde. Für das im Zuge dieser Arbeiten entwickelte Münchner Konzept zur Rissvermeidung bei Weißen Wannen ist durch sechs Überlegungen gekennzeichnet, [Plannerer 02]:

(1) Wenn es die Verhältnisse zulassen, ist es besser, durch **konstruktive, technologische und ausführungstechnische Maßnahmen** hohe Zwangs- und Eigenspannungen von **vornherein zu vermeiden**, als durch eine aufwändige rissverteilende Bewehrung weit öffnende Risse zu verhindern, indem man deren Öffnungsweite auf viele kleine Risse verteilt.

(2) Es müssen **konstruktive, betontechnische und ausführungstechnische** Maßnahmen getroffen werden, um Spannungen aus **Hydratationswärme** und anderen **Temperaturänderungen** sowie aus Schwinden und Quellen **klein zu halten.** Je nach den örtlichen Gegebenheiten kann auf sehr aufwändige Maßnahmen, wie Kühlen des Frischbetons mit flüssigem Stickstoff oder die Verwendung von Gesteinskörnungen mit niedriger Wärmedehnzahl verzichtet werden.

(3) Im Zuge der **Nachbehandlung** des Betons sind neben dem Feuchthalten auch ein **Schutz vor starker Erwärmung**, Abschn. 7.8.3, und **vor starker Abkühlung**, Abschn. 7.8.4, besonders wichtig. Maßgebend für die erforderlichen Maßnahmen sind die **Witterungsverhältnisse**, die beim Einbringen des Betons und an den folgenden Tagen herrschen. Bei Platten geht es auch darum, größere **Temperaturgradienten**, also größere Unterschiede der Temperatur der oberen und der unteren Randzone zu vermeiden. In den meisten Fällen muss verhindert werden, dass sich der Beton in der oberen Randzone stärker erwärmt und bei einer deutlich höheren Temperatur als in der unteren Randzone fest wird, sodass ein hoher Gradient der Nullspannungstemperatur entsteht. Bei Kälteeinbrüchen muss umgekehrt verhindert werden, dass die obere Randzone in den ersten Tagen zu rasch abgekühlt. Ähnliches gilt für die Randzonen von Wänden.

(4) Rechnerische Nachweise einer Risssicherheit während der ersten Tage der Betonerhärtung sind mit hohen Unsicherheiten behaftet, weil die zur Berechnung der Zwangs- und Eigenspannungen benötigten Materialkennwerte nur in sehr grober Näherung gewonnen werden können. Vor allem der Anstieg des Verformungsmoduls des jeweiligen Betons um vier Größenordnungen am ersten Tag wird u. a. auch von den Rohstoffvorkommen und Herstellungsbedingungen des verwendeten Zements bestimmt und kann nicht hinreichend zuverlässig vorhergesagt werden.

(5) Sehr große Sohlplatten, vor allem solche, bei denen der Beton nicht in einem Zuge eingebaut werden kann, werden durch Fugen unterteilt, Abb. 8.5-2.

(6) Bei schwierigen Verhältnissen, wie ungünstigen Abmessungen oder sehr großen Bauteilen, sowie bei zu erwartender sehr ungünstiger Witterung, wird vorsorglich in das Leistungsverzeichnis eine **Position für das Abdichten von Rissen** aufgenommen. Davon musste allerdings bei den bisherigen Ausführungen kaum Gebrauch gemacht werden.

Abb. 8.5-2: Weiße Wanne der Pinakothek der Moderne. Die 90 cm dicke Sohlplatte enthält keine zusätzliche Bewehrung, um die Sicherheit gegenüber Undichtigkeiten zu erhöhen. Stattdessen wurden gezielte konstruktive, betontechnologische und ausführungstechnische Maßnahmen getroffen

Abb. 8.5-3: Eng liegende Bewehrung macht das Einbringen des Betons in die Bodenplatten fast unmöglich und schützt nicht zuverlässig vor Undichtigkeiten. Tragwerksplaner sollten nicht versuchen, alle Probleme mit Zwangsspannungen durch dichte Bewehrung zu lösen.

Ziel der in den folgenden Abschnitten 8.5.5.2 bis 8.5.5.5 beschriebenen Maßnahmen ist es, sowohl Wasserdurchlässigkeiten wie auch unnötig hohe Kosten zu vermeiden, vor allem auch sehr hohe Bewehrungsgrade, durch die auch das Einbringen und Verdichten des Betons, der ein dichtes Gefüge erhalten muss, erheblich erschwert wird. Voraussetzung dazu ist, dass der Beton während der Nutzung wie in Untergeschossen, in Tiefgaragen oder im Innenbereich von Tunneln **keinen großen Temperaturänderungen** unterworfen wird. Ist dies nicht der Fall, sollten Frischbetonverbundfolien nach Grundsatz (d) verwendet werden. Eine Anpassung an die Verhältnisse des jeweiligen Einzelfalles ist stets nötig. Dies gilt besonders für Fälle mit hohen Lastspannungen und ungünstigen Abmessungen.

8.5.5.2 Konstruktive Maßnahmen

Die auftretenden axialen (zentrischen) Zwangsspannungen, Spannungen aus Biegezwang und Eigenspannungen müssen getrennt betrachtet werden, vgl. Abschn. 3.5.

(1) **Axiale Spannungen in Bodenplatten** sind die Folge davon, dass durch Hydratationswärme und Sonneneinstrahlung erwärmter Beton im warmen Zustand fest wird und sich bei einer anschließenden Abkühlung zusammenzieht. Wenn eine Betonplatte nicht – wie im Gedankenmodell – auf seiner Unterlage „schwimmt", sondern durch Bodenreibung oder gar **feste Einbauten, Unterfahrten oder angrenzende Plattenabschnitte** daran gehindert wird, sich zusammenzuziehen, treten bei jeder Abkühlung unter die Nullspannungstemperatur axiale Zugspannungen auf, die bis hin zum Trennriss führen können, man spricht von **„zentrischen Zwang"**. Dickere Bodenplatten, etwa solche mit 1 m Dicke erreichen ihr Temperaturmaximum nach etwa zwei Tagen, was zur Folge hat, dass sie sich bis zu diesem Zeitpunkt ausdehnen, wobei an 70 m langen, auf Kiessand liegenden Platten, Dehnungen von 10 mm und mehr gemessen wurden. Eine flächige Behinderung der Ausdehnung von Bodenplatten ist unproblematisch, weil nur Druckspannungen entstehen, die allerdings durch Relaxation des noch jungen Betons teilweise abgebaut werden. Erst bei der anschließenden **Abkühlung** entstehen durch **Bodenreibung Zugspannungen** proportional zum Abstand des entferntesten Punktes der Platte vom Verschiebungsnullpunkt, meist dem Schwerpunkt, also der Mitte einer Platte, – oder wenn Einbauten oder andere Fixpunkte die Verschiebung verhindern – zum Abstand vom Fixpunkt.

Große Bodenplatten können vielfach nicht in einem Zuge hergestellt werden, weil der Einbau des Betons aus baubetrieblichen Gründen – etwa zur Nachtzeit – unterbrochen werden muss. Bei abschnittweiser Herstellung werden die Betonierabschnitte durch **Arbeitsfugen (Pressfugen) mit Fugenbändern** voneinander getrennt. Die **Betonierabschnitte** sollen **rechteckig oder trapezförmig** sein und sollen möglichst groß sein, die Abstände der Verschiebungsnullpunkte von den Plattenecken sollen aber etwa 50 m nicht überschreiten, vgl. Abb. 8.5-2. Bei der Festlegung der Arbeitsfugen bzw. Betonierabschnitte muss neben Fragen der Zulieferung des Betons und anderen betrieblichen Gesichtspunkten darauf geachtet werden, dass die Ausdehnung in der ersten Erhärtungsphase zwar großflächig verhindert werden darf, es dürfen dabei aber **keine Spannungsspitzen z. B. an einspringenden Ecken oder Schächten** entstehen.

Die beim **Abkühlen** des Betons entstehende Kontraktion führt zu einer Verkleinerung von Länge und Breite um bis zu 2 bis 3 mm je 10 m

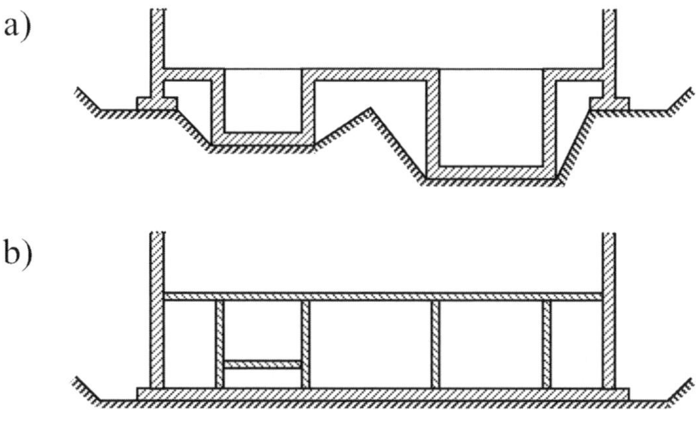

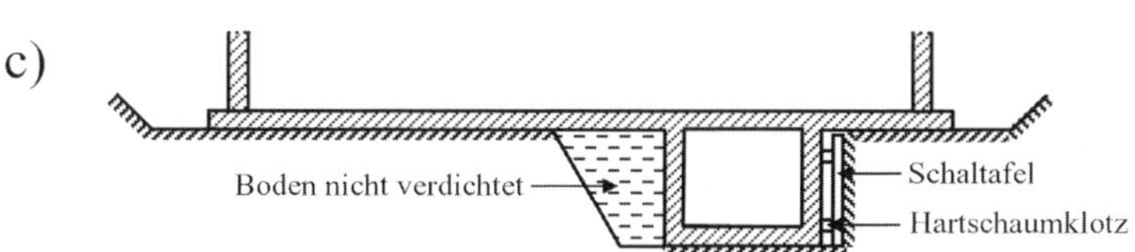

Abb. 8.5-4: Gegliederte Bodenplatten behindern die Verschieblichkeit (a). Günstig sind ebene Bodenplatten (b). Bei unverzichtbaren Unterfahrten muss dafür gesorgt werden, dass horizontale Verschiebungen möglichst wenig behindert werden (c)

des Abstandes vom Verschiebungsnullpunkt. Sie darf nur durch die unvermeidbare Bodenreibung und nicht darüber hinaus behindert werden. Grenzen Platten an feste Einbauten, müssen sie davon durch entsprechend bemessene Bewegungsfugen getrennt werden.

Eine **Gleitschicht** zwischen Bodenplatte und Untergrund ist nur nötig, wenn sich der Untergrund in horizontaler Richtung – wie bei Fels – nicht verformen kann oder wenn die Bodenplatte sehr dünn ist, weil die horizontalen Zugkräfte, die proportional zur Plattendicke sind, nicht ausreichen, um den Boden zu verformen. Doppellagige Polyethylen-Folien (PE-Folien) mit einer dazwischen liegenden hauchdünnen Schicht Silikonfett ergeben sehr niedrige Reibungsbeiwerte. Voraussetzung dazu ist eine extrem glatte und **ebene Unterlage**, damit sich die Bodenplatte nicht verhaken kann. Gute Erfahrungen hat man auch mit bituminösen Gleitschichten, sowie mit 5 bis 10 cm dicken Sandschichten gemacht. Bei dickeren Zwischenschichten wirkt sich eine Rauheit der Unterlage weniger ungünstig aus. Bei Plattendicken über etwa 30 cm auf Böden aus verdichtetem Kies oder Sand ist eine Gleitschicht nicht erforderlich, weil sich der Untergrund mit verformt.

Wird vorab eine **Sauberkeitsschicht** aus Beton aufgebracht, so besteht die Gefahr, dass durch sie die Kontraktion der noch jungen Bodenplatte zu stark behindert wird. Die Sauberkeitsschicht muss daher **sehr dünn** sein – höchstens 5 cm – und soll eine sehr **niedrige Festigkeit** haben, also eine Festigkeitsklasse C 8/10 nicht überschreiten.

In vielen Fällen können Bodenplatten nicht die statisch günstige Form mit einer ebenen unteren Begrenzung erhalten. **Aufzugsschächte, Kranfundamente und andere Unterfahrten**, die unter die Bodenplatte reichen, behindern die horizontalen Verschiebungen, Abb. 8.5-4. Um diese Behinderung und dadurch entstehende Spannungen klein zu halten, werden die Unterfahrten vor der Bodenplatte betoniert, und zwar bis zur Unterkante der Bodenplatte. Nach dem Ausschalen werden auf deren **Seitenflächen leicht verformbare Schichten**, wie beispielsweise spezielle im Tunnelbau gebräuchliche Entkopplungsmatten, Mehrschichtplatten aus Polystyrol und Mineralwolle oder Schaltafeln, die mit einzelnen kleinen Klötzen aus kompressiblem Hartschaum auf Abstand zur Seitenfläche gehalten werden, eingebaut. Ein anderer Weg besteht darin, den Boden beim Verfüllen des neben der Unterfahrt liegenden Bereiches nur lose zu schütten und nicht zu verdichten. In jedem Falle soll neben Unterfahrten auch die Sauberkeitsschicht unterbrochen und durch eine Folienabdeckung ersetzt werden.

(2) **Biegespannungen in Bodenplatten** sind oft Ursache von Rissen, was man unschwer erkennt, wenn man über dem Riss einen Bohrkern entnimmt und feststellt, dass er V-förmig nach unten oder nach oben enger wird. Vielfach gehen Risse auch nicht bis unten durch. Kommen auch nur geringe axiale Spannungen hinzu, dann reißen die Risse aber durch, aus dem Biegeriss wird ein Trennriss mit der Folge, dass Wasser durchdringen kann. Risse aus Biegezwang entstehen, weil sich die Platten nicht von ihrer Unterlage abheben können, vgl. Abb. 8.1-4. Biegezwang wird verursacht durch Erhärten bei unterschiedlichen Temperaturen der oberen und unteren Randzone, sodass ein hoher **Gradient der Nullspannungstemperatur** eingeprägt wird. Wenn zusätzlich noch, wie bei starker Sonneneinstrahlung oder einem Kälteeinbruch, auch ein steiler Gradient der aktuellen Temperatur entsteht, kann dies zu hohen Biegespannungen bis hin zu Rissen führen. Bei Weißen Wannen von Verkehrsbauten bleiben witterungsbedingte Temperaturänderungen meist klein, sobald die Bodenplatten durch das Gleisbett oder eine Straßendecke geschützt werden.

Biegezwang kann auch entstehen, wenn Beton an einer Seite stark austrocknet und daher **schwindet**, auf der anderen Seite aber Wasser aufnimmt und quillt, vgl. Abb. 3.4-17. **Feuchtegradienten** verursachen aber nur bei dünnen Platten und Wänden größere Spannungen. Konstruktiv kann man Biegezwang nur durch eine entsprechende **Fugeneinteilung** klein halten. Für unbewehrte Platten, die im Freien der Witterung ausgesetzt sind, lässt sich rechnerisch nachweisen, dass der Fugenabstand nicht erheblich größer als das 25fache der Plattendicke sein soll, vgl. Abschn. 8.1.2. Die Fugen wirken dabei als Gelenke.

Bodenplatten im **Inneren von Gebäuden** sind im Gebrauchszustand keinen großen Temperaturänderungen ausgesetzt. Man kann daher getrost auf eine enge Fugenteilung wie in Straßen verzichten, vorausgesetzt, dass bei ihrer Herstellung kein sehr hoher Nullspannungs-Temperaturgradient einprägt wird. Zur Frage, wie die Temperatur während der Nachbehandlung beeinflusst wird, siehe Abschnitt 7.8.3 und 7.8.4.

(3) **Wände, die auf Bodenplatten**, Fundamente oder andere bereits erhärtete und abgekühlte Betonbauteile aufgesetzt werden, kühlen sich in den Tagen nach dem Betonieren wieder ab. Kontraktionen an der Sohlfuge werden fast vollständig verhindert, so dass es zu hohen Zugspannungen bis hin zu **senkrechten Rissen in Wandmitte** und mitunter auch in den seitlichen Wandbereichen zu schräg nach oben zur Fuge hin laufenden Rissen kommen kann, vgl. Abb. 3.6-2. Vermeiden kann man solche Risse konstruktiv nur durch **senkrechte Fugen** in Abständen von höchstens doppelter Wandhöhe, die nötigenfalls aufreißen und auch als Gelenke wirken können. Ausgebildet werden sie als Arbeitsfuge oder vielfach auch nur als Scheinfuge mit einer **Sollbruchstelle** mit einer Einlage, die den Betonquerschnitt um ein Drittel vermindert. Die Bewehrung soll im Fugenbereich möglichst nicht durchlaufen. Wenn die Möglichkeit besteht, die Außenwände gleichzeitig mit der Bodenplatte zu betonieren, wird man dies nutzen, vgl. Abb. 8.8-6.

(4) **Fugen** in Bodenplatten werden mit einem Fugenband aus Elastomer, PVC oder einem Fugenblech abgedichtet, [Hohmann 14] vgl. Abschn. 7.7.5. Auch in Außenwänden verhindert ein **Fugenband** den Wasserdurchtritt. Besondere Sorgfalt erfordern die Fugen zwischen Bodenplatte und Wand. Weil dort Fugenbänder beim Einbringen des Betons der Wand leicht umknicken, verwendet man oft stattdessen Fugenbleche. Soll die Bewehrung bis zum Rand der Bodenplatte durchlaufen, kann dort ein Sockel aufgesetzt werden, vgl. Abb. 7.7-3.

8.5.5.3 Betontechnische Maßnahmen

Neben den sonstigen Anforderungen soll der Beton so beschaffen sein, dass er nach seiner Erhärtung bei behinderten Verformungen oder bei einem späteren Abkühlen nicht zu hohe Zugspannungen entwickelt oder gar reißt. Dazu sind **niedrige E-Moduli** und **nicht zu hohe Festigkeiten** von Vorteil.

Günstig zusammengesetzte Betone erzielt man durch: (vgl. Abschn. 5.10)

(a) eine Kornzusammensetzung im **günstigen Bereich** mit möglichst **großem Größtkorn**, für Anschlussmischen an Arbeitfugen 0/8 oder 0/16

(b) **niedrigen Zementgehalt**

(c) Zement CEM I 32,5 oder CEM II 32,5 A S, möglichst mit **niedriger Risstemperatur**, Abschn. 2.2.9 (d)

(d) große Anteile an **Flugasche** oder anderem Typ II-Zusatzstoff

(e) **Bindemittelgehalt** (Zement + Flugasche) **320 bis 360 kg/m^3**

(f) **niedrigen Wassergehalt** (möglichst nicht über 165 l/m^3)

(g) Gesteinskörnungen mit **niedriger Wärmedehnzahl**

(h) **Fließmittel**, das mit dem Luftporenbildner verträglich ist

(i) durch Fließmittel eingestellte, ausreichend **weiche Konsistenz**.

(j) **Luftporenbeton** mit 4 bis 6 % Luftgehalt.

Wenn bei kleinen untergeordneten **Bauvorhaben** kein Zement mit niedriger Risstemperatur und keine günstige Flugasche oder anderer puzzolanischer Zusatzstoff zur Verfügung stehen und eine etwas höhere Rissempfindlichkeit in Kauf genommen wird, kann ein werksmäßig mit puzzolanischen sekundären Hauptbestandteilen hergestellter Zement verwendet werden, z. B. CEM II/B-P oder CEM II/B-T. Infrage kommen auch Portlandzemente mit niedriger Hydratationswärme (nicht bei Chlorideinwirkung) oder entsprechende Hochofenzemente, wenn damit günstige Erfahrungen vorliegen. Wesentlich ist dabei nicht die üblicherweise erst im Alter von 7 Tagen geprüfte **Hydratationswärme**, sondern eine niedrige Risstemperatur von z. B. unter + 10 °C, vgl. Abschn. 5.10.3.

Bei allen Bauteilen, die wasserundurchlässig bleiben sollen, ist eine niedrige **Temperatur des Frischbetons** ein wichtiger Beitrag zur Vermeidung von Rissen. Für die Nullspannungstemperatur, also jene Temperatur, bei deren Unterschreitung Zugspannungen auftreten, ist es gleichgültig, ob sich der Beton durch die Hydratationswärme des Zements oder durch Sonneneinstrahlung erwärmt, oder aber vom Anfang an schon eine hohe Frischbetontemperatur hatte. Maßgebend ist, welche **Temperatur** der Beton **beim Festwerden**, also etwa im Alter von etwa einem Tag erreicht. Sehr günstig sind Frischbetontemperaturen von **8 bis 12 °C**, sehr nachteilig solche über 25 °C. Auch im Winter soll der Beton, wenn nicht sehr niedrige Temperaturen herrschen, im Werk nur so weit erwärmt werden, dass er beim Einbau etwa 10 °C hat.

Für die Bestellung des Betons reicht in der Regel das Sortenverzeichnis des nächstliegenden Transportbetonwerkes nicht aus. Es muss ein **Beton nach Eigenschaften** mit zusätzlichen Anforderungen zur **Minimierung der Rissgefahr** bestellt werden, wobei die Anforderungen entsprechend den Erfordernissen des Bauwerkes und den örtlichen Möglichkeiten nach der vorgenannten Liste (a) bis (j) auszuwählen sind.

Als **Festigkeitsklasse soll möglichst C 25/30** gewählt und im Interesse einer niedrigen Rissempfindlichkeit **nicht wesentlich überschritten** werden. Nur bei geringen Wanddicken und höheren Anforderungen an die Oberfläche soll Beton C 30/37 verwendet werden. Dies ist der Fall, wenn für Kellergeschosse, die als Tiefgarage genutzt werden, Expositionsklasse XD 1 erforderlich ist. Wegen der wünschenswerten langsamen Erhärtung sollte der **Nachweis der Betonfestigkeit** erst im Alter von **56 Tagen** gefordert werden. Die österreichische Richtlinie [ÖBV 18] empfiehlt Festigkeitsklassen C 20/25 und C 25/30 mit Festigkeitsnachweis nach 56 Tagen. Eine Prüfung der **Wassereindringtiefe** nach DIN EN 12390-8 ist nur nötig, wenn **feinteilarme Kornzusammensetzungen** verwendet werden, mit denen keine Erfahrungen vorliegen. Diese Prüfung war auch bisher wenig aussagekräftig, weil die Proben bis zum Alter von 28 Tagen wassergelagert mussten und dadurch übliche Betone fast immer Eindringtiefen unter 30 mm zeigten. Man wird stets darauf achten, dass der ***w/z*-Wert höchstens 0,60** beträgt und bei Bauteilen über 40 cm Dicke den dabei zulässigen *w/z*-Wert von 0,70 deutlich unterschreitet.

Durch eine Verwendung von **Luftporenbeton** wird nicht nur der Widerstand gegen Frost und Frost- und Taumittel stark erhöht, sondern auch die **Rissempfindlichkeit vermindert**. Voraussetzung dazu ist allerdings, dass im Betonwerk hinreichend Erfahrungen mit der Herstellung von Luftporenbeton vorhanden sind.

Als Beispiel sei der Beton der Bodenplatte der 70×140 m^2 großen Weißen Wanne der Pinakothek der Moderne in München genannt [Plannerer 02]:

280 kg/m^3 Zement CEM I 32,5 R mit Risstemperatur unter 10 °C

80 kg/m^3 Steinkohleflugasche mit 90-Tage-Aktivitätsindex über 95 %

170 kg/m^3 Wasser

1 950 kg/m^3 Kiessand A/B 32

Luftporenbildner ausreichend für 4 % Luftgehalt

höchstens 2,8 kg/m^3 Fließmittel

w/z-Wert 0,61

$w/(z+f)$-Wert 0,46 (äquivalenter *w/z*-Wert, $k = 1$ bei hohem Aktivitätsindex)

Zement und Flugasche (280 + 60 kg/m^3) hatten im Regelversuch eine Risstemperatur von 8,5 °C, der Baustellenbeton mit Münchner Kiessand und Luftporen bei 13 °C Frischbetontemperatur eine Risstemperatur von nur 1,5 °C, Abb. 8.5-5. Messungen der Temperaturen und der durch sie verursachten Zwangsspannungen zeigen, dass diese Spannungen niedrig blieben. Wie aus Abb. 8.5-6 zu erkennen ist, lässt der Verlauf der **Betontemperatur keinen direkten Schluss auf den Spannungsverlauf** zu und folglich auch nicht auf die Rissgefahr.

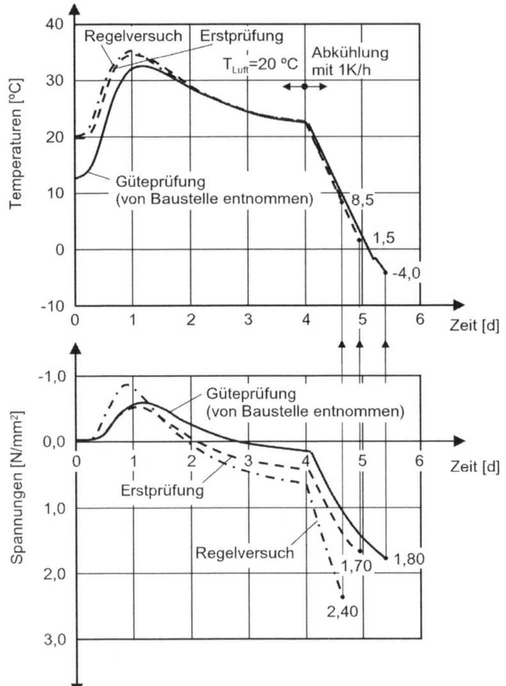

Abb. 8.5-5: Betontemperaturen und Zwangsspannungen bei Laborprüfungen im Reißrahmen. Beton der Bodenplatte der Pinakothek der Moderne in München. [Plannerer 02]

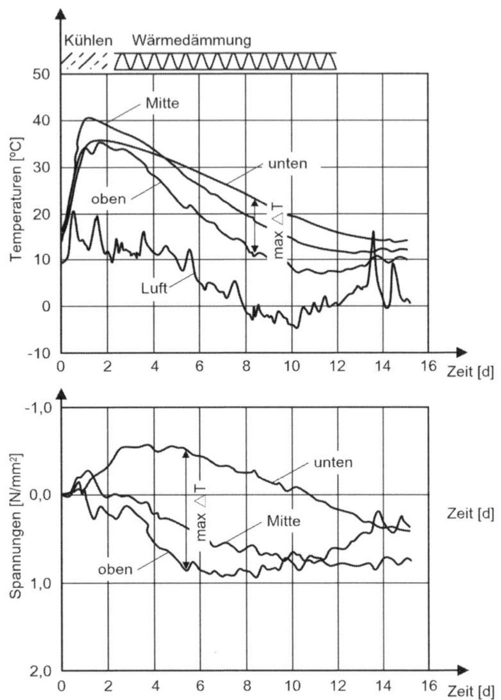

Abb. 8.5-6: Temperaturen und Zwangsspannungen (Stressmeter) in der 90 cm dicken Bodenplatte der Pinakothek der Moderne in München. [Plannerer 02]

8.5.5.4 Ausführungstechnische Maßnahmen

Der **zeitliche Abstand** zwischen **benachbarten Betonierabschnitten** sollte möglichst klein sein. Werden zwei Tage überschritten, ist besonderes darauf zu achten, dass durch die gegenseitige Behinderung der Kontraktion des Betons benachbarter Abschnitte keine zu großen Zugspannungen oder gar Risse entstehen. Das früher oft angewandte schachbrettartige Betonieren hat ebenso wie das Belassen von „Schwindlücken" den Nachteil, dass die Verformungen des später eingebauten Betons an den Arbeitsfugen verhindert werden, was zu zusätzlichen Spannungen und der Gefahr einer Rissbildung führt. Durch Schwindlücken wird außerdem die Zahl der Fugen verdoppelt.

Bei Wänden, die wasserundurchlässig sein sollen, müssen spezielle **Schalungsanker** verwendet werden, vielfach wu-Schalungsanker aus Faserzement, die nach Ausbau des Stahlankers mit Faserzementstopfen wasserdicht verschlossen werden.

Bei der **Nachbehandlung** müssen ungünstige Temperaturgradienten vermieden werden, damit Biegerisse vermieden werden. Dazu soll die Betontemperatur vor allem am ersten, möglichst aber auch in den beiden folgenden Tagen in der **oberen Randzone** von Bodenplatten **nicht wesentlich höher ansteigen** oder besser etwas niedriger bleiben **als in der unteren Randzone**, damit sich auch ein entsprechender Gradient der Nullspannungstemperatur einstellt. Dazu können Bodenplatten **bei starker Sonneneinstrahlung** an den ersten 3 Tagen mit **Wasser leicht besprüht** werden, damit möglichst viel der Hydratationswärme vor allem durch Aktivierung der **Verdunstungskälte** abgeführt wird. Mit dem Besprühen muss schon begonnen werden, sobald die Oberfläche so weit erstarrt ist. dass keine Auswaschungen mehr auftreten. Wenn keine Sonne einstrahlt, kann auch ein frühzeitiges Auflegen von feuchten Matten genügen. Ein Abdecken mit **Folien** kann bei Sonneneinstrahlung zu einer **sehr starken Aufheizung** der Randzone führen und ist zu vermeiden. Vor allem bei **Wänden** ist zu beachten, dass Sonneneinstrahlung eine stärkere Erwärmung verursachen kann als Hydratationswärme. Schalungen können nötigenfalls durch Beschattung oder Besprühen mit Wasser vor starker Erwärmung geschützt werden, vgl. Abschn. 7.8.3.

Besonders vorteilhaft ist ein **Betonieren am Nachmittag** bzw. im Hochsommer gegen Abend, weil dadurch vermieden wird, dass die Sonneneinstrahlung den anfangs noch leicht verformbaren Beton trifft.

Wenn eine sehr starke Abkühlung droht, wie bei einem **Gewitter oder Kälteeinbruch** und der Beton nicht mehr stark relaxieren kann, also **ab einem Alter etwa 24 Stunden**, muss er **geschützt** werden. Wenn nötig, müssen Kunststofffolien und zusätzlich wärmedämmende Matten aufgelegt werden, Abschn. 7.8.4.

Im Bereich von Arbeitsfugen, an die noch anbetoniert wird, soll der Beton möglichst lange warm gehalten werden, um Risse beim Abkühlen des neu eingebrachten Betons zu vermeiden. Dazu kann ein Abdecken des zuerst eingebrachten Betons entlang der Arbeitsfuge ab einem Alter von 2 bis 3 Tagen zweckmäßig sein.

Die mitunter immer noch gestellte Forderung, die Oberfläche des Betons sehr **früh wärmedämmend abzudecken**, erhöht die Temperaturspannungen und damit eine Rissgefahr. Durch die Hydratationswärme erwärmt sich den Beton noch länger und stärker. Wenn nach einigen Tagen die Abdeckung entfernt wird, kühlt die bei einer deutlich erhöhten Temperatur fest gewordene Randzone umso mehr ab und bekommt oft Risse, die oft fälschlich als Schwindrisse gedeutet werden. Eine Begrenzung des Temperaturunterschiedes zwischen Kern und Randzone, wie sie mitunter noch verlangt wird, berücksichtigt nicht, dass sich durch anfängliches maßvolles Kühlen der Oberfläche ein günstiger Nullspannungs-Temperaturgradient einstellt, wodurch die Rissgefahr deutlich vermindert wird.

Im Bauzustand können auch noch später kritische Phasen auftreten, wenn eine Weiße Wanne nicht vor starker Abkühlung geschützt wird. Wenn eine Weiße Wanne während der **Bauzeit** wesentlich **tieferen Temperaturen** ausgesetzt sein kann als während der Nutzung, ist besondere Vorsicht geboten, damit keine zusätzlichen Risse auftreten und sich vorhandene Risse nicht weiter öffnen. Mitunter genügt es, dazu im Winter in Untergeschossen vorhandene **Öffnungen für Türen und Fenster** zu verschließen.

8.5.6 Feuchtigkeit auch in dichten Weißen Wannen

Es kommt immer wieder vor, dass nach Fertigstellung Weißer Wannen an den Wänden **Feuchtstellen** festgestellt werden, selbst wenn weder wasserdurchlässige Risse noch poröse Stellen im Beton die Ursache sein können. In den ersten Monaten sind Feuchtstellen in der Regel auf die **Baufeuchte** zurückzuführen. Es handelt sich dabei um das bei der Hydratation nicht chemisch oder physikalisch gebundenen **Anmachwassers** aus der Randzone des Betons. Man rechnet damit, dass bei einem *w/z*-Wert von 0,40 das Anmachwasser weitgehend chemisch gebunden wird, bei dem oft verwendeten *w/z*-Wert von 0,60 aber fast ein Drittel des Anmachwassers zumindest aus der Randzone verdunstet. Das können je Quadratmeter 2 bis 3 Liter sein, mitunter auch mehr, [Krell 14]. Daher müssen alle Räume in Weißen Wannen vor allem in den ersten Monaten nach der Herstellung **ausreichend gelüftet** werden.

Beschichtungen von Böden oder Wandflächen mit wasserdampfdichten Stoffen können erst aufgebracht werden, wenn die Restfeuchte des Betons unter 4 M.-% liegt. Dies gilt nicht für spezielle Epoxydharzbeschichtungen, die auf jungem Beton auch als Verdunstungsschutz verwendet werden. Ein späteres Ablösen durch Wasserdampfdruck aus dem Inneren des Betons heraus ist nicht möglich, weil dieser dazu bei weitem nicht ausreicht, [Beddoe 99]. Solche Beschichtungen vermindern sogar die Schwindspannungen, weil durch sie starke Feuchtigkeitsgradienten vermieden werden.

Wenn in den ersten Wochen leicht **poröse Stellen oder feine Risse** nass sind, können sie sich unter günstigen Umständen durch **Kalkaussinterungen** und Zusetzen durch quellfähige Feinststoffe selbst abdichten und erfordern daher keine Maßnahmen, Abschn. 11.8-3.

Auch während der Nutzung, also nach Abtrocknen der Baufeuchte, kommt es immer wieder vor, auch noch nach Jahren, dass Wände und Böden feucht werden. Bei nicht wärmegedämmten Bodenplatten und Außenwänden hat dies fast immer seine Ursache in einer **Kondensation von Luftfeuchtigkeit** (Tauwasser). Man muss davon ausgehen, dass mit dem umgebenden Grundwasser in Berührung stehende Bodenplatten, ebenso wie zugehörende Wände, nur wenig wärmer sind als das Grundwasser, dessen Temperatur, wenn sie nicht beeinflusst wird, meist zwischen 8 und 10 °C liegt. Kein Wunder, dass sich beim Lüften mit warmer Außenluft die darin enthaltene **Feuchtigkeit** als **Kondenswasser** auf kälteren Flächen niederschlägt. Auch wenn sich in Räumen häufig viele Personen aufhalten, kann die von ihnen abgegebene Feuchtigkeit Mitursache sein. Allein schon aus diesem Grunde ist es daher bei allen für eine Nutzungsklasse A „vollständig trocken“ vorgesehenen Untergeschossen nötig, Außenwände und Bodenplatten mit einer mindestens 10 cm dicken äußeren **Wärmedämmung („Perimeterdämmung“)** vor Abkühlung zu schützen. Damit die Dämmplatten selbst keine Feuchtigkeit aufnehmen und dadurch ihre Dämmwirkung verlieren, verwendet man solche aus Schaumglas, extrudiertem Polystyrol-Hartschaum XPS, z. B. wie Styrodur oder Polyurethan-Hartschaum (PUR). Ungeeignet sind Platten aus Mineralwolle oder Polystyrol-Partikelschaum EPS (Styropor).

Die Nutzer müssen auch beachten, dass für den **Aufenthalt benutzte Kellerräume möglichst klimatisiert** werden sollen. Außenwände, die abtrocknen sollen, müssen immer zugänglich sein und dürfen nicht durch Regale oder dgl. verstellt werden. Die Luft muss vor der Wandfläche zirkulieren können. Schränke, die an Außenwänden stehen, bekommen im Laufe der Zeit Stockflecken weil die Luftzirkulation fehlt. Auch muss beachtet werden, dass eine häufige Durchlüftung in der kühlen Jahreszeit zu einem Abtrocknen der Wände von nicht klimatisierten Kellerräumen führen kann, im **Hochsommer** aber die **absolute Luftfeuchtigkeit** der Außenluft **viel höher** ist und sich an kalten Wänden niederschlägt.

Die oft diskutierte Diffusion von Wasserdampf durch Betonwände ist zwar theoretisch möglich, in ihrem Ausmaß aber, wenn überhaupt vorhanden, in Vergleich zur anderen Feuchtigkeitsquellen sehr gering.

8.5.7 Dächer und Wasserbehälter aus wasserundurchlässigem Beton

Die Regeln für wasserundurchlässige Bauteile gelten auch für Dächer, flache, auch befahrbare Decken über Kellergeschossen oder Garagen und auch für Wasserbehälter, Merkblatt WU-Dächer [DBV 13]. So kann ein **Dach** in Form einer Betonplatte auch **ohne zusätzliche Abdichtung** hergestellt werden [Kormann 15]. Damit Betonplatten von Dächern kein Wasser durchlassen, müssen sie mit Erde überschüttet oder in einer anderen Weise vor **größeren Temperaturänderungen geschützt** werden. Andernfalls kann es vor allem bei starker Abkühlung im Winter ebenso wie an heißen Sommertagen zu hohen Temperaturspannungen bis hin zu Rissen kommen. Im Winter in großen Dachplatten auftretende axiale Zugspannungen lassen sich nötigenfalls durch eine Auflagerung auf **Gleitlagern** vermeiden. Rasche Temperaturänderungen, wie sie im Hochsommer oft auftreten, führen aber zu hohen **Biegespannungen**, die besser durch eine wärmedämmende Abdeckung, über unbeheizten Räumen auch nur durch eine Humusschicht vermieden werden. Über beheizten Wohnräumen wird vielfach eine mindestens 10 cm dicke **Wärmedämmung**, z. B. aus XPS Platten, angeordnet, die mit grobem Kies oder einem Gehwegbelag abgedeckt wird. Man spricht von einem **„Umkehrdach“**, weil die dämmende Schicht nicht unter, sondern über der Decke liegt. Fehlt die Wärmedämmung, dann schüsselt die Decke auf, Abb. 3.5.3.

Wasserbehälter, die mit Erde überschüttet werden, unterliegen meist keinen größeren Temperaturänderungen, wenn der Beton nicht in sehr warmem Zustand erhärtete. Anders bei freistehenden Behältern oder Schwimmbecken, bei denen Spannungen durch mögliche Änderungen von Temperatur und Feuchtigkeit des Betons bedacht werden müssen.

8.6 Zementestriche und Industrieböden aus Beton

8.6.1 Zementestriche

Ihre Aufgabe ist es, in einer **vorgegebenen Höhenlage** eine **ebene** und **tragfähige Oberfläche** zu bilden, um einen **Bodenbelag** aufzunehmen oder **unmittelbar benutzt** zu werden. Im Wohnbau werden Estriche meist 40 mm dick, in der Regel **schwimmend**, d. h. auf einer **weichen Dämmschicht**, ausgeführt. Übliche Estriche haben sich **nur im Inneren von Gebäuden** bewährt und eignen sich nicht für das Befahren mit Gabelstaplern oder andere schweren Lasten.

Mit Estrichen kann man Bodenflächen auch ansprechend, ja sogar **repräsentativ gestalten**, was man schon in der Antike mit Hilfe farblich ausgewählter Gesteinskörner verstanden hat. Wenn heute die Oberflächen von solchen Estrichen darüber hinaus auch **geschliffen** werden, spricht man von **Terrazzo** [Hees 09]. Auch durch **Pigmentieren** des Estrichmörtels, mitunter auch mit anschließender **Imprägnierung, Versiegelung** oder **Beschichtung** kann eine besondere optische Wirkung erzielt werden, [Sommerfeld 10].

DIN 18560 gilt für **Estriche im Bauwesen, DIN 18353** für **Estricharbeiten, DIN EN 13813** für **Estrichmörtel und Estrichmassen**, Anforderungen und Eigenschaften und **DIN EN 13892** für die zugehörenden **Prüfverfahren**. Eine ausführliche Beschreibung enthält das Zement-Merkblatt Zementestrich [VDZ 15].

Die Praxis zeigt immer wieder, dass die Herstellung mängelfreier Estriche und Bodenplatten ein großes Maß an **Erfahrung** und **handwerklicher Geschicklichkeit** erfordert. Daher wird für anspruchsvollere Aufgaben der Vorzug meist Firmen gegeben, die auf diesem Gebiet **spezialisiert** sind.

Häufige **Mängel** an Estrichen sind **Risse** und **Hohllagen**. Um sie zu vermeiden, muss berücksichtigt werden, dass sich Estriche durch Schwinden und durch Abkühlung geringfügig **verkürzen** und dabei nicht behindert werden dürfen. Darüber hinaus treten **Biegespannungen** auf, nicht nur durch die Belastung mit Personen und Gegenständen, sondern auch durch rasche **Temperaturänderungen** innerhalb des Querschnittes, etwa unten warm und oben kalt, ebenso stärkeres **Schwinden im oberflächennahen Bereich**, oft zusätzlich verursacht durch zu **rasches Austrocknen** der obersten Schichten, wenn sich dort Feinmörtel angereichert hat. Diese Biegespannungen verursachen oft Hohllagen und, weil ein Abheben von der Unterlage behindert wird, in der Folge oft auch Risse.

8.6.2 Bauweisen von Estrichen

Nach ihrem konstruktiven Aufbau unterscheidet man:

- **Verbundestriche,** die vollflächig und schubfest mit dem tragenden Unterbeton verbunden sind,
- **Estriche auf Trennschicht**, die sich auf dem Untergrund in horizontaler Richtung geringfügig bewegen können, ebenso wie
- **Schwimmende Estriche**, die auf einer Dämmschicht aus z. B. Mineralwolle liegen, durch welche die Wärmeleitung und/oder die Übertragung von Trittschall weitgehend vermieden werden soll.

Verbundestriche frisch auf frisch mit dem Tragbeton herzustellen, scheitert meist daran, dass solche Arbeiten erst Monate später möglich sind. Um dauerhaften Verbund zu erzielen, sind die Gesichtspunkte nach Abschn 11.5.2 zu berücksichtigen. Selbstverständlich müssen Fugen im Tragbeton im Verbundestrich weiter geführt werden, wobei der Fugenspalt nicht kleiner sein darf. Muss mit Rissen im Tragbeton, etwa über Stützen oder Unterzügen in der oberen Randzone gerechnet werden, sollen Verbundestriche dort **Scheinfugen** erhalten. Verbundestriche werden meist in **Dicken zwischen 25 und 50 mm** aufgebracht.

Bei **Estrichen auf Trennschicht** wird die **Reibung** zwischen Estrich und Unterlage weitgehend **verhindert.** Die Unterlage muss **sehr glatt** sein und darf **keine** auch nur **kleinste Kanten** haben, an denen sich der Estrich bei horizontalen Bewegungen verhaken könnte. Unebenheiten der Tragkonstruktion müssen vorher abgeschliffen oder mit Mörtel ausgeglichen werden. Als Trennschicht verwendet man u. a. **Ölpapier, Asphaltpapier oder PE-Folien.** Doppelte Folienlagen mit dazwischen liegendem Silikonfilm führen zu sehr kleiner Reibung. Durch **Glasvliese** von mindestens 50 g/m² können feine Kanten in der Unterlage ausgeglichen werden, müssen aber mit wasserfestem Papier abgedeckt werden. Da sich Estriche durch Schwinden und durch

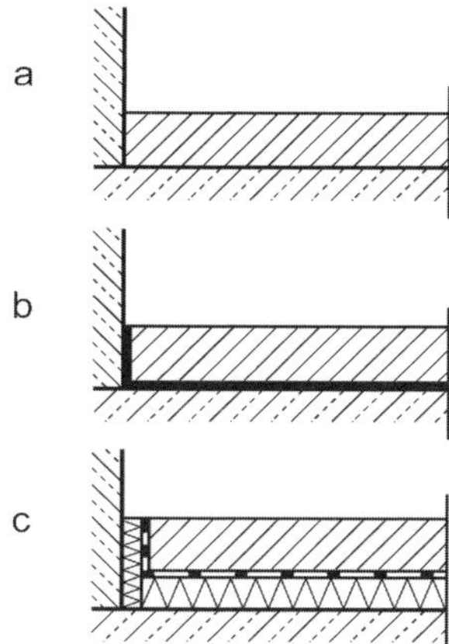

Abb. 8.6-1: Verbundestrich (a), Estrich auf Trennschicht (b), Schwimmender Estrich auf Dämmschicht (c)

Abkühlung zusammenziehen und Spannungen, die durch Reibung auf der Unterlage ausgelöst werden, umso höher sind, je größer die Länge der Platte ist, sollen Estrich auf Trennschicht **alle 6 bis 8 m eine Scheinfuge** haben, in der die Estrichplatte durchreißen kann, ohne die Optik zu stören. Darüber hinaus müssen solche Estriche von allen **Wänden, Stützen** und anderen **festen Einbauten** durch eine **Raumfuge (Bewegungsfuge)** getrennt werden, Abb. 8.6-2. Einspringende Ecken, vor allem solche, die nicht abgerundet wurden, sind oft der Ausgangspunkt von Rissen. Man vermeidet sie durch entsprechende Teilung der Fugen.

Schwimmende Estriche sind **Estriche auf Dämmschicht**, die von der Tragkonstruktion durch eine **Wärmedämmplatte** aus Mineralwolle oder Schaumkunststoffen, die gleichzeitig auch den **Trittschall** dämmt, getrennt werden. Darauf legt man nötigenfalls wasserfeste, aber wasserdampfdurchlässige Bahnen, damit beim Einbringen des Estrichs kein Mörtel in die Fugen der Dämmplatten gelangt. Sind etwa in Kellergeschossen Dämmplatten einer Feuchtigkeit von unten ausgesetzt, ist darunter eine Abdichtung oder abdichtende Sohlplatte nötig. Vorsorglich werden oft auch Wärmedämmstoffe, die kein Wasser aufnehmen, wie Schaumglas oder Polystyrol-Extruderschaum verwendet. Wenn Dämmschichten auch eine Übertragung von **Trittschall vermeiden** sollen, darf der Estrich an keiner Stelle **Wände,** andere festen Einbauten oder **Leitungsrohre** berühren. Und das auch nicht bei **Türöffnungen.** Hier helfen mehrere Millimeter dicke **Streifen aus weichfederndem Schaumstoff**, die sehr sorgfältig eingelegt werden müssen, damit kein Spalt verbleibt, in den Mörtel eindringt und so eine Schallbrücke

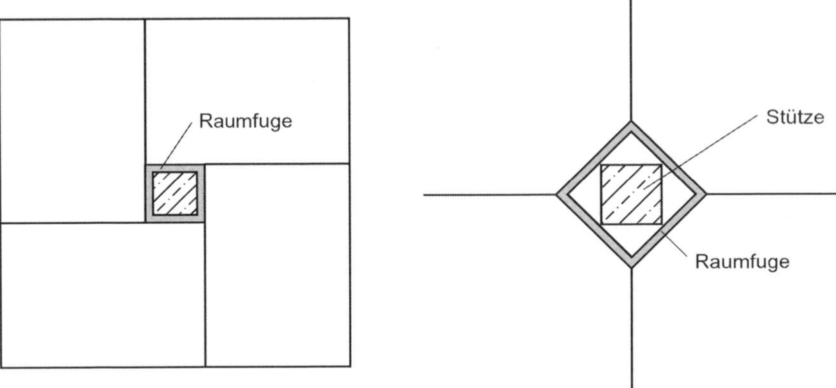

Abb. 8.6-2: Eine Raumfuge mit weicher Füllung muss verhindern, dass horizontale Verschiebungen zwischen Estrich und Stützen oder anderen festen Einbauten Spannungen oder gar Risse auslösen

bildet. Bei **Heizestrichen** muss auch dessen **Ausdehnung** beim Heizen von **bis zu 5 mm** berücksichtigt werden. Auch schwimmende Estriche müssen alle 6 bis 8 m eine **Scheinfuge** haben, ebenso wie zu allen Einbauten eine **Raumfuge.**

Als **Dicke des Estrichs** reichen in Wohn- und Bürogebäuden meist 40 mm. Heizestriche sollen um mindestens 35 mm dicker als der Außendurchmesser der Heizrohre sein. In Versammlungsräumen, Gaststätten und Industriebauten werden je nach Belastung Estriche bis 80 mm dick ausgeführt. Wichtig, damit sich keine Risse bilden, ist auch, dass der Estrich im ganzen Feld gleichmäßig dick ist.

Estriche erhalten keine Stahlbewehrung. Mit Betonstahlmatten oder Betonstahlgitter könnte ein Entstehen von Rissen nicht verhindert werden. Stahleinlagen können höchstens dazu beitragen, das Öffnen von Rissen und die Höhe ungewollt entstandener Stufen zu vermindern.

8.6.3 Estrichmörtel und Einbau

Wenn keine besonderen Beanspruchungen zu erwarten sind, wird für Estrichmörtel die Festigkeitsklasse C 25 bis C 30 gefordert. Sie wird an Normprismen mit denselben Abmessungen wie bei der Zementprüfung geprüft. In der Regel verwendet man Zement CEM I 32,5 oder CEM II 32,5, und **Gesteinskörnungen bis 4 mm,** bei größeren Schichtdicken bis 8 mm Größtkorn. Vielfach wird Frischmörtel von einem Transportbetonwerk oder Werktrockenmörtel verwendet. Besondere Sorgfahl ist bei der Wahl der Kornzusammensetzung nötig, damit der Mörtel nach dem Einbau stabil bleibt und nahe der **Oberfläche keine feinstteilreicheren Schichten** entstehen. Estrichmörtel soll möglichst wenig bluten. Scheinfugen werden nach dem Erhärten mit einer schmalen diamantbesetzten Trennscheibe eingeschnitten, wenn nicht schon vor dem Einbau eine Leiste aus Holz oder Kunststoff, die im Estrich verbleibt, in richtiger Höhenlage eingesetzt wird. Bei Raumfugen muss die Fugeneinlage auf die volle Estrichdicke durchgehen, es dürfen keine Mörtelbrücken entstehen.

In den meisten Fällen spart man sich heute mühsames Verteilen und Abziehen mit einer Latte durch den Einsatz von **Fließestrich**. Er ist selbstnivellierend oder erfordert nur geringen Aufwand für das Verteilen und Verdichten. In seiner Zusammensetzung muss Fließestrich besonders gleichmäßig sein.

8.6.4 Schutz und Nachbehandlung

Nach dem Einbau sollen Estriche am selben Tag, solange ihr E-Modul noch niedrig ist und Spannungen durch Relaxation noch in großem Maß abgebaut werden, **nicht quellen** und daher **nicht wasserzuführend nachbehandelt** und auch nicht zu früh mit einer Folie abgedeckt werden, sondern in **geringem Maß schwinden.** Damit tritt ein Teil der Schwindspannungen so frühzeitig auf, dass sie noch weitgehend relaxieren. Auf diese Weise stellt sich hinsichtlich hygrischer Verformungen ein günstiger Nullspannungszustand ein. Die **Feuchtigkeit der Umgebungsluft** darf aber **nicht unter 85 %** fallen, weil dies die Hydratation des Zements beeinträchtigen würde. Zu **vermeiden** ist während des Einbaues und am Tag danach jede **starke Aufheizung** des Estrichs, etwa durch **Sonneneinstrahlung,** weil dadurch die oberen Schichten bei einer deutlich höheren Temperatur als die unteren erhärten würden. Dadurch würde ein großer Gradient der Nullspannungstemperatur entstehen, durch den eine Rissbildung gefördert wird.

Damit eine Feuchtigkeitsabgabe nach oben begrenzt wird, muss **Zugluft vermieden** werden. In **geschlossenen Räumen** entsteht meist unmittelbar nach dem Einbau des Estrichs **eine ausreichend hohe Luftfeuchtigkeit**. Auf eine Nachbehandlung kann verzichtet werden, wenn **alle Türen und Fenster geschlossen bleiben** und **keine Aufheizung** etwa durch Sonneneinstrahlung oder Heizkörper möglich ist. Am Tag nach dem Einbau kann auch eine **nahezu wasserdampfdichte Folie** aufgebracht werden oder durch eine Beschichtung der Oberfläche ein weiteres Schwinden vermieden werden. Ziel muss sein, das **Austrocknen stark zu verlangsamen**, damit die Feuchtigkeitsunterschiede innerhalb des Estrichquerschnitts abgebaut werden, [Schneider 03]. Auch **nach Entfernen einer Abdeckfolie** darf daher ein Estrich **nur allmählich austrocknen**.

Wenn Estriche **scharf getrocknet** werden, weil frühzeitig ein Belag aufgebracht werden soll, der eine niedrige Feuchtigkeit des Estrichs voraussetzt, muss zwangsläufig mit **Hohlliegen und/oder Rissen** gerechnet werden, vor allem wenn ein dichtes Gefüge mit hoher Festigkeit den Feuchtigkeitsausgleich über die Estrichdicke behindert. Um auf einen Estrich schon nach gut einer Woche einen Belag aufbringen zu können, wurden Verfahren zur Versiegelung der Oberfläche entwickelt. Zum Schutz vor frühzeitiger Belastung siehe Abschn. 8.6.8

8.6.5 Industrieböden

Industrieböden sind Befestigungen, die höhere Lasten als Estriche aufnehmen müssen und, wenn sie im Freien liegen, auch wie Straßen voll der Witterung standhalten sollen. Werden sie auch von Straßenfahrzeugen benutzt, muss damit gerechnet werden, dass im Winter Tausalze mit auf ihre Oberfläche geschleppt werden. Im Freien kann es, vor allem wenn frühzeitig Frost einwirkt, zu Schäden an den Oberflächen kommen. Sie können vermieden werden, wenn **Luftporenbeton** verwendet wird, wobei dieselben Regeln wie für Fahrbahndecken gelten, Abschn. 8.1.4 und 5.9.

Industrieböden können aus **unbewehrtem Beton, Stahlfaserbeton, Stahlbeton** oder **vorgespanntem Beton** hergestellt werden, [DBV 16]. Alle vier Konstruktionsarten weisen vom Grundsatz her ein ähnliches Tragverhalten auf und benötigen immer sowohl einen **tragfähigen Untergrund** als auch eine ausreichende **Tragschicht**, damit eine dauerhafte Konstruktion entsteht [Stenzel 06]. Ähnlich wie Fahrbahndecken von Straßen, Autobahnen und Flughäfen sind sie keine Tragwerke und können bei Versagen nicht zum Einsturz führen, sondern nur dazu, dass sie nicht mehr befahrbar werden oder sonst nicht mehr wie geplant genutzt werden können. Für ihre Bemessung, den nötigen Unterbau und die Anordnung sowie Ausbildung von Fugen sind die Erfahrungen mit den stets unbewehrten Fahrbahndecken von Straßen, Autobahnen und Flugbetriebsflächen maßgebend, Abschn. 8.1.2. Nur wenn Industrieböden gleichzeitig Teil der Tragkonstruktion eines Gebäudes sind, ist ein statischer Nachweis der Tragsicherheit unverzichtbar.

Industrieböden in **Werkshallen** sind meist wesentlich kleineren Temperaturänderungen ausgesetzt als solche im Freien. Daher bleiben die Temperaturgradienten kleiner, was größere Abstände der stets als Gelenk wirkenden Fugen ermöglicht, wobei man bis auf das 35fache der Deckendicke, höchstens aber 8,5 m geht. Wenn Industrieböden in Hallen ohne Fugen hergestellt und frei von Rissen bleiben sollen, was nur möglich ist, wenn Temperaturänderungen sehr klein bleiben, müssen besondere konstruktive und ausführungstechnische Maßnahmen getroffen werden. Auf Raumfugen entlang von Stützen und anderen festen Einbauten kann auch dann nicht verzichtet werden. Für repräsentative Flächen werden Industrieböden auch färbig gestaltet, [Keysers 11].

Werden Industrieböden nur von luftbereiften Fahrzeugen oder noch geringer beansprucht, ist Beton C 30/37 ausreichend, bei nur geringer Belastung wie in Ausstellungsräumen auch Beton C 25/30. Ist hingegen mit vollgummi- oder elastomerbereiften Fahrzeugen zu rechnen, soll Beton C 35/45 vorgesehen werden. Luftporenbeton ist im Inneren von Gebäuden nicht erforderlich.

Erfahrungen auf Flughäfen zeigen, dass Beton C 30/37 hinreichend verschleißfest ist, obwohl er dort stets als Luftporenbeton hergestellt wird. Eine ähnliche Verschleißfestigkeit ist auch von Beton C 25/30 ohne künstliche Luftporen zu erwarten. Voraussetzung für den Verschleißwiderstand ist stets, dass der Beton mit wenig Feinmörtel hergestellt und so eingebaut wird, dass sich an seiner Oberfläche **keine dickeren Mörtelschichten** bilden und das Grobkorn bis knapp darunter reicht.

Ist mit **sehr schwerer Belastung** oder starker schleifender oder schlagender Beanspruchung zu rechnen oder sind Fahrzeuge mit üblicherweise kleinen Rädern aus wenig verformbaren Werkstoffen wie Polyamid oder Stahl zu erwarten, ist Beton **C 35/45** mit Hartsteinsplitt oder das Aufbringen einer Hartstoffschicht erforderlich, Abschn. 8.6.6. Mit Luftporenbeton (X F 4) kann ein sehr hoher Verschleißwiderstand (XM 3) nicht erwartet werden. Bei

a

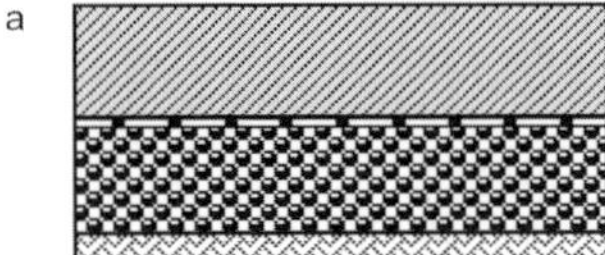

b

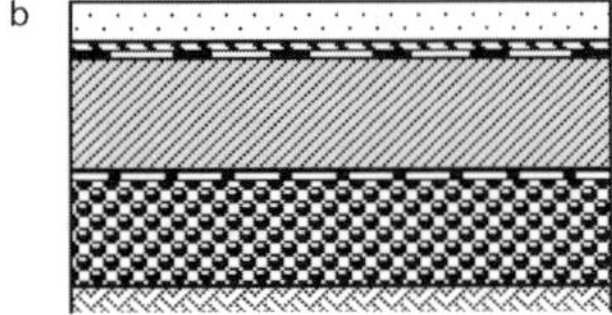

c

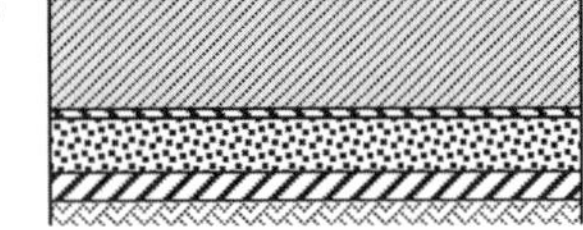

d

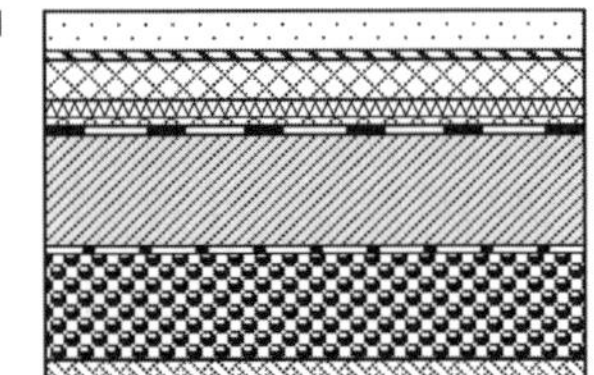

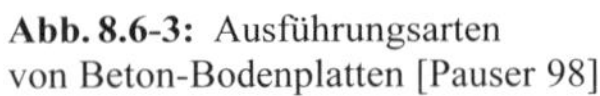

Abb. 8.6-3: Ausführungsarten von Beton-Bodenplatten [Pauser 98]

Fugen, die häufig von schweren Fahrzeugen überfahren werden, treten nicht selten in den Fahrspuren Flankenabbrüche auf, auch wenn der Beton eine hohe Festigkeit hat. Man versucht, dies zu vermeiden, indem man die Fugenkanten abfast. An Rissen kann es zu Rissflankenabbrüchen kommen, vor allem wenn oft schwere Achsen mit kleinen Rädern aus Polyamid oder Stahl hohe Schubspannungen verursachen, auch bei Beton mit hoher Festigkeit, [Schnell 11].

Für den **Einbau** von Industiefußböden können nicht wie bei Straßen große Fertiger verwendet werden. Daher wird der Beton heute meist mit **sehr weicher Konsistenz (F 4)** mit einem Ausbreitmaß von höchstens 520 mm eingebaut, wozu man **PCE-Fließmittel Typ Industrieböden** mit ausreichender, aber nicht zu langer **Konsistenzhaltung** verwendet [Deutsche Bauchemie 11]. Der Beton muss gut **glättbar** sein, wozu der Feinmörtel nicht zu zäh sein darf [Breitenbücher 16]. Vielfach wird streifenweise eingebaut, wobei Seitenschalungen aus Holz oder Stahl höhengerecht verlegt werden. Verdichtet wird mit Innenrüttlern, Rüttelbohlen oder Motorpatschen. An die Ebenheit werden meist sehr strenge Anforderungen gestellt. In Nassbereichen sind eine Entwässerung und ein Gefälle des Bodens von 2,0 % erforderlich, was eine etwas steifere Konsistenz erfordert.

8.6.6 Oberflächenbearbeitung und Verschleißwiderstand

Maßgebend für die Oberflächenbearbeitung ist, welche **Ebenheit,** ggf. welcher **Gleit- und Rutschwiderstand** nach DIN 51130 gefordert wird und ob mit einer **Verschleißbeanspruchung** zu rechnen ist. Für die Oberflächenbearbeitung muss der Beton schon so weit angesteift sein, dass er **begangen** werden kann. Bei weicher Konsistenz, langsam erstarrendem Zement wie CEM III oder CEM II LL und niedriger Temperatur kann dies 6 bis 10 Stunden dauern. Erst dann kann die Oberfläche maschinell **abgescheibt** werden. In mehreren Übergängen mit **Tellerglättern** (Rotationsglättmaschine mit geschlossenen Tellerscheiben) wird die Oberfläche „getellert", wobei noch kleinere Unebenheiten ausgeglichen werden können und eine **sandpapierraue** Oberfläche entsteht. Wenn **kellenglatte** Oberflächen erreicht werden sollen, sind in einem zweiten Arbeitsgang mehrere Übergänge eines **Flügelglätters** nötig. Ist ein

Abb. 8.6-4: Sobald die Oberfläche begehbar ist, kann sie mit einem Tellerglätter abgescheibt und einem Flügelglätter geglättet werden (Wacker Neuson).

Verschleißwiderstand XM 2 erforderlich, etwa weil mit Gabelstaplern mit Vollgummireifen gerechnet werden muss, dann reicht das **Flügelglätten** aus.

Industrieböden im Freien, die wie Straßen befahren werden, erhalten meist kurz nach dem Verdichten einen **Besenstrich,** mit dem eine noch vorhandene Schlämmeschicht abgezogen und eine griffige Oberflächenstruktur hergestellt wird. Ist Luftporenbeton nötig, so darf er, sobald er begonnen hat anzusteifen, nicht mehr bearbeitet werden, weil dies das Luftporensystem schädigen würde. Glatte Oberflächen, die Regen und Schnee ausgesetzt werden, verlieren im Laufe der Zeit die oberste Zementhaut und werden allmählich etwas rauer.

Soll in Innenräumen auf eine Oberfläche eine **Beschichtung** aufgetragen werden, dann sollte zuvor stets die **oberste Feinmörtelschicht** so **abgetragen** werden, dass das **Grobkorn freiliegt**. Dazu wird vielfach mit **Kugelstrahlern** gearbeitet. Mit einer **Vakuumbehandlung** können Oberflächen mit sehr hohem **Verschleißwiderstand** hergestellt werden, Abschn. 7.6.9. Dabei ist auch vorteilhaft, dass das Abscheiben und Glätten unmittelbar nach der Vakuumbehandlung, also ohne Wartezeiten, stattfinden kann.

Selbstverständlich müssen auch Industrieboden in der Liegezeit zwischen Einbringen des Betons und Abscheiben je nach herrschender Luftfeuchtigkeit **vor Austrocknen geschützt** werden, damit keine Schwindrisse und auch keine Elefantenhäute entstehen. Zugluft und Sonneneinstrahlung müssen vermieden werden. Nötigenfalls kann ein Wassernebel, z. B. mit einem Hochdruckreiniger, aufgebracht werden. Auch wurden für Liegezeiten Zwischennachbehandlungsmittel entwickelt, [Marquardt 15].

Auch nach der Fertigstellung ist eine herrschenden Witterungsverhältnissen entsprechende Nachbehandelung nötig.

8.6.7 Verschleißfeste Hartstoffoberflächen

Wenn mit Beton bzw. Estrichmörtel kein ausreichender Verschleißwiderstand hergestellt werden kann, ist in vielen Fällen eine Verbesserung mit künstlichen Hartstoffen möglich, vgl. Abschn 4.9. Hartstoffe sind sehr teuer, weshalb sich ihre Verwendung auf eine dünne Oberflächenschicht beschränkt. Dazu bestehen zwei Möglichkeiten:

(1) Hartstoffeinstreuung. Dabei werden möglichst frühzeitig, praktisch aber erst wenn die Oberfläche begangen werden kann, etwa 3 kg/m² bis 5 kg/m² feinkörnige Hartstoffe, ggf. gemischt mit Zement, mit einem kleinen Streuwagen aufgestreut und anschließend sofort mit einem **Tellerglätter eingearbeitet**. Fertig gestellt wird die Oberfläche durch mehrere Übergänge eines Flügelglätters. Der Beton soll dazu oben keine Anreicherungen von Feinmörtel aufweisen, weil sonst Gefahr besteht, dass die Hartstoffkörner herausbrechen. Diese Gefahr besteht auch, wenn sich beim Verdichten oder Glätten Feinstteile oder Poren in der obersten Randzone anreichern. Besondere Sorgfalt ist nötig, damit eine **gleichmäßige Schicht** von etwa 2 bis 3 mm Dicke mit wesentlich höherem Verschleißwiderstand entsteht.

(2) Hartstoffmörtel wird in einer meist mindestens 8 mm, bei höheren Belastungen bis über 15 mm dicken Schicht möglichst frühzeitig nach dem Einbau des Betons oder Estrichs aufgebracht, wobei noch ein guter Verbund erzielt werden muss. Der getrennt hergestellte Hartstoffmörtel enthält neben Zement feinkörnige **künstliche Hartstoffe** wie Elektrokorund oder Siliziumkarbid.

Sowohl beim Einstreuen von Hartstoff, wie auch beim Aufbringen eines Hartstoffmörtels muss der Tragbeton schon begehbar sein. Er muss schon so **angesteift sein**, dass man ihn mit einem leichten Tellerglätter schon **abscheiben** und dann auch gleich **glätten** kann, bevor die Hartstoffe aufgestreut bzw. die Hartstoffschicht mit einer **Lehre aufgezogen** wird. Während des Einbaues und der anschließenden **Liegezeit** darf der Beton **nicht austrocknen**. Meist ist eine **Zwischennachbehandlung** nötig.

Damit der nötige gute **Verbund** noch entsteht, darf der darunter liegende Estrich oder Beton noch nicht zu sehr angesteift sein. Es bleibt nur ein **kurzes Zeitfenster**, in dem beide Arbeitsgänge geschehen müssen. Der Zeitpunkt für das Abscheiben und Einarbeiten der aufgestreuten Hartstoffes bzw. für das Aufziehen des Hartstoffmörtels muss nach Gefühl **abgeschätzt** werden, damit ein späteres Lösen des Verbundes vermieden wird. Das kann mit einem kleinen Gerät, einem **Kraftmessgerät mit Eindringkörper** erleichtert werden. Man kann damit prüfen, wie weit das Ansteifen fortgeschritten ist, und so den richtigen Zeitpunkt festlegen, [Breitenbücher 06].

Um das nötige **Zeitfenster** zu erhalten, sind bei einer Hartstoffeinstreuung genauso wie für das Aufbringen eines Harstoffmörtels besondere Anforderungen an den **Tragbeton** oder **Estrichs** zu stellen. Er entspricht in seiner Festigkeit etwa einem Beton C 25/30 und soll etwa 330 kg/m^3 Zement und insgesamt etwa 365 kg/m^3 Mehlkorn enthalten. Zusammen mit dem Feinstsand soll aber eine Grenze von 430 kg/m^3 nicht überschritten werden. Der *w*/*z*-Wert soll über 0,45 liegen. Wichtig für guten Verbund ist, dass sich an der Oberfläche des Tragbetons **keine** Schicht aus **Feinmörtel oder Schlämme** bildet. Dazu darf der Beton nicht bluten und nicht zu weich sein. Das Ausbreitmaß soll beim Einbau 520 mm nicht überschreiten, damit der Beton noch stabil bleibt und nicht sedimentiert.

Verschleißfeste Hartstoffoberflächen herzustellen, erfordert ein hohes Maß an Erfahrung und Fingerspitzengefühl. Daher überlässt man solche Aufgaben am besten Spezialfirmen, die solche Arbeiten schon oft mängelfrei ausgeführt haben.

8.6.8 Frühzeitige Belastung

Nicht selten treten vor allem an Estrichen, aber auch an Industrieböden schon nach wenigen Tagen Risse oder Beschädigungen der Oberfläche auf, weil die bei Beendigung der Arbeiten getroffenen Maßnahmen, um die noch jungen Oberflächen vor Belastung zu schützen, von anderen am Bau beteiligten Handwerkern missachtet werden.

Während Verbundestriche und Industrieböden verhältnismäßig früh belastet werden können, ist bei **Estrichen auf Trennschicht** und besonders bei **schwimmenden Estrichen** die **Gefahr einer Rissbildung** durch zu hohe Belastung groß: Bei noch jungen Estrichen auf Trennschicht vergrößern abgestellte Lasten die durch die Reibung an der Unterlage aktivierten horizontalen Zugspannungen erheblich, es sei denn, die Lasten stehen nahe dem Mittelpunkt (Schwerpunkt) der Felder. Nahe dem Plattenrand aufgebrachte Lasten können bei allen Estrichen, wenn der **Rand hohl liegt**, zusätzliche **Biegespannungen** verursachen. Im Allgemeinen ist das Aufschüsseln im Laufe der ersten Tage auch stärker, wenn der Estrich nur in der oberen Randzone schwindet. Bei dünnen Estrichen geht im Laufe von Wochen und Monaten das Aufschüsseln meist etwas zurück.

Schwimmende Estriche sind hinsichtlich frühzeitiger Belastung besonders empfindlich, weil ihre Tragfähigkeit hauptsächlich von der Entwicklung ihrer Biegezugfestigkeit bestimmt wird. Sie erreicht nach einer Woche bei einer Temperatur von 20 °C etwa 80 % der 28-Tage-Festigkeit, bei niedrigen Temperaturen nimmt die Festigkeit erheblich langsamer zu.

Was **Beschädigungen der Oberfläche** betrifft, sind Estriche bei noch niedriger Festigkeit in den ersten Tagen und auch Wochen sehr empfindlich, vor allem an den **Kanten der Fugen**. Geräte und Fahrzeuge mit **Rädern aus Metall** oder einem **harten Kunststoff mit kleinem Durchmesser** können den noch jungen Estrich leicht beschädigen. Das Gleiche gilt für Kieskörner, Betonstücke oder andere **harte Gegenstände**, die am Estrich liegen, wenn Fahrzeuge darüber fahren.

8.7 Unterwasserbeton, Schlitzwände und Bohrpfähle

8.7.1 Betoneinbau unter Wasser

Zement erhärtet **unter Wasser sogar besser** als an Luft: Der Beton kann **nicht austrocknen** und **erwärmt sich auch weniger**, weil die Hydratationswärme vor allem in den Randzonen, wo man Risse vermeiden will, rasch in das kältere Wasser abgeführt wird. Schließlich sei auch daran erinnert, dass bei Zement die **Erhärtungsreaktion ja nicht wie Kalkmörtel** durch Aufnahme von Kohlensäure aus der Luft, sondern **hydraulisch** durch **Reaktion mit Wasser** stattfindet. Dass die **Druckfestigkeit von nassem Beton** bei niedriger Güte im Vergleich zu ausgetrockneten Proben **etwas kleiner** ausfällt, wird in der Regel bei weitem durch die unter Wasser länger fortschreitende Hydratation wettgemacht.

Unter Wasser kann Beton **nicht verdichtet** werden. Er muss eine so weiche Konsistenz haben, dass er dennoch ein dichtes Gefüge erhält, ähnlich wie **Selbstverdichtender Beton**, Abschn. 6.1. Solche Betone neigen aber leicht zum **Entmischen**.

Schüttet man einen steifen oder plastischen **Frischbeton** in einen mit **Wasser** gefüllten Behälter, dann wird **viel Zement ausgespült** und bleibt mit anderen mehlfeinen Stoffen in Schwebe, während das Grobkorn und danach auch der Sand nach unten sacken, vgl. Abschn. 3.2.6. Je **tiefer das Wasser** und **je steifer** oder gar **trockener** der Beton, **desto mehr Feinteile werden ausgespült**, ganz besonders, wenn das Wasser nicht ruhig steht, sondern **fließt**. Aus Frischbeton mit **fließfähiger Konsistenz** werden weniger Feinstteile ausgespült, vor allem, wenn er eine **hohe Viskosität** hat, also zäh fließend ist und ein so gutes **Zusammenhaltevermögen** aufweist, dass er beim Abreißen des Volumenstroms gut **in Schollen zusammenhält**.

Ungeschützt **durchs Wasser schütten** sollte man aber auch solchen Beton nur, wenn das Wasser **nicht tiefer als 1 m** ist und an den Beton nur **sehr niedrige Anforderungen** gestellt werden.

Dank neuer Zusatzmittel, die zu den **Stabilisierern** gerechnet werden, und besonderer Kornzusammensetzungen gelingt es, Betone herzustellen, die **frei durchs Wasser abgestürzt** werden können, ohne dass der Zusammenhalt verloren geht oder Oberflächen störend ausgewaschen werden. Dieses als „**Hydrocrete**" bezeichnete Verfahren wurde beispielsweise angewandt, als die Sohle eines 5 m tiefen Schifffahrtskanals durch eine dünne Betonschicht vor Erosion geschützt werden musste.

Neben den Regelwerken kommt im Tiefbau den **Erfahrungen** und daraus sich ergebenden zusätzlichen Maßnahmen, etwa um bei Fehlern oder Unzulänglichkeiten den Instandsetzungsaufwand in Grenzen zu halten, besondere Bedeutung zu, [Winselmann 99].

8.7.2 Unter Wasser hergestellte Sohlplatten

8.7.2.1 Anwendung und Besonderheiten

Sohlplatten werden unter Wasser heute meist unbewehrt als Baubehelf oder als Dauerkonstruktion zur **Abdichtung** und zur **Auftriebssicherung** verwendet. Dabei muss berücksichtigt werden, dass wegen der schwierigeren Einbringung die **Maßgenauigkeit** von im Trockenen hergestellten Bauteilen **nicht** erreicht werden kann. Meist können Arbeiten unter Wasser nicht optisch überprüft werden, sondern nur durch **Tasten mit Stangen** oder durch **Taucher**. Stets ist mit Unebenheiten der Oberfläche zu rechnen, die nach dem Lenzen der Baugrube mit einer **bis zu 30 cm** dicken Betonschicht **ausgeglichen** werden müssen. Wenn **Wasserundurchlässigkeit** erlangt werden soll, müssen Betonsohlen **mindestens 1 m dick** sein. Nach dem Lenzen ist mit einer gewissen Restwassermenge zu rechnen. Nur wenn diese stündlich je 1 000 m^2 Betonsohle und Meter Wasserdruckdifferenz 1 000 Liter überschreitet, wird von Leckagen gesprochen, Merkblatt Unterwasserbetonsohlen, [ÖVBB 05]. Sohlplatten mit geneigter Oberfläche oder mit Vertiefungen, wie sie für Aufzugsunterfahrten nötig sind, lassen sich unter Wasser kaum herstellen.

Eine wichtige Voraussetzung ist eine möglichst **ebene und schlammfreie Aushubsohle**. Dazu muss oft der Schlamm sowohl vor als auch während des Einbringens des Betons mit einer **Schlammpumpe** abgesaugt werden. Für **wasserundurchlässige Anschlüsse** an Spundwände, Schlitzwände oder Bohrpfähle müssen die Oberflächen mit einem **Hochdruckwasserstrahl** gesäubert werden. In der Regel bleiben dennoch in gewissem Umfang Leckagen, wenn nicht zusätzliche Maßnahmen getroffen werden.

Besondere Maßnahmen sind nötig, wenn **Unterwasserbeton bewehrt** werden soll. Die Bewehrungskörbe müssen mit einer Hilfskonstruktion in die geplante Lage gebracht werden. Für das Einbringen des Betons müssen hinreichend breite Gassen freigelassen werden. Beim Betoniervorgang kann eine **Schlammwalze** entstehen, die den **Verbund mit der Bewehrung beeinträchtigt**. Wenn möglich vermeidet man aber eine Bewehrung von Unterwasserbeton. Auch unbewehrte Sohlplatten können durch Gewölbewirkung zur Auftriebssicherung dienen, wenn sie hinreichend dick sind oder vorher eingebrachte Ankerpfähle kraftschlüssig und dicht umschließen. Auch Stahlfaserbeton wurde schon für die Herstellung von Sohlplatten unter Wasser eingebracht.

Die Ausführung der Betonarbeiten erfordert Erfahrung, eine sorgfältige Planung und aufmerksame Überwachung, wenn das angestrebte Ziel erreicht werden soll. Die Merkblätter „**Unterwasserbeton**" [DBV 14/1] und „**Unterwasserbetonsohlen**" [ÖVBB 05] enthalten wichtige Regeln und Erfahrungen.

8.7.2.2 Einbringen des Betons

Beton darf nur an der **Oberfläche der Schüttung** mit Wasser direkt in Berührung kommen, wobei **Auswaschungen** auftreten, die in diesem Bereich weniger stören. Um tiefer liegende, durch Auswaschungen verursachte **Trennflächen** zu vermeiden, wird der Frischbeton stets mit einem **Rohr** eingebracht, das anfangs nur bis wenige Zentimeter über der Sohle reichen soll. Es darf bis zum Erreichen der geplanten Schichtdicke **nicht aus dem Frischbeton herausgezogen werden**. Tritt dies ungeplant ein, muss man das Rohr einige Zentimeter tief in die vorhandene Betonschicht eindrücken, bevor man wieder Beton einbringt. Man nimmt dabei in Kauf, dass das Wasser, das der neue Beton vor sich aus dem Rohr drückt, zu begrenzen Ausspülungen führt. Wenn bei **Unterbrechungen** des Betoniervorganges der bereits eingebrachte Beton schon begonnen hat zu erstarren oder ein Rohr neu eingesetzt werden muss, kann **weder kraftschlüssig noch wasserdicht** angeschlossen werden.

Heute wird Unterwasserbeton für **Sohlplatten** oder Gründungskörper, bei denen man auf ein Absenken des anstehenden Grundwassers verzichtet, in der Regel im **Contractor-Verfahren mit Betonpumpen** eingebracht. Der Pumpenschlauch mündet über dem Wasserspiegel in ein **Rohr**, das von einem Ponton aus geführt wird. Um das Rohr besser umsetzen zu können, soll es ein **verschließbares Ventil** haben. Mit einem **Peilstab** prüft man die Höhe des Betonspiegels und steuert das Rohr entsprechend. Vielfach sind **Taucher** zur Überwachung der Vorarbeiten und des Betoneinbaues unverzichtbar.

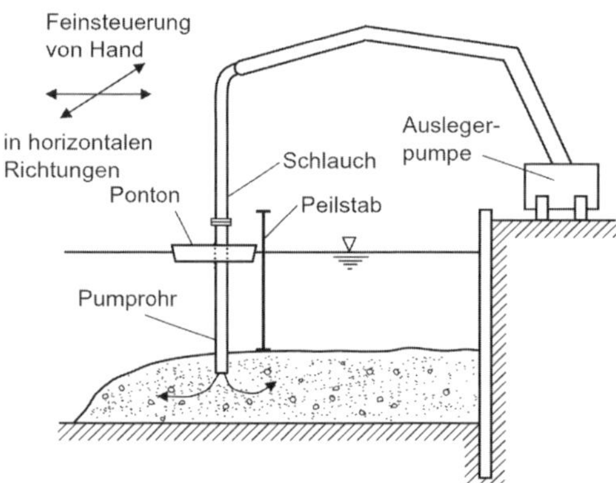

Abb. 8.7-1: Einbau von Unterwasserbeton mit einer Betonpumpe, (Grube).

Bei einer älteren Art des **Contractor-Verfahrens** wird der Beton über einen **Trichter** mit **Schüttrohren** eingebracht. Vor allem in den Niederlanden hat man die Verfahren weiter entwickelt mit dem Ziel, **ebene Betonoberflächen** zu erhalten und die Gefahr eines Freiziehens des Rohres zu vermindern. Das **Hop-Dobber-Verfahren** verwendet ein Schüttrohr mit unten angeflanschtem Kragen und einem Schwimmkörper, der gleichmäßige Eintauchtiefe sicherstellt, [Hofer 98].

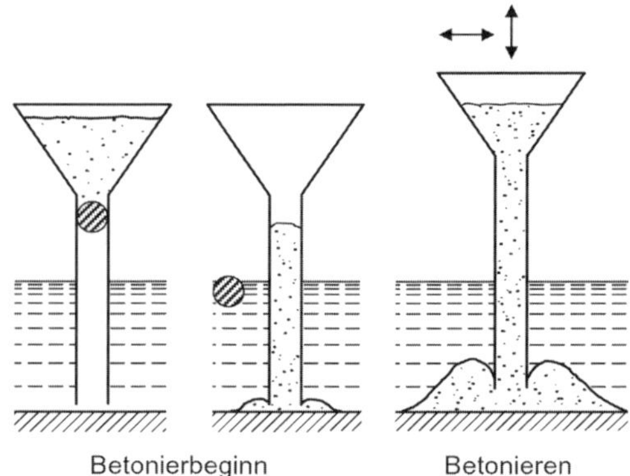

Abb. 8.7-2: Beim Contractor-Verfahren wird Unterwasserbeton über einen Trichter durch ein Rohr eingebracht, nachdem mit einem Ball aus Schaumgummi das Wasser aus dem Rohr verdrängt wurde, (Grube).

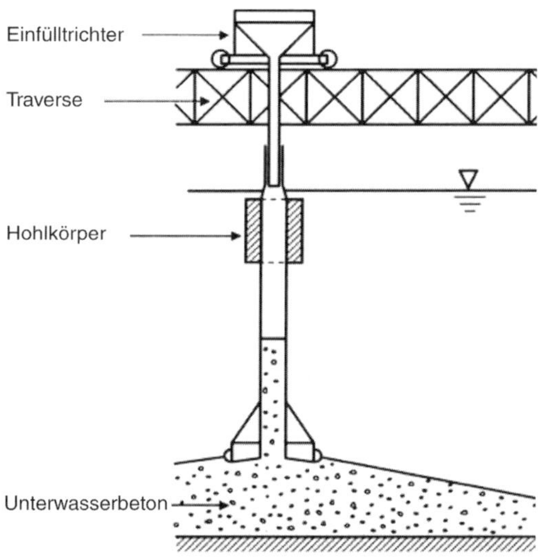

Abb. 8.7-3: Das Hop-Dobber-Verfahren wurde von Hop entwickelt und erleichtert mit Hilfe eines Schwimmkörpers (Dobber) die Herstellung ebener Oberflächen, (Grube).

Beim **Hydroventil-Verfahren** benutzt man einen zusammendrückbaren Schlauch, an dessen unterem Ende eine Stahlplatte ist, deren Höhelage mit Ketten von oben gesteuert wird.

8.7.2.3 Zusammensetzung von Unterwasserbeton

Um ein ausreichendes **Fließverhalten** zu haben, soll das Ausbreitmaß nahe 600 mm (F 5) liegen, wenn Bewehrung umschlossen werden, soll muss es etwa

660 mm (F 6) betragen. Der Wassergehalt soll möglichst 185 l/m³ nicht übersteigen, dazu sind in jedem Falle Fließmittel nötig. Ist der Beton zu steif und fließt er nicht geschlossen, dann besteht die Gefahr, dass er anstehendes Wasser aufnimmt. Die Gesteinskörnungen sollen eine möglichst rundliche, gedrungene Kornform haben, wobei eine Kornzusammensetzung nahe der Sieblinie B und ein Größtkorn von 22 mm vorteilhaft sind. Der Gehalt an Mörtel sollte etwa 600 l/m³ betragen. Die Grenzwerte für das Mehlkorn der Tabelle F.4.2 von DIN FB 100, vgl. Tab. 5.4-2, können überschritten werden, damit ein gutes **Zusammenhaltevermögen** erreicht wird. In den meisten Fällen wird dem Beton zur Verbesserung der Verarbeitbarkeit und Vermeidung hoher Hydratationswärme Flugasche zugegeben, wobei der Bindemittelgehalt (Zement plus Flugasche) zwischen 350 und 420 kg/m³ liegt. Für die Berechnung des äquivalenten *w/z*-Wertes soll die Flugasche mit einem *k*-Wert von 0,7 angerechnet werden, weil mit einem frühzeitigen Austrocknen des Betons nicht zu rechnen ist. Der äquivalente *w/z*-Wert ist mit höchstens 0,60 begrenzt, wenn nicht die aus Gründen der Dauerhaftigkeit zu wählende Expositionsklasse einen niedrigeren *w/z*-Wert verlangt. Werden als Zusatzmittel **Stabilisierer** verwendet, kann damit das Zusammenhaltevermögen stark verbessert werden, doch ist darauf zu achten, dass der Beton bei höheren Zugabemengen vor allem anfangs erheblich steifer wird und daher mehr Fließmittel nötig ist, damit noch eine ausreichende Verarbeitbarkeit erhalten bleibt. Auch das Erstarren kann verzögert werden, [Petscharnig 91].

An die Festigkeit des Betons werden in der Regel nur niedrige Anforderungen gestellt. Verankerte unbewehrte Unterwasserbetonsohlen können mit **Beton C 16/20** hergestellt werden, [Schreitl 03]. Bei Sohlplatten, die eine möglichst ebene Oberfläche haben sollen, kann die Verwendung eines **Fließbetons** mit selbstnivellierenden Eigenschaften vorteilhaft sein.

8.7.3 Beton für Schlitzwände und Bohrpfähle

Die Erfahrung hat gezeigt, dass an sog. „**Spezialtiefbaubeton**" besondere Anforderungen gestellt werden müssen, damit beim Einbau in Schlitzwänden oder Pfählen stets eine **vollständige Formfüllung** und **Einbettung der Bewehrung** erreicht wird.

Bei der Herstellung von Ortbetonpfählen, Schlitzwänden und anderen **bis in große Teufe** reichenden Bauteilen kommt es hin und wieder vor, dass Beton sehr rasch seine **Fließfähigkeit verliert** und so steif wird, dass ein weiterer sachgerechter Einbau nicht mehr möglich ist. Drei unterschiedliche Ursachen können auftreten und müssen verhindert werden:

(1) Die **Reaktion des Zements** darf bei einem oft mehrere Stunden dauernden Einbauvorgang erst entsprechend spät einsetzen. Das erfordert oft die Verwendung eines Verzögerers und geeigneter, darauf abgestimmter Fließmittel.

(2) Es darf keine **Sedimentation des groben Korns** eintreten, vgl. Abschn. 3.2.6. Im unteren Bereich liegender Beton würde sich das Grobkorn anreichern, der Beton würde nicht mehr fließen und **sperrig** werden.

(3) Besonders wichtig ist oft, dass aus dem Frischbeton das beim Mischen zugegebene **Wasser nicht ausgepresst** wird. Durch die Eigenmasse im Frischbeton entsteht ein hoher hydraulischer **Druck des Porenwassers**. Er ist sogar größer als jener einer gleich hohen Wassersäule, weil sich die einzelnen Feststoffpartikel nicht direkt, sondern über die umgebenden Wasserhüllen aufeinander abstützen, [Hornung 86]. Bei hohen Druckgradienten und ausreichender Wasserdurchlässigkeit des Frischbetons kommt es zu einer **Porenwasserströmung nach oben** und, wenn keine Verrohrung vorhanden ist und der umgebende Boden wasserdurchlässig ist, **auch zur Seite** in den umgebenden Boden. Im unteren Bereich der Frischbetonsäule führen diese Wasserverluste auch zu einem vorzeitigen Ansteifen. Generell sind die Wasserverluste umso größer, je höher der ursprüngliche Wassergehalt des Frischbetons war. Bei großen Betonierhöhen können die Wasserverluste bis zu 25 % betragen. Von Vorteil sind Betonzusammensetzungen, die unter Druck nur **wenig Blutwasser** abgeben.

Die bisher gebräuchlichen Prüfverfahren geben nur unzureichend Auskunft über die nötige Fließfähigkeit und das erforderliche Formfüllungsvermögen, wofür **Fließgrenze, Viskosität** und **Thixotropie** wichtige Eigenschaften sind. Spezielle baustellentaugliche Prüfverfahren fehlen. Man prüft heute das **Setzfließmaß** und misst beim selben Versuch auch die Fließgeschwindigkeit. Verwendet wird auch der **Filterpressversuch**, Abschn. 3.2.8, und das **Ausbreitmaß** vor und nach dem Schocken. Die Prüfungen müssen nach einer der zu erwartenden Dauer des Einbaues entsprechenden **Ruhezeit wiederholt** werden.

Durch **zähflüssigen Zementleim** wird die Stabilität, also sowohl die **Sedimentationsneigung** des Grobkorns als auch das **Bluten unter Druck vermindert**. Von Vorteil sind daher Betone mit günstiger Kornzusammensetzung, vor allem im Bereich des Sandes und des Mehlkorns. Eine **Optimierung des Mehlkorns** in Richtung **hoher Packungsdichte** führt zu geringerer Blutneigung, vgl. Abschn. 5.6.2.

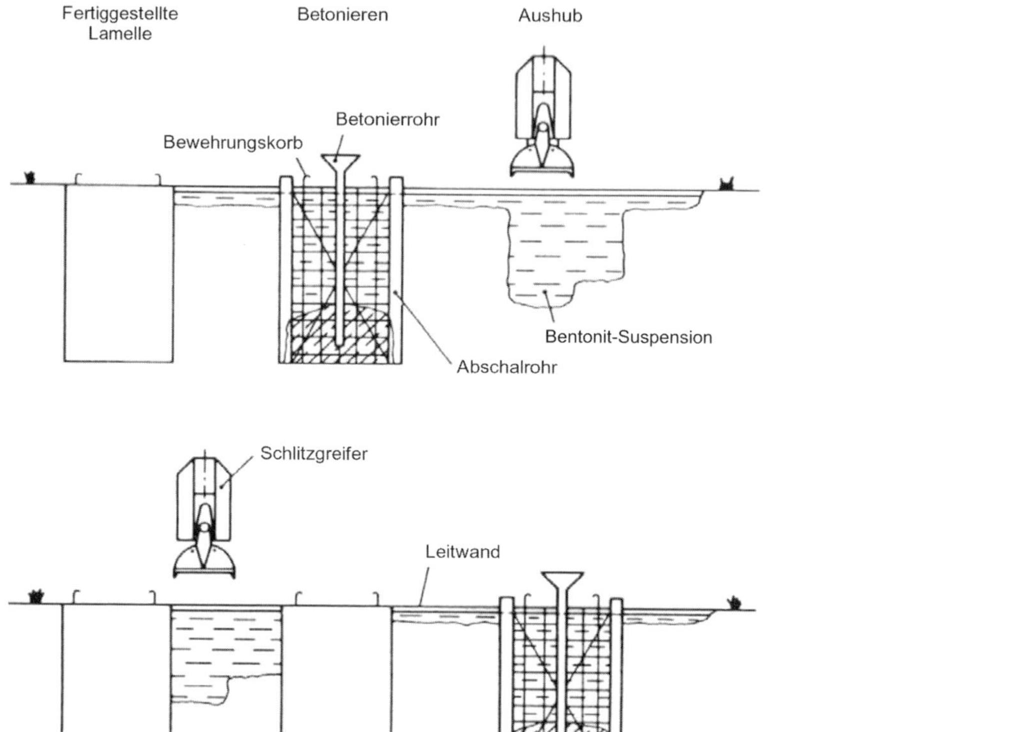

Abb. 8.7-4: Schlitzwände werden im Pilgerschritt hergestellt. Eine Bentonit-Suspension stützt die seitlichen Wände des Schlitzes. [Baldauf 88]

Der Bedarf an Mehlkorn ist umso größer, je weicher der Beton sein soll und umso weiter das Mehlkorn von der Soll-Sieblinie mit höchster Packungsdichte abweicht. Bei höherem Mehlkorngehalt wird aber wegen des höheren Wassergehaltes die Stabilität vermindert, d. h. es kann leichter zu Sedimentationen kommen, [Nischer 06].

Die Neigung zu **Entmischungen** ist geringer, wenn ein geeigneter **Stabilisierer** zugegeben wird, der die Viskosität erhöht. **Bentonit,** ein aktivierter quellfähiger Ton, mit Anteilen von bis zu 5 % des Zementgewichtes trocken vorgemischt, erhöht die Fließgrenze und damit auch die Viskosität, führt aber zu viel niedrigerer Festigkeit sowie kleinerem E-Modul und Frostwiderstand, [Hornung 86]. Zu beachten ist auch, dass **große Luftporen**, die von schaumbildenden Zusatzmitteln oder noch nicht entlüftetem Frischbeton kommen, dazu führen können, dass der Frischbeton rascher ansteift.

8.7.4 Schlitzwände

Schlitzwände können als **Gründung** eines Bauwerkes oder als **Dichtwand** für einen Staudamm oder eine Baugrube dienen. Sie erfüllen eine **statische** und oft auch eine **abdichtende Funktion**. Für Konstruktion, Bemessung und Herstellung müssen spezielle Regeln beachtet werden, ebenso für die Zusammensetzung des Betons und seine Ausgangsstoffe, siehe dazu DIN EN 1538 bzw. Richtlinie „Dichte Schlitzwände“ [ÖBV 13] und darüber hinaus Abschn. 8.7.3.

Schlitzwände werden in 3 m bis 7 m langen und 60 cm bis über 2 m dicken Lamellen von der Oberfläche aus zwischen zwei Leitwänden hergestellt. Zwischen ihnen wird der Boden mit **Greifern** oder **Fräsen** ausgehoben. Damit der Schlitz trotz des Erddruckes in seiner geplanten Breite erhalten bleibt, wird als **Stützflüssigkeit** eine Polymerlösung oder auch eine Bentonitsuspension, oft auch auch polymermodifiziert, in den Schlitz eingepumpt.

Die **Stahlbewehrung** wird in **Körben** mit beiderseits befestigten Abstandshaltern abgesenkt. Bei tiefen Schlitzwänden – erreicht wurden schon Teufen über 100 m – müssen die Bewehrungskörbe gestoßen werden.

Der Beton wird im **Contractor-Verfahren** eingebracht, vgl. Abschn. 8.7.2.2, wobei das Betonierrohr wasserdichte Kupplungen haben muss. Bei Beton mit 32 mm Größtkorn soll es 200 mm, sonst mind. 150 mm Durchmesser haben. Das Betonierrohr soll mindestens so tief wie die Lamelle lang ist **in den Frischbeton eintauchen.** Werden bei längeren Lamellen zwei Rohre verwendet, dann müssen diese gleichmäßig beschickt werden. Der Beton muss alle **Stahlstäbe** des Korbes von innen nach außen **umströmen**, so dass sie auf ihre gesamte Länge dicht umhüllt werden. Dazu muss er zügig mit Steiggeschwindigkeiten von mindestens 3 m je Stunde eingebracht werden, [Baldauf 88].

Die **oberste, oft wasserreiche Zone** des Frischbetons **vermischt** sich beim Einbringen mit Bohrschlamm und Stützflüssigkeit und kann statisch nicht mehr genutzt werden. Ist der Beton beim Einbringen nicht ausreichend fließfähig, also etwas zu steif, dann kann diese Vermischung ein erhebliches Ausmaß erreichen. Die vermischte Schicht, die auch mehr als einen halben Meter ausmachen kann, muss in der Regel entfernt werden. Um die Vermischung in Grenzen zu halten und damit die Bewehrung gut umschlossen wird, lässt man Ausbreitmaße bis 630 mm zu.

Tabelle 8.7-1: Beton für dichte Schlitzwände

Gesteinskörnungen	Sieblinienbereich A/B im obersten Drittel
Wirksamer Wassergehalt	Höchstens 195 l/m³
Bindemittel	360 bis 390 kg/m³
Flugasche und/oder Hüttensandmehl	Höchstens 20 % des Bindemittels
Mehrkorn bei GK 22 GK 32	Mindestens 430 kg/m³ Mindestens 400 kg/m³
Ausbreitmaß	520 bis 590 mm
Luftgehalt bei Zugabe von LP	2,5 % bis 5,0 %
Mischanlage	Mit Mikroprozessorsteuerung und Datenausdruck
Festigkeitsklasse	C 25/30 nach 56 Tagen

Für die Zusammensetzung des Betons enthält Tabelle 8.7-1 die Vorgaben der Richtlinie „Dichte Schlitzwände" [ÖVBB 13]. Dort wird ein Beton gefordert, der nach 56 Tagen die Anforderungen C 25/30, oder nach 28 Tagen 90 % davon, erfüllt.

8.7.5 Bohrpfähle

Für Bohrpfähle gilt DIN FB 1536 und DIN SPEC 18140, in Österreich wird die Richtlinie Bohrpfähle [ÖVBB 13] verwendet. Sie sieht einen Beton C 25/30 mit einem Mehlkorngehalt von mindestens 430 kg/m^3, bei Größtkorn 22 mm 440 kg/m^3 vor.

Bei der Herstellung von Bohrpfählen wird der Boden meist mit einem **Bohrrohr** gestützt, so dass keine Stützflüssigkeit erforderlich ist. Beim Einbringen des Betons wird dieses **Rohr gezogen**. Dabei sinkt der Betonspiegel ab, wobei der Beton über den ganzen Querschnitt nach unten sackt. Auf den Bewehrungskorb treten dabei hohe vertikale Kräfte auf, die nicht zu Schiefstellungen oder Ausknicken einzelner Stäbe führen dürfen. Um die Mantelreibung beim Ziehen zu vermindern, wird das Rohr hin- und hergedreht, so dass die freigelegten Bohrpfähle außen eine **charakteristische Zick-Zack-Struktur** aufweisen. Die Pfähle können Durchmesser von 50 bis über 200 cm aufweisen. Nur wenn Pfähle **ohne Verrohrung** hergestellt werden, ist zur Stützung des Bodens eine **Polymerlösung oder Bentonitsuspension** nötig, was Anlagen zu deren Wiederaufbreitung erfordert. Dabei gelten weitgehend dieselben Regeln wie bei der Herstellung von Schlitzwänden.

Bohrpfähle erhalten einen vorgefertigten **Bewehrungskorb**, wobei durch **Verschweißen der Stäbe** eine bessere **Stabilität** als durch Binden mit Rödeldrähten erzielt wird. Die **Längsstäbe** werden unabhängig von der Richtung der Biegebeanspruchung **zentralsymmetrisch** angeordnet, damit sich der Korb beim Einbringen in das Bohrrohr nicht zu stark verziehen kann. Der Frischbeton muss sowohl in axialer wie auch nach außen in radialer Richtung gut strömen können. Der Bewehrungskorb muss auch ausreichend **Platz für das Rohr** zum Einbringen des Betons lassen. Damit eine ausreichende Betondeckung erzielt wird, die vor allem bei unverrohrt hergestellten Pfählen sehr groß sein muss, werden an der Wendel, welche die Längsbewehrung umschließt, geeignete bis **über 60 mm dicke Abstandshalter** angebracht. Die Stahlstäbe müssen vollständig dicht und ausreichend dick mit Beton umhüllt werden. Auch an den Verbindungen zwischen Längsstäben und Aussteifungen dürfen keine Hohlräume verbleiben.

In den meisten Fällen ist das Bohrrohr anfangs im unteren Teil noch mit Grundwasser gefüllt, so dass auch hier die Regeln für Unterwasserbeton gelten. Auch der anschließend eingebaute Beton muss sehr **fließfähig** sein und gut nach außen fließen. Er muss meist **erheblich länger** als sonst üblich **verarbeitbar sein**, weil der zuerst eingebrachte Beton durch den folgenden Beton nicht nur nach oben, sondern auch radial nach außen gedrückt werden muss, wozu er noch hinreichend weich sein muss, [Fierenkothen 17]. Dies muss auch bei der Auswahl des Fließmittels berücksichtigt werden. Das Größtkorn muss bei dichter Bewehrung nötigenfalls auf 16 oder 22 mm begrenzt werden und darf höchstens ein Viertel des lichten Bewehrungsabstandes betragen. Bewährt haben sich Kornzusammensetzungen, die unter 2 mm im Bereich B/C liegen und darüber nicht allzu weit von der Sieblinie B abweichen.

Weil sich in den Pfahlköpfen Wasser und Feinstteile anreichern, müssen die Pfähle mit einem **Überbeton** hergestellt werden, der nach dem ersten Erhärten **abgeschrämmt** wird. Bei Pfählen in bindigen Böden zeigt sich mitunter vor allem bei großen Pfahllängen, dass Wasser oft auch mit Feinteilen des Betons nach oben ausgepresst wird, das Grobkorn absackt und der Beton nicht nur am Pfahlkopf, sondern auch darunter so entmischt ist, dass er auf eine etwas größere Länge abgeschrämmt werden muss, [Hüngsberg 05]. Um dies zu vermeiden, kann das Feinstkorn optimiert werden, so dass trotz eines hohen Mehlkorngehaltes ein hoher Wassergehalt vermieden wird.

Es kann vorkommen, dass die **Betonsäule** eines Pfahles beim Ziehen des Rohres oder aus anderen Gründen **abreißt**, so dass der Pfahl seine vorgesehene **Tragfähigkeit nicht erreicht**. An Stelle einer aufwändigen Probebelastung kann man heute nach dem Erhärten schon sehr früh mit einer **mikroseismischen Prüfung** feststellen, ob der Pfahl einen Defekt hat. Dabei wird mit einem Hammer ein Impuls auf den Pfahlkopf aufgebracht und die am unteren Ende reflektierte Welle am Pfahlkopf gemessen, vgl. Abschn. 11.3.7.

8.7.6 Pfahlwände

Für den **Aushub tiefer Baugruben** werden heute vielfach **Pfahlwände** hergestellt. Im Grundwasser kann ihnen auch eine **abdichtende Funktion** zukommen. Dazu müssen aber zunächst in einem lichten Abstand vom etwa dem 0,8fachen Pfahldurchmesser **unbewehrte Primärpfähle** hergestellt werden und anschließend dazwischen **bewehrte Sekundärpfähle**, Abb. 8.7-5. Wenn die Wand wasserundurchlässig sein soll, müssen beim Abteufen des Rohres für die Sekundärpfähle die **Primärpfähle überschnitten** werden, damit später Wasser nicht zwischen den Pfählen durchtreten kann. Dazu muss die **Festigkeit der Primärpfähle** noch **so niedrig** sein, dass die Bohrkronen beim Herstellen der Sekundärpfähle die Primärpfähle planmäßig überschneiden und **nicht in Richtung des weicheren Bodens abweichen.**

Die Sekundärpfähle müssen dazu kurz nach den Primärpfählen in einem bestimmten **zeitlichen Abstand** hergestellt werden. Für die unbewehrten Primärpfähle soll der Beton eine sehr niedrige Festigkeit aufweisen. Wenn dies aus Gründen der Statik oder der Dauerhaftigkeit nicht möglich ist, muss er **sehr langsam erhärten**. Die Druckfestigkeit benachbarter Primärpfähle soll zum Zeitpunkt der Herstellung des dazwischen liegenden Sekundärpfahles **höchstens 5 N/mm²** erreicht haben und im Pfahl nicht stark unterschiedlich sein. Die Verwendung von **Verzögerern** hat sich in diesem Falle **nicht bewährt**, weil der Beton nach Ablauf der Verzögerungszeit mitunter sogar rascher an Festigkeit gewinnt. Vielmehr ersetzt man einen erheblichen Teil des Zements durch **Flugasche** und kann darüber hinaus Zemente mit langsamer Erhärtungszunahme, meist **hüttensandreiche Zemente** verwenden. Auch niedrige im Boden herrschende Temperaturen begünstigen einen nur langsamen Anstieg der Festigkeit.

Als Beispiel sind in Tabelle 8.7-2 die am Potsdamer Platz in Berlin und die beim DB Tunnel Offenbau NBS Ingolstadt-Nürnberg, [Wagner 05], verwendeten Zusammensetzungen genannt. Um für den Tunnel Offenbau einen ausreichenden Widerstand gegen starken chemischen Angriff durch kalklösende Kohlensäure XA 2 nachzuweisen, wurden eingehende Untersuchungen mit hohen Flugaschegehalten durchgeführt. Sie ergaben auch effektive *k*-Werte von bis zu 0,90, mit denen die Flugasche auf Grund einer Zustimmung im Einzelfall angerechnet werden konnte.

Tabelle 8.7-2 Beton von Pfahlwänden

Potsdamer Platz		
	Primärpfahl	Sekundärpfahl
Zement	CEM III/ A 32,5	CEM III/ A 32,5 R
Zementgehalt	170 kg/m³	320 kg/m³
Flugasche	180 kg/m³	80 kg/m³
Wassergehalt	203 kg/m³	215 kg/m³
Tunnel Offenbau		
Zement CEM I 32,5 R	200 bis 240 kg/m³	
Flugasche	140 bis 200 kg/m³	
Wassergehalt	170 bis 185 kg/m³	

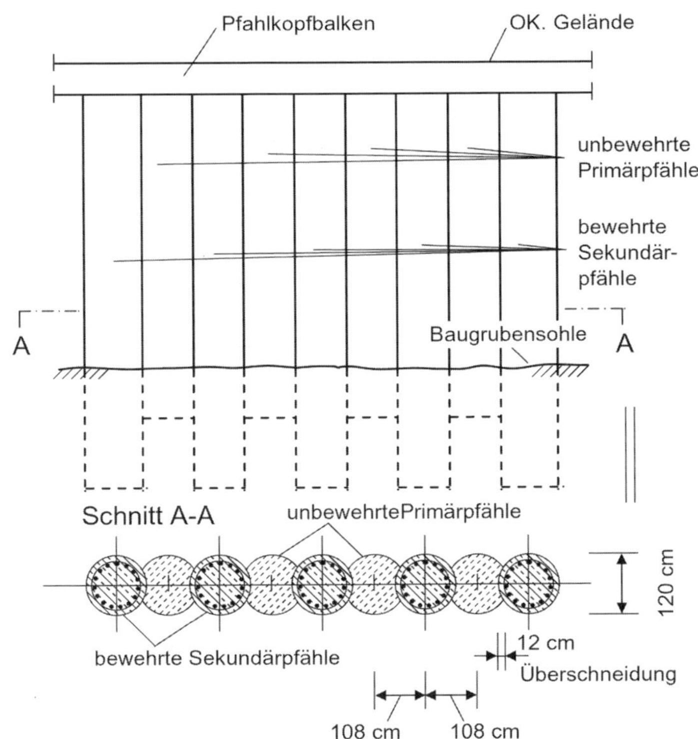

Abb. 8.7-5: Bei überschnittenen Pfahlwänden werden zuerst Primarpfähle hergestellt. Beim anschließenden Abteufen des Rohres für die bewehrten Sekundarpfähle werden die Primarpfähle überschnitten, damit ein wasserundurchlässiger Verbund entsteht, [Baldauf 88]

8.7.7 Düsenstrahlverfahren

Anstehende Kiesböden können mit Hilfe einer eingedüsten Zementsuspension, man spricht von **Hochdruckinjektion (HDI)**, so verfestigt werden, dass sie **tragende** oder auch **abdichtende Aufgaben** übernehmen können. Voraussetzung dazu ist, dass der Boden keinen Humus oder andere die Hydratation des Zements störende Stoffe enthält, Abschn. 2.4.6.4. Von Vorteil kann dies sein bei **Unterfangungen** vorhandener Fundamente, **Dichtwänden** oder horizontalen **Dichtsohlen**, aber auch für **Schirmdecken** im Tunnelbau oder ähnliche Aufgaben. Beim Düsenstrahlverfahren wird ein dünnes Rohr abgeteuft, durch das anschließend eine Zementsuspension unter hohem Druck über eine horizontale Düse in den Boden eingebracht wird. Durch ständiges Drehen des Rohres und gleichzeitigem langsamen Ziehen entsteht nach Erhärten des Zements ein runder betonartiger Körper. Dessen Durchmesser kann während des Düsvorganges aus Druck, Durchfluss, Zieh- und Umdrehungsgeschwindigkeit und vermuteten Bodenparametern abgeschätzt werden. Beim Bauer MIP-(Mixed in place)-Verfahren werden anstehende Böden mit einer Einfach- oder Dreifachschnecke aufgebrochen, umgelagert und die Porenräume mit Bindemittelsuspension verfüllt.

8.7.8 Tiefreichende Bodenstabilisierung (TBS)

Hierbei wird ein anstehender **Kiesboden** mit einer eingebrachten **Zementsuspension** verfestigt, wobei ein **Doppelgestänge mit Paddeln** für die Durchmischung sorgt. Für **Dichtwände als Hochwasserschutz** hat sich die TBS bewährt, vorausgesetzt, im Dammkörper befinden sich **keine großen Steine**, die die Paddel verkeilen können, [Jungwirth 15]. Beim Bauer MIP-Verfahren ist mit einer 3-fach-Schnecke auch eine horizontale Vermischung der Bodenschichten möglich.

8.8 Tunnel

8.8.1 Aufgaben und Bauweisen

Tunnel sind Bauwerke für Jahrhunderte. Noch heute nutzen wir für die Wasserversorgung oder für den Verkehr Tunnel, die vor vielen Generationen errichtet wurden. Kein Wunder, dass in unserer Zeit für Tunnel Beton der wichtigste Baustoff geworden ist, kein Wunder aber auch, dass an ihn oft sehr hohe Anforderungen gestellt werden müssen.

Die Bauweise von Tunneln wird je nach Gebirgsverhältnissen, Art des Vortriebes und Nutzung gewählt. Im Hinblick auf die Tragkonstruktion ist zu unterscheiden:

- Tunnel mit **Innenschalen aus Ortbeton**, wie sie bei **bergmännischem Vortrieb** meist mit einer Außenschale aus Spritzbeton zur Gebirgssicherung zum Einsatz kommen. Die Gewölbe haben in der Regel Hufeisen- oder auch Kreisquerschnitt.
- Einschalige Tunnel **mit einer Auskleidung** aus Spritzbeton
- Tunnel, die mit **Tunnelbohrmaschinen** oder im Schutze eines **Schildes** vorgetrieben werden, bei denen **Tübbings aus Betonfertigteilen** als Tragkonstruktion dienen. Sie haben stets Kreisquerschnitt, und
- Tunnel in **offener Bauweise** bei geringer Überdeckung meist mit einem **Rechteckquerschnitt aus Ortbeton**.

8.8.2 Tunnel im bergmännischen Vortrieb

Nach den Regeln der seit 1958 entwickelten **Neuen Österreichischen Tunnelbauweise (NÖT)** wird der Ausbruch nicht mehr im Schutze einer provisorischen Zimmerung aus Holz vorgetrieben. Vielmehr wird eine **Auflockerung des Gebirges** durch eine rasch aufgebrachte **Außenschale** aus **Spritzbeton**, meist auch mit Hilfe radialer **Anker**, verhindert. Wenn erforderlich, wird der Spritzbeton mit **Betonstahlmatten** und/oder zusätzlichen **Ausbaubögen aus Stahl** verstärkt. Dank dieser Maßnahmen bildet das Felsgestein um den ausgebrochenen Tunnelquerschnitt einen **Gebirgstragring,** der den Gebirgsdruck aufnimmt. Je nach geologischen Verhältnissen verformt sich der Tragring im Laufe der ersten Wochen und Monate noch um Zentimeter oder sogar Dezimeter.

Erst wenn die **Verformungen** des Gebirgstragringes und der Außenschale aus Spritzbeton **abgeklungen** sind, darf das **Gewölbe der Innenschale** eingebaut werden. In den meisten Fällen übernimmt der Gebirgstragring samt Spritzbeton den Gebirgsdruck dauerhaft. Die **Innenschale** wird, wenn überhaupt, erst sehr **spät belastet**. Es sind keine Fälle bekannt, in denen eine Innenschale versagt hätte.

Nach dem Ausbruch des Tunnels und ggf. nötiger Sicherung durch eine Außenschale wird stets zuerst eine **Sohlplatte** oder ein **Sohlgewölbe** eingebaut, und erst anschließend die meist **hufeisenförmige Innenschale**, Abb. 8.8-1. Nur **kleine Tunnel** mit einem **Kreisquerschnitt** werden in einem Zuge ausgebaut.

8.8.2.1 Sohlplatten und Sohlgewölbe

Sie haben die **Lasten des Oberbaues** und des **Verkehrs**, am Rand auch jene des **Gewölbes,** aufzunehmen. **Sohlplatten** werden meist 20 bis 30 cm dick hergestellt. **Sohlgewölbe** sind bei **druckhaftem Gebirge** nötig. Bei breiteren Tunneln für zwei oder mehr Gleisen bzw. Fahrstreifen vermeidet man heute vielfach massige Querschnitte und macht das **Sohlgewölbe** einer **einheitlichen Dicke.** Darüber kommt eine **Sohlplatte,** der Raum dazwischen wird mit **Beton niedriger Festigkeit gefüllt** oder, bei Straßentunneln, für **Zu- und Abluftkanäle** genutzt. In jedem Falle ist eine **Entwässerung** nötig.

Der Abstand der **Querfugen** kann übereinstimmend mit den Blöcken des Gewölbes der Innenschale 8 bis zu 12,5 m betragen, zumal die Temperaturänderungen in Tunnel viel kleiner als im Freien sind. Nur im **Portalbereich** wird mitunter in der Mitte eines Betonierabschnittes eine **zusätzliche Pressfuge** als Querfuge zur Vermeidung von Rissen angeordnet. Wenn es der Baustellenverkehr im Tunnel erfordert, muss die Sohle halbseitig mit mittiger Arbeitslängsfuge eingebaut werden.

8.8.2.2 Gewölbe

Heute wird das Gewölbe nicht mehr wie einst mit **Werksteinen** oder gebranntem **Ziegel** gemauert. Schon in den Dreißigerjahren des letzten Jahrhunderts hat man beim Bau des Eschenloher Tunnels der B 2 nach Garmisch begonnen, das **Gewölbe aus Beton** herzustellen. Heute ist dafür Rüttelbeton, vereinzelt auch Selbstverdichtender Beton in einer Dicke von **mindestens 25 bis 30 cm** selbstverständlich. Er wird mit einem **Schalwagen** in **8 bis 12,5 m langen Blöcken** (Betonierabschnitten) hergestellt. In den Zwischenraum zwischen Schalwagenhaut und Außenschale aus Spritzbeton oder einer darauf aufgebrachte Dichtungsbahn wird durch verschließbare Fenster des Schalwagens **Beton eingepumpt** und durch Rütteln verdichtet, Abb. 8.8-2. Der Schalwagen steht dabei auf der Sohlplatte oder dem Sohlgewölbe. Meist schon 12 Stunden nach Einbringen des letzten Betons wird der Schalwagen abgesenkt, gereinigt und zum Betonieren des nächsten Blockes vorgezogen.

In der Regel werden heute Innenschalen gegen Bergwasser mit **Kunststoffbahnen abgedichtet**. Diese liegen auf einem **Vlies,** das dafür sorgt, dass das **Bergwasser** in die Längsentwässerung in der Sohle **drucklos** abgeführt werden kann, man spricht von einer **„Regenschirmabdichtung“**, [Maak 87, Elser 05]. Bei starkem Andrang von Bergwasser ist eine Ableitung in Schläuchen nötig. Wenn Druckwasser oder betonangreifendes Wasser ansteht oder aus

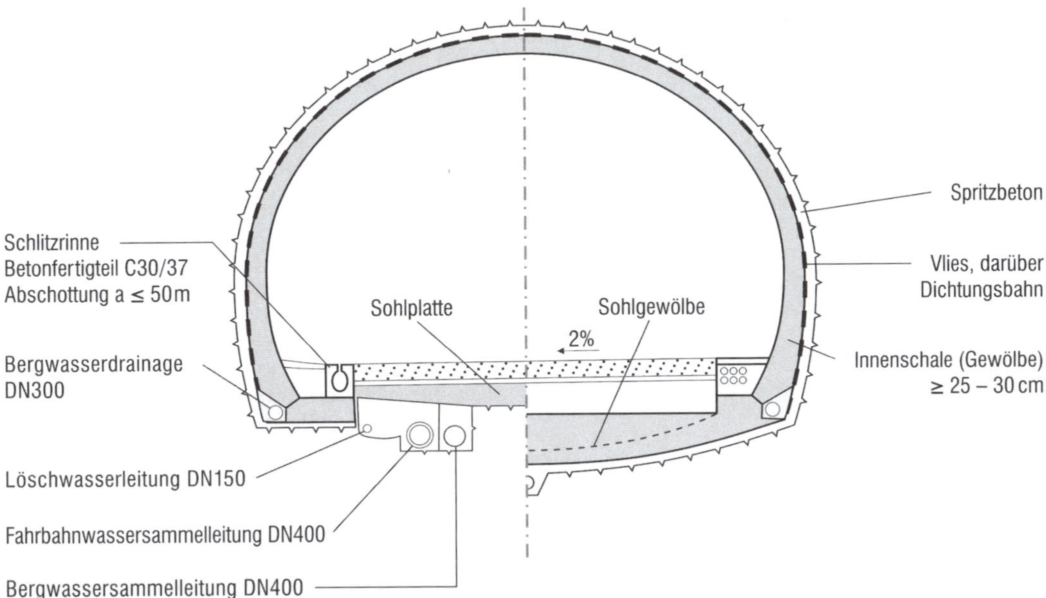

Abb. 8.8-1: Tunnel, die durch Sprengen ausgebrochen werden, erhalten zur Gebirgssicherung eine Außenschale aus Spritzbeton, meist eine Kunststoff-Dichtungsbahn als Abdichtung und eine Innenschale aus Rüttelbeton, bestehend aus Gewölbe und Sohlplatte. Bei druckhaftem Gebirge kann ein Sohlgewölbe (rechts) nötig sein.

Abb. 8.8-2: Schalwagen für einen zweigleisigen Eisenbahntunnel beim Portal mit Gewölbeaußenschalung (Konterschalung) und stirnseitiger Abschalung (Fa. Peri)

anderen Gründen eine Regenschirmabdichtung nicht ausreicht, muss das Bergwasser auch von der Sohle fern gehalten werden, sodass eine **Rundumabdichtung** nötig ist, wie beispielsweise beim Grenztunnel Füssen der Autobahn A 7.

Herstellung einer **leckstellenfreien** Abdichtung mit Dichtungsbahnen erfordert äußerst sorgfältige Arbeit. Damit Dichtungsbahnen beim Einbau und beim Verlegen einer Stahlbewehrung nicht verletzt werden, müssen sie sehr robust sein. Sie haben eine Dicke von **2 bis 4 mm** und werden in der Länge der Blöcke angeliefert und neben den Blockfugen mit einer Doppelnaht verschweißt. Mit Druckluft wird jede Naht geprüft, ob sie dicht ist. Beschädigungen der Dichtungsbahnen sind trotz großer Sorgfalt nicht ganz vermeidbar, daher sollen für solche Fälle Möglichkeiten zur Nachbesserung vorgesehen werden,

[Schockemöhle 99]. Dazu gehört, dass die Dichtungsbahnen **blockweise gekammert** werden, um eine Längsläufigkeit von Bergwasser zu vermeiden. Das vor dem Verlegen der Dichtungsbahn am Spritzbeton aufgebrachte **Vlies**, überdeckt auch scharfe Kanten. Blockfugen erhalten in der Regel als zusätzliche Sicherung ein **Elastomer-Fugenband** meist aus EPDM. Wenn Undichtigkeiten auftreten und ein störendes Maß erreichen, besteht oft keine andere Möglichkeit, als dem Beton die abdichtende Funktion zuzuweisen und dort, wo man einen Wasserdurchtritt sieht oder vermutet, zu verpressen. Wenn der Tunnelvortrieb durch trockenes Gebirge führt, wird mitunter auf Dichtungsbahnen verzichtet. Die Erfahrung zeigt aber, dass oft nach Jahren dennoch Bergwasser ansteht.

Wenn der Innenschale auch planmäßig die Abdichtung zugewiesen wird (**WU-Beton**), muss vorausgesetzt werden, dass die Blockfugen dauerhaft abgedichtet werden, die Innenschale keine Verdichtungsmängel oder Entmischungen aufweist, beim Bau und auch später keine wasserdurchlässigen Risse entstehen.

Bei sehr vielen Tunneln erhält der Beton **keine Stahlbewehrung**. Das Tragvermögen der Innenschalen beruht, wie bei den vielen im 19. Jahrhundert errichteten Eisenbahntunneln, auf ihrer Form eines **Gewölbes**. Stets eingebaut wird eine **Stahlbewehrung** bei Portalen, bei Aufweitungen und in geologischen Problemzonen. Wenn eine Stahlbewehrung vorgesehen wird, muss auch für den **Korrosionsschutz der Stahleinlagen** gesorgt werden. Daran wird man erinnert, wenn bei Verzicht auf Abdichtungsbahnen vereinzelt durchsickerndes Wasser rostbraun gefärbt ist. Bei Straßentunneln muss wegen des chloridhaltigen Spritzwassers eine **Betondeckung von 6 cm** vorgesehen werden. Das Netz von Bewehrungsstäben und die nötigen Abstandshalter **erschweren** das fehlstellenfreie **Einbringen des Betons** erheblich.

Bei Tunneln mit Dichtungsbahnen kann die Bewehrung nicht an der Außenschale befestigt werden. Der **Bewehrungskorb** muss daher **selbsttragend** sein. Er darf sich beim Einbau des Betons nicht verschieben. Im Bereich der **Betonierfenster** des Schalwagens muss genügend Platz frei bleiben, um den Beton einbringen zu können. Auch wegen der Verletzungsgefahr der Abdichtung sollte eine Stahlbewehrung nur vorgesehen werden, wo dies nötig ist, um die Abtragung von **Lastspannungen** sicherzustellen. Die Zwangsspannungen aus Temperaturänderungen und Schwinden hält man heute besser durch **konstruktive** sowie **technologische** und **ausführungstechnische Maßnahmen** klein, Abschn. 8.8.5.

8.8.2.3 Erfahrungen und Weiterentwicklungen

In den letzten Jahrzehnten haben einige lehrreiche Erfahrungen dazu beigetragen Tunnelbauweisen weiterzuentwickeln.

8.8.2.3.1 Versinterungen der Entwässerungen

Versinterungen sind bei zahlreichen Tunneln zu einem ernsten Problem geworden, Abb. 8.8-3. Sie können die Entwässerungsrohre verstopfen, sodass das Bergwasser nicht mehr drucklos abfließt und ein **hoher Wasserdruck** entsteht, für den die Tunnelschale nicht bemessen wurde. Allein schon aus statischen Gründen müssen daher die **Entwässerungen stets durchgängig** gehalten werden. Die mitunter sogar mehrmals **jährlich durchzuführende Reinigung** der Entwässerungen kann bei der Instandhaltung eines Tunnels den **größten Kostenfaktor** darstellen.

Abb. 8.8-3: Kalkaussinterung am Ende einer Tunnelentwässerung, wo Kohlensäure der Luft Zutritt hat.

Aussinterungen bestehen aus Calciumkarbonat, also **Kalkstein**. Das Bergwasser löst aus dem Zementstein Calciumhydroxid ebenso wie Hydroxide von Natrium und Kalium, also andere n **Alkalien.**

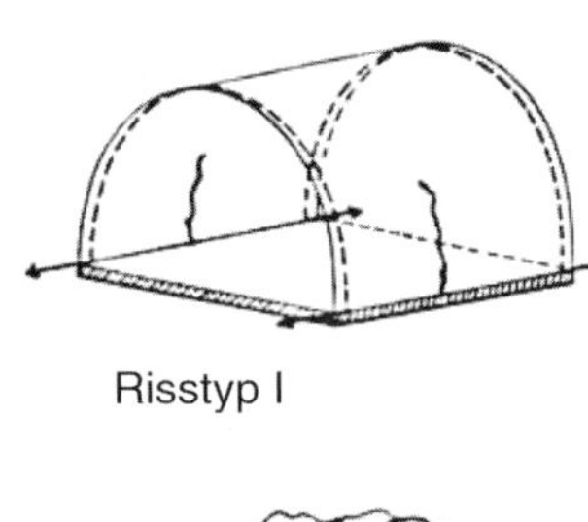

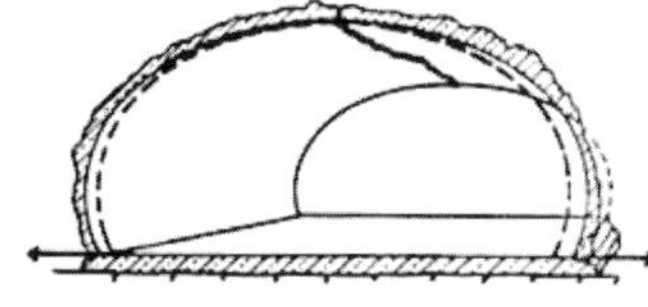

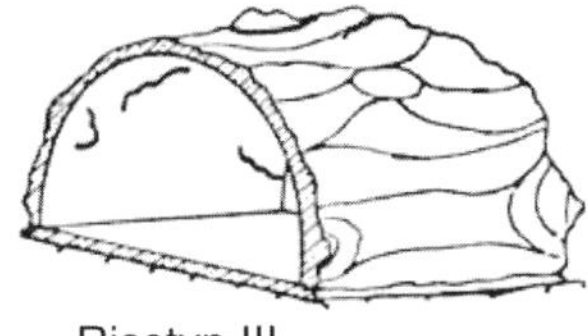

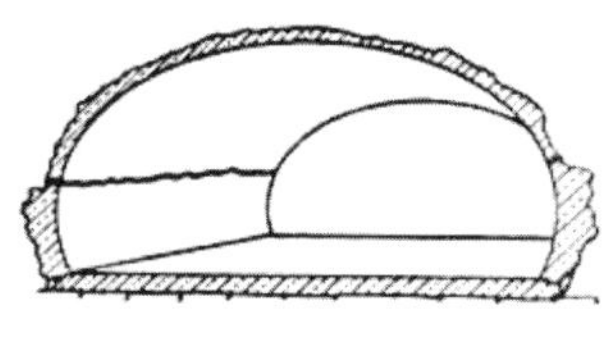

Abb. 8.8-4: Risse in der Innenschale großer Tunnel. Um Maßnahmen zur Vermeidung dieser nicht statisch, sondern hauptsächlich durch Temperaturänderungen verursachten Risse zu finden, war es nötig, Risstypen zu definieren. [Springenschmid 84]

Besondere Bedeutung kommt den Kalium- und Natriumhydroxiden zu. Sie sind etwa 300mal **leichter löslich als Calciumhydroxid**. Bergwasser, in das solche Alkalien geraten, können nur mehr sehr wenig Calciumhydroxid in Lösung halten. Es fällt aus und bildet bei einem Kontakt mit der **Kohlensäure der Luft** die aus Kalkstein bestehenden **Versinterungen**, [Breitenbücher 92 und 94/2].

Für den Spritzbeton verwendet man heute **alkalifreie Beschleuniger,** Abschn. 9.5.4, und Zemente mit niedrigem Alkaliäquivalent, vgl. Abschn. 2.2.8 (b). Auch Flugasche, Hüttensandmehl und Silicastaub sind günstig, weil sie Anteile des bei der Hydratation des Zements entstehenden löslichen Calciumhydroxids binden, vgl. Abschn. 5.11.11. Wie Auslaugungsversuche (Elutionsversuche) zeigen, führt dies zu deutlich weniger Aussinterungen, [Thumann 15]. Das Merkblatt „Festlegung des Reduzierten Versinterungspotentials" [ÖBV 12] enthält Anforderungen, [Pichler 15], [Bernstein 12]. Spezielle Prüfverfahren sind in Entwicklung, [Sakoparnig 18].

Aussinterungen sind auch umso größer, je größer die dem Bergwasser ausgesetzte Spritzbetonoberfläche ist und besonders groß, wenn das Bergwasser **kalklösende Kohlensäure** oder **Calciumhydrogenkarbonat** enthält. Das anfallende Bergwasser muss daher möglichst weitgehend in Schläuchen in die Ulmen- und/oder Sohlenentwässerungen abgeführt werden. Darüber hinaus ist ein dichtes Gefüge des Spritzbetons sehr wichtig.

Stark alkalische Abwässer können auch die Wasserqualität der Vorfluter beeinträchtigen, wenn sie nicht ausreichend neutralisiert werden, wozu bei Tunnelbaustellen oft aufwändige Anlagen nötig sind.

8.8.2.3.2 Risse im Beton von Innenschalen

Beim Bau der ersten Tunnel der DB Neubaustrecken hat es immer wieder Fälle gegeben, in denen in den Innenschalen meist schon **wenige Tage nach dem Ausschalen** zahlreiche **Risse** aufgetreten sind. Aus überzogener Sorge, eine Innenschale könnte bei zu frühem Ausschalen einstürzen, verlangte man für das Ausschalen sehr hohe Festigkeiten und das oft schon vom erst 8 Stunden alten Beton. Man glaubte, die Innenschalen sonst nicht im Tagestakt herstellen zu können. Mit einer überhöhten statischen Belastung der Innenschalen hatten diese Risse nichts zu tun. Vielmehr lag ihre Ursache in **Zwangs- und Eigenspannungen**, die vor allem durch eine bei der Erhärtung durch die **Hydratationswärme** erhöhten Temperatur des Betons bei der anschließenden **Abkühlung** entstanden sind. Solche Risse traten mitunter auch erst später auf, meist nach einer stärkeren Abkühlung, wie sie häufig in den ersten Februarwochen auftritt.

Bald zeigte sich, dass die festgestellten Risse unterschiedlichen **Typen** zugeordnet werden konnten, Abb. 8.8-4, [Springenschmid 84]. Um sie zu vermeiden, wurden eingehende Untersuchungen durchgeführt. Sie ergaben, dass sowohl **konstruktive,** als auch **betontechnische** und **ausführungstechnische** Maßnahmen getroffen werden müssen. Wenn sie eingehalten werden, können derartiger **Risse nahezu vollständig vermieden** werden. Aber auch wenn dies in seltenen Fällen nicht gelingt, sind Risse in Tunneln, die mit Dichtungsbahnen abgedichtet sind, kein größeres Problem mehr, vorausgesetzt, deren Ursache liegt, wie fast immer, in zu hohen Zwangs- oder/ und Eigenspannungen. Dafür sprechen **nicht versetzte Rissufer**, die auch beim Darüberfahren mit dem Finger keine Stufe erkennen lassen.

Konstruktive Maßnahmen tragen vor allem dazu bei, Risse der **Typen I** und **III** zu vermeiden. Dazu muss dafür gesorgt werden, dass sich die **Blockfugen** bei sinkenden Temperaturen **öffnen können**, wozu Längsbewegungen von 1 bis 2 mm möglich sein müssen. **Vertiefungen und schroffe Unebenheiten der Außenschale** müssen **vermieden** oder mit Spritzbeton ausgeglichen werden. Die Innenschalen sollen eine möglichst **gleichmäßige Dicke** haben. Wenn keine Bahnenabdichtung mit Trennschicht vorgesehen ist, dient ein **Vlies mit aufkaschierter Folie** oder eine Luftkissenfolie für die nötige **Verschieblichkeit**. Die Verkürzung der Innenschale in Tunnellängsrichtung wird aber stets in der Fuge an der Sohle behindert. Dies kann nicht vermieden werden, es sei denn, Sohle und Gewölbe werden in einem Zug betoniert, wie bei kleineren Tunneldurchmessern mit Rundumschalwagen.

Mit **Typ II** werden **Firstrisse** in Längsrichtung bezeichnet. Es sind Biegerisse, die oft nicht oder noch nicht auf volle Dicke durchgehen und entstehen, wenn eine Innenschale bei ungünstigem Temperaturgradienten erhärtete und bei rascher Abkühlung ihren Radius nicht verkleinern kann, vgl. Abschn. 8.8.2.7.

Stark unterschiedliche Dicken der Innenschale können auch Ursache für die **unregelmäßigen Risse des Typs III** sein. Die Hydratationswärme führt dazu, dass sich Bereiche mit größerer Dicke noch erwärmen, während sich dünne Nachbarbereiche schon abkühlen. Beim späteren Abkühlen der dicken Bereiche treten dann nebenan, wo die Innenschale nur dünn ist, hohe Zugspannungen auf, die zu ungleichmäßigen Rissen führen können. Ihre Ursache ist von außen kaum festzustellen.

Betontechnische Maßnahmen sind der wichtigste Schlüssel zu rissfreien Gewölben. Weil Tunnelgewölbe in der Regel im Tagestakt hergestellt werden, muss ein **Kompromiss zwischen Frühfestigkeit und Rissempfindlichkeit** gefunden werden. Damit nach 12 Stunden ausgeschalt werden kann, soll der zuletzt im Gewölbe eingebaute Beton eine **12-Stunden-Druckfestigkeit mindestens 3 N/mm²** erreicht haben. Sie soll aber **nicht über 6 N/mm²** liegen, weil dies mit einer viel größeren Hydratationswärme verbunden wäre. Wenn noch früher ausgeschalt werden soll, sind schneller erhärtende Betone nötig, was die Rissgefahr wesentlich erhöht.

Um entsprechende Betonzusammensetzungen zu entwickeln, muss der maßgebende Einfluss der **Frischbetontemperatur** und der Erwärmung durch die **Hydratationswärme** auf die **Frühfestigkeit** berücksichtigt werden. Dazu werden **Probewürfel in wärmedämmender Schalung** hergestellt, Abb. 5.8.2. In ihr steigt die Temperatur ähnlich wie in der Innenschale an und damit auch die Druckfestigkeit. Mitunter lässt man, wie in Österreich, die beschleunigende Wirkung der Hydratationswärme unberücksichtigt und rechnet damit, dass der Beton schon in dem Alter, in dem er eine Würfeldruckfestigkeit von nur 2 N/mm² erreicht hat, für das Absenken der Schalung ausreichend erhärtet ist.

Niedrige Ausschalfestigkeiten setzen voraus, dass sich die **Gewölbe** im Ulmenbereich **am Spritzbeton der Außenschale abstützen** können, wie dies in der Regel der Fall ist. Wenn dies bei **offener Bauweise**, wie häufig in **Portalbereichen,** nicht möglich ist, kann erst ausgeschalt werden, wenn eine **wesentlich höhere** Festigkeit erreicht ist. Regeln für die Zusammensetzung eines Betons mit niedriger Rissempfindlichkeit enthält Abschn. 8.8.2.4.

Auch **ausführungstechnische Maßnahmen** tragen erheblich zur Vermeidung hoher Zwangs- und Eigenspannungen bei. Dazu gehört auch die **Abstimmung der Betonrezeptur** auf die zu erwartende **Temperatur des Frischbetons** und eine Nachbehandlung, bei der die am ersten Tag entstehende **Wärme rasch abgeführt** wird, sodass die luftseitige Randzone bei einer etwas niedrigeren Temperatur erhärtet, vgl. Abschn. 8.8.2.7.

8.8.2.3.3 Schäden durch Spritzwasser

In Straßentunneln wird auf der Oberfläche der Fahrbahn stehendes **Niederschlagswasser**, das im Winter **chloridhaltiges Tausalz** enthält, von den Fahrzeugen **gegen Tunnelwände gespritzt**. Das führte häufig zu **Frost-Tausalzschäden,** vor allem an den **knapp über der Fahrbahn** liegenden Betonoberflächen. Wenn der Beton dort noch trocken ist, dringt Spritzwasser besonders tief ein. Bei **Luftporenbeton** sind Abwitterungen meist weniger ausgeprägt, aber oft doch noch deutlich erkennbar. Neben den Schäden am Beton kann es bei Stahleinlagen, die keine ausreichend dicke Betondeckung erhalten haben, zu starker **Stahlkorrosion** und drüber hinaus auch noch zu **Absprengungen der Betondeckung** kommen. Es gibt Fälle, in denen man bei Autobahntunneln die Innenschale schon nach wenigen Jahrzehnten wegen Spritzwasserschäden und fehlender Abdichtung ausfräsen musste und eine Abdichtung sowie neue Innenschale eingebaut werden musste, [Krenn 03]. Bei Straßentunneln erweist es sich als zweckmäßig, die Innenschale vor allem im unteren, dem Spritzwasser ausgesetzten Bereich zu **beschichten.** Ein Merkblatt „Tunnelbeschichtungen“ [ÖBV 14] enthält Hinweise für die Anwendung und Prüfung. Bei städtischen Tunneln geht man oft noch einen Schritt weiter und verkleidet den Beton der Innenschale mit **Blechen**, die zur Verbesserung des Schallschutzes gelocht sind.

8.8.2.3.4 Sulfatangriffe des Bergwassers

Vor allem an älteren Tunneln gibt es verhältnismäßig oft – viel öfter als bei anderen Bauwerken – **erhebliche Schäden** durch **Sulfattreiben** und Strukturauflösungen durch **Thaumasit.** Ursache ist, dass ständig **nachfließendes Bergwasser** immer wieder zusätzlich angreifende Stoffe bringt, die sich obendrein noch anreichern, wo Wasser **abtrocknen** kann. Auch wurde bei Voruntersuchungen mitunter zu wenig berücksichtigt, dass in Trockenperioden die angreifenden Stoffe viel konzentrierter einwirken als nach der Analyse von Proben, die nach Regen- oder Tauperioden entnommen wurden, anzunehmen wäre, [Wegmüller 97], vgl. Abschn. 4.5.2. Vorteilhaft sind stets funktionsfähige Abdichtungen mit Kunststoffbahnen, die auch nach einem möglichen späteren Versagen der Außenschale das Bergwasser von der Innenschale abhalten. Als günstig erweist es sich auch, wenn möglichst viel vom anfallenden Bergwasser in Schläuchen gefasst und in die Längsentwässerung abgeführt wird.

8.8.2.3.5 Brandschutz

Bei Straßentunneln und Eisenbahntunneln spielen Aspekte der **Feuersicherheit** eine besondere Rolle. Obwohl es in Straßentunneln mit Richtungsverkehr weniger Unfälle mit Personenschäden je gefahrenem Kilometer gibt als auf freier Strecke, werden heute sehr hohe Anforderungen an die Feuersicherheit von Tunneln [ÖFSV 15] und zur Nachrüstung bestehender Tunnel gestellt, [ÖBV 15]. Dies ist vor allem auf drei **Brände mit tragischen Folgen** zurückzuführen. Beim Brand im Tauerntunnel 1999 traten nach etwa 16-stündiger Brandeinwirkung **Betonabplatzungen** mit Tiefen von bis zu **30 cm** auf. Die tragende Tunnelschale blieb standfest. Eine Zwischendecke stürzte aber vom ulmenseitigen Auflager ab, konnte aber von den Ankerstangen der Trennwand der Lüftungskanäle gerade noch gehalten werden, [Glantschnigg 99]. Der Brand im Gotthardtunnel 2001 dauerte erheblich länger, sodass sogar die Zwischendecken einstürzten. Der Tunnel konnte aber schon nach 2 Monaten wieder für den Verkehr freigegeben werden. Beim Brand im Mt. Blanc-Tunnel, der eine Länge von 1 200 m erfasste und 53 Stunden lang dauerte, wurde die Innenschale schwer geschädigt. Man schließt nicht aus, dass bei der Ausbreitung des Brandes auf 300 m weit entfernte Fahrzeuge auch der Fahrbahnbelag eine Rolle spielte, [Kusterle 04].

Obwohl für die Sicherheit des Verkehrs vor allem dem vorbeugenden **betrieblichen** Brandschutz Bedeutung zukommt, sind auch Überlegungen zur Verbesserung des **baulichen Brandschutzes** geboten. Während für bewehrte Gewölbe das Nennmaß der Betondeckung von 60 mm für ausreichend gehalten wird, verlangte man bis vor einiger Zeit bei Tunneldecken und Zwischendecken zum Schutz der tiefer liegenden Biegebewehrung vor Abplatzungen des Betons zusätzlich eine **verzinkte Mattenbewehrung** mit einer Betondeckung von 2 cm. Einen großen Vorteil brachte dann aber die Erkenntnis, dass Abplatzungen des Betons durch einen Zusatz von **PP-Fasern zum Frischbeton** verhindert werden können, [Kusterle 05], Abschn. 5.11.13. Auf diese Weise wird heute bei modernen Tunnelbauten sichergestellt, dass bei Bränden die Betondeckung über der Bewehrung nicht abgesprengt wird und auf eine verzinkte Mattenbewehrung verzichtet werden kann. Auch auf bestehende Tunnelauskleidungen können spezielle, etwa 6 bis 8 cm dicke Brandschutzschichten mit PP-Fasern aufgespritzt werden, [Kusterle 08]. Die Fasern verändern auch die Eigenschaften des Frischbetons, ihr Gehalt im Beton muss nachgewiesen werden, [Orgass 15].

8.8.2.3.6 Beton für lange Tunnel

Beim Bau von langen Tunneln muss Frischbeton oft über weite Strecken und **länger als zwei Stunden** transportiert werden und das mitunter bei recht **unterschiedlichen Temperaturen** zwischen Mischanlage und Einbaustelle. Der Beton darf **nicht vorzeitig ansteifen** und muss sich noch **problemlos pumpen** lassen, er muss sich **ohne Entmischung** einbauen und gut verdichten lassen, dann aber **rasch** ausreichende **Festigkeit gewinnen**, um den Baufortschritt nicht zu hemmen. Dennoch darf er auch bei großen Bauteilen zu **keinen Temperaturrissen** führen. Er muss hinreichend **robust** sein, damit Zeitverzögerungen beim Transport und Einbau möglichst keine zu großen Schwierigkeiten verursachen. Solche Anforderungen führen mitunter an die Grenzen des Machbaren, [Schlumpf 14, Schaab 12]. Es gibt Fälle, in denen sich ein **Nachmischwagen** kurz vor dem Einbau als nötig erwiesen hat, um dort noch Zusatzmittel oder ggf. auch Teile des Anmachwassers zumischen zu können.

Bei großen Tunnelbauten wird oft verlangt, dass die erforderlichen Gesteinskörnungen aus dem Tunnelausbruch gewonnen werden. Wenn es sich dabei um Granite oder andere Gesteine handelt, die **Glimmer** in oft stark **wechselnden Anteilen** enthalten, ist die Entwicklung geeigneter Betonzusammensetzungen besonders schwierig, manchmal sogar unmöglich, vgl. Abschn. 2.4.6.1.

8.8.2.4 Beton für Sohlplatten und Sohlgewölbe

Festigkeiten eines Betons **C 20/25 oder C 25/30,** mitunter auch C 30/37 haben sich fast immer als ausreichend erwiesen. Wenn auf die Sohle noch eine Fahrbahndecke, Gleisschotter oder eine feste Fahrbahn kommt, ist mit nur geringen Frosteinwirkungen zu rechnen, so dass **XF 1** ausreicht. Bei bewehrten Sohlplatten und Sohlgewölben muss von **XC 4** ausgegangen werden, aber auch dafür reicht ein Beton C 20/25 mit einem *w/z*-Wert von höchstens 0,60. Auch bei Sohlplatten kann es, vor allem bei größeren Breiten und Dicken frühzeitig zu Rissen kommen, weshalb man **höhere Festigkeitsklassen** und **schnelle Erhärtung vermeidet**, so dass vor allem im Sommer bei höheren Frischbetontemperaturen **langsam erhärtende Zemente** verwendet werden und/oder bis zu 80 kg/m³ Zement durch **Flugasche** ersetzt wird.

Die bei druckhaftem Gebirge nötigen Sohlgewölbe werden oft kreissegmentartig mit ebener Oberfläche hergestellt. Bei breiteren Tunneln für zwei oder mehr Gleisen bzw. Fahrstreifen macht man **Sohlgewölbe mit einheitlicher Dicke** von z. B. 50 cm und verwendet für die Herstellung der gekrümmten Oberfläche einen **Schalwagen.** Stattdessen kann das Gewölbe auch mit ebener Oberfläche hergestellt werden, wobei man für den **unteren Teil Massenbeton** mit niedrigem Zementgehalt verwendet, während für die obersten 30 cm ein Beton frisch auf frisch eingebaut wird, der der erforderlichen Expositionsklasse entspricht.

Sohlplatten und Sohlgewölbe dürfen von Baustellenfahrzeugen **befahren** werden, sobald sie so weit erhärtet sind, dass **keine Beschädigungen** auftreten. Dazu müssen die **Oberflächen frei von Fremdkörpern** gehalten werden. Eine Nachbehandlung der Sohlplatten ist meist entbehrlich, es sei denn, es herrscht im Winter starker Luftzug, so dass trockene Luft zu raschem Austrocknen führen würde. Eine **Abkühlung** unmittelbar nach dem Einbau des Betons ist **günstig,** sollte aber in den folgenden Tagen **nicht zu stark** sein.

8.8.2.5 Beton für das Gewölbe

Schon bei der Wahl des **Zements** sind zwei wichtige Anforderungen für die Entwicklung eines geeigneten Betons maßgebend, nämlich eine **ausreichend hohe Druckfestigkeit** für das **Ausschalen** meist schon nach 12 Stunden und eine **geringe Neigung zu Rissen**, [Breitenbücher, 14]. In der Regel werden Zemente **CEM I 32,5 R** oder auch **CEM II A/B-S 32,5 L/N/R** eingesetzt. Einen erheblichen Beitrag zur Vermeidung von Rissen durch Zwangs- und Eigenspannungen leisten Zemente mit **niedriger Risstemperatur** von möglichst **höchstens 12 °C**, vgl. Abschn. 2.2.9 (d). Der Gehalt an Zement und Zusatzstoff, meist Flugasche, wird so festgelegt, dass bei den zu erwartenden Frischbetontemperaturen

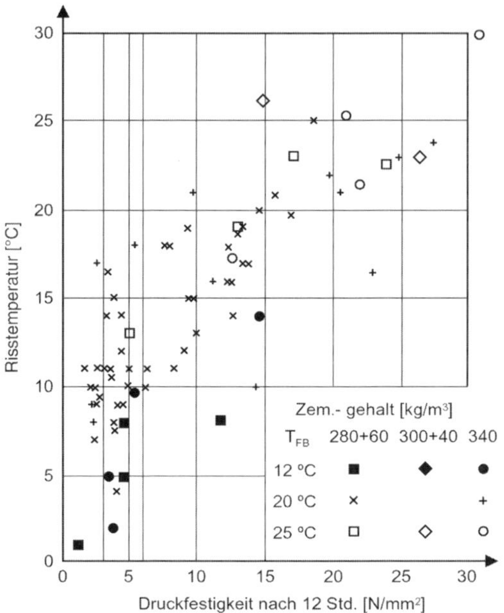

Abb. 8.8-5: Versuche mit unterschiedlichen Gehalten an Zement und Flugasche sowie Frischbetontemperaturen zeigen, dass Betone mit höherer 12-Stunden-Druckfestigkeit stets eine höhere Risstemperatur haben, d. h. leichter zu Rissen führen [Breitenbücher 88]

die nötigen 12-Stunden-Festigkeiten erreicht, aber nicht zu weit überschritten werden. Dadurch werden Zwangs- und Eigenspannungen, die zu Rissen führen können, klein gehalten.

Weil die Entwicklung von Festigkeit und Hydratationswärme in starkem Maße von der Temperatur des Frischbetons bestimmt wird und die Möglichkeiten für das Kühlen begrenzt sind, entwickelt man **je nach Frischbetontemperatur unterschiedliche Rezepturen**, eine für einen **Winterbeton**, der nötigenfalls auf **12 bis 15 °C** erwärmt wird, und eine für **Sommerbeton.** Wenn Hitzeperioden nicht auszuschließen sind auch eine Rezeptur für **Hochsommerbeton** für Frischbetontemperaturen **über 25 °C**. Bei den unterschiedlichen Rezepturen werden lediglich die **Anteile** an Zement und Flugasche verändert, wobei der **Gehalt an Bindemittel** (*z* + *f*) insgesamt allein schon im Interesse der Verarbeitbarkeit im Bereich zwischen **320 und 340 kg/m³** gleich gehalten wird.

Die **Gesteinskörnungen** sollen wegen der hohen Anforderungen an die Verdichtungswilligkeit des Betons eine **gedrungene Kornform** aufweisen. Ein **niedriger Wärmedehnungskoeffizient** vermindert die Rissempfindlichkeit des Betons deutlich, vgl. Abschn. 5.10.5. Bei Frostbeanspruchungen wie in

Portalbereichen müssen die Gesteinskörnungen einen entsprechenden Widerstand gegen Frost XF 3, bei Straßentunneln auch gegen Taumittel XF 4 aufweisen, vgl. Abschn. 2.4.5.5 (b).

Bei der Wahl des **Fließmittels** und/oder **Verflüssigers** ist auf den Einfluss auf die **Frühfestigkeit** und die **Verarbeitungszeit** zu achten. Verzögerer sind nur bei langen Transportwegen nötig. Dass der in der Ulme eingebaute Beton längst schon erstarrt ist, wenn in die Firste noch Beton eingepumpt und gerüttelt wird, hat sich nicht als nachteilig erwiesen. Um im Brandfall einen ausreichend hohen Feuerschutz zu erzielen, werden vielfach dem Beton beim Mischen 1,2 kg/m^3 bis 2,0 kg/m^3 **PP-Fasern** zugegeben. Dabei muss auf eine ausreichende Verarbeitbarkeit des Frischbetons geachtet werden, Abschn. 8.8.2.3.5.

Wie für Sohlen, wird auch für Gewölbe überwiegend **Beton C 20/25** oder **25/30,** in wenigen Fällen ein C 30/37 als ausreichend betrachtet. Durch die Forderung eines *w/z*-Wertes von 0,50 – oft mit voller Anrechnung der **Flugasche** – und die sehr ausgeprägte **Nacherhärtung** werden nach mehreren Monaten meist verhältnismäßig **hohe Festigkeiten** erreicht. Dagegen muss bei Beton C 30/37 oder gar C 35/45 beachtet werden, dass durch die stets **höhere Wärmeentwicklung** deutlich höhere Zwangs- und Eigenspannungen entstehen.

Für **Straßentunnel** verlangt man in den Einfahrbereichen für die Innenschalen wegen der Beaufschlagung durch **Spritzwasser XD 3** und **XF 4**, was einem **LP-Beton C 30/37** entspricht. Zweckmäßig wird solcher Beton auch für alle Flächen, die stark von chloridhaltigem **Spritzwasser** getroffen werden, verwendet. Bei bewehrten Tunneln von Straßen mit häufiger Tausalzanwendung ist im Spritzwasserbereich die Gefahr einer Chloridkorrosion der Stahlbewehrung groß. Wenn dort **C_3A-arme** Zemente wie LH- oder HS-CEM I-Zemente verwendet werden, soll dies nur **gemeinsam mit mindestens 30 % Flugasche** geschehen. Stattdessen können auch CEM II A-S-Zemente und Flugasche oder CEM II B-S-Zemente eingesetzt werden.

In Bereichen, in denen **nur Sprühnebel** einwirken kann, also im Inneren langer Tunneln, kann man sich mit **XD 1** begnügen, wobei ein **LP-Beton C 20/25 oder C 25/30** ausreicht und dabei auch leicht die Anforderungen XF 2 erfüllt. Bauteile mit **horizontalen Flächen**, auf denen chloridhaltiges Wasser stehen kann, müssen stets **XD 3** und **XF 4** entsprechen und daher wie Straßenbeton aus **Luftporenbeton C 30/37** mit einem *w/z*-Wert von **höchstens 0,45** hergestellt werden. Verzichtet man auf die Vorteile von Luftporenbeton wie etwa bei **Zwischendecken und Decken** von Tunneln in **offener Bauweise**, dann wählt man meist aus konstruktiven Gründen einen Beton mindestens **C 30/37**, der auch den Anforderungen **XD 2** und **XF 2** entspricht, ZTV ING.

Bei **Eisenbahntunneln** und andere Tunnel ohne Einwirkung von Taumitteln kann die Frostbeanspruchung im Innenbereich der Expositionsklasse **XF 1** zugeordnet werden. Daraus ergibt sich, dass im Innenbereich Beton **C 20/25** oder **C 25/30** mit einem *w/z*-Wert von höchstens 0,60 ausreicht. Zur **Vermeidung von hohen Wassergehalten** ist eine Begrenzung des *w/z*-Wertes auf **0,50** unter voller Anrechnung der Flugasche, d. h. als *w/b*-Wert, sinnvoll. Auch die Festigkeitsklasse C 30/37 wird dann gut erreicht, bei hohen Flugascheanteilen spätestens nach 56 Tagen, was nicht von Nachteil ist. Im Interesse einer besseren Verarbeitbarkeit und geringerer Rissempfindlichkeit wird oft **Luftporenbeton** verwendet. Für die Portale und in den Einfahrbereichen von Eisenbahntunneln muss **XF 3** zugrunde gelegt werden, wobei **LP-Beton** die bessere Lösung darstellt. Wird auch im Innenbereich Luftporenbeton eingesetzt, kann dort dieselbe Betonsorte verwendet werden.

In der **Erstprüfung** wird zuerst ermittelt, mit welchen Anteilen von Zement und Flugasche sowie Zusatzmitteln **12-Stunden-Festigkeiten zwischen 3 und 6 N/mm²** erreicht werden. Entscheidend sind dabei die **Temperatur** des Frischbetons und die **Hydratationswärme**. Für die Ermittlung der Frühfestigkeiten werden Probewürfel für die Rezeptur **Winterbeton** mit einer Temperatur des Frischbetons von **12 °C**, für **Sommerbeton** mit **18 °C** und für **Hochsommerbeton** mit **25 °C** hergestellt und in wärmedämmender Schalung, vgl. Abb. 5.8.2, gelagert.

Der Beton muss sich gut pumpen lassen und eine Konsistenz aufweisen, mit der er auch **in der Firste**, wo er **nur mit Schalungsrüttlern** verdichtet werden kann, ein dichtes Gefüge erhält und nach dem Ausschalen keine Fehlstellen zeigt. Je nach Einbaubedingungen liegt die erforderliche **Konsistenz zwischen F 3 und F 5**. Auch Selbstverdichtende Betone wurden schon verwendet, selbst mit PP-Fasern. Sie erfordern aber ein großes Maß an Erfahrung, Fachkompetenz und Zeit zur Entwicklung geeigneter Rezepturen [Murr 10].

Mit Betonzusammensetzungen, die eine ausreichende, aber nicht zu hohe Frühfestigkeit zeigen, werden schließlich Probewürfel für die **28-Tage-Festigkeiten** hergestellt, wobei die **Frischbetontemperaturen etwa 20 °C** betragen sollen. Wegen der langsameren Erhärtung, insbesondere bei höheren Anteilen an Flugasche bestehen keine technischen Bedenken, wenn die erforderliche Festigkeitsklasse erst nach **56 Tagen** erreicht wird.

Tabelle 8.8-1: Beton B 25 (C 20/25) für den Tunnel Euerwand der DB

	GK mm	*z*	*f*	*w*	Konsistenz	Tim,	Druckfestigkeit N/mm²		
		kg/m³				°C	0,5 *d*	7 *d*	56 *d*
Sohle	22	240	120	163	KR (F 3)			26	47
Gewölbe	22	280	70	163	KF (F 4/5)	23	7,5	40	57
Gewölbe LP-Beton	16	260	110	163	KF (F 4/5)	24	5,6	32	49

Als Beispiel seien Betonzusammensetzungen des Tunnels Euerwang der DB Neubaustrecke Nürnberg-Ingolstadt angeführt.

Verwendet wurde ein Zement CEM I, der wegen seiner hohen 28-Tage-Festigkeit als CEM 42,5 N eingestuft wurde und eine Risstemperatur von nur 5,5 °C hatte, Flugasche mit einem 90-Tage-Aktivitätsindex von 99 %, Natursand und Kalksplitt sowie Betonverflüssiger und ggf. Luftporenmittel.

8.8.2.6 Einbringen des Gewölbebetons

Eine mängelfreies Einbringen des Betons des oft 200 bis 300 m² großen Gewölbes eines Blockes der Innenschale stellt Anforderungen nicht nur an die **Verarbeitbarkeit** des Frischbetons, den **Schalwagen** und andere Maschinen und Geräte, sondern vor allem auch an die **Einbaumannschaft**, ebenso wie an die **Baustellenorganisation**, [Czopak 07].

Bei Tunneln mit kleinem Querschnitt wird der Beton **von den Portalen aus mit Pumpen**, nötigenfalls mit Relaispumpen, gefördert. Bei Gleisförderung kann der Beton auch mit einem **Nachmischerzug** vom Portal zum Einbauort gebracht werden. Ist der Querschnitt groß genug, fährt der **Fahrmischer** bis zur beim Schalwagen stehenden **Pumpe.** Der Beton wird mit einer am Schalwagen befestigten Pumpenleitung eingebracht, in den Ulmen über **verschließbare Fenster** der Schalhaut, in der Firste **über Rohrstutzen.** Die Fenster im Schalwagen müssen so angeordnet werden, dass die Fallhöhe des Betons höchstens 2 m beträgt, um Entmischungen und Nester zu vermeiden. Der Beton muss in der Sohle gleichmäßig bis zu den Blockfugen fließen. Linienförmige Abstandshalter sind günstig, wenn sie in Fließrichtung des Betons befestigt werden, damit sich im Fließschatten keine Fehlstellen bilden. Der Weg, den der Beton in horizontaler Richtung fließen muss, soll 1,5 m nicht überschreiten. Wurde eine Stahlbewehrung für nötig erachtet, erschwert dies das Einbringen erheblich. Die ZTV-ING geht von bewehrten Tunneln aus und halbiert deshalb auch die zulässige Fallhöhe auf 1 m.

In den Ulmen wird der Beton in Lagen von 0,5 m eingebracht und mit **Tauchrüttler** verdichtet. Darüber hinaus sind druckluftbetriebene **Schalungsrüttler** erforderlich, und zwar je ein Rüttler für höchstens 3 bis 4 m² Schalhaut. Es müssen immer die nahe unter dem Betonspiegel vorhandenen Schalungsrüttler eingeschaltet werden, damit enthaltene Luft nach oben entweichen kann. Der **Schalwagen** muss so **steif** sein, dass er sich bei einer noch zulässigen Differenz der Betonspiegel von 1,0 m nicht störend verformt. Wenn in der Firste der **letzte Beton eingepumpt** wird, kann der hydraulische Druck der Pumpe zu einer besonders **hohen Belastung** des Schalwagens führen.

Wahl und Auftragsmenge des **Trennmittels, Anordnung der Rüttler, Einstellung der Konsistenz mit Fließmitteln, Einbringen und Rütteln des Betons** sowie die entsprechende **Überwachung** erfordern viel Erfahrung, damit der Gewölbebeton eine **gleichmäßige Oberfläche** erhält, die frei von Entmischungen, größeren Poren und anderen Verdichtungsmängeln ist, [Mähner 07].

Um einen möglichst **satten Firstschluss** herzustellen, muss an der Stirnschalung geprüft werden, ob hinreichend Beton in die Firste gepumpt wurde. Darüber hinaus müssen in der Firste **3 bis 4 senkrechte Kontrollrohre** vorgesehen werden, um die Füllung zu prüfen und die **Luft entweichen** zu lassen. Von ihnen aus wird nach ausreichendem Erhärten des Betons, in der Regel nach mehreren Wochen, der verbliebene **Firstspalt** mit einer Zementsuspension oder einem dünnflüssigen Zementmörtel mit einem Druck von höchstens 3 bar **verpresst.** Ein zu großer und nur unzureichend gefüllter Firstspalt hat bei bewehrten Tunneln nicht nur einmal dazu geführt, dass später das Bergwasser die **Abdichtungsbahn** gegen den nicht mit Beton umhüllten Teil des **Bewehrungskorbes gedrückt** hat und dabei leck wurde. Eine unzureichende Dicke des Betons in der Firste beeinträchtigt auch bei unbewehrten Gewölben die Sicherheit. Minderdicken können heute sowohl mit Ultraschall als auch mit Impakt-Echo-Verfahren oder mit Georadar aufgedeckt werden.

Bevor man den **Schalwagen absenken** kann und damit das Gewölbe ausschalt, muss geprüft werden, ob der Beton auch in der Firste **ausreichend erhärtet** ist. Eine solche Prüfung ist stets nötig, obwohl Fälle, in denen Gewölbe beim Ausschalen einstürzten, äußerst selten sind. Bekannt wurde ein Fall, in dem man es bei einem Kälteeinbruch im Spätherbst verabsäumt hat, auf die zementreichere Winterrezeptur umzustellen. In einem anderen Fall hatte man bei der Betonherstellung die Zugabemenge von Zement und Flugasche verwechselt. Aus gutem Grunde wird **an jedem Tunnelblock** vor dem Ausschalen die **Festigkeit geprüft**. Verwendet wird dazu der **Pendelhammer nach Schmidt Modell PT**, neuerdings auch der **SilverSchmidt Hammer Typ L.** Beide eignen sich auch für niedrige Festigkeiten vgl. 3.4.1.5, Abb. 3.4-7. Der Prüfhammer wird in der Firste an der Stirnschalung des Tunnelblocks und an geöffneten Fenstern des Schalwagens angesetzt.

Wichtig ist es, die **Temperatur des Frischbetons** und die **12-Stunden-Festigkeiten** ständig zu überwachen. Schon wenn die **Grenzen von 3 bzw. 6 N/mm²** **nahezu erreicht** werden oder solche Tendenzen zu erkennen sind, muss die das Gewölbe einbauende Firma ohne Zeitverzögerung dafür sorgen, dass die **Rezeptur umgestellt** wird, sodass die Grenzwerte mit Sicherheit nicht erreicht werden. Dabei erweist es sich vorteilhaft, wenn nicht ein anderer Zement bestellt und geliefert werden muss, sondern lediglich die Zugabemengen von Zement und Flugasche zu verändern sind.

8.8.2.7 Nachbehandeln des Gewölbebetons

Der schon früh ausgeschalte Beton darf, besonders am ersten Tag, **nicht austrocknen,** weil dadurch die Hydratation gebremst wird und gerade die wichtige Randzone poröser wird, d. h. leichter Frostschäden auftreten, die Carbonatisierung rascher fortschreitet und bei Straßentunneln auch chloridhaltiger Sprühnebel tiefer eindringen kann. Im Laufe von Monaten und Jahren kann auch ein durch Austrocknen verursachtes Schwinden zu Zugspannungen in der sichtbaren, etwa 5 cm dicken Randzone des Gewölbes führen. In Tunneln ohne Bahnenabdichtung, aber mit Wasserzutritt, muss in der bergseitigen Randzone mit einem Quellen des Betons gerechnet werden. Wenn nach dem Ausschalen trockene Verhältnisse herrschen, etwa kalte Außenluft in den Tunnel gelangt und sich dort erwärmt, so dass ihre relative Luftfeuchtigkeit niedrig wird, ist die Gefahr eines übermäßigen Austrocknens groß.

Noch wichtiger als die Feuchtigkeit des jungen Betons ist aber seine **Temperatur.** Erhärtet der Beton in der luftseitigen Randzone bei einer relativ hohen Temperatur, dann ist später die Differenz zu einer winterlich niedrigen Temperatur besonders groß. Der Beton erhält dort in Gegensatz zur bergseitigen, noch wärmeren Randzone hohe Zugspannungen. Da sich der Radius der Innenschale nicht verkleinern kann, entsteht hoher Biegezug, der nicht selten zu **Firstrissen,** also Rissen Typ II, geführt hat, [Springenschmid 97]. Aus diesem Grunde muss der Beton **unmittelbar nach dem Ausschalen** in der **luftseitigen Randzone kühl** gehalten werden, so dass er dort bei einer niedrigen Nullspannungstemperatur erhärtet. Dies gilt besonders für die Firste, wo es leicht zu einem Wärmestau kommen kann. Ein Schutz vor Abkühlung ist lediglich nötig, wenn im Winter sehr kalte Zugluft auf den noch jungen Beton kommen könnte.

Aufgabe der heute vielfach verwendeten **Nachbehandlungswagen** ist es, schon unmittelbar nach dem Vorfahren des Schalwagens den Beton vor starkem **Austrocknen zu schützen** und gleichzeitig schonend **Hydratationswärme abzuführen**. Bewährt haben sich dazu Vliesmatten mit einer Wassersprüheinrichtung [Czopak 07].

Ganz allgemein und besonders für Tunnel ohne Abdichtung mit Dichtungsbahnen gilt, dass die Innenschalen **während** der gesamten **Bauzeit nicht niedrigeren Temperaturen** ausgesetzt werden sollen als während des späteren **Betriebes**.

8.8.3 Offene Bauweisen

8.8.3.1 Anwendung

Tunnel in offener Bauweise herzustellen und anschließend einzuschütten, hat große Vorteile, wenn die **Überdeckung nicht zu groß** ist. Wenn Grundwasser ansteht und nicht abgesenkt werden kann, wird oft zunächst im Schutze einer **seitlichen Schlitz- oder Bohrpfahlwand** oder einer **Stahlspundwand** die Baugrube ausgehoben und eine dicke **Sohle** aus unbewehrtem **Unterwasserbeton** eingebracht, die möglichst als Abdichtung für den Bauzustand ausreichen soll. Die seitlichen Wände tragen die Decke und können auch schon, wie bei manchem Eisenbahntunnel, als endgültige seitliche Begrenzung dienen. In den meisten Fällen folgt aber noch ein Ausbau mit geschaltem Beton. Sobald die seitlichen Schlitz- oder Bohrpfahlwände hergestellt sind, kann die Decke aufgebracht werden. Unter ihrem Schutz wird später der Tunnelraum ausgehoben. Diese **Deckelbauweise** hat auch den Vorteil, dass Verkehr schon über den Deckel geführt werden kann, während darunter noch der Boden ausgehoben wird.

8.8.3.2 Rechteckquerschnitt

In der Regel werden die Sohlplatten, Wände und Decken aus **wasserundurchlässigem Beton**, d. h. **ohne äußere Abdichtungsbahn** hergestellt. Dabei gelten die Regeln für Weiße Wannen, vgl. Abschn. 8.5.

Abb. 8.8-6: Wenn Autobahntunnel monolithisch, d. h. Sohlplatte, Wände und Decke in einem Zuge hergestellt werden, sind 24 m lange Betonierabschnitte möglich, ohne dass es zu Rissen Typ I kommt [Lindlbauer 03]

Wo **chemisch stark angreifendes Grundwasser** unmittelbar auf die im Endzustand tragende Konstruktion einwirkt oder aber mit **Chloriden** von außen gerechnet werden muss, kann eine äußere Abdichtung mit einer **Dichtungsbahn** nötig sein. Werden Sohlplatte und Wände mit zeitlichem Abstand von mehreren Tagen hergestellt, dann entstehen zwischen den Bauteilen **Arbeitsfugen, die dicht sein müssen**. Die Wände erwärmen sich bei der Herstellung infolge Hydratationswärme und oft auch durch Sonneneinstrahlung und werden bei einer deutlich höheren Temperatur fest als die oft schon längst abgekühlte Sohlplatte noch aufweist. **Beim Abkühlen der Wände** auf die Temperatur der Sohlplatte entstehen in den Wänden **Zugspannungen**, die ohne Bewehrung zu einzelnen **Spaltrissen** führen können, vgl. Abb. 3.6-2. Ein ähnlicher Zwang tritt auf, wenn die Decke auf eine schon abgekühlten Seitenwände betoniert wird.

Die gegenseitige Verformungsbehinderung kann vermieden werden, wenn mit Hilfe eines entsprechenden Schalwagens **Sohle, Wände und Decke in einem betoniert** werden, [Prommersberger]. So wurden die 21,2 m breiten Blöcke der Autobahn-Unterflurtrasse Steinhaus bei Wels (A) in einem Zug in Blocklängen von 24 m mit einem hierfür entwickelten Schalwagen hergestellt. Dabei wurde der Beton in den 70 cm dicken Sohlplatten lagenweise eingebaut und verdichtet. Nach dem Abziehen der Sohlplatte wurde der Beton in die 60 bzw. 70 cm dicken Wände eingebracht und von Arbeitern, die in der Schalung standen, mit Tauchrüttlern verdichtet. Dabei waren auch strenge Vorgaben u. a. für die Kühlung des Betons auf höchstens 22 °C mit Scherbeneis, für eine maximale Zeitspanne für die Aufeinanderfolge von Betonschichten von höchstens 1 Stunde und für die Nachbehandlung einzuhalten, [Lindlbauer 03].

In vielen Fällen wählt man heute noch zur Vermeidung von Rissen infolge axialer Spannungen in den Sohlplatten **Fugenabstände** von nur 10 m oder 12 m, auch auf rolligem Untergrund, obwohl bekannt ist, dass sich beim Abkühlen des Betons eine darunterliegende Kiesschicht mit verformet und daher keine hohen Zugspannungen auftreten. Die Fugen in der Sohlplatte werden auch in den Wänden und Decken weitergeführt. Wenn Sohlplatten sehr dünn sind oder auf Felsgestein oder eine Betonschicht zu liegen kommen, kann eine Gleitschicht zur Verminderung des axialen Zwanges erforderlich sein, vgl. Abschn. 8.5.5.2.

Einbauteile wie Rohre für die Entwässerung, Kabel oder dgl. können das Einbringen des Betons erheblich behindern. Es kann zweckmäßig sein, für diese Einbauteile voraus eine z. B. 20 cm dicke Betonschicht auf die Rohbetonsohle aufzubringen. Damit werden auch Schwächungen der Tragkonstruktion vermieden.

Die **Blockfugen** werden als **Pressfugen** ausgebildet und können auch eine Verzahnung oder Verdübelung erhalten. **Elastomer-Fugenbänder** mit aufvulkanisierten Stahlblechen und Injektionsmöglichkeit sichern die Dichtheit. **Raumfugen** sind nur beim **Wechsel des Querschnittes** oder unabhängigen **Festpunkten** nötig. In allen anderen Fällen können verhinderte Wärmedehnungen in aneinander grenzenden

Blöcken in Druckspannungen umgesetzt werden, ohne dass Schäden auftreten.

Für die anzusetzenden Expositionsklassen und zugehörenden Betondeckungen gelten dieselben Regeln wie für Innenschalen aus Ortbeton von bergmännisch aufgefahrenen Tunneln, vgl. Abschn. 8.8.2.4 und 8.8.2.5. Da in der Regel im Wochentakt gearbeitet wird und ein frühzeitiges Ausschalen nicht erforderlich ist, können **langsam erhärtende** und daher wenig zu Rissen neigende Betonsorten verwendet werden. Die für das Ausschalen nötige Druckfestigkeit des Betons soll nicht zu hoch angesetzt und nur knapp erreicht werden, um übermäßige Erwärmung und damit verbundene Rissgefahr zu vermeiden, vorausgesetzt, die Überschüttung der Decke erfolgt nicht zu früh.

Als Beispiel ist die Betonzusammensetzung für den in Deckelbauweise errichteten Eisenbahntunnel Denkendorf genannt.

Beton für Sohlen, Wände und Decken	C 20/25
Gesteinskörnungen Sand und Kies	GK 32 mm
Zement CEM I 32,5 mit Risstemperatur kleiner 10 °C	
Flugasche Aktivitätsindex nach 90 Tagen	97 %
Zement + Flugasche	
Sommerbeton $z + f$	280 + 70 kg/m³
Winterbeton $z + f$	320 + 30 kg/m³
Wassergehalt	160 kg/m³
Regelkonsistenz (F 3) mit BV eingestellt	

Auf den Innenflächen kann bei Straßentunneln im Spritzwasserbereich eine Beschichtung oder eine Verkleidung mit lärmmindernden Lochblechen zweckmäßig sein, vor allem wenn der Abstand zwischen Fahrspur und Tunnelwand klein ist.

8.8.3.3 Gewölbe in offener Bauweise

In Portalbereichen wird das Gewölbe häufig um einige Blöcke verlängert. Bei der Herstellung dient die vorab eingebaute Betonsohle dem Schalwagen als Fahrbahn. An den Seiten sind **Konterschalungen** nötig, vgl. Abb. 8.8-2. Während der Beton in der Ulme mit weicher bis fließfähiger Konsistenz eingebaut werden kann, verwendet man **in der Firste** oberhalb der Konterschalung eine **steifere Konsistenz** und zieht den Beton mit einer **Bohle** ab, vgl. Abschn. 7.6.8. Die Konterschalung kann früh entfernt werden, wenn für eine ausreichende Nachbehandlung gesorgt wird. Dagegen kann der Schalwagen frühestens nach 3 bis 4 Tagen abgesenkt werden, weil sich das Gewölbe nicht gegen eine Außenschale aus Spritzbeton abstützen kann, weshalb eine wesentlich höhere Ausschalfestigkeit nötig ist, [Springenschmid 97]. Gewölbeschalen in offener Bauweise erhalten in der Regel eine Folienabdichtung, vor allem wo große jahreszeitliche Temperaturänderungen leichter Risse entstehen lassen.

8.8.4 Ausbau mit Tübbings

8.8.4.1 Bauweisen

Für Tunnel, die **kreisförmig im Schutze eines Schildes in Lockermassen** vorgetrieben werden, erfolgt der Ausbau schon seit dem Bau der ersten U-Bahnen Londons mit **Tübbings** (tube = Rohr). Sie wurden ursprünglich kassettenförmig aus Gusseisen hergestellt, die Fugen hatte man mit Blei verstemmt. In den zurückliegenden Sechzigerjahren begannen sich dann allmählich **Tübbings aus Beton** durchzusetzen, Abb. 8.8-7. Man verwendet sie heute auch für **Schächte.** Wenn, etwa für Versorgungsleitungen **Durchmesser weniger als 3 m** nötig sind, werden stattdessen Betonrohre durch das Erdreich gepresst.

Beim heute in nicht nachbrüchigem Felsgestein zunehmend angewandten kontinuierlichen Vortrieb mit **Tunnelbohrmaschinen**, wie unter dem Ärmelkanal, erfolgt die Gebirgssicherung stets mit Tübbings. Wegen der im Vergleich zu Spritzbeton-Außenschalen geringeren Verformbarkeit kommt der **Tragwirkung** eines Tübbingausbaues erhöhte Bedeutung zu, [Eckbauer 08]. Dabei kann der Beton im Bereich der **Fugen besonders hoch beansprucht** werden.

Jeder **Ring** besteht meist aus **6 bis 9 Tübbings**. Diese werden einzeln mit einem Erektor (Versetzmaschine) versetzt und oft nur vorübergehend mit Schrauben gesichert. Als letzter wird der meist kleinere leicht trapezförmige Schlussstein in seine vorgesehene Lage gebracht. Tübbingringe für eingleisige U-Bahnen mit 5 m bis 6 m Durchmesser sind meist 1,20 bis 1,50 m breit und 25 bis 40 cm dick. Für sehr große Durchmesser von **über 14 m** wie bei der vierten Röhre des Elbtunnels werden 60 cm bis 70 cm dicke, 2 m **lange** Tübbings eingesetzt, die bis zu 18 t schwer sind.

Sind die Tübbings eines Ringes versetzt, dann stützen sich die hydraulischen Pressen des Schildes oder der Tunnelbohrmaschine darauf ab, um den Schild bzw. das Schneidrad weiter gegen die Ortsbrust zu drücken. Schon dabei werden die Fugen hoch beansprucht. Die **Fugenflächen** müssen **sehr eben** sein, damit keine Absprengungn auftreten. Auch verbleibt ein Spalt gegen das Gebirge hin zwischen dem Schildschwanz der Vortriebsmaschine und dem Ring aus Tübbings. Dieser sog. **Ringspalt** muss sogleich verpresst werden, Abschn. 8.8.4.5

Abb. 8.8-7: Tübbings für den Ausbau von Tunneln, die mit Tunnelbohrmaschinen oder im Schutze eines Schildes vorgetrieben werden. Die Fugen werden mit einem Elastomerband abgedichtet

Die **Abdichtung** gegen von außen einwirkendes Wasser erfolgt bei einschaliger Bauweise durch **EPDM-Dichtungsbänder**, oft in zwei Ebenen. Als Beispiel sei die Unterführung der Isar der Münchner U-Bahn genannt, [Flath 07].

Bei **zweischaligem Ausbau**, wie beim Wienerwaldtunnel der neuen Hochgeschwindigkeitsstrecke, kommt auf die Tübbings innen eine **Bahnenabdichtung** und anschließend eine **Innenschale aus Ortbeton**, die durch Zugabe von **Polypropylenfasern** gleichzeitig als **Brandschutzschale** dienen kann, [Raderbauer 10]. Dabei verzichtet man auf den Vorteil der einschaligen Bauweise mit Tübbings, bei der der Rohbau des Tunnels schon unmittelbar nach dem Vortrieb fertig gestellt ist.

8.8.4.2 Tübbingsysteme und Anforderungen

Gebräuchlich sind unterschiedliche Systeme mit meist rechteckigen Tübbings, mitunter auch solchen in hexagonaler Form. Für Kurvenbögen und Neigungswechsel müssen spezielle Ringe mit leicht trapezförmigen Abmessungen der einzelnen Tübbings hergestellt werden oder aber man verwendet ausschließlich leicht trapezförmige, sog. UNI-Ringe und baut bei Geradeausfahrten abwechselnd Ringe für Links- und Rechtskurven ein, [Anthes 99].

Die **Fugen** können, um eine **hohe Scherfestigkeit** zu erreichen, durch eine **Nut-Feder-Verbindung** gekoppelt werden, Abb. 8.8-8. Um Kantenabsplitterungen zu vermeiden, werden alle Fugenflächen so geformt, dass bei planmäßiger Verlegung in den äußeren Vierteln der Fugenflächen ein **kleiner Spalt** offen bleibt, **Druckkräfte** also **nur mittig** übertragen werden. Voraussetzung dazu ist eine **äußerst maßgenaue Herstellung**, vgl. Richtlinie Tübbingsysteme aus Beton [ÖVBB 09].

8.8.4.3 Herstellung der Tübbings

Schon Monate vor Beginn des Einbaues wird mit der Produktion der Tübbings in einer meist nahe dem Tunnelportal liegenden Feldfabrik begonnen. Hergestellt werden die Tübbings liegend auf **Rütteltischen** in **gewölbten Stahlschalungen**, Abb. 8.8-9. Um die sehr präzise hergestellten, geschweißten Stahlschalungen möglichst im 12-Stunden-Takt, mitunter sogar dreimal täglich zu verwenden, muss der Beton **sehr früh** eine **Abhebefestigkeit** von **15 bis 20 N/mm²** erreichten. Nach dem Einsetzen des Bewehrungskorbes wird Beton in plastischer Konsistenz eingebracht und mit leistungsfähigen Schalungsrüttlern verdichtet. Unvermeidlich ist dabei, dass unter den seitlichen Deckschalungen Luftblasen hängen bleiben. Diese Deckschalungen müssen früh geöffnet werden, um die Oberflächen so nachzuarbeiten, dass Wasserumläufe im Bereich der Fugen vermieden und die Tübbings mit Vakuum-Saughebern abgehoben und versetzt werden können.

Damit die Abhebefestigkeit frühzeitig erreicht wird, muss oft eine **Wärmebehandlung** durchgeführt werden, wobei Regeln zur Vermeidung einer später auftretenden Schädigung durch sekundären Ettringit

Abb. 8.8-8:
Tübbings werden meist Monate vor dem Einbau gefertigt. Sie erhalten noch Elastomer Dichtungsbänder für die Ring- und Längsfugen

Abb. 8.8-9:
Tübbings werden auf Rütteltischen gefertigt. Sie müssen außerordentlich maßgenau sein, um hohe Kantenpressungen zu vermeiden

eingehalten werden müssen, Abschn. 5.12. Erfahrungsgemäß lassen sich die nötigen Druckfestigkeiten bei Frischbetontemperaturen von 20 bis 25 °C nach 18 bis 20 Stunden, mit auf 30 bis 35 °C erwärmtem Beton schon nach 6 bis 8 Stunden erreichen, [Jodl 04, Brameshuber 12]. Die Wärmezufuhr durch Heizstrahler, Warmluft oder dgl. dauert etwa 2 bis 3 Stunden, bis eine Kerntemperatur von 40 bis 45 °C erreicht wird. Durch die Hydratation des Zements steigt die Temperatur weiter an, soll aber 60 °C nicht überschreiten.

Bei den fertigen Tübbings soll ein **starkes Abkühlen** der Randzonen **vermieden** werden, solange der Kern noch sehr warm ist. Ein rascheres Abkühlen der Stahlschalung kann Risse verursachen, [Geisler 13]. Im Winter sollen die Tübbings erst im Freien gelagert werden wenn der Kern Raumtemperatur erreicht hat.

Höchste Anforderungen müssen an die **Maßgenauigkeit** gestellt werden. Dies ist notwendig, weil an den Fugen große Kräfte nur flächig, nicht punkt- oder linienförmig übertragen werden dürfen und Spannungskonzentrationen zu Absplitterungen führen können. Dazu müssen die Stahlschalungen **formtreu bleiben** und **nachjustierbar** sein.

Die fertigen Tübbings werden **auf 0,1 mm genau** vermessen und dürfen bei hohen Beanspruchungen nur Maßabweichungen bis in einen Bereich von **± 0,2 mm** aufweisen. Je nach Verwendung werden Toleranzen für Maß- und Winkelabweichungen festgelegt, [Fischer 14]. Bei der Prüfung der Maßgenauigkeit muss auch die Temperatur des Tübbings berücksichtigt werden.

8.8.4.4 Beton für Tübbings

Tübbings werden meist aus Beton **C 35/45 oder C 45/55 mit 16 mm Größtkorn**, bei sehr dicken Tübbings auch 32 mm, hergestellt. Nur bei zweischaligem Ausbau kann Beton C 25/30 reichen, ZTV-ING [BAST 14]. Mit den Betonfestigkeiten geht man nicht zu hoch, weil sich **hochfester Beton** besonders **spröde** verhält. Reichlich Zeit ist für die Erstprüfung nötig, vor allem, um einen geeigneten Zement, oft CEM 52,5 R, Flugasche und ein entsprechendes Fließmittel auszuwählen. Für den steifen, **mit kräftigen Rüttlern** zu verdichtenden Beton reichen in Verbindung mit geeigneten Verflüssigern und/oder Fließmitteln sehr niedrige Wassergehalte. Als Beispiele sei die Zusammensetzung des Betons für die Tübbings der vierten Röhre des Elbtunnels [Hinze 2000] und des Finnetunnels der DB [Drescher 11] genannt.

	Elbtunnel	Finnetunnel
Beton	B 45 (C 35/45, XA 2)	C 40/50
Zement	CEM I 42,5R	CEM II/A-S 52,5R
Zementgehalt	300 kg/m³	320 kg/m³
Flugaschegehalt	75 kg/m³	60 kg/m³
Wasser	123 kg/m³	155 kg/m³
Fließmittel	4,5 kg/m³	nach Bedarf
Gesteinskörnung	GK 32 mm	GK 16

Erfolgreich wurde auch zusätzlich zu Bewehrungskörben eine **Stahlfaserbewehrung** eingesetzt, [Putke 14]. Schon bei der Themse-Unterquerung der Hochgeschwindigkeitsbahn hat man **Polypropylen-Fasern** als Schutz des Betons bei Bränden zugemischt. Bei einem direkten Kontakt mit umgebendem Wasser muss die Gefahr eines **chemischen Angriffes** auf den Beton und einer **Chlorideinwirkung** auf die Bewehrung beachtet werden. **Schutzschichten** müssen die Außenflächen vollständig bis zu den Fugendichtungen umfassen. Sie müssen robust sein, damit sie beim Einbau nicht beschädigt werden, und dürfen die Dauerhaftigkeit der elastomeren Fugenabdichtung nicht beeinträchtigen. Bei **Chloriden**, mit denen bei Einwirkung von Meereswasser stets zu rechnen ist, wird die **Betondeckung** vielfach auf mindestens 50 mm erhöht. Für dieses Maß wurde für den Westlichen Schelde-Tunnel auch ein rechnerischer Nachweis für eine theoretische Lebensdauer von 100 Jahren erbracht, [Gehlen 99].

Bei der Betonzusammensetzung muss ähnlich wie bei Innenschalen berücksichtigt werden, dass hohe Festigkeiten für das frühe Ausschalen wegen der großen **Hydratationswärme** zu **Eigenspannungen** und auch **Rissen** führen können. Auch in diesem Falle gilt es, eine Frühfestigkeit anzustreben, die nicht höher ist als unbedingt nötig und die geforderte Festigkeitsklasse durch die langsame Erhärtung unter Verwendung von Flugasche oder Hüttensand sicherzustellen, zweckmäßig mit einem Festigkeitsnachweis erst nach 56 Tagen.

8.8.4.5 Ringspaltmörtel

Der Durchmesser des Schildes, der vorübergehend den Erddruck bzw. Gebirgsdruck aufzunehmen hat, muss um einige Zentimeter größer sein als der Außendurchmesser des Tübbingringes. Ein solcher Überschnitt ist auch nötig, um Korrekturen der Fahrtrichtung der Vortriebsmaschine und auch Kurven zu ermöglichen. Der so entstehende Ringspalt von 8 bis 20 cm Breite muss hinter dem Schildschwanz **sofort verpresst** werden, um die Tunnelröhre in ihrer Lage zu stabilisieren und kraftschlüssig mit dem Gebirge zu verbinden. Dadurch werden auch Setzungen oberhalb des Tunnels vermieden. Das Füllgut muss zunächst **lange lagerfähig** bleiben, dann aber noch **pumpbar** und gut **verpressbar** sein und schließlich **sehr rasch so fest** werden, dass der **Tübbingring nicht im Ringspalt aufschwimmen** kann, [Babendererde 99, Diewald 08].

Bei **Einkomponenten-Ringspaltmörtel** beruht die versteifende Wirkung und Scherfestigkeit vor allem auf dem Auspressen von Überschusswasser. Sie werden als **aktive Mörtel** mit relativ hohem Zementgehalten über 200 kg/m³ und Verzögerer oder nur **bedingt aktiv** oder **inaktiv** mit wenig oder ohne Zement, aber mit inerten oder puzzolanischen Zusatzstoffen, in jedem Fall aber mit Sand und Kies 2/8 und Bentonit-Suspension hergestellt, [Breitenbücher 14].

Zweikomponenten-Ringspaltmörtel sind Zementmörtel, denen unmittelbar vor dem Verpressen ein Beschleuniger zugemischt wird. Sie werden bei weitgehend wasserundurchlässigen Böden verwendet. Bei standfestem Gebirge wird oft in den Ringspalt nur **Perlkies** eingeblasen. Man versteht darunter Rundkorn 8/12, das nur durch den Einblasvorgang so dicht gelagert wird, dass Druck- und Schubkräfte auf

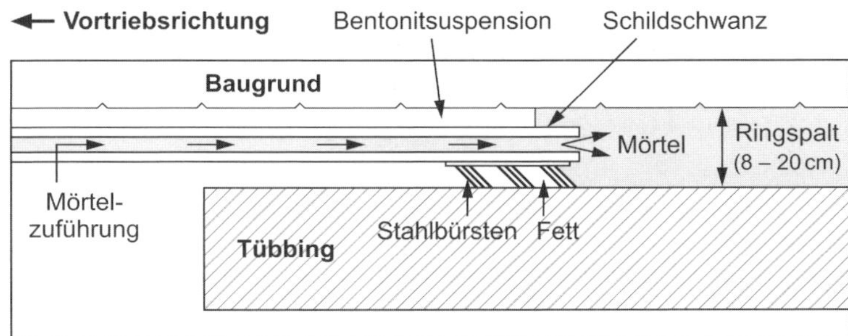

Abb. 8.8-10: Der Ringspalt zwischen Schildschwanz und Tübbings muss mit einem Mörtel als Verfüllmaterial verpresst werden, der nach dem Einpressen rasch fest wird [Babendererde 99]

das Gebirge abgeleitet werden können. Dabei kann eine Entwässerung des Gebirges eintreten. Um dies zu verhindern, kann zusätzlich mit eine Zementsuspension eingepresst werden.

8.9 Sichtbeton

8.9.1 Einführung

Beton kann mit einer Vielfalt unterschiedlicher Formen, Strukturen und Grautönen, ja selbst weiß oder farbig, hergestellt werden. Wenn besondere Anforderungen an das Aussehen der Oberfläche gestellt werden, spricht man von Sichtbeton. Grundsätzlich zu unterscheiden sind

- Sichtbeton mit **Schalungstextur** („klassischer" Sichtbeton)
- Sichtbeton mit **glatter Schalung** (Sichtbeton neuer Art)
- Betonoberflächen, die **steinmetzmäßig bearbeitet** werden, z.B. durch Stocken, Spitzen oder Scharnieren
- Betonoberflächen, bei denen mit **festen Strahlmitteln**, durch Kugelstrahlen, Sandstrahlen oder dgl. die obere Mörtelschicht entfernt und das Korngerüst freigelegt wird
- **Waschbeton**, bei dem die oberste Mörtelschicht ausgewaschen wird, so dass die grobe Gesteinskörnung freiliegt
- Betonoberflächen, die **geschliffen und poliert** werden **(Terrazzo)**
- Betonoberflächen mit **deckenden Dünnbeschichtungen** (Anstrichen)

sowie nur in Betonstein- und Fertigteilwerken herstellbar:

- Betonflächen, die durch **Sägen oder Brechen freigelegt** werden
- Beton mit **exponierter Gesteinskörnung**, das sind nur horizontal herstellbare Betonoberflächen, bei denen eine grobe, meist farbige Gesteinskörnung aufgelegt und mit Beton überdeckt wird.

Die folgenden Abschnitte beschränken sich auf den Sichtbeton in Form des bis in die Neunzigerjahre ausschließlich angewandten **klassischen Sichtbetons mit Schalungstextur** und den **Sichtbeton neuer Art** mit **glatter Schalung**. Beim klassischen Sichtbeton ist die oft sehr stark texturierte Oberfläche architektonisches Gestaltungsmittel, wobei vielfach eine sägeraue Brettschalung oder eine andere saugende Schalhaut verwendet wird, die Kanten abgeschrägt werden und ein plastischer bis weicher Rüttelbeton eingebaut wird, Abb. 8.9-1.

Sichtbeton neuer Art, wie er bei der Pinakothek der Moderne in München oder beim Bundeskanzleramt in Berlin zur Ausführung kam, hat große glatte Flächen mit scharfen Kanten und nur wenig Poren, Abb. 8.9-2. Die meist dünnen und stark bewehrten, oft sogar geschwungenen Bauteile erfordern leicht verarbeitbaren Beton.

8.9.2 Erfahrungen

Maßgebend für das Aussehen sind vor allem die texturierte oder glatte **Schalung** und die äußerste weniger als 1 mm dicke **Randzone** des Betons. Das Bild dieser Randzone wird von vielen Einflüssen bestimmt. Kein Wunder, dass zur Herstellung von Sichtbeton sehr hohe Anforderungen an **Fachkompetenz** und **Erfahrung** und darüber hinaus zur Bereitschaft zur **Zusammenarbeit** zwischen **Planer, Ausschreibenden, Betontechnologen, Schalungstechniker, Bauleiter und Polieren** zu stellen sind, [v. Laufenberg 01]. Darüber hinaus erfordert jeder Sichtbeton eine hohe handwerkliche **Qualifikation und persönlichen Einsatzwillen der Einbaumannschaft**. All das kostet natürlich erheblich mehr Geld als die Herstellung nur technisch einwandfreier Oberflächen.

Abb. 8.9-1:
Klassischer Sichtbeton gibt die Struktur der Schalung wieder

Abb. 8.9-2:
Sichtbeton mit glatter Schalung, der „Marmor des 21. Jahrhunderts" bei der Pinakothek der Moderne, München

Sollen Sichtbetonflächen, die der **Witterung** ausgesetzt sind, auch noch nach vielen Jahren zufriedenstellend aussehen, muss bei der architektonischen Gestaltung auf den **Abfluss von Regenwasser** sowie mögliche **Verschmutzungen** und die Bildung von **Mikroorganismen** an häufig befeuchteten Stellen geachtet werden. Genauso wie an natürlichen Felswänden und Fassaden aus Naturstein führt auch bei Beton über die Oberfläche abfließendes Wasser und das durch Feuchtigkeit ermöglichte Wachstum von Mikroorganismen zu einer dunkleren Färbung, Abschn. 8.9.9.4.

Die wichtigsten Schritte vor der Herstellung von hochwertigem Sichtbeton sind:

(1) Abstimmung des **Bauherrn** mit dem **Architekten** unter Beiziehung des **Betonsachverständigen** über die gewünschte Qualität der Oberflächen unter Berücksichtigung der **Ausführbarkeit** und der **Kosten**. Bei hohen Ansprüchen müssen detaillierte Angaben bereits im Leistungsverzeichnis aufgenommen werden, wozu oft Vorversuche mit Erprobungsflächen notwendig sind. Auch Änderungen in der konstruktiven Gestaltung, etwa Vergrößerungen von Wanddicken, können sich als nötig erweisen. Bei weniger hohen Ansprüchen können neben der Festlegung einer im **Merkblatt** [DBV/VDZ 15] beschriebenen **Sichtbetonklasse** Angaben im Leistungsverzeichnis über die gewünschte **Oberflächenstruktur** ausreichend sein.

(2) Auswahl einer **robusten Betonzusammensetzung** unter Berücksichtigung der Einbaubedin-

Abb. 8.9-3: Vorarlberg Museum in Bregenz [Cukrowicz 13]

gungen, nötigenfalls Versuche mit Prüfschalungen

(3) Auswahl einer geeigneten **Schalhaut** und des zu verwendenden **Trennmittels**

(4) Herstellen von **Musterflächen** und ggf. erforderliche Ergänzungen der vorausgegangenen Schritte

(5) **Auswahl einer Musterfläche** und Vereinbarung **als Referenzfläche** als vertragliches Bausoll.

Wenn es heute bei Sichtbetonflächen unverhältnismäßig häufig zu Streit kommt, der nicht selten über Gerichte ausgetragen wird, hat dies oft einen Grund in einer **unzureichenden Festlegung** des gewünschten Aussehens und des hierfür nötigen Aufwandes, aber auch darin, dass nicht nur jeder Architekt, sondern jedermann das Aussehen einer Betonoberfläche beurteilen kann. Dies führt oft zu widersprüchlichen Meinungen. So gibt es immer wieder Architekten und Bauherrn, die glauben, der heutige Sichtbeton müsse **völlig glatt, fehlstellenfrei** und von **einheitlichem Grauton** sein – was in perfekter Form technisch nicht möglich ist. Andere aber wiederum, Sichtbeton dürfe als **„Marmor des 21. Jahrhunderts"** – so der Architekt Braunfels – **nicht monoton und tot sein,** sondern müsse mit einer **wolkenartigen marmorierten** Oberfläche eine Lebendigkeit ausstrahlen, [Plannerer 02].

Zahlreiche Forschungsarbeiten, Erfahrungen und neue Entwicklungen haben in den letzten Jahrzehnten dazu beigetragen, den Kenntnisstand über das Zusammenwirken von Betonzusammensetzung, Einbaubedingungen, Schalhaut, Trennmittel, Nachbehandlung und Witterungsverhältnissen auf die optische Wirkung von Sichtbetonflächen zu verbessern. Heute gelingt es **weitgehend**, das geplante Aussehen der Betonoberflächen zu erreichen. Allerdings **nicht mit der gleichen Zielsicherheit, wie** wir es von **anderen Betoneigenschaften**, etwa der Druckfestigkeit, gewohnt sind. Auch bei großer Sorgfalt und sehr hohem Aufwand sind Abweichungen in beschränktem Ausmaß nicht zu vermeiden. Entscheidend für die Beurteilung einer Sichtbetonfläche sollte stets der Gesamteindruck auf den Betrachter, beurteilt aus angemessener Entfernung, sein. Es gelingt aber durchaus, mit Sichtbeton Fassaden mit außergewöhnlicher architektonischer Wirkung zu schaffen, wozu eine kooperative Zusammenarbeit von Sonderfachleuten Voraussetzung ist, Abb. 8.9-3.

8.9.3 Regelwerke, Empfehlungen und Sichtbetonklassen

Das ästhetische Bild eines Bauwerkes hat keinen Einfluss auf seine Sicherheit und Dauerhaftigkeit. Folglich gibt es **keine Sichtbeton-Norm**, es werden auch **keine bauaufsichtlichen**, d.h. öffentlich-rechtlichen

Anforderungen gestellt. Als Grundlage für bauvertragliche Vereinbarungen und als Empfehlung für die Herstellung von Sichtbetonflächen eignen sich die **Richtlinie Geschalte Betonflächen** [ÖBV 09] und das **Merkblatt Sichtbeton** [DBV/VDZ 15]. Darin werden vier verschiedene **Sichtbeton- bzw. Anforderungsklassen** definiert:

SB 1: Geringe Anforderungen wie z. B. für Kellerwände oder Bereiche mit vorwiegend gewerblicher Nutzung.

SB 2: Normale Anforderungen wie für z. B. Treppenhausräume oder Stützwände

SB 3: Besondere Anforderungen wie z. B. für Fassaden im Hochbau

SB 4: Besondere Anforderungen bei besonderer gestalterischer Bedeutung wie z. B. für repräsentative Bauteile im Hochbau

Die Einzelkriterien sind dabei

- **Textur** (Abweichungen von der planen Ebene)
- **Porigkeit**
- **Farbtongleichmäßigkeit**
- **Ebenheit**
- **Schalungshaut**
- **Arbeitsfugen und Schalhautstöße**

Das Merkblatt Sichtbeton enthält auch ausführliche Hinweise zu allen gängigen **Schalhautarten**, über die zu erwartende **Textur** der Betonoberfläche und über sonstige mögliche Auswirkungen, sowie Erfahrungswerte, **wie oft** eine Schalhaut **eingesetzt** werden kann. Es hat sich bewährt, diese Hinweise schon bei der Ausarbeitung des **Leistungsverzeichnisses** zu Grunde zu legen.

Neben dem Merkblatt gibt es auch Fachveröffentlichungen, die mit großen praktischen Erfahrungen erstellt wurden und das Ergebnis von gezielt durchgeführten Laborversuchen ebenso wie von Untersuchungen von Mängeln an ausgeführten Sichtbetonflächen berücksichtigen, [Lohaus 16, Fiala 16, Lohaus 17]. Daneben gibt es mehrere gute Fachbücher über die Technik des Sichtbetons [Fiala 08, Schulz 08 oder Jehle 17 u. a.].

8.9.4 Planung und Ausschreibung

Bei der Planung und Aufstellung des **Leistungsverzeichnisses** muss sich der Auftraggeber genau darüber informieren, welche Anforderungen in der **gewählten Sichtbetonklasse** gestellt werden. Für den Auftragnehmer empfiehlt es sich, zeitgerecht vor dem ersten Betoneinbau mit der geplanten **Betonsorte** und dem für den Einbau vorgesehenen **Personal** sowie **Schalung** und **Trennmittel** mehrere **Musterflächen** herzustellen und mit dem Auftraggeber und ggf. dessen Architekten eine davon als **Referenzfläche auszuwählen**. Dass die dann am Bauwerk hergestellten Sichtflächen nicht identisch zur Referenzfläche aussehen können, sondern **Abweichungen** etwa in der Textur oder im Farbton in geringem Umfang zugelassen werden müssen, versteht sich von selbst. Schließlich spielen auch **Temperatur und Witterung** bei der **Herstellung** für das spätere Aussehen ebenso eine Rolle wie geringe, praktisch unvermeidliche **Abweichungen bei Ausgangsstoffen, Herstellung** und **Einbau des Betons**, sowie **Zeitpunkt des Ausschalens** und die dabei herrschende **Witterung.**

Referenzflächen an **bestehenden Bauwerken** heranzuziehen, kann nicht empfohlen werden. Sie können nur eine grobe Orientierung bieten. Nicht nur, dass in der Regel wichtige Einzelheiten der als Beispiel gewählten Sichtfläche nicht bekannt sind. **Oberflächen des Sichtbetons verändern ihr Aussehen auch im Laufe der Zeit**, weil sie der Witterung und der in Städten oft beträchtlichen Verschmutzung ausgesetzt sind. Dies gilt auch für Sichtflächen von Fertigteilen, die in Werkshallen von der Witterung geschützt hergestellt wurden, obwohl hierbei im Allgemeinen die Schwankungen im Aussehen kleiner gehalten werden können. Werksfertigung hat natürlich den Vorteil, dass Teile mit Sichtflächen, die nicht gelungen sind, ausgeschieden oder an weniger wichtigen Stellen eingebaut werden können.

Werden besondere Anforderungen an den Sichtbeton gestellt, d. h. wird SB 3 oder SB 4 vereinbart, ist die Mitarbeit eines erfahrenen **Betoningenieurs als Sachverständigen** schon bei der **Planung** und Aufstellung des **Leistungsverzeichnisses** zwingend nötig, vgl. Abschn. 1.7. Seine Aufgabe ist es, die Vorstellungen des Architekten in das **technisch Machbare** umzusetzen, den Auftraggeber mit den dadurch verursachten **Mehrkosten** vertraut zu machen, die **Tragwerksplanung** und vorgesehene **Bewehrung** in Hinblick auf die besonderen Anforderungen bei der Herstellung von Sichtbeton zu prüfen, Empfehlungen abzugeben, wie die **Anforderungen** an den Sichtbeton zu **definieren** sind und welche Maßnahmen bei der **Ausführung** nötig sind. Schließlich soll der Betoningenieur auch dafür sorgen, dass der **Auftragnehmer** bei seinen **Zusagen** zur Gestaltung der Sichtflächen **nicht die Grenzen des technisch Machbaren überschreitet**, [Ebeling 98].

8.9.5 Wichtige physikalische Vorgänge

(1) Den **Grauton** bestimmen Ausgangsstoffe und *w/z*-Wert. Gesteinsmehle – und das gilt auch für Zement – erscheinen in ihrem Farbton **umso heller, je feiner sie gemahlen** sind. Selbst schwarzer

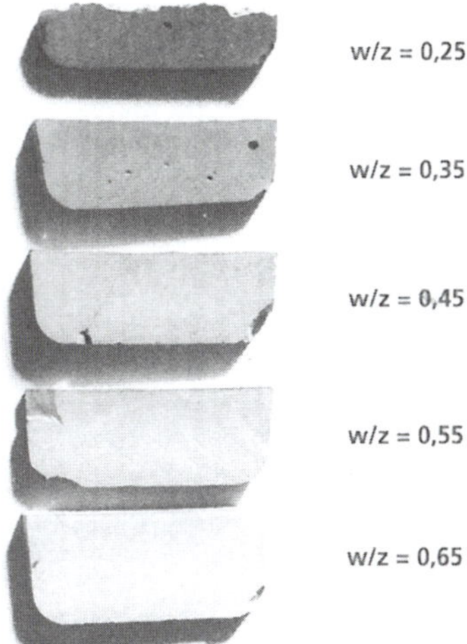

Abb. 8.9-4: Zementstein ist umso dunkler, je niedriger der *w/z*-Wert ist [Wihler 04]

Abb. 8.9-5: Dunkle Oberflächen entstehen durch wassersaugende Schalungseinlagen, die den *w/z*-Wert in einer dünnen Randzone erheblich verminderten

Basalt wird, wenn man ihn genügend fein mahlt, zu weißem Pulver. Zemente größerer Mahlfeinheit, wie wir sie bei den Festigkeitsklassen 42,5 oder gar 52,5 und bei den meist feiner gemahlenen Hochofenzementen haben, sind etwas heller. Daneben spielt für den Farbton auch die Zusammensetzung des Zements eine gewisse Rolle. **Eisenanteile,** wie sie vor allem im **C_4AF der LH- und HS-Zemente** vorhanden sind, führen zu einer **dunkleren** Farbe. Dagegen wird **Weißzement aus eisenfreien Rohstoffen** hergestellt und sehr fein gemahlen. Mitunter verwendet man zur Aufhellung Zusätze von Kalksteinmehl oder auch Titanoxyd.

Um einen einheitlichen Grauton zu erzielen, muss der Beton stets die gleiche Zusammensetzung haben. Auch die Ausgangsstoffe dürfen sich nicht ändern. Es wird empfohlen, von allen mehlfeinen Stoffen, also Zement, ggf. Flugasche oder Kalksteinmehl usw. ebenso wie vom Sand **Rückstellproben** mit einer Glasplatte abzudecken und für Vergleiche aufzubewahren, auch wenn Veränderungen bei Rohstoffen und Produktionsbedingungen meist zu keinen sehr großen Abweichungen des Grautons führen.

Noch wichtiger als Zement und andere mehlfeinen Stoffe ist der *w/z*-Wert, Abb. 8.9-4. Dies zeigt sich auch deutlich, wenn man in die Schalung eines Probewürfels auf einer Seite saugfähiges Papier einlegt. Füllt man Beton ein, dann wird aus einer dünnen Randschicht Wasser abgesaugt, Zement bleibt zurück und erhärtet bei sehr **niedrigem *w/z*-Wert** zu einer **dunklen, sehr harten Schicht**, Abb. 8.9-5. In ähnlicher Weise tritt dieser Effekt auch bei Drainfliesen als **Schalungseinlage oder bei Vakuumbeton**, nicht ganz so deutlich auch bei saugfähigen Schalungen auf, Abschn. 7.6.9. Kann an einem Stoß der Schalungsplatten oder anderen schmalen **Undichtigkeiten** Zementleim ausfließen, dann bleibt das Sandkorn ohne Feinmörtel zurück. Ein dunkler Rand zeigt an, wo Wasser entweichen konnte, aber der Zement zurückblieb und so ein niedriger *w/z*-Wert entstand, Abb. 8.9-6.

(2) **Bewehrungsstäbe** können sich an der Oberfläche durch dunkle Streifen abzeichnen, obwohl die Stähle zentimetertief im Beton liegen, Abb. 8.9-7. Ursache ist, dass beim Verdichten die **Rüttelflaschen** die **Bewehrungsstäbe berühren**, sodass sie in Schwingungen geraten, die sich im Stahl weit fortsetzen und auch den umgebenden Beton erreichen. Das führt zu feinen Wasseranreicherungen an der Grenzfläche zur Schalung, vor allem wenn diese glatt und nicht saugend ist. Mit selbstverdichtendem Beton erhält man viel gleichmäßigere Oberflächen, weil nicht gerüttelt wird.

Bewehrungsstäbe können sich auch abzeichnen, wenn sie bei winterlichen Temperaturen sehr kalt sind und dem unmittelbar umgebenden Beton Wärme entziehen.

(3) Neue Betonlieferungen können, wenn sie sehr spät auf bereits angesteiften Beton eingebracht und verdichtet werden, **flächige Dunkelverfärbungen** vor allem im Bereich zur darunterliegenden Betonlage verursachen. Beim Rütteln setzen sich die Schwingungen über die Schalung in die Randzone der unteren Schicht fort. Nach dem Ausschalen zeigen Dunkelverfärbungen, dass hier bis zur nächsten Betonlieferung viel zu viel Zeit verstrichen ist, Abb. 8.9-8. Einen wichtigen

Einfluss hat dabei die **Steifigkeit** der Schalung. **Trägerschalungen** sind **weniger steif** im Vergleich zu **Rahmenschalungen**. Die bei der Verdichtung auftretenden Schwingungen übertragen sich stärker in die untere Betonschicht und es kommt zu Pumpereffekten und hauchdünnen Wasserschichten an der Betonoberfläche mit der Folge einer größeren Neigung zur dunklen Flecken, selbst wenn beim Ausschalen warmes Wetter herrscht und die Betonoberfläche rasch abtrocknet [Lohaus 17].

Abb. 8.9-6: Wenn bei nicht vorgenässter Brettschalung Zementleim durch offene Fugenspalte sickert, bleibt eine sandige Struktur zurück. Wo nur Wasser entweicht, der Zement also abfiltriert wurde, zeigt eine dunkle Färbung, dass Zementleim mit niedrigem *w*/*z*-Wert erhärtete

Abb. 8.9-8: Wenn Beton schichtweise mit großem zeitlichen Abstand eingebracht wird und die darunterliegenden Schichten nochmals gerüttelt werden, zeichnen sie sich dunkel ab

Abb. 8.9-7: Stahlbewehrung kann sich auf der Oberfläche abzeichnen, obwohl sie mehrere Zentimeter tief im Beton liegt. Wenn Tauchrüttler die Bewehrung berühren, pflanzen sich die Schwingungen im Stahl besonders weit fort (Foto Fiala)

Abb. 8.9-9: Fleckige Dunkelverfärbungen durch ausdiffundierendes Wasser, das zu hauchdünnem, oft glasigem Niederschlag von Calziumcarbonat führt (Foto Fiala)

(4) **Flächige** und auch nur **fleckige Dunkelverfärbungen** an geschalten Oberflächen haben oft ihre Ursache in einer nur Bruchteile eines Millimeters dicken Schicht Calciumkarbonat, [Strehlein 09]. Wasser konnte dort frühzeitig **aus dem Inneren** des Betons **diffundieren** und an der Oberfläche **abtrocknen**. Das im Wasser gelöste, aus dem Zement stammende Calciumhydroxid schlägt sich als dünne Schicht nieder und karbonatisiert rasch. Dadurch entstehenden kleinere oder größere glatte, sogar glasig wirkende **Flecken**, die das Licht weniger reflektieren. Sie erscheinen daher dunkel auf dem umgebenden grauen Beton, oft in Form von **Wolken, Schlieren** oder **Marmorierungen**.

Mitunter entstehen darin kleine, helle Flecken, wenn oberflächennah liegende größere Gesteinskörner den Wassertransport behindert haben.

Vermeiden kann man solche Dunkelverfärbungen, wenn man die ausgeschalten Betonoberflächen **anfangs leicht abtrocknen** lässt, sodass sich die **Trocknungsfront** rasch **ins Innere** des Betons verschiebt, wo dann das Calciumhydroxid ausfällt, von außen nicht sichtbar. Bei **winterlichen Temperaturen** trocknet die Betonoberfläche langsamer ab. Auch ist die Löslichkeit von Calcium in Wasser bei niedrigen Temperaturen um Vieles größer als bei sommerlichen Temperaturen. Daher treten bei Betonarbeiten im Winter solche Dunkelverfärbungen viel häufiger auf. Mitunter gelingt es, sie durch Aufheizen des Frischbetons auf etwa 25 °C zu vermeiden.

(5) **Kalkausblühungen** sind weiße Schleier oder sogar Flecken, die sich innerhalb der ersten Tage und Wochen auf Betonoberflächen zeigen, haben genauso ihre Ursache im bei der Hydratation des Zements abgeschiedenen Calciumhydroxid, Abb. 8.9-10. In diesem Falle löst Wasser, das nach den ersten Stunden und Tagen von außen in den Beton eindringt, Calciumhydroxid und diffundiert wieder an die Oberfläche. Nach dem Abtrocknen der meist hauchdünnen Wasserschicht carbonatisiert es aber in **vielen kleinsten Kristallen** und bildet so einen hauchdünnen **weißlichen Schleier**. Auch solche **Kalkausblühungen** findet man besonders häufig bei Betonarbeiten in der **kühlen Jahreszeit** und Beton mittlerer oder niedriger Festigkeit, [Walz 62]. Kalkausblühungen können auch entstehen, wenn **Wasser** vor dem Entfernen der Schalung in einen schmalen Spalt **zwischen Schalungshaut** und **Beton** eingedrungen ist, [Merkblatt Ausblühungen VDZ 13].

Kalkausblühungen beeinträchtigen die technischen Eigenschaften des Betons in keiner Weise, der **optische Eindruck** kann aber sehr darunter leiden, vor allem bei **dunklen** oder gar **farbigen Betonoberflächen**. Bei Weißbeton sind sie kein Problem. In der Regel genügt ein **Schutz vor Fremdwasser in den ersten Tagen**, auch vor Regenwasser oder einer Nassnachbehandlung. Mit früh aufgebrachten **Hydrophobierungen oder Lasuren** kann das Entstehen von Ausblühungen stark eingeschränkt werden. Sobald die äußerste Randzone **ausgetrocknet und carbonatisiert** ist, treten **keine Kalkausblühungen** mehr auf.

Kalkausblühungen werden von Oberflächen, die dem Regen ausgesetzt sind, in den ersten Jahren weitgehend **wieder abgewaschen**. Man kann sie auch mit verdünnter **Ameisensäure** abwaschen, doch ist dabei ebenso wie bei Verwendung von Produkten, die von der bauchemischen Industrie dafür angeboten werden, Vorsicht am Platze: Durch **Ansäuern** der Oberfläche wird auch die oberste Feinmörtelschicht angegriffen, wodurch **Ungleichmäßigkeiten** entstehen können, die viel stärker stören können als die ursprüngliche Abweichung.

Im Gegensatz zu den harmlosen Kalkausblühungen entstehen **Kalkaussinterungen** durch Wasser, das lange Zeit **durch das Betongefüge oder Risse sickert**, vgl. Abb. 5.11-4. Nur wenn die Sickerwege verschlossen werden, nehmen die tropfsteinähnlichen Aussinterungen nicht mehr weiter zu.

Abb. 8.9-10: Kalkausblühungen entstehen, wenn Wasser aus jungem Beton abtrocknet und das darin enthaltene Calciumcarbont kristallisiert. Technisch belanglos, können sie vor allem anfangs das Erscheinungsbild sehr beeinträchtigen

Abb. 8.9-11: Schleppwasser steigt an der Schalungsfläche nach oben („Wasserläufer"), wenn der Beton zu wenig Wasserrückhaltevermögen hat

Kalkaussinterungen mit braunen Verfärbungen deuten darauf hin, dass **Stahlbewehrung korrodiert**, was auch nach Jahren nicht vorkommen sollte.

(6) **Porenreiche Oberflächen** sind Zeichen für hohe, **Wasserläufer** und **Bluten** für zu niedrige Viskosität. Sichtbare Poren in störendem Ausmaß entstehen leichter, wenn man glatte Schalungen verwendet und nicht wie früher raue, oft sogar saugende Schalungen. **Hohe Viskosität**, früher als „langer" Mörtel bezeichnet, führt aber auch zu geringerer Sedimentation, weniger Entmischungen und auch nicht so leicht zu Leckagen an Undichtigkeiten der Schalungen. Dafür entlüftet der Frischbeton schwerer und erfordert daher einen höheren Aufwand für die Verdichtung.

Eine **niedrige Viskosität** „kurzer" Mörtel führt dazu, dass viel **weniger Poren** an geschalten Flächen verbleiben, es kommt aber leichter zu **Entmischungen** und zu **Bluten**, also Wasserabsonderungen bis hin zu **Wasserläufern**. Feinste Tröpfchen des Blutwassers wandern, weil sie leichter als der Zementleim sind, den glatten Schalhautflächen entlang nach oben, sie sammeln sich dabei wie **feine Zweige**, die nach oben zu in immer **breiter werdenden Ästen** zusammenlaufen. Diese **Schleppwasserspuren**, auch als **Toxotrophien** bezeichnet, sind auch, wie alle Bluterscheinungen, umso ausgeprägter, je **mehr Zeit bis zum Erstarren** zur Verfügung steht, d.h. bei **niedriger Temperatur** und bei **langsam** oder **verzögert erhärtendem Beton** besonders stark. Ausreichendes **Wasserrückhaltevermögen ist nötig**, um sie zu vermeiden. Unter groben Gesteinskörnern kann Blutwasser nicht nach oben, sodass kleine **Hohlräume** verbleiben, die ursprünglich mit Blutwasser gefüllt waren, Abb. 3.2-10.

8.9.6 Zusammensetzung von Sichtbeton

Es gibt **kein einheitliches Rezept** für guten Sichtbeton. Eine geeignete, den jeweiligen Anforderungen und den zur Verfügung stehenden Gesteinskörnungen und anderen Ausgangsstoffen entsprechende Zusammensetzung muss erst mit Hilfe von Laborversuchen entwickelt werden.

Eine Grundregel ist, dass Sichtbeton sehr **gleichmäßig** sein muss, d.h. bei der Anlieferung auf die Baustelle dürfen im Beton die Unterschiede im ***w/z*-Wert höchstens +0,02** und im **Ausbreitmaß höchs-**

tens + 2 cm betragen, wenn der Farbton der Sichtflächen gleichmäßig werden soll. Dazu müssen auch die **Ausgangsstoffe** Zement, Sand usw. ein **hohes Maß an Gleichmäßigkeit** aufweisen. Sehr wichtig ist auch, dass der Beton **robust** sein muss, also geringfügigen Schwankungen der Ausgangsstoffe zu keinen starken Änderungen des Aussehens der Oberfläche führen. Die Betonherstellung soll so gesteuert werden, dass beim Zumessen der einzelnen Mischungsanteile Abweichungen vom Sollwert **automatisch korrigiert** und **Fehlmischen ausgeschieden** werden, vgl. Abschn. 7.2.3.

Als **Größtkorn** wird vielfach mit 16 mm gewählt, wenn es sich aber um feingliedrige oder eng bewehrte Bauteile handelt aber auch mit nur **8 mm.** Jedenfalls sollen keine Gesteinskörner größer als das 0,8fache der Betondeckung sein.

Um unerwünschte Effekte zu vermeiden, ist ein feindisperser, stabiler Bindemittelleim erforderlich, wozu es sich empfiehlt, **Zemente mit hoher Mahlfeinheit** und hohem Gehalt an leicht löslichen Alkalien ebenso wie **stabilisierende Feinststoffe** wie Kalksteinmehl oder CEM II/A-LL-Zemente zu verwenden [Lohaus 17]. Dazu können auch höhere Anteile an **Mehlkorn** oder Zusatzmittel wie **Stabilisierer** (Methylzellulose oder Polyäthylenoxid) sowie auch **Luftporenbildner** hilfreich sein. Mit hohem Gehalt an Mehlkorn kann der Bindemittelleim stabilisiert und die Robustheit gesteigert werden. Die Bindemittel- und Mörtelphasen sollen in ihrer Kornzusammensetzung aufeinander abgestimmt sein. Eine **Prüfung des Blutens**, vgl. Abschn. 3.2.7, ist sehr zu empfehlen. Als obere Grenze für Sichtbeton gibt die Richtlinie [ÖVBB 02] **7 l Blutwasser je m³** Beton an, was bei einer 30 cm dicken Platte eine Wasserschicht von 2 mm Dicke ausmacht. Den **Zementleim** so einzustellen, dass zufriedenstellende Sichtflächen entstehen, gelingt bei weichen und fließfähigen Beton oft nur durch Versuche in Prüfschalungen, [Lohaus 16].

Der klassische Sichtbeton wurde fast immer mit plastischer bis weicher **Konsistenz** meist an der **oberen Grenze von F2** mit niedrigem Wassergehalt hergestellt und hat sich so auch bewährt, vorausgesetzt, es wurden ausreichende Betondeckungen gewählt. Den heute für großflächige Bauteile bevorzugten **Sichtbeton mit glatter Schalungshaut** macht man besser mit **weicher Konsistenz**, also einem Ausbreitmaß von etwa 45 cm und mit einem ***w/z*-Wert nicht über 0,55**. Er wird durch vorsichtiges Rütteln verdichtet. Ein Beispiel zeigt Tabelle 8.9-1. Bei dichter Bewehrungslage und schlechter Möglichkeit zum Verteilen kann leicht verarbeitbarer Beton der Konsistenz F 5 oder F 6 zweckmäßig sein. Vor allem in Fertigteilwerken verwendet man vielfach sogar **Selbstverdichtenden Beton**.

Je **weicher die Konsistenz** beim Einbau ist und je **weniger Mehlkorn** vorhanden ist, desto größer ist die Neigung zum **Bluten** und zum **Sedimentieren**. Dies trifft in besonderem Maße zu, wenn das Erstarren infolge **niedriger Temperaturen** oder **verzögernder Wirkung** von Verflüssigern oder anderen Zusatzmitteln erst verspätet einsetzt. Der Gehalt an **Mehlkorn** darf **nicht so hoch** sein, dass der Beton so **klebrig** wird, dass beim Verdichten **an der Schalung Schuppen** bleiben. Enthalten die Gesteinskörnungen

Tabelle 8.9-1: Sichtbeton der Pinakothek der Moderne in München

Ausgangsstoff	Gehalt/Dosierung	Bemerkung
Zement CEM I 32,5 R	330 kg/m³	Zement mit Risstemp. < 10 °C
Steinkohlenflugasche	50 kg/m³	
Titandioxid	7 kg/m³	
Wassergehalt	165 l/m³	
w/z-Wert	0,50	
$w\ (z+f)$-Wert	0,43	Wasser-Bindemittelwert
Gesteinskörnung		
Sand 0/4 47 %	841 kg/m³	quarzitisch
Kies 4/8 18 %	328 kg/m³	
Kies 8/16 35 %	636 kg/m³	
Zusatzmittel		
Fließmittel (FM)	< 1,5 M.-% v.z.	Konsistenz F3 (weich)
Luftporenbildner (LP)	nach Bedarf	LP = Gehalt 3,5 %
Verzögerer (VZ)	variabel < 0,5 M.-%	abhängig von Frischbetontemperatur

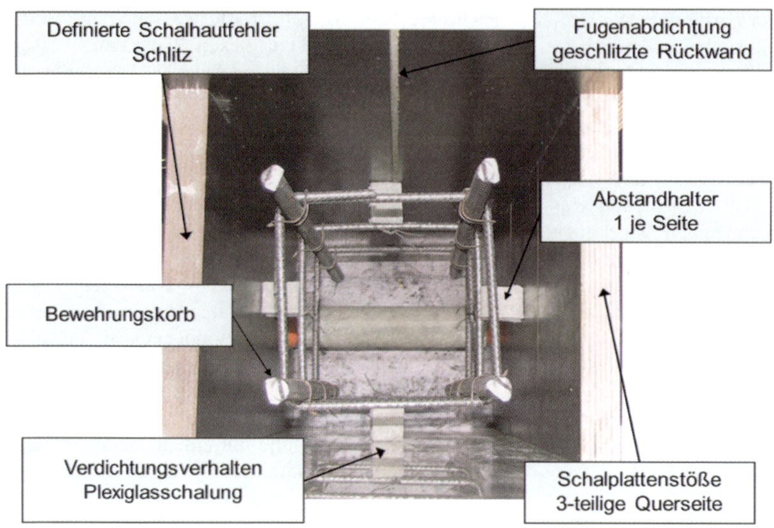

Abb. 8.9-12: Blick von oben in die Prüfschalung „Stütze" zur Erprobung von Betonzusammensetzungen [Lohaus 17]

nur wenig Feinstteile, haben sich Luftporenbildner bewährt, wobei auch etwas **kleinere Luftgehalte** als nach DIN FB 100 ausreichend sein können.

Damit leichtverarbeitbarer Beton F 5 oder F 6 sedimentationsstabil ist, darf **nicht mehr Fließmittel** zugegeben werden, als bis zum Erreichen des **Sättigungspunktes** benötigt wird, vgl. Abb. 5.6-1. Werden Fließmittel auf Basis PCE verwendet, erfordern Portlandzemente etwas höhere Dosierungen, ergeben aber im Hinblick auf Sedimentationsstabilität oft etwas robustere Betone, während es bei hüttensandhaltigen Zementen leichter zu einer Marmorierung oder Wolkenbildung kommen kann, [Rickert 06]. Mit Mikrosilica oder Stabilisierer kann die Robustheit erhöht werden.

Wenn sehr gleichmäßige Sichtflächen hergestellt werden müssen, bewähren sich oft **Selbstverdichtende Betone (SVB)**, selbst wenn es sich nicht um fein gegliederte oder dicht bewehrte Bauteile mit glatter Schalung handelt, Abschn. 6.1. Bei Mehlkorngehalten bis über 600 kg/m^3 und Wassergehalten von 170 bis 190 kg/m^3 sind hohe Dosierungen leistungsfähiger Fließmittel und lange Mischzeiten nötig. Um möglichst wenig Poren in der Sichtfläche zu erhalten und einzelne Häufungen von Poren zu vermeiden sollte der SVB ein gleichmäßiges **Entlüftungsvermögen** aufweisen und beim **Einbau** auch die Möglichkeit zum **Entlüften** haben. Das Entlüftungsvermögen wird auch stark von der Temperatur und dem Fließmittel bestimmt.

In einer **Erstprüfung** muss geklärt werden, mit welcher Zusammensetzung bei den zu **erwartenden Temperaturen** zufriedenstellende Sichtflächen erzielt werden. Mit Hilfe von **Sichtbeton-Prüfschalungen**, wie sie an der Universität Hannover entwickelt wurden, kann eine zufriedenstellende Herstellung eines Sichtbetons in der gewünschten Qualität wesentlich erleichtert werden. Die **Prüfschalung „Stütze"** [Lohaus 16] dient der vergleichenden Prüfung der Praxistauglichkeit von Betonzusammensetzungen im Labor, also ob **Abstandhalter** und **Bewehrungen gut umschlossen** werden und ob **Luftporen** an der Schalhaut oder **Farbveränderungen** auftreten, Abb. 8.9-12. Ein 3 mm breiter und 100 mm langer Spalt in der Prüfschalung zeigt, ob eine gewählte Betonsorte hinsichtlich **Undichtigkeiten der Schalung empfindlich** ist. Vergleichende Prüfungen unterschiedlicher Zusammensetzungen in der Prüfschalung erleichtern die Auswahl robuster Betone, wobei auch **Wasseraustritte** und **Sedimentationen** zu beurteilen sind. Eine **Prüfschalung „Wand"** dient der weiteren Abstimmung im Transportbetonwerk und auf der Baustelle hinsichtlich Mischart, Mischenergie, Feuchteschwankungen im Sand, Einfüllvorgang und Verdichtung, Abb. 8.9-13. Sollen **Marmorierungen** und **Porenbildung** beurteilt werden, muss die Prüfschalung aus der **geplanten Schalhaut** bestehen und mit dem **geplantem Trennmittel bei gleicher Auftragsmenge** behandelt werden. Mit gezielten Versuchen in Prüfschalungen kann der Aufwand für Probeflächen erheblich kleiner gehalten werden.

Abb. 8.9-13: Prüfschalung „Wand" (Foto Fiala)

Abb. 8.9-14: Mit Spritzbeton und Fugenmatritzen kann der Eindruck eines Natursteinmauerwerkes erzielt werden (Fa. Reckli)

8.9.7 Schalhaut

Der **Abdruck der Schalung** ist bestimmend für die Oberfläche des Sichtbetons. Dies eröffnet der Gestaltung von Sichtbeton eine Vielzahl von Möglichkeiten, die von glatten, ebenen oder gekrümmten Oberflächen bis zur Struktur rauer Holzbretter oder selbst einer künstlerisch gestalteten und mit **Schalungsmatrizen** hergestellten Struktur mit Vertiefungen (oder Erhebungen) im Zentimeterbereich reichen, Abb. 8.9-3. Die Oberflächen können mit eingelegten Leisten an den Arbeitsfugen in die Betonierabschnitte gegliedert werden, vgl. Abb. 8.9-15. Auch kann man mit Spritzbeton und als „Fugen" eingelegten Matratzen eine Wand ähnlich wie Mauerwerk aus Naturstein aussehen lassen, vgl. Abb. 8.9-14. Dazu wird auf die noch frische Spritzbetonlage eine gitterartige Matrize aus einem weichelastischen, reißfesten und feuchtigkeitsunempfindlichen Material befestigt und anschließend eine letzte Schicht Spritzbeton aufgebracht. Nach der Erhärtung wird die Matrize abgezogen, [Erhard 12].

Noch mehr: Schalungsmatrizen, die als elastische Vorsatzschalung verwendet werden, können mit einem Flüssigkunststoff selbst hergestellt werden und so **Schriften** oder **beliebige Strukturen** auf die Betonaußenfläche übertragen. Auch als **Fotografien** vorliegende Bilder können mit Hilfe einer Gravurtechnik auf Betonsichtflächen wiedergegeben werden, [Reckli 06].

Für große Flächen werden heute meist **Systemschalungen** verwendet. Da der Abdruck des **Schalungsrasters** in der Betonoberfläche **sichtbar** bleibt, muss schon bei der Planung auf deren Abmessungen Rücksicht genommen werden, vgl. Abb. 8.9-2, eine Abstimmung mit dem **Architekten** ist zweckmäßig. Ähnliches gilt bei Wandschalungen auch für die **Distanzrohre und Schalungsanker**, wenn nicht besondere Kunstgriffe gefunden werden, vgl. Abb. 8.9-3.

Die **Fugen** zwischen den Schalungselementen und zu allen Einbauteilen müssen so **abgedichtet** werden, dass kein Wasser austreten kann, wobei auch berücksichtigt werden muss, dass der Druck des Frischbetons und das Verdichten die **Schalung** geringfügig **verformt**. Zum Abdichten wird vielfach **Silikon** verwendet, das aber nur an trockenem Untergrund haftet. Eine Alternative sind **Fugenbänder**, deren Poren geschlossenzellig sein müssen, damit sie kein Wasser aufnehmen. Bei Brettschalung verwendet man **Nut- und Federverbindungen**. Schalungen aus **Holz** müssen zeitgerecht vor dem Einbau **genässt** werden, so dass sie quellen und **Fugen geschlossen** werden. Ein Quellen des Holzes **nach** dem Einbau kann dazu führen, dass **Kanten des Betons abgesprengt** werden.

Saugende Schalungshaut nimmt Wasser und Porenluft auf, so dass etwas **dunklere Oberflächen** und **weniger Poren** entstehen. Dies zeigt sich auch sehr ausgeprägt bei Drainvliesen als Schalungseinlagen, aber auch bei Holzschalungen. Selbst bei oberflächenvergüteten 3-Schichtplatten ist dies noch feststellbar. Allerdings **nimmt die Saugfähigkeit bei mehrmaliger Verwendung ab**, wodurch **hellere**

Oberflächen entstehen. Generell gilt auch, dass sich bei **rauer Schalhaut** wie bei **ungehobelten Holzschalungen weniger Poren und Schleppwasserspuren** zeigen.

Bei der ersten Verwendung von **Holzschalungen verzögern** oder verhindern meist **zuckerhaltige Holzinhaltsstoffe** die Erhärtung der sichtbaren Betonrandzone, was besonders an Ästen zu Farbunterschieden und Absanden führt. Durch Behandlung mit **Trennmittel** kann diese Reaktion **eingeschränkt, aber nicht verhindert** werden. Holzoberflächen werden daher oft vor ihrem ersten Einsatz mit **Zementmilch behandelt**. Nach dem Erhärten wird der Zementstein entfernt. Selbst **Sonneneinstrahlung auf Schalungsholz** kann zu starken Veränderungen führen. Die Folge kann sein, dass sich **Gegenstände**, die vor dem Betonieren tagsüber auf neuem Schalungsholz lagen und dieses **beschatteten**, in der **fertigen Betonsichtfläche als Abdruck** wiederfinden. Holzschalungen dürfen bei der **ersten Verwendung** nicht neben bereits öfter eingesetzten Schalungselementen eingesetzt werden. Nach jeder Nutzung muss darauf geachtet werden, wie die Schalungen gelagert werden. Stehende **Lagerung** und Schutz vor Sonneneinstrahlung sind vorteilhaft, [Goldhammer 14].

Regnet es nach dem Verlegen der Bewehrung auf eine Schalung, kann dies das Aussehen der Sichtfläche sehr beeinträchtigen, auch wenn das Wasser vor dem Einbringen des Betons entfernt wurde. **Rostspuren** gelangen auf die Schalhaut und finden sich deutlich **im Beton** wieder. Selbst **Reste von Rödeldraht** oder eine nur kurze Zeit bei Regen auf der Schalhaut gelegene Zange kann man oft deutlich an den Untersichten von Decken erkennen. Solche Rostspuren sind kaum mehr zu entfernen. Ist **Regen oder Schnee** zu erwarten, bleibt keine andere Möglichkeit, als die **Schalung** von Decken oder Balken mit Planen **abzudecken**. Auch verzinkte Bewehrung wurde schon verwendet, um Rostspuren zu vermeiden.

Glatte Schalungen meist aus **phenolharzbeschichtetem Furniersperrholz** oder **Kunststoff** ergeben **helle Oberflächen**, führen aber leichter zu **Wolkenbildung oder Marmorierung**, wobei in jedem Falle mit **Poren** zu rechnen ist. Dies gilt auch für Schalungen aus **Stahlblech.**

Korrosion von **Stahlschalungen** kann zu **Rostflecken** im Beton führen. Solche Korrosion entsteht innerhalb der ersten Stunden nach Einbringen des Betons, wobei die heutigen **chromatreduzierenden Zusätze** zum Zement und der für den späteren Korrosionsschutz der Stahlbewehrung völlig belanglose **Eigenchloridgehalt** der Ausgangsstoffe eine Rolle spielen. Zu ihrer Vermeidung beitragen können auch **niedrigere Kontaktwassergehalte**, also erhöhte Anteile an Mehlkorn und niedrige *w*/*z*-Werte, ebenso wie Schalöle mit speziellen Korrosionsinhibitoren [Mayer 10]. Mitunter haben auch Reaktionen zwischen der Beschichtung der Schalhaut und dem Beton zu Braunverfärbungen geführt, vgl. Abschn. 8.9.9.3.

Die **Schalhaut** muss vor ihrer Verwendung **gereinigt, überprüft** und ggf. **instand gesetzt** werden. Dazu bestehen je nach Sichtbetonklasse gestaffelte Anforderungen, die in Schalhautklassen definiert sind, [DBV/VDZ 15, ÖBV 09]. Sie betreffen u.a. noch anhaftende Betonreste, Bohr- und Nagellöcher, Aufquellungen, Kratzer und andere Beschädigungen. Zeitgerecht vor dem Einbringen des Betons soll die fertige Schalung abgenommen werden.

Damit beim Ausschalen keine Betonreste an der Schalung haften bleiben, muss auf die Schalhaut ein **Trennmittel** gleichmäßig in ausreichender Menge aufgetragen werden. Bei den Trennmitteln handelt es sich um unterschiedliche **Öle mit Additiven, Emulsionen** und auch **Wachse**. Hinweise zur Auswahl und Anwendung enthält das Merkblatt Sichtbeton [DBV/VDZ 15]. Sollen Sichtbetonflächen nur **wenige Poren** haben, müssen Trennmittel **hydrophob** sein, damit der Kontakt zwischen Beton und Schalhaut verringert wird und **Luftporen leichter aufsteigen** können. Die Auswahl eines geeigneten Trennmittels erfordert viel Erfahrung und oft auch **Vorversuche** in Verbindung mit der gewählten Schalhaut. **Zu dicker Auftrag** kann zu **Flecken, Absanden** oder auch zu einer **Beeinträchtigung des Verbundes** mit später aufgetragenen **Beschichtungen** führen. Bei den meisten Trennmitteln darf die **Schalhaut** beim Aufbringen **höchstens feucht**, keinesfalls nass sein. Öfter benutzte Schalungen erfordern meist etwas mehr Trennmittel. Bleibt die mit Trennmittel behandelte Schalung **mehrere Tage der Witterung** ausgesetzt, etwa weil das Einbringen der Bewehrung viel Zeit erfordert, kann seine **Wirkung beeinträchtigt** werden. Wachse sind hierbei meist weniger empfindlich.

8.9.8 Einbau und Nachbehandlung

Für farblich gleichmäßige Sichtflächen ist es nötig, dass zwischen dem Mischen des Betons und dem Einbau stets gleich viel Zeit verstreicht, was eine **sorgfältige zeitliche Abstimmung** erfordert. Hierbei sind die in den Abschnitten 7.4 bis 7.7 beschriebenen Regeln besonders genau einzuhalten. Einige für Sichtbeton wichtige Zusammenhänge erfordern zusätzlich Beachtung.

Horizontale Schalungen müssen vor dem Einbringen des Betons sehr **sorgfältig gereinigt** werden, was nicht leicht ist, weil dies abschließend **erst nach**

dem Verlegen der Bewehrung erfolgen kann. Dies gilt ganz besonders für horizontale Arbeitsfugen. **Anschlussbewehrung von Stützen und Wänden** muss sorgfältig mit **Folien vor Regen geschützt** werden, damit am darunter liegenden Beton keine Rostspuren entstehen.

Der Beton sollte stets **gleichmäßig**, nötigenfalls **über Schüttrohre**, eingebracht werden und in **Lagen von höchstens 50 cm** verdichtet werden. Bewährt hat sich, **Einbringstellen** und **Einsatzstellen der Rüttler** ebenso wie die **Rütteltiefen und -zeiten** genau zu **planen** und an Schalung bzw. Rüttelgeräten zu markieren. Die Qualität kann verbessert werden, wenn genau festgelegt wird, welcher **Mitarbeiter** für welchen **Abschnitt verantwortlich** ist. Ein **Berühren der Stahlbewehrung mit dem Rüttler** sollte möglichst vermieden werden, weil die **Stähle in Schwingungen** geraten und sich **außen abzeichnen** können. Nötigenfalls müssen **Rüttelstangen** verwendet werden.

Wenn **Selbstverdichtender Beton** gepumpt wird, muss darauf geachtet werden, dass **Luftblasen,** die beim Anpumpen in den bereits entlüfteten Beton gelangen, wieder **entweichen**. SVB darf beim Einbringen in die Schalung am Ende des Pumpenschlauches **nicht frei durch die Luft fallen**, weil dabei Luft angesaugt und in die entstehende Betonschicht eingetragen wird, vgl. Abschn. 6.1.7. Auch eine **zähe Konsistenz von SVB ist zu vermeiden**, weil er Luft nicht mehr entweichen lässt. Das würde zu einer Anreicherung von groben Luftporen auch an der Sichtfläche führen. Durch **Einfüllhilfen,** die das **horizontale Austreten des Betons** ermöglichen, kann das vermieden werden.

Wenn bis zum Einbringen der nächsten Lage **zu viel Zeit** vergeht, kann sich bei SVB auch an der Oberfläche einer Lage schon bei nur geringem Abtrocknen eine **Elefantenhaut** bilden, die sich später in der Sichtfläche abzeichnet, [Budnik 03].

Horizontale Arbeitsfugen können unauffällig gehalten werden, wenn am oberen Ende des Betonierabschnittes eine **Trapezleiste** eingelegt wird, Abb. 8.9-15. Bevor die Schalung für den nächsten Betonierabschnitt angebracht wird, entfernt man die Trapezleiste. Man kann sie auch zur Betonung der Fuge bis zum Ausschalen belassen, wenn deren Dicke bei der Betondeckung berücksichtigt wurde.

Sichtbeton soll nach dem **Ausschalen rasch leicht abtrocknen**, damit keine dunklen Flecken entstehen, vgl. Abschn. 8.9.4 (4). Er muss aber vor starkem Austrocknen geschützt werden. Sichtflächen dürfen **nicht nass nachbehandelt** werden. **Wasser**, das auf frühzeitig ausgeschalte Oberflächen kommt und dort abtrocknet, **hinterlässt Kalkausblühungen**.

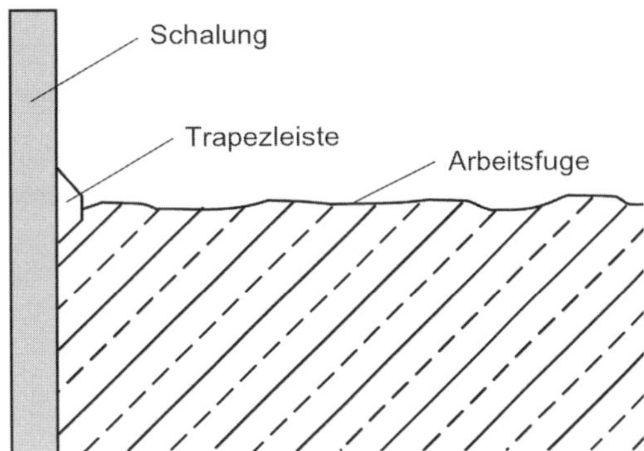

Abb. 8.9-15: Horizontale Arbeitsfugen können durch Trapezleisten betont werden. Wenn die Leiste vor dem Weiterbetonieren entfernt wird, bleibt die Fuge unauffällig

Bewährt hat es sich, Sichtbeton so **früh wie möglich auszuschalen** und anschließend bei warmer Witterung für eine **Luftfeuchtigkeit** zu sorgen, die bei **etwa 85 %** liegt, bei kühlem Wetter deutlich darunter. Ein **Abdecken mit Folien** führt zwangsläufig zu **Flecken durch abtropfendes Kondenswasser** oder unterschiedlicher Befeuchtung der Oberfläche und oft auch zu einem Abzeichnen jener Befestigungen, mit denen die Folien festhalten werden, damit sie der Wind nicht fortträgt. Aufwändig, aber richtig sind selbsttragende zeltartige Konstruktionen, die starkes Austrocknen verhindern, unter denen sich aber keine zu hohe Luftfeuchtigkeit einstellen darf, [Kiltz 13].

Besonders wichtig ist bei Sichtflächen – und das gilt auch für eingebaute Fertigteile – ein **robuster Schutz** der Oberflächen vor **Beschädigungen während der Bauzeit** durch andere am Bau stattfindende Vorgänge.

8.9.9 Beurteilung und Mängel von Sichtflächen

8.9.9.1 Beurteilung von Sichtbetonflächen

Sichtbetonflächen sollen **nur aus angemessener Entfernung**, die dem zu erwartenden Abstand der Nutzer entspricht, beurteilt werden. Die Flächen müssen dabei **trocken** sein. Feuchte Oberflächen sind erheblich dunkler. Beim **allmählichen Abtrocknen** zeigen sich an unterschiedlich saugfähigen Oberflächen oft **erhebliche Unterschiede im Grauton**. Aus gutem Grunde sollen Sichtbetonflächen **erst kurz vor der Fertigstellung des Bauvorhabens** beurteilt werden.

Werden einzelne Kriterien wie **Porigkeit oder Farbtongleichmäßigkeit** der vereinbarten Sichtbetonklasse **verfehlt**, sollen die Mängel **nur beseitigt** werden, wenn durch sie die **Gesamtwirkung des Bauteils oder Bauwerkes gestört** wird. Folgende Merkmale repräsentieren Eigenschaften bzw. Forderungen, die, ungeachtet der vereinbarten Sichtbetonklasse, technisch nicht oder nicht zielsicher herstellbar und deshalb nach der Art der Leistung **nicht unbedingt zu erwarten** sind, [Goldammer 04]:

- **gleichmäßiger Farbton aller Ansichtsflächen** im Bauwerk,
- **porenfreie Ansichtsflächen**,
- **gleichmäßige Porenstruktur** (Porengröße und -verteilung) in einer Einzelfläche sowie in allen Ansichtsflächen im Bauwerk,
- ungefaste, **scharfe Kanten ohne kleinere Abbrüche** und Ausblutungen,
- **Farbton- und Texturgleichheit** im Bereich von **Schalungsstößen.**

Folgende Abweichungen können nur eingeschränkt vermieden werden:

- **leichte Farbunterschiede** zwischen **aufeinander folgenden Schüttlagen**,
- **Porenanhäufung im oberen Teil** vertikaler Bauteile,
- **Abzeichnung** der **Bewehrung** oder des **Grobkorns,**
- **geringfügige Ausblutungen an Stößen** zwischen Schalbrettern bzw. -elementen, **Ankerlöchern** u. Ä.,
- **Schleppwassereffekte in geringer Anzahl** und **Ausdehnung,**
- **Wolkenbildungen und Marmorierungen,**
- **einzelne Kalk- und Rostfahnen** an vertikalen Bauteilen,
- **Rostspuren an Untersichten** von horizontalen Bauteilen.

Im Allgemeinen **vermeidbar sind:**

- Fehler beim Einbringen und Verdichten des Betons (**„Kiesnester“, stark sichtbare Schüttlagen** u. Ä.),
- **Häufung von Rostfahnen** an vertikalen Bauteilen sowie von **Rostspuren** durch zurückgelassene Bewehrungsreste an den Untersichten horizontaler Bauteile,
- heruntergelaufene **Mörtelreste („Nasen“) durch undichte Arbeitsfugen** an vertikalen Bauteilen,
- willkürliche, **ungeordnete Anordnung von Schalungsankern**,
- **unsaubere Kantenausbildung** durch beschädigte, verrutschte oder ungeeignete Dreikant- bzw. Trapezleisten,
- **Versätze über 10 mm zwischen Schalelementstößen** und an Bauteilanschlüssen,
- **starke Ausblutungen an Schalbrett- und Schalelementstößen** sowie an Bauteilanschlüssen und **Ankerlöchern** (z. B. freiliegende Kornstruktur nach Austreten von Zementleim),
- **stark ausgeprägte Schleppwassereffekte,**
- **unterschiedliche Oberflächenqualitäten (Farbton/Textur)** durch **unsachgemäß gelagerte Schalung**,
- **unsauberer oder uneinheitlicher Verschluss von Ankerlöchern** (falls gefordert).

8.9.9.2 Beheben von Mängel

Mängel an Betonoberflächen **so zu beseitigen**, dass der **optische Eindruck** der Ansichtsfläche in ausreichendem Maße **verbessert** wird, ist in vielen Fällen **sehr schwierig** und erfordert großes **handwerkliches Geschick.** Die Richtlinie Geschalte Betonflächen [ÖVBB 02] enthält aus gutem Grunde den folgenden Hinweis: „Da jegliche Art von Betoninstandsetzung immer als solche erkennbar bleiben wird und meist auch eine geringere Dauerhaftigkeit aufweist, sollte bei kleinflächigen Ausführungsmängeln, die die Gebrauchstauglichkeit nicht verschlechtern, besser eine Instandsetzung unterbleiben.“

Sind Ausbesserungen zwingend nötig und erscheinen sie erfolgversprechend, dann muss die Vorgangsweise vorher – am besten wiederum anhand von Erprobungsflächen – festgelegt werden. Bewährt hat es sich, Maßnahmen zur Vereinheitlichung des optischen Bildes von **erfahrenen Fachbetrieben der Betonkosmetik** vornehmen zu lassen. Eine Beschreibung der unterschiedlichen Techniken gibt der Sachstandsbericht Sichtbetonkosmetik [DBV 16].

In der Regel werden bei tiefergehenden Mängeln **zuerst Mörtel** und im **Oberflächenbereich Spachtelungen** angewendet, die abschließend **fein geschliffen** werden. Bei Bauteilen, die der Witterung ausgesetzt sind, muss darauf geachtet werden, dass die verwendeten Stoffe in Farbe und Textur **ähnlich altern** wie der umgebende Beton. Mitunter wird versucht, Wolken, Marmorierungen und andere Unterschiede im Grauton, die nur in einer dünnen Oberflächenschicht vorhanden sind, durch **Abstrahlen oder Abschleifen** zu entfernen. Dabei ist ähnlich wie beim **Absäuern von Kalkausblühungen** die Gefahr groß, dass ungewollt **Strukturunterschiede sichtbar** werden, die **mehr stören** als die zuvor vorhandenen helleren und dunkleren Bereiche. Abstrahlen birgt außerdem die Gefahr in sich, dass viele **feinste Risse**, die vorher nicht erkennbar waren, durch Kantenausbrüche **deutlich sichtbar hervorstechen** und auch im

Abstand von einigen Metern den optischen Eindruck des Betrachters erheblich stören.

8.9.9.3 Verfärbungen

Abweichungen des Farbtons von Sichtbeton können recht unterschiedliche Ursachen haben, [Fiala 16].

Zu **flächigen und fleckigen Dunkelverfärbungen** und zu **weißen Schleiern oder Flecken** siehe Abschn. 8.9.5.

Rostfahnen auf Betonoberflächen sind optische Mängel, die bei Regenwetter während der Betonierpausen nur schwer zu vermeiden sind. Auch mit **Phenolharz vergütete Schalplatten** können zu störenden **braunen** Wasserspuren auf Betonoberflächen führen, vor allem wenn die Schalplatten UV-Licht ausgesetzt waren. Wenn nämlich nach dem Lösen der Spannanker im **Wasser in den schmalen Spalt zwischen Schalhaut und Beton** eindringt oder kondensiert, löst es Stoffe aus der Schalhaut, fließt ab und hinterlässt braune Spuren an den Sichtbetonflächen, [Fiala 03].

Bei relativ trocken hergestellten Betonwaren mit hoher Porosität treten **Braunverfärbungen,** auch mit **gelblichen oder weißlichen** Tönungen bevorzugt im Sommer auf. Ursache ist, dass bei hohen pH-Werten das im Zement oft vorhandene zweiwertige Eisen aufoxidiert. Schon in den ersten Tagen können solche Verfärbungen entstehen, wenn Regenwasser auf den Betonoberflächen abtrocknet, [Hahn 13]. Solche Verfärbungen können auch erst nach Jahren sichtbar werden, wenn der Beton Feuchtigkeit aufnimmt, die dann an der Oberfläche wieder abtrocknet, [Manns 02].

Auffällige **Blau- oder Grünfärbungen** an frisch ausgeschalten Flächen oder auch an Bruchflächen sind ein Zeichen dafür, dass **hüttensandhaltiger Zement** CEM II-S, CEM III oder CEM V verwendet wurde. Sulfide, die in geringer Menge in Hüttensand enthalten sind, werden bei der Hydratation in Calziumpolysulfide umgewandelt, die unter Luftabschluss mit Mangan- oder Eisenionen zu intensiv grünlich bis blau gefärbten Metallsulfiden reagieren. Wenn dann Sauerstoff der Luft in die Randzone eindiffundiert, verschwindet diese Färbung wieder. Das kann innerhalb der ersten Woche der Fall sein, bei sehr dichtem Beton aber auch erst viel später [Stark 2000].

8.9.9.4 Witterungseinflüsse

Wird Sichtbeton Jahre und Jahrzehnte der Witterung ausgesetzt, kann sich sein Aussehen erheblich verändern, vgl. Abb. 8.2-6. Grund dafür kann der Bewuchs mit **Algen, Moos oder anderen Mikroorganismen** sein, aber auch Ablagerungen von **Schmutz,** die in Städten besonders stark sein können. Dabei ist entscheidend, ob und wie **Schlagregen über die Flächen abrinnt** und dort **helle Fahnen** hinterlässt. Rinnt das Wasser über Betonflächen oder andere Teile einer Fassade mit Fenstern oder dgl. ungleichmäßig ab, verbleiben dazwischen, und **wo Regenwasser abtrocknet**, am Beton **dunkle Schmutzfahnen**. Betroffen sind vor allem die Wetterseiten, also **west- und nordseitige** Fassaden. Auch Unterflächen von Balkonen und größeren Bauteilen können hässliche Streifen bekommen, wenn Regentropfen von den Seitenflächen weiterlaufen, weil keine Wassernasen angeordnet wurden, Abb. 8.9-16.

Mitunter kann eine starke Struktur der Betonoberfläche von Ungleichmäßigkeiten ablenken. In vielen Fällen kann eine Fassade aber auch durch schmale herausragende Bänder mit Tropfkanten **so gegliedert** werden, dass ein **ungleichmäßiges Abrinnen von Schlagregen vermieden** wird, [Huberty 83]. Die architektonisch gestalteten verputzten Fassaden aus dem 19. Jahrhundert haben sich durch Licht- und Schattenwirkung ihrer Gliederung und dadurch erzielte Vermeidung von großflächigem, ungleichmäßigen Wasserabfluss als sehr wenig empfindlich gegenüber störenden Verschmutzungen erwiesen, [Klose 86]. Besonders hässlich sind helle Fahnen, die sich auch an glatten verputzten Flächen am Rand von Fensterbänken bilden. Weniger ausgeprägt sind sie, wenn man an Stelle eines vorstehenden Bleches die Betonoberfläche vom unteren Fensterrand leicht nach unten abfallen lässt, so dass das Wasser gleichmäßiger abfließen kann.

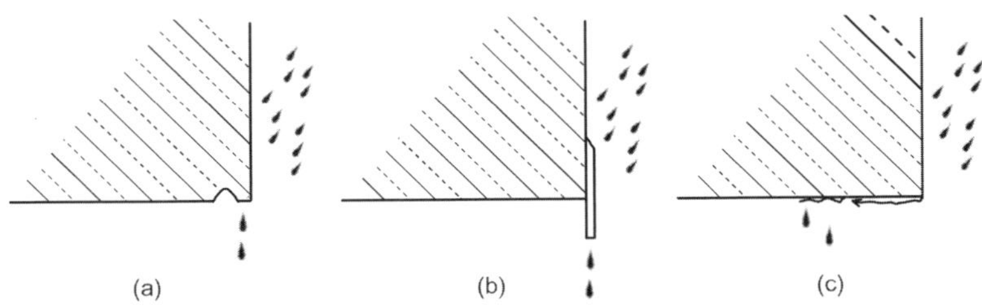

Abb. 8.9-16: Abtropfkanten (Wassernasen) verhindern, dass Regenwasser, so wie im Bild rechts, an die Unterflächen gelangen kann und dort Flecken hinterlässt.

Abb. 8.9-17: Vor allem von Kupferblech abtropfendes Wasser verursacht hässliche Streifen, (Foto Fiala)

Wenn Wände eine Abdeckung aus Stahl oder Kupferblech erhalten sollen, muss verhindert werden, dass abfließendes Wasser auf die Sichtflächen gelangt, damit nicht im Laufe der Zeit hässliche Fahnen die Oberfläche verschmutzen.

Für die **Entfernung von Verschmutzungen** werden von der bauchemischen Industrie Produkte angeboten. Allgemein gilt, dass Verschmutzungen nur **schwer so zu beseitigen** sind, dass Unterschiede in der Struktur der Oberfläche vermieden werden können. **Ölige Stoffe, die kapillar aufgesaugt** wurden, sind **kaum mehr zu entfernen**.

8.9.9.5 Schutz vor Graffiti und Verschmutzungen

Um aufgesprühte Farben (Graffiti) leichter entfernen zu können, werden vielfach vorsorglich **Anti-Graffiti-Systeme** (AGS) aufgebracht. Die Bundesanstalt für Straßenwesen führt eine Liste mit geprüften Anti-Graffiti-Systemen. Angeboten werden auch **hydrophobe Imprägnierungen (OS-1)** und **Lasuren**, die die Verschmutzung von Fassaden generell vermindern. Sie können Ungleichmäßigkeiten in der Saugfähigkeit ausgleichen und farblos sein oder dem Beton einen bestimmten Farbton verleihen. Daneben gibt es **starre Beschichtungen (OS-2)** meist auf Acrylatbasis, die die Konturen des Betons noch erkennen lassen, und **dickere elastische Beschichtungen (OS-5),** die Unterschiede der Oberflächenstruktur weitgehend überdecken, vgl. Abschn. 11.4.5.

8.9.10 Weißer Sichtbeton

Mit weißem Beton lassen sich besondere, gestalterische Effekte erzielen – Leichtigkeit und Sauberkeit –, um nur zwei Beispiele zu nennen. Allerdings muss sich der verantwortungsbewusste Architekt hier in besonderem Maße die Frage stellen, ob mit **Staub- oder Schmutzablagerungen** zu rechnen ist und wie ggf. die Oberflächen zu gestalten sind, damit sie vom Regenwasser immer wieder sauber gewaschen werden, ohne zu veralgen. Im Inneren von Gebäuden erübrigen sich solche Maßnahmen.

Voraussetzung ist **weißer Portlandzement mit hohem Weißgrad** und ein möglichst **heller, zumindest farblich nicht störender Sand**, bei dem es wiederum besonders auf den **Kornanteil unter 1 mm** ankommt. Bewährt haben sich beispielsweise Sande aus weißem Jurakalkstein. Zur Aufhellung können zusätzlich **Weißpigmente auf Basis Titanoxyd oder Zinksulfid** in Mengen von 3 bis 5 % des Zementgemisches zugegeben werden. Weißzement wird nicht nur aus Rohstoffen hergestellt, die frei von Eisen- und Manganoxyd sein müssen, der **gesamte Brenn- und Mahlprozess** muss so ablaufen, dass **keine Spuren von Eisen zum Zement** geraten, vgl. Abschn. 2.2.9 (a). Dies gilt auch für **Transport, Herstellung und Einbau des Betons** und erfordert besondere organisatorische Maßnahmen, Sorgfalt und Sauberkeit, was sich auch auf die Kosten auswirkt. Dennoch wird Weißbeton in jüngster Zeit nicht nur in Beton- und Fertigteilwerken, sondern bevorzugt auch für architektonisch anspruchsvolle Bauwerke verwendet.

Die technischen Eigenschaften von Weißzement unterscheiden sich kaum von anderen Portlandzementen hoher Mahlfeinheit. Dies gilt folglich auch für den damit hergestellten Beton. Dennoch kann das **Schwinden ein echtes Problem** werden, weil selbst **feinste Schwindrisse** in Weißbeton **viel deutlicher** zu erkennen sind als im normalen, grauen Beton. Vor allem in Städten, in denen sich **entlang der Risse Schmutz** ablagert, der die Risse **oft zehnmal so breit erscheinen** lässt, als sie bei genauer Messung wirklich sind. Daher muss an **horizontalen Oberflächen** von Weißbeton die **rissempfindlichere Mörtelschicht abgezogen** werden. Bei der Nachbehandlung sind eine **Luftfeuchtigkeit von etwa 90 % und ein Kühlhalten der Oberflächen** am ersten Tag besonders wichtig. Dafür braucht man sich wegen etwaiger Kalkausblühungen im Gegensatz zu grauen und farbigen Sichtflächen bei Weißbeton keine Sorgen zu machen.

Besondere Effekte lassen sich mit **Waschbeton oder gesägten Betonplatten** erzielen, wenn man **grobe**

Gesteinskörner mit einer kräftigen Farbe in weißen Mörtel einbettet.

8.9.11 Farbiger Sichtbeton

Zum Einfärben von Beton verwendet man **sehr feinkörnige Metalloxide** oder andere alkalibeständige und lichtechte Stoffe, die als Pulver oder Flüssigfarbe **sehr genau zugemessen** werden müssen, wenn ein gleichmäßiger Farbton erzielt werden soll, vgl. Abschn. 2.3.7. Für bewehrten Beton dürfen nur **Pigmente der Kategorie A** verwendet werden. Die Zugabemenge, üblicherweise 2 bis 5 % des Zements, soll **möglichst klein** gehalten werden, weil die feinkörnigen Körperfarben den **Frischbeton zäher** machen und den Wasseranspruch deutlich erhöhen. Kräftig **leuchtende Farben** lassen sich nur erzielen, wenn man Weißzement verwendet.

Wichtig für die Herstellung von gleichmäßig farbigem Beton ist neben einem sehr genauen Zumessen der Betonbestandteile ein sorgfältiges, ausreichend **langes Mischen**, mindestens 1,5 bis 2 Minuten. Die Pigmente werden in der Regel auf die Gesteinskörnungen aufgegeben und mit diesen zunächst vorgemischt. Um einen gleichmäßigen Farbton zu erreichen, muss auch der *w*/*z*-Wert konstant gehalten werden, weil Mischen mit nur geringfügig erhöhtem Wassergehalt zu helleren Flecken führen, [Kohnert 14].

Bevor man sich zu farbigem Sichtbeton entschließt, sollte sehr genau geprüft werden, ob zu erwarten ist, dass die Oberflächen auch nach Jahren noch ihr Aussehen behalten. In Innenräumen ist dies, wenn der Beton während der Bauzeit vor Feuchtigkeit geschützt bleibt, kein Problem. Bevorzugtes Anwendungsgebiet von farbigem Beton sind daher in Werken hergestellte Fertigteile sowie **Bodenplatten und Wandverkleidungen**. Bei eingefärbten Betonpflastersteinen und anderem der Witterung ausgesetzten farbigen Beton kommt der Betonzusammensetzung vor allem im Mehlkornbereich besondere Bedeutung zu, wenn sie nach langjähriger Bewitterung noch zufriedenstellend aussehen sollen, [v. Szadkowski 87]. Bei Außenwänden können durch weiße Kalkablagerungen oder vom Regenwasser ungleichmäßig abgewaschene Schmutzfahnen Flecken entstehen, die das Bild der Betonoberfläche schon bald erheblich beeinträchtigen.

Sehr eindrucksvoll können farbige Betonoberflächen sein, wenn **farbige Gesteinskörnungen** verwendet werden und der Feinmörtel der Oberfläche ausgewaschen wird, [Hahn 98].

9 Spritzbeton und Spritzmörtel

9.1 Entwicklung

Erste Überlegungen, Beton nach dem Mischen nicht in eine feste Schalung zu schütten und zu verdichten, sondern **durch Leitungen zu fördern** und mit einer „Kanone" mit Hilfe von **Druckluft** auch an lotrechte Wände zu **„schießen"**, sodass er dabei auch **verdichtet** wird, entstanden schon Anfang des 20. Jahrhunderts. Im Jahre 1910 wurde in Amerika die erste als „Cementgun" bezeichnete Spritzmaschine gebaut und man nannte den damit aufgeschossenen Beton **„gunite"** (später **„shotcrete"**), während in Deutschland mitunter heute noch nach der ersten Herstellfirma einer Spritzmaschine von **„Torkret-Beton"** die Rede ist, wenn man Spritzbeton meint.

Seitdem man 1950 beim Bau des Möllstollens der Kraftwerksgruppe Glockner-Kaprun erkannte, dass Spritzbeton beim Vortriebs in druckhaftem Gebirge gegenüber der bislang üblichen Zimmerung große Vorteile bringt, trat an Stelle von Holz als Werkstoff zur Gebirgssicherung rasch der Spritzbeton. Allmählich entwickelte sich der Spritzbeton im **Tunnelbau** vom temporären und allmählich verrottenden Sicherungsmittel zum Konstruktionsbeton.

In den 70er Jahren setzte eine stürmische Entwicklung der Spritzbetontechnik ein. Bei dem bis dahin üblichen **Trockenspritzverfahren** wurde das in die Spritzmaschine eingebrachte Gemisch aus Gesteinskörnungen und Zement mit Druckluft in einem Schlauch zum Einbauort gefördert. Erst unmittelbar vor oder in der Spritzdüse wurde vom Düsenführer Wasser und Beschleuniger dosiert zugegeben. Ein erheblicher Teil des aufgetragenen Spritzbetons fiel als **Rückprall** zu Boden. Entstehender **Staub** und **Sprühnebel** mit hochalkalischem Beschleuniger belastete die Gesundheit der Düsenführer. Auch waren die früher üblichen Beschleuniger Hauptursache für spätere **Versinterungen der Entwässerungen** und Belastungen des Grundwassers, die im Laufe der Jahre nur allmählich kleiner wird.

Einen großen Fortschritt brachte die Einführung des **Nassspritzverfahrens**, bei dem der fertig gemischte Beton im **„Dünnstrom"**, d.h. mit Druckluft oder auch im **„Dichtstrom"**, mit Pumpen gefördert und erst an der Spritzdüse mit Druckluft und ggf. auch eingemischtem Beschleuniger aufgetragen wird (Zamser Tunnel, Tirol 1997, Dembacher Tunnel Rheinland-Pfalz 1998). Dank der engen Zusammenarbeit der Baupraxis mit Zementherstellern, Zusatzmittelproduzenten und der Maschinenindustrie gibt es heute **alkalifreie Beschleuniger**, rasch erstarrende **Spritzbetonzemente, Spritzroboter** und viele andere Neuerungen bis hin zu lagerfähigen feuchten Bereitstellungsgemischen, um nur einige Beispiele zu nennen, [Huber 99]. Dies hat auch dazu geführt, dass es heute eine Reihe unterschiedlicher Spritzbeton-Verfahren gibt, von denen für die jeweilige Bauaufgabe das am besten geeignete ausgesucht werden muss, [Goger 02]. Diese Verfahren brachten erhebliche Fortschritte in Bezug auf Qualität des Spritz-

Abb. 9.1-1: Spritzbeton zur Sicherung steiler Böschungen. Unter schwierigen Verhältnissen ist ein senkrechter Auftrag nicht möglich (Foto w&p)

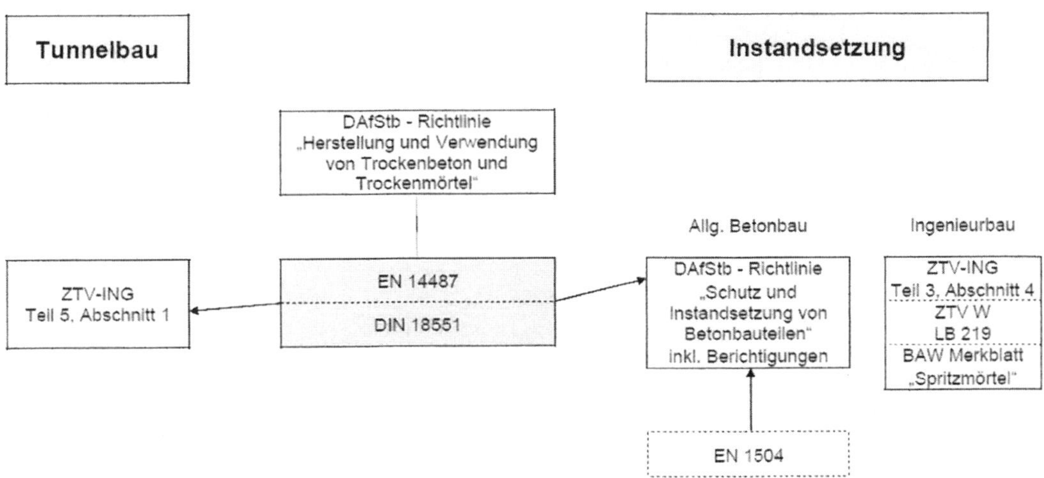

Abb. 9.1-2: In Deutschland maßgebende Regelwerke für Spritzbeton und deren Anwendung [Breitenbücher 15]

betons, Arbeitsschutz, Umweltverträglichkeit und Wirtschaftlichkeit.

Heute verwendet man Spritzbeton vor allem

(1) zur **Gebirgssicherung** im **Tunnel- und Stollenbau** und bei **Schachtabteufungen**, [Kusterle 14], wenn nötig bewehrt mit **Baustahlmatten,** bei günstigen Verhältnissen auch als alleinige, permanente Innenschale

(2) zur Sicherung von **Böschungen** und Lockermassen vor Auflockerung und Rutschungen, Abb. 9.1-1

(3) als **Spritzmörtel** (also nur mit Gesteinskörnungen bis 2 mm) zur **Instandsetzung** oder **Ertüchtigungen** bestehender Bauwerke, hierzu oft bewehrt mit Fasern, Stäben oder textilen Matten aus Carbonfasern oder Glasfasern, und schließlich

(4) für die Herstellung von **Schalentragwerken** mit oft ungewöhnlicher, auch architektonisch besonders ansprechender Gestalt.

Die **technischen Regelwerke** spielen bei den unterschiedlichen Verwendungen eine wichtige Rolle, Abb. 9.1-2, [Breitenbücher 15]. Darin sind neben den erforderlichen Prüfungen auch die Verantwortlichkeiten des Herstellers der **Grundmischung** (früher **„Bereitstellungsgemisch"**, in Österreich **„Mischgut"**) und des Verarbeiters geregelt. Die über Jahrzehnte richtungweisende österreichische **Richtlinie Spritzbeton (RiliSpB 09)** [ÖVBB 09] berücksichtigt vor allem die Anwendung im Tunnelbau, wo **Frühfestigkeit** sehr wichtig ist, während es bei Instandsetzungen vor allem auf guten **Verbund** mit dem Altbeton ankommt.

9.2 Grundsätzliches

9.2.1 Technologische Zusammenhänge

Spritzbeton unterscheidet sich erheblich von in Schalung eingebrachtem Beton:

(1) Wenn Spritzbeton im frischen Zustand an lotrechten Flächen oder gar über Kopf haften soll, muss er **klebrig**, also viskos, sein und muss, vor allem wenn er in dickeren Schichten aufgebracht werden soll, **schnell erstarren** und rasch eine geringe, aber **ausreichende Festigkeit** erreichen. Er darf aber nicht zu klebrig sein, weil sonst das Mischgut schlecht zu fördern ist und Erstarrungsbeschleuniger und Wasser an der Düse nicht mehr gleichmäßig einzumischen sind. Zu Ursachen der Klebrigkeit siehe Abschn. 3.2.5, für ihre Beeinflussung Abschn. 9.5.1 und 9.5.2 und Prüfung Abschn. 5.6.1.

(2) Ein Teil des aufgespritzten Betons prallt wieder zurück, haftet also nicht. Dieser **Rückprall** kann beim Trockenspritzverfahren 30 bis 40 % erreichen und kann im Nassspritzverfahren unter **günstigen Voraussetzungen auf unter 10 %** des aufgespritzten Mischgutes vermindert werden.

(3) Der Rückprall enthält überwiegend die **gröberen Gesteinskörner**. Spritzbeton hat daher nach dem Auftrag eine **andere, zementreichere Zusammensetzung** als die Grundmischung, Abb. 9.2-1.

(4) Nachweise der **Festbetoneigenschaften** müssen daher an Bohrkernen aus bereits **aufgetragenem Spritzbeton** erbracht werden.

(5) **Schwankungen der Zusammensetzung**, also im Wassergehalt, im Anteil oder in der Mahlfeinheit

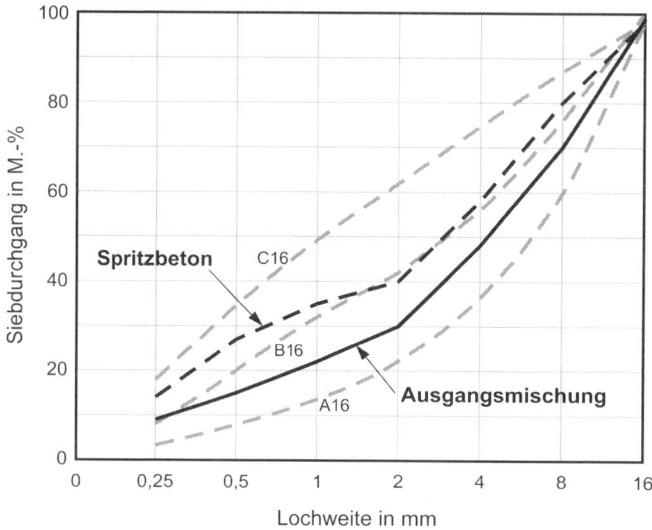

Abb. 9.2-1: Der aufgetragene Spritzbeton ist feinkörniger als die Ausgangsmischung, weil ein Teil des gröberen Korns als Rückprall abfällt

des Zements und des übrigen Mehlkorns oder in der Zugabemenge eines Beschleunigers oder anderer Zusatzmittel wirken sich ähnlich wie Veränderungen der Kornzusammensetzung oder des Feuchtegehaltes der Gesteinskörnungen wesentlich **ungünstiger aus als bei Rüttelbeton**. Daher müssen auch sehr hohe Anforderungen an die **Gleichmäßigkeit aller Ausgangsstoffe** und an die **Dosiergenauigkeit** gestellt werden.

(6) **Frühes Erstarren** oder **hohe Frühfestigkeit** führt in der Regel zu deutlich **niedrigeren 28-Tage- und Endfestigkeiten**. Erst in jüngster Zeit gibt es Technologien, mit denen dabei auch hohe 28- bzw. 90-Tage Festigkeiten erreicht werden.

(7) Die **Temperatur** hat einen noch stärkeren Einfluss auf den zeitlichen **Verlauf des Erstarrens** und der **Anfangserhärtung** als dies von den 2- und 7-Tage-Festigkeiten bekannt ist. Bei Temperaturen des Mischgutes unter +13 °C ist mit niedrigeren Frühfestigkeiten zu rechnen. Bei über +25 °C liegenden Temperaturen ist die Verarbeitungszeit entsprechend kürzer.

(8) Beim Fördern mit Druckluft von der Düse zur Wand kann auch **quarzhaltiger Feinstaub** freigesetzt werden. Wenn bestimmte Konzentrationen (MAK-Werte) überschritten werden, ist eingeatmeter Feinstaub **gesundheitsschädlich**. Werden beim Trockenspritzverfahren **nicht vorbefeuchtete Gesteinskörnungen** verwendet, ist die Staubentwicklung besonders groß, siehe Abschn. 9.4.3.

(9) Gesteinskörnungen, die trocken gefördert werden, neigen wesentlich **stärker zum Entmischen als erdfeuchte** Körnungen. Liegt der Wassergehalt aber über etwa 3,5 %, kann es in den Förderleitungen zu Anpackungen von Gesteinskörnungen oder Betonmischgut kommen.

(10) Bei kleineren Arbeiten ist der Bedarf an Spritzbeton meist nicht genau abzuschätzen. Verfahren, bei denen die **Arbeiten jederzeit abgebrochen** werden können, ohne dass aufwändige Reinigungsmaßnahmen nötig sind und Restmengen entsorgt werden müssen, sind vorteilhaft.

(11) Wasser, das über die Oberfläche oder durch Fehlstellen des Spritzbetons sickert, löst aus dem Spritzbeton Calciumhydroxid und andere Alkalien, die in Entwässerungsleitungen zu raschen **Versinterungen** führen können.

(12) Wenn Calciumhydroxid durch **Sickerwasser** aus dem Betongefüge gelöst wird, z. B. im Bereich von Rissen, ist die Oberfläche eingebauter **Stähle nicht mehr** dauerhaft **vor Korrosion** geschützt.

9.2.2 Eigenschaften, Frühfestigkeitsklassen und Spritzbetonklassen

Spritzbeton kann ähnliche Eigenschaften wie in Schalung hergestellter Beton erreichen. Maßgebend dafür sind (nach W. Kusterle):

- gut zu fördernde oder pumpbare Grundmischung
- gleichmäßiger Transport zur Düse

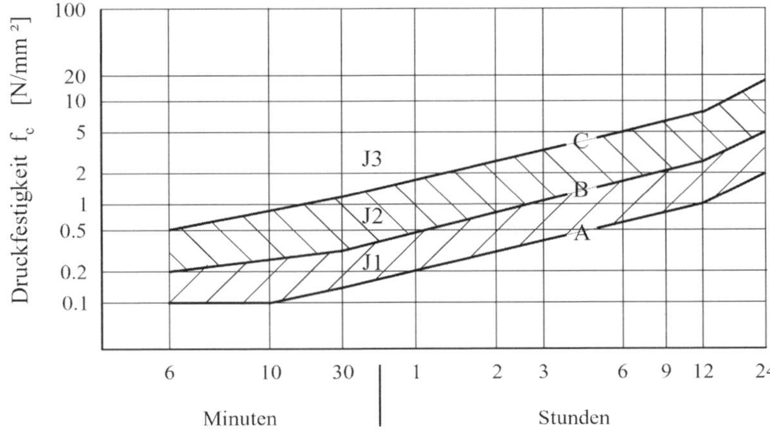

Abb. 9.2-2: Frühfestigkeitsklassen des jungen Spritzbetons (Kusterle)

- gut mischende Düsenform und gleichmäßige Zugabe
- fehlerfreier Auftrag und gute Verdichtung
- gezielte Standfestigkeit, Erstarren und Frühfestigkeit am Auftragsort und
- guter Verbund

An erhärteten Spritzbeton werden unterschiedliche Anforderungen gestellt. Bisher wurde Spritzbeton am häufigsten in den **Festigkeitsklassen C 12/15** bis **C 20/25** hergestellt. Mit modernen Verfahren und hochwertigen Ausgangsstoffen erreichbar sind heute Festigkeitsklassen bis **C 35/45**, unter besonders günstigen Voraussetzungen sogar bis C 45/55. In der Regel ist der **E-Modul** in Spritzrichtung niedriger als bei üblichem Beton gleicher Festigkeit mit den gleichen Ausgangsstoffen. **Schwinden und Kriechen** sind größer als bei üblichem Beton. Auch dabei haben Art und Menge des Beschleunigers einen großen Einfluss. Frühe Belastung führt zu starkem Kriechen.

Anforderungen an die Druckfestigkeit in den ersten Minuten und Stunden müssen vor allem im Tunnelbau gestellt werden. Hierzu wurden schon 1984 **Frühfestigkeitsklassen** vorgeschlagen, die heute in der RiliSpB 09 und den meisten anderen Regelwerken mit den Bereichen J_1, J_2, und J_3 definiert sind, Abb. 9.2-2.

Spritzbeton J_1 ist für **dünne Lagen** geeignet, wenn in den ersten Stunden keine besonderen statischen Anforderungen zu stellen sind, und führt zu weniger Staub und Rückprall. Die Anforderungen an **Spritzbeton J_2** sollen erreicht werden, wenn Spritzbeton rasch in **dicken Lagen,** auch über Kopf aufzubringen ist, bei leichtem Wasserandrang, oder wenn sehr früh Erschütterungen etwa durch Sprengungen zu erwarten sind. Das Gleiche gilt auch für **rasch auftretenden Gebirgsdruck**. **Spritzbeton J_3** soll nur in Sonderfällen wie bei stark nachbrüchigem Gebirge oder starkem Wasserandrang eingesetzt werden, weil dabei mehr Rückprall, beim Trockenverfahren auch mehr Staub entsteht.

In der RiliSpB 09 werden **„Spritzbetonklassen"** definiert. Spritzbeton der **Klasse SpC I** übernimmt **keine konstruktiven Aufgaben**. Er dient zum Auffüllen von Hohlräumen, Herstellen ebener Oberflächen als Ausgleich von Überprofilen oder zur Gebirgsversiegelung. Spritzbeton der **Klasse SpC II** ist für **Sicherungs- und Stützfunktionen** vorgesehen, z. B. bei Hohlraumbauten für die Außenschale oder zur Stützung der Ortsbrust, sowie für Baugruben oder Hangsicherungen. In der Regel sind dabei auch Anforderungen an eine Festigkeitsklasse – im Hohlraumbau meist Sp C 20/25 – und auch an die Frühfestigkeit erforderlich. Spritzbeton der **Klasse SpB III** übernimmt besondere **konstruktive Aufgaben** des Beton- und Stahlbetonbaues, z. B. für Wände von Wasserbehältern, Instandsetzungen von Bauteilen aus Beton, Stahlbeton oder Mauerwerk, sowie einschalige Tunnelauskleidungen oder Außenschalen bei Hohlraumbauten unter einer Bebauung oder bei geringer Überlagerung. Dabei sind besondere Maßnahmen zur Erzielung eines dichten, gleichmäßigen und homogenen Gefüges erforderlich. Auf Flächen mit starkem Wasserandrang darf SpB III nur aufgetragen werden, wenn entsprechende Vorkehrungen, wie z. B. Vorspritzen oder Ableitungen getroffen wurden. Das Größtkorn darf höchstens 11 mm betragen.

Spritzbeton kann auch mit **besonderen Eigenschaften** hergestellt werden. Ähnlich wie bei Normalbeton versteht man darunter hohen **Wassereindringwiderstand** sowie die in den **Expositionsklassen** beschriebenen Anforderungen, Abschn. 9.8.

Trockenspritzbeton:

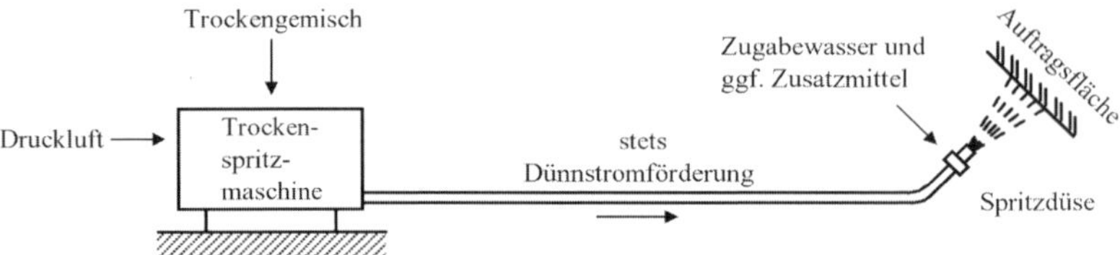

Nassspritzbeton:

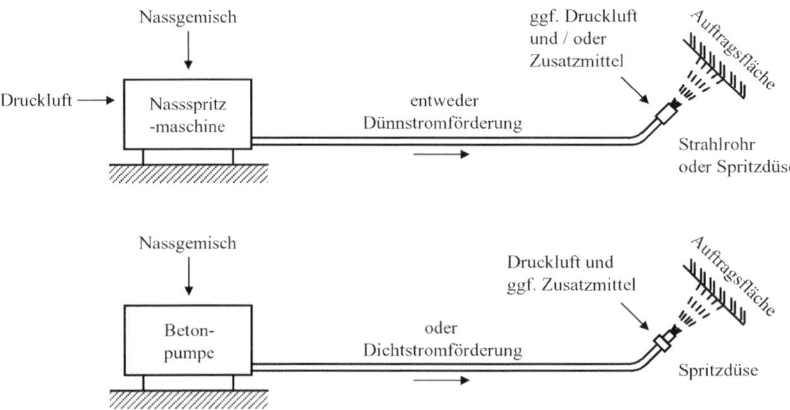

Abb. 9.3-1: Spritzverfahren [Brux 91 mit Ergänzungen]

9.3 Spritzverfahren

Die zur Verfügung stehenden Spritzverfahren unterscheiden sich erheblich durch Leistungsbereich, erzielbare Güteeigenschaften, Anfall an Rückprall und anderen technisch oder wirtschaftlich wichtigen Gesichtspunkten, wie Staubentwicklung, Anpassungsfähigkeit, Platzbedarf, usw.

9.3.1 Trockenspritzverfahren

Dabei wird die in einem üblichen Betonmischer hergestellte Grundmischung mit einer **Spritzmaschine** über Förderschnecken, Schleusen oder Zellräder oder mit einer **Rotorspritzmaschine** über rotierenden Kammern dem Luftstrom zugeteilt, Abb. 9.3-2. Mit Hilfe von dosierter Druckluft wird die Grundmischung im Dünnstrom über Rohrleitungen **zur Spritzdüse** gefördert. Dort wird **Wasser** und – wenn erforderlich – auch **Erstarrungsbeschleuniger** zudosiert. Die Spritzdüse muss eine gleichmäßige Vermischung des Mischgutes mit Wasser und Beschleuniger ermöglichen. Flüssige Beschleuniger werden in der Regel mit Dosierpumpen dem Zugabewasser beigegeben, Abb. 9.3-3. Pulverförmige Beschleuniger werden über Schnecken-Zellraddosiergeräte oder Rotordosiergeräte mit Drucktopf oder Drucksilo zugemessen. Spritzleistungen bis 6 m^3 je Stunde sind im Trockenspritzverfahren erreichbar, [Huber 99]. Die Möglichkeit, die Dosierung von **Wasser** und ggf. auch **Beschleuniger zu regeln**, erleichtert bei schwierigen Verhältnissen, wie beispielsweise flächigem Tropfwasser, den Auftrag, erfordert aber sehr qualifizierte Düsenführer. Die Arbeiten können jederzeit unterbrochen werden.

Für die Grundmischung müssen die Gesteinskörnungen **ofengetrocknet** sein. Den Vorteilen der **Lagerfähigkeit** des Mischguts und der Möglichkeit, auch **Spritzbetonzement** zu verwenden, also auch ohne Beschleuniger ausreichend rasches Erstarren zu erzielen, [Christlmeier 99], stehen Nachteile gegenüber, vor allem das **leichtere Entmischen** trockener Körnungen, die Schwierigkeit, Wasser und ggf. auch

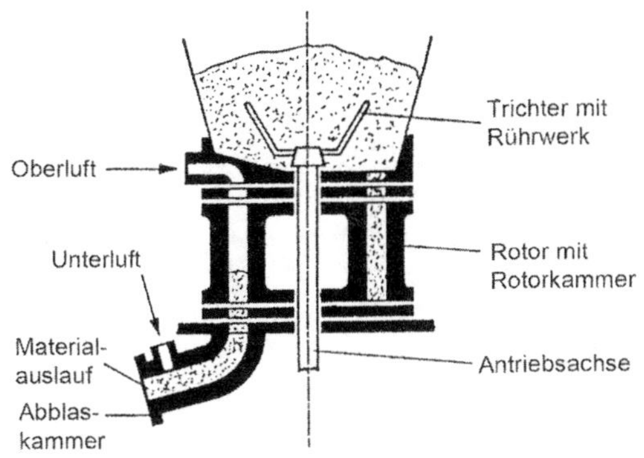

Abb. 9.3-2: Rotorspritzmaschine (Scherer)

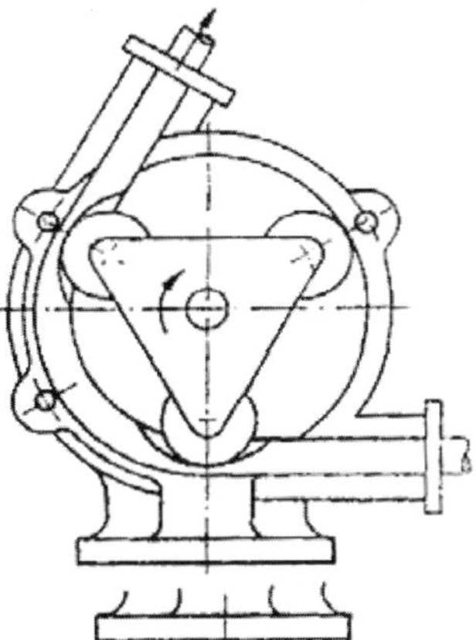

Abb. 9.3-3: Schlauchpumpe für kontinuierliche Dosierung von Zusatzmittel

Beschleuniger an der Düse oder besser einige Meter zuvor **richtig zu dosieren** und gleichmäßig einzumischen, eine sehr hohe Staubentwicklung und ein starker Verschleiß an Spritzmaschinen, Förderschläuchen und Spritzdüsen sowie ein hoher Anteil an Rückprall.

An Stelle von ofentrockenen Gesteinskörnungen kann in einem sog. **Halbnassverfahren** auch mit **naturfeuchten** oder auf einen Wassergehalt von 2 bis 4 % **befeuchteten** Gesteinskörnungen gearbeitet werden. Solches **Feuchtmischgut** muss dann aber erst in unmittelbarer Nähe des Auftragsortes mit einem „**Spritzmobil**" hergestellt werden. Dieses besteht aus einer **Misch- und Dosiereinheit** und verfügt auch über eine **Spritzmaschine,** die die Grundmischung ohne jegliche Zwischenlagerung oder lange Förderleitung zum Auftragsort bringt. Dabei wird jeweils nur so viel Mischgut hergestellt, wie erforderlich. Bei Verwendung von Spritzbetonzement, der eine Verarbeitungszeit von nur wenigen Minuten zulässt, muss an der Düse nur das noch erforderliche Wasser und – von Ausnahmen abgesehen – kein Beschleuniger mehr zugesetzt werden. Stündliche Leistungen von 6 bis 12 m^3 bei einem Rückprall von etwa 20 bis 30 % sind mit diesem Verfahren möglich.

9.3.2 Nassspritzverfahren

Die Grundmischung wird als Nassmischgut in einem **Betonwerk** hergestellt und kann beim Spritzvorgang an der Düse nicht mehr durch Wasserzugabe in seiner Konsistenz verändert werden. Bei den meisten Anwendungen muss ein **Erstarrungsbeschleuniger** an der Düse zudosiert werden. Das Verfahren kommt heute sehr oft zum Einsatz, [Pichler 02]. Sehr hilfreich erwies sich daher die Entwicklung alkalifreier Beschleuniger und hochwirksamer Fließmittel. An Stelle von Spritzbindemitteln kann wegen der langen Verarbeitungszeit normaler Zement verwendet werden. Der Rückprall ist beim Nassspritzverfahren mit etwa 10 bis 20 % erheblich kleiner als beim Trockenverfahren, auch die Staubentwicklung ist geringer.

Beim **Dünnstromverfahren** wird das Nassmischgut meist mit üblichen Rotorspritzmaschinen, d. h. mit Hilfe von Druckluft gefördert, wobei oft an der Düse nochmals Druckluft zugegeben werden muss.

Beim **Dichtstromverfahren** wird der Beton nicht mit Druckluft, sondern mit einer möglichst wenig pulsierenden **Betonpumpe** über sich verjüngende Rohrleitungen zur Düse gefördert. Erst dort wird Druckluft und ggf. auch ein erforderlicher Beschleuniger zugegeben. Das Dichtstromverfahren wird vor allem bevorzugt, wenn **große Mengen** an Spritzbeton innerhalb kurzer Zeit aufzubringen sind, wobei Leistungen bis zu **20 m^3 je Stunde** durchaus möglich sind. Wegen des großen Gewichts von Förderleitung und Düse kann das Dichtstromverfahren **nur mit Spritzmanipulatoren** mit hydraulisch betätigten, meist **ferngesteuerten Teleskopspritzarmen** verwendet werden, wenn man nicht programmierbare **Spritzautomaten** einsetzen kann, Abb. 9.3-4 und Abb. 9.3-5, [Kusterle 14]. Nachteilig sind die zur Vermeidung von Restmengen notwendige genaue Abstimmung der erforderlichen Mengen der Grundmischung und der höhere Aufwand für die Reinigung der Anlagen.

Abb. 9.3-4: Spritzmanipulator mit ferngesteuerten Teleskopspritzarmen (Master Builders)

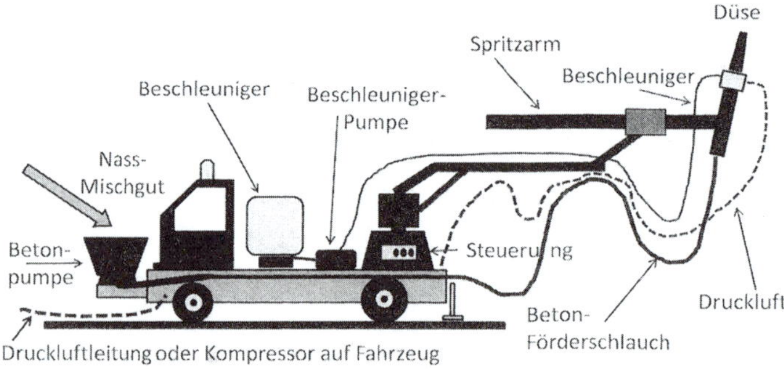

Abb. 9.3-5: Elemente eines Nassspritzsystems im Dichtstrom [Kusterle 14]

9.4 Auftragen des Spritzbetons

9.4.1 Aufgaben des Düsenführers

Besondere Bedeutung kommt der Geschicklichkeit und Erfahrung des **Düsenführers** zu. Seine Aufgabe ist es vor allem, dafür zu sorgen, dass

(1) der Spritzbeton haftet, d.h. nicht in Schollen abfällt,

(2) Rückprall und Staubentwicklung klein bleiben und

(3) ein gleichmäßiges Gefüge mit ausreichender Festigkeit und frei von Fehlstellen erhält und an seiner Oberfläche nicht grob uneben ist.

Er steht gleichsam vor einem „Balanceakt", Abb. 9.4-1. Er muss bei Arbeitsbeginn die Möglichkeit haben, an einer **Probefläche** die richtige Einstellung zu finden. Jeder Materialstrom muss von ihm, **so wie er an der Düse ankommt, verarbeitet** werden. Dem Maschinisten am Anfang der Förderleitungen muss er rasch seine Anordnungen mitteilen können.

Beim Trockenspritzverfahren kann der Düsenführer oft nur die Wasserzugabe, beim Nassspritzverfahren u. U. eine Beschleunigerzugabe und beim Dichtstrom auch die Luftzuführung so einstellen, dass die vorgenannten Anforderungen erfüllt werden. Kein Wunder, dass Düsenführer mitunter wenig Verständnis für die heute sehr umfassende Prüfung und Zertifizierung der Ausgangsstoffe und des Betons haben, kommen deren Ergebnisse doch für ihn viel zu spät. Ihm geht es darum, einen **gleichmäßigen Materialstrom** zu erhalten. Dazu gehört unter vielem anderen auch,

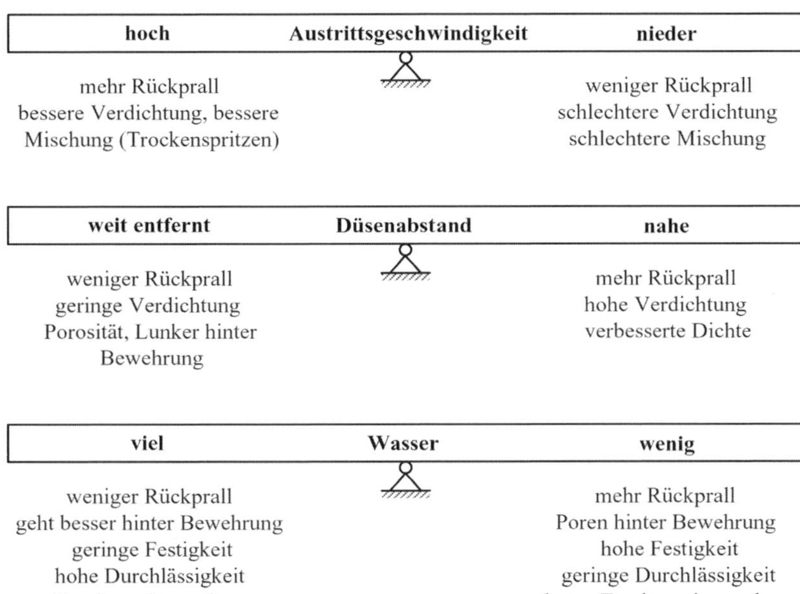

Abb. 9.4-1: Die Wahl der besten Austrittsgeschwindigkeit und des optimalen Abstandes der Düse von der Auftragsfläche ist für den Düsenführer ein „Balanceakt". Beim Trockenspritzverfahren kommt noch die Wahl des richtigen Wassergehaltes dazu (Warner)

dass verhindert wird, dass ein Platzregen den Sand bei der Mischanlage stark durchfeuchtet. Auch mit großem Geschick bei der Wasserzugabe erreicht er in diesem Falle nicht die Gleichmäßigkeit, wie wenn die Gesteinskörnungen vornherein richtig gelagert wurden. Für die Entscheidung, wie er die Zugabe von Beschleuniger, Wasser und ggf. auch Druckluft regelt, steht dem Düsenführer kaum Zeit zur Verfügung. Meist sieht er die Auswirkung der gewählten Zugabe erst, wenn der Spritzbeton schon aufgetragen ist. Auch Schwankungen im Förderdruck und im Wasserdruck können zu Spritzfehlern führen.

Trotz großer Fortschritte bei den Dosiereinrichtungen in den Spritzdüsen ist eine gleichmäßige Durchmischung von Trockenspritzgut und Wasser sowie Beschleuniger oft nicht ausreichend gewährleistet. Auch Entmischungen bei Rohrkrümmungen im Förderschlauch können zu Unregelmäßigkeiten und schlecht benetzten Schichten beitragen.

Der Düsenführer muss den richtigen **Abstand zur Auftragsfläche** finden. Dieser liegt im Bereich zwischen 0,5 und 2 m, wobei zum Einspritzen von Bewehrung kleinere, für gleichmäßige Oberflächen größere Abstände nötig sind. Wenn der Düsenstrahl nicht **senkrecht auf die Auftragsfläche** trifft, entsteht mehr Rückprall und Staub, auch die Festigkeit wird beeinträchtigt. Durch eine **kreisende Bewegung** des Düsenstrahls wird vermieden, dass der erste Auftrag eine Kuppe bildet und der unmittelbar danach aufgetragene Spritzbeton auf deren schräge Flanken trifft, Abb. 9.4-2. Der Düsenführer muss sich ständig bewegen. Beim Spritzen über Kopf und beim Einspritzen von Bewehrung sind geringe Abweichungen von der senkrechten Auftragsrichtung nicht zu vermeiden.

Voraussetzung für gute Arbeit des Düsenführers ist, dass er stets die Möglichkeit hat, vom **besten Standplatz** aus zu spritzen. Vor allem in Tunneln ist darauf zu achten, dass er auch gutes Licht und trotz der Staubentwicklung **ausreichende Sicht** braucht. Beim **Spritzen über Kopf** wird der Spritzbeton weniger gut verdichtet. Weil auch der Rückprall größer ist, erhöht sich der Zementgehalt des haften bleibenden Betons deutlich, wodurch die Festigkeit nur wenig niedriger ausfällt. Am schwierigsten ist das Spritzen nach unten, weil dabei verhindert werden muss, dass der Rückprall mit eingespritzt wird. An Wänden wird, um dies zu vermeiden, stets **von unten nach oben**,

Abb. 9.4-2: Der Düsenführer muss den Spritzbeton in kreisender Bewegung möglichst senkrecht auftragen (Kusterle)

Abb. 9.4-3: Der Spritzbeton muss zuerst in einspringenden Ecken wie bei dieser Probenplatte aufgetragen werden, erst anschließend auf danebenliegende Flächen (Kusterle)

bei einspringenden Ecken von dort **zur Mitte hin** gespritzt, Abb. 9.4-3. Rückprall darf nur weiter verwendet werden, wenn er entsprechend aufbereitet wird. Bei größeren Dicken muss, um Ablösungen zu vermeiden, in Lagen von 2 bis 10 cm Dicke, bei Verwendung von Beschleunigern auch mehr, aufgetragen werden.

Bei größeren **Unterbrechungen** kann es erforderlich sein, die **alte Spritzbetonschicht** vor dem Auftrag der neuen Schicht mit Druckluft oder sogar mit einem Hochdruckwasserstrahl zu **reinigen**. Das gilt auch für alten Beton, wenn darauf Spritzbeton aufgetragen wird. Haftbrücken sind nicht erforderlich. Bei besonders ungünstigen Voraussetzungen, wie starker flächiger Wasserandrang, muss nötigenfalls örtlich zusätzlich Erstarrungsbeschleuniger zugemischt werden, aber nicht mehr als unbedingt nötig. Ähnlich wie bei Spritzbeton auf gefrorenem Untergrund oder Eis kann dabei auch ein dickerer Auftrag des Spritzbetons nötig sein.

Beim **Nassspritzverfahren im Dichtstrom** wird heute in der Regel mit **ferngesteuerten Spritzmanipulatoren** gearbeitet, wobei der Düsenführer im Steuerstand oder am Boden mit einer Fernsteuerautomatik stehend wegen des größeren Abstands zur Auftragsfläche weniger gefährdet ist, vgl. Abb. 9.3-4. Der Düsenführer soll vom Bedienungspult auch Menge und Intensität des Auftrages regeln können. Wichtig ist, dass der Düsenführer nahe genug bei der Auftragsfläche steht, um das Einspritzen von Einbauteilen gut steuern zu können. Unter günstigsten Verhältnissen kann der Spritzbeton auch mit **Spritzrobotern** vollautomatisch aufgetragen werden, [Girmscheid 01].

Spritzbetonarbeiten im Zuge von Instandsetzungen unterscheiden sich ganz erheblich von jenen im Tunnelbau. Dies muss auch bei der Auswahl und Schulung der Düsenführer berücksichtigt werden. Ihre Befähigung soll durch den „**Düsenführerschein**" des Ausbildungsbeirates beim Deutschen Beton- und Bautechnik Verein (DBV) nachgewiesen sein. Noch wichtiger sind Erfahrungen bei ähnlichen Aufgaben.

9.4.2 Bewehrung

Stahlstäbe oder Stahlmatten sind ebenso wie Stahlträger oder Röhren im Grunde genommen ein „Feind" des homogen aufgetragenen Spritzbetons, so W. Kusterle. Daher soll man bei der statischen Bemessung möglichst einer **Erhöhung der Spritzbetondicke** gegenüber einem Mehr an Bewehrung den Vorzug geben. Bei enger Bewehrungslage und bei Stäben mit mehr als 14 mm Durchmesser ist ein einwandfreies Einspritzen kaum mehr möglich. **Baustahlmatten** müssen eine Maschenweite von mindestens 100 mm und Stabdurchmesser von höchstens 10 mm haben. Bei Stäben, die parallel zur Spritzrichtung liegen, können Undichtigkeiten kaum vermieden werden.

Das Einspritzen von Stahlstäben und Stahlmatten erfordert eine besonders **sorgfältige Düsenführung**. Zweckmäßig wird dies vorab an Probeplatten geübt, vgl. Abb. 9.4-3. Abstand der Spritzdüse und Konsistenz des Spritzbetons müssen so gewählt sein, dass der Mörtel zuerst **hinter die Bewehrungsstäbe** getrieben werden kann, Abb. 9.4-4. Dennoch sind Spritzschatten nicht immer ganz vermeidbar. Bei zweilagiger Bewehrung darf die zweite Lage erst nach Einspritzen der ersten Lage eingebaut werden. Die Bewehrung muss so befestigt werden, dass sie **nicht in Schwingungen** geraten kann. Beim Herstellen von Teilflächen sollen **flach auslaufende Ränder vermieden** werden. Durch senkrechtes Abschalen können bei mehrlagigem Einbau die Arbeitsfugen seitlich versetzt angeordnet werden. Zum Einbetten von Matten aus textiler Bewehrung sind sehr dünne Schichten möglich, wozu feinkörniger Spritzmörtels nötig ist, vgl. Abschn. 9.9.3.

9.4.3 Vermindern von Rückprall und Staub

Trotz vieler Bemühungen bereitet der **Rückprall** noch oft Sorge. Besonders groß ist der Rückprall beim Auftrag der ersten Schicht, wenn **noch kein Mörtelbett** vorhanden ist, das das grobe Korn halten kann. Die richtige Konsistenz und ein nicht zu großes Größtkorn sind wichtig. Der aufgetragene

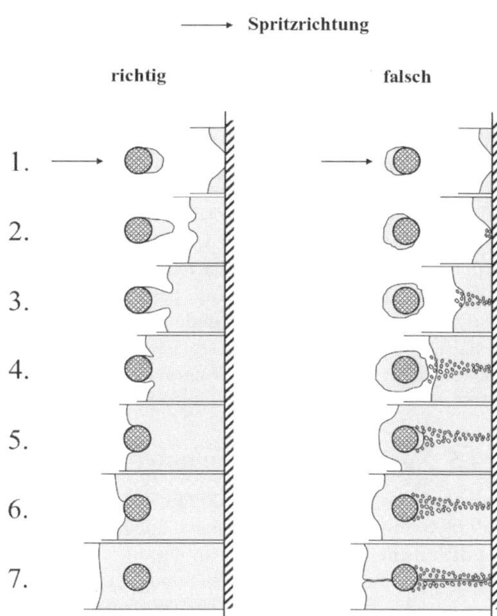

Abb. 9.4-4: Beim Einspritzen von Stahlbewehrung muss der Spritzbeton zuerst hinter der Bewehrung aufgebaut werden, damit ein dichtes Betongefüge entsteht (ACI 85)

Spritzbeton darf **nicht zu früh erstarren**, damit er noch hinreichend weich ist, wenn das **Grobkorn der nächsten Lage eingebettet** werden soll. Er soll unter normalen Verhältnissen nach 2 Minuten eine Festigkeit von 0,2 N/mm^2 noch nicht überschritten haben.

Beim Nassspritzverfahren ist der Rückprall erheblich geringer, auch weil der Beton gleichmäßiger benetzt ist, als wenn das Wasser erst in der Spritzdüse in das trockene Mischgut eingespritzt wird. Mit einer Verminderung des Rückpralls kann auch gerechnet werden, wenn der Gehalt an **Mehlkorn** erhöht wird und eine **günstige Kornzusammensetzung** gewählt werden kann. Versuche mit der Zugabe von sehr **feinkörnigen Stoffen** wie Flugasche oder Bentonit zeigten, dass der Wasseranspruch größer und der Spritzbeton zäher und klebriger wurde, d. h. im Rotationsviskosimeter die Fließgrenze des Zementleims bei Zugaben von 1 bis 3 % immer höher wurde. Der Rückprall wurde dadurch deutlich kleiner. Auch werden heute mitunter Spritzbetonzemente mit rückprallmindernden Eigenschaften angeboten, [Pfeuffer 2000].

9.4.4 Nachbehandlung

Im **Untertagebau** ist ein Feuchthalten meist nicht erforderlich, jedoch sollte starker Luftzug, der ein **rasches Austrocknen** verursacht, **vermieden** werden.

Werden hohe Anforderungen gestellt, wie bei SpB III und stets bei Instandsetzungen und Verstärkungen sowie wenn nur **dünnen Schichten** aufgetragen werden oder Silicastaub verwendet wird, muss der Spritzbeton vor **Austrocknen** und vor **starker Sonneneinstrahlung** geschützt werden. Dazu können vorgehängte, ausreichend bewässerte Abdeckungen dienen oder u. U. auch aufsprühbare Nachbehandlungsmittel, wobei wegen der rauen Oberfläche mit größerem Verbrauch zu rechnen ist. Der Schutz vor Austrocknen ist am ersten Tag besonders wichtig und muss so lange wie bei normalem Beton aufrechtgehalten werden. Vorteilhaft sind **Polymerzusätze**, die ein starkes Austrocknen vermeiden.

9.4.5 Spritzbetonarbeiten unter Druckluft

Bei Tunnelvortrieben oder Gründungen unter Druckluft bleibt die Spritzmaschine meist außerhalb stehen. Ist dies nicht der Fall, muss man darauf achten, dass wegen der meist herrschenden hohen Luftfeuchtigkeit im Überdruckbereich die Verweildauer von Trockenmischgut dort möglichst kurz sein soll. Wenn die Auftragsfläche weitgehend luftundurchlässig ist, hat die Druckluft keinen nachteiligen Einfluss auf die Güte des Spritzbetons. Andernfalls kann der noch junge Spritzbeton **durch Luftdurchströmung rasch austrocknen**, was die Festigkeitsentwicklung schon im jungen Alter erheblich beeinträchtigen und das Schwinden erhöhen kann. Da die Luftdurchlässigkeit des Spritzbetons u. a. umso größer ist, je trockener er ist, können ein wiederholtes Befeuchten oder andere besondere Maßnahmen, wie das Aufbringen einer Abdichtungsmembrane nötig sein, [Wechner 18].

9.5 Ausgangsstoffe

9.5.1 Zemente

Für das Trockenspritzverfahren wurden **Spritzbetonzemente (Spritzbindemittel „SBM")** entwickelt. Für lagerfähiges Mischgut mit trockenen Gesteinskörnungen haben **SBM-T** eine Reaktionszeit von höchstens 1 Minute, Spritzbetonzemente für feuchte Gesteinskörnungen **SBM-FT** reagieren nach 1 bis 3 Minuten. Obwohl solche Zemente in der Regel keinen Erstarrungsbeschleuniger erfordern, sollten etwa für Wassereinbrüche auch geeignete Erstarrungsbeschleuniger vorgehalten werden. In DIN 1164-11 sind schnellerstarrende Zemente (SE-Zemente) definiert, vgl. Abschn. 2.2.8. (f). Sie müssen bei einer Temperatur von +1 °C einen Erstarrungsbeginn spätestens nach 45 Minuten zeigen. Zu ihrer Prüfung siehe Abschn. 9.6.2.

Wenn keine Spritzbetonzemente eingesetzt werden können, also stets bei Nassspritzverfahren, verwendet man überwiegend **Portlandzemente CEM I,** teilweise auch **Portlandzement-Flugasche**-Kombination und auch **Portlandhüttenzemente. Hochofenzemente CEM III** können wegen geringerer Elutionen vorteilhaft sein, vgl. Abschn. 9.8.4. Fein gemahlene Zemente führen zu einer guten Klebwirkung beim Spritzbetonauftrag. Vielfach werden CEM I- oder II-**Zemente 42,5 R oder 52,5** bevorzugt, besonders in der kalten Jahreszeit. Höchste Anforderungen sind an die **Gleichmäßigkeit** der erforderlichen Zementlieferungen zu stellen, wobei Abweichungen der **Mahlfeinheit** weit unter 5 % liegen sollen. Für Frühfestigkeiten über J_3 verwendet man Zemente mit hoher Anfangsfestigkeit, hohe Zementgehalte und hohe Dosierungen eines Erstarrungsbeschleunigers.

Für Spritzbeton sind, besonders wenn Beschleuniger verwendet werden, **nicht alle Normzemente in gleichem Maße geeignet**, wobei auch die Rohstoffe des Herstellwerkes eine Rolle spielen, [Kusterle 14]. Mit Zementen mit höherem **C_3A-Gehalt** sind meist höhere Frühfestigkeiten erreichbar, weil Erstarrungsbeschleuniger in erster Linie mit dem zugemahlenen Gips und/oder Anhydrit unter Bildung von Ettringit reagieren. Daneben spielt der **Sulfatisierungsgrad**, der angibt, wie viel der Alkalien durch das Sulfat gebunden werden, eine Rolle.

9.5.2 Zusatzstoffe

Erfahrungen liegen vor allem mit **Flugaschen** vor, welche die Verarbeitbarkeit, Klebrigkeit, Endfestigkeit und Sulfatwiderstand verbessern und Hydratationswärme, Staubentwicklung und Rückprall vermindern können. Auch **Hüttensandmehl** oder **hydraulischer Kalk** können verwendet werden. Der Anteil an Zusatzstoffen soll zusammen mit den sekundären Hauptbestandteilen (Zumahlstoffen) nicht über 35 % des Gesamtgehaltes von Zement plus Zusatzstoffe liegen.

Silicastaub verbessert die Klebrigkeit, den Haftverbund und sowohl Festigkeit als auch Frostwiderstand ganz erheblich. Dadurch kann die Zugabe von Erstarrungsbeschleuniger kleiner gehalten werden. Rückprall und Staubentwicklung werden vermindert. Dem stehen hohe Kosten und wegen stärkeren Schwindens eine größere Nachbehandlungsempfindlichkeit gegenüber. Die Zugabe kann zweckmäßig mit einem Anteil von 2–8 % des Zementgehaltes als Silicasuspension oder auch in einem Gemisch mit dem Fließmittel erfolgen.

Kunststoffzusätze werden flüssig in Form von Dispersionen oder auch trocken als Pulver für **polymermodifizierten Spritzbeton** vor allem für Instandsetzungen verwendet, wenn es darum geht, dass dünne Schichten gut haften und dank eines besseren Wasserrückhaltevermögens weniger rasch austrocknen. Verwendet werden Acrylate oder auch Copolymere aus Vinylacetat und Ethylen, [Bonin 12]. Die Zugabemenge der Polymere liegt meist zwischen 5 und 10 % des Zementgehaltes.

9.5.3 Gesteinskörnungen

Verwendet werden Sande und Kies oder Splitt. Gebrochenes Korn mit gedrungener Kornform kann gegenüber Rundkorn geringe Vorteile zeigen, [Springenschmid 98]. In beiden Fällen sind **plattige oder spießige Körner ungünstig**. Schwankungen der Kornzusammensetzung können das Arbeiten mit Spritzbeton sehr erschweren. Das gilt besonders für die mehlfeinen Anteile. In der Regel müssen die Körnungen getrennt zugemessen werden, damit die festgelegte Sieblinie mit nur geringen Abweichungen eingehalten werden kann. Das **Größtkorn** liegt bei konstruktiven Baugliedern in der Regel bei 11 mm, im Tunnelbau nicht über 16 mm. Die Kornzusammensetzung soll beim Dichtstromverfahren in der oberen Hälfte des grob bis mittelkörnigen Sieblinienbereiches (AB), für Druckluftförderung im Dünnstrom in dessen Mitte liegen. Für die bei Instandsetzungen oder Ertüchtigungen erforderlichen dünnen Schichten verwendet man Spritzmörtel mit einem Größtkorn von 2 mm oder 4 mm, in besonderen Fällen auch nur 1 mm.

9.5.4 Zusatzmittel

Die speziellen **Spritzbetonbeschleuniger SBE** werden, wenn nötig oft gemeinsam mit dem **Fließmitteln FM** verwendet. Daneben mitunter auch andere gebräuchliche Zusatzmittel, vgl. Abschn. 2.5.

Erstarrungsbeschleuniger auf Alkali-Aluminatbasis wurden früher entweder pulverförmig mit 6 bis 8 % der Masse des Bindemittels oder flüssig mit 5 bis 7 % der Masse des Bindemittels eingesetzt. Sie können eine ätzende Wirkung auf Augen und Haut haben. Die Druckfestigkeit des damit hergestellten Betons liegt nach 7 und 28 Tagen meist 30 bis 40 % unter jener eines nicht beschleunigten Vergleichsbetons, [Qi Xu 05].

Alkalifreie Erstarrungsbeschleuniger sind nicht nur aus Gründen der Arbeitshygiene zu bevorzugen. Als Basis dient meist Aluminiumhydroxid und -sulfat. Sie haben einen niedrigen pH-Wert um 3,0 und sind ebenfalls pulverförmig und flüssig im Handel, [Werthmann 95]. Von ihnen geht keine zusätzliche Belastung des Grundwassers aus, auch führt bei üblichen Dosierungen das Sulfat zu keinem negativen Einfluss auf die Dauerhaftigkeit, [Breitenbücher 09]. Beschleuniger werden in der Regel mit 4 bis 8 % der Masse des Bindemittels dosiert und sollen die 28-Tage-Druckfestigkeit um nicht mehr als 15 % vermindern. Flüssige Beschleuniger haben gegenüber pulverförmigen eine etwas größere Wirksamkeit, weil sie besser eingemischt werden können und auch genauer zu dosieren sind.

Das früher als Beschleuniger mit 10 bis 15 % des Bindemittels zugegebene **Wasserglas** bewirkte vor allem durch eine erhöhte Gelbildung eine große Klebrigkeit des Spritzbetons. Weil es das Betongefüge ungünstig beeinflusst und die Festigkeit vermindert, darf es heute nicht mehr für tragende Bauteile verwendet werden. In den älteren Tunneln findet man heute noch starke Versinterungen der Entwässerungen, die überwiegend auf die Verwendung von Wasserglas zurückgeführt werden müssen.

Für Spritzbeton entwickelt wurden spezielle **Langzeitverzögerer.** Sie unterbinden die Hydratation für einen vorgegebenen Zeitabschnitt von einigen Stunden bis zu 3 Tagen und erlauben daher, Feucht-Mischgut und Nass-Mischgut zwischenzulagern. Mit zugehörenden **Aktivatoren** wird deren Wirkung wieder aufgehoben.

Zusatzmittel zur **Verminderung von Staubanfall und Rückprall** wären vor allem zur Verbesserung der Arbeitsbedingungen und der Leistung besonders beim Trockenspritzverfahren hilfreich. Bei einzelnen Bauvorhaben wurden Erfolge durch Zugabe von 2%igen Bentonit-Suspensionen erzielt.

9.6 Prüfverfahren

9.6.1 Grundsätzliches

Die **sehr früh** zu erreichenden **Festigkeiten** sind maßgebend für die Sicherheit beim Vortrieb von Tunneln und andere Anwendungen, ebenso wie für das Ausmaß des Rückpralls und die Staubentwicklung. Dafür mussten spezielle Prüfverfahren entwickelt werden, [Kusterle 15]. Sie sind in EN 14488-2 (2006) und zuletzt in der Richtlinie Spritzbeton [ÖVBB 09] beschrieben. Nachdem Laborprüfungen nur Anhaltswerte oder Vergleichshilfen geben können, kommt Prüfungen beim Spritzversuch und auf der Baustelle größere Bedeutung zu.

9.6.2 Prüfen von Spritzbetonzementen und Zement-Beschleuniger-Kombinationen

Dazu werden entweder die Ausgangsstoffe und Geräte auf Temperaturen von rd. 1 °C oder rd. 8 °C **gekühlt**, um das **Erstarren** zu verlangsamen, bevor

Abb. 9.6-1:
Zur Herstellung eines Prüfkörpers wird der Spritzbeton in eine Probefläche aufgetragen und anschließend daraus ein Kern gebohrt (Foto TYTRO).

die Proben hergestellt werden. Eine andere Möglichkeit besteht darin, das Wasser mit ggf. anderen flüssigen Komponenten bei Raumtemperatur in das Trockengemisch innerhalb von **nur 15 Sek**. mit leistungsfähigen Mischern einzumischen und die Proben unmittelbar danach herzustellen. Verbesserte Mischeinrichtungen wurden auch von einzelnen Prüfstellen entwickelt, sind aber nicht im Handel, [Breitenbücher 07, Lindlar 15]. Geprüft wird das Erstarren mit dem in der Zementprüfung bewährten, meist automatisierten Vicat-Nadelgerät.

9.6.3 Prüfen der Frühfestigkeit

Grob beurteilt wird die so wichtige Frühfestigkeit des frisch aufgetragenen Spritzbetons mit der **Daumenprobe** oder dem **Bergeisen.**

Für die auch schon in den ersten Minuten nötige Beurteilung einer Festigkeit bis etwa 1,0 N/mm² wird ein **Nadelpenetrometer**, (Proctor-Nadelgerät wie in der Bodenmechanik) verwendet, für das erste Erstarren mit der 9-mm-Nadel, ab einer Festigkeit von etwa 0,2 N/mm² mit der 3-mm-Nadel (EN 14488-2). Dabei wird die Kraft gemessen, die nötig ist, um die Nadel 15 mm tief in den Spritzbeton einzudrücken.

Für Festigkeiten von 2 bis 16 N/mm² kann ein **Bolzensetzverfahren** eingesetzt werden. Dabei wird ein **Gewindebolzen** mit dem **Hilti DX 450-SCT-Gerät** unter Verwendung der grünen Standard-Kartusche (schwache Ladung) in den Beton getrieben und die **Eindringtiefe** gemessen. Gleich anschließend wird der Gewindebolzen mit einem **Ausziehgerät** wieder **gezogen** und die dazu nötige **Ausziehkraft** gemessen. Maßgebend für die Druckfestigkeit ist das **Verhältnis Ausziehkraft zu Eindringtiefe**. In den Regelwerken sind entsprechende **Kalibrierkurven** angegeben. Abweichungen von den für die Kalibrierkurven verwendeten Betonzusammensetzungen hinsichtlich Größtkorn, Kornform, Härte der Gesteinskörnungen oder Bindemittelgehalt können ebenso wie schlecht gespritzte poröse Proben zu Fehlern führen. Fasergehalte sind von geringerem Einfluss, [Kusterle 15]. Der mitunter wichtige Bereich zwischen 1,0 und 2,0 N/mm² muss durch Interpolation geschlossen werden.

Werden die Prüfungen nicht am Bauwerk, sondern an einer meist in eine Kiste **gespritzten Probe** vorgenommen, muss auch dabei darauf geachtet werden, dass die Schichtdicke mindestens 10 cm betragen soll und die Probe bis zu einer Festigkeit von etwa 2,0 N/mm² nicht bewegt werden darf und daher erst anschließend transportiert werden kann. Zu jedem Messzeitpunkt sind mehrere Prüfungen in entsprechendem räumlichen Abstand durchzuführen, deren Ergebnis gemittelt wird.

9.6.4 Prüfen von erhärtetem Spritzbeton

Erhärteten Spritzbeton prüft man an Bohrkernen. Dazu wird Spritzbeton auf Probeflächen oder in eine Kiste aufgetragen, vgl. Abb. 9.6-1. Sobald eine Druckfestigkeit von etwa 10 N/mm² erreicht ist, können Bohrkerne gewonnen werden. Für die Prüfung der Druckfestigkeit verwendet man Zylinder mit $d = h = 100$ mm. Bei der Prüfung von Bohrkernen ist zu beachten, dass eine teilweise Durchnässung des Spritzbetons beim Bohren und Ablängen der Probezylinder zu niedrigeren Festigkeiten führen kann.

Daher müssen die Prüfkörper vor der Prüfung schonend getrocknet werden.

Für den Nachweis des Wassereindringwiderstandes dienen auf 120 mm abgelängte Bohrkerne mit 150 mm Durchmesser.

Um die Gleichmäßigkeit der Auftrages zu prüfen und ggf. Fehlstellen zu erkennen werden auch Wärmebildkameras eingesetzt, [Weiher 18].

9.7 Entwicklung der Grundmischung

Die Anforderungen an die Grundmischung müssen auf das gewählte Spritzverfahren und die Bauaufgabe abgestimmt werden. Zunächst wird im **Labor** in einer **Erstprüfung** geklärt, ob mit den in Aussicht genommenen Ausgangsstoffen und Mischungsverhältnis die erforderliche Frühfestigkeit und die sonstigen Anforderungen wie 28-Tage-Druckfestigkeit ggf. auch E-Modul, Wasserundurchlässigkeit, Frostwiderstand und geringes Versinterungspotenzial erreicht werden. Besonders wichtig ist die Frage, mit welcher Kombination von **Beschleuniger und Zement** die erforderlichen Frühfestigkeiten erreicht werden. Zu klären ist auch, ob bei einer höheren Dosierung des Beschleunigers negative Auswirkungen auftreten können.

Nach der Erstprüfung im Labor muss in **Spritzversuchen auf der Baustelle** mit den zum Einsatz kommenden Maschinen und Geräten und den vorgesehenen Ausgangsstoffen und Mischungsverhältnis geklärt werden, ob unter Berücksichtigung der zu erwartenden **Temperaturen** und sonstiger möglicherweise ungünstiger Einflüsse die erforderlichen Frühfestigkeiten und 7-Tage- bzw. ggf. auch 28-Tage-Druckfestigkeiten erreicht werden können.

Wegen der bei Spritzbeton nicht vermeidbaren Gütestreuungen sollte das gegenüber der charakteristischen Festigkeit gewählte **Vorhaltemaß** 25 %, mindestens jedoch 6 N/mm^2, betragen.

Richtwerte für die Zusammensetzung von Spritzbeton im **Tunnelbau** und für **konstruktive Aufgaben** enthält die RiliSpB [ÖVBB 09], Tabelle 9.7-1.

Wenn keine hohen Anforderungen gestellt werden, kann nach der RiliSpB 09 **Rezeptspritzbeton** in Festigkeitsklassen bis SpC 12/15 auch ohne vorausgehende Erstprüfung mit einem Mischungsverhältnis Gesteinsstoffe 0/8 oder 0/16 zu Zement von 5 : 1 im Trockenspritzverfahren verwendet werden. Auch im Nassverfahren ist dies mit einem Pumpbeton C 15/20 aus einem Betonwerk möglich. Für kleine Bauaufgaben wird Spritzbeton als **werksgemischtes Trockenmischgut** mit einem schnell erstarrenden Spritzbetonzement in Silos von Zementwerken ausgeliefert, womit sogar Frühfestigkeitsklassen bis J 3 erreicht werden können [DAfStb 05]. Wird **werksgemischtes Trockenmischgut** durch eine Zertifizierungsstelle überwacht, kann sich die Erstprüfung auf die Bestimmung der Frühfestigkeiten auf der Baustelle beschränken.

Trotz der vor Baubeginn auf der Baustelle durchgeführten Erstprüfung kann es erforderlich sein, während der Spritzbetonarbeiten eine **Feinabstimmung** der Rezeptur vorzunehmen und dabei die Zusammensetzung geringfügig zu verändern. Voraussetzung dazu ist stets, dass damit die Eigenschaften des aufgetragenen Spritzbetons verbessert werden.

Zum Konformitätsnachweis und zur Produktionskontrolle enthalten Regelwerke wie DIN 18551 und die RiliSp 09 [ÖVBB 09] die erforderlichen Angaben.

Tabelle 9.7-1: Richtwerte für die Zusammensetzung des Mischgutes (Ausgangsgemisches) für SpC II und SpC III nach Rili [ÖVBB 09]

	Trockenspritzbeton	Nassspritzbeton
Zement, SBM Zusatzstoffe (z. B. Flugasche)	310 bis 360 kg/m^3 30 bis 50 kg/m^3	380 bis 420 kg/m^3 0 bis 70 kg/m^3
Bindemitteldosierung (Zement, SBM und Zusatzstoffe)	340 bis 380 kg/m^3	400 bis 450 kg/m^3
Wasser-Bindemittelwert	≤ 0,50 bei Anforderungen J_2 und/oder J_3	
Konsistenz (Ausbreitmaß *a*)		Günstiger Bereich: Dichtstrom: a = 55–60 cm Dünnstrom: a = 65–70 cm
Gesteinskörnungen: (Größtkorn GK)	GK 8, GK 11	GK 8, max. GK 11

9.8 Spritzbeton mit besonderen Eigenschaften

9.8.1 Polymermodifizierter Spritzbeton

Mit Kunststoffzusätzen verbesserter Spritzbeton, sog. **SPCC** (sprayed polymer cement concrete) wird vor allem für Instandsetzungen und Verstärkungen eingesetzt oder wenn aus anderen Gründen nur dünne Schichten aufzubringen sind. Durch den feinen Polymerfilm wird der **Verbund** zwischen Zementstein und Gesteinskörnern, aber auch zur Auftragsfläche und darüber hinaus die **Dichtigkeit** verbessert. Die Steifigkeit wird verringert, was sich an einem niedrigeren E-Modul und **geringeren Neigung zu Rissbildung** zeigt. Durch das dichtere Gefüge wird die Wasserdurchlässigkeit verringert. Das führt auch dazu, dass polymermodifizierter Spritzbeton **weniger leicht austrocknet**, und somit weniger Nachbehandlung erfordert.

Trockenmischgut, das den Polymerzusatz bereits enthält, wird von einzelnen Zementwerke und auch Herstellern von bauchemischen Produkten angeboten.

9.8.2 Spritzbeton mit hohem Frost- oder Frost- und Tausalzwiderstand

Spritzbeton kann (z. B. für Wasserbauwerke) so hergestellt werden, dass er auch bei hoher Wassersättigung **Frostangriffen** standhält **(XF 3)**, wobei ein *w/z*-Wert von höchstens 0,50 einzuhalten ist.

Wird Spritzbeton bei hoher Wassersättigung durch **Frost und Tausalz** oder andere Taumittel beansprucht, wie bei einschaligen Straßentunneln oder bei Ausbesserungen im Spritzwasserbereich an Stützwänden von Straßen, muss er der Expositionsklasse XF 4 entsprechen, d. h. als **Luftporenbeton** mit einem *w/z*-Wert von höchstens 0,5 hergestellt werden. Da Luftporenmittel nur bei einem intensiven Mischvorgang im mindestens steif-plastischen Beton ihre Wirkung entfalten, sind sie nur bei **Nassspritzbeton** verwendbar. Bei Trockenspritzbeton können stattdessen **Mikrohohlkugeln (MHK)**, gleichsam vorgefertigte Luftporen aus hauchdünnem Kunststoff verwendet werden, vgl. Abschn. 2.5.4. Wegen ihres günstigen Durchmessers genügt für guten Luftporenbeton ein Gehalt an MHK von 1 Vol.-%. In jüngster Zeit ist es gelungen, Fertigspritzbeton bzw. -mörtel zu entwickeln, der auch im Trockenspritzverfahren aufgebracht einen Luftporengehalt entwickelt, mit dem ein hoher Frost-Tausalzwiderstand (XF 4) erreicht wird.

9.8.3 Spritzbeton mit erhöhtem Widerstand gegen chemische Angriffe

Hier gelten die Regeln für geschalten Beton sinngemäß, vgl. Abschn. 4.5. Wird das Trockenspritzverfahren angewandt, gilt nach der RiliSp 09 ein Wasserbindemittelwert (*w/z*-Wert) von 0,50 als nachgewiesen.

Gute Erfahrungen hinsichtlich Spritzbarkeit wurden mit C_3A-freiem Portlandzement (HS-Zement) unter Mitverwendung von Flugasche gemacht, [Huber 99].

9.8.4 Spritzbeton mit geringem Versinterungspotenzial

Bei Tunneln in wasserführendem Gebirge wird die Spritzbeton-Außenschale direkt vom Bergwasser beaufschlagt. Bei zahlreichen Verkehrstunneln machen starke **Versinterungen der Entwässerungsrohre** immer wieder eine aufwändige Spülung nötig, vgl. Abb. 8.8-3. Um den Gehalt an lösbarem Calciumhydroxid möglichst gering zu halten, verwendet man Hüttenzemente oder andere Zemente zusammen mit möglichst großen Anteilen an Hüttensandmehl [Stelzer 18]. Damit bleibt man mit dem Versinterungspotenzial unter 0,65 kg/t, im Mittel sogar bei nur 0,5 kg/t, Merkblatt „Festlegung des Reduzierten Versinterungspotenzials" [ÖBV 12]. Bei starkem Anfall von Bergwasser vermindert man durch Abschlauchungen den Kontakt von Bergwasser mit Spritzbeton.

9.8.5 Spritzbeton mit geringer Wassereindringtiefe

Für **einschalige Tunnelauskleidungen**, Wasserbehälter und viele andere Aufgaben ist eine nur geringe Eindringtiefe von Wasser wichtig. Dabei muss auch eine Rissbildung möglichst vermieden und vor allem ein weiteres Öffnen von Rissen verhindert werden. Mit **Stahlfasern** kann die Rissausdehnung gehemmt werden. Um eine Wasserwegigkeit entlang der Fasern zu vermeiden und den Verbund zu verbessern, verwendet man **Polymerzusätze**, [Breitenbücher 12, Bonin 12]. Dem sorgfältigen Auftrag einer geeigneten Grundmischung durch einen erfahrenen Düsenführer kommt besondere Bedeutung zu.

9.9 Besondere Arten von Spritzbeton

9.9.1 Stahlfaserspritzbeton

Mit Stahlfasern erreicht Spritzbeton keine besonders hohe Festigkeiten, wird aber besser verformbar, was ihn zu einem guten Baustoff für den Tunnelbau macht. Die Fasern verleihen ihm eine **Nachrisszugfestigkeit**, durch die er bei Auftreten von Gebirgsverformungen einen Zusammenhalt weitgehend behält, eine Vorteil, wenn keine zu hohen Beanspruchungen zu erwarten sind. Damit erspart man sich beim Vortrieb auch die Zeit für das Verlegen der Bewehrungsmatten. Weil keine Bewehrungsstäbe erforderlich sind, können Spritzschatten weitgehend vermieden werden, wodurch ein dichteres Gefüge erzielbar ist. Auch bei dünnen und/oder unregelmäßig geformten Spritzbetonschichten werden Stahlfasern an Stelle einer Bewehrung aus Betonstahlmatten bevorzugt. Zu beachten ist, dass an Fugen ein Übergriff von Fasern nicht möglich ist.

Es können nur Fasern verwendet werden, deren **Länge nicht zu groß** ist. Sie soll vor allem zur Vermeidung von Verstopfern nicht größer als 2/3, besser sogar nur 1/3 des Durchmessers der Förderleitung sein. Zur Erzielung eines guten Verbundes werden möglichst profilierte oder gekröpfte Fasern mit kleinem Durchmesser verwendet. Um größere Mengen an Rückprall – in dem sich die Fasern anreichern – zu vermeiden, beschränkt man das Größtkorn auf 8 mm und wählt etwas höhere Bindemittelgehalte. Der **Fasergehalt** kann zwischen **30 und 80 kg/m³** liegen. Dabei ist zu berücksichtigen, dass ein Teil der Fasern im Rückprall verbleibt. Es kann davon ausgegangen werden, dass sich die Fasern im Spritzbeton in Richtung der Auftragsfläche orientieren.

Die Fasern können sowohl bei der Betonherstellung als auch bei der Spritzmaschine oder bei der Düse zugemessen und vereinzelt werden. Die Zugabe im Betonmischer hat den Vorteil einer meist größeren Dosiergenauigkeit. Der Auftrag kann sowohl im Nassverfahren wie im Trockenverfahren erfolgen.

Die Stahlfasern führen zu erheblich **größerem Verschleiß** in Misch- und Fördereinrichtungen. Darüber hinaus stellen beim Auftrag des Spritzbetons umherfliegende nadelartige Stahlfasern ein erhebliches **Unfallrisiko** dar. Deshalb ist die Verwendung von Manipulatoren oder Spritzrobotern oder entsprechende Schutzkleidung erforderlich.

Zur Prüfung von Stahlfaserbeton siehe Abschn. 6.8.3.

9.9.2 Brandschutzschichten aus Spritzbeton

Mit etwa 2 % **Polypropylenfasern** erreicht Spritzbeton und Spritzmörtel einen erheblich größeren Feuerwiderstand und wird als Brandschutz bei bestehenden Bauten in meist 25 mm dicken Schichten an Stelle von Brandschutzplatten aufgetragen, vgl. Abschn. 4.8. und 6.8.4 [Petscharnig 18], vgl. Richtlinie „Erhöhter baulicher Brandschutz für unterirdische Verkehrsbauwerke“ [ÖBV 17]. Dabei können auch Spritzroboter eingesetzt werden, die sich selbst auf ebenen Untersichten und sogar auf Hammerkopfunterzügen mit Hilfe eines Laserscanners entsprechend steuern lassen, [Vogl 06]. Auch bei Neubauten verwendet man PP-Faserspritzbeton als Brandschutz, so beim Schacht Sedrun des Gotthard-Basistunnels, wo auf die Gebirgssicherung aus Stahlfaserspritzbeton eine 7,5 cm dicke Schicht Brandschutzspritzbeton aufgebracht wurde.

9.9.3 Carbonbeton als dünne Verstärkungsschicht

Spritzbeton mit **textiler Bewehrung aus Carbon**, also auf Textilmaschinen mattenartig zu Gelegen zusammengefassten Bündeln von Carbonfasern (Rovings) eignet sich hervorragend zur Verstärkung bestehender Bauteile. Dabei werden abwechselnd mehrere Lagen von Feinbeton (feinkörnigem Spritzmörtel) und textiler Bewehrung auf die vorher aufgeraute Betonoberfläche aufgebracht. Nach Überschreiten der Zugfestigkeit des Betons übernehmen Carbonfasern die Zugkräfte. Um eine feine Rissverteilung zu erzielen, kann eine textile Bewehrung verwendet werden, die mit Epoxiharz getränkt und mit Sand abgestreut wurde, [Rempel 18]. Weil Carbonfasern in Gegensatz zur Stahlbewehrung **nicht durch Korrosion gefährdet** sind und **hohe Festigkeit und Steifigkeit** aufweisen, reichen Schichten von oft nur **20 bis 40 mm Dicke** aus. Flächige Verstärkungsschichten können an fast **jede Bauteilgeometrie angepasst** werden. Verwendet wird hierfür als Spritzmörtel ein Feinbeton mit Sand 0/1 und nahezu dem gleichen Anteil an Zement einschließlich Flugasche, Silicasuspension und Fließmittel, sowie einem *w/z*-Wert von etwa 0,30.

9.9.4 Spritzbeton für Schalentragwerke und Sichtflächen

Spritzbeton ermöglicht architektonische Gestaltungen, die mit geschaltem Beton kaum ausführbar sind, wie gekrümmte Wände, Schalen, dünnwandige Bögen und vieles andere mehr. Weit gespannte, tragende Bauteile mit Stahlbewehrung sollen mindestens 100 mm, aber nicht über 400 mm dick sein. Mit **Carbonbeton,** lassen sich auch sehr dünnwandige Schalen herstellen, deren Dicke bei kleinen Bauteilen oft nur 20 mm beträgt und an Eierschalen erinnert. Neue Möglichkeiten ergeben sich auch für großflächige geometrisch komplexe Schalentragwerke mit textilbewehrtem Spritzbeton, wobei auch neuartigen Seilnetzschalungen verwendet werden.

Voraussetzung dazu sind geeignete **praxistaugliche Prüfverfahren**, die hierfür entwickelt wurden, [Bilak 18].

Wenn die **Oberflächen** nicht spritzrau belassen werden sollen, kann man, sobald das Gefüge des aufgetragenen Spritzbeton damit nicht mehr beeinträchtigt wird, eine **abschließende Lage Spritzmörtel** mit 4 mm Größtkorn aufbringen, die mit einer Latte **abgezogen, abgerieben** oder **geglättet** werden kann. Wie bei geschalten Betonoberflächen kann auch durch Sandstrahlen, Schleifen oder Fräsen das jeweils gewünschte Aussehen erzielt werden. Zu einer einem Mauerwerk aus Naturstein ähnlichen reliefartigen Oberfläche, siehe Abb. 8.9-14.

9.9.5 Mit Kunststofffasern bewehrter Spritzbeton

Mit Makrofasern aus geeigneten Kunststoffen oder auch Carbon kann durch Verbesserung des Nachrissverhaltens ein erhöhtes Arbeitsvermögen erzielt werden, wobei gegenüber Stahlfasern die leichtere und gefahrlose Handhabung ein Vorteil ist, [Schranz 18].

10 Überwachen von Bauwerken

10.1 Grundlagen und Erfahrungen

Bauliche Anlagen müssen so in Stand gehalten werden, dass die öffentliche Sicherheit und Ordnung, insbesondere Leben, Gesundheit und die natürlichen Lebensgrundlagen, nicht gefährdet werden, vgl. MBO, Abschn. 1.4.1. Das ist primär die Aufgabe des Eigentümers bzw. Verfügungsberechtigten der Anlage. Neben der **Standsicherheit**, die auch bei nur selten vorkommenden Ereignissen wie Sturm und hohen Schneelasten gewährleistet sein muss, sind auch die Feuersicherheit, Betriebssicherheit und Verkehrssicherheit, etwa bei Einrichtungen zum Schutz vor Absturz (Geländer), sowie die Sicherheit elektrischer und anderer Einrichtungen zu beachten.

Die stürmische Entwicklung des Bauwesens im zurückliegenden Jahrhundert hat zu einem immer größer werdenden Bestand an Bauten geführt, Bauten, die teilweise **nach überholten Grundsätzen** errichtet worden sind und oft auch noch, wie Brücken, den heutigen, viel **höheren Beanspruchungen** standhalten müssen. Sie müssen instand gehalten und nötigenfalls instand gesetzt oder sogar verstärkt werden, wofür **Prüfungen des bestehenden Zustands** und nötigenfalls baustatische **Nachrechnungen** die wichtigsten Grundlagen sind. Dabei können am Bauteil festgestellte Messwerte, etwa der Betondruckfestigkeit, zugrunde gelegt werden.

Aus gutem Grunde kommt der **Robustheit** eines Bauwerkes besondere Bedeutung zu. Sie werden nach ihrer Robustheit in **Robustheitsklassen** eingeteilt [VDI 10]. Besonders gefährdet sind Konstruktionen mit geringem Eigengewichtsanteil, weil eine Überbeanspruchung, etwa durch Menschengedränge, Schnee, Lagergüter oder Hochwasser nicht durch Reserven bei den ständigen Lasten ausgeglichen werden kann, [Stenzel 09]. Bei der **Wahl der Konstruktion** ist jenen Bauweisen der Vorzug gegeben, die bei Versagen eines Gliedes zu Kräfteumlagerungen, also **Redundanz,** aber nicht in einem Reissverschlusseffekt zum Versagen mehrerer tragender Elemente oder des ganzen Bauwerks führen. Daher sind hochgradig **statisch unbestimmte Systeme** im Vorteil. Tragende Bauteile, deren Versagen sich nicht durch größere Verformungen oder Ähnliches **ankündigt**, wie dies z. B. bei Stabilitätsproblemen der Fall ist, müssen mit höheren Sicherheiten bemessen werden.

Sehr wichtig ist die Frage, welche **Folgen im Schadensfall** auftreten können. Auch hierzu wurde eine Einteilung in **Schadensfolgeklassen** entwickelt, [VDI 10]. Bei der Festlegung der Prüfintervalle müssen Robustheit und Schadensfolgen berücksichtigt werden.

Die **Beurteilung der Tragsicherheit** eines Bauwerkes kann in Grenzfällen sehr schwierig sein, wenn, wie in so oft, aus einer Bauwerksprüfung nur ein Teil der erforderlichen Grundlagen gewonnen werden kann. Vergessen wir auch nicht, dass zur Gefahrenabwehr nötige Entscheidungen, die zu **Beschränkungen oder Sperrungen** führen, oft **öffentlicher Kritik** ausgesetzt sind. Eine Abgrenzung, was an einem bestehenden Bauwerk zur Gewährleistung der Sicherheit geprüft werden muss und was im Vertrauen auf eine sachgerechte Ausführung des ursprünglichen Baues und dessen Überwachung auch ohne Prüfung als zuverlässig angenommen werden kann, erfordert ein Höchstmaß an **Ingenieurdenken und Erfahrung**. In der Regel muss man sich bei vielen, für die Sicherheit wichtigen Fragen auf das Prüfungsergebnis einzelner Stichproben beschränken. Alle wichtigen Bereiche aufzubrechen, um Proben zu entnehmen und zu prüfen, würde meist mehr Aufwand erfordern als der Abbruch und ein Neubau.

Zerstörungsfreie Prüfverfahren können dank erheblicher Fortschritte in der jüngsten Zeit bei einem Teil der offenen Fragen hilfreich sein, aber bei weitem nicht bei allen, vgl. Abschn. 11.3 und 11.6. So zeigte sich nach dem Einsturz einer großen Stützwand neben einer Autobahn, dass es kein zerstörungsfreies Verfahren gegeben hätte, um rechtzeitig zu prüfen, ob die bergseitige Stahlbewehrung noch funktionsfähig oder vielleicht schon korrodiert ist.

In der Regel müssen wir davon ausgehen, dass gefährliche **Mängel von außen sichtbar** oder durch Veränderung der Durchbiegung oder ähnliche Anzeichen erkennbar sind oder bei einer genaueren Untersuchung feststellbar sind. Wir wissen aber, dass mit **keinen Hinweisen** gerechnet werden kann, etwa bei nicht zugänglichen, überschütteten Bereichen, bei nur einseitig zugänglichen dicken Betongliedern, bei **Stahlkorrosion** durch Chloride sowie bei Spannstählen bei **Wasserstoffversprödung und Spannungsrisskorrosion, bei Ermüdungsbrüchen** und auch bei **Stabilitätsproblemen**, wie dem plötzlichen Ausknicken schlanker Stützen bei exzentrischer Belastung.

Das Vertrauen darauf, dass Mängel von außen erkennbar sind und dass bei „inneren" Mängeln entweder äußere Anzeichen auftreten oder wir gelernt haben, solche Mängel in vielen Fällen zu vermuten und so zu untersuchen, dass wir sie auch entdecken, hat sich im Großen und Ganzen bewährt. Es gab natürlich auch Sonderfällen wie bei der 1936 fertig gestellten Wiener Reichsbrücke über die Donau. Dort hätte man die mangelhafte Verdichtung des Betons an einem Brückenpfeiler unter dem Lager eines Pylons wegen der vorhandenen Verkleidung mit Quadermauerwerk aus Granit weder anhand von äußeren Hinweisen noch durch zerstörungsfreie Prüfverfahren erkennen können. Die Mängel am Beton haben nach extremen Änderungen der Tagestemperaturen im Sommer 1976 zum Einsturz geführt.

Eine besonders schwierige Aufgabe ist die Beurteilung von **historischen Bauwerken**. Wer will schon ohne gründliche Untersuchung die Hand dafür ins Feuer legen, dass eine mittelalterliche Festungsmauer nach einem starken Regen nicht auf einmal einstürzt.

10.2 Bauwerksprüfungen

Periodische Prüfungen sind Grundlage für die Sicherheit und für eine rechtzeitige Planung von ggf. nötigen Maßnahmen zur Instandhaltung und Instandsetzung. Sie sind bei Bauwerken so wichtig wie bei Kraftfahrzeugen. Für ihre Durchführung ist ein hohes Maß an Erfahrung, die Beherrschung der erforderlichen Prüfverfahren und viel Fingerspitzengefühl erforderlich. Schon seit 1930 gibt es die für die Überwachung von Ingenieurbauwerken die **DIN 1076.** Heute bestehen spezielle Regelwerke für Brücken und Tunnel der Bundesfernstraßen (RI-EWB-PRÜV), für die Ingenieurbauten der Deutschen Bahn (DS 803), für andere bauliche Anlagen des Bundes (RÜV) und für andere Bauten die **VDI-Richtlinie 6200** [VDI 10].

Seit 2008 führt ein **Verein zur Förderung der Qualitätssicherung und Zertifizierung der Aus- und Fortbildung von Ingenieuren und Ingenieurinnen der Bauwerksprüfung VFIB** Lehrgänge durch und fördert den Erfahrungsaustausch in Tagungen, [Naumann, 12].

Bei allen Prüfungen müssen **Bestandspläne** und möglichst auch ein **Bauwerksbuch** zur Verfügung stehen. Ebenso Berichte von **vorausgegangenen Prüfungen**, die oft wichtige Hinweise geben.

Mindestens **einmal im Jahr**, besser noch vor und nach jedem Winter, sollen alle Bauten einer **Überprüfung nach Augenschein** unterzogen werden, ähnlich wie dies bei Flugzeugen der Pilot vor jedem Start macht. Auch nach besonderen Ereignissen, wie **Sturm, Hochwasser, hohen Schneelasten oder Erdbeben**, sind solche Prüfungen nötig und den Bürgern meist auch verständlich. Wichtig ist dabei vor allem, neu aufgetretene **Risse, unplanmäßige Verformungen** und Mängel im **Wasserabfluss** aufzudecken. Zeigt sich bei der Prüfung ein Anfangsverdacht auf schwerer wiegende Mängel, sind weitere Untersuchungen nötig. Unabhängig davon müssen **alle 3 Jahre einfache Prüfungen (Sichtprüfungen)** durchgeführt werden.

Hauptprüfungen sind alle **6 Jahre** erforderlich. Sie erfordern eine gründliche Prüfung nach Augenschein und mit einfachen Geräten. Bei vielen Ingenieurbauten müssen dabei die Oberflächen zur Entfernung gelockerter Betonteile und Aufdeckung von **Hohlstellen** oder anderer Mängel mit einem Hammer abgeklopft werden. **Risse,** deren Öffnungsweite erheblich größer ist als der Bemessung der rissbreitenbeschränkenden Bewehrung zugrunde gelegt wurde, müssen dokumentiert und beurteilt werden. Dazu und zur genauen augenscheinlichen Beurteilung sind Gerüste, bei Brücken eigene Besichtigungsgeräte, nötig, Abb. 10.-1. Bei Verkehrstunneln, wo zur Prüfung nur kurze Verkehrssperren zur Verfügung stehen, ist man bemüht, mit Hilfe fahrbarer Messeinrichtungen automatisch innerhalb kurzer Zeit größere Verformungen und Risse aufzunehmen, zu dokumentieren und Veränderungen seit der letzten Prüfung zu erfassen. Wenn erforderlich, werden **Sonderprüfungen** durch einen sehr erfahrenen Fachmann, stets problemorientiert, durchgeführt. Zu den Prüfverfahren finden sich in Abschn. 11.3 und 11.6 Hinweise. Das Ergebnis von Sonderprüfungen ist Grundlage für die Frage, ob und ggf. wie Maßnahmen zur Sicherung von Tragfähigkeit, Gebrauchstauglichkeit und Dauerhaftigkeit (Korrosionsschutz) nötig sind und ob ggf. Einschränkungen der Nutzung oder gar Sperren veranlasst werden müssen. Auch wenn der Wunsch danach besteht, ob höhere Lasten als geplant zugelassen werden können. Für die Beurteilung dieser Fragen und die dazu nötige Simulation der Belastungszustände sind oft Ergebnisse früherer Prüfungen und – wenn vorhanden – von kontinuierlich erfassten Messwerten (Monitoring) von großem Vorteil. Bei besonders **risikobehafteten Bauten** können wiederkehrende Sicherheitsüberprüfungen von Bauaufsichtsbehörden oder den Eigentumsberechtigten veranlasst werden.

10.3 Folgerungen für Planung und Errichtung neuer Bauten

Bauwerke können nur so lange benutzt werden, wie **Ingenieure** für eine ausreichende Sicherheit die **Verantwortung übernehmen**. An die planenden Ingenieure muss daher der Appell gehen, die Bauwerke **robust** zu gestalten und so zu konstruieren, dass sie **leicht prüfbar** sind, vgl. Abschn. 1.6.2.

Abb. 10.1-1: Brückeninspektionsgerät (Moog GmbH)

Dazu müssen

- Stellen großer Beanspruchungen im Tragwerk zugänglich und **kontrollierbar** sein,
- Tragende Bauteile nötigenfalls konstruktiv und dauerhaft vor **Feuchtigkeit geschützt** sein und
- Bestandspläne und möglichst auch ein **Bauwerksbuch [DBV 07]** dem Prüfer zur Verfügung stehen.

Solche **Bestandspläne** und Aufzeichnungen aus der Bauzeit und von späteren Maßnahmen können aber nur als Grundlage verwendet werden, wenn sie

- gewissenhaft, dem **tatsächlichen Bestand** entsprechend gemacht wurden,
- bei allen Instandsetzungen und anderen baulichen Maßnahmen wie Umbauten oder Verstärkungen **aktualisiert** wurden,
- so übersichtlich sind und sich so auf das **Wesentliche beschränken**, dass sich der für die Prüfung der Sicherheit verantwortliche Ingenieur in angemessen kurzer Zeit ausreichend informieren kann,
- auch **ohne lange Suche zur Verfügung** stehen und
- auf Datenträgern sind, die auch nach vielen Jahrzehnten **noch lesbar** sind.

10.4 Monitoring

10.4.1 Arbeitsweise, Möglichkeiten und Grenzen

Unter Monitoring versteht man die **kontinuierliche Messung, Speicherung** und **Weiterleitung** von physikalischen Größen, wie Verformungen, Spannungen oder Temperaturen. Damit werden Informationen über den **Zustand** eines Bauwerkes gewonnen, welchen **Beanspruchungen**, etwa durch überladene LKW, und welchen äußeren **Einwirkungen** es ausgesetzt war, [DGZfP 2000]. Große Talsperren werden schon seit vielen Jahrzehnten mit automatischen Messeinrichtungen etwa für Verformungen, Spannungen, Porenwasserdrücke und Sickerwassermengen als Folge unterschiedlicher Füllung des Staubeckens ausgestattet, so dass man sich jederzeit auch im Winter, wenn die Sperre selbst nicht zugänglich ist und nur mit Videokameras beobachtet werden kann, ein Bild von ihrer Sicherheit machen kann.

In jüngster Zeit gewinnt Monitoring auch bei Brücken und anderen größeren Bauwerken an Bedeutung, [Kohlbrei 12]. Der Wunsch ist, vor gefährlichen Mängeln am Bauwerk gewarnt zu werden so wie beim Bremslicht moderner Autos, wo man jederzeit am Display ablesen kann, wenn eine Glühbirne erneuert werden muss. Von dieser Zielvorstellung ist nur ein bescheidener Teil in Reichweite.

Durch Messungen mit **Sensoren** erfassbar sind physikalische Größen wie Wege, Entfernungen, Dehnungen, Verschiebungen und Neigungen, Beschleunigungen, Schwingungen, Drücke, Feuchtigkeitsgehalte, Temperaturen, Chloridgehalte und pH-Wert sowie elektrochemische Potenziale, Widerstände und vieles andere mehr, [Große 07]. Die Sensoren müssen hinsichtlich **Messbereich** und **Empfindlichkeit** der Problemstellung angepasst sein, [Burkert 06]. Die Industrie hat in jüngster Zeit eine Reihe verbesserter Sensoren entwickelt, [Große 06]. Die Messwerte der Sensoren werden heute vielfach kabellos übertragen. Ihre Erfassung und Auswertung muss auch für einen weniger geschulten Bauingenieur eine zuverlässige Beurteilung besonderer Gefährdungen erkennen lassen.

In vielen Fällen gehen einem Versagen starke Verformungen voraus. Man kann heute den Abstand zu einem Zielpunkt, etwa in einer brüchigen Felswand, mit Laserdistanzsensoren auch ohne dort einen Reflektor anzubringen sehr genau messen und aus Veränderungen auf Bewegungen, etwa einen bevorstehenden Felssturz schließen.

In der Praxis hat sich gezeigt, dass die rauen Verhältnisse auf Baustellen und oft extreme Beanspruchungen durch Wasser, Temperaturänderungen, auch starken elektrischen Feldern, Eis und Schnee, ja auch im Hinblick auf **Korrosion der Messeinrichtungen** selbst, hohe Anforderungen stellen. Dazu kommen noch mögliche Ausfälle der Stromversorgung, Vandalismus und eine mitunter kostenaufwändige Wartung der Anlage, für die Mittel zur Verfügung gestellt werden müssen. Bei über Jahrzehnte laufenden **elektrischen** Messungen kann auch eine **Nullpunktdrift** zu Schwierigkeiten führen, weshalb zusätzliche mechanische Messeinrichtungen vorteilhaft sein können. Aus gutem Grunde sollten daher mit Anlagen zum Monitoring von Bauwerken nur auf diesem Gebiet erfahrene Institute beauftragt werden.

Die **Interpretation der Messergebnisse** erfordert in vielen Fällen Fachkompetenz und Erfahrung, weshalb eine Einschulung des örtlichen Personals nötig sein kann. So sind etwa bei Brücken die durch Temperaturgradienten verursachten Durchbiegungen mitunter sogar größer als jene infolge sehr hoher Belastung, was bei einem Schluss auf etwaige Brüche von Spanngliedern zu beachten ist. Auch wenn man aus Verformungen von Betonbauteilen auf deren Spannungszustand schließen will, kann dies z. B. eine realistische Abschätzung des Kriechmaßes voraussetzen, die nicht mit der nötigen Genauigkeit möglich ist.

10.4.2 Monitoring bei Neubauten

Dem Entwurf von Bauwerken liegen heute stets Modelle über das Verhalten des Baugrundes und der Baustoffe zugrunde, mit denen die Konstruktionen mit angemessener Sicherheit bemessen werden können. Bei hoch beanspruchten Bauwerken, **neuartigen Konstruktionen** oder nur unzureichend erkundbaren Untergrundverhältnissen kann es sinnvoll sein, die **Richtigkeit** der **Annahmen** bei der Belastung oder im Laufe der **Nutzung** zu prüfen, womit auch bessere Aussagen über die Sicherheit des Bauwerkes gemacht werden können. So erwies es sich beispielsweise bei der 200 m hohen Staumauer Kölnbrein als nötig, über 2000 Sensoren zu installieren, u. a. weil durch vorausgehende Untersuchungen des umgebenden Felsgesteins, wie bei jeder Talsperre, nur eine grobe Abschätzung des Verhaltens der Talflanken unter der Last des vollen Staubeckens gemacht werden konnte, aber genauere und absolut zuverlässige Grundlagen für die Beurteilung der Sicherheit notwendig sind.

Auch für die **Korrosionssicherheit** der Stahlbewehrung sind etwa bei Brückenpfeilern im Meerwasser Annahmen hinsichtlich Eindringens von Wasser und Chloriden ebenso wie einem möglichen Korrosionsfortschritt nötig, um die Betonzusammensetzung zu optimieren, [Hill 10]. Diese Annahmen können durch Messungen verifiziert werden. Um eine Prognose der zu erwartenden Lebensdauer zu machen, können **Korrosionssensoren** mit unterschiedlicher Betondeckung eingebaut werden, um abzuschätzen, wann die Depassivierungsgrenze die tiefer liegende Stahlbewehrung erreicht. Dabei werden die Korrosionsströme an Stahlstäben gemessen, die tiefengestaffelt, leiterförmig oder sternförmig verlegt wurden, [Schießl 04]. In ähnlicher Weise kann die Wassereindringtiefe mit einer **Multiringelektrode** und der elektrische Widerstand gemessen werden, [Schießl 94]. Es besteht natürlich die Gefahr, dass der Beton gerade dort, wo die Sensoren eingebaut wurden und gemessen wird, eine andere Zusammensetzung aufweist, etwa weniger Grobkorn enthält oder sich der Verbund mit den Metallteilen beim rauen Betrieb auf der Baustelle etwas gelockert hat. Daher hat es sich auch bewährt, Bohrkerne zu entnehmen, darin Sensoren einzubauen und anschließend wieder einzusetzen, [Bergmeister 06]. Bei Brücken in Meerwasser wurden auch schon größere Platten aus dem gleichen Beton wie dem der Brückenpfeiler an diesem an einer stark exponierten Stelle befestigt, so dass sie nach Jahren oder Jahrzehnten zur Entnahme von Proben zur Beurteilung des Bauwerksbetons herangezogen werden können, ohne dabei Proben aus dem Bauwerk entnehmen zu müssen.

Für die Beurteilung einer möglichen Korrosion eines Bauwerkes sind durch Monitoring gewonnene Ergebnisse eine wertvolle Hilfe. Sie ersetzen aber nicht die gründliche **Untersuchung der Bauwerksoberflächen**. Man darf nicht vergessen, dass für die Beurteilung der Tragsicherheit nicht nur einzelne Messpunkte, sondern alle erkennbaren Hinweise herangezogen werden müssen. Nach wie vor ist es leichter, Korrosion festzustellen, als sich Gewissheit zu schaffen, dass an keiner Stelle eine Korrosion aufgetreten ist, [Fluge 98].

10.4.3 Monitoring bei bestehenden Bauwerken

Eine dauernde messtechnische Überwachung mit nachträglich eingebauten Sensoren kann in kritischen Fällen sehr hilfreich sein, etwa vor Gefährdungen zu warnen, wenn sie sich durch übermäßige Verformungen ankündigen. Voraussetzung dazu ist, dass Störeinflüsse wie Temperaturänderungen und natürliche Erschütterungen berücksichtigt werden. Dabei ist zu beachten, dass durch ein solches Monitoring nur Gefährdungen, die sich durch Änderungen von messbaren Größen ankündigen, erfasst werden und **keine Warnung vor plötzlichem Versagen** geben können, [Sennewald 06].

Besondere Bedeutung hat die automatische Überwachung zum Schutz von Siedlungen und Verkehrswegen in Bereichen, in denen Hochwasser, Steinschlag, Lawinen- oder Murenabgänge oder andere Gefahren die Sicherheit von Menschen oder Bauwerken bedrohen, [Tschann 15]. Unverzichtbar kann ein Monitoring bei bereits **geschädigten Bauwerken** sein, etwa wenn man bis zur Erneuerung oder Instandsetzung eine Sperre vermeiden will.

Für eine Dauerüberwachung können in Betracht kommen:

- Veränderungen von Länge und Öffnungsweite bekannter Einzelrisse
- Dehnungen an Stellen von hoher Spannungskonzentration
- Durchbiegungen, Neigungen und Schwingweiten von Tragwerkselementen (z. B. Abspannungen von Kränen oder Masten)
- Stützensenkungen (z. B. bei Brücken)
- Spannglieddehnungen

Als Beispiel für eine Gefahrenabwehr sei das Monitoring bei der Innbrücke Kufstein genannt. Während der Hauptreisesaison 1990 wurde durch ein Hochwasser einer der gemeinsamen Brückenpfeiler von drei neben einander liegenden Tragwerken der Bundesstraße und der Autobahn unterspült. Die Tragwerke senkten sich um bis zu 1,24 m und drohten in den Inn und auf die daneben führende Bahn zu stürzen. Innerhalb von 4 Tagen wurde ein zweistufiges Mess- und Warnsystem aufgebaut, das Voraussetzung für die nötigen Sicherungsarbeiten am Brückenpfeiler und für den Einbau von Hilfsstützen war, [Wicke 91]. Es bestand aus induktiven Wegaufnehmern, elektronischen Schlauchwaagen, Neigungsmessern, sowie Drahtextensometern und war so ausgelegt, dass bei Überschreitung des unteren Grenzwertes der Messwagen an der Brücke eine Information erhielt, bei Überschreiten des oberen Grenzwertes die Signale der Bahnstrecke und Ampeln einer unter der Brücke führenden Straße auf rot gingen. Im Schutze dieser Einrichtung wurden die Sicherungsarbeiten durchgeführt, sodass die Bahn nach 9 Tagen ihren Verkehr wieder aufnehmen konnte und in der Folge die Arbeiten zur Instandsetzung der mit Rissen durchsetzten Tragwerke gesichert wurden.

11 Instandsetzen, Schutz und Verstärken von Betonbauwerken

11.1 Mängel und Schäden

11.1.1 Mängel und Schäden bei der Bauausführung

Wer eine Leistung oder eine Ware bestellt, hat Anspruch darauf, dass sie frei von Mängeln und Schäden ist, vgl. Abschn. 1.5. **Schäden** stellen eine Beeinträchtigung der Funktionstüchtigkeit dar und müssen behoben werden. Das gilt auch für **Mängel**, wenn es sich nicht nur um hinnehmbare Mängel, wie etwa geringe optische Abweichungen von der vereinbarten Qualität handelt, die vom Auftraggeber akzeptiert werden müssen, [Puche 05].

Wenn im Bauwesen häufiger als in anderen Wirtschaftsbereichen Mängel auftreten, so hat dies vor allem zwei Gründe.

- Bauwerke werden nicht wie Autos oder andere Produkte in Werkshallen vor **Wind und Wetter** geschützt in großen Serien hergestellt, sondern jedes einzelne ist ein nach einem **individuellen Plan** oft weitab von anderen ähnlichen Baustellen produziertes **Unikat**, bei dem allein schon wegen der **größeren Entfernungen** die Überwachung und Prüfung der Leistungen um vieles schwieriger ist als bei einer fabrikmäßigen Fertigung.
- Bauleistungen müssen vor ihrer Erstellung in **Bauverträgen, Plänen, Leistungsbeschreibungen beschrieben** werden. Der Preis muss in jedem Einzelfall durch die anbietende Firma kalkuliert werden, wobei den Auftrag der erhalten soll, der das **günstigste Angebot** erstellt. Bekanntlich wird der Auftrag aber in der Regel jenem erteilt, der das **niedrigste Angebot** gemacht hat. Dabei lässt sich schwer vermeiden, dass das gerade jener Unternehmer sein kann, der die zu erbringende Leistung unterschätzt hat, weil er davon weniger versteht als seine Konkurrenten. Aber welcher Auftraggeber kann das schon beurteilen, mehr noch, welcher öffentliche Bauträger kann schon gerichtsfest beweisen, dass ein niedriges Angebot grob fehlerhaft kalkuliert wurde oder der Billigstbieter nicht geeignet ist und verantworten, dass er den Auftrag um einen höheren Preis vergibt? Es gehört viel Erfahrung dazu, um vorab zu erkennen, dass ein anfangs kostspieliger erscheinender Weg der für den Auftraggeber der viel günstigere ist. Um wie viel besser haben es hier wiederum die Autofirmen und die meisten Produzenten von anderen Waren, die nach eigenem Ermessen ausgestattete Produkte fertig am Markt anbieten und dafür einen Preis verlangen, der der Marktlage, d. h. den ihnen stets bekannten Preisen der Wettbewerber entspricht.

Wenn ein Bauwerk fertig gestellt ist, erfolgt in der Regel die **Abnahme**, nachdem es vorher einer eingehenden Besichtigung unterzogen wurde. Etwaige Schäden und gravierende Mängel werden meist schon vor der Abnahme beseitigt. Mit der Abnahme beginnt die **Gewährleistungsfrist**. Sie kann vertraglich nach VOB auf 4 Jahre, nach BGB auf 5 Jahre und bei bestimmten Bauwerken auch auf längere Fristen vereinbart werden. Sie kann, wenn es Hinweise auf eine unzureichende Dauerhaftigkeit gibt, auch verlängert werden.

Die Frage, ob und ggf. wie ein Mangel zu beseitigen ist, stellt hohe Anforderungen an das Ingenieurdenken auf Seiten des Auftraggebers und des Auftragnehmers, wobei in zunehmendem Maße vertragsrechtliche und oft auch prüftechnische Fragen eine wichtige Rolle spielen. Nicht selten bestehen dazu noch zeitliche Zwänge oder auch betriebliche Schwierigkeiten, denn welcher Bauherr will schon, oder besser gesagt kann es sich schon leisten, eine eben erst für den Verkehr freigegebene Brücke wieder zu sperren, etwa weil Mängel an einer Übergangskonstruktion festgestellt werden mussten.

Viele Bauteile sind nach Fertigstellung des Bauwerks **nicht mehr zugänglich** und können daher nicht mehr überprüft werden oder aber können im Falle eines Mangels **nicht mehr instand gesetzt** werden. Man denke nur an eine unzureichende Druckfestigkeit eines Betons im Untergeschoss eines Hochhauses oder im Tragwerk einer Brücke. Auch wenn es – rein vertragsrechtlich – Sache des Auftragnehmers ist, ein mängelfreies Bauwerk zu erstellen, gibt es immer wieder Fälle, in denen die Behebung eines Mangels auch dem Auftraggeber erhebliche Nachteile bringt. Dies ist auch der Grund, weshalb es sich seit alters her bewährt hat, dass der **Auftraggeber** zusätzlich zum Auftragnehmer die kritischen, d. h. vor allem später nicht mehr prüfbaren oder schwer instand setzbaren Bereiche zusätzlich selbst **überwacht**, wozu nötigenfalls auch Sonderfachleute herangezogen werden. Dies gilt beispielsweise für Abdichtungen gegen Feuchtigkeit oder Druckwasser.

Weil eine Betonmische mit unzureichender Festigkeit meist erst nach vier Wochen bei der Würfelprüfung aufgedeckt werden kann, hat man Verfahren entwickelt, um besser zu verhindern, dass Fehlmischen eingebaut werden. Durch einen Preisabzug oder eine andere finanzielle „Strafe“ für den Auftragnehmer werden Gebrauchstauglichkeit und Langzeitverhalten des Bauwerks nicht besser. Vielmehr hat es sich vor allem bei schwierigen oder größeren Bauvorhaben bewährt, dass ein vom der Baufirma **unabhängiger Fachmann** die Bauarbeiten verfolgt und dafür sorgt, dass Mängel rasch **aufgedeckt und behoben** werden und Maßnahmen getroffen werden, um eine Wiederholung zu vermeiden.

Die Erfahrung zeigt, dass eine **unabhängige, hochqualifizierte Überwachung** von Bauarbeiten wesentlich zu einem guten Bauwerk beiträgt. Ihre Aufgabe ist es auch, Nachforderungen des Auftragnehmers qualifiziert zu prüfen, aber möglichst vom Anfang an auch dafür sorgen, dass keine unberechtigten Nachforderungen gestellt werden.

Ausführungsmängel sind besonders ärgerlich, wenn sie auf mangelnde Sachkompetenz oder Sorgfalt bei den Bauarbeiten oder auf fehlerhafte oder auch nur fehlerhaft beschriftete Materiallieferungen zurückzuführen sind. Jeder im Bauwesen Tätige weiß aber auch, dass selbst bei großer Sorgfalt Mängel auftreten können, weil auf Baustellen eben nicht alles so ablaufen kann wie in einer Uhrmacherwerkstätte.

Bei den Verhandlungen zwischen Auftraggeber und Auftragnehmer über die Mängelbeseitigung stehen oft seitens des Auftraggebers oder dessen örtlicher Bauüberwachung drei unterschiedliche Gesichtspunkte im Vordergrund:

(1) Der Auftragnehmer soll – insbesondere wenn die Ursache mangelnde Sorgfalt oder überzogenes Gewinnstreben war – für das bestraft werden, was er angerichtet hat, und allein schon im Hinblick auf die folgenden, noch zu erbringenden Leistungen gezwungen werden, eine penibel genaue Instandsetzung durchzuführen.

(2) Der Mangel soll so behoben werden, dass der Bauvertrag wortgetreu erfüllt wird.

(3) Das Bauteil soll mit einem angemessenen zumutbaren Aufwand so instand gesetzt werden, dass mindestens die ursprünglichen Anforderungen an Sicherheit, Dauerhaftigkeit, Gebrauchstauglichkeit und Aussehen erreicht werden. Man könnte diese Anforderungen auch so umschreiben, dass sowohl die Nutzer des Bauwerkes als auch jene, die das Bauwerk später erhalten und ggf. instand setzen müssen, über lange Zeit, d. h. über Jahrzehnte mit der ursprünglichen Leistung und der dabei u. U. erforderlich gewesenen Mängelbeseitigung zufrieden sein können. Wichtig ist, dass die Instandsetzung von Mängeln oder Schäden eines Neubaues nicht später zu einem erhöhten Instandsetzungsaufwand über die Lebensdauer des Bauwerkes führt.

Die unter (3) genannten Gesichtspunkte sollten stets im Vordergrund stehen.

Die Vorgangsweise und Möglichkeiten zur Behebung von Mängeln und Schäden, die während der Bauzeit festgestellt werden, entsprechen jenen, die erst während der späteren Nutzung auftreten.

11.1.2 Unzureichende Festigkeit des Betons

Ursache für unzureichende Festigkeit können Mängel bei der Herstellung des Betons sein, bei älteren Bauwerken auch Lösungsvorgänge als Folge von durchsickerndem Wasser, Frost oder andere Schädigungen.

Erreichen die **Probewürfel** zum vertraglich festgelegten Prüfzeitpunkt – meist im Alter von 28 Tagen – nicht die erforderliche Druckfestigkeit, so wird oftmals versucht, durch eine statistische Auswertung der Prüfergebnisse nachzuweisen, dass die Annahmekriterien dennoch erfüllt wurden. Wichtig für die Sicherheit eines Bauwerkes ist natürlich, **wo Mischen mit unzureichender Festigkeit** eingebaut wurden. War dies beispielsweise bei einem Brückentragwerk im Bereich der Spannköpfe oder bei einem Einfeld-Balken in dessen Mitte, ist eine **Einzelbetrachtung** unerlässlich, selbst wenn bestimmte Annahmekriterien gerade noch erfüllt werden sollten.

Meist können die Prüfergebnisse von Probewürfeln nicht den entsprechenden Bereichen im Bauwerk zugeordnet werden. Überdies sind einzelne unzureichende Druckfestigkeiten von Probewürfeln auch ein Hinweis, dass möglicherweise der Beton in anderen Bereichen des Bauteils eine noch niedrigere Festigkeit als der Probewürfel aufweist. Um Bereiche mit niedriger Festigkeit zu suchen, ist der Beton-Prüfhammer ein geeignetes Hilfsmittel, Abschn. 3.4.1.5.

Hatten die Probewürfel eine unzureichende Festigkeit oder liegen zu wenige Prüfergebnisse vor, ist eine Prüfung des Betons des fraglichen Bauteils meist nicht zu umgehen. Bestätigen die Ergebnisse einer Prüfung mit einem **Betonprüfhammer**, die mit Prüfergebnissen von **Bohrkernen** korrigiert werden, eine unzureichende Festigkeit, sind besondere Maßnahmen nötig. Bevor ein Abbruch und eine Erneuerung des Bauteils ins Auge gefasst wird, womit in der Regel erhebliche Folgeschäden und Bauzeitverzögerungen verbunden sind, versucht man, eine weniger aufwändige technische Lösung zu finden. Dabei wird vor allem der Frage nachgegangen, ob die Festigkeitsentwicklung des Betons vielleicht nur verzögert ist, etwa durch niedrige Temperaturen oder eine Fehldosierung oder Fehlreaktion eines Zusatzmittels, und ob durch die **Nacherhärtung** des Betons die erforderliche Festigkeit nicht doch innerhalb des Zeitraumes bis zur vollen Belastung erreicht werden kann. Dabei ist zu beachten, dass eine Nacherhärtung, d. h. eine Festigkeitszunahme, in einem Alter von mehr als 4 Wochen nur zu erwarten ist, wenn der Zement weiter hydratisieren kann, d. h. nicht in der Randzone von Bauteilen, wenn diese ständig Luftfeuchtigkeiten unter 85 % ausgesetzt sind. Dies fällt vor allem bei dünnwandigen Bauteilen ins Gewicht.

Die **Nacherhärtung** ist bei

- Zementen mit latent hydraulischen oder puzzolanischen sekundären Hauptbestandteilen (wie Hüttensand oder Trass) oder getrennter Zugabe solcher Zusatzstoffe wie beispielsweise Flugasche besonders groß,
- einer Anfangserhärtung bei niedrigen Temperaturen etwas größer,
- höheren *w*/*z*-Werten deutlich größer als bei niedrigen *w*/*z*-Werten,
- Zementen mit hoher Frühfestigkeit wie CEM 42,5 R oder CEM 52,5 ebenso wie bei Zement mit Kalksteinmehl (CEM II, L oder LL) klein und
- nach Frischbetontemperaturen über 25 °C und bei starker Erwärmung im Inneren massiger Bauteile etwas kleiner.

Selbstverständlich muss, wenn eine Nacherhärtung des Betons in Ansatz gebracht wird, auch der entsprechende Nachweis erbracht werden. Dabei ist es von großem Vorteil, wenn für die betreffende Betonsorte der **Erhärtungsverlauf** bekannt ist, d. h. Druckfestigkeitsprüfungen im Alter von 7, 28, 90 und möglichst auch 180 Tagen vorliegen, wobei die Austrocknungsbedingungen der Probewürfel jenen im Bauwerk entsprechen müssen. Ist dies nicht der Fall, muss die Festigkeit des Betons zum erforderlichen Zeitpunkt anhand von **Bohrkernen** ermittelt werden, vgl. Abschn. 11.3.4.

Ein anderer, mitunter gangbarer Weg, um einen Abbruch des minderfesten Betons zu vermeiden, besteht darin, durch eine Überprüfung der **statischen Berechnung** zu klären, ob im fraglichen Bereich nicht mit einer niedrigeren, nämlich der tatsächlich erreichten Festigkeit des Betons der Standsicherheitsnachweis geführt werden kann. Dabei muss auch geklärt werden, ob der minderfeste Beton andere, oft nicht explizit geforderte Anforderungen, die bei der geforderten Druckfestigkeit gewährleistet sein würden, wie Zugfestigkeit, Verschleißwiderstand oder Korrosionsschutz der Stahleinlagen (Carbonatisierungswiderstand) erreicht. Mitunter können zusätzliche Maßnahmen, wie der Auftrag von Oberflächenschutzschichten erforderlich sein, vor allem wenn die Anforderungen der erforderlichen Expositionsklasse nicht erfüllt werden. In einzelnen Fällen kann auch eine Verstärkung, etwa durch eine Ummantelung eines Pfeilers, zielführend sein, um trotz einer unzureichenden Betonfestigkeit die erforderliche Tragfähigkeit zu sichern, vgl. Abschn. 11.10.

Selbstverständlich führen Minderfestigkeiten auch zu vertragsrechtlichen Konsequenzen, auf die hier nicht eingegangen werden kann.

Fazit: Jeder, der Probleme mit unzureichender Betonfestigkeit einmal miterlebt hat, wird bestrebt sein, bei der Herstellung und dem Einbau von Beton **größte Sorgfalt** walten zu lassen. Denn eine wirklich rechtzeitige Behebung eines Mangels am Beton ist nur möglich, solange der Beton noch im Mischer ist, so dass fehlende Anteile nachdosiert werden können.

Erhärtetem Beton nachträglich, etwa durch Einpressen von Feinstzement oder Reaktionsharzen, eine höhere Festigkeit zu verleihen, muss auch heute noch Wunschträumen zugeordnet werden. Dazu sind die Kapillarporen viel zu fein. Nur bei haufwerksporigem Beton massiger Bauteile aus der Frühzeit des Betonbaues gab es Versuche, durch Einpressen eines Bindemittels das Gefüge zu verbessern.

11.1.3 Mängel und Schäden an bestehenden Bauwerken

Mängel und Schäden, die an bestehenden Bauwerken während ihrer Nutzung auftreten bzw. entdeckt werden, lassen sich vier verschiedenen Ursachen zuordnen.

(1) Mängel oder Schäden infolge **fehlerhafter Planung, Bauausführung** oder – was selten vorkommt – fehlerhafter **Baustoffe**. Sie werden in den meisten Fällen spätestens durch eine Bauwerksprüfung am Ende der Gewährleistungsfrist erkannt.

(2) **Unvermeidbare Mängel oder Schäden**, mit denen bei planmäßiger Nutzung gerechnet werden muss, z. B. durch Verschleiß oder Alterung.

(3) Mängel oder Schäden durch **unplanmäßige Nutzung**, z. B. Benutzung einer Brücke durch Schwerfahrzeuge, die die zulässige Höchstlast überschreiten.

(4) Mängel oder Schäden durch **äußere Einflüsse** wie Vandalismus, Verschmutzung von Sichtflächen oder dgl. oder auch durch **außergewöhnliche Ereignisse** wie Hochwasser, Murenabgänge oder Brände.

Die Prüfung des Betons und die Instandsetzung all dieser Mängel und Schäden unterscheidet sich nicht grundsätzlich von jener an Neubauten und wird daher gemeinsam behandelt.

11.2 Planung der Instandsetzung

Instandsetzungen von Bauwerken müssen sorgfältig geplant werden. Trotz der hierfür bestehenden Regelwerke ist bei Instandsetzungen in vielen Fällen ein besonders hohes Maß an Ingenieurdenken erforderlich. Die Richtlinie „Schutz und Instandsetzung von Betonbauteilen“ (SIB), kurz **„Instandsetzungsrichtlinie“** [DAfStb 01, letzte Berichtigung 14] ist bauaufsichtlich eingeführt, [Raupach 01]. Sie wird derzeit als Instand**haltungs**richtlinie erweitert überarbeitet und künftig neben der Instandsetzung auch Wartung und Inspektion enthalten. Der über 300 Seiten umfassende Entwurf enthält auch die bisher in der ZTV-ING und der ZTV-W enthaltenen Regelungen. Neuer Gelbdruck (Beuth Verlag) wird Anfang 2019, Weißdruck und Einführung der Richtlinie gegen Ende 2019 erwartet.

Für die für den Schutz und die Instandsetzung von Betontragwerken nötigen **Produkte und Systeme** wurden in den Jahren 2004 bis 2008 unter starker deutscher Beteiligung die 10 Teile der EN 1504 ausgearbeitet und inhaltlich in die Neufassung der Instandhaltungsrichtlinie eingearbeitet. In Österreich besteht die Richtlinie „Erhalten und Instandsetzung von Bauten aus Beton und Stahlbeton“, [ÖBV 14].

Von den durch das **Urteil des EuGH** notwendigen **Änderungen** beim Nachweis der Verwendbarkeit von Bauprodukten, vgl. Abschn. 1.5.2.3, sind auch die für die Instandsetzung von Bauwerken nötigen Produkte, wie **Rissfüllstoffe, Oberflächenschutzsysteme, kunststoffmodifizierte Mörtel usw.** betroffen. In der Übergangszeit, bis in die harmonisierten Europäischen Normen alle für die Bauwerkssicherheit notwendigen Anforderungen eingearbeitet sind, können keine niedrigeren als die bisher geltenden Leistungsnachweise gefordert werden. Zu den geänderten derzeitigen Möglichkeiten für den Nachweis siehe Abschn. 1.5.2.3. Für den Bereich der ZTV-ING (Teil 3 Massivbau, Abschnitt 4 Schutz und Instandsetzung) gelten die **„Hinweise für den Sachkundigen Planer** zur Festlegung von Leistungsmerkmalen zu Schutz- und Instandsetzungsprodukten hinsichtlich bauwerksbezogener Produktmerkmale und Prüfverfahren“. Für den Bereich des Wasserbaues ZTV-W LB 219 die „Hinweise für den Sachkundigen Planer zu bauwerksbezogenen Produktmerkmalen und Prüfverfahren“. Diese beiden 2017 erschienenen Hinweise können sinngemäß auch für andere Instandsetzungsmaßnahmen verwendet werden.

In Fällen, in denen ein Bauwerk stark geschädigt ist oder ein tiefer Abtrag vom noch festen, aber carbonatisierten oder chloridversuchten Beton notwendig ist oder aus anderen Gründen die **Standsicherheit des Bauwerks** gefährdet sein kann, sind besondere Maßnahmen erforderlich. Auch im Entwurf der neuen Instandhaltungsrichtlinie ist festgelegt, dass die Planung von Instandsetzungen von einem **„Sachkundigen Planer“** durchgeführt werden muss. Für die Ausführung der Arbeiten und deren Prüfung ist eine **„qualifizierte Führungskraft“** zuständig und verantwortlich, die, wenn das ausführende Unternehmen nicht zugleich die Planung der Instandsetzung übernimmt, mit dem sachkundigen Planer identisch sein kann. Sowohl Instandsetzungsrichtlinie [DAfStb 01] als auch ZTV-ING und ZTV-W verlangen, dass bei Arbeiten mit Kunststoffen und kunststoffmodifizierten Baustoffen der Kolonnenführer seine Fachkompetenz durch einen aufgrund einer Prüfung erlangten **SIVV-Schein** des Ausbildungsbeirates „Verarbeiten von Kunststoffen im Betonbau“ beim DBV nachweisen kann.

Als Grundlage für **Planung, Ausschreibung und Vergabe** müssen an einzelnen kennzeichnenden Stellen stichprobenartig Schädigungsart und -umfang festgestellt werden. Für diese Feststellung des Ist-Zustandes (Bauwerksdiagnose) werden **Schädigungstiefe, Carbonatisierung** und ggf. auch Eindringtiefe von **Chlorid** geprüft. Gleichzeitig muss auch überprüft werden, wie weit der Bestand mit den vorliegenden Plänen übereinstimmt. Aber erst wenn im Zuge der Instandsetzungsarbeiten der geschädigte Beton auf volle Tiefe entfernt worden ist, zeigt sich, wie weit der **tatsächliche Zustand** mit dem aus stichprobenartigen Voruntersuchungen gewonnenen Bild übereinstimmt. Bei Instandsetzungen insbesondere schwer geschädigter Bauteile kommt es mitunter vor, dass, ähnlich wie beim Vortrieb von Tunneln, **erst während der Arbeiten** die zu wählenden Maßnahmen an den oft täglich neu festzustellenden Sachverhalt anzupassen sind. Dies kann die nötige Tiefe des Abtrages, die Verfahren der Instandsetzung und nötige zusätzliche Maßnahmen betreffen. Nur bei kleinen, leicht überschaubaren Instandsetzungen und der Möglichkeit, umfassende Voruntersuchungen vorzunehmen, kann eine Instandsetzung so geplant werden, dass mit größeren Überraschungen während der Bauzeit nicht zu rechnen ist und schon bei der Vergabe ein Endpreis vereinbart werden kann.

11.3 Beurteilen und Prüfen von Beton in Bauwerken

11.3.1 Beurteilen der Betonoberfläche

Einen ersten Eindruck gewinnt man bei einer sorgfältigen Beurteilung der Betonoberfläche nach **Augenschein** und durch **Abklopfen mit einem Hammer**. Die Tiefe von Nestern (Entmischungen) und Hohlstellen kann meist nur durch Aufstemmen bestimmt werden.

Beton, der keinen äußeren Beanspruchungen ausgesetzt war, zeigt außen den Abdruck der Schalung oder bei horizontalen Flächen die Struktur vom Abgleichen. Bei geschalten Oberflächen ist hinter der äußeren Feinmörtelschicht zunächst ein Bereich mit etwas größerem Anteil an Grobkorn und erst in einer Tiefe von mehreren Zentimetern der Beton in seiner durchschnittlichen Zusammensetzung.

Im Freien direkt dem Regen ausgesetzter Beton verliert im Laufe der Jahrzehnte durch den **lösenden Angriff des Regenwassers** seine Schalhaut, so dass das Sandkorn allmählich freiliegt, Abschn. 4.5.2. Das Aussehen von Betonflächen im Freien kann erheblich beeinträchtigt werden, wenn sich – vor allem in Städten – Schmutz an der Oberfläche ablagert, der von Regenwasser nicht oder nur ungleichmäßig abgewaschen wird. Dazu kommen noch an Stellen, die immer wieder befeuchtet werden, **Mikroorganismen,** die die Betonoberflächen dunkel aussehen lassen.

Frostschäden können, besonders wenn Auftaumittel mit im Spiel waren, an schuppenförmigen Abwitterungen auf darunter liegenden ungeschädigtem Beton erkannt werden. Durch Frost kann aber die Betonstruktur auch tiefgehend geschädigt werden, wobei das durch das Gefüge oder über Risse eingedrungene Wasser, wenn es gefriert, eine Lockerung und späteres Abplatzen dicker Schalen verursacht, vgl. Abb. 4.4-1. Vergleichsweise harmlos für das Tragverhalten eines Betonquerschnittes ist dagegen das Ausfrieren einzelner, nicht frostbeständiger Gesteinskörner, sog. pop-outs.

Aussinterungen von Kalk zeigen, dass Wasser in das Betongefüge – meist durch Risse – eingedrungen ist, das im Beton stets vorhandene Calciumhydroxid gelöst hat und dann auf der Betonoberfläche abgetrocknet ist, vgl. Abb. 5.11-4. Eine rostbraune Verfärbung der Aussinterungen ist ein sicheres Zeichen für eine beginnende Stahlkorrosion. Linienförmig verlaufende Risse und Betonabplatzungen können auf Korrosion von **oberflächennahen Stählen** hinweisen.

11.3.2 Festigkeiten aus den Unterlagen der Bauzeit

Eine Beurteilung des Betons anhand der Planunterlagen aus der Bauzeit kann nur einen groben Anhalt für die zum gegenwärtigen Zeitpunkt vorhandene Festigkeit geben. Dabei muss beachtet werden, dass die **Festigkeitsklassen im Laufe der Zeit** immer wieder anders bezeichnet wurden, wobei auch die Anforderungen (Mindestwerte) unterschiedlich definiert wurden.

- Bis 1972: als Mittelwert einer Serie von 20-cm-Würfeln in kg/cm^2, z. B. B 300
- 1972 bis 1978: als 5 %-Fraktile einer Serie von 20-cm-Würfeln in kp/cm^2 („Nennfestigkeit“) und einem um 50 kp/cm^2 höheren Mittelwert, von mindestens 3 Würfeln („Serienfestigkeit“), z. B. Bn 250
- 1978 bis 2004: wie zuvor, aber in N/mm^2, z. B. B 25
- ab 2002 fakultativ, ab 2005 zwingend wie zuvor, jedoch bezogen auf einen Zylinder 15/30 cm oder 15-cm-Würfel, z. B. C 20/25.

Alle als Beispiel genannten Festigkeitsklassen entsprechen etwa gleichen Anforderungen:

B 300 ~ Bn 250 = B 25 ~ C 20/25

Ausführliche Angaben, auch über früher verwendete Betonstähle enthält das Merkblatt „Beton und Betonstahl“ [DBV 16].

In der Praxis kann man davon ausgehen, dass vor allem in früheren Jahrzehnten die geforderten Festigkeiten sehr oft schon bei der Güteprüfung im Alter von 28 Tagen deutlich überschritten wurden. Darüber hinaus spielte in all jenen Fällen, in denen der Beton nicht stärker austrocknen konnte, die Nacherhärtung eine wichtige Rolle. Nur in Innenräumen kommt in einer etwa 5 bis 10 cm dicken Randzone die Hydratation frühzeitig zum Stillstand. Bei Verwendung grob gemahlener Zemente, wie den bis in die Mitte des 20. Jahrhunderts am meisten verwendeten Zementen PZ 225 und bei Hüttenzementen, können im Kern dickerer Bauteile mit Festigkeiten bis zum Doppelten der geforderten 28-Tage-Festigkeit angewachsen sein.

Auch die Bezeichnung der Zemente wurde mehrmals geändert. Der meist verwendete normal erhärtende Zement hieß bis 1957 Z 225, anschließend Z 275, von 1970 bis 1978 Z 350, anschließend Z 35 und wird heute mit CEM 32,5 bezeichnet.

11.3.3 Abschätzen der Festigkeit durch zerstörungsfreie Prüfung

Hierfür wird der Rückprallhammer nach Schmidt oder der neue SilverSchmidt Prüfhammer verwendet, siehe Abschn. 3.4.1.5. Zur Bewertung der zerstörungsfrei oder/und an Bohrkernen ermittelten Druckfestigkeit für einen Tragfähigkeitsnachweis siehe DIN EN 13791 mit nationalem Anhang A20, Merkblatt Bewertung der In-situ-Druckfestigkeit [DBV 16] und [Knab 15]. Die Verbesserungen durch Verwendung des neuen SilverSchmidt Prüfhammers [Merkel 18] lassen Änderungen der Regelwerke erwarten.

11.3.4 Ermitteln der Festigkeit mit Bohrkernen

Die Entnahme und Prüfung von Bohrkernen ist zuverlässiger als jede zerstörungsfreie Prüfung, aber erheblich aufwändiger, DIN EN 12504-1. Vielfach sucht man deshalb mit einem Prüfhammer die Bereiche, in denen die niedrigste Festigkeit zu erwarten ist, und berücksichtigt dies bei der Auswahl der Entnahmestellen der Bohrkerne.

Weil keine Randeinflüsse auftreten, können Bohrkerne etwas kleiner sein als Probewürfel. **Durchmesser** von mind. 100 mm sind bis 32 mm **Größtkorn** nötig, bei Beton mit einem Größtkorn von höchstens 16 mm genügen 70-mm-Bohrkerne. Der Wunsch, die Festigkeit gerade in den Bereichen höchster Beanspruchung zu ermitteln und andererseits das Bauteil gerade dort nicht durch eine Kernbohrung zu schwächen, zwingt oft dazu, sich zunächst mit einem Prüfhammer einen Überblick zu schaffen. Kompromisse sind dennoch oft nötig. Werden Kerne mit nur 50 mm Durchmesser entnommen, sollte man stets die Ergebnisse von mindestens zwei, besser drei, benachbarten Prüfzylindern mitteln, um die an der Entnahmestelle vorhandene Festigkeit zu beurteilen. Die Bohrkerne sollten möglichst **keine Stahlbewehrung** enthalten, weil dies das Ergebnis verfälschen könnte.

Aus den Bohrkernen werden im Labor **Prüfzylinder** geschnitten, deren Höhe gleich dem Durchmesser ist. Die äußere Randzone des Bauteils wird möglichst nicht mitverwendet. Die Schnittflächen müssen eben geschliffen werden, damit die Proben an den ebenen Druckplatten gleichmäßig anliegen und keine Spannungskonzentrationen auftreten. Die Ebenheit muss mit einem Lineal gegen das Licht streng geprüft werden und die Probe nötigenfalls nachgeschliffen werden, will man zu niedrige Prüfergebnisse vermeiden, Abb. 11.3-1. Bei Beton mit mittlerer oder niedriger Festigkeit ist besonders wichtig, dass die vom Schneiden und Schleifen noch nassen Probezylinder mindestens einen Tag lang **trocknen** können. Erst dann werden sie gewogen und geprüft. Von der Möglichkeit, anstelle eines Abschleifens die Druckflächen mit rasch erhärtendem Mörtel abzugleichen, sollte man keinen Gebrauch machen, weil es dabei doch zu Einflüssen kommen kann, die das Ergebnis verfälschen.

Die an Bohrkernen ermittelten **Druckfestigkeiten** müssen im Alter von 28 bis 90 Tagen mindestens das 0,85fache der für Würfel oder Zylinder geforderten Festigkeit erreichen. Damit wird den Erhärtungsbedingungen und Imperfektionen des Betons im Bauwerk gegenüber jenen von gesondert hergestellten und gelagerten Würfeln oder Zylindern Rechnung getragen. Dass schlankere und/oder größere Probekörper niedrigere Druckfestigkeiten ergeben, muss nötigenfalls durch Umrechnung berücksichtigt werden, vgl. Abschn. 3.4.1.4.

In **wenig festem Beton**, wo mitunter sogar Hohlräume oder trotz sorgfältigen Bohrens auch Bruchflächen durch den Kern verlaufen, kann es schwierig sein, eine ausreichende Zahl von Probezylindern ohne Ausbrüche oder fehlende Kanten zu gewinnen. Für die Beurteilung des Ergebnisses ist wichtig, ob **alle Bohrkerne** vollständig entnommen und geprüft werden konnten oder ob das Bauteil auch **weniger feste Bereiche** enthält, aus denen **keine brauchbaren Kerne** entnommen oder aus den Kernen keine Probezylinder geschnitten werden konnten. Das muss bei der **Auswertung berücksichtigt** werden. Allgemein zeigt sich, dass aus Beton mit Druckfestigkeiten unter etwa 10 N/mm^2 keine brauchbaren Kerne gebohrt werden können. Nur wenn kein Grobkorn vorhanden ist, wie bei Mörtel, können bei noch etwas niedrigeren Festigkeiten prüffähige Probezylinder gewonnen werden.

Bei Kernbohrungen muss auch bedacht werden, dass damit betraute erfahrene Arbeiter sich stets bemühen, Bohrungen an Bereichen, in denen sie **niedrige Festigkeiten** vermuten, zu **vermeiden,** weil beim Bohren Schwierigkeiten auftreten können. Für die Entnahme suchen sie sich lieber Stellen aus, an denen sie mit **höhere Festigkeiten** rechnen.

Dass Bauwerksprüfung stets eine **Ingenieuraufgabe** ist, bestätigte sich bei der Prüfung des Bogens der aus der Frühzeit des Stahlbetons stammenden Grünwalder Isarbrücke. Das Bohren der Kerne am Bogen nahe dem Scheitel gelang anfangs in der sehr festen äußeren Randzone recht gut. Als es gegen die Mitte des 80 cm dicken Bogens ging, wurde es schwieriger, und das verwendete Spülwasser trat am Kämpfer des Bogens an mehreren Stellen aus. Das zeigte, dass sich im Bogen durchgehende Hohlräume zwischen festen Außenschalen befanden. Eine planmäßige

Abb. 11.3-1: Die Druckflächen jedes Prüfkörpers müssen eben sein, damit die Druckprüfung keine zu niedrige Festigkeit zeigt.

Berechnung der Festigkeit aus Prüfkörpern der entnommenen festeren Teile der Bohrkerne hätte eine Sicherheit vorgetäuscht, die bei weitem nicht vorhanden war.

11.3.5 Oberflächenzugfestigkeit (Abreißfestigkeit)

Nach der Instand**setzungs**richtlinie [DAfStb 01] und dem Entwurf der Instand**haltungs**richtlinie wird zur Prüfung der Oberflächenzugfestigkeit eine runde **Stahlscheibe mit 50 mm Durchmesser** als Prüfstempel mit einem rasch erhärtenden Reaktionsharz auf die Betonoberfläche geklebt und nach Erhärten des Klebers – meist am nächsten Tag – mit einer Zugvorrichtung normal zur Oberfläche abgezogen, Abb. 11.3-2, [Mann 11]. Vorher muss die Oberfläche des Betons gereinigt und auf die zu prüfende Tiefe abgetragen werden. Um zu kennzeichnenden Ergebnissen zu kommen, wird vor dem Aufkleben des Stempels mit einer Kernbohrmaschine mit einer 50-mm-Bohrkrone vorsichtig eine etwa 10 mm tiefe Ringnut in die Betonoberfläche gefräst. Wenn der Bruch in der Klebefläche auftritt, kann man nur daraus schließen, dass die Oberflächenzugfestigkeit des Betons höher ist als die Haftfestigkeit des Klebers.

Mit der Prüfung kann die Eignung einer bestehenden Betonoberfläche für das Aufbringen einer neuen Schicht ermittelt werden oder auch der **Verbund** einer zuvor aufgebrachten Schicht (Betonersatz oder Oberflächenschutz) mit dem darunter liegenden Beton. Dabei kommt dann der Frage, ob bei der Prüfung der Bruch im Betonuntergrund oder in der Verbundfläche aufgetreten ist, besondere Bedeutung zu.

Abb. 11.3-2: Zur Prüfung der Oberflächenzugfestigkeit wird ein Stahlstempel innerhalb einer vorher gefrästen Nut mit Epoxydharz angeklebt. Tags darauf wird der Stempel mit einer Zugvorrichtung abgerissen und aus der dazu nötigen Kraft die Oberflächenzugfestigkeit berechnet, (Foto ibb. Mangold).

Um zu beurteilen, ob die Oberflächenzugfestigkeit für den beabsichtigten Zweck ausreicht, ist viel Erfahrung nötig. Meist wird von Betonoberflächen vor dem Aufbringen einer neuen Schicht eine Oberflächen-

Tabelle 11.3-1: Altbetonklassen im Bereich der Instandsetzungsflächen

Altbetonklasse	Druckfestigkeit	Abreißfestigkeit	
	Mittelwert	Mittelwert	Kleinster Einzelwert
	N/mm²	N/mm²	N/mm²
A1	≤ 10	–	–
A2	> 10	≥ 0,8	≥ 0,5
A3	> 20	≥ 1,2	≥ 0,8
A4	> 30	≥ 1,5	≥ 1,0

zugfestigkeit von im Mittel mindestens 1,5 N/mm^2 mit Einzelwerten über 1,0 N/mm^2 gefordert. Wird eine weiche, d. h. sehr elastische Beschichtung aufgebracht, dann genügen auch niedrigere Festigkeiten. Erreicht eine Betonoberfläche nicht die nötige Zugfestigkeit, kann man versuchen, den Beton tiefer abzuarbeiten, was aber nicht immer zielführend ist.

11.3.6 Altbetonklassen

Für die Instandsetzung von Wasserbauten wurden **Altbetonklassen** definiert, die auch in den Entwurf der Instandhaltungsrichtlinie übernommen werden. Die Dauerhaftigkeit einer Instandsetzung hängt erheblich davon ab, ob ein auf den vorhandenen Altbeton abgestimmter Betonersatz verwendet wurde. In besonderem Maße gilt dies für Ziegelsplittbetone und beim Instandsetzen von Denkmälern und historischen Bauten.

11.3.7 Messungen mit Ultraschall und Hammerimpuls

Zum Prüfen des **Betongefüges** nimmt man **Ultraschallgeräte**, die Transversalwellen verwenden und die kein Kopplungsmittel erfordern. Die Prüfköpfe werden an das Bauteil gedrückt, sodass die Wellen eingeleitet werden und die **Laufzeit** bis zur Rückkehr des Signals gemessen werden kann. **Verdichtungsmängel** und andere Hohlräume können damit aufgedeckt werden. Auch **Dicken von Wänden** und anderen Bauteilen kann man auf diese Weise messen. Bei nur einseitig zugänglichen Bauteilen wie Tunnelinnenschalen ist dies bei Dicken bis zu 50 cm, bei engem Messraster und gut reflektierender Rückwand sogar bis nahezu 1 m möglich.

Aus Messungen der Laufzeit, die der Schallimpuls von einem Geber (Sender) bis zu einem entfernten, gegenüber oder nebenan liegenden Empfänger benötigt, kann man auch den **dynamischen E-Modul** berechnen oder Veränderungen einer Betonprobe etwa durch **Frostschädigung** ermitteln.

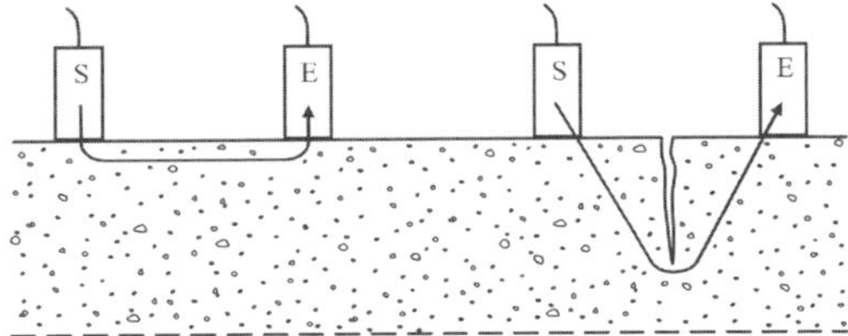

Abb. 11.3-3: Messung der Risstiefe mit Ultraschall: Tiefe Risse verlängern die Laufzeit zwischen Sender (S) und Empfänger (E)

Auch **Hohlräume,** etwa durch schlechte Verdichtung, können so aufgedeckt werden. Auch die **Tiefe von Rissen** in Betonbauteilen lässt sich mit Ultraschall feststellen.

Das **Hammerimpulsverfahren** wird bei Ortbetonpfählen verwendet, um auf die Länge und Beschaffenheit des Pfahles zu schließen. Dabei wird mit einem Schlag auf den Pfahlkopf ein Impuls ausgelöst. Die Impulswelle wird am unteren Pfahlende oder einer Fehlstelle reflektiert. Die Zeit, bis sie wieder bis zum Pfahlkopf zurückgekehrt ist, wird gemessen, [Reinhardt 07].

11.4 Baustoffe für Instandsetzungen

11.4.1 Mörtel und Beton

In der Regel sollen Mörtel und Betone, die bei Instandsetzungen eingesetzt werden, DIN FB 100 entsprechen und ähnliche Eigenschaften wie der Altbeton erreichen. Sie werden daher möglichst ähnlich zusammengesetzt. Das **Größtkorn** soll höchstens 1/3 und mindestens 1/15 der Schichtdicke betragen. Wenn es um das Aussehen geht, ist darüber hinaus viel Erfahrung und handwerkliche Kunstfertigkeit nötig, soll ein ausgebesserter Bereich als solcher nicht zu deutlich erkennbar sein, vgl. Abschn. 8.9.9.2.

Hohe Frühfestigkeit ist nötig, wenn Instandsetzungen nur während kurzer Betriebspausen, wie beispielsweise an Landebahnen von Flughäfen, möglich sind, vgl. Abschn. 5.8.1 und 8.1.8. In der Erstprüfung muss geklärt werden, ob sich bei den während der Instandsetzung zu erwartenden Temperaturen die erforderlichen Frühfestigkeiten erreichen lassen. Wird Frischbeton mit Temperaturen, die erheblich über jener des auszubessernden Bauteils liegen, verwendet oder/und ist mit eine starke Erwärmung während der Erhärtung zu erwarten, ist zu beachten, dass sich der eingebrachte Beton beim allmählichen Abkühlen auf die Umgebungstemperatur zusammenzieht.

Bei Korrosion von Betonstahl sollte als Bindemittel für Mörtel und Beton Portlandzement (CEM I) bevorzugt werden, weil dieser eine größere Alkalitätsreserve aufweist. Bei Vorhandensein von Chloriden sind C_3A-reiche Portlandzemente (also keine HS- oder LH-Zemente) von Vorteil. Sie haben ein höheres Chloridbindevermögen und können eher noch vorhandene Chloridreste unschädlich binden.

11.4.2 Kunststoffmodifizierte Mörtel und Beton

Siehe Abschn. 6.9. Sind dickere Schichten in Verbund aufzubringen, dann wird in der Regel üblicher Beton und oft auch eine kunststoffmodifizierte Haftbrücke verwendet. Sie trocknet dank ihres großen Wasserrückhaltevermögens nur langsam aus, was das rechtzeitige Aufbringen des frischen Betons erleichtert.

11.4.3 Spritzbeton und Spritzmörtel

In vielen Fällen führt man Instandsetzungen im Spritzverfahren durch, wobei man bei Schichtdicken über 30 mm meist **Spritzbeton SCC** mit 8 mm Größtkorn, bei dünneren Schichten **Spritzmörtel** mit 2 mm oder 4 mm Größtkorn verwendet. Vorteilhaft ist dabei vor allem der einfache flächige Auftrag ohne Schalung und im guten Verbund, ohne dass eine Haftbrücke nötig wäre. Nur für horizontale Bodenflächen eignet sich Spritzbeton nicht, weil der Rückprall liegen bleibt.

Wegen der besseren Verarbeitbarkeit und verringerten Reißneigung verwendet man heute meist Spritzbeton oder Spritzmörtel mit **Polymerzusatz**, sog. **SPCC** (sprayed polymer cement concrete), der als Trockenmischgut angeboten wird, vgl. Abschn. 6.9.

Für Instandsetzungen und Verstärkungen werden im Vergleich zum Tunnelbau nur sehr geringe Mengen an Spritzbeton gebraucht, die allerdings jederzeit auch für kleine Bereiche zur Verfügung stehen sollen. Deshalb nimmt man meist kleine Maschinen und Fertigspritzbeton als Sack- oder Siloware. Bis 25 mm Auftragsdicke begrenzt man das Größtkorn auf höchstens 4 mm. Bei mehrschichtigem Auftrag oder dickeren Schichten arbeitet man mit 8 oder 11 mm, bei massigen Bauteilen sogar mit 16 mm Größtkorn. Wird textile Bewehrung eingespritzt, genügen sehr dünne Schichten mit 1 mm Größtkorn der Gesteinskörnung, vgl. Abschn. 9.9.3.

Höhere Festigkeitsklassen vermeidet man. Wenn erforderlich, können instand gesetzte Oberflächen glatt und annähernd so eben wie der geschalte Altbeton hergestellt werden. Durch Glätten der Oberflächen wird die Dauerhaftigkeit aber nicht verbessert. Deshalb belässt man, wenn nicht besondere Gründe vorliegen, die Oberflächen spritzrau.

Die Anforderungen an den **Düsenführer** für den Auftrag von den bei Hochbauten meist dünnen Schichten unterscheiden sich ganz erheblich von jenen, die für den Tunnelbau gestellt werden müssen.

11.4.4 Oberflächenschutzsysteme

Oberflächenschutzsysteme dienen dazu, unzureichend widerstandsfähigen Beton zu schützen oder den Abnutzungswiderstand zu vergrößern. Man muss davon ausgehen, dass diese Systeme selbst verhältnismäßig empfindlich sind, vor allem wenn sie nur in dünner Schicht aufgetragen werden können. Ihre Nutzungsdauer reicht selbst bei sorgfältiger Instandhaltung oft nicht an jene von Beton, für den sie im Description-Konzept mit mindestens 50 Jahre zugrunde gelegt wurde, heran. Bei Neubauten sollte man, wenn mit sehr hohen Beanspruchungen des Betons gerechnet werden muss, Oberflächenschutzschichten nur einplanen, wenn auch besondere betontechnische Maßnahmen für eine ausreichende Widerstandsfähigkeit nicht ausreichen. Wenn es darum geht, die Nutzungsdauer bereits vorhandener Betonbauteile zu verlängern, sind Oberflächenschutzsysteme eine wertvolle Hilfe.

In jedem Einzelfall muss beurteilt werden, welche der folgenden Anforderungen an das Schutzsystem gestellt werden müssen:

- Reduzierung der CO_2-Diffusion bei unzureichender Dicke der Betondeckung
- Wasserdampfdurchlässigkeit, durch die ein Austrocknen des dahinter liegenden Betons gefördert wird.
- Reduzierung des Eindringens von Wasser, u. a. zur Vermeidung von Frostschäden
- Reduzierung des Eindringens von Chloriden und anderen Stahl angreifenden Stoffen
- Fähigkeit zur Rissüberbrückung
- Eignung für begehbare und befahrbare Flächen oder stärkere mechanische Beanspruchungen

- optische Wirkung bzw. farbliche Gestaltung
- falls erforderlich Hitzebeständigkeit bis 250 °C (kurzzeitig), d. h. Eignung für das Aufflämmen bituminöser Dichtungsbahnen

Eigenschaften und die Verwendung von Oberflächenschutzsystemen werden in der Instandhaltungsrichtlinie, welche zurzeit nur als Gelbdruck vorliegt, genauer beschrieben.

OS 1 enthält Silane oder Siloxane und dient zur Hydrophobierung, wodurch zeitlich eng begrenzt die Wasseraufnahme von vertikalen oder geneigten Flächen reduziert werden kann.

OS 2 ist eine mind. 0,08 mm dicke, mind. zweischichtig aufgebrachte Beschichtung für nicht begeh- und nicht befahrbare Flächen zur Erhöhung des Karbonatisierungswiderstandes von Flächen mit ausreichendem Wasserabfluss oder auch im Sprühnebelbereich von Auftausalzen.

OS 4 unterscheidet sich von OS 2 durch erhöhte Dichtigkeit und erfordert vorab eine Kratz- oder Ausgleichsspachtelung

OS 5 eignet sich für frei bewitterte, nicht begeh- und nicht befahrbare Flächen und kann in geringem Maße Risse überbrücken. OS 5a enthält eine Polymerdispersion, die in mind. zweimaligem Auftrag eine Dicke von mind. 0,3 mm erreicht. OS 5b (Dichtungsschlämme) besteht aus einem Polymer-Zement-Gemisch und wird in mind. zwei Schichten aufgetragen, wodurch sie eine Dicke mind. 2,0 mm erreicht.

OS 8 ist eine mind. 2,5 mm dicke starre Beschichtung aus Epoxydharz oder 2K-PMMA für befahrbare, mechanisch oder auch chemisch stark belastete Flächen.

OS 11 ist eine begeh- und befahrbare Beschichtung mit erhöhter dynamischer Rissüberbrückungsfähigkeit für freibewitterte Flächen. OS 11a besteht aus einer elastischen, mind. 1,5 mm dicken Schwimmschicht und aus einer mind. 3,0 mm dicken verschleißfesten Deckschicht. Für eine mind. 4,0 mm dicke OS 11b wird nach der Grundierung eine verschleißfeste vorgefüllte Oberflächenschutzschicht aufgebracht und abgestreut, darüber kommt mind. eine Deckversiegelung.

OS 14 (geplant) besteht aus einem flexiblen Reaktionsharz als Schwimmschicht und einer zusätzlichen verschleißfesten vorgefüllten Deckschicht aus Reaktionsharz (abgestreut) und ggf. einer Deckversiegelung, insgesamt mind. 6 mm dick. OS 14 eignet sich auch für Bauteile mit Trennrissen und mechanischer Beanspruchung, wie auf direkt befahrenen freibewitterten Parkdecks.

Die bisherige **OS 10** ist eine rissüberbrückende Beschichtung, die in den TL-BEL-St-B, Teil 3 [FGSV 95] des Straßenbaues beschrieben wird, weil sie stets eine Fahrbahndecke als Nutzschicht erfordert.

Es versteht sich von selbst, dass rissüberbrückende Systeme, die in geringem Maße verformbar sein müssen, bei hohen mechanischen Beanspruchungen, wie sie beispielsweise auf Rampen von Parkhäusern auftreten, nicht so verschleißfest und somit nicht so dauerhaft sein können wie starre Systeme.

11.4.5 Verwendbarkeit von Stoffen für Schutz, Instandsetzen und Verstärken von Beton

Bei **Oberflächenschutzsystemen, polymermodifizierten Mörteln und** ähnlichen **Fertigprodukten** sind Schlüsse aus den Eigenschaften der verwendeten Polymere und sonstigen Zusätze auf die Verarbeitungs- und Gebrauchseigenschaften der im Handel erhältlichen Produkte und Systeme nur in sehr begrenztem Umfang möglich, auch stehen in der Regel dazu kaum Angaben zur Verfügung. Umso wichtiger sind daher die **Nachweise**, dass nicht nur die einzelnen Produkte, sondern auch das daraus **zusammengesetzte System** für den entsprechenden Anwendungszweck geeignet ist. Sie werden nicht für den Polymerzusatz, sondern auch bei den üblicherweise werksgemischten Betonersatzsystemen für das gebrauchsfertige Produkt, meist bestehend aus Zement, Gesteinskörnungen und Zusätzen oder entsprechend modifizierten Polymeren, erbracht.

Die nachzuweisenden Prüfungen umfassten bisher eine Grundprüfung als **Verwendbarkeitsnachweis**, eine **werkseigene Produktionskontrolle** (WPK) und die Überwachung durch eine Zertifizierungsstelle.

Von praktischem Vorteil ist es, dass alle von der Bundesanstalt für Straßenwesen zertifizierten Stoffe und Stoffsysteme in einem **Verzeichnis** (früher „Liste") mit taggenauem Stand geführt werden und von jedermann über Fax-On-Demand 02204 43 144 oder im Internet http://www.bast.de/htdocs/qualitaet/document/docu.htm abgerufen werden können. Diese Verzeichnisse werden trotz der Änderungen im Bauproduktenrecht (Abschn. 1.5.2.3 und 11.2) oft verwendet, um die Leistungsfähigkeit unterschiedlicher Produkte und Systeme zu vergleichen.

Zweckmäßig werden für Haftbrücken, Instandsetzungsmörtel bzw. -beton und ggf. erforderliche Oberflächenbeschichtung aufeinander abgestimmte Systeme **desselben Herstellers** verwendet, auch um bei Mängeln einen Haftungsausschluss eines Herstellers zu vermeiden.

Die Anforderungen an Instandsetzungssysteme sind streng, die Prüfungen aufwändig. Ein Vergleich zu früheren Zeiten, als diese Anforderungen noch nicht bestanden, zeigt aber, dass damit ein wesentlicher Beitrag zu einer hohen Güte und zuverlässigeren Anwendung geleistet wird. Unerwünschte Verseifungserscheinungen, große Festigkeitsverluste bei Wassereinwirkung und ähnliche Fälle gehören der Vergangenheit an. Dennoch muss davon ausgegangen werden, dass die Dauerhaftigkeit der Produkte unterschiedlich zu bewerten ist und erheblich von der Anwendung, Beanspruchung und Instandhaltung beeinflusst wird.

11.5 Instandsetzen von Beton

11.5.1 Ausbessern von Oberflächenschäden

Wenn es möglich ist, wird man Oberflächenschäden immer durch Abschleifen von vorstehenden Kanten, Abschrägungen oder dgl. in einen befriedigenden Zustand überführen. Beim Auftrag eines Betonersatzsystems bleibt meist ein kleines Restrisiko, dass sich bei Ausführungsfehlern und hohen Beanspruchungen im Laufe vieler Jahre der Verbund lösen könnte.

Vor dem Auftrag eines Betonersatzsystems ist eine genaue Prüfung des hierfür vorbereiteten Altbetons, vgl. Abschn. 11.3, nötig. Liegen **Stähle frei,** dann müssen ihre Oberflächen durch mit Zement gebundene Mörtel mit oder ohne Kunststoffzusatz (PCC oder Zementmörtel) passiviert und so vor Korrosion geschützt werden.

Reaktionsharze und damit gebundene **Polymermörtel (PRM)** und **Polymerbetone (PRC)** eignen sich **nicht** für einen direkten Auftrag auf Stahloberflächen, weil sie diese nicht passivieren können. Werden sie auf einer Stahlbewehrung oder anderen Bauteilen aus Stahl aufgebracht, sind in Randbereichen und bei Feuchtigkeitszutritt schon nach wenigen Jahren erhebliche neue Korrosionsschäden zu erwarten, wenn die Stahloberflächen nicht zusätzlich mit mineralischem Korrosionsschutz geschützt werden.

Wenn durch allmähliches Lösen des Verbundes des Betonersatzes eine Gefährdung entstehen kann, wie beispielsweise durch abfallende Mörtelstücke in Straßen- und Eisenbahntunneln, können zusätzliche Maßnahmen nötig sein. Ein Weg hierzu besteht darin, die ausgebesserte Fläche mit einem zähfesten Oberflächenschutzsystem OS 5b (Dichtungsschlämme) zu versehen. Dadurch wird die Verbundfuge vor häufigem Feuchtewechsel geschützt und somit dauerhafter gemacht. Darüber hinaus verhindert die etwa 2 mm dicke zähe Schicht ein spontanes Abfallen lockerer Teile.

11.5.2 Verbund zwischen altem und neuem Beton

Die Frage, wie ein guter Verbund zwischen einem bestehenden schon erhärteten und neuen Beton erzielt werden kann, stellt sich bei Neubauten und auch im Zuge von Instandsetzungen und Verstärkungen. Man denke etwa an den Verbund zwischen Fertigteilen und Ortbeton, an das Ausbetonieren von Öffnungen in Wänden, an Verbundestriche, an Ausbesserungen mit Spritzbeton oder an das lagenweise Betonieren von Brückenpfeilern oder Schleusenwänden. In der Regel ist eine Stahlbewehrung nötig, um den Verbund des neuen Betons mit dem bestehenden Bauteil zu sichern. Sie schützt aber nur vor einem stärkeren Öffnen der Verbundfuge, der Verbund selbst muss durch technologische Maßnahmen erzielt werden. Dabei ist zu beachten:

(1) Der Altbeton muss so weit abgetragen werden, bis das in eine **gesunde Struktur eingebettete Grobkorn frei liegt**. Der oberste Feinmörtel des Betons ist meist weniger fest und muss in jedem Fall entfernt werden, das Gleiche gilt für alle lockeren oder weniger festen Bestandteile des Altbetons, wie sie auch bei **Frostschäden** auftreten. Ragt das Grobkorn mit seinen Kuppen heraus, wird die Verbundfläche vergrößert und Scherkräfte können leichter aufgenommen werden. Besonders bewährt hat sich ein Abtrag mit einem **Hochdruckwasserstrahl**, weil dabei nicht nur eine raue Oberfläche zurückbleibt, sondern auch alle nur angerissenen Teile abgesprengt werden, vgl. Merkblatt [DBV 99]. Damit lassen sich auch alle Betonstähle mühelos freilegen, bei niedrigen Druckstufen bleiben selbst Bindedrähte ungeschädigt. Auch andere Strahlverfahren sind geeignet, wenn sie die Oberfläche des Altbetons nicht zu glatt polieren. Ein mechanischer Abbruch von Altbeton, etwa mit **Betonfräsen** oder **Pressluftwerkzeugen** ist noch immer eine sehr leistungsfähige Alternative. Allerdings gelingt es dabei kaum, Stahleinlagen unbeschädigt zu lassen. Auch verbleiben in der Oberfläche des Altbetons vielfach feine Anrisse, die den Verbund erheblich beeinträchtigen. Oberflächen, die mit Pressluftwerkzeugen freigelegt werden, muss man immer nachbearbeiten, am besten mit einem Hochdruckwasserstrahl. Dabei entstehen auch in feinen Anrissen so hohe Wasserdrücke, dass alle weniger festen Teile abgesprengt werden.

(2) Der Altbeton soll **nicht stark wassersaugend** sein. Dazu wird seine Oberfläche vor dem Aufbringen des neuen Betons befeuchtet. Doch Vorsicht: Die Oberfläche darf, wenn der neue Beton aufgebracht wird, nicht mehr glänzend nass sein,

weil sich dadurch der *w*/*z*-Wert in der wichtigen dünnen Verbundschicht unzulässig erhöhen würde. Die Oberfläche soll **mattfeucht** sein. Besondere Vorsicht ist bei horizontalen Flächen geboten. Bleibt Wasser länger darauf stehen, löst es Calciumhydroxid aus dem Gefüge. Trocknet dann das Wasser ab, bleibt ein hauchdünner Kalkfilm zurück, der den Verbund beeinträchtigt.

(3) Um das Grobkorn des nachfolgenden Betons gut einzubetten, bringt man entweder eine **Haftbrücke** auf oder es wird als erste Schicht ein mörtelreicher Beton aufgetragen. Als Haftbrücke haben sich auch Zement-Feinsandgemische 1 : 1 mit fließfähiger Konsistenz bewährt. Kunststoffmodifizierte Haftbrücken sind vorteilhaft, weil sie langsamer abtrocknen und somit das nötige Arbeiten **frisch auf frisch** erleichtern. Die erste dünne Mörtelschicht oder Haftbrücke sollte in die Oberfläche **eingebürstet** werden, weil damit der Verbund erheblich verbessert werden kann. Für eine „**Anschlussmische**" kann man mit kleinerem Grobkorn, etwa 8 mm arbeiten. Bei fließfähigem Beton verzichtet man auf Anschlussmischen, was einen besonders sorgfältigen Einbau erfordert. All dies entfällt, wenn man Spritzbeton einsetzt, bei dem der Anpralldruck für guten Verbund sorgt.

(4) Muss an horizontale oder schwach geneigte Flächen **von unten anbetoniert** werden und wird dabei der Beton erst an Ort und Stelle verdichtet, entweicht die durch das Rütteln ausgetriebene Luft nach oben in die Verbundfläche und verbleibt dort in großen **Luftblasen**. Verhindern kann man dies, wenn man Flächen, an die von unten anbetoniert werden soll, so stark abschrägt und glättet, dass keine Luftblasen hängen bleiben. Ein anderer Weg besteht darin, den Beton schon neben solchen Flächen zu verdichten und ihn so erst unter die obere Begrenzungsflächen zu treiben, wenn er schon entlüftet ist, vgl. Abb. 7.6-2. Der Beton darf keinesfalls Bluten, weil jede Wasserschicht an der Oberfläche einen Verbund verhindert. Weiche oder fließfähige Konsistenz kann aber von Vorteil sein. Durch Nachrütteln lässt sich der Verbund verbessern.

(5) Auch das natürliche **Setzen** des Betons, das Absacken von hohen Betonschichten, kann einen Verbund verhindern, auch wenn es nicht einmal einen Millimeter ausmacht, Abschn. 3.2.9. Um es zu vermeiden, ist es hilfreich, mit einem seitlichen **Überstand** zu arbeiten, gleichsam mit einem Schalungs- „Rucksack", der bis über die Verbundfläche reicht. Der dort eingebrachte Beton wird mit dem bis unter die Verbundfläche reichenden Beton kurz vor dem Erstarren **nachgerüttelt**, Abb. 11.5-1.

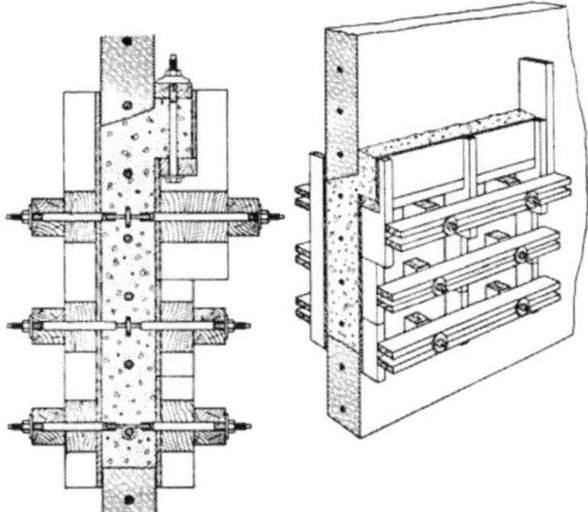

Abb. 11.5-1: Verschließen einer Wandöffnung mit seitlich überstehendem „Rucksack", der am nächsten Tag abgebrochen wird, (Walz).

Den vorstehenden Beton bricht man ab, sobald er am nächsten Tag eine ausreichende Festigkeit erreicht hat. All diese Probleme erspart man sich, wenn man solche Arbeiten mit Spritzbeton ausführt.

(6) **Nachbehandlung** ist umso wichtiger, je dünner die aufgebrachte Schicht des neuen Mörtels oder Betons ist, weil dünne Schichten vom Untergrund nur sehr wenig Wasser nachsaugen können.

(7) Bei **massigen Ausbesserungen** wie beim Verschließen von Öffnungen dickere Wände oder Fahrbahnplatten von Brücken spielt die **Temperatur** eine wichtige Rolle. Der neue Beton sollte **nicht wärmer** als der umgebende alte Beton sein und sich nur wenig erwärmen. Füllt man im Winter eine Öffnung in einer Wand oder einer Platte, deren Temperatur nur wenig über dem Gefrierpunkt liegt, und verwendet dazu stark erwärmten Beton, erhärtet er bei hoher Temperatur und zieht sich beim Abkühlen zusammen, sodass sich an den Verbundfugen Risse bilden können. In solchen Fällen kann man in den Fugen vorsorglich Injektionsschläuche anbringen, durch die man ein Kunstharz oder, wenn der Korrosionsschutz des Stahles wichtig ist, Zementsuspension oder Zementleim einpressen kann, vgl. Merkblatt Injektionsschlauchsysteme [DBV 10].

Der Erfolg, nämlich ein guter Verbund zwischen altem und neuem Beton, wird entscheidend von der **Arbeitsweise** und nur an zweiter Stelle von den eingesetzten Baustoffen bestimmt. Beim Bau von Staumauern, wo der Beton in 2,5 bis 4 m hohen Schichten

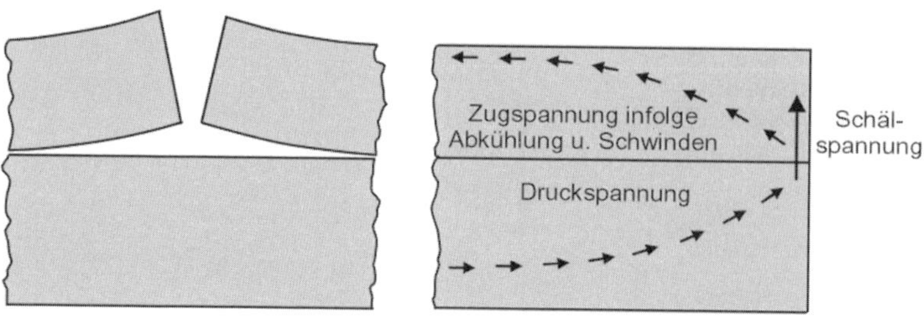

Abb. 11.5-2: Wenn dünne Betonschichten auf bestehendem Altbeton aufgebracht werden und sich nach Überschreiten einer Anfangsfestigkeit abkühlen und/oder schwinden, treten Zugspannungen parallel und Schälspannungen senkrecht zur Oberfläche der neuen Schicht auf

im Abstand von mehreren Tagen eingebaut wird, ist es dank sorgfältiger Anleitung und Überwachung gelungen, die horizontalen Arbeitsfugen so herzustellen, dass Bohrkerne, die senkrecht über die Arbeitsfuge entnommen wurden, bei einer anschließenden Zugprüfung in der Regel nicht in der Fuge, sondern daneben gerissen sind.

11.5.3 Dünne Schichten auf Beton

Oberflächenschutzschichten haften dauerhaft nur, wenn der Untergrund ausreichend **fest** und **rau** ist. In den meisten Fällen muss er aufgeraut oder sogar abgearbeitet werden. Dazu verwendet man einen Hochdruckwasserstrahl oder trocken ein Kugelstrahlgebläse oder eine Betonfräse. Für OS 8 soll der Mittelwert der Oberflächenzugfestigkeit mind. 2 N/mm^2 betragen, für OS 11 und OS 14 reichen 1,5 N/mm^2, für OS 4 und OS genügen auch 1,3 bzw. 1,0 N/mm^2. Die mit dem Sandfleckverfahren gemessene Rautiefe soll mindestens 0,5 mm betragen. Zu Ablösungen einer OS 8 kann es nach wenigen Jahren selbst auf Beton von hoher Festigkeit kommen, wenn die Oberfläche keine ausreichende Rautiefe aufgewiesen hat.

Werden dünne **Schichten von Mörtel oder Beton** auf alten Beton etwa einer Platte oder Wand aufgebracht, dann muss, vor allem wenn sie im Freien stärkeren Änderungen von Temperaturen und Feuchtigkeit ausgesetzt sind, die alte Putzregel beachtet werden, nämlich, dass

- die **Steifigkeiten** von innen nach außen **abnehmen** und
- die **Wasserdampfdurchlässigkeit** von innen nach außen **zunehmen** soll.

Die neu aufgebrachte Schicht soll nicht nur wenig schwinden, sondern am ersten Tag vor Erwärmung geschützt werden, besser sogar noch kühl gehalten werden. Verkürzt sie sich später, entstehen Zug-

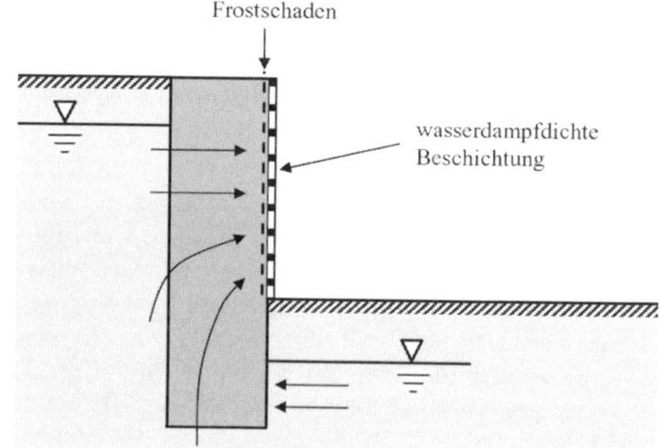

Abb. 11.5-3: Auf Beton niedriger Festigkeit führt eine wasserdampfdichte Beschichtung dazu, dass sich Wasser durch kapillares Saugen und Diffusion hinter der Beschichtung anreichert und der Beton dort durch Frost zerstört wird

spannungen parallel zur Oberfläche und im Altbeton entsprechende Druckspannungen, Abb. 11.5-2. Am seitlichen Rand werden die Spannungen schräg zur Verbundfuge umgeleitet mit der Folge, dass **Schälspannungen** entstehen, die in der Verbundfuge Zugspannungen normal zur Fugenfläche auslösen, die beginnend am Rand die Verbundfestigkeit überschreiten und zu Ablösungen und einem Aufschüsseln der aufgebrachten Schicht führen können. Vorteilhaft hierfür sind kunststoffmodifizierte Mörtel und Betone, bei denen der E-Modul niedriger bleibt und damit auch die Schälspannungen.

Kann im Altbeton Wasser kapillar aufgesaugt werden, ist vor allem bei dünnen Beschichtungen eine hohe **Wasserdampfdurchlässigkeit** wichtig. Bei Instandsetzungen von alten, wenig festen Betonkörpern muss der stets zur kalten Seite diffundierende Wasserdampf durch die Beschichtung entweichen können. Ist dies nicht der Fall, und kann im Winter Porenwasser durch diese Schicht nicht entweichen, kondensiert es in der Randzone des Altbetons.

Abb. 11.5-4: Hier wurde ein Hochwasserüberlauf einer Talsperre mit Reaktionsharz wasserdampfdicht beschichtet. Frost hat den wassergesättigten Beton unter der Beschichtung zerstört, sodass sich diese ablöste

Dort entsteht eine hohe Wassersättigung mit der Folge, dass Frost das Betongefüge zerstören kann, Abb. 11.5-4. Wenn an abgelösten Schichten noch Reste des Altbetons hängen, ist oftmals zu erkennen, dass der Schaden nicht auf mangelnden Verbund zurückzuführen ist, sondern auf Frost bei hoher Wassersättigung in der Randzone des Altbetons, [Kubens 08]. Ähnliche Schäden können auftreten, wenn dichte Beschichtungen aufgebracht werden, bevor ein darunter liegender, noch junger Beton hinreichend ausgetrocknet ist, d. h. den nicht gebundenen Teil des Anmachwassers noch nicht weitgehend abgegeben hat.

Auch **Risse oder undichte Fugen** in einer vorgesetzten Beschichtung oder einem darüberliegendem Belag können gefährlich werden, wenn Frost eintritt und zuvor Wasser von außen eindringen konnte, sodass sich der darunter liegende Beton mit Wasser gesättigt hat. Entweichen kann das eingedrungene Wasser nur als Wasserdampf durch Verdunsten im

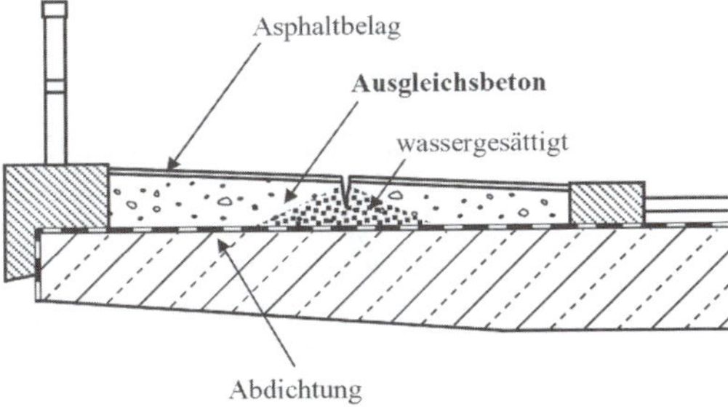

Abb. 11.5-5: Frostschäden treten bevorzugt an statisch sehr wenig beanspruchtem Beton, wie an diesem wenig festen Ausgleichsbeton am Gehweg einer Brücke, auf. Wasser dringt durch feine Risse ein, verteilt sich und kann durch diese Risse nur sehr langsam wieder herausdiffundieren, sodass eine hohe Wassersättigung entsteht. Erneuerung durch Beton C 30/37 XF 4

dünnen Spalt der Risse oder Fugen, also extrem langsam, so dass es leicht zu Frostschäden kommen kann, Abb. 11.5-5.

Verhindern lassen sich Frostschäden im Altbeton unter einer zeitweise dem Wasser ausgesetzten Schicht nur, wenn keine Fehlstelle vorhanden ist, in die Wasser eindringen kann, wenn der Altbeton so dicht ist, dass er sich nicht in hohem Maße mit Wasser sättigen kann oder aber, wenn der Frost nicht bis zum Altbeton vordringt. Zu Instandsetzungen im Wasserbau siehe auch Abschn. 8.2.1.4.

11.6 Prüfen und Beurteilen von Stahleinlagen und deren Korrosionsschutz

11.6.1 Grundlagen und Erfahrungen

Stahlkorrosion an bestehenden Bauwerken macht sich – wenn kein Chlorid im Spiele ist – in der Regel an den Betonoberflächen durch **Rostspuren** und **Betonabsprengungen** bemerkbar. Ursache für die von der Stahloberfläche aus immer tiefer gehende Korrosion ist, dass **Wasser** und **Sauerstoff** vorhanden sind und die Umgebung **nicht mehr alkalisch** ist, so dass die im frischen Beton bei pH-Werten über 12,5 entstandene hauchdünne edelstahlähnliche Passivschicht an der Stahloberfläche zerstört wurde. Die ersten Anzeichen einer Stahlkorrosion besagen nicht, dass ein Versagen unmittelbar bevorsteht, sondern, dass ein Vorgang begonnen hat, der **allmählich** zu einer Verminderung der Sicherheit und damit der Gebrauchstauglichkeit führen kann. Dem kann in der Regel durch entsprechende Schutz- und Instandsetzungsmaßnahmen entgegengewirkt werden.

Wenn aber von außen **Chloride** eindringen, können die auftretenden anodischen und kathodischen Teilprozesse in großer Entfernung von einander ablaufen

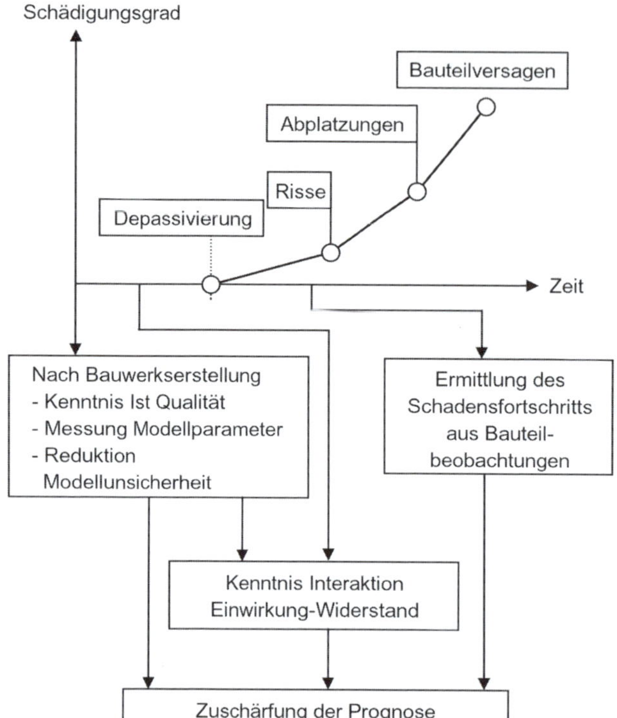

Abb. 11.6-1: Schadensentwicklung durch Korrosion von Betonstahl. Grundlage für Lebensdauerprognosen, [Schießl 03/4]

und es entstehen verhältnismäßig rasch **dunkle Korrosionsprodukte**, die sich kaum so stark dehnen, dass die Betondeckung abgesprengt wird. Daher ist solche Korrosion von außen meist erst in einem sehr späten Stadium zu erkennen, vgl. Abschn. 4.3.4. Besonders gefährlich kann durch Chlorid verursachte Korrosion sein, wenn sie tiefe Mulden oder Löcher im Stahl verursacht, eine gefürchtete **Lochfraßkorrosion** mit starken Verminderungen des Stahlquerschnittes, vgl. Abb. 4.3-3. Die Zugfestigkeit des Stahles wird zunächst nicht so stark beeinträchtigt wie Schwingfestigkeit und Bruchdehnung, [Jungwirth 86].

Bei **Spannstahl** muss für die Beurteilung des Korrosionsabtrages stets ein Fachmann beigezogen werden, der sich auf umfassende Untersuchungen stützen muss.

Korrosion der Stahlbewehrung tritt nicht immer dort auf, wo man sie erwartet. Der Grund hierfür ist, dass Stahlkorrosion ein elektrochemischer Vorgang ist, der von Potenzialdifferenzen auf der Stahloberfläche bestimmt wird. Hohe Potenzialdifferenzen, man spricht von **Makroelementen**, sind gefürchtet, weil sie zu hohen Korrosionsgeschwindigkeiten führen können. Sie können bei nur örtlicher Wiederherstellung der Passivität der Bewehrung mit Reparaturbeton oder auch im Bereich von Rissen entstehen, vgl. Abschn. 4.2.5.

Abb. 11.6-2: Chloride führen oft zu schwarzen Korrosionsprodukten von geringer Sprengkraft, sodass auch tiefgehender Lochfraß lange unentdeckt bleibt (Foto ibb. Mangold)

11.6.2 Carbonatisierungstiefe

Durch Besprühen einer **frischen Bruchfläche** des Betons mit Phenolphthalein lässt sich an der rot-violetten Verfärbung erkennen, wie weit das Calciumhydroxid des Betons noch nicht carbonatisiert ist und daher den **Stahl** im Beton noch **passiviert**, vgl. Abschn. 4.2. Im carbonatisierten Bereich hat der Beton einen pH-Wert unter 9 und damit seine Alkalität verloren: der Indikator bleibt farblos. Verwendet wird eine 0,1%ige Lösung von **Phenolphthalein** in 70%igem Ethanol. Mit einer Sprühflasche wird der Indikator ohne Tropfenbildung aufgetragen, vgl. Abb. 4.2-6. Dabei erkennt man auch, wenn die Carbonatisierungsfront an Rissen und anderen Fehlstellen tiefer eingedrungen ist, [Gube 86]. Mitunter ist der Beton sogar in der Umgebung eines Stahles schon carbonatisiert, obwohl die von außen kommende Carbonatisierungsfront in der besprühten Bruchfläche den Stahl noch nicht erreicht hat („Stahlbettcarbonatisierung"), Abb. 11.6-3.

Nicht immer kann man an einem Bauwerk die erforderliche frische Bruchfläche schaffen. Für solche Fälle wurde ein Verfahren entwickelt, bei dem die Carbonatisierungstiefe in einem Bohrloch mit 10 mm Durchmesser gemessen wird, [Hiller 95].

Abb. 11.6-3: Nach Besprühen mit Phenolphthalein zeigt eine rote Färbung, wo der Beton noch alkalisch, d. h. nicht karbonatisiert ist und daher den Stahl vor Korrosion schützt. Das Stahlbett rechts ist nicht mehr alkalisch, weil kein Verbund zwischen Stahl und Beton bestand.

11.6.3 Eindringtiefe von Chloriden

Um die Eindringtiefe zu bestimmen, müssen Betonproben in unterschiedlicher Tiefe entnommen und chemisch analysiert werden. Bewährt hat sich die Entnahme von **Bohrmehlproben** mit einem Schlagbohrer, der eine axiale Bohrung hat, über die Bohrmehl angesaugt wird, [Jungwirth 86]. Um sicherzustellen, dass die Probe nicht nur von Gesteinskörnern stammt, werden mindesten 20 g Bohrmehl entnommen. Man kann auch **Bohrkerne** mit 30 oder 50 mm Durchmesser entnehmen und in Scheibchen zerschneiden, wobei man vorsichtig sein muss, damit das beim Bohren und Schneiden nötige Wasser nicht zu viel Chlorid auswäscht. Die Scheibchen werden fein gemahlen, um daran, wie beim Bohrmehl, den Chloridgehalt zu ermitteln. In der Regel geschieht dies durch potentiometrische Titration nach DIN EN 14623 oder durch photometrische Analyse. Der **Chloridgehalt der Betonprobe** wird durch Multiplikation mit dem (meist nur angenommenen) Mischungsverhältnis des Betons von etwa $z + k = 1:5$ bis $1:8$ auf den **Chloridgehalt des Zements** umgerechnet, d. h. man multipliziert den Chloridgehalt des Betons unter Berücksichtigung des chemisch gebundenen Wassers mit dem Faktor $(1{,}25\ z + k)$. Vereinfachend kann man dazu auch davon ausgehen, dass bei einem Beton mit 350 kg/m^3 Zement der Zementanteil rd. 14 % beträgt. Obwohl der aus Betonproben ermittelte Chloridgehalt der Mittelwert über ein Volumen von mehreren Kubikzentimetern des Betons ist und örtliche Anreicherungen unberücksichtigt bleiben, hat sich dieses Verfahren bewährt.

Die Eindringtiefe kann leicht ermittelt werden, indem man die festgestellten Chloridgehalte über der Entnahmetiefe aufträgt, vgl. Abb. 4.3-2. Dabei wird deutlich, dass jeder Beton auch einen Eigenchloridgehalt hat, der nicht von äußeren Einwirkungen stammt. Er liegt meist bei etwa 0,03 %, bezogen auf den Zement. In der Regel kommt dieses Eigenchlorid nur vom Zement. Der Gehalt ist im Inneren des Betons nahezu konstant. In jüngster Zeit wurden auch erhöhte Eigenchloridgehalte bis 0,1 % festgestellt, die offensichtlich von Sekundärbrennstoffen oder Sekundärrohstoffen stammen. Zur Beurteilung der Chloridgehalte siehe Abschn. 11.7.3.

Man kann eingedrungenes Chlorid auch feststellen, indem man Bruchflächen des Betons mit Silbernitrat besprüht und anschließend bestrahlt. Eine

Graufärbung macht nur die gefährlichen löslichen Chloridionen sichtbar, und zeigt, wie sehr sie sich bevorzugt in porösen Bereichen und an Grenzflächen zu Gesteinskörnern, ja sogar entlang der Stahleinlagen anreichern können und auch, dass die Eindringtiefe noch mehr als bei der Carbonatisierung keine einheitliche Front bildet, sondern viele Zacken und Spitzen hat, [Schöppel 88]. Das Sprühverfahren wird mit Erfolg in der Forschung verwendet. Für die Praxis eher tauglich dürfte das sog. LIBS-Verfahren (Laser-Induced-Breakdown Spektroskopie) sein, das aber erst in Erprobung ist.

Bei Bauwerksuntersuchungen werden mitunter **weiße Ausscheidungen** sichtbar, von denen man wissen sollte, ob es sich um Kalk oder Natriumchlorid, also Salz, handelt. Dazu braucht man keine Probe zu nehmen, ein feuchter Finger und die eigene Zunge genügen.

11.6.4 Betondeckung und Bewehrungslage

Betondeckung sowie Lage und Dicke der Bewehrungsstäbe können heute in ausreichender Genauigkeit mit baustellentauglichen Geräten ermittelt werden. Man kann sie an einer Probe mit einem definierten Abstand des Stahlstabes von der Oberfläche kalibrieren.

Als einfachste Geräte zum Messen der Dicke der Deckung dienen unterschiedlich starke **Dauermagnete** (Permanentmagnete), von denen jener ausgewählt wird, mit dem man die Bewehrung noch erfühlen kann. Der Magnet wird mit der Hand über die Betonoberfläche geführt. Auch die Kraft, mit der der Magnet vom Betonstahl angezogen wird, kann bei einigen Geräten gemessen werden. Ist die Deckung größer als 20 bis 25 mm, dann ist mit den einfachen Dauermagneten eine zuverlässige Messung nicht mehr möglich.

Die meisten heutigen Geräte arbeiten nach dem **magnetischen Wechselfeldverfahren** und sind **bildgebend**, zeichnen also zur Messgröße auch den abgefahrenen Messweg auf, siehe Merkblatt „Zerstörungsfreie Prüfverfahren“ [DBV 14]. Mit ihnen können Messungen entlang einer Messlinie von z. B. 30 m durchgeführt werden, wobei Betondeckungen bis 10 cm Tiefe genügend genau erfasst, bildlich dargestellt und statistisch ausgewertet werden können, Abb. 11.6-4. Auch kann die Bewehrung von bis zu 2×2 m² großen Messflächen in Flächenbildern dargestellt werden. Dabei erscheint der nahe der Oberfläche liegende Stahl schwarz und tiefer liegende grau. Auch hierbei kann die Betondeckung sehr präzise angegeben werden, Abb. 11.6-5. Selbstverständlich gibt es auch hier Störeinflüsse, vor allem bei eng

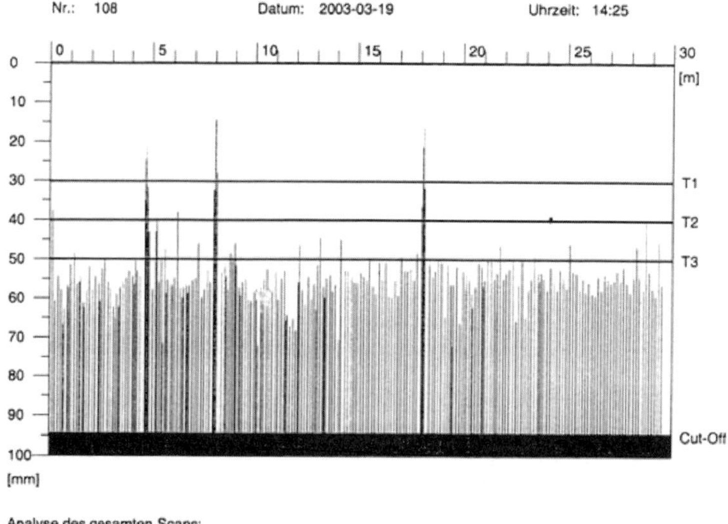

Abb. 11.6-4: Betondeckung entlang einer 30 m langen Mess-Strecke der Untersicht einer Brücke gemessen mit Ferroscan der Fa. Hilti.

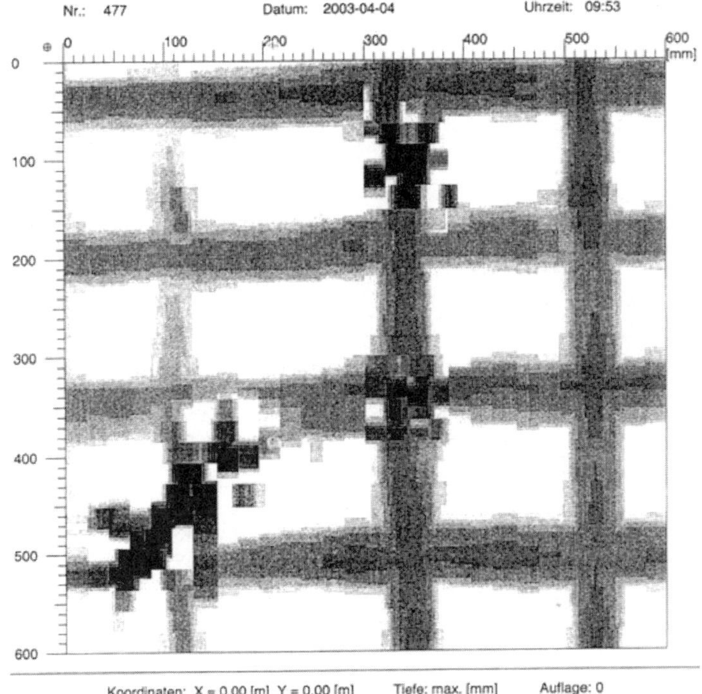

Abb. 11.6-5: Stahlbewehrung gemessen mit Ferroscan der Fa. Hilti: Die Deckung ist umso kleiner je dunkler die Abbildung

nebeneinander liegenden Stäben oder gar Resten von Rödeldrähten oder anderen Eisenstücken im Beton. Im Zweifelsfall lässt sich dies aber unschwer durch eine genauere Messung oder durch eine Bohrung klären. Auch hier ist es von Vorteil, dass die Anzeigegenauigkeit anhand von Messungen an Probestücken mit seitlich nachmessbarer Bewehrungslage einfach überprüft werden kann.

11.6.5 Aufdecken von Korrosion durch elektrochemische Potenzialmessung

Die elektrochemische Potenzialfeldmessung kann eine durch Chloride ausgelöste Stahlkorrosion anzeigen. Makrokorrosionselemente bilden sich bevorzugt, wenn an depassivierten Oberflächen Sauerstoffmangel herrscht oder wenn zwischen passivierter und nicht passivierter Oberfläche große elektrische Potenzialunterschiede bestehen. Man macht sich diese Tatsache zunutze und misst das elektrochemische Potenzial, um **versteckte aktive Chloridkorrosion** zu finden. So werden beispielsweise an Fahrbahnplatten von Brücken Potenzialmessungen zwischen einem zum Bewehrungskorb gehörenden Betonstahl und der Betonoberfläche durchgeführt.

Eine Potenzialdifferenz muss vor Beginn der Korrosion vorhanden sein oder stellt sich durch die beginnende Korrosion von selbst ein. D. h. eine Potenzialdifferenz heißt nicht zwingend, dass eine Korrosion schon vorhanden ist, die Wahrscheinlichkeit ist aber groß, vor allem bei niedrigen gemessenen Potenzialen und großen Potenzialgradienten. Eine bereits aufgetretene, aber zum Stillstand gekommene Korrosion kann damit nicht erfasst werden, [Sodeikat 02].

Die Messung besteht darin, dass man mit Hilfe eines elektrischen Spannungsmessers das Potenzial zwischen einem (stets elektrisch leitenden) Bewehrungsstahl, der mit dem gesamten Bewehrungskorb verbunden ist, und der Betonoberfläche misst. Als Bezugselektrode dient meist eine Kupferelektrode in einer Kupfersulfatlösung, wobei der Kontakt mit der vorher angefeuchteten Betonoberfläche z. B. über einen feuchten Schwamm hergestellt wird.

Um Bereiche mit großen Potenzialdifferenzen feststellen zu können, müssen Messungen in engen Abständen von weniger als 50 cm durchgeführt werden. In der Regel misst man in einem Raster entlang von Messlinien. Dabei haben sich auch Rad-Elektroden, mit denen man über die Betonoberfläche eines Brückendecks fahren kann, als zweckmäßig erwiesen.

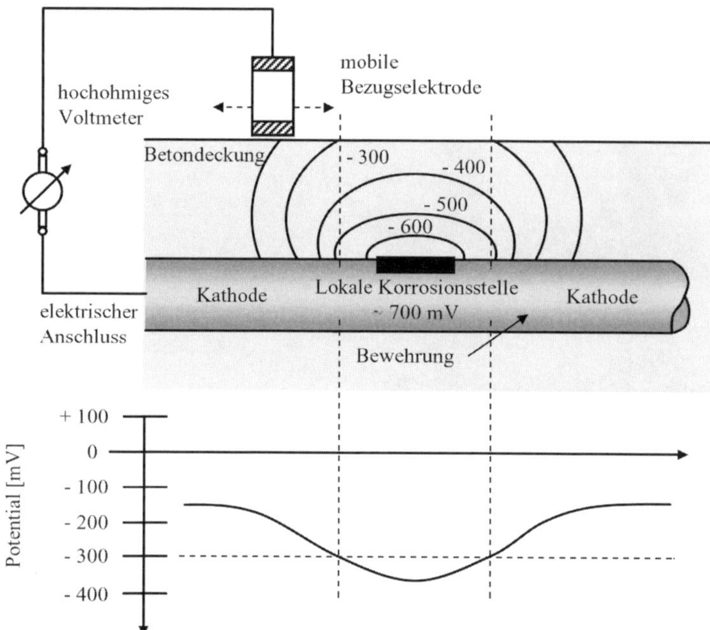

Abb. 11.6-6:
Mit elektrochemischen Potenzialmessungen kann von außen nicht erkennbare Korrosion, wie sie durch Chloride verursacht wird, aufgedeckt werden. Durch aktive Korrosion entstehen lokal große Unterschiede im negativen Potenzial [Sodeikat 02]

Bewährt hat sich das Messverfahren vor allem, wenn die Korrosion nicht gleichmäßig flächig, sondern in engen Bereichen konzentriert auftritt, wie dies vor allem bei chloridinduzierter Lochfraßkorrosion der Fall ist.

Für eine zielführende Analyse ist es unabdingbar, dass das Verfahren von einem erfahrenen Fachmann durchgeführt und ausgewertet wird. Er sollte immer wieder Gelegenheit gehabt haben, das Messergebnis mit der im Zuge der nachfolgenden Instandsetzung freigelegten tatsächlichen Korrosion zu vergleichen.

11.6.6 Weitere Zerstörungsfreie Prüfverfahren

Es gibt eine Reihe von weiteren zerstörungsfreien Verfahren, die aber nur in Sonderfällen angewendet werden. Kein Wunder, ist doch eine Untersuchung von Beton schwierig, vor allem was die Deutung der Messergebnisse betrifft. Dies liegt sowohl am vergleichsweise massigen und inhomogenen, also schwer prüfbaren Werkstoff, aber auch an der Notwendigkeit, durch Prüfungen im Freien an oft schwer zugänglichen Bauteilen konkrete Angaben etwa zu Hohlräumen, zur Tiefe von Korrosionsnarben liefern zu müssen oder auch Nachweise, dass ein Spannglied keine Brüche aufweist.

Die meisten hier nicht erwähnten zerstörungsfreien Prüfungen können nur von geschultem Fachpersonal durchgeführt und von erfahrenen Ingenieuren interpretiert werden. Verwendet werden diese meist sehr aufwändigen Verfahren beispielsweise bei großen Ingenieurbauten wie Brücken, wenn kein anderer Weg mehr besteht, um sich Grundlagen für die Beurteilung der Standsicherheit zu beschaffen. Ein Überblick über zerstörungsfreie und wenig zerstörende Prüfverfahren wird in einem Merkblatt [DBV 14] gegeben, siehe auch [Wiggenhauser 06, Schickert 91].

Müssen vermutete Problembereiche untersucht werden, beauftragt man damit zweckmäßig eine **erfahrene Prüfanstalt**, die in der Lage ist, aus mehreren Prüfverfahren das für die vorliegende Aufgabe am besten geeignete auszuwählen. Um eine zuverlässige Beurteilung abzugeben, kann es, etwa bei möglichen Spannstahlbrüchen oder ähnlichen Schäden, auch nötig sein, zwei oder mehrere Verfahren einzusetzen.

11.7 Schutz und Instandsetzen zum Vermeiden von Stahlkorrosion

11.7.1 Grundsätzliches

Bereits aufgetretene Korrosion von Stahlbewehrung in Beton instand zu setzen und ein Bauteil vor weiterer Korrosion möglichst dauerhaft zu schützen, erfordert ein hohes Maß an Wissen, Erfahrung und Ingenieurdenken. In vielen Fällen zwingen die vorhandenen Verhältnisse zu Kompromissen und begrenzter Dauerhaftigkeit. Dem **sachkundiger Planer** obliegt es, alle maßgebenden Entscheidungen zu treffen, etwa, wie weit unter den gegebenen Verhältnissen ein festgestellter Chloridgehalt als kritisch für die Auslösung einer Korrosion einzustufen ist, [DAfStb 15] oder in welchen Zeitabständen das Bauwerk immer wieder überprüft werden muss. Nach dem Entwurf der Instandhaltungsrichtlinie muss für die zu treffenden Maßnahmen und die Bemessung von Dicken der Schutzschichten eine **Restnutzungsdauer** zugrunde gelegt werden.

Für die Wiederherstellung des Korrosionsschutzes sind in der Richtlinie acht Prinzipien beschrieben:

- Erhöhung der Betondeckung durch zusätzlichen Mörtel oder Beton
- Ersatz von schadstoffhaltigem oder carbonatisiertem Beton
- Realkalisierung von carbonatisiertem Beton
- Füllen von Rissen oder Hohlräumen
- Beschichtung
- lokale Abdeckung von Rissen
- Hydrophobierung
- Anlegen eines elektrischen Potenzials

Diese Instandsetzungsprinzipien unterscheiden sich erheblich im nötigen Aufwand und der zu erwartenden Nutzungsdauer.

11.7.2 Maßnahmen bei Korrosion ohne Chlorideinwirkung

Stahlkorrosion kann nur unter 3 Voraussetzungen stattfinden: Der umgebende Beton muss seine **Alkalität verloren** haben (meist durch Carbonatisierung), es muss ausreichend **Feuchtigkeit** (wie bei einer Luftfeuchtigkeit über 80 %) vorhanden sein und es muss **Sauerstoff** zur Verfügung stehen, siehe Abschn. 4.2.5. So kann man bei oberflächennah liegenden Bewehrungsstäben, wenn der Rost schon die Betondeckung gelockert hat, die Bruchstücke des Betons entfernen. Damit sieht man zwar die korrodierenden Stähle deutlicher, es führt aber dazu, dass diese Bereiche schneller abtrocknen und dadurch die Korrosion meist nur mehr sehr langsam fortschreitet.

Zur Vermeidung weiterer Korrosion bestehen die folgenden Möglichkeiten.

(1) Der beste Weg besteht darin, die in der Umgebung der Stähle alle carbonatisierten Bereiche des Betons zu entfernen und durch **frischen Zementmörtel** zu ersetzen. Die Oberfläche der Stähle wird dadurch wieder **passiviert**, sodass die Korrosion zum Stillstand kommt. Dabei darf nicht nur der durch Korrosion gelockerte Beton weggenommen werden, sondern es muss der gesamte **carbonatisierte, die Stähle umgebende Beton** entfernt und durch frischen Zementmörtel ersetzt werden. Einzelne Korrosionsnarben können – und das gilt für Chlorid als Korrosionsursache genauso wie für eine Depassivierung infolge Carbonatisierung – die Nachbarbereiche kathodisch schützen. Beschränkt man sich auf korrodierende Bereiche, würde kurze Zeit später in den Nachbarbereichen Korrosion auftreten, sobald dort hinreichend Feuchtigkeit vorhanden ist. Anforderungen an eine vollständige, rückstandsfreie **Entrostung der Stähle** müssen **nicht** gestellt werden. Flugrost schadet nicht, selbstverständlich müssen dickere wie auch nicht mehr festsitzende Korrosionsprodukte entfernt werden. Bei dieser Gelegenheit muss auch geprüft werden, wie weit die Korrosion die Stahlquerschnitte so vermindert hat, dass eine Zulagebewehrung erforderlich ist.

(2) Wenn die Entfernung der carbonatisierten Bereiche des Betons in Umgebung der Stähle nicht möglich ist, kann man mit einer zusätzlichen Beton-, Spritzbeton- oder **Mörtelschicht** auf die **äußere Oberfläche des Bauteils** dafür sorgen, dass eindringendes Wasser Calciumhydroxid aus der Mörtelschicht aufnimmt und den Beton in Umgebung des Stahles allmählich **realkalisiert**. Dies setzt voraus, dass die Carbonatisierungsfront nicht allzu weit, höchstens etwa 4 cm, in das Bauteil eingedrungen ist.

(3) Wenn die beiden vorgenannten Wege nicht gangbar sind, kann man durch eine auf die äußere Oberfläche aufgebrachte **wasserdichte, aber wasserdampfdurchlässige Schutzschicht** dafür sorgen, dass der Beton bis zur Stahlbewehrung **austrocknet** und so die für Korrosion nötige Feuchtigkeit fehlt. Das setzt voraus, dass der Beton in der Umgebung der gefährdeten Bewehrung nicht auf andere Weise Feuchtigkeit aufnehmen kann. Auf die Betonoberfläche aufgebrachte Mörtelschichten verhindern auch, ebenso wie

Schutzschichten, ein Fortschreiten der Carbonatisierung. In Fällen, in denen die Betondeckung nicht in den erforderlichen Dicken wieder hergestellt werden kann, bleibt oft kein anderer Weg, als zu versuchen, durch eine geeignete dünne Schutzschicht den gefährdeten Bereich allmählich austrocknen zu lassen.

Wenn **einzelne Stahlstäbe** aus der Betonoberfläche herausstehen, biegt man sie zurück, überdeckt sie mit einer mindestens 5 mm dicken Schicht Zementmörtel und gibt nach dessen Erhärtung darüber eine Schutzschicht. Der Zementmörtel ist nötig, weil übliche Schutzschichten – im Gegensatz zu Zementmörtel – die Stahloberfläche nicht passivieren. Zeigen herausragende Stähle Spuren von Korrosion, ist die Versuchung groß, ihre Oberfläche mit einem im Stahlbau bewährten Korrosionsschutz anzustreichen, ein Irrweg! Auch wenn der Stahl vorher gut entrostet wurde, können kleinste Fehlstellen in der Beschichtung eine hohe Korrosionsaktivität auslösen. Im Gegensatz zu Blechen und Profilen des Stahlbaues können Betonstähle oder ganze – elektrisch leitend damit verbundene – Bewehrungskörbe nicht vollständig beschichtet werden. Kathodische und anodische Teilprozesse können nur auf vollumfänglich und fehlerfrei beschichteten Teilflächen unterbunden werden, in nicht beschichteten Teilen bleiben anodische Teilprozesse immer möglich. Aus diesem Grunde tritt in den Übergangsbereichen am Rande beschichteter Bereiche oft sehr starke Korrosion auf. Einen anderen Weg wählt man bei Porenbeton. Dort wird der gesamte Bewehrungskorb vor dem Einbau in eine Wanne mit flüssiger Korrosionsschutzmasse getaucht.

11.7.3 Maßnahmen bei korrosionsauslösenden Chloridgehalten

Ob bei einem Chloridgehalt über oder unter dem oft verwendeten **Schwellenwert von 0,5 %** der Zementmasse mit Korrosion zu rechnen ist, hängt vor allem von den Feuchtigkeitsbedingungen in Umgebung des Stahles ab, Abb. 11.7-1. Daneben spielen auch Art und Anteil des verwendeten Zements eine wichtige Rolle. Bei Zementen mit durchschnittlichem C_3A-Gehalt geht man davon aus, dass mindestens 0,4 % korrosions**un**schädlich gebunden werden. Auch Flugasche trägt dazu bei. Als unterste Grenze für chloridinduzierte Stahlkorrosion nimmt man 0,2 % der Zementmasse an. Dass aus den am Betonmehl ermittelten Chloridgehalten nicht direkt darauf geschlossen werden kann, ob **Chloridionen auf eine Oberfläche des Stahles** gelangt sind und dort Korrosion auslösen können, geht aus Abschn. 4.3.3 hervor.

Chloride verbrauchen sich, anders als Säuren, bei einer Korrosion **nicht**. Sie können vielmehr wie ein Katalysator immer wieder den Neubeginn einer Stahlkorrosion auslösen. Um Chloridkorrosion zu vermeiden, sorgt man zusätzlich zu den im vorherigen Abschnitt beschriebenen Maßnahmen dafür, dass aller Beton, dessen Chloridgehalt über dem festzulegenden Grenzwert liegt, entfernt wird.

In der Praxis kann man nur an einzelnen Stichproben prüfen, ab welcher Tiefe ein korrosionsauslösender Chloridgehalt vorhanden ist. Ein einfaches Verfahren, mit dem abzubrechende Bereiche, so wie bei einer Carbonatisierung, sichtbar gemacht werden können, gibt es nicht. Man muss daher großzügig festlegen, wie tief der Beton abzutragen ist. Auch um auszuschließen, dass zwischen den Entnahmestellen der Stichproben keine Stellen mit größerer Eindringtiefe verbleiben. Wird zum Entfernen von chloridverseuchten Betonbereichen ein Hochdruckwasserstrahl verwendet, geht man davon aus, dass dabei Chloride nicht in unzulässigem Maße mit dem Spülwasser in den verbliebenen Beton eingetragen werden. Zusätzlich zum Entfernen von Beton müssen auch an der **Oberfläche der Stähle** möglicherweise vorhandene **Chloridionen abgewaschen** oder in anderer Weise entfernt werden.

Bei **Rissen** können Chloride besonders tief eindringen, bei Trennrissen in Decken sogar bis zur Unterseite. Dann ist es meist notwendig, den Beton auf beiden Seiten des Risses, mindestens 3 cm weit hinter die Bewehrung, d. h. mind. 5 bis 10 cm weit auf volle Tiefe zu entfernen, vgl. Abb. 8.4-1.

Ist es nicht möglich, allen chloridverseuchten Beton abzutragen, kann versucht werden, den Korrosionsfortschritt durch **Trockenlegen** zu verhindern. **Chloride** sind aber **hygroskopisch**, ziehen also Feuchtigkeit an und erhöhen so die elektrische Leitfähigkeit. Wenn man nur zu einer Trockenlegung greifen kann, sind Überprüfungen in engem zeitlichen Abstand erforderlich. Eine Hydrophobierung mit Silanen oder Siloxanen genügt in der Regel nicht, weil damit nur für einen sehr begrenzten Zeitraum die kapillare Wasseraufnahme vermieden wird.

Dass man durch Trockenlegen ein Bauwerk noch begrenzte Zeit hindurch nutzbar halten kann, zeigt das Beispiel der 1928 errichteten Echelsbacher Brücke in Oberbayern, deren Betonbogen mit 130 m Spannweite noch eine Tragkonstruktion aus Baustahl enthält. Eine 1984 durchgeführte Instandsetzung, bei der eine Dichtungsschlämme (OS 5b) auf den vom chloridhaltigen Spritzwasser verseuchten Bogen aufgebracht wurde, damit der Beton austrocknet, erwies sich als brauchbarer Weg, um die Brücke noch in den folgenden 35 Jahre im Verkehr belassen zu können.

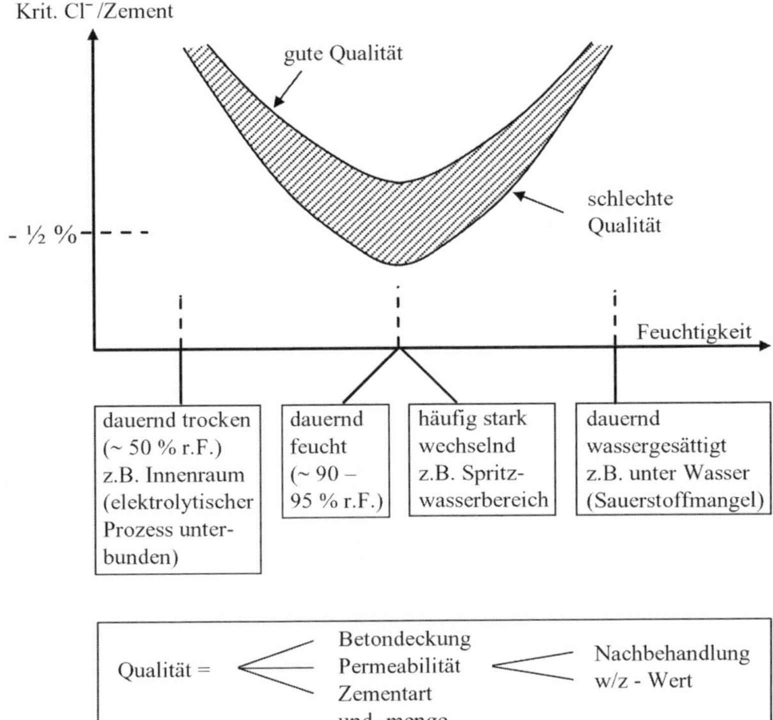

Abb. 11.7-1:
Ab welchem Chloridgehalt Korrosion entstehen kann, wird von der Qualität und dem Feuchtigkeitsgehalt des Betons bestimmt [BAST 88]

11.7.4 Kathodischer Korrosionsschutz

In Sonderfällen kann bei geschädigten Bauwerken die Nutzungsdauer durch einen **kathodischen Korrosionsschutz** verlängert werden, was vor allem bei starker Durchsetzung mit Chloriden gemacht wird, [Buhr 05]. Auch bei Neubauten hat sich kathodischer Korrosionsschutz schon bewährt, etwa wenn Bauwerke in aridem Klima in stark salzhaltigen Böden errichtet werden mussten. Dabei wird stets mit einer Polarisierung durch Fremdstrom oder durch Opferanoden im Stahl ein Elektronenüberschuss erzeugt, der verhindert, dass Eisen seine eigenen Elektronen abgibt, also dafür sorgt, dass keine Eisenionen in Lösung gehen. Das Verfahren wird in der DIN EN ISO 12696 behandelt, eine Richtlinie enthält auch damit gemachte Erfahrungen, [ÖVBB 03].

Beim **Fremdstromverfahren** müssen auf der Betonoberfläche Anoden, z. B. aus Titan, netzförmig mit etwa 20 cm Abstand angebracht werden. Eine externe Stromquelle wird an die Stahlbewehrung im Beton als Kathode und das äußere Gitter angeschlossen, so dass ein Schutzstrom von etwa 100 mV entsteht, der eine Eisenauflösung der Bewehrung verhindert.

Wenn der Elektronenüberschuss durch eine elektrisch leitende Verbindung zwischen den zu schützenden Bewehrungsstählen und einer **Opferanode** hergestellt wird, dient als solche ein elektrochemisch weniger edles Metall wie Zink, Aluminium oder Magnesium, das dabei korrodiert, d. h. sich selbst auflöst und in größeren Zeitabständen erneuert werden muss. In diesem Fall ist kein Fremdstrom nötig. Selbst eine Vollverzinkung der Oberfläche des Betons wurde schon als Opferanode angewandt, um die Stahlbewehrung eine gewisse Zeit lang – man sprach von vier Jahren – vor Korrosion zu schützen.

Entsprechende Anlagen erfordern – auch wenn sie heute schon etwas robuster hergestellt werden – immer noch eine dauernde sorgfältige Überwachung durch einen auf diesem Gebiet erfahrenen Fachmann. Dabei muss vor allem sichergestellt werden, dass alle betroffenen Betonstähle auf ihrer gesamten Länge ständig mit Schutzstrom versorgt werden müssen.

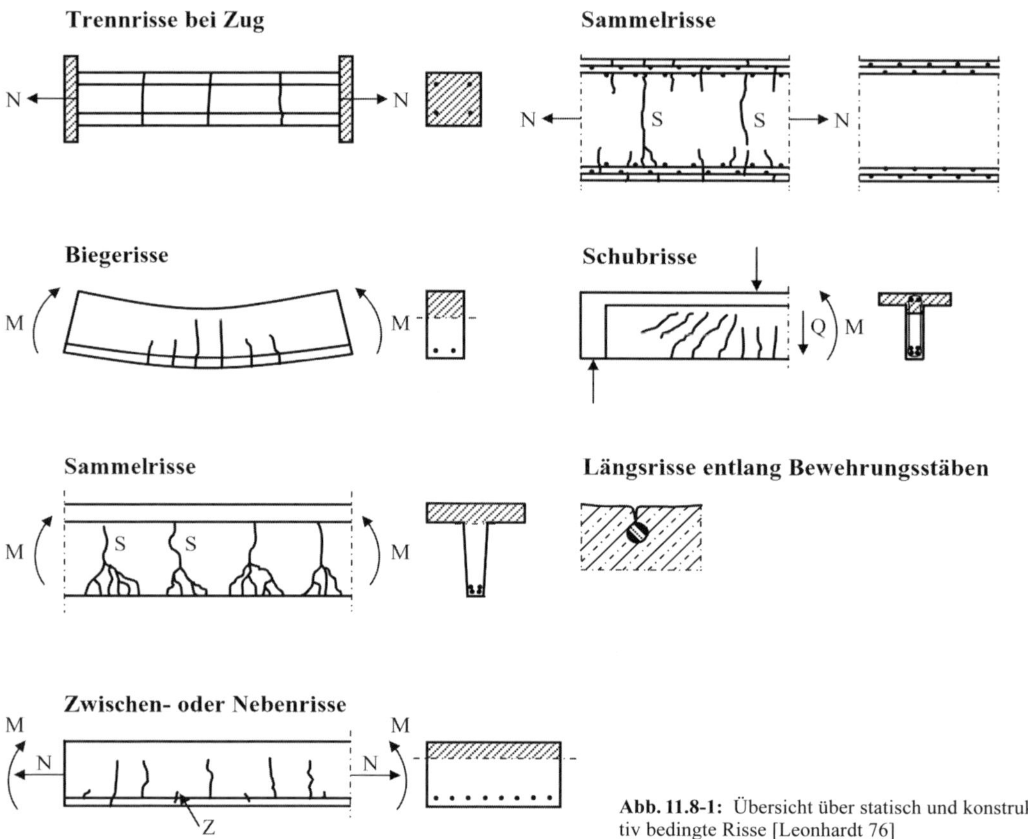

Abb. 11.8-1: Übersicht über statisch und konstruktiv bedingte Risse [Leonhardt 76]

11.8 Risse

11.8.1 Ist eine Behandlung nötig?

Risse sind in den meisten Fällen Zeichen von statischer Beanspruchung eines richtig bemessenen Betonbauteils und keineswegs ein Hinweis auf einen Mangel. Im Gegenteil! Im Stahlbetonbau rechnet man bewusst mit einer gerissenen Zugzone des Betons. Die Dehnfähigkeit von Beton ist bekanntlich sehr gering – nur etwa 0,1 ‰, etwa so groß wie sie allein schon bei einer thermischen Verkürzung eines Betonbauteiles bei einer Abkühlung um nur 10 K entspricht. Dagegen haben moderne Betonstähle ihre Streckgrenze von mehr als 500 N/mm^2 bei einer Dehnung von 2,5 ‰ und verformen sich darüber hinaus noch plastisch, bevor sie ihre Zugfestigkeit erreichen. Kein Wunder also, dass sich in der Zugzone von Stahlbeton **Risse bilden müssen**, wenn die der statischen Berechnung zugrunde gelegten Lasten und/oder Zwänge auftreten, selbst wenn die zulässigen Spannungen bei weitem nicht erreicht wurden.

Die für den modernen Stahlbetonbau typischen Risse treten natürlich nur in Bereichen mit hohen Zug- oder Biegezugspannungen auf, Abb. 11.8-1. Neben statisch bedingten Ursachen können Risse auch bei der Bauausführung entstehen und auf unzureichende Nachbehandlung, unsachgemäßes Abziehen der Oberfläche des frisch eingebauten Betons oder Schwinden hindeuten. Häufig sind auch Bauwerkssetzungen Ursache von Rissen. Äußerst selten sind Risse Zeichen einer beginnender Strukturauflösung des Betons, wie durch Sulfattreiben, Alkali-Kieselsäure-Reaktionen oder später Ettringitbildung, [Fingerloos 18].

Risse dürfen nicht zu breit sein, weil sonst die Stahleinlagen korrodieren könnten. Dank der im Gegensatz zu den früheren glatten Betonstählen schon seit Mitte der letzten Fünfzigerjahre verwendeten gerippten Stähle ist der Verbund zwischen Stahlstab und Beton so gut, dass bei ausreichender Bewehrung anstelle einzelner klaffender Risse eine größere Anzahl feiner Risse entsteht. Der Bemessung der Bewehrung wird meistens eine rechnerische Rissbreite von 0,3 mm zugrunde gelegt, vgl. Abschn. 4.2.9. In trockenen Innenräumen (XC 1) lässt man einen Rechenwert der Rissbreite von 0,4 mm zu, bei Spannbeton wird mit 0,2 mm gerechnet. Die in der Praxis am Bauwerk entstehenden Rissbreiten können auch etwas größer als die Rechenwerte sein, was in den meisten Fällen unbedenklich ist. Eine Korrosionsgefahr kann bei ausreichender Betondeckung erst entstehen, wenn sich Risse erheblich über etwa 0,4 mm öffnen, es sei denn, es liegen besondere Umstände wie Chlorideinwirkungen oder durch Trennrisse drückendes Wasser vor.

11.8.2 Messen und Beurteilen von Rissen

Es gibt immer wieder Fälle, in denen die Ursache von Rissen und die Notwendigkeit und ggf. Art einer Behandlung erst nach eingehenden und über längere Zeit erfolgten Beobachtungen und Messungen möglich ist.

Die Öffnungsweite von Rissen misst man am einfachsten mit einem **Rissmaßstab** oder auch mit einer Risslupe. Bei älteren Rissen sind vielfach die Rissufer so verschmutzt, dass deren Öffnungsweite zunächst weit überschätzt wird. Dann muss der Rissbereich vorsichtig gereinigt werden. Um **Veränderungen** im Laufe der Zeit festzustellen, hat sich das Anbringen von **Gipsmarken** schon seit alters her bewährt. Zeichnet sich später der Riss auch in der Gipsmarke ab, hat er sich verändert. Für genauere Messungen nimmt man **Messuhren** oder **Setzdehnungsmesser**, deren Halterungen bzw. Messmarken auf beiden Seiten des Risses aufgeklebt werden. Um Veränderungen, etwa durch Temperaturänderungen oder Belastung, genauer zu verfolgen, werden auch spezielle **Rissmonitore mit Datenloggern** verwendet, die über den Riss hinweg befestigt werden. Auch für sich dynamisch verändernde Öffnungsweiten, wie sie bei Brücken auftreten können, gibt es Messgeräte.

Für die Ermittlung von **Risstiefen** zieht man in der Regel Bohrkerne. Damit sich die Kerne besser bohren lassen, kann es nötig sein, dass man den Riss vorher mit Reaktionsharz zuklebt. Sind die groben Gesteinskörner nicht durchgerissen, sondern verläuft der Riss um sie herum, dann deutet dies darauf hin, dass der Riss bei nur niedriger Betonfestigkeit, also meist schon im jungen Alter, entstanden ist. Risstiefen können auch zerstörungsfrei mit Ultraschall gemessen werden, Abschn. 11.2.7.

Die **Öffnungsweite** von Rissen kann in der Regel nur an der **Oberfläche** des Bauteils gemessen werden und gibt keinen Aufschluss über die für die Durchlässigkeit meist maßgebende Öffnungsweite im Kern. Wie Bohrkerne zeigen, sind Risse in der äußeren Randzone meist weiter offen, vgl. Abb. 4.2-9. Es tragen dazu dort auch Schwindspannungen und rasche Temperaturänderungen bei. Bei großer Betondeckung erscheinen Risse breiter, auch wenn sie meistens am Bewehrungsstahl viel schmaler sind.

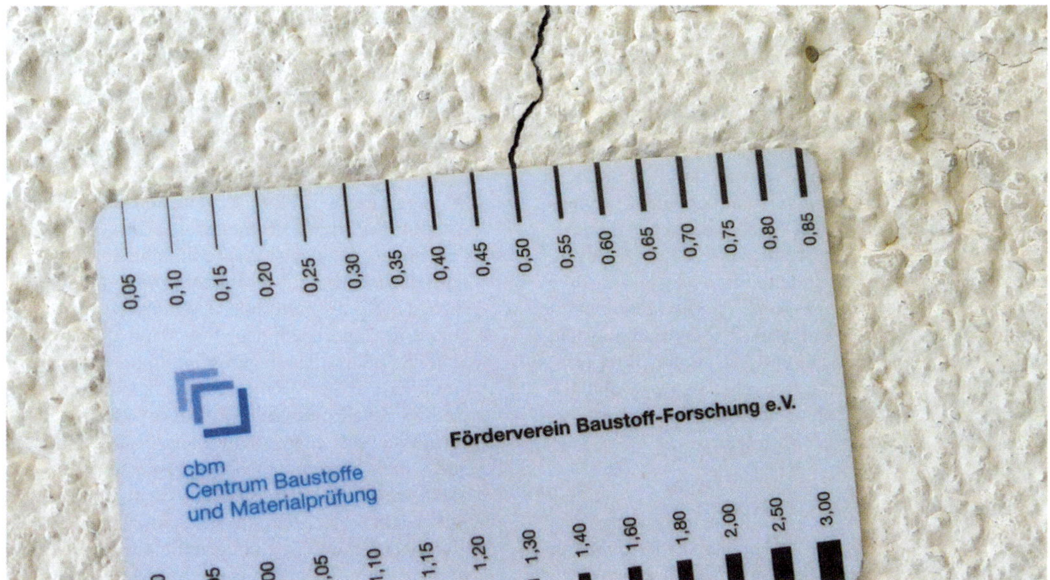

Abb. 11.8-2: Mit einem einfachen Rissmaßstab kann die Rissweite bestimmt werden

Vor einer Behandlung eines Risses muss in jedem Falle versucht werden, dessen Ursache zu finden. Dazu ist oft ein großes Maß an Erfahrung nötig. Fünf Fragen sind dabei besonders wichtig:

(1) Lage und Verlauf des Risses im Bauteil,

(2) Öffnungsweite an der Oberfläche sowie

(3) Tiefe und Form, d. h. ob Trennriss mit parallelen Flächen oder V-förmiger Biegeriss und

(4) ob und ggf. wie der Riss im Laufe der Zeit seine Öffnungsweite ändert.

(5) Ob gegenüberliegende Rissufer seitlich verschoben sind oder/und beim Abtasten gar eine Stufe zwischen den Rissufern zu erkennen ist.

Veränderungen der Öffnungsweite können Temperaturänderungen zur Ursache haben, eine zunehmende Vergrößerung auch Setzungen des Bauteils bei höherer Belastung oder bei Fundamenten auf bindigen Böden. Da man bei Rissen nie weiß, wann sie aufgetreten sind, sondern nur, wann sie entdeckt wurden, ist die Zuordnung oft schwierig. Im Zweifelsfalle können längerfristige Beobachtungen nötig sein, um festzustellen, ob sich die Öffnungsweite verändert. Als Regel kann gelten, dass Risse, die durch jahreszeitliche Temperaturänderungen verursacht wurden, etwa in kurzen Tunneln, meist im August ihre kleinste und im Februar ihre größte Öffnungsweite haben. Änderungen der Tagestemperatur können sich ähnlich auswirken. So sind bei Rissen in Bauteilen, bei denen Zwangsspannungen aus Temperaturänderungen eine wichtige Rolle spielen, nach Sommertagen mit starker Sonneneinstrahlung die Öffnungsweiten am kleinsten und nach einer nächtlichen Abkühlung am Morgen des nächsten Tages am größten.

V- oder A-förmige Risse sind **Biegerisse**, während Risse, die mit parallelen Ufern in die Tiefe gehen, also als H-förmige **Trennrisse** auf axiale Zugspannungen deuten. Die Ursache von Biegerissen muss keinesfalls in einer Verformung des Bauteils liegen. So kommt es etwa bei Bodenplatten häufig vor, dass Betone, die am ersten Tag oben starker Sonneneinstrahlung ausgesetzt sind und in der ersten Nacht oben stark abkühlen, während sich unten ihre Temperatur kaum verändert, erhebliche Biegespannungen und Risse bekommen, ohne sich dabei zu verformen.

11.8.3 Selbstheilen von Rissen

Feine Risse, durch die in jungem Alter Wasser sickert, sintern in der Regel von selbst zu und werden dadurch dicht. Calciumhydroxid wird vom Wasser gelöst und lagert sich im Riss ab, vorausgesetzt, das Wasser enthält nicht zu viel kalklösende Kohlensäure und ist höchstens chemisch nur schwach angreifend. Mit einer solchen „Selbstheilung“ kann vor allem gerechnet werden, solange Luft (CO_2) Zutritt hat, der Beton bei der Beaufschlagung mit Wasser nur wenige Monate alt ist – **je jünger desto besser** – und wenn der Riss nicht mehr als 0,1 bis 0,2 mm weit offen ist. Innerhalb von einigen Wochen nimmt die Sickermenge stark ab oder kommt zum Stillstand, vgl. Abb. 3.4-23. Anfangs bleiben meist noch feuchte Flecken zurück. Bei Beton mit niedrigem Zementgehalt und Zementen mit nur kleinem Klinkeranteil ist das Selbstheilen weniger ausgeprägt. Nur bei Wasserdrücken über 10 m nimmt man an, dass eine Selbstheilung nicht mehr so leicht möglich ist.

Bevor man Risse abdichtet, weil Wasser durchsickert, empfiehlt es sich meist, einige Wochen zu warten mit der begründeten Hoffnung, dass ein Großteil der Risse von selbst zuheilt.

11.8.4 Ziele einer Rissfüllung

Entscheidend für die Rissfüllung ist, welches der möglichen Ziele damit verfolgt wird.

- Ein **kraftschlüssiges Verbinden** der Rissufer kann nur angestrebt werden, wenn sich die Öffnungsweite des Risses im Laufe der Zeit nicht mehr wesentlich ändert. Man verwendet dazu am besten **Epoxid-Harze**. Nimmt die Dehnung des Betons dennoch weiter zu, dann bildet sich neben einem gut verfüllten Riss ein neuer Riss. Risse durch abfließende Hydratationswärme können meist – wenn erforderlich – kraftschlüssig verfüllt werden.
- Eine **wasserabdichtende Verfüllung** kann bei Wasserandrang erfolgreich sein, selbst wenn noch Änderungen der Öffnungsweite auftreten. Man verwendet dazu als erste abdichtende Füllung **schnellschäumende Polyurethane** (SPUR), die dank der Kompressibilität des Porengases ihr Volumen verändern können, was beim Öffnen oder Schließen eines Risses nötig ist. In der Regel wird anschließend zur dauerhaften Abdichtung mit einem **Zweikomponenten-Polyurethan** (PUR) verpresst, das etwas dehnfähig **bleibt**. Vielfach muss mehrmals nachverpresst werden, um alle Sickerwege zu verschließen. Auch dünnflüssige **Acryl-Harze** werden zur Abdichtung verwendet. Sie können quellfähig eingestellt werden und sind weniger empfindlich gegen Verschmutzung der Innenflächen der Risse.

- Risse in Wänden oder Platten, deren **Öffnungsweite sich noch ändern** kann, die aber wie in Behältern zugänglich sind, bevor Wasser einwirkt, können abgedichtet werden, wenn sie wie eine Raumfuge ausgebildet werden, d. h. einen entsprechend breiten Fugenspalt mit annähernd quadratischem Vergussquerschnitt erhalten, der mit einer zweikomponentigen Elastomermasse gefüllt wird. Es werden aber auch Verfahren angeboten, bei denen solche Risse oder auch Fugen wasserseitig mit einem flexiblen Band, das mit einem Epoxydharz beidseitig festgeklebt wird, abgedichtet werden.

- Risse mit sich stark **ändernden Öffnungsweiten**, wie sie beispielsweise in Innenschalen von Tunneln im Portalbereich auftreten können, sind durch Verpressen nur schwer dauerhaft abzudichten, wenn jahreszeitlich bedingte Temperaturänderungen im Winter zu einem Öffnen im Ausmaß von bis zu mehreren Millimetern gegenüber dem Zustand im Sommer führen. In solchen Fällen muss versucht werden, ein Weichgel durch den Beton hindurch in die Grenzfläche zum Boden bzw. Gestein zu pressen und dadurch eine flexible Abdichtung zu erzielen. Verwendet werden dafür zweikomponentige niedrigviskose **Acrylat-Gele**.

- Wenn nur das **Eindringen angreifender Stoffe vermieden** werden soll oder die Oberfläche mit Stoffen, die nur wenig rissüberbrückend sind, beschichtet werden soll, kann man in horizontalen oder nur schwach geneigten Flächen den **oberflächennahen Bereiche** eines Risses **tränken** oder **verspachteln.** Auch in Industrieböden, die von Gabelstaplern befahren werden, kann ein Tränken vorteilhaft sein, um Rissflankenabbrüche zu vermeiden. Wenn Risse optisch wenig in Erscheinung treten sollen, kann ein **Verspachteln** mit Massen mit entsprechendem Farbton oder ein Tränken zweckmäßig sein. Tränken kann man Risse aber nur, wenn sie mindestens 0,5 mm weit offen sind.

- Soll bei einem weit offenen Riss der **Korrosionsschutz der Stahlbewehrung** wieder hergestellt werden, dann darf nur mit **Zementleim** oder **-suspension** verpresst werden, vgl. Abschn. 11.8.5 (4). Wenn der Riss wieder aufgeht, kann eine geringe Öffnungsweite bis etwa 0,3 mm in Kauf genommen werden. Der durch die Rissfüllung erwartete Korrosionsschutz tritt nur ein, wenn **keine Chloride** im Spiel sind. Andernfalls muss der Beton im gesamten Rissbereich erneuert werden. Vielfach geht man davon aus, dass in schmalen Rissen, die erst nach kurzer Einwirkung von chloridhaltigem Wasser abgedichtet werden, keine Korrosion zu erwarten ist, was aber umstritten ist.

11.8.5 Rissfüllstoffe

Zum Füllen – also Verpressen oder Tränken – von Rissen stehen heute Stoffe unterschiedlicher Gruppen zur Verfügung. Sie alle müssen entsprechend niedrigviskos sein, damit das Füllgut genügend tief eindringen kann, und darüber hinaus eine Reihe von weiteren Anforderungen hinsichtlich Festigkeit, Verformbarkeit, Verarbeitungseigenschaften usw. erfüllen. Wichtig ist, wenn Füllstoffe mit der Bewehrung in Berührung kommen, dass ihre Unbedenklichkeit hinsichtlich Stahlkorrosion nachgewiesen ist. Die Bundesanstalt für Straßenwesen in Bergisch Gladbach führt ein Verzeichnis der zertifizierten Füllgüter und zugehörigen Injektionsverfahren mit taggenauem Stand, das über das Internet abgerufen werden kann, vgl. Abschn. 11.4.5.

(1) **Epoxydharze** (EP) ermöglichen durch ihre hohe Festigkeit und Klebekraft ein kraftschlüssiges Verkleben der Rissufer, vorausgesetzt, der Riss ist trocken und nicht zu stark verschmutzt. Sie erreichen ihre hohe Festigkeit nur, wenn die in zwei Komponenten angelieferten Bestandteile, die Harz, Härter, Beschleuniger und sonstige Zusätze enthalten, **sehr genau zugemessen** werden. Die Festigkeit einer Rissverpressung oder Klebeverbindung zeigt sich, wenn Probebalken aus unbewehrtem Beton nach einer Biegezugprüfung an der Bruchstelle zusammengeklebt werden. Mit guten Epoxydharzen erreicht man nach deren Aushärtung, dass bei einer neuerlichen Biegezugprüfung der Bruch neben der Klebestelle verläuft. Unter Praxisbedingungen mit möglicherweise in den Riss eingedrungenen Fremdstoffen kann man allerdings, selbst wenn der Riss zu mehr als 80 % verfüllt wird, nicht mit einer so hohen Festigkeit rechnen. Mit geeigneten Epoxydharzen lassen sich Risse ab einer Breite von nur 0,1 bis 0,2 mm verpressen, wobei das Füllgut in die Risswurzel bis zu einer Breite von etwa 0,05 mm eindringen kann.

(2) **Polyurethanharze** (PUR) dienen als kalthärtende Zwei-Komponenten-Massen für die Abdichtung selbst von wasserführenden Rissen und ergeben eine etwas dehnfähige, also keine kraftschlüssige Verbindung. Bei Wasserandrang unter hohem Druck verwendet man zuerst einkomponentige Sekundenschäume (SPUR), die mit Wasser reagieren und einen feinzelligen Schaum unter

großer Volumenzunahme erzeugen. Ihre Haftfestigkeit an den Rissflanken muss so gut und die Zellwände müssen so dicht sein, dass eine Wasserdichtigkeit erzielt wird. In druckwassergefüllten Rissen muss das Wasser durch das Verpressen verdrängt werden. Dabei sind entsprechend kurze Reaktionszeiten nötig, um ein Ausspülen des Harzes zu vermeiden. Abschließend werden die Risse meist mit einem **Zweikomponenten PUR** verschlossen.

(3) **Acrylate** eignen sich, wenn sie entsprechend eingestellt sind, auch für Abdichtungen. Nach derzeitigem Kenntnisstand kann es bei Acrylaten zu Korrosionsschäden kommen, [Raupach 05]. Sie sollten daher mit der Stahlbewehrung nicht in Berührung kommen, es sei denn, es liegt ein Nachweis einer Unbedenklichkeit vor.

(4) **Zementsuspensionen** werden mit Feinstzement (Mikrozement), vgl. Abschn. 2.2.11 (a), hergestellt und können bei Rissbeiten von mind. 0,25 mm bis in eine Tiefe eingepresst werden, in der der Riss nur mehr 0,05 mm weit offen ist. **Zementleime** eignen sich für mind. 0,8 mm breite Risse und können bis zu einer Öffnungsweite von 0,2 mm vordringen. Sie werden mit ausgewähltem Normzement hergestellt. In beiden Fällen werden meist auch Zusatzmittel, die das Sedimentieren vermindern und/oder die Injizierbarkeit verbessern, verwendet.

Der Vorteil von Zement liegt im vergleichsweise niedrigeren Preis, der vor allem beim Verpressen von hohlraumreichem Mauerwerk, aber auch bei Sand und Kiesböden und bei stark porösem Beton zu Buche schlägt. Darüber hinaus sichert das auf Basis Portlandzement-Klinker beruhende Verpressgut den Korrosionsschutz von Beton- und Spannstählen, auch wenn nach Verpressen des Risses noch Feuchtigkeit auftreten sollte.

Maßgebend für die kleinste Rissbreite, in die noch verpresst werden kann, ist nicht die Mahlfeinheit, die bei Feinstzementen meist weit über 10 000 cm^2/g liegt, sondern der **Anteil an gröberen Partikeln**, die in feinere Risse nicht eindringen können und deren Zugang verstopfen. Daher werden Feinstzemente durch jene Korngröße gekennzeichnet, die von 95 % aller Partikel unterschritten wird. Sie liegt je nach Zementsorte zwischen 0,006 und 0,016 mm. Für die Injizierbarkeit von Zementleimen ist auch der *w/z*-Wert von großer Bedeutung, der zwischen 0,50 und 10 eingestellt werden kann. Bei niedrigen Werten bilden sich leichter Agglomerationen von Partikeln, die zu Verstopfungen führen können. Dies kann durch den Zusatz von Injizierhilfen und durch ein sehr hochtouriges Mischen vermieden werden.

11.8.6 Ausführung von Verpress- und Verfüllarbeiten

Größere Verpressarbeiten überlässt man zweckmäßig Spezialfirmen, die über erfahrenes Personal und entsprechende Geräte verfügen. Diese Betriebe erfüllen auch leichter die Anforderungen der künftigen Instandhaltungsrichtlinie.

Für das **Verpressen** mit Epoxydharzen muss der umgebende Beton eine Temperatur von mindestens 8 °C haben, für Polyurethanharze reichen 6 °C, für Zementleime und Zementsuspensionen 5 °C. Bei niedrigen Temperaturen sind Risse in der Regel weiter offen, was für den Erfolg der Verpressarbeiten vorteilhaft ist. Kunstharze vernetzen bei niedrigen Temperaturen aber wesentlich weitmaschiger, wodurch die Gebrauchseigenschaften beeinträchtigt werden können. Im Gegensatz erreicht Zement bei niedrigen Temperaturen etwas höhere Festigkeiten, hydratisiert aber langsamer. Für den Einsatz von Epoxydharzen müssen Risse trocken sein, wenn nicht spezielle Hybridharze verwendet werden, die sich auch für mattfeuchte Risse eignen. Wird Zement verwendet, sollen die Rissflanken nicht wassersaugend sein, weil sonst das Wasser des Füllgutes abgesaugt wird, so dass es versteift. Nötigenfalls muss der Riss vorgenässt werden.

Für das **Tränken** oder **Verspachteln** können die mind. 0,5 mm breiten Risse allenfalls mit Pressluft ausgeblasen werden, um Fremdkörper zu entfernen. Risse mit einer Trennscheibe aufzuweiten, ist nur zielführend, wenn es gelingt, dem Rissverlauf genau zu folgen und das Schneidgut vor dem Verfüllen abgesaugt wird. Bei Rissverzweigungen brechen später oft Mörtelstücke aus. Das Füllgut – in der Regel eine Zementsuspension oder ein langsam aushärtendes Epoxydharz – muss so lange aufgegeben werden, bis es nicht mehr tiefer in den Riss eindringt.

Beim **Verpressen über Bohrlöcher** werden zunächst in einem Abstand von etwa halber Risstiefe in einem Winkel von 45 ° zur Betonoberfläche geneigte Bohrungen gemacht, die den Riss in einer Tiefe entsprechend der zu erwartenden Verpresstiefe von z. B. 60 cm kreuzen, Abb. 11.8-3. Anschließend werden in die Bohrungen Packer eingesetzt. Es wird so lange verpresst, bis das Verpressgut an die Oberfläche austritt. Anschließend wird der Vorgang beim nächsten Bohrloch fortgesetzt. Eine äußere Verdämmung des Risses ist oft entbehrlich.

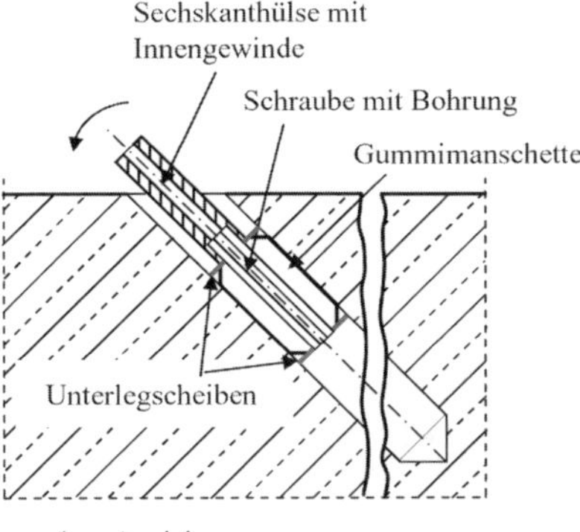

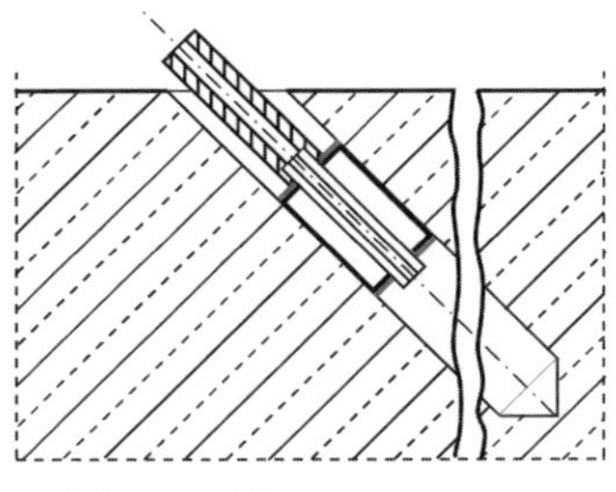

Abb. 11.8-3: Verpressen von Rissen über Bohrpacker

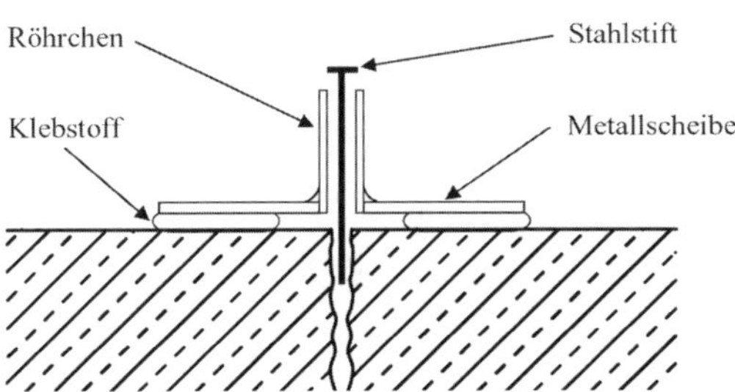

Abb. 11.8-4: Als Klebepacker zum Verpressen von Rissen dienen Röhrchen, die über dem Riss auf die Betonoberfläche geklebt werden

Beim **Verpressen über außen aufgesetzte Klebepacker** muss der Riss außen in der Regel mit einem schnell erhärtenden Verdämmmaterial (z. B. PU-Harz) verschlossen werden, Abb. 11.8-4. Mit demselben Material werden auch die Packer auf die Oberfläche geklebt, und zwar so, dass das Verpressgut in den Riss eindringen kann. Es wird so lange verpresst, bis das Verpressgut beim nächsten Packer auszutreten beginnt. Der Abstand der Packer entspricht etwa der Risstiefe, wobei auch Rissbreite und Viskosität des Verpressgutes zu berücksichtigen sind. Bei Undichtigkeiten während des Verpressens muss die Verdämmung mit einem rasch erhärtenden Reaktionsharz wieder instand gesetzt werden. Nach dem Erhärten des Verpressgutes wird die Verdämmung in der Regel abgeschliffen.

11.8.7 Güteüberwachung

Der Erfolg einer Rissverfüllung zeigt sich in der Regel daran, ob der Riss noch wasserdurchlässig ist bzw. ob sich ein kraftschlüssig verpresster Riss wieder öffnet. Wird im Sommer verpresst, dann sollte man vorsorglich in der ersten Kälteperiode prüfen, ob sich die Risse wieder geöffnet haben.

Die Güte des Verpressgutes wird zweckmäßig an während des Verpressvorgangs entnommenen Proben geprüft. Aufzeichnungen über die Menge des verpressten Gutes und die angewandten Drücke sowie die Verpressdauer sollten stets geführt werden. Die Verpresstiefe lässt sich nur anhand von Bohrkernen nachprüfen, was man aber nur bei begründeten Zweifeln tun sollte. Von einer vollständigen Rissfüllung spricht man, wenn mindestens 80 % der Rissspalten gefüllt sind.

11.9 Instandsetzung von Brandschäden

Bei raschem Temperaturanstieg bilden sich im Inneren von Betonbauteilen vor allem bei sehr dichtem Beton, also solchem mittlerer und höherer Festigkeit, durch Verdampfen des Porenwassers hohe Drücke, die dazu führen, dass die äußeren Betonschichten abgesprengt werden und die Stahlbewehrung nicht mehr durch die Betondeckung vor starker Erwärmung geschützt wird, vgl. Abschn. 4.8. Bei Temperaturen über 250 °C sinken Streckgrenze und Zugfestigkeit des Stahles und erreichen bei 750 °C kaum mehr 10 % ihrer ursprünglichen Werte [Rußwurm 93]. Bei kalt verformten Betonstählen, wie sie in der 2. Hälfte des 20. Jahrhunderts überwiegend verwendet wurden (z. B. Rippentorstahl), ist auch nach dem Erkalten die **Streckgrenze erheblich niedriger**, was in jedem Falle zu berücksichtigen ist. Beton, der durch Brandeinwirkungen bleibende Verformungen oder Lockerungen des Gefüges erlitten hat, muss entfernt und ersetzt werden.

Bei allen Bränden von Wohn- oder Bürohäusern und bei vielen anderen Brandschäden muss damit gerechnet werden, dass **Gegenstände aus PVC** verbrennen und chloridhaltige Schwelgase sehr schnell tief in den Beton eindringen und dort zu **hohen Chloridgehalten** führen. In solchen Fällen muss nicht nur

Abb. 11.10-1: Mit einem Hochdruckwasserstrahl können Schlitze in bestehende Tragkonstruktionen geschnitten werden, um zusätzliche Bewehrung einzubringen [Häfner 06]

der gesamte von Ruß oder Brandgasen verschmutzte und der durch hohe Temperaturen geschädigte Beton abgetragen werden, sondern darüber hinaus der ungeschädigte Beton, und zwar so weit, wie möglicherweise Chlorid eingedrungen ist. Es sind Fälle bekannt, in denen im Altbeton verbliebene Chloride in verhältnismäßig kurzer Zeit in den aufgebrachten Ersatzbeton eindiffundiert sind und dort eine Lochfraßkorrosion der neuen Bewehrung verursacht haben.

Die Instandsetzung brandgeschädigter Betonbauteile erfordert in der Regel zunächst eine Untersuchung der statischen Verhältnisse. In vielen Fällen muss eine zusätzliche Bewehrung vorgesehen werden. Fehlender Beton wird ersetzt, oft durch Spritzbeton oder auch einen Instandsetzungsmörtel.

11.10 Verstärken von Betonbauteilen

Eine Verstärkung kann im Zuge einer Instandsetzung eines geschädigten Bauteils notwendig sein. Die gleichen Verfahren werden aber auch bei Umbauten oder Nutzungsänderungen benutzt, etwa um die Tragfähigkeit einer Decke oder einer Stütze zu erhöhen. Wichtige Hinweise zu den zahlreichen Möglichkeiten der Verstärkung gibt ein Sachstandsbericht [Schäfer 96], für das Verstärken mit geklebter Bewehrung Richtlinien [DAfStb 12, ÖBV 14].

Es gelten dabei dieselben Regeln wie für Instandsetzungen, Abschn. 11.5. Vielfach werden Verstärkungen mit Spritzbeton ausgeführt.

Muss zur Aufnahme zusätzlicher Zug- oder Schubspannungen die Bewehrung verstärkt werden, ohne dass der Betonquerschnitt wesentlich vergrößert wird, bieten sich verschiedene Möglichkeiten an. Es können übliche **Betonstähle** oder **Lamellen aus Baustahl** S 235 JR, z. B. in 8 bis 10 mm Dicke, verwendet werden. Wenn es zur Vermeidung von Korrosion nötig ist, kann **nichtrostender Stahl**, z. B. kaltverformter Betonrippenstahl BSt 500 NR, auch mit Epoxydharzen angeklebt werden. Stahllamellen können zusätzlich an den Enden mit Dübeln angepresst werden, [Pichler 94]. Bewehrungsstäbe können auch in Bohrlöcher oder eingefräste oder mit einem Hochdruckwasserstrahl hergestellte Nuten eingeklebt werden, wodurch ein besserer Verbund erzielt wird. Wenn Anforderungen an den Brandschutz bestehen und tragende Bauteile mit Epoxydharzen oder anderen Reaktionsharzen angeklebt werden, sind besondere Maßnahmen nötig.

Abb. 11.10-2: Mit aufgeklebten aus kohlefaserverstärkten Kunststofflamellen können bestehende Betondecken verstärkt werden [Graf 06]

Vielfach verwendet man heute zur Verstärkung **Carbonfasern,** seltener auch Fasern aus Aramid oder, kostengünstiger, aus Glas. In Gegensatz zu Stahlbewehrung brauchen alle diese Fasern **keine Betonüberdeckung** als Korrosionsschutz. Dass man bei deren Verwendung die Querschnitte nur sehr wenig vergrößern muss, ist oft ein entscheidender Vorteil.

Carbonfasern werden entweder mit Kunststoff zu **CFK-Lamellen** verklebt oder, weil der nötige Verbund zwischen geklebter Bewehrung und Beton nur mäßig ist, zu engmaschigen **textilen Gelegen** verarbeitet und mit Spritzmörtel auf zu verstärkende Bauteile kraftschlüssig aufgebracht, Abschn. 6.8.7.

Auch CFK-Lamellen, die oft nur 1,2 mm bis 2,5 mm dick sind, kann man mit Epoxydharz auf Betonoberflächen kraftschlüssig aufgebracht **aufkleben** oder in vorher **eingefräste Schlitze kleben**, wodurch ein besserer Verbund erzielt wird. Zur Verstärkung vorgespannter Bauteile wurden mit Stahlplatten endverankerte CFK-Lamellen auch schon vorgespannt. Vor allem zur Verstärkung oder Instandsetzung geschädigter Flächentragwerke und für Wohnhausdecken oder Schalentragwerke bieten sich mit **textilen Carbongelegen bewehrtem Spritzbeton** neue Möglichkeiten an, Abschn. 9.9.3.

Nur wenige spezialisierte Firmen können solche Arbeiten übernehmen, wobei die bestehenden Anwendungsregeln (allgemeine bauaufsichtliche Zulassungen) zu beachten sind. Andernfalls ist eine Zustimmung im Einzelfall nötig, die einen hohen Aufwand erfordert. Bei der Ertüchtigung bestehender Spannbetonbrücken wird künftig diesem Verfahren besondere Bedeutung zukommen, [Herbrand 15, Krüger 18].

12 Literaturverzeichnis

Alle Abbildungen ohne Quellenangabe stammen vom Autor, siehe ggf. entsprechende Literaturhinweise.

Abebe, Y.A.: Flowable and Stable Concrete. Design, Characterization and Performance Evaluation. Dissertation Univ. Hannover 2017

ACI 77 Committee 305: Hot weather concreting, Journal of the American Concrete Institute 74 (1977) H. 7, S. 317

ACI 85 Committee 506: Guide to Shotcrete, American Concrete Institute, 82 (1985)

Acoustic Column Inspector – ACI. Österreichische Ingenieur- und Architekten-Zeitschrift. 160 (2015) H. 1, S. 297

Alfes 02, Ch.: Bauen mit der Elementwand im drückenden Wasser. beton 52 (2002) H. 1, S. 22

Al-Jamous 17, A.: Erfolgreicher Einsatz von Carbonbeton in der Praxis. Technik in Bayern 2/2017 S. 12

Alte-Teigeler 05, R. et al.: Kommentare zu den Regelungen für Fugen in Verkehrsflächen, Teil 1; Straße + Autobahn, 56 (2005) H. 9, S. 488

Anthes 2000, F., Barow U., Dischl G.: Beton- und verfahrenstechnische Besonderheiten bei der Auffahrung des Loses 3.1 der U5 in Berlin. Betontag 1999, S. 334, Deutscher Beton- und Bautechnik-Verein, Verlag Ernst & Sohn Berlin, 2000

Appel 18, L.: Betondeckungsmesseungen am fertigen Bauteil – richtig messen und auswerten. DBV Rundschreiben 256, S. 1 (2018)

Arazli 18, S.: Die neue öbv-Richtlinie „Garagen und Parkdecks“ 2017. 4. Grazer Betonkolloquium, S. 87, Verlag der Technischen Universität Graz

Arens 03, P.: Werkseigene Produktionskontrolle. Arbeitsanleitung für Kiesprüfer; 4. Auflage, Bundesverband der Deutschen Kies- und Sandindustrie, 2003

ARS siehe BMVBW oder BMVBS

Aßbrock 13, O. et al. Praxistest ultrahochfester Beton und Transportbetonwerk. beton 63 (2013) H. 6, S. 226

ATV siehe DVGW

Aue 01, W.: Recycling von Beton, der durch Alkalireaktion gefährdet oder bereits geschädigt ist. Deutscher Ausschuss für Stahlbeton, Heft 514 (2001)

Aycil 15, H., Hlawatsch, F., Kropp, J.: Bestimmung der Kernfeuchte wassergesättigter Bauschuttrezyklate anhand des Trocknungsverhaltens – Verfahrensoptimierung und Leistungsfähigkeit. beton 65 (2015) H. 3, S. 88

Babendererde 99, S.: Verpressen der Schildschwanzfuge hinter einer Tunnelvortriebsmaschine mit Tübbingausbau. STUVA-Tagung 1999. Studiengesellschaft für unterirdische Verkehrsanlagen, Köln

Bager 09, D.: 25 years exposure – durability and mechanical properties. Tagungsband 17. ibausil Weimar 2009, Bd.1, S. 0347

Bahl 10, C.: Betonwärmespeicher für den Temperaturbereich bis 400 Grad Celsius. Tagungsband Österreichischer Bautechnik Verein, Betontag 2010. S. 134

Baldauf 88, H., Timm U.: Betonkonstruktionen im Tiefbau. Verlag Ernst & Sohn, Berlin 1988

Barnas 04, A., Rinnhofer G.: Entwicklung hochbewehrter Schleuderbetonstützen – Brandverhalten und Bemessungssoftware. Expertenforum, Schleuderbetonstützen, Zement und Beton Wien, 2004, S. 16

Basalla 64, A.: Wärmeentwicklung im Beton; Zement-Taschenbuch 1964/65, Bauverlag Wiesbaden, S. 275

BASt Bundesanstalt für Straßenwesen:

BASt 88: Schutzwirkung des Brückenbetons gegen Bewehrungskorrosion, insbesondere bei Tausalzeinwirkung. (Sachstandsbericht), 1988

BASt 03: Zusätzliche Technische Vertragsbedingungen und Richtlinien für Ingenieurbauten ZTV-ING

BASt 14: Richtlinie für die Anwendung der zerstörungsfreien Prüfung von Tunnelinnenschalen (RI-ZFP-TU), 2014

BASt 14: Zusätzliche Technische Vertragsbedingungen und Richtlinien für Ingenieurbauten, ZTV-ING, Teil 3 Massivbau. Verkehrsblatt-Verlag Dortmund, 2014

Bastert 12, H.: Wartungsplan und Wartungsvertrag für Parkdecks als Bestandteil der Instandhaltung. beton (2012) H. 12, S. 476

Bäumel 18, M. und J. Melchior: Large-scale Renewals of Concrete Pavement without Disrupting Traffic. 13. International Symposium on Concrete Roads, Berlin 2018

Bayer 2000, E., Kunz, C.: Die Saarschleusen nach 12-jährigem Betrieb. beton 50 (2000) H. 3, S. 122

Bayer 11, E. et al.: Betonbauwerke in Abwasseranlagen. Düsseldorf, Verlag Bau + Technik, 2011

Becker 06, A., Hegger, J.: Hochbauten nach DIN 1045-3 Überwachung, Nachbehandlung. Deutscher Ausschuss für Stahlbeton – Fachtagung 2006, S. A78

Beddoe 99, R., Springenschmid R.: Feuchtetransport durch Bauteile aus Beton. Beton- und Stahlbetonbau 94 (1999) 4, S. 158

Beddoe 95, R,, Springenschmid, R.: Einfluss von Schalungseinlagen auf die Dauerhaftigkeit von Beton. Beton- und Fertigteiltechnik 61(1995) H. 2, S. 80

Beddoe 03, R., Dorner, H., Hecht, M., Rucker, P.: Betonbauteile in Wechselwirkung mit der Umwelt. Modellierung der maßgeblichen Transportmechanismen. Schriftenreihe Baustoffe, Technische Universität München CBM, H. 2 (2003), S. 311

Beiglböck 02, P. et al.: Großprojekte Autobahnsanierung in Niederösterreich. Zement und Beton (2002) H. 3, S. 16

Beizel 03, H.: Herstellung und Verarbeitung von Beton. BetonKalender 2003, Bd. 2, S. 71, Verlag Ernst & Sohn, Berlin

Beizel 17, H. und M.: Herstellung, Verarbeitung und Nachbehandlung von Beton. BetonKalender 2017 Bd. 1, S. 163, Verlag Ernst & Sohn, Berlin

Bellmann 05, F.: Zur Bildung des Minerals Thaumasit beim Sulfatangriff auf Beton. Dissertation, Bauhaus Universität Weimar 2005

Bellmann 14, F., Ludwig, H. -M.: Zukünftige Zemente und alternative Bindemittel unter dem Aspekt des Klimaschutzes. 2. Grazer Betonkolloquium, S. 3, Verlag der Technischen Universität Graz 2014

Bellmann 12, C., Mechterine, V.: Experimentelle Untersuchungen zu Schädigungsmechanismus bei hydroabrasiver Belastung von Wasserbauwerken aus Beton. Tagungsband 18. ibausil, Weimar 2012, Bd. 2, S. 0676

Benz 84, G.: Einpreßmörtel. 3. Aufl., Chemische Fabrik Grünau, Illertissen 1984

Bergmeister 06, K., Santa, U.: Monitoring von Bauwerken im europäischen Vergleich. Sicherheitsgewinn durch Monitoring? Freunde des Instituts für Massivbau der Technischen Universität Darmstadt 2006, S. 67

Bernstein 12, S. Numerisches Berechnungsmodell für Calcium Lösung und Diffusion in zementgebundenen Baustoffen: Tagungsband 18. ibausil, Weimar 2012, Bd. 2, S. 023

BGH: Nichtannahmebeschluss vom 17.2.2000, Az. VII ZR 128/98

Bielecki 87, R., Schremmer, H.: Biogene Schwefelsäure-Korrosion in teilgefüllten Abwasserkanälen. Mitteilungen des Leichtweiß-Instituts für Wasserbau der Technischen Universität Braunschweig (1987) 94, S. 1

Bielak 18, J., Hegger, J.: Schalentragwerke aus Spritzbeton mit textiler Bewehrung – Aktuelle Entwicklungen bei Bemessungs -, Herstell- und Prüfmethodik. In: Kusterle, W. (Hrsg.): Spritzbeton-Tagung Alpach 2018

Birmann 06, D.: Messungen und Auswirkung der Lage von Dübeln und Ankern in Betonfahrbahnen. beton 56 (2006) H. 11, S. 510

Björnström 03, J., Chandra, S.: Effect of superplasticizers on the rheological properties of cements. Materials and Structures, 36 (2003) Dec., S. 685

BMVI Bundesministerium für Verkehr und digitale Infrastruktur, 2005 bis 2013: **BMVBS**, vor 2005: **BMVBW:**

BMVBS 02 Allgemeines Rundschreiben Straßenbau 02: ARS 07/2002

BMVBS 08 Allgemeines Rundschreiben Straßenbau 08: ARS 12/2008 Straßenbefestigung; Bauweisen, siehe auch beton 58 (2008), 11, S. 501

BMVBS 12: ZTV-W LB 215: Zusätzliche technische Vertragsbedingungen für Wasserbauwerke aus Beton und Stahlbeton. BMVBW, Abt. Eisenbahnen, Wasserstraßen, 2012

BMVI 17: ZTV-W LB 219: Zusätzliche technische Vertragsbedingungen für Schutz und Instandsetzung der Betonbauteile von Wasserbauwerken. BMVBW, Abt. Eisenbahnen, Wasserstraßen 2017.

Bode 09, K.A., Dimmig-Osburg, A.: Zur Adhäsion und Kohäsion von PCC – Zusammenfassung von Untersuchungsergebnissen. Tagungsband 17. ibausil Weimar 2009, Bd.2, S. 0143

Bode 09, K.A.:, Dimmig-Osburg, A., Moroni, W.: Modellversuche zur Blasenbildung polymerer Beschichtungen auf Beton. Tagungsband 17. ibausil Weimar 2009, Bd. 2, S. 1105

Bode 09, K.A., Dimmig-Osburg, Flohr, A., Pleißner, J.: Untersuchungen an polymermodifizierten SCC für dünne Instandsetzungsschichten. Tagungsband 17. ibausil Weimar 2009, Bd. 2, S. 0663

Böhme 13, Breitenbücher, R., Ehrlich, Riffel: Keine Asphaltplomben als endgültige Instandsetzung. beton 63 (2013), H. 7 + 8 S. 318

Bollmann 2000, K.: Ettringitbildung in nicht wärmebehandelten Betonen. Dissertation. Bauhaus Universität Weimar 2000

Bonin 12, K.: Abdichtung mit Spritzbeton in einschaliger Bauweise. In: Kusterle, W. (Hrsg.): Spritzbeton-Tagung Alpach 2012

Bonzel 63, J.: Über Biegezugfestigkeit des Betons. Betontechnische Berichte (1963) S. 59, Beton-Verlag Düsseldorf

Bonzel 80, J., Dahms, J.: Schlagfestigkeit von faserbewehrtem Beton. Betontechnische Berichte, 1980/81, S. 101, Beton-Verlag Düsseldorf

Bonzel 80, J., Siebel, E.: Bestimmung von Luftporenkennwerten am Festbeton. Betontechnische Berichte, 1980/81, S. 169, Beton-Verlag Düsseldorf

Bonzel 80, J., Schmidt, M.: Einfluss von Erschütterungen auf frischen und auf jungen Beton. Betontechnische Berichte 1980/81, S. 61, Beton-Verlag Düsseldorf

Borchers 14, I., Müller, C.: Praxisgerechte Prüfung der Alkalieempfindlichkeit von Betonen für die Feuchtigkeitsklassen WF und WA in AKR-Performance-Prüfungen. beton 64 (2014) H. 10, S. 403

Bornemann 05, R., Schmidt, M.: Grundlagen und Strategien zur Verbesserung erdfeuchter Betone. Betonwerk + Fertigteil-Technik 66(2000) H. 8 und 9, S. 50

Brameshuber 05, W., et al.: Anrechnung von Flugasche auf den Wasserzementwert bei Betonen unter Frost-Tausalzbeanspruchung. beton 55 (2005) H. 1+2, S. 24 und H. 3, S. 106

Brameshuber 09, W.: Frostwiderstand von Beton – Laborversuche und Bauwerksbeobachtung. Tagungsband 17. ibausil Weimar 2009, Bd. 2, S. 0415

Brameshuber 12, W., Sonderbetone des Tübbings. beton 62 (2012) H. 12, S. 480

Brandenburger 06, D., Hüttl, R.: Hochleistungsbeton mit Feinstflugasche als Betonzusatzstoff. beton 56 (2006) H. 5, S. 198

Brandl 18, J.: Persönliche Mitteilung (2018)

Braun 06, A.: Stützen aus Schleuderbeton. Filigran und hochbelastbar: Die Faszination der schlanken Stütze. Betonwerk + Fertigteiltechnik 72 (2006) H. 3, S. 56

Breit 08, W.: Zementgebundene Werkstoffe im Trinkwasserbereich. beton 58 (2008) H. 11, S. 492

Breit 17, W., Ladner, E.-M.: Oberflächenschutzsysteme für Parkhäuser im Praxistest. Beton in Forschung und Praxis, Festschrift Breitenbücher 2017, S. 503 Eigenverlag Ruhr-Universität Bochum 2017

Breitenbücher 88, R.: Zwangsspannungen und Rissbildung infolge Hydratationswärme. Dissertation. TU München 1988

Breitenbücher 92, R., Springenschmid, R., Dorner, H.: Verringerung der Auslaugbarkeit von Spritzbeton im Tunnelbau durch besondere Auswahl von Zementen und Betonzusätzen. Beton-Informationen 32 (1992) H. 1, S. 10

Breitenbücher 94, R.: Auslaugbarkeit von Beton – Prüfverfahren und Wertung von Versuchsergebnissen. Beton- und Stahlbetonbau 89 (1994) H. 9, S. 237

Breitenbücher 95, R.; Solacolu C.: Untersuchungen zur Dauerhaftigkeit der Realkalisierung von carbonatisiertem Beton. Beton- und Stahlbetonbau 90(1995) H. 5, S. 116

Breitenbücher 99, R: Güteüberwachungssystem von gestern – morgen noch zeitgemäß? beton 49 (1999) H. 9, S. 492

Breitenbücher 01, R.: Selbstverdichtender Beton. beton 51 (2001) H. 9, S. 496

Breitenbücher 02, R.: Herstellung von Stahlfaserbeton. Faserbeton. S. 19, Bauwerk Verlag Berlin (2002)

Breitenbücher 06, R., Siebert, B.: Zielsichere Herstellung von Industrieböden mit Hartstoffschichten. beton 56 (2006) H. 4, S. 148

Breitenbücher 07, R., Ibuk, H.: Entwicklung eines Verfahrens zum Wirksamkeitsnachweis von Spritzbeton-Beschleunigern. beton 57 (2007) H. 12, S. 566

Breitenbücher 09, R., Siebert, B.: Begrenzung der Festigkeit von Spritzbeton. In: Kusterle, W.: (Hrsg.): Spritzbeton-Tagung Alpach 2009, S. 16

Breitenbücher 09, R., Siebert, B.: Schädigungspotential infolge erhöhtem Sulfatgehalt bei Verwendung alkalifreier Erstarrungsbeschleuniger. In: Kusterle, W.: (Hrsg.): Spritzbeton-Tagung Alpach 2009, S. 21

Breitenbücher 10, R., Nachweisalter für die Einstufung von Beton in Festigkeitsklassen. beton 60 (2010) H. 7+8, S. 300

Breitenbücher 12, R., Thewes, M., Kaundinya, I.: Dichter Spritzbeton für den einschaligen Tunnelausbau. In: Kusterle, W.: Spritzbeton-Tagung Alpach 2012

Breitenbücher 13, R.: Änderungen in den Neuausgaben von EN 206 und DIN 1045-2. beton 63 (2013) H. 10, S. 392

Breitenbücher 14, R.: Die neue EN 206 – Auswirkungen auf die Anwendung in Deutschland. beton 64 (2014) H. 3, S. 69

Breitenbücher 14, R.: Spezielle Anforderungen an Beton im Tunnelbau. BetonKalender 2014, Bd. 1, S. 393. Verlag Ernst & Sohn, Berlin

Breitenbücher 15, R.: Zusammenhänge zwischen verschiedenen Regelwerken für Spritzbetone/-Mörtel in Deutschland. In: Kusterle, W.: Spritzbeton-Tagung Alpach 2015

Breitenbücher 15, R., Kunz, S.: Ist selbstverdichtender Beton auch bei Betonfahrbahndecken anwendbar? Straße und Autobahn 66 (2015) H. 9, S. 591

Breitenbücher, 16, R., Youn, B.-Y. Betone für Brückenkappen – Rissvermeidung und Frost-Tausalz-Widerstand. beton 66 (2016) H. 3, S. 10

Breitenbücher 16, R., Fischer, A.: Ausbildung und Abdichtung von Fugen in Betonfahrbahnendecken – Aktuelle Studien. Straße + Autobahn 67 (2016) H. 6, S. 443

Breitenbücher 16, R.: Neue Betonnormen mit europäischen Zielen und nationalen Interessen. Beton – Entwicklungen und Tendenzen. Fachtagung des Verbands Deutscher Betoningenieure in Friedrichshafen. (2016). Report 21. S. 13

Breitenbücher 17, R., Wiens, U., Alfs, Ch.: Technischer Ausschuss „Betontechnik". DAfStb. Jahrbuch 2016/17, S. 24

Breitschaft 17, G.: Freiwillige Nachweise: Lückenschluss über DIBt-Gutachten. DBV Rundschreiben 255, S. 14 (2017)

Breyer 09, G., Litzka, J., Steigenberger J.: Die Betonstraße – eine nachhaltige Bauweise der Zukunft. Zement und Beton (2009) H. 2, S. 2

Buchholz 98, F.L., Graham, A.T.: Modern Superabsorbent Polymer Technology. Wihly-VCH, New York 1998

Budelmann 09, H., Krauss, H. -W.: Einflüsse hochfeiner natürlicher Mineralstoffe und Betoneigenschaften. Tagungsband 17. ibausil Weimar 2009, Bd. 1 S. 0903

Budnik 03, J., Starkmann, U.: Betontechnologie und Ausführung beim Science-Center Wolfsburg. beton 53 (2003) H. 9, S. 418

Burkert 06, A. et al.: Corrosion Monitoring im Bauwesen. Sicherheitsgewinn durch Monitoring? S. 115. Freunde des Instituts für Massivbau der Technischen Universität Darmstadt, 2006

Buhr 05, B. et al., Egernsund Bridge – full-scale cathodic protection. Concrete Engineering International, summer 2005

Bund 16, B., Burgmann, S., Breit, W.: 3D Kenndaten zur Charakterisierung von Gesteinskörnungen basierend auf CT-Aufnahmen. 3. Grazer Betonkolloquium, S. 231. Verlag der Technischen Universität Graz 2016

BTB/DBV 01: Leitfaden für Technische Liefervereinbarungen und Anfragen für Transportbeton Bundesverband Transportbeton. Deutscher Beton- und Bautechnikverein, 2001

Christlmaier 99, P. et al.: Sicherungsspritzbeton aus werksgemischtem Trockenbeton mit Spritz-Bindemittel. Spritzbeton-Technologie (1999) S. 221, Institut für Baustoffe und Materialprüfung, Innsbruck

Cleven 17 C., (Brameshuber, W.) Entwässerungsverhalten von Beton. DBV Rundschreiben 254, S. 9 (2017)

Cobe 02: CSB-System. IT-Komplett Lösung für die Beton und Baustoffindustrie, Geilenkirchen (2002)

Collebardi 99, M.: Damage by Delayed Ettringite Formation. Concrete International, Jan. 1999, S. 69

Cordes 18, T., Hofmann M., Murr, R., Bergmeister, K.: Aktuelle Entwicklungen der Spritzbetontechnologie und Spritzbetonbauweise am Brenner Basistunnel. In: Kusterle, W. (Hrsg.): Spritzbeton-Tagung Alpach 2018

Cukrowiez 13, A.: Vorarlberg Museum beton 63(2013) H. 10 S. 402

Curbach 04, M. et al.: Parkhäuser. BetonKalender 2004, Bd.2, S. 1, Verlag Ernst & Sohn, Berlin

Curbach 05, M.: Textilbewehrter Beton zur Verstärkung von Stahlbetonbauteilen. Massivbau in ganzer Breite, S. 243, Springer Verlag Berlin (2005)

Curbach 17, M., Cherif, C., Offermann, P.: Sparsam, schonend, schön – Das faszinierende Material Carbonbeton. Technik in Bayern 2017, H. 2 S. 7

Czernin 77, W.: Zementchemie für Bauingenieure, 3. Auflage. Bauverlag, Wiesbaden 1977

Czopak 07, K.: Der Tunnel Brixlegg. Eine Herausforderung an Logistik und Zeit. Porr-Nachrichten 151/2007 S. 7 (2007)

DAfStb: Deutscher Ausschuss für Stahlbeton. Beuth Verlag, Berlin

DAfStb 01: Richtlinie für Schutz und Instandsetzung von Betonbauteilen (Instandsetzungsrichtlinie) Teil 1: Allgemeine Regelungen und Planungsgrundsätze. Teil 2: Bauprodukte und Anwendung. Teil 3: Anforderungen an die Betriebe und Überwachung der Ausführung. Teil 4: Prüfverfahren. 2001, letzte Berichtigung 2014; Neufassung als Entwurf (Gelbdruck) 2017. Einführung als Instandhaltungsrichtlinie 2019 wird angestrebt.

DAfStb 04: Richtlinie: Betonbau beim Umgang mit wassergefährdenten Stoffen, 2004

DAfStb 05: Richtlinie Herstellung und Verwendung von Trockenbeton und Trockenmörtel (Trockenbeton Richtlinie), 2005

DAfStb 06: Richtlinie für Beton mit verlängerter Verarbeitungszeit (verzögerter Beton), 2006

DAfStb 06: Richtlinie Herstellung und Verwendung zementgebundener Vergussbetone und Vergußmörtel, 2006

DAfStb 06: Erläuterungen zur Richtlinie Wasserundurchlässige Bauwerke aus Beton (WU-Richtlinie) H. 555, 2006

DAfStb 10: Richtlinie Massige Bauteile aus Beton, 2005

DAfStb 10: Richtlinie Beton nach DIN EN 206-1 und DIN 1045-2 mit rezyklierten Gesteinskörnungen nach DIN EN 12620, 2010

DAfStb 11: Richtlinie Herstellung und Verwendung von zementgebundenem Vergussbeton und Vergussmörtel, 2011

DAfStb 11: Richtlinie Betonbau beim Umgang mit wassergefährdenden Stoffen (BUmwS), 2011

DAfStb 12: Richtlinie Verstärken von Betonbauteilen mit geklebter Bewehrung, 2012

DAfStb 12: Richtlinie Stahlfaserbeton, 2012

DAfStb 12: Dauerhaftigkeitsbemessung von Stahlbetonbauteilen auf Bewehrungskorrosion. H. 601, (2012)

DAfStb 12: Richtlinie Selbstverdichtender Beton (SVB-Richtlinie), 2012

DAfStb 12: Richtlinie Wärmebehandlung von Beton, 2012

DAfStb 13: Richtlinie Vorbeugende Maßnahmen gegen schädigende Alkalireaktion im Beton (Alkali-Richtlinie), 2013

DAfStb 15: Erläuterungen zur DAfStb-Richtlinie „Stahlfaserbeton" H. 614, 2015

DAfStb 15: Unterausschuss Alkalireaktion: Empfehlungen für die Schadensdiagnose und Instandsetzung von Betonbauwerken, die infolge einer Alkali-Kieselsäure-Reaktion geschädigt sind. beton 65(2015) H. 10, S. 488

DAfStb 15: Positionspapier zum aktuellen Stand der Technik: kritischer korrosionsauslösender Chloridgehalt. Beton- und Stahlbetonbau 110 (2015) H. 11, S 784

DAfStb 16: Sachstandsbericht zur Prüfung des Säurewiderstands von Beton. H. 620 (2016)

DAfStb 17: Richtlinie Wasserundurchlässige Bauwerke aus Beton (WU-Richtlinie), 2017

Dahms 62, J.: Betonförderung durch lange Fallrohrleitungen im Schachtbau. Betontechnische Berichte 1962 S. 177, Beton-Verlag Düsseldorf

Dahms 68, J.: Über die Schlagfestigkeit des Betons für Rammpfähle. Betontechnische Berichte 1968 S. 49, Beton-Verlag Düsseldorf

Darter 05, M.I., Concrete Pavement – A glorious Past, A bright Future. International Conference on Concrete Pavements, Colorado Springs 2005. International Society of Concrete Pavements

DBV Merkblätter, Deutscher Beton und Bautechnik-Verein, Berlin:

DBV 99 Hochdruckwasserstrahltechnik im Betonbau

DBV 02 Hochfester Beton

DBV 04 Betonieren im Winter

DBV 07 Bauwerksbuch – Empfehlungen zur Sicherheit und Erhaltung von Gebäuden

DBV 08 Gleitbauverfahren

DBV 09 Hochwertige Nutzung von Untergeschossen – Bauphysik und Raumklima

DBV 10 Injektionsschlauchsysteme und quellfähige Einlagen für Arbeitsfugen

DBV 11 Abstandhalter nach Eurocode 2

DBV 11 Unterstützungen nach Eurocode 2

DBV 13 Betonschalungen und Ausschalfristen

DBV 13 WU – Dächer

DBV 11 Brückenkappen aus Beton

DBV 14 Betonierbarkeit von Bauteilen aus Beton und Stahlbeton – Planungs- und Ausführungsempfehlungen für den Betonbau

DBV 14 Unterwasserbeton

DBV 14 Anwendung zerstörungsfreier Prüfverfahren im Bauwesen

DBV 14 Besondere Verfahren zur Prüfung von Frischbeton

DBV 15 Betondeckung und Bewehrung – Sicherheit der Betondeckung beim Entwerfen, Herstellen und Einbauen der Bewehrung sowie des Betons nach Eurocode 2

DBV/VDZ 15 Sichtbeton

DBV 16 Heft Frischvbetonverbundfolie

DBV 16 Begrenzung der Rissbildung im Stahlbeton- und Spannbetonbau

DBV 16 Beton und Betonstahl

DBV 16 Bewertung der In-situ-Druckfestigkeit von Beton

DBV 16 Sichtbetonkosmetik

DBV 17 Industrieböden aus Beton

DBV 17 Selbstverdichtender Beton

DBV 17 Chemischer Angriff auf Beton – Empfehlungen zur Prüfung und Bewertung

DBV 18 Parkhäuser und Tiefgaragen

Dehn 04, F.: Ultrahochfester Beton: Technologie und Anwendung. beton 54 (2004) H. 5, S. 246

Dennert Baustoffwelt 11: Geschossdecke heizt, kühlt, lüftet und spart Energie. Beton- und Stahlbetonbau 106 (2011) A27

De Schutter 08, G.; Bartos, p.J.M.; Domone, P.; Gibbs, J.: Self-Compacting Concrete. Whittles Publishing Caithness 2008

Dettling 62, H.: Die Wärmedehnung des Zementsteins, der Gesteine und der Betone. Heft 3 der Schriftenreihe des Otto-Graf-Instituts der Technischen Hochschule Stuttgart, 1962

Deuse 08, T., Parker, F., Strunge, J.: Spezialelemente zur Herstellung von Hochleistungsbetonen. beton 58 (2008) H. 10, S. 446

Deuse 15, T. et al.: Hochleistungsbeton mit Klebeverbindung. Beton-Informationen. (2015) H. 1/2, S. 8

Deutsche Bauchemie 11: Anwendung von Fließmitteln auf PCE-Basis im Industriebodenbau, Frankfurt, 2011

Deutsche Bauchemie 13: Informationsschrift Herstellen von LP-Beton, Frankfurt, 2013

Deutsche Bauchemie 16: Sachstandsbericht Betonzusatzmittel und Umwelt, Frankfurt, 2016

DGZfP 2000: Merkblatt Automatische Dauerüberwachung im Ingenieurbau. Deutsche Gesellschaft für Zerstörungsfreie Prüfung, Berlin, 2000

Diepenseifen 08, M.: Hornung D.; Schulz W.: Betone mit hohem Widerstand gegen sauren Angriff. Österreichische Ingenieur- und Architekten-Zeitschrift 153 (2008) S. 397

Diewald 08, M.: Nachpressung Ringspalt bei langen Tunnelvortrieben. Zement und Beton (2008) H. 1, S. 30

Dilling 16, C. et al.: Lösender Angriff auf Beton. Zement und Beton (2016) H. 1, S. 68

Dimmig-Osburg 06, A., Bode, K.: Polymer Cement Concrete (PCC) – Baustoffe mit Zukunft?! beton 56(2006) H. 5, S. 194

Dimmig-Osterburg 12, A.: Innovationen mit polymermodifiziertem Beton (PCC) Tagungsband 18. ibausil Weimar 2012, Bd. 1, S. 1180

DIN-Normen:[*)]

DIN FB 100: DIN-Fachbericht 100 Beton – Zusammenstellung von DIN EN 206-1 Beton und DIN 1045-2 Tragwerke aus Beton, Stahlbeton und Spannbeton – Teil 2: Beton; Festlegung, Eigenschaften, Herstellung und Konformität; Anwendungsregeln zu DIN EN 206-1, 2015

Dittmar 13, S.; Hauck H.G.; König R.: C-S-H: Modernes Konzept zur Erhärtungsbeschleunigung. Betonwerk und Fertigteiltechnik 2013 H. 1, S. 44

Dirnhofer 15, H.; Höller, St.; Eger, W.: Durchgehend bewehrte Betonfahrbahnen mit dünner flexibler Deckschicht. Straße + Autobahn 68 (2017) H. 2 S. 91

Drescher 11, O. et al.: Der Bau des Finnetunnels. Beton-Informationen (2011), H. 3, S. 30

Dressen 12, T.: Grundsätze des nachhaltigen Bauens mit Beton. beton 62 (2012) H. 9, S. 328

Dressler 12, A., Urbonas, L., Heinz, D.: Wirkung puzzolanischer Betonzusatzstoffe bei einer schädigenden Alkali-Kieselsäure-Reaktion durch Alkalieneintrag von außen. Tagungsband 18. ibausil Weimar 2012, Bd. 2, S. 0337

Drodz 12, W.: Influence of calcareous of fly ash in Portland cement; on ASR in concrete. Tagungsband 18. ibausil Weimar 2012 Bd. 2, S. 0139

DVGW Deutscher Verein des Gas- und Wasserfaches, Bonn:

DVGW 06. Arbeitsblatt W 347: Hygienische Anforderungen an zementgebundene Werkstoffe im Trinkwasserbereich – Prüfung und Bewertung, 2006

DVGW 07: Arbeitsblatt W 270: Vermehrung von Mikroorganismen auf Werkstoffen für den Trinkwasserbereich – Prüfung und Bewertung, 2007

DVGW 14. Arbeitsblatt W 300-5: Trinkwasserbehälter – Teil 5: Werkstoffe, Auskleidungs- und Beschichtungssysteme – Anforderungen und Prüfung, 2014

DWA Deutsche Vereinigung für Wasserwirtschaft, Abwasser und Abfall, Hennef:

DWA 10: Merkblatt M 168: Korrosion von Abwasseranlagen – Abwasserableitung. 2010/2017

DWA 13: Merkblatt M 115-2: Indirekteinleitung nichthäuslicher Abwässer – Teil 2: Anforderungen 2013

Ebell 11, G., Burkert, A., Lehmann, J., Mietz, J.: Korrosions- und Verbundverhalten verzinkter Betonstähle in Betonen mit chromatreduzierten Zementen: Beton- und Stahlbetonbau 106 (2011) H. 9, S. 629

Ebeling 98, K.: Planungs- und Ausführungshinweise. Der Aufgabenbereich des Betoningenieurs. beton 48 (1998) H. 4, S. 208

*) DIN- und DIN-EN-Normen: Der aktuelle Stand mit ggf. eingeführten Änderungen ist dem Internet zu entnehmen. Die Normen sind vom Beuth Verlag, Berlin, zu beziehen.

Ebeling 06, K.: Fugensicherungssysteme in wasserundurchlässigen Betonbauwerken. beton 56 (2006) H. 1+2, S. 10

Ebensperger-Morales 90, L.: Wirksamkeit von Quellzusätzen im Beton zur Kompensation von Zwangsspannungen infolge Hydratationswärme. Dissertation TU München 1990

Eckbauer 08, W., Bergmeister, K.: Instrumentierte Tübbinge beim Erkundungsstollen des Brenner Basistunnels – nichtlineare stochastische Strukturanalyse. Festschrift Manfred Wicke, Innsbruck University Press 2008

Edvardsen 96, C.K.: Wasserundurchlässigkeit und Selbstheilung von Trennrissen in Beton. Deutscher Ausschuss für Stahlbeton, Heft 445, (1996)

Ehrenberg 10, A.: Hüttensandmehl als Betonzusatzstoff – Aktuelle Situation in Deutschland und Europa. Beton-Informationen (2010) H. 3, S. 48

Eickschen 03, E.: Einflüsse auf die Luftporenbildung in Straßenbeton. beton 53 (2003) H. 5, S. 265

Eickschen 10, E.: Nachaktivierungspotenzial Luftporen bildender Betonzusatzmittel; Teile 1 + 2 + 3, beton 60 (2010) H. 10 S. 407, H. 11, S. 461, H. 12, S. 509

Eickschen 11, E., Müller, C.: Zusammenwirken von Luftporenbildner und Fließmittel in Beton; Teile 1 + 2, beton 61 (2011) H. 6, S. 241 + H. 7, S. 303

Eickschen 11, E.: Untersuchungen zur Verzögerung des Schadensfortschritts bei AKR-geschädigten Fahrbahndecken aus Beton. Griffig (2011) H. 2, S. 5

Eid 12, J., Freudenstein, S.: Whitetopping – eine Versuchsstrecke. beton 62 (2012) H. 11, S. 432

Eisenmann 65, J., Theoretische Betrachtung zur Fortentwicklung der Fahrbahndecken aus unbewehrtem Beton. beton 15 (1965) H. 1, S. 19

Eisenmann 07, J., Leykauf, G.: BetonKalender 2007, Bd. 2, S. 93, Verlag Ernst & Sohn, Berlin

Empelmann 09, M.; Teutsch, M.: Faserorientierung und Leistungsfähigkeit von Stahlfaser- sowie Kunststofffaserbeton; beton 59 (2009) H. 6, S. 254

Enzenberg 04, A., Murr, R.: Sanierung Innkanal 2003 – Beton. Zement und Beton (2004) H. 2, S. 20

Erbaydar 86, S.: Eisbildung, Volumendilatation und Wassertransport im Gefüge von Beton bei Temperaturen bis – 60 °C. Dissertation, TU München 1986

Erhard 12, E.; Hankers Ch.: Oberflächengestaltung mit Spritzbeton. In: Kusterle, W. (Hrsg.): Spritzbeton-Tagung Alpach 2012

Falkner 05, H., Grunert, J.P.: Qualität am Bau – Fertigteile, vorgespannt aus SVB und SFB. Massivbau in ganzer Breite, S. 515, Springer Verlag, Berlin 2005

Fastabend 12, M. et al.: Fugenlose und fugenreduzierte Bauweise – Optimierung im Hochbau. Beton- und Stahlbetonbau. 107 (2012) H. 4, S. 225

Fehling 13, M. et al.: Ultrahochfester Beton UHPC. BetonKalender 2013 Bd.2, S. 117; Verlag Ernst & Sohn, Berlin

Feix 79, R.: Untersuchungen von Sanden zur Ermittlung der auf die Qualität bituminöser Mörtel wirksamen Einflußfaktoren. Forschungsberichte des BM VBW. Forschung, Straßenbau und Straßenverkehrstechnik. Heft 275 (1979)

Feldrappe 04, V., Müller, Ch.: Auswirkungen einer Frostbeanspruchung auf dichte hochfeste Betone. beton 54 (2004) H. 10, S. 513 + H. 11, S. 575

Felt 56, E.J.: Resurfacing and patching concrete pavements with bonded concrete. Proc. Highway Res. Board 35 (1956) S. 444

FGSV: Forschungsgesellschaft für Straßen- und Verkehrswesen, FGSV Verlag, Köln:

FGSV 04: Merkblatt für die Herstellung und Verarbeitung von Luftporenbeton, 2004

FGSV 04: Merkblatt über Bodenverfestigungen und Bodenverbesserungen mit Bindemitteln 2004

FGSV 04: Technische Lieferbedingungen für Gesteinskörnungen im Straßenbau TL Gestein-STB 04, 2004/2007, Fassung 2018

FGSV 07: Technische Lieferbedingungen für Baustoffe und Baustoffgemische für Tragschichten mit hydraulischen Bindemitteln und Fahrbahndecken aus Beton, TL Beton-StB 07, 2007 mit Änderungen 2013

FGSV 07: Zusätzliche Technische Vertragsbedingungen und Richtlinien für den Bau von Tragschichten mit hydraulischen Bindemitteln und Fahrbahndecken aus Beton, ZTV Beton-StB 07, Ausgabe 2007 mit Änderungen 2013

FGSV 09: Technische Lieferbedingungen für flüssige Beton-Nachbehandlungsmittel, TL NBM-StB 96, 2009

FGSV 09: Zusätzliche Technische Vertragsbedingungen und Richtlinien für Erdarbeiten im Straßenbau, ZTV E-StB 09, 2009

FGSV 09: Richtlinien für die rechnerische Dimensionierung von Betondecken im Oberbau von Verkehrsflächen, RDO Beton 09, 2009

FGSV 10: Technische Prüfvorschriften für Tragschichten mit hydraulischen Bindemitteln und Fahrbahndecken aus Beton, TP Beton- StB 10, 2010, Fassung 2018

FGSV 10: 591/B 11.3: Eignungsprüfungen bei Bodenverbesserungen mit Bindemitteln, 2010

FGSV 12: 591/B 11.1: Eignungsprüfungen bei Bodenverfestigungen mit Bindemitteln, 2012

FGSV 12: Richtlinien für die Standardisierung des Oberbaus von Verkehrsflächen, RStO 01, 2012

FGSV 15: Zusätzliche Technische Vertragsbedingungen und Richtlinien für Fugen in Verkehrsflächen, ZTV Fug-StB 15, 2015

FGSV 15: Technische Lieferbedingungen für Fugenfüllstoffe in Verkehrsflächen, TL Fug-StB 15, 2015

FGSV 15: Zusätzliche Technische Vertragsbedingungen und Richtlinien für die Bauliche Erhaltung von Verkehrsflächen – Betonbauweisen ZTV BEB-StB 15

FGSV 15: Technische Lieferbedingungen für Baustoffe und Baustoffgemische für die Bauliche Erhaltung von Verkehrsflächenbefestigungen – Betonbauweisen, TL BEB-StB 2015

FGSV 15: Richtlinien für die Anerkennung von Prüfstellen für Baustoffe und Baustoffgemische im Straßenbau, RAPStra 2015

FGSV 18: Technische Prüfvorschriften für Gesteinskörnungen im Straßenbau, TP Gestein-StB 18

FGSV 16: Zusätzliche Technische Vertragsbedingungen und Richtlinien für die Befestigung ländlicher Wege, ZTV LW (2016)

Fiala 02, H., Hofschröter, M.: Baubegleitende Qualitätsüberwachung im Betonbau. beton 52 (2002) H. 11, S. 534

Fiala 03, H., Raddatz, J.: Braune Verfärbungen auf Sichtbetonflächen. Beton-Informationen 43 (2003) H. 2, S. 27

Fiala 08, H. et al.: Wegweiser Sichtbeton. 2. Auflage, Bauverlag Wiesbaden, 2008

Fiala 16, H.: Ungewollt fleckig. Ursachen für die Abweichungen des Farbtons bei Sichtbetonflächen. der bauschaden, Februar/März 2016, S. 13

Fierenkothen 17, C., Pulsfort, M.: Neuere Erkenntnisse zum Ausbreitungsverhalten von Frischbeton in Bohrpfählen. Beton in Forschung und Praxis, Festschrift Breitenbücher 2017, S. 219. Eigenverlag Ruhr-Universität Bochum 2017

Fingerloos 16, F.; Bastert, H.: Zur Wahl der Expositionsklassen für erdüberdeckte chloridbeanspruchte Weiße Dächer. DBV Rundschreiben 248, S. 12 (2016)

Fingerloos 18, F.; Lindorf, A.: Zur Bewertung von Rissen in Ingenieurbauwerken nach ZTV-ING. DBV – Rundschreiben 256, S. 7 (2018)

Fischböck 09, E., Nischer, P. Kornzusammensetzung des Mehlkorns. Zement und Beton (2009) H. 5, S. 20

Fischer 14, O., Nevrly, T., Behnen, G.: Fertigteile im Tunnelbau. Beton-Kalender 2014 Bd. 1. S. 233, Verlag Ernst & Sohn

Fischer 17, M., Orlowsky, J.: Zur Entwicklung der Betonzusammensetzung. beton 67 (2017) H. 1+2, S. 16

Flath 07, Th.: Einschalige, wasserdichte Tübbing-Auskleidungen. beton 57 (2007) H. 1+2, S. 10

Fleischer 88, W.: Hydraulisch gebundene Tragschichten aus Überschusssanden. Straße + Autobahn, 39 (1988) H. 3, S. 96

Fleischer 92, W.: Einfluss des Zements auf Schwinden und Quellen von Beton. Dissertation TU München 1992

Fleischer 94, W., Sodeikat, Ch., Springenschmid, R.: Folgerungen aus dem Langzeitverhalten von zementgebundenen Tragschichten. 7. Internationales Betonstraßensymposium Wien 1994, Tagungsberichte Cimeurope s.a.r.l, Brüssel

Fleischer 04, W., Wolf, Th.: Eigenschaften und Herstellung von Oberflächentexturen. Die Griffigkeit von Fahrbahndecken aus Beton. beton 54 (2004) H. 11, S. 536 + H. 12, S. 610

Flohrer 06, C.: DIN 1045 neu: Befahrene Flächen in Parkhäusern und Tiefgaragen. beton 56 (2006) H. 6, S. 254

Fluge 98, F., Markey, F.: Floating bridge in Norway – „no rebar corrosion" after five years of service? Nordic Road and Transport Research 10 (1998) H. 2, S. 11

Franke 83, H. J.: Plattenersatz in Tagesbaustellen. Straße + Autobahn 34 (1983) H. 8, S. 328

Franke 03, H. J.: Griffigkeit von Fahrbahndecken aus Beton. Betonstraßentagung 2003, Stuttgart S. 61, FGSV

Franke 10, L., Schmidt, H., Schmidt-Döhl, F.: Prüfung der Beständigkeit von Mörtelprodukten gegenüber saurem Angriff bis pH 3 und Einstufung in Expositionsklassen. beton 60 (2010) H. 1+2, S. 20

Freudenstein 15, S.: Hitzeschäden an Betonfahrbahnen – Derzeitiger Untersuchungsstand. Betonstraßentagung 2015 Ulm, S. 48

Freudenstein 18, S.: The new Guideline M VaB Part 3: Container- and Logistic Pavements. 13. International Symposium on Concrete Roads, Berlin 2018

Freystein 02, H.: Stand und Tendenzen des bautechnischen Regelwerks im Eisenbahnbau. Der Prüfingenieur, (2002) Okt., S. 74

Freytag 16, B. et al. Freiformschalen aus UHPC – Bemessung, Herstellung, Montage –. 3. Grazer Betonkolloquium, S. 189, Verlag der Technischen Universität Graz, 2016

Friedl 04, L.: Experimentelle Untersuchungen zum Transport von Wasser und Chlorid in rezykliertem Beton und zu der daraus ableitbaren Gefahr der chloridinduzierten Stahlkorrosion. Dissertation TU München 2004

Fröhlich 12, S.; Schmidt, M.: Optimierung der Fasereffizienz in hochfesten Betonen durch Modellierung der rheologischen Eigenschaften. Tagungsband 18.ibausil Weimar 2012, Bd. 2, S. 0203

Fuller 07, W.B.; Thomson, S. E.: The Laws of Proportioning Concrete. American Society of Civil Engineers 33 (1907)

Gehlen 99, Ch., Schießl. P.: Probability-based durability design for the Western Scheldt Tunnel. Structural Concrete 1999 H. 2, S. 1

Gehlen 01, Ch.: Lebensdauerbemessung – Zuverlässigkeitsberechnungen zur wirksamen Vermeidung von verschiedenartig induzierter Bewehrungskorrosion. Beton- und Stahlbetonbau 96 (2001) H. 7, S. 478

Gehlen 14, Ch., Greve-Dierfeld, S.: Deterioration models and its influence on standards – Benchmark of European deemed to satisfy rules and recommendations for needed revisions. 2. Grazer Betonkolloquium. S. 107, Verlag der Technischen Unversität Graz 2014

Gehlen 17, Ch.: Korrosionsmonitoring in Rissbereichen realer Stahlbetonbauteile zur Wirksamkeitskontrolle des Instandsetzungsprinzips WC-Cl. DAfStb, Jahrbuch 2016/17, S. 54

Gerlach 17, J., Lohaus, L.: Ergebnisse des DAfStb-Sachstandberichts und weiterführende Diskussionen; Prüfung des Säurewiderstands von Beton; beton 67 (2017) H. 3 S. 66 + H. 4, S. 120.

Geisler 13, H.: Kausale technische Ursache eines Mangels bei der Herstellung von Stahlbetontübbingen. Innsbrucker Betontage 2013. University Press Innsbruck 2013

Geuder 16, S.: Tunnel Oberau – Ein bergmännischer Straßentunnel mit besonderen Maßnahmen in Bereichen geringer Überdeckung. Münchner-Massivbau Seminar 2016, S. 103

Giebson 16, C.; Stark, J., Ludwig, H. -M.: Besonderheiten der Alkali-Kiesel-Säure-Reaktion in Beton für Fahrbahndecken und Flugbetriebsflächen. beton 65(2016) H. 6, S. 242

Giese 09, A., Heinrich, U.: Untersuchungen zu Zwangsspannungen für eine fugenlose Betonoberfläche. Tagungsband 17. ibausil Weimar 2009, Bd. 2, S. 0651

Girmscheid 01, G., Moser, St.: Roboterisierte Felssicherung mit Spritzbeton – Entwicklung der Prozesssteuerung des vollautomatischen Applikationsprozesses. Bauingenieur 76 (2001) H. 3, S. 135

Glantschnigg 99, N.: Untersuchungen zur Brandschadensfeststellung im Tauerntunnel. Zement und Beton (1999) H. 4, S. 26

Glatzl 04, J. et al.: PP Faserbeton für erhöhte Brandbeständigkeit. Zement und Beton (2004) H. 3, S. 24

Götz 13, M.: Betone mit erhöhtem Säurewiderstand beim Bau des Abwasserkanals Emscher. Beton – Entwicklungen und Tendenzen. Report 20, Verband Deutscher Betoningenieure e.V. 2013/14

Goger 02, G.: Aufbau eines Entscheidungshilfesystems zur Auswahl eines Spritzbetonverfahrens im Tunnelbau. Spritzbeton-Technologie 2002, S. 29 Institut für Betonbau, Baustoffe und Bauphysik Universität Innsbruck

Goldammer 04, K.-R.: Neue Maßstäbe für gestaltete Betonoberflächen – das neue Merkblatt Sichtbeton. Gestalten mit Beton, S. VI-1. Freunde des Instituts für Massivbau der TU Darmstadt 2004

Goldammer 14, K.-R.: Optische störende Gelbverfärbungen an Sichtbetonen. DBV-Rundschreiben 240, S. 7 (2014)

Goto 71, Y.: Cracks formed in concrete around deformed tension bars: ACI Journal 68 (1971) H. 4, S. 244

Gräf 86, H., Grube, H.: Einfluss der Zusammensetzung und der Nachbehandlung des Betons auf seine Gasdurchlässigkeit. Betontechnische Berichte 1986-88, S. 79, Beton-Verlag Düsseldorf

Graf 06, L.: Was Kohlefaserlamellen mit trendiger Mode zu tun haben. BdB-Nachrichten Journal (2006) H. 4, S. 78

Grahlke 94, Ch., Moss, Th.: Hochfester Beton im Straßenbau. beton 44 (1994) H. 7, S. 372

Graubner 02, C.; Lieberum, K.; Proske, T.: Eigenschaften von selbstverdichtendem Beton. Beton- und Stahlbetonbau 97(2002) H. 12, S. 650

Graybeal 04, B.: Achieving the Promise of Ultra-High-Performance Concrete. Focus, (2004) Nov., S. 1, Federal Highway Administration. McLean, VA

Grimm 11, H.: Burj Khalifa (Burj Dubai) – ein Extrem auch in Sachen Beton pumpen. Bauingenieur 2010/11, S. 26, Springer VDI Verlag

Große 06, Ch., Krüger, M.: Drahtlose Sensortechnik für die Dauerüberwachung von Bauwerken. Sicherheitsgewinn durch Monitoring? S. 203. Freunde des Instituts für Massivbau der Technischen Universität Darmstadt 2006

Große 07, Ch., Gehlen, Ch., Glaser, S.: Sensing methods in civil engineering for an efficient construction management. Advances in Construction Materials S. 549, Springer 2007

Großmann 04, F.: Das „neue" Regelwerk für den Ingenieurbau und die Regelungen für Beton. beton 54 (2004) H. 5, S. 234

Grube 03, H.: Definition der verschiedenen Schwindarten, Ursachen, Größe der Verformungen und baupraktische Bedeutung. beton 53 (2003) H. 12, S. 598

Grube 86, H., Krell, J.: Zur Bestimmung der Carbonatisierungstiefe von Mörtel und Beton. Betontechnische Berichte 1986-88, S. 21, Beton-Verlag Düsseldorf

Grube 98, H.; Spanka, G.: Zementgebundene Baustoffe im Trinkwasserbereich: Anlagen zur Wasserversorgung. beton 48 (1998) H. 6, S. 342

Grübl 01, P., Weigler, K.: Beton. Arten, Herstellung und Eigenschaften. Ernst & Sohn, Berlin 2001

Grübl 02, P., Rühl. M.: Beton unter Verwendung von rezyklierter Gesteinskörnung. beton 52 (2002) H. 5, S. 250

Guse 06, U., Müller, H. S.: Festigkeitsentwicklung und Verformungsverhalten von Betonen mit hohem Flugaschegehalt. Tagungsband 16. ibausil Weimar 2006 Bd. 1, S. 1279

Gütegemeinschaft Verkehrsflächen aus Beton siehe Böhme

Gypser 09, A., Heinrich, U., Stark, J.: Untersuchungen zum Schwindverhalten und zur Reißneigung von Hochleistungsbetonen mit Zementen CEM II und CEM III. Tagungsband 17. ibausil Weimar 2009 Bd. 2, S. 0057

Haberland 05, Ch., Rath, A., Dietze, R.: Contract Section „Lainzer Tunnel LT 22" – First Austrian Practical Experiences by Using PP-Fibre-Concrete for a Watertight Interior Shell of a Tunnel Tube. Fibre Reinforced Concrete in Practice, S. 54. Österreichische Vereinigung für Beton- und Bautechnik 2005

Hadl 16, P., Tue, N. V.: Einfluss der Faserzugabe auf die Streuung im Zugtragverhalten von Stahlfaserbeton. Beton- und Stahlbetonbau 111 (2016), H. 5, S. 310

Häfner 06, L.: Praxisfrage CTK oder HDW. Welche Verstärkungstechnik ist beim Bauen im Bestand vorzuziehen. Deutsches Ingenieurblatt, (2006) H. 5, S. 27

Hager 10, A.: PSW Limberg II in Kaprun. Betontag Wien, 2010. Kongressbericht S. 137

Hahn 13, A., Uhlig, H.: Beton – interessante betontechnologische Effekte aus der Praxis. Beton-Informationen (2013) H. 3/4 S. 35

Hahn 98, U.: Farbiger Beton – die Natur hat den Zuschlag. Betonwerk + Fertigteil-Technik 64 (1998) H. 1, S. 78

Haiden 09, G.: Einfluss der Polycarboxylat-Kettenlänge auf die Betoneigenschaften. Zement und Beton (2009) H. 5, S. 14

Haider 05, M., Steigenberger, J.: Langzeitverhalten lärmarmer Betonbeläge. Betondecken aus volkswirtschaftlicher Sicht. Internationle Fachtagung 2005, S. 24, Österreichische Forschungsgemeinschaft Straße und Verkehr, Wien

Hallauer 69, O.: Zusammensetzung und Eigenschaften von Beton im Feuerungsbau. Betontechnische Berichte 1969, S. 21, Beton-Verlag Düsseldorf

Hallauer 02, O.: Beständigkeit verschiedener Betonarten im Meerwasser und in sulfathaltigem Wasser. Deutscher Ausschuss für Stahlbeton, Heft 523, 2002

Hanke 13, W., Dorner, A.: Betontechnologisch online. beton 63 (2013), H. 12, S. 480

Hanke 15, V.: Leichtbeton LC 12/13 D 1,2 für eine Fassade. beton 65 (2015) H. 6, S. 244

Harand 06, H.: Easy Compacting Concrete (ECC) – eine attraktive Alternative zum Self Compacting Concrete (SCC). Zement und Beton (2006) H. 3, S. 38

Harcenko 06, I. et al.: Sandbeton für monolithischen Häuserbau am Polarkreis: Tagungsband 16. ibausil Weimar 2006, Bd. 1, S. 0033

Hartl 99, G., Steiner, G.: Wasserundurchlässige Bauwerke mit Doppelwänden. Beton + Fertigteiltechnik 65 (1999) H. 8, S. 38

Hauck 17, H. G.: Betonzusatzmittel: Wirkungsgruppen, Wirkungsweisen und Anwendung. Lehrgang zur erweiternden betontechnologischen Ausbildung, Wiesbaden 2017

Hauser 17, S.: CUCON – Mikrobewehrter Hochleistungsbeton. BetonKalender 2017 Bd. 2, S. 491, Verlag Ernst & Sohn, Berlin

Hees 09, S.: Gestaltete Zementestriche und Betonböden. beton 59 (2009), H. 10, S. 438

Hegger 01, J. et al.: Tragfähigkeit von Bauteilen aus selbstverdichtendem Beton. Beton und Stahlbeton 96(2001) H. 11, S. 691

Hegger 07, J., Will, J., Rüberg, K.: Textile Reinforced Concrete – A new Composite Material. Advances in Construction Materials (2007). S. 147

Heinz 05/1; Schießl, P.: Sulfatwiderstand flugaschehaltiger Betone. BVK/VGB Fachtagung Flugasche im Beton (2005) S. 1/8. VGB PowerTech Service Essen

Heinz 05/2, D., Schmidt, K.: Steinkohleflugasche in Beton zur Vermeidung einer schädigenden Alkali-Kieselsäure-Reaktion. BVK/VGB Fachtagung Flugasche im Beton (2005) S. 1/15 VGB PowerTech Service, Essen

Heinz 12, D., Müllauer, W., Beddoe, R.: Mechanismen des Sulfatangriffs auf Beton – Aspekte des chemischen und physikalischen Widerstands. Tagungsband 18. ibausil Weimar 2012, Bd. 1, S. 1204

Helm 09, M., Rohr-Suchalla, K.: Grenze zwischen „Beton nach Eigenschaften" und „Beton nach Zusammensetzung" aus technischer Sicht und Haftungsfragen. beton 59 (2009) H. 5, S. 194

Herbrand 15, M.; Hegger, J.: Querkraftverstärkung von Spannbetonträgern unter zyklischern Lasten mit textilbewehrtem Spritzbeton. In: Kusterle, W. (Hrsg.): Spritzbeton-Tagung Alpach 2015

Hierl 16, M.: Brücke Greißelbach über die B 299 – ein innovatives Bauwerk mit direkt befahrbaren Segmentfertigteilen als Fahrbahnplatte? Münchner-Massivbau Seminar (2016) S. 95.

Hill 10 W., Fix, W.: Einsatz einfacher Sensorsysteme für das Korrosionsmonitoring. beton 60 (2010) H. 12, S. 496

Hiller 95, E., Springenschmid, R.: Verbessertes Verfahren zur Bestimmung der Carbonatisierungstiefe in Bohrlöchern. Beton- und Stahlbetonbau 90 (1995) H. 4, S. 108

Hiller 97/3, E., Springenschmid, R.: Einfluss der Temperatur während der Nachbehandlung von Betondecken. Betonstraßentagung 1997, S. 42, FGSV

Hiller 01, E.: Auswirkung von Temperatur- und Feuchteverläufen in jungen Betondecken. Dissertation TU München, 2001

Hinze 2000, U.: Höchste Anforderungen an Tübbings der vierten Elbtunnelröhre. beton 50 (2000) H. 12, S. 698

Hinzen 17, W., Eckfeldt, L.: Novellierung der Landesbauordnungen und ihre Auswirkungen auf die Betonbauweise. Beton in Forschung und Praxis, Festschrift Breitenbücher 2017, S. 48, Eigenverlag Ruhr-Universität Bochum 2017

Höveling 04, H.: Steigerung der Robustheit Selbstverdichtender Betone. Deutscher Ausschuss für Stahlbeton, 44. Forschungskolloquium S. 5-1, 2004

Hofer 98, B.: Innkraftwerk Langkampfen, Betontag 1998, S. 80. Schriftenreihe Österreichischer Betonverein, Heft 33/1998

Hohmann 06, R.: Hilfe für den Planer – die neue Anwendungsnorm DIN V 18197 „Abdichten von Fugen in Beton mit Fugenbändern". beton 56 (2006) H. 1+2, S. 16

Hohmann 14, R.: Fugensysteme für WU Konstruktionen. beton 64 (2014) H. 12, S. 482

Holschemacher 17, K. et al.: Grundlagen des Faserbetons. BetonKalender 2017 Bd.1 S. 381, Verlag Ernst & Sohn, Berlin

Horacek 17, D.: Umfahrung Zwettl. Zement und Beton (2017), H. 1, S. 12

Hornung 86, F.: Vorgänge im Frischbeton bei der Entwässerung unter hohem Druck. Dissertation TU München, 1986

Huber 79, H.: Kölnbreinsperre – Neue Wege in der Technik des Massenbetons. Beton- und Stahlbetonbau 74(1979) H. 5, S. 117

Huber 80, H.: Frostbeständigkeit von Kraftwerksbeton. Internat. Kolloquium „Frostbeständigkeit von Beton" Wien, 1980. Mitteilungen des Forschungsinstitutes des Vereins der Österr. Zementfabrikanten, Wien

Huber 84, H.: Gleichmäßige Betonherstellung. Zement und Beton 29(1984) H. 1, S. 6

Huber 92, H.: Entwicklungen und Perspektiven der Betontechnik beim Bau großer Tunnels in Österreich. Zement und Beton (1992) H. 2, S. 22

Huber 97, H.: Technologie österreichischer Talsperrenbetone Betonwerk + Fertigteiltechnik 63 (1997) H. 10, S. 66

Huber 99, H., Lauffer, H., Pichler, W.: 30 Jahre Spritzbetontechnologie in Österreich. Spritzbeton-Technologie 1999, S. 203. Institut für Betonbau, Baustoffe und Bauphysik, Universität Innsbruck

Huber 2000, H.: Brücken aus Hochleistungsbeton ohne Abdichtung. Praktische Erfahrungen an ausgeführten Bauvorhaben. Zement und Beton (2000) H. 2, S. 25

Huber 05, J.: Chemisches Schwinden des Oberbetons im Zweischichtsystem von Betonfahrbahndecken. Jahresbericht 2004/05, CBM, TU München, 2005

Huber 08, J.: Zur Nachbehandlung von Beton – Auswirkungen des Wasserverlusts durch Evaporation in jungem Alter am Beispiel von Straßenbeton. 2008. Dissertation TU München 2008

Huberty 83, J.M.: Fassaden in der Witterung. beton 33 (1983) H. 12, S. 475

Hübsch 05, C.: Moderne Hochleistungszusatzmittel für die Betonherstellung. BVK/VGB Fachtagung Flugasche im Beton, Frankfurt 2005, S. 1/11, VGB PowerTech Service, Essen

Hüngsberg 05, A.: Bohrpfahlbeton. Bohrpfähle, S. 11. Österr. Vereinigung für Beton- und Bautechnik, H. 60, 2005

Hüsken 12, G.; Brouwers, H.J.H.: The Influence of the Fines on Early-Age Behavior of Zero-Slump Concrete. Tagungsband 18. ibausil Weimar 2012, Bd.2 S. 0001

Hüttl 2000/1, R.: Der direkte Nachweis des Reaktionsmechanismusses von Steinkohleflugasche. Beton-Informationen 40 (2000) H. 5, S. 83

Huß 09, A., Reinhardt, H.-W.: SVB vom Mehlkorntyp mit gebrochener Gesteinskörnung. Entwurfskonzept und Fließeigenschaften von SVB – Teil 2. Betonwerk + Fertigteil-Technik 75 (2009) H. 9, S. 23

Imko 15, GmbH: Allgemeine Anforderungen an Kapazitive-, Mikrowellen- und TDR- Sensoren zur präzisen Materialfeuchtemessung. Fa. Imko, Ausgabe 2015

Iken 12, H. W. et al.: Handbuch der Betonprüfung, 6. Aufl., Verlag Bau + Technik, Düsseldorf 2012

Jacobs 03, F.: Betonabrasion im Wasserbau. beton 53 (2003) H. 11, S. 16

Jehle 17, P., Wagner. S.: Sichtbeton – sicher planen und ausführen. 2017. Beuth Verlag, Berlin

Jodl 04, H. G., Kolic, D., Schlosser, W.: Planung, Herstellung und Anwendung von Tübbingen. Österreichischer Betontag 2004, Tagungsband S. 23, Österr. Vereinigung für Beton- und Bautechnik (ÖBV)

Jönsson 18, U. und R. Honeck: Beton für die Feste Fehmarnbeltquerung. Beton 68 (2018) 5, S. 162

Juhart 14, J. et al.: Ökologisch optimierter Beton: Stoffauswahl und Methoden der Rezepturentwicklung. 2. Grazer Betonkolloquium (2014). S. 9, Verlag Technische Universität Graz 2014

Jungwirth 86, D., Beyer, E., Grübl, P.: Dauerhafte Betonbauwerke. Beton-Verlag Düsseldorf 1986

Jungwirth 15, O.: Donau Hochwasserschutz Gottsdorf – Anwendung unterschiedlicher Spezialbauverfahren. Österreichische Ingenieur-Architekten-Zeitschrift. 160 (2015) H. 1-2, S. 55

Kämpfer 09, W., Derra, R.: Effiziente Strategien bei der Instandsetzung von Trinkwasserbehältern. Tagungsband 17. ibausil Weimar 2009 Bd. 2, S. 0809

Karden 11, A.; Garrecht, H.: Untersuchung des Systems Verifi und dessen Aussagefähigkeit bei der Ermittlung der Konsistenz von Normalbeton im Fahrmischer. Darmstadt Concrete 26 (2011) S. 69

Karsten 09, K.: Gleitrohr-Rheometer – ein Verfahren zur Bestimmung der Fließeigenschaften von Dickstoffen in Rohleitungen. Dissertation TU Dresden 2009

Kasai 68, Y., Okamula, K.: The initial tensile strength of concrete. Cement Association Japan – 22nd general meeting – 1968, S. 172

Kepp 95, B., Botros, F.R.: Schwimmende Ölförderplattformen – Ozeanbauwerke einer neuen Generation, Deutscher Betontag 1995, S. 442, Deutscher Beton-Verein, Wiesbaden

Kern 99, E.: Entwicklung der Betontechnik. beton 49 (1999) H. 9, S. 484

Kern 98, R.: Der Einfluss der Austrocknung auf die Wasserbindung und Eigenschaften des Betons, Dissertation TH Darmstadt, 1998

Keuser 04, M. et al.: Beschussversuche an Schutzelementen aus hochfestem Beton. Massivbau 2004, Forschung, Entwicklungen und Anwendungen, S. 88, Springer VDI Verlag

Keysers 10, L.: Industrieböden mit besonderen Anforderungen an Planung und Ausführung. beton 60 (2010) H. 10, S. 388

Kiltz 13, D.: Nachbehandlung von Sichtbetonbauteilen. DBV Rundschreiben 237, S. 15 (2013)

Kiltz 13, D., Siebert, B.: Erfahrung mit dem Eimerverfahren zur Bestimmung der Blutneigung von Beton. beton 63 (2013) H. 1+2, S. 14

Kiltz 17, D.: Planung und Ausführung von hochwertig genutzten Untergeschossen. beton 67 (2017) H. 5, S. 170

Kirsch 08, P.: Massivbrückenbau seit 1965 – Eine Erfolgsstory (?). Festkolloquium Wicke, S. 147, innsbruck university press 2008

Klee 15, J.: Ausführung von Endbereichen – Beispiele aus der Praxis. Straße + Autobahn 68 (2017), H. 3, S. 184

Kleiser 16, M., Lindlbauer, W., Majdalami, R.: Pilotprojekt S 7 – Eine Weiße Wanne ohne rissesteuernde Bewehrung. 3. Grazer Betonkolloquium (2016). S. 149, Verlag der Technischen Universität Graz 2016

Klinke 02, H., Rischer, M.; Steigenberger, J.: 12-Stunden-Beton. Reparaturarbeiten an der A 23 jetzt noch schneller. Zement und Beton, H. 3, S. 25 (2002)

Klose 01, N.: Nachhaltige sowie kostengünstige Planung und Ausführung von Abwasserkanälen und -leitungen aus technischer Sicht. Beton-Informationen 41 (2001) H. 4, S. 3

Klose 86, N.: Alterung von Betonbauteilen. Betonwerk+ Fertigteil-Technik 52 (1986) H. 9, S. 570

Knab 15, F., Sodeikat, Ch.: Die Ermittlung der charakteristischen Betondruckfestigkeit von Bauwerken im Bestand. Beton – und Stahlbetonbau 110 (2015) H. 8, S. 539

Knöfel 82, D.: Stichwort Baustoffkorrosion. Ausgabe 2. Wiesbaden: Bauverlag, 1982

Kohnert 14, L.: Die Grundregeln für optimale Ergebnisse bei der Betoneinfärbung. Beton- und Stahlbetonbau. 109 (2014) H. 11, S. A24

Kohlbrei 12, U. Messen ist Wissen. Deutsches Ingenieur Blatt 2012, H. 3, S. 28

Koubowetz 08, F.: Optimierte Bindemittel für projektbezogene Anforderungen der Baustelle. Innsbrucker Bautage, S. 53 innsbruck university press 2008

Kordts 04, St., Breit, W.: Kombiniertes Prüfverfahren zur Beurteilung der Verarbeitbarkeit von SVB-Auslaufkegel. beton, 54 (2004) H. 4, S. 213

Kordts 16, S.: Darum brauchen wir den Betoningenieur. Fachtagung des VDB in Friedrichshafen. (2016). Report 21. S. 15

Kormann 14/15, V.; Steenblock, J.-P.: Tanzende Türme in Hamburg – WU-Dach-Konstruktion auf höchster Ebene. VDI Bautechnik 2014/15 Springer VDI Verlag 2015

Kraeft 98, U.: Reißrahmenversuche zur Abkühlung von Beton nach 3, 12 und 96 Stunden. Beton- und Stahlbetonbau 93 (1998) H. 11, S. 313

Kränkel 09, T., Gehlen, Ch.: Optimierung der Eigenschaften selbstverdichtender Betone durch Kornformanalysen mit einem Partikelanalysator. Tagungsband 17. ibausil Weimar 2009, Bd. 1, S. 0957

Kränkel 11, T.; Lowke, D.; Gehlen, C.: SVB mit gebrochener Gesteinskörnung. Betonwerk und Fertigteil-Technik 77(2011) H. 3, S. 4

Kränkel 12, T., Lowke, D., Gehlen, C.: Entlüftungsverhalten und Mischungsstabilität leichtverarbeitbarer Betone während des Verdichtungsprozesses: Tagungsband 18. ibausil Weimar 20012 18. Bd. 2, S. 0106

Kränkel 14, T.; Lowke, D.; Mazanec, O.: Anwendungsorientierte Optimierung und Klassifizierung der rheologischen Eigenschaften von UHPC. Jahresmitteilungen 2014, CBM TU München, S. 71

Krauns 05, N.: Rissschäden an Außenwänden aus Mauerwerk infolge Deckenverformung. Massivbau in ganzer Breite. S. 319, Springer Verlag Berlin (2005)

Krauß 17, P.: persönliche Mitteilung

Krec 15, K.: Die thermische Bauteilaktivierung als Wärmespeicher. Zement und Beton. Tagungsband Expertenforum November 2015. S. 6

Krell 10, J., Petermöller, J.: Bedeutung und Risiken der Lieferverträge. beton 60 (2010) H. 1+2, S. 10

Krell 14, J.: Planung von weißen Wannen aus Gutachtersicht. beton 64 (2014) H. 12, S. 496

Krell 15, J.: Schnelle Wassergehaltsbestimmung am Frischbeton mittels „Eintauchsonde": BWI, 2015, S. 572

Krell 17, J.: Frischbeton sicher im Griff. Beton in Forschung und Praxis, Festschrift Breitenbücher (2017), Eigenverlag Ruhr Universität Bochum, S. 186

Krenn 03, H.: A10 Tauern Autobahn, Generalsanierung Ofenauer-Hieflertunnel, Richtungsfahrbahn Salzburg. Betonstraßen 2003, Zement und Beton, S. 34, (2003)

Krieg 07, W. et al.: Rapid chloride permeability testing – a critical review. Concrete Engineering International. 11 (2007) H. 2, S. 48

Krispel 11, S., Nischer, P., Peyerl, M., Macht, J.: Ein neuer Zement als Win-win-Situation sowohl für Zement- und Betonhersteller als auch für Konsumenten und Umwelt. Zement und Beton (2011) H. 5, S. 34

Krüger 18, M., Baldermann, C., Bregar, R. und David, G. A.: Textilbeton für die Instandsetzung von Verkehrsbauten. 4. Grazer Betonkolloquium, S. 31, Verlag der Technischen Universität Graz

Krysta 18, M. und Th. Hecht: Erfahrungen mit Schäden durch Ettringit-/Thaumasittreiben im Straßenbau. Konstruktiver Ingenieurbau 2018, 3, S. 7

Kubens 90, Ch., Rosa, W.: Spritzbetoninstandsetzung an einer Schifffahrtsschleuse. Zeitschrift für Binnenschifffahrt und Wasserstraßen (1990), S. 142

Kubens 06, Ch.: Instandsetzung von Beton und Stahlbeton in Wasserbau mit Spritzbeton. Beton- und Stahlbetonbau 101 (2006) H. 10, S. 821

Kubens 08, Ch.: Spritzbetoninstandsetzung von Wasserbauten. beton 58 (2008) H. 10, S. 428

Kubens 11, St.: Wechselwirkung von Zement und Zusatzmittel und deren Einfluss auf die rheologische Eigenschaften. beton (2011) H. 1+2, S. 36

Küchlin 12, D., Riffel, S.: Der Spezialzement Chronolem IR für Schnellreparaturbeton: Tagungsband 18. ibausil, Weimar 2012 Bd. 2, S. 2085

Kühme 06, M., Burkert, W., Schattschneider, H.: Betontechnologie für das Absperrbauwerk der Talsperre Leibis/Lichte. Beton- und Stahlbetonbau 101(2006) H. 4, S. 268

Kusterle 04, W., Lindlbauer, W. et al.: Brandbeständigkeit von Faser-, Stahl- und Spannbeton. Straßenforschung H. 544, Bundesministerium für Verkehr, Innovation und Technologie, Wien 2004

Kusterle 05, W., Lindlbauer, W., Hanser St.: Polypropylen-Faserbeton als Brandschutzmaßnahme im Tunnelbau. beton 55 (2005) H. 10, S. 480

Kusterle 06, W.: Fachgerechte Ausführung von Instandsetzungen mit Spritzbeton. DBV-Regionaltagung „Bauausführung" Deutscher Beton- und Bautechnik Verein 2006

Kusterle 06, W. et al.: Brandschutzschichten in Verkehrstunnels. Spritzbeton Technologie (2006), S. 39 Institut für Baustoffe und Materialprüfung, Innsbruck

Kusterle 08, W.; Vogl, G.: Brandschutzschichten für Verkehrstunnel – Ein Sachstandsbericht zur Regelung und ersten Anwendung in Österreich. beton 58 (2008) H. 3, S. 90

Kusterle 14, W., Jäger, J., John, M., Neumann, C., Röck, R.: Spritzbeton im Tunnelbau. BetonKalender 2014 Bd. 1, S. 305, Verlag Ernst & Sohn, Berlin

Kusterle 15, W.: Spritzbeton-Frühfestigkeitsmessungen – Festlegung, Bestimmung, Interpretation. In: Kusterle W. (Hrsg.): Spritzbeton-Tagung Alpach 2015

Kützing 02, L.: Wirkung von Stahlfasern in Hochleistungsbetonen. Faserbeton, Beiträge aus Praxis und Wissenschaft, S. 121 Bauwerk Verlag, Berlin (2002)

Ladner 16, E.-M., Müller, M., Breit, W.: Bestimmung des Verschleißes und der Materialieneigenschaften von Oberflächenschutzsystemen für Parkbauten. 3. Grazer Betonkolloquium, S. 239, Verlag der Technischen Universität Graz 2016

Lang 2000, E.: Anwendung von Schalungsbahnen im Kläranlagenbau. Beton-Informationen 40 (2000) H. 2/3, S. 19

Laufenberg 01, J.v.: Erfahrungen bei der Ausführung von Sichtbeton beim Bauvorhaben Luisenblöcke in Berlin. Deutscher Beton- und Bautechnik Tag 2001, S. 525, Verlag Ernst & Sohn Berlin

Lay 06, J.: European standardisation of recycled aggregates. Concrete Engineering International 10 (2006) H. 3

Leemann 05, A., Thalmann, C., Studer, W.: Alkali-aggregate reaction in Swiss tunnels. RILEM Materials and Structures 38 (2005) April, S. 381

Leiner 94, R.: Trinkwasser und Beton. Zement und Beton (1994) H. 1, S. 16

Lemberg 96, M.: Dichtschichten aus hochfestem Faserbeton. Deutscher Ausschuss für Stahlbeton, Heft 465, 1996

Leonhardt 76, F.: Vorlesungen über Massivbau. Springer Verlag, Berlin 1976

Lindlbauer 03, W.: Unterflurtrasse Steinhaus der A 8 Innkreisautobahn. beton 53 (2003) 10, S. 474

Lindlar 15, B., Stenger, C., Lootens, D.: Miniaturisiertes Laborspritzverfahren für Spritzbeton – Neue Möglichkeiten der Produktentwicklung, Rezepturoptimierung und Qualitätskontrolle. In: Kusterle, W. (Hrsg.): Spritzbeton-Tagung Alpach 2018

Lindner 02, R.: ÖNORM B 4710-1 – Know how. Zement und Beton (2002) H. 2, S. 31

Locher 67, F.W.: Chemischer Angriff auf Beton. Betontechnische Berichte 1967, S. 19, Beton-Verlag, Düsseldorf

Locher 2000, F.W.: Zement, Grundlagen der Herstellung und Verwendung. Verlag Bau + Technik Düsseldorf (2000)

Lohaus 04, L., Peterssen, L.: Einfluss baupraktischer Parameter auf die Ergebnisse des CDF- und CIF-Verfahrens. beton 54 (2004) H. 2, S. 66

Lohaus 06, L., Petersen, L., Höveling H.: Spezialbeton zum Ausbetonieren von Verbundstützen am Lehrter Bahnhof Berlin. beton 56 (2006) H. 4, S. 158

Lohaus 16, L.: Annahmeprüfverfahren zur Beurteilung der Mischungssabilität von fließfähigem Beton. DBV Rundschreiben 250, 2016

Lohaus 16 L., Steinhäuser, H.: Kriterien für die Eignung eines Betons zur Herstellung von Sichtbeton. beton 65 (2016) H. 5, S. 190

Lohaus 17, L., Begemann, Ch.: Mischungsstabilität und Robustheit fließfähiger Betone. Beton in Forschung und Praxis, Festschrift Breitenbücher 2017, Eigenverlag-Ruhr Universität Bochum 2017, S. 157

Lohaus 17, L. et al.: Pump- und Rüttelstabilität als baustellenbezogene Leistungsmerkmale im modernen Betonbau. Heftreihe Deutscher Beton- und Bautechnik-Verein e.V. 40 (2017). S. 87

Lohaus 17, L., Schack, T., Cotardo, D.: Die Kunst der Sichtbetontechnik. Beton- und Stahlbetonbau (2017), Suppl. S1, S. 3

Lohmeyer 12, G.; Ebeling, K.: Betonböden für Produktions- und Lagerhallen, 3. Aufl., Verlag Bau + Technik Düsseldorf, 2012

Lohmeyer 13, G., Ebeling, K.: Weiße Wannen – einfach und sicher, 11. Aufl., Verlag Bau + Technik Düsseldorf 2018

Lowke 03, D.; Wiegrink, K.-G.; Schießl, P.: A Simple and Significant Segregation Test for SCC in: Self-Compacting Concrete, Proceedings of the 3rd International RILEM Symposium, RILEM Publication PRO 33, Bagneux 2003

Lowke 04, D.: Dauerhaftigkeitsaspekte von selbstverdichtetem Beton nach dem Stabilisierer- und Kombinationstyp. Jahresmitteilungen 2003/2004, S. 49 cbm TU München

Lowke 07, D.; Schießl, P.: Einfluss von Mehlkorngehalt und Stabilisierern auf das Kriechen und Schwinden selbstverdichtender Betone. Betonwerk und Fertigteil-Technik 73 (2007) H. 73, S. 50

Lowke, 09, D.; Schmidt, K.; Schießl, P.; Heinz, D.: Dauerhaftigkeitspotentiale selbstverdichtender Betone. Beton- und Stahlbetonbau, 103 (20 H. 5, S. 324

Lowke 12, D., Illguth, S., Kränkel, T., Gehlen, C.: Optimierung der rheologischen Eigenschaften fließfähiger Betone mit Hilfe numerischer Störungsmechanik: Tagungsband 18. ibausil Weimar 2012, Bd. 2, S. 0098

Lowke 14, D.: Sedimentationsverhalten und Robustheit Selbstverdichtender Betone, in DAfStb H. 611, Beuth Verlag, Berlin 2015

Ludwig 99, A.: Feuchtemessung von Zuschlägen und Mischgut. Betonwerk und Fertigteil-Technik 65 (1999) H. 11, S. 80

Ludwig 06, H. M.; Neumann, T.: Entwicklung und Anwendung eines schnellhärtenden Zements. Betonwerk und Fertigteil-Technik 72 (2006) H. 5, S. 28

Ludwig 08, H. M.: Eigenschaften und Anwendung eines Schnellzements für konstruktive Betonbauteile. beton 58 (2008) H. 1+2, S. 10

Ludwig 09, H. -M.: Herstellung und Anwendung von CO_2-armen Zementen. Tagungsbau 17. ibausil Weimar 2009, Bd. 1, S. 0057

Ludwig 12, H. -M., Zukünftige Zemente und ihre Eigenschaften. beton (2012) H. 5, S. 158

Lutze 09, D., Berg, W.V.: Handbuch Flugasche im Beton: Grundlagen der Herstellung und Verwendung. 2. Aufl. (2009), Verlag Bau + Technik, Düsseldorf

Lyhs 12, P., Silbereisen, R.: Entwicklung und Anwendung von Beton mit hohem Säurewiderstand. 1. Grazer Betonkolloquium, S. 69, Verlag der Technischen Universität Graz 2012

Maak 87, H., Maidl, B., Springenschmid, R.: Innenschalen im Felstunnelbau. Beton- und Stahlbetonbau 82 (1987) H. 11, S. 285

Macht 06, J.; Nischer, P.: Weiche Betone – kostengünstige Herstellung durch gute Mehlkornabstufung und gute Mischwirkung. Zement und Beton (2006) H. 1, S. 24

Macht 06, J.; Nischer, P.: Mehlkornoptimierung, Notwendigkeit und Möglichkeiten zur Ermittlung der Korngrößenverteilung, Kornform und Kornoberfläche. Betonwerk und Fertigteil-Technik 72 (2006) H. 4, S. 38

Mack 05, H. P.: Maschinentechnik bei der Betonkühlung und -erwärmung. Expertenforum Temperatursteuerung von Beton, S. 47, Zement und Beton, 2005

Mähner 07, D.: Fehlermöglichkeiten beim Herstellungsprozess von Tunnelinnenschalen. Beton- und Stahlbetonbau 102 (2007) H. 1, S. 33

Mangold 94, M.: Die Entwicklung von Zwang- und Eigenspannungen in Betonbauteilen während der Hydratation. Dissertation TU München, 1994

Mangold 17, M.: Instandsetzung von AKR-geschädigten Betonbauwerken des Hoch- und Ingenieurbus. Beton in Forschung und Praxis, Festschrift Breitenbücher 2017, S. 447. Eigenverlag der Ruhr-Universität Bochum 2017

Mann 09, K.-J.; Kozich, M.: Betoneinsparung im Tunnelbau mit ökologischem Gütesiegel. Zement und Beton (2009) H. 5, S. 28

Mann 11, O.: Prüfung der Oberflächenzugfestigkeit. Beton 61 (2011) 1+2, S. 14

Manns 01, W., Schellhorn, H.: Spezialzement für Spritzbeton. beton 51 (2001) H. 9, S. 482

Manns 02, W., Öttl, Ch.: Zur Braunverfärbung von Betonwaren. Betonwerk und Fertigteil-Technik 68 (2002) H. 11, S. 32

Mansour 98, T.: Korrosionsverhalten und Lebenserwartung von Stahlleichtbeton-Bauteilen im Freien. Beton- und Stahlbetonbau 93 (199 H. 6, S. 155

Marchuk 02, V.: Dispergierbarkeit der Silicastaub-Suspension im Zementleim und Mörtel. beton 52 (2002) H. 7+8, S. 393

Marquardt 15, I., Kratt, F., Dittmar, S., Schnalke, M.: Zwischennachbehandlungsmittel für Beton – Untersuchungen zum Einfluss auf Beschichtungen von Industrieböden. beton 65 (2015) H. 10, S. 494

Marquordt 11, D., Rother, K.-H.: Erfahrungen aus Erhaltungsmaßnahmen an AKR-geschädigten Betonfahrbahnen: Griffig (2011) H. 6, S. 2

Märten 12, A.; Böing, R.: Hochwärmeleitfähige Betone und Verfüllbaustoffe zur Verbesserung der Wärmeableitung bei Hoch- und Höchstspannungskabeln. Tagungsband 18. Ibausil Weimar 2012, Bd. 2 S. 0035

Mather 74, B.: Use of Concrete of Low Portland Cement Content in Combination with Pozzolans and other Admixtures in Construction of Concrete Dams. Journal of the American Concrete Institute 71(1974) 12, S. 589

Maurer 05, R., Arnold, A.: Spannbetonbrücke aus Hochleistungsbeton – Erfahrungen aus Planung, Bau und Monitoring. Massivbau in ganzer Breite, S. 19, Springer Verlag 2005

Maydel 12, P.: Nachhaltigkeit von Beton – Potentiale und Zukunftsperspektiven. 1. Grazer Betonkolloquium (2012), S. 49, Verlag deer Technischen Universität Graz

Mayer 10, T.F.: Zur Korrosion von Stahlschalungen in Fertigteilwerken. Dissertation TU München 2010

Mayer 14, T.F.: Grundlagen der Bemessung und Ausführung von WU-Konstruktionen nach WU-Richtlinien. beton (64) 2014 H. 12, S. 47

Mazanec 09, O., Schießl, P.: Mixing Time Optimisation for the UHPC. 2009. Jahresmitteilungen cbm TU München. Anhang, S. 1

Mechterine 12, V.: Superabsorbierende Polymere – Neue multifunktionale Zusatzmittel. Tagungsband 18. ibausil Weimar 2012 Bd. 1, S. 0079

Mehlhorn 02, G.: FEM-Anwendungen im Spannbetonbau. Festkolloquium Stritzke 2002. Schriftenreihe des Institutes für Tragwerke und Baustoffe, H. 19, S. 35, TU Dresden 2002

Meier 05, St.: Bemessung und Konstruktion von durchgehend bewehrten Betonfahrbahnen. beton 55 (2005) H. 11, S. 540

Meijers 05, S. J.H. et al.: Computational results of a model for chloride ingress in concrete including convection, drying-wetting cycles and carbonation. RILEM Materials and Structures 38 (2005) März, S. 145

Melby 03, K.: Long Span Bridges with Lightweight. Concrete in Norway Nordic Road & Transport Research (2003) H. 2, S. 4

Mellwitz 14, R. et al.: Herstellung von ultrahochfesten faserbewerten Betonen (UHFB) in Betonmischanlagen zur weiteren Verwendung im Fertigteilbau. Beton-Informationen (2014) H. 2, S. 31

Merkel 18, M.; Breit, W.: Zerstörungsfrei zur Bauwerksfestigkeit. Beton und Stahlbetonbau 113 (2018) H. 9, S. 640

Merkl 09, G.: Mit Schalungsbahnen erstellte Trinkwasserbehälter. beton 59 (2009) H. 3, S. 94

Meyer 02, A.2: Glasfaserbeton, ein Baustoff mit vielen Chancen. Betonwerk und Fertigteil-Technik 68 (2002) H. 3, S. 28 + H. 4, S. 72

Meyer 05, L.: Umsetzung der neuen DIN 1045. beton 55 (2005) H. 1+2, S. 32

Meyer 18, L.: Neues Bauordnungsrecht in Kraft getreten: Umsetzung der MVV TB gilt in Baden-Württemberg und Sachsen seit Januar 2018. DBV-Rundschreiben 256, S. 21 (2018)

Michler 17, H.: Bemessung von Textilbeton. Technik in Bayern 2/2017 S. 10

Mielenz 95, R.C. et al.: Investigation of Prestressed Concrete Railway Tie Distress. Concrete International (1995) Dec., S. 62

Milachowski 10, C.; Stengel, T., Gehlen, C.: Ökobilanz für die Herstellung und Nutzung eines Autobahnabschnittes. Griffig (2010) H. 1, S. 11

Mittermayr 18, F. et al.: Instandsetzung Bosruck-Eisenbahntunnel: Entwicklung von Spritzbeton mit erhöhtem Widerstand gegen Thaumasit-Sulfatangriff. In: Kusterle, W. (Hrsg.): Spritzbeton-Tagung Alpach 2018 1

Moosburger 93, M.; Kubens, Ch.: Main-Donau-Kanal, Schleuse Berching. Deutscher Betontag 1993, S. 376, Deutscher Beton-Verein

Morgen 05, K. et al.: Fugenloser Überbau für die Containerkajen CT3a und CT4. Beton- und Stahlbetonbau 100 (2005) H. 12, S. 1003-1011

Morgen 16, K.: Fugenlose Bauwerke an der Nordsee. 3. Grazer Betonkolloquium (2016).S. 139. Verlag der Technischen Universität Graz, 2016

Mörth 06, W., Haberland, Ch., Horvath, J.: Spezielle Gesteinskörnungen für Spritzbetone mit höchster Brandsicherheit. Spritzbeton-Technologie 2006, S. 67, Institut für Betonbau, Baustoffe und Bauphysik, Universität Innsbruck

Motzke 02, G., Litzner, H. U., Meyer, L.: Planung und Ausführung von Betonbauwerken – nach alter oder neuer Norm? beton 52 (2002) H. 7+8, S. 368

Motzke 08, G., Konermann, R.: Auswirkung von neuen wissenschaftlichen Erkenntnissen beim Korrosionsschutz von Stahlbauten. Der Bausachverständige. 4 (2008), H. 6, S. 21

Müller, A. 17, A; Stürmer, S.: Aufbereitungstechnik – Status quo und Zukunft. beton 67 (2017), H. 9, S. 317

Müller, C. 13: Betontechnik: Aktuelle Trends und Entwicklungen. beton 63 (2013) H. 10, S. 390

Müller, C. 14; Eickschen, E.; Breitenbücher, R.: Überprüfung der Zeitbeiwerte für Fahrbahndeckenbetone. Beton-Informationen 2014, H. 1 S. 3.

Müller, C. 14 et al.: Zemente mit hohen Kalksteingehalten – Dauerhaftigkeit und Praktische Umsetzbarkeit. beton 64 (2014) H. 1+2, S. 43

Müller, H. S. 01; Kvitsel, V.: Neue Konzepte für das Kriechen und Schwinden zementgebundener Baustoffe. Darmstädter Massivbau Seminar 2001, Bd. 23, S. III-1. Freunde des Instituts für Massivbau der TU Darmstadt

Müller, H. S. 02; Kvitsel, V.: Kriechen und Schwinden von Beton. Beton- und Stahlbetonbau 97(2002) H. 1, S. 10

Müller, H. S. 11; Scheydt, J.C.: Dauerhaftigkeit und Nachhaltigkeit von ultrahochfestem Beton. beton 61(2011) H. 9 S. 336

Müller, H. S. 16, Wiens, U.: Beton. BetonKalender 2016 Bd.1 S. 3, Verlag Ernst & Sohn, Berlin

Müller, H. S. 17, Vogel, M.: Betoninstandsetzung an russischen Wasserbauwerken – Herausforderungen, innovative Konzepte und Erprobung Beton in Forschung und Praxis, Festschrift Breitenbücher 2017. S. 528 Eigenverlag der Ruhr-Universität Bochum 2017

Müller, M. 99: Verzögerter Beton. Beton-Informationen 39 (1999) H. 3, S. 11

Müller, M. 04: Sanierung Innkanal 2003 – Allgemeines. Zement und Beton (2004) H. 2, S. 18

Müller, M. 09: Sanierung Innkanal. Neuauskleidung eines 20 km langen Kanals. DBV (2009) Vorträge zum Deutschen Bautechnik-Tag Dresden 2009, S. 63

Müller, M. 12; Ehrhardt, D.; Ludwig, H. -M.: Optimierung der Nachbehandlung von Waschbetonoberflächen. Tagungsband 18. ibausil Weimar 2012. Bd. 2, S. 0794

Müller, T. 09, Heller, T.: Honert, D.: Mahlhilfsmittel auf PCE-Basis – eine vielversprechende Technologie. Tagungsband 17. ibausil Weimar 2009, Bd. 1 S. 0087

Munoz 07 A., Andrade, C., Torres, A.: Corrosion products pressure needed to crack the concrete cover. Advances in Construction Materials (2007). S. 359

Murr 08, R.; Draxl, R.; Huber, H.: Autogenes Schwinden und adiabatische Wärmeentwicklung – zwei wichtige Parameter für hochbeanspruchte Betone von „Weißen Wannen". (2008) Zement und Beton (2008) H. 1, S. 26

Murr 10, R., Schaab, A.: Sonderlösungen für die Herstellung von WDI-Innenschalen beim Baulos LT31, Lainzer Tunnel. Betontag Wien. 2010. S. 28

Murr 18 R.: persönliche Mitteilung (2018)

Naumann 12, J.: 1000 neue Zertifikate. 2. Tagung der Bauwerksprüfingenieure des VFIB. Deutsches Ingenieurblatt. (2012) H. 1-2, S. 44

Neck 92, U., Spanka, G.: Dichtigkeit von Rohrbeton gegenüber CKW-Durchtritt. Betontechnische Berichte 1992-94, S. 53, Beton-Verlag, Düsseldorf

Neidinger 12, S.: Entwicklung eines einfachen Prüfverfahrens zur Bewertung von gesteinstechnischen Eigenschaften im Rahmen der Werkseigenen Produktionskontrolle. Dissertation TU München 2012

Neumann 12, T.: Einflüsse auf die Pumpbarkeit von Beton. beton (2012) H. 5, S. 166

Neumayr, 16, M.: ARGE Kraftwerk Stadl-Paura. Zement und Beton 2016, H. 1, S. 26

Neunast 2000, A.: EN 1520: Vorgefertigte, bewehrte Bauteile auf werksporigem Leichtbeton. beton 50 (2000) H. 2, S. 128

Nguyen 16, L.: Betoninstandsetzung unter Wasser. beton 66 (2016) H. 4 S. 162

Nietner 03, L., Schmidt, D.: Temperatur- und Festigkeitsmodellierungen durch Praxiswerkzeuge. Beton- und Stahlbetonbau 98 (2003) H. 12, S. 738

Nischer 76 P.: Austrocknen von jungem Beton. Betonwerk und Fertigteil-Technik 42 (1976) H. 3, S. 117, H. 4, S. 180, H. 5, S. 242

Nischer 98, P.: Hochleistungsbeton. beton 48 (1998) H. 12, S. 742

Nischer 02, P., Zückert, U.: Temperaturanstieg bei der Erhärtung von Beton. Kolloquium Zement und Beton, S. 2, Sonderheft 2002

Nischer 06, P., Macht, J.: Weiche Betone mit verschiedenem Mehlkorn. Maßnahmen zur Verbesserung der Verarbeitbarkeit. Betonwerk und Fertigteil-Technik 72 (2006) H. 8, S. 42

Nmai 98, Ch.K. et al.: Shrinkage-Reducing Admixtures. Concrete International, (1998) April, S. 31

Nürnberger 88, U. et al.: Korrosion von Stahl in Beton – einschließlich Spannbeton. DAfStb H. 393 (1988)

Nürnberger 05, U.: Nichtrostende Betonstähle – ein Überblick. Otto-Graf-Journal 16 (2005), S. 111

Nusch 16, A.; Nieder, N.: Die neue Lahntalbrücke Limburg im Zuge der BAB 3 – Wettbewerb und Entwurf. Beton und Stahlbetonbau 111(2016) H. 11, S. 759

OBB 14: Bekanntmachung der Obersten Baubehörde im Bayerischen Staatsministerium des Innern für Bau und Verkehr (OBB), AZ.: IID-43435-002/08

Ogniwek 10, D.: Dauerhaftigkeit und Instandsetzung von Klärwerks-Räumerbahnen. beton 60 (2010) H. 7+8, S. 294

Olipitz 05, M.: Verbundbrücken mit Teilfertigteilen, Zement und Beton (2005) H. 1, S. 38

Okamura 95, H., Ozawa, K.: Mix Design for Self-Compacting Concrete. Concrete Library of JSCE 25 (1995) June, S. 107

Orgass 06, M., Dehn, F.: Einfluss der Mischtechnik bei Hochleistungsbetonen. Beton und Fertigteiltechnik 72(2006) H. 1, S. 22

Orgass 15, M. et al.: Praxiserfahrungen bei der Verwendung von PP-Faserbeton in Straßentunnelbau. beton 65 (2015) H. 11, S. 536

ÖBV Österreichische Bautechnik Vereinigung, Wien, früher **ÖVBB** Österreichische Vereinigung für Beton- und Bautechnik, zuvor **ÖBV** Österreichischer Betonverein:

ÖVBB 02 Richtlinie: Geschalte Betonflächen, 2002

ÖVBB 03 Richtlinie: Kathodischer Korrosionsschutz 2003

ÖVBB 05 Merkblatt: Unterwasserbetonsohlen (UWBS), 2005

ÖVBB 08 Richtlinie: Faserbeton, 2008

ÖVBB 09 Merkblatt: Beton für Kläranlagen, 2009

ÖVBB 09 Richtlinie: Spritzbeton, Anwendung und Prüfung, 2009

ÖVBB 09 Richtlinie: Tübbingsysteme aus Beton 2009

ÖBV 09 Merkblatt: Sichtbeton – Geschalte Betonflächen 2009

ÖBV 12 Merkblatt: Festlegung des Reduzierten Versinterungspotentials, 2012

ÖBV 12 Richtlinie: Selbst und Leichtverdichtbarer Beton (SCC und ECC) 2012

ÖVBB 13 Richtlinie: Dichte Schlitzwände 2013

ÖVBB 13 Richtlinie: Bohrpfähle, 2013

ÖBV 14 Merkblatt Tunnelbeschichtungen

ÖBV 14 Richtlinie: Nachträgliche Verstärkung von Betonbauwerken mit geklebter Bewehrung, 2014

ÖBV 14 Richtlinie: Erhaltung und Instandsetzung von Bauten aus Beton und Stahlbeton 2014

ÖBV 14 Merkblatt. Tunnelbeschichtungen 2014

ÖBV 15 Richtlinie: Schutzschichten für den erhöhten Brandschutz für unterirdische Verkehrsbauwerke 2017

ÖBV 15 Richtlinie: Erhöhter baulicher Brandschutz für unterirdische Verkehrsbauwerke aus Beton 2015

ÖBV 15 Richtlinie: Verwendung von Tunnelausbruch 2015

ÖBV 17 Richtlinie: Garagen und Parkdecks, 2017

ÖBV 18 Richtlinie: Wasserundurchlässige Betonbauwerke – Weiße Wannen, 2018

ÖFSV Österreichische Forschungsgemeinschaft Straße und Verkehr – Richtlinien und Vorschriften für das Straßenwesen (RVS):

ÖFSV 04, RVS 08.46.01 Betonarbeiten (2004)

ÖFSV 11, RVS 08.17.02 Betondecken, Deckenherstellung (2011)

ÖFSV 15, RVS 09.01.45 Tunnelbau – Konstruktive Ausführung – Baulicher Brandschutz in Straßenverkehrsbauten (2015)

ÖFSV 18: RVS 15.02.12: Memessung und Ausführung von Integralen Brücken.

ÖNORM B 4710-1:2018: Beton – Festlegung, Eigenschaften, Herstellung, Verwendung und Konformität; Teil 1: Regeln zur Umsetzung der ÖNORM EN 206 für Normal- und Schwerbeton

Parrott 96, L.J.: Some effects of cement and curing upon carbonation and reinforcement corrosion in concrete. RILEM Materials and Structures, 29 (1996) April, S. 164

Paschmann 92, H., Spanka, G.: Abschätzung des Eindringverhaltens organischer Flüssigkeiten in Beton anhand von Stoffkennwerten. Betontechnische Berichte 1992, S. 213, Beton-Verlag, Düsseldorf

Paschmann 99, H.: Selbstverdichtender Beton – praktische Hinweise. Betonwerk und Fertigteil-Technik 65 (1999) H. 11, S. 34

Paschmann 2000, H.: Selbstverdichtender Beton erhöhter Druckfestigkeit. Betonwerk und Fertigteil-Technik. 66 (2000) H. 11, S 86

Paschmann 01, H.: Zielsichere Herstellung von selbstverdichtendem Beton. Betonwerk und Fertigteil-Technik 67 (2001) H. 1, S. 36

Paschmann 06, H.: Robuste Fertigteile aus Glasfaserbeton. Betonwerk und Fertigteil-Technik 72 (2006) H. 9, S. 36

Paul 06, M.; Mutke, S.: Schnelle Bestimmung der Zusammensetzung von hydraulischen Bindemitteln mit hoher Genauigkeit. Tagungsband 16. ibausil Weimar 2006 Bd. 1, S. 0083

Pisarsky 13, L.: Ist jeder Riss ein Mangel? – Stahlbeton, der gerissene Baustoff. DBV Rundschreiben 238, S. 1 (2013)

Pauser 98, A.: Beton im Hochbau. Verlag Bau + Technik Düsseldorf (1998)

Petscharnig 91, F.: Erosionsfester Unterwasserbeton vom Transportbetonwerk. Zement und Beton (1991) H. 2, S. 12

Petscharnig 05, F.: Kanalbau mit RSS-Flüssigboden. Zement und Beton (2005) H. 1, S. 8

Petscharnig 18, F., Kusterle, W.: Die neue ÖBV-Richtlinie: Schutzschichten für den erhöhten Brandschutz für unterirdische Verkehrsbauwerke. In Kusterle, W. (Hrsg.): Spritzbeton-Tagung Alpach 2018

Pfeuffer 97, M., Beckhaus, K.: Biegezugfestigkeit von hochfestem Beton. Zement und Beton (1997) H. 4, S. 22

Pfeuffer 2000, M., Ding, Y., Kusterle, W.: Neuer Rückprallminderer im Trockenspritzbetonverfahren. beton 50 (2000) H. 8, S. 448

Pflanzl 02, H.: Passiver Brandschutz im Tunnel- und Tiefbau. Kolloquium. Zement und Beton (2002), S. 38

Pichler 94, D., Wicke, M.: Verstärken von Betonbauteilen durch angeklebte Stahllamellen mit angepresster Endverankerung. Beton- und Stahlbetonbau 89 (1994) H. 10, S. 261; H. 11, S. 312; H. 12, S. 340

Pichler 97, G.: Hochleistungsbeton: ein großtechnischer Einsatz am Beispiel der Kläranlage Schwechat. Zement und Beton (1997) H. 1, S. 11

Pichler 02, W.: Nassspritzbeton. Spritzbeton-Technologie. Institut für Betonbau, Baustoffe und Bauphysik, Universität Innsbruck (2002), S. 21

Pichler 04, W.; Wagner, O.K.: Einflüsse auf die Betoneigenschaften durch den Einsatz von PP-Fasern zur Erhöhung der Brandbeständigkeit von WDI-Innenschalen. Beton- und Stahlbetonbau 99 (2004) H. 11, S. 854

Pichler 15, W., Wagner, H., Insam, R.: Spritzbeton mit reduziertem Versinterungspotential – Praktische Anwendung auf österreichischen Großbaustellen. In: Kusterle, W. (Hrsg.): Spritzbeton-Tagung Alpach 2015

Pierkes 11, R., Rickert, J.: Auswirkung von Sanden auf die Bewertung potenziell alkalireaktiver Gesteinskörnungen. beton 61 (2011) H. 9, S. 365

Pilch 14, E., Hadl, P.: Planung von Ertüchtigungs- und Adaptierungsmaßnahmen sowie Bauausführung eines UHPFRC-Aufbeton-Projekts im hochrangigen Straßennetz von Österreich. beton 64 (2014) H. 9, S. 338

Pilz 2000, R.: Neue Klassiersteuerung für Freifall-Horizontalklassierer. AT-Aufbereitungstechnik (2000) H. 8, S. 369

Plank 12, J.: PCE Superplasticizers – Chemistry, Applications and Perspectives. Tagungsband 18. ibausil Weimar 2012, Bd. 1, S. 0091

Plank 16, J.: Einfluss von Tonmineralien auf die Wirkung von PCE-Fließmitteln. beton 66 (2016) H. 7+8, S. 288

Plannerer 98, M.: Temperaturspannungen in Betonbauteilen während der Erhärtung. Dissertation TU München (1998)

Plannerer 02, M., Springenschmid, R.: Graue Eminenz. Neue Betontechnologie für die Weiße Wanne und den Sichtbeton der Pinakothek der Moderne in München. Deutsche Bauzeitung 136 (2002) H. 9, S. 105

Possehl Spezialbau GmbH 17: Betonsanierung im Rekordtempo am Heidelberger Kreuz. beton 68 (2017) H. 9, S. 755

Praseta 04, M.: Baustoff-Recycling aus Technik und Umwelt. Zement und Beton (2004) H. 2, S. 42

Preetz 15, C.: Haftungsfallen bei der Erstellung von „Weißen Wannen". beton 65 (2015) H. 5, S. 186

Pree 05, R.: Temperatursteuerung von Beton in Theorie und Praxis. Expertenforum Beton 2005, Temperatursteuerung von Beton, S. 20. Zement und Beton (2005)

Prommersberger, G.: Tunnelbau im Rheintalaquifer. Enquete der Arlberg Straßentunnel AG. Verkehrswegebau-Tunnelbautechnik 1, S. 40

Puche 05, M.: Zur richtigen Zeit am richtigen Ort. Deutsches Ingenieurblatt (2005) H. 10, S. 56

Puntke 02, W.: Wasseranspruch von feinen Kornhaufenwerken. beton 52 (2002) H. 5, S. 242

Putke 14, T. et al.: Entwicklung von hybriden Stahlfaserbetontübbings – Experimentelle und numerische Analysen von der Material- bis zur Bauwerksebene. Bauingenieur (2014), H. 11, S. 447

Qi Xu 05: Chemische Wirkung von Erstarrungsbeschleunigern auf die frühe Hydratation des Portlandzementes. Dissertation, Bauhaus Universität Weimar 2005

Quitmann 99, H. D.: Inspektion der Stahlbetonbauteile einer Seeschleuse. beton 49 (1999) H. 7 + 8, S. 392

Raderbauer 10, B.: Hauptlos H3-4 Münster/Wiesing – Österreichs größter Hydroschildvortrieb. Porr-Nachrichten (2010) 157. S. 9

Rammelsberg 2000, J.: Zementmörtel-Auskleidungen von duktilen Gussrohren für den Einsatz in Trinkwasser- und Abwasserleitungen. Beton-Informationen 40 (2000) H. 4, S. 52

Rasch 62, C.: Spannungs-Dehnungs-Linien des Betons und Spannungsverteilung in der Biegedruckzone bei konstanter Drehgeschwindigkeit. Deutscher Ausschuss für Stahlbeton, Heft 154 (1962)

Rath 04, A., Haberland, Ch.: Baulicher Brandschutz unterirdischer Verkehrsbauwerke. Zement und Beton (2004) H. 4, S. 18

Raupach 01, M., Göpfert, T.: Bemessung von Stahlbetontübbings auf Dauerhaftigkeit. beton 51 (2001) H. 7, S. 360

Raupach 01, M.: Schutz und Instandsetzung von Betonbauteilen. beton 51 (2001) H. 10, S. 552

Raupach 05, M.: Schutz und Instandsetzung von Parkbauten. Der Prüfingenieur (2005) Okt., S. 60

Ray 79, M.: Hydrodynamik des Pumpens unter Materialentzug durch Auswaschung an Tragschichten unter Betondecken. Straße und Autobahn 30 (1979), S. 445

Reckli 06: Reckli Foto-Gravur-Matritzen. Reckli-Chemiewerkstoff GmbH, Herne (2006)

Reiners 15, J., Müller, C., Penttilä, J., Breitenbücher, R.: Erreichen projektierter Betoneigenschaften im modernen 5-Stoff-System diverser Betonausgangsstoffe. beton 65 (2015) H. 12, S. 617

Reinhardt 07, H. W.: Echoverfahren in der zerstörungsfreien Zustandsuntersuchung von Betonbauteilen. BetonKalender 2007, Bd. 1, S. 479, Verlag Ernst & Sohn, Berlin

Reinisch 17, A.; van der Meer W.; van Carstern T.: Echtzeitmonitoring der Temperatur- und Betondruckfestigkeitsentwicklung. beton 67(2017) H. 1+2, S. 10

Rempel 17, S., Kulas, Ch.: Leichte und korrosionsfeste Betonbauwerke. Technik in Bayern 2017 2, S. 14

Rempel 18, S., Erhard, E., Schmidt, H. -G., Will, N.: Die Sanierung des Mariendoms in Neviges mit Carbon bewehrtem Spritzmörtel. In: Kusterle W. (Hrsg): Spritzbeton-Tagung Alpach (2018)

Reschke 09, Th.: Bewertung des Chlorideindringwiderstands von Betonen, Spritzbetonen und Instandsetzungsmörteln für Wasserbauwerke. Tagungsband 17. ibausil Weimar 2009 Bd. 2, S. 0371

Ressler 18, Ch.: Die neue Betonnorm ÖNORM B 4710-1, Ausgabe 01.01.2018. 4. Grazer Betonkolloquium, S. 71, Verlag der Technischen Universität Graz

Reuter 02, H. R., Pfeifer, L.: Vermeidung von Imperfektionen im Betonstraßenbau. Straße + Autobahn 53 (2002) H. 8, S. 416

Reuters 95, W.: Ostbrücke über den Großen Belt in Dänemark. Deutscher Betontag 1995, S. 459, Deutscher Beton-Verein Wiesbaden

Richter 02, Th.: Anwendung von Betonen mit hoher Druckfestigkeit. beton 52 (2002) H. 7 + 8, S. 344

Rickert 01, J., Grube, H.: Einfluss von Restwasser aus dem Frischbetonrecycling auf die Eigenschaften von Frisch- und Festbeton. beton 51 (2001) H. 8, S. 463 + H. 9, S. 523

Rickert 05, J., Thielen, G.: Einfluss von Langzeitverzögerern auf der Basis von Phosphonsäure auf die Hydratation von Klinker und Zement. beton 55 (2005) H. 10, S. 515 + H. 11, S. 575

Rickert 06, J.: Vermeidung von Farbunterschieden – Einflüsse rheologischer Eigenschaften auf das Sedimentationverhalten von Mörtel und Beton. Vortrag, 6. Münchner Baustoffseminar „Sichtbeton“. cbm TU München

Riechers 01, H. J.: Gesteinskörnungen für Beton und Mörtel – Teil 1: Normale und schwere Gesteinskörnungen mit Erläuterungen, Beuth Verlag, Berlin (2001)

Riechers 04, H. J.: Kies und Sand nach europäischer Norm – was ändert sich?. beton 54 (2004) H. 9, S. 434

Rieder 12, W.: Beton neu gedacht. Die vielseitigen Anwendungsmöglichkeiten von faserverstärkten Betonfassaden. 1. Grazer Betonkolloquium S. 105, Verlag der Technischen Universität Graz, 2012

Rienössl 70, K., Huber, H.: Die Zemmkraftwerke – technische Probleme bei der Planung und Ausführung. Zement und Beton (1970) H. 50 + 51, S. 1

Riffel 09, S.: Whitetopping-Bauweise: Zukunftsfähiges Verfahren zur Instandsetzung mit Beton. beton 59 (2009) H. 11, S. 502

Röck 08, R., Ostheimer, T.; Murr, R.: Selbstverdichtender Beton für die Tunnelinnenschale. Innsbrucker Bautage 2008. S. 45

Röck 09, R.: Selbstverdichtender und rasch erhärtender Vorsatzbeton für schnelle Reparaturen. Zement und Beton (2009) H. 5, S. 10

Rostásy 80, F.S., Wiedemann, G.: Festigkeit und Verformung von Beton bei sehr tiefer Temperatur. Betontechnische Berichte 1980/81, S. 17, Beton-Verlag, Düsseldorf

Rozinski 73, F.: Betontechnologische Voruntersuchung und Überwachung. Österr. Zeitschrift für Elektrizitätswirtschaft 26 (1973) H. 10, S. 440

Rucker-Gramm 08, P.: Modellierung des Feuchte- und Salztransports unter Berücksichtigung der Selbstabdichtung in zementgebundenen Baustoffen. Dissertation, TU München 2008.

Rußwurm 93, D., Martin, H.: Betonstähle für den Stahlbetonbau. Bauverlag Berlin (1993)

Sagmeister 99, B.: Rezeptoptimierung von haufwerksporigem Leichtbeton. Beton- und Fertigteil-Technik 65 (1999) H. 11, S. 70

Sagmeister 16, B.: Maschinenteile aus UHPC. 3. Grazer Betonkolloquium. S. 201, Verlag der Technischen Universität Graz, 2016

Sakoparnig 18, M. et al.: Bestimmung der experimentellen Calcium-Auslaugung an Spritzbeton-Bohrkernen: Methoden Vergleich und Update. In: Kusterle, W. (Hrsg.): Spritzbeton 2018 – Tagung Alpach 2018

Schaab 12, A.: Bau der Teilabschnitte Bodio und Faido des Gotthard-Basis-Tunnels. beton 62(2012) H. 5, S. 172

Schachinger 09, I., Hilbig, H., Stengel, T. Effect of Curing Temperature at an Early Age on the Long-Term Strength Development of the UHPC. (2009). Jahresmitteilungen cbm TU München, Anhang, S. 1

Schäfer 64, A.: Frostwiderstand und Porengefüge des Betons – Beziehungen und Prüfverfahren. Deutscher Ausschuss für Stahlbeton, H. 167 (1964)

Schäfer 96, H. G. et al.: Verstärken von Betonbauteilen. Sachstandsbericht Deutscher Ausschuss für Stahlbeton (1996) Heft 467

Scharnigg 09, K.: Aktuelle Entwicklungen bei Griffigkeitsmessungen. Straße und Autobahn. 60 (2009) H. 8, S. 490

Schauerte 12, M.; Trettin, R.: Neue Schaumbetone mit gesteigerten mechanischen und physikalischen Eigenschaften. Tagungsband 18. ibausil Weimar 2012. Bd. 2, S. 0066

Schauerte 17, J., Budnik, J.: Säurebeständige Tübbinge aus SW-Beton teilweise mit Polymerschale für den Abwasserkanal Emscher – Anforderungen und Ausführung der Segmente. Beton in Forschung und Praxis, Festschrift Breitenbücher 2017, S. 481, Eigenverlag Ruhr-Universität Bochum 2017

Scheer 03, J. et al.: Verbände und Kammern rufen wider die „Normenflut gegen den Ingenieurverstand“ auf. Deutsches Ingenieurblatt (2003) 7/8, S. 26 und Der Prüfingenieur (2003) Okt., S. 15

Scheidt 16, J., Breit, W.: Sekundär vs. Primär – Herausforderungen für Beton mit rezyklierter Gesteinskörnung. 3. Grazer Betonkolloquium, S. 257, Verlag der Technischen Universität, Graz 2016

Schickert 91, G., Krause, M., Wiggenhauser, H.: Studie zur Anwendung zerstörungsfreier Prüfverfahren bei Ingenieurbauwerken. Bundesanstalt für Materialforschung und -prüfung (BAM), 1991

Schießl 86, P.: Einfluss von Rissen auf die Dauerhaftigkeit von Stahlbeton- und Spannbetonbauteilen. Deutscher Ausschuss für Stahlbeton Heft 370, S. 9, (1986)

Schießl 90, P.: Wirkung von Steinkohlenflugaschen in Beton. beton 40 (1990) H. 12, S. 519

Schießl 93, P., Härdtl, R.: Steinkohlenflugasche in Beton. beton 43 (1993) H. 11, S. 576 + H. 12, S. 644

Schießl 94, P., Raupach, M.: Korrosionsgefahr von Stahlbetonbauwerken: Überwachung der Korrosion mit Einbausensoren. beton 44 (1994) H. 3, S. 146

Schießl 01, P. et al.: Neue Erkenntnisse über die Leistungsfähigkeit von Beton mit Steinkohlenflugasche. beton 51 (2001) H. 1, S. 10 + H. 2, S. 66

Schießl 03, P.; Spengler, A., Wiegrink, K.H.: Einfluss der Gesteinskörnung auf den E-Modul von Beton. beton 53 (2003) H. 2, S. 62

Schießl 03, P.; Spengler, A.: Eigenschaften sandreicher Betone. beton 53 (2003) H. 7 + 8, S. 362

Schießl 03, P.: Lebensdauermanagement von Betonbauwerken. Tagungsband 15. ibausil Weimar (2003) Bd. 2 S. 1343

Schießl 04, P.; Gehlen, Ch.; Sodeikat, Ch.: Dauerhafter Konstruktionsbeton für Verkehrsbauwerke. Beton-Kalender 2004 Bd. 2, S. 157, Verlag Ernst & Sohn, Berlin

Schießl 06, P. et al.: Monitoring von Stahlbetonbauwerken mit Hilfe von Korrosionssensoren. Sicherheitsgewinn durch Monitoring?, Freunde des Instituts für Massivbau der Technischen Universität Darmstadt, S. 387, (2006)

Schießl 17, P., Schießl-Pecka, A., Mayer, T.: Praktische Umsetzung von Lebensdauermanagement. Festschrift Breitenbücher 2017, S. 393 Eigenverlag Ruhr-Universität Bochum 2017

Schlicke 16, D., Viet Tue, N.: Mindestbewehrung zur Begrenzung der Rissbreite unter Berücksichtigung des tatsächlichen Bauteilverhaltens, Teil 1: Verformungsbasiertes Bemessungsmodell und Anwendung für Bodenplatten
Beton- und Stahlbetonbau, 111 (2016) H. 3, S. 120

Schlumpf 13, J.: Betontechnologische und betontechnische Herausforderungen beim Bau des Gotthardtunnels. Beton – Entwicklungen und Tendenzen. Report 20, Verband Deutscher Betoningenieure 2013/14

Schmidt K. 06, Hilbig, H., Heinz, D.: AKR in Betonen mit Zusatzstoffen – Einfluss der Porenlösungszusammensetzung auf die Schädigung. Tagungsband 16. ibausil Weimar 2006, Bd. 2, S. 0443

Schmidt W. 14: Design Concepts for the Robustness Improvement of Self-Compacting Concrete. PhD Thesis Eindhoven 2014

Schneider E. 05, Guse, U., Müller, H. S.: Zur Wirksamkeit von Flugasche in Beton. beton 55 (2005) H. 10, S. 488

Schneider M. 12.: Nachhaltige Zementproduktion in Gegenwart und Zukunft. Tagungsband 18. ibausil Weimar 2012, Bd. 1 S. 0058

Schneider Th. 03; Pleyers, G.: Verformung von schwimmenden Zementestrichen. 5. Kolloquium Industrieböden (2003) Bd. 2, S. 567

Schnell 12, J.: Zusammenhang von Rissbreiten und Rissflankenbruchneigung bei Industrieböden. DBV-Rundschreiben 232 S. 8 (2012)

Schnell 16, J., Weber, M.: Mechanische Kennwerte historischer Baustoffe für die Nachrechnung bestehender Tragwerke. 3. Grazer Betonkolloquium, S. 25 Verlag der Technischen Universität Graz 2016

Schockemöhle 99, B., Heimbecher, F.: Stand der Erfahrungen mit druckwasserhaltenden Tunnelabdichtungen in Deutschland. Bauingenieur 74 (1999) H. 2, S. 67

Schönbichler 06, Th.: Leichtbeton gepumpt – ein Praxisversuch. Zement und Beton (2006) H. 3, S. 36

Schöppel 88, K., Dorner, H., Letsch, R.: Nachweis freier Chlorionen auf Betonoberflächen mit dem UV- Verfahren. Beton- + Fertigteil-Technik 54 (1988) H. 11, S. 80

Schöppel 03, K., Stenzel, G.: Konstruktionsregeln für Tiefgaragen in Stahlbetonbauweise. Beton- und Stahlbetonbau 98 (2003) H. 3, S. 111

Schorn 04, H., Schiekel, M., Hempel, R.: Dauerhaftigkeit von textilen Glasfaserbewehrungen im Beton. Bauingenieur, 79 (2004) Febr., S. 81

Schrage 94, I.: Hochfester Beton. Sachstandsbericht. Deutscher Ausschuss für Stahlbeton, Heft 438, S. 7 (1994)

Schrage 96/1, I., Schmiedmayer, R., Perlt-Schuschnig, E.: Einfluss höherer Erhärtungstemperaturen auf die Druckfestigkeit von Beton höherer Festigkeit. Jahresmitteilungen 1996, S. 19, Baustoffinstitut der TU München

Schrage 96/2, I., Springenschmid, R.: Versuche über das Kriechen und Schwinden hochfesten Betons. Beton- und Stahlbeton 91 (1996) H. 2, S. 30 + H. 3, S. 86

Schranz 18, M. et al.: Der Einsatz von Kunststoffmakrofaserbeton im Tunnelbau und seine technischen und wirtschaftlichen Vorteile. In: Kusterle, W. (Hrsg.): Spritzbeton-Tagung Alpach 2018

Schreitl 03, B.: Bauabschnitt U1/3 – verankerte Unterwasserbetonsohlen. Zement und Beton (2003) H. 2, S. 2

Schulz 8, J.: Handbuch Sichtbeton: Beurteilung und Abnahme. TB, 2010. ISBN 978-3-7640-0531-3

Schulze 14, J., Breit, W.: Vergleichende Bestimmung des Luftgehalts an Frischbetonen mit 5-l-und 8-l-Luftgehaltsprüfgeräten. beton 64 (2014), H. 6, S. 218

Schütz 70, F.R.: Der Einfluss der Zuschlagelastizität auf die Betondruckfestigkeit. Dissertation RWTH Aachen 1970

Secrieru 16, E., Mechterine, V.: Zur Pumpbarkeit von Beton. beton 66 (2016) H. 1+2, S. 18

Seibel 08, M.: Baumnagel trotz Einhaltung technischer Vorschriften. Der Bausachverständige. 4 (2008) H. 6, S. 59

Sennewald 06, R.: Bauwerksüberwachung aus der Sicht des Sachverständigen. Sicherheitsgewinn durch Monitoring. (2006), S. 413, Freunde des Instituts für Massivbau der Technischen Universität Darmstadt

Setzer 2000, M.J.: Die Mikroeislinsenpumpe – Eine neue Sicht bei Frostangriff und Frostprüfung. Tagungsband 14. ibausil Weimar 2000, Bd. 1, S. 0691

Setzer 97, M.J., Fagerlund, G., Janssen, D.-J.: CDF-Test – Prüfverfahren des Frost-Tau-Widerstandes von Beton – Prüfung mit Taumittellösung. Beton und Fertigteiltechnik 63 (1997) H. 4, S. 100

Setzer 01, M.J.: CIF-Test – Capillary suction, International damage and Freeze thaw Test. RILEM Materials and Structures,34 (2001) Nov., S. 515

Setzer 04, M.J. et al.: Test methods of frost resistance of concrete: CIF- Test: Capillary suction, internal damage and freeze thaw test – Reference method and alternative methods A and B. RILEM Materials and Structures, 37 (2004) S. 743

Siebel 95, E.: Einflüsse auf die Luftporenkennwerte und den Frost-Tausalz-Widerstand von Beton. Betontechnische Berichte (1995), S. 89, Verlag Bau + Technik, Düsseldorf

Siebel 95, E.; Dahms, J.: Beurteilung von Bauwerken hinsichtlich einer schädigenden Alkali-Kieselsäure-Reaktion. Betontechnische Berichte (1995) S. 109, Verlag Bau + Technik, Düsseldorf

Siebel 99, E., Breit, W.: Frost- und Frost-Tausalz-Prüfverfahren. Ergebnisse eines Europäischen Ringversuches. Beton- + Fertigteil-Technik 65 (1999) 11, S. 44

Siebel 06, E. et al.: AKR-Prüfverfahren – Vergleichbarkeit und Praxis-Relevanz. Tagungsband 16. ibausil Weimar 2006, Bd. 2, S. 0372

Siebert 10, B.: Betonkorrosion infolge kombinierten Säure-Sulfat-Angriffs bei Oxidation von Eisensulfiden im Baugrund. Dissertation, Ruhruniversität Bochum 2010

Sievers 97, H.: Sandreiche Betonzusammensetzungen. beton 47 (1997) H. 1, S. 20

Skarasbis, J., Gehlen, C.: Lärmoptimierts Grinding – Erfahrungen aus bisherigen Erprobungsstrecken, Straße und Autobahn, 67(2016) H. 11 S. 868

Sodeikat 01, Ch.: Beanspruchung von Betonfahrbahnen mit sehr unterschiedlichen Eigenschaften von Ober- und Unterbeton unter besonderer Berücksichtigung von Feuchte- und Temperaturänderungen. Schriftenreihe Baustoffe, Technische Universität München, 1/2001

Sodeikat 02, Ch.: Entwicklung des Betonstraßenbaus in Russland. Betonstraßentagung 2001, S. 9, FGSV

Sodeikat 02, Ch., Gehlen, Ch., Schießl, P.: Auffinden von Bewehrungskorrosion mit Hilfe der Potentialfeldmessung. Beton- und Stahlbetonbau 97 (2002) H. 9, S. 437

Sommer 92, H.: Beton aus Altbeton und lärmarme Betonoberflächen auf Autobahnen in Österreich. Straße und Autobahn 43 (1992) H. 3, S. 160

Sommer 93, H.: Zur Gestaltung der Oberfläche von Betonfahrbahndecken. Heft 102, Schriftenreihe der Forschungsgesellschaft für das Verkehrs- und Straßenwesen, Wien 1993

Sommer 98, H.: Betonleitwand mit innerer Hydrophobierung. Zement und Beton (1998) H. 4, S. 32

Sommer 06, H., Katayama, T.: Screening carbonate aggregates for alkali-reactivity. Tagungsband 16. ibausil, Weimar 2006, Bd. 2, S. 0461

Sommer 17, H.: Die Entwicklung des Betonstraßenbaus in Österreich. beton 67 (2017) H. 11, S. 418

Sommerfeld 10, M.: Gestaltete Zementestriche. Beton-Informationen 6, 2010 S. 103

Sonnenberg 2000, R.: Recycling von Schmutzwasser und Frischbeton. beton 50 (2000) H. 6, S. 318

Sonnenberg 04, R.: Feuchtemessung für die Betonherstellung. beton 54 (2004) H. 9, S. 430

Sonnenberg 05, R.: Dosieranlagen für die Betonbereitung. beton 55 (2005) H. 9, S. 424

Sonnenberg 09, R.: Vibrationsgeräte und Methoden zur Verdichtung von Frischbeton. beton 59 (2009) H. 10, S. 448

Sonnenberg 14, R.: Betonverdichter und Glättmaschinen. beton 64 (2014) H. 10, S. 376

Sonnenberg 14, R.: Transportbeton – Fahrmischer. Entwicklungen und Tendenzen. beton 64 (2014) H. 6, S. 214

Sonnenberg 15, R.: Betonpumpen und Verteilermaste. beton 65 (2015) H. 7+8 S. 404

Sonnenberg 17, R.: Betonmischanlagen. beton 67 (2017) H. 9, S. 308

Spanka 95, G., Grube, H., Thielen, G.: Wirkungsmechanismen verflüssigender Betonzusatzmittel. Betontechnische Berichte (1995-97) S. 45, Verlag Bau + Technik Düsseldorf

Spengler 02, A., Schießl, P.: Sand-Rich Self-Compacting Concrete. Jahresmitteilungen 1/2002 Baustoffinstitut TU München

Spengler 06, A.: Technologie sandreicher Betone. Dissertation TU München (2006)

Spilker 18, A.: Development of a Test Procedere to Determine the Coefficient of Thermal Expansion of Concrete. 13. International Symposium on Concrete Roads, Berlin 2018-07-31

Spörel 09, F., Westendarp, A., Brameshuber, W.: Frostbeanspruchung von Schleusenbauwerken. Tagungsband 17. ibausil Weimar 2009, Bd. 2, S. 0735

Spörel 13, F., Müller, H.; Westendarp, A.: Einfluss der Nachbehandlung auf die Dauerhaftigkeit geschalter massiger LP-Betonbauteile. Beton – Entwicklungen und Tendenzen. Report 20, Verband Deutscher Betoningenieure e.V. 2013/14

Spörel 17, F.: Robuste Betone. Problematik und Lösungsansätze aus Sicht eines Bauherrn. Deutscher Bautechnik-Tag DBV 2017

Springenschmid, 63, R.: Fugen in Betonfahrbahnen. Straße und Autobahn 14 (1963) H. 6 S. 220 + H. 7 S. 269

Springenschmid 63, R.: Zur Technologie und Praxis der Bodenverfestigung mit Zement. Straßenbau-Technik (1963) H. 4, S. 2

Springenschmid, 65, R.: Der Einfluß des Einbauwassergehaltes auf das Frostverhalten verdichteter und stabilisierter bindiger Böden. Felsmechanik und Ingenieurgeologie Vol. III Nr. 3+4 (1965)

Springenschmid 69, R.: Grundlagen und Praxis der Herstellung und Überwachung von Luftporenbeton. Zement und Beton (1969) H. 47, S. 19

Springenschmid 71, R.: 20 Jahre Zementforschungsinstitut. Zement und Beton (1971) H. 58/59, S. 2

Springenschmid 71, R., Sommer, H.: Untersuchungen über die Verschleißfestigkeit von Straßenbeton bei Spikereifen – Verkehr. Straße und Autobahn 22 (1971) H. 4, S. 136

Springenschmid 72, R.: Erfahrungen bei der Verwendung von Luftporenbildnern im Straßenbau. Betonwerk und Fertigteil-Technik 38 (1972) H. 8, S. 587

Springenschmid 73, R., Nischer, P.: Untersuchungen über die Ursache von Querrissen im jungen Beton. Beton- und Stahlbetonbau 68 (1973) H. 9, S. 221

Springenschmid 78, R., Wagner-Grey, U., Schwarzkopf, M.: Temperaturspannungen in Beton bei sommerlicher Erwärmung. Bauingenieur 53 (1978) S. 265

Springenschmid 78, R., Wagner-Grey, U., Sonnewald, P.: Einfluss der Mineralstoffe auf die Biegezugfestigkeit hydraulisch gebundener Tragschichten. Straße und Autobahn 28 (1978) H. 12, S. 536

Springenschmid 80, R., Wagner-Grey, U.: Die zerstörungsfreie Prüfung von Brücken. Straßenforschung H. 145. Bundesministerium für Bauten und Technik Wien (1980)

Springenschmid 84, R., Volkwein, A.: Über das Langzeitverhalten von Brücken aus Stahlbeton oder das komplizierte Verhältnis zwischen Beton und Wasser. Straßenbau und Technik (1984) H. 8, S. 13

Springenschmid 84, R., Breitenbücher, R.: Tunnelinnenschalen. Tiefbau Ingenieurbau Straßenbau (1984) H. 11, S. 640

Springenschmid 85, R., Sonnewald, P.: Technologische Fragen bei hydraulisch gebundenen Tragschichten. Betonstraßentagung (1985) S. 27, FGSV

Springenschmid 85, R., Gierlinger, E., Kiernozycki, W.: Thermal Stresses in Mass Concrete: A new Testing Method and the Influence of Different Cements. Quinzieme Congrès des Grands Barrages, Lausanne (1985). Q. 57, R. 4, p. 57

Springenschmid 85, R., Volkwein, A.: Langzeitverhalten von Brücken aus Stahlbeton. Straßenforschung H. 261. Bundesministerium für Bauten und Technik Wien (1985)

Springenschmid 86, R., Breitenbücher, R., Özdamar, K.: Abschätzen der Frühfestigkeit von Beton im Bauwerk. beton 52 (1986) H. 11, S. 423

Springenschmid 87, R., Fleischer, W.: Technologie und Anwendung von Walzbeton. Straße und Autobahn, 38 (1987) H. 6, S. 213

Springenschmid 87, R.: Betontechnologie im Wasserbau. Wasserbauten aus Beton. Ernst & Sohn, Berlin (1987)

Springenschmid 91, R.: Risse im Beton infolge Hydratationswärme. Zement-Kalk-Gips 44 (1991) H. 3, S. 132

Springenschmid 93, R., Fleischer, W.: Über das Schwinden von Beton, Schwindmessungen und Schwindrisse. Beton- und Stahlbetonbau 88 (1993) H. 11, S. 297

Springenschmid 93, R., Fleischer, W.: Zur Technologie der Wiederverwendung von altem Straßenbeton. Straße und Autobahn (1993) H. 12, S. 715

Springenschmid 93, R., Schrage, I.: Hochfester Beton: Zeitabhängige Verformungen, Rißempfindlichkeit und Widerstand gegen chemische Einwirkungen. DBV-Arbeitstagung, Wiesbaden (1993)

Springenschmid 97, R., Plannerer, M.: Entwicklung eines Gerätes zum Messen von Zwangs- und Eigenspannungen in erhärtenden Betonbauteilen. Festschrift Mehlhorn S. 55, Gesamthochschule Kassel (1997)

Springenschmid 97, R.; Plannerer, M.: Firstrisse in der Innenschale großer Tunnel – Ursachen und Wege zur Vermeidung. Beton- und Stahlbetonbau 92 (1997) H. 3, S. 68

Springenschmid 98, R.; Hiller, E.: Influence of Temperatur During Curing on Stresses in Concrete Pavements. 8. Internationales Betonstraßen – Symposium, S. 259, Lissabon 1998

Springenschmid 98, R.; Schmiedmayer, R.; Schöggler, G.: Vergleichende Untersuchung von Spritzbeton mit Kies oder Splitt als Zuschlag. Tunnel (1998) H. 2, S. 38

Springenschmid 98, R.; Vogel, A.: Sand-Rich Concrete, an alternative to ordinary Concrete. 8. Internationales Betonstraßensymposium S. 265, Lissabon 1998

Springenschmid 99, R.: Technische Grundlagen des Betonstraßenbaus gestern, heute, morgen. Betonstraßentagung 1999, S. 17, FGSV

Springenschmid 03, R.: Einfluss der Temperatur während der Nachbehandlung auf Risse in Betonbauteilen. Beton- und Stahlbetonbau 98 (2003) H. 11, S. 654

Sprung 78, S.: Beton für Meerwasserentsalzungsanlagen. Betontechnische Berichte (1978), S. 93, Beton-Verlag, Düsseldorf

Stark J. 2000; Wicht, B.: Zement und Kalk. Der Baustoff als Werkstoff. Bau-Praxis, Birkhäuser Verlag Basel (2000)

Stark J. 01; Wicht, B.: Dauerhaftigkeit von Beton. Der Baustoff als Werkstoff. Bau-Praxis, Birkhäuser Verlag Basel (2001)

Stark J. 04: Optimierte Bindemittelsysteme für die Betonindustrie. beton 54 (2004) H. 10, S. 48

Stark J. 06 et. al.: Quantitative Charakterisierung der Zementhydratation. Tagungsband 16. ibausil Weimar 2006 Bd.1, S. 1.

Stark J. 08, Freyburg, E.; Seyfarth, K. Gibson, C.: AKR-Performance-Prüfung von prospektspezifischen Betonzusammensetzungen. Innsbrucker Bautage 2008, S. 31

Stark J. 09: Erfahrungen bei der Bestimmung von Luftporenkennwerten am Festbeton mittels automatischer Bildanalyse. beton 09 (2009) H. 10, S. 452

Stark J. 13, Wicht, B.: Dauerhaftigkeit von Beton. 2. Aufl. Springer Vieweg Verlag (2013)

Stark, U. 06; Müller, A.: Korngröße und Kornform von Gesteinskörnungen. Tagungsband 16. ibausil Weimar 2006, Bd.1, S. 1295.

Stark U. 09, Müller, A., Ostheeren, K.: Kornform der feinen Gesteinskörnung und Rheologie der Basismörtel Selbstverdichtender Betone. Tagungsband 17. ibausil Weimar 2009, Bd. 1, S. 034

Stein 93, D.: Schadensanalyse an Abwasserkanälen aus Beton- und Steinzeugrohren der Bundesrepublik Deutschland-West. Korrespondenz Abwasser 40 (1993) H. 2, S. 1

Stenzel 06, G.: Industriefußböden. BetonKalender 2006 Bd. 2, S. 263

Stenzel 09, G.: Regelmäßige Überprüfung der Standsicherheit von Bauwerken – Die neue Richtlinie VDI 6200. DBV (2009) Vorträge zum Deutschen Bautechnik-Tag 2009 Dresden, S. 63

Stipek 96, M.: Neue Problemstellungen für die NÖ Bundesstraßenverwaltung. Zement und Beton (1996) H. 4, S. 11

Stelzer 18, R., Egger-Cresnik, G. G., Wagner, H.: Spritzbeton aus aufbereitetem Tunnelausbruchsmaterial mit reduziertem Versinterungspotential am Beispiel des Bauloses KAT2. In: Kusterle, W. (Hrsg.): Spritzbeton-Tagung Alpach 2018

Strehlein 09, D., Schießl, P.: Fleckige Dunkelverfärbungen an Sichtbetonflächen. Charakterisierung und ursächliche Mechanismen im Erhärtenden Beton. beton 59 (2009) H. 1+2, S. 24

Strobach 06, C.P et al.: Steel-fibre-reinforced prestressed precast beams made of self-compacting concrete. Concrete Engineering International 10 (2006), H. 3, S. 37

Szadkowski 87, G.v.: Das Verhalten eingefärbter Betonpflastersteine in der Bewitterung Beton- + Fertigteil-Technik 53 (1987) H. 1, S. 57

Tazawa 98, E.: Autogenous Shrinkage of Concrete. International Workshop Hiroshima (1998) E&FN Spon, New York

Teichmann 09, T., Schmidt, M.: Einfluss der Granulometrie und des Wassergehalts auf die Festigkeit und die Gefügedichtigkeit von Zementstein.

Tagungsband 17. ibausil Weimar 2009 Bd. 1 S. 1211

Thielen 98, G., Spanka, G., Grube, H.: Regelung der Konsistenz von Beton durch Fließmittel. Betontechnische Berichte 1995-97, S. 61, Verlag Bau + Technik Düsseldorf

Thienel 2000, Ch.: Fertigteile aus haufwerksporigem Leichtbeton mit porosierter Matrix. Betonwerk + Fertigteil-Technik 66 (2000) H. 1, S. 62

Thienel 03, Ch.: Besonderheiten bei Leichtbeton in DIN FB 100. Deutscher Ausschuss für Stahlbeton, Heft 526, (2003) Beuth Verlag Bonn

Thienel 10, K.-C., Peck, M.: Die Renaissance leichter Betone in der Architektur. Zement und Beton (2010) H. 4, S. 2

Thienel 11 K.-C.: Heavy Lifter – Konstruktion und Bautechnik. beton 61 (2011) H. 6, S. 224

Thumann 15, M. et al.: Versinterungspotential von Spritzbeton-Laboruntersuchungen und Kleinspritzversuche zur Reduzierung der Calciumfreisetzung. In: Kusterle, W. (Hrsg.): Spritzbeton-Tagung Alpach 2015

Trautmann 04, J.; Pott, J.U.: Konstruktionsleichtbeton unter Verwendung von Luftporen. 44. Forschungskolloquium Hannover (2004), S. 9-1, Deutscher Ausschuss für Stahlbeton

Travnicek 02, R.: Die Herstellung von faserbewehrten monolithischen Betonplatten. Erläuterungen zum Merkblatt des ÖVBB, S. 32. Schriftenreihe der Österreichischen Vereinigung für Beton- und Bautechnik, H. 49 (2002)

Tritthart 96, J., Pagger, E.: Alkalibindung in Zement und Zement/Flugasche-Mischungen. Österr. Ingenieur- und Architekten- Zeitschrift 141 (1996) H. 2, S. 51

Trojer 66, F.: Glimmerschiefer – Gipstreiben an Zementmörtel. Zement und Beton (1966) H. 35, S. 1

Tschann 15, B.: Schutz wichtiger Infrastruktur vor Gefährdung durch Hochwasser. Österreichische Ingenieur- und Architekten-Zeitschrift 160 (2015) H. 1–12, S. 275

Tue 05, N.V., Dietz, J.: Brücken aus hochfestem Beton. Beton- und Stahlbetonbau 100 (2005) H. 2, S. 106

Tuutti 82, K.: Corrosion of Steel in Concrete. Swedish Cement and Concrete Research Institute. CBI Research (1982)

Ungewollt fleckig 16. Ursachen für die Abweichungen des Farbtons bei Sichtbetonoberflächen. Der Bauschaden (2016) Februar/März. S. 13

USBR 42. US Bureau of Reclamation. Concrete Manual. Denver 1942

VDI-Richtlinie 6200 „Standsicherheit von Bauwerken; Regelmäßige Überprüfung". (2010)

VDZ 15. Fachtagung Zementchemie. beton 65 (2015) H. 7+8 S. 422

VDZ Zement-Taschenbuch 51. Ausg. 2008 Verlag Bau+Technik

VDZ (Verein Deutscher Zementwerke) Zement-Merkblätter (Beton.org):

VDZ 12: B 2 Gesteinskörnungen für Normalbeton 2012

VDZ 13: B 27 Ausblühungen – Entstehung, Vermeidung 2013

VDZ 13: B 6 Transportbeton 2013

VDZ 14: B 13 Leichtbeton 2014

VDZ 14: B 5 Überwachen von Beton auf Baustellen 2014

VDZ 15: B 19 Zementestrich 2015

Verbeck 57, G.J., Klieger, P.: Studies of Salt Scaling of Concrete. Highw. Res. Board Bull. 150(1957), S. 1

Vergleichsprüfungen des Frostwiderstandes und Vergleich mit der Praxis. Bericht zum DBV-Forschungsprojekt 247.1. DBV-Rundschreiben 240 S. 8, 2014

Vill 05, M., Eichinger, E.M., Kollegger, J.: Untersuchungen zur Tragfähigkeit von geschädigten Spanngliedern mit nachträglichem Verbund. Beton- und Stahlbetonbau (2005) 8. Tagungsband S. 211. Verlag Ernst & Sohn, Berlin

Vitruv ~ 14 v. Chr.: De architectura libri decem. Wissenschaftliche Buchgesellschaft, Darmstadt 2008

Vogl 06, G., Tatzl, B., Mayr, R.: Spritzbeton bei Tunnelinstandsetzungen und als Brandschutzschicht mit Einsatz von Spritzrobotern. Spritzbeton-Technologie. Institut für Betonbau, Baustoffe und Bauphysik, Universität Innsbruck (2006) S. 59

Vogel 06, Th.: Zustandsbeurteilungen von Brücken bei deren Abbruch (ZEBRA). Münchner Massivbauseminar (2006), S. 32, Förderverein Massivbau TU München

Vogel 18, P., A. Orben, R. Kern und V. Bik: New Developments for the Technical and Economic Optimization of Porous Concrete. 13. International Symposium on Concrete Roads, Berlin 2018

Volkwein 91, A.: Untersuchungen über das Eindringen von Wasser und Chlorid in Beton. Dissertation TU München 1991

Volkwein 93, A.: Untersuchungen über das Eindringen von Wasser und Chlorid in Beton. Beton- und Stahlbetonbau 88 (1993) H. 8, S. 223

Volland 05, G. et al.: Nachweis von Betonzusatzmitteln in erhärteten zementgebundenen Baustoffen. Beton- + Fertigteil-Technik 71 (2005) H. 11, S. 48

Wagner 05, J.P., Nietner, L., Nicklas, M.: Die Gewichtsstaumauer der Trinkwassertalsperre Leibis/Lichte. beton 55 (2005) H. 9, S. 428

Wagner 05, J.P., Willmes, M.: Betontechnik und Ausführung im Los Nord der ICE-Neubaustrecke Nürnberg-Ingolstadt, insbesondere der Tunnel Offenbau. BVK/VGB Fachtagung Flugasche in Beton S. V/7 (2005). VGB PowerTech Service, Essen

Wagner 09, J.-P., Willmes, M.: Einsatz von SVB mit 120 Jahre life design für den CityTunnel Malmö. Tagungsband 17. ibausil Weimar 2009 Bd. 1, S. 1185

Wagner 15, J.-P.: Zukünftige Qualitätssicherung im Betonbau – Baustellenbezogene Leistungsmerkmale von Beton. DBV-Rundschreiben 244 S. 13 (2015)

Walraven 05, J.: Hochfester Beton: von akademischer Spielerei zu harter Realität. Massivbau in ganzer Breite, S. 1, Springer-Verlag, Berlin (2005)

Walraven 06, J.C.: Ultra High Performance Concrete: from fundamentals to praxis. Tagungsband 16. ibausil Weimar 2006, Bd. 2, S. 1457

Walz 58, K.: Anleitung für die Zusammensetzung und Herstellung von Beton mit bestimmten Eigenschaften. Beton- und Stahlbetonbau 53 (1958) H. 6, S. 163

Walz 60, K.: Rüttelbeton. 3. Aufl., Verlag Ernst & Sohn, Berlin (1960)

Walz 61, K.: Bewertung des Schwindmaßes verschiedener Zemente. Betontechnische Berichte 1961, S. 235, Beton-Verlag, Düsseldorf

Walz 62, K.; Springenschmid, R.: Betonstraßen und Tausalzeinwirkung. beton 12 (1962) H. 11, S. 507

Walz 62, K., Bonzel, J.: Ausblühen auf Betonflächen. Betontechnische Berichte 1962, S. 37, Beton-Verlag Düsseldorf

Walz 66, K.: Über die Herstellung von Beton höchster Festigkeit. Betontechnische Berichte 1966, S. 139, Beton-Verlag, Düsseldorf

Walz 70, K.: Beziehung zwischen Wasserzementwert, Normenfestigkeit des Zements (DIN 1164, Juni 1970) und Betondruckfestigkeit. Betontechnische Berichte 1970, S. 165. Beton-Verlag, Düsseldorf

Wassermann 06, K., Ritschard, E.: Maßgeschneiderte Zemente für selbstverdichtende, hochfeste Betone. Tagungsband 16. ibausil Weimar 2006, Bd. 2, S. 0101

Weber 96, J.; Scholtz, U.; Springenschmid, R.; Curbach, M.; Tiarks, F.: Saalebrücke Rudolphstein. Bauingenieur 71 (1996) S. 173

Weber 06, R.: Vergleich der nationalen Grenzwerte für die Betonzusammensetzung. beton 56 (2006) H. 12, S. 564

Weber 14, R.: Guter Beton. 24. Aufl. Verlag Bau + Technik (2014)

Wechner 18, T.: Herausforderungen der Spritzbetonanwendung bei Überdruckbaustellen am Beispiel des Druckluft-Vortriebes „Tunnel Karl-Friedrich-Strasse“ in Karlsruhe. In: Kusterle, W. (Hrsg.): Spritzbeton-Tagung Alpach 2018

Wegmüller 97, M., Chabot, J.D.: Einflüsse des Bergwassers auf die Dauerhaftigkeit von Bauwerken. Schlussbericht 1997. Institut für Bauplanung und Baubetrieb der ETH, Zürich

Weiher 18, H., Runtemund, K., Läufer, K., Heintz, R.: Spritzbetonfestigkeit mit Thermografie am Beispiel des Tunnels Oberau (B2). In: Kusterle, W. (Hrsg.): Spritzbeton-Tagung Alpach 2018

Weisner 13, A., Viet Tue, N., Schlicke, D.: Dehnfugenlose Schleuse Wusterwitz. beton 63 (2013) H. 5, S. 484

Weiße 04, D.; Holschemacher, K.: Sandreiche selbstverdichtende Betone. beton 54 (2004) H. 2, S. 122

Welsch 15, T., Schnellenbach, H., Held, M.: Langzeitentwicklung der Rohdichte, der Druckfestigkeit und des Elastizitätsmoduls von Hochleistungsbeton. beton 65 (2015) H. 1+2, S. 24

Welsch 16, T. et al.: Praxiserfahrungen zum Verstärken von Betonbrücken. Beton- und Stahlbetonbau 111 (2016) H. 4 S. 241

Wenger 17, Ph. et al.: Die semi-integralen Spannbeton-Viadukte im Zuge der neuen Autobahn A 11 bei Brügge. 17. Symposium Brückenbau Leipzig 2017

Werthmann 95, E.: Die Entwicklung des umweltfreundlichen Spritzbetons. Zement und Beton (1995) H. 3, S. 2

Werthmann 99, E.: Synthetischer Hartzuschlag für abriebfesten Beton. beton 49 (1999) H. 3, S. 132

Westendarp 2000, A., Schulze, M.: Frostbeanspruchung von Verkehrswasserbauwerken. beton 50 (2000) H. 5, S. 260

Westendarp 01, A.: Entwicklungen und Tendenzen bei Baustoffen und Bauausführung im Schleusenbau. Beton Informationen 41 (2001) H. 1, S. 3

Westendarp 06, A. et al.: Instandsetzung von Wasserbauwerken aus Beton. beton 56 (2006) H. 1 + 2, S. 22 + H. 3, S. 94

Westendarp 14, A.; Rahimi, A.; Reschke, T. Spörel, F.: Betone für den Wasserbau – gestern, heute, morgen; beton 64 (2014) H. 5 S. 224 und H. 6 S. 224

Westwendarp 15, A. et al.: Erhaltung und Instandsetzung von massiven Verkehrswasserbauwerken. BetonKalender 2015 Bd.1 S. 187, Verlag Ernst & Sohn, Berlin

Westergaard 26, H. M.: Stresses in Concrete Pavements Computed by Theoretical Analysis, Public Roads 7, 1926 Nr.2

Westiner 98, E.M.: Untersuchungen zur Raumbeständigkeit von hydraulisch gebundener Hausmüllverbrennungsasche. Dissertation TU München, 1998

Wetzel 12 C. et al.: Charakterisierung der Grenzschicht von UHPC-Leim zu Luft. Tagungsband 18. ibausil, Weimar 2012, Bd. 2, S. 0211

Wichmann H. J.; Holst A.; Budelmann H.: Ein praxisgerechtes Messverfahren zur Bestimmung der Fasermenge und -orientierung in Stahlfaserbeton. Beton und Stahlbeton 108 (2013) H. 12 S. 822

Wicke 91, M.: Die rasche Wiederherstellung der Innbrücken in Kufstein. Deutscher Betontag 1991, S. 120, Deutscher Beton-Verein Wiesbaden

Wicke 2000, M.: Bauen und Forschen. Vortrag anlässlich der Ehrenpromotion, TU Braunschweig, 2000

Wicke 2000, M., Lindorfer, J., Scheuringer, A.: Bautechnische Innovationen beim Traun Kraftwerk Lambach. Bauingenieur 75 (2000) H. 4, S. 159

Wiens 06, U.: Ausgewählte Anfragen und Auslegungen zu DIN EN 206-1 und DIN 1045-2 – Einordnung von Bauteilen in Expositionsklassen. Deutscher Ausschuss für Stahlbeton, Fachtagung (2006), S. A 62

Wiens 09 U.: Richtlinien des DAfStb und ihre Auswirkungen auf Verkehrsbauwerke. beton 59 (2009) H. 11, S. 496

Wiens 15, U., Meyer, L., Raupach, M.: Zur Dauerhaftigkeit von befahrenen Parkdecks in Regelwerken. beton 65 (2015) H. 3, S. 76

Wierig 68, H. J.: Eigenschaften von „grünem, jungem“ Beton. Druckfestigkeit – Verformungsverhalten – Wasserverdunstung. beton 18 (1968) H. 3, S. 94

Wierig 70, H. J.: Die Wärmebehandlung von Beton. Zement-Taschenbuch 1970/71, S. 203, Bauverlag Berlin

Wiggenhauser 06, H., Taffe, A.: Was leisten zerstörungsfreie Prüfverfahren im Bauwesen? Deutsches Ingenieurblatt (2006) H. 7–8, S. 22

Wihler 04, H. D.: Farbdifferenzen von Betonwaren – Einfluss des Mikrogefüges. beton 54 (2004) H. 2, S. 74

Winselmann 99, D.: Erfahrungen und Lehren aus den neuen Berliner Tunnelbauten. Der Prüfingenieur (1999) Okt., S. 40

Wischers 63, G.: Einfluss der Zusammensetzung des Betons auf seine Frühfestigkeit. Betontechnische Berichte 1963, S. 137, Beton-Verlag, Düsseldorf

Wischers 63, G.: Einfluss langen Mischens oder Lagerns auf die Betoneigenschaften. Betontechnische Berichte 1963, S. 21, Beton-Verlag, Düsseldorf

Wischers 64, G.: Betontechnische und konstruktive Maßnahmen gegen Temperaturrisse in massigen Bauteilen. Betontechnische Berichte 1964, S. 21, Beton-Verlag, Düsseldorf

Wischers 72, G.: Einfluss der inneren Spannungsverteilung auf das Trageverhalten von druckbeanspruchtem Normal- und Leichtbeton. Betontechnische Berichte 1972, S. 135, Beton-Verlag, Düsseldorf

Wischers 74, G.: Faserbewehrter Beton. Betontechnische Berichte 1974, S. 45, Beton-Verlag, Düsseldorf

Wischers 78, G.: Aufnahme und Auswirkungen von Druckbeanspruchungen auf Beton. Betontechnische Berichte 1978, S. 31, Beton-Verlag, Düsseldorf

Wischers 72, G., Neck, U., Sylla, H.-M.: Dauerhaftigkeit von wärmebehandelten Betonen hoher Festigkeit. Festschrift Rostásy, 1972, S. 143, Verlag Ernst & Sohn Berlin

Wöhnl 09, U.: Bewertung der Bauwerksdruckfestigkeit nach DIN EN 13791. beton 59 (2009) H. 4, S 130

Wolff 04, L.: Innenabdichtung bei Weißen Wannen. Aktuelle Forschungsergebnisse ibac. Kurzbericht 110. (2004)

Wolter 12, A., Palm, S.: Aktuelle Entwicklungen von Multikompositzementen und ihren Hauptbestandteilen.Tagungsband 18. ibausil Weimar 2012, Bd. 1, S. 0001

Xu 05, Q.: Chemische Wirkung von Erstarrungsbeschleunigern auf die frühe Hydratation des Portlandzements. Dissertation Bauhaus Universität Weimar 2005

Youn-Cale 17, B.-Y., Schulte-Schrepping, Ch.: Ringspaltmörtel für den maschinelle Tunnelbau – Systematische Untersuchung bis in den Feinstteilbereich. Beton in Forschung und Praxis, Festschrift Breitenbücher 2017 S. 231 Ruhr-Universität Bochum 2017

Zeniti 99, M.: Gleichmäßige Betone durch Wasser abführende Schalungsbahnen. Beton- + Fertigteil-Technik 65 (1999) H. 12, S. 55

Zilch 99, K. et al.: Pilotprojekt Buchloe – Brückenbauwerk mit Hochleistungsbeton B 85. Bauingenieur 74 (1999) H. 9, S. 370

Zilch 06, K., Essl, R., Hennecke, M.: Der Neubau der Innbrücke Gars – Hochleistungsbeton B 85 im Großbrückenbau. Bauingenieur 81 (2006) H. 1, S. 14

Zimmer 04/1, U.P.: Baustoffprüfmaschinen und Geräte – Teil 1: Prüfung von Zementen. beton 54 (2004) H. 1, S. 2,

Zimmer 04/2, U.P.: Baustoffprüfmaschinen und Geräte – Teil 2: Prüfung von Gesteinskörnungen. beton 54 (2004) 5, S. 240

Zimmer 12, U.; Wöhnl, V.; Breit, W.: Handbuch der Betonprüfung. Prüfanleitungen und Beispiele. 6. Auflage, Verlag Bau + Technik 2012.

Zimmermann 10, W.: Erste Brücken in Österreich aus Ultrahochfestem Faserbeton UHPFRC. Betontag 2010 ÖVBB (ÖBV)

ZTV – Beton: siehe FGSV

ZTV – W: siehe BMVBS

ZTV-ING (Zusätzliche technische Vertragsbedingungen für Ingenieurbauwerke, Teile 1 bis 10), Download (kostenfrei) unter www.bast.de

Stichwortverzeichnis

Symbole

60 °C-Betonversuch 163
90-Minuten-Frist 261

A

Abdichtung 334, 371
– bahnenförmige 343
– von Fugen 281
– von Rissen 347
Abdichtungsbahnen 335
Abführung des Niederschlagswassers 332
Abnahme 424
Abnahmeprüfung auf der Baustelle 264
Abreißfestigkeit 430
Absanden der Oberfläche 327
Abscheiben 361
Abschlämmbares 53
Absetzversuch 57
Absperrschieber 267
Abstandsfaktor 189
Abtropfkante 144
Abwasserbauten 153, 328
Abwässer von Industriebetrieben 153
Acrylate 71, 450
Agglomeration Zementpartikel 70
AHWZ 48, 186
Air Void Analyser 192
AKR-Performance-Prüfung 164
AKR-Schäden, Vermeidung 165
Aktivitätsindex 46
Alkaliäquivalent 39, 44, 159
Alkali-Carbonat-Reaktion 161
alkaliempfindliche Gesteinskörnungen 159
Alkalien 33, 157
– anreichern 33
Alkali-Kieselsäure-Gel 158
Alkali-Richtlinie 158
Alkalitätsdepot 130
allgemeine bauaufsichtliche Zulassung (abZ) 22
Altbetonklassen 431
Anfahrschutz 345
Anforderungen 310
– nach VOB/B 21
Anhydrit 32, 61
Anker 298, 302, 309
Anlagensteuerung 294
Anmachwasser 76
Annahmekriterien 297
Annahmeprüfung 27
Anode 134
Anrechenbarkeitswert k_f 185
Anschlussmische 435
äquivalenter *w/z*-Wert 185
Arbeitsfugen 278, 279, 326, 344, 397
Arbeitslinie 102
Arbeitsquerfugen 315
Asbestzement 242
Aufschüsseln 106, 301
Aufsprühmenge 289
Aufwölben 301
Aufzugsschächte 351
Ausbessern 434
Ausbreitmaß 82, 214
Ausfallkörnung 83
ausführungstechnische Maßnahmen 349, 354
Ausgangsstoffe 30
Auskleiden von Stahl- und Gussrohren 332
Auslaufrheometer 180
Auslauftrichter 215, 263
Auslaugen 206
ausschalen 290, 397
Ausschalfristen 291
Ausscheidungen, weiße 440
Aussehen von Betonbauwerken 24
Außenbauteil 127
Außenrüttler 275
Außenschale 370
Aussinterungen von Kalk 428
Austrocknen 91, 283
Auswaschversuch 87, 216
Ausziehgerät 414
autogenes Schwinden 79, 91
Autoklaven 231
axiale Spannungen in Bodenplatten 350

B

Backenbrecher 52
Bandagen, rissüberbrückende 342
Bandförderung 271
Baryt 67
Bauen, nachhaltiges 17
Baufeuchte 346
Bauglas 161
Baukalk 314
Baumischverfahren 315
Bauordnung 21
Bauproduktenrichtlinie 23
Bauproduktenverordnung (BauPVO) 23
Bauregelliste 22
Baustahlmatten 411
Bauteile mittlerer Dicke 196
Bauwerksbuch 420

Bauwerksplitt 63, 235
Bauwerksprüfungen 28, 420
Beanspruchungsklassen (WW) 347
Bemessung von Betonstraßen 298
Bereitstellungsgemisch 403
Bergeisen 414
Bergwasser 375
Berieselung 287
Beschichtungen 129, 288
Beschleuniger (BE) 74, 412
Besenstrich 306
Besprühen mit Wasser 288
Bestandspläne 420, 421
Bestandteile, quellfähige 61
Beton
– erdfeuchter 237
– für Tübbings 384
– „grüner“ 90
– Herstellen 253
– junger 90
– Kübel 272
– mit bestimmten Eigenschaften 176
– mit erhöhtem Säurewiderstand („ESW-Beton“) 155, 330
– mit exponierter Gesteinskörnung 385
– mit recyclierten Gesteinskörnungen 234
– mit Restbeton 234
– nach Eigenschaften 173
– nach Zusammensetzung 173
– nach Zustimmung 173
– sandreicher 236
– textilbewehrter 247
Betonarbeiten, Planung 252
Betonbrechsand 236
Betonbremsen 267
Betondecken
– auf Brücken 303
– Herstellen 305
– in Tunneln 301
Betondeckung 131, 135, 136, 200
Betonfräsen 434, 436
Betonierabschnitte 350
Betonierbarkeit 25
Betonierblöcke 326
Betonieren am Nachmittag 354
Betonierplan 252
Betoningenieur 388
Betonkübel 272
Betonmischturm 254
Betonoberfläche, Prüfung 428
Betonprüfhammer 97, 425
Betonprüfstelle 295
Betonpumpen 263, 267
Betonsplitt 63, 235
Betonstahl 169
Betonstraßen 298
– Instandhaltung und Instandsetzung 310
– Recycling 304
betontechnische Maßnahmen 374
Betontransport, Anforderungen 261
Betonverflüssiger BV 70
Betonwürfelprüfung 27
Betonzusammensetzung für die Erstprüfung 178
Betonzusatzstoff, *siehe* Zusatzstoffe
Bewegungsfugen 278
Bewehrung
– rissbreitenbeschränkende 137, 322
– Spritzbeton 411
Bewehrungskorb 367
Biegeriss 113, 446
Biegespannungen in Bodenplatten 352
Biegezugfestigkeit 100, 310
Bims 66
Bindemittelgehalt 318
Binnenwasserbauten 318
Biotit 61
Blähglas 230
Blähglimmer 66
Blähperlit 66
Blähschiefer 66
Blähton 66
Blain*e*-Wert 33
Blau- oder Grünfärbungen 399
Blockhöhen 326
Blockierneigung 215
Bluten 88
Bodenreibung 350
Bodenstabilisierungen 312
Bodenverbesserungen 312
– mit Bindemitteln 314
Bodenverfestigungen 312
Bodenvermörtelungen 312
Bohrkerne 425
Bohrmehlproben 439
Bohrpfähle 362, 365, 367
Bolzensetzverfahren 414
Brandeinwirkungen 168
Brandschäden 140, 451
Brandschutz 375
Brandschutzplatten 208
Brandschutzschichten aus Spritzbeton 417
Brandversuche 207
Braunverfärbungen 399
Brechsand 52, 58
Brenner Basistunnel 129
Bruchdehnung 90, 201
Brücken 332
Brückenkappen 338

C

C_2S 32
C_3A 32
C_3S 32
C_4AF 32
Caborundum 67
Calciumaluminatferrit (C_4AF) 32
Calciumchlorid 290
Calciumhydrogenkarbonat 373
Calciumhydroxid $Ca(OH)_2$ 32, 78
Calciumsilikathydrate CSH 78
Calcium-Silikat-Hydrat-Impfkristall, nanoskaliger 75
Calziumchlorid 138
Carbon 143
Carbonatisierung 130, 131
Carbonatisierungsschwinden 111
Carbonatisierungstiefe 132, 282, 439
Carbonbeton 417
Carbonfasern 240, 453
Carbongelege 453
CDF-Verfahren 150
CE-Kennzeichnung 22
CFK-Lamellen 453
Chalzedon 160
charakteristische Mindestdruckfestigkeit 93
Chargenprotokoll 294
chemische Angriffe 151
Chlorid 61, 439, 444
Chloriddiffusionskoeffizient 142
Chlorid Grenzwert 140, 444
chloridinduzierte Stahlkorrosion 141
Chloridkorrosion von Betonstahl 138
Chlorid-Migrationsversuche 328
Chloridverteilung 141
Chlorkohlenwasserstoffe (CKW) 206, 329
CIF-Verfahren 147
Combi-Mischer 258
Computergestützte Partikelanalyse (CPA) 58
Containerterminals 299
Contractor-Verfahren 364, 367

D

Dächer (WU-Beton) 356
Dachfläche 344
Dampfhärten 210
Dampfhärtung 209
Dauerhaftigkeit 123
Dauerhaftigkeitsbemessung 328
Dauermagnete 440
Dauerstandfestigkeit 95
Daumenprobe 414
Deckelbauweise 379
Deckenschluss 309
Deckschicht 433
Dehnfugen 278, 280, 301
Description-Konzept 125
Deutsches Institut für Bautechnik (DIBt) 24
Diamant-Trennscheiben 302
Dicalciumsiliat (C_2S) 32
Dichtigkeitsanforderungen 205
Dichtstromverfahren 402, 407
Dichtungsschlämme (OS 5b) 444
Diffusion 112
– von Chloriden 140
DIN EN 206-1, Beton – Festlegung, Eigenschaften, Herstellung und Konformität 19
Doppelwellen-Trogmischer 258
Dosenfrost 59
– mit Taumittel 60
Dosieranweisung 265
Dosieren der Ausgangsstoffe 255
Dosiergenauigkeiten 256
Drehrohrofen 30
Dreifachwände 348
Druckfestigkeit 93, 285
– Bewertung der ermittelten 429
– im jungen Alter 186
– von Luftporenbeton 195
Druckfestigkeitsklassen 93
Druckfestigkeitsprüfung 27, 97, 178
Druckluft 412
Dübel 298, 302, 309
Dunkelverfärbungen 391
dunkle Korrosionsprodukte 141
Dünnstromverfahren 402, 407
Durchlaufmischer 258
Durchströmungszelle 206, 207
Düsenführer 408
Düsenstrahlverfahren 369

E

Ebenheit 310
Edelsplitt 58
Edelstahl, *siehe* nichtrostender Stahl
Eigenschaftsverzeichnis 263
Eigenspannung 115
Eignungsprüfung 27
Eimerverfahren 88
Einbauwassergehalt 316
Einbringen (Beton) 272
Eindringen
– von Flüssigkeiten und Gasen 205
– von Wasser 111
Eindringtiefe 414
einfache Prüfungen (Sichtprüfungen) 420
Einfüllöffnungen 272
Einheitstemperaturkurve 208
Einkornbeton 231, 238
Einpresshilfe (EH) 75, 249

Einpressmörtel für Spannbeton (EPM) 248, 333
Einpress- und Verfüllmörtel 250
Einstufung in Alkaliempfindlichkeitsklassen 162
Einwaagefehlerprotokoll 294
Einzelkornprüfung 60
Eisanlage 260
Eisenbahnbrücken 336
Eisenbahntunnel 377
– Denkendorf 381
Eisengranalien 208
Eisschuss 146
eiszeitliche Ablagerungen Norddeutschlands 162
Elastizitätsmodul 101, 202
Elbtunnel 384
Elefantenhaut 219
elektrochemische Potenzialmessungen 442
Elektrofilterasche 46
Elementwände 348
Elution 206
Emission 31
Endfestigkeit 38
Endkriechmaß 110
Endkriechzahl 110
Endschwindmaß 108
Energieeinsparung 31
Enthärtung Abwasser 77
Entladen, verspätetes 266
Entlüften 272
Entspannung des Dampfdruckes 334
Entstaubungsanlage 33
Entwässerungssystem 341
Entwurfsfestigkeit 176
Entwurfsgrundsatz (WW) 342
Epoxide Cement Concrete (ECC) 49
Epoxydharz (EP) 335, 449
Erhärtungsbeschleuniger 74
Erhärtungsprüfung 28
Erhärtungsverlauf 426
Erschlaffung, *siehe* Relaxation
Erschütterungen 289
Erstarren
– falsches 44
– schnelles 45
Erstarrungsbeginn 36, 43
Erstarrungsbeschleuniger 74
Erstarrungszeit 183
Erstprüfung 27
Erwärmen des Betons 259, 260
Erwärmung, Schutz 285
Estriche
– auf Dämmschicht 357
– auf Trennschicht 357
Estrichmörtel 358
Ettringit 152, 156, 167, 209
Ettringitbildung, schädigende, späte 166
EuGH-Urteil C-100/13 23, 427
Europäische Norm (EN) 19
Expositionsklassen 123, 144, 176, 342
– bei massigen Bauteilen 200

F

Fahrbahnbelag 334
Fahrmischer 262
farbige Gesteinskörnungen 401
farbiger Sichtbeton 401
Faserbeton 239
Fasercocktail 243
Faserkonglomerate 244
Faulbehälter 330
Faustregeln 176
Fehlmische 256
Feinabstimmung der Betonzusammensetzung 172
Feinanteile (abschlämmbare Anteile) 53, 57
Feinstsand 56, 175
Feinstzement 42, 450
Fertigteilträger 336
Fertigteilzement 41
feste Fahrbahnen der Bahn 312
Festigkeit 37
– im späteren Alter 187
– unzureichende 425
– von Bohrkernen 429
Festigkeitsentwicklung 96
Festigkeitsklassen 93
– frühere 428
Festlegung des Betons 172
Feuchtedehnzahl 105
Feuchtegradient 105
Feuchteleitfähigkeit 105
Feuchtflächen 345
Feuchtigkeit in dichten Weißen Wannen 355
Feuchtigkeitsklasse 165
Feuchtmessverfahren 256
Feuersicherheit 375
Feuerwiderstand 207
FE-Zement 39
FIB-Performance-Test 164
Filament 240
Filterbeton 231, 238
Filterpressversuch 89
Filterstaub 33
Finnetunnel 384
Firstschluss 378
Firstspalt 378
Fließestrich 358
Fließfähiger Beton (F 5) 174
Fließfähigkeit SVB 214
Fließgrenze 86
Fließmittel, Auswahl und Optimierung 181
Fließmittel FM 70
Fließvermögen 86

Flugasche 31, 46
– Wirkungsweise 185
Flugbetriebsflächen 138, 143, 148
Flugsand 52
Flussbauten 318
Flüssigboden 251
flüssigkeitsdicht „FD“ 206
Folienabdeckung 288
Förderbänder 263, 271
Fördern des Frischbetons 266
Formänderungsarbeit 102
Freifallmischer 257
Freikalk CaO 32
Frischbeton 81, 266
– Beurteilung mit einfachen Mitteln 183
– Prüfungen 81
– Temperatur 199
Frischbetontemperaturen 259, 320
Frischbetonverbundfolien (FBV) 347
Frostprüfungen 147
Frostschäden 428
Frostschutzmittel 290
Frost-Taumittelwiderstand 148, 151
Frostwiderstand 59
Frühfestigkeit 97, 403, 414
– Abschätzung 187
– Zement 38
Frühfestigkeitsklassen 405
Frühschwinden 91, 204, 283
frühzeitige Kühlung 285
Fugen 278, 301, 345
– Schneiden 308
Fugenbänder 281
– mit Epoxydharz aufgeklebte 348
Fugenbleche 281, 348
Fugeneinlagen 280
Fugenfüllung 302
fugenlose Betonstraßen 311
Fugenplan 279
Fugenprofile aus elastomerem Kunststoff 303
Fugenvergussmasse 303
Führungskraft, qualifizierte 427
Füller 48, 56
Fuller-Parabel 83, 180
Fulvosäure 62

G

Gamma- oder Röntgenstrahlen 208
Garagen 340
Gasbeton 231
Gasdurchlässigkeit 114
Gase, Durchlässigkeit 206
Gebirgstragring 370
gebrochene Grauwacke 160
gebrochener Rhyolith 160
gefährliche Abfälle 251
Gefrierbeständigkeit 145, 289
gefügedichter Leichtbeton 230, 231
Gefügespannung 115
Gel 157
Gelege 247
Gelpore 79
geneigte Oberflächen 276
geschiebeführende Flüsse 322
Gesteinskörnungen 50, 94
– Anlieferung 67
– feine 53
– grobe 53
– leichte 66
– mit alkalireaktiven Anteilen 160
– rezyklierte 160
– schwere 66
Gesteinsmehl 48
getrennte Körnungen 175
Gewährleistungsfrist 424
Gewichtsmauern 324
Gewindebolzen 414
Gewölbe-(Bogen-)mauer 324
Gewölbe (Tunnel) 376
– in offener Bauweise 381
Gips 32, 61, 152
gittergestörter Quarz 159
Glasfaserbeton 246
Glasfasern 240
Glasfaserstäbe 247
Glasvlies 334
Gleitbauverfahren 290
Gleitschalungsfertiger 305, 315
Gleitschicht 351
Glimmer 61
Glimmerschiefer 61, 157
Gneis 61
Graffiti 400
Granit 61
Grauton 388
Grenzen des Machbaren 375, 388
Griffigkeit 62, 304, 306
Grinding 306
Grooving 307
Große Belt-Brücke 328
Größtkorn 174
Grundierung 334
Grundkriechen 110
Grundmischung 403, 415
Gründruckfestigkeit 90
Grundschwinden 91, 104, 204
Grünstandfestigkeit 90, 201, 238, 309
Gummibeton 193
gunite 402
Gussasphalt 343

Gussbeton 211
Güteüberwachung
- freiwillige 23, 50, 67

H

Haegermann-Setztrichter 180
Haftbrücke 435
- kunststoffmodifizierte 432
Halbhydrat 32
Halbnassverfahren 407
Haltekomponente 181
Hämatit 67, 208
Hammerimpuls 431
Hammerschlag-Verfahren 60
harmonisierte Europäische Normen (hEN) 23
Hartgesteine 50, 171, 336
Hartstoff 67
Hartstoffeinstreuung 361
Hartstoffmörtel 361
Hartstoffoberflächen 361
haufwerksporiges Gefüge 238
Hauptprüfungen 334, 420
Heißdampf 260
Heizdrähte 290
Heizestriche 358
Hellbezugswert 288
HFB, Herstellen und Verarbeiten 227
Hilti DX 450-SCT-Gerät 414
Hitzeschäden 302
Hochdruckinjektion (HDI) 369
Hochdruckwasserstrahl 434, 436
Hochfester Beton (HFB) 129, 337
- Eigenschaften 225
- Herstellung, Einbau und Nachbehandlung 223
- Mischungsentwurf 222
Hochleistungsbeton 220
Hochleistungs-Feinkorn-Beton (HLF-Beton) 226
Hochofenschlacke 35
Hochofenzement CEM III 35
Hochsommerbeton 376
Hohlkörper 337
Holzschalungen 396
Hop-Dobber-Verfahren 364
Hornstein 160
HO-Zement 40
Huckepack-Transport 112, 140
Hüllrohre der Spannglieder 249, 250, 333
Humus 62, 314
Hüttenbims 66
Hüttensand 31, 35
Hüttensandmehl 47
hüttensandreiche Hochofenzemente 282
Hydratationskeim 75
Hydratationssog 112
Hydratationswärme 44, 92, 117, 196
Hydraulische Boden- und Tragschichtbinder 314
hydraulisch gebundene Tragschichten (HGT) 312
Hydroventil-Verfahren 364

I

Igel 240
Imperfektion der Bauausführung 114, 130
Importzement 38
Industrieböden 359
Ingenieure und Ingenieurinnen der Bauwerksprüfung VFIB 420
Injektionsschlauchsysteme 281
Injizieren 282
Innbrücke Kufstein 423
Innenbereich 127
Innenrüttler 273
Innenschale 370
Innenschalenzement 41
Innentrommel-Prüfmaschine 170
inneres Schwinden 91
Instandhaltungsrichtlinie 427
Instandsetzen 424
- Baustoffe 431
- Betonstraßen 310
- Planung 427
- von Beton 434
- Wasserbauten 322
Instandsetzungsrichtlinie 342, 427
isotherme Prüfung 93

K

Kalkausblühungen 391
Kalkauslaugungen 206
Kalkaussinterungen 206, 372, 391
kalklösende Kohlensäure 373
Kalkmörtel 30
Kalkstein 35
Kaltwasseranlagen 260
Kapillarbereich 140
kapillares Saugen 111
Kapillarporen 78
Kapillarschwinden 91
Kapillarströmung 105
Kathode 134
kathodischer Korrosionsschutz 445
Kavitation 170
Kegelauslaufzeit 215
Kerben 302, 315
Kernbeton 320
Kies (Rundkorn) 53
Kies des Oberrheins 160
Kieselkalke 160
Kieselkreide 160
Kieselsäure in einer reaktionsfähigen Modifikation 159

Kläranlagen 330
Klassiertank 52
Klebrigkeit 72, 86
Klinker 30
Klinkermehl 32
Klinkerphasen 32
Kochprobe 33, 44
Kohlendioxid 31
Kolbenpumpen 268
Kombinationstyp SVB 212
Kompositzement 36
Kondenswasser 355
Konformität 22, 292
Konformitätserklärung 23
Konformitätskontrolle 28
Konsistenz 81, 173
– Messung 257
Konsistenzhaltung 72
Konsistenzprüfung 81
Konstruktionsleichtbeton 231
konstruktive Maßnahmen 349, 350, 374
Konterschalung 277, 381
kontinuierlicher Vortrieb mit Tunnelbohrmaschinen 381
Kontraktionsfugen 278, 280
Kontrollprüfungen 28, 309
Konvektion 140
Koppelfugen 279, 332
Kornfestigkeit 62
Kornform 58, 59
Korngemisch 53
Korngröße 53, 59
Korngruppe 55
Kornklasse 55
Kornoberfläche 58
Körnungen
– alkaliempfindliche 159
– recyclierte 63
Kornzusammensetzung
– Gesteinskörnungen 83
– Zement 33
Körperfarbe 49
Korrektur der Einwaagen 294
Korrosion
– von Betonstahl 134
– von Betonstahl, Schadensentwicklung 438
– von Spannstahl 137
– von Stahlfasern 244
Korrosionsfortschritt 137
Korrosionsinhibitor 76
Korrosionsnarben 137
Korrosionsprodukte, dunkle 438
Korrosionsschutzanstrich 135
Korrosionsschutz (Stahl) 437
Korrosionssensoren 422
Korund, synthetischer 67
Kranfundamente 351
Kriechen 109, 204
Kriechzahl 110
Kristallisationskeime 146
kritische Faserlänge 241
kritischer Fasergehalt 240
Kübel 272
Kugeldruckverfahren nach Ebner 170
Kugelstrahlgebläse 436
Kühlen von Beton 259
Kühlrohre 326
Kühlung 287
– der Betonoberfläche 286
künstliche Luftporen 143
Kunststofffaserbeton 245
Kunststofffasern 240
Kunststoffmodifizierter Mörtel und Beton (PCC) 248
Kunststoffzusätze 50, 412
Kurzbezeichnung für Expositionsklassen 127
Kurzzeitfestigkeit 96
Küstensande 236
k-Wert-Ansatz 184

L

Lager 333
Längsfugen 302
Längsglätter 306
Langzeitverzögerer (LVZ) 75, 413
lärmmindernde Eigenschaften 304, 306
Lasergranulometer 33
latent hydraulisch 35
Lebensdauer 25
Le Chatelier-Versuch 33
Leibis 325
Leichtbeton 230, 270, 336
– Festigkeitsklassen 232
– mit Haufwerksporosität 231
– Rohdichteklassen 232
– Wärmeleitfähigkeit 232
– Wasseraufnahme 232
leichter Normalbeton 233
leicht verarbeitbare Betone (LVB) 174, 220
Leimschicht 95
Leistungsaufnahme des Betonmischers 256
Leistungsbeschreibung 20
Leistungserklärung 23, 67
Leistungsfähigkeit 128, 186
Leistungsnachweis
– ergänzend 24
LH-Zement 39
Lieferkörnung 55
Lieferschein 256, 265
Liefervereinbarung 265
Liegezeit 182, 183

Ligninsulfonat 70, 71
Limonit 67, 209
L-Kasten-Versuch (L-Box) 215
Lochfraßkorrosion 142, 340, 438
Löffelbinder 32
Los Angeles-Verfahren 62
lösender Angriff 151, 156
- des Regenwassers 428
- Schutzmaßnahmen 155
lösliches Chlorid 141
Lösungsvorgänge 130, 134
Luftblase 88
Luftgehaltsprüfgerät 190
Luftporenbeton 144, 188, 199, 306, 353
- mit Mikrohohlkugeln (MHK) 196
- Sonderfälle mit Schäden 196
Luftporenbildner 189
- natürliche 192
- synthetische 192
Luftporenverteilung, Prüfung 309

M

Magnesia 33
Magnesiabinder 43
Magnesiumchlorid 138
Magnesiumoxyd 32
Magnesiumsulfatversuch 60
magnetische Wechselfeldverfahren 440
Magnetit 67, 208
Mahlen des Zements 33
Mahlfeinheit 44
Mahlfeinheit Schwankungsbreite 34
Mahlhilfe 33
Makroelemente 134, 141, 438
Makrorissbildung 242
Makrotextur 306
Mängel 424, 426
Mängelbeseitigung 425
Markasit 153
Marmorierungen 391
Maschinenbau mit UHFB 230
Massenbeton 324
Maßgenauigkeit 383
massige Bauteile 196
Matrix 232
Mauerwerksplitt 63
Median 98
Meerwasser 76, 140, 157
Meerwasserbauten 327
Mehlkorn 56, 83, 175
- Optimierung 179
Mehlkorntyp SVB 212
Melaminharz 71
Melaninsulfonat 70
Messeinrichtungen 422
Messen von Zwangsspannungen 116
Messmikroskop mit Integrationstisch 189, 195
Messprobe 53
Metakaolin 48
Methylenblau-Adsorption 35, 49
Methylenblau-Verfahren 57
Methylzellulose 75
Mico-Deval-Gerät 63
Migrationsschnelltest 142
mikrobiologische Eignung 331
Mikroelement 134
Mikrohohlkugeln 149
Mikroorganismen 399, 428
Mikrotextur 306
Mikro- und Nanosilica 75
Mikrozement 450
Mindestbetondeckungen 136
Mindestdruckfestigkeit, charakteristische 93
Mineralwässer 152
Mischbindemittel 314
Mischerfüllung 179
Mischer, Nenninhalt 258
Mischertrommel 262
Mischgut 403
Mischmeister 256
Mischsplitt 63
Mischtürme 254
Mischungsanteile, Berechnung 177
Mischungsentwurf 172, 176
Mischungsentwurf SVB 213
Mischungsstabilität 81, 87
- unter Druck 89
Mischwirkung 258
Mischzeit 258
Mixed in place 315
Monitoring 421
Moorwasser 76, 152
Mörtelprobe 62
Mulden 262
muldenförmige Korrosion 142
Münchner Konzept zur Rissvermeidung 348
Muskovit 61
Musterbauordnung MBO 24
Musterfläche SB 387
Muster-Verwaltungsvorschrift Technische Baubestimmungen (MVV TB) 24

N

Na_2O-Äquivalent 39
Nachaktivierung des Luftporenbildners 309
Nachaktivierungspotenzial 192
Nachbehandlung 121, 282, 308, 325, 338, 354, 358, 378, 396
- Mindestdauer 285
Nachbehandlungsmittel (NBM) 288, 308

Nachbruchverhalten 243
Nachdosieren des Fließmittels 218
Nacherhärtung 96, 426
Nachhaltigkeit 17
Nachmischwagen 375
Nachrissbiegezugfestigkeit 242
Nachrütteln 274
Nadelpenetrometer 414
Naphthalinsulfonat 71
na-Portlandzement 39
Nassspritzverfahren 402, 407
– im Dichtstrom 410
Natriumchlorid 138
Natronlauge 62
Nennmaß 136
Neutronen 209
nichtrostender Stahl 143
Nivellierfähigkeit 215
Normalzement 36
Normenausschuss 19
Normfestigkeit N_{28} 37, 43
Normsteife 36, 43
Nullspannungstemperatur 107, 115, 120, 326
– Gradient 352
Nutzungsdauer 299

O

Oberbeton 304
obere Begrenzung 274
Oberflächenrisse 283
Oberflächenrüttler 275
Oberflächenschäden 434
Oberflächenschutzschicht 343, 436
Oberflächentextur 306
Oberflächenverzögerer 307
Oberflächenwasser 334
Oberflächenzugfestigkeit (Abreißfestigkeit) 430
offene Bauweise (Tunnel) 379
Ökobetone 84
Ölplattform Heidrun 328
Opalsandstein 160
optimaler Wassergehalt nach Proctor 312
Optimierung des Frischbetons 179
organische Böden 314
organische Stoffe 314

P

Packungsdichte 35, 57, 59, 79, 156, 179
Parkdeck 344
Parkhäuser 340
Passivierungsschicht 130, 135
PCC 248
PCE 71
Pectacrete 41
Pendelhammer nach Schmidt 99, 379
Performanceprüfung 128
Permeation 112
Petrographische Prüfung 162
Pfahlwände 368
Pfeiler 338
Pflasterbeläge 345
Pfützenfreiheit 341
Phenolphthaleinlösung 134
Phonolite 48
physikalischer Schutz 123, 155
Pigmente 49, 401
Pinakothek der Moderne in München 393
Planiebereiche 322
Planografen 310
Plastifizierer 70
Plastischer Beton (F 2 oder C 2) 173
plastisches Schwinden 91
Plattentragwerke 337
Plattigkeitskennzahl 58
Polieren, Widerstand 304
Polierwert PSV 63
Polierwiderstand 62
Polishing Stone-Value 63
Polycarboxylatether (PCE) 71
Polyethylenoxid 75
Polymer 49
Polymerbetone (PRC) 434
Polymer-Bitumen-Schweißbahn 343
Polymer Cement Concrete (PCC) 49
polymermodifizierter Spritzbeton (SPCC) 412, 416
Polymermörtel (PRM) 434
Polypropylen-(PP)-Fasern 240
Polysaccharid 75
Polyurethanharze (PUR) 449
Polyvinylchlorid 140
Porenbeton 231
porenreiche Oberflächen 392
Portlandhüttenzement CEM II S 35
Portlandit 78
Portlandzement 32
Potenzialmessung 441
Potenzialunterschied 135
Potsdamer Platz 368
PP-Faserbeton 208
Prallmühle 52
Prallzerkleinerung 52, 305
Präzision 27
Pressfugen 278, 302
Pressluftwerkzeuge 434
Primärpfähle 368
Probefläche 408, 414
Probennahme 53
Probenteiler 53
Proctor-Nadelgerät 414
Proctorversuch 317
Produktionskontrolle 293

Produktprüfung 28
– freiwillige 50, 67
Prozessablaufsteuerung 253
Prozessleitsystem 255
Prüfschalung
– „Stütze“ 394
– „Wand“ 395
Prüftopf 190
Prüfung
– adiabatische 93
– des Frost-Taumittelwiderstandes 150
– rechtzeitige 294
– von HGT und Verfestigten Tragschichten 317
– von Transportbeton 296
Prüfverfahren 27
– photooptische 58
– Spritzbeton 413
Pumpbeton, Anforderungen 268
Pumpen 378
Pumpen von erodiertem Material 300
Puntke-Verfahren 180
PÜZ Stelle 24
Puzzolan 48
Pyrit 61, 153

Q

Quarz, mikro- oder krypto-kristalliner 159
Quarzporphyr 160
Quellen 104, 203
quellfähige Fugeneinlagen 281
Quellmittel 75, 199
Quellzement 42
Querfugen 302
Querrisse 308
Quetschzerkleinerung 52
Q-Wert 98

R

Rahmenschalungen 390
Rampen (Garagen) 344
Rauigkeit 59
Raumbeständigkeit 33, 44
Räumerlaufbahnen 330
Raumfugen 278, 280, 301
Rautiefe 436
Reactive Powder Concrete (RPC) 226
Reaktion, puzzolanische 47
Reaktionsharze 434
rechnerische Rissbreiten 138
Recyclinganlagen für Frischbeton-Restmengen 266
Recyclinghilfen (RH) 75
Redundanz 419
Regelanforderungen 50, 55, 56, 57, 58, 59, 61, 67
Regelkonsistenz 174
Regeln der Technik 21
Regenschirmabdichtung 370
Regenwasser 153
Reibung, dynamische 86
Reifecomputer 187
Reifeformeln 187
Reihenanlagen 254
Reißrahmen 119, 197
Reißrahmen-Regelversuch 120
Relaxation 90, 109
Reparaturbeton 323
Restbeton 65, 266
Restnutzungsdauer 443
Restwasser 77
Retourbeton 65, 266
Rezeptbeton 173
Rezeptspritzbeton 415
rheologische Prüfungen 179
Richtlinien für die Standardisierung des Oberbaues 298
Ringspaltmörtel 384
Rissbildung mit nachträglicher Abdichtung 342
Risse 113, 137
– Behandlung 446
– entlang von Bewehrungsstäben 137
– Selbstheilen 448
– über den Bewehrungsstäben 274
– Vermeiden durch betontechnische Maßnahmen 197
Rissempfindlichkeit 120, 197
Rissfüllstoffe 449
Rissfüllung 448
Rissmaßstab 447
Rissmonitore 447
Risstemperatur 121, 197
– niedrige 353, 376
Risstypen 373
Rissvermeidung 342
Rissverteilung durch rissbreitenbeschränkende Bewehrung 342, 346
Robustheit 81, 182, 217
Robustheitsklassen 419
Rohdichte 204
Rohmehl 30
Roll-A-Meter 196
Roller Compacted Concrete (RCC) 238, 324
Rostfahnen 399
Rotationsviskosimeter 86, 180
Roteisenstein 67
Rotorpumpen 268
Roving 240
RRSB-Netz 33
Rückprall 411
Rückprallhammer nach Schmidt 97
Rückprallquotient 98
Rückstellprobe 45, 70
Rüttelbohlen 275

Rüttelflaschen 273
Rüttelgassen 272
Rütteln 273
Rüttelplatten 275
Rütteltiefen und -zeiten 397
Rütteltische 275
R-Wert 98

S

Saalebrücke Rudolphstein 337
sachkundiger Planer 427, 443
Sachverständiger für Betontechnologie 28, 388
Sand
– Eigenfeuchte 255
– klassierter 52
Sandäquivalent-Verfahren 57
Sandbeton 236
Sandfleckverfahren 310, 436
sandreicher Beton 236
Sättigungsgrenze 181
Sauberkeitsschicht 351
Schachtbau 271
Schäden 424, 426
Schadensfolgeklassen 419
schädigende Alkali-Kieselsäure-Reaktion (AKR) 157
schädigende Ettringitbildung, Vermeidung 167
Schalentragwerke 403, 417
Schalhaut 395
Schälspannungen 436
Schalung (Sichtbeton) 395
Schalungseinlagen 91, 129, 143, 149, 277, 329, 331
Schalungsmatrizen 395
Schalungsraster 395
Schalungsrüttler 273, 275, 378
Schalwagen 370, 378
Schaumbeton 231
Scheinfugen 278, 280, 302
Scherbeneis 260
Scherwiderstand 86
Schlagfestigkeit 202
Schlagregen 399
Schlagversuch 171
Schlagzertrümmerungswert SZ 62
Schleifversuch nach Böhme 170
Schleppwasserspuren 392
Schleudern 276
Schleuse
– Berching 321
– Wusterwitz 321
Schlieren 391
Schlitz- oder Stabsieb 58
Schlitzwände 362, 365
Schluffböden 314
Schlüsselnummer 264
Schmiermischung 270
Schneematsch
– salzhaltiger 139
Schnellauswerteverfahren 217
Schnellprüfverfahren 163
Schnellzement 42
Schocken 275
Schrumpfen 91, 104
Schüttkegel 255
Schüttlagen 274
Schüttrohre 397
Schutz 424
– des jungen Betons 282
Schutzmaßnahmen 155
Schutzschicht aus UHFB 230
Schutz- und Instandsetzungsprodukte 427
Schutz und Nachbehandlung 287
Schwabbelstange 220
Schwefelkies 61
Schwefelsäurekorrosion, biogene 328, 329
Schwefelwasserstoff 328
Schwellenwert (Chlorid) 444
Schwenk- oder Klappschurren 263
Schwerspat 67
Schwerverkehr 332
schwimmende Estriche 357
Schwimmschicht 433
schwindarmer Zement 109
Schwinddehnung 105
Schwinden 104, 203
– autogenes 91, 104
Schwindmaß 105
Schwindreduzierer 75
Schwindrisse 105, 106, 203
Schwindspannung 101
Schwind- und Quellmaß 107
Sedimentation 89
Sedimentationsstabilität 214
Sedimentationsversuch 216
Segregationsneigung 72
sehr fließfähiger Beton (F 6) 174
sehr weicher Beton (F 4) 174
seitliche Schalungen 290
Sekantenmodul 102
Sekundärbeton 322
sekundäre Brennstoffe 30
sekundäre Hauptbestandteile 34
Sekundärpfähle 368
Selbstabdichtung 111
Selbstaustrocknen 91
Selbstverdichtender Beton (SVB) 211, 363, 397
Selbstverdichtender oder leicht verarbeitbarer (F 5 + F 6) Beton 220
semiintegrale Bauweise 333
Serizit 61
Serpentin 67, 209

Setzen des Betons 89, 435
Setzfließmaß 214
Setzmaß 82
Setztrichter 214
SE-Zement 40
shotcrete 402
Sichtbeton 385
- farbiger 401
- mit glatter Schalung 385
- mit Schalungstextur 385
- weißer 400
- Zusammensetzung 392
Sichtbetonflächen, Beurteilung 397
Sichtbetonklassen 388
Sichtbeton-Prüfschalungen 394
Sickerwasser 334
Sieblinienbereiche 174
Siebprüfung 54
SIFCON (Slurry infiltrated fiber concrete) 245
Silane 433
Silicastaub 47, 149, 186, 221, 412
- Lagerung 255
Silicasuspension 47, 186
Siliziumkarbid 67
Siloxane 433
SilverSchmidt Hammer 98
- Typ L mit niedriger Schlagenergie 100
Sinterung 30
Sliper (Sliding Pipe Rheometer) 269
Sockelbereiche 344
sofortige elastische Verformung 109
Sohlgewölbe 370, 375
Sohlplatten 320, 370, 375
- unter Wasser hergestellte 363
Sohlschwellen 322
Soll-Istwert-Vergleich 256, 294
Soll-Sieblinie 177, 180
Sommerbeton 376
Sonderprüfungen 420
Sonderüberwachungen 293
Sonderzement 36
Sonneneinstrahlung 260, 283, 286, 288
Sortennummer 55, 67
Sortenverzeichnis 67, 263
Spaltwasserdrücke 323
Spaltzugfestigkeit 100
Spannbeton 332
Spannstahl 137
Spannungs-Dehnungs-Linie 102
Spannungsrisskorrosion 419
Spannungsverteilung 115
später Zwang 346
Spezialtiefbaubeton 365
Sphärizität 59
Splitte (Kantkorn) 53
Spritzbeton 370, 402, 414, 432
Spritzbetonbeschleuniger SBE 74, 413
Spritzbetonklassen 404
Spritzbetonzement 40, 41, 412
Spritzbindemittel (SBM) 40, 412
Spritzmanipulatoren 410
Spritzmaschine 407
Spritzmobil 407
Spritzmörtel 402, 432
- mit Polymerzusatz (SPCC) 432
Spritzwasser 327, 335, 374, 377
Sprühnebel 139, 327, 335, 377
Sprühverfahren (Chloride) 141
SRT-Pendel 310
SR-Zement 39
Stabilisierer (ST) 75
Stabilisierertyp (SVB) 212
Stahlbewehrung 298
Stahleinlagen 437
Stahlfaserbeton 240, 270
- Herstellen und Verarbeiten 244
Stahlfasern 240
Stahlfaserspritzbeton 416
Stahlgranulat 66
Stahlkorrosion
- durch Chloride 138
- Vermeiden 443
Stahlschrott 66
Stahlstäbe, herausragende 135
Stampfen 275
Standardbeton 173
Stand der Technik 21
Stand der Wissenschaft und Technik 21
Standsicherheit 419, 427
statistische Auswertung 294
Staub 411
steifer Beton (C 1) 173
Sternanlagen 254
Steuerung der Produktion 293
Stickstoff, flüssiger 260
Stochern 275
Stoff
- organisch 62
- zuckerhaltig 62
Stoffraumgleichung 177
Stokes 87
Strahlenschutzbeton 208
Straßenbauzement 40
Straßenbeton 304
- frühhochfester 310
- Wiederverwendung 236
Stressmeter 120
Stützflüssigkeit 366
Stützwände 338
Suevit 48
Sulfat 61, 314

Sulfatangriff 156, 375
– Schutzmaßnahmen 156
Sulfatgehalt 32, 44, 209
sulfathaltiges Bergwasser 153
Sulfathüttenzement 43
Sulfatschäden 152
Sulfattreiben 328
Sulfatwiderstand 152
Superabsorbierende Polymere (SAP) 75
Suspensionsmischer 258, 259
SVB 215
– Eigenschaften 218
– Einbringen 219
– Robustheit 217

T

Tagesendfugen 306
Talsperren 324
Taschenmikroskop 195
Tauchrüttler 273, 378
Taumittel, chloridfrei 148
Tausalz 138, 310, 332, 334, 340
technologische Maßnahmen 349
Teilchenbehinderung 85
Teilvorspannung 290
Tellerglätter 360
Tellermischer 257
Temperaturdifferenzen 326
Temperatureinfluss 97
Temperaturen, hohe oder tiefe 207
Temperaturgradienten 301, 332
Temperaturspannung 117
– Berechnung 118
Temperaturspannungs-Prüfmaschine 119, 198
Temperatursturz 287
Terrazzo 385
textilbewehrter Beton 247
Textur (Sichtbeton) 388
Textur (Straße) 307, 310
Thaumasit 152, 156
thermisches Schwinden 102, 107
Tiefgaragen 340
tiefreichende Bodenstabilisierung (TBS) 369
TOC 35
Tonerdezement 42
Torkret-Beton 402
tragende Schalungen und Rüstungen 291
Trägerschalungen 390
Tragschichtbinder 43, 313
Tragschichten (Straßen) 312
Tragsicherheit 419
Tragwerksplaner 25
Tränken 450
Transportbeton 261
– Übergabe (Abnahme) 265
Transportvorgang
– im Beton 91
– im Betongefüge 111
Transportzeiten 182
Trass 48
Treffsicherheit 27
Treiben 33
treibende Angriffe 152
Trennriss 113
Tricalciumaluminat (C_3A) 32
Tricalciumsilikat (C_3S) 32
Trichterauslaufzeit 215
Trichterversuch 180
Trinkwasserbauten 331
Trockenspritzverfahren 402, 406
Trocknungskriechen 110
Trocknungsschwinden 104
Trogbrücken 336
Trogmischer 257
Trommelmischer 257
Tropfnasen 335
Tübbings 381
Tübbingsysteme 382
Tunnel 369
– im bergmännischen Vortrieb 370
– in offener Bauweise 379
– lange 375

U

Überbauten 335
Übergangskonstruktionen 333
Überkorn 55
Überwachbarkeit 25
Überwachen
– Bauarbeiten 425
– Bauwerke 419
– Einbau des Betons 295
– Herstellung des Betons 292
– Straßenbeton 298
– Transportbeton 266
Überwachungsklassen 295
Überwachungsprüfung 28
Überwachungsstelle 293
Ultra High Performance Concrete (UHPC) 226
Ultrahochfester Beton (UHFB) 226
– Anwendungsbereiche 229
– Dauerhaftigkeit 229
– mit Fasern 227
Ultraschall, Messungen 431
Umrechnungsfaktoren 97
Unterfangungen 369
Unterkorn 55
Unterkühlungseffekt 146
Unterwasserbeton 211, 362

UV-Verfahren 141
Ü-Zeichen 23

V

Vakuumbehandlung 143, 149, 277
Vakuumbeton 129
Vakuumteppiche 91
Verarbeitbarkeitszeit 182
Verbundestriche 357
verbundlose Spannglieder 333
Verbund zwischen altem und neuem Beton 434
Verdichten 272
Verdichtungsmaß 81
Verdichtungsporen 272
Verdunstungskälte 287
Verfärbungen 399
verfestigte Tragschichten 312
verformungsgesteuerte Prüfmaschine 101
Vergussbeton 211
Vergussmörtel 211
Verkehrsfreigabe 310
– frühzeitige 305
Verkürzung der Verarbeitbarkeitszeit 182
Verlängerung der Verarbeitbarkeitszeit 182
Verlegemaß 136
Vermeidung wasserführender Risse 346
Verpress- und Verfüllarbeiten 450
Verschleiß 63, 169, 343
Verschleißtrommeln 170
Verschleißwiderstand 322, 360
Verschmutzungen 400
Versiegelung 334
Versiegelung ggf. Grundierung 343
Versinterungen 372, 416
Verspachteln 450
verspätetes Entladen 266
Verstärken 424
– von Betonbauteilen 452
Verteilermasten 267
Verunreinigungen, organische 61
Verwaltungsvorschrift Technische Baubestimmungen VVTB 22
Verzeichnis, zertifizierte Stoffe und Stoffsysteme 433
Verzögerer (VZ) 74, 182
verzögert elastische Verformung 109
Verzögerungszeit 183
Vicat-Gerät 36
Vinsol-Resin-Harze 192
Viskosität 86
Viskositätsmodifizierer (SR) 75
Vliesstoff 300
VOB 21
vollständige Verdichtung 273
Vorhaltemaß 136, 176
Vorlagerungsdauer 292
Vorsatzbeton 200, 320
Vorsatzschalen 143, 323
Vorspannen 290
V-Trichter 215

W

Walzbeton 238, 324
Walzen (Verdichtung) 276
Wandbausteine 238
Wände auf Bodenplatten 352
Wanne
– schwarze 345
– Weiße 345
Wärmebehandlung 167, 209, 292
Wärmedämmmatten 290
Wärmedehnung 102
Wärmedehnzahl α 103, 115, 204
wärmegedämmte Schalung 187
Wärmekapazität 92, 259
– spezifisch 114
Wärmeleitung 114
Wärmespeicherung 114
Waschbeton 306
Wasserabfluss 307
Wasserabstoßen 89
Wasseranspruch 43, 85, 177
Wasseraufnahme 65
Wasserbauten 318
Wasserbehälter 356
Wasserbindemittelwert 185
Wasserdampfdurchlässigkeit 436
Wassereindringtiefe, Prüfung 205
wassergefährdende Stoffen 205
Wasserglas 413
wasserhaltende Abdeckungen 288
Wasserhaltevermögen 88
Wasserläufer 392
Wasserproben 153
Wasserrückhaltevermögen unter Druck 89
Wassersättigung 148
Wasserstoffversprödung 419
Wasserstraßen 318
Wassertank mit Pumpe 263
Wassertürme 332
wasserundurchlässige Bauteile 345
Wasseruntersuchung 154
Wasserverluste 284
Wasserwechselzone 140, 321, 323
Wasserzementwert (w/z-Wert) 78, 95
– äquivalenter 185
– erforderlicher 177
– Grauton 389
– wirksamer 234
Wasserzugabe vor dem Entleeren 265

Weicher Beton (F 3) 174
Weißpigmente 400
Weißzement 40
Werkseigene Produktionskontrolle (WPK) 22, 27, 50, 293
werksgemischtes Trockenmischgut 415
Whitetopping 312
Widerlager 338
Widerstand
- gegen Frost 59
- gegen Frost und Taumittel 60
Wiener Reichsbrücke 420
Winterbeton 289, 376
Wirbler 258
Wirkungsbereich 274
Witterungseinflüsse 332
Wolken 391
Würfel 93

Z

Zähigkeit 86, 87
zeitlicher Ablauf der Lieferung 264
Zemente 30
- Auswahl 44
- Bezeichnung 428
- hydrophobiert 40
- Lagerung 255
- mit erhöhtem Anteil organischer Bestandteile (HO-Zement) 40
- mit erhöhtem Sulfatwiderstand (SR-Zement) 39, 156, 327
- mit frühem Erstarren (FE-Zement) 39
- mit niedrigem wirksamen Alkaligehalt (na-Zement) 39
- mit niedriger Hydratationswärme 198
- mit niedriger Hydratationswärme (LH-Zement) 39
- mit niedriger Risstemperatur 41, 198
- mit schnellem Erstarren (SE) 40
- mit sehr niedriger Hydratationswärme (VLH) 39
- Rückstellprobe 45
- sekundäre Hauptbestandteile 34
- Temperatur 44
Zementestriche 356
Zementgehalt, erforderlicher 177
Zementgel 78
Zementleim 78, 450
Zementstein 78
Zementstreugeräte 316
Zementsuspensionen 450
Zentralmischverfahren 315
Zentralwert 98
Zerstörungsfreie Prüfverfahren 429, 442
Zertifizierungsstelle 22, 293
Ziegelsplitt 66
Zillergründl 325
Zugabewasser 76
Zugfestigkeit 100
Zugfestigkeit und Biegezugfestigkeit 200
Zumessen der Ausgangsstoffe 255
Zusammenhaltevermögen 365
Zusammensacken 89
Zusatzstoffe 46
- Anrechenbarkeit 184, 185
- Flugasche 185
- organische 49
- reaktiv Typ II 184
- Wirkungsweise 184
Zustimmung im Einzelfall (ZiE) 22
Zwangsspannungen 120, 345
Zweitbeton 322
Zwischendecken, befahrene 343
Zwischennachbehandlung 362
Zylinder 93

Inserentenverzeichnis

Die inserierenden Firmen und die Aussagen in Inseraten stehen nicht notwendigerweise in einem Zusammenhang mit den in diesem Buch abgedruckten Normen. Aus dem Nebeneinander von Inseraten und redaktionellem Teil kann weder auf die Normgerechtheit der beworbenen Produkte oder Verfahren geschlossen werden, noch stehen die Inserenten notwendigerweise in einem besonderen Zusammenhang mit den wiedergegebenen Normen. Die Inserenten dieses Buches müssen auch nicht Mitarbeiter eines Normenausschusses oder Mitglied von DIN sein. Inhalt und Gestaltung der Inserate liegen außerhalb der Verantwortung von DIN.

mb AEC Software GmbH Seite 16
67657 Kaiserslautern

Zuschriften bezüglich des Anzeigenteils werden erbeten an:

Beuth Verlag GmbH
Anzeigenverwaltung
Am DIN-Platz
Burggrafenstraße 6
10787 Berlin